环境规划学

Environmental Planning

王金南　蒋洪强　等编著

中国环境出版社·北京

图书在版编目（CIP）数据

环境规划学/王金南，蒋洪强等编著．—北京：中国环境出版社，2014.9（2017.6 重印）
ISBN 978-7-5111-2071-7

Ⅰ．①环…　Ⅱ．①王…②蒋…　Ⅲ．①环境规划　Ⅳ．①X32

中国版本图书馆 CIP 数据核字（2014）第 230878 号

出 版 人　王新程
责任编辑　葛　莉　董蓓蓓
责任校对　尹　芳
封面设计　彭　杉　栗斌斌

出版发行　中国环境出版社
（100062　北京市东城区广渠门内大街 16 号）
网　　址：http://www.cesp.com.cn
电子邮箱：bjgl@cesp.com.cn
联系电话：010-67112765（编辑管理部）
010-67113412（教材图书出版中心）
发行热线：010-67125803，010-67113405（传真）

印　　刷　北京中科印刷有限公司
经　　销　各地新华书店
版　　次　2014 年 11 月第 1 版
印　　次　2017 年 6 月第 2 次印刷
开　　本　787×1092　1/16
印　　张　47.5
字　　数　1312 千字
定　　价　160.00 元

序

为人代序不多。环境保护部环境规划院王金南研究员送来《环境规划学》书稿请我作序。我翻阅了整本著作书稿，着实十分高兴，欣然答应，也算是我对王金南这代研究人员的鼓励。同时，也感谢最近十几年环境保护部环境规划院对中国环境规划学科发展作出的探索和贡献。正是他们的大胆创新和积极探索，环境保护部环境规划院2013年获得了在全球环境智库排名第31位的好业绩。

翻阅《环境规划学》书稿，让我想起中国的环境保护就是一部用“环境规划”描述的历史。伴随着整个环保事业的产生和发展，环境规划经历了从无到有、从弱到强、从局部到全面开展的发展历程。特别是近10年，是我国环境规划的大发展时期，规划体系日益完善，规划理念不断创新，规划目标更加明确，规划任务更加落地，规划措施更加严格。环境规划在中国的环境保护中起到了独特的作用，体现了“保护环境，规划先行”这样一个环境保护模式。

环境规划的研究与学科发展直接影响环境规划编制与实施的科学性和前瞻性。我亲身经历并欣喜看到，在我国环境规划实践不断发展的同时，支撑环境规划的研究和学科也在不断进步。全国各高校环境规划的学科设置与学科体系日益齐全，设立环境科学院系的主要大学都开设了环境规划课程，而且培养了一批从事环境规划研究的硕士生和博士生。从国家到地方，一批从事环境规划的研究机构和学术团体应运而生，全国各地纷纷设立环境规划院或所，从事环境规划的专业人才队伍日益壮大，环境规划的科研成果也大幅增加，环境规划的国内外学术交流活动也日益活跃。环境规划学科的“基础性、导向性”作用正得到体现。

应该说，目前环境规划还没有成为一门完全独立的学科，正在研究和实践探索中发展。王金南和蒋洪强等编著的《环境规划学》，就是对我国环境规划学的发展进行深入思考的成果，可以说是目前国内一部系统、深入、权威的环境规划学著作。这本《环境规划学》著作基本构建起了环境规划学科的理论和方法体系，主要体现在3个方面：一是研究梳理了环境规划学的基本原理和学科发展，基本构建了环境规划的理论框架体系；二是从环境规划的全过程链条出发提出了科学性、指导性极强的环境规划技术方法；三是从我国目前环境规划重点实践领域出发，提出了水污染防治、大气污染防治、生态保护等规划的技术方法体系，体现了对我国环境规划学发展的引领性贡献。

当前，中国的环境形势十分严峻，环境保护任重道远，需要专家、学者们的努力探索，需要各级和各部门的密切配合，需要全社会的共同努力，研究和创新环境规划的理念、思路和方法，进一步丰富环境规划学的研究成果。同时，在中国环境保护新时期，完善环境规划的制度机制，提高环境规划的科学性，加强环境规划与其他规划的融合，提高环境规划实施绩效，使环境规划更好地为实现环境保护目标服务、更加贴近老百姓对环境质量的需求。

相信《环境规划学》著作的出版，将推动我国环境规划学科和环保事业的发展。同时，期待环境保护部环境规划院能够产出更多的学术成果，引领中国环境规划学科的发展。

郝吉明

中国工程院院士、清华大学教授

2014年10月9日

前 言

随着社会经济和城市化的发展，资源环境状况日益恶化，人们逐渐认识到必须控制人类过度和盲目的社会经济活动，依据有限的环境资源及其承载能力，对自身的经济社会活动进行约束，协调人类环境和发展的关系，环境规划应运而生。环境规划的目标是协调环境与经济社会发展的关系，使经济社会发展建立在不破坏或少破坏环境的基础上，最终在发展经济的同时不断改善环境质量。换句话说，其目标就是在环境承载力范围之内研究制定环境与经济社会相协调的最优发展方案，或者在给定的社会经济发展目标下最大限度地降低环境污染和生态破坏程度，使人类社会经济行为与相应的环境状态相匹配，使作为人类生存、发展基础的环境在发展过程中得到保护和改善。经过国内外60多年的积累和发展，环境规划学已成为环境科学的重要分支学科之一，是环境科学与规划学、工程学、经济学、统计学等多种学科相结合的交叉性、边缘性学科，更是一门具有较强的应用性、指导性及实践性的学科。

环境规划的制定和实施历史并不长，但随着环境问题的日益突出以及人们对环境认识的不断深化，环境规划作为协调人类环境和发展的纽带已越来越被世界各国所接受。20世纪30年代到60年代，发达国家先后发生的“八大公害”事件，对公众健康和生态系统造成了严重的损害，最终唤醒了人类的环境意识。1962年，美国生物学家蕾切尔·卡逊的《寂静的春天》一书的出版，提出了人类活动引起的生态环境破坏问题，引起了世界各地的广泛关注。1972年6月16日，联合国在瑞典斯德哥尔摩召开的“人类环境会议”通过了《人类环境宣言》，呼吁世界各国政府和人民共同努力，保护人类生存环境。1992年，在巴西里约热内卢召开的联合国“环境与发展大会”，通过了《里约宣言》、《21 世纪议程》等文件，提出了可持续发展的思想，标志着环境与经济协调发展已成为人类发展的共同主题。2002 年，在南非约翰内斯堡召开的联合国可持续发展大会发布了《约翰内斯堡可持续发展宣言》和《约翰内斯堡执行计划》等联合国文件，进一步强化了经济、社会、环境 3 个维度的可持续发展。2012 年，在巴西里约热内卢召开的联合国第二次可持续发展大会，提出了绿色发展和绿色经济的战略。为了实现这一主题，美国、日本、英国、荷兰、法国、德国等国家相继做出了不懈努力，采取了一系列措施，其中之一便是制定环境规划，将环境规划纳入国家发展规划中，促进资源与环境的永续利用，促进经济、社会与环境协调发展。

我国的环境规划是伴随着整个环境保护事业产生和发展起来的，经历了从无到有、从简单到复杂、从局部进行到全面开展的发展历程。自国家“六五”计划开始编制环境规划以来，经过 30 多年的努力和实践，我国环境规划已经基本形成了一个多层面的规划体系。按行政级别划分，包括国家环境保护规划、省（区）市环境保护规划、部门环境保护规划、城市环境保护规划、县区环境保护规划、农村环境保护规划、自然保护区环境保护规划、城市综合整治环境保护规划等。按要素划分，包括水、气、固体废物、土壤和噪声污染控制规划及生态环境保护规划等。特别是近 10 年，是环境规划大发展的时期。“十二五”期间，各类环境保护规划多达 30 余项，一些环境规划研究项目获得了国家和部级科技进步奖。目前，我国环境规划的内容越来越全面、规划方法越来越科学、规划指标越来越明确、规划保障措施越来越严格、规划在国民经济计划中的地位越来越重要。总体上，我国的环境规划充分体现了国家环境规划的特点，强调了政府环境治理的意志和努力，环境规划已成为我国环境保护工作的重要组成和核心内容，对于促进环境与经济社会的协调发展，保障环境保护活动纳入国民经济和社会发展规划起到了十分重要的作用。

与此同时，支撑环境规划学发展的研究机构和学术团体，如环境保护部环境规划院、国家环境规划与政策模拟重点实验室、中国环境科学学会环境规划专业委员会等应运而生，地方也设立了环境规划院或环境规划研究所。特别是2001年成立的中国环境规划院（即环境保护部环境规划院）对我国的环境规划学发展起到了很好的推动作用。环境保护部环境规划院是目前唯一的国家级环境规划与政策科研机构，主要承担国家中长期环境战略规划、生态环境功能区划与生态红线划定、污染物排放总量控制规划、污染防治和生态保护规划、流域区域和城市环境保护规划等理论方法研究以及环境规划编制实施评估考核等技术性工作，承担环境经济政策、污染物总量控制政策、环境容量测算、排污许可证和排污交易、环境风险评估与管理、污染损害赔偿与鉴定、环境经济核算和环境审计等研究工作，承担中央财政专项资金项目技术咨询、技术服务和绩效评估等工作。与此同时，全国设立环境学科的绝大部分高等院校都开设了环境规划学课程，北京大学、清华大学、南京大学、中国人民大学等高校专门设立了环境规划与管理专业并列入本科和研究生招生计划。

环境规划的编制是一项复杂的系统工程，涉及的学科种类多、基础数据多、目标指标多、任务层次多，是一项时间、空间、目标、任务、进度等多位一体化的综合系统集成工作。长期以来，在我国环保规划编制过程中，无论形势分析与预测、目标指标制定、任务方案比选、排放总量分配、重点项目筛选、规划实施评估等都缺乏科学的技术方法支持，规划编制的理论基础、模型方法、技术规范等研究还不深，开发还不够，应用还不足，与新形势下环境保护规划编制的要求相比，还有很大的差距。为适应新时期环境保护对环境规划编制与实施的要求，规范环境规划编制与实施的理论与方法，引领环境规划学科向更加科学、更加健康的方向发展，环境保护部环境规划院国家环境规划与政策模拟重点实验室成立了王金南研究员和蒋洪强研究员牵头的《环境规划学》编写组，历经近4年时间完成了该书的撰写工作。本书介绍了环境规划理论方法的国际经验和国内研究成果，紧扣“环境规划编制过程（评价—预测—目标—方案—投入—实施）”和“环境要素规划（水、大气、生态、固体废物等）”这一主线，结合环境规划理论方法，归纳总结了多年来环境规划院及各部门在环境规划领域（大气、水、生态、固体废物、城市、生态工业园区等规划）的研究，提出了科学性、指导性和操作性较强的环境规划编制技术方法体系，因此，本书既反映了国家环境规划与政策模拟重点实验室对目前我国环境规划学发展的思考，也体现了其对我国环境规划学发展的引领性贡献。

本书共分三部分。第一部分主要介绍环境规划理论原理、学科发展和实践基础。第二部分主要从规划全过程出发，介绍环境规划的现状评价、功能分区、情景预测、目标指标确定、方案经济分析、决策优化等方法。第三部分主要从类型出发，介绍了水环境、大气环境、自然生态系统、城市、农村和生态工业园区等规划的技术与方法。各章内容概述如下:

第 1 章对环境规划的概念、内涵、特点等进行了分析，对我国环境规划的分类体系及其与其他规划的关系进行了阐述，为环境规划、环境科学及其他领域学科发展提供一定的借鉴作用；第 2 章介绍了环境规划的理论基础，重点介绍了可持续发展理论、自然生态学理论、环境承载力理论、资源经济理论、产业生态学理论、环境系统科学理论、人地系统理论等理论基础；第 3 章对环境规划编制的程序和内容作了概括性介绍，给读者展示了一个环境规划的总体框架；第 4 章回顾总结了美国、日本、英国等典型发达国家环境规划发展概况和经验，并对我国环境规划的发展历程、体系、现状以及目前存在的问题和未来环境规划的发展趋势进行了总结。

第 5 章综述了环境规划的评价方法，重点介绍了规划现状调查方法及社会经济、环境污染、环境质量等技术评价方法，以及环境承载力、生态足迹等方法；第 6 章对环境规划中一个重要的基础工作——环境分区进行了介绍，主要包括环境区划、环境功能区划、生态功能区划、流域控制单元划分等技术方法；第 7 章全面介绍了环境规划常用的预测方法，包括非机理性的一般预测方法、基于机理性的水环境质量预测方法和大气环境质量预测方法、综合环境经济预测模型方法等；第 8 章阐述了环境规划目标的基本问题、环境规划目标体系、规划指标体系，重点介绍了环境质量目标指标确定、排放总量控制目标指标确定及其分解方法等；第 9 章阐述了环境规划费用效益分析理论与相关概念，重点介绍了环境规划中的费用分析评估技术、效益分析评估技术等，并进行了实例分析；第 10 章在介绍环境规划决策的概念、过程、特点、模式等基础上，提出了环境规划决策常用的方法，重点对环境规划决策支持系统进行了阐述，提出了典型流域规划决策支持系统框架；第 11 章在分析环境规划实施评估的基本概念、作用、内容、分类等基础上，结合国家“十一五”环境保护规划的实施评估，讨论了环境规划实施评估的基本程序和主要方法。

第 12 章结合我国重点流域水污染防治规划的编制，对水污染防治规划编制的理论方法和主要内容，特别是水环境功能区划分、水环境容量确定和分配等进行了总结和分析；第 13 章介绍了大气污染防治规划的特点与程序、大气环境规划国内外实践、区域环境空气质量规划、规划关键技术方法等主要内容；第 14 章阐述了固体废物污染防治规划的背景和有关概念，重点介绍了固体废物污染防治规划的内容与方法；第 15 章概述了生态保护规划的基本概念和原则，分析了生态保护评估与规划技术方法，重点介绍了我国目前区域生态保护规划、生态示范区建设规划、自然保护区建设规划、农村生态保护规划等主要规划的内容方法；第 16 章对城市环境规划的概念、原则、理论等进行了介绍，着重对城市环境规划的内容和方法以及目前正在探索的城市环境总体规划进行了阐述；第 17 章对生态工业园区理论与国内外实践进行了介绍，对生态工业园区规划编制的内容和方法进行了分析。

本书的撰写既是对近 30 年我国国家环境规划研究与实践的总结，也是对环境保护部环境规划院在环境规划方法和创新研究的提炼。全书由王金南研究员、蒋洪强研究员提出框架和撰写方案，指导主笔者完成各个章节初稿，然后进行逐章逐节数次修改、讨论、完善和最终统稿定稿。第 1、2、3 章，由郭默、蒋洪强、王金南负责；第 4 章，由王金南、蒋洪强、张静、石广明负责；第 5 章，由卢亚灵、王金南、蒋洪强负责；第 6 章，由王金南、卢亚灵、许开鹏负责；第 7 章，由张静、姚瑞华、薛文博、吴文俊负责；第 8 章，由董战峰、王金南负责；第 9 章，由赵学涛、曹国志负责；第 10 章，由张伟、王金南、刘年磊负责；第 11 章，由曹国志、周颖负责；第 12 章，由吴文俊、王东、徐敏负责；第 13 章，由雷宇、王金南负责；第 14 章，由侯贵光、曹国志负责；第 15 章，由张静、王夏晖、饶胜、王金南负责；第 16 章，由张伟、王金南负责；第 17 章，由吴文俊、蒋洪强负责。在本书撰写过程中，自始至终得到了环境保护部周建副部长和翟青副部长的指导和鼓励，得到了环境保护部规划财务司赵华林司长、尤艳馨副司长、贾金虎处长、原副司长过孝民研究员以及环境保护部环境规划院洪亚雄院长、吴舜泽副院长、陆军副院长等的指导。中国环境出版社有关工作人员为本书的出版付出了大量心血，在此一并表示感谢和致意。本书参考引用了大量的国内外研究成果和文献，但只列出了大部分文献，尚有部分未列出，在此向这些文献的作者表示感谢。在此，对参与这些规划编制的所有人员表示衷心的感谢和致意。

撰写本书前后花了近四年时间，但依然感觉时间仓促。因此，书中难免有不足之处，恳请读者批评指正。希望本书能够对环境规划学的发展以及展示国家环境规划实践起到一定的指导作用。

王金南　蒋洪强

2014 年 9 月 10 日

目 录

CONTENTS

第 1 章　环境规划概论

环境规划是环境科学的重要分支学科之一，也是环境科学与规划学、工程学、经济学、运筹学、社会学、统计学等多种学科相结合的交叉性学科，更是一门具有较强的应用性、指导性及实践性的学科。本章分析了环境规划的概念、内涵、特点，阐述了我国环境规划的分类体系及其与其他规划的关系。

1.1　环境规划概述

1.1.1　环境规划的含义

规划是指人们以思考为依据安排其行为的过程。规划包含两层含义：一是描绘未来，即人们根据对规划对象现状的认识来对未来目标和发展状态进行构思；二是行为决策，即人们为达到或实现未来的发展目标所应采取的时空顺序、步骤和技术方法的决策。环境规划是整个规划体系中的一个组成部分，是近 50 年发展起来的一种规划。

在《中国大百科全书·环境科学卷》中，环境规划定义为：环境规划是人类为使环境与社会经济协调发展而对自身活动和环境所作的在时间和空间上的合理安排。从环境规划的定义中可以看出，其包含环境规划的目的、内容和科学性的要求[1]。

在环境规划发展历程中，人们对环境规划的认识也不尽相同。有的学者把环境规划看做是在一定时期、一定范围内整治和保护环境、达到预定的环境目标所做的总体布置和规定；也有学者认为环境规划是对不同地域和不同空间尺度的未来环境保护行动进行规范、系统筹划，是实现预期环境目标的一种综合性手段；还有学者认为环境规划是社会发展和国民经济的有机组成部分，是规划管理者对一定时期内环境保护目标和措施所做出的具体规定，是一种带有指令性的环境保护方案，其目的是在发展经济的同时保护环境，使环境、经济与社会协调发展[2]。

从环境规划编制的过程来看，环境规划是人类在经济社会发展与环境形势分析及压力预测的基础上，提出的环境保护指导思想和基本原则，制定的未来环境保护目标指标，并对未来环境保护主要任务方案所作的合理安排，制订实施的主要工程和保障措施，以便使经济社会发展符合环境保护要求。

总之，环境规划主要在于调控人类自身的生产和生活活动，减少污染、资源浪费和生态破坏，保护人类生存、经济和社会持续稳定发展所依赖的环境。由此可见，环境规划是一种克服人类活动盲目性和主观随意性的科学决策活动，是一定时期内环境保护方针、战略、指导思想的体现，是对未来一定时期环境保护目标、任务、工程、措施所做的具体规定，具有强制性。

根据环境规划定义，其涉及的内涵如下[2]：

环境规划以“社会-经济-环境”这一复合生态系统为研究对象，具有开放性和复杂性，涉及某个特定区域，其范围可能是一个国家或一个区域（省级区域、城市、乡镇或流域）。各地区、各部门、各行业根据环境容量和资源承载力，按照环境功能区划要求、环境质量目标、污染物排放总量控制目标和计划，制定经济发展总体规划、专项规划。

环境规划制定的目的在于改变传统的经济发展模式，使经济、社会发展遵循自然生态规律，减轻或避免发展对环境造成的破坏，使“社会-经济-环境”系统协调发展，维护生态系统良性循环，降低区域环境风险，达到经济发展和环境保护双赢。

根据环境规划目的，环境规划包括两个方面的主要内容：①根据环境保护的需要，对人类经济社会活动提出约束要求，如实行正确的政策和措施，确定合理的发展规模和开发程度，确定合适的产业结构和布局，推行清洁生产工艺等；②经济社会发展和人民生活水平提高对环境提出了越来越高的需求，要对环境保护建设作出长远的安排和部署，如确立长远的环境质量目标、筹划自然保护和生态建设等。这两个方面相互作用和促进，经济发展可增强环境保护的能力，消除导致环境破坏的根源；同时良好的环境也能促进经济的发展，改善人民的生存环境和生活质量，维持“社会-经济-环境”系统可持续发展。目前，我国环境保护工作进入了以保护环境优化经济增长的新阶段，既要注意这两个方面的对立性，又要把这两方面有机地结合起来，以解决环境保护和经济增长的矛盾。

环境规划可为环境管理提供依据，是国家环境保护政策和战略的具体体现。环境规划可为控制环境污染、改善环境质量，实现经济与环境保护协调发展提供切实可行的方案。作为国民经济和社会发展规划体系的重要组成部分，环境规划是协调人与环境、经济与环境关系的重要手段和措施。

1.1.2 环境规划的特点

（1）整体性

环境规划的整体性反映在环境的各个组成部分和要素之间构成了一个有机整体：各要素之间既有一定的联系，又有其自身突出的环境问题特征和规律，各有其相对确定的分布结构和相互作用关系，从而各自形成其独立的、整体性强、关联度高的体系。环境规划的整体性还反映在规划过程各技术环节之间关系紧密、关联度高，各环节往往影响和制约相关环节，同时又受到其他环节的影响和制约。

因而规划工作应从环境规划的整体出发，全面考察研究。单独从某一环节着手并进行简单的串联叠加是难以获得有价值的系统结果的。

（2）综合性

环境规划的综合性反映在其涉及的领域广泛、信息来源多、影响因素多、对策措施综合、部门协调复杂。随着人类对环境保护认识的提高和实践经验的积累，环境规划的综合性及其集成性正在越来越显著地加强。当代环境保护的兴起和发展是从治理污染、消除公害开始的，并大体经历了 3 个阶段：以单纯运用工程技术措施治理污染为特征的第一阶段；以污染防治相结合为核心的第二阶段；以环境系统规划与综合管理为主要标志的第三阶段。21 世纪的环境规划将是自然、工程、技术、经济、社会相结合的综合体，也是多部门的集成产物。

环境规划的综合性还反映在其方法学和支撑软件环境的需求方面。在环境规划过程中，无论是信息的收集、储存、识别、核定，功能区的划分，评价指标体系的建立，还是环境问题的识别，未来趋势的预测，方案对策的制订，环境影响的技术经济模拟，多目标方案的选评等，均涉及大量的定性因素、定量因素，而且这些因素往往相互交织在一起，界限并不分明；同时环境规划的环境、经济、社会以及科学与工程多学科相结合的要求也相当突出。因此，单纯注重数学模型的复杂演算、只注重工程措施、只对某局部环节作分散的研究，或者只对宏观对策做理论上的论述，都是难以解决问题的。因此，系统工程学在解决规划系统的分解和综合的问题上可以发挥十分重要的作用；同时在各个环节上需要发挥多学科技术的综合优势，特别是要逐步建立起一套针对定性因素或定性定量交织结合因素的处理方法、手段和工具。需要指出的是，环境冲突分析方法在解决环境规划所面临的经济与环保、环境资源分配等矛盾冲突问题上将起着越来越重要的作用。未来环境规划的支撑软件将向着能提供综合和集成信息，便于各类人员参与又便于更新、调整的方向发展。

（3）区域性

环境问题的区域性特征十分明显，因此环境规划必须注重“因地制宜”。所谓地方特色，主要体现在：环境及其污染控制系统的结构不同；主要污染物的特征不同；社会经济发展方向和发展现状、速度不同；控制方案评价指标体系的构成及指标权重不同；各类模型中参数、系数的时地修正不同；各地的技术条件和基础数据条件不同。本书总结提炼出的环境规划的基本原则、规律、程序和方法必须融入地方特征才是有效的。

（4）动态性

环境规划具有较强的动态性。它的影响因素在不断变化，无论是环境问题（包括现存的和潜在的）还是社会经济条件等都在随时间发生着难以预料的变动，基于一定条件（现状或预测水平）制定的环境规划，随着社会经济发展方向、发展政策、发展速度以及实际环境状况的变化，必然需要具有快速响应和更新的能力。因此，需要从理论、方法、原则、工作程序、支撑手段、工具等方面逐步建立起一套滚动式环境规划管理系统以适应环境规划不断更新、调整、修订的需求，满足发展的方向。

（5）约束性

约束性是政府组织制定和实施环境规划的一个显著特征。从环境规划的最初立项、规划编制，到最后的规划方案决策分析，甚至制定实施规划的每一个环节，都经常会面临从各种可能性中进行选择的问题。完成选择的重要依据和准绳是我国现行的有关环境政策、法规、制度、条例和标准。环境规划一经制定，并经权力机构讨论通过和颁布，就具备法律性质，具有国家法律作后盾的强制性。环境规划所规定的内容，对有关部门、有关单位、有关的人和事都具有约束力，即国家机关、企业、团体、公民个人，在规划范围内，都相应地享受权利和承担义务，违背规划行事就要承担法律责任。环境规划的制定，既然是按法定程序进行的，那么它的修改同样要按法定程序进行。如果遇到客观情况发生重大变化，必须修改时，经环境规划制定单位提出有科学依据的成熟的修改方案，提请同级人大讨论通过，才有效力。环境规划虽具有法律性质，但在具体执行中，主要是由行政机关执行。同时，在必要时采取限期治理或关、停、并、转、迁等措施。对某些重大污染事件，除追究法律责任之外，还应根据实际可能和环境需要，命令有关单位在一定期间内采取一定的补救措施。这些宣传教育和行政命令，都是执行环境规划所不可缺少的[3]。

1.1.3 环境规划的原则

进行环境规划的目的是谋求经济、社会、环境的协调与可持续发展，保护公众健康，促进社会生产力持续发展及资源和环境的永续利用。也即在经济发展的同时改善环境，在环境的改善中促进经济的发展。编制环境规划的基本原则如下[4]：

（1）以规划区域环境功能为基础，合理确定保护目标

进行环境规划要对规划区的性质和功能进行综合分析，坚持实事求是，抓住区域特点，区别对待，提出恰当的环境目标要求。环境目标是环境规划的灵魂，只有明确目标，才能与经济发展规划中的经济目标综合平衡，从而制定出切实可行的环境规划。对无能力防治和对污染特别敏感的地区，设置的环境目标应该高一些；而对于环境容量大、承载能力强的区域，可根据情况适当降低环境目标，推动当地经济发展，到一定阶段时再适时调整目标，以实现环境、经济协调发展。

（2）以经济、社会和环境协调发展和保护公众健康为基本要求

目前，我国依然处于社会主义初级阶段，短期内，经济建设依然是国家的中心任务。可持续的国民经济发展要求以经济建设为中心，将经济、技术、社会发展相结合，人口、资源、环境协调发展。发展的最终目的是满足人民群众日益增长的物质文化需求和健康环境要求。发展必须讲求环境效益和公众健康，保证经济社会可持续性。如果只有经济建设目标，而无环境保护目标，只有经济发展规划，而无环境保护规划，必然会造成环境污染和生态破坏，违背经济发展的最终目标。资源得不到合理利用、环境被破坏、公众健康受到威胁，那么经济增长也不可能持续下去。

（3）以合理开发利用环境资源和满足环境容量为前提

我国资源总量大，但人均占有量很少，因此，合理开发和有效利用环境资源势在必行。建立“低投入、多产出、低消耗、高效益”的社会经济结构，是制定环境规划的重要原则。在制定环境规划时，要始终考虑人均环境资源和单位国土面积环境资源的禀赋条件，考虑规划区域资源足迹、污染足迹、生态足迹、碳足迹的变化趋势和控制要求。

（4）以生态系统管理、全过程控制和科技创新为重要手段

环境保护最根本的措施是源头控制。因此，环境规划要与经济结构调整、生产力合理布局相结合。环境规划要体现大力发展清洁生产和循环经济，积极采用先进的、经济的治理技术，将污染消灭在生产过程中的要求。环境规划还应有强有力的科技创新支持系统，包括环境规划预测模拟、环境规划工程、环境规划评估支撑、环境管理信息系统，这些都必须借助科技的力量，比如地理信息系统（GIS）、全球卫星定位系统（GPS）和遥感系统（RS）的 3S 技术等。

（5）以强化环境规划的可操作性和有效性，提升规划水平

环境规划要成为指导环境与经济社会协调发展的基本依据，必须充分利用法律、经济和行政手段，充分体现环境管理的基本要求。进行环境规划时，必须坚持以防为主、防治结合、全面规划、全面布局、突出重点、兼顾一般的环境管理的主要方针。对新建项目做到不欠新账，原有污染源加快治理，切实改变“先污染后治理”和“边污染边治理”的状况。积极推行环境经济政策的运用，坚持“谁污染谁负担”和“谁开发谁保护，谁破坏谁治理，谁利用谁补偿，谁受益谁付费”的原则。同时，把强化环境管理的原则贯穿到环境规划的编制和实施中，运用法律、经济、市场和行政手段保证和促进环境规划的实施，提高环境规划实施的约束性和倒逼作用。

以上这些原则都是一般性原则。在各种类型的环境规划中，需要根据具体规划类型、规划对象、环境保护的新理念等确定与时俱进的规划原则。

1.1.4　环境规划的作用

环境规划最初的目的是按既定的目标和措施合理分配排污削减量，约束排污者的行为，指导人们进行各项环境保护活动，改善生态环境，防止资源破坏，保障环境保护活动纳入国民经济和社会发展计划，以最小的投资获取最佳的环境效益，促进环境、经济和社会的可持续发展。

环境保护规划已成为我国环境保护工作的重要组成部分和手段，对于促进环境与经济社会的协调发展，保障环境保护活动纳入国民经济和社会发展计划起到了十分重要的作用。这些作用概括起来有以下几个方面[5]：

（1）促进环境与经济、社会可持续发展

环境问题必须从根本上加以解决才能取得有效进展。多年来末端治理的实践告诉我们：污染是治不胜治的，污染治理的同时又会有源源不断的新的污染产生。因此必须从源

头上切断环境污染的根源，实施预防为主、防患于未然的措施，否则，即使花费了巨大的人力、物力和财力，也收效甚微。环境规划的重要作用之一就是协调环境与经济、社会的关系，预防环境问题的产生，促进环境与经济、社会可持续发展。

（2）将环境保护纳入经济和社会发展计划

党的十八大报告中将生态文明建设纳入包括经济建设、政治建设、文化建设、社会建设的“五位一体”建设总布局，提出要从源头扭转生态环境恶化趋势，为人民创造良好生产生活环境。党的十八届三中全会明确提出建设生态文明必须建立系统完整的生态文明制度体系，实行最严格的源头保护制度、损害赔偿制度、责任追究制度，完善环境治理和生态修复制度，用制度保护生态环境。为确保切实实行生态环境保护制度，2014 年 4 月 24 日修订通过的《中华人民共和国环境保护法》中明确规定，县级以上人民政府应当将环境保护工作纳入国民经济和社会发展规划。环境保护规划的内容应当包括生态保护和污染防治的目标、任务、保障措施等，并与主体功能区规划、土地利用总体规划和城乡规划等相衔接。环境保护规划将生态环境保护纳入了国民经济和社会发展计划，使环境保护的目标与国民经济和社会发展相适应。

（3）指导各项环境保护和管理活动实践

环境规划制定的功能区划、质量目标、控制指标和各种措施以及工程项目，为人们提供了环保工作的方向和要求，可以指导环境建设和环境管理活动的开展，对有效实现环境科学管理起着决定性的作用。环境规划是一个区域在一定时期内环境保护的实施方案，为各级环境保护部门提出了明确的方向、工作任务和工作目标，在环境管理活动中发挥着重要的作用。

（4）改善环境质量，保护生态服务功能

环境规划的另一个重要作用是改善环境质量，防止生态破坏，这也是环境规划在环境保护中的根本作用，是其他规划不可替代的。环境规划在一个区域范围内进行全面规划，对区域内各种资源、社会条件和污染现状进行分析进而合理地布局产业，采取有效措施，防止新的生态破坏产生，同时又有计划、有步骤、有重点地解决一些历史遗留下的环境问题，做到不欠新账、多还旧账，为改善区域环境质量、恢复自然生态的良性循环起到重要作用，达到以预防为主的目的。

（5）以最小的投资获取最佳的环境经济效益

环境是人类生存的基本要素，也是生活质量的重要指标，又是经济发展的物质基础，然而，保护环境和发展经济都需要资源和资金。在有限的资源和资金条件下，特别是对发展中的中国来讲，如何用最小的资金，实现经济和环境的协调发展，就显得十分重要。而环境规划正是运用科学的方法，保障在发展经济的同时，以最小的投资获取最佳环境效益的有效措施。

1.2　环境规划分类

1.2.1　环境规划的基本类型

依据不同的划分方法，环境规划可分为如下类型[5]：

（1）按规划时期分类

从时间跨度而言，环境规划大体可分为：长期环境规划、中期环境规划、短期环境规划。长期环境规划是纲要性计划，其主要内容是：确定环境保护战略目标、主要环境问题的重要指标、重大政策措施；中期环境规划是基本计划，其主要内容是：确定环境保护目标、主要指标、环境功能区划、主要的环境保护设施建设和技改项目及环保投资的估算和筹集渠道等；短期环境规划或年度环境保护计划是中期规划的实施计划，内容比中期规划更为具体、可操作且有所侧重。由于环境规划时间跨度大，在规划实施过程中，需要根据实际情况，对规划目标和内容进行动态调整。

（2）按地域和管理层次分类

按地域和管理层次可分为国家环境规划、省（区）市环境规划、部门环境规划、县区环境规划、农村环境规划。其中，国家环境保护规划范围很大，涉及整个国家，是国家发展规划的组成部分，其目的是协调全国经济社会发展与环境保护之间的关系。国家环境规划对全国的环境保护工作起指导性作用，各省（区）、市（地）、各级政府和环保部门都要依据国家环境规划提出的奋斗目标和要求，结合实际情况制定本地区的环境规划，并加以贯彻和落实。区域环境规划一般是针对省或相当于（或大于）省的经济协作区，区域环境规划的综合性和地区性很强，它是国家环境规划的基础，又是制定城市环境规划、工矿区环境规划的前提。

以上各类规划构成一个多层次结构。层次之间既有区别，又有密切的联系。上一层次的规划是下一层次规划的依据和综合，下一层次的规划是上一层次规划的条件和分解，因而下一层次规划的实现是上一层次规划完成的基础。省、市、自治区、直辖市和计划单列市环境规划应包括次级层次的主要内容，在制定规划中要上下联系、综合平衡，以实现整体上的一致和协调。

（3）按环境要素分类

按环境要素可分为水环境保护规划、大气环境保护规划、土壤环境保护规划、固体废物污染防治规划、噪声污染控制规划等。通常，环境要素的保护规划范围要比要素的污染防治规划范围大，内容也更加复杂。

水环境保护规划或水污染控制规划包括区域、流域、城市等类型，具体地讲，水域（河流、湖泊、地下水和海洋）环境保护规划的主要内容是对规划区内的水域污染控制提出基本任务、规划目标和主要防治措施。目前的水环境保护规划以污染防治为主，较少体现水生态保护以及水环境资源的综合保护。

大气环境保护规划或大气污染控制规划，主要是指区域、城市或特定地区类型的规划。其主要内容是对规划区内的大气质量和污染控制，提出规划目标、基本任务和主要防治措施。大气污染防治规划按其防治对象和指标，又可分为酸雨控制规划、二氧化硫防治规划、空气质量改善规划等。

土壤环境保护规划主要是以改善土壤环境质量、保障农产品质量安全和建设良好人居环境为目标的规划，规划的主要内容有耕地和水源地土壤环境保护、土壤污染治理与修复等。而固体废物污染控制规划可以看成是土壤污染防治规划的一种类型。

噪声污染控制规划一般是指城市、小区、道路和企业的噪声污染防治规划。

（4）按规划的特定任务分类

环境规划从特定任务上分，有生态保护规划、污染防治规划、专项专题规划以及环境科技与产业发展规划等。目前，关注的主要是生态保护规划和污染防治规划。

生态保护规划。在编制国家或地区经济社会发展规划时，不应单纯考虑经济因素，而应把当地的生态系统和社会经济系统紧密结合在一起进行考虑，使国家或地区的经济发展能够符合生态规律，既能促进和保证经济发展，又不使当地的生态系统遭到破坏。一切经济活动都离不开土地利用，各种不同的土地利用对地区生态系统的影响是不一样的，在综合分析各种土地利用的“生态适宜度”的基础上，制定土地利用规划，通常称为生态型规划。

污染防治规划。污染防治规划也称为污染控制规划，是当前环境规划的重点。按内容可分为工业（行业、工业区）污染控制规划、农业污染控制规划、交通污染防治规划和城市污染控制规划等。根据范围和性质的不同又可分为区域污染综合防治规划和部门污染综合防治规划。区域污染综合防治规划包括经济协作区、能源基地、城市和水域等的污染综合防治规划等。部门（或专业）污染综合防治规划包括工业系统污染综合防治规划、农业污染综合防治规划、商业污染综合防治规划以及企业污染综合防治规划等。工业系统污染综合防治规划还可以按行业分为化工污染防治规划、石油污染防治规划、轻工污染防治规划和冶金工业污染防治规划等。

1.2.2 我国环境规划体系

近 20 年来，我国的环境规划编制与实施工作取得了一系列重要成果，环境规划已纳入了国家总体规划中，很多规划，如《国家环境保护“十一五”规划》《国家环境保护“十二五”规划》《国家环保“十一五”规划中期评估》《松花江流域水污染防治规划（2006—2010）》《丹江口库区及上游水污染防治和水土保持规划》《全国生物物种资源保护与利用规划（2006—2010）》《核安全及辐射防治规划（2006—2010）》《“十二五”重金属污染综合防治规划》《青藏高原环境保护综合规划》等都得到了国务院的批复与国家的资金支持。经过 20 多年的努力探索和实践，我国目前基本形成了覆盖全环保领域的规划体系，为国家环境保护工作奠定了坚实的基础[6]。

（1）一般规划分类体系

按纵向划分，包括国家环境保护规划、省（区）市环境保护规划、县区环境保护规划、乡镇环境保护规划等；按要素划分，包括为水、气、固体废物、核与辐射、土壤和噪声污染控制规划及生态环境保护规划等；按领域划分，包括农村环境保护规划、城市综合整治环境保护规划和行业环境保护规划，如工业部门、农业部门、交通运输部门环境保护规划。

不同行政级别的规划形成纵向规划层次，不同环境要素的规划形成横向规划层次，因而目前我国的环境规划体系呈现出“横向+纵向”的二维结构（图 1-1）。其中国家环境保护宏观规划是整个环境规划体系的核心部分。

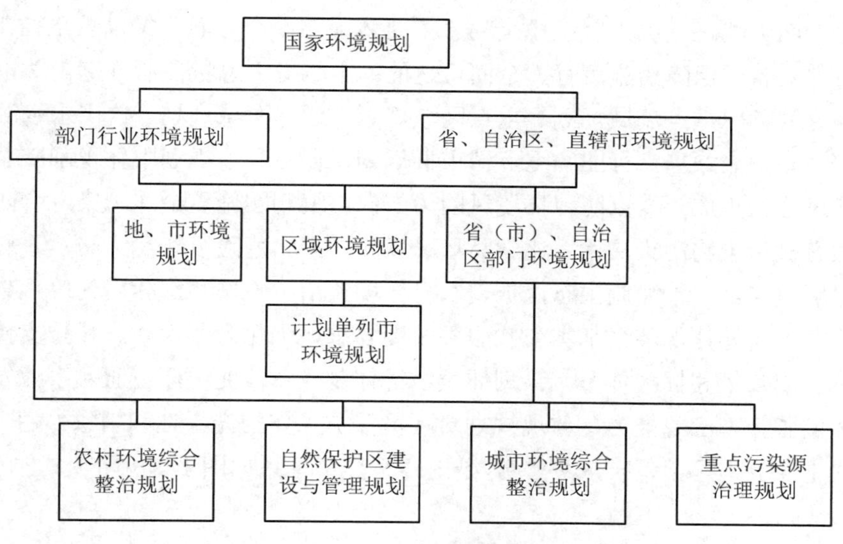

图 1-1　我国环境规划的体系结构

（2）“十一五”环保规划体系

“十一五”期间，我国环境保护规划的“纵-横”分类体系更加趋于完善。横向体系主要是基于环境要素和不同工作领域角度的划分，包括流域水污染防治规划、国家酸雨和二氧化硫污染防治规划、全国生态保护规划、农村环境污染防治规划、环境科技发展规划、环境监管能力建设规划、全国主要污染物排放总量控制计划、污水处理及再生利用设施建设等。

纵向体系主要是基于层级来进行的划分，包括国家“十一五”环境保护规划，区域（长三角、珠三角、京津冀等）环境保护规划、流域环境保护规划、各省（自治区、直辖市）环境保护规划及各城市、区县、乡镇、开发区（工业园区）、农村等环境保护规划。

各领域还可以再进行分类，如生态规划还可细分为重点生态功能区规划、生物多样性保护、土壤污染防治等规划。总体来看，“十一五”期间，我国环境保护规划的范围除了覆盖传统的水、大气、固体废物、生态等环境要素外，还开始向环境风险、有毒有害物质等非传统领域延伸，规划的层级开始向乡镇、乡村延伸，并逐步拓展到园区和企业等微观规划层次。

另外，“十一五”期间，一些综合性和跨尺度的区域和流域环境规划在规划理念、理论和规划方法等方面不断创新，环境规划的法规政策依据日益完善，规划的资金投入日益加大，规划的实施评估和考核体系更加完善和严格。

（3）“十二五”环保规划体系

在分类体系上，国家“十二五”环境保护规划体系基本覆盖了全环保领域。在内容体系上，国家“十二五”环境保护规划体系以“削减总量-改善质量-防范风险-环境基本公共服务均等化”四大战略任务内容统揽全局。主要体现在 5 个方面：①以总量控制为主线，编制基础条件具备、保障措施可行、全面可达的“十二五”总量控制规划。②以改善民生为出发点，统筹考虑重点流域规划、重点区域规划、近岸海域规划、饮用水水源地和地下水污染防治规划，兼顾重点行业、重点城市群规划，在各专项规划中体现削减总量、改善质量与防范风险的集成。③以防范环境风险为方向，编制实施重金属污染综合防治、主要行业持久性有机污染物污染防治、化学品环境风险防控、危险废物污染防治、核与辐射等规划，确保环境安全。④编制生态保护、农村环境整治、土壤和国际履约等规划，力争重点领域有所突破。⑤体现环境基本公共服务发展要求，强化人才保障、科技支撑，完善国家环境保护法规政策和标准体系，谋划环境经济体制改革，促进环境监测事业发展，全面提升国家环境监管和应急能力，体现规划对环境保护工作的先导性和引领作用。

国家“十二五”环境保护规划“分类-内容”交错体系如图 1-2 所示。

1.3 环境规划法规依据

1.3.1 我国环境规划的法规依据

20 世纪 70 年代以来，我国制定了一系列的环境保护法律、法规和规章等，其中涉及环境规划的条款成为了环境保护规划的法律依据，形成了一个隐形的环境规划法律保障体系（表 1-1）。

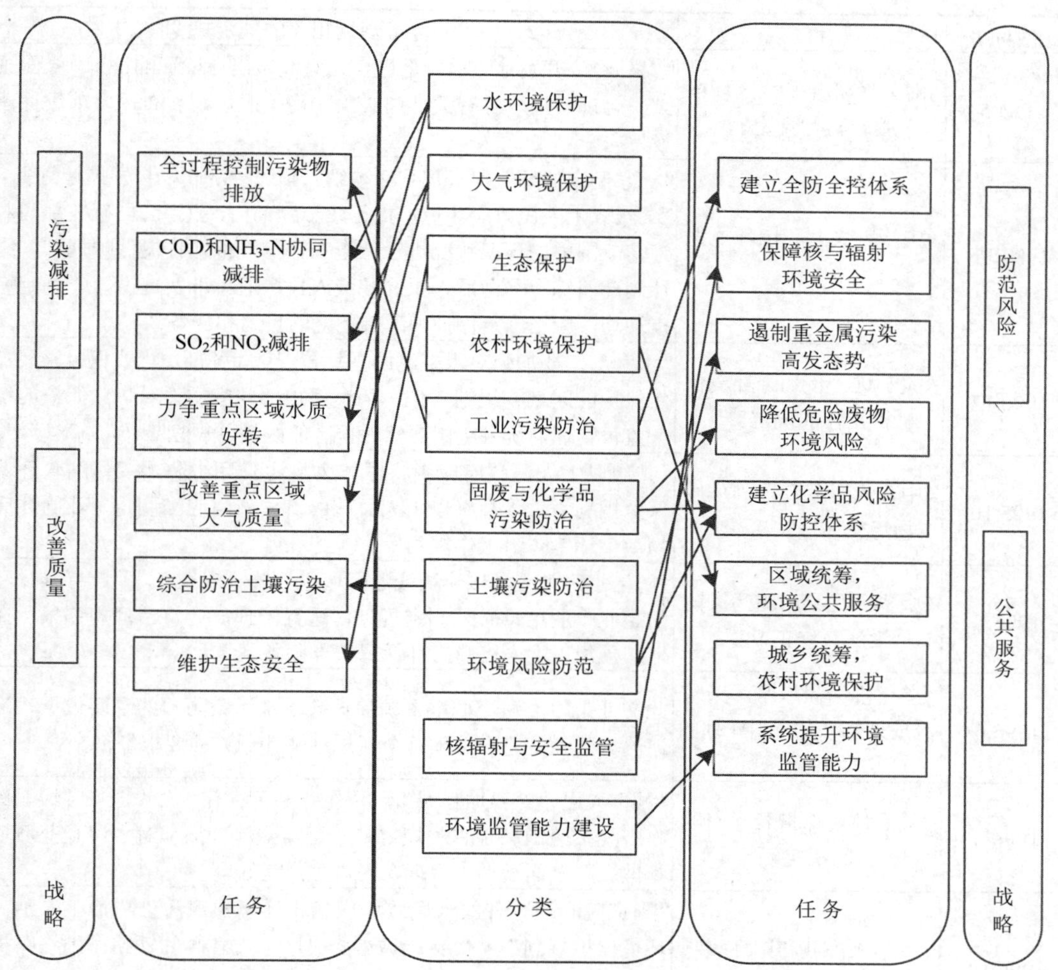

图 1-2　国家“十二五”环境保护规划“分类-内容”交错体系[7, 8]

表 1-1　环境保护法律法规中对环境规划的规定[9]

时间	法律法规	与环境规划相关的规定
1979.9	《中华人民共和国环境保护法（试行）》	“合理规划”的环境保护工作方针；“国务院和所属各部门、地方各级人民政府必须切实做好环境保护工作，在制定国民经济计划的时候必须对环境的保护和改善统筹安排，并认真组织实施，对已造成的环境污染和其他公害，必须做出规划，有计划、有步骤地加以解决”
1981.2	《关于在国民经济调整时期加强环境保护的决定》	“各级环保部门会同农业、林业等部门，加强自然环境的规划与管理”，“各级人民政府在制定国民经济和社会发展计划规划时，必须把环境保护和自然资源作为综合平衡的重要内容，把环境保护的目标、要求和措施，切实纳入计划和规划”

时间	法律法规	与环境规划相关的规定
1984.5	《对外经济开发地区环境管理暂行规定》	“对外经济开发地区进行新区建设必须做出环境影响评价，全面规划，合理布局。各有关部门必须严格按照规划和布局要求进行建设”
1989.12	《中华人民共和国环境保护法》	“国家制定的环境保护规划必须纳入国民经济和社会发展计划”，“县级以上人民政府环境保护行政主管部门，应当会同有关部门对管辖范围内的环境状况进行调查和评价，拟定环境保护规划，经计划部门综合平衡后，报同各级人民政府批准实施”，“制定城市规划，应当确定保护和改善环境的目的和任务”
1990.12	《关于进一步加强环境保护工作的决定》	“水利部门要加强对水资源的规划管理”，各部门“要积极开展自然保护的区划、规划工作，环境保护部门应加强对自然保护的统一监督管理。统筹全国自然保护区的区划、规划工作”
1995.10	《中华人民共和国固体废物污染环境防治法》	“县级以上人民政府应当将固体废物污染环境防治工作纳入环境保护规划”，“县级以上人民政府有关部门应当制定工业固体废物污染环境防治工作规划”
1996.5	《中华人民共和国污染防治法（修正）》	“防治水污染应当按流域或者区域进行统一规划”，“超标准排污的企业事业单位必须制定规划，进行治理，并将治理规划报所在地的县级以上人民政府环保保护部门备案”
1996.6	《关于淮河流域水污染防治规划及“九五”计划的复批》	此文件是“淮河流域水资源保护共和水污染防治的重要依据，淮河流域的经济建设必须符合《规划及计划》的要求”
1996.8	《关于环境保护若干问题的决定》	“城市人民政府要加强城市环境综合整治工作”，“地方各级人民政府要按照国务院有关规定采取切实措施，加强对乡镇企业环境管理。要全面规划、合理布局、分类指导”
1996.10	《中华人民共和国环境噪声污染防治法》	“国务院和地方各级人民政府应当将环境噪声污染防治工作纳入环境保护规划”，“穿越城市居民区、文教区的铁路，因铁路机车运行造成环境噪声污染的，当地人民政府应当组织铁路部门和其他有关部门，制定减轻环境噪声的规划”
2000.4	《中华人民共和国大气污染防治法(2000 年修正)》	“国务院和地方各级人民政府，必须将大气环境保护工作纳入国民经济和社会发展计划，合理规划工业布局，加强防治大气污染的科学研究，采取防治大气污染的措施，保护和改善大气环境”等与大气环境污染的规划规定
2002.6	《中华人民共和国清洁生产促进法》	“县级以上人民政府经济贸易行政主管部门，应当会同环境保护、计划、科学技术、农业、建设、水利等有关行政主管部门制定清洁生产的推行规划”
2002.7	《中华人民共和国水污染防治法实施细则》	“依照《水污染防治法》第十条规定编制的流域水污染防治规划，应当包括以下内容：①水体的环境功能要求；②分阶段达到的水质目标及时限；③水污染防治的重点控制区域和重点污染源，以及具体实施措施；④流域城市排水与污水处理设施建设规划”，“城市建设管理部门应当根据城市总体规划，组织编制城市排水和污水处理专用规划，并按照规划的要求组织建设城市污水集中处理设施”

时间	法律法规	与环境规划相关的规定
2002.10	《中华人民共和国水法》	“县级以上人民政府应当加强水利基础设施建设，并将其纳入本级国民经济和社会发展计划”
2003.6	《中华人民共和国放射性污染防治法》	“县级以上人民政府应当将放射性污染防治工作纳入环境保护规划”
2004.12	《中华人民共和国固体废物污染环境防治法》	“县级以上人民政府应当将固体废物污染环境防治工作纳入国民经济和社会发展计划，并采取有利于固体废物污染环境防治的经济、技术政策和措施”
2007.7	《国务院关于编制全国主体功能区规划的意见》	“全国主体功能区规划由国家主体功能区规划和省级主体功能区规划组成，分国家和省级两个层次编制”等
2011.10	《国务院关于加强环境保护重点工作的意见》	“国家编制环境功能区划，在重要生态功能区、陆地和海洋生态环境敏感区、脆弱区等区域划定生态红线，对各类主体功能区分别制定相应的环境标准和环境政策”
2014.4	《中华人民共和国环境保护法》	“县级以上人民政府应当将环境保护工作纳入国民经济和社会发展规划”

经过 30 多年的发展，我国的环境保护由“计划”转向“规划”，在于充分发挥市场对资源配置的基础性作用，规划实施主要以政策和相关立法为基础，尤其强调法律法规和标准规范的保障，行政手段更多的是一种导向性的作用。与过去计划经济中的“环境保护计划”比较而言，当前市场经济体制中的“环境保护规划”在淡化行政指令的同时，更注重从法律的角度为其“约束性”和效力寻求依据。

2014 年 4 月，十二届全国人大常委会第八次会议通过了修订后的《中华人民共和国环境保护法》。新修订的《环境保护法》充分体现了我国生态文明建设的要求，体现了保护优先，预防为主的特点。《环境保护法》中确定了环境规划的法律地位，从规划的制定、报批、实施和考核的各个环节都做出明确规定，从而确保了环境规划实施的权威性、严肃性和实施效果。当然，为了实现以上愿景，不仅要对环境规划从编制、实施的各个环节中对管理部门及相关编制机构的职权内容和范围进行设定，还要制定各个环节中所必须遵守的程序规定，将环境规划编制与实施真正纳入法制化轨道，并使其运作规范化、程序化。同时制定各种地方性法规条例，把规划申请、授权许可、公众参与、规划上诉等各个过程以法律的形式固定化，形成全面的环境规划法规体系，做到依法编制、依法行政。

为适应新时期对环境保护与环境规划新的要求，需要建立统一的、指导性强和操作性强的环境规划编制技术标准体系，需要技术标准规范的约束力，约束规范编制者和执行者的环境规划工作；需要技术标准规范环境规划编制和实施工作，增强不同类型规划的兼容性和不同层次规划的衔接性；需要技术标准的统领作用，从体系角度统一规划编制工作，避免同类型规划编制差距过大；需要不同研究方向的专家学者通过制定标准规范体系，把多年研究成果融入其中，引领环境规划学科更加快速、科学地发展。

1.3.2 国外环境规划的法律地位

目前，国际上环境保护规划法律地位有3个明显的特征[10]：①环境保护规划，特别是总体规划普遍得到环境基本法和行政法的支持，如美国的《国家环境政策法》和《政府绩效法》、荷兰的《环境管理法》、日本的《环境基本法》，这些法律不仅明确了环境规划的必要性和责任单位，还对环境保护规划的编制流程、编制内容、法律效力等做出了明确的规定。因此，国外的环境保护规划普遍具有法律效力，能够通过国家执法行为来确保环境保护规划的落实。②不少环境保护的目标、要求、措施乃至环境保护规划编制本身就是法律法规条文要求确定的。如美国环境保护局（U.S. Environmental Protection Agency，USEPA）战略规划的“5年规划、3年更新”（每3年发布新规划，规划年限为5年），荷兰前4个国家环境政策计划（National Environmental Policy Plan，NEPP）每4年更新，日本前3个环境基本计划每6年更新。③不少法律、法规、规章实际上是以法律形式颁布的环境规划，明确规定了阶段环保目标、措施、任务和资金，提高了环境保护规划的执行力。这些规划法制化趋势，可以提高环境保护规划的约束性，使环境保护规划走向法制化、机制化的道路。

美国在众多环境法中，有两部法律对EPA当前的工作和环境规划的产生有直接影响。《国家环境政策法》明确授权EPA管理国家环境事务的权力与责任，《政府绩效法》明确规定了EPA战略规划体系的制定与执行。1969年由国会通过的《国家环境政策法》，是美国环境保护领域的基本法。它规定了联邦政府的所有机构都负有环境保护的责任，任何决策和行动都不得有悖于相关环境政策，否则即为违法。《国家环境政策法》规定国家设立EPA管理国家环境事务，诸多原分属内务部、农业部等多个部门的环境事务全部转交给EPA，使其在大部分环境领域具有明确的和独有的权力，并继承1969年之前制定的环境法的执法权力。1969年之后制定的环境法也多由国会授权EPA执行，这些授权被记录在被授权的法律中。由于这些授权，EPA具有了制定和实施环境规划的两项基本权力：①环境法立法和执法的权力。②使用联邦环境预算的权力。美国EPA根据国会颁布的环境法律制定和执行法规，环境规划编制及其编制行为是其执行法律法规的一个合理组成部分。为保障EPA的执法权力，EPA形成了3个重要的特点：①有自己的行政执法官，即在联邦政府中设立有处罚权的官员，目的在于迅速解决纠纷。②有225人编制的“绿色警察”队伍，主要管辖重大环境违法事件。③在与各州政府的关系方面，享有较大的权力，当各州未能执行环境标准时，可以独立于州直接执行和查处违反联邦标准的行为。美国国会通过的部分环境法修正案和EPA颁布的环境法规具有和环境保护规划类似的职能，如《清洁空气法》1990年修正案设定了两个阶段的SO_x和NO_x削减目标，而2005年EPA又发布了《清洁空气州际法规》，对美国东部地区未来的SO_x和NO_x削减目标作出了更新规定。这些法律和法规严格规定了大气污染物的排放总量与分配、点源排放浓度、许可证交易、参与方式、预算保障等，具备环境保护规划的特征，属于实体化法律的范畴。

日本与环境保护规划直接相关的法律是《环境基本法》，是在 1968 年颁布的《公害对策基本法》和《自然环境保全法》的基础上重新制定的、体现政府环境政策的法律。该法不仅详细规定了政府环境政策的基本理念、基本政策和经济措施，而且对制定实施环境基本计划和环境综合计划、进行环境影响评价等也都做出了具体规定。《环境基本法》规定了环境基本计划的地位、内容，使具有法定计划性质的环境基本计划成为日本环境基本法的中心，确立了国家制定和实施相关政策的环保义务，对日本的环境保护规划具有重要的意义。日本《环境基本法》第 15 条规定：①政府应制定环境基本计划以系统全面地推行环境保护相关政策。②环境基本计划应包含综合、长期的环境保护施政大纲和系统全面地推进环境保护相关政策的必要事项。③环境大臣必须听取中央环境审议会的意见，完成环境基本计划提案，提交内阁审议批准。④环境大臣在完成内阁审议批准后及时公开发表环境基本计划。⑤前两项的规定也适用于环境基本计划的修订。

1.4　环境规划与其他规划的关系

由于环境问题涉及面十分广泛，又与经济和社会发展有着密切的联系，因此环境规划与许多规划有着密切的相容性或相关性。例如，国土资源规划、城市总体规划、国民经济和社会发展中长期规划等。环境规划又与这些规划有着明显的差异性，弄清这些相容、相关和差异性对处理好环境规划与这些相关规划的关系，更好地发挥环境规划的作用，是十分重要的。

在建立社会主义市场经济体制的历史进程中，我国已经形成了发展改革部门主管国民经济和社会发展规划、国土资源部门主管土地利用总体规划、城乡建设部门主管城乡建设规划的格局。总体规划由各级人民政府组织编制、同级人民代表大会批准，目前我国已编制了 12 个五年规划。专项规划由各级人民政府有关部门编制，是总体规划在特定领域的细化。区域规划由国家发展改革部门组织有关部门和省（自治区、直辖市）人民政府有关部门编制，是总体规划在特定区域的细化[11]。

1.4.1　环境规划与经济社会发展规划

国民经济和社会发展规划是国家或区域在一段历史时期内经济和社会发展的全局安排，是保证国民经济按比例和持续、稳定、协调发展的重要手段。它规定了经济和社会发展的总目标、总任务、总政策以及所要发展的重点、所要经过的阶段、所要采取的战略部署和重大政策与措施，它侧重于速度、比例、规模的时间约束，是一个指令性与指导性并重的计划。防治环境污染、保持生态平衡，也是国民经济和社会发展规划所涉及的重点内容之一。

区域国民经济和社会发展五年（或十年）规划是对一定时期内区域的经济和社会发展（区域性质、功能定位、发展目标、发展方向、人口规模、产业结构）、土地利用、空间布局、环境保护、生态建设措施的综合部署，具体安排和实施管理。

环境规划是国民经济和社会发展规划的重要组成部分。制订环境规划的主要依据是国民经济和社会发展规划，经济与环境的协调发展最终也是通过经济发展规划与环境规划的目标协调一致体现出来的。因此，环境规划应与国民经济和社会发展规划同步编制。环境规划目标应与国民经济和社会发展规划目标相互协调，并且是其中的重要目标之一。环境规划所确定的主要任务，如重大环境污染控制工程和环境建设工程等，都应纳入国民经济和社会发展规划，参与资金综合平衡，保证同步规划和同步实施。国民经济和社会发展规划应以环境为基础，只有合理利用自然资源、维护生态平衡，国民经济才能持续发展；环境规划能有计划地解决社会和经济发展与环境之间的矛盾，通过环境规划来协调两者的关系。

环境规划对国民经济和社会发展规划起着重要的补充作用。环境规划的制定和实施是保障国民经济和社会发展规划目标得以实现的重要条件。

环境规划与国民经济和社会发展规划关系最密切的有4个部分：①人口与经济，涉及人口密度、素质，经济的规模及生产技术水平等。②生产力的布局和产业结构，许多环境问题和资源浪费都是由产业结构和生产力布局不合理引起的，因此它对环境问题有着根本性的影响。③因经济发展产生的污染，尤其是工业污染，始终是环境保护的主要控制目标，必须度量经济发展规模和模式对环境造成的影响。④环保投资占国民经济的比例，保障环境保护的投入是确定和实现环境保护目标的重要保证。

环境规划纳入国民经济和社会发展规划可以从环境的角度提出人口控制和经济发展的合理政策，促进生产力布局和产业结构合理化，并从预防为主的观念出发，变污染控制的末端治理为全过程控制，将污染控制与技术改造、设备更新、工艺改革，以及提高生产效益结合起来，实现环境与经济的协调发展。

从我国的规划传统和法律规定看，国民经济和社会发展规划的权威性短期内不可能被取代，今后它将继续发挥既有优势并增强国土空间指导和约束功能，真正成为“龙头”性总体规划。国民经济和社会发展“十一五”规划已着手进行改革，从单纯追求总量平衡、部门协调转变为强调空间均衡和空间协调。作为国民经济和社会发展专项规划，环境规划必须对这一转变进行调适，土地利用、城乡建设等规划要求环保部门提出空间管制需求的倒逼机制也使得环境规划必须转型[12]。

1.4.2 环境规划与城市规划

城市总体规划是目前城市规划的主要类型。城市总体规划是指城市在一定时期内发展的计划和各项建设的总体部署，城市人民政府依据国民经济和社会发展规划及当地的自然环境、资源条件、历史情况、现状特点，统筹兼顾、综合部署，为确定城市的规模和发展方向，实现城市的经济和社会发展目标，合理利用城市土地，协调城市空间布局等所作的一定期限内的综合部署和具体安排。城市总体规划要求在区域规划和合理组织区城城镇体系的基础上，按城市自身建设条件和现状特点，合理制定城市经济和社会发展目标，确定城市的发展性质、规模和建设标准，安排城市用地的功能分区和各项建设的总体布局，布置城市道路和交通运输系统，选定规划定额指标，制订规划实施步骤和措施，最终在满足城市生态环境容量条件下，使城市工业、居住、交通和游憩四大功能活动相互协调发展。

城市环境规划是在城市总体规划后发展起来的一种城市规划类型，既可以是城市总体规划的主要组成部分，又可以是城市建设中的独立规划，并参与城市总体规划目标的综合平衡。城市环境规划与城市总体规划互为参照和基础，城市环境规划的目标是城市总体规划的目标之一；城市是人与环境的矛盾最为突出和尖锐的地方，因而城市总体规划中也必须包括城市环境保护这一重要组成部分。它们的主要差异在于城市环境规划主要从保护人的健康出发，以保持或创建清洁、优美、安静和适宜居住的城市环境为目标，从而促使经济社会和环境的可持续发展；而城市总体规划所覆盖的内容更多，对城市总体发展的指导性更强，是一种更深、更高层次的经济和社会发展规划，两者之间存在着事实上的主从关系。

城市总体规划和环境规划的相互关联主要有 3 个方面：①城市人口与经济。②城市的生产力和布局。③城市的基础设施建设。城市人口和经济的规模和生产水平，决定着城市对环境保护的要求，经济实力决定着环境保护投资的可能规模。城市生产力布局和产业结构，规定了环境规划的功能区划类别以及污染控制对象。城市的基础设施，如供水供能、城市排泄物的流向与处理等，是城市环境规划的重要内容和主要实施措施。

在实际的规划编制工作中，一般的程序是先制订城市总体规划，然后制订环境规划。由于城市化和工业化进程的快速发展，这种传统的程序已经对实现城市的可持续发展构成了障碍。因此，我国一些城市开展了城市环境保护总体规划的试点，通过环境功能区划、生态环境红线、环境承载力等手段，以环境保护约束和引导城市社会经济总体发展，特别是约束污染严重的工业发展和城市生产力布局。这是目前环境规划学一个重大的实践创新。

1.4.3　环境规划与国土规划

国土规划也是国民经济和社会发展规划体系的重要组成部分，是高层次、长远性的国土资源综合开发、建设总体布局、环境综合整治的指导性规划。国土规划是指从土地、水、矿产、气候、海洋、旅游、劳动力等资源的合理开发利用角度，确定开发和保护布局，协调经济发展与人口、资源、环境之间的关系，明确资源综合开发的方向、目标、重点和步骤，提出国土开发、利用、整治的战略重大措施和基本构想。国土规划是为了开发、利用、管理和保护我国领土范围的地上、地下、海洋或大陆架的自然、人力和经济资源而编制的规划。

国土规划功能主要是对国土资源的开发、利用、整治和保护实施综合性战略部署，对国土重大建设活动的综合空间进行布局。国土规划要求在地域空间内协调好资源、经济、人口和环境四者之间的关系，做好产业结构调整和布局、城镇体系的规划和重大基础设施网的配置，把国土建设和资源的开发利用与环境的整治和保护密切结合起来，达到人与自然的和谐共生，保障社会经济的可持续发展。

环境规划与国土规划的关系是一个动态变化的关系。在过去相当长的一段时期，环境规划从属于国土规划，国土规划很少考虑环境保护的要求。随着国土资源的大量开发和消耗，国土资源稀缺性和生态环境压力日益突出，最新的国土规划把环境容量作为国土资源开发的重要前提，强调国土资源的环境安全和国土生态安全建设，要求开展基础地质环境与国土开发安全、资源环境综合承载力评价、国土生态安全格局与生态环境建设、自然灾害防治对策研究，开展人口变化与国土资源优化配置、产业集疏与国土资源优化配置、海岸带和海洋资源开发利用、全球化与广域资源开发合作、低碳社会建设背景下的国土资源利用模式研究。在研究的基础上提出粮食安全与土地资源保障能力、能源保障能力、支柱性矿产资源保障能力、水资源可持续利用、生物资源开发与保护等战略规划。

1.4.4 环境规划与生态规划

生态规划是指以生态学原理和城乡规划原理为指导，应用系统科学、环境科学等多学科的手段辨别、模拟和设计人工复合生态系统内的各种生态关系，确定资源开发利用与保护的生态适宜度，探讨改善系统结构与功能的生态建设对策，促进人与环境关系持续协调发展的规划，其本质是一种系统认识和重新安排人与环境关系的复合生态系统规划。

生态规划强调区域内部各种关系的质量的提高，以及居民与环境之间关系的和谐。生态规划不仅关注自然环境的利用和资源消耗对居民状态的影响，而且关注区域功能、结构等区域内在机理的变化和发展对区域生态变化的影响。其科学内涵包括：以人为本，以资源环境承载力为前提，系统开放，优势互补，高效、和谐、可持续。

环境规划与生态规划之间没有严格的包含关系。由于生态系统的社会性和复合性，相对于狭义的环境规划而言，生态规划不仅考虑环境污染因素，还考虑自然生态因子，甚至考虑经济社会因子作用。因此，如果将环境规划理解为是对大气、水、噪声、固体废物等环境质量的监测、评价、控制、整治和管理等，从这种角度上，可以将环境规划作为生态规划的一个组成部分。反过来，如果将生态系统作为环境要素的一个部分看待，那么从这个意义上讲，环境规划则包含了生态规划，生态保护往往作为污染防治平行的规划内容。从规划的发展趋势来看，生态保护将成为环境规划基本理念和重要内容。

参考文献

[1] 中国大百科全书[M]. 北京：中国大百科全书出版社，2009.

[2] 郭怀诚，尚金城，张天柱. 环境规划学[M]. 北京：高等教育出版社，2009.

[3] 丁忠浩. 环境规划与管理[M]. 北京：机械工业出版社，2007.

[4] 曲向荣，李辉，吴昊. 环境工程概论[M]. 北京：机械工业出版社，2011.

[5] 傅国伟. 环境工程手册：环境规划卷[M]. 北京：高等教育出版社，2003.

[6] 中国环境科学学会. “十一五”中国环境学科发展报告[M]. 北京：中国科学技术出版社，2012.

[7] 王金南，蒋洪强. 国家 “十二五” 环境保护规划体系与重点任务[J]. 环境保护，2012，（1）：51-55.

[8] 吴舜泽，洪亚雄，王金南，等. 国家环境保护“十二五”规划基本思路[M]. 北京：中国环境科学出版社，2011.

[9] 中国工程院，环境保护部. 中国环境宏观战略研究：战略保障卷（下）[M]. 北京：中国环境科学出版社，2011.

[10] 海热提. 环境规划与管理[M]. 北京：中国环境科学出版社，2007.

[11] 周敬宣. 环境规划新编教程[M]. 武汉：华中科技大学出版社，2010.

[12] 马晓明. 环境规划理论与方法[M]. 北京：化学工业出版社，2004.

第 2 章　环境规划的理论基础

由于人类活动的深刻影响，当代环境污染、生态失调和自然灾害加重等环境问题不断涌现和加剧。越来越多的实践和经验告诉我们，环境问题的解决必须注重预防为主、防患于未然，否则损失巨大，后果严重。因此，具有促进环境与经济、社会可持续发展的环境规划，越来越受到世界各国的重视。环境本身是一个由社会经济、自然组成的复杂系统，环境规划工作必须结合多学科进行综合研究，借助相关学科的理论支持。环境规划的理论基础涉及面较广，各种理论贯穿于规划编制的原理和技术方法中，呈现出多学科交叉发展的特点。可持续发展理论、生态学理论是环境规划的重要基础理论；环境承载力理论、资源经济学理论等揭示了环境与经济社会协调发展的关系；系统科学理论、人地系统理论为环境规划的编制和实施提供了重要的方法学支撑[1]。

2.1　可持续发展理论

20 世纪以来，地球上发生了很多影响深远的变化。由于自然资源的过度开发与消耗、污染物的大量排放，导致全球性的资源短缺、环境污染、生态破坏，地球进入了“人类世”（The Anthropocene，人类世的概念在 20 世纪 80 年代由生态学家 Eugene F. Stoermer 和诺贝尔化学奖得主 Paul Crutzen 共同提出。他们认为人类行为对地球大气层的影响在近几个世纪达到最大，由此进入了新的地质时代）[2]。这些问题的不断积累，加剧了人类与自然界的矛盾，对社会、经济的持续发展和人类自身的生存构成新的障碍。在这种形势下，人类不得不认真地回顾自己的发展历程，重新审视自己的社会、经济行为，发现那种传统的末端治理和以资源、环境为代价的发展模式已不适应未来的发展，必须探索新的发展战略。

2.1.1　可持续发展的内涵

1987 年世界环境与发展委员会在《我们共同的未来》报告中第一次阐述了可持续发展的概念，得到了国际社会的广泛共识。可持续发展是指既满足现代人的需求又不损害后代人满足需求的能力。在联合国千年宣言中提到的可持续发展包括经济发展、社会发展和环境保护三个方面。广义上讲，可持续发展是一种为了人们自身及其后代的福利而管理自然环境、物质生产和社会资本，让其增长、发展的管理途径。

在持续性、公平性和共同性原则下，可持续发展可以从宏观、中观、微观三个层次上进行阐述。宏观层次上可理解为人与自然共同协调进化；中观层次上理解为既满足当代人需求，又不危及后代人需求能力，既符合局部人口利益又符合全球人口利益的发展；微观层次上，理解为经济、环境、社会协调发展，是在资源、环境的合理持续利用及保护条件下取得最大经济效益和社会效益的关系。

可持续发展是一个综合的、动态的概念。可持续发展不是单一的经济问题，而是与社会和生态问题三者互相影响的综合体。可持续发展还应该是满足一个地区或一个国家的人群需求，并不损害别的地区或别的国家的人群满足其需求能力的发展，强调地区之间或国家之间的可持续发展。

2.1.2　可持续发展的目标

可持续发展是当今社会的目标，同时可持续发展也有其自身的目标：①集经济、文化等方面持续发展于一体的总体目标，即社会格局合理、社会生活稳定和连续，这也是人类所追求的最终目标。②保持环境状况稳定性、物种多样性。这是在环境条件下的可持续性的外在表现。③地区发展平衡，而且总体发展水平有所提高。实现这一目标的途径是人类活动的空间重新分配和全人类的共同努力。④个体发展的相对独立性。没有独立性的发展将受制于外界力量，从而也是不稳定、不连续的发展，其他如社会、经济、文化、技术等发展均如此。

综上，可以把可持续发展的目标概括为连续性、稳定性、多样性、均衡性、独立性。

“可持续”和“发展”是相辅相成的。所谓可持续是指人类维持生存、延续繁衍的能力；而发展是指人类从事生产的经济活动。其中可持续的前提是发展，而持续性的发展是最终目的。从可持续和发展的统一中揭示出：经济发展和社会发展是相互依存、相互促进的，经济发展是社会发展的前提和基础，高速的经济增长并不能直接解决社会发展中的重大问题，一些社会问题的产生甚至是由经济增长带来的。

总之，可持续发展是着眼于未来的发展，不仅考虑社会范围内的问题，而且还有经济的可持续能力和环境的承载能力与资源的永续利用问题，强调人类社会与生态环境及人与自然界的和谐共存前提下的延续，是指“生态-经济”型的发展模式。因此，应该促进经济和社会协调发展、共同繁荣；以各项事业的建设为载体，通过有力的政府行为、人民大众的积极参与，依靠科技进步推动可持续发展的新机制和新模式，来实现持续与发展的统一，最终达到可持续发展。

综上所述，可持续发展是从环境和自然资源角度提出的关于人类长期发展的战略和模式。它不是在一般意义上所指的发展经济，而是特别指出环境自然资源的长期承载能力，同时也揭示了环境规划对发展经济的重要性以及发展对改善生活质量的重要意义。

2.1.3 可持续发展与环境规划

可持续发展思想正在改变人们的价值观和分析方法，其思想是建立人类与自然的命运共同体，实现人与自然的共同协调发展。这要求在环境保护中把长远问题和近期问题结合起来考虑。环境保护是可持续发展的一个中心问题，可持续发展思想正在深刻地影响着环境规划类型选择、环境规划方式选择、环境规划时间安排和环境规划分析方法等方面。

为此，以自然资源永续利用为前提的可持续发展模式已被提出：对于可再生资源，要求人类在进行资源开发时，必须在后续时段中，使资源的数量和质量至少达到目前的水平；对不可再生资源，要求人类在逐渐耗尽现有资源之前，必须找到能够替代的新资源。应根据可持续发展原则，制定出相应的环境规划利用技术、方法及管理原则。

2.2 生态学理论

生态学的基本原理是环境规划的重要理论基础。30 多年来环境规划的对策也大多来自对生态学规律认识的进步。特别是近年来，生态学家提出了许多见解，并将其上升到规律和定律的高度。我国生态学家马世骏提出了生态学五规律：相互制约和相互依赖的互生规律、相互补偿和相互协调的共生规律、物质循环转化的再生规律、相互适应与选择的协同化规律和物质输入输出的平衡规律。陈昌笃提出了 6 条生态学一般规律：物物相关、相生相克、能流物复、负载定额、协调稳定和时空有宜。美国环境学家 George T. Miller 提出了生态学三定律：①任何行动都不是孤立的，对自然界的任何侵犯都具有无数效应，其中许多效应是不可逆的，该定律可称为多效应原理或极限性原理。②每一种事物无不与其他事物相互联系和相互交融，可称为相互联系原理或生态链原理。③人类生产的任何物质均不应对地球上自然的生物地球化学循环有任何干扰，可称为勿干扰原理或生物多样性原理。本节结合 Miller 三定律，介绍其在环境规划中的应用。

2.2.1 极限性原理

生态环境系统中的一切资源都是有限的，对于污染和破坏带来的影响，生态环境系统也只有一定限度的承受能力。如果超过这个限度，就会使自然系统失去平衡稳定的能力，引起质量上的衰退，并造成严重的后果。因此，人类对环境资源的开发利用，必须维持自然资源的再生功能和环境质量的恢复能力，不允许超过生物圈的承载能力或容许极限。在进行环境规划时，应根据极限性原理，对环境系统中各因素的功能限度——环境容量和环境承载力展开研究[3]。

（1）环境容量

根据《环境科学大辞典》中的定义：环境容量是一个复杂的反映环境净化能力的量，其数值应能表征污染物在环境中的物理、化学变化及空间机械运动性质。简单地说，环境容量是指某环境单元给定环境功能区目标和环境质量目标下所允许承纳的污染物质的最大数量。

环境容量是以反映生态平衡规律，污染物在自然环境中的迁移转化规律，以及生物与生态环境之间的物质能量交换规律为基础的综合性指标。所以，环境容量是自然生态环境的基本属性之一，由自然生态环境特征和污染物质特性共同确定。

环境容量是一个变量，环境容量 M 有两个组成部分，即基本环境容量 K 和变动环境容量 R。前者可以通过环境质量标准减去环境本底值求得，后者是指该环境单元的自净能力。其定义如式（2-1）所示：

$$M = K + R \tag{2-1}$$

基本环境容量也被称为 K 容量或稀释容量，变动环境容量也被称为 R 容量或和自净容量。合理利用生态环境的稀释和自净容量，无疑对防治环境污染有重要的经济价值。从这个意义上讲，环境容量是一种环境资源，并受到人们的重视。但是，随着城市化、工业化和现代农业经济的快速发展，绝大部分地区的环境容量已经很少，许多地区污染物排放量已经远远超过环境容量允许的排放量。

某环境单元内的环境容量值的大小，与该环境单元本身的组成和结构有关，因此，在地表不同的区域内，环境容量的变化具有明显的地带性规律和地区性差异。要准确地得到某区域的环境容量，需要花费大量的人力、物力以及较长的研究、监测时间。由于环境容量的自净机制，所以可用环境浓度标准值与背景值之差，并通过一定的输入输出关系转换成排放量，即以污染物的允许排放量作为环境容量，如式（2-1）就是简化表达的环境容量。

回顾环境规划的历史，最初是根据浓度排放标准来限制各污染源的排放浓度，后来发现通过控制污染源的排放浓度并不能有效地控制某一地区的排放量。由于这一方法未能也不能很好地对区域环境污染物总量进行控制，所以后来采用了目前较为通用的利用环境容量进行区域环境的污染物排放总量控制，继而控制区域环境质量的方法。例如，城市环境综合整治规划的模式或程序为：根据污染源调查结果和已制定的社会经济发展规划，调用各种模型预测未来的环境质量；根据预测结果和已确定的环境目标，通过浓度、排放量转换关系计算环境容量；根据环境容量和污染物总削减量，最后得到综合治理方案。

在环境规划制定过程中，人们认识到，将环境这样一个复杂的维持自组织的系统，视为一个容纳废弃物的“容器”，显然是不合适的。环境容量应是一个系统性的、与人类社会行为息息相关的动态变化量。环境容量的概念表述了环境容纳污染物的能力，但这只是环境功能的一部分。除此之外，环境还为人类提供生存和发展所必需的资源、能源，为人类提供各种精神财富和文化载体。所以，环境对人类社会的支持作用远大于环境容量这一概念的内涵。

（2）环境承载力

环境承载力又称环境承受力或环境忍耐力，它是指在某一时期、某种环境状态下，某一区域环境对人类社会、经济活动的支持能力的限度。人类赖以生存和发展的环境是一个大系统，它既为人类活动提供空间和载体，又为人类活动提供资源并容纳废弃物。对于人类活动来说，环境系统的价值体现在它能为人类社会生存发展活动的需要提供支持。由于环境系统的组成物质在数量上有一定的比例关系、在空间上有一定的分布规律，所以它对人类活动的支持能力有一定的限度。环境承载力是描述环境状态的重要参量之一，即某一时刻环境状态不仅与其自身的运动状态有关，还与人类作用有关。环境承载力既不是一个纯粹描述自然环境特征的量，又不是一个描述人类社会的量，它反映了人类与环境相互作用的界面特征，是研究环境与经济是否协调发展的一个重要判据[4]。

一种说法认为，承载力是从工程地质领域转借过来的概念，其本意是指地基的强度对建筑物负重的能力。生态学最早将此概念转引到该学科领域内，即“某一特定环境条件下，某种个体存在数量的最高极限”。承载力概念引入生态学后发生了演化与发展，体现了人类社会对自然界的认识不断深化，在不同的发展阶段和不同的资源条件下，产生了不同的承载力概念和相应的承载力理论。生态承载力是生态系统的自我维持、自我调节能力，资源与环境的供应与容纳能力及其可维持的社会经济活动强度和具有一定生活水平的人口数量。对于某一区域，生态承载力强调的是系统的承载功能，而突出的是对人类活动的承载能力，其内容包括资源子系统、环境子系统和社会子系统。所以，某一区域的生态承载力概念，是某一时期、某一地域、某一特定的生态系统，在确保资源的合理开发利用和生态环境良性循环发展的条件下，可持续承载的人口数量、经济强度及社会总量。生态承载力大体可以分为土地资源承载力、水资源承载力等类型。在人类面临粮食危机、土地日趋紧张的情况下，研究者提出了土地承载力的概念。在环境污染蔓延全球、资源短缺和生态环境不断恶化的情况下，研究者又相继提出了资源承载力、环境承载力、生态承载力等概念。

另一种说法认为，承载力的起源可以追溯到 Thomas R. Malthus 时代。马尔萨斯是第一个看到环境限制因子对人类社会物质增长过程有重要影响的科学家，他的“资源有限并影响人口增长”的理论不仅反映了当时的社会状况，而且对后来的科学研究也产生了广泛的影响。Charles R. Darwin 在其进化论观点中采用了人口几何增长和资源有限约束的观点。同样马尔萨斯的“资源环境对人口增长的限制”的观点对人口统计学也存在巨大的影响。将马尔萨斯的理论用 logistic 方程的形式表示出来，用容纳能力指标反映环境约束对人口增长的限制作用可以说是现今研究承载力的起源。生态学家将容纳能力定义为：对某一具体的研究区域，在不削弱其未来支持给定种群的条件下，当前的资源和环境状况所能支持的最大种群数量。20 世纪 60 年代晚期至 70 年代早期，容纳能力的概念被广泛用于讨论环境对人类活动的限制，并用来说明生态系统和经济系统之间的相互影响。在人类活动与生态环境之间的矛盾关系日益突出的情况下，人们意识到人类社会系统只是生态系统的一个子系统，人类社会系统结构和功能的好坏取决于生态系统的结构和功能的状态，生态系统提供的资源和环境支撑起了整个人类社会系统。因此在讨论生态系统所提供的资源和环境与人类社会系统之间的关系时，突破了以前的环境容纳能力的概念，提出了承载力的概念。环境承载力是指生态系统所提供的资源和环境对人类社会系统良性发展的一种支持能力。

环境承载力是生态学的规律之一，它的内涵中有一个很重要的方面就是可持续发展要求以环境与自然资源为基础，同环境承载能力相协调。每一个承载系统对任何的外来干扰都有一定的忍耐极限，当外来干扰超过此极限时，生态系统就会被损伤、破坏乃至瓦解。无论是自然生态系统，比如说水环境、大气环境、土壤环境，还是城市区域、流域等都存在环境承载力的问题。当今存在的种种环境问题，大多是人类活动与环境承载力之间出现冲突的表现。当人类社会经济活动对环境的影响超过了环境所能支持的极限，即外界的“刺激”超过了环境系统维护其动态平衡与抗干扰的能力时，也就是人类社会行为对环境的作用力超过了环境承载力。因此，人们用环境承载力作为衡量人类社会经济与环境协调程度的标尺。环境承载力决定着一个流域（或区域）经济社会发展的速度和规模。如果在一定社会福利和经济技术水平条件下，流域（或区域）的人口和经济规模超出了其生态环境所能承载的范围，则将会导致生态环境的恶化和资源的匮乏，严重时会引起经济社会不可持续发展。

环境承载力是环境系统固有功能的表现，它不仅与环境系统本身的结构有关，还与外界（人类社会经济活动）的输入输出有关。若将环境承载力 EBC 看成一个函数，那么它至少包含 3 个自变量：时间 T、空间 S、人类经济行为的规模与方向 B：

$$\mathrm{EBC} = f(T, S, B) \tag{2-2}$$

在一定时刻、一定的区域范围内，可以将环境系统自身的固有特征视为定值，则环境承载力随人类经济行为规模与方向的变化而变化。可以看出，环境承载力的特征表现为时间性、区域性以及与人类社会经济行为的关联性。不同的时刻、不同的地点、不同的经济行为作用力，具有不同的环境承载力。环境承载力既是一个客观的表现环境特征的量，又与人类的主要经济行为息息相关。概言之，环境承载力的特点是时间性、区域性、主客观的结合。

环境承载力是一个多维向量，其每一分量又可能由多维指标构成，所以描述环境承载力的指标构成了一个庞大的指标体系。这里不可能详述所有的指标，即使在同一地区，人类的社会经济活动在内容和方向上也可能存在较大差异，所以可用环境承载力指标体系束间接地表达某一区域的环境承载力。从环境系统与人类社会经济系统之间物质、能量和信息的联系角度，可以将环境承载力指标分为三部分：污染容纳指标，即环境能够容纳污染物的量；资源供给指标，如水资源、土地资源和生物资源的数量、质量和开发利用程度；社会影响指标，如经济实力、污染治理投资、公用设施水平和人口密度等。通过环境承载力指标体系，可以间接量化表达某一区域的环境承载量和环境承载力。环境承载力可以应用于环境规划，并作为其理论基础之一，成为从环境保护方面规划未来人类行为的一项依据。

量化社会、经济、生态环境的发展质量，是定量分析流域（或区域）生态环境承载力的第一步。社会系统的发展质量用“社会福利”综合性指标来表示，“社会福利”又是由众多的可以量化的指标来衡量的。在以水资源短缺为制约的流域生态环境承载力分析中，评估“社会福利”的具体指标，分别从反映生活质量和人均水土资源占有量的指标中筛选。同理，经济系统的发展质量用“经济技术水平”综合指标来表示，评估“经济技术水平”的具体指标来自反映经济结构和生产技术与用水效率等方面。“生态环境质量”表示生态环境系统的发展质量状态，针对研究区的生态环境问题，筛选出评估“生态环境质量”的指标。具体指标体系如下[5]：

1）社会福利：人均 GDP、饮用水水质、人均水资源量、人均耕地面积等。

2）经济技术水平：单位 GDP 用水量、单位耕地面积粮食产量、单位 GDP 排污量、第三产业比重、城镇化率等。

3）生态环境质量：河道断流长度、湿地面积比、地下水开采系数、河流水质级别、土壤侵蚀模数、森林植被覆盖率等。

社会福利、经济技术水平、生态环境质量均属综合性指标，主要采用多极关联分析方法进行定量评估。该方法由夏军等发展和完善，最早应用于水环境质量多目标综合分析中，后来被成功应用于生态环境质量等复杂系统的定量评价。多级关联分析方法具有以下特点：①研究的对象可以是一个多层结构的动态系统。②指标标准的级别可以用连续函数表达，也可以采用在标准区间内做离散分级的方法。③方法本身具有很强的可操作性，易与现行方法对比。

环境承载力作为判断人类社会经济活动与环境是否协调的依据，具有以下主要特征：

1）客观性和主观性：客观性体现在一定时期、一定状态下的环境承载力是客观存在的，是可以衡量和评价的，它是该区域环境结构和功能的一种表征；主观性体现在人们用怎样的判断标准和量化方法去衡量它，也就是人们对环境承载力的评价分析具有主观性。

2）区域性和时间性：环境承载力的区域性和时间性是指不同时期、不同区域的环境承载力是不同的，相应的评价指标的选取和量化评价方法也应有所不同。

3）动态性和可调控性：环境承载力的动态性和可调控性是指其大小是随着时间、空间和生产力水平的变化而变化的。人类可以通过改变经济增长方式、提高技术水平等手段来提高区域环境承载力，使其向有利于人类的方向发展。

从上述环境承载力的定义和特征可以看出，环境承载力既不是一个纯粹描述自然环境特征的量，也不是一个描述人类社会的量，它与环境容量是有区别的。环境容量是指某区域环境系统对该区域发展规模及各类活动要素的最大容纳阈值。这些活动要素包括自然环境的各种要素（大气、水、土壤、生物等）和社会环境的各种要素（人口、经济、建筑、交通等）。环境容量侧重反映环境系统的自然属性，即内在的自然禀赋和性质；环境承载力则侧重体现和反映环境系统的社会属性，即外在的社会禀赋和性质，环境系统的结构和功能是其承载力的根源。在科学技术和社会关系发展的一定阶段，环境容量具有相对的确定性、有限性；而一定时期、一定状态下的环境承载力也是有限的，这是两者的共同之处。

环境规划的目标是协调环境与社会、经济发展的关系，使社会、经济发展建立在不破坏或少破坏环境的基础上，甚至在发展经济的同时不断改善环境质量。换句话说，其目标就是在环境承载力范围之内制定经济社会发展的最优政策，提供环境与社会经济相协调的最优发展方案，使人类的社会经济行为与相应的环境状态相匹配，使作为人类生存、发展基础的环境在发展过程中得到保护和改善。在环境规划编制过程中，无论是对于环境形势的分析，还是对未来环境的预测、制定环境规划目标、提出产业发展布局方案等，都必须考虑当地的环境承载力水平。

2.2.2　生态产业链原理

生态产业链原理是指按照生态学第二定律“每一种事物都与其他事物相互联系和相互交融”的原理，模仿生态系统物质循环和能量流动的规律重构（产业）系统，推行循环经济模式，研究现代工业系统运行机制的思想，是环境规划的重要理论基础。[3]

20 世纪 60 年代，日本通产省的工业机构咨询委员会开展了前瞻性研究，其下属的工业生态工作小组通过研究，提出了以生态学的观点重新审视现有工业体系和应在“生态环境”中发展经济的观念。1972 年，该小组发表了《工业生态学：生态学引入工业政策的引论》的报告。1983 年，比利时的政治研究与信息中心出版了《比利时生态系统：工业生态学研究》专著，书中反映了 6 位学者（生物学家、化学家、经济学家等）对工业系统存在的问题的思考。他们认为，工业社会是一个由生产力的流通与消费、原料与能源以及所生产的废料等构成的生态系统，可运用生态学的理论与方法来研究现代工业社会运行机制[6]。

1989 年 9 月，美国通用汽车公司研究部的 Robert A. Frosch 和 Nicolas E. Gallopoulos 在《科学美国人》杂志上发表的题为《可持续工业发展战略》的文章正式提出了工业生态学的概念，认为工业系统应向自然系统学习，并可以建立类似于自然生态系统的工业生态系统，在这样的系统中每个企业必须与其他工业企业相互依存、相互联系从而构成一个复合的大系统，以便运用一体化的生产方式来代替过去简单的传统生产方式，减少工业对环境的影响，这个定义的提出标志着工业生态学的诞生[7]。

进入 20 世纪 90 年代以后，工业生态学的研究不再停留在概念的探讨上，其理论与实践进入了蓬勃发展的阶段。20 世纪 90 年代初，美国耶鲁大学的 Grendel 等人出版了全球第一本作为高校教材的《工业生态学》。Grendel 在书中提出了工业生态学的定义[8]：“工业生态学是人类在经济、文化和技术不断发展的前提下，有目的、合理地探索和维护可持续发展的方法。工业生态学要求不要孤立地而是要协调地看待产业系统与其周围环境的关系。这是一种试图对整个物质循环过程——从天然材料、加工材料、零部件、产品、废旧产品到产品最终处置加以优化的系统方法。需要优化的要素包括物质、能量和资本。”

此后不同研究人员对工业生态学也提出了自己的理解，尽管工业生态学的定义颇多，但本质上没有大的区别，总而言之，工业生态学是一门新兴的、蓬勃发展的综合、交叉学科，是一门研究人类工业系统和自然环境之间相互作用、相互关系的学科，为研究人类工业社会与自然环境的协调发展提供了一种全新的理论框架，为协调各学科与社会各部门共同解决工业系统与自然生态系统之间的问题提供了具体、可供操作的方法，为可持续发展的理论奠定了坚实的基础。工业生态学追求的是人类社会和自然生态系统的和谐发展，寻求经济效益、生态效益和社会效益的统一，最终实现人类社会的可持续发展。

工业生态学的研究在美国的政府、学术界以及工业界都受到了高度的关注，这引起了世界其他发达国家的重视，从而使工业生态学出现了全球性的研究热潮。影响这一热潮的主要事件有二：一是 1997 年麻省理工学院出版了全球第一份《工业生态学》杂志，专门发表工业生态学的研究论文，使得工业生态学研究人员从此有了独立发表自己研究成果、进行学术思想交流的园地；二是美国工业生态学派的崛起，其中以 Iddo K. Wernick 和 Jesse H. Ausubel 等 16 人组成的维世奴帮（Vishnu Group，VG）为代表。进入 21 世纪，工业生态学研究更是进入了一个崭新的发展时期，2000 年成立了工业生态学国际学会，使研究在全球得到普及和提高[9]。

工业生态学通过“供给链网”分析（类似食物链网）和物料平衡核算等方法分析系统结构变化，进行功能模拟和产业流（输入流、产出流）分析，以此来研究工业生态系统的代谢机理和控制方法。工业生态学的思想包含了“从摇篮到坟墓”的全过程管理系统观，即在产品的整个生命周期内均不应对环境和生态系统造成危害，产品生命周期包括原材料采掘、原材料生产、产品制造、产品使用以及产品用后处理。系统分析是产业生态学的核心方法，在此基础上发展起来的工业代谢分析和生命周期评价是目前工业生态学中普遍使用的有效方法。工业生态学以生态学的理论观点考察工业代谢过程，亦即从取自环境到返回环境的物质转化全过程，研究工业活动和生态环境的相互关系，以研究调整、改进当前工业生态链结构的原则和方法，建立新的物质闭路循环，使工业生态系统与生物圈兼容并持久生存下去。生态工业是仿照自然生态系统物质循环的方式来规划工业生产系统的一种工业模式，它通过两个或两个以上的生产体系或环节之间的系统耦合，使物质和能量多级利用、高效产出或持续利用。生态工业园和生态工业网络是生态工业发展的两种基本模式，是生态工业的具体实践。

综上，20 世纪 80 年代以来，国外学术界、工业界开始从不同角度开展工业生态学的理论研究与实践，逐步形成了工业生态学研究的概念和方法论体系。众多研究人员通过系统、定性、定量等多种方法对工业生态学进行了深入的研究，涉及的研究领域相当广泛，主要有 9 个方面：原料与能量流动（工业代谢）；物质减量化；技术变革和环境；生命周期规划、设计、评价；环境设计；延伸生产者的责任；生态工业园（工业共生系统）；产品导向的环境政策；生态效益[9]。

（1）原料与能量流动

原料与能量流动的研究焦点集中于工业系统、区域和全球原料与能源流向的量化，原料与能量流动的环境影响以及减少环境影响的理论、技术方法。Ayres 等人对经济运行中原料与能量流动对环境的影响进行了开拓性的研究，提出了工业代谢的概念并进行了系统研究，奠定了原料与能量流分析的基本理论[10]。其他一些学者则结合钢铁工业、化学工业、森林工业等部门对原料和能量流动的循环、转换、优化模式等做出了富有成效的探索。综合而言，目前工业代谢只是停留在概念层次，主要关注代谢事实的发现与方法的发展，在理论与实际操作上仍有待深入。

原料与能量流动研究采用 3 种基本分析方法：质量平衡（Mass Balance，MB）；输入-输出分析（Input-output Analysis，IOA）；生命周期分析（Life Cycle Assessment，LCA）。近年来一些学者提出了研究原料与能量流动的更具体的新方法，如 Joosten 等人于 1999 年提出了原料流动分析新方法（Statistical Research for Analyzing Material Streams，STREAM），并采用这种方法对荷兰的塑料的流动进行了分析[11]；Michaelis 等人采用熵（Exergy）分析方法研究了英国钢材部门的原料与能量流动。这些方法为原料与能量流动分析开创了新的思路[12]。然而，目前主要的原料与能量流动分析研究方法只局限于物质、能量在各个生产环节的流通，较少考虑物质、能量的转化问题，因此难以进行定量分析研究。如何进行定量化分析是今后一个富有吸引力和挑战性的问题。

（2）物质减量化

物质减量系统化研究和物质减量与经济发展的关系研究是工业生态学家们关注的两个重要问题。到目前为止，有关物质减量化的研究多基于技术和经济因素，对产品和“服务”等物质减量化的理论框架尚未完善，缺乏有效的实施方法。迄今为止，基于物质利用强度（Intensity of Use，IU）这一主要评估指标，形成了两种分析方法：环境库兹涅茨曲线（Environmental Kuznets Curve，EKC）和长波理论（Long Waves，LW）。除 EKC 和 LW 这两种主要评估方法外，物质分解分析（Material Decomposition Analysis，MDA）、输入-输出分析、物质利用强度分析以及动力学模型（Dynamic Model，DM）等方法也是物质减量化评估的有效手段。

（3）生命周期规划、设计、评价

经过多年发展，生命周期评价的理论框架已初步形成，国际环境毒理学与化学学会（Society of Environmental Toxicology and Chemistry，SETAC）出版的报告“Code of Practice”将 LCA 分为 4 个组成部分：目的与范围的确定、清单分析、影响评价、改善评价。这为 LCA 方法论研究的起步起到了里程碑作用。目前，LCA 主要采用两种评价方法：SETAC-EPA 分析方法和经济输入与输出生命周期评价模式（Economic Input-Output Life-Cycle Assessment model，EIO-LCA）[13]。虽然这些方法在完整性和一贯性方面多有改进，但是仍存在一些如数据量要求大、耗时耗财等不足之处。EPA 在生命周期清单分析方面做了系统的研究，使生命周期评价进入了实质性的推广阶段。荷兰、丹麦、英国等欧洲国家在推行 LCA 的政策、法律法规以及产品工艺等方面走在世界前列。

生命周期设计（Life Cycle Design，LCD），特别强调要在生命周期评价的基础上开展产品的设计，将寻求环境影响最小化的理念渗透于每一个产品系统，即产品、工艺、分发和管理。虽然 LCD 是很好的设计理念，但是由于 LCD 涉及面广，其实施仍存在一定困难，主要受内外因素影响：内在因素主要包括企业合作原则、企业的目的、产品表现检测方法、产品策略以及企业新工艺要求的原材料利用问题等；外在因素主要有政府政策、法律法规、市场需求、经济水平以及产品竞争等[14]。如何克服这些不利因素影响，使 LCD 能够在企业中顺利实施，需要人们进行更加深入的研究。

（4）环境设计

环境设计（Design for Environment，DFE）研究从一开始就十分重视实用性。较早地进行 DFE 研究的是 EPA，其为企业在设计、重新设计产品和工艺时考虑环境问题。为了使企业产品的经济效益与环境效益达到最佳结合，EPA 提出了整套实施方法。Braden Allenby 也对 DFE 进行了系统的研究，构建了 DFE 在整个产品生命周期内的实施框架[15]。W. J. Glantschnig 和 J. C. Sekutowski 则对 DFE 的设计原则、步骤程序以及设计领域等进行了深入分析[16]。这些研究成果对实践具有直接指导意义。

（5）延伸生产者的责任

延伸生产者责任是工业生态学的一种方法，它通过促使生产者对其产品的整个生命周期特别是产品的回收、循环利用和最终处置承担责任来降低产品总体的环境影响。如何推行延伸生产者责任政策是人们关注的热点。目前，推行延伸生产者责任政策已形成 3 种途径：强制立法、自愿参与、自愿参与与强制立法相结合。强制立法起源于德国，其在 1991 年就颁布了《德国包装材料条例》，要求包装行业的包装材料生产者负责处理包装废弃物；这种政策的成本虽高，且存在诸多问题，但延伸生产者责任这一观点却被认为是行之有效的，这种理念在欧洲其他国家迅速传播，其应用范围已超出包装废弃物管理的范畴，开始向电子以及汽车领域延伸。针对欧洲的强制性延伸生产者责任政策代价太大的问题，美国则形成了自愿性的环境保护政策，其他国家也针对本国国情采取相应的推行方法。

（6）生态工业园

生态工业园是工业生态学的核心研究内容之一。Ernest Lowe 最早提出了生态工业园概念，并且发展了工业生态园的基础理论和实践准则。生态工业园（Eco-Industrial Park，EIP）可定义为一种工业系统，它有计划地进行材料和能源交换，寻求能源与原材料使用的最小化、废物最小化，建立可持续的经济、生态和社会关系[17]。工业的外延界定非常广泛，涵盖了人类的各种活动，其研究范围不仅仅局限在一个企业的围墙之内，而是扩展到人类生存和活动对地球造成的各种影响，包括社会对资源的利用，成为了循环经济理论的基础。

随着生态工业园建设热潮的兴起，生态工业园的规划设计与运行成为了生态工业园研究的主要方向。生态工业园的实施是规划设计最后和关键的一步，目前主要形成了两种不同思路：自下而上的方法和自上而下的方法。自下而上的方法主要是通过核心承租商（Anchor Tenant，AT）模式，即在一个或两个已经存在的或规划的核心承租商周围配置能够形成生态链的企业群，建设生态工业园；自上而下的方法考虑的重心在于整个区域及其将来的发展变化，其中涉及多个层次的利害关系者，直接利益相关者起到核心作用，该方法对各方面利益进行权衡、综合，再形成设计的方案，同时需要一个组织对整个系统负责，由其真正发起和实施项目并加以监督[18]。

多个生态工业园以某种方式联系在一起，就形成了生态工业网络（Eco-Industrial Network，EIN）。生态工业网络是一类突破地理位置限制和行政区域限制的更广泛意义上的生态工业园区，是超越了以地方副产物交换为核心的模式，扩展到改进环境、社会和企业绩效方面。EIN 可以包括社区服务项目、雇佣技能和环境培训项目及其他联合项目，需要可以获取的最新的通讯机制，用以交流物质流动、副产物等方面的信息。EIN 虽不具有 EIP 的一些优点：如共同的所有权、共享服务，交换和美化形象的杠杆作用，但 EIN 可为发展副产物市场带来规模经济效应。

（7）产品导向的环境政策

产品导向的环境政策是工业生态学的另一个重要研究领域，一些工业化国家已经开展了相关研究并正在积极推行，且取得了一定的成果。1998 年丹麦国家资源与环境政策委员会发布了关于产品导向环境政策的行动计划，从行政管理上保障了产品导向环境政策的有效实施，但是对于与产品环境影响相关的组织和个人应承担的责任并没有制度化，这会对产品导向环境政策的实施产生一些不利影响。瑞典的产品导向环境政策与丹麦有所不同，其强调行政管理、经济和市场等措施的综合运用，这有助于减少产品导向环境政策实施过程中的一些阻力。产品导向环境政策的制定是一项复杂工程，涉及自然学科、社会学科等诸多学科，合作研究已成为必然趋势。北欧部长委员会 1999 年成立的专家组，就如何开发一个公共的产品导向环境政策框架技术进行了研究。北欧部长委员会的公共的产品导向环境政策框架为解决不同国家的不同环境产品政策冲突构筑了有效的平台，并为产品环境政策规范化奠定了一定的基础。1998 年欧盟委员会提出了整合产品政策（Integrated Product Policy，IPP），并建议将其作为欧盟各国产品环境政策。欧洲工业化国家在进行产品导向的环境政策的理论研究的同时，也在实践中积极推行和完善这一政策，如丹麦和挪威等国家在开发新的技术和方法、建立和完善信息系统、营造有利市场环境等方面取得了一定的成果和经验。

（8）生态效益

生态效益已成为工业生态学的一个重要研究领域与组成部分。目前，生态效益研究焦点已从概念的探讨转向生态改进和环境设计，更加注重实用性。生态效益的具体实施途径可归纳为 7 个方面：降低产品与服务的原料消耗强度；降低产品与服务的能源消耗强度；减少毒性物质的扩散；增进原料的可回收性；将可再生资源的使用最大化；提高产品的耐久性；增进商品的服务强度。与工业生态学其他研究领域一样，生态效益的量化仍然是研究者面对的主要问题。世界可持续发展工商理事会（World Business Council for Sustainable Development，WBCSD）发展了生态效益指标的理论和方法，建立了生态效益指标框架。生态效益的实践运用也取得了长足进展，亚太经合组织（Asia-Pacific Economic Cooperation，APEC）结合工业部门的生态效益实务，提出了完整的实施方法，具有较高的实践指导意义[19]。

2.2.3 复合生态系统原理

2.2.3.1 复合生态系统

生态学第三定律即生物多样性原理，多种多样的生物构成了复合生态系统（ecosystem）。复合生态系统是指在一定空间内生物群落与非生命环境相互作用的统一体。生物群落由栖居在一起并相互依存的不同生物种群所组成，非生命环境包括各种物理、化学成分。生物群落与其生存环境之间，以及生物群落内不同生物种群之间密切联系，相互作用，不断进行着的物质循环、能量流动、信息传递等，成为占据一定空间、具有一定结构和功能的有机整体，借助自我调节和外部控制不断演替变化，趋向相对稳定状态。复合生态系统是自然界客观存在的实体，是组成生物圈的功能单元。

生态系统这一术语是由英国生态学家 A.G. Tansley 于 1935 年提出的，但有机体与环境统一（包括人与自然的统一）的思想早已产生。19 世纪后期在德、英、美、俄各国生态学文献中就有关于自然整体的论述，如德国的 K. Mobius 于 1877 年把牡蛎礁的生物社会称为生物群落；美国的 S. A. Forbes 在 1887 年发表的著作中，把湖泊看做小宇宙；俄国的 V. Dokuchaev 和他的弟子 G. F. Morozov 非常强调生物群落这一术语。20 世纪初为表述这一整体观点曾用过其他一些术语，如 1930 年 K. Friederichs 提出的综合体；1939 年 A. Thienemann 提出的生物系统；1944 年 W. I. Vernadsky 提出的生物宇宙体。但以生态系统这一术语所表达的整体观点最为确切，并具有相当的规范意义，因而为世界各国生态学工作者所广泛接受。20 世纪 50 年代以来 E. P. Odum 和 H. T. Odum 兄弟在生态系统能流与物流方面做了大量研究工作，并汇集各方面成果，著成《生态学基础》一书，书中定义生态系统为特定地段中全部生物和物理环境相互作用的统一体。20 世纪 60 年代以后，五大世界性社会问题（人口、粮食、能源、资源、环境）的日益突出，引起了人们对生态系统研究的普遍关注。联合国教科文组织于 1965 年制定了国际生物学计划（International Biological Program，IBP），1970 年又制定了人与生物圈（Man and Biosphere Programme，MBP）研究计划。1975 年 4 个国际组织成立了旨在研究生态平衡和保护环境、维持并改善生态系统生产力的生态系统保持协作组（Ecosystem Conservation Group，ECG），大大推进了生态系统结构与功能以及人类活动对生态系统影响的研究。中国关于生态系统的研究始于 20 世纪 60 年代，70 年代后期迅速发展。1979 年中国生态学家马世骏在《现代生态学的发展趋势》一文中，曾给生态系统以更为概括的定义：生态系统是生命系统与环境系统在特定空间的结合。生态系统的知识现已广泛应用于自然资源的开发利用、环境保护、农业生产、城市建设、人口管理以及宇宙航行等多个领域[20]。

复合生态系统由社会、经济、自然 3 个相互作用、相互依赖的子系统共同构成。自然子系统以生物结构为主线，以生物环境的协同共生及环境对人类生活的支持、缓冲及净化为特征，它是复合生态系统的自然物质基础；社会子系统以人口为中心，包括年龄结构、智力结构和职业结构等，通过产业系统将它们组成高效的社会组织；经济子系统和物质的输入输出、产品的供需平衡以及资金积累的速率与利润，是促进社会进步、环境保护的必要条件。这种子系统之间相互联系、相互制约的关系，即构成了复合生态系统的结构。它决定着复合生态系统的运行机构和发展规律；另一方面，复合生态系统作为一个生态系统，也是由无机环境、生产者、消费者和分解者四大部分组成的综合体。各组成部分通过物质循环和能量转化密切地联系在一起，相互作用、互为条件、互相依存。

系统的结构与功能是相辅相成的，复合生态系统的功能可归纳为：

1）生产，即为社会提供丰富的物质和信息产品。自然为社会提供了原始的物质和物质生产条件，而人类则利用越来越发达的科学技术来丰富并改善它们，提高自然的生产力。但值得注意的是，在这个过程中，也生产出了许多对社会、对自然无用甚至有害的物质，充塞着本已十分拥挤和脆弱的环境。

2）生活，即为人们提供方便的生活条件和舒适的栖息环境。人类在生存过程中，不断地改善着自己的生活水平，从居住洞穴到豪华住宅，从步行到汽车、飞机等，都说明了系统生活功能的提高，但由生产而产生的空气污染、资源破坏等环境问题，也给人类生活带来了负面作用。

3）还原，即要保证城乡自然资源的永续利用和社会、经济、环境的协调持续发展。复合生态系统的这一功能保证了生产和生活这两个功能的持续，防止地球“一次性利用”式的灭亡。但是，随着人类社会的发展，系统的这一功能受到了很大的挑战。例如，难降解物质的大量生产和使用、生态环境的破坏等，都给系统的还原功能带来了不利影响。

4）信息传递，人类一方面利用生物与生物、生物与环境之间的信息传递来为人类服务；另一方面，人类还可以应用现代科学技术，操纵生态系统中生物的活动，使其按照人类社会需要的方向发展。

复合生态系统具有人工性、脆弱性、可塑性、高产性、地带性和综合性等特性。组成复合生态系统的三个子系统，均有着各自的特性，社会系统受人口政策及社会结构的制约，文化、科学水平和传统习惯都是分析社会组织和人类活动相互关系必须考虑的因素。价值高低通常是衡量经济系统结构与功能适宜与否的指标。自然界为人类生产提供的资源，随着科学技术的进步，在量与质方面，都将不断有所扩大，但是有限度的。矿产资源属于非再生资源，不可能永续利用。生物资源是再生资源，但在提高周转率和大量繁殖方面，也受到时空因素及开发方式的限制。生态学的基本规律要求系统在结构上要协调，在功能方面要在平衡的基础上进行循环不已的代谢与再生，违背生态规律的生产管理方式将给自然环境造成严重的负担和损害。复合生态系统的三个子系统之间具有互为因果的制约与互补关系。稳定的经济发展需要有持续的自然资源供给，良好的工作环境和不断的技术更新。大规模的经济活动必须依赖于高效的社会组织、合理的社会政策，方能取得相应的经济效果；反过来，经济的振兴必然会促进社会的发展，增加积累，提高人类的物质生活和精神生活，促进社会对自然环境的保护和改善。

在这个复合生态系统中，最活跃的积极因素是人，最强烈的破坏因素也是人。因而复合生态系统是一类特殊的人工生态系统，兼有复杂的社会属性和自然属性两方面的内容：一方面，人是社会经济活动的主人，以其特有的文明和智慧驱使大自然为自己服务，使其物质文化生活水平以正反馈为特征持续上升；另一方面，人毕竟是大自然的一员，其一切宏观性质的活动，都不能违背自然生态系统的规律，都要受到自然条件的负反馈约束和调节。因此，人类违背自然规律、破坏自然环境的一切活动，都将受到自然的报复和惩罚。

2.2.3.2 生态伦理观

生物多样性原理对环境规划提出了转变人类观念和调整人类行为的基本任务，而这种观念和行为的改变，取决于对人与自然关系的重新认识。因此，与自然和谐相处的生态伦理，成为了生态价值观的基础。生态哲学家、国际环境伦理学会主席 Holmes Rolston 说[21]：“在实践中，生态伦理学的根本要求是保护地球上的生命，在理论上，它的根本要求是确立意义深远的价值理论，以此为它提供强有力的理论支持。”

生态伦理是指人对自然的伦理。它涉及人类在处理与自然之间的关系时，何者为正当、合理的行为，以及人类对于自然界负有什么样的义务等问题。20 世纪 60 年代以后，全球生态环境问题日益突出，如何从规范人们的行为入手，为现代人提供适合当代生态文明的环境伦理，成为了学术界和社会人士普遍关心的问题，研究者提出了关于生态伦理学的各种观点。

（1）生命中心主义

生命中心主义的代表人物之一 Paul W. Taylor 在《尊重自然》一书中写道[22]：“采取尊重自然的态度，就是把地球自然生态系统中的野生动物看做是具有固有价值的东西。”根据他的观点，所谓“尊重自然”就是尊重“作为整体的生物共同体”，而尊重“生物共同体”就是承认构成共同体的每个动植物体的“固有的价值”。提出生命中心主义的生态伦理观，其目的是保护野生动物，避免其被人类伤害。由于人类在组成社会、进行生产和发展文化的过程中，已经具备了其他生物无与伦比的力量和优势，因此，只有从价值观上肯定野生动植物也像人类一样拥有其不可剥夺的“权利”与“价值”，才能避免人类对自然生物的进一步伤害，并使人类承担起对自然的伦理责任。

（2）地球整体主义

这一主张的代表人物之一是提出“大地伦理”并被视为生态伦理学先驱的 Aldo Leopold[23]。Leopold 所说的“大地伦理”是指“规范人与大地以及人与依存于大地的动植物之间关系的伦理规则”，其基本主张是“要将人从大地这一共同体的征服者转变成为这一共同体的平凡一员、一个构成要素”。这一“大地伦理”的特征是将“共同体”的概念从以往伦理学所研究的人类社会共同体的关系扩展到大地。这里“大地”包括土壤、水、植物、动物等，其实是整个自然生态系统。他在《大地伦理学》中提出，所有一切万物，均有其内在的生命价值，均应被看成和人一样，得到尊重。他强调大地并不是一种商品，而是与人共存的一个“社区”。他指出：“我们从前虐待大地，是因为将其视为属于我们的一种商品。当我们认清大地是我们存在于其中的一个社区，我们才可能开始对其尊重与爱护。”

（3）代际均等的生态伦理观

与生命中心主义及地球整体主义不同，持这种观点的人的立场是以人类为中心的。它只考虑人类各成员的均等，而将自然环境和其他生命有机体看做是人类享有的均等权利，最终都源于我们人类各成员相互间所应承担的义务。但是，这一伦理观不同于传统的伦理观之处，是它把人类各成员间的平等关系从“代内”扩展到“代际”，认为在享有自然资源与拥有良好的环境上，我们的子孙后代与我们当代人具有同等的权利。因此，从子孙后代的权益考虑，我们当代人应该约束自己的行为，制定对自然的道德规则与义务，使自然环境得到保护。代际均等的环境伦理观已成为可持续发展的基本原则。

上述几种生态伦理观由于出发点和考虑问题角度的不同，各自成为相对独立的思想体系，但这些不同思想取向的环境伦理在根本目标上是一致的，就是试图通过提出人与自然环境之间的伦理关系，来解决人类面临的日益严峻的生态破坏与环境污染问题。将我们关于生态学的知识上升至伦理的高度，要求人们从生态学的角度来看待和约束自己的行为，来解决人类面临的日益严峻的生态破坏与环境污染问题。

2.2.4　系统资源约束理论

一只木桶盛水多少，并不取决于桶壁上最长的那块木块，而恰恰取决于桶壁上最短的那块木板，这意味着决定整个系统性能的往往是该系统最弱的一环。传统规划不需要考虑资源环境约束条件，但目前的社会经济发展规划已经不可能不考虑资源环境的制约，资源环境的制约恰恰是发展的那块短板，这就引申出了系统资源约束理论。

系统资源约束理论是从自然资源总量、总供给能力及总市场容量等总量经济的视角考察经济体发展的约束条件及其发展特征的理论。系统资源约束理论认为：经济系统和生态系统都是复杂的适应性系统。一切系统资源（包括传统的经济资源、非传统资源）皆有现实或潜在的利用价值，系统产出要依赖系统资源支持。系统资源相互匹配，木桶理论中“短板资源”是稀缺的，而“长板资源”则是相对富余的；科技进步将提高资源利用效率，改变资源利用组合，也可发现新资源及替代资源或资源新用途，因而改变系统中资源的配分及稀缺或富余状态；任何一种系统资源，在其他资源不变而不断增加投入的情况下，总产出会受系统资源约束而回落；市场容量是经济系统中资源相互需求总量[24]。

一般来说资源约束是指经济社会发展所需要的资源供不应求，对发展形成制约。主要表现在短期内经济社会发展面临的资源供应紧缺和资源供给对长远发展所形成的潜在约束两个方面。随着经济快速增长和人口不断增加，各种资源的需求不断上升，传统的粗放型经济增长方式尚未有效转变，部分资源高消耗行业盲目投资和低水平重复建设比较严重，资源利用效率低，浪费严重，我国资源不足的矛盾越来越尖锐。

自然资源的多用性、整体性等特征，决定了自然资源对人类经济社会系统的约束作用体现在功能性约束、生态性约束、经济性约束以及制度性约束等多个方面。在自然资源的多种约束中最为显著，也最为人们所重视的是经济性约束和生态性约束。

自然资源的经济性约束主要体现在 3 个方面：①资源约束制约着经济发展的规模和成长速度。资源总量约束决定经济长期发展的规模和成长速度，而个别的资源短缺所造成的资源约束会使短期经济发展受到抑制，常会成为短期经济发展的瓶颈。但从长期看，经过结构调整和资源的替代选择，个别资源的短缺不会影响经济发展的规模和成长速度。②各种资源在结构上的特点或不平衡性，形成了资源的结构约束。经济发展的结构就是经济发展的模式，或者说经济发展的模式是以动态的方式描述经济发展的结构的。资源约束限制着经济发展模式的选择范围，一定的资源约束条件决定着一定的经济发展模式。③资源在总量和结构上的约束条件共同决定着经济长期发展的规模成长速度和模式选择。

自然资源的生态性约束表现在，人类社会的经济活动必须在自然资源生态承载力范围内进行。自然资源的属性、特征及分布规律等说明各种自然资源及其之间物质、能量与信息的循环，构成了人类生存、经济活动赖以继续的平台——自然环境。作为生态环境的组成部分，除了明显的经济效益外，每种自然资源都具有重要的生态效益。一旦这种生态约束被打破，自然资源的生态功能遭到破坏，那么不但人类的经济活动要遭到生态性障碍的阻碍，甚至人类自身的生存和发展都将受到严重影响。而且自然资源这种生态性约束带来的影响，是长远的、难以修复的，其治理往往需要花费很长时间，很大的精力、物力和财力。

在资源约束条件下，系统内经济体的发展在可用资源限制下呈 Logistic 曲线型增长。Logistic 曲线，也称为生长曲线，由美国生物学家和人口统计学家 R. Pearl 和 J. Reed[25] 于 1920 年首先在生物繁殖研究中发现，后被广泛应用于生物生长过程和人口预测研究，如图 2-1 所示。Logistic 函数在经济系统中也有相当广泛的应用，函数形式如式（2-3）所示：

$$x_t = \frac{x_m}{\left[1+\left(\frac{x_m}{x_0}-1\right)e^{-rt}\right]} \tag{2-3}$$

式中，x_m——经济体在系统资源（主要包括自然资源和市场资源）约束下所能达到的最大规模；

x_0——经济体的初始规模；

x_t——t 时刻经济体的规模；

r——经济体的生存能力，非零常数；

t——时间。

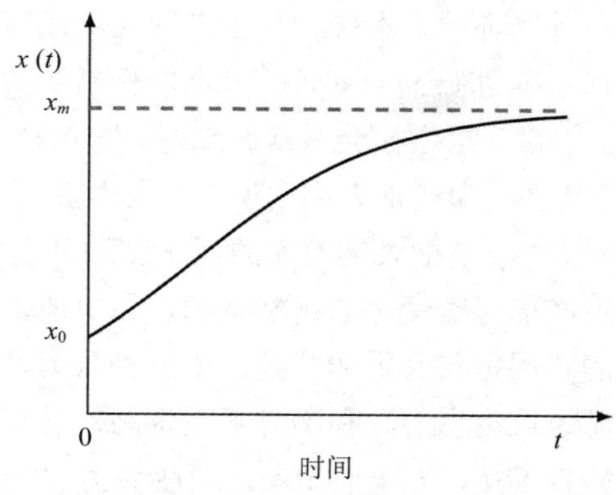

图 2-1　Logistic 曲线

Logistic 拐点能揭示系统资源约束的本质。该点的意义是，在资源总量 x_m 的约束下，经济系统由加速增长至减速增长的转变点。经济系统产出受资源支撑而体现递增效应（正反馈），到达 Logistic 拐点后遭受系统资源约束增强而体现效益递减（负反馈）；科技创新、专业分工、组织结构升级、资源重组及外部资源输入促使系统突破原有约束，同时将遭受更高层次的约束；科技进步也将提高资源利用效率、改变资源利用组合、发现新资源及替代资源或资源新用途，因而改变系统中资源的配分及稀缺或富余状态，引致约束迁移，改变约束类型及约束机制；Logistic 曲线增长模型与零增长模型及马尔萨斯增长模型有内在联系。系统资源约束增强使 Logistic 曲线转化为零增长曲线，反之，在系统资源无限供给条件下，Logistic 曲线转化为马尔萨斯曲线；系统资源约束是系统演化升级的内在因素；系统约束强度的变化，导致系统内经济体之间独立、竞争、竞合（合作竞争）等各种博弈行为的发生。

系统资源约束理论要根据经济体的发展目标、功能定位、现有资源基础，以及市场格局确定发展的近期、中期和长期发展战略。城市发展目标具有多重性与复合性，涉及各种利益团体的利益分配、利益调整。系统资源约束的传导与耦合使得约束复杂化，当约束强化到一定程度时，经济体容易发生不可逆转的灾变，如滇池以及太湖污染等问题。因此城市发展战略应该反映区域特色及发展路径依赖。影响短期发展目标的往往是区域性的约束因素；影响长期发展目标的则是宏观系统约束因素。

根据系统资源约束理论，影响经济体发展的因素有两个：一是系统资源总量 x_m（市场资源及自然资源），二是代表区域经济体竞争力的经济体生存能力 r。在均衡的市场结构中，区域经济体凭借竞争力在系统资源总量约束下呈 Logistic 模型增长。在激烈的市场竞争中，各经济体通过区域创新提升市场竞争力，扩大产品市场份额，争夺（吸引）生产要素（自然资源及人力资源），减少污染排放以节约环境资源。其结果是，区域创新能力提升导致系统资源容量的增加。区域经济得以发展。一个经济体的持续发展，既要充分依赖可获得的自然资源、市场资源，又要遭遇不断强化或者突然强化的系统资源约束。

系统资源约束理论是一种循环的、本质上是生态的经济发展观。首先，在应用系统资源约束理论之前，我们应对系统资源做一有效的分类。杨昌明在《人口资源环境经济学》中认为[26]：资源，从广义上来讲，是指社会财富的来源，既包括自然资源，如森林、土地、矿产、能源等，又包括社会资源，如通常人们所说的“人力资源”“信息资源”“技术资源”“资本资源”等；从狭义上来讲，是指人类发现的用于创造社会财富的天然物质来源及我们要研究的工业、农业等生产部门所使用的自然资源，如土地、森林、水、生物资源及各种矿产资源等。本书提到的资源指狭义上的资源。学者们认为，必须按照生态学的分法，将人类的资源分为恒定资源、可再生资源和不可再生资源，只有清晰地分类之后，使用系统资源约束理论才有效。如若不然，人类对于不可再生资源也一味地掠取而幻想和寄希望于科技进步的拯救，只能将人类推向万劫不复的深渊。但是我们应当注意到，资源的丰富程度并不能等同于社会财富，要将自然资源转化为社会财富还有赖于社会系统和环境系统的协调作用。如果在生态脆弱而资源富集的地区盲目地使用系统资源约束理论进行开发，而没有考虑该理论的实质，恐怕从长远和整体上对于该地区乃至整个大系统都会带来恶劣的影响和破坏。所以，在使用该理论指导经济发展之前，必须考虑该区域的生态系统承载力。

系统资源约束理论的“科技进步将提高资源利用效率、改变资源利用组合，也可发现新资源及替代资源或资源新用途，因而改变系统中资源的配分及稀缺或富余状态”的另一层启示是，没有真正的废弃物，只有放错地方的资源。有限的资源只有以科技进步为主导，以系统考虑为要素，合理的分配及循环使用才能满足无限的社会需求。从具体操作的层面而言，在微观层面，企业要以创新突破资源约束，以循环经济的思想挖掘资源潜力；在中观层面，就是要构建不同企业间物质代谢和共生的关系，形成产业生态链，甚至是产业生态网，建设生态的工业集群区；在宏观层面，则更要考虑区域的分工合作协调发展，调节能源和资源结构，组建系统的调节机制，加速科技进步和创新的共享机制，促进资源的多级利用。

系统资源约束理论的推行受到一些客观因素的阻碍，而最根本的阻碍还是在于资源的相对稀缺性。各国的资源占有量不同，各地区的资源储备有差异。各自相对其他统合为一个非平衡系统。这种非平衡的开放系统在与外界进行能量物质交换过程中，外界和自身的变化达到一定的限度之后可能使原有的系统转变为在相对时间空间都平衡的状态，但是达到这种平衡状态之前，很可能出现剧烈的冲击和震荡。比如人类会以战争形式获取自己所需资源，并疯狂地开发使用，全然不顾人类是一个整体。

宏观来讲，就是人类的短视性。对资源稀缺性的认识不足，对人类整体性的认识不足，对资源的价值与资源的价格的差异性认识不足。只是各自为政，寻求本国效益的最大化。也不管子孙后代，“身后之事与我何干”的思想太重。此外，人类的理性总是迟滞于科技进步，功利主义思想使人们习惯于以单一的价值尺度而非系统的价值体系作为决策的基础。微观来讲，系统资源约束理论的推广使用还受到技术可行性和经济合理性的约束。不同的区域或企业因为其发展基础、发展条件、发展水平、资源禀赋、经济结构、生产力水平、科技文化程度的不同使地方政府或者企业的自利性和逐利行为左右着其政治经济发展观。使其难以主动地为整个大局服务。尽管科技创新是政府或企业所乐见的，但是因为科技创新过程必然也是一个消耗资源和费用的过程，许多企业更乐于坐享他人所成，制约了本身的进步和发展。

必须正确地认识系统资源约束理论的深刻内涵，辩证地看待科技进步产生新的能源资源利用方式的真正含义。实际上，系统资源约束理论向我们揭示了发展必须取得 3 个效益：经济效益、社会效益、生态效益，其中生态效益是最重要的。因此我们不能仅仅着眼于经济的发展，更要注重生态的和谐。最为关键的是，对于发展和资源利用的评判上，不应该立足于现在的供求关系，而应追求人类生存总收益的最大化。在全球性的可持续发展的共识指引下，人类对于和谐发展的实质已经从认同上升到了实践。我们有理由相信，对系统资源约束理论研究的不断深入和补充，将会对我们的经济、社会、环境的发展起到巨大的裨益作用。

2.2.5　反传统规划理论

以往的城市规划中都有关于自然环境的分析，然而，如果真正地关注了土地的自然和人文的过程和格局，又怎么会在自然和文化都如此丰富的中国大地上，出现千篇一律的城市格局和形态呢？传统的城市规划和区域规划缺乏生态思想引导，造成了严重的城市环境病。在这个问题的探究过程中，反传统规划的概念应运而生。特别是随着城市化和工业化的快速推进，环境资源成为城市规划和发展的重要制约，通过环境容量和环境承载力约束和引导城市规划和发展的趋势越来越明显。生态市规划、城市环境总体规划就是典型的反传统规划理论的例证。

“反传统规划”理论（以下简称“反规划”理论）概念是由北京大学城市规划研究中心俞孔坚教授和李迪华博士提出的一种等同于“控制”规划的方法，也可以在某种意义上被认为是生态规划途径，可能在某种意义上也同样可以称为“逆规划”或“负规划”[27]。它是一种景观规划途径，本质上讲是一种强调通过优先进行不建设区域的控制，来进行城市规划的方法论。反规划不是简单的绿地优先，也不是不规划，更不是反对规划；与通常的人口—性质—布局的规划方法相反，反规划强调生命土地的完整性和地域景观的真实性是城市发展的基础，通过优先控制不建设区域来进行城市空间规划，是对快速城市扩张的应对。反规划是对我国城市发展中一些系统性问题的反思，及对我国几十年来实行的传统规划方法的反思：制定规划时首先应考虑到生命的安全和健康以及持久的公共利益，而不是从眼前城市土地开发的需要出发来做规划。

反规划这种哲学观是后现代主义在规划界具体的表象，它是对理性规划模式的颠覆和变异，是将规划理论中的复杂性重新定义的表述。城市被看做是一个动力系统，城市各个系统处于混沌状态，而且是在秩序支配下的复杂状态，复杂中包含着秩序。它的理论基础是混沌学的一个推论——分形理论。分形理论是 Michael Batty 和 Paul Lougleg 提出的分形城市学说，其灵感来自于混沌学的一个数学推论——分形，并指出[28]：复杂的城市可以理解成非常简单的实体组成；分形不仅存在于空间还存在于时间。他们在此基础上致力于建构可预测的城市模型，用重复、迭代的递归程序来构建和发展理想的城市。反规划的方法论从具体操作层面来说就是一种叫做叠合（superposition）的方法，用多元拼贴的手段，把若干个基本子系统透明地叠置交融，几个系统都没有包括其他系统，边界模糊的子系统遵守分形生长的方式，并试图通过这样的形式，使城市看上去像自行演进的，而不是经过规划的。

自然服务是人类社会经济系统最根本的依赖，和谐社会及和谐的城市结构和功能关系，最终来源于人和土地的和谐关系，包括让土地告诉我们适宜的功能布局、适宜的居住地、绿色而快捷的交通方式以及连续而系统的游憩网络，甚至城市的空间形态。

“反规划”就是要从建立和谐的人地关系入手，来建立健康和谐的城市社会和城市形态。国内外生态规划的思想、绿地优先的思想、景观规划的传统都可以作为对“反规划”概念的一种理解，但“反规划”是一种系统的规划途径，是一种基于前人丰富成果的整合，而更重要的是它是在中国当下规划方法论面临危机的情况下提出的，以应对急速的城市化进程和不确定的城市空间发展。任何离开当下中国的背景来讨论“反规划”用语的规范性与合理性都是毫无意义的。

在传统的以“规模-性质”为依据的城市规划体系中，没有将生命的安全和健康放在重要地位，城市绿地系统规划也是在总体规划基础上来进行的。“反规划”作为一种城市物质空间规划的途径，旨在为城市的扩展建立一个真正理性的框架，为混沌而急于增长的城市提供一个渐进的、富有弹性的“答案空间”。这意味着城市规划必须将传统规划的先后顺序颠倒过来，先确定保障生命健康安全的格局（Security Patterns，SP），然后再建立一个与其格局相适应的、可以持续增长的城市。

针对如何应用“反规划”理念，通过对未来区域和城市生态安全具有战略意义的景观元素和结构的规划控制，建立生态基础设施，俞孔坚教授提出了一些要点[27]。

（1）维护和强化整体山水格局的连续性

城市之于区域自然山水格局，犹如果实之于生命之树。维护区域山水格局和大地肌体的连续性和完整性，是维护城市生态安全的一大关键。古代堪舆把城市穴场喻为“胎息”，意即大地母亲的胎座，城市及人居在这里通过水系、山体及风道等，吮吸着大地母亲的乳汁。破坏山水格局的连续性，就切断了自然的过程，包括风、水、物种、营养等的流动，必然会使城市这一人文之胎发育不良，以至失去生命。历史上许多文明的消失也被归因于此。

古代“风水说”称，断山断水是要断子绝孙的。现代生态学和景观生态学告诉我们，连续的山水和自然栖息地系统有重要的意义。我们吃的三文鱼就是在林子里的小溪产卵，在海里生长的，如果这条河流给断了，那三文鱼也没有了；长江里好多鱼也是这样的。我们爱吃的武昌鱼是在武昌上游的湖泊里产卵繁殖，然后到下游的长江里生长的。河流廊道是大自然唯一的连续体，水是唯一的连续体。来自喜马拉雅山山顶的一滴雪水，可以流到太平洋去，因为河流是连续的。上游山谷、湖泊的鱼卵和幼体能够在太平洋中生长，因而有了生命的连续。所以，国土只有维持其自然过程和格局的连续性，才能保证其生命的可持续性。否则这块土地就是死的，生命是要断绝的。

（2）维护和恢复河道、海岸的自然形态

河流水系是大地生命的血脉，是大地景观生态的主要基础设施，污染、干旱断流和洪水是目前中国城市河流水系所面临的三大严重问题。于是以防洪、蓄水和治理污染为口号的河流治理往往被当做城市建设的重点工程、“民心工程”和政绩工程。然而，人们往往把治理的对象瞄准河道本身，殊不知造成上述三大问题的原因实际上与河道本身无干。于是，耗巨资进行河道整治，其结果却使欲解决的问题更加严重，犹如一个吃错了药的人体，大地生命遭受严重损害。这些“错药”包括：

1）高堤防洪。必须认识到，在全国普遍缺水的情况下，洪水是资源。洪水之所以变得如猛兽豺狼，只因我们没有善待河流水系。防洪之道绝不在高筑河堤，而在建立一个滞洪的湿地系统，从区域尺度上解决水资源的蓄留。100 年一遇、500 年一遇的水泥堤岸可以休矣，无论从短期经济利益还是长远国土生态考虑，我们都必须走区域生态之路来解决旱涝之灾。

2）水泥护堤衬底。大江南北各大城市水系治理中能幸免此道者，几乎没有。曾经是水草丛生、白鹭低飞、青蛙缠脚、鱼翔浅底，而今已是寸草不生、光洁的水泥护岸。水的自净能力消失殆尽，水-土-植物-生物的物质和能量循环系统被彻底破坏。

3）裁弯取直。古代“风水”最忌水流直泻僵硬，强调水流应曲曲有情。只有蜿蜒曲折的水流才有生气、有灵气。现代景观生态学的研究也证实了弯曲的水流更有利于生物多样性的保护，有利于削减洪水的灾害性和突发性。

4）高坝蓄水。至少从战国时代开始，我国祖先就已十分普遍地采用作堰的方式引导水流用于农业灌溉和生活，秦汉时期，李冰父子的都江堰工程是其中的杰出代表作。这种低堰只作调节水位以引导水流，而且利用自然地势，因势利导，既保全了河流的连续性，又充分利用了水资源。但大江、大河上的拦腰水坝已经给这一连续体带来了很大的损害，而当所剩无几的水流穿过城市的时候，人们往往不惜工本拦河筑坝，“美化”城市，从表面上看是一大善举，但实际上有许多弊端，包括：变流水为死水，富营养化加剧，水质下降，如不治污，则往往臭水一潭；破坏了河流的连续性，使鱼类及其他生物的迁徙和繁衍过程受阻；影响下游河道景观，破坏生境；丧失水的自然形态，水之美在于其丰富而多变的形态。城市河流中用于休闲与美化的水不在其多，而在其动人之态，其动人之处就在于自然。

（3）保护和恢复湿地系统

湿地是地球表层上由水、土和水生或湿生植物相互作用构成的生态系统。湿地是人类最重要的生存环境，生物多样性极为丰富，被誉为“自然之肾”，对城市及居民具有多种生态服务功能和社会经济价值，包括：提供丰富多样的栖息地，调节局部小气候，减缓旱涝灾害，净化环境，满足感知需求并成为精神文化的源泉、教育场所等。在城市化过程中因建筑用地的日益扩张，不同类型湿地的面积逐渐变小，趋于消失，或富营养化，对其周围环境造成污染。所以在城市化过程中要保护、恢复湿地，避免其生态服务功能退化，对城市可持续发展具有非常重要的战略意义。

（4）建立无机动车绿色通道

国际城市发展的经验告诉我们，以汽车为中心的城市是缺乏人性、不适于人居住的，从发展的角度来讲，也是不可持续的。“步行社区”、“自行车城市”已成为国际城市发展追求的一个理想。然而，快速发展中的中国城市，似乎并没有从发达国家的经验和教训中获得启示，而是在以惊人的速度和规模效仿西方工业化初期的做法，“快速城市”的理念占据了城市大规模改造的核心。非人尺度的景观大道、环路工程和高架快速路工程，已把有机的城市结构和中国长期以来形成的“单位制”社会结构严重摧毁。步行者和自行车使用者的空间在很大程度上被汽车所排挤。

作为城市发展的长远战略，利用目前城市空间扩展的契机，建立方便生活和工作及休闲的绿色步道及自行车道网络，具有非常重要的意义。这一绿道网络不是附属于现有车行道路的便道，而是完全脱离机动车道的安静、安全的绿色通道，与城市的绿地系统、学校、居住区及步行商业街相结合。它将是应对未来全球性能源和石油危机的关键性战略，必须从现在开始建立。

（5）建立绿色文化遗产廊道

绿色文化遗产廊道是集生态、休闲与教育及文化遗产保护等功能为一体的线性景观元素，包括河流峡谷、运河、道路以及铁路沿线。它们代表了早期人类的运动路线，并将人类驻停与活动的中心和节点联系起来，体现着文化的发展历程，是一个国家或一个民族发展历史在大地上的烙印。从早期山区先民用于交通的古栈道和河边的纤道，到秦始皇修建辐射在中华大地上的驰道，再到隋炀帝开凿横贯南北的京沪大运河，众多具有数千年或数百年历史的文化遗迹如明珠般被线性景观串联起来。需要注意的是，关于遗产的概念，不光是 5 000 年、3 000 年的遗产或几百年的遗产才有价值，脚下的好多文化遗产都可能有重要的价值，50 年、30 年的遗产也有价值。

然而，随着城市的持续扩张以及交通方式的改变，特别是现代高速路网的横行，这些线性历史景观已被无情地切割、毁弃。即便许多节点被列为地方、国家，甚至世界级的保护文物，但它们早已成为一些与原有环境和脉络相脱离的零落的散珠，失去其应有的美丽与含义。我们应该将这些散落的明珠串联起来，与同样重要的线性自然与人文景观元素一起，构成城市与区域尺度上价值无限的“宝石项链”，这“项链”同时又是无机动车穿行的慢步道和自行车走廊，它将是未来市民的生态休闲与文化教育及环境教育的最佳场所。

可以预见，融历史文化、自然生态及旅游休闲和文化教育为一体的绿色遗产廊道将在未来中国大地景观上构筑起一个迷人的网络。

（6）保护和利用高产农田作为城市的有机组成部分

保护高产农田是未来中国可持续发展的重大战略，霍华德的田园城市模式也将乡村农田作为城市系统的有机组成部分。随着网络技术、现代交通及随之而来的生活及工作方式的改变，城市形态也将改变，城乡差别在缩小，城市在溶解。而大面积的乡村农田将成为城市功能体的溶液，高产农田渗透入市区，而城市机体延伸入农田之中，农田将与城市的绿地系统相结合，成为城市景观的绿色基质。这不但可以改善城市的生态环境，为城市居民提供可以消费的农副产品，同时，也提供了一个良好的休闲和教育场所，日本筑波科学城就保留了大片的农田，收到了良好的效果。英国在 1979 年时就有 20 多个社区引入城市农田，还有相应的机构提供技术和资金支持。法国在建设新城时引入了农业景观，把农田作为绿地引入城内及城市周围，使城区的绿地、水面达到 40%，并把农田作为城市与城市之间的隔离带，他们称之为“建设没有郊区的新城”。

如果把目前常规的建设规划程序作为“正规划”的话，那么“反规划”表达了在规划程序上的一种逆动：不依赖于城市化和人口预测作为城市空间扩展的依据，而是以维护生态服务功能为前提，进行城市空间的布局。如果已有的知识尚不足以告诉人们做什么，但至少可以告诉人们不做什么。一个规划的成功与否，恰恰不在其是否准确预测了社会经济发展规律和是否在此基础上制定了完备的空间规划。规划的科学性似乎在于对不确定的社会经济发展规模和速度的适应能力，特别是对“非常发展速度”的适应能力；在于当其空间结构满足不可预测的发展规模和速度情况下，仍然能持续地保持安全和健康的生态条件。理性并没有错，一个根本的问题在于理性的规划过程是建立在什么基础之上的。传统发展规划将理性建立在城市的发展目标之上，城市的空间格局是建立在不确定基础上的空中楼阁。而“反规划”则将理性建立在确定的土地生命和自然系统之上，作为城市母体的自然山水、自然过程和格局在很大程度上是可知的或至少不是“随意的”，也非假设的，建立在生命土地的过程和格局基础上的城市是坚实而有生机的。

如果把城市的建设用地和市政基础设施建设规划成果作为“正”规划，且具有法律效应的话，那么，相应地，可以把土地的不建设区域或对维护生态服务功能具有关键性价值的生态基础设施称为“负”规划，同样应具有法律效应。前者通过红线来体现，而后者则体现为绿线（这里包括作为界定绿地范围的绿线，作为界定河流水域的蓝线和界定历史文化遗产的紫线）。为阻止城市蔓延的环城绿带、城市组团之间的隔离性绿地、城市的楔形绿地，都体现在当今的城市规划中。它们的意义与体现在“反规划”中的不建设控制区有本质的区别，具体体现如下：

1）目的不同。反规划以土地生命系统的内在联系为依据，是建立在自然过程、生物过程和人文过程分析基础上的，以维护这些过程的连续性和完整性为前提。传统规划中有关不建设区域把绿地作为实现“理想”城市形态和阻止城市扩展的“工事”，而绿地本身的存在与土地生态过程缺乏内在联系。

2）进行的次序不同。反规划是主动的优先规划，在城市建设用地规划之前确定，或优先于城市建设规划设计。传统规划中有关不建设区域是被动的、滞后的。绿地系统和绿化隔离带的规划是为了满足城市建设总体规划目标和要求进行的，是滞后的。

3）功能不同。反规划是综合的，包括自然过程、生物过程和人文过程（如文化遗产保护、游憩、视觉体验）。传统规划中有关不建设区域是单一功能的，如沿高速公路布置的绿化隔离带，缺乏对自然过程、生物过程和文化遗产保护、游憩等功能的考虑。

4）呈现的形式不同。反规划是系统的，一个与自然过程、生物过程和遗产保护、游憩过程紧密相关的，预设的、具有永久价值的网络；是大地生命肌体的有机组成部分。传统规划中有关不建设区域是零碎的，往往是迫于应付城市扩张的需要，并作为城市建设规划的一部分来规划和设计，缺乏长远的、系统的考虑，尤其缺乏与大地肌体的本质联系。

生态服务是人类社会经济系统最根本的依赖，和谐社会及和谐的城市结构和功能关系，最终来源于人与土地的和谐关系。“反规划”就是要从建立和谐的人地关系入手，来建立健康和谐的城市社会和城市形态。国内外生态规划的思想、绿地优先的思想、景观规划的传统都可以作为对“反规划”概念的一种理解，但“反规划”是一种系统的规划途径，它基于前人丰富的成果，而更重要的是，它是在我国当今规划方法论面临危机的情况下提出的，以应对快速的城市化进程和不确定的城市空间发展。任何离开这一背景来讨论“反规划”用语的规范性与合理性都是毫无意义的。

2.2.6 生态学理论与环境规划

环境规划是为使环境与经济、社会协调发展而对自身活动和环境所做的合理安排。它具有整体性、综合性、区域性、动态性以及信息密集和政策性强等基本特征，这些特征与复合生态系统的结构和功能呼应。生态学理论是进行环境规划首先必须掌握的知识。

在编制环境规划的过程中，无论是信息的收集、储存、识别和核定，功能区的划分，评价指标体系的建立，环境问题的识别，未来趋势的预测，方案对策的制定，环境影响的技术经济模拟，多目标方案的评选等，都与复合生态系统的动能密不可分。

人类活动对复合生态系统的任何一个子系统、任何一个功能造成影响，都将干扰系统的运行机制及状态，进而破坏复合生态系统。当前人类与自然环境之间，即社会-经济-自然复合生态系统内部存在着 4 个主要矛盾[29]：

1）人类生活对自然生态环境条件的相对稳定性的要求与当前自然生态环境急剧变化的矛盾。科学技术日益发达，人们急剧地开发着自然资源，同时也急剧地改变着大气、水体、气候和食物的成分等，如此急剧的变化是人类历史发展过程中从未遇见过的，因此，此类急剧地改变自然环境的活动，很可能会反过来威胁人类的生存和发展。

2）人类改变自然环境的快速性与自然环境恢复和调节的缓慢性之间的矛盾。人类可以在短期内改变自然环境，但环境一经破坏，改变了原来的相对稳定性，就很难预测这种改变会带来什么后果，也很难再恢复和建立新的平衡。

3）地球上蕴藏的矿产和地下水资源等的有限性与人类的需要及开采能力的无限性之间的矛盾。地球上有用矿产资源的形成需要上千万年的历史，而科学技术日益进步的今天，矿产资源开采和利用的速度是惊人的，如不考虑节约能源、利用太阳能或能源多次利用和开发再生能源等，有朝一日这些资源势必会用光。

4）地球的体积是有限的，物质的生产也是有一定限度的，人口的增长若没有限制，也将成为一对矛盾。如果任由人口激增，人均土地将越来越少，生态环境必然会急剧变化，人类将无法生存。例如，在全世界范围内，由于大面积破坏森林，大量施用农药、化肥，不合理开垦，随便破坏耕地等，使农业环境恶化，大大破坏了生态平衡。农药残毒对环境的污染和在食物链中的积累，也大大威胁着人类的安全，影响着人们的健康。

由此可见，制定环境规划要具有促进环境与经济、社会的协调发展，保障环境保护活动纳入经济和社会发展计划，合理分配排污削减量，有效获取环境效益，指导各种环境保护活动等作用，这是非常必要和重要的；并且，规划应从社会、经济、自然三个子系统的结构和功能入手，探索各子系统之间相关联的方式、范围及紧密程度，改善复合生态系统的运行机制，保证社会、经济、自然三个子系统之间的良性循环，以达到环境规划的最终目标，实现可持续发展。

2.3　资源经济学理论

从 18 世纪中叶的第一次工业革命开始到 19 世纪 30 年代的 80 年中，世界人口由 10 亿猛增到 20 亿，导致对资源需求的大幅增长。结束于 20 世纪初的第二次工业革命，开辟了人类电气化的新纪元，使全球的生产力得到了更加高速的发展，致使大规模地开发利用偏远地区的自然资源，尤其是地下矿产资源成为现实，从而大大促进了资源产业的形成和发展，同时也导致资源短缺、环境污染和生态破坏等问题进一步加剧。于是人们从发展资源经济和解决世界性资源及环境问题两个方面，提出了对建立资源经济学的需要。资源经济学于 20 世纪 20—30 年代应运而生。1924 年美国经济学家 Ely 和 Morehouse 合著的《土地经济学原理》[30]、1931 年 Hotelling 发表的《可耗竭资源的经济学》，都提出了资源保护和稀缺资源的分配问题，被认为是资源经济学产生的标志[31]。1970 年年末，随着生态保护主义思潮的兴起和资源有限论的建立，资源经济学的研究进入了一个辉煌时期。1976 年 Banks 的《自然资源经济学》和 1978 年 Dasgupta 的《经济理论与耗竭性资源》[32]、1979 年 Howe 的《自然资源经济学——问题、分析与政策》[33]、1981 年 Butlin 的《经济学和资源政策》[34]和 Alan 的《资源经济学——从经济角度对自然资源和环境政策的探讨》、1986 年 Daniel 的《自然资源经济学》、Peter 和 Sweder 的《自然资源与宏观经济学》[35]等一系列著作的问世和自然资源经济研究的日益广泛深入，与之相关的自然资源开发利用和环境经济方面的著作大量涌现，使得资源经济学理论及其分析工具日益成为研究社会经济体系功能的基础。

2.3.1 资源价值理论

J. Krutilla 是最早定义自然环境价值的经济学家，他在 1967 年提出了舒适型资源的经济价值理论[36]。在此之前，许多环境经济学家虽然已经研究过自然资源的合理利用问题，但主要关于适度的开发速度和开发规模，实现资源可持续利用的最优配置。涉及的主要内容是可耗竭资源中的矿产资源（如石油、煤矿、金属矿等），又称为采掘型资源。但对于一些稀有的生物物种、珍奇的自然景观、重要的生态环境系统，却缺乏必要的研究，Krutilla 把这类资源称为舒适型资源，并认为出于科学研究、生物多样性保护和不确定性等原因，保护好舒适型资源，或者将这类资源的使用严格限制在可再生的限度之内是十分必要的。舒适型资源所具有的性质表明，对这类资源的损坏是单向的，被破坏就意味着永远丧失。这就是舒适型资源破坏的不可逆性，也是舒适型资源概念的核心[37]。

如果承认舒适型资源是不可逆的，那么就应当重新认识舒适型资源的价值构成。当代人直接或间接利用舒适型资源获得的经济收益是舒适型资源的使用价值；当代人为了保证后代人能够利用资源所支付的和后代人因此而获得的收益，是舒适型资源的选择价值；人类不是出于任何功利的考虑，只是为了资源的存在而表现出的支付意愿是舒适型资源的存在价值。这一理论最重要的贡献在于为定量评价舒适型资源的经济价值奠定了坚实的理论基础[3]。

无论是矿产资源、水资源，还是环境容量资源，作为一种有限的资源，其具有价值的观点越来越为人们所认识和重视。按照资源经济学的边际效用价值论，资源的价值源于其效用，又以资源的稀缺性为条件，效用和稀缺性是资源价值得以体现的充分条件。由于环境资源是人类生活不可缺少的一种稀缺资源，对人类具有巨大的效用，同时，随着经济的发展，环境容量已成为全球性问题[37]。因此，从边际效用理论出发，很容易得出环境资源具有价值的结论。科学的资源价值观的建立，为环境资源的有偿使用提供了理论依据，同时也为合理制定环境资源的价格和建立排污权有偿转让制度奠定了基础，有利于充分利用经济手段有效管理环境资源[38]。

通常认为，价格是价值的货币表现形式，在这种情况下，价值是价格的源泉。然而，对于非劳动产品的自然资源，如天然的环境资源，资源经济学认为，其价格不能简单地用这种关系来套用，环境资源取得商品的形式是由环境资源稀缺性和环境资源所有权的明确性决定的[39]。环境资源的稀缺性要求用经济手段加以调节，环境资源所有权的实现要求借助市场手段，赋予环境资源一定的价格。由此可见，环境资源价格的实现，是用经济手段来调节环境资源配置，加强环境资源科学管理及其使用的合理化，保证环境资源持续供给的基本途径。资源经济学还认为，价格是影响一切资源需求量的首要因素，因此，在分析价格对资源产品的需求影响时，必须考虑的一个重要因素是资源产品的需求弹性，这对于促进节水的环境资源价格制定具有重要意义。

2.3.2 资源产权理论

产权理论自诞生以来便不断向各个经济领域扩散渗透，取得了广泛的应用成果。由于产权理论在研究外部性内部化及提高资源配置效率方面的独到作用，使其广泛应用于资源配置上，分析不同资源配置与效率的关系。环境资源与其他资源一样，是人类赖以存在的自然基础，环境资源的日益短缺、环境容量与产业发展矛盾的加剧，以及在环境资源利用中的低效问题引起了资源经济学的重视。因此，如何界定、安排环境资源权属，以实现环境资源高效利用，已成为资源产权理论的一个重要应用方向。资源产权理论对于环境规划与政策制定的指导作用在于：①应明确环境产权的公有性，属于国家和全民所有。②要求取得环境产权的单位应实现环境资源的有偿使用。③为提高环境产权的灵活性和提高利用效率，应完善环境产权交易市场，实行环境产权交易制度。

2.3.3 资源经济学理论与环境规划

环境规划既然是经济与环境协调发展的规划，那么对它的研究就离不开经济学的理论和分析方法。从经济学中游离出来的资源经济学中的主要理论（如资源价值理论、资源价格理论、资源产权理论）和采用的经济学分析工具（供求分析、边际分析、费用效益分析），理所当然地成为了环境规划研究的主要理论基础和分析工具。

（1）环境资源与经济发展之间的辩证关系

经济活动是人类不断利用自然界资源谋取自身生存与发展的过程。一方面，人类为了自身的利益，过分地拓展自己的生存空间，造成人口剧增、森林资源锐减、水土流失加剧、草地资源退化、沙漠化和荒漠化日益严重、生物多样性减少、空气及淡水质量急剧下降等社会和环境问题，不但给国民经济发展和人类财产造成巨大损失，而且势必会影响社会经济的可持续发展。另一方面，为保持社会经济的长期发展，不得不限制开发、利用环境和自然资源，进而为保护环境而被迫建立起环境资源有偿使用机制及生态环境恢复补偿机制，这在一定程度上限制了经济的快速发展。

为了社会经济的发展，人类在不断地打破自然平衡，同时也应更加自觉地去重建一个新的平衡。在现实的经济活动中，人类不可能长期把环境保护置之不理。环境保护的中心任务是维持人类生活适宜的环境质量；保护、增殖可更新资源，使其不断扩大；合理利用资源使其免于浪费和破坏；努力寻找可替代的新资源；为人类的经济发展提供充分持续利用的资源。环境保护与经济发展是相互制约的。人类的经济活动与生态环境息息相关，在社会生产过程中，环境问题不可避免，环境保护的重要作用也日益凸显，环境保护与经济发展两者缺一不可。

（2）环境保护与经济发展相协调

人类变革自然的过程，既是造成人与自然之间矛盾的直接根源，又是调节人与自然关系的直接手段。人在创建和拓展人工自然的过程中，通过自觉的活动来完善自己、发展自己，在改造自然的同时也不断改造人类本身，最终使人的主观能动性得到充分发展。人的能动性的发展，会增强人对自然的认识和对自然的控制力，使人工自然朝着既有利于人类又有利于自然的方向发展。人类这种主观能动性的加强，使其在利用与改造自然环境的过程中有意识地趋向于对环境的保护，注重人类开发环境的长远经济利益，并逐步朝双赢的目标迈进。环境保护与经济发展相协调的主要标志是取得最佳的综合社会经济效益，在实现环境效益、经济效益和社会效益统一的同时，又能够不断改善人类生产和生存的环境质量。

协调环境保护与经济发展之间的关系，就要进行合理的环境规划，通过全面、综合平衡，把全局利益和局部利益、长期利益和近期利益结合起来。经济发展既能满足人类日益增长的物质财富需要，又不超过环境可提供的资源和可容纳污染物的限度，不以牺牲环境为代价来实现经济发展的目标。环境规划设置的环境保护目标和要求，既要考虑人体健康和其他生物生存的基本要求，又要考虑经济技术发展的水平；环境保护的水平和目标只有在经济发展的基础上才能不断提高，目前阶段起码保证环境不再继续恶化，然后再进一步改善和修复受破坏的环境。

（3）资源经济学理论在环境规划中的作用

在进行环境规划和实施环境管理的过程中，从规划目标的制订到规划方案优选及污染控制措施、污染削减方案的确定都涉及经济费用和效益问题。进行环境规划的主要目的就是以最小的投入、最小的经济损失获得最大的环境效益，比如经济学中的费用-效益分析方法就为规划提供了选择与评价的定量化依据，是进行环境规划的重要分析方法。环境经济学在环境规划中发挥了重要的作用：

1）判断作用。利用费用-效益分析方法，对环境规划过程中的费用和效益进行识别，探讨规划的实施过程和方案，得出客观的判断。

2）预测作用。环境规划实施产生的影响是长期的，在进行经济比较时，不仅考虑短期的成本和效益，而且要从长远的利益出发，因此，体现了费用-效益分析方法的预测作用。

3）选择导向作用。在环境规划中，有多项方案可供选择，费用-效益分析方法是用来确定各种方案经济价值的有用工具，通过比较各方案的净效益，选择最优的规划方案。

通过分析后确定的规划方案，反映的是环境、经济和社会总效益的最大化。决策时不仅考虑了直接经济成本，也考虑了间接的环境成本，符合可持续发展的思想，具有很强的导向作用。

2.4 系统科学理论

系统论原理是现代管理学研究的重要理论成果之一，在管理科学学科体系中占有重要地位。人类-环境系统是以人类为中心的递阶层次的复杂巨系统，用系统论原理指导环境管理的实践，解决管理中的复杂问题，有其特殊的优越性。目前，系统论原理无论在理论研究还是在实际应用上都取得了很大的成就，越来越受到环境规划与管理工作者的重视。系统科学与环境科学以及环境规划相结合，产生了环境系统科学以及环境系统工程。

2.4.1　系统科学概念与特点

系统（system）一词源于古希腊语，即相同和类似事物按一定结构、秩序相联系构成系统。系统论借用了这个词，把研究和处理的对象当做一个整体系统来对待。一般地说，系统是普遍存在的。小至一个原子、分子，大到一个国家、地球、整个太阳系，都可以作为一个系统来看待。但对系统概念的科学定义，目前认识还不统一。归纳起来，可以这样理解：系统是由相互联系、相互依赖、相互制约、相互作用的事物和过程组成的具有整体功能和综合行为的统一体。为了实现系统自身的稳定和功能，系统需要以一定方式取得、使用、保持和传递能量、物质和信息，也需要对系统的各个构成部分进行组织。系统的内部组织是协同的、有序的。生物系统的组织是一种自组织，一切非自然系统的组织都是人为的组织，而工程中的自动控制系统，能够根据环境的某些变化重新组织自己的运动。一般而言，构成系统必须具备三个要点：①由两个以上的要素组成，单一要素不能构成系统。②具有各要素在孤立状态下所不具有的新的整体性功能。③系统的各要素具有严密的结构性和不可分离的相关性[24]。

系统论的产生与 20 世纪 30 年代前后生物学中的机体概念以及对活的有机体研究有关。一般认为，美籍奥地利理论生物学家和哲学家 Ludwig Von Bertalanffy 是系统论的创始人。Von Bertalanffy 于 1932 年发表了《理论生物学》，提出用数学模型来研究生物的方法和有机体系统论概念，这是现代系统论的萌芽[40]。1937 年，Von Bertalanffy 在芝加哥大学的哲学讨论会上，第一次提出了一般系统论概念。他详细阐述了系统论思想，于是系统论作为一个新学科初露头角。1956 年，Von Bertalanffy 发表了《一般系统论》一文[41]，1968 年，Von Bertalanffy 发表了系统论的代表性著作《一般系统理论——基础、发展与应用》[42]。目前，系统论已在世界各个领域得到越来越广泛的应用。我国于 1980 年成立了系统工程研究会，并创办了《系统工程理论与实践》杂志。著名科学家钱学森发表了《论系统工程》等著作，受到学术界的普遍重视。现在，我国哲学、社会科学界也开始运用系统论的方法，研究哲学、经济、历史、法学、文学等方面的问题，并取得了显著效果。

系统论以系统为研究对象，即以自然界和社会中所有事物的系统性质及其系统联系为研究对象。它与其他具体学科不同，不是以客观世界的某种事物的物质结构及其运动形式为研究对象，而是以所有事物的共同属性（系统性质）及普遍联系的共同方面（系统联系）为研究对象。它的主要任务是用逻辑和数学的手段来研究适用于一切系统的原则和规律，从整体出发来分析系统整体和组成系统整体各要素的相互关系，从本质上说明其结构、功能、行为和动态，以把握系统整体，达到最优的目标。其科学方法，原则上适用于一切科学领域，具有跨学科性质。它是自然科学、社会科学和技术科学相结合、相渗透的产物，是一门横断学科[26]。系统论的研究内容可以归纳为系统基本理论（包括范畴、定律和原则、原理等）和系统方法两大部分。系统基本理论集中体现了系统的一般思想原则，即系统思想；系统方法则是把这些原则运用到实际领域的方法论。系统论的一般原则主要有[42]：

1）整体性原则。系统的整体性是系统的核心，任何系统都不是各个部分（要素）的简单相加或机械凑合，而是有机结合，因而具有特定的整体性功能。整体性功能，一方面具有各个部分（要素）在孤立状态下不具有的新质；另一方面新质的出现，使系统整体在特定量度上的功能增大。所以，“整体大于它的各部分总和”。

2）关联性原则。系统论认为，一种事物离开它和周围条件的相互联系和相互作用，就成为不可理解、毫无意义的东西。任何事物总是处在某种系统中，即处于某种联系中。如果把某一事物从某一系统中分离出来，它也必然会落入另一个系统。不属于任何系统或不与其他事物相联系的事物是没有的。所以，系统论要求用相互联系的观点，把任何事物都作为某个系统的一个要素来加以研究。

3）有序性原则。系统的有序性是系统内部组织程度的反映，是要素和要素之间、系统和子系统之间稳定的有机联系的标志。系统的任何联系都不是毫无秩序、杂乱无章的，而是秩序井然、有条不紊，按照等级和层次进行的。稳定的联系构成系统的结构，保证系统的有序性，其中本质的联系形成了系统发展和变化的规律。

4）动态性原则。开放系统是系统处于动态的条件，动态又是开放系统的必然表现。开放系统每时每刻都处于同外界物质、能量、信息的交换、流动之中。动态性原则表明，对系统进行研究，不仅要研究其发展变化的方向和趋势，而且要探索各种系统发展变化的动力、原因和规律。此外，国内外还有很多学者认为模型化原则、综合性原则、等级结构原则、最优化原则等也是系统论的重要原则。

2.4.2 系统工程“三维”方法

系统工程是以系统为研究对象，把所要研究和管理的事物当成系统，从系统的整体性观点出发，对系统进行最优规划、最优管理、最优控制，以达到最优系统目标的一门综合性组织管理技术，是一门多学科、多方法的边缘科学。日本工业标准调查会（Japanese Industrial Standards Committee，JISC）规定：系统工程是为了更好地达到系统目标而对系统的构成要素、组织结构、信息流动和控制机构等进行分析与设计的技术。我国学者钱学森先生指出，把极其复杂的研制对象称为系统，即由相互作用和相互依赖的若干组成部分结合成具有特定功能的有机整体，而且这个系统本身又是它从属的一个更大系统的组成部分。系统工程则是组织管理这类系统的规划、研究、设计、制造、试验和使用的学科方法，是一种对所有系统都具有普遍意义的科学方法[43]。

美国学者 Arthur D. Hall 在 1969 年提出的三维结构分析法，比较准确地反映了系统工程方法论的实质。霍尔从逻辑维、时间维和知识维 3 个方面说明了系统工程的基本方法和程序[44]。

逻辑维给出了解决系统工程问题思考过程的逻辑关系和顺序。这个逻辑思维过程分为 7 个阶段，各阶段的内容为：①规划准备，通过系统调查，尽量收集所要解决问题的历史、现状及发展趋势的资料和数据，阐明问题的形成原因和关键所在。②系统目标设计，提出系统需要达到的目标体系，并拟定评价系统功能的标准，以利于评价衡量所有可供选择的系统方案。③系统方案综合，按照系统的目标和问题的特性，拟定出各种可供选择的方案，并相应阐明设计方案的结构、参数、所需条件、主要优缺点等。④系统方案分析，按照系统评价标准，对各备选方案进行分析和比较，拟定系统功能与目标的分析模型，通过模型化分析，综合研究方案的功能和特征。⑤系统方案优化，在系统分析的基础上，选定和调整系统中有关参数，选择有利于达到系统目标优化的可行性方案。⑥系统方案决策，通过最优化分析，选出最优方案。⑦系统实施，制订出实现选定方案的计划并付诸实施，如计划实施遇到问题则重复前面的步骤，直至方案目标完成。

时间维给出了系统工程活动从规划到使用、更新的时间顺序。一般把整个活动过程按时间先后顺序分成 7 个阶段，各阶段的内容与任务如下：①规划阶段，在广泛调查研究基础上，按系统要求拟定规划目标和战略对策。②拟定方案，根据规范和标准对策提出具体计划方案。③分析阶段，采用数学模拟方法，分析方案实现的条件、结果和要求。④运筹阶段，对各方案进行技术经济评价与比较，选择优化方案。⑤系统实施，启动入选方案，使其开始运转。⑥运行阶段，系统进入正常运行工作。⑦更新阶段，根据系统环境的变化，按照新的目标要求，不断改进原设计，使系统功能更完善有效。

知识维给出了制定方案、评价方案和实施方案各阶段、各步骤所需要的知识和专业技术。按各种知识和技术的使用频率和重要程度，系统工程使用的知识依次为工程技术、环境科学、数学工具、计算机技术、现代管理理论、法律、医学、社会学等。

2.4.3　系统科学理论与环境规划

系统科学是研究系统的一般性质、运动规律、系统方法及其应用的学科，系统科学被认为是 20 世纪最伟大的科学革命之一。在系统科学出现之前，由于人们的认识能力有限，只能凭直觉观察和经验定性地认识事物之间的相互联系，不可能从整体上定量地描述事物之间的联系，只能把复杂系统分解成各个子系统，甚至分解成最基本的要素开展研究。这样的研究虽然对推动科学发展起到了巨大作用，但是却忽视了事物之间的联系，对其认识不够全面，阻碍了科学的进一步发展，科研成果也不能满足解决复杂问题的需要，因此客观上要求发展一门处理复杂系统的科学。系统科学就是在这种背景下产生的，它给了人们一种认识和处理复杂系统的理论和方法，如为水资源、水环境与经济学的交叉融合提供了学科基础和方法论，使水循环系统与经济系统作为一个整体研究成为可能。

从系统的组成角度看，系统是由两个或两个以上相互联系的要素组成的、具有整体功能和综合行为的集合。该定义规定了组成任何系统的 3 个条件：①组成系统的要素必须两个或两个以上，它反映了系统的多样性和差异性，是系统不断演化的重要机制。②各要素之间必须具有关联性，系统中不存在与其他要素无关的孤立要素，它反映了系统各要素相互作用、相互激励、相互依存、相互制约、相互补充、相互转化的内在相关性，也是系统不断演化的重要机制。③系统的整体功能和综合行为必须不是系统各单个要素所具有的，而是由各要素通过相互作用而体现出来的。

环境规划在制定执行时遵循的方法步骤实质上就是系统工程方法，在研究问题时特别强调研究对象和研究过程的整体性，坚持全面地看问题，寻求总体最优的研究效果。在编制环境规划时研究问题还具有跨学科、跨专业的综合性特点，尤其适合研究复杂的巨系统。而且，系统工程研究方法具有科学性和艺术性结合的特性，表现在其解决问题时，不局限于同一种模式，而是在系统理论的指导下，追求创造性地解决问题。

系统科学理论之所以成为环境规划的基础理论，是因为环境规划的综合性、复杂性，尤其是环境与经济社会系统的相互作用分析，使环境规划研究表现出多学科性。环境规划的复杂性主要表现在：①环境规划编制涉及各环境要素内涵的层次性与演化性。随着环境规划研究理论与实践的不断发展，环境规划编制涉及的要素越来越多，除了传统的水、大气、生态外，还涉及土壤、核与辐射、农村等环境要素，各要素内涵和外延越来越广泛，需要环境规划编制人员具备越来越多的知识。②环境规划组成的层次性和多样性。环境规划涉及国家、区域、省市等多层次的子系统，在不同层次上所关心的问题是不同的，环境规划编制与实施的运行方式和机制也存在着很大差异。③环境规划各要素之间、各子系统之间的关联形式的复杂性，表现在结构上形成了各种各样的非线性关系，表现在具体内容上可以是各内容之间的叠加关联。

由此可见，对于环境规划的研究、编制与实施，必须借助系统科学理论，从基于整体过程的方法论角度进行处理环境经济系统问题研究，主要研究内容包括：根据所研究的环境问题确定环境规划的目标和边界；从环境规划的整体优化和整体协调出发，按照系统本身所特有的性质与功能，研究环境系统与经济系统之间、环境系统与各子系统之间、各子系统与子系统之间、子系统与各要素之间、各要素之间的相互作用、相互依赖和相互协调的关系，建立相应的数学模型，并应用多目标系统优化方法、建模方法、预测方法、模拟方法、评价方法、决策分析方法以及其他从定性到定量综合集成方法等，定量或半定量地研究确定环境经济系统运行规律、目标指标与环境规划方案。

2.5 人地系统理论

2.5.1 人地系统概念与特点

人地系统就是人类与地理环境的关系系统。人类本身具有生产者和消费者的双重性。作为生产者通过个体的和社会化的劳动向自然环境索取，将自然界物质转化成其生存必需的产品；作为消费者，人类消耗自己生产的产品，而将许多废弃物返还给自然环境。这样，人类在索取和返还过程中与自然环境保持着紧密的联系。人地系统中的“地”是指地理环境，包括自然地理环境和社会环境两方面。前者是由岩石圈、大气圈、生物圈和水圈等组成的复杂系统，是人类物质和能量的供应地。社会环境是指人类同自然环境进行索取与返还过程中建立的人与人之间的关系。可见，人地系统是由“人”和“地”子系统组成的复杂巨系统，具有开放性、层次性、自组织性、整体性等特点[45]。

在人地系统中，一个要素或一组要素发生变化都将引起其他要素乃至整个系统的变化。人们早已知道，任何一个气候要素的变化都可能引起气候系统的变化。20 世纪 80 年代以来，科学家证实了人类活动因素引起 CO_2 的增加会导致地球大气层温度的增加，而这又可能导致海平面的上升，从而带来巨大的经济损失和社会灾难。不仅如此，另外一种性质的相互关系也是不能忽略的，即由于全球化的发展，发达国家大量利用发展中国家的资源，损害发展中国家的环境而阻碍其经济和社会的发展，从而扩大全球范围内南北之间发展的差距和对立。这两方面因素的作用还通过其他途径相互交织在一起。这样，从全球气候变化引起水循环的变化到一系列的自然和经济变化，形成了一个巨大的系统。认识这个巨系统，必须获取对有关的全球变化和整个人地系统变化的科学认识，获取关于我国可持续发展的方向、途径的科学基础以及未来新的发展模式和行动框架的科学认识。要达此目的，就要求揭示“人地关系地域系统”各部分及其相互作用的机理以及在所有时间尺度范围内的演化趋势。在这里，需要有综合的观点和系统论的方法。系统论可以拓展我们的视野和解析高度复杂的关系。系统研究的关键是事物的联结性。

一个系统包括 3 个部分：一系列要素因子、要素因子之间的一系列联系（关系）、系统与环境之间的一系列联系。按照钱学森的解释，人地系统这个巨大的范围是一个巨大系统，它并非是与其周围隔绝的，而是一个开放的、运动的、有交换的系统。对系统的研究是复杂性研究，这已经是许多学科的科学家的共识。复杂性研究的目标是要求揭示系统的功能、演变以及人类如何进行控制。人地系统如同一个有机体，研究有机体要求对各部分进行解剖和对各部分相互关系进行研究。因此，需要对人地系统中各个因素的作用和结构进行研究，不研究人地系统机理的内容而谈人地系统机理研究，那只是空谈。也就是说，只有通过结构研究才能认识系统。

在学科上，要求加强统一地理学的观念。这意味着提倡“有人的地理学”，研究人类活动成为一大驱动因素的地球表层系统。《对地理学的再审视》[46]中将地球表层系统分解成 3 个系统：自然系统、人地系统和社会经济系统，而且认为地理学观点的核心是刻画人地系统运行特点的社会-环境动力学。自然地理学不考虑人类的活动和人文地理学忽视自然和生态基础都是致命的弱点。现代地理学的基本特点是：统一地理学、全球地理学、有人的地理学。地理学将“研究重点放在各圈层的相互作用及其与人类活动造成的智能圈的耦合与联动上”。

人地系统的主要特征有以下几点：①地域性。人地系统在空间上具有一定的地域范围。这一论断强调地理学对人地关系研究要区域化。②层次性。这个“巨大系统”不仅是综合体系，而且具有层次和层次结构。地域性、综合性、层次性，特别是三性结合形成的地域层次性，是重要的方法论。不同层次的地域系统问题需要在相应的不同范围内研究解决。在这个系统内，重大关系问题是人口总量和素质、经济总量和产业水平与资源支撑能力、生态安全之间的关系和协调问题。在全球范围内，CO_2排放增加引起的增温及导致的土地利用等变化。全球性系统问题需要在全球范围内研究和提出解决方案，并通过国家间的努力来实施。

流域和其他较大自然区域的人地系统范围内的重大关系问题是水土资源的合理开发利用、生态环境保护及生产力宏观布局等；省、区、市级中观范围内的人地系统。要实现其调控，关键是要在合理开发利用资源和保护环境的同时，确定不损害自然支撑能力的经济长期发展方案；在更小的微观地域范畴内，人地系统各个要素之间的关系就更加密切，相关程度也更大。

人地系统研究主题是系统要素相互作用机制与演化趋势。要阐明区域可持续发展的理论基础问题，就必须揭示自然地理要素恶化对人类社会经济发展的作用（如由于资源耗竭而阻碍经济，环境恶化影响人类的生产和生活质量等），人类社会经济活动如何影响生态、环境及其各个要素的变化（如矿产、能源和水资源的消耗，土地占用及食物来源的困难，水体、空气的污染，生物种群的灭绝等）。人们常常强调要研究人地系统的机理和区域可持续发展的机理。

人地系统的机理是指系统内主要组成要素（自然的、人文的）的相互作用及与系统状态演化过程间的互动关系，这种关系体现为方向、变化幅度等。人类社会经济发展与资源、生态环境诸要素之间的相互作用原理及函数关系称为动力学机制。在人地系统中，每一个要素的变化都可能会引起其他要素的变化和整个系统的变化。对这种机制的研究和揭示是其研究的主题。区域可持续发展机理是指在区域范围内影响可持续发展的因素之间的相互作用及因素变化影响持续发展的方向和程度。一旦揭示了区域可持续发展机理，人们就可以为制定区域可持续发展战略提供理论目标和具体的政策杠杆。研究主要组成要素相互作用机制与演化趋势的主要途径是定量分析，而且要通过对不同层次的地域范畴的大量实践研究和理论研究来实现。

2.5.2 人地系统研究手段

（1）人地系统研究的基本途径

分析人地系统，单靠定性研究是远远不够的，需要定性分析和定量分析相结合，人地系统内部是否协调，人类对其施行调控的可能幅度等，都应数量化。定量研究的前提是要求深刻认识人地系统的上述特性。在此基础上严格把握以下两个方面：模型建立与模拟。在功能上和性质方面，可能被广泛应用于各种人地系统及相应的资源环境与社会经济协调发展问题模拟研究的模型方法有多种类型，例如主成分分析法、层次分析法、经济控制论模型方法、生态控制论模型方法、系统动力学模型方法等。其中，层次分析法可以从区域人地系统中作用于社会经济发展的诸要素中求出主要要素并对其赋予权重；系统动力学模型方法被认为是模拟人地系统等复杂巨系统的最主要模型，它是一种以反馈控制理论为基础，借助数字电子计算机仿真技术，来研究自然-社会-经济系统等复杂系统的定量方法，与其他模型方法的不同之处是它非常适合于长期的、动态的和宏观的定量分析和模拟研究。由于各种模型方法都是用过去和当前的发展趋势来推测未来，对过去和当前发展事实本质的把握程度，决定着模型的质量。也就是说，模型的数学结构是建立在对于实际的人地系统结构的深刻了解和把握的基础上的。一个不了解现实中各种地域的自然经济和社会状况及问题的学者是不可能建立科学的人地系统模型的，也不可能判断一系列参数是否科学。现实生活中这种学者不少，他们只依靠数学知识和计算机构思各种人地系统模型。模型的模拟运算是在确定了模型控制目标和一系列参数的情况下进行的。对于人地系统而言，这些目标一般表现为一定的经济增长、一定的资源消耗、一定的生态环境质量等。

（2）参数研究

这里所指的参数是表示人地系统内部要素之间相互作用中量的关系。在不同的系统中或同一系统不同时间变量情况下，同一范畴的参数是不同的。没有参数的研究和揭示，就没有系统变化机制的研究和揭示。这种研究既包括微观的水、土、热等要素的相互作用的参数，也包括不同尺度范畴的经济发展、社会发展与自然生态之间关系和协调方面的参数。参数的极端重要性在于：它是模型模拟的基础，是人地系统内各个要素关系的实质性表现；它是政府制定相关政策和进行决策以调整现实中人地系统的重要依据，如确定经济增长速度、自然资源开发目标、分配方案和资源产品价格、建设投资方向和确定投资概算等。我们在强调机理研究的时候，如果不研究参数，就不可能深化人地系统研究。

（3）人地系统中的函数关系

人地系统中的函数关系实质上体现为复合要素之间的参数关系，包括自然系统内部的要素作用和人地系统内部的相互作用的函数关系。这些人地系统中函数关系的解，可以指导人们控制系统的变化方向和程度。但是，在自然系统内，大量的是决定性函数关系，而且相当部分是线性的，而在人地系统内却没有这样的函数关系。人地系统内的函数关系，只是揭示系统的趋势、方向、概率、幅度等。

（4）参数的获得

各种参数的获得主要依靠要素之间的相关分析和模型计算。此外，判断获得的参数是否具有科学性和代表性也是非常重要的工作。

（5）综合集成研究

研究和揭示人地系统因素作用机制，预测区域系统演变的趋势和规律，要求对地区的气候、植被、土壤、矿产和社会经济等要素进行综合集成。在这个过程中，要求实现人地系统因素在时空双维的综合集成，揭示要素间相互作用的时空规律。系统要素综合集成研究的目的是分析不同自然和人文地学要素同特征指标与综合测度指标的关系，反映各主要发展阶段不同要素作用强度、作用方式和作用效果的差异，反映同一要素在不同发展阶段的作用强度、方式和效果的变化，综合揭示影响区域发展的主导要素及其要素匹配关系的转换规律，探究要素同区域发展的耦合机理。研究不同空间尺度，或空间尺度相近的区域之间不同地学要素的作用特点，以及同一要素在不同空间尺度和大小相近的区域作用的变化，综合揭示地学要素的区域尺度转换规律以及与区域发展的耦合规律。在要素综合集成的基础上，一般还要进行综合性的地理区划。这种区划是以可持续发展为目标的，区划的原则是综合分析与主导因素相结合，宏观区域框架与地域类型相结合等，综合地理区划的指标体系应涵盖环境、资源、经济、社会与人口等方面。

（6）人类影响、干预人地系统的政策及其效应分析

在国家和区域范畴内，政府可能制定和实施影响、干预人地系统的政策，包括经济增长政策（如速度控制）、产业政策（如主导产业和新经济增长点）、生态环境损失补偿政策及资源价格政策，以及特殊的地区性用水、占地、用电、保护野生动植物政策等。许多政策，本身是不能量化的，但却可以产生量的影响。揭示这种量的影响是政策效应分析的主要内容。在进行政策及其效应分析的过程中，要编制政策作用模型和求出一系列必需的参数，用来模拟分析和预测每一项措施、政策对系统的状态及其他要素变化（量）的影响。人类影响、干预人地系统的政策及其效应分析是进行人地系统变化预测的基础，因此，也是加强地理学的预测和应用价值的主要途径。

2.5.3 人地系统理论与环境规划

环境规划的区域是由人类活动系统和地理环境系统组成的人地协调共生系统，维持二者协调共生关系的充要条件是从其外部环境不断获取负熵流。复杂系统的因果反馈关系，主要是自我强化的正反馈关系和自我调节维持稳定的负反馈关系之间的相互耦合，这决定着人地关系的行为和区域发展的前途。

区域可持续发展战略以人地关系协调共生为核心，注重建立人类活动系统内部和地理环境系统内部，以及二者之间的因果反馈关系网，力求把人类活动系统的熵产生降至最低，把地理环境系统为人类活动系统可持续发展提供负熵的能力提高到最高；力求通过熵变规律，创造一个自然、资源、人口、经济与环境诸要素相互依存、相互作用和复杂有序的区域人地关系协调共生系统。创造这种系统的一种重要手段就是编制区域性环境规划。这就要求规划内容、任务、目标和原则的确定必须紧紧围绕人地关系协调共生理论进行；必须同时遵循区域自然规律、经济发展规律和人地关系的熵变规律，对不同类型、不同发展阶段的区域人地系统，因地制宜、因势利导地制定出切合实际的区域发展服务的环境规划，促进区域保持经常性的持续、稳定、和谐发展状态。唯有这样，区域性的环境规划才能真正成功地调控区域人地系统，人类才能真正成为人地关系的主人。

参考文献

[1] 钱易，唐孝炎. 环境保护与可持续发展[M]. 北京：高等教育出版社，2000.

[2] Crutzen P J. Geology of mankind[J]. Nature，2002，415（3）：23.

[3] 张承中. 环境规划与管理[M]. 北京：高等教育出版社，2007.

[4] 张林波，李文华，刘孝富. 承载力理论的起源、发展与展望[J]. 生态学报，2009，29（2）：11.

[5] 唐剑武，郭怀诚，叶文虎. 环境承载力及其在环境规划中的初步应用[J]. 中国环境科学，1997，17（1）：4.

[6] 袁增伟，毕军. 产业生态学最新研究进展及趋势展望[J]. 生态学报，2006，26（8）：2709-2715.

[7] Fresch R A，Gallopoulos N. Strategies for manufacturing[J]. Scientific American，1989，261（3）：144-152.

[8] Graedel T E，Allenby B R. Industrial ecology（second edition）[M]. Upper Saddle River：Prentice Hall，Inc.，2003.

[9] 李同升，韦亚权. 工业生态学研究现状与展望[J]. 生态学报，2005，25（4）：869-877.

[10] Ayres R U. Industrial metabolism：Closing the materials cycle，Stockholm，April，1991.

[11] Joosten L A J，Hekkert M P，Worrell E，et al. Streams：A new method for analysing material flows through society[J]. Resources，Conservation and Recycling，1999（27）：249-266.

[12] Michaelis P，Jackson T，Clift R. Exergy analysis of the life cycle of steel[J]. Energy，1998，23（3）：213-220.

[13] Herrchen M，Keller D，Lepper P，et al. A framework for life-cycle impact assessment developed by the fraunhofer-gesellschaft part a：The conceptual framework[J]. Chemosphere，1997，35（11）：2589-2601.

[14] Allenby B R. Design for environment：A tool whose time has come[J]. Semiconductor Safety Associati on Journal，1991（9）：5-9.

[15] Allenby B R. Achieving sustainable development through industrial ecology[J]. International Environmental Affairs，1992，4（1）：56-68.

[16] Glantschnig W J，Sekutowski J C. Design for environment：Philosophy，program and issues.，In green engineering：Designing products for environmental comp atibility，Navin-Chandra D.，Editor. 1997，Academic Press：New York.

[17] Lowe E A. Creating by-product resource exchanges：Strategies for eco-industrial parks[J]. Journal of Cleaner Production，1997，5（1）：57-65.

[18] 王如松，杨建新. 产业生态学[M]. 上海：上海科学技术出版社，2002.

[19] 邓南圣，吴峰. 工业生态学——理论与应用[M]. 北京：化学工业出版社，2002.

[20] 马世骏. 现代生态学透视[M]. 北京：科学出版社，1990.

[21] Rolston H. Environmental ethics[M]. Temple University Press，2012.

[22] Paul W. Taylor. Respect for Nature：A Theory of Environmental Ethics[M]. Princeton：Princeton University Press，2011.

[23] Leopold A C. Plant growth and development[J]. Plant growth and development，1964.

[24] 赵建华，郭琦. 系统资源约束理论与实践[M]. 北京：中国时代经济出版社，2007.

[25] Pearl R，Reed L J. On the rate of growth of the population of the united states since 1790 and its mathematical representation[J]. PROC. Nut. Acad. Sci.，1920（6）：275-288.

[26] 杨昌明. 人口资源环境经济学[M]. 武汉：中国地质大学出版社，2002.

[27] 俞孔坚，李迪华，刘海龙. 反规划途径[M]. 北京：中国建筑工业出版社，2005.

[28] Batty M，Longley P A. Fractal cities：a geometry of form and function[M]. Academic Press，1994.

[29] Odum E P. 生态学基础[M]. 北京：人民教育出版社，1981.

[30] Ely R T，Morehouse E W. Elements of land economics[M]. New York：The Macmillan Company，1924.

[31] Hotelling H. The economics of exhaustible resources[J]. Journal of Political Economy，1931，39（2）.

[32] Dasgupta P S，Heal G M. Economic theory and exhaustible resources[M]. Cambridge University Press，1979.

[33] Howe，C.W. Natural Resource Economics：Issues，Analysis and Policy[M]. NewYork：John Wiley & Sons，1979.

[34] Butlin M. The paintings and drawings of William Blake[J]. 1981.

[35] Neary J P，Van Wijnbergen S. Natural resources and the macroeconomy[J]. 1986.

[36] Krutilla J V. Conservation reconsidered[J]. The American Economic Review，1967：777-786.

[37] 厉以宁，张铮. 环境经济学[M]. 北京：中国计划出版社，1995.

[38] 李金昌. 资源核算论[M]. 北京：海洋出版社，1991.

[39] 孙强. 环境经济学概论[M]. 北京：中国建材工业出版社，2005.

[40] Von Bertalanffy L. Theoretische biologie[M]. Gebrüder Borntraeger，1932.

[41] Von Bertalanffy L. General system theory[J]. General systems，1956，1（1）：11-17.

[42] Von Bertalanffy L. General system theory：Foundations，development，applications[J]. 1968.

[43] 吕永波，胡天军，黎雷. 系统工程[M]. 北京：清华大学出版社，2006.

[44] Hall A D. Three-dimensional morphology of systems engineering[J]. IEEE Trans. Systems Science and Cybernetics，1969，5（2）：156-160.

[45] 陆大道. 关于地理学的“人-地系统”理论研究[J]. 地理研究，2002，2（21）：135-145.

[46] Rediscovering Geography Committee. Rediscovering geography：New relevance for science and society[M]. National Academies Press，1997.

第 3 章　环境规划编制的程序和内容

环境规划编制是一个复杂的系统工程，其程序和内容一般包括现状评价、未来预测、划分功能、确定目标、制订方案、提出工程项目、保障措施、实施计划等。随着环境规划编制的发展，还包括前期研究、前期调研、征求公众和社会各方面意见、专家咨询等环节，以充分体现规划编制的科学性和“开门编规划”的特点。本章主要对环境规划编制的程序和内容作一概括性介绍，后续章节将对这些内容做进一步阐述。

3.1　环境规划编制的程序

3.1.1　基本程序概述

环境规划是一个科学决策的系统过程，其涉及范围广、涵盖内容量大，必须有序地进行才能做好编制工作。其一般工作程序包括经济、资源、社会、环境现状的调查评价；经济、社会发展及环境影响的预测；确定经济发展目标和环境保护目标；环境规划方案的确定与优化；环境规划方案的决策；环境规划方案的实施，具体流程如图 3-1 所示。

环境规划方案的设计是整个规划工作的中心，它是在考虑国家或地区有关政策规定、环境问题和环境目标、污染状况和污染削减量，经济投资能力和效益的情况下，提出具体的污染防治和生态保护的措施和对策；环境规划方案的决策是在特定的历史阶段中，根据人类社会生存和持续发展的需要，通过分析、评价、比较，从各种可供选择的实施方案中，选定一个切实可行的环境规划方案的过程；环境规划的重要工作是组织规划的实施，环境规划的编制、实施与管理是一个动态追踪的发展过程。

3.1.2　准备阶段

环境规划具有科学性和指令性，编制环境规划是为了适应区域经济发展而对环境污染控制、环境综合整治做出时间和空间上的科学安排和规定，是一个正确认识社会、经济环境相互关系、运动变化及发展的过程，是一个科学决策的过程。结合具体情况可划分如下若干工作步骤：

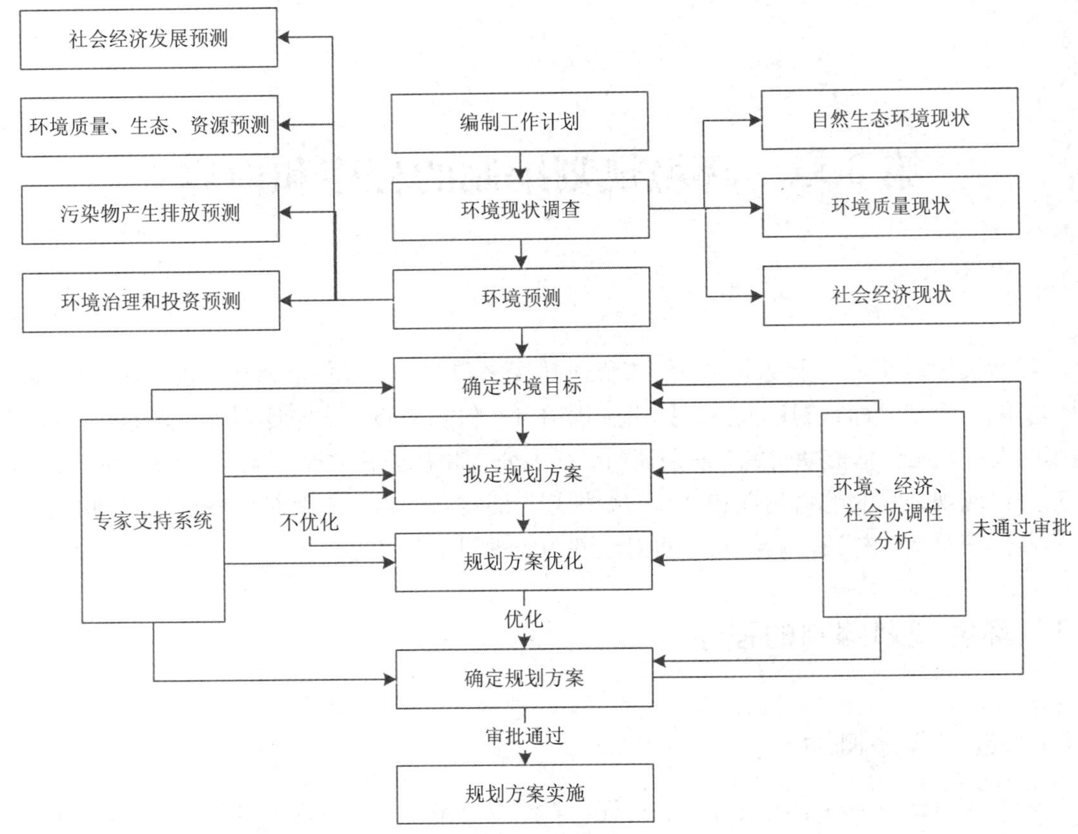

图 3-1 环境规划编制的基本程序[1]

（1）制订工作计划、拟定编制大纲

为了使环境规划编制工作有序进行，在开展规划工作之前，环境规划部门将会对整个规划工作进行组织和安排，编制各项工作计划，拟定规划的编制大纲，明确编制任务，根据工作计划和大纲的要求将各项工作逐一展开。

（2）区域现状调查、分析和评价

区域现状的调查、分析和评价是编制环境规划的基础。对区域内环境质量现状、自然生态环境现状及相关的社会经济现状进行调查，明确主要的环境问题，并做出科学的分析和评价。调查过程应收集和掌握相关资料，包括区域经济社会现状及已有的发展规划、前期环境规划和执行情况及总结分析；区域自然环境条件、区域污染源状况、环境问题的发展趋势、主要污染行业及污染动态变化，以及有关环境科研成果等。

（3）区域环境预测

环境预测是在对环境质量历史和现状调查研究的基础上，根据所掌握的区域环境信息资料，结合经济和社会发展状况对区域未来的环境变化（包括环境污染和环境质量变化）的发展趋势做出科学的、系统的分析，预测未来可能出现的环境问题。环境预测是进行环境决策的重要依据，缺乏科学准确的预测将不能及时做出正确的科学决策，也不会有科学的环境规划。环境预测是环境决策和管理的基础，是制定环境规划目标和环境规划方案的重要依据。

环境预测的主要方法是通过建立一系列预测模型，对区域内的社会、经济状况及资源供需、污染源、环境质量、生态环境，以及资源破坏和环境污染造成的经济损失情况等进行预测。

3.1.3　编制阶段

（1）确定区域环境规划目标

在环境规划计划或草案中预定的环境规划目标的基础上，结合调查分析评价结果，经过论证对目标进行修正，确定最终的区域环境规划目标。环境规划目标与指标体系环境目标是在一定条件下决策者所要达到的环境质量状况或标准，是环境规划的核心。制定恰当的环境目标是制定环境规划目标的关键。环境目标要求与经济发展程度相协调，与城市、区域的功能性质相适应，与当前和今后的环境状况及经济实力相适应。一般而言，环境规划总目标的确定，可定性描述，将环境的主要问题及其在规划期所要达到或解决的程度用文字作结论性说明，而分项目标，带有全区域共性的环境问题，则以具体目标说明，可用定量概念分别描述，如废水、废气、固体废物排放总量控制指标，工业废水排放达标率，水、气环境质量指标值等环境状况水平的指标。环境规划目标是通过环境指标体系来表征的，而环境指标体系则是在定一时空范围内所有环境因素构成的环境系统的整体反映。

我国当前的环境管理实行的是目标管理，环境目标是经济与环境协调发展的综合体现，是环境规划的核心。如我国实行的污染物总量控制目标，是以环境质量目标为基本依据，对区域内各污染源污染物的排放总量的控制目标。在实施总量控制时，污染物的排放总量应小于或等于允许排放总量。区域的允许排污量应当等于该区域的环境允许纳污量。环境允许纳污量则由环境允许负荷量和环境自净容量确定。

环境目标的提出需要经过多方案比较和反复论证，在规划目标最终确定以前提出几种不同方案进行优选，确定最终目标。

（2）编制区域环境规划方案

拟定和编制规划方案是达到目标的具体途径。在前期调查、分析和评估的基础上，筛选出主要的环境问题进行相关预测，设定环境目标，选定环境指标，着手开始制定规划方案。通常，针对一般的区域环境规划，需拟定多个（2～3 个）可供选择的方案，然后进行投资估算和可行性分析，规划方案根据经济性、技术政策、法规、标准进行评估，研究各类方案实施的效果、实现目标的可能性及方案本身的可行性，比较各方案，择优选取。

3.1.4　实施阶段

编制好的环境规划，经过专家论证、修改、补充、完善后，分别报国家各相关部门综合平衡，进一步修改定稿。环境规划按照法定程序审批通过后，在环境保护部门的监督管理下，各级政府和有关部门应根据规定组织各方面力量，促使规划付诸实施。为了保证规划能够顺利实施，在编制的规划发布后还应有一系列的保障措施。我国建立了中期评估和中期考核的政策，将规划目标的实现与政府绩效挂钩，从政策层面上保障规划的顺利实施。

3.2 环境规划编制的主要内容

经过 30 多年的发展，我国环境规划的内容已日趋完善。目前，我国环境规划的主要内容包括：前期环保规划实施总结；资源－经济－社会－环境调查和评价、环境预测、环境功能分区、环境规划目标的确定、指标体系建立、主要规划任务、重点工程的融资渠道及规划保障措施等。其中规划目标确定、指标体系的建立和主要规划任务是规划的核心内容[2]。

（1）前期环保规划实施评估

在规划的开始对上一期环境保护计划的完成情况作回顾性简评，包括污染控制、计划指标完成情况、环境工程项目完成情况等，并总结上期规划已经解决的环境问题，找出上期规划存在的问题，以此作为新规划的重要参考。

（2）环境调查和评价

进行现状调查和评价是规划的重要支持系统之一。调查的数据多是来源于以环保系统为骨干的全国环境监测网络的监测数据。目前环境评价主要是按照功能区来进行的；评价的标准都是根据功能区选择的；评价参数选择对环境影响最为突出的因子；评价的主要内容包括两个部分：污染源评价和环境质量评价，通过评价确定主要污染物、主要污染源、主要污染行业及重点污染源，弄清污染物产生的主要原因，以便对症下药。

（3）环境预测

环境预测是根据已经掌握的信息和资料，通过各种科学的手段和方法对未来规划期内环境变化趋势进行科学的预见和推测。根据环境预测结果，找出今后区域发展的主要环境问题。预测的内容主要为社会经济发展预测和污染物排放预测两个部分。其中，社会经济发展预测主要包括人口预测、能源消耗预测、国民生产总值预测、工业生产总值预测，同时对经济布局与结构、交通和其他重大经济建设项目做出必要的分析；污染物排放预测主要包括污染物排放量如工业用水量、工业废水量、工业 COD 排放量、重金属排放量等的预测。

（4）环境功能区划

环境功能区划是环境规划确定环境保护目标的基础和依据。环境功能区划是依据不同地区在生态环境结构、状态和功能上的差异，结合经济社会发展战略布局，合理确定环境功能并执行相应环境管理要求的过程，具体划分为自然生态保留区、生态功能保育区、食物环境安全保障区、聚居环境维护区和资源开发环境引导区五类环境功能区。环境规划要结合本辖区环境管理需求，细化和落实环境功能区划和主体功能区划的总体要求，明确区域内水、大气、土壤、生态等环境要素的管控措施。由于目前环境功能区处于试点阶段，预计从“十三五”开始环境功能区划将逐步融入环境规划。

（5）环境规划目标和指标体系

规划的指标体系是由一系列相互联系、相互独立、相互补充的环境指标所构成的有机体。环境管理目标按照管理层次分为宏观目标和详细目标两类。宏观目标是对规划期内应达到的环境目标总体上的规定；详细目标是按照环境要素，在规划期内对规定的环境目标所作的具体规定（表 3-1）。从“十一五”开始，国家环境规划目标更加注重污染物排放总量控制目标，引入主要污染物削减约束性目标。未来的环境目标确定应更多地面向主体功能区、环境功能区和公众健康要求，把环境功能作为环境目标确定的主要依据。

表 3-1　不同时期国家环境保护规划指标[3]

“八五”		“九五”		“十五”	
指标结构	实际数量	指标结构	实际数量	指标结构	实际数量
综合计划指标	13	综合计划指标	13	总量控制	6
工业污染防治	19	工业污染防治	25	工业污染防治	2
城市环境综合整治	12	城市环境保护	15	城市环境保护	8
水环境保护	6	生态环境保护	12	生态环境保护	6
农村和乡镇企业	8	海洋环境保护	3	农村环境保护	5
自然保护区和物种保护	1	全球环境保护	1	重点地区环境保护	8
环境管理	6		—		—
合计	65		69		35

我国现阶段注重的总量控制是指在规定时间内，对某一区域或某一企业在生产过程中所产生的污染物最终排入环境的数量的限制。总量控制体现了预防为主的原则，旨在实现环境保护从末端治理向源头削减和全过程控制转变，是规划的关键内容。“六五”期间，我国对部分流域的水环境容量进行了研究；“七五”、“八五”期间，对水污染物排放许可证、水环境保护功能区划分和水环境综合整治规划等技术进行了研究；总量控制在我国“九五”以后的环保工作中成为了重大举措，在各类环境规划中得到很大的重视。“九五”至“十二五”期间，推行了污染物排放目标总量控制制度（表 3-2），并在环保计划配套的文本中对总量的估算和总量的分解作了细致具体的描述。

（6）规划的主要任务

主要任务是规划的核心内容，其制定主要是依据规划期内突出的环境问题，以及未来发展需要关注的环境问题。国家环境保护规划以及“三河三湖”、“两控区”的规划任务都是在总结前期规划解决的问题和出现的新问题的基础上制定的。目前规划任务的设置已由按照工业、城市、农村进行分类转变为按照水、气等要素进行任务安排（表 3-3）。

表 3-2 不同时期污染物排放总量控制计划表[3]

规划	污染物种类	总量控制目标
“九五”	12	控制在“八五”末水平
“十五”	6	比“九五”末削减 10%
“十一五”	2	全国主要污染物（COD 和 SO_2）排放总量 2010 年比 2005 年减少 10%
“十二五”	4	全国主要污染物排放总量 2015 年比 2010 年减少 8%～10%，其中 COD 和 SO_2 排放量下降 8%，NH_3-N 和 NO_x 排放量下降 10%

表 3-3 不同时期国家环境保护规划的主要任务[3]

“九五”	“十五”	“十一五”
任务 1 工业污染防治	任务 1 工业污染防治	任务 1 削减化学需氧量排放量，改善水环境质量
任务 2 城市环境保护	任务 2 城市环境保护	任务 2 削减二氧化硫排放量，防治大气污染
任务 3 生态环境保护	任务 3 农村环境保护	任务 3 控制固体废物污染，推进其资源化和无害化
任务 4 重点流域和地区环境保护	任务 4 海洋保护	任务 4 保护生态环境，提高生态安全保障水平
任务 5 全球环境保护	任务 5 生态环境保护	任务 5 整治农村环境，促进社会主义新农村建设
任务 6 加强能力建设，提高管理水平	任务 6 核安全与辐射环境管理	任务 6 加强海洋环境保护，重点控制近岸海域污染和生态破坏
任务 7 实施《污染物排放总量控制计划》		任务 7 严格监管，确保核与辐射环境安全
任务 8 实施《跨世纪绿色工程规划》		任务 8 强化管理能力建设，提高执法监督水平

（7）重点工程和融资渠道

环境保护长期存在投入不足的问题，在环境保护规划中要对规划期限内根据环境保护投资项目对所需资金进行估算，并对资金来源进行分析，因此，估算所需资金以及分析资金来源也是规划中必不可少的内容。如“九五”期间，规划需要污染治理投资 4 500 亿元，约占同期国内生产总值的 1.3%，其中新扩改建项目环保投资 2 000 亿元，老污染源治理需要投资 1 050 亿元，城市环境基础设施建设需要投资 1 450 亿元。为实现“十五”环境保护目标，规划“十五”期间全国环境保护投资共需 7 000 亿元，约占同期国内生产总值的 1.3%，约占全社会固定资产投资总量的 3.6%，比“九五”期间的环保投资占比提高了 1 个百分点，其中城市环保基础设施建设、流域综合治理等重点工程需要投资 3 940 亿元，占投资总需求的 56%。国家环境保护“十一五”规划要求，实现“十一五”环境保护目标需要环境保护投资约为 15 300 亿元，约占同期国内生产总值的 1.35%，其中重点工程投资需求近 6 000 亿元（中央财政投入需求 1 500 亿元）。国家环境保护“十二五”规划要求，全国“十二五”环境保护投资需求约为 3.4 万亿元，约占同期 GDP 的 1.4%，全国“十二五”环境污染治理投资约占全社会固定资产投资总规模的 2.3%。其中需中央财政专项资金、预算内基本建设资金 5 100 亿元左右，主要用于八大重点工程项目建设。

（8）规划保障措施

为保证规划的顺利实施以及计划目标的顺利完成，在规划编制的最后都要提出规划保障措施，这也是规划必不可少的内容。国家环境保护规划主要是在完善法规体系；加强环境管理能力建设；加强环境科技研究；加强环境宣教，提高公民意识；落实环保责任；拓宽环保筹资渠道，增加环保投入等 10 多个方面提出了保障规划顺利实施的具体建议。环境要素规划（如“三河三湖”）为保证规划的有力实施主要是在规划中明确污染控制规划涉及的部门（如省人民政府、国家计委、国家经贸委、财政部、建设部等）的责任，并制定相关政策，环境保护部会同国务院有关部门进行年度考核，加强监督管理。

3.3　环境规划调查和评价

在环境规划工作中，需要对规划区域进行背景资料调查，然后在规划区域进行实地调查和社会调查，这是制定规划的基础工作。根据调查和监测的结果进行统计分析和计算，对环境质量做出综合评价，找出环境中存在的问题后才能有针对性地制定改善和提高环境质量的规划和措施。

环境评价是在环境调查分析的基础上，运用数学方法，对环境质量、环境影响进行定性和定量的评述，旨在获取各种信息、数据和资料。在规划评价过程中，有时还需要辅以遥感调查以进行自然环境评价及其他评价。通过评价以了解区域环境的特征、环境的调节能力和承载能力，并找出环境中存在的主要问题，确定主要的污染物和污染源及其发生原因、地域分布。

3.3.1　环境现状调查

环境现状调查主要分为背景资料调查、实地调查、社会调查和遥感调查。背景资料调查主要指的是背景资料的搜集和分析，用于了解规划区域概况；实地调查是最直接、最有效、最深入的资料搜集方法，在小区域或者大比例尺规划中，实地调查尤其重要；社会调查主要指的是公众参与的调查，通过调查，了解区域内不同阶层的人对社会和环境发展的要求及其关注的重点，在规划中充分体现公众意见，同时，进行专家咨询、座谈，将专家的知识与经验结合于规划中；有时仅上面三项调查不足以提供足够的信息，还需要进行遥感调查，通过遥感调查可以获取大区域的空间特征资料。从遥感图像中，可以获得区域的地形、地貌、土地利用、植被覆盖、水系分布等信息[4]。

环境信息的收集分析不仅在编制规划时是必不可少的，而且在规划的实施过程中也要经常反馈信息，对其进行分析以调整规划或采取应变措施，保障规划目标的实现。信息的收集与分析是贯穿于规划全过程的基础性工作，是环境规划的重要支持系统之一。

（1）信息收集的内容与来源

初期的信息收集以广和全为原则，应包括与规划有关的一切经济的、社会的、科技的、人文的以及自然、地理、生态、污染情况等。待环境规划方向、内容范围基本确定以后，信息情报的收集就有重点地进行，向深度发展。

信息来源主要包括：先前的环境规划、计划及其基础资料；统计部门历年的统计资料，包括经济、社会和环境等方面；有关部门的规划和背景资料；环境科研部门收藏的文献资料（包括环境调查、科研成果等）；环境监测部门的有关资料和历年的环境质量报告等；专家系统提供的信息情报；为环境规划编制而专门进行的实地考察、测试所得的资料。

（2）信息采集的方法

信息采集的方法包括：查阅和收集公开发表的上述文献资料，即文献调研；召开专家座谈会，确定主要问题或对问题进行排序；吸收环境规划有关部门的干部和专家参与环境规划编制；依靠当地环委会或上级协调部门疏通信息情报渠道，取得有关文献和资料；设立环境规划研究课题，委托科研单位进行关键问题的研究或关键数据的测试、核算。

（3）信息收集和使用的注意事项

在初期信息收集分析的基础上，应尽早确定规划的方向、范围和结构，缩小信息收集范围，做到有针对性地进行补充收集工作。对收集的文献资料进行仔细甄别，去伪存真，确认所得数据的时空界限和权威性。规划收集的资料应妥善分类和保管，订立使用制度和范围，注意不使之扩散和散失。

3.3.2 环境现状评价

在对区域环境现状调查的基础上进行系统的分析和研究，找出目前存在的各种环境问题以及在规划期内亟待解决的主要环境问题，做出区域环境质量评价。按规划评价对象要素分，环境规划评价包括自然生态环境评价、环境质量评价、污染源评价、社会经济评价等。

生态环境评价主要采用生态图法，而编制生态图的两个最基本的手段是指标法和重叠法；污染源评价方法有排毒指数法、等标污染负荷法等；环境质量评价主要是正确认识环境质量现状、地区差异及其变化趋势，主要方法有指数法、评分法、分级法等；社会经济方法主要是针对人口、经济、产业结构、基础设施等进行的适宜度、满意度方面的评价。社会-经济-环境复杂系统的评价，主要是采用物流分析系列模型[5]。

（1）自然生态环境、资源现状评价

自然生态环境、资源评价主要为环境区划和评估环境的承载能力服务。一般包括评价区域的地质、气候、水文、植被、地形地貌、土壤、特殊价值地区及生态环境（特别是生态敏感区或生态脆弱区）情况等。自然生态环境评价的方法主要有指标法、重叠法、层次分析法等。其中，指标法是用定量或半定量的方法对环境主题进行评价、分级，并绘制在地图上；重叠法是将不同指标要素的图件通过加权求和的方法叠加在一起；层次分析法是将有关的指标元素分解成目标、准则、方案等层次，在此基础上进行定性和定量分析的决策方法。其中，指标加权求和是最常用的方法。

（2）环境质量现状评价

环境质量现状评价就是对环境质量优劣的定量、半定量甚至是定性的描述，其目的在于揭示特定地区或区域环境质量的水平和差异，较全面地揭示环境质量状况及其变化趋势，找出污染治理的重点对象，识别出重大的环境问题，为制定环境综合防治方案和城市总体规划及环境规划提供依据，研究环境质量与人群健康的关系，预测和评价拟建的工业或其他建设项目对周围环境可能产生的影响。环境质量评价的内容一般包括大气环境现状、水体环境现状、土壤环境现状、环境噪声现状等。在城市、工业园区等特定地区，环境质量的现状评价不仅包括环境本底值的评价，还应突出重大工业污染源评价和污染源综合评价，以了解污染物排放量和污染物毒性，综合评价污染源对环境的潜在危害作用，选出地区主要污染物和污染源。并根据污染类型，进行单项评价，按污染物排放总量确定评价区内的主要污染物和主要污染源。污染评价还应酌情进行生活污染及面源污染分析等。

（3）社会经济现状评价

社会经济现状评价主要包括经济现状评价和社会现状评价两部分。

经济现状主要是指与环境规划内容有直接或间接关系的那部分经济活动，这些经济活动影响着区域环境质量的状况。所以，在进行区域环境规划时，需要考虑这些相关的经济发展状况。经济现状评价主要包括该区域的产业结构布局现状分析和经济规模现状分析。产业结构布局是人类生产活动存在和发展的空间形式，它对区域环境产生直接和显著的影响。合理的产业结构布局能够最大限度地减轻对区域环境的危害，并在有限的环境容量和环境资源的情况下，发挥当地最大的生产潜力；而不合理的产业结构布局既不能有效地发挥生产潜力，又会严重地降低区域的环境质量。应根据区域经济规模来分析环境污染出现的可能性和客观必然性，并通过环境损益分析的结果，因势利导、最大限度地控制区域环境污染。

社会现状评价可以从两个角度进行：人口指标评价和基础设施评价。人口指标评价包括人口总数的适宜度分析、人口年龄结构分析和人口文化素质评价等；基础设施评价的指标比较多，如人均住房面积、人均道路面积、人均公园绿地面积，自来水供给率、污水处理率等，可根据现状评价的不同关注点自行选取。

3.4　环境规划预测

环境预测是指根据人类过去和现有已掌握的信息、资料、经验和规律，在环境调查和现状评价的基础上，结合经济发展规划，运用现代科学技术手段和方法，对未来的环境状况和环境发展趋势及其主要污染物和污染源的动态变化进行描述和分析。其技术关键是：把握影响环境的主要经济社会因素，并获取充足的信息；寻求合适的表征环境变化规律的数学模式，了解预测对象的机理；对预测结果进行科学分析，得出正确的结论。预测可以针对多种情景方案进行，也可以就某一个特定方案进行[6]。

3.4.1 预测内容

（1）社会和经济发展预测

社会和经济发展预测包括：规划期内区域内的人口总数、人口密度和人口分布等方面的发展变化趋势；人们的生活水平、居住条件、消费倾向和对环境污染的承受能力等方面的变化趋势；区域生产布局的调整、生产力发展水平的提高和区域经济基础、经济规模和经济条件等方面的变化趋势。从中可以看出，社会发展预测的重点是人口预测，而经济发展预测的重点是能源消耗预测、国民生产总值预测和工业部门产值预测。

（2）环境资源消耗预测

根据区域环境功能的区划、环境污染状况和环境质量标准来预测区域环境容量的变化，预测区域内各类资源的开采量、储备量以及资源的开发利用效果。城市生态环境的预测，包括水资源的贮量、消耗量、地下水位等，煤炭、燃料油等资源的生产与消耗等，城市绿地面积、土地利用状况和城市化趋势等；农业生态环境预测，包括农业耕地数量和质量，盐碱地的面积和分布，水土流失的面积和分布等；此外还包括区域内的森林、草原、沙漠等的面积、分布以及区域内的物种、自然保护区和旅游风景区的变化趋势。

（3）污染物产生排放预测

根据社会经济发展以及环境资源（如水、能源等）情景方案，预测各类污染物的产生量，特别是特定时期的污染物新增量。在设定污染物削减目标下，预测污染物排放种类和数量以及预测规划期内由环境污染造成的环境损失。这些污染物宏观总量预测的要点是确定合理的排污系数（如单位产品和万元工业产值排污量）和弹性系数（如工业废水排放量与工业产值的弹性系数）以及削减目标。

（4）环境质量变化预测

环境规划的出发点是改善环境质量。环境质量变化预测的要点是确定污染物排放量、排放源与环境受纳体之间的输入输出响应关系，预测各类污染物在大气、水体、土壤等环境要素中的总量、浓度以及分布的变化。环境质量变化预测是目前环境规划中最复杂的一个环节。国家层面上的环境规划只在大气污染防治规划领域有所突破，初步建立了国家、区域和城市层面上的大气污染物排放与空气质量模拟平台。国家层面的水和土壤污染防治规划目前很难突破这个技术难题。比较容易的是在城市流域水污染防治规划中，可以预测水污染物排放与水质改善之间的关系。

（5）环境治理和投资预测

环境治理和投资预测包括：各类污染物的治理技术、装置、措施、方案以及污染治理的投资和效果的预测；预测规划期内的环境保护总投资、投资比例、投资重点、投资期限和投资效益等；重点工程项目的投资匡算等。同时，对环境投资的来源进行预测。

3.4.2 预测方法

目前，环境预测的技术方法大致可分为两类：

（1）定性预测技术

定性预测技术常常带有强烈的主观色彩，在某种意义上与现代化的管理水平是不相适应的。

（2）定量（或半定量）预测技术

定量（或半定量）预测技术以运筹学、系统论、控制论、系统动态仿真和统计学为基础，对于定量分析环境演变，描述经济社会与环境相关关系比较有效，常用方法有外推法、回归分析法等。具备外推性的模型才具有预测功能，所谓外推性是指从时间发展来看，事物具有某种规律性。

定量预测有时相当复杂，但由于计算机技术已得到广泛应用，只要能够获取过去一段时间内的一些有用信息，便可通过建立一定的数学模型，通过计算机来完成预测工作。由于环境规划是要达到合理投资，使用与支配环境保护资源的目的，所以应尽可能使预测定量化。但定量预测技术方法以逻辑思维为基础，综合运用如专家调查法、历史回顾法和列表定性直观预测等方法，对分析复杂、交叉和宏观问题十分有效。

3.4.3　预测结果分析

对预测结果进行综合分析评价，其目的是找出主要环境问题及其原因，并由此规定环境规划的对象、任务和指标。预测的综合分析主要包括下述内容：

（1）资源和经济发展趋势分析

分析规划区域的经济发展趋势和资源供求矛盾，并对重大工程的环境影响、经济效益进行分析说明。同时分析影响经济发展的主要制约因素，以此作为制定发展战略、确定环境规划区功能的重要依据。

（2）环境污染发展趋势分析

明确需要控制的主要污染物、污染源、污染地域或受污染的环境介质。明确大气、水体的环境质量变化趋势，指出其与功能要求的差距，确定重点保护对象：必要时，应定量给出污染造成的危害和损失等，以此加强环境规划的重要性和说服力。

（3）环境风险趋势分析

环境风险有两种类型：一类是指一些重大的环境问题，例如全球气候变化、臭氧层破坏或严重的环境污染问题等，一旦发生会造成全球或区域性危害甚至灾难；另一类是指偶然的或意外发生的事故对环境或人群安全和健康造成的危害。这类事故往往所排放的污染物量大、集中、浓度高，危害也比常规排放严重。如核电站泄漏事故、化工厂爆炸、采油井喷、海上溢油、水库溃坝、交通运输中有毒物质的溢泄和尾矿库或电厂储灰库溃坝等。对环境风险的预测和评价，有助于有针对性地采取措施，防患于未然或者制定应急措施，在事故发生时减少损失。

3.5 环境规划目标和指标体系

为了全面、合理地评价区域环境的现状与未来，对区域性质、规模、结构、土地利用及环境容量等进行定量或半定量的测定和预测，对区域的发展做出科学的规划，实行准确的控制、调整与反馈，使区域社会、经济、环境协调发展，制定出一套科学的、反映区域环境质量状况和社会经济发展状况的指标体系是非常必要的。但要建立这样一套指标体系又是极为复杂的，因为它几乎涉及了人类活动的各个方面，所以迄今为止尚未形成一个公认的指标体系。

反映自然、社会、经济状况的指标多种多样，环境规划指标自然也摆脱不了这一范畴，但它又不可能包揽所有的社会、经济和自然环境指标。这里讲的环境规划指标体系，应是指进行环境规划定量或半定量研究时所必需的数据指标总体，如区域的地质地形、气象与气候、水文、土壤和生物等自然生态指标；区域的人口密度、经济结构和密度、交通密度等社会经济指标；污染物发生量、排放量等污染源指标；污染物浓度分布及对此做出的一定评价等级和环境质量评价指标；反映区域总体水平的区域环境综合整治指标等。

由上可知，环境规划指标是直接反映环境现象以及相关的事物，并用来描述环境规划内容的总体数量和质量的特征值。环境规划指标包含两方面的含义：一是表示规划指标的内涵和所属范围的部分，即规划指标的名称；二是表示规划指标数量和质量特征的数值，即经过调查登记、汇总整理而得到的数据。环境规划指标是环境规划工作的基础，并运用于整个环境规划工作之中。

3.5.1 环境规划目标

环境规划目标是进行环境规划的前提和出发点，其作用是明确发展的方向和目的，一般是决策者对环境质量所要达到的环境状况或标准的预期。制订环境规划目标，应根据区域内环境功能及区域未来经济发展的要求，既充分尊重自然环境的运动规律、变化规律，又切实考虑现实的社会经济条件和科学技术水平。

环境规划目标按照不同的层次和要求可分为以下几类[7]：

（1）按管理方式划分

1）总目标。总目标是对规划期内应达到的环境规划目标所作的总体上的规定。

2）详细目标。根据规划期内环境要素、功能区划和环境特征对单项目标所作的具体规定。

（2）按规划内容划分

1）生态环境质量目标。环境质量目标是环境规划的核心，主要表征自然环境要素（大气、水、土壤）和人类生活环境的质量状况，一般以环境质量标准为基本衡量尺度，主要包括大气环境质量目标、水环境质量目标、土壤质量目标、噪声控制目标等。在编制综合性的生态环境保护规划时，环境质量还要扩展到自然生态系统的质量，包括森林覆盖率、生物多样性等生态质量目标。

2）污染物总量控制目标。污染物总量控制目标是根据一定区域的环境特点和容量确定的，它又有容量总量控制目标和目标总量控制目标两种。前者体现环境的容量，是自然约束的反映；后者体现规划的目标要求，是人为约束的反映。在实际执行中，往往会将两者有机结合起来，综合使用。

3）污染和风险防控目标。污染控制目标是实现环境规划目标管理的重要手段之一，它是对规划区内主要污染物在一定时空范围内的容许排放量所作的限定。随着对环境风险认识的加深和环境规划的扩展，环境风险防控正在纳入环境规划，因此相应地要考虑环境风险防控目标。

4）生态保护与建设目标。作为综合的生态环境保护规划，不能只关注污染防治和风险防控目标，必须要考虑生态环境保护与建设的目标，特别是主要自然生态系统的保护目标。通常，这类目标包括森林、草原、江河湖库、海洋、湿地等生态系统目标。也可以选择这些生态系统保护中的特殊目标，如自然保护区保护和建设等。

5）环境管理目标。环境规划的制定和实施要依靠科学管理来进行。在环境规划编制中应包括组织、协调、监督等各项管理目标，以及实施环境规划的措施等。随着环境规划的发展和环境监管能力需求的快速上升，从“十五”开始国家就特别关注环境规划实施能力建设，因此，环境保护能力建设作为环境管理的目标越来越多地在环境规划中得到体现。

6）社会经济资源目标。这类目标大都包含在国民经济和社会发展规划中，都与环境指标密切相关，对环境质量有深刻影响。环境规划将它们作为相关性目标列入，以便全面地衡量环境规划目标的科学性和可行性。在大部分环境规划中，社会经济和资源能源目标往往是一种外部约束性目标。

（3）按规划时间划分

根据规划时间长短不同，可以将规划目标分为短期、中期（5～10 年）和长期（10 年以上）目标。不同时期的目标要体现不同时期的要求和时代特征，短期目标应该具有很强的操作性，其设置必须准确、具体。中长期目标是对未来环境目标的期望要求，对短期目标有一定的约束作用，短期目标的实现有利于中长期目标的实现。

（4）按空间范围划分

从空间范围上，可以将环境规划目标划分为国家、省（自治区、直辖市）、县市、经济开发区和流域等级别。它们之间的关系是：上一级规划目标对下一级目标起指导或约束作用，下一级目标则是上一级目标的基础和具体表现。

3.5.2　环境规划指标

环境规划指标是对环境规划目标具体内容、要素特征和数量的表述，能够直接反映环境对象及有关事物。环境规划指标体系是由一系列既相互独立又相互联系、互为补充的环境规划指标构成的有机组合体。在环境规划中，按照规划指标表征的对象、作用、范围和内容不同，规划指标体系也有所不同。指标体系的选择应遵循整体性、科学性、规范性和可行性等原则进行，设置适宜的指标。如果指标过多，则会给规划工作带来困难；而指标太少则难以保证规划的科学性和有效性，进而会影响其执行的权威性。因此必须根据规划对象的主要问题、环境状况和经济技术条件，来选取适合环境规划区域的环境规划指标，建立起全面、准确、系统和科学的环境规划指标体系。

环境规划指标按其表征对象、作用以及在环境规划中的重要度或相关性分为环境质量指标、污染物总量控制指标、生态保护建设指标、环境规划措施与管理指标等。对于一些模式创建的环境规划（如环境保护模范城市、生态省、生态市、生态工业园区等）的编制，无论是规划指标类型还是指标标准，通常都是给定的[8]。

一般的环境规划指标主要有以下 4 种类型：

（1）社会经济发展与资源指标

社会经济发展与资源指标主要包括经济指标、社会指标和资源能源指标三类。这些指标对于大多数环境规划来说，通常可以看成是环境规划的外生指标。因此，环境规划也将其作为相关指标列入，以便更全面地衡量环境规划指标的科学性和可行性。对于基于情景方案的区域环境规划来说，这些指标也可以通过方案优化后加以确定。例如，煤炭消费总量指标通常都是外生的指标，但随着煤炭消费总量急剧上升和大气环境容量的减少，如果要进一步改善区域空气质量，那么控制甚至降低煤炭消费总量已经成为一种方案选择。

（2）生态环境质量指标

生态环境质量指标是环境规划的出发点和归宿，所有其他指标的确定都是围绕完成质量指标进行的。生态环境质量指标主要表征自然环境要素（大气、水）和人类生活环境（如安静）的质量以及主要自然生态系统状况，一般以环境质量标准为基本衡量尺度。环境质量指标是对规划期内环境质量提出的要求，体现为各类环境污染物的排放浓度和强度指标等，通常比较容易选择和确定；生态系统质量指标由于缺乏质量标准而难以选择，通常选择一些生态系统的特征性指标，如森林覆盖率、自然保护区面积、绿地面积、生物多样性等。

（3）污染物总量控制指标

污染物总量控制指标主要是对各类环境污染物排放总量或者总量管理提出的要求，可以是环境容量总量指标，也可以是管理目标总量控制指标。前者体现环境的容量要求，是自然约束的反映；后者体现规划的目标要求，是人为约束的反映。我国现在执行的指标体系是将二者有机地结合起来，同时污染物总量控制指标将污染源与环境质量联系起来，其技术关键是寻求源与汇（受纳环境）的输入响应关系，这是与浓度标准指标的根本区别。浓度标准指标虽对污染源的污染物排放浓度和环境介质中的污染物浓度做出规定，易于监测和管理，但此类指标体系对排入环境中的污染物量无直接约束，未将排放源污染物排放总量与受纳体环境质量之间的影响进行统筹考虑。

（4）环境规划措施与管理指标

环境规划措施与管理指标是达到污染物总量控制指标进而达到环境质量指标的支持和保证性指标，主要包括各类污染治理和管理的目标指标。这类指标有的由环保部门规划与管理，有的则属于城市总体规划，但这类指标的完成与否与环境质量的优劣密切相关，因而将其列入环境规划中。

3.6　环境规划方案

环境规划方案的设计是整个规划工作的核心，与确定目标一样都是工作重点。它是在考虑国家或地区有关政策规定、环境问题和环境目标、污染状况和污染削减量、投资能力和效益的情况下，提出具体的污染防治和自然保护的措施和对策[8]。

3.6.1　环境规划方案的设计原则

（1）突出重点，细化任务

环境规划应有其针对性，不可能面面俱到，这就要求在制定规划时，明确该规划的主要目的，制定环境发展战略和主要任务，从整体上提出环境保护方向、重点、主要任务和步骤，运用各种适当的方法制定针对性强的措施和对策，来实现规划目标。

（2）统筹考虑，设计情景

环境规划前期工作中获取的信息一定要善加利用，充分了解环境问题和污染状况，明了自身的治理和管理技术、现有设备、可能投入的资金，及环境污染削减能力和承载力，对这些信息进行综合考虑和深入分析。同时，在设计中，提出的各种措施和对策一定要考虑是否抓住问题实质，能不能实现，是否对准目标等，要加强信息意识和目标意识。

（3）以提高环境资源利用率为根本途径

环境污染实质上是浪费的资源和能源在环境中积累过多，如从提高资源利用率入手，不但可以减轻污染，而且可减小资源对环境造成的压力。在规划方案设计中，空气污染综合整治、生态保护、总量控制、生产结构与布局规划都要围绕环境资源利用率这个中心。

（4）遵循国家或地区有关政策法规

要在政策允许范围内考虑设计方案和情景，提出对策和措施，避免与之抵触。

3.6.2　环境规划方案的优化

环境规划方案是指实现环境目标应采取的措施以及相应的环境保护投资，力争投资少效果好。在制定环境规划时，一般要有多个不同的规划方案，经过对比各方案，确定经济上合理、技术上先进、满足环境目标要求的几个最佳方案作为推荐方案，以供决策。方案优化是编制环境规划的重要步骤和内容。方案的对比要具有鲜明的特点，比较的项目不宜太多，要抓住起关键作用的因素作比较。对比各方案的环境保护投资和经济效益的统一，达到投资少、效果好的目的。值得注意的是，不要片面追求先进技术或过分强调投资，要从实际出发，选择最佳方案。

在优化环境规划方案时，要分析、评价现存和潜在的环境问题，寻求解决的方法和途径，研究为实现预定环境目标而采取的措施。应注重合理调整生产布局，根据区域自然资源的特点，建立合理的工业生产链，提高自然资源的利用率。同时确定重污染工业在区域工业部门中的适当比例。根据区域环境容量的特点，对重污染工业进行合理布局。规划方案在优化时，应根据其具体目标选择具体的任务，如规划的目标是污染物总量减排，则要推荐主要的减排污染物；规划应有针对性地解决一些重要的环境问题如水、大气环境等；从不同的领域出发，针对不同的对象，如工业污染防治，城市污染防治等。

方案优化时需要利用一系列的技术方法（如多情景分析、多目标分析和费用效益分析等）对所有拟定的环境规划草案进行经济效益分析、环境效益分析、社会效益分析和生态效益分析。分析、比较和论证各种规划草案，建立优化模型，选出最佳总体方案。预测评价区域环境规划方案的实施对社会、经济发展和环境产生的影响。概算实施区域环境规划所需的投资总额，确定投资方向、重点、构成与期限以及评估投资效果等。

3.7 环境规划实施

3.7.1 实施流程

环境规划依照法定程序通过审批后即进入实施阶段。目前我国环境规划的实施流程大致可分为 3 个阶段，即分解规划目标、制定实施计划和具体操作实施（图 3-2）[9]。

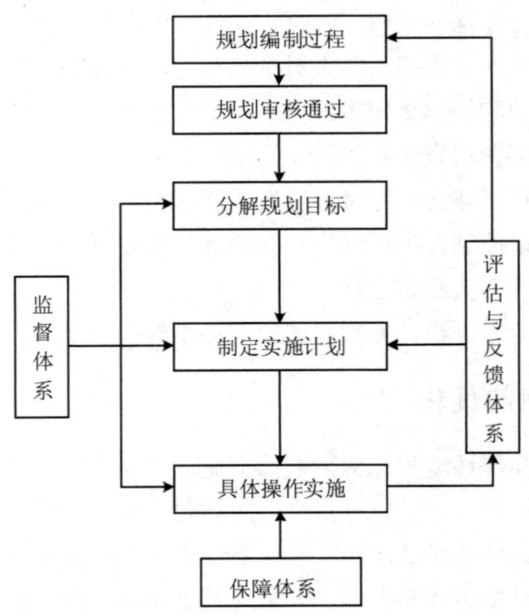

图 3-2 环境规划实施流程示意图[3]

（1）分解规划目标

环境规划的有效实行依赖于任务的细化和责任的明确。由于环境问题的综合性和复杂性，一项规划的实施往往涵盖多个地区、涉及诸多部门机构。为了使规划实施的参与主体了解“应该做什么”，必须对规划目标进行分解，明确各个参与主体的任务和职责，以消除具体操作的盲目性，杜绝推卸责任的现象。目前我国环境规划的目标分解流程包括两个阶段：第一阶段是各级政府间的传达，指下级政府依据上级环境规划编制本地区环境规划的过程；第二阶段是政府向参与主体的传达，指地方政府将规划任务以通告、规定等形式指派给规划涉及的企业、机构的过程。目前这两个流程都存在缺陷：在第一阶段，下级政府在编制本地规划的过程中往往“独立作战”，与上级规划的联系较弱，难以有效贯彻上级规划的指标和任务要求；在第二阶段，由于任务委派缺乏强制力保障，规划任务向参与主体传达后不一定会得到有效的重视，也为规划实施埋下了隐患。

（2）制订实施计划

明确各个参与主体的责任和义务后，参与主体将通过制订规划实施计划来明确“如何完成任务”，计划内容包括项目安排、实施时间、资金保障、责任人、验收方式等。目前我国规划实施流程中涉及的参与主体主要包括政府部门、环保项目投资与建设企业和污染削减企业等。对政府部门而言，除环保局外的其他部门对于环境规划提出的要求重视程度不足，实施计划编制不力；对环保项目投资与建设企业而言，其对建设日程和资金保障未做出合理安排，导致实施滞后、资金短缺；对污染削减企业而言，部分企业漠视环保要求，对减排改造任务不予理睬，未编制相应的实施计划。以上这些问题都可能影响规划的实施成效。

（3）具体操作实施

实施计划编制完成后即进入具体操作实施阶段。在此阶段，参与主体根据上一阶段拟定的实施计划开展工作，履行自身职责。这一阶段是环境规划实施的核心阶段，具体的规划要求和任务都将在本阶段落到实处。目前我国环境规划的具体操作实施状况不容乐观：首先，各级政府部门对环境规划要求重视不足，未把环境任务的实施摆到自身工作的主要位置；其次，环保项目建设单位往往受制于资金匮乏的问题，无法有效开展工作；最后，部分污染企业对规划要求视而不见，拒不履行环境义务，或是阳奉阴违，运用各种手段蒙混过关。

3.7.2　评估机制

目前我国的规划评估体系尚在建设之中，在评估主体、评估内容、评估方法等方面还没有明确统一的标准[3]。

（1）评估主体

当前我国的环境规划体系中尚没有明确指定的规划评估单位。在总体规划和各专项规划文本中，并未明确哪个参与单位负有对环境规划实施状况进行评估的责任。目前我国从事规划评估的主体首先是规划和计划的编制单位，主要形式是新一轮规划文本中对上一轮规划实施状况和成效的总结；其次是相关研究单位的专家学者以课题研究的形式完成规划评估，例如《国家“九五”环境保护计划实施的初评估》、《“两控区”酸雨和二氧化硫污染防治“十五”规划社会经济影响预评估》等。

（2）评估类型

目前我国环境规划评估按照评估时点的不同大致可分为3类：可达性分析、中期评估和后评估，其特点概括如表3-4所示。

表3-4 评估方法分类及其特点[3]

类型	评估时点	评估目的	范例及评估单位
可达性分析	规划草案出台后、正式规划文本未出台前	对规划实施的可行性进行评估，部分评估涉及规划实施将带来的社会经济影响	部分规划文本正文中涉及，如滇池“十五”计划，评估单位为规划编制单位
中期评估	规划实施中期	对规划实施状况进行阶段性评价，对规划实施计划进行必要的修正	国家环境保护年报以及地方性环保工作年度总结，评估单位为各级环保部门
后评估	规划实施期结束后	对规划的最终实施状况和成效进行总结，为新一轮规划提供借鉴和支持	总体规划、专项规划、地方性环境保护年度计划中对上一轮规划的回顾总结，评估单位为规划编制单位

（3）评估内容

目前环境评估的内容构成不具有统一性，大多数评估只涉及规划中最主要的几项指标而没有覆盖规划文本的全部内容，比较粗略和概括。可达性分析是一种预测性的评估方式，评估时点在规划草案出台后，可以看做是规划编制的延伸和补充。由于在开展可达性分析时规划尚未开始实施，所以可达性分析的评估对象并不是规划的实施进度和成效，而是规划实施的可行性以及实施后可能产生的社会经济影响。中期评估和后评估的内容仍集中在指标完成情况、资金到位率、项目完成情况等层面，总体上看来仍较为笼统，对于规划目标未能达成的责任追究评估不足。目前环境规划评估领域的科研课题为评估内容的创新提供了借鉴，提出了初评估、预评估等有价值的理念和方法，但是这类研究成果仍未转化为系统性的评估程序。国家层面上，从“十五”开始开展了重点流域水污染防治规划、酸雨与二氧化硫污染防治规划、主要污染物排放总量控制规划、国家环境保护五年规划等的中期和终期评估，特别是“十一五”污染减排规划、重点流域和区域污染防治规划在实施评估的方法学方面取得了进展，国家环境规划实施评估体系初步建立。

3.7.3 反馈机制

目前我国环境规划领域的反馈主要发生在本轮规划实施期结束后和新一轮规划编制开始前，通过对本轮规划实施状况的评估，明确存在的问题和不足，在新一轮规划编制中针对这些问题提出解决方案。但是在规划实施过程中，有效的反馈机制尚未形成。首先，并非所有的规划都得到了全面的评估；其次，评估结果难以对于原规划的实施进程施加影响；最后，规划评估单位的权利和义务不明确，评估成果的作用效力较弱。换言之，规划实施过程中存在的问题无法得到及时的解决，已完成的规划无法针对实际情况进行必要调整，规划实施中的障碍只能继续保留到下一轮规划的编制阶段才能够被评估和消除。因此，当前规划的反馈时点是滞后的、信息量是匮乏的、反馈回应是微弱的、反馈机制是不健全的。

参考文献

[1] 周敬宣，环境规划新编教程[M]. 武汉：华中科技大学出版社，2010.

[2] 中国环境科学学会. “十一五”中国环境学科发展报告[M]. 北京：中国科学技术出版社，2012.

[3] 中国工程院，环境保护部.中国环境宏观战略研究：战略保障卷（下）[M]. 北京：中国环境科学出版社，2011.

[4] 张承中. 环境规划与管理[M]. 北京：高等教育出版社，2007.

[5] 尚金城. 环境规划与管理[M]. 北京：科学出版社，2009.

[6] 程声通. 环境系统分析教程[M]. 北京：化学工业出版社，2006.

[7] 过孝民，毛文永. 环境规划指南[M]. 北京：清华大学出版社，1994.

[8] 国家环保局计划司《环境规划指南》编写组.《环境规划指南》[M]. 北京：清华大学出版社，1994.

[9] 傅国伟. 环境工程手册：环境规划卷[M]. 北京：高等教育出版社，2003.

第 4 章　环境规划的研究与实践进展

环境规划的制定和实施历史并不长，但随着环境问题的日益突出以及人们对环境认识的不断深化，环境规划作为协调人类环境和发展的纽带已越来越被世界各国所接受。20 世纪 60 年代以来，美国、日本、俄罗斯、英国、荷兰等国家先后在环境规划管理上采取了一系列行动。我国也于 70 年代末开始制定和实施环境规划，并开始进行环境规划理论方法的研究。本章主要介绍典型发达国家的环境规划发展概况，并对我国环境规划的发展历程、体系、现状以及目前存在的问题和未来环境规划的工作重点进行分析。

4.1　国外环境规划发展与经验借鉴

快速的工业化进程不仅加速了人类社会发展，而且导致了大量的环境污染事件的发生。从 20 世纪 30 年代到 60 年代，发达国家先后发生的“八大公害”事件，导致了大量的人口死亡，逐步唤醒了人类的环境意识。1962 年，美国生物学家蕾切尔·卡逊《寂静的春天》一书，提出了人类活动引起的生态环境破坏问题，引起了世界各地的广泛关注。1972 年 6 月 15—16 日，联合国在瑞典斯德哥尔摩召开了第一届“环境与发展大会”，通过了《人类环境宣言》，呼吁世界各国政府和人民共同努力，保护人类生存环境。1992 年，在巴西里约热内卢召开的第二届“环境与发展大会”，通过了《里约宣言》、《21 世纪议程》等，提出了可持续发展的思想，标志着环境与经济协调发展已成为人类发展的共同主题。2000 年 9 月，联合国召开千年首脑会议，189 个国家签署了《千年宣言》，提出了 8 项千年发展目标。2002 年，联合国在约翰内斯堡大会发布了《进一步执行 21 世纪议程方案》和《约翰内斯堡执行计划》等文件。2012 年联合国在里约召开了联合国可持续发展峰会，评估了 20 年来国际社会履行可持续发展的情况，提出了包容性增长下的全球绿色经济发展战略，丰富了可持续发展的内涵和手段。为了实现这一主题，各国相继做出了不懈努力，采取了一系列的措施，其中之一便是制定环境保护规划，将环境保护规划纳入国民经济发展规划中，使之成为其重要组成部分，促进资源与环境的永续利用，从而达到经济、社会、环境的相互统一[1-6]。

4.1.1 美国环境规划发展

4.1.1.1 美国环境规划研究内容

美国环境规划十分广泛，每个州都设立了环境规划委员会。其环境规划的研究内容如下：

（1）环境立法，确定环境规划目标

1975 年美国国会批准了美国环保局（EPA）提出的《清洁空气法案》及其修正案。为了实现环境立法规定的大气环境改善分阶段目标，各州纷纷开展了环境规划研究。各州在制定环境规划目标时，都以 EPA 规定的各阶段环境目标为其区域性环境目标。

（2）对环境经济发展进行预测，并提出优化方案

美国在环境规划研究中，广泛采用模拟预测方法。分析经济增长、人口变化等因素对环境的影响，并预测环境质量的动态变化。随后以实现区域环境目标为最终目的，分析环境污染控制费用效益，比较各种控制污染方案，并从中筛选出最终方案。

（3）分析能源与环境关系，并以此作为制定环境规划的基础

美国环境质量委员会于 1980 年向总统递交了名为《2000 年的世界》的研究报告，该报告广泛分析和讨论了人类所面临的环境问题。并且对 2000 年的世界人口、资源、能源和环境情况进行了动态模拟与预测。报告中提出的美国应发展无害或低污染工业，并要开展清洁能源方面的研究，已成为美国环境规划研究的基础。

（4）积极开展环境规划方法的研究

美国威斯康星大学麦迪逊学院建立了威斯康星区域能量模型，为区域环境规划提供了科学依据。旧金山海湾地区建立过多种模型，模拟大气、水环境质量及土地利用情况。在环境规划委员会制定环境规划时，一定要有政府官员参加，同时进行评议，并设有公众听证会，公众可以发表不同意见。美国的环境保护规划一般都以区域性的环境规划为主，其原则是保护人类健康和降低生态环境影响，这是 USEPA 制定环境标准的基础，也是制定法律法规的依据。

4.1.1.2 美国环境保护战略规划

根据美国《政府绩效评估法》（Government Performance and Review Act，GPRA），USEPA 从 1994 年开始制定环境保护的五年战略规划，制定周期为 3 年，但每期规划的规划年一般为 5 年。到目前为止，共制定了 6 轮战略规划，即 1994—1997 年战略规划、1997—2002 年战略规划、2000—2005 年战略规划、2003—2008 年战略规划、2006—2011 年战略规划和 2011—2015 年战略规划。EPA 的五年环保战略规划提出了未来五年的环境保护目标，描述了 EPA 为美国人民营造一个更清洁、更健康环境的意愿。美国的环保战略规划是 EPA 对美国人民做出的公开承诺，是 EPA 为实现环境效果所付出努力的宏伟蓝图。

美国环保战略规划的编写制定也是一个逐渐完善、逐渐发展的过程。第一轮（1997—2002 年）EPA 环保战略规划由五部分组成，即 EPA 的任务、目标和原则，实现目标的方法，EPA 活动的费用和效益，跨部门的规划，绩效评估；第二轮（2000—2005 年）EPA 环保战略规划由三部分组成，包括目标的实现、跨部门的规划和绩效评估；从第三轮（2003—2008 年）开始，EPA 的环保战略规划轮廓逐渐清晰，发展成为目前的五大主体部分的战略规划——清洁的空气、安全而清洁的水体、土地的保护与恢复、健康的社区环境和生态系统、环境执法与环境监管；第四轮（2006—2011 年）战略规划基本沿袭了这一编写模式。EPA 战略规划的目标年为 5 年或更长，其中某些规划还有长期目标。

2011—2015 年环保战略规划中提出具体目标、子目标及其相关战略目标（有时将这种目标层次结构统称为"战略结构"）利用这种目标层次结构来支持总目标的实现，规划中介绍了 USEPA 及其合作伙伴为实现这些目标将采用的手段和战略。规划中的跨目标战略是指导 USEPA 将各目标结合起来开展工作的优先方案和手段，可以帮助 USEPA 实现总目标。规划中还包括社会成本和效益分析、未来规划评价（逻辑框架评价矩阵）、咨询意见总结、USEPA 与其他联邦机构之间的合作领域 4 个附录。根据法律规定，USEPA 环保战略规划提交国会、总统管理和预算办公室批准后开始生效。

美国环境保护战略规划具有如下特点[5, 7-9]：

（1）利用逻辑框架模式制定规划

逻辑框架法是美国国际开发署于 1970 年开发并使用的一种项目设计、计划和评价工具，目前已经广泛应用于各种活动的规划、计划与策划当中。EPA 战略规划的制定借鉴了逻辑框架法的基本概念和模式，把环保战略规划的目标划分为宏观目标、总目标、具体目标和战略目标 4 个层次，针对具体目标或战略目标提出应该采取的手段和战略，最后，针对每项总目标的实现提出宏观层面的管理战略，主要包括人力资本管理战略、绩效评估管理战略、意见反馈和提升战略 3 项管理战略，同时分析各项总目标下新出现的热点环境问题和影响目标实现的内外部因素。USEPA 环保战略规划的层次结构与逻辑框架矩阵之间的关系如图 4-1 所示。

（2）注重环境绩效评估与意见反馈

USEPA 环保战略规划的各层次目标都有具体的验证或衡量指标，利用验证指标和验证方法来衡量规划的资源和成果。因此，规划十分重视指标体系的建立和验证方法的研究。通常来说，规划项目的验证方法主要是进行绩效评估，即通过对规划实施后环境效果的评估，衡量实际效果与预期目标之间的差距，利用绩效评估和规划评价的反馈意见，或调整规划目标，或提升规划中的手段和方法，或提出新的战略、措施，或修订规划，确保各级目标的实现；同时，绩效指标也有对应的评价措施和指标。原规划文本中这一战略被直译为"利用绩效评估和规划评价的反馈意见"，这里我们将其译为"意见反馈和提升战略"。

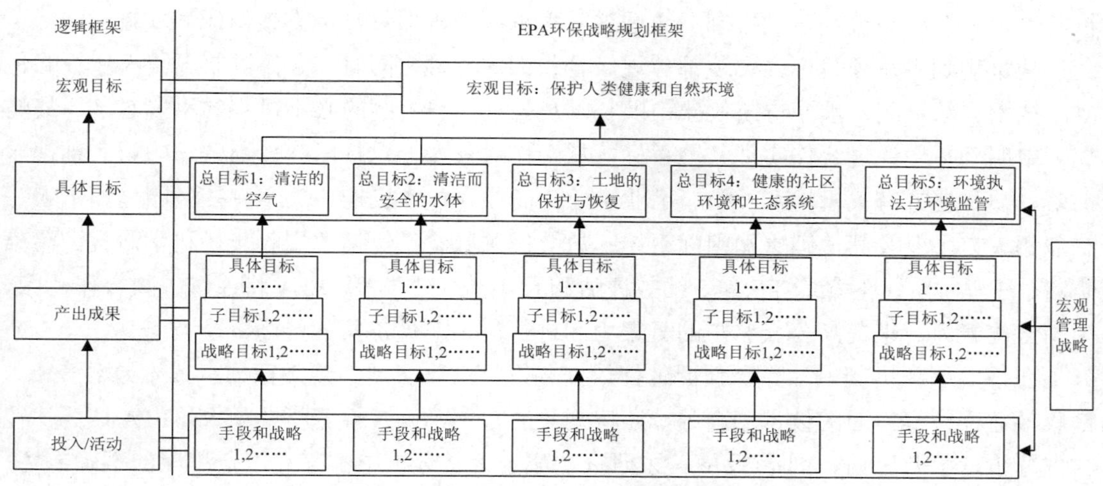

图 4-1　USEPA 环境保护战略框架与逻辑框架

指标体系的建立、绩效评估的开展以及环境成果的评价，其工作基础都是信息和数据，因此，USEPA 环保战略规划中对数据信息的收集非常重视，针对原始数据质量、数据的试验分析和监测方法、数据收集渠道和方法、数据信息网络化和数据评价提出了具体的规划、战略和项目支撑。同时开展了指标体系的研究，建立了各个目标层次的指标体系，根据该体系进行数据的收集、汇总和分析，为前期目标的制定和后期的绩效评价奠定了扎实的基础。

（3）人体健康纳入规划，且关注全球气候变化等热点问题

USEPA 环保战略规划的宏观目标——保护人体健康和自然环境，也是美国环境保护工作的核心内容。从 2011—2015 年环保战略规划的介绍来看，人体健康是每项总目标都涉及的一项指标，其环境保护工作的最终目的就是保护人体健康。实现可持续发展。但与我国环境健康工作刚刚起步的局面不同，USEPA 在环境健康研究方面具有长期的研究基础、丰富的实际经验和可靠的数据保障，因此，其战略规划目标主要集中于 $PM_{2.5}$、臭氧、有毒大气污染物、水体底泥、杀虫剂、化学品和危险废物等危害大、隐蔽性强、潜伏期长的污染物，而我国目前还没有能力对这些污染物进行大规模监测，同时，卫生健康的数据体系也无法满足研究需要，像孕龄妇女铅汞含量等衡量环境绩效的健康指标目前还未纳入我国卫生监测体系的常规监测指标中。

全球气候变化是 USEPA 环保战略规划关注的另一个热点问题，气候变化可能威胁到可持续发展目标的实现。新的 EPA 环保战略规划中制定了明确的温室气体减排量，同时，由于全球气候变化属于世界范围内的问题，因此，规划中特别强调与其他国家和国际组织的合作来解决这一全球问题。

（4）组织实施和资源保障

USEPA 环保战略规划强调合作机制、人才战略机制、技术创新机制、预算与绩效挂钩

机制以及公众参与机制五大机制，通过这五大机制来确保规划的有效组织和实施。

战略规划中每项目标的实现都体现了合作的重要性，同时，合作机制也是人才战略机制、技术创新机制、预算与绩效挂钩机制以及公众参与机制的必不可少的手段之一。战略规划中明确提出通过合作实现共同目标，从合作对象看，包括联邦、地区、印第安纳地区部落、州和地方有关机构及部门、工业企业、商业、学术机构、大学、社区团体和个人等利益相关方，以及其他国家和国际组织；从合作领域看，包括数据收集、科学研究、污染防治、法规制定、环境经济决策、绩效评估和人才梯队建设等。EPA 将通过扩大合作范围、提高合作能力，来提高公众参与的凝聚力和进行复杂环境决策的能力。

在技术创新机制中，除了强调进行数据分析、污染防治、绩效评估、成本效益分析、健康效益评价等方面的技术创新外，还特别关注有关不确定性分析的研究。EPA 认为，在数据分析、绩效评估、剂量-反应关系研究、成本效益分析中都存在一定程度的不确定性，这些不确定性的存在影响了环境决策的有效性。因此，在最新一期的战略规划中，重点安排了几个研究项目来攻破这一难题，以避免环境决策的盲目性。

预算与绩效挂钩机制是 USEPA 环保战略规划的一大特色，同时，也是我国环保战略规划的一个缺陷。USEPA 是率先将规划与预算联系起来的联邦机构之一，USEPA 内部有一个专门指导战略规划管理与预算的机构，有一套详细的制定预算的规定和方法，关于国家预算有严格的概念界定，各项预算都有明确的与之相对应的绩效指标。

USEPA 战略规划非常重视人才战略，规划中针对每项目标的主要工作特点，分析了人才结构的不足，提出了未来的人才培养计划和引进机制。EPA 人才培养计划和引进机制的特点是注重梯队建设、提供培训学习机会、加强实践锻炼、重视与大学和研究机构的合作。

公众参与是美国环境管理战略历来就倡导的理念，在美国的环境影响评价体系中，公众调查的意见可以决定工程、项目、计划和政策的最终去留。本规划提出了全社会参与环境监管的理念，即商业、企业、社区和个人都要承担提高环境质量和实现可持续目标的环境责任。

4.1.2 日本环境规划发展

4.1.2.1 日本环境规划特点

工业化国家都走过了以消耗大量资源和大规模环境污染为特征的发展历程，日本作为发达的工业化国家也不例外。经济的快速发展导致了严重的环境污染和公众健康问题，使得日本开始致力于保护环境与公众健康[10]。特别是针对局部性、区域性的环境污染治理提出了制定治理规划的需求。日本于 20 世纪 70 年代初，日本开展了福井、周防以及鹿岛等工业区的环境规划研究。规划研究首先提出了年度环境目标，其次对开发和建设所造成的环境影响进行了预测分析，并对拟建工程项目进行了环境影响评价。同时，采用各种污染防治对策和措施来减少污染排放量，使各工业区分别达到规划所规定的年度环境目标。

为了保护环境，日本首先制定了《环境污染控制基本法》和《自然环境保护法》。基于这些法律，日本在 20 世纪 80 年代中期实施了一系列的污染控制政策与自然环境保护政策，这些政策的实施收到了较好的效果。1994 年 12 月 16 日，日本开始制定基本的环境保护规划，该规划将 4 项内容列为其长期目标，这 4 项内容分别是：人类活动对自然环境的影响最小化、人类与自然和谐共存、人人参与保护环境、国际合作。该规划明确了污染者付费原则，并且支持自愿环境保护行为，强调了环境保护人人有责，并且大力促进在生产生活中，协调发展和合作保护环境的行为。随后，日本环境省又推出了《区域环境管理规划编制手册》，明确了区域环境规划的基本观点是在发展经济的同时，调整资源的中、长期供需平衡，该手册将环境规划分成综合型、指导型、污染控制型和特定的环境目标型。

日本环境规划的特点主要表现在以下几个方面[6, 11]：

（1）将保护人体健康放在第一位

随着环境公害事件的发生（水俣病、骨痛病）和日本民众生活水平及自身素质的不断提高，人们对环境污染方面的认识不断增强。在这样一种背景下，日本提出了在保护人体健康的前提下发展经济的战略。因此，一些环境保护措施是在不考虑经济费用的情况下制定的，完全将保护人体健康放在了第一位。

（2）环境保护规划突出防治重点

由于将对人体健康的保护放在了第一位，因此，日本环境保护规划的主要重点是控制有毒有害物质或严重影响人体健康的物质的排放，如汞、镉、铬、多氯联苯、二氧化硫、铅、氮氧化物等。近年来，还加强了对导致河流、湖泊富营养化的有机物污染问题的防治对策研究。

（3）重视环境规划立法手段

环境保护方面的立法对日本环境规划的成功也起到了重要作用。正是由于在环境保护法中对环境保护提出了要求和规定，才使得其环境规划切实地起到了保护环境的目的。

4.1.2.2　日本环境规划与经济调控

（1）环境与经济良性循环远景（HERB 构想）

2003 年 6 月，日本环境大臣在环境与经济活动恳谈会上提交了《以环境与经济良性循环为目标》报告，提出环境与经济融合是 21 世纪应有的社会发展姿态。报告中围绕该论题，对政策方向性、消费者与行业环境行动促进、技术革新促进与成果普及等方面进行了详尽阐述。受此次报告的影响，9 月中央环境审议会成立了环境与经济良性循环专门委员会，从事日本社会远景蓝图（HERB 构想）的制定。

HERB 构想认为，环境与经济的良性循环不是一朝一夕就可以完成的，因此制定了具体的实施课题，主要包括：多姿多彩的生活环境技术课题、废弃物再生资源课题和培育自然课题。这 3 个课题是日本政府构建环境与经济良性循环的中长期支持课题，由环境与经济良性循环专门委员会负责定期讨论 HERB 构想的内容，并向中央环境审议会报告，目前

HERB 构想的理念与提出的课题已经成为第三次环境基本计划的重要内容，并且为下一次环境基本计划的内容设置提供参考。很显然，HERB 构想已经完全脱离了传统的环境污染治理规划，重点通过循环经济、低碳经济等方式保护环境和防治气候变化。

（2）强调环境税的作用

日本的环境税（又称二氧化碳税）是由环境基本法和环境基本计划规定的经济调控手段，主要应对环境基本计划中的地球变暖问题，以完成《京都议定书》中规定的 6%的削减任务。二氧化碳税从 2007 年 1 月开始实施，课税对象是使用化石燃料的家庭、事业活动主体，税率为 2 400 日元/t（以二氧化碳计），每年度税收总额大约 3 700 亿日元，税收全额用于环境基本计划中规定的地球变暖防治方案，包括森林保护、可再生能源的普及、建筑物节能改造等。环境税的实施，使日本每年减少二氧化碳排放约 4 300 万 t，GDP 年减少约 0.01%。相对于其他经济政策，环境税兼顾了公平性、效率性和确定性。

（3）辅助金及租税特别措施

辅助金及租税特别措施是促进企业、自治体、家庭等各主体降低环境负荷行动的诱导经济政策，主要对环境政策实施对象进行资金补助或税收优惠，以减轻政策对象的经济负担，促进生产设备、新型产品的引进以及新技术的开发。总体来说，辅助金及租税特别措施并不是一个成功的经济调控手段。一方面，由于财政状况原因，日本环境省不能提供足够的资金；另一方面，以前的特定类型的辅助金对象过于广泛，效果不明显。从费用效益的角度考虑，将辅助金进行适当的重新分配将大大提高辅助金交付的行政成本。

（4）环境金融政策

日本环境省与日本全国银行协会、损害保险协会共同推动金融业界的环境关怀行动，通过与金融业界的联合，对信贷进行控制，从而影响环境投资、融资行为。具体主体承担的义务有所不同：①企事业融资时，须提供明确的投资时与环境相关的事物处理方式与最终的成果，并以环境报告书和企业社会责任报告书等方式自主公示，其中政府政策根据《环境关怀促进法》规定实施，而对民间企业没有强制规定。同时企事业的财务战略中必须要体现社会责任投资观点，并在实施方案中有所体现。②金融机关的职责在于提供多种多样的环境友好型商品或服务；提高自身业务人员的资质，提高业务人员的环境知识储备以利于信贷业务的受理；确保对企业评价的客观性与透明性，在受理企业业务时，根据社会责任投资评价机关和调查机关的报告生成客观的评价；在融资方针中考虑对环境和社会的关怀，加大对社会型课题金融的投放规模。③政府机关致力于对公众的普及教育、公示和提示必要的信息（例如《环境表现指标指南》、《环境报告书指南》等）、加大对环境关怀资金流动的支持。通过研究税制等各种政策手段，把握社会责任投资的事态，同时致力于政府部门间的合作，以利于政策的实施。

以日本政策投资银行为例，该行制定了《环境关怀性经营促进事业》制度，是世界上第一项运用了环境分级方法的融资制度，根据环境分级系统对企业的环境经营度进行评价，根据分数将企业分为 3 个利息等级，将企业的环境经营表现与经济利益直接挂钩，促进了日本企业环境行为的良性发展。

4.1.2.3　日本环境规划的环境影响评估

日本环境基本规划的实施通常情况下包括三大类的环境效果评估，即战略环境评价、环境点检制度和环境影响评价，分别针对环境基本计划的立项规划编制、环境关怀行动和项目实施后效果进行评价。

（1）战略环境评价（SEA）

在政策和高级规划的框架与内容决定阶段，日本要求对这些政策或高级规划的环境影响进行评价。环境省根据第二次环境基本计划的内容设计并发布了 SEA《通用指南》，适用于环境影响评价法中规定的具有大规模环境影响的环境规划，但并不具备强制性。由于 SEA 是计划制定者自行评价，因此为保证评价结果的客观性和可信度，SEA 首先必须经过“公共事业的构想阶段居民参加手续”，就计划提案的背景、理由、内容、公众生活和环境、对社会经济的影响等方面，听取公众意见，并在报告书中发布；其次与地方具体的实施者之间要进行详尽的沟通；最后由环境省对环境影响程度进行把握，综合统筹，或在必要的场合保留意见。战略环境规划的核心内容就是对规划的方案进行评估，并提出替代方案，为环境基本规划的制定提供决策参考意见，尽可能降低环境基本规划本身可能带来的环境影响。

（2）环境点检制度

环境点检制度是环境基本规划中的重要内容，也是最重要的效果评价手段，是在环境基本规划实施过程中的自我评价手段，主要由中央环境审议会主持，点检委员会和综合政策部具体实施。

（3）环境影响评价

1972 年日本引入环境影响评价制度，并于 1997 年正式通过《环境影响评价法》，1999 年正式实施，并不从属于环境基本法和环境基本规划。日本的环境影响评价适用于对环境具有较大影响（无论正负）的公共事业或活动。《环境影响评价法》对 13 个适用范围作了明确的界定，并给出了一系列鉴定措施以确定“第二种事业①”中何种情况必须实施环境影响评价。

4.1.3　俄罗斯环境规划发展

前苏联从 20 世纪 70 年代开始系统地研究环境保护规划，环境污染逐步得到了控制，环境质量也有所改善。俄罗斯环境保护规划的制定原则是既要以社会发展规划为基础，又要使环境规划与经济发展规划有机结合，并把环境规划纳入国民经济发展规划中。根据不同区域的环境特点、自然资源分布情况以及生产力布局，合理地制定区域发展规划与环境保护规划，正确处理区域供给与需求结构之间、经济发展与环境保护之间的矛盾。充分利

① 日本将公共事业或活动分为两类，即第一种事业和第二种事业。其中第一种事业是指对环境具有明显影响的事业活动，如道路、发电、大坝等；第二种事业规模相对于第一种事业小，对环境的影响较小或不明确。

用了科学技术，最大限度地合理开发利用资源、能源，在保证经济社会发展需要的前提下，有效解决环境问题[12]。

（1）俄罗斯环境保护规划的主要任务

1）制定自然资源合理利用规划，确定区域自然环境现状与资源分布情况，研究各部门资源需求比例、生产机构和环境保护措施及其经济效益。

2）解决重大环境保护问题，在资源开发中充分应用科学技术手段解决环境问题和环境保护设备的生产问题。同时，加强环境保护过程中的国际合作。

3）将环境保护规划纳入国民经济发展规划中，经最高权力机关批准，具有法律效力。

4）改进规划方法，制订长期计划，包括五年计划和年度计划。保证部门规划与区域规划相结合，制定出重大科技、经济、社会综合发展纲要，改进企业、公司、区域和城市的经济发展和社会发展综合规划。

（2）俄罗斯环境保护规划的主要方法

环境规划有赖于解决环境问题的制度和手段。俄罗斯解决环境污染问题的方法与其他国家有所不同。例如，日本采用区域污染物总量控制，美国采用环境影响评价、排污许可证和达标管理制度，俄罗斯则采用“目标纲要规划法”。这种规划法的主要思想在于最大限度地利用资源，尽可能地减少污染物的产生和排放。这样，既能充分利用科学技术成果发展生产，又能保护自然环境和维持生态平衡。不仅最大限度地满足了国民经济对资源能源的需要，而且充分保护和改善了生存环境与自然环境。

4.1.4 英国环境规划发展

英国立法层面上并没有明确要求制定环境保护规划，但是环境保护规划的思想在其土地利用规划、城市与农村发展规划、区域废弃物管理战略等规划中都得到了充分的体现。表 4-1 列出了英格兰目前与环境保护相关的规划，其他地区与英格兰类似。英国最早的环境规划思想是从 20 世纪 60 年代末开始的，英国西北部经济委员会曾提出一系列研究报告，如：“烟气控制”、“废弃土地问题”等。这些报告中所提的环境目标是改善当地居民的生活质量，合理开发当地自然资源。

英国的环境保护规划的特点包括以下几点[6，12]：

（1）环境保护规划思想是其经济发展规划的一个重要组成部分

英国的经济发展规划中包括环境保护规划的内容，而且区域经济发展规划中也重视环境规划，甚至分区规划中也包括环境保护内容。

（2）城市和农村建设规划中包括环境规划的内容

英国在城市和农村建设规划中，包含有关环境规划的内容。如当沃林顿在提出作为新城市开发地址时，公众根据该地区严重的大气污染状况，指出该地并不适合建设新的城镇。随后，地方管理部门组织了防治污染工作组来具体规划，合理解决了当地污染问题，并提出了相应的环境污染控制方案。

表 4-1　英格兰目前与环境相关的规划

层次	政府机构	规划部门/区域规划机构	其他地方规划部门	专业机构
区域	可再生能源评价			经济战略 RAD
	农村发展项目			区域前瞻（EA）
		区域规划指南		水资源战略（EA）
		区域运输战略		生物多样性审查
		区域可持续性框架		
		区域废物管理战略		
子区域		结构规划	社区战略	生物多样性行动规划
		废物规划	地方运输规划	海岸线管理规划（EA/LA）
		矿产规划	地方 21 世纪议程战略	
		补充规划	城市废物管理战略	
		具体主题规划指南，如景观		
地方规划		（行政区范围）地方规划	社区战略	地方环境署规划（EA）
		补充规划	空气质量管理规划	集水区管理规划
		具体主题规划指南	地方 21 世纪议程战略	沿海栖息地管理规划
				硝酸盐脆弱区规划

4.1.5　荷兰环境规划发展

荷兰环境规划体系包括环境政策计划（Environmental Policy Plan）、要素规划和行动计划 3 项内容（图 4-2）[13]。环境政策计划是荷兰环境规划体系中最重要的环节，由国家和各级地方环境政策计划组成，对荷兰环境规划和环境保护工作具有宏观的、全面的指导作用；要素规划和行动计划是荷兰各级政府制定的以某一要素或环境主题为对象的规划，它们在内容上应服从相应级别的环境政策计划，是环境政策计划得以落实的重要途径。

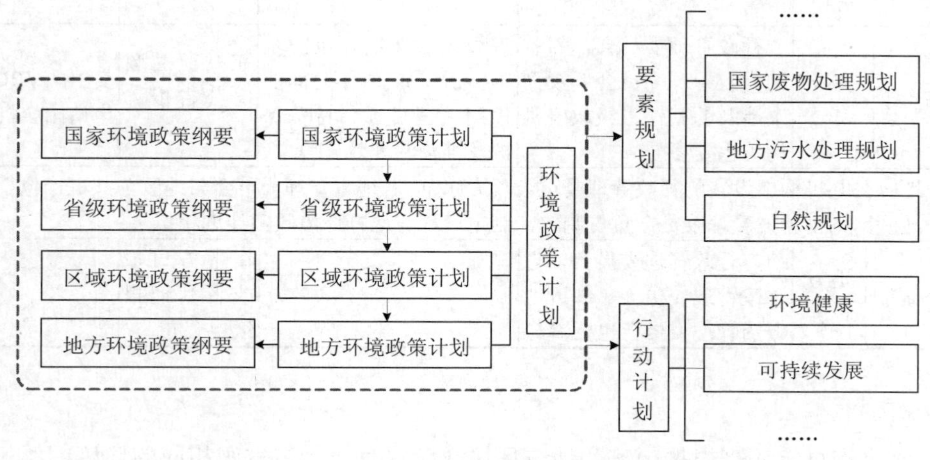

图 4-2　荷兰环境规划体系

注：→表示指导作用。

4.1.5.1 荷兰环境政策计划

（1）国家环境政策计划

国家环境政策计划（NEPP）是整个环境政策计划乃至荷兰环境规划体系的核心。NEPP是一个战略框架，主要识别环境问题及其原因，设定近期与远期的国家环境目标；同时，NEPP又具有行动计划的性质，综合考虑各行为主体可能采取的措施，用特定的行动达到改善环境质量的目标。NEPP自1989年开始，每4年更新一次，每个规划设计主题和相应的目标群以应对当前环境问题。1989年NEPP1的主题有气候变化、酸雨、富营养化、扩散、废弃物处置、扰动、缺水、浪费。2001年NEPP4在对30年环境政策进行评价的基础上，制定了到2030年的长期规划，在技术、经济、社会文化和制度等方面做出了重要的创新，提出的主题有生物多样性丧失、气候变化、自然资源的过度消耗、健康威胁、外部安全威胁、对生存环境质量的破坏、可能的不可控制风险[13]。

NEPP由荷兰住房规划和环境部（VROM）和经济事务部、农业渔业部、运输和公共事务部共同编制，外交部和国家公共卫生与环境保护研究院（RIVM）在编制过程中也发挥了重要作用，积极参与NEPP的编制和实施。

（2）省级、区域及地方环境政策计划

省级、区域及地方环境政策计划的制定周期、机构和内容如表4-2所示。这些环境政策计划是本级行政机构进行环境保护工作的基础。从各级环境政策计划的批准机构可看出，荷兰环境政策计划是“自上而下”式的。一个代表各个部门的委员会负责评估这些区域和地方的政策，以确定其与NEPP的兼容性。

表4-2 荷兰省级、区域及地方环境政策计划的制定安排

<table>
<tr><th></th><th>周期</th><th>负责机构</th><th>起草机构</th><th>内容</th><th>公布</th><th>批准机构</th></tr>
<tr><td>省级</td><td>至少每4年一次</td><td>省级议会</td><td>省行政管理委员会，邻省的行政管理委员会、规划中涉及的其他省级政府机构等也要参与</td><td>省级议会环境政策的基本要素，如8年时间的预期治理目标、特殊保护及维护治理效果等</td><td>在《荷兰政府公告报》上发布</td><td>交由VROM申请国会批准</td></tr>
<tr><td>区域</td><td colspan="6">由地区公共机构中设立的行政管理委员会负责起草，若地方管理委员会与地区公共机构位于同一地区，则由地方管理委员会负责制定，制定过程与地方环境政策计划相似</td></tr>
<tr><td>地方</td><td>不强制</td><td>地方议会</td><td>地方行政管理委员会，省行政管理委员会、邻近地方的管理委员会也要参与</td><td></td><td>在地方日报或者其他报纸上公布</td><td>交由省行政管理委员会审查</td></tr>
</table>

（3）环境纲要

各级行政机构每年还需根据国家和地方环境政策计划，制定本级相应的环境纲要。内容包括目前环境政策计划的进展、未来环境保护工作的详细安排和环境管理活动的财政预

算等。国家环境纲要需由 VROM 和国家预算部门通过，其他各级环境纲要需由本级及上级行政机构通过。

4.1.5.2　荷兰环境规划的特点

（1）NEPP 的核心作用

部门间缺乏合作以及各级环境规划纵向上缺乏协调，通常会导致环境规划体系分散、目标要求不同甚至相互冲突，直接影响环境规划在环境保护工作中的作用。在荷兰则由于 NEPP 的核心作用加强了部门间和纵向上的协调。

荷兰环境规划是一个完整的体系，是由综合的环境政策计划、涉及污水和废物等内容的要素规划以及具有行动指导意义的行动计划构成的一个有机整体。NEPP 是其他各规划计划的基础，保证了各规划计划内容上的衔接性。在 NEPP 的制定和执行过程中，各个部门同时参与，过去反对环境政策计划的部门（如经济事务部）和 VROM 也开始进行协调合作，避免了因为力量强弱区别和部门间互相推诿责任、追求自身利益最大化的现象，通过联合各部门力量和充分讨论各部门意见而取得一致合作。

（2）权威的规划数据来源

权威的数据来源是环境问题研究和规划的前提。科学系统的环境数据对环境评价和行动措施的制定至关重要。在很多国家，数据的可靠性是环境政策决策者的一个巨大障碍，并且导致公众对环境科研和政府的信任度不断降低，进而阻碍了环境规划和政策的有效实施。荷兰政府对此问题的解决方法是，提升国家公共卫生与环境保护研究院（RIVM）的地位，使其发展成为一个独立的受人尊重的科学实体。RIVM 提供作为决策基础的环境数据，并诚实地指出政府政策的成功和失败之处。政府、媒体、企业、公众和环境主义者均认可 RIVM 的报告，使得关于环境的社会辩论不再是问题到底有多严重、是否需要采取措施，而是如何采取最好的方法恢复环境。

（3）完善的规划保障体系

完善的保障体系是环境规划得以实施的基础。荷兰政府建立了完善的评估体系，对每一个规划的评估时间和评估内容都做出详细规定，并进行及时有效的评估，以保证规划的持续性和长效性。同时，加强宣传教育、提高公众对环境问题的关注程度和参与热情，并在法律中对公众参与环境问题决策的权力进行明确规定，环境 NGOs 的作用受到高度重视。

4.1.6　国外环境规划经验借鉴

伴随着环境研究的不断深入，以美国为代表的发达国家所关注的环境问题表现出领域更宽泛、内容更细致、更注重以人为本的趋势，其环境规划比我国具有更多和更高层次的环境目标，特别是在以下 3 个方面值得我国借鉴[3]。

（1）规划具有明确的法律约束

国外的环境保护规划，特别是总体规划普遍得到环境基本法和行政法的支持，其规划效力有明确的法律保障。这些法律不但明确了环保规划的必要性和责任单位，还对环保规划的编制流程、编制内容、法律效力等做出明确规定。

（2）规划目标不局限于完成年限

国外的环境规划在编制和关系上有法律规定或约定俗成的措施。特别是在规划目标上，各国都不局限于规划年限或特定年份，都有从上一规划直接继承或进一步规划的指标，体现了长期目标跨规划期限、规划目标动态调整的特点。

（3）规划目标关注人体健康

发达国家的环境保护工作已经基本实现了较好的环境质量和严格的污染控制，因此其关注的已经不再是单纯的环境质量，而是环境要素对人类需求的满足程度、社会的可持续发展以及气候变化等全球环境问题。因此，发达国家的环境规划目标设定已经转型，从过去传统的污染治理目标普遍转向以人体健康和社会环境公正为中心的目标。

4.2 我国环境规划发展历程

环境保护工作涉及领域和因素较多，是最需要进行统一规划的，环境保护规划一直是政府的主要职能。1984 年国务院环境保护委员会职责为：研究审定环境保护方针、政策、提出规划要求，领导和组织协调我国的环境保护工作。1988 年国家环保局从城乡建设环境保护部中分出，以加强全国环境保护的规划和监督管理。2008 年，十一届全国人大一次会议审议通过《国务院机构改革方案》，决定组建环境保护部，其中拟订并组织实施环境保护规划、政策和标准，编制和实施环境功能区划是最首要的职能。

我国环境规划的制定是随着环境保护工作的发展而发展的，从时间上大致可将其划分为 5 个阶段，分别是起步阶段、探索阶段、发展阶段、提高阶段及深化阶段（图 4-3）[5, 14-16]。由于受计划经济体制的影响，2000 年以前的环境保护规划一般称为“环境保护计划”。

4.2.1 起步阶段（1973—1985 年）

1973 年 8 月，国务院召开了第一次全国环境保护工作会议，审议通过了“全面规划、合理布局、综合利用、化害为利、依靠群众、大家动手、保护环境、造福人民”的环境保护“32 字方针”和第一个国家环境保护文件《关于保护和改善环境的若干决定》。“32 字方针”的第一个方针就是“全面规划”，说明从我国环境保护工作开始起步时就对规划工作十分重视。按照原国家计委《关于拟定国家十年规划的通知》，国务院环境保护领导小组于 1975 年 5 月编制了我国第一个环境保护 10 年规划（1976—1985 年）。该规划的总体目标是“5 年内控制、10 年内基本解决环境污染问题”。这一时期的规划目标反映了当时国家对环境污染进行控制及治理的决心，但由于对环境保护问题的复杂性、控制环境污染的长期性及治理环境污染的艰巨性认识不足，致使这一时期的环境保护目标未能完成。总体来看，这一时期的环境保护规划属于污染治理型计划。

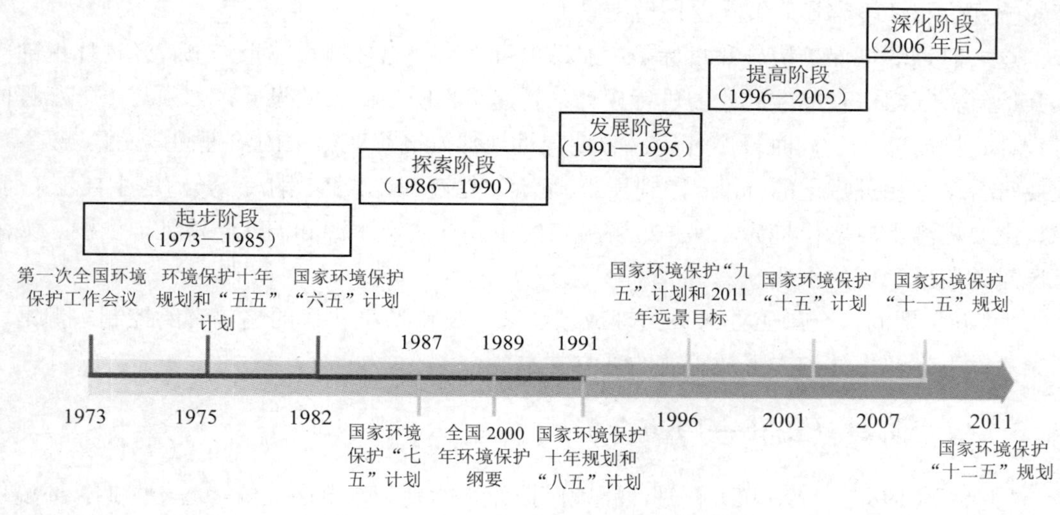

图 4-3　我国环境保护规划历程[17]

“五五”（1976—1980 年）计划：起步编制国家第一个环境保护规划。作为我国第一个环保规划对环境规划的内涵、意义、方法论以及规划的实施与管理都没有充分的认识，环境保护规划的编制仍处于想做而不知如何去做的起步阶段。

这一时期的具体环境保护目标是：大中型工矿企业和污染危害严重的企业，都要搞好“三废”治理，按照国家规定的环保标准排放。在第一次环境保护工作大会上确定的 18 个环境保护重点城市的工业废水和生活污水得到处理，并且按照国家规定的标准排放；黄河、淮河、松花江、漓江、白洋淀、官厅水库、渤海等水系和主要港口的污染得到控制，水质有所改善。

这一时期，作为代表的、较早出现的流域环境保护规划是《官厅水库水源保护一九七六年至一九八五年规划要点》。考虑到官厅水库是北京的主要水源，搞好官厅水库水源保护“对保卫党中央、保卫毛主席、保卫首都和全流域人民用水安全”具有重大政治意义，根据国家第一个环境保护规划要求，提出了官厅水库水源保护十年规划的总奋斗目标和总体任务。官厅水库规划充分体现了当时的环境保护时代特征，比如规划中提出“保护和改善环境是个路线问题”，“要坚持毛主席的革命路线，树雄心、立壮志、鼓足干劲、力争上游地制定好本地区、本部门的环境和水源保护规划及实施规划的有力措施，以夺取环境和水源保护的新胜利”等保障措施，都是在“批林批孔”运动的推动下全国环境保护工作的缩影，在今天看来，许多目标是不切实际的。

“六五”（1981—1985 年）计划：首次纳入国民经济和社会发展规划。国家环境保护规划作为独立的篇章纳入国民经济和社会发展规划，并提出了规划要求达到的具体指标，可以说是环保规划的正式开始。在一些地区和部门，把环境保护规划的理论和方法作为科研课题进行研究，取得了一些有价值的成果。此外，作为环境保护规划的重要基础工作，环境影响评价和环境容量研究在全国普遍展开。

这一时期环境保护措施和目标是：建设项目必须提出环境影响报告书，经过环保部门及其他有关部门审查批准后才能进行设计；新建工程防治污染的设施，必须与主体工程同时设计、同时施工、同时投产使用；分期分批地抓好老企业污染的治理问题，"三废"排放要符合国家相关规定的标准；控制长江、黄河、松花江、淮河、渤海、黄海等主要江（河）段、主要港湾水质恶化趋势，保护好各城市的主要饮用水水源和漓江、滇池、西湖、太湖等风景游览区水域的水质。

"六五"期间，全国工业污染治理成绩显著，城市环境恶化的趋势有所控制。但是，国家"六五"环保计划未形成正式的独立文本。

4.2.2 探索阶段（1986—1990 年）

"七五"（1986—1990 年）计划：环境保护计划编制工作全面展开。这一时期，环境保护规划工作结合国民经济和社会发展第七个五年规划展开，并作为独立文件颁布实施。国家"七五"环保计划的主要目标、基本任务和一些可量化的指标作为一个独立的篇章纳入了《国民经济和社会发展第七个五年计划（1986—1990 年）》。

国家"七五"环保计划的实施基本完成了计划确定的主要目标和基本任务，污染控制取得了显著成绩。这一时期，全国各地广泛开展环境调查、环境评价、环境预测和环保规划工作，突出城市环境综合整治和工业污染防治工作，强调不同地区和行业要有针对性地提出各自的环保目标。注意经济区、城市群和乡镇企业出现的一系列新的环境问题，注重环境管理制度在环保计划中的重要作用。国家确定 51 个环境保护重点城市，并提出 19 项城市污染控制和生态保护及相关计划指标。国家完成了《全国 2000 年环境污染预测与对策研究》，环保规划编制程序和技术方法的研究也有一定进展。但是，这一时期的环保规划工作还处于发展阶段，规划的编制还缺乏统一的编制大纲和编制技术指南，大多数环保规划还停留在宏观目标规划层次上。

4.2.3 发展阶段（1991—1995 年）

"八五"（1991—1995 年）计划：注重环境保护与经济和社会协调发展。从 1989 年起，编制环境保护"八五"计划的准备工作全面展开，从国情分析出发，以总量控制为技术路线，以纳入国民经济和社会发展规划为支持保证手段，"八五"环境保护计划无论在科学性和可操作性方面都有了一定的发展：①规划的编制有了全国统一的技术大纲。②内容不仅涉及宏观的环境污染物总量控制规划，还涉及环境质量保护的污染物控制规划。③环境保护指标纳入了国民经济和社会发展规划之中，这在环境保护五年规划中，还属首次。④国家环境保护规划在地域分布上，除有国家规划之外，主要指标还分解到省、自治区、直辖市。这一时期的环境保护规划已经从单一的污染治理型转向了污染防治型。

“八五”期间，国家环境保护计划实施取得了一些成绩，工业污染防治和城市环境综合整治成效显著，自然保护区建设取得了较大进展。这一时期，环境保护规划编制方法和技术规范进一步完善，一些研究单位开发了环境污染治理规划的复杂模型和方法，计算机等信息技术手段开始得到应用。首次制定了全国统一的环保规划编制大纲，规划编制的科学性有了较大提高，为进一步真正全面纳入国民经济和社会发展计划创造了有利条件。

4.2.4　提高阶段（1996—2005 年）

“九五”（1996—2000 年）计划：首次经国务院批准实施。“九五”期间，环境保护规划目标在国民经济和社会发展规划中开始单列可持续发展。同时，国家重申必须落实“经济建设、城乡建设、环境建设同步规划、同步实施、同步发展”的战略方针，各级人民政府和有关部门在制定和实施发展战略时，要编制环境保护规划，从此环境保护规划进入了另一个新阶段。1996 年 7 月在北京召开了第四次全国环境保护会议，通过了《国家环境保护“九五”规划和 2010 年远景目标》，并于同年 9 月经国务院批复。这也是国家环境保护五年规划中首个经国务院批准实施的规划。国家环境保护“九五”规划要求实现“一控双达标”[①]，突破重点流域区域污染防治。“九五”规划推出两项重大举措，即《“九五”期间全国主要污染物排放总量控制规划》和《中国跨世纪绿色工程规划》。从“九五”开始，国家确定“三河三湖”和“两控区”[②]为污染防治重点，第一次颁布了“三河三湖”流域水污染防治规划和“两控区”二氧化硫污染防治规划。这些都是对“七五”、“八五”环保规划的重大创新和突破。

“十五”（2001—2005 年）计划：污染防治与生态保护并重。在“十五”国民经济和社会发展规划指导下，国家环境保护“十五”规划坚持环境保护基本国策和可持续发展战略，坚持污染防治与生态保护并重的原则，以改善环境质量为目标，保障国家环境安全，保护人民身体健康，以流域、区域环境区划为基础，突出分类指导。同时，“十五”期间编制并实施了《“十五”期间全国主要污染物排放总量控制分解规划》，确定了 6 项主要污染物排放总量控制指标，并分解总量控制目标到各省、自治区、直辖市和规划单列城市。并且，国家“十五”环境保护的主要指标、重点任务和政策措施等也都纳入到了《国民经济和社

---

① “一控双达标”是 1996 年《国务院关于环境保护若干问题的决定》中确定的 2000 年要实现的环保目标。“一控”也叫作污染物总量控制，指的是到 2000 年年底，各省、自治区、直辖市要使本辖区主要污染物的排放量控制在国家规定的排放总量指标范围内。总量控制并非对所有的污染物都控制，而是对二氧化硫、工业粉尘、化学需氧量、汞、镉等 12 种主要工业污染物进行控制。“双达标”指的是：一是到 2000 年年底，全国所有的工业污染源要达到国家或地方规定的污染物排放标准；二是到 2000 年年底，47 个环保重点城市的空气和地面水按功能区达到国家规定的环境质量标准。这 47 个环保重点城市包括所有的直辖市、省会城市、经济特区城市以及大部分沿海开放城市和重点旅游城市。

② “三河三湖”是指淮河、海河、辽河、太湖、滇池和巢湖，“两控区”是指酸雨控制区和城市二氧化硫污染控制区。“三河三湖”重点流域一直延伸到“十二五”，同时，增加了黄河中上游、松花江、三峡库区及其上游、南水北调中线水源区等流域。“两控区”重点区域延伸到“十五”。

会发展第十个五年规划纲要》中。“十五”期间，我国环境保护虽然取得积极进展，但是规划确定的指标没有全部实现。尽管国家环境保护“十五”规划实施效果不够理想，但规划编制为“十一五”环境保护规划制定，特别是规划目标指标的确定提供了有益的探索。

“十五”期间，在全国各地区开展了14年的水环境功能区划工作基础上，原国家环保总局初步完成了全国水环境功能区划的汇总编制工作，这是国家首次对全国（不含香港、澳门和台湾地区）10大流域、51个二级流域、600个水系、57 374条总计298 386 km河流、980个总计52 442 km^2湖库进行了系统的水环境功能区划，共划分了12 876个功能区，并相应设置了9 000多个监测断面。该功能区划的初步完成，标志着我国水环境管理初步实现了从定性化管理向定量化管理的转变。

同时，为贯彻落实党中央、国务院编制全国生态功能区划的有关要求，加强对生态环境的保护。“十五”期间，原国家环境保护总局会同有关部门组织开展了全国生态环境现状调查工作，在此基础上，初步完成了我国31个省、自治区、直辖市的生态功能区划编制工作。“十五”期间，随着区域经济发展战略和规划的推进，重点区域的环境保护规划取得了重大进展。《珠江三角洲区域环境保护规划》和《广东省环境保护综合规划》经广东省人大批准实施。随后，长江三角洲、京津冀区域环境保护规划编制工作也相继展开。

另外，水利部也于2002年发布了关于印发中国水功能区划（试行）的通知，该功能区划在全国选择了1 407条河流、248个湖泊水库进行，共划分保护区、缓冲区、开发利用区、保留区等水功能一级区3 122个，区划总计河长209 881.7 km。在水功能一级区划的基础上，根据二级区划分类与指标体系，在开发利用区进一步划分饮用水水源区、工业用水区、农业用水区、渔业用水区、景观娱乐用水区、过渡区和排污控制区共7类水功能二级区。在全国1 333个开发利用区中，总共划分水功能二级区2 813个，河流总长度74 113.4 km。

4.2.5 深化阶段（2006年至今）

“十一五”（2006—2010年）规划：推进环境保护历史性转变。“十一五”期间，我国国民经济与社会发展规划发生了一些重大的转变，从传统的GDP增长和总量平衡规划，转向更加注重区域协调发展和空间布局、发展质量的规划。中央政府高度重视环境保护工作，将环境保护作为贯彻落实科学发展观的重要内容、转变经济发展方式的重要手段和推进生态文明建设的根本措施。最突出的表现是将污染物总量控制指标（COD和SO_2排放总量减少10%）作为国民经济和社会发展的约束性指标，污染减排成为环境保护的主要任务和全社会的共同关注点。中共中央政治局常委和国务院常务委员会专题听取了关于环境保护“十一五”规划思路的汇报，这在中国环境保护历史上还是第一次。“十一五”环保规划所需的中央政府环境保护投资在规划报批过程中基本落实，环境保护规划实施评估和考核提上日程，环境保护相关内容和要求越来越成为各级政府的中心工作。这些特点充分表明党中央、国务院高度重视环境保护工作。

国家"十一五"环保规划以落实科学发展观和加快推进历史性转变为统领，坚持全面推进、重点突破的战略方针，着重解决危害人民群众健康和影响经济社会可持续发展的突出环境问题，把污染防治作为环保工作的重中之重。国家"十一五"环保规划主要指标由国家分解到地方政府和相关部门进行量化考核，保障了规划的可操作性，并明确了重点的工程项目和规划实施的资金渠道，强化了环境监管能力建设。国家"十一五"环保规划的主要目标、主要指标、重点任务、政策措施和重点工程项目等，都纳入了《国民经济和社会发展第十一个五年规划纲要》。特别是二氧化硫和化学需氧量两项主要污染物总量控制指标首次作为约束性指标纳入国民经济和社会发展五年规划。国家环境保护"十一五"规划也是迄今为止实施最好的一个国家五年环境保护规划，"十一五"环境保护目标和重点任务全面完成①。

"十一五"期间，全国生态环境功能区划编制完成并颁布实施。在"十五"期间形成初稿的全国生态环境功能区划的基础上，"十一五"期间经过 10 余次专家论证后，于 2008 年由环境保护部和中国科学院联合颁布并实施。并在国家"十一五"规划纲要中明确要求要对 22 个重要生态功能区实行优先保护、适度开发。

"十二五"(2011—2015 年）规划：积极探索面向环境质量和环境风险的环境保护转型。与以往的环境保护五年计划相比，国家"十二五"环保规划的编制，体现了坚持"在保护中发展，在发展中保护"的战略思想，体现了以环境保护优化经济发展的历史定位，体现了国家对环境保护重大战略任务的统筹安排。在规划指导思想上，紧扣科学发展这个主题和加快转变经济发展方式这条主线，努力提高生态文明水平，切实解决影响科学发展和损害人民群众健康的突出环境问题。全面推进环境保护历史性转变，积极探索代价小、效益好、排放低、可持续的环境保护新道路，加快建设资源节约型、环境友好型社会。在规划编制机制上，更加注重"开门编制规划"，加强基础研究，公开选聘前期研究承担单位；开展网络征集意见和问卷调查，开展各地规划编制调研和座谈，广泛听取各行业、各领域专家学者有关意见和建议。在规划内容上，提出"深化主要污染物总量减排、努力改善环境质量、防范环境风险和保障城乡环境保护基本公共服务均等化"四大战略任务，环境保护规划体系基本覆盖了全环保领域。在规划的约束性方面，主要规划目标和指标、重点任务和政策措施纳入了《国民经济和社会发展第十二个五年规划纲要》。在规划体系组成方面，《国家环境保护"十二五"规划》《全国节能减排"十二五"规划》《重点流域水污染防治"十二五"规划》《重点区域大气污染防治"十二五"规划》《重金属污染防治"十二五"规划》《全国土壤污染防治"十二五"规划》和《青藏高原生态环境保护综合规划》《全

① "十一五"期间，国家将主要污染物排放总量显著减少作为经济社会发展的约束性指标，着力解决突出环境问题，在认识、政策、体制和能力等方面取得重要进展。化学需氧量、二氧化硫排放总量比 2005 年分别下降 12.45%、14.29%，超额完成减排任务。污染治理设施快速发展，设市城市污水处理率由 2005 年的 52%提高到 72%，火电脱硫装机比重由 12%提高到 82.6%。让江河湖泊休养生息全面推进，重点流域、区域污染防治不断深化，环境质量有所改善，全国地表水国控断面水质优于Ⅲ类的比重提高到 51.9%，全国城市空气二氧化硫平均浓度下降 26.3%。

国环境监管能力建设“十二五”规划》等构成了一个“十二五”环境保护规划有机整体。

国家“十二五”环境保护规划目标指标是根据“十一五”规划指标完成情况、现有环境质量以及未来经济社会发展和人民群众对环境保护的要求确定的，坚持了精简性和约束性原则，并突出了指标的区域和行业等方面的差别。在污染物总量减排指标方面，除了化学需氧量、二氧化硫排放总量两项约束性指标外，又增加了氨氮和氮氧化物排放总量两项指标，并在削减幅度方面适当提高。在环境质量指标方面，沿用了“十一五”的地表水环境质量指标和城市空气环境质量指标，但指标范围和评价方法做了进一步改进。应该说，“十二五”环保规划目标指标在追求绩效与健康方面下了较大工夫。

为了深入贯彻落实科学发展观，实现我国经济又好又快的发展。根据不同区域的资源环境承载能力、现有开发密度和发展潜力，统筹谋划未来人口分布、经济布局、国土利用和城镇化格局，国务院于 2010 年 12 月发布了《全国主体功能区规划》。该规划将国土空间划分为优化开发、重点开发、限制开发和禁止开发四类。该规划的出台也为“十二五”国民经济和社会发展总体规划、区域规划、城市规划等规划的编制与实施提供了基本依据。

同时，环境保护部为了配合国家主体功能区划的实施，进一步按照分区管理、科学规划的原则，组织开展了编制《全国环境功能区划》的工作。国家环境功能区划工作计划分前期研究（2009—2010 年）和编制应用（2011—2013 年）两个阶段开展。前期研究共设置了包括水、大气、生态功能分区在内的 9 个研究课题，目前前期研究已经结束。自 2011 年开始，环境保护部选择了浙江、吉林和新疆 13 个省区开展环境功能区划试点。目前，已经提出了基于自然生态保育、生态功能保留、食物环境安全保障、宜居环境维护和资源开发保护 5 个类型区的全国环境功能区划初步方案，在此基础上开展了环境红线和生态红线的划定研究。

此外，为了合理开发利用海洋资源，保护和改善海洋生态环境，提高海洋综合管控能力，推进海洋区域经济的统筹发展，国家海洋局在 2002 年国务院批准的基础上，制定并发布了《全国海洋功能区划（2011—2020）》，对我国管辖海域未来十年的开发利用和环境保护作出了全面部署和具体安排。该区划划分了农渔业、港口航运、工业与城镇用海、矿产与能源、旅游休闲娱乐、海洋保护、特殊利用、保留等八类海洋功能区，确定了渤海、黄海、东海、南海及台湾以东海域的主要功能和开发保护方向，并据此制定保障《全国海洋功能区划》实施的政策措施。

4.3 我国环境规划体系与特点

4.3.1 基本完善的国家环境规划体系

环境保护规划体系是指包含环境保护规划的分类体系、内容体系、法规体系、方法体系、能力保障体系、实施评估体系等在内的总称。经过 40 多年的发展，我国环境保护规划体系逐步完善，已经形成了一套具有中国特色的环境规划体系，环境保护规划的地位和作用也日益提升，为环境质量改善和生态保护作出了重要贡献。中国的环境规划体系层次可以分为国家环境规划、省（区）市环境规划、部门环境规划（工业部门、农业部门、交通运输部门等部门规划）、县区环境规划、农村环境规划、企业环境规划等。各个层次的环境规划又可以分为污染防治规划与生态保护规划；按照专项规划与综合规划，又可以把污染防治规划与生态保护规划分为不同的类别。因此，不同行政级别的规划形成纵向规划层次，而不同环境要素的规划形成横向规划层次，则目前中国的环境规划体系呈现了“纵向+横向”的二维结构（图 4-4）。其中国家环境保护规划是整个环境规划体系的核心部分。

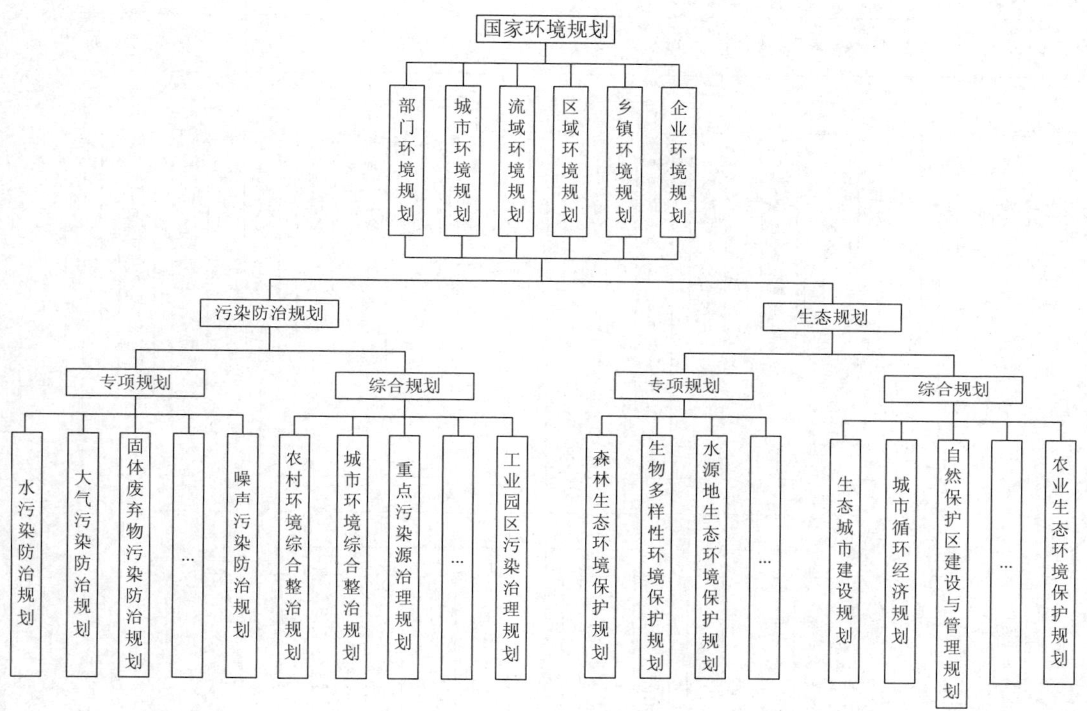

图 4-4 我国环境保护规划体系

4.3.2 国家环境保护规划结构体系

“十二五”是我国国家环境规划体系发展最好的时期，以“十二五”环境保护规划为例讲述我国环境保护结构体系。图 4-5 描述了“十二五”国家环境保护规划体系。在分类体系上，国家“十二五”环境保护规划体系基本覆盖了整个环保领域；在内容体系上，国家“十二五”环境保护规划体系以“削减排放总量-改善环境质量-防范环境风险-环境公共服务”四大战略任务统御全局，主要体现在 5 个方面：①以总量控制为主线，编制基础条件具备、保障措施可行、全面可达的“十二五”总量控制规划。②以改善民生为出发点，统筹考虑重点流域规划、重点区域大气污染防治规划、近岸海域规划、饮用水水源地和地下水污染防治规划，兼顾重点区域、重点城市群规划，在各专项规划中体现削减总量、改善质量与防范风险的集成。③以防范环境风险为方向，编制实施重金属污染综合防治、主要行业持久性有机污染物污染防治、化学品环境风险防控、危险废物污染防治、核与辐射安全等的规划，确保环境安全。④编制生态保护、农村环境整治、土壤和国际履约等规划，力争重点领域有所突破。⑤体现环境基本公共服务发展要求，强化人才保障、科技支撑，完善国家环境保护法规政策和标准体系，谋划环境经济体制改革，促进环境监测事业发展，全面提升国家环境监管和应急能力，体现规划对环境保护工作的先导性和引领作用。

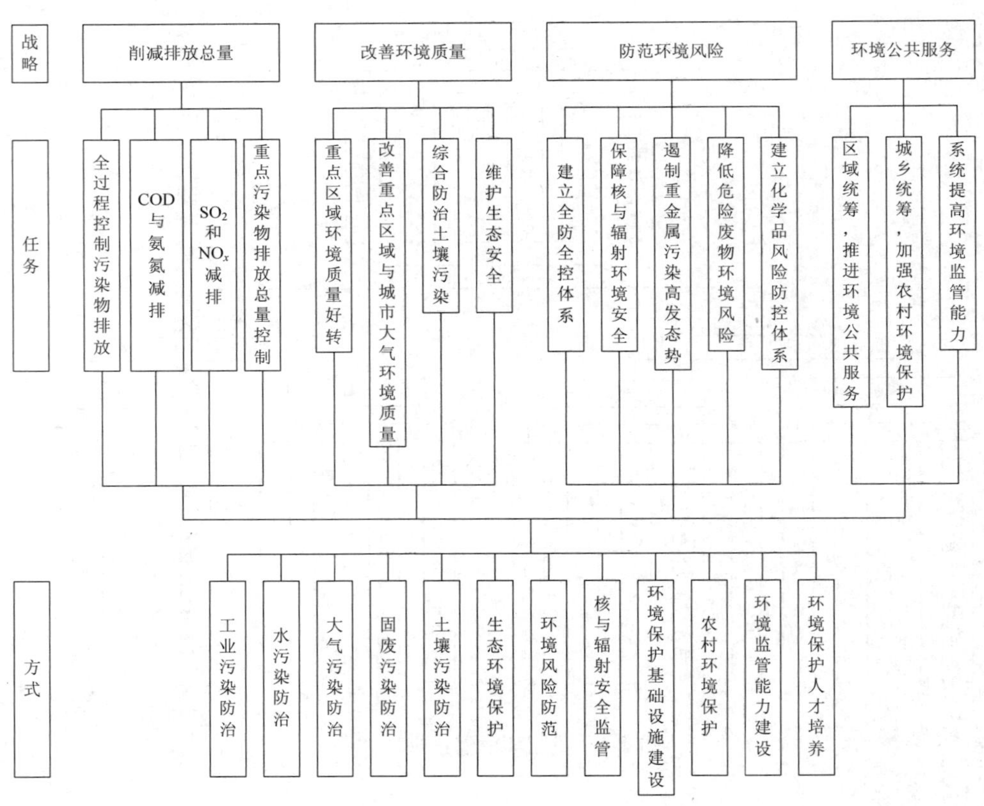

图 4-5 国家“十二五”环境保护规划结构体系

国家“十二五”环保规划的基本目标是：坚持以人为本，将喝上干净的水、呼吸清洁的空气、吃上放心的食物等民生问题摆到更加突出的战略位置，逐步实现环境基本公共服务体系均等化，切实维护人民群众环境权益，增进人民福祉。到 2015 年，主要污染物排放总量显著减少；城乡饮用水水源地环境安全得到有效保障，水质大幅提高；重金属污染得到有效控制，持久性有机污染物、危险化学品、危险废物等污染防治成效明显；城镇环境基础设施建设和运行水平得到提升；生态环境恶化趋势得到扭转；核与辐射安全监管能力明显增强，核与辐射安全水平进一步提高；环境监管体系得到健全。到 2020 年，主要污染物排放量得到有效控制，生态环境质量明显改善，实现全面建设小康社会的环境目标。

国家“十二五”时期环境保护主要指标确定为：①主要污染物排放总量显著减少。全国化学需氧量、二氧化硫排放总量比 2010 年分别减少 8%，全国氨氮、氮氧化物排放总量比 2010 年分别减少 10%。②环境质量明显改善。地表水国控断面劣Ⅴ类水质的比例小于 15%，七大水系国控断面好于Ⅲ类的比例大于 60%。地级以上城市空气质量年均浓度值达到二级标准以上的城市比例为 80%。

4.3.3　国家环境保护规划体系发展特点

回顾国家环境保护规划的发展历程，可以看出，环境保护规划编制是一个不断探索、不断发展、不断提高、不断创新的实践过程。每一个环境保护规划都有新思路、新进展、新举措、新突破，这集中体现了我国环境保护战略的重大转变，也体现了国家对环境保护工作的日益重视。

我国国家环境保护规划体系的发展具有如下特点[15]：

1）环保规划地位有了很大提升。特别是近 10 年来，在党中央、国务院的高度重视下，环保规划编制与实施工作取得了一系列重要成果，国家环境保护五年规划由国务院印发实施。许多专项规划，如《重金属污染防治“十二五”规划》《全国地下水污染防治“十二五”规划》《青藏高原生态环境保护综合规划》等也由国务院批复实施。环保规划对于促进环境与经济社会协调发展起到了十分重要的作用，环保规划的作用和地位得到了真正提升。

2）环保规划的理念不断创新。“十五”之前，环保规划注重环境保护自身发展要求，主要以可持续发展为基本指导思想；“十一五”环保规划更加注意规划的导向性和先导性，提出以生态文明建设为指导、推进环境保护历史性转变、让江河湖泊休养生息等一系列新的战略思想；“十二五”环保规划紧扣科学发展的主题和加快经济发展方式转变的主线，着力体现提高生态文明水平、环境保护是重大民生问题、探索中国环保新道路等重大战略思想，特别是将提高环境民生质量和水平摆在了更加突出的位置，真正体现了环保为民的思想。实践证明，只有有效维护广大群众的环境权益，解决群众关心的切身问题，才能使环境保护工作有群众基础，才能有效解决突出的环境问题。

3）环保规划的范围逐步拓宽。“十一五”之前，中国环保规划的范围主要是传统的水、大气、固体废物、生态等要素，“十一五”环保规划开始向环境风险、有毒有害物质等非传统领域延伸，规划的层级开始向乡镇、农村延伸，并逐步拓展到园区和企业等微观层次。“十二五”环保规划体系基本覆盖了全环保业务领域，包括农村、地下水、重金属等，各专项规划达到了 20 个以上，充分体现了当前和未来一段时期环境保护工作的要求。

4）环境规划的目标更加符合实际。以前环保规划目标指标定得比较宏观和笼统，指标也比较多，约束性不强。从“十一五”开始，环保规划目标指标突出重点，逐步精简，向可分解、可操作、可考核的约束性目标指标转变。特别是"十二五"规划中4项主要污染物减排和2项环境质量指标，经过了自上而下、自下而上反复测算确定下来，充分考虑了各地域的经济社会发展和环境差异性，分解方法更加科学，也更加落地，有力地提高了规划的可操作性。

5）环保规划的内容更加全面深入。"九五"、"十五"环保规划，重点体现工业、城市、水、大气、固体废物等污染防治内容，"十一五"国民经济从传统的GDP增长转向更加注重发展质量，环保规划将总量控制指标作为国民经济和社会发展的约束性指标，污染减排成为各级政府环境保护的主要任务和全社会共同关注点，规划内容与时俱进。"十二五"国家环保规划以"削减总量、改善质量、防范风险、环境基本公共服务均等化"为四大战略任务内容统揽全局，规划内容更加全面、更加深入，也更加符合经济社会发展对环境保护的要求。

6）环保资金投入得到更好保障。"九五"期间，中国环境保护投入资金累计达3 600亿元，约占全国GDP的0.93%。"十五"规划提出环保投资需求7 000亿元，实际投资为8 400亿元，约占GDP的1.18%；"十一五"规划提出环保投资约需1.53万亿元，实际投资2.16万亿元，约占同期GDP的1.44%；"十二五"规划提出环保投资需求约为3.4万亿元，约占同期全国GDP的1.5%。无论是环保规划投入保障还是实际的环保投入资金，都呈数倍增长，充分体现了国力的增强和国家对环境保护的高度重视。

7）环保规划实施考核更加严格。"十一五"之前，我国环境规划在规划的实施和评估考核方面，还显得比较薄弱，多项指标未能如期实现。从"十一五"开始，环保规划逐步从重编制、轻实施、缺评估的规划向注重实施过程的中期评估和终期考核的规划转变。国务院印发的规划通知和规划文本中都明确提出了规划实施评估和考核要求。通过考评评估机制的建立，充分调动和发挥了各级地方政府和全社会在环保工作中的主观能动性，通过对目标任务的层层分解落实，有效改变了规划编制和实施脱节的问题，有力地保障了规划目标的完成。

8）环保规划编制过程更加民主。环境保护跨部门、多行业、涉及面广，在环境保护机制体制尚未完全理顺的现阶段，通过开门编制规划，广泛征求各部门、各地方、各专家以及广大社会群众的意见和建议，充分重视规划的部门协调、实施可达性和民众的意见，使得规划编制有更广泛的群众基础，实施起来也更容易，有效地改变了以前规划编制程序不规范、不民主、衔接协调不力的局面。

4.4 我国环境规划研究与学科发展

环境规划研究与学科发展直接影响国家环境规划的科学性和前瞻性。下面主要从环境规划的基础理论、规划方法、规划体系（纵向空间层级、横向要素领域）等方面，对"十一五"时期以来我国环境规划的最新研究成果、热点、前沿进行详细阐述[18-21]。

2011—2013 年，环境保护部环境规划院与哈尔滨工业大学、北京大学开展了“中国环境规划学科发展调查研究”（主要作者是万军、马放、刘永等，该成果收录于中国环境科学学会主编的《“十一五”中国环境学科发展报告》）和“中国环境保护规划 40 年发展回顾与展望评估”（主要作者是王金南、蒋洪强、石广明等）。4.4.3—4.4.5 节主要参考了这两个成果报告。

4.4.1　环境规划理论研究进展

在环境规划学理论基础研究方面，除了继续将可持续发展理论、生态学理论、环境承载力理论和生态产业理论、人地系统理论、空间结构理论等作为环境规划的理论基础外，“十一五”期间也在逐步引入其他的相关理论作为环境规划新的基础。

“十一五”期间，循环经济、绿色经济、低碳经济、生态文明等理论开始在环境规划中得到逐步应用。除了编制专门的循环经济规划外，这些理念也被引入到环境规划中，通过循环经济理论的规律来指导环境规划的编制与实施，以保证环境规划作为环境管理手段的有效性。同时，生态文明和循环经济理论在城市、中小城镇环境规划中得到拓展，成为建设可持续发展城市和新型城镇化的重要内容。

以生态学原理为基础，衍生出多种生态学理论分支，一般应用在城市、区域生态规划等领域。“十一五”期间，随着国家对生态保护和生态补偿等制度的推广，由生态学理论衍生出的生态补偿、生态系统性理论、生态服务功能价值理论及生态资本理论等，已应用于我国生态补偿机制与政策框架等的研究之中，并在不同层次的环境规划实践中得到落实；越来越多的生态规划综合运用生态学原理与生态经济学知识，调控“社会-经济-环境”复合系统中各亚系统及其组分间的生态关系，以实现城市、农村及区域社会经济的可持续发展。

环境承载力是环境规划的基本理论，在“十一五”期间的环境规划中得到了进一步的广泛应用，尤其是在流域、区域等综合性环境规划中提出了基于环境容量的总量控制规划理论与方法。同时，基于环境承载力和环境容量价值理论，用于研究环境资源有偿使用政策与框架，为资源环境容量有偿使用提供理论依据。“十一五”期间，还进一步完善和明确了环境规划的价值观和自然观理论，作为环境规划宏观战略思想体系研究的基础，主要包括环境伦理观、资源价值观、新发展观、系统生态观和全球观。

4.4.2　环境规划方法研究进展

从环境保护规划技术方法发展角度看，“八五”前期的规划主要以运用水质、大气模拟模型方法为主。1979—1981 年，洋河水质规划的编制过程中便利用了水质模型，对不同污染物排放情况下的洋河水质进行了模拟，并且该规划在编制过程中全面参考了美国流域、区域及设施规划的方法。该规划也成为我国第一个引入水质模型的规划。随后，1982—1985 年，中国环境科学研究院编制的沱江水质规划及湘江水质规划中，对水质模型进行了创新，建立了环境容量理论，并首次开发了投入产出线性优化模型。1986—1990 年，全国许多城市开展了城市水气综合整治规划、河段水环境规划及海湾水质规划。这一时期的规划初步开展了水环境功能区划，并且将浓度控制、容量总量控制技术方法纳入到了环境规划中，对规划方案进行了系统的经济优化分析。1991—1995 年，开展了规划中要求的确定 12 个年限制排放标准达标规划方法、污染物排放总量的分配技术、大系统非线性环境综合整治规划模型方法等的研究。1995—2000 年的环境规划技术方法主要表现在划分污染控制单元，将总量控制纳入到国家方案。"十五"及以后的规划以"工程学"为主，强化了工程项目在环境规划中的地位，直接制定重点工程规划、项目及其投资。同时引入情景分析，通过预测模型预测不同经济发展速度下的污染物排放及环境质量，体现了环境管理纲领性技术文件的趋势。表 4-3 列出了 1979—2000 年以来我国环境规划中技术方法的使用历程。

表 4-3 1979—2000 年我国环境规划中使用的主要技术方法

时间	规划或技术	特点
1979—1981	北京官厅水库洋河水质规划	全国第一个引入水质模型的水质规划，全面照搬美国流域、区域、设施 3 个层次的规划
1982—1985	沱江水质规划（有机污染物）、湘江水质规划（重金属污染）	以创新水质模型、原型示踪试验、建立环境容量理论、首次开发投入产出水质线性优化模型及离散优化模型、提供政府决策方案为标志
1986—1990	城市水气综合整治规划、城市水环境规划、河段水环境规划、海湾水质规划	以水环境功能区划、优先确定设计条件、浓度控制与容量总量控制并举、分类管理分级控制、推广优化技术为标志
1991—1995	12 个年限制排放标准、污水海洋处置理论与方法、企业排污总量分配	以污染源有效控制技术、总量交易分配、合理利用环境容量为标志
	城市环境综合整治规划（辉县市、呼和浩特市、常州市等）	大系统、非线性、多介质、多约束、多目标城市环境综合整治规划优化方法，涉及 2 000 多个变量和 50 多个规划方案，应用计算机计算求解
1995—2000	污染物排放总量控制"九五"国家方案、淮河流域水污染防治规划和"九五"计划、南水北调东线治污规划	以科学规划、实现政府目标提供路线图，流域治污划分控制区、控制单元，制定宏观导向治污方略（清水廊道、截污导流）、落实治污项目、实施关停禁改转、推进结构调整

在环境规划的"编制-实施-评估-反馈"体系（图 4-6）中，常用的技术步骤通常包括：规划目标与指标体系建立、环境趋势预测、方案优选、环境与经济协调分析等；在此过程中，下列技术方法起到了关键的规划支撑作用：环境扩散与容量总量模型（水、大气）、线性规划法、复合不确定性单/多目标环境系统优化调控技术、灰色系统目标规划法、动态规划法、多属性决策、情景分析法、时间序列分析、投入产出规划法和模糊数学规划法等，

此外还有辅助性的技术方法，如 GIS 技术等。

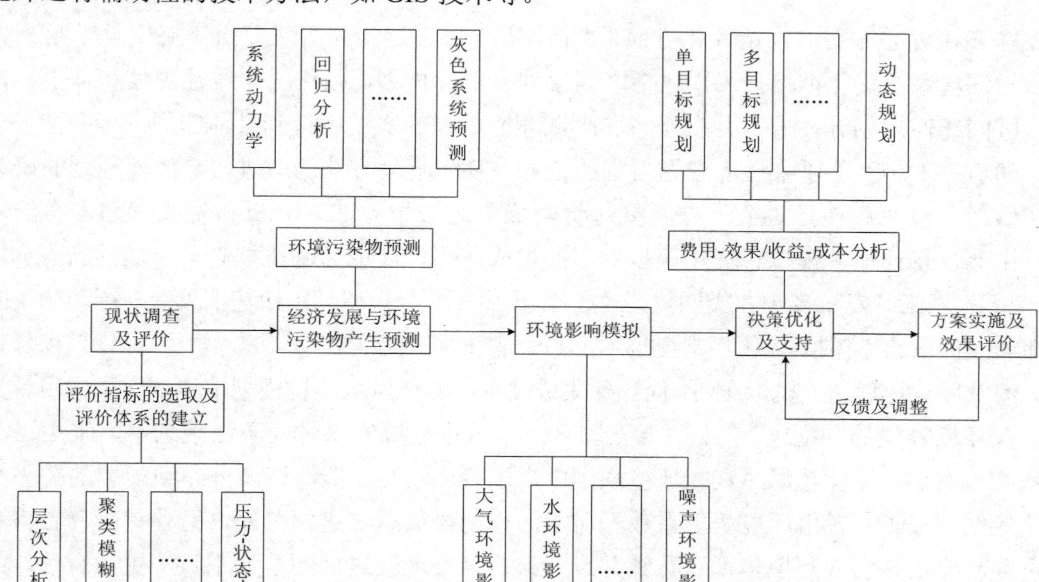

图 4-6　环境规划技术与方法体系

“十一五”以来，随着环境规划体系的拓展以及对定量环境规划决策支撑的需求，在技术方法的研究中，逐步完善了环境规划的“评价-模拟-优化-集成”技术框架，开展自主研发、引进后再开发以及技术集成等关键规划技术研究，并得到应用。

环境现状分析与评价指标体系的建立是环境规划的基础，压力-状态-响应（PSR）模型、层次分析法、德尔菲法、模糊聚类分析以及情景分析法等在“十一五”以来被广泛应用于环境的现状评价与分析的确定；并结合基于环境承载力分析、生态适宜度评价等方法，应用于环境规划的方案筛选、规划预测及生态、土壤等专项规划等方面。并且主成分分析法、模糊评价法、灰色评价法及人工神经网络法等一系列评价方法在大气、水环境质量评价方面均得到了综合运用。

在环境规划的模拟预测方面，“系统动力学-情景分析法”在“十一五”以来被延伸应用于区域（流域）社会经济与环境的趋势预测、规划方案选择和污染控制。系统动力学能全面、系统地描述社会-经济-环境系统的多重反馈回路、复杂时变、非线性等特征，能动态地展现系统发展过程中关注因子的变化，提高环境规划的质量；而情景分析法充分考虑了未来可能发生的态势及其相互影响，相对于模型预测等传统方法更加客观、公正。目前，情景分析法已广泛应用于中国的能源预测分析、污染物排放与控制、水污染控制规划、生态环境规划、水资源承载力分析等领域。环境保护部环境规划院开发了“国家中长期环境经济预测模拟系统”，为全国“十五”“十一五”和“十二五”环境保护规划提供了预测方法。

在环境规划方案的决策优化方面，“十一五”以来逐步完善了复合不确定性单目标、多目标环境系统优化调控技术，包括区间模糊多目标规划、强化区间线性规划和基于显性风险区间线性规划等技术，并在流域、区域环境规划的实践中得到具体应用。

随着“十一五”以来环境规划内容的延伸与环境规划方法的改进，在环境规划的研究与实践中，越来越多地遇到一些需要综合集成规划技术方法来分析和生成规划方案的问题，由此，将评估、模拟、优化等规划方法集成应用，就成为环境规划学发展的新方向。“十一五”以来开发了多个 3 类间接式“模拟-优化”耦合模型，包括基于贝叶斯统计的不确定性非线性系统“模拟-优化”耦合技术、基于非线性区间映射算法的“模拟-优化”耦合技术、流域环境规划的“模拟-评估-优化”集成技术，并在流域环境规划中得到实际应用。

在环境容量的分配中，“十一五”以来，在重点流域的水污染防治规划中，采用了环境基尼系数法。环境基尼系数在环境规划中用于各类自然、能源资源分布和配置的公平性和差异性，有研究者用环境基尼系数法对水污染物排放总量进行分配，另外有研究者将基尼系数密度指数引入环境基尼系数法并进行改进，发现改进后的基尼系数法更加有效。此外，还有研究者应用时间序列、面板数据分析省际、区域及城市环境与经济等指标间关系、环境污染总量变化情况等，均取得了一定进展。

“十一五”以来完善环境规划体系的另一大突破是，我国建立了不同层次的规划实施评估方法和机制。为适应国家环境规划实施的评估需求，开发了逻辑框架法（LFA），为规划实施评估提供了一种层次分明、结构清晰、逻辑合理的分析框架，尤其适宜区域大尺度宏观规划的评估。同时，运用建立的评估方法开展了国家“十一五”环境保护规划、重点流域和区域、总量控制等规划的评估实践，积累了国家环境规划评估的方法和经验。

决策支持体系为环境规划实现现代化操作提供了技术手段，它可以用来辅助解决半结构化和非结构化的决策问题。“十一五”以来，建立了多个适用于城市区域、经济开发区等不同范围环境规划的决策支持系统。此外，由于环境规划涉及环境、社会、经济等因素的空间分布信息和时间演变信息，对于时空信息和属性信息需要信息管理技术和虚拟现实技术的支持。3S（GIS、GPS、RS）和 VR 技术等现代技术广泛的应用，提高了环境信息的真实性、可靠性、广泛性；Matlab、Surfer、Access 数据库等技术在环境规划中的应用使规划数据分析更加全面和准确。

回顾我国环境规划研究方法的进展可以发现，随着计算机技术、数学统计与机理模型、遥感和地理信息技术、系统工程技术等技术方法的发展，我国环境规划方面的技术方法，也经历了从最初的探索到现在的逐渐成熟的过程。经过 40 多年的不断探索与完善，我国已经形成一套适合中国国情的从宏观到微观、从理论到实践、从编制到实施的环境规划方法体系。特别是“十一五”以来，随着环境规划体系的拓展以及对定量环境规划决策支撑的需求，在技术方法的研究中，逐步完善了在环境规划的“评价-模拟-优化-集成”技术框架。环境规划方法的成熟主要体现在以下几个方面：

一是规划方法从传统单一要素逐步转向综合环境要素的预测模拟。“九五”之前，由于对环境保护问题的认识不足，加上技术方法体系的不成熟，环境保护规划在制定过程中主要还是对水、气等单一环境要素的未来污染情况进行模拟分析，并未从环境-经济这一综合系统未来的发展情况进行分析模拟。随着计算机技术、数理统计技术的发展与完善，“十一五”以后，大量综合考虑各种要素之间相互影响的环境规划方法在环境保护规划中不断得到应用，如能源-环境经济系统、水资源-环境经济系统。

二是规划方法逐步转向情景化、可视化的模拟分析。由于国内 GIS 技术与情景模拟方法的不断发展与完善，“十一五”期间，大量的集成 GIS 与不同情景方案的环境保护规划不断涌现，为环境保护规划提供了“视觉平台”，使得环境保护规划不再是“纸上谈兵”，而是对不同情景方案下环境保护效果以“可视化”方式呈现。

三是环境规划方法在费用-效果模拟分析方面得到了进一步提升。“九五”以前的环境保护规划，在规划方案的费用-效果分析方面，主要是针对未来削减污染物的工程措施进行了一些简单的工程经济分析。随着“九五”以后国内外运筹学、博弈理论等技术方法的不断完善，使得国内环境规划方案可以利用博弈理论等新技术模拟未来环境保护的费用-效果，进一步增强了规划方案的科学性，为未来提出费用有效环境保护方案提供了有利的技术保障。如在进行区域大气污染联防联控规划的编制过程中，便可以利用博弈理论方法对不同区域，在不同合作方式下污染物治理的费用效果进行分析，从而得出费用有效的规划方案。

4.4.3　纵向空间尺度上的环境规划研究进展

4.4.3.1　宏观层面国家环境规划研究新进展

“十一五”时期，环境规划学科研究层面从微观向宏观转变特征明显，更加关注对环境规划体系、规划衔接、规划实施评估和绩效考核体系，及对环境规划宏观战略体系等领域的探索。《国家环境保护“十一五”规划》列入国家专项规划之一，为做好环保总规划的编制、执行、实施和考核，开展了大量研究工作，多项关于环境规划的宏观研究成果相继发表。宏观层面环境规划研究的进展主要表现在[15, 22]：

环境规划体系结构更加清晰。在理论方面，“十一五”的研究提出，环境规划理论体系不仅应包括技术性原理，还应包括哲学和伦理性原理。在规划体系方面，我国环境规划体系具有“横向+纵向”的二维结构[15, 22]，即将不同行政级别的规划作为纵向规划层次，不同环境要素的规划作为横向规划层次；主动引导经济社会发展的环境规划体系至少应包括综合环境功能区划、环境与发展规划、环境保护规划和污染控制工程规划 4 类，每一类型的规划又需按照环境要素、环境区域或范围、实施管理部门等来制定其子规划。

环境规划的整体思想及编制思路得到拓展。“十一五”期间，提出了环境规划的整体思想应当坚持“预防、调控、治理”的基本思路和“预防为主”的原则；并基于此提出了环境规划的编制思路，也即应从环境形势、总体思路、三大着力点、重点地区和分类指导、规划总则、规划目标、重点任务等方面进行研究。

环境规划编制更加关注与经济、社会、土地、水利等多要素的协调。提出环境保护规划与国民经济社会发展系列规划、城市总体规划以及专项规划是互为补充的，对于一些特殊的规划具有刚性和底线约束；环保规划的编制更多地把握经济社会发展的环境特征，与国民经济社会发展规划思路进行衔接；并构建了上下衔接、公众参与、技术平台等环境规划编制衔接机制。

环境规划实施评估、绩效考核机制等研究取得较大突破。“十一五”期间，建立起了一整套较为完备的规划实施中期评估、终期考核机制与方法；并在污染总量减排实施的评估与考核、“十一五”环保十大工程评估、规划实施绩效与社会经济成本等方面进行研究。

宏观环境规划思想体系更加清晰。吴舜泽在对中国环境宏观战略的 8 个基本认识的基础上，提出了未来 10～20 年中国环境宏观战略思想体系；牛红义以生态学、循环经济和区域科学理论为基本理论，提出了以预防-调控-治理为思路的环境规划思想体系。

4.4.3.2 中观层面区域环境规划研究新进展

“十一五”时期，区域环境规划研究数量及研究内容有较大进展，其关注的内容主要为环境区划体系、环境功能区划分类及与环境区划异同点、单要素环境功能区划等方面[15, 22]。

在环境区划与环境功能区划研究方面，提出了环境区划是区划的一个分支，由环境功能区划、环境目标分区和环境管理分区三大子体系组成。环境区划从空间尺度上，分为国家综合环境功能区划、区域（流域、海洋）环境功能区划、城市（农村）环境功能区划等；从环境要素上，分为水环境功能区划、大气环境功能区划、土壤环境功能区划、噪声环境功能区划、生态环境功能区划等。并根据国家宏观环境管理的需要，将国家综合环境功能区划划分为环境功能一级区、二级区和三级区；将环境功能一级区划分为调节功能区、利用功能区、保障功能区 3 类。

在区域环境与经济规划关系分析方面，主要研究进展为系统梳理了区域规划的格局，并针对东、中、西、东北地区不同经济和环境特征，提出了分类指导及差别化的经济发展与环境保护政策。特别是主要污染物排放总量控制规划逐步体现了东、中、西的差异性，总量分配与区域经济发展水平、环境管理水平、公众环境诉求等因素相关联。

在环境要素分区分类指导方面，提出辨识环境问题的空间分异特征是环境政策分区与环保重点区选择、区域环境管理分类指导的基础，并从社会经济因素、产业结构及能源、资源区域分布格局对区域环境影响进行分类，研究提出了水、大气环境的分区管理政策。

“十一五”以来，区域性、复合性的环境污染特征凸显，伴随着区域性环境保护规划研究得到快速发展。自“十五”期间广东省委省政府与环境保护部（原国家环保总局）联合编制了《珠江三角洲环境保护规划（2004—2020 年）》以来，“十一五”期间，长江三角洲、京津冀地区环境分区保护方案等研究相继开展。重点提出跨界水环境协调管理机制，建立长江三角洲地区环境保护联席会议制度及京津冀地区环境分区保护方案、区域生态体系构建等区域环境规划研究取得实质性进展。在复合性污染的控制方面，制定了《国家酸雨和二氧化硫污染防治“十一五”规划》，为国家层面上解决区域性酸雨污染问题提供了规划方案。特别是《重点区域大气污染防治“十二五”规划》的编制和发布，全面提升了区域空气质量规划的科学水平，在国家和重点区域层面上解决了大气总量控制与空气质量“脱钩”的技术问题，第一次尝试了基于环境质量的污染防治规划方法。

2006 年以来，区域环境保护规划呈现新的特征。随着国家主体功能区规划的研究编制以及《珠江三角洲地区改革发展规划纲要（2008—2020 年）》、《海峡西岸城市群发展规划（2009—2020 年）》、《关中-天水经济区发展规划（2009—2020 年）》等一系列区域发展战略出台，几乎所有的区域发展战略规划都将环境保护作为重要内容之一，环境保护目标也是区域发展的主要目标之一。国家发展和改革委员会出台了一系列省域、区域发展的指导意见，将区域性环境保护的要求作为重要组成部分。在主体功能区规划的基本框架下，一系列区域性的生态环境保护规划也相继出台，2007 年国家发展和改革委员会批复了甘南黄河重要水源补给生态功能区生态保护与建设规划，从维护生态功能的角度，制定了跨区域的保护方案。

为保障 2008 年奥运会、2010 年上海世博会和广州亚运会环境质量，尤其是环境空气质量安全，北京及周边地区、上海及周边地区以及珠三角地区建立了大气污染联防联治机制，从保障环境质量目标入手，统筹区域内污染源排放、环境监控、应急预警等多个环节的环境影响控制措施，圆满地完成了空气质量保障任务。随着区域经济一体化在中国加速发展，环境保护一体化也开始提到决策层面。2008 年年底，《珠江三角洲地区改革发展规划纲要（2008—2020 年）》颁布实施，广东省委省政府决定通过规划、产业、基础设施、公共服务、环境保护等五个一体化，推进区域科学发展，2010 年颁布实施了珠江三角洲地区环境保护一体化规划（2009—2020 年），是我国首个区域环境保护一体化规划，提出了产业环境全防全控、污染联防联控、生态同保共育、建立一体化的环境保护管理体制机制与政策等促进环境保护一体化的政策措施，是区域环境保护规划的重大突破。2011 年，《青藏高原环境保护综合规划》由国务院批复实施，是我国首个以自然地理单元为基础的区域环境保护规划，从国家战略角度对青藏高原地区的环境保护与生态建设进行了统筹安排，具有重大政治、社会和生态意义。

4.4.3.3　微观层面城市、农村环境规划研究新进展

城市环境规划一直是环境规划研究的热点和重点。“十一五”时期，城市环境规划研究集中在对城市环境规划价值观定位、规划体系框架建立及城市规划生态空间控制等研究领域，主要研究进展有[15, 22]：①系统分析了经济发展不同阶段的城市生态系统思想，提出明确“生态规划”和“规划环评”的合理定位，建立“双重约束”下的城市规划体系。②城市规划管理过程中，需要从中观及微观的角度去考虑如何把宏观规划指标进一步发展实施。以城市规划与生态城市规划内容、城市规划标准与生态城市规划内容、城市规划标准

与生态城市指标体系为基础，建立了生态型城市规划标准矩阵，为生态城市规划编制提供依据。“十一五”期间，初步建立了城市大气污染引起的人体健康危险度评价方法，并在城市环境规划中进行具体应用，在此基础上提出了人体健康危险度评价的不足和发展趋势。

开始在城市环境规划领域探索城市环境总体规划制度。城市环境总体规划是以当地自然环境、资源条件为基础的，以保障行政区域环境安全、维护生态系统健康为根本，通过统筹经济社会发展目标，合理开发利用土地资源，优化城市经济社会发展空间格局，确保实现城市可持续发展所做出的战略部署。城市环境总体规划作为环境保护领域一项创新的规划，将改善城市环境质量作为规划的最终目标，将城市经济与社会发展、资源和能源、生态功能和空间格局等纳入一个综合体系中考虑，突出环境承载力在整个城市发展中的核心地位，具有约束性、引导性、全局性、空间性、长期性等特征，摆脱了原有城市环境规划就环保论环保的弊端，可以从源头奠定城市环境保护格局，构建符合区域环境格局和生态系统管理方式的城市发展基础框架，真正把环保工作融入到城市经济社会发展的方方面面，将推动我国城市环境管理模式的变革，为我国城市可持续发展提供重要抓手。“十二五”期间，国家将城市环境总体规划编制与实施作为一项重点工作推动，并在福州、南京、成都、乌鲁木齐、嘉兴等 17 个大中城市启动了试点工作。

村镇环境规划研究多以新农村建设、优美乡镇、小城镇空间环境规划为研究热点，研究热点集中在编制方法及内容、评价指标体系、规划成本-费用分析及水、气等单要素的环境规划上。“十一五”主要开展了编制程序、规划目标以及实践应用等研究。提出的小城镇规划编制程序分类可分为：现状调查、经济环境发展预测、确定规划目标、提出指标体系、制定环境规划方案、目标可达性及成本费用分析、报批等。在进行小城镇生态环境保护规划远景目标研究时，应根据自然生态与社会经济等条件及工商业、交通等发展规划，对人口增长进行预测，以确定小城镇的近期和远期发展规模。并以临界分析论为基础，分析乡镇区位优势、门槛限制条件等，提出建设优美乡镇环境规划的手段与措施。分析中国新农村环境规划与农村基础设施的内在联系，提出要编制与中国新农村基础设施需求相匹配的环境规划；以武汉地区建设新农村为例，探索了新农村水环境规划设计方法，促进新农村水资源循环利用。

4.4.4 横向要素领域环境规划研究进展

“十一五”时期，关于水、气、生态及土壤等环境规划研究均取得了一定的进展，但研究仍集中在水、气环境规划上。伴随着对土壤、危险化学品等有毒有害物质等的环境污染的重视程度不断加大，环境规划开始向环境风险、有毒有害物质等非传统领域延伸[22]。

4.4.4.1 水环境规划研究新进展

在水环境规划学科研究中，研究重点及热点既延续了前期关于水污染物总量控制目标分配、水污染防治规划目标指标体系建立、水环境容量、水环境质量、重点流域水环境管理等的研究，取得了一些新的进展，如 TMDL 被实际引入并在局部流域得到应用；同时又出现了新的研究视角，如大量以流域为尺度的水污染防治规划研究、水环境控制单元划分、河流健康评价、水环境规划新的技术方法等。主要研究进展有：

1）在淮河、海河、辽河、松花江、黄河中上游、三峡库区及其上游、太湖、巢湖、滇池等重点流域都编制了水污染防治规划，并实现了环境指标管理向综合指标管理、目标总量控制向目标与容量总量控制相结合、具体项目管理向流域治理的宏观指导、政府主导向政府主导与公众监督并重的转变。

2）提出水环境规划的三大体系建设，即流域统筹的分区防控体系、全面控源的污染减排体系和点面结合的风险防范体系，并以公平性和经济性为基础，研究水环境总量分配方法。这一方法在《重点流域水污染防治“十二五”规划》中得到了全面的体现。从我国湖泊污染现状和治理历程出发进行分析，提出了我国湖泊治理的战略步骤及基于流域分析思想的环境思路。

3）四湖流域景观生态规划是在为了减少流域洪涝灾害、水体污染和血吸虫病等严重的生态环境问题情况下开展的，可作为相似流域规划的参考；初步提出了构建河流健康评价体系的方法及其用于水环境管理的对策建议。

4）除了在国家重点河流、湖泊水系水环境规划外，一些小的河流和湖泊流域也开始编制水环境规划，覆盖面越来越广。基于多数城市水源缺乏、污染严重的现状，水环境规划成为城市环境规划最重要的组成部分之一。

5）随着 GIS 等信息技术的引进，流域水体污染控制规划数据库信息越来越丰富，可以支持越来越多先进模型技术的应用。

4.4.4.2　大气环境规划研究新进展

在大气污染防治规划研究方面，省级及区域性大气污染防治规划研究较多，研究热点集中在相关的理论基础、实施框架以及容量预测、总量控制、区域分配及目标、指标体系建立研究等方面。

“十一五”期间，由于在我国举办的重大国际性活动增多，在区域跨界大气环境规划与污染控制方面取得了重要突破。2008 年北京奥运会期间，为防治大气污染和保障奥运会空气质量，除北京外，河北、内蒙古、山西、天津等地都采取了火电厂停工、汽车限行等措施。此后，上海世博会和广州亚运会也分别启动了华东地区和华南地区的污染防治联防联控机制。“十二五”期间，环境保护部环境规划院提出了《区域大气污染联防联控规划技术指南》。随着《重点区域大气污染防治“十二五”规划》发布，区域层面上的大气污染联防联控规划得到了发展。

已有的区域和城市大气污染联防联控实践对相关的理论基础、实施框架以及要点预测模式都有了一些研究，但是与国外相比在立法、理论研究等方面都存在很大的差距，要大范围地实行还有很多需要完善的地方。总的来说，大气环境规划作为环境规划的重要组成部分得到了越来越多的重视，特别是在大中型城市及区域之间，地方性的规划课题越来越多。

4.4.4.3 生态环境规划研究新进展

对区域复合生态系统、生态经济功能区划的研究都是生态环境规划的基础，近年来我国对生态环境规划体系建设的专门研究不多，而对区域复合生态系统评价方法以及生态经济功能区划方法的研究相对较多，如有学者针对复合生态系统评价模型多是对现状评价的情况，用灰色模型对其进行了预测；不少学者运用 3S 技术对生态经济功能区进行划分，取得了较好的效果。在建设生态文明导引以及“生态省”、“生态市”、“优美乡镇”建设等的促进下，生态环境规划“十一五”期间呈现升温的趋势，除了温州、广州等城市进行了生态环境规划以外，还出现了诸如武汉城市圈生态环境规划和乡镇生态环境规划等，并且国家鼓励在一些湖泊、流域等开展生态环境规划。全国相继开展了一大批生态省、生态市、生态县建设规划的编制，促进了生态环境规划方法的丰富和发展。

4.4.4.4 环境风险规划研究新进展

“十二五”期间，国家开始关注环境风险防范和管理，着手编制基于环境风险防范的国家土壤污染防治规划和重金属污染防治规划，随后多个省份和地区也编制完成了省市级土壤及重金属污染防治规划。近年来，对于土壤及重金属污染防治规划研究的进展主要是对复合污染土壤环境安全预测预警的研究，有学者在国内率先建立了基于土壤环境质量评价、生态风险评估和人体健康风险评估基础上单项预警与综合预警相结合的污染场地土壤环境安全预警体系，并且开发了具有数据存储、查询、污染物浓度时间预测、生态风险评估、人体健康风险评估、环境安全预警和信息发布等功能的系统软件包。这些都为编制土壤和重金属污染防治规划提供了很好的技术支撑。但是，这些规划存在着与降低环境风险关联不足的问题，方法上更多地沿用了传统的污染防治规划和总量控制规划的思路和方法。

4.4.5 环境保护规划专业学科发展

4.4.5.1 环境规划专业学科设置

根据环境保护部环境规划院的调查[22]，截至 2010 年全国拥有环境规划研究方向的博士生授权点 27 个，研究方向主要是环境规划与管理，环境规划与评价等。拥有环境规划研究方向的硕士授权单位 102 个，研究方向主要是环境规划与管理。学士点建设情况主要以全国高考的招生简章为依据，分为一本、二本、三本 3 个级别。

据统计，中国有环境规划方向的高校共 314 所，且全部设有环境规划相关课程，其中一本高校 127 所，二本高校 169 所，三本高校 18 所。学士学位授予点的环境规划方向主要包含在环境科学等专业中，绝大多数的环境类专业都有环境规划的相关课程设置，因此本科生教育的环境规划学科在环境相关领域里已经非常普及。

4.4.5.2　环境规划专业人才培养

经过对国内环境规划学科的硕士、博士论文发表情况的时间序列动态分析，所检索的主要关键词范围覆盖了环境规划研究的基础领域和应用领域。总体上看，硕士和博士论文总量呈逐年增加态势，硕士论文从 2000 年检索到的 6 篇增加到 2009 年的 253 篇，增加了 41 倍。博士论文从 2000 年检索到的 1 篇增加到 2009 年的 30 篇，增加了 29 倍，这表明中国环境规划学科研究与培养教育逐年受到重视。

检索结果还显示，2000—2009 年硕士学位论文年平均增长率为 58%，总体上呈持续增长趋势，从检索的博士学位论文年度增量率来看（2000—2009），多年平均增长率为 75%，也呈显著增长趋势，表明环境规划学科研究生培养教育不断受到重视。同时也发现，近年来土地利用规划、生态规划、环境容量、环境评价、环境影响评价、污染控制等领域的论文数量较多，其他领域的论文产出明显较少。

4.4.5.3　环境规划科研院所发展

1999 年，中国环境科学研究院设立环境规划研究所。2001 年，原国家环保总局决定设立中国环境规划院，2003 年和 2008 年相继调整为国家环境保护总局环境规划院和环境保护部环境规划院。2009 年，中国环境科学学会批准建立环境规划专业委员会，挂靠环境保护部环境规划院。2012 年，环境保护部批准以环境保护部环境规划院为平台，建设国家环境规划与政策模拟重点实验室。总体上看，“十一五”期间是环境规划院所发展的关键时期。据统计，目前在 31 个省、自治区、直辖市中，设立规划院的有 3 家，其中，独立法人机构 1 家、非独立法人机构 2 家，本省环保系统科研机构内部设立的环境规划所 23 家，另外 5 省（自治区）在本省（自治区）环保系统内部未设专门环境规划院所。目前，基本上建立了以环境保护部环境规划院为核心的全国环境规划院所合作和交流平台。

调查发现，截至 2010 年 6 月 30 日，评估范围内的环境规划院所开展项目 747 项，其中综合类环保规划 120 项，专项环保规划 214 项，规划环评 77 项，政策研究 242 项，工程可研类研究 23 项，其他规划类项目 71 项。从项目类别上来看，以环境规划类和环境政策类项目占 77.11%，其他类型项目占不到 30%。从项目层次上而言，国家（含部）层面的有 79 项，省级层面 476 项，县（区）级 113 项。省级占 63.72%，市级占 25.70%，国家级（含部）所占比例较小。调查显示，截至 2010 年 6 月 30 日，评估范围内的环境规划院所在环境规划等项目方面开展合作 172 次，参加各类会议交流 259 人次，其中国内合作 141 次，国际合作 31 次，参加国内会议 223 人次，参加国际会议 36 人次。

通过对环境规划院所项目开展情况的调查研究发现，就项目类别而言，主要以环境规划、政策研究类为主，层次上以省级为主，合作交流以国内为主。在项目层次上，以各省、自治区、直辖市的环境规划院所发展状况为基础，由于受到地缘等方面的限制，评估范围内的环境规划院所在承担跨省项目上并不十分明显。特别是从“十一五”规划开始，环境保护部设立了一批“十一五”和“十二五”国家环境规划前期研究项目，推动了国家环境规划的研究。在项目的合作交流方面，在省级层面上的环境规划院所更多地参与国内的项目合作交流，除了个别省（市）以外，其他各省在国际层面的合作交流相对较少，除受到地缘因素的限制外，还存在技术力量等方面因素的制约。因此，强化国内国际项目的合作交流是未来环境规划院所建设的一个重要内容。

4.5 我国环境规划发展趋势

4.5.1 我国环境规划取得的经验

（1）环境保护规划理念不断创新

环境保护既是经济问题、社会问题，又是政治问题，环境保护工作的成败取决于国家对环境保护的重视程度、对环境保护与社会经济发展规律的认识程度以及对处理环境保护与社会经济发展关系的战略部署。我国环境保护规划事业的发展历程，也可以看做是国家对环境保护工作重视程度不断提高的过程。从确立环境保护是一项基本国策，到逐步推进可持续发展战略、科学发展观、建设生态文明，从新型工业化到人与自然和谐、建设环境友好型社会，可以看出国家关于环境保护的理念和政治意愿明显加强。

“十一五”环保规划的理念不断创新：以生态文明建设为指导，探索中国特色环境保护新道路、推进环境保护历史性转变、让江河湖泊休养生息逐步形成环保规划的共识；“十二五”环保规划提出了“削减排放总量、改善环境质量、防范环境风险”三大支撑点的环境保护规划体系；预计“十三五”期间，国家环境规划将更多地强调环境质量改善、环境风险防范、公众健康保障等环境民生问题。

（2）环境规划体制改革不断推进

经过 30 多年的探索和实践，中国已逐步建立起比较完善的环境管理体制。30 年来，正是因为始终坚持解放思想、实事求是，不断推进环境管理体制改革创新，转变政府环保职能，才使中国环境保护各项事业蓬勃发展，不断推进。环境管理体制改革推动了环保规划编制与实施体制的改革。规划是政府职能和行政手段，是规划编制过程、规划文本和规划实施三位一体。环境保护跨部门、多行业、涉及面广，在环境保护机制体制尚未完全理顺的现阶段，通过开门编制规划和实施超前谋划、统筹推进，充分重视规划的部门协调、实施可达等，实现通过环境规划编制实施达到统一管理的目的。

（3）强调从宏观决策源头解决环境问题

环境问题是一个“世界问题复合体”，不仅涉及科学技术，而且涉及经济发展、社会进步、政治文明，甚至关系伦理道德。单纯依靠技术方法治理环境污染，必然是“头痛医头、脚痛医脚”，无法摆脱“先污染后治理”的道路。实践表明，只有从宏观决策源头，从社会经济发展方式上寻根源、找办法、求出路，才能解决好环境问题。多年来，由于将保护环境作为推动经济社会科学发展的内在要求，把调整产业结构作为实现污染减排目标和解决结构性污染的重要手段，积极配合有关部门淘汰落后产能，既大幅度地减少了污染，又有力地促进了经济质量的提升。因此，必须将环境保护政策渗透到生产、流通、分配、消费的各个领域，加强环境保护参与综合决策的力度，努力将环境保护与经济建设融为一体，在保护环境中促进科学发展。

（4）坚持统筹兼顾、重点突破的环保规划思路

环境规划工作是一项系统工程，一方面必须统筹兼顾、加强总体协调，另一方面，必须坚持重点突破的思路，这是对环保力量的重新调配，也是对环保资源的整合重组。多年来，特别是"十一五"规划以污染物减排两项约束性指标为抓手，取缔关闭了一批长期危及饮用水水源地安全的污染企业；通过实施最严格的环境保护措施，让不堪重负的江河湖海休养生息；通过加强脱硫设施建设，推进大气污染防治等工作重点。这些措施推动了经济结构调整，促进了环境质量改善，带动了全面工作。

（5）坚持以人为本，将提高人民群众健康绩效作为规划出发点

环境污染危害群众健康，必须集中力量重点突破。环境问题是"世界问题复合体"，我国的环境问题更加呈现出压缩型、复合型、结构型特点，发达国家上百年工业化过程中产生的环境问题，在我国 30 年的快速发展中集中出现，如不及时整治，就会错失良机。多年来，我国坚持把环境保护同改善民生紧密结合起来，着力解决环境不公平问题，维护群众环境权益，积极推进和谐社会建设。实践证明，由于有效维护了广大群众的环境权益，解决了群众关心的切身问题，使环境保护工作有了群众基础，有效地解决了一些突出的环境问题。

（6）不断加强环境保护基础能力建设

环境保护基础能力建设是环保工作"硬"起来的有力支撑。近 30 年来，我国不断重视环境保护基础能力建设，国家对环境保护基础建设的投入也逐年增大，近 10 年是我国环保投入增幅最大的时期，有力地促进了各地环境保护工作的开展。特别是近几年来，针对我国环境保护工作一直存在"软"的问题，以建设先进的环境监测预警体系和完备的环境执法监督体系为重点，同时加强对环境监测、环境监察、核与辐射、环境科研、环境信息与统计、环境宣教等各个领域的基础能力建设，为实现国家节能减排目标和环境保护三个转变提供了强大的保障支撑。

（7）坚持全球战略，努力推进国际合作交流

经济全球化是一把"双刃剑"，既对各国经济发展产生积极影响，也带来了环境恶化等诸多矛盾和问题。在国际社会高度关注全球环境保护的情况下，我国比任何一个发达国家工业化进程中面临的环境挑战都要严峻。多年来，我国通过环境规划，把国际环境合作交流作为重要任务，严格落实，大大提升了我国环境保护的国际形象。

4.5.2 我国环境规划存在的问题

经过 40 年的环境保护发展，我国已经形成了一个较为完善的环境规划体系。但整体来看，我国的环境规划体系尚存在以下 5 个方面的问题：

（1）环境保护规划法律制度不完善

首先，环境规划法律基础不扎实。虽然《中华人民共和国环境保护法》中规定了国家制定的环境保护规划必然纳入国民经济和社会发展规划，并且要求县级以上人民政府环境保护行政主管部门应当拟定环境保护规划，但没有明确定位地方环境保护规划的位置以及环境功能区划的基础性规划地位。从而造成地方环境保护规划在很大程度上仅仅成为一个规划“文本”，难以付诸实施，虽然一些专项规划如城市规划中也要求做环境保护专项规划，但多是作为城市规划的附属品，受关注的程度和可执行性远远不够。同时，也为环境规划的任意更改和随便变动提供了法律漏洞。

其次，环境规划相关法规条款“法律”性不强。我国与环境规划相关的法律条款中虽然规定了责任，但缺乏对不执行法规主体法律责任的界定，这虽然与我国普遍环境意识不强、开展强制的环境督促的社会基础不够等现实情况有关，但这也无疑成为我国环境法规一直难以得到很好实施的最重要方面之一。

（2）环境保护规划中涉及的统计指标不完善

由于我国的部门分工不同，导致环境保护中所需要用到的一些社会-经济-环境发展数据散落到各个部门的统计报表及统计年鉴中。如环境保护部门的统计数据中大多仅涉及工业企业污染物排放，而资源、能源消耗统计数据又由国家发改委、水利部和国土资源部等部门负责统计。在这样一种统计方式下，便会产生各统计指标口径不同的问题，从而使得在环境保护规划编制过程中存在一些统计数据无法使用或者数据缺失的问题。

（3）环境保护规划编制技术与标准缺失

首先，迄今为止我国环境规划尚缺乏统一的编制技术指南，没有对各类环境规划编制的依据和内容等做出明确界定，从而导致各种环境规划内容差别较大。其次，由于缺乏环境规划技术，使得现有的环境规划的科学性受到严重质疑，这在很大程度上造成了我国各类环境规划缺乏针对性、科学性和可操作性。最后，由于各类环境规划范畴界定不清晰，并且缺乏统一的标准和技术指南，从而造成各类环境规划项目冲突，执行难度较大。

（4）环境保护规划编制队伍参差不齐，公众参与力度不足

我国环境保护规划发展至今，我国环境规划编制单位尚没有统一的资质要求，从而呈现出“谁都可以做环境规划”的混乱局面，难以保证环境规划的编制质量，这种格局严重削弱了环境规划的权威性、科学性和规范性。

在公众参与方面，环境保护规划从编制、公布、审批到实施过程中都严重缺乏公众参与，这一点主要是我国缺乏相关法律对公众参与的内容形式进行规定。此外，也与我国公民缺乏相关环境规划知识、环境保护意识不足有关。现阶段环境规划的公众参与大多停留

在一般的民意调查上，很难从本质上形成公民对环境规划的全过程参与。

（5）环境保护规划权威性不够，执行力度仍然有待提升

目前的环境规划除了环境保护行政主管部门制定的专项规划外，城市规划、城镇体系规划、交通规划、区域发展规划等专项规划中均有环境保护的相关章节，但多是形式主义，并且多是单独设置，缺乏与环境保护行政主管部门制定的环境保护专项规划的一致性与协调性，同时，由于这类环境保护规划的“附属品”位势明显，极大地影响了该类规划的权威性，削弱了其执行力度。另外，即使是环境保护行政主管部门的环境保护专项规划，也由于环保部门的“位势”较低而影响到其权威性和可执行性。

（6）不同层级的环境规划内容和界限不清晰，衔接力度不够

在不同层次规划的编制范围和内容的界定上，还存在着相当大的差距和混乱；同时，环境规划与其他各部门的规划多还停留在本部门内部范围，多在规划编制完成后公开向相关部门征求意见，较少在规划制定前召开联席会议对规划内容进行协商，导致各部门之间的规划从目标、指标、方案设计到规划实施保障都存在一定程度的冲突，这也突出反映了我国规划编制与管理的无序状态；此外，国家与地方在规划目标指标、重点工作任务方面存在着一定的差异，国家考核的部分指标，往往在各省规划中找不到直接对应的指标项，在这种情况下，即使各省完成了本省的规划指标，也难以保障国家规划目标的实现，体现不了国家规划的导向性，不利于国家规划目标任务的分解、考核、评估。

4.5.3 我国环境规划的未来发展趋势

4.5.3.1 战略思路

在充分考虑未来我国实现全面小康社会的环境保护的形势和挑战的情况下，为了加快实现环境保护工作的“历史性转变”，建设资源节约型和环境友好型社会，“十二五”及未来相当一段时期，我国环境保护规划应逐步实现如下5个方面的战略思路转变[23]：

（1）从目标规划向过程规划转变

我国目前的环境保护规划的最直接特征是目标规划，有时甚至是僵化、机械化的目标管理，轻视过程控制，这是规划编制与实施脱节、环境规划流于表面的一个重要原因。

首先，要改变把规划目标局限于一个孤立的指标值的做法，实施目标的动态管理。在规划编制过程中进一步协调统一思想，在规划实施过程中推进环境保护的综合管理，强化规划的公众参与、决策、动态调控、规划实施、监督考核，建立规划目标实施过程与社会经济发展的联动关系，有条件的，还可以对规划目标进行评估调整、定期修订。

其次，着重强调过程管理。对环境规划实施进行过程控制管理，对目标执行和实施过程进行规划，从目标制定到目标实施实行全过程管理，对规划决策与实施过程实行范式管理，公众和利益相关方参与管理，参与到规划执行与实施政策的制定和调整中。

最后，要加强环境规划管理，建立环境规划的行政体系。目前我国环境规划从编制到

实施各环节职权内容和范围不清楚、监管难以到位。应明确规划制定和实施等环节的职责，改变不平衡的管理体制，加强跨部门的统一规划与管理，责权利分解落实。

（2）从软性规划向约束型规划转变

第一，适应规划目标约束性要求，加强规划编制的技术研究分析工作，充分考虑社会经济发展不可控等因素，按照可达性原则合理确定规划目标指标。

第二，目前我国环境保护规划从计划转向规划，淡化行政计划和命令色彩，同时提出了约束性指标要求，要求从法律角度为其约束性和效力寻求依据，力争目标从行政约束力向法律约束力转变，从近期污染减排目标向中远期环境质量约束目标转变，从环境质量目标向公众健康和人与自然和谐目标深化。

第三，应建立约束性目标规划要求、约束性预算和约束性保障措施的要求，加强规划内容和任务对预算的导向作用。

第四，强调规划目标的分解考核和责任机制，完善规划实施评估机制，逐步建立约束性规划编制和实施的技术方法体系。

（3）从重规划编制向重编制和实施转变

我国环境保护规划执行力差的重要原因是规划编制和实施脱节，重编制而轻实施。从目前的经验来看，在规划实施过程中，由于缺乏相应的实施评估机制、监督管理机制等，国家环境保护规划及地方环境保护规划执行情况不一，且缺乏考核，导致环境保护规划难以按照预期思路得以贯彻执行，未来规划需要切实改变规划编制和规划实施脱节的局面。

应建立规划投入保障落实下的规划编制技术路线。环境保护规划投资的不落实是规划目标难以落实的最重要原因。应逐步改变这种不与投资保障挂钩的规划编制方法，借鉴国际经验，结合部门预算体制和公共财政体系改革，进行预算投资规划编制的试点，逐步建立预算投资保障前提下的环境保护实施计划编制技术方法。应大幅度提前环境保护规划编制的时间要求，环境保护规划应在规划期初得到批复，以利于预算资金的落实和安排。

加大力度做好规划执行和督察工作，做到规划编制实施的“谋、断、行、督”4 个环节并举、不断线。国家环境保护行政主管部门应逐步树立规划实施情况督察定位，明确各级政府规划实施的主体地位，将规划目标任务的分解、实施评估、考核作为手段，着力强化规划的实施环节，中立、客观地评价规划实施状况，适宜地进行规划目标任务的动态调整，向社会公开规划实施进展情况。

（4）从污染防治规划向基础性、空间型、经济导向性规划转变

我国目前推行的规划主要是强调污染防治，但在优化配置资源、预防环境污染发生、促进经济协调发展方面所起的作用还不明显，环境规划的编制理念仍停留在“就环境论环境”的阶段。应逐步开展基础性、空间型和经济导向性规划的试点。

第一，试点建立基础性的环境保护规划。应以区划为基本出发点，以大区域环境功能定位确定微观单元保护目标，进行承载能力或环境容量分析，提出中长期战略目标，提出基于环境约束的社会经济发展布局和总量约束条件，形成具有法律约束性的、基础性的环

境规划，作为社会经济发展规划的前提条件，而不是由环境被动地适应经济社会发展。

第二，以环境与经济布局关系为突破口，解决格局性污染问题。环境保护问题往往是一个布局调控的问题。从“十一五”规划来看，省级规划普遍缺乏明确的空间布局要求，规划空间落地较少，无法实现对区域分类指导、优化经济布局的作用，对经济发展、产业布局等指导性不强。各省规划在目标、指标、任务、措施上统一讲得多，分区推进、分类指导的内容较少，空间调控的明确禁止要求就更少了。今后要强化区域发展的环境要求，对大、中、小城市，农村、城乡结合部提出不同的要求，妥善解决跨区域、跨流域的重大环境问题，促进经济布局的合理有序。

第三，要将引导经济发展作为规划的目的之一，提出可操作的引导调控手段。环境保护问题的深层次问题是经济发展模式，环境保护与经济的融合是发展趋势，是解决环境问题的最根本途径，环境保护规划不能脱离这一认识而局限于污染治理层次。要明确以环境要求调控经济发展的方针，体现污染治理和经济导引的双重特征，强化向国民经济规划、产业规划和城市规划的渗透，实现约束性措施和引导性措施并重，加强多元化经济调控手段的应用。

（5）从环境保护向注重绩效和保护群众健康理念的规划转变

环境保护直接关系人民生活质量，关系群众身体健康，关系社会和谐稳定。未来，环境规划的编制要坚持环保惠民，从公众对环境的基本需求出发，将喝上干净水、呼吸清洁空气、吃上放心食物等关系民生的环境问题摆到更加突出的战略位置。在制定规划目标时应该把绩效的理念、健康这些问题切切实实地提出来。要坚持以科学发展观为指导，坚持环境优先方针，以削减污染物总量、改善环境质量、防范环境风险为主线，以解决危害群众健康和影响可持续发展的突出环境问题为重点，加快构建资源节约型和环境友好型社会，全面提升生态文明水平，最终使污染物减排取得更大进展，使重点地区和城乡环境质量得以改善，生态环境总体恶化趋势得到基本遏制，环境安全得到基本保障。

一是规划切实解决关系群众健康的突出环境问题。要坚持以人为本，民生优先，围绕呼吸清洁的空气、喝上干净的水、吃上放心的食品等重点，着力解决群众饮水安全、水体黑臭、细颗粒物超标、土壤污染等突出环境问题，提高生态环境质量，维护人体健康和环境权益，增进人民福祉。

二是规划要不断提升环境基本公共服务水平。我国总体上已进入以城带乡、以工促农、以东带西的新阶段，未来应把环境监测与评估服务、环境监管服务、污水及垃圾等环境治理服务、环境应急服务、环境信息知情服务等纳入环境基本公共服务范围。坚持分区分类指导，加快实施生态补偿，积极推进益贫型环境保护政策，加大对边疆少数民族地区的环境保护资金、人才、项目、政策等的扶持力度，努力推进区域间环境公共服务均等化。

4.5.3.2　研究重点方向

根据我国环境规划的现状和需求，预计今后 5～10 年环境规划学科的发展趋势将集中在以下 4 个方面：

1）环境规划学科基础性、导向性作用进一步加强，加深环境规划学理论研究深度。环境规划学科经过近些年的发展，其理论发展不断强化，对经济发展规划、环境保护规划的基础性、指导性作用进一步加强。体现为环境规划学的学科体系建设不断完善，微观要素层、中观空间层、宏观战略层 3 个层级的环境规划理论得到研究及应用。未来 5～10 年，环境保护规划对区域规划、城市规划、产业规划、土地规划等基础性作用将进一步凸显。

2）向区域性规划、分区分类指导等领域发展拓宽环境规划学科的研究广度。区域性环境规划是实现国家主体功能区规划和环境功能区域的重要途径，随着环境污染的区域性、复合性等特征的凸显及区域环境保护的科学有效性，未来对区域性的环保一体化规划研究将被更加关注。

3）环境规划从编制型向过程型、政策型方向转变，提高环境规划学的科学性与适用性。未来，环境规划将从编制型向过程型转变，环境规划学的研究将更加关注环境与经济的关系，更加注重宏观环境政策的研究。

4）应用新模型、新技术、新方法等，丰富环境规划学的研究成果。未来环境规划学科发展将积极探索环境规划与环境保护的新技术模式，提高环境规划绩效。

根据环境规划学科发展和环境规划实践应用，未来环境规划研究方向应主要集中在以下 5 个方面：①适应新时期对环境保护与环境规划新的要求，加强基础理论与技术方法体系的研究，完善环境规划理论方法与技术体系。②加强社会经济发展紧密结合的环境影响、环境效应、环境经济形势分析、定量评估预测等技术方法的研究。③与区域和空间相结合，加强环境规划空间控制、分区分类、污染减排与环境质量改善机理、效益等技术方法的研究。④加强环境风险控制、环境安全管理、环境基本公共服务等领域的研究。⑤加强环境专业建设、技术支撑等能力建设，加大对环境规划基础性和应用性科研课题的支持等。

4.5.3.3 规划制度机制

基于以上对近 40 年来我国环境保护规划与规划技术方法发展的回顾，从未来环境保护工作重点与目前环境规划存在的问题来看，未来我国环境规划制度机制应从以下几方面进行完善：

1）完善环境规划制度，进一步加强环境规划法律支撑。目前我国环境规划的编制、实施缺乏法律依据和制度保障，虽然新《环境保护法》明确了环境规划的法律地位，但仍未将环境规划真正纳入法律化轨道。因此，需加强环境规划法规体系的建设，以实现环境规划制度运作过程的规范化、程序化和制度化。

2）制定环境规划编制技术与标准，提高环境规划的科学性。制定统一的环境规划编制技术指南，对各类环境规划的内容、标准、依据、编制方法等做出明确的规定，确保环境规划的科学性。在国家层面尽快出台《环境保护规划编制办法》，进一步规范环境保护规划的内容。

3）建立环境规划编制资质管理体系与资源-环境保护统计制度，提高环境规划编制水平和扩大环境保护统计的范围。建立环境规划编制资质管理制度，对从事环境规划编制单位的技术条件、业务能力、人员素质、业务范围等进行统一管理，并建立抽查考核制度，确保环境规划编制队伍水平。

4）建立环境规划实施后的评估、反馈及问责机制。制定规划实施的评估机制，从法律、制度上保证规划实施评估的地位，强化独立第三方机构对规划实施的监督和评估；推行实施不力的环保行政问责和惩罚制度；强调社会经济发展情况和资金投入等条件与环境目标之间的反馈调整、动态修正，制定合理可行的目标和措施，增强环境规划的调控性与可操作性。

5）加强国家规划与地方环境保护规划的衔接。省级环境保护规划应兼顾政策性和具体性，强化区域指导性，突出本省重点，尤其是直辖市规划具体性和针对性应更强。区县级以下的环境规划，要结合当地实际情况尽可能详细地编制，并给出具体的实施方案，强调可操作性和实施性；在规划编制过程中应加强国家与地方、总体与专项、环境规划与其他规划之间的统一、协调。总体规划内容按照要素展开，其规划指标和内容须与要素规划建立直接对应关系；在保证国家规划按时编制和公布的前提下，在协调体系中融入更多自下而上的国家与省级政府间的磋商环节；环境保护涉及水、气、生态等方方面面，往往多部门、跨地区，在明确各部门的权责前提下，通过建立部门协作机制来加强部门之间的纵向协调。

6）进一步加强环境规划的公众参与。在未来环境规划过程中，应不断加强公众参与制度，将公众参与规划作为一项不可缺少的程序来对待；拓宽公众参与渠道，加强对规划的多种宣传。通过宣传教育，加强公众的环境意识，提高专业水平；此外，除了鼓励环境规划实施评估中的公众参与之外，政府应当对公众的意见进行有效的反馈，对意见和建议的采纳或不采纳均要做出说明。

参考文献

[1] 张天柱，郭怀成，尚金城. 环境规划学[M]. 北京：高等教育出版社，2009.

[2] 张义生，王华东. 国外环境规划研究现状和趋势[J]. 环境科学丛刊，1986（2）：10-17.

[3] 吴舜泽，徐毅，王倩. 环境规划：回顾与展望[M]. 北京：中国环境科学出版社，2009.

[4] 尚金城. 环境规划与管理[M]. 北京：科学出版社，2005.

[5] 王金南，陆军，吴舜泽. 中国环境政策（第七卷）[M]. 北京：中国环境科学出版社，2010.

[6] 中国工程院，环境保护部.中国环境宏观战略研究：战略保障卷（下）[M]. 北京：中国环境科学出版社，2011.

[7] 王金南，邹首民，洪亚雄.中国环境政策（第二卷）[M]. 北京：中国环境科学出版社，2006.

[8] 王金南，邹首民，吴舜泽，等. 中国环境政策（第四卷）[M]. 北京：中国环境科学出版社，2009.

[9] 王金南，陆军，杨金田，等. 中国环境政策（第六卷）[M]. 北京：中国环境科学出版社，2009.

[10] 李永东，路杨. 日本的环境经济政策及其对我国的借鉴作用[J]. 现代日本经济，2007（6）：12-16.
[11] 任勇. 日本环境管理及产业污染防治[M]. 北京：中国环境科学出版社，2000.
[12] 环境保护部环境规划院. 中国环境科学学会环境规划专业委员会 2008 年学术年会论文集[C]. 2008.
[13] 刘慧，郭怀成，詹歆晔，等. 荷兰环境规划及其对中国的借鉴[J]. 环境保护，2008（20）：73-76.
[14] 过孝民. 我国环境规划的回顾与展望[J]. 环境科学，1993（4）：10-15.
[15] 王金南，蒋洪强，石广明，等. 中国环境保护规划 40 年发展：回顾与展望[R].重要环境决策参考，2013，9（22）：1-39.
[16] 孙荣庆. 环保五年规划发展历程[N].中国环境报，2012-08-09（02）.
[17] 吴舜泽，洪亚雄，王金南，等. 国家环境保护“十二五”规划基本思路[M]. 北京：中国环境科学出版社，2011.
[18] 中国环境科学学会. 环境科学技术学科发展报告（2006—2007）[M].北京：中国科学技术出版社，2007.
[19] 王金南，石广明，蒋洪强，等. 中国环境规划方法：评述与展望[R]. 2012.
[20] 洪鸿加，彭晓春. 国内外环境规划的研究进展：2010 中国环境科学学会学术年会[C]. 2010.
[21] 贺涛，彭晓春，李泰儒. 我国环境规划编制体系比较研究：“加快经济发展方式转变——环境挑战与机遇”——2011 中国环境科学学会学术年会[C]. 2011.
[22] 中国环境科学学会.“十一五”中国环境学科发展报告[M]. 北京：中国科学技术出版社，2012.
[23] 王金南，蒋洪强. 国家 “十二五” 环境保护规划体系与重点任务[J]. 环境保护，2012，1：18.

第 5 章　环境规划的评价方法

环境现状评价是环境规划的重要和基础环节，主要通过环境现状调查和调查结果分析，对环境状况进行评价，找出研究区域内的主要环境问题[1]。此过程不但是认识研究区域社会经济、环境状况的基础，还是环境经济预测、环境质量模拟、环境规划决策分析的基础，因而也是整个环境规划的基础。环境规划现状评价包括社会经济评价、自然生态评价、环境污染评价、环境质量评价等内容。本章在综述环境规划评价方法后，重点介绍与之相关的社会经济、环境污染、环境质量等技术评价方法。另外，由于各个环节的评价都是在现状调查的基础上进行的，在介绍评价方法之前重点介绍现状调查方法。

5.1　环境规划评价方法综述

5.1.1　环境规划评价方法进展

5.1.1.1　国外发展过程

20 世纪 40 年代以前的研究，主要是从理论的角度分析城市和区域规划与环境特别是生态环境的结合，对环境规划中的评价方法研究很少。40 年代，地图叠合技术的运用催生了生态栖息环境叠置分析法，环境规划方法研究才真正发展起来[2]。后来美国景观设计学科的领袖人物麦克哈格（McHarg）的生态规划法和地理信息系统空间分析法至关重要，以后的规划工作乃至政府部门的生态环境规划都以此方法为基础。McHarg 方法的核心思想是根据区域自然环境与自然资源性能，对区域进行生态适宜性分析，以确定其利用方式与发展规划，从而使自然的利用与开发、人类其他活动与开发和自然特征、自然过程协调统一起来。其基本步骤为：确定规划范围与目标；收集自然及人文资料；根据规划目标进行综合分析；对各因素及资源叠加进行适宜性分析；建立综合适宜性图[3-5]。此后，Lewis 提出了环境资源分析方法，此方法比 McHarg 方法更进一步，区分了主要因素与次要因素在规划中的作用，避免了 McHarg 方法对不同重要性要素的平等处理。此外，其他学者也在环境规划的评价方法方面做了探索，如德国科学家 F. Vester 和 A. VonHesler 将系统规划与生物控制论相结合，建立了城市与区域规划的灵敏度模型。其基本原理是将城市或区域看做整体，分析此系统各要素之间的相互关系与相互作用，在要素变化的基础上，对系统进行动态控制，其中灵敏度模型建立主要包括辨识系统结构、模拟系统过程、调控系统动态 3 个环节。

从环境要素的角度看，国外环境规划中的现状评价方法与环境影响评价方法基本相似。目前最常见的环境现状评价为质量评价、风险和健康评价：①最简单的要素（水、大气、噪声等）质量评价，基于各要素污染监测值与对应的标准值进行比较，但是该方法也有其局限性，如缺乏全面性、综合性。随着各国环境问题的不断变化，综合性的评价方法越来越多。欧盟和 USEPA 都开发了许多供环境影响评价和污染治理规划制定使用的评价模型，这些方法在其他国家也得到了广泛应用。②风险和健康评价都是利用数学方法，以环境化学、生态毒理学等为技术手段来建立环境污染物（主要是有毒有害化学物质）与人体健康或者生态系统健康的定量联系。环境健康风险评价的步骤是由美国国家科学院提出的“四步法”：污染物危害鉴定、污染物与人体的剂量-反应关系分析、污染物暴露评价和风险表征；环境生态风险评价则参照 USEPA 提出的生态风险评价“三步法”：问题形成、分析和风险表征，具体评价程序一般分为五个部分：源分析、受体评价、暴露评价、危害评价和风险表征。

目前环境规划领域对空气、水和生态的环境质量现状评价关注较多。①空气质量评价方面，USEPA 开发的空气质量指数（Air Quality Index，AQI）提供了一个简单、统一的评价系统，在美国及其他国家被广泛应用于评价大气污染物的污染程度[6]，空气污染物对人体的健康风险评价多采用上面提到的“四步法”。②水环境评价方面，20 世纪 70 年代初，西欧和北美地区的发达国家就已经将水环境污染机理及危害作为主要研究方向，评价方法从最初的评分法、专家多轮咨询法、单指标评价法、综合指标评价法发展到层次分析法、模糊数学评判法、灰色系统理论法以及人工神经网络法等综合评价方法。目前，美国水环境风险评价系统采用 EPA 推荐的风险评价模型构建评价体系，主要包括水环境健康风险评价和水环境生态风险评价，主要用于预测评价人类健康和水环境资源的各种影响的发生概率。③生态方面，除了上面提到的“三步法”，还有 USEPA 根据“净水行动计划”关于沿岸水域状况设计的“沿岸海域状况综合评价方法”；欧盟下设的“生态状况工作组”于 2003 年提出的“生态状况评价综合方法”，用于指导欧盟所有成员国对其所辖水体的生态状况评价工作。④固废方面，有 USEPA 的用于危险废弃物场所污染物溢出的多媒体仿真模型、多媒体辐射评价模型 MULTIMED，用于评估危险废弃物场所污染物质溢出对人类健康危害的评价工具 MMSOILS；有荷兰国家公共健康和环境协会的环境发展模型 M，用于公共卫生、气候变化等复杂的情况的评价；有英国原子能管理局 AEA 提供的环境风险评价工具 PRAIRIE，用于评估危险化学物质溢出的环境风险。

5.1.1.2 国内发展过程

改革开放以前，我国国家或地区发展规划是用“国民经济计划”来表示的，主要是指

“经济发展”方面的规划，即与物质生产活动直接有关的计划，“五五”之前的计划都是此类[7]。这一时期的发展规划并没有涉及环境保护相关内容。环境保护规划的表现形式主要是一些城市的“三废”治理方案。

从规划方法角度看，前期的规划内容偏软，定性描述较多，定量计算方法较少，主要是以地学知识为主，介绍区域的自然地理概况、环境质量现状、污染源状况，并进行一定的环境质量预测与容量计算。以此为基础的环境目标、治污工程及其投资也只是笼统提及[8]。20 世纪 80 年代中后期是我国环境规划方法研究的重要阶段。这一时期，环境经济计量模型、环境容量模型、系统动力学模型都得到运用，环境规划方法研究取得显著发展。“九五”及以后的规划，规划内容逐步变“硬”，特别是“十五”及以后的规划，不但秉承了“地学”优点，而且以“工程学”为主，列出各项工程项目及其投资。同时引入情景分析，通过模型预测不同经济发展速度下的污染物排放及环境质量，体现了环境管理纲领性技术文件的趋势。同时，计算机技术、数学统计与机理模型、遥感和地理信息技术、系统工程技术方面的方法在环境规划中的应用也从最初的探索发展到了现在的逐渐成熟，这也是我国环境规划及其方法逐渐成熟的过程。我国已经形成了一套适合我国国情的从宏观到微观、从理论到实践、从编制到实施的环境规划方法[9]。

总体上看，我国环境规划中的评价方法与社会经济发展规划、环境政策制定和设计以及环境影响评价中使用的现状评价方法基本相同。随着环境规划综合特点的加强，一些环境规划新领域，如生态规划、低碳发展规划、循环经济规划采用了一些新方法，如生态足迹、碳足迹、污染指数等方法。评价的手段由传统的统计数据为主，转向更多地依赖于遥感卫星监测数据。同时，这些评价方法也与规划情景模拟方法以及规划决策方法密切相关。

5.1.2 环境规划评价方法分类

环境规划从最初的探索发展到现在，已经与计算机技术、遥感与地理信息技术、系统工程、数学分析技术等紧密结合，发展出了很多规划评价方法。

根据评价手段不同，环境规划评价方法可分为现场调查法、系统模拟法、专家咨询法等[10]。目前，环境规划已经发展成为一个多学科、涉及多种要素的庞大复杂过程，简单的一种方法已难以适应规划评价需要，因此实际中需要综合现场调查、模型模拟、专家咨询等方法才能做出一流的规划[9]。

现场调查法是指利用监测、卫星、遥感等手段获取的影像，以及搜集整理的环境基础资料，对规划区域进行分析判断的方法[11]。现场调查既可以根据规划的内容设计调查方案，特别是污染源排放和环境质量的调查方案开展数据收集和分析，也可以根据规划的内容在现有监测和统计的数据体系上收集分析。由于规划依据的现状通常是一个相对时期的状况，而且绝大多数规划都有很强的时间要求，因此现场调查法采用的是后一种方法。

系统模拟法主要是筛选各种参数，通过模型模拟所需要的环境指标，如通过投入产出模型模拟经济系统中某要素的贡献效益，通过大气质量模型模拟大气污染物的浓度等。另外，也可以根据系统相关性原理，通过建立系统模拟方法以及已知的污染物排放量和环境浓度，模拟出另一种污染物排放量和环境浓度，从而达到评价环境现状的目的。例如，2012年之前我国绝大部分城市都没有 $PM_{2.5}$ 的监测数据。这种情况下可以建立基于网格排放清单以及卫星遥感和地面 PM_{10} 监测数据，建立 CMAQ 模型模拟反演出 $PM_{2.5}$ 的现状分布浓度。

专家咨询法主要是通过与专家、公众、决策者对话，在建立环境规划评价指标的基础上，通过指标设计的合理性调查和权重调查进行评价。最常见的应用是对一些综合指标的评价，如可持续发展评价、环境绩效评价、环保创建指标等。通常，专家咨询法确定权重受专家选择的影响较大，存在较大的不确定性和变异性。因此，为了消除这种不确定性，目前很多评价中采用等权重评价方法。

根据评价对象的不同，现状评价还可以分为社会经济发展现状评价、污染物排放评价、碳排放评价、环境质量评价、生态敏感性和脆弱性评价、环境风险评价、环境绩效评估、环境承载力评价等。每一个对象评价的主要目的是找出主要污染源、环境质量非达标区、重要生态功能区以及可以利用的环境承载力或环境容量。从创建型环境规划（如环境保护模范城市、生态市、生态文明示范等）来看，现状评价的重要目的是找出创建指标与国家确定的指标要求之间的差距，然后在此基础上确定相应的环境保护任务和措施。

5.1.3 环境规划评价概念模型

目前，环境规划现状评价的理论支撑非常薄弱，没有形成体系。如社会经济现状评价、生态环境评价等都需要可持续发展等理论的支撑，实际的规划评价中，大多是进行简单的 GDP 增长速度、人口密度、生态环境各要素现状的描述与简单的分析。但是，随着我国对环境问题的重视和环境规划越来越规范、科学，各种理论思想已经逐步渗透到环境规划现状评价中，可持续发展理论、生态学思想、环境承载力理论、人地系统理论、绿色经济理论等的支撑作用越来越明显。

（1）压力-状态-响应模型

可持续发展是环境规划的一个重要指导思想。不同立场上，可持续发展的定义有所差别。从自然生态角度看，可持续发展指“保护和加强环境系统的生产和更新能力”；从社会角度看，指“在生存不超出维持生态系统承载能力的情况下，改善人类生活品质”；从经济角度看，指“在发展能够保证当代人的福利增加的同时，也不应使后代人的福利减少”[12]。与可持续发展相关的环境概念模型中，压力-状态-响应（P-S-R）模型应用非常广泛。P-S-R 模型由经合组织（OECD）与联合国环境规划署（UNEP）共同提出[13]，在环境规划评价领域主要用于指导评价指标体系的建立。其中，压力指标反映人类活动给环境造成的负荷，状态指标表征环境质量、自然资源与生态系统的状况，响应指标表征人类面临环境问题所采取的对策与措施[14]。如图 5-1 所示，压力指标可用社会经济活动中的一系列行为表示，如工业生产、能源消耗、环境污染等；状态指标可用生态环境受到压力作用后的表现状态表示，如污染现状及与之对应的环境质量现状；响应指标对应的是人类面对一系列压力和社会环境表现所采取的政策或者其他行为，如制定相应的资源能源节约政策、实行环境保护行为：采用高新技术减少污染排放等。据此思路，可以构建环境规划评价的指标体系。

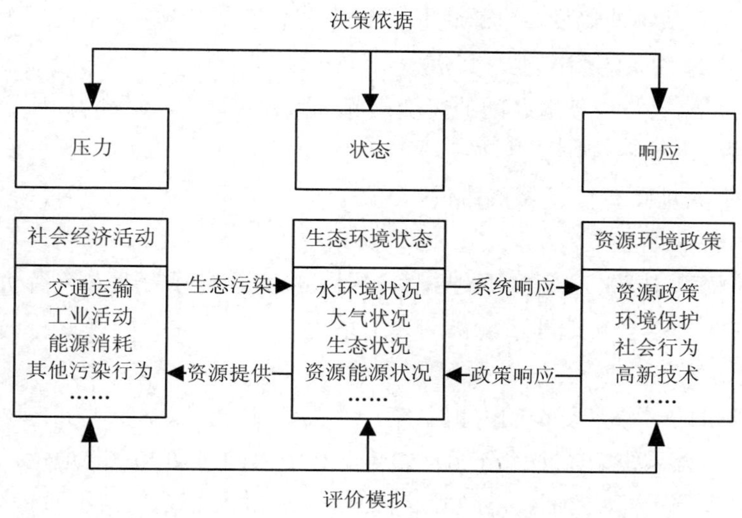

图 5-1　压力-状态-响应模型框架[14, 15]

（2）驱动力-状态-响应模型[16]

在压力-状态-响应模型的基础上，联合国可持续发展委员会等牵头研究的驱动力-状态-响应（DSR）概念模型，也是可持续发展评价指标中的代表。该模型使用了“原因-效应-响应”逻辑思维来构造评价指标。驱动力为原因指标，状态指标对应过程指标，响应指标为政策指标。驱动力-状态-响应模型与压力-状态-响应模型的核心思想和指标构建思路一致。下面通过列举一些具体指标来解释驱动力、状态、响应指标的含义。

驱动力指标：描述影响环境变化的人类活动对生态环境造成的压力，回答为什么会发生如此变化的问题，如 GDP 增长率、人口密度等；

状态指标：描述生态系统的生态状态以及因此造成的社会经济发展状态，回答系统发生了什么样变化的问题，如大气质量达标率、水质监测断面好于III类的比例等；

响应指标：描述从社会公众到国家决策者对造成生态质量状态变化的压力的响应，回答做了什么以及应该做什么的问题，如“三同时”执行率、中水回用率等。

（3）人地系统模型[12, 17]

人地系统指人类社会及其生存的地理环境构成的整体，人地系统由人类子系统和地理子系统构成，两个子系统之间通过物质、信息和能量的流动联系起来，彼此之间存在物质、能量、信息交换。从耗散结构角度看，人地系统是一个远离平衡态的开放系统，通过外界向其内部输入物质、能量信息产生负熵流得以维持。

根据热力学第二定律，人地系统的熵方程为：

$$dS = dS_i + dS_e \tag{5-1}$$

式中，dS —— 人地系统的熵变，用来衡量人地系统状态的变化；

dS_i —— 人地关系的熵产生，其值大于等于 0；

dS_e —— 人地系统与环境之间的熵变引起的熵流；

$dS<0$ —— 人地系统协调共生；

$dS=0$ —— 人地系统处于警戒协调水平；

$dS>0$ —— 人地冲突。

人地系统熵模型主要用于评价人地关系的协调度，其目标为把人类活动系统内部的熵降为最低，创造人类社会与地理环境协调共生系统。

（4）复杂系统模型[17]

环境规划评价的对象是复杂的人地系统，人类活动作用于大自然形成社会-经济-环境复合生态系统。复合系统的各个部分相互影响，其中人的活动占主导地位，但是受制于大自然的反馈约束和调节。人的活动若违背自然规律，将使复合系统向不可持续的方向发展。现阶段，我国很多地区处于生态系统不稳定、环境质量不断恶化的状态，势必影响社会和经济活动及人类的生活，人们逐渐认识到了研究社会-经济-环境复合系统的重要性。

对于复杂系统，有很多系统方面的方法论作为指导，如 20 世纪的 Hall 三维结构（逻辑维、工作维、知识维）方法论，80 年代的切克兰德的软系统方法论，李习彬教授的一般系统方法论等，我国学者在 90 年代提出了旋进方法论（SPIPRO）和综合集成（M-S）方法论等。

1）旋进方法论。旋进方法论是王浣尘教授于 1992 年提出的处理难度自增殖系统的一种方法论，根据系统的初始及变化的目标，确定系统方向和主轴线，设定相对方向或主轴线偏差范围，然后灵活运用各种方法，加以调控，努力推进，追求相对有限优化。旋进方法论由系统分析、系统策划、系统实施 3 个主要过程组成，旋进形成三角循环。

2）定性到定量的综合集成方法论。定性到定量的综合集成方法论又称 M-S 方法论，它将专家体系、信息系统、数学方法和计算机系统有机地结合起来，构成一个高度集成的、智能化的人-机、人-网系统。整合优势，把人的知识、经验以及各种资料信息集成，从多角度的定性认识上升到定量认识。

5.2 环境规划评价过程与指标体系

5.2.1 环境规划评价过程

通过第 3 章环境规划编制流程介绍可知，在进行了全面、可靠的环境调查之后，需要对环境进行系统评价。其过程和评价的主要内容如图 5-2 所示[11，18]。

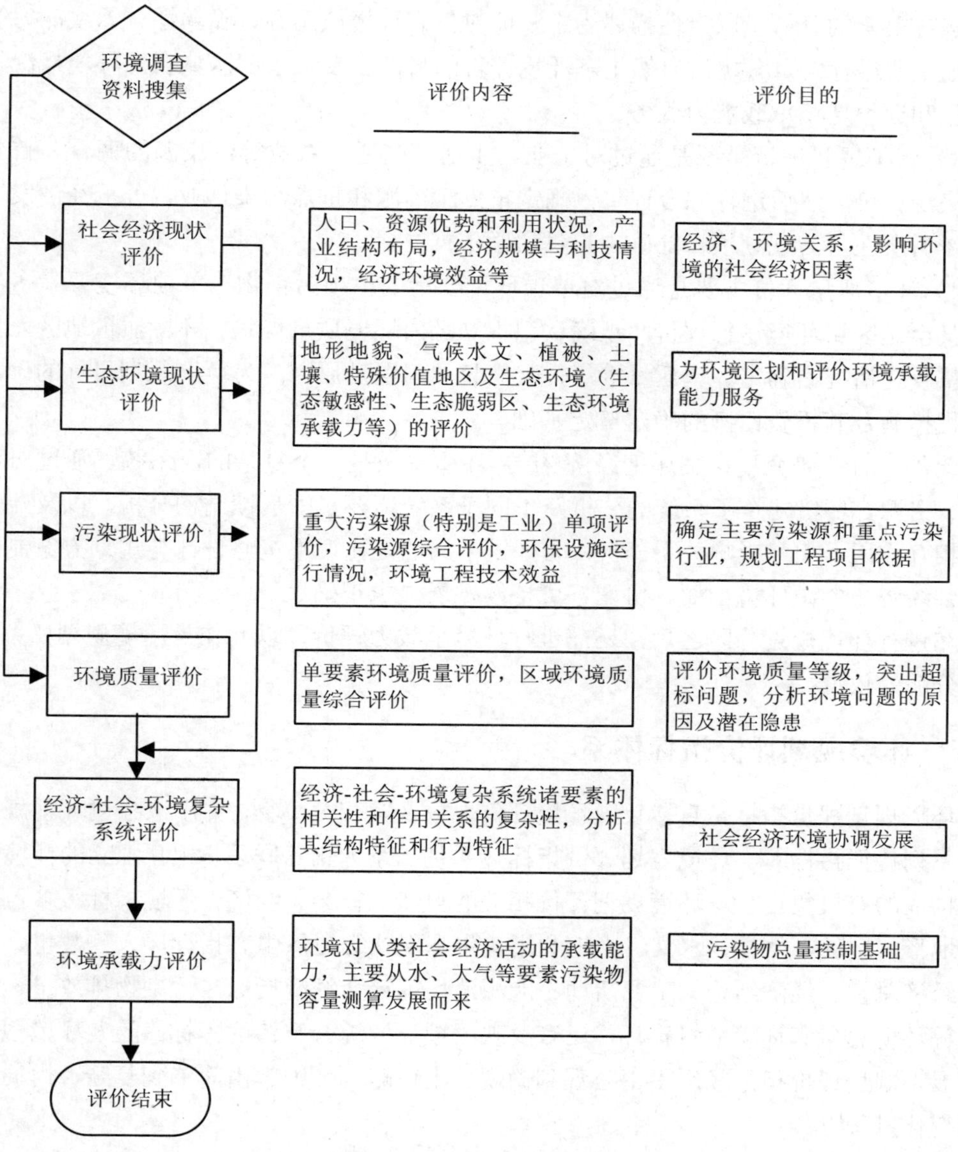

图 5-2　环境规划评价过程及主要内容

首先在环境调查的基础上，分别进行社会经济现状评价、生态环境现状评价、污染现状评价、环境质量评价。

1）社会经济现状评价主要是对人口、经济总量及其产业结构、能源资源利用、基础设施建设等进行评价，分析经济增长、社会发展变化趋势及其对环境造成的压力。

2）自然生态环境评价主要是对自然环境的地形地貌、气象、水文、植被、土壤、土地利用、生态等特殊价值地区（如自然保护区、生态环境功能区等）进行描述、分析、评价，进而对生态环境的敏感性、脆弱性、承载能力等进行评价。一般在规划研究报告中，对自然各要素的分析，以定性描述为主，而对生态环境敏感性、脆弱性、承载能力等的评价，则主要进行定量分析。自然生态环境评价的目的主要是了解区域自然环境概况，为环境分区和评价环境承载能力服务。

3）污染现状评价主要是通过对工业、生活、交通、农业等污染源的调查，首先进行单污染源评价，然后进行综合评价，确定重点污染源和重点污染行业，分析经济发展与环境的矛盾所在，为规划项目的确定提供科学依据。

4）环境质量评价主要是通过对单项环境要素的单项污染物、单项环境要素多污染物综合甚至是区域环境进行评价，正确认识规划区内环境质量现状、环境质量地区差异和环境质量变化情况，确定环境质量等级，突出超标问题及原因，为环境规划目标的确定、项目工程措施及其投资比例的确定奠定基础。

此外，有关研究型论文还把经济-社会-环境看做是一个复杂的巨系统，通过对人口、经济、资源、环境几个子系统的分析及不同子系统诸要素间反馈结构分析，以及几个子系统间相互作用、相互影响关系分析，为区域全局的优化调整策略设计与规划方案制定，实现社会经济与资源环境全面、协调、可持续发展寻求正确途径。

在进行环境规划分区之后，还需进行环境承载力评价，以此作为环境规划任务确定、目标分解的依据。

5.2.2 环境规划评价指标体系

环境规划评价指标是直接反映环境评价现象及其相关事物，并用来描述环境规划内容的一系列特征指标[19]。环境规划评价指标体系是一系列相互联系、相互独立的环境现象指标所构成的有机集合。与环境规划评价相关的自然、社会、经济、环境指标很多，包括地质、地形、地貌、气候、水文、土地利用、生态现状等自然生态指标，人口数量、人口结构、经济总量、经济结构、工业活动、能源消耗等社会经济指标，污染物排放量、污染物浓度等环境总量和环境质量指标，还有反映区域环境综合整治的指标。随着环境规划的不断发展，规划评价指标经历了由宏观到微观、由粗略到详细、由简单到复杂、由局部到整体的变化过程[1]。

环境规划评价指标是环境规划工作的基础，通过指标选取与评价，可以发现研究区内各种环境问题，为环境预测、目标制定、工程选取、任务落实奠定基础。环境规划评价指标选取，需要根据规划目的、内容、范围、目标来确定，还要考虑指标数据的可得性和国家环境考核的需要。指标不是越多越好，否则会造成信息冗余，也会给规划工作的数据收集带来困难，难以保证评价的科学性；指标过少，则难以保证规划的可行性和决策的科学性。

5.2.2.1 建立原则

建立环境规划评价指标体系，就是要建立一套全面地、准确地、系统地、科学地反映研究区内社会经济、生态环境、污染排放、环境质量现状的指标。虽然不同研究、不同类型规划建立的指标体系不尽相同，但是必须要遵循相同的原则。

（1）科学性

科学性是所有指标体系建立必须遵循的原则。这里指的是指标体系全面、准确反映规划评价对象的特征、内涵，并且与规划目的、要求、内容、范围相符，评价结果有助于发现研究区域内存在的环境问题及其与社会经济发展的矛盾，能够发现区域内的主要污染物和主要污染源，能够支持规划任务的制定和规划目标的实现。

（2）规范性

此原则主要指指标选取要符合环境规划领域规范，其含义、量纲、计算方法具有统一性和通用性，最好能够与国家标准和常用的环境规划指标衔接。指标体系的规范性还要求指标体系在较长时间和较大范围内都能适用，以保证规划指标的准确性、可比性和规划的延续性。为了提高指标的规范性，可以对每项指标给出定义解释和计算方法或格式。

（3）系统性

系统性要求环境规划指标尽量完整覆盖环境污染和环境质量及环境规划过程中涉及的社会经济指标，这些指标彼此之间有一定的关联，有机地组成一个完整的体系，以此来描述社会-经济-环境整体框架结构。而且社会经济、自然生态、环境污染、环境质量等环境要素之间的界限和层次要清晰明确。

（4）数据可得性

环境规划指标体系涉及的数据既要适应环境规划的要求，又要与社会经济和环境统计、监测、普查相对应，即指标数据能够通过以上途径获得。如果片面地追求指标体系的完整而超出数据可获得的范围，便会给环境规划工作带来困难。另外，指标体系的各项指标应该便于规划的实施及规划评估；规划指标应该能够与其他规划指标相呼应；环境规划指标还应该能够反映区域环境状况和经济发展特色，能够指导环境保护与环境建设。

（5）适应性

环境规划不是阶段性的规划，而且是循序渐进的过程。环境规划指标既要满足目前环境规划工作的需要，也应该随着社会、科技进步、环境质量的变化、监测手段与统计数据的进步而改进。

5.2.2.2　重要评价指标

我国环境规划在经历了 20 世纪 70 年代到 80 年代初的孕育期、80 年代中期的探索期、80 年代中期到 90 年代初的发展期和 90 年代至 21 世纪初的提高期及 2006 年后的深化期后，已经越来越成熟和完善，环境规划评价指标也越来越科学。本书以现阶段（以“十二五”规划为主）我国区域环境综合规划为例，介绍社会经济、生态环境、环境污染、环境质量相关评价指标，这些指标不一定是必需的和完整的，而且不同类型的规划指标侧重也不同。随着我国环境规划的发展和变化，评价指标也会相应发生变化，本书指标仅供参考。

（1）社会经济指标

目前，社会经济评价主要包括经济发展评价、人口评价，一般是对现状的描述和比较，有时也会对资源、产业发展结构、基础设施建设情况进行分析。其中，经济评价部分主要是对生产总值、人均生产总值、经济密度、生产总值增长率、三产结构等进行分析；人口评价部分主要是对总人口、城镇人口、农村人口、人口密度、人口增长率、城镇化率、居民教育程度方面进行分析；资源、产业方面主要是分析各地资源能源利用、优势资源能源开发、产业发展及支柱产业特点、高新产业园区情况等；基础设施建设方面，主要对道路交通、自来水、绿地等建设情况进行描述和分析。

在以上描述分析的基础上，可做进一步的评价计算，得出一些指数作为规划的基础，如人口部分可以计算人口适宜度、人口素质综合指数等[11]；经济评价部分，可以计算基尼系数、产业结构指数等；基础设施部分，可以计算人均道路指数、自来水普及率、人均公园绿地指数等；还可以进行社会经济综合分析，评价社会经济效益。

表 5-1 为社会经济评价的指标体系基本构成。

表 5-1　社会经济评价指标体系

社会经济要素	描述与分析的指标	深入计算评价的指标	综合评价指标
经济	生产总值 人均生产总值 经济密度 生产总值增长率 三产结构 ……	基尼系数 产业结构指数 ……	社会经济效益评价
人口	总人口 城镇人口 农村人口 人口密度 人口增长率 城镇化率 居民教育程度 ……	人口适宜度 人口素质综合指数 地区人口类型 ……	
资源产业	资源能源利用 优势资源能源开发 产业发展及支柱产业特点 高新产业园区 ……	……	
基础设施	道路交通 自来水 绿地 ……	人均道路指数 自来水普及率 人均公园绿地指数 ……	

（2）生态环境指标

在生态环境要素分析部分，需要从地形地貌、气候、水文及水资源、森林植被、土壤、生物多样性、自然保护地、土地利用等方面进行介绍和分析，其中地形地貌部分主要概述地质构造、地貌类型及其特征等；气候部分主要从气候带、气温、降水、光照、风等方面分析；水文及水资源部分主要分析研究区所处的大流域及研究区内的流域水系、水资源、水文情况；森林植被部分主要从生态区划、植被类型及其分布、森林覆盖率等方面进行分析；土壤部分主要介绍土壤类型及其分布范围；土地利用部分主要介绍土地利用类型、分布、面积、百分比等；生物多样性部分主要介绍动植物，特别是重点保护的动植物种类数量；如果研究区范围较大，有自然保护地，如自然保护区、森林公园、地质公园等，则要介绍其名称、位置、面积、级别等。

在以上分析数据的基础上，需要计算生态相关评价指标，特别是生态专项规划中需要进一步评价计算生态单指标要素和综合要素。单指标要素，有水源涵养、水土保持、生物多样性、土壤侵蚀、土地荒漠化、土壤盐渍化、生态弹性度、资源承载力、生态系统承压力、森林覆盖率、森林与生物多样性指数、景观格局指数、土地利用类型分级指数、水土流失指数、水资源丰度、地质与自然灾害危险性指数（地震、洪水、风沙、滑坡、泥石流、风暴潮等）、特殊价值地区的分级指数等，根据规划目的和内容有选择地进行评价。综合要素方面，建议进行生态功能重要性、生态脆弱性、生态承载力、生态安全、生态健康等与生态有关的指标评价。表 5-2 为生态环境评价的指标体系基本构成。

表 5-2　生态环境评价指标体系

生态环境要素	描述与分析的指标	深入计算评价的指标	综合评价指标
地形地貌	地质构造 地貌类型及其特征 ……	地质与自然灾害危险性指数（地震、洪水、风沙、滑坡、泥石流、风暴潮等） ……	生态功能重要性 生态脆弱性 生态承载力 生态安全 生态健康
气候	气候带 气温 降水 光照 风 ……	气候适宜性 ……	
水文及水资源	研究区所处的大流域 研究区内的流域水系情况 水资源 ……	水资源丰度 ……	

生态环境要素	描述与分析的指标	深入计算评价的指标	综合评价指标
森林植被	生态区划 植被类型及其分布 森林覆盖率 ……	生态弹性度 资源承载力 生态系统承压力 森林覆盖率 森林与生物多样性指数 ……	生态功能重要性 生态脆弱性 生态承载力 生态安全 生态健康
土壤	土壤类型 不同类型分布范围 ……	土壤侵蚀 土壤盐渍化 水土流失指数 ……	
土地利用	土地利用类型 分布 面积 百分比 ……	水源涵养 土地荒漠化 水土保持 景观格局指数 土地利用类型分级指数 ……	
生物多样性	动物种类及其数量 植物种类及其数量 重点保护的动植物种类数量 ……	生物多样性 ……	
自然保护地	（自然保护区、森林公园、地质公园等）名称、位置、面积、级别等	特殊价值地区的分级指数 ……	

（3）环境污染指标

环境污染评价主要是对污染源和污染物排放总量进行评价，找出主要污染源和主要污染物、污染特点及存在问题。首先对要评价的要素进行大类划分，目前的规划主要关注大气、水、噪声、固废及危险废物、土壤、有毒有害物质等[16]，其中以大气和水的污染评价最为常见。

大气污染物方面，通常需要首先对能耗进行分析；前几期的一般性规划中主要对 SO_2、NO_x、工业粉尘、烟尘等进行排放总量和污染源的评价；进入“十二五”后随着雾霾问题的突出，污染物方面对 $PM_{2.5}$ 及其前体物关注越来越多；随着我国大部分地区复合型污染的凸显，对 VOCs 总量和污染源的评价也越来越多。此外为了更深入地分析社会经济与环境的关系，还可对以上污染物排放强度进行分析（单位 GDP 污染物排放量、单位面积污染物排放量、人均污染物排放量）；随着全球气候变化和人们对二氧化碳问题的重视，特定规划需要对二氧化碳排放量和排放强度进行评价。

水污染物方面，要对工业废水、COD 和氨氮排放量进行分析，并对污染源进行评价，对结构排放（生活、工业）情况对比分析，对各工业园区污水（工业污水排放量，COD、氨氮排放量）及其治理情况进行分析，找出重污染行业和主要污染源；对生活污水（污水排放量，COD、氨氮排放量等）及其治理情况（污水处理厂数量，处理能力，废水处理量，COD、氨氮处理量）进行分析；对农业污染物排放量、流失量进行分析。随着对总氮、总磷、重金属及饮用水补充特征污染物的重视和监测指标的增加，以后可能将对这些污染物进行排放总量和污染源分析；在污染分析前，还可在此部分对水资源总量、用水结构和水资源利用效率进行分析，对水资源供需情况进行判断。最后，可进行工业废水、COD、氨氮与工业经济的协调度评价。

固体废物方面，需要对生活垃圾、一般工业固废、医疗危险废物、其他危险废物的来源、污染特点、处置利用和安全处置情况进行分析。其中，生活垃圾主要分析产生量、人均产生量、收集转运设施（生活垃圾收集站数量、总规模，生活垃圾转运站数量、总规模）、运输车辆（数量、运输能力）、无害化垃圾厂（卫生填埋场、堆肥厂、焚烧厂数量和处理能力）、生活垃圾无害化处理率等指标；一般工业固废主要分析冶炼废渣、粉煤灰、炉渣、煤矸石、尾矿、脱硫石膏、污泥、放射性废物、其他废物的产生量、固废利用量、固废处置量、固废综合利用率、固废处置利用率等指标；医疗废物主要分析各地医疗废物产生量、医疗废物处置中心数量、处置能力、安全处置率等指标，随着农村环境问题的凸显，农村地区特别是交通不便的偏远山区的医疗废物收集与处置问题已经引起广泛关注；工业危险废物主要分析工业危险废物产生量、工业危废处置中心数量、处置能力和处置量、安全处置率等指标。随着重金属污染问题的凸显，如果规划中没有对土壤污染进行专项分析，在危险废物中还需要分析重金属污染问题。

表 5-3 为环境污染评价的指标体系基本构成。

表 5-3　环境污染评价指标体系

环境污染要素	描述与分析的指标	深入计算评价的指标	综合评价指标
大气	能耗 $PM_{2.5}$、SO_2、NO_x、工业粉尘、烟尘、VOCs 的排放总量 CO_2 排放量 污染物排放强度 ……	SO_2、NO_x、工业粉尘、烟尘、VOCs 污染指数 SO_2、NO_x、工业粉尘、烟尘、VOCs 等标污染负荷 SO_2、NO_x、工业粉尘、烟尘、VOCs 累积污染负荷 主要污染行业和污染源 ……	经济发展与工业污染排放协调度

环境污染要素	描述与分析的指标	深入计算评价的指标	综合评价指标
水	水资源总量 用水结构 水资源利用效率 水资源供需 工业废水、化学需氧量和氨氮排放量、结构排放（生活、工业） 生活污水及COD、氨氮排放量及其治理情况（污水处理厂数量，处理能力，废水处理量，COD、氨氮处理量） 农业污染物排放量、流失量 总氮、总磷、重金属等污染物及饮用水补充特征污染物排放总量及其治理情况 ……	化学需氧量、氨氮、总氮、总磷、重金属、饮用水补充特征污染物污染指数 化学需氧量、氨氮、总氮、总磷、重金属、饮用水补充特征污染物等标污染负荷 化学需氧量、氨氮、总氮、总磷、重金属、饮用水补充特征污染物累积污染负荷 主要污染行业和污染源 ……	经济发展与工业污染排放协调度
固废	生活垃圾产生量、人均产生量、收集转运设施（生活垃圾收集站数量、总规模、生活垃圾转运站数量、总规模）、运输车辆（数量、运输能力）、无害化垃圾厂（卫生填埋场、堆肥厂、焚烧厂数量和处理能力）、生活垃圾无害化处理率 一般工业固废冶炼废渣、粉煤灰、炉渣、煤矸石、尾矿、脱硫石膏、污泥、放射性废物、其他废物的产生量、利用量、处置量、综合利用率、处置利用率 医疗废物各地产生量、医疗废物处置中心数量、处置能力、安全处置率等 工业危险废物产生量、工业危废处置中心数量、处置能力和处置量、安全处置率 ……	……	

（4）环境质量指标

环境质量指标主要包括自然环境要素（大气、水、噪声等）和社会环境要素的指标。提高环境质量是环境规划的目的，环境质量指标一般以环境质量标准为衡量尺度。理论上环境质量要素包括大气、水、固废、噪声、土壤、生态环境等所有环境要素，但是从可操作性角度考虑，目前我国综合性规划中一般重点对大气、水、噪声环境质量进行评价。

对于大气环境要素来说，全国性综合环境规划的大气环境质量指标包括空气质量达标天数或比例指标和污染物浓度指标（目前主要是 SO_2、NO_2、PM_{10}），还有一些省域或城市环境规划中分析了酸雨频度与平均 pH 值等指标。根据《环境空气质量标准》（GB 3095—2012），还要对 $PM_{2.5}$ 浓度、O_3 超标天数、VOCs 浓度指标进行评估，主要分析这些污染物浓度随时间的变化，找出大气首要污染物，必要时计算单要素空气质量指数（IAQI）和空气质量综合指数（AQI）。

对于水环境要素来说，地下水主要分析近几年各监测点位水质类型、污染物浓度、超标污染物及其超标倍数、超标原因、地下水综合评价得分和评价类别；对于地表水主要分析近几年国控、省控监测断面水质（一般用好于Ⅲ类水质断面比例），集中式饮用水水源地水质变化情况（以上水质一般指的是《地表水环境质量标准》中除总氮、总磷、粪大肠菌群三项指标外的 21 项指标）以及特征污染物（主要指重金属类、氰化物等有毒有害物质）控制断面水质，找出主要污染物和特定类别污染物，计算水质质量指数和水质综合指数。

对于噪声要素来说，可分析区域、城市道路交通、城市功能区噪声监测点的噪声质量、噪声平均值、超标率等以及生活噪声、交通噪声、工业噪声、施工噪声和其他噪声来源比例，还可进一步计算噪声环境质量功能区达标率、环境噪声达标区覆盖率、噪声综合指数等指标的值。

表 5-4 为环境质量评价的指标体系基本构成。

表 5-4　环境质量评价指标体系

环境质量要素	描述与分析的指标	深入计算评价的指标	综合评价指标
大气	空气质量达标天数或比例指标 SO_2、NO_2、PM_{10}、$PM_{2.5}$、VOCs 浓度指标 酸雨频度与平均 pH 值 O_3 超标天数	SO_2、NO_2、PM_{10}、$PM_{2.5}$、VOCs 质量指数	大气环境综合指数 水环境综合指数 噪声环境综合指数 环境综合指数
水	地下水各监测点位水质类型、污染物浓度、超标污染物及其超标倍数 地表水国控、省控监测断面水质，集中式饮用水水源地水质变化情况（以上水质一般指的是《地表水环境质量标准》中除总氮、总磷、粪大肠菌群三项指标外的 21 项指标）以及特征污染物（主要指重金属类、氰化物等有毒有害物质）控制断面水质	水质质量指数（以上水质一般指的是《地表水环境质量标准》中除总氮、总磷、粪大肠菌群三项指标外的 21 项指标）	
噪声	区域噪声质量、噪声平均值 城市道路交通噪声质量、噪声平均值 城市功能区噪声质量、噪声平均值	区域、城市道路交通、城市功能区噪声超标率	

5.3 环境规划现状调查方法

一般调查的任务为“明确问题，揭示原因，制定对策”。环境现状调查是环境规划的基础工作，其目的是认识规划区域环境现状，发现环境问题及其重要程度，分析产生问题的源头，特别是确定主要污染源和污染物，为环境评价和预测提供资料支持。环境现状调查方法一般包括背景资料调查、实地调查、社会调查、遥感调查等。

5.3.1 调查的一般过程

一般的调查过程不是一蹴而就的，应该是调查—研究—再调查—再研究的循环过程。对于环境问题的调查，也应是一个循环往复、不断深入的过程。建议将一个完整的环境规划调查过程分为调查准备、正式调研、资料研究、补充调查与总结等阶段[2]。以上过程不一定是环境规划调查的必需过程，但是调查的准备、至少一次的大规模调查和资料分析都是必需的。

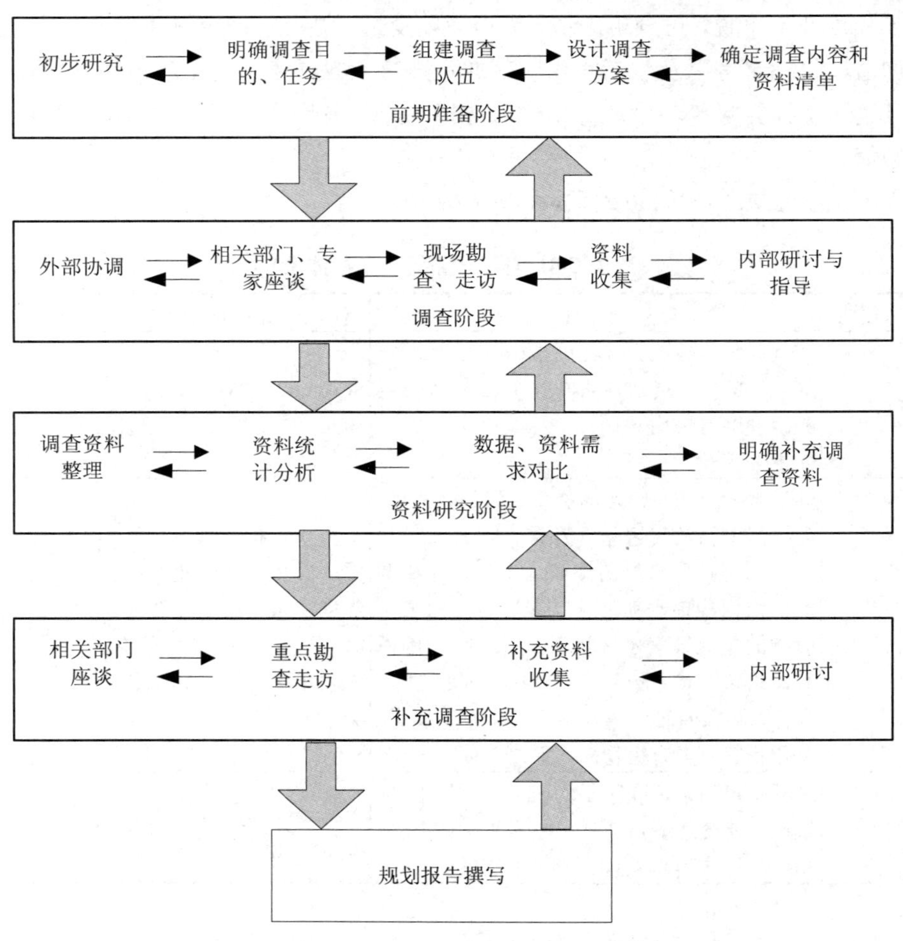

图 5-3 环境规划调查的一般过程[20]

前期准备阶段：根据规划要求的目的、任务、深度及研究区域概况，进行初步研究，确定调查的目的、任务、范围等；根据以上内容及规划编制人员构成，组建调查队伍，初步确定调查分工；设计调查方案，明确调查的内容、方式方法、范围，确定调查的时间节点、人员对接方式；规划编制人员和调查人员根据各自分工提出较为详细的数据、资料需求清单。准备阶段是调查工作的起点。周密、详细的前期准备对于整个调查工作非常重要；科学设计调查方案是调查取得成功的关键步骤。好的前期准备工作可以节省人力、经费、时间，使得调查工作甚至规划工作顺利实施。

调查阶段：根据调查方案中的调查方法做好搜集资料的工作。这个阶段要特别做好外部协调工作。调查开始，就要专门负责与当地有关部门和人员的协调工作，确保调查计划的顺利实施。外部协调主要做好以下工作：做好与对接部门的沟通工作，主要是当地环保部门；依靠当地有关政府部门和组织，如发改部门、水利部门、国土部门、林业部门、农业部门、园区管委会等，以及一些企业、组织、专家、个人，合理安排调查工作的任务和进程；密切联系被调查的对象，注意言谈举止，积极取得他们的配合。相关部门、专家座谈主要了解其对当地环境及环境与社会经济发展关系的认识，了解各部门工作概况和发展规划，交流其对环境规划工作的要求及对存在问题的看法、建议，同时根据需要搜集各部门资料，主要包括过去五年的现状资料和未来发展规划；主要选择对规划重要的地点、企业、人员进行现场勘查走访，主要包括生态环境敏感点、重点工业园区或企业、污水处理厂、垃圾处理场及其周围群众；组织众多的调查人员按照计划顺利完成搜集材料的任务，必须加强内部指导工作，注重训练调查人员的实际沟通能力和对材料的敏感，在开会、现场调研中及时发现存在的问题和各部门现有的资料；对存在的问题进行梳理，对重要资料进行收集；同时注重成员之间的沟通，及时发现和解决工作中出现的新情况、新问题，协调调查各方面工作。整个调查过程中，都要注意资料的收集与归整。

资料分析：资料搜集完毕后，要对其进行审查，主要是对调查的文字资料、数字资料及其他资料进行全面复核，以保证资料的真实、准确、完整和简明。然后对资料进行整理，分门别类地进行登记编号并归档存储，并编制资料清单发给规划参与人员。对搜集的资料、数据进行初步分析，运用统计学的原理和方法研究调查资料的数量关系，为规划编制提供定量的依据；在此过程中，梳理缺少的材料和数据，为补充调查做准备；设计补充调查方案。

补充调查阶段：该阶段与上面调查阶段基本一致，不过调查队伍要精简，人员队伍要根据补充调查任务确定；走访的地点、人员、部门也要更有针对性。尽可能搜集所需补充资料。

补充调查与规划编制同步进行。根据规划编制还可再进行专门的调查，以高质量完成规划编制为原则。随着科技的发展，环境规划调查研究方法会更科学、内容会更广泛、方式会更现代。

5.3.2 现状调查的内容

环境规划特别是综合环境规划涉及的领域非常广泛，包括生态、大气、水（地下水、地表水）、固废、噪声、管理机制等各环境要素；涉及的部门包括环保、发改、水利、国土、农业、林业、交通、住建、工信、科技等各个部门。需要搜集的材料包括经济、社会、科技、自然、地理、生态、污染现状等方面的资料，环境方面包括环境污染物排放总量、生态环境质量、环境/生态功能区划、水资源水文、监测执法等环境相关现状数据与规划文本；还需要主体功能区、经济、城镇化、农业、人口、工业园区、交通、机动车、主要工业行业、资源供需、能源供需等现状和规划/发展数据；为方便空间分析和定位，还需要DEM、行政区划、园区位置、污染源位置、监测点位置、水源地、保护区/生态环境敏感点、水系、道路交通等有空间坐标的地理矢量数据。资料形式可以是监测、统计数据表，统计年鉴，也可以是其分析成果如环境质量报告书，政府各部门规划，工作总结、中期评估材料，也可以是科研部门的文献资料（环境调查、科研成果等），其他文献资料（如书籍、文献等）等。

初期资料收集（如多次调查中的第一次调查）可以“广而全”为原则，在分析资料的基础上，待规划方向、内容基本确定后，可有针对性地重点收集。资料收集中应注意几点：① 在初次调查的基础上，应尽早确定规划方向、内容、范围和结构等，缩小资料收集范围，在以后调查中有针对性地重点收集。② 收集资料要分类存放，妥善保管，最好列一个较详细的资料清单，对所有资料标明其分类、主要内容、提供单位、密级、是否归还等信息，以方便资料的共享，还要做到保证资料不扩散、不遗失。③ 数据分析时，应注意对信息进行甄别，确认数据的时空有效性和权威性。

5.3.3 调查的方式与方法

要对规划区域进行背景信息调查，然后在规划地进行实地勘查和社会调查。在规划评价过程中有时还需要辅以遥感调查以进行自然环境评价及其他评价。由于第一次调查中资料搜集未必齐全，所以在规划过程中，针对具体问题还可以进行二次或者多次调研。调查方式与途径如图 5-4 所示。

现状调查中的资料收集与分析是现状调查评价的基础工作，在环境规划中占有重要地位。由于规划过程中经常需要反馈信息，所以资料收集和分析也是整个规划过程的基础性工作。

（1）背景资料调查

背景资料调查主要指的是背景资料的搜集和分析，用于了解规划区域概况。由于人类活动长期作用于自然环境，形成环境污染、生态破坏、土地退化等问题，对历史和现状背景资料的调查，可以为规划者提供探索人类活动与区域环境问题之间关系的线索，帮助更好地理解规划的目的、任务，为规划框架和实地调查计划的制订提供基础材料。

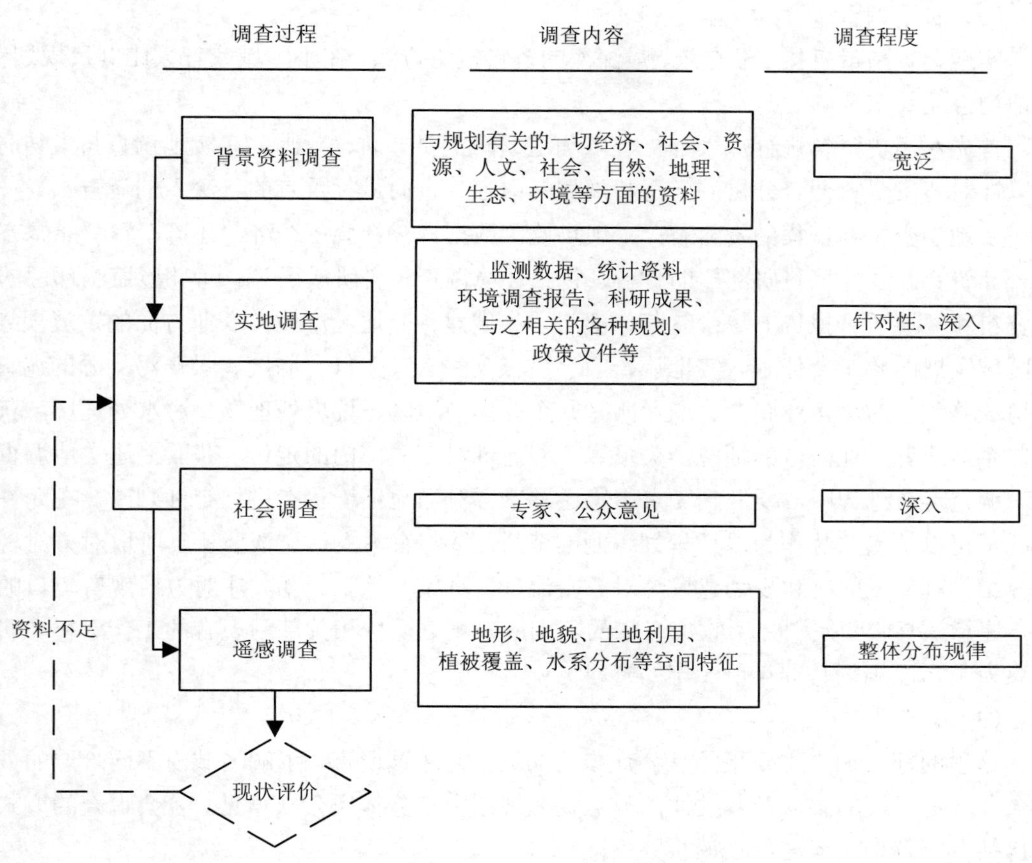

图 5-4　环境规划现状调查方式

最初背景资料调查以宽泛为原则，包括与规划有关的一切自然、地理、生态、环境、经济、社会、资源、人文等方面的资料。需要搜集的资料主要包括：政府进行此次规划任务的背景资料；规划所在地的社会、经济、环境、资源、地理、文化、生态环境等方面的概况资料；以前发布的环境规划、计划及其基础资料；与之相关的大区域环境规划以及综合规划背景资料；与此次环境规划相关的主体功能区划、环境功能区划、农业、林业、经济区划等资料；规划区域的生态、大气、水质等环境背景值。

资料搜集的方法有：①文献查阅：可在图书馆、文献数据库中查阅、搜集与上述内容有关的公开发表的文献资料、研究报告。②规划委托单位介绍：规划委托单位一般会在规划前介绍环境规划由来及当地社会经济、环境背景情况。③网络搜索：随着网络的发展和政府信息公开，可以通过网络了解规划地历史发展概况，如行政区划及其变迁、经济发展状况，重大环境污染事件，政府公开发布的一些政策文件、规划等。

（2）实地调查

实地调查是最直接、最有效、最深入的资料搜集方法。在小区域或者大比例尺规划中，实地调查尤其重要。

首先对历史资料进行深入分析，以确定调研主要方向、范围。在实地调查与走访时，可以针对背景资料调查分析的问题和规划的内容、方向进行重点的、深入的调查。

实地调查主要搜集的资料有：①现场监测数据。②社会、经济、环境、资源能源方面的统计资料。③环境科研部门的资料，包括环境调查、科研成果等。④环境监测部门的监测资料和环境质量报告书等；⑤其他部门，如城建、交通、产业、农业方面的发展规划；⑥区域发展的政策文件等。实地调查应该重点关注水、大气、固废、噪声污染源的调查，走访一些重点污染工业企业、产业园区、企业集中地区、垃圾处理场、污水处理厂，获取这些企业或者产业园区的环境污染信息。并通过对有关部门的走访，获取上述实地调查资料。调查走访过程中，要做到 3 点：①通过感官对当地环境状态进行定性判断，在允许的情况下可以拍摄照片作为以后规划编制的资料。②与有关人员交谈要认真听取对方对现状的介绍，就环境问题和规划建议与对方交流，认真做好笔记。③关注对方对现有资料的介绍，注意认真收集资料，所收集资料的范围应以规划区域相关部门现有的工作资料和研究成果为主，以规划基准年前 5 年的资料为主。

（3）社会调查

这里的社会调查主要指的是公众参与的调查。通过调查，了解区域内不同阶层的人对社会和环境发展的要求及其关注的重点，在规划中充分体现公众意见。社会调查的方式主要包括专家咨询座谈与群众调查。

专家咨询座谈主要是通过专家咨询会、座谈会或者走访的形式，将专家的知识与经验、对规划中存在的问题及建议反映在规划中。

社会调查的另一类非常重要的群体是当地百姓、企业。通常采用问卷调查法或者集体访谈法。问卷调查法，是调查者运用统一设计的问卷向被调查者了解情况或征询意见的方法。该方法的主要特点是采用标准化的、间接的、书面的调查。该方法简单经济，但是也存在一些明显的缺点，如同一问题得到完全相反的结果，被调查人员不愿配合而乱填或者拒填，老年人视力不好看不清问卷或者文化程度较低的人看不懂问卷。因此问卷的设计非常重要，问卷问题要通俗易懂便于理解；问题要有针对性，尽可能从比较少的问题获得最大的信息量；针对老人或者文化程度较低的人，尽可能设计选择、判断题型，问答题型要少。集体访谈法就是邀请若干被调查者，通过集体座谈的方式了解相关情况的方法。该方法与问卷调查法相比较，突出的优点是了解情况快、工作效率高，但是也更复杂，必须认真做好前期准备工作，在访谈过程中要进行正确指导和有效控制，并做好访谈后的各项工作[20]。

如果被调查群体数量庞大，则需要抽样调查。抽样调查一般是按随机原则，从调查对象中抽取部分样本进行实际调查。取得样本数据后，用以推算总体的数量特征，了解总体的基本情况。抽样调查的推断性，不是凭空想象，而是由大数定律、正态分布、误差分布等为理论基础的。大数定律的表达式如下[21]：

$$\lim_{n\sim\infty} p\left(\left|\overline{x_i}-\overline{x}\right|<a\right)=1 \tag{5-2}$$

式中，$\overline{x_i}$——抽样平均数；

$\overline{x}$——总体平均数；

n——抽样单位数。

公式说明，在大规模的充分样本下，抽样平均数和全集平均数间的离差可以为任意小。

（4）遥感调查

通过遥感调查可以获取大区域的空间特征资料。从遥感图像中，可以获得区域的地形、地貌、土地利用、植被覆盖、水系分布、生态环境等相关信息。遥感调查方法一般比较简单，一般是购买或者规划委托方提供遥感图像，还有一些可以通过公开的免费网站下载，然后进行解译提取相关信息用于计算。遥感图像及与其相关的地理信息已经成为环境规划必不可少的基础资料。

卫星遥感数据资料的处理过程见图 5-5。

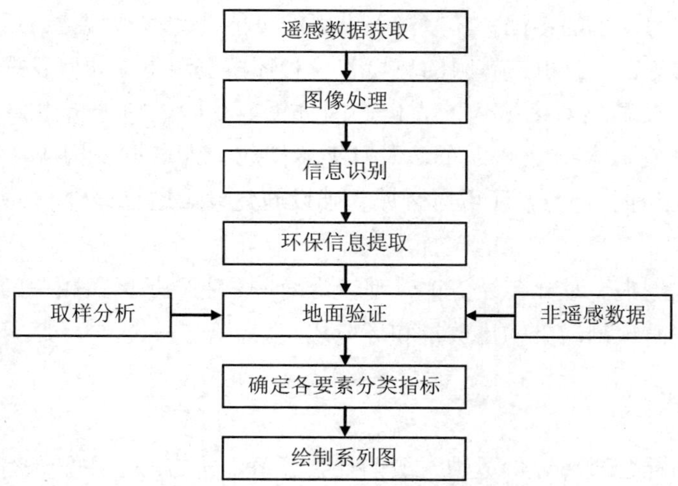

图 5-5　遥感调查技术实施程序[22]

以上为环境规划中经常需要用到的基础数据，特别是生态要素的基础数据，是分析生态安全格局、水源涵养体系、防风固沙体系、生物保护体系，甚至是进行生态功能区划的基础资料。

5.4 环境规划评价内容及方法

环境评价是环境规划的基础工作，是在调查获取的各种信息、数据和资料的基础上，运用数学方法，对环境质量、环境影响进行定性和定量分析的过程。通过评价了解区域环境特征、环境调节能力和承载能力，找出环境中存在的问题，确定主要污染物和污染源[1]。

按规划评价对象要素分，环境规划评价包括自然生态环境评价、社会经济评价、环境质量评价、环境污染评价、社会-经济-环境复杂系统评价、环境承载力评价、生态足迹和碳足迹评价等，每个要素又有各自具体的评价方法[11]。

进行评价时要注意评价参数选择对评价对象的质量有决定性影响的、简单的、能基本表征评价对象的参数；评价标准应以国家颁布的有关标准为首要标准；评价结果要能为合理划分环境功能区、为城市建设和产业布局提供依据[1]。

5.4.1 社会经济评价

这里的社会经济指的是与环境规划内容直接或间接有关的、影响研究区环境质量的社会、经济活动。经济评价主要是指对生产力发展水平现状、生产布局现状等的分析，前者用来分析随着生产力水平的不同，环境污染出现的可能性和客观规律；后者通过分析生产布局对区域环境的危害，分析在有限的环境容量和环境资源下，如何发挥当地最大的生产潜力。社会评价主要是指对区域内的人口等的分析，其中人口分析主要分析人口总数、人口结构、人口密度、人口地区分布、人口年龄构成、人口城乡构成、人口行业构成等内容[1]。在社会经济评价部分，还可对区域基础设施建设等进行评价，如道路交通、住宅、自来水、绿地等。

目前编制的规划中，对社会经济评价都较为简单，主要是提供相关的基础数据为社会经济预测服务，进而预测污染物排放量和环境质量。

5.4.1.1 评价流程

环境规划中的社会经济评价适用一般的社会经济评价方法，主要进行人口、经济、城市基础设施等方面的单要素分析与评价，另外还可进行几个要素的综合评价[11]。

社会经济评价的关键是选择评价的指标体系和评价标准。根据选定的指标体系，采用一定的方法进行评价，得出评价的指数后，通常以满足程度为计量尺度，衡量社会经济因子的好坏。即确定一个满意的标准 s_1，一个不满意的标准 s_2，当最终评价指数等于或者大于 s_1 时，满意度为 1；小于或者等于 s_2 时，满意度为 0；大于 s_2 小于 s_1 时，满意度为

$$p = f(s) \tag{5-3}$$

根据评价结果，可以判断社会经济发展与环境承载能力之间的协调关系。

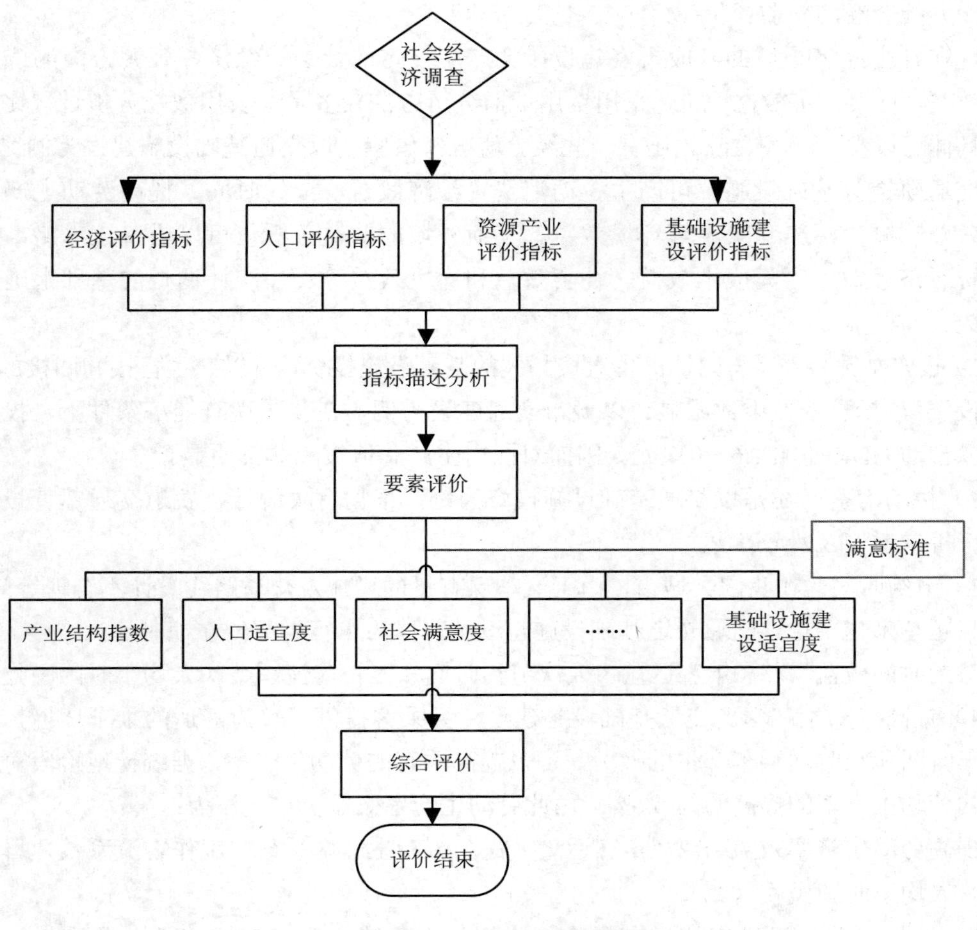

图 5-6　社会经济评价流程

5.4.1.2　评价方法

（1）基础评价要素与方法

早期规划中对社会经济的适宜性评价较多：①人口方面。进行人口总数的适宜度评价，来判断规划区内人口数量、素质是否满足区域生态平衡和经济发展需要；通过人口类型和人口再生产的总趋势分析评价人口结构适宜性；通过人口素质指数反映区域人口环境保护意识的程度。②经济方面。主要是通过人均国民生产总值评价和产业结构评价来衡量地区经济发展水平。③基础设施方面。主要通过人均住宅面积、人均道路面积、自来水普及率、下水道普及率、人均公园绿地面积等评价基础设施水平和社会发展水平。相关评价方法可以参照原国家环保局计划司编写的《环境规划指南》。目前相关评价在实际环境规划中应用相对较少。社会经济数据主要是用来预测。

（2）社会经济效益评价

现在社会经济领域的一般投资建设，会产生一定的社会、经济、资源方面的或正或负的效益。社会经济效益评价，采用费用效益分析方法较多[23]。费用效益分析过程比较复杂，具体可以参考相关文献。还有一些经验值可供借鉴。以交通基础设施建设为例[24,25]，建设交通轨道等基础设施，可产生拉动消费等经济效益，节约时间、提高劳动生产率等社会效益，减少污染和噪声等环境效益。其他领域的效益分析，可以借鉴该思路，确定其投资经济效益、时间成本效益、社会效益和环境效益等，在统计调查的基础上确定相关参数。

1）投资乘数效益。与国计民生直接相关的基础设施投资，可以产生直接和间接的“诱发性投资”，投资效益乘数明显。以城市交通建设为例，在我国现有经济条件下，投资 1 元可以带动 GDP 增加 1.6～2.5 元。因而对国内生产总值贡献非常明显。

2）拉动消费。还是以交通基础设施投资为例，根据有关统计，轨道交通运营投资 1 元，可每年增加 3.2 元消费。

3）节约时间。在我国大城市，由于汽车保有量的增加及交通路线设计不合理等问题，堵车问题越来越严重。交通轨道基础设施建设，可以为出行者节约在途时间：

节约时间效益=1/2（年客运量×人次节约时间×工作客流系数×人均小时国民收入）

4）提高劳动生产率。交通基础设施建设，为乘客提供了较为舒适的乘车环境，减少了堵车时间和长时间乘车产生的疲劳，可以提高乘客的劳动生产率，据统计现阶段对每个乘客的劳动生产率的提高约为 5.6%。由此劳动生产率效益计算方法为：

提高劳动生产率效益=1/2（年客运量×提高劳动生产率系数×工作客流系数×日工作时间×人均小时国民收入）

5）增加就业。以城市轨道交通工程为例，由于建成后可直接安排人员就业，因而可解决就业问题，提高就业率。统计表明，每增加运用投资 1 亿元，可增加 702 个就业岗位。

6）环境效益。城市交通基础设施建设，可以减少私家车的出行，从而减少汽油等资源消耗和机动车尾气的产生及噪声污染。

5.4.2 自然生态环境评价

这里的自然生态环境指的是与环境及环境规划相关的地质地貌、气象、水文、植被、土壤类型、土地利用、生物资源、特殊价值地区等，所以环境规划生态环境评价一般也应包括与之相关的评价。

5.4.2.1 评价流程

经过资料搜集、草拟规划后，进行自然生态环境评价[11]。

（1）确定评价范围

生态环境评价的最好表现形式是空间分布图。首先，评价范围应与规划范围一致，但是为了更好地认识评价区域自然环境特点，以及评价地区与周围环境的关系，一般的空间分布图比规划范围大或者选择大范围的地图作为其底图。

（2）生态环境相关因素的选取与描述

确定评价范围后进行生态环境相关因素的选取与描述，主要从区域地理概况（所辖行政区域、地理位置、东西南北分界、面积等）及 5.2.2.2 中介绍的地形地貌、气候、水文及水资源、森林植被、土壤、生物多样性、自然保护地、土地利用等进行分析，并绘制这些要素的图加以辅助，还要对一些生态意义重要的区域，如水源涵养区、防风固沙区，一些重要廊道，如河流廊道、生物廊道，以及限制和禁止类型的主体功能区的生态环境进行分析，找出自然生态存在的问题、问题产生的原因及区域生态环境保护面临的问题。

（3）单指标评价

一般规划在进行生态环境描述之后，要对相关单指标因素进行评价，参评单指标的选取根据规划研究需要的不同而定。如在生态功能部分，对水源涵养、水土保持、生物多样性等指标的重要性进行评价；在生态脆弱性部分，可对土壤侵蚀、土地荒漠化、土壤盐渍化、酸雨等指标的敏感性进行评价；在生态承载力方面，对生态弹性度、资源承载力、生态系统承压力等指数进行评价[26]。此外还包括森林覆盖率、森林与生物多样性指数、景观格局指数、土地利用类型分级指数、水土流失指数、水资源丰度、地质与自然灾害危险性指数（地震、洪水、风沙、滑坡泥石流、风暴潮等）、特殊价值地区的分级指数等，可以根据研究区生态环境实际情况选择其中部分指标或者其他适合当地的指标进行评价。

（4）综合评价

以上述各个因素为基础，进行综合评价，如生态功能重要性评价、生态脆弱性评价、生态承载力评价，还有的规划进行生态安全评价、生态健康评价等。

（5）绘制生态图

根据生态环境结构特征和地域分异规律，将单要素和综合评价结果进行分区或者分级，形成生态环境区划，并制图。

（6）保护方案提出与评价

根据自然生态环境评价结果及评价过程中发现的问题，提出生态环境保护方案，并对方案进行评价，如果满足规划目标，则这一部分的评价完成，如果不满足，则要修改保护方案。

自然生态环境评价流程如图 5-7 所示。

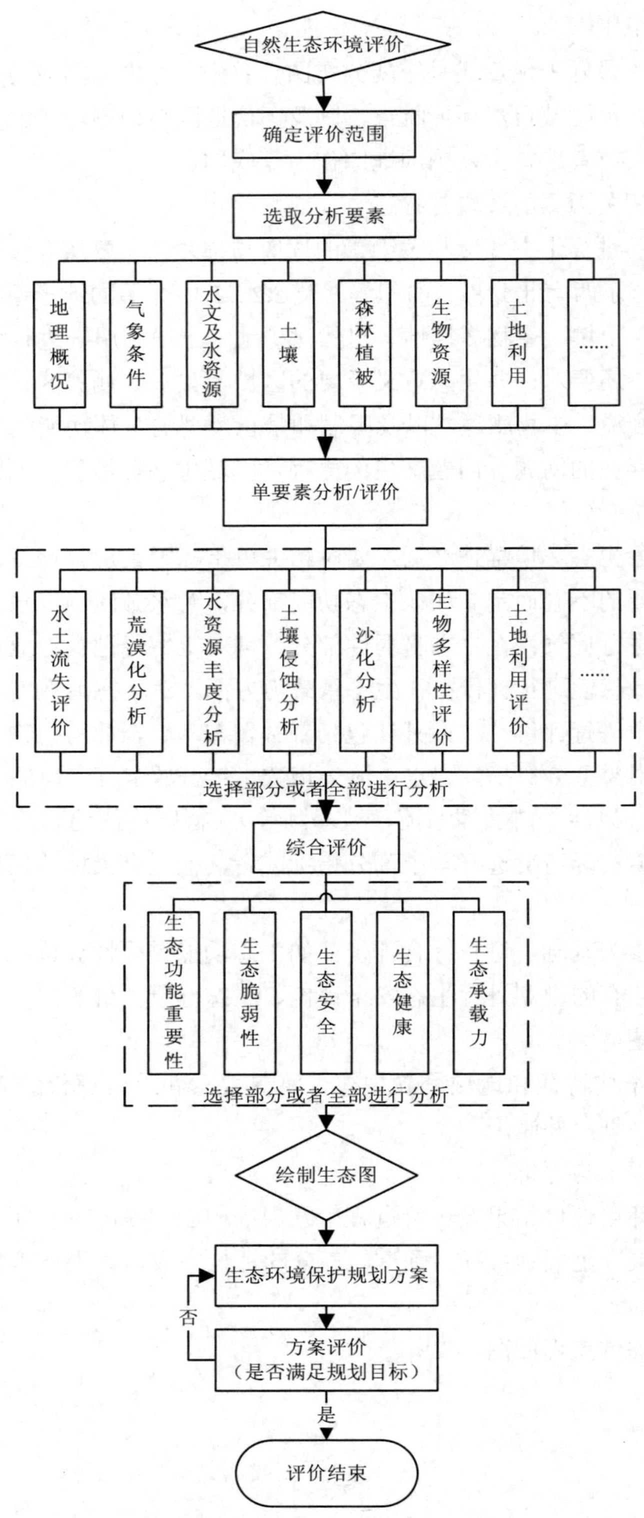

图 5-7　自然生态环境评价流程

5.4.2.2 评价方法

自然生态环境评价的方法主要有指标法、重叠法、层次分析法等。指标法是用定量或半定量的方法对环境主题进行评价、分级，并绘制在地图上；重叠法是将不同指标要素的图件通过加权求和的方法叠合在一起；层次分析法是将有关的指标元素分解成目标、准则、方案等层次，在此基础之上进行定性和定量分析的决策方法。其中，指标加权求和是最常用的方法。

下面介绍几种常用的指标计算方法。

（1）生态功能评价指数

1）水源涵养重要性。水源涵养的生态重要性在于整个区域对评价地区水资源的依赖程度。因此，可以根据评价地区所处的地理位置以及其对整个流域水资源的贡献进行评价。具体评价时，可根据距离水源地的远近对不同地区分级作为水源涵养重要性的度量，如水源地可作为水源涵养极重要区；河流的中游可作为重要区；河流下游地区可作为比较重要区。如要计算水源涵养的生态功能价值，可参见有关文献，如刘晓清等的《秦岭生态功能区森林水源涵养功能的经济价值估算》。

2）水土保持重要性。水土保持的重要性评价要在考虑土壤侵蚀敏感性或者水土流失量的基础上，分析其可能造成的对下游河床和水资源的危害程度与范围。土壤侵蚀和水土流失计算模型很多，以下两个公式为众多模型的两种。

土壤侵蚀模数方程[27-29]　指单位土地面积上单位时间内流失的土壤数量。

$$A = f \cdot R \cdot K \cdot \mathrm{LS} \cdot \mathrm{CP} \tag{5-4}$$

式中，A——土壤侵蚀模数，$\mathrm{t/km^2}$；

f——转换系数，一般取值为 224.2；

R——降雨和径流因子，$(\mathrm{MJ \cdot mm})/(\mathrm{hm^2 \cdot h \cdot a})$；

K——土壤可蚀性因子；

LS——坡长、坡度因子；

CP——植被与经营管理因子。

R、K、LS、CP 计算见相关文献。A 是表征土壤侵蚀强度的指标，用以反映某区域单位时间内侵蚀强度的大小。土壤侵蚀模数越大，土壤侵蚀越严重。

水土流失 USLE 公式[30]　美国较通用的水土流失方程为 USLE 公式：

$$D = R \cdot K \cdot \mathrm{LS} \cdot C \cdot P \tag{5-5}$$

式中，D——多年平均土壤流失量，$\mathrm{t/hm^2}$；

R——降雨侵蚀力因子，$\mathrm{J/m^2}$；

K——土壤可蚀性因子，量纲一；

LS——地形因子，量纲一；

C——植被措施管理因子；

P——防治措施因子。

D 的物理意义与上式的 A 基本相同。

目前，水土流失模型和土壤侵蚀模型与 GIS 进行结合，产生了很多应用型的模型，如美国农业部的 AGNPS 模型、欧洲的 SHE 模型、荷兰的 LISEM 模型等[31]。由于环境规划不是对土壤侵蚀与水土流失进行专门研究的科学，所以简单了解即可。

3）森林覆盖率。

$$R_F=(F+G)/L\times 100\% \tag{5-6}$$

式中，R_F——研究区森林覆盖率；

F——研究区内森林面积；

G——草地面积；

L——土地总面积。

（2）物种保护指数

1）景观指数。

斑块密度[32] 反映景观总体的斑块分化程度或者破碎程度的一种指标，一般用单位面积斑块数量表征景观破碎特征指标。

$$C=\sum n_i/S \tag{5-7}$$

式中，C——某区域景观斑块密度；

$\sum n_i$——此区域不同类型斑块总数；

S——区域面积。

斑块密度大，表明一定面积上异质景观要素斑块数量多，斑块规模小，景观异质性高。

破碎度指数[33] 指景观被分割的破碎程度，在一定程度上反映了景观结构的复杂性及人为干扰对景观格局的影响。

$$\mathrm{FN}=(\mathrm{NP}-1)/\mathrm{NC} \tag{5-8}$$

式中，FN——区域内某一景观的破碎度；

NP——此景观斑块数量；

NC——研究区总面积与最小斑块面积的比值，用此值来减少由于网格尺度不同造成的数据变化。

FN 值为 0～1，0 表示景观完全没有破碎，1 表示景观被完全破坏。

多样性指数[34] 景观多样性是指景观结构、功能和动态方面的多样性、复杂性，强调大的空间尺度上的生态系统格局和过程。

$$H = -\sum_{i=1}^{n} P_i \cdot \log_2 nP_i \tag{5-9}$$

式中，H——景观多样性指数；

n——景观要素类型数目；

P_i——景观要素 i 所占面积比例。

景观要素类型越丰富，景观多样性指数越大，其破碎度越高，信息含量和不稳定性越大。

优势度[35]　用来测量景观多样性对最大多样性的偏离程度，是测量景观结构中一种或者一些景观要素类型支配区域景观的程度。

$$D = H_{\max} - H = H_{\max} + \sum_{i=1}^{n}(P_i \ln P_i) = \ln(n) + \sum_{i=1}^{n}(P_i \ln P_i) \tag{5-10}$$

式中，D——优势度；

$H_{\max}$——最大多样性；

H——多样性指数；

n——景观要素类型数目；

P_i——景观要素 i 所占面积比例。

分维数[36，37]　衡量景观中斑块形状复杂程度，用来判断景观受人类活动干扰的强度。受人类干扰小的景观分维数高，反之数值低。

$$R_{ij} = \frac{2 \times \ln(0.25 \times P_{ij})}{\ln a_{ij}} \tag{5-11}$$

式中，R_{ij}——第 i 种类型景观中的第 j 个斑块的分维数；

P_{ij}——斑块周长；

a_{ij}——斑块面积。

R_{ij} 的值为 1～2，越靠近 1，斑块形状越简单；越靠近 2，斑块形状越复杂。

Shannon 均匀度[36]　描述不同景观类型分配程度。

$$H = \frac{-\sum_{i=1}^{n}(P_i \ln P_i)}{\ln n} \tag{5-12}$$

式中，H——Shannon 均匀度；

n——景观类型数；

P_i——第 i 种景观类型的面积百分比。

H 越大，分配越均匀。

聚集度[38]　通常度量同一类型斑块的聚集程度，但其取值还受到类型总数及其均匀度的影响。

$$\mathrm{AI}=\left[\sum_{i=1}^{m}\frac{g_{ii}}{\max-g_{ii}}P_i\right]\times 100\% \tag{5-13}$$

式中，m——景观类型总数；

g_{ii}——景观类型 i 的网格自相邻的公共边缘数；

$\max-g_{ii}$——景观类型 i 的网格间最大可能公共边数；

P_i——景观类型 i 占整个景观的面积比。

分离度指数[35, 38, 39] 度量某一景观类型中不同斑块个体在空间上的分布离散程度。

$$\mathrm{DIV}=1-\sum_{i=1}^{m}\sum_{j=1}^{n}\left(\frac{a_{ij}}{A}\right)^2 \tag{5-14}$$

式中，DIV——分离度指数；

m——景观类型数；

n——景观类型 i 的斑块数量；

a_{ij}——类型 i 中的 j 斑块的面积；

A——区域总面积。

DIV 的取值范围为 0～1，当景观由一个单一的斑块组成时，DIV 为 0，当景观被最大程度细分时，DIV 为 1。分离度越大，斑块越离散，斑块之间的距离越大，景观分布越复杂，不同景观类型之间演替就越频繁。

景观变化动力梯度指数[40, 41] 揭示景观过程并预测景观演变趋势。对景观格局变化驱动力的分析是对景观格局研究内容的深化。

$$\mathrm{LCGI}=\sum_{i=1}^{n}A_iS_i/T_A \tag{5-15}$$

式中，LCGI——景观变化综合动力梯度指数；

n——景观类型数；

A_i——第 i 类景观类型对应的动力指数；

S_i——第 i 类景观类型面积；

T_A——区域总面积。

LCGI 可以反映自然和人类活动对土地利用景观程度的影响，其值为 0～1，数值越大，表明景观受到自然和人文综合驱动力越强，反之越弱。驱动指数 A_i 的取值可以参考有关研究。

景观格局指数有很多，目前也有专门软件计算不同的景观指数。其中美国俄勒冈州立大学开发的一个景观指标计算软件 FRAGSTATS 可以计算超过 50 种的景观指数。实际应用中可以根据具体情况选取指标计算方法。

2）土地利用现状评价指标。

与土地利用有关的现状评价指标也有很多，如工况建筑景观指数、土地利用程度、土地利用信息熵、城市化景观指数、村镇化景观指数、交通道路景观指数、垦殖度、草地盖度、林地盖度、水域盖度、湿地盖度。这里简要介绍几种指标。

工况建筑景观指数[34]　指一定区域内开发利用（工业、矿业、建筑活动等）面积占区域总面积的比例。

$$\text{Ind} = \frac{I + M + C}{S} \times 100\% \tag{5-16}$$

式中，Ind——工况建筑景观指数；

I——工业用地面积；

M——矿业用地面积；

C——建筑用地面积；

S——总面积。

垦殖度[34]　又称垦殖系数，指一定区域内耕地面积占区域总面积的比例，反映土地资源利用程度的结构。

$$K = \frac{S_{\text{A}}}{S} \times 100\% \tag{5-17}$$

式中，K——垦殖度；

S_{A}——农田总面积；

S——总面积。

单一类型土地利用动态度[42]　表示在一定时间范围内某种土地利用类型数量变化情况。

$$K = \frac{U_a - U_b}{U_a} \times \frac{1}{T} \times 100\% \tag{5-18}$$

式中，K——土地利用动态度；

U_a——研究期初某一种土地利用类型的面积；

U_b——研究期末某一种土地利用类型的面积；

T——研究时长。

土地利用程度[42, 43]　主要反映土地利用的广度、深度，在反映土地本身自然属性的同时，也反映了人类与自然环境的综合效应。

$$\text{UINEX} = 100 \times \sum_{i=1}^{n} A_i \times C_i \tag{5-19}$$

式中：UINEX——土地利用程度的综合指数；

A_i——第 i 级土地利用程度分级指数；

C_i——第 i 级土地利用程度分级面积百分比。

土地利用信息熵[40, 42]　土地利用系统是人与自然耦合而成的复杂巨系统，是一个具有耗散结构的综合体，具有结构和功能的有序性特征。土地利用系统的有序程度可以用信息熵来描述和刻画。

$$H = -\sum_{i=1}^{n} P_i \log P_i \tag{5-20}$$

式中，H——土地利用的信息熵；

n——土地利用类型数量；

P_i——各类土地面积占该区域土地总面积的比例。

熵值越大，土地利用系统的有序程度越低，反之有序程度越高。

5.4.3 环境污染排放评价

环境污染排放评价的目的主要是确定规划区域内的主要污染源、主要污染物及其排放量。在环境污染调查的基础上，分析区域污染特点，通过计算找出主要污染源和主要污染物，对主要的重点工业污染源进行综合评价，还应根据实际情况考虑乡镇企业污染和生活及农村面源污染，分析现有环境设施运行情况及其效益，为规划工程项目的设计提供依据[1]。原国家环保局编写的《环境规划指南》[11]，对于污染源评价和环境质量评价有较为详细的介绍，很多评价公式是环境规划领域的经典和传统算法。本章有一些评价方法来源于此，另外还在此基础上介绍了一些新方法[16]。

5.4.3.1 环境污染评价流程

环境污染评价的主要流程见图 5-8。

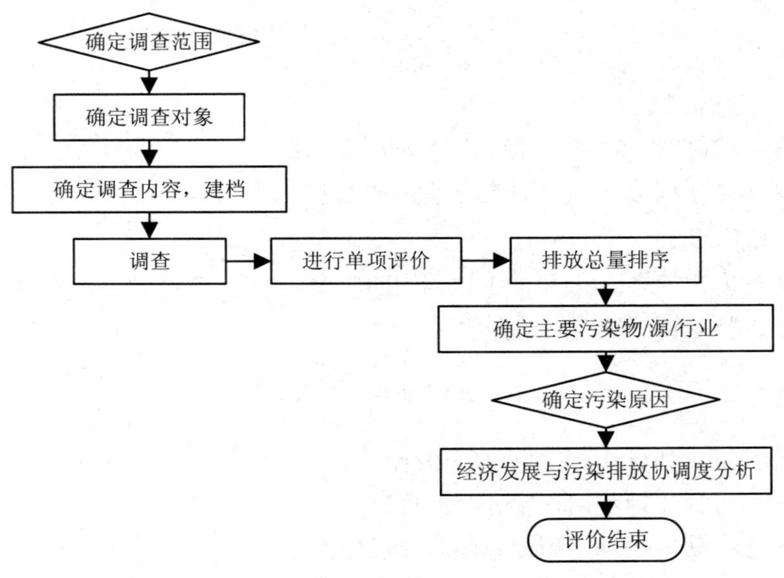

图 5-8 环境污染评价流程

（1）污染源调查

进行环境污染评价前，要进行污染源的调查（可在前期调研时一并进行）。

首先，确定调查范围，一般是根据规划区的大小，按行政区划或地理单元划分。

然后确定调查对象，主要从自然污染源、工业污染源、农业污染源、生活污染源和流动源入手。其中，以重污染的大中企业为重点，还要考虑一些重要位置的其他企业，如靠近水源地的；生活源主要是人类生活产生的废水、废气和垃圾；流动源主要是机动车排放的废气和产生的噪声；如果需要进行面源污染评价，还要调查农村化肥、农药、地膜的使用情况[11]。

参照指标体系确定调查内容，建立调查档案。在调查时，要从源头沿着生产过程调查污染物的产生、转化、治理、排放，还应考虑规划区内现有环保设施的运行情况和已有环境工程的技术、效益等，作为以后新规划的工程项目设计的依据和参考。

（2）单污染物评价

进行调查后，首先进行单污染物的评价，也就是进行单项评价，评价标准要根据评价目的和区域环境功能、主体功能进行选择。

（3）确定区域主要污染物

对评价结果从大到小进行排序，根据排序结果确定规划区内主要污染物。

（4）综合评价

在综合评价中，可以根据一定模型评价各个行业污染物的排放情况。

（5）确定重点污染行业

对各个行业污染物的排放从大到小排序，确定区域重点污染行业。

（6）查清污染原因

查清污染物产生的主要原因，以便确定规划工程时对症下药。

（7）协调度分析

根据需要，进行工业污染物排放与社会经济发展的协调度分析。

5.4.3.2 污染物排放量调查方法

对于污染源污染物的排放量，一般采用统计报表法、实测法、物料平衡法和经验估算法等进行计算[11]。

（1）统计报表法

排污单位按统一格式、按规定填报的内容和指标，经统计后向上级提交，然后层层汇总统计报表。可按行业、部门、区域、污染物等分类统计污染物排污量。此方法适用于普查，对于区域规划可操作性不强。

（2）现场调查法/实测法

现场调查法，又称实测法，是通过测定某污染物的排放浓度和流量，计算此污染物的排放量的方法。计算公式为：

$$G_i = Q \cdot C_i \tag{5-21}$$

式中，G_i——第 i 类污染物的排放量；

Q——废水/废气等污染物载体的排放量；

C_i——第 i 类污染物的多次测量平均浓度。

（3）物料平衡法

此法依据的是物质守恒定律。在生产过程中，投入的物料总量与产品产量和物料的损失量之和相等。由此可知，物料流失量为物料投入总量与产品产量之差。

$$\sum G_{流失} = \sum G_{投入} - \sum G_{产品} \tag{5-22}$$

式中，$\sum G_{流失}$——生产过程中化学物质流失量，可以看做相应污染物的产生量；

$\sum G_{投入}$——物料化学物质投入总量；

$\sum G_{产品}$——产品中化学物质总量。

如果生产过程中化学物质没有产生变化，则根据式（5-22）可直接计算污染物产生量，如果有化学变化，可根据化学反应公式衡算。

（4）排污系数法/经验估算法

排污系数法又称经验估算法。根据生产过程中单位产品的排污系数（经验值）和产品产量计算污染物排放量。

$$G_i = K_i \cdot M \tag{5-23}$$

式中，G_i——污染物 i 的排放量；

K_i——i 的单位产品排放系数；

M——产品的产量。

排放系数是根据经验或者实验方法测得的。同一产品，生产工艺不同、生产规模不同、原料不同、污染物处理水平不同，排放系数也会相应不同。所以实际计算时，应该根据规划区域实际生产水平对选择的排放系数进行修正。

由于测量精度和测量设备等的限制，污染物排放量计算采用物料平衡法和经验估算法较多。现在环境规划特别是区域规划相关数据主要依赖于污染源普查和环统数据，直接进行测量估算的较少。污染源普查和环统调查源于统计报表法，对区域工业、生活、机动车、农业、集中式的污染源都有详细的统计，特别是工业源具体到各个企业，统计的指标范围很广，可以支撑一般的规划评价工作。

5.4.3.3 评价方法

（1）排毒指数法

此指数是衡量一定量的污染物（比如某污染源一定时间内排放的污染物）作用于人的

数量，即假定排出的污染物全部作用于人体，可引起毒性反应的人数。

$$F_i = \frac{C_i}{d_i} \tag{5-24}$$

式中，F_i——污染物的排毒指数，即可引起毒性反应的人数；

C_i——污染物 i 的排放量；

d_i——导致一个人出现毒性反应的最小摄入量。

其中，在废水污染物评价中，d_i=污染物 i 毒作用阈值量×人群平均体重；

在废气评价中，d_i=污染物 i 毒作用阈值量×人群日平均吸气量。

此方法目前在环境规划现状评价中应用较少。与之相关的剂量-反应模型在人体环境健康领域应用较多。

（2）环境污染能力潜在指数法

此指数是基于同一污染物对不同环境功能区的影响危害不同这一原则提出的。

$$I_i = K_{ij} \cdot \frac{C_i}{C_0} d_i \tag{5-25}$$

式中，I_i——污染物 i 的环境污染能力潜在指数；

K_{ij}——污染物 i 排放到 j 环境功能区的加权系数；

C_i——污染物 i 的排放量；

C_0——污染物 i 的评价标准；

d_i——在废水污染物评价中为水量分配系数，在废气污染物评价中为排气高度系数。

其中，K_{ij} 可用 $\frac{C_0}{C_{ij}}$ 计算得到，C_{ij} 为污染物 i 在功能区 j 的环境质量标准。

（3）等标污染负荷法

废水污染物的等标污染负荷计算公式为：

$$P_i = \frac{C_i}{C_{0i}} \times G \times 10^{-6} \tag{5-26}$$

式中，P_i——污染物 i 的等标污染负荷，10^6 t；

C_i——污染物 i 的实测浓度的平均值，mg/L；

C_{0i}——污染物 i 的评价标准，mg/L；

G——含污染物 i 的废水排放量，t；

10^{-6}——废水的换算系数。

废气污染物的等标污染计算负荷公式为：

$$P_i = \frac{C_i}{C_{0i}} \times G \times 10^{-5} \tag{5-27}$$

式中，P_i——废气中污染物 i 的等标污染负荷，10^9 m^3；

C_i——污染物 i 的实测浓度平均值，mg/m^3；

C_{0i}——污染物 i 的评价标准，mg/m^3；

G——废气排放量，10^6 m^3；

10^{-5}——废气的换算系数。

某污染源的等标污染负荷 P_j 为其所排各污染物的等标污染负荷之和：

$$P_j = \sum_{i=1}^{m} P_i \tag{5-28}$$

i=1，2，…，m，表示污染源的不同污染物。

某区域所有污染物的等标污染负荷 P 为：

$$P = \sum_{j=1}^{k} P_j \tag{5-29}$$

j=1，2，…，k，表示该区域的不同污染源。P 表示该区域所有污染源所有污染物等标污染负荷之和。

某区域某一种污染物的等标总污染负荷为该区域内所有污染源的污染物的等标污染负荷之和：

$$P_{i总} = \sum_{n=1}^{k} P_i \tag{5-30}$$

n=1，2，…，k，表示研究区内排放污染物 i 的不同的污染源。

污染源 j 排放的污染物 i 在该污染源中的污染负荷比 K_i 为：

$$K_i = \frac{P_i}{P_j} \times 100\% \tag{5-31}$$

污染物 i 在区域中的污染负荷比为该区域排放的污染物 i 的等标污染负荷在所有污染物中的比重 $K_{i总}$：

$$K_{i总} = \frac{P_{i总}}{P} \times 100\% \tag{5-32}$$

某污染源在区域中的污染负荷比为该污染源排放的所有污染物的等标污染负荷与该区域所有污染源的所有污染负荷的比值：

$$K_j = \frac{P_j}{P} \times 100\% \tag{5-33}$$

（4）协调度评价

经济发展与工业污染排放协调率（Coordination-Rate，CR），即经济贡献率与污染物贡献率的比值，可以反映地区经济发展与污染排放的协调关系，计算公式如下[44]：

$$\text{CR} = (G_i/G) / (P_i/P) \tag{5-34}$$

式中，G_i——i 地区 GDP；

P_i——i 地区污染物排放量；

G——各地区 GDP 总和；

P——各地区污染物排放量总和。

假定一个地区对整个区域的经济贡献的多少与排放的污染物量相当，将“1”作为基准值来衡量各地区经济发展与污染物排放的协调关系，若 CR＜1，则表明污染排放的贡献率大于 GDP 贡献率，协调性相对较差；若 CR＞1，则表明污染排放的贡献率小于 GDP 贡献率，经济发展与污染物排放相对较协调，体现的是一种相对的可持续发展状态。

5.4.3.4　主要污染物与污染源的确定

以上几种评价方法各有侧重，可根据规划目的的不同进行选取。排毒指数法和环境污染能力潜在指数法可用于分析重金属及其他非常规物质对人体/环境的影响，识别有毒有害物质；等标污染负荷法主要用于识别研究区内常规污染物中的主要污染源和污染物，是最常用的现状评价方法之一；协调度评价主要用于衡量污染排放与经济发展的关系。下面重点对采用等标污染负荷法确定主要污染物和污染源进行介绍。

通过计算，把区域内所有污染物等标污染负荷 $P_{i总}$ 按从大到小的顺序排序，分别计算其占区域总污染负荷 P 的污染负荷比 $K_{i总}$，然后从大到小计算其累积污染负荷比，累积值大于阈值（比如 80%或其他合理数值）的几种污染物为该区域的主要污染物。

同理，把区域内所有污染源的等标污染负荷 P_n 从大到小排序，计算其在区域中的污染负荷比 K_n，累加计算其累积污染负荷比，将累积负荷比大于阈值的几种污染源作为区域内主要污染源。

对于区域内的主要污染物 i，在总量控制规划中，需要对其主要污染源进行总量控制。确定污染物 i 的主要污染源的方法同上面介绍的原理相同，根据其排放清单和各污染源的污染物排放量从大到小进行排序，选择污染物总量占 90%（或其他合理数值）以上的污染源，进行总量控制。

需要注意的是，采用等标污染负荷方法评价确定主要污染物，一些毒性大但是排放量小的污染物可能没有被列入主要污染物清单中，但是其很容易在环境中积累，对人体健康影响很大，比如重金属。所以采用等标污染负荷方法评价后，还要进行全面分析，结合 5.4.3.3 中的前两种方法或其他方法最后确定主要污染物和主要污染源。

5.4.4　环境质量评价

环境质量评价就是对环境素质优劣的定量、半定量甚至是定性的描述[45]。评价的目的在于揭示特定地区或区域环境质量的水平和差异，阐明影响环境质量的原因和有可能采取的措施，按照环境质量变化规律，制定环境保护规划，加强环境保护管理。

5.4.4.1　环境质量评价流程

不同环境质量评价方法其评价流程也有所不同，但无论何种方法，基本上都是基于环境监测数据和环境质量标准，将两者进行比较，得出环境质量指数或者等级。本书以指数方法为例，叙述环境质量评价流程。

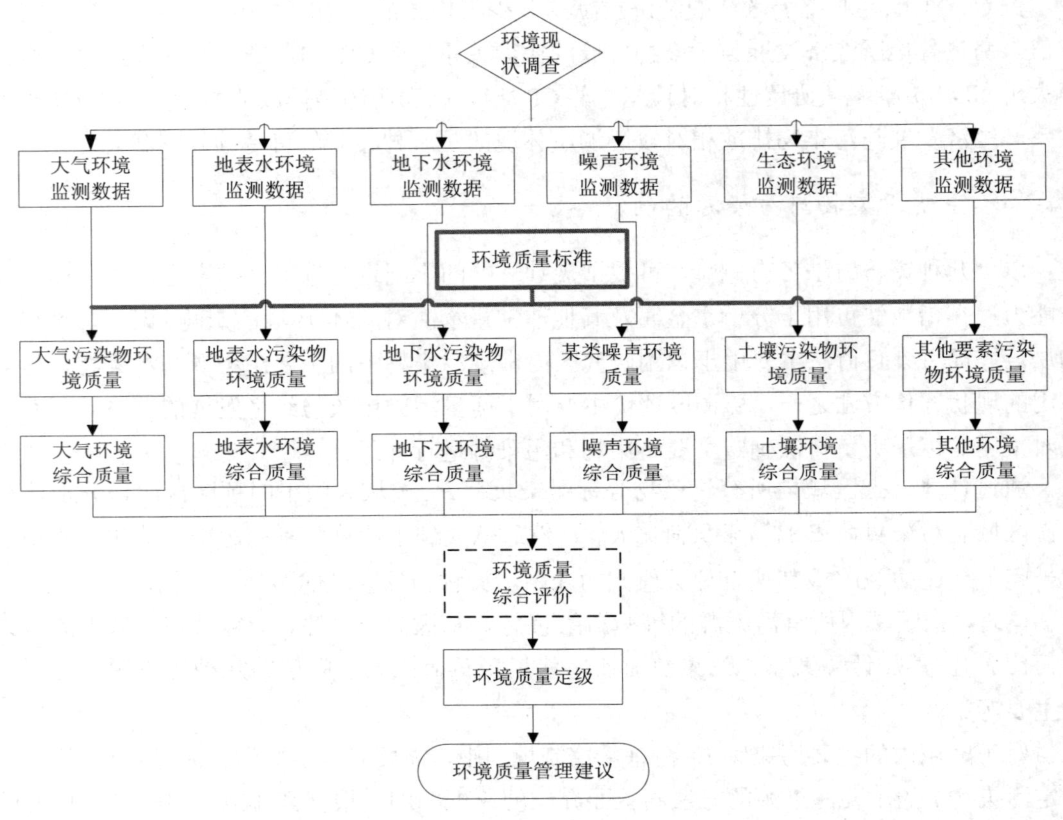

图 5-9 环境质量评价流程

图 5-9 为基于指数法的环境质量评价流程。在各项环境要素现状调查的基础上，获取各要素打算评价的污染物的浓度等监测数据，并查找其对应的环境质量标准。选择合适方法进行单项要素单污染物的环境质量指数计算，然后进行单项要素多污染物的综合评价，得出区域各要素的环境质量指数。如果有需要，还可以对各个环境要素进行综合评价，得出区域环境质量综合指数，并对其分级，作为环境功能分区、环境规划目标制定及环境质量管理建议的依据。

5.4.4.2 常见的环境质量评价方法

指数法是最常用的环境质量评价方法。其原理是依据实测浓度与标准浓度之间的比例关系来描述环境质量的数值。环境质量指数评价方法分为单项环境要素评价和区域环境质量综合评价，其中单项环境要素评价又分为单项要素单污染物评价和单项要素多污染物综合评价。计算综合环境质量综合指数后，可以采用环境质量分级方法对不同区域进行等级划分。除了环境质量指数评价方法外，环境质量评价方法还包括模糊综合评价方法等。

5.4.4.2.1　**指数法**

（1）单项要素单污染物评价[9]

1）比值法：单项要素单污染物的环境质量可以理解为某种环境要素（如大气、水或者土壤中的单一污染物）浓度超过环境质量标准的倍数。式（5-35）可以作为单项要素单污染物指数评价的公式。

$$P_i = \frac{C_i}{C_{0i}} \tag{5-35}$$

式中，P_i——单一环境要素的污染物 i 的环境质量；

C_i——第 i 种污染物的实测浓度；

C_{0i}——第 i 种污染物的环境标准。

2）幂函数法：单项要素单污染物的环境质量也可以用幂函数法计算，其一般表达式为：

$$P_i = a(\sum_{t=1}^{n} I_i)^b \tag{5-36}$$

式中，P_i——单一环境要素的环境质量；

a、b——边界条件决定的常数；

I_i——污染物 i 的污染指数。

其中，$I_i = \frac{C_i}{C_{0i}}$

式中：C_i——第 i 种污染物的实测浓度；

C_{0i}——第 i 种污染物的环境标准。

幂函数法一般用于大气环境质量评价，又称美国橡树岭大气指数法。

（2）单项要素多污染物综合评价

单项要素多污染物综合评价即分析某一环境要素中不同污染物的综合环境质量，比如分析大气环境的多种污染物时，一般采用多种污染物环境质量指数的迭加。迭加法又包含简单迭加法、加权迭加法、对数迭加法等。简单迭加法即把各个污染物权重看做是相等的，然后进行迭加；加权迭加法是对不同的污染物赋不同的权重，然后加权计算环境质量指数。

1）简单迭加：

$$P = \sum_{i=1}^{n} P_i \tag{5-37}$$

式中，P——单一环境要素的环境质量；

P_i——第 i 种污染物的质量指数。

2）算术平均法：虽然简单迭加法的计算结果意义明确，但是当对不同时期环境质量进行比较时，选择不同的污染物，简单迭加法计算的环境质量指数的含义和数值会差别很大，而用各污染物的环境质量指数的平均值表示不同污染物的环境质量水平，则可以避免这个问题。公式如下：

$$P=\frac{1}{n}\sum_{i=1}^{n}P_i \tag{5-38}$$

P、P_i 意义同上。

3）加权迭加法：算术平均法计算，是把不同污染物对环境的影响都看做是相同的。实际上，不同污染物对某一地区的影响可能是不同的，加权迭加法可以对不同污染物赋权，赋权后再计算的结果将更为合理。其公式为：

$$P=\frac{\sum_{i=1}^{n}W_i\cdot P_i}{\sum_{i=1}^{n}W_i} \tag{5-39}$$

P、P_i 意义同上。W_i 表示污染物 i 在区域的环境污染影响权重。其中，权重 W_i 确定比较关键，一般采用专家调查法。但是这种方法主观性较大。

以上几类方法适用范围广，而且计算简单，在我国的环境质量评价中都得到了广泛应用。但是当各种污染物评价指数之间相差过大时，以上方法容易造成评价失真，宜采用下列各类方法。

4）平方和方根法[46]：该方法建立在随机独立事件的概率统计方法之上，通过平方的方法消除污染指数之间相差过大而产生的失真。

$$P=\sqrt{\sum_{i=1}^{n}W_i\cdot P_i^2} \tag{5-40}$$

式中，P——单一环境要素的环境质量；

W_i——第 i 种污染物的权重；

P_i——第 i 种污染物的污染指数。

5）均方根法：该方法的原理与 4）类似，其计算方法为先平方，再平均，然后开方。

$$P=\sqrt{\frac{1}{n}\sum_{i=1}^{n}W_i\cdot P_i^2} \tag{5-41}$$

各量含义同上。

（3）区域环境质量综合评价

区域环境质量综合评价即分析不同环境要素的复合环境质量现状，一般需要评价的环境要素有大气、水、土壤、噪声等。其评价方法也主要分为两类：一类为加权求和法；另一类为兼顾极值法[11]。

1）加权求和法：与单项要素环境质量综合评价中的加权方法类似，计算各要素的综合环境质量指数后，根据各要素对环境的重要程度赋不同权重，然后计算综合指数。

$$P_z = \sum_{j=1}^{m} W_j P_j \tag{5-42}$$

式中，P_z——环境质量综合指数；

W_j——环境要素 j 的权重；

P_j——要素 j 的质量指数，其计算见单项要素多污染物综合评价部分。

2）兼顾极值法：指为了突出污染最为严重的要素的影响而采取的方法。

$$P_z = \sqrt{\frac{[\max(P_j)]^2 + (\sum_{j=1}^{m} P_j)^2}{2}} \tag{5-43}$$

5.4.4.2.2　环境质量分级方法

此方法按照一定的数学方法，对环境质量指数进行综合归类，确定环境质量所属的等级。常用的方法有积分值法、模糊评价法等。积分值法主要是根据污染因子评分表决定污染因子监测值所属得分；模糊评价法主要是当环境因子在两个评价等级之间具有模糊性时，引入模糊隶属度作为评价指标，计算环境质量监测因子属于某一标准等级的概率。常用的模糊评价法有模糊综合评价法、模糊聚类评价法、模糊距离评价法、模糊数合成运算评价法等。

（1）积分值法

积分值法又称 M 值法，其基本原理是根据污染因子浓度，按照已有环境标准给定一个评分值，求污染因子评分值之和，再按环境质量分级标准分级。马晓明的《环境规划理论与方法》的表 2-1、表 2-2、表 2-3 分别为水、大气环境的单因子评分标准以及最终的环境质量分级标准。根据污染物的值，在相应表中找到其对应的评分值 P_i，再计算单因子评分值之和，即综合得分值 M。

$$M = \sum_{i=1}^{n} P_i \tag{5-44}$$

通过式（5-44）可以确定环境质量级别。M 越大，环境质量越好。此方法虽然思路明晰、计算方法简单，但是这种简单相加方法不能反映不同污染物的相对重要关系，掩盖了主要污染物对环境质量的影响。

（2）模糊聚类法

模糊聚类法的结果并不是绝对地表示对象属于某一类或不属于某一类，而是以白化的特征值表征对象在什么程度上相对地属于哪一类，可以对模糊性问题加以处理。假设有 n 个污染物样本的 m 个考核指标，对这些指标按照一定顺序排列，形成集合。环境质量标准也用矩阵表示，m 个分级标准构成一个向量集合。污染物样本值集合和标准值矩阵导出聚类的矩阵 X。

$$X=\begin{bmatrix} x_{11},x_{12},\cdots,x_{1m} \\ x_{21},x_{22},\cdots,x_{2m} \\ \vdots \\ x_{n1},x_{n2},\cdots,x_{nm} \end{bmatrix} \tag{5-45}$$

其中

$$x_{ij}=C_{ij}/S_j$$

式中，C_{ij}——样本 i 的 j 因子的监测数据；

S_j——指标 j 的标准值；

x_{ij}——监测数据与环境质量标准的比值，其值可能大于 1。根据隶属度的定义对其归一化。

$$x'_{ij}=\frac{x_{ij}-x_{j\min}}{x_{j\max}-x_{j\min}} \quad (i=1,\ 2,\ \cdots,\ n;\ j=1,\ 2,\ \cdots,\ m) \tag{5-46}$$

其中，$x_{j\max}=\max\limits_{j}(x_{ij})$ 为第 j 个指标中的最大值；$x_{j\min}=\min\limits_{j}(x_{ij})$ 为第 j 个指标中的最小值。

然后根据 x'_{ij} 计算模糊矩阵 R。计算 R 的各元素 r_{ij} 有不同方法：

1）距离法

$$r_{ij}=1-\sqrt{\frac{1}{k}\sum_{t=1}^{k}(x_{it}-x_{jt})^2} \tag{5-47}$$

式中，x_{it}——第 t 个指标的第 i 个样本的标准化的值；

x_{jt}——第 t 个指标的第 j 个样本的标准化的值。

2）最大最小法

$$r_{ij}=\frac{\sum_{t=1}^{k}\min(x_{it},x_{jt})}{\sum_{t=1}^{k}\max(x_{it},x_{jt})} \tag{5-48}$$

3）几何平均最小法

$$r_{ij}=\frac{\sum_{t=1}^{k}\min(x_{it},x_{jt})}{\sum_{t=1}^{k}\sqrt{x_{it}x_{jt}}} \tag{5-49}$$

4）相容系数法

$$r_{ij}=\frac{\sum_{t=1}^{k}[x_{it}-\frac{1}{k}\sum_{t=1}^{k}x_{it}][x_{jt}-\frac{1}{k}\sum_{t=1}^{k}x_{jt}]}{\sqrt{\sum_{t=1}^{k}[x_{it}-\frac{1}{k}\sum_{t=1}^{k}x_{it}]^2}\times\sqrt{\sum_{t=1}^{k}[x_{jt}-\frac{1}{k}\sum_{t=1}^{k}x_{jt}]^2}} \tag{5-50}$$

r_{ij}越小，表明 i、j 两个样品污染状况越相似，应该分为一组。

（3）模糊评价法[47]

假设已获得 n 个监测站观测 m 项指标的污染浓度值，则污染浓度矩阵为：

$$\boldsymbol{X}=(x_{ij})\quad（i=1，2，\cdots，m；j=1，2，\cdots，n） \tag{5-51}$$

式中，x_{ij} ——i 站点指标 j 的实测浓度值。

环境质量标准共分 c 级，指标 j 的第 h 级标准浓度为 y_{jh}，环境质量标准浓度矩阵：

$$\boldsymbol{Y}=(y_{jh})\quad（h=1，2，\cdots，c） \tag{5-52}$$

根据监测浓度值与污染程度的关系，可以分两种情况假设：①对于浓度值越大环境污染程度越严重的指标 j，其浓度大于或者等于 c 级标准浓度值 y_{jc} 的，对环境污染的相对隶属度等于 1（右极点）；小于或者等于 1 级环境污染指标 i 的标准浓度 y_{j1} 的，对环境污染的相对隶属度为 0（左极点）。②对于浓度值越小，污染越严重的指标，小于或者等于 c 级环境指标 j 的标准值 y_{jc} 的，对环境污染的相对隶属度为 1（右极点）；大于或者等于 1 级环境浓度指标 i 的标准浓度 y_{j1} 的，对环境污染的相对隶属度等于 0（左极点）。

对于第①种情况，相对隶属度公式为：

$$r_{ij}=\begin{cases}1, x_{ij}\geqslant y_{jc}\\ \dfrac{x_{ij}-y_{j1}}{y_{jc}-y_{j1}}, y_{j1}<x_{ij}<y_{jc}\\ 0, x_{ij}\leqslant y_{j1}\end{cases} \tag{5-53}$$

对于第②种情况，相对隶属度函数为：

$$r_{ij}=\begin{cases}1, x_{ij}\leqslant y_{jc}\\ \dfrac{y_{j1}-x_{ij}}{y_{j1}-y_{jc}}, y_{jc}<x_{ij}<y_{j1}\\ 0, x_{ij}\geqslant y_{j1}\end{cases} \tag{5-54}$$

由此可知各站点实测浓度相对隶属度矩阵：

$$\boldsymbol{R}=(r_{ij}) \tag{5-55}$$

类似地，指标 j 第 h 级标准浓度对污染的相对隶属度矩阵可以表示为：

$$\boldsymbol{S}=(s_{jh}) \tag{5-56}$$

$$s_{jh}=\frac{y_{jh}-y_{j1}}{y_{jc}-y_{j1}} \tag{5-57}$$

矩阵 R 描述了站点的指标实测值对于污染的作用或者影响大小。矩阵 R 是确定指标权重的依据。就指标 j 而言，各站点应该给予不同权重，站点 i 相对隶属度值越大，其权重也越大[48]。对 R 按行进行归一化，得到其权重矩阵为：

$$\boldsymbol{W}=\left[r_{ij}/\sum_{i=1}^{n}r_{ij}\right] \tag{5-58}$$

考虑了权重的相对隶属度矩阵为：

$$\boldsymbol{R}_W=\left[r_{ij}^2/\sum_{j=1}^{n}r_{ij}\right] \tag{5-59}$$

由 $\boldsymbol{R}_W$ 可得归一化后的指标权向量为：

$$\overrightarrow{W}=\frac{\sum_{i=1}^{n}(r_{i1}^2/\sum_{i=1}^{n}r_{i1})}{\sum_{i=1}^{m}\sum_{j=1}^{n}(r_{ij}^2/\sum_{j=1}^{n}r_{ij})},\frac{\sum_{i=1}^{n}(r_{i2}^2/\sum_{i=1}^{n}r_{i2})}{\sum_{i=1}^{m}\sum_{j=1}^{n}(r_{ij}^2/\sum_{j=1}^{n}r_{ij})},\cdots,\frac{\sum_{i=1}^{n}(r_{im}^2/\sum_{i=1}^{n}r_{im})}{\sum_{i=1}^{m}\sum_{j=1}^{n}(r_{ij}^2/\sum_{j=1}^{n}r_{ij})} \tag{5-60}$$

（4）灰色系统方法[46]

灰色系统方法用颜色深浅表示信息完备程度，内部特征已知的信息系统为白色系统，完全未知和未确定的信息系统为黑色系统，部分已知的信息系统为灰色系统。由于环境监测数据是在有限时空中获得的，信息是不完全的，因此是一个灰色系统。以灰色关联度分析方法为例：

m 个监测站的 n 个评价因子矩阵为：

$$\boldsymbol{X}=\begin{bmatrix} x_{11},x_{12},\cdots,x_{1n} \\ x_{21},x_{22},\cdots,x_{2n} \\ \cdots \\ x_{m1},x_{m2},\cdots,x_{mn} \end{bmatrix} \tag{5-61}$$

n 种污染物的 p 类环境标准矩阵为：

$$\boldsymbol{S}=\begin{bmatrix} s_{11},s_{12},\cdots,s_{1n} \\ s_{21},s_{22},\cdots,s_{2n} \\ \cdots \\ s_{p1},s_{p2},\cdots,s_{pn} \end{bmatrix} \tag{5-62}$$

1）归一化处理

将上述两个矩阵归一化为[0，1]中的数。对于浓度越高，环境污染越重的污染物：

$$a_{jk}=\begin{cases}1, x_{jk}\leqslant s_{1k}\\ \dfrac{s_{pk}-x_{jk}}{x_{pk}-s_{1k}}, s_{pk}>x_{jk}>s_{1k}\\ 0, x_{jk}\geqslant s_{pk}\end{cases} \tag{5-63}$$

$$b_{ik}=\frac{s_{pk}-s_{ik}}{s_{pk}-s_{1k}}\quad (i=1,2,\cdots,p;k=1,2,\cdots,n) \tag{5-64}$$

对于浓度越低，环境污染越重的污染物：

$$a_{jk}=\begin{cases}1, x_{jk}\geqslant s_{1k}\\ \dfrac{x_{jk}-s_{pk}}{s_{1k}-x_{pk}}, s_{pk}<x_{jk}<s_{1k}\\ 0, x_{jk}\leqslant s_{pk}\end{cases} \tag{5-65}$$

$$b_{jk}=\frac{s_{jk}-s_{pk}}{s_{1k}-s_{pk}}\quad (j=1,2,\cdots,p;k=1,2,\cdots,n) \tag{5-66}$$

监测数据归一化为：

$$\boldsymbol{A}=\begin{bmatrix}a_{11},a_{12},\cdots,a_{1n}\\ a_{21},a_{22},\cdots,a_{2n}\\ \cdots\\ a_{m1},a_{m2},\cdots,a_{mn}\end{bmatrix} \tag{5-67}$$

环境标准向量数据归一化为：

$$\boldsymbol{B}=\begin{bmatrix}b_{11},b_{12},\cdots,b_{1n}\\ b_{21},b_{22},\cdots,b_{2n}\\ \cdots\\ b_{p1},b_{p2},\cdots,b_{pn}\end{bmatrix} \tag{5-68}$$

2）计算关联系数

取 j 监测站的样本向量 $\overline{a_j}=[a_{j1},\cdots a_{jn}]$ 为母序列，取环境标准矩阵中的行向量为子序列 $\overline{b_i}=[b_{i1},\cdots a_{in}]$，$i$=1，2，…，$p$。

关联系数计算公式为：

$$\xi_{ji(k)}=\frac{1-\Delta_{ji(k)}}{1+\Delta_{ji(k)}},\Delta_{ji(k)}=\left|b_{ik}-a_{jk}\right| \tag{5-69}$$

$$\xi_{ji}=\left\{\xi_{ji(1)},\xi_{ji(2)},\cdots,\xi_{ji(n)}\right\} \tag{5-70}$$

3）向量$\overline{a_j}$与$\overline{b_i}$的关联度为：

$$r_{ji}=\sum_{k=1}^{n}w_{jk}\xi_{ji(k)} \tag{5-71}$$

$$r_{ji}^{*}=\max\left\{r_{ji}\right\},1\leqslant j\leqslant p \tag{5-72}$$

关联度r_{ji}^{*}表示$\overline{a_j}$与$\overline{b_i}$的关联度高，表明j监测站的数据应该评为i类。

5.4.5 社会-经济-环境复合系统评价方法

对于复杂系统的研究，理论方面有一般系统论、控制论、信息论、突变论、自组与结构耗散论、协同论等，实践方面有圣菲研究所的遗传算法、演化算法、以 Agent 为基础的系统建模和应用数学等定量化研究。环境规划的社会-经济-环境复合系统现状描述、评价方法有物质流分析、能量流分析、价值流分析和能值分析等多种。

（1）灵敏度模型

灵敏度模型由德国著名生态控制论专家提出，用于定性或定量评价模型中参数误差对模型结果造成的影响。也可以这样理解，灵敏度模型可以用于确定系统中哪些参数容易在系统中产生不确定性，不确定性越大的参数，对模型的影响就越大[49，50]。

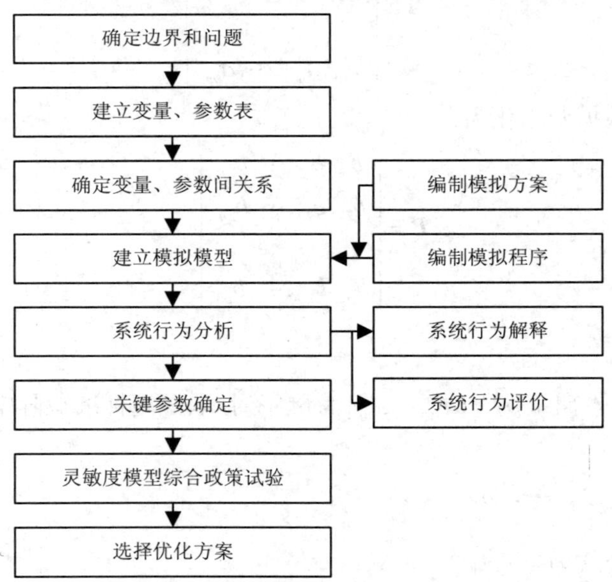

图 5-10 灵敏度分析模型建模过程[7]

灵敏度模型的分析过程和工作程序为：①确定研究区规划评价的社会-经济-环境主要问题及其边界。②筛选变量，建立参数表。③确定不同变量及其参数之间的关系。④建立灵敏度分析模型，进行分析。⑤系统行为总体解释、分析评价。⑥进行政策参数的局部灵敏度分析，确定政策调控的关键参数。⑦进行多个关键参数的全局灵敏度分析。⑧比较结果，选择优化方案[7, 51]。

灵敏度分析的优点在于虽然其模拟的是一个复杂的系统，但是不要求应用复杂的数学及控制论等知识，因为系统模拟的目的并不是建立一个封闭的模拟系统的规划设计方案来真实模拟系统在某一时刻的状态，而是分析系统各要素间的相互关系及对基本结构、功能和变化趋势的定性描述，找出系统瓦解的风险或变态的可能性信息，及哪些因素的变化（特别是规划政策方面）会使系统向稳定有利的方向发展。模型的缺点在于模拟分析过程比较复杂，对结果的解释性不强；模型构建者对复杂系统的认识未必全面和深刻；模型定量化分析可能不足。因此，期望单独靠灵敏度分析解决问题是不现实的，但是可以把其作为一个策略选择的工具[52]。

（2）系统动力学模型

20 世纪 50 年代中期，麻省理工学院教授福瑞斯特提出了系统动力学模型，利用系统论、控制论、信息论、系统力学和计算机仿真等技术来模拟系统发展变化趋势[53]。系统动力学是一门认识系统问题，解决交叉、综合的系统问题的新学科[54]。

系统动力学的建模过程为[7]：

1）系统分析：系统分析为系统动力学的第一步，主要内容包括调查收集资料数据、了解用户需求、界定系统边界、确定系统变量（内生变量、外生变量、输入变量、输出变量）、确定系统行为参考模式，变量和系统行为的确定可通过专家调查方法进行。

2）系统结构分析建模：此过程主要是分析系统反馈机制，并在此基础上建立规范的数学模型。此过程主要包括系统总体与局部反馈机制分析、系统层次与模块划分、系统变量及其相互关系定义、系统回路及其反馈关系确定、建立关系图，最终建立系统数学模型并评估参数。

3）有效性检验：在确定模型适用于所研究的问题，并与预定要描述的实际系统一致后，可用 3 个步骤检验模型的有效性：直观检验、运行检验和灵敏度分析。

4）不同策略方案设计模拟：设计不同策略方案进行模拟，对比不同策略的作用及系统的变化发展趋势。

张雪花的 SEE 复杂系统技术与环境规划方法研究定义系统动力学的工作流程为：

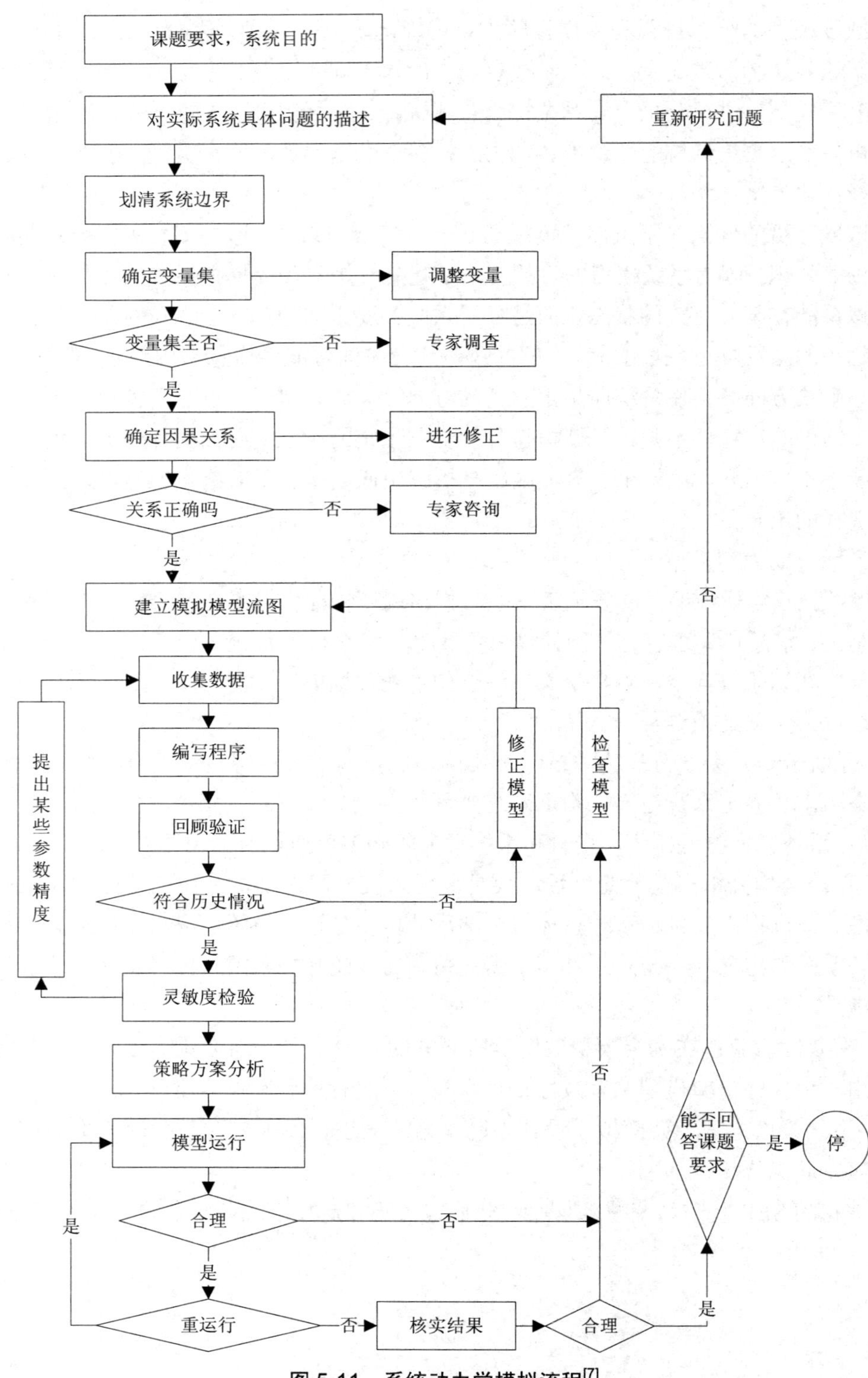

图 5-11　系统动力学模拟流程[7]

此外，还有其他一些模型用于评价社会-经济-环境复合系统，如主成分分析法、费用效益分析法、系统聚类法等。

5.4.6　环境承载力评价

环境规划要对污染治理做出安排，还要针对区域内的产业结构、经济布局、人口转移等提出方案，根据不同地区的实际情况提出总量减排方案，最终达到改善整个研究区环境质量的目的。以上方案和安排的提出，都需要依靠环境承载力为约束条件。在生态环境领域，生态足迹和碳足迹作为定量测度发展的可持续状态的可持续发展评估方法，以较为科学、完善的理论基础和精简统一的指标体系，受到广泛关注。

环境承载力由环境容量发展而来，后者由于只强调环境纳污能力，而不能全面表征环境功能，所以逐渐被环境承载量或者环境承载力取代[1]。20 世纪 70 年代末 80 年代初，西方国家在土地利用规划中广泛引入承载力的概念，后来越来越多的规划在土地承载力分析时把环境因素包括进来，产生了环境承载力的概念，并应用于环境规划[55]。

“环境承载力”是指“在一定时期与一定范围内，以及一定自然环境条件下，在维持环境系统结构不发生质的改变、环境功能不遭受破坏的前提下，环境系统所能承受人类活动的阈值”[56]。环境系统具有依靠能流、物流、负熵流来维持自身稳态、有限抵抗人类干扰、重新调整自身的能力，环境承载力即为这种能力的外在表现。由于环境承载力不仅与环境自身状态有关，还与人类活动有关，所以环境承载力的影响因素包括环境系统本底性能、人类活动、人与环境系统的耦合[57]。

环境承载力不光与环境、人类活动、人类对环境的影响有关，还与时间、空间有关。不同时间、不同空间、同一空间不同时间、同一时间不同空间、同一空间时间不同的人类活动，承载力的值都会有所不同[1]。可用下面的公式描述：

$$\text{EBC（environmental bearing capacity）}=F（T，S，E，B，R） \tag{5-73}$$

式中，T——时间；

S——空间；

E——环境要素；

B——人类经济行为的规模与方向；

R——人类活动与环境要素的相互作用关系。

环境规划中，一般时间和地区因素已经确定，所以建立环境承载力的指标体系，至少需要考虑 3 个方面的因素：①资源供给指标，包括水资源、土地资源、生物资源等。②社会影响指标，包括经济活动特别是工业活动、人口、污染治理投资、公共设施水平等。③污染容纳指标，包括污染物排放量、绿化水平等[1]。

环境承载力的定量计算方法很多，有研究总结了可用于计算承载力的方法[57]，包括：①专家调查法，通过专家咨询筛选反映承载力的指标，并请专家对各个指标打分来半定量或定量分析评价环境承载力。②层次分析法，将环境承载力系统模型化、数量化，把各要素分解为若干层次和若干要素，在各要素之间进行简单比较、计算，得出不同的方案权重，为最佳方案选择提供依据。③生态足迹分析法，用某一地区维持某一物质消费水平下的人口的持续生存必需的生态生产性土地面积作为生态足迹，来衡量这一地区的生态环境容量。④模糊综合评价法，对于边界不清楚的某些要素，可利用模糊隶属度把定性指标合理量化，然后进行综合评价。

5.4.7 生态足迹和碳足迹评价

5.4.7.1 生态足迹评价

生态足迹（ecological footprint）也称生态占用（ecological appropriation），是建立在地理学和生态学基础之上的，其定义为：生产任何已知人口（某个个人、一个城市或一个国家）所消费的所有资源和吸纳这些人口所产生的所有废弃物所需要的生产性陆地和水域总面积。也可以这样理解，生态足迹为在一定的自然可更新和再生能力（或生物承载力）条件下，关于人类对自然资源的消费量和对废物消纳量的一种计算分析方法。该术语最早由加拿大生态经济学家 William E.Rees 于 1992 年提出，后由其学生 M. Wackernagel 于 1996 年完善。各国学者在不同领域、不同时间和空间尺度进行应用和实践时对该理论和模型进行了发展和完善[58-61]。

生态足迹计算基于以下两个基本事实[62]：①人类可以确定其消费的绝大多数资源及产生的废弃物的数量。②上述资源和废弃物能转换成生物生产面积。除此之外，生态足迹法一般还基于以下几个假设[63]：①各类可用的生物生产能力不同的土地，可以折算成标准面积（单位：hm^2）。②这些土地的用途是互相排斥的，所以可以相加成为人类的消费需求。③自然生态服务供应也可以用生物生产空间表达。④生态足迹可以超越生物承载力。在生态足迹核算中，生物生产面积主要考虑化石燃料土地、可耕地、林地、草场、建筑用地和水域等类型。

目前，生态足迹评价方法主要有综合法、成分法和投入产出法等[64-66]：①综合法是 Wackernagel 最初发表的研究成果，是生态足迹的经典算法，适合国家级或者更大尺度的生态足迹计算，自上而下利用国家级的数据归纳。该方法需要许多整体性资料，尤其是有关进出口的资料，因此对于小尺度或者企业、个人不适用[67-70]。②成分法由 Simmons 等于 1998 年提出，后经 Barret 等人完善。该方法适用于对区域（省、市）、行业、公司、学校、个人生态足迹的核算，大多是以人类的衣食住行为出发点，自下而上利用当地的数据，因此对基础数据的变化很敏感[71]。成分法在欧洲使用较多，英国牛津的 BFF 公司将其注册为“Eco- Index MethodologyTM”。③1998 年，Bicknell 等将投入产出法引入生态足迹，提出土地乘子（land multiplier）概念和基于投入产出表的生态足迹模型：用部门 j 的土地乘子与其国内最终消费的乘积表示社会最终消费对部门 j 的生态空间需求，其结果不仅包含

着部门 j 自身的生产性土地，也包含着部门 j 用作中间投入的其他部门的生产性土地[72]。此外，还有生命周期法等方法。

由于综合法影响较大，因此重点介绍其核算过程[69，70，73]。

第一步，计算人均年消费量。对研究区域内的消费项目按既定类型进行划分，计算区域内第 i 项的人均年消费量值 C_i。

第二步，计算人均生态生产性土地面积。根据上述生态类型划分，计算生产各种消费项目人均生态生产性土地面积 A_i，单位为 hm^2。

$$A_i=C_i/P_i \tag{5-74}$$

P_i 为相应的生态生产性土地第 i 项消费项目的平均生产力。

第三步，计算生态足迹。汇总生产各种消费项目人均占用的各类生态生产性土地，即生态足迹组分；并计算 j 类土地的等价因子。

$$r_j=\overline{P_j}/\overline{P} \tag{5-75}$$

式中，r_j——j 类生产性土地等价因子；

$\overline{P_j}$——全球 j 类生产性土地的平均生态生产力；

$\overline{P}$——全球所有各类生态生产性土地平均生态生产力。

根据各类土地的等价因子，将生态生产性土地面积转化为全球生态生产性土地面积，然后将各类土地生态足迹进行汇总，得出区域内的人均生态足迹 ef。

$$\mathrm{ef}=\sum r_j A_i \tag{5-76}$$

最后根据研究区域人口数量 N，计算区域总生态足迹 EF：

$$\mathrm{EF}=N\cdot\mathrm{ef}=N\sum_{i=1}^{n}r_j(C_i/P_i) \tag{5-77}$$

5.4.7.2　碳足迹评价

碳足迹的概念起源于生态足迹。生态足迹用生态生产性土地面积表示，而碳足迹关注的是某项活动或某个组织所排放的温室气体量，以质量或面积表示[74]。20 世纪 90 年代中期开始，温室气体及气候变化问题引起越来越多的关注，国际上每年召开气候变化大会，围绕温室气体减排进行谈判，且达成相关的气候协议。碳足迹评价方法作为一种将商品在生命周期中造成的温室气体排放进行量化的方法，在学术界也受到越来越多的关注。WRI（世界资源研究所）/WBCSD（世界可持续发展工商理事会）认为碳足迹包含 3 个层面[75-78]：①来自机构自身的直接碳排放。②将边界扩大到为该机构提供能源的部门的直接碳排放。③包括供应链全生命周期的直接和间接碳排放。

根据生产方式或重要性程度，碳足迹可以分为第一碳足迹和第二碳足迹。前者又称主要碳足迹、直接碳足迹，指燃料燃烧和交通运输（例如汽车、飞机）的化石燃料燃烧所直接排放的CO_2以及其他温室气体的总量；后者又称次要碳足迹、间接碳足迹，指人类所使用的某个产品或某项服务在生产、使用、维修、回收、销毁等整个生命周期内，释放出的 CO_2 及其他温室气体的总量[79, 80]。按应用层次类型可将碳足迹分为个人碳足迹、产品碳足迹、企业碳足迹和国家碳足迹。个人碳足迹是指每个人在日常生活中衣、食、住、行直接或间接排放的CO_2及其他温室气体的量；产品碳足迹指产品在其整个生命周期内的各种温室气体排放量；企业碳足迹包括其产品碳足迹的总和，还包括非生产性活动，如相关投资、企业管理等的温室气体的排放量；国家碳足迹应着眼于整个国家的物质与能源消耗所产生的温室气体的排放量[81-84]。以产品碳足迹为例，国际上常用的评价规范是由英国标准化机构 BSI 联合英国碳基金会与英国政府于 2008 年 10 月联合发布的一项公共可用规范——PAS（Publicly Available Specification） 2050，即“产品和服务在生命周期内的温室气体排放评价规范”，亦即俗称的“碳足迹规范”。该规范中的碳足迹评价包括 9 个步骤：①选择适宜产品。②确定适宜的评价对象。③确定产品/服务碳足迹的评价模式。④确定评价产品/服务生命周期内温室气体排放的系统边界。⑤数据的收集。⑥共生产品的分配问题。⑦碳足迹评价的计算。⑧不确定性检查；⑨符合性声明的编写[85]。

碳足迹计算方法很多，常用的主要有生命周期法（Life Assessment，LCA）、投入产出法（Input-Output，I-O）、混合生命周期法、《2006 年 IPCC 国家温室气体清单指南》计算方法、碳足迹计算器法等[79, 86-91]。

（1）生命周期法[86, 88, 92]

生命周期法是评估一种产品在整个生命周期或服务的整个活动过程中所有投入及产出对环境造成影响的方法，又称过程分析法。该方法是一种自上而下的方法，通过计算一项产品在生产、使用、废弃及回收再利用等各阶段造成的环境影响（包括能源使用、资源消耗、污染物排放等），进而计算研究对象全生命周期的碳排放。生命周期法核算碳足迹包括两个关键步骤：一是确定系统边界，即确定整个生命周期的直接和间接产生碳排放的活动；二是收集数据，包括生命周期涵盖的所有物质或活动的数量和温室气体排放因子（即单位物质或能量所排放的温室气体当量）。

生命周期法存在边界过窄问题，即只有直接的和少数间接的影响被考虑在内，结果可能存在截断误差；由于其为自下而上的评价方法，若要获取详细的生产周期清单数据，投入的人力、物力资源较大。

（2）投入产出法[93-95]

该方法利用投入产出表进行计算，通过平衡方程反映初始投入、中间投入、总投入与中间产品、最终产品、总产出之间的关系。Matthews 等在 I-O 法的基础上，结合生命周期评价方法建立了经济投入—生命周期评价模型，使其计算更简洁，计算结果相对更准确。投入产出法可用于工业部门、企业等碳足迹的评估。由于只能得到行业数据，而无法获取产品的情况，因而不能计算单一产品的碳足迹；该方法难以准确反映进口产品或资本商品的温室气体排放量，具有一定的局限性。投入产出法主要通过编制投入产出表及建立相应的数学模型，反映经济系统各个部门（产业间）的关系。

结合各部门的温室气体排放数据，投入产出法可用于计算各部门为终端用户生产产品或提供服务而在整个生产链上引起的温室气体排放量：

$$B=b(I-A)Y \tag{5-78}$$

式中，B——各部门为满足最终需求 Y 而引起的温室气体排放量，包括直接和间接排放；

b——各部门温室气体排放因子矩阵；

I——单位矩阵；

A——直接消耗系数矩阵；

Y——最终需求向量。

（3）混合生命周期法

该方法结合投入产出法及生命周期法的优点，将两者整合在同一分析框架内。混合法在实践中对研究人员的理论要求较高，目前运用混合法核算碳足迹的研究不多。不过随着该方法的不断推广和完善，未来利用混合法核算碳足迹的研究会逐渐增多。混合法的计算公式为：

$$B'=\begin{bmatrix}\tilde{b}\,0\\0\,b\end{bmatrix}\begin{bmatrix}\tilde{a} & M\\L & I-M\end{bmatrix}^{-1}\begin{bmatrix}k\\0\end{bmatrix} \tag{5-79}$$

式中：B'——评价对象的温室气体排放量；

$\tilde{b}$——微观系统的直接排放系数矩阵；

$\tilde{a}$——技术矩阵，表示对象在生命周期各阶段的投入与产出；

L——宏观经济系统向评价对象所在的微观系统的投入，与投入产出表中的特定部门相关联；

M——分析对象所在的微观系统向宏观经济系统的投入；

k——外部需求向量。

b、I 及 A 的含义同式（5-78）。

（4）IPCC 方法[87]

该方法由 IPCC 创立，主要用于不同尺度区域碳足迹的估算，将研究区域分为能源、工业、农林和土地利用变化、废弃物四大部门。其计算公式为：碳排放量=活动数据×排放因子。此方法可用于评估区域碳足迹，但只能从生产角度计算区域内的直接碳足迹，不能从消费角度计算隐含的碳足迹，具有一定的局限性。由于区域内存在温室气体的消费因素（主要是绿色植物），因此区域碳足迹需要将呼吸作用抵消：

$$CF=\sum_{i=1}^{n}\frac{CE_i}{CU}\quad (i=1,2,3,\cdots,n) \tag{5-80}$$

式中，CF——总“碳足迹”；

CE_i——温室气体排放量；

CU——森林温室气体吸收力；

i——温室气体产生类型。

人均碳足迹也可以表征不同区域碳排放情况。

$$cf=CF/N \tag{5-81}$$

式中，cf——人均“碳足迹”；

N——研究区内总人口数。

（5）碳足迹计算器

该方法常用来计算个人、家庭或运输工具 CO_2 排放量，是网络上的碳足迹计算软件，计算方法简单，便于理解。但是由于不同碳足迹计算器的复杂程度和包含的项目不同，计算结果差别大，甚至相互矛盾。具有一定的局限性。

参考文献

[1] 刘建秋. 环境规划[M]. 北京：中国环境科学出版社，2007.

[2] 尹丹宁. 区域生态环境规划技术方法的研究——以海南省为例[D]. 长春：东北师范大学，2006.

[3] McHarg I L，Mumford L. Design with nature[M]. New York：American Museum of Natural History，1969.

[4] Rose，Gillian. Hegel Contra Sociology[M]. London：The Athlone Press，1981.

[5] Ian L. McHarg. Human ecological planning at Pennsylvania[J]. Landscape Planning，1981，8(2)：109-120.

[6] Barrett J，ScottA. The Ecological Footprint A Metric for Corporate Sustainability [J]. Corporate Environmental Strategy，2001，8（4）：316-325.

[7] 张雪花. SEE 复杂系统技术与环境规划方法研究[D]. 天津：天津大学，2007.

[8] 郭梅，许振成，彭晓春，等. 基于主体功能区的环境规划战略研究[J]. 改革与战略，2010，26（3）：105-108.

[9] 郭怀成. 环境规划方法与应用[M]. 北京：化学工业出版社，2006.

[10] 周丽梅，林有和，周春梅. 城市环境规划的原则和方法[J]. 工业技术经济，1990（6）：38-41.

[11] 国家环保局计划司. 环境规划指南[M]. 北京：清华大学出版社，1994.

[12] 尚金城. 城市环境规划[M]. 北京：高等教育出版社，2009.

[13] Tong C. Review on environment al indicator research [J]. Research on Environmental Science，2000，13（4）：53-55.

[14] 邱微，赵庆良，李崧，等. 基于”压力-状态-响应”模型的黑龙江省生态安全评价研究[J]. 环境科学，2008，29（4）：1148-1152.

[15] 郭海丹，邵景力，谢新民，等. 基于压力-状态-响应模型的城市水资源承载力研究[J]. 水资源保护，2009，25（2）：46-49.

[16] 马晓明. 环境规划理论与方法[M]. 北京：化学工业出版社，2004.

[17] 彭本红. 基于复杂系统方法论的区域生态环境可持续发展研究[D]. 南宁：广西大学，2003.

[18] 张仲生. 环境规划的编制程序与方法[J]. 环境科学丛刊，7（10）：7-12.

[19] 刘人和，姜凤兰，张义生，等. 区域环境规划的内容和指标体系[J]. 环境科学研究，1989（6）：14-18.

[20] 姚鑫. 城市景观照明总体规划的调查、研究过程与方法探索[D]. 天津：天津大学. 2007.

[21] 徐忠民，赵春城. 抽样调查在水利规划中的应用[J]. 吉林水利，2003（10）：11-12.

[22] 孟淑英，管海晏，赵磊，等. 煤矿环境遥感调查技术研究[J]. 神化科技，2012，10（4）：17-21.

[23] 房春生，王菊，董德明，等. 建设项目社会经济评价方法探讨[J]. 环境科学动态，2001（3）：4-6.

[24] 谢国胜. 城市轨道交通建设规划社会经济评价编制内容初探[J]. 中国工程咨询，2005（8）：23-24.

[25] 曾博. 农村公路建设项目社会经济评价指标体系及方法研究[D]. 西安：长安大学，2009.

[26] 绍红. 包头市生态调控方法与生态环境规划研究[D]. 西安：西安建筑科技大学，2004.

[27] 卜兆宏，卜宇行. 用定量遥感方法监测 UNDP 试区小流域水土流失研究[J]. 水科学进展，1999，10（1）：31-36.

[28] 江洪. 长汀县水土流失遥感监测及其生态安全评价[D]. 福州：福州大学，2005.

[29] 赵会贞. 花岗岩强度水土流失区不同治理措施的生态效益评价[D]. 福州：福建农林大学，2010.

[30] 余坤勇，刘健，赖日文，等. 基于 3S 技术的闽江流域水土流失定量评价[J]. 中南林业科技大学学报，2009，29（4）：54-58.

[31] 马晓. 基于 GIS 的黄河水土流失评价预测模型研究[D]. 郑州：解放军信息工程大学，2009.

[32] 张芸香，郭晋平. 森林景观斑块密度及边缘密度动态研究——以关帝山林区为例[J]. 生态学杂志，2001，20（1）：18-21.

[33] 何念鹏，周道玮，吴泠，等. 人为干扰强度对村级景观破碎度的影响[J]. 应用生态学报，2001，12（6）：897-899.

[34] 常凤池，缪燕江，王支农. 区域生态环境评价中宏观评价指标和工作方法简介[J]. 矿产与地质，2004，18（1）：59-61.

[35] 赵小娟，王长委，胡月明，等. 基于 GIS 的沿海局地景观格局变化研究[J]. 安徽农业科学，2011，39（17）：10587-10590.

[36] 朱洪芬. 基于 MODIS 遥感的江苏省景观格局[J]. 资源环境与发展，2009（1）：39-41.

[37] 布仁仓，胡远满，常禹. 景观指数之间的相关分析[J]. 生态学报，2005，25（10）：2764-2775.

[38] 冯湘兰. 景观格局指数相关性粒度效应研究——以西洞庭湖区为例[D]. 长沙：中南林业科技大学，2010.

[39] 陈顶利，傅伯杰. 黄河三角洲地区人类活动对景观结构的影响分析[J]. 生态学报，1996，16（4）：337-344.

[40] 傅伯杰. 黄土区农业景观空间格局分析[J]. 生态学报，1995，15（2）：336-341.

[41] 郭程轩，徐颂军，巫细波. 佛山市景观格局变化及其动力梯度分析[J]. 水土保持通报，2011，31（1）：238-243.

[42] 刘世薇，周华荣，黄世光，等. 喀什地区景观格局时空演变及驱动力分析[J]. 干旱地区农业研究，2011，29（1）：210-218.

[43] 王秀兰，包玉海. 土地利用动态变化研究方法探讨[J]. 地理科学进展，1999，18（1）：81-87.

[44] 杜栋，庞庆华，吴炎. 现代综合评价方法与案例精选[M]. 北京：清华大学出版社，2008.

[45] 中国大百科全书编委会·中国大百科全书（环境科学）[M]. 北京：大百科全书出版社，1983.

[46] 华玉之，李清雪. 环境质量评价方法简介[J]. 河北煤炭建筑工程学院学报，1996（3）：19-22.

[47] 赵瑛琪，邢上晖. 城市环境质量评价的模糊数学方法[J]. 河北煤炭建筑工程学院学报，1996（3）：99-103.

[48] 陈守煌. 水利水文水资源系统的模糊、优化与数值计算[M]. 大连：大连理工大学出版社，1989.

[49] Hongyi Chen，Dundar F. Kocaoglu. A sensitivity analysis algorithm for hierarchical decision models[J]. European Journal of Operational Research，2008（185）：266-288.

[50] 徐崇刚，胡远满，等. 生态模型的灵敏度分析[J]. 应用生态学报，2004，15（6）：1056-1062.

[51] 钱学森. 论系统工程[M]. 长沙：湖南科技出版社，1988.

[52] 吕永龙，王如松. 城市生态系统的模拟方法：灵敏度模型及其改进[J]. 生态学报，1996，16（3）：308-313.

[53] 卢昌均，玄慧颖. 利用系统动能学建立可行性分析模型[J]. 大连海事大学学报，2006，32（2）：59-61.

[54] 王其藩. 系统动力学[M]. 北京：清华大学出版社，1988.

[55] 陈燕. 环境承载力分析方法在嵩明县工业布局规划中的应用[J]. 云南环境科学，1998，17（4）：6-8.

[56] 曾维华，王华东，薛纪渝，等. 环境承载力理论及其在湄洲湾污染控制规划中的应用[J]. 中国环境科学 1998，18（Suppl.）：70-73.

[57] 周堃. 规划环境影响评价中环境承载力研究及实例分析[D]. 合肥：合肥工业大学，2010.

[58] Barrett J，ScottA. The Ecological Footprint A Metric for Corporate Sustainability [J]. Corporate Environmental Strategy，2001，8（4）：316-325.

[59] Ferguson A R B. The logical foundations of ecological footprints [J]. Environment Development and Sustainability，1999，1（2）：149-156.

[60] Hunter C. Sustainable tourism and the touristic Ecological footprint [J]. Environment Development and Sustainability，2002，4（1）：7-20.

[61] Haberl H，Wackernagel M，Krausmann F，et al. Ecological footprints and human appropriation of net primary production： a comparison [J]. Land Use Policy，2004，21（3）：279-288.

[62] 梁春玲. 基于生态足迹模型的黄河三角洲可持续发展动态评估[J]. 国土与自然资源研究，2012（3）：45-47.

[63] 方恺，董德明，沈万斌. 生态足迹理论在能源消费评价中的缺陷与改进探讨[J]. 自然资源学报，2010，25（6）：1013-1021.

[64] 金书秦，王军霞，宋国君. 生态足迹法研究述评[J]. 环境与可持续发展，2009（4）：26-28.

[65] 刘云南. 生态足迹理论在生态市建设规划中的应用——以海口市为例[J]. 生态学报，2007，27（5）：2012-2020.

[66] 王书玉. 基于生态足迹理论的县域生态经济系统评价[D]. 南京：南京农业大学，2006.

[67] Wackernagel M，Chad M，Erb KH. Ecological footprint time series of Austria，the Philippines，and South Korea f or 1961-1999：Comparing the convent ional approach to-actual land area. approach[J]. Land Use Policy，2004，21（3）：261-269

[68] Wackernagel M，Monfreda C，Moran D，et al. National footprint and biocapacity accounts 2004：the underlying calculation method [EB/OL]. From：www. footprintnetwork. org 2004Wackernagel M & Rees W. Our ecological footprint：Reducing human impact on the Earth[M]. Gabriola Island，BC，Canada：New Society Publisher，1995

[69] Wackernagel M，Onisto L，Bello P，et al. National natural capital accounting with the ecological footprint concept [J]. Ecological Economics，1999，29（3）：375-390

[70] Wackernagel M，Rees W E. Our ecological footprint：Reducing human impact on the Earth [M]. Gabriola Island：New Society Publishers，1996

[71] Simmons C，Lewis K，Barrett J. Two feet- two approaches：A component-based model of ecological foot printing [J]. Ecological Economics，2000，32（3）：375-350

[72] 龙爱华，张志强，苏志勇. 生态足迹评介及国际研究前沿[J]. 地球科学进展，2004，19（6）：971-981.

[73] 杨开忠，杨咏，陈洁. 生态足迹分析理论与方法[J]. 地球科学进展，2000，15（6）：630-636.

[74] 计军平，马晓明. 碳足迹的概念和核算方法研究进展[J]. 生态经济，2011（4）：76-80.

[75] WRI. The greenhouse gas protocol：a corporate accounting and reporting standard（Revised Edition）[M]. Geneva，Switzerland：World Business Council for Sustainable Development and World Resource Institute，2004.

[76] Larsen H N，Hertwich E G. The case for consumption-based accounting of greenhouse gas emissions to promote local climate action [J]. Environmental Science & Policy，2009，12（7）：791-798.

[77] Matthews H S，Hendrickson C T，Weber C L. The importance of carbon footprint estimation boundaries [J]. Environmental Science & Technology，2008，42（16）：5839-5842.

[78] Barthelmie R J，Morris S D，Schechter P. Carbon neutral biggar：Calculating the community carbon footprint and renewable energy options for footprint reduction [J]. Sustainability Science，2008，3（2）：267-282.

[79] 王微，林剑艺，崔胜辉，等. 碳足迹分析方法研究综述[J]. 环境科学与技术，2010，33（7）：71-78.

[80] 孙瑞红. 基于碳排放清单的九寨沟自然保护区碳足迹及碳管理研究[D]. 上海：上海师范大学，2013.

[81] 石敏俊，王妍，张卓颖，等. 中国各省区碳足迹与碳排放空间转移[J]. 地理学报，2012，67（10）：1327-1338.

[82] Piecyk M I，McKinnon A C. Forecasting the carbon footprint of road freight transport in 2020[J].

Production Economics，2010（128）：31-42.

[83] Brown M A，Southworth F，Sarzynski A. The geography of metropolitan carbon footprints[J]. Policy and Society，2009（27）：285-304.

[84] Kenny T，Gray N F. Comparative performance of six carbon footprint models foe use in Ireland[J]. Environmental Impact Assessment Review，2009（16）：1-6.

[85] 袁欣梅，黄胜岳. 碳足迹评价九步骤[J]. 认证技术，2011（10）：58-59.

[86] Curran M A. Environmental life-cycle assessment [M]. New York：McGraw-Hill，1996.

[87] IPCC. Guidelines for National Greenhouse Gas Inventories[R]. 2006.

[88] ISO. Environmental management - life cycle assessment：principles and framework（iso 14040）[R]. 2006.

[89] Kenny T，Gray N F. Comparative performance of six carbon footprint models for use in Ireland[J]. Environmental Impact Assessment Review，2009（29）：1-6.

[90] Suh S，Huppes G. Methods for life cycle inventory of a product [J]. Journal of Cleaner Production. 2005，13（7）：687-697.

[91] Wiedmann T. Editorial：carbon footprint and input–output analysis - an introduction [J]. Economic Systems Research，2009，21（3）：175-186.

[92] Lenzen M. Errors in conventional and input-output-based life-cycle inventories [J]. Journal of Industrial Ecology，2001，4（4）：127-148.

[93] Leontief W. Input-output economics [M]. New York：Oxford University Press，1986.

[94] Leontief W. Environmental repercussions and the economic structure：an input-output approach [J]. The Review of Economics and Statistics，1970，52（3）：262-271.

[95] Miller R E，Blair P D. Input-output analysis：foundations and extentions [M]. Englewood Cliffs，New Jersey：Prentice Hall，1984.

第 6 章　环境规划的分区方法

环境分区是世界各国普遍采用的环境管制手段，也是环境规划的重要基础环节。环境规划分区是在环境现状评价，特别是在环境承载力评估的基础上，按照环境功能区研究制定分区分类的环境规划目标、总量控制目标分解、规划任务和工程落地、环境政策措施以及环境管理考核等过程。环境规划分区主要包括环境功能区划和环境管理分区等。本章主要介绍环境功能区划、生态功能区划、流域控制单元划分等区划技术与应用。

6.1　环境区划

环境区划的目的是保护和改造环境，合理利用资源和能源，为环境规划、环境污染治理和环境管理提出差别化、区域化、精细化的方案和政策。环境区划是一个国家或地区经济发展规划和环境保护规划的基础，可为实现区域产业结构布局合理化、生态环境得到有效保护、环境容量得到合理利用、群众健康得到安全保障提供支持[1, 2]。目前，我国绝大部分环境规划都涉及环境区划。

6.1.1　区划与环境区划

6.1.1.1　区划的概念与体系

区划是以科学认识区划对象、为经济建设和社会发展服务为目的，根据特定目标和技术方法将区域对象整体进行分区的过程和结果[2]。区划中最常见的地理区划是依照一定的参照及标准对地理区域空间进行划分[3]。我国地理区划的研究主要分为综合区划和部门区划两种类型。综合区划包括主体功能区划、自然综合区划等涉及社会-经济-自然复合系统的区划；部门区划主要以部门要素为主进行划分，有农业区划、经济区划、林业区划、环境区划等。地理区划不但是一项独立的科学研究工作，也可以作为规划的基础性工作。

传统上，区划强调覆盖整个地理区域，也就是要求区划具有“无缝性”。例如，我国的自然区划、农业区划就要求在全国整个陆域上进行，更多地考虑自然条件和科学性。区划的“无缝性”原则提出了区域与行政区划、不同层面区划（如国家和省市区）之间协调的技术问题，而且这种协调目前在很大程度上是一个难题。在我国制定全国主体功能区规划时，最初的要求是在全国陆域上完成主体功能区划。但由于主体功能区划有“落地”的要求，特别是主体功能区落实到行政区域上就出现了许多技术和政治上的问题，因此，主体功能区划最后放弃了原先的“无缝性”要求，变成了一个全国主体功能区规划，也就是对重要的四种主体功能区进行“斑块式”的规划。

6.1.1.2 环境区划的概念和特点

环境区划是区划的一个分支。环境区划是为了协调经济发展与环境之间的矛盾，保护人类的身体健康，根据主要环境问题的空间分异，在综合了各个环境要素、资源要素、社会要素以及经济要素的基础上，对区域环境功能、环境保护目标、区域环境质量和环境管理要求判断分区，对区域进行整体分区的过程及其结果[2]。

环境区划是环境规划中的一种综合区划类型。综合区划指综合各主导要素或成分对某一区域进行的空间划分，对象是地域综合体，如主体功能区划、环境区划等。与之相对的部门区划针对性更强，应用更具体，其主要是以区域中单一主导要素或成分为对象进行的区划。

环境区划也是一种区域区划。区域区划主要是根据一定的目的，将相似的地理单元进行合并，将不同的地理单元进行分异，从而将研究区域划分为不同分区，区域区划便于辨异和表达区域单元的独特性。与之相对的类型区划侧重于对每种类型进行描述和指标确定，形成不同种类分区[2]。

环境区划是一种基础性和功能性区划。与规划相比，功能区划一般具有基础性、约束性和长期性等特点，是编制相关规划的依据。环境区划是环境规划的基础以及核心内容，同时也是环境影响评价、环境管理的基础，是污染物控制、环境分区管理的基础。

环境区划是人与自然的综合研究。与一般的专项区划相比，其综合考虑了社会、经济、环境三方面的因素，不但注重空间区域的自然特征和环境特征，还充分考虑了现状社会经济活动对环境的干扰和影响[4, 5]。

6.1.1.3 环境区划与其他区划的关系

（1）与环境功能区划的关系[2]

环境区划包含三部分，分别为环境功能区划、环境目标分区和环境管理分区，三者相辅相成，共同构成环境区划的有机整体。环境功能区划是以环境功能差异为导向进行的区域划分，是制定环境保护目标和明确环境管理措施的基础和依据，即为环境目标分区和环境管理分区的基础和依据。由此可知，环境功能区划为环境区划的一部分，是环境区划的基础性工作；环境区划中的环境目标分区为环境功能区划制定不同等级的目标要求，同时为环境功能区划反馈功能划定中合理与否等信息，使环境功能区划更趋合理；环境管理分区主要是以环境科学管理为导向进行区域划分，可促进不同环境功能间的协调管理和环境目标的实现。

（2）与部门区划和专业区划的关系

环境区划是研究生态环境问题的专业区划，主要强调改善区域环境质量、维护生态环境安全，其最终目的是实现环境-经济-社会发展相协调。这其中，必不可少的要涉及经济、社会等要素，而且与农业、林业、自然资源密切相关。所以环境区划研究过程中，要以自然区划、农业区划、林业区划等为基础，与之相互制约，还要参考经济、社会发展现状及发展趋势。而其他专业的区划，如经济区划、农业区划、林业区划等，也都会涉及生态环境问题，环境区划对这些区划形成指导作用，是其制定的重要基础。

6.1.1.4　环境区划的研究进展

在工业化的进程中，环境问题日益突出。分区管制也成为国际上普遍采用的一种管控方式。19 世纪末 20 世纪初，德国对私人土地进行综合管理的区划模式是较早的空间区划。随后，被引入纽约市并成为区划条例。特别是在 1923 年标准州区划授权法案和 1926 年欧几里得区划合法判例推动下，传统区划在美国迅速普及。“二战”后，新的区划类型和区划控制指标层出不穷，但是单独环境区划方面的研究较少，而主要集中在自然区划、生态区划应用方面。20 世纪 70 年代美国生态学家 Bailey 提出真正意义上的生态区划方案后，各国学者对相关区划原则、指标体系、区划方法方面的研究逐渐增多。进入 21 世纪，美国颁布了水环境生态功能分区，欧盟颁布了《水框架指令》，分别对水环境实施分区控制和综合管理。这是目前欧盟最典型的环境区划的实践。随着生态系统服务管理的强化，体现在自然保护区、生物多样性等方面的生态分区在国际和国家层面上都得到了应用。

我国环境区划始于国家“八五”科技攻关课题。在此期间，原国家环保总局组织相关研究单位分别对环境区划的原则、指标体系、区划方法等进行了研究。“九五”开始，清华大学、环境保护部环境规划院、中科院生态环境研究中心、中国环境科学研究院先后对“两控区”划分、水环境功能区划、水功能分区、生态功能区划等工作进行了研究，其中水环境功能区划和生态功能分区取得了应用性的成果[2]。通过知网检索“环境区划”为标题的文献，与本书相关的约有 40 篇，其中半数研究时期都为 1995 年及以前，2000 年后的文献非常有限。可见“八五”时期是我国环境区划研究的高峰期之一。这段时间的研究理论体系不太成熟，研究方法相对比较单一，多为半定量的方法，总体上还处于摸索阶段。

目前，我国环境区划主要集中在单要素的功能区划方面，在区域层面上以协调环境保护和经济社会发展、制定环境管理措施为目的的综合性环境区划研究较少。环境区划主要作为环境规划组成部分，单独基于宏观层面，以环境保护、自然资源利用、社会经济发展为基础，为其他部门区划提供参考的国家层面的环境区划较少。但是，随着“十一五”以来环境保护区域化和差异化需求的提出，2006 年国务院《关于落实科学发展观　加强环境保护的决定》、2011 年国务院《关于加强环境保护重点工作的意见》、《国家环境保护“十一五”规划》、《国家环境保护“十二五”规划》等文件，都明确提出了编制和实施环境功能区划的部署和要求。为此，环境保护部组织开展了综合性环境区划，特别是环境功能区划的技术与应用研究。

环境保护部环境规划院自 2009 年开始牵头开展了“国家环境功能区划关键技术与应用研究”项目，完成了环境功能基础评估、环境功能区划体系建立、环境功能区划技术与方法制定、全国环境功能区划方案和控制导则研究、环境要素管理导则编制、环境红线管控体系制定、环境功能区划信息管理系统开发、省级区划编制试点等 8 项成果，在环境功能界定与划分、环境功能综合评价、红线管控体系规划、基于区划的环境管理体系以及空间信息分析与系统集成等方面取得了技术突破。研究成果对于落实主体功能区战略、优化国土开发空间格局、实施差异化环境管理、保障生态环境安全和推进生态文明建设提供了技术支撑和依据。目前，该项研究成果在全国 13 个省市区试点中得到了全面应用。

6.1.2 环境区划的原则与体系

6.1.2.1 环境区划原则

（1）区域的相似性与差异性[6]

根据地理学地域分异规律，同一区划单元内的地理要素存在着相似性，不同单元内的要素存在着地域差异性。自然环境是环境演变的基础，也是人类生存发展的必要条件，制约着环境的发展和人类的活动方式。环境区划单元内的环境质量、环境结构和环境功能也应该具有相似性，不同单元之间具有差异性。

（2）综合性和主导性相结合

环境、自然生态、自然资源、社会、经济方面的因素相互作用、相互影响，共同构成了环境区划的要素体系，所以环境区划要考虑不同要素的综合作用。但是，不同地区主导要素不同，在不同地区、不同时间其作用也不同，所以要从整体出发，寻找环境区划的支配性因素，这样才能通过少量指标反映环境本质、反映主要的环境功能和管理要求。

（3）自然界线与行政区界相结合

环境区划可以以自然界线进行单元划分，特别是水环境功能区划、生态环境功能区划等功能区划。但是，为了方便管理和环境区划落地，环境目标和管理措施的制定一般又以行政区界为界线。所以，环境区划在以自然界线为边界进行单元划分时，还要考虑行政区界的完整性和地区的连片性。

（4）科学性和可操作性相结合

区划指标的物理意义要明确，要保证指标数据的可靠性、准确性。但是，指标选取要确保指标数据的可获得性，不能为了全面而选取无法通过统计、监测、调查获得数据的指标。而且，不同层面上的环境区划对科学性和可操作性的要求又有很大的差异。因此，一般情况下要针对不同层面和区域制定环境区划的指标体系以及评估数据的收集方案。

6.1.2.2　环境区划体系

环境区划体系由环境功能区划、环境目标分区、环境管理分区 3 个部分组成。

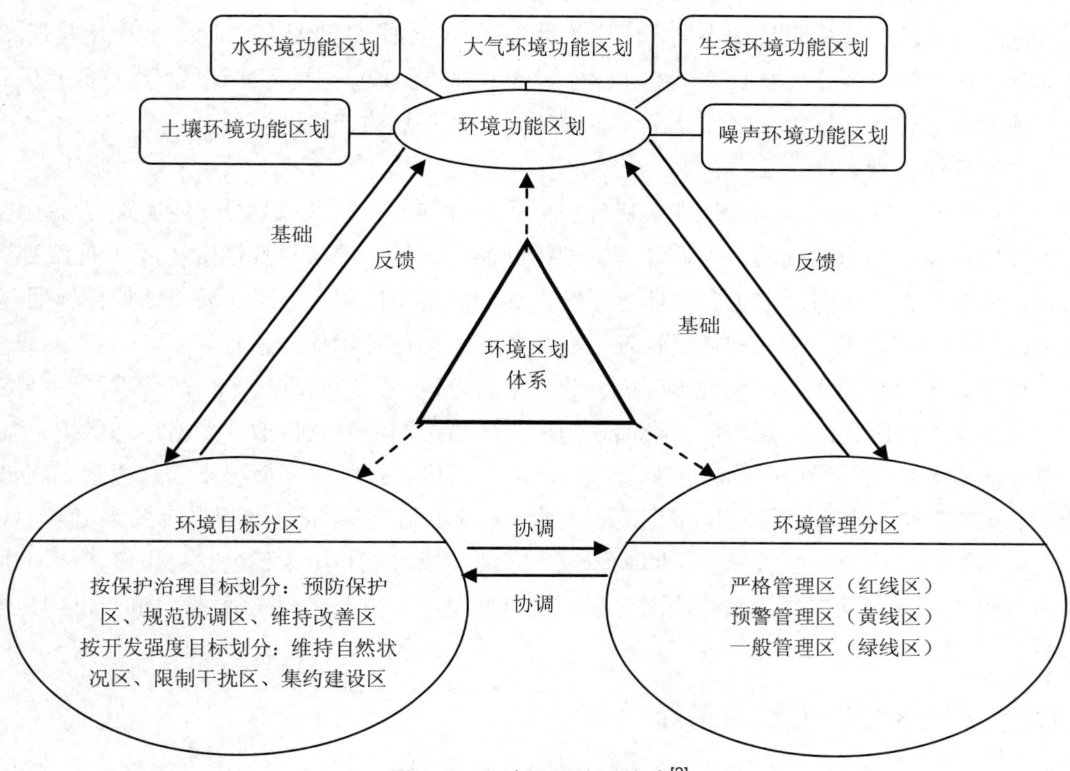

图 6-1　环境区划体系构成[2]

（1）环境功能区划

环境功能区划是依据不同地区在经济结构、环境状态、使用功能上的差异，以及社会经济发展需要，对区域进行的空间划分。环境功能区划重点考虑了自然特征及环境的地区差异，还充分考虑了社会经济对环境的干扰和影响，是集结构性和功能性于一体的区划形式。环境功能区划不但是环境目标分区和环境管理分区的基础，也是环境规划、环境影响评价等的基础平台，为产业布局、经济结构调整提供了基本的空间依据。

根据不同的划分标准，环境功能区划可以划分为不同类型。从要素的角度来看，不同的环境要素对应着不同的环境功能区划，主要有水环境功能区划、大气环境功能区划、生态环境功能区划、土壤环境功能区划、噪声环境功能区划；从空间尺度来看，地域空间可以分为不同类型，从大的尺度看，有国家层面、区域/流域层面，从小一点的层面看，有城市层面，更小一点，有社区/农村层面。不同的空间尺度的功能区划，都存在着若干不同环境要素的功能区划方案。

（2）环境目标分区

环境目标分区是以环境保护目标为导向的空间区域划分类型。环境目标分区是在环境功能分区的基础上进行的，以之为依据进行环境保护目标设定，同时把目标分区中的信息反馈给环境功能区划，以使其更加科学和合理。

根据要实现的环境目标的不同，环境目标分区分为保护治理环境目标分区和开发强度目标分区两大类，其中保护治理环境目标分区分为预防保护区、规范协调区、维持改善区；开发强度目标分区包括维持自然状况区、限制干扰区和集约建设区。

（3）环境管理分区

环境管理分区是以环境管理和解决环境问题为导向的空间区域划分。环境管理分区也是以环境功能区划为基础的，并把环境管理措施制定过程中的信息反馈给环境功能区划；同时，环境管理措施的制定也要与环境保护目标的确定相协调，不同的环境保护目标配套合适的环境管理措施，不同的环境管理措施服务于不同的环境保护目标。

根据环境保护要求，环境管理分区分为严格管理区、预警管理区、一般管理区。严格管理区，即红线区，区内要加大污染治理力度、严格控制污染物排放、严格生态保护，禁止或停止有害环境的经济行为；预警管理区，即黄线区，指区域环境污染已经达到较高水平，环境容量利用接近极限，生态环境处于预警或者限制状态，区内要严格审批新建项目，严格环境影响评价；一般管理区，即绿线区，区内环境容量利用未超过允许限度，环境质量相对较好，可在国家政策允许范围内实行重点开发，大力发展绿色经济，同时加强环境保护。

6.1.3 环境区划的方法与指标

6.1.3.1 环境区划步骤

环境区划的步骤如下：①在环境区划的目的和原则指导下，进行环境、资源、社会、经济现状背景方面的调查。②根据调查资料，构建指标体系。③分析区域环境背景、环境要素质量状况、环境功能特点，并据此提出环境功能分区格局。④根据环境主体功能差异提出分类控制目标。⑤根据区域发展的环境制约因素，空间分异规律和资源、社会、经济发展情况提出不同功能区的管理引导分区。在进行分类控制目标的制定（环境目标分区）和管理引导分区（环境管理分区）时要注意以环境功能分区为基础，及时把环境功能分区中不合理的信息或者无法满足目标分区及管理措施制定的信息反馈给环境功能分区，三类分区做好协调。区划流程如图 6-2 所示。

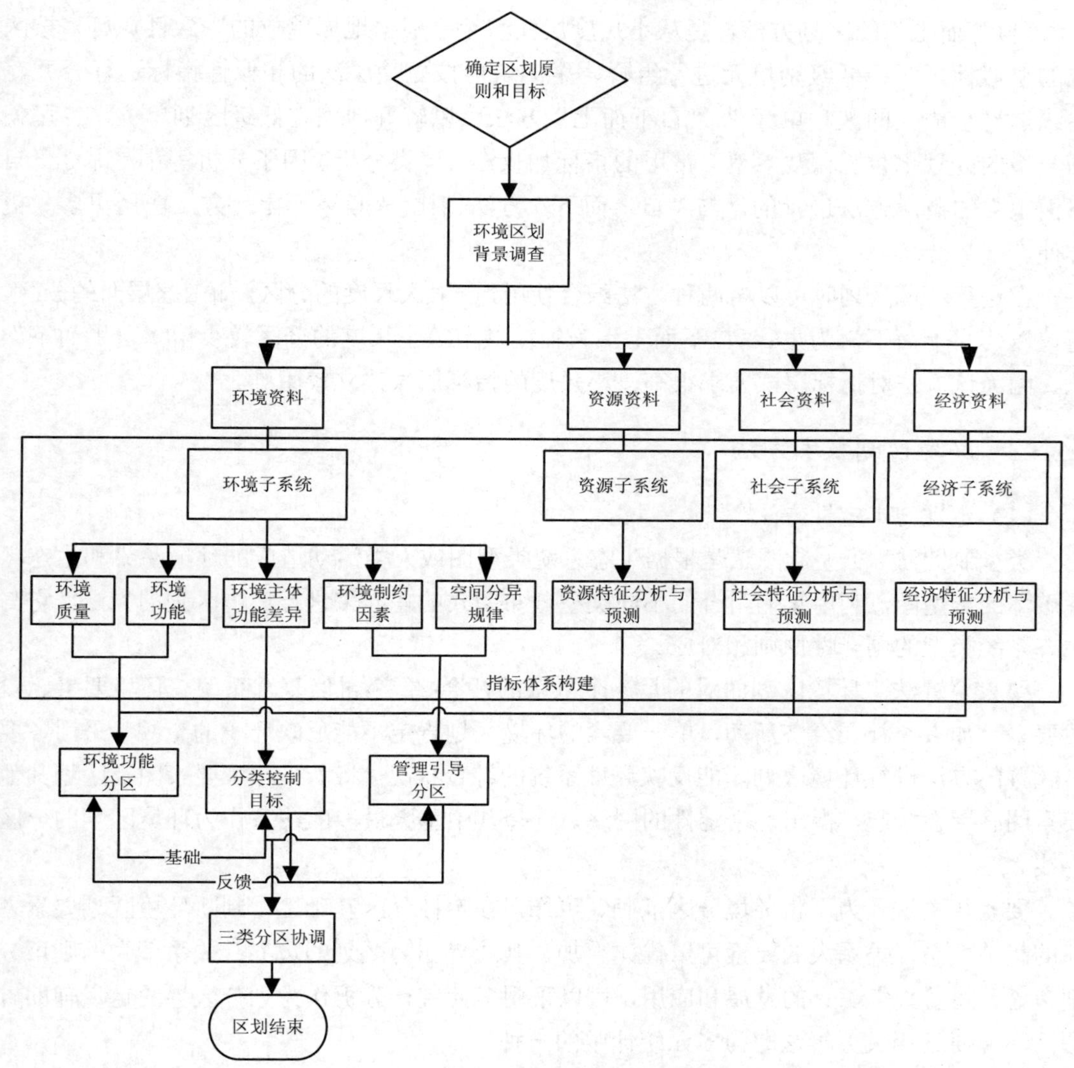

图 6-2　环境区划流程与步骤

6.1.3.2　环境区划概念方法

环境区划一般采用“自上而下”和“自下而上”相结合的方法，又称顺序划分与合并法，有些文献中称“自上而下”为逻辑划分或者演绎分类，称“自下而上”为组合或者归纳分类。

“自上而下”的区划方法，一般从大尺度层面着手对环境地域主导因素进行分析，根据主导因素差异将全部对象划为若干部分，每次使用一组特征指标作为分类标准进行逐级划分。对区划对象的充分认识及差异指标的选择是“自上而下”方法的关键和难点。“自上而下”方法的优势在于步骤清晰，缺点在于越到级别低的划分，差异性指标选择越困难。

"自下而上"的区划方法，是从小尺度层面着手，根据地域单位的一致性原则，按区域的相似性，对最低级别单元进行组合、聚类，再按更高层次的相似性指标进行合并，逐级递推形成大的区划单元[6]。"自下而上"方法可以较好地确定低级区划单位，也可使高一级的区划单位界限更客观。常用的指标加权法、聚类分析、因子分析等都是基于"自下而上"的概念方法进行的。与"自上而下"方法相比，"自下而上"方法应用更多、更方便。

在进行环境区划时可以将两种方法结合使用，一般大尺度的分区，如国家层面的分区，建议以"自上而下"为主、"自下而上"为辅；城市等小尺度的分区较少用"自上而下"法，因为该方法对指标层次要求很高，小尺度的指标层次建立较困难。

6.1.3.3 环境区划技术方法

（1）定性与半定性方法[6，7]

类型制图法。类型制图法是根据生态系统类型图或人类活动造成的环境污染和生态环境破坏的类型图，利用它们组合的不同类型分布图式的差异来进行环境区划的方法。它与生态系统类型的同一性原则相对应。

要素叠置法。环境区划面对的是一个复杂的社会-经济-自然复合系统。环境要素、自然要素叠加人类社会经济活动，单一要素的环境区划肯定不能反映环境的全貌。采用各要素叠置的方法进行环境区划才能反映环境系统的综合状况。将若干环境要素图及区划其他要素图叠置在一起，得出一个定性的网络，选择其中重叠最多的线条作为环境区划的分区界线。

要素相关法。为了使环境分区准确、可靠，在定性分区基础上，判断环境区划要素之间的相关关系，关系大的要素可以优先叠加，其边界作为区划的边界；关系不大的则可分别考虑。随着数学工具的发展和应用，可以采用多元统计分析作为划分区界的定量辅助方法。环境要素相关分析法即为多元统计中的一种。

主导标志法。在环境区划时，可以选取反映环境地域分异主导要素的某一指标作为确定环境区划的主要依据，其他要素作为次要依据，主导标志法是区划中常用的方法之一。

（2）定量方法

早期环境区划大多是以定性分析为主、定量计算为辅，如前面提到的要素叠置法和要素相关法。而目前的环境区划多以定性分析为基础，以定量计算为分区的主要依据，如指标法、模糊数学法、聚类分析法、多目标数学区划等。

1）指标法。指标法的核心思想就是在获得各指标值及其权重后，采用加权求和的方法计算得到综合评价结果，对评价结果进行分级，根据分级结果进行区划。其基本过程可以概括为：①选取体现环境质量、环境功能、环境主体功能差异、环境制约因素、环境空间分异规律及其他资源、社会、经济要素具体指标。②通过专家方法确定各个指标的权重。

③根据具体指标及其权重分别求得子指标的值。④根据子指标及其权重求得环境区划综合评价指数，并分级。⑤根据分级结果，结合其他参考要素进行环境区划分区。

2）模糊数学法[8-13]。有学者采用模糊数学方法对环境进行评价和分区。模糊数学方法适用于部分指标难以准确描述、只能用半定量的方式表示的情况。其步骤主要是：

首先对指标进行量化分级，环境质量分级多采用逻辑信息分类法和特征分析法；

其次对各指标进行标准化，消除量纲差别，最后得到 0～1 且极性一致的数值。标准化方法是在每一项指标现状数据中找出最大值（$Y_{\max}$）和最小值（$Y_{\min}$），设现状数据为 Y_i，则极性为正（数值越大，对环境质量的正面影响越大）的数据标准化后的现状值计算公式为：

$$X_i = \frac{Y_{\max} - Y_i}{Y_{\max} - Y_{\min}} \tag{6-1}$$

极性为负（数值越大，对环境质量的负面影响越大）的数据标准化公式为：

$$X_i = \frac{Y_i - Y_{\min}}{Y_{\max} - Y_{\min}} \tag{6-2}$$

再次是确定各指标的权重，常用方法有专家打分法、统计调查法、序列综合法等。

最后，构造模糊数学模型。模糊数学的根本出发点在于引入了模糊集合，即将普通的二值集合 $\{0,1\}$ 变为区间上连续分布的模糊集合[0，1]。模糊集合的特征函数（即隶属函数），其函数值-隶属度就可以在[0，1]区间连续取值。根据模糊数学原理，模糊综合评判模型的构建过程如下：

将前面标准化的数据构造成评价的数据集 $X = \{X_1, X_2, \cdots, X_n\}$；

X_1、X_2、$\cdots$、X_n 分别为环境评价的各指标向量。

给出环境区划评价的等级集（假设各指标都分为 5 级）：

$$V = \{V_1, V_2, \cdots, V_5\} \tag{6-3}$$

V_1、V_2、$\cdots$、V_5 分别代表环境及其相关要素的五个等级：优（Ⅰ）、良（Ⅱ）、中（Ⅲ）、较差（Ⅳ）、差（Ⅴ）。

评价因子隶属度的确定：隶属度一般由隶属函数来确定的，隶属函数是用来定量描述评价因子对地质环境级别隶属程度大小的函数形式。隶属度通常借助专家经验的统计。离散型因素按照经验给出隶属度，对于连续性变化的定量指标采用线性隶属函数、正态分布函数。半梯形分布隶属函数为：

$$R_{ij}=\begin{cases}0, x_{ij}\geqslant V_{j4}\\ \dfrac{x_{ij}-V_{j2}}{V_{j1}-V_{j2}}, V_{j1}<x_{ij}<V_{j2}\\ \dfrac{x_{ij}-V_{j3}}{V_{j2}-V_{j3}}, V_{j2}<x_{ij}<V_{j3}\\ \dfrac{x_{ij}-V_{j4}}{V_{j3}-V_{j4}}, V_{j3}<x_{ij}<V_{j4}\\ 1, x_{ij}\leqslant V_{j1}\end{cases} \tag{6-4}$$

建立因素评价矩阵 $\boldsymbol{R}$，利用上面的半梯形分布函数作为隶属函数对诸因素进行评价，其结果为评价集 V 的模糊子集。对于第 i 个因素，其评价集为：

$$R_i=\{R_{i1}, R_{i2}, \cdots, R_{i5}\} \tag{6-5}$$

R_{in} 为第 i 个元素隶属于第 n 级的概率。

建立评价因素权重 A：

$$A=(a_1, a_2, \cdots, a_n) \tag{6-6}$$

模糊矩阵复合运算：通过建立的单因素评价矩阵 $\boldsymbol{R}$，以及权值分配 A，就可得到单元评价结果 $\boldsymbol{B}$：

$$\boldsymbol{B}=A\times\boldsymbol{R}=(b_1, b_2, \cdots, b_5) \tag{6-7}$$

1，2，…，5 分别代表环境区划评价的五个等级，即优（Ⅰ）、良（Ⅱ）、中（Ⅲ）、较差（Ⅳ）、差（Ⅴ）。$\boldsymbol{B}$ 为基于 X 个要素的隶属于各等级的概率，按模糊数学最大隶属度的原则，隶属度最大的作为评价单元所属环境等级。

3）聚类分析法[14, 15]。对于以行政区划为界进行的环境区划，对不同评价单元进行聚类分析。由于环境区划要求区划单元内部具有区域相似性、区划单元之间具有差异性，所以可以采用聚类分析方法把具有相似属性的评价单元分为一类，把属性差异较大的评价单元分为不同的类。聚类分析的基本思想是：考虑样品（这里不对指标/变量进行分类，而是针对评价单元这类样品）之间存在程度不同的相似性（亲疏关系），根据一批样品的多个观测指标（这里指的是各区划指标），找出一些能够具体度量样品或指标之间相似程度的统计量，以这些统计量作为划分类型的依据。把一些相似程度较大的样品聚合为一类，把另外一些相似程度较大的样品又聚合为另一类；关系密切的聚合到一个小的分类单位，关系疏远的聚合到一个大的分类单位，直到把所有的样品（或指标）聚合完毕。

对于聚类分类依据，统计学上一般的规则是将“距离”较小的样品或“相似系数”较大的样品归为同一类，将“距离”较大的样品或“相似系数”较小的样品归为不同的类。

“距离”常用来度量样品之间的相似性，“相似系数”常用来度量变量之间的相似性。这里只讨论样品分类用到的“距离”。距离可以定义为许多类型，最常见、最直观的距离是欧几里得距离（欧氏距离）：

$$d_{ij} = \sqrt{\sum_{k=1}^{m} (X_{ik} - X_{jk})^2} \tag{6-8}$$

式中，d_{ij}——样品 i、j 之间的距离；

X_{ik}——第 i 个样品的第 k 个指标的观测值；

X_{jk}——第 i 个样品与第 j 个样品之间的欧氏距离。

依次求出任意两个样品之间的欧氏距离，组成一个距离矩阵：

$$\boldsymbol{D} = (d_{ij}) = \begin{bmatrix} d_{11}, d_{12}, \cdots, d_{1n} \\ d_{21}, d_{22}, \cdots, d_{2n} \\ \vdots \\ d_{n1}, d_{n2}, \cdots, d_{nn} \end{bmatrix} \tag{6-9}$$

d_{ij} 越小，i、j 样品的相似性越高，表示两者可以分为一类。

环境区划分级个数便是聚类数。根据聚类结果，同一类的评价单元边界可以作为区划边界。目前，聚类方法多用 SPSS 等统计工具实现。对于栅格的空间数据，则可以在 GIS 或者遥感软件中实现。

4）PRED 系统定量研究方法[16, 17]。环境区划的目的就是揭示不同地域的环境-社会-经济的客观差异，通过环境功能、环境目标、环境管理分区，对环境保护的地域进行分工，为区域发展战略的制定提供理论上的依据。区域 PRED 模型是一种对区域人口、资源、环境和发展等问题抽象建立的系统协调发展模型，是对其固有的系统属性进行模拟分析的概念模式。换句话说，区域 PRED 系统是对人地关系地域系统的一种近似，投入-产出模型、系统动力学（SD） 模型、ECCO 模型和灰色系统模型等都属于 PRED 数学模型。下面重点介绍灰色系统模型中的协调度（H）方法。

$$H = K(a\alpha + b)(\gamma e^{\beta} - e^{I}) \tag{6-10}$$

式中，α——不可再生资源的开采度；

β——人均国内生产总值的相对比率；

γ——能源利用因子；

I——环境状况指数。

其中，

$$\alpha = \sum_{i=1}^{n} \cos\frac{\pi}{2}\frac{M_i / N}{M_{i0} / N_0}$$

$$\beta = \frac{G / N}{G_0 / N_0}$$

$$\lambda = \sum_{i=1}^{n} \frac{G / m_i}{G_0 / m_{i0}}$$

$$I = \sum_{h=1}^{m} \lambda_h \rho_h / \rho_{h0}$$

式中，M_i——第 i 种不可再生资源的当年年开采量；

M_{i0}——第 i 种不可再生资源的当年储存量；

m_i——第 i 种不可再生资源的当年消耗量；

m_{i0}——第 i 种不可再生资源在参照年的消耗量；

N——某区域当年总人口；

N_0——参照年的某区域总人口；

G——当年国内生产总值；

G_0——参照年的国内生产总值；

ρ_h——地表水和大气中第 h 种污染物当年的浓度；

ρ_{h0}——地表水和大气中第 h 种污染物的允许浓度；

λ_h——第 h 种污染物的权重系数；

a——自然资源型发展模式所占比例；

b——技术型发展模式所占比例；

k——系数。

5）多目标数学区划[18]。环境区划所涉及的指标体系繁多，区划分项目标也较多，而且从量纲角度上是属不可比较量纲。多目标数学区划的最大优点是比较适合求解有多重矛盾的无一量纲的多目标分析，且易于划分和进行区划，并容易理解掌握，同时用计算机进行运算迅速准确。在环境区划中应用多目标数学区划方法，可以在一组环境质量和排放约束条件下，建立多目标函数优化模型，并求得一组区划变量的满意解。由于本书其他部分会讲到多目标规划问题，所以这里不再赘述。

6.1.3.4 环境区划指标体系

环境区划的对象是一个复杂的复合系统，要素复杂多样，指标也较多。区划不同，指标选取也有差异。图 6-4 给出了环境、自然和资源、社会、经济系统的指标构成，供区划时参考。区划过程中，从以下指标体系中选择合适的指标评价环境要素质量状况，环境功能特点，环境主体功能差异，区域发展的环境制约因素和空间分异规律，资源、社会、经济发展情况等。

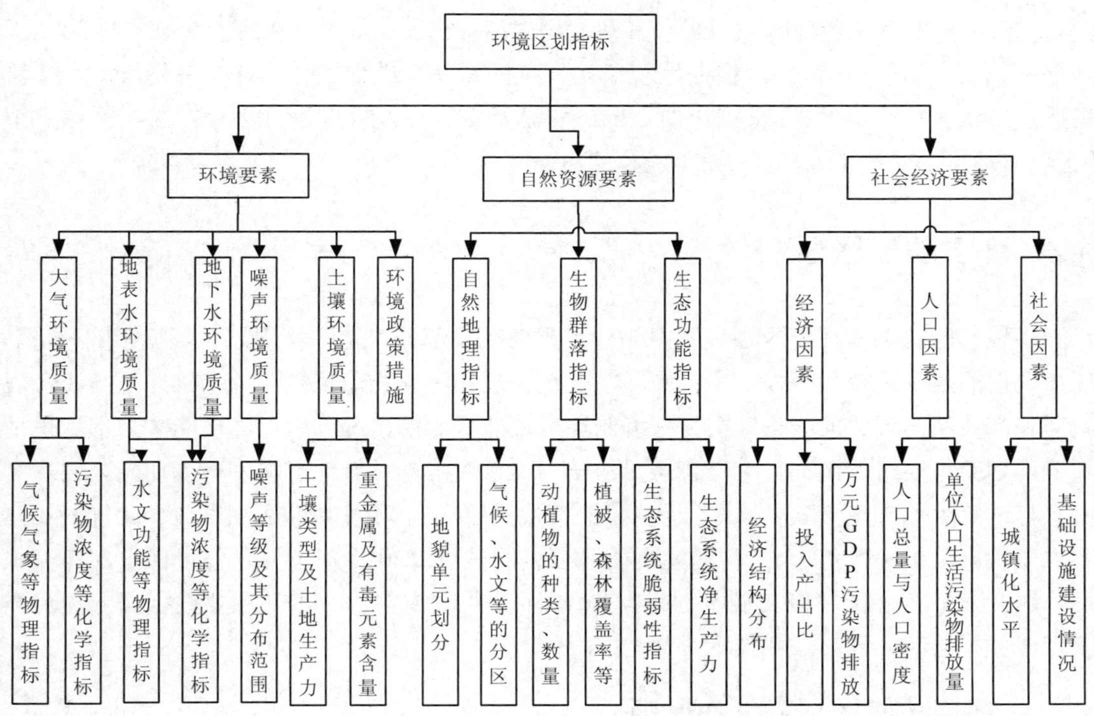

图 6-3 环境区划指标体系

由图 6-3 可知，环境区划的环境要素可以从大气、地表水、地下水、噪声、土壤等要素入手[19]。其中，大气环境质量指标可以考虑温度、辐射等气候气象物理指标以及二氧化硫、氮氧化物、可吸入颗粒物等污染物浓度化学指标；地表水环境质量指标可以考虑水文功能等物理指标和水污染物浓度等化学指标；地下水环境质量指标要考虑地下水污染物浓度等化学指标；噪声环境质量指标主要考虑噪声等级及其分布范围；土壤环境质量指标可以考虑土壤类型及其生产力、土壤重金属含量等指标。此外，环境要素还要考虑环境政策措施等非定量因素，以便在环境管理分区和环境目标分区中进行分析。

对于自然资源要素，可以从与自然区划有关的分区、自然生态系统生物群落和生态功能方面入手。其中，如环境区划等基于地域的区划，地貌单元划分是很重要的参考，其他类型划分，如气候、水文、生态系统等都可以作为环境区划单元划分的基础。而自然资源方面的指标，生物群落可以从动物的种类、数量方面，以及植被覆盖率等方面考虑；生态功能指标可以选择生态系统的脆弱性或者安全性以及生态系统净生产力等指标。

在社会经济方面，可以考虑分别从经济、人口、社会因素入手。社会经济要素不是环境区划主导要素，所以指标选择要少而且要概括社会经济环境基本规律。经济因素可以考虑产业结构、投入产出比、单位 GDP 污染物排放量等指标；人口因素考虑人口总量、人口密度、单位人口生活污染物排放量等指标；社会因素可以考虑城镇化水平、基础设施建设，特别是环境相关基础设施建设情况等指标。

另外，早期有些环境区划从另一种角度构建指标体系。如王永兴等[20]将对象分为三级区划单元。一级区称“区”，根据地貌单元、海拔高度等进行划分，并参考气候、水文等指标；二级区称“亚区”，根据土地、矿产资源及资源开发程度进行划分；三级区称“小区”，以环境功能和主要环境质量问题为指标进行划分。

6.2 环境功能区划

环境功能区划是环境区划体系中的一个重要组成部分，是环境规划、环境影响评价、环境管理的基础平台和前提，是实施环境分区管理和污染物总量控制的基础，是产业合理布局和产业结构调整的依据。在没有编制环境功能区划的情况下，环境功能区划本身也是环境规划的重要组成部分[21, 22]。环境保护部于 2009 年 3 月启动了国家环境功能区划编制研究与试点工作，在青藏高原区域环境保护规划中开展了环境功能区划试点；2011—2013 年，先后启动了两批 13 个省份环境功能区划编制试点。2012 年 1 月，环境保护部环境规划院编制完成《全国环境功能区划方案》（以下简称《方案》）。本节主要根据《方案》介绍全国环境功能区划思路和技术方法。

6.2.1 环境功能区划特点和原则

6.2.1.1 环境功能区划的概念

《方案》中把环境功能定义为“环境各要素及其构成系统为人类生存、生活和生产所提供的、必要的环境服务的总称”，认为其可以归结为自然资源供给和健康保障两个方面。自然资源供给指环境为人类生活生产所提供的水、气、土壤、矿产等资源以及人类的生存环境；健康保障一方面保障与人体直接接触的各环境要素的健康，即维护人居环境健康，另一方面保障自然系统的安全和生态调节功能的稳定发挥，构建人类社会经济活动的生态环境支撑体系，即保障自然生态安全，强调环境的“安全或健康性”。结合当前环境保护重点，本书将“环境功能”定义为环境各要素及其构成的系统为人类生产生活提供的必要的环境服务的总称，如保障人居环境健康、保障生态功能稳定、保障食物产地安全等。

通常，功能区是指对经济和社会发展或者生态系统功能起特定作用的地域或单元，而环境功能区是按环境要求的功能划分，同时也与经济社会相关的综合性功能区，是依据不同地区在生态环境结构、状态和功能上的差异，结合经济社会发展战略布局，合理确定环境功能并执行相应环境管理要求的区域[23]。

相应的环境功能区划则是根据环境系统的功能和结构特征，统筹考虑人类社会经济活动与生态环境之间的影响关系，提出的一种分区管理、分类指导的环境管理和政策框架，是协调环境与经济发展、产业布局、城镇建设的重要手段，是从环境资源承载力角度引导我国社会经济发展布局的关键，是探索资源节约型和环境友好型发展道路的基本制度安排。环境功能区是主体功能区战略关于环境保护领域政策要求的延伸，是合理确定环境功能并执行相应环境管理要求的区域[21, 24]。

环境规划中进行环境功能区划，一是为了划分不同的环境功能单元，进行相关产业的合理布局，确定产业准入条件和规模适度性；二是为了分解环境目标，在不同环境功能单元制定具体环境目标；三是为了便于上述环境目标管理[23]。

6.2.1.2　环境功能区划的特点

环境功能区划有以下 4 个特点：

（1）基础性

环境功能区划的开展是环境规划的基础和边界条件，是环境影响评价、污染物控制和管理的基础平台，是对我国环境保护、经济发展进行的综合指导，是经济、环境宏观控制的科学依据，甚至是其他一些综合区划，如主体功能区划资源环境禀赋分析的基础。

（2）层次性

环境功能区划分为综合环境功能区划和单要素环境功能区划。在宏观层面上，是综合引导的区划；在区域层面上，是要素控制区划，如针对水环境保护的水环境功能区划、针对大气保护的大气环境功能区划等。

（3）尺度性

与层次性相对应，在大区域尺度中，区划单元范围相应较大，重点关注宏观性的政策指导；在区域尺度上，区划单元范围相对较小，重点关注环境要素功能控制，如水环境功能区、大气环境功能区和土壤环境功能区。

（4）综合性

环境功能区划除了注重空间区域的自然特征和环境特征外，还充分考虑了社会经济活动对生态环境的干扰和影响，是综合社会、经济、环境三方面、集结构性与功能性于一体的区划形式。

6.2.1.3　环境功能区划的原则

环境功能区划应遵循以下 5 个原则[5]：

（1）综合评价，科学界定

按照区域区位、自然资源和自然环境的自然属性和空间分异规律，根据区域经济社会发展的需要，科学评估人类生存、生活和生产对环境功能的不同需求，以区域主体功能定位为基础，明确区域环境功能的基本定位。

（2）结合现状，分类管理

统筹考虑与全国主体功能区规划等既有相关规划、区划的衔接，综合协调水、大气、土壤等环境要素间的相互关系，与已制定和实施的分区管理制度相结合，明确不同环境功能区的战略目标，建立以环境功能区划为基础的环境管理体系，强化行业准入和环保监督管理，通过严格执行环境排放标准，引导企业进一步转型升级。

（3）突出主导，优化格局

突出区域主导环境功能，兼顾区域多重环境功能，制定有利于主导环境功能保护的环境管理目标和对策，牢固树立生态红线理念，优化经济社会发展格局，保障国家生态环境安全。

（4）全面覆盖，逐级落实

以国家生态安全格局和经济社会战略布局为基础，覆盖全国陆地国土空间及近岸海域，自上而下、逐级落实国家环境分区管理战略。

（5）地域分异，便于管理

环境功能区划单元的划分是依据不同地区的环境结构、环境状态和使用功能上的差异和社会经济发展需要进行的。所以环境功能区划首先要以区划单元内的环境结构相似、不同区划单元内的环境结构有明显差异为原则；环境功能分区的另一个重要依据是环境主导功能，所以也要以区划单元内和单元外的环境功能的相似性和差异性为基础。要统一思路，因地制宜。省级环境功能区划的编制要根据全国环境功能区划的思路方法进行划分。地方各级环境功能区划中，各环境功能类型和亚类的划分指标项及其阈值根据该地区的特点可以有所不同。重点要为地方具体的环境事务管理服务，要明确专项环境（水、大气、噪声、土壤、生态等）管理的具体要求。

6.2.2 环境功能区划体系

6.2.2.1 环境功能区划纵横体系

1）从空间尺度看，环境功能区划可以分为全国环境功能区划和地方环境功能区划。

全国环境功能区划明确全国范围内各区域间主要的环境功能特征差异和环境战略，以宏观引导为主，为宏观环境管理决策提供科学依据，对优化国家社会经济布局、生态安全格局、引导资源开发利用方向有重要意义。

全国环境功能区划[25]分两层，第一层根据区域环境功能类型的突出体现形式，分为I-自然生态保留区、II-生态功能保育区、III-食物环境安全保障区、IV-聚居环境维护区、V-资源开发环境引导区 5 个类型的环境功能区，分别对应主体功能区划的禁止开发区、限制开发区——重点生态功能区、限制开发区——农产品主产区、优化和重点开发区、能源和矿产资源富集区。各类环境功能区在人口分布、开发强度、污染压力和环境质量方面有一定的级别关系，分级制定环境质量要求和管理要求，保障各类功能区环境功能的稳定发挥。

以上不同类型环境功能区的功能定位分别为：自然生态保留区主要维持区域自然本底状态，维护珍稀物种的自然繁衍，保障未来的可持续发展；生态功能保育区主要维持水源涵养、水土保持、防风固沙、维持生物多样性等生态调节功能的稳定发挥，保障区域生态安全；食物环境安全保障区主要保障主要食物产区的环境安全，防控食物产品对人群健康的风险；聚居环境维护区主要保障主要人口集聚区环境健康，特别是水环境、大气环境、土壤环境和生态环境的健康；资源开发引导区主要保障资源开发区域生态环境安全。

第二层即在各类环境功能类型区内，进一步根据环境功能的体现形式差异或程度强弱分为若干亚类，目前的方案主要有 12 个亚类区。自然生态保留区依据是否立法保护分为自然文化资源保护区和保留引导区；生态功能保育区根据生态调节功能的类型分为水源涵养区、水土保持区、防风固沙区、生物多样性维护区；食物环境安全保障区内根据食物生产方式和环境管理特点划分为粮食环境安全保障区、牧业环境安全保障区和近海水产环境安全保障区；聚居环境维护区根据开发强度和发展潜力，分为一般聚居环境维护区和高度集居环境维护区。根据环境保护部环境规划院的研究，全国环境功能区划体系如图 6-4 所示。

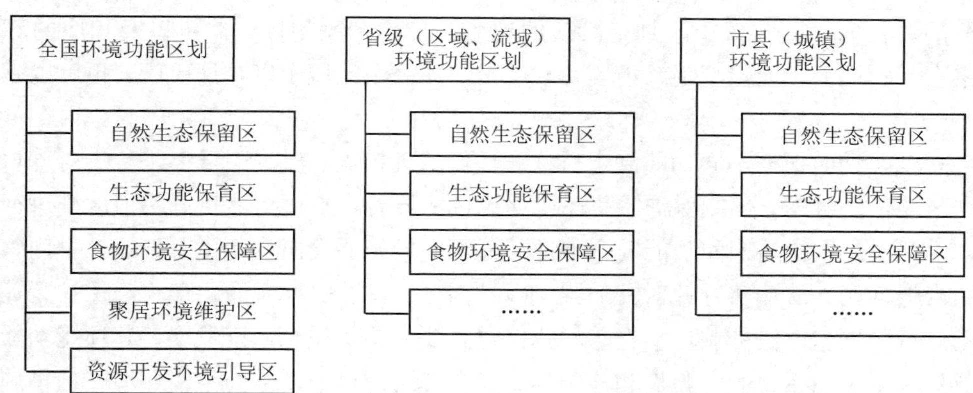

图 6-4　国家环境功能区划体系[25]

地方环境功能区划，可以分为省级（区域/流域）环境功能区划、市县（城镇）环境功能区划。各地方环境功能区划结合本辖区环境管理需求，细化和落实国家环境功能区划和省级主体功能区划的总体要求，明确区域内水、大气、土壤、生态等环境要素的管控措施。环境功能类型划分指标及阈值设定可有所不同，但环境功能目标、管理措施和要求应不低于全国环境功能区划相应类型区的标准，原则上应按照《方案》的分区类型划分为五类区，也可根据实际情况进行具体调整，但应有自然生态保留区、生态功能保育区和食物环境安全保障区。有高校学者研究认为，区域层面的环境功能区一般包括工业区/工业城市，矿业开发区，新经济开发区或开放城市，水系或水域，水源保护区和水源林区，林、牧区，自然保护区，风景旅游区或风景旅游城市，历史文化纪念区或文化古城，其他特殊地区；城市层面的环境功能区包括工业区，居民区，商业区，机场、港口、车站等交通枢纽，风景旅游或文化娱乐区，特殊历史文化纪念区，水源地，卫星城，农副产品生产基地，污灌区，污染处理区，绿化区或绿色隔离带，文化教育区，新科技经济区，新经济开发区和旅游度假区等，可供参考。

2）从横向的要素角度看，环境功能区划一般分为两个层次，即综合环境功能区划和单要素环境功能区划。

综合环境功能区划以人们的活动方式以及对环境的要求为主，结果一般分为重点环境保护区、一般环境保护区、污染控制区、重点污染治理区、新建经济开发区等，以多环境要素进行分区的区域或者城市环境功能区划都为此类；单要素环境功能区划主要有大气环境功能区划、水环境功能区划、土壤环境功能区划、生态环境功能区划、噪声环境功能区划等。其中大气环境功能区常划分为工业区、商业区、居民区、文化区、交通稠密区、清洁区等，水环境功能区常划分为源头水、国家自然保护区、生活饮用水水源地保护区、鱼类保护区、一般工业用水区、农业用水区、一般景观水域等，噪声环境功能区包括特殊住宅区、居民区和文教区、一类混合区、二类混合区、商业中心区、工业集中区、交通干线道路两侧等[23]。单要素区划是在综合区划的基础上，结合每个环境要素自身的特点加以划分的，目的是确定每个区划内具体的环境目标、污染物控制总量以及相应的环境规划方案[22]，不同的单要素环境功能区可以重叠，如一个区域可以是居民区，也可以是噪声控制区。

各功能区划要根据不同功能制定目标和环境管理措施、发展引导要求。①对于自然生态保留区要依法管理、强制保护，其环境功能目标要着眼于对自然资源价值区域进行强制保护，维护生态系统结构和功能的完整；环境管理措施要突出实施生态红线管控政策，对红线区内根据相关法律实行针对性的强制保护措施；发展引导方面要禁止与保护无关的建设活动，建立生态补偿机制。②生态功能保育区要生态优先、适度发展，其环境功能目标要以保障区域生态系统的完整性和稳定性、稳定其生态调节功能为主，环境管理措施要在严守环境红线的同时严格控制污染物排放，严格满足各项环境质量标准要求；发展引导要求以发展不影响生态功能的产业为主，如旅游业等低能耗、低污染产业。③食物环境安全保障区要保障基本、安全发展，其环境功能目标以保障农产品生产、保护耕地为主；其环境管理措施以限制污染物排放，严格控制重金属类污染物和挥发性有机污染物等污染为主，同时注重防止农业面源污染；发展引导要求以限制大规模的工业化、城镇化开发，鼓励发展农业生产集约化为主。④聚居环境维护区要严控污染、优化发展，其环境功能目标为保障环境健康、改善环境质量、防范环境风险；其环境管理措施要根据区域实际情况采取不同措施，使区域达到环境质量标准；发展引导要求要以优化产业布局、促进经济社会与生态环境协调发展为主。⑤资源开发环境引导区要规划先行、有序发展，其环境功能目标为确保环境质量稳定达标、保障区域生态环境安全；其环境管理措施要建立资源合理开发利用机制，以资源开发环境保护与生态恢复治理为主；其发展引导要求主要为资源开发环境保护与生态恢复治理。

6.2.2.2　环境功能区划与其他区划的关系

环境功能区划是环境区划的有机组成部分之一，是环境区划的基础工作。环境功能区划与其他区划也有着某种程度上的联系与区别。

（1）与主体功能区划的关系

我国《国民经济与社会发展第十一个五年规划纲要》提出要制定主体功能区规划，根据区域的资源环境承载力、现有国土开发密度和未来发展潜力等因素进行综合分析，从而准确定位各区域的主体功能。主体功能区划是根据资源环境承载能力、现有开发密度和发展潜力，统筹考虑未来人口分布、经济布局、国土利用和城镇化格局，将国土空间划分为优化开发、重点开发、限制开发和禁止开发四类主体功能区，并按照主体功能定位调整完善区域政策和绩效评价，规范空间开发秩序，形成合理的空间开发结构的过程[27]。主体功能区内涵可以从 3 个方面理解[28]：①主体功能区划是建立在一般的功能区划和专项区划之上的区划。②主体功能区划是综合考虑了区域发展基础、资源环境承载能力和不同地区的战略地位，对区域综合发展方向进行的划分。③主体功能区的类型、范围在一定时间内应该是稳定的，但是可以随着区域发展情况和资源环境承载能力的变化而进行调整。主体功能区划主要有基础性、战略性、主体功能性、地域差异性、多元综合性、政策管理性等特点[29-31]。

为了加快推进主体功能区划战略，必须在环境保护领域内制定与主体功能区划战略相呼应、相协调的环境功能区划制度。具体而言，要用“自然生态保留区”对接“禁止开发区”，用“生态功能保育区、食物环境安全保障区”对接“限制开发区”，用“聚居环境维护区、资源开发环境引导区”对接“重点开发区和优化开发区”，通过环境功能区“倒逼”机制保护四大主体功能区。主体功能区划与环境功能区划具有一些相同之处：①都为基础性和功能区划。与规划相比，功能区划一般具有基础性、约束性和长期性等特点，是编制相关规划的依据。其中，主体功能区划是制定经济社会发展规划、区域规划、城市总体规划、城镇体系规划、土地利用规划以及其他空间规划和专项规划的基础和依据，是形成合理的空间开发结构的重要基础和依据[27]；环境功能区划是环境规划的基础以及核心内容，同时也是环境影响评价、环境管理的基础，是污染物控制、环境分区管理的基础。②都是关于人与自然的综合研究。与一般的专项区划相比，两项区划都综合考虑了社会、经济、环境三个方面的因素。主体功能区划综合考虑了社会经济、自然地理、资源环境状况及在资源环境承载力的基础上的社会经济发展趋势和发展潜力；与自然区划、生态区划等区划类型相比，环境功能区划除了注重空间区域的自然特征和环境特征之外，还充分考虑了社会经济活动对环境的干扰和影响[4, 5]。③同属强化空间管制的手段。两项区划都是为促进社会经济可持续发展、人与周围环境和谐提供科学依据的基础工作，是明确区域功能定位、规范开发秩序、调整现有开发模式的手段，是实现科学决策管理的创新之举[27]。

主体功能区划与环境功能区划也有明显不同[32]：

第一，性质不同："专项性"与"综合性"。环境功能区划是在以自然特征为基础的自然区划、生态区划等基础上发展而来的，特别是早期的实践中将自然环境特征放在突出和重要位置[33]，虽然近年来综合考虑了社会-经济-自然复合生态环境系统，但是还是把环境要素放在突出位置，具有"专项性"。而主体功能区划除考虑区域自然属性外，还要考虑区域的经济与社会文化属性，是建立在自然区划和经济区划基础之上的"综合性"区划。

第二，目的不同："环境管理"与"综合决策"。传统区划目的是认识地域的特征，认识某一地域在分异中的地位与作用，或是为了解决某一专项问题而进行。环境功能区划就是为了环境保护和环境管理的目的而进行的。随着社会经济的发展，尤其是人们对区域发展的认识深化，区划目的开始向区域发展综合决策服务，为促进区域协调发展等提供科学的决策依据[34]，这则是主体功能区划的目的。

第三，划分依据不同："自然要素"与"综合要素"。环境功能区划根据一定时期内的自然环境状况和地理位置等自然属性，并结合其周边的社会经济发展情况，确定不同的环境功能类型，以达到协调环境与社会经济关系的目的。主体功能区划则主要是依据资源环境承载力、国土资源开发密度和开发潜力划分的，并综合考虑了经济需求、区域协调等因素，环境功能区划的结果可以作为判断资源环境承载能力的重要基础，也可以作为划分限制开发区和禁止开发区的重要依据。

第四，功能侧重不同："具体功能"与"主体功能"。环境功能区划的根本目的是改善区域环境质量，维护区域生态环境安全，强调通过维护环境来推动环境保护工作和区域的可持续发展，因此是以"加强保护"为主要功能的区划。主体功能区划主要是从"合理开发"角度对不同区域进行主体功能定位，按照主体功能定位完善区域政策和绩效评价，引导形成主体功能清晰、发展导向明确、开发秩序规范、开发强度适当、经济社会发展与人口、资源环境相协调的区域发展格局，具有综合、宏观指导的主体功能作用。

第五，区划作用不同："集中性"和"广泛性"。环境功能区划侧重于考虑生态环境本身特征，虽然也考虑人类活动对环境的影响，但是没有把人类活动及其区域开发作为研究的主要对象。其专项性的特征决定了它的直接作用范围主要集中在环境保护和环境建设方面。相对而言，主体功能区划的作用更加广泛，不仅为了改善环境质量，还要通过主体功能定位和与之相关的各项政策，如区域开发力度政策、人口和财政转移政策，在区域统筹协调发展和空间开发调控等方面发挥更大和更广泛的作用。

综上可以看出，环境功能区划和主体功能区划虽然有一些相同的地方，但是两者又有很大的区别，属于不同性质、不同功能的区划。环境功能区划是主体功能区划的重要基础和依据，主体功能区划是保证环境功能区划落实的重要途径[35]。两项工作各有侧重，不能替代。

（2）与环境要素管理以及专项区划的关系

环境功能区划明确了区域主要环境功能属性，提出了区域的总体环境目标，对区域内的生产生活提出了总体要求，并在专项环境管理方面提出了衔接要求。

水、气、土壤和生态等专项环境功能区划，是环境功能区划总体目标和要求在具体要素层面的延伸和落实，根据各环境要素的地域分异规律和突出问题，从具体环境要素管理角度对本要素建立具体的分区管理目标和指标。不同要素功能区划其划分方法、功能类型、空间范围等可能有较大差异。

专项环境功能区划侧重区域层面的控制区划，服从于环境功能区划所确定的某一特定的环境功能区，针对该项环境功能，明确各专项环境要素管理环境目标以及社会经济活动的具体要求。

（3）与相关部门区划的关系

环境功能区划与很多综合区划及其他部门区划等有着密切联系。已有的相关部门区划，如自然地理区划、资源区划、行政区划等，已有广泛实践，这些区划的思路、原则、方法和方案等方面都为环境功能区划提供了很好的借鉴。

自然地理区划的依据主要是自然地理的地貌、水文、气候特征，以天然形成为主，难以十分明确地确定其区划边界，主要以主导因素地域分异规律分界。这一思想可以成为环境功能区划类型划分，特别是国家层面的大类划分依据的参考。

行政区划是国家依据行政管理需要进行划分的，空间范围明确，在一定时期内具有稳定性，具有明确的政策法规依据，是我国政府管理的单元。环境功能区划管理分区可以参考行政区划方面管理目标的落实和管理措施的实施。

我国经济带、经济区乃至城市群划分通常是自发形成的，是地域相近且具有频繁经济文化交往的区域；由一个经济实力最强、影响力最大的城市或地区作为中心，并由经济中心协调整个经济区域内的经济活动。环境功能区划社会经济要素分析要以经济区划、规划的情景设定为基础进行，从而在以环境保护、可持续发展为前提的情况下，为约束社会经济行为、促进经济结构调整，以及国民经济科学、合理、有序发展提供基本空间依据。

各部门区划，如农业、林业、土壤、资源开发或经济区划等，都会涉及自然资源利用和生态环境问题，有的区划具有一定的法律效力，环境功能区划需要与之衔接，为其划分的基础之一。各区划的制定，不能与环境功能区划的环境功能分区及其保护目标、政策有冲突。

但是，环境功能区划作为一种结合环境、经济、社会等多重因素的区划，具有自身的特点，与已有行政、经济、地理区划有很大的差异，这些差异决定了环境功能区划不局限于已有区划成果，在现有法律法规框架下，要有自己的思路、原则、方法。还要对各部门制定的区划形成引导，是其他部门区划制定的重要基础。

6.2.3 环境功能区划思路

6.2.3.1 综合环境功能区划

环境功能区划以地域分异等理论为指导，从环境功能的内涵出发，根据区域自然地理空间分异和区域社会经济发展特征，分析区域环境功能空间分异规律，参考现有规划、区划（如水功能区划、林业区划、农业区划、生态区划、主体功能区划等），在保障环境系统可持续利用和综合考虑环境诸多因素的前提下，以环境系统主要功能为依据划出连续、不重叠的覆盖区域全部的环境功能分区，如全国环境功能区划的自然生态保留区、生态功能保育区、食物安全保障区、聚居环境维护区、资源开发引导区五类环境功能区。然后，进行环境功能区特征评价，并分区提出环境管理目标和对策，指导我国社会经济发展与生态环境保护的合理布局，建立以环境功能区划为基础的环境管理体系，为国家环境安全提供基础制度保障。

环境功能区的划定主要基于一定的社会发展目标与情景设定。在此目标的控制下，分别分析水资源环境、大气环境、土壤环境与生态环境的功能。对于水环境，可以从地表水的水量、水质、水生态方面进行评估；对于大气，可以从二氧化硫、氮氧化物、可吸入颗粒物等污染物的污染情况入手分析，随着监测水平和我国环境保护要求的提高，可能还会考虑 $PM_{2.5}$、VOCs 等污染物；对于土壤，主要是分析土壤重金属的污染分布格局及有机质、N、P、杀虫剂污染的空间分布；对于生态环境，可以从生物多样性保护、水源涵养、水土保持、防风固沙生态服务功能重要性方面进行评估，叠加得到综合生态系统服务功能重要性空间分布和生态安全空间格局空间分布。

将上述要求结果转化为水环境功能区划、大气环境功能区划、土壤环境功能区划和生态环境功能区划四类环境要素功能区划。结合社会发展需求及与已有区划的对接，对上述四类环境要素功能区划进行叠加与优化，最终确定综合环境功能区划的方案[36]。不同类型分区，需要制定不同的环境控制目标。还要对各区划单元进行特征评价，主要根据人口分布特征、开发建设活动的强度、社会经济产值效率、污染压力与治理、环境质量状况五方面，建立环境功能区特征评价指标体系，评价各环境功能区的主要特征差异，为制定分区环境管理要求奠定基础，最后提出保障机制体系和实施措施。

环境功能区划基本思路如图 6-5 所示。

6.2.3.2 要素环境功能区划

综合环境功能区划需要以单要素环境功能评估为基础进行。下面分别介绍大气、水、土壤、生态 4 种单要素环境功能区划思路。

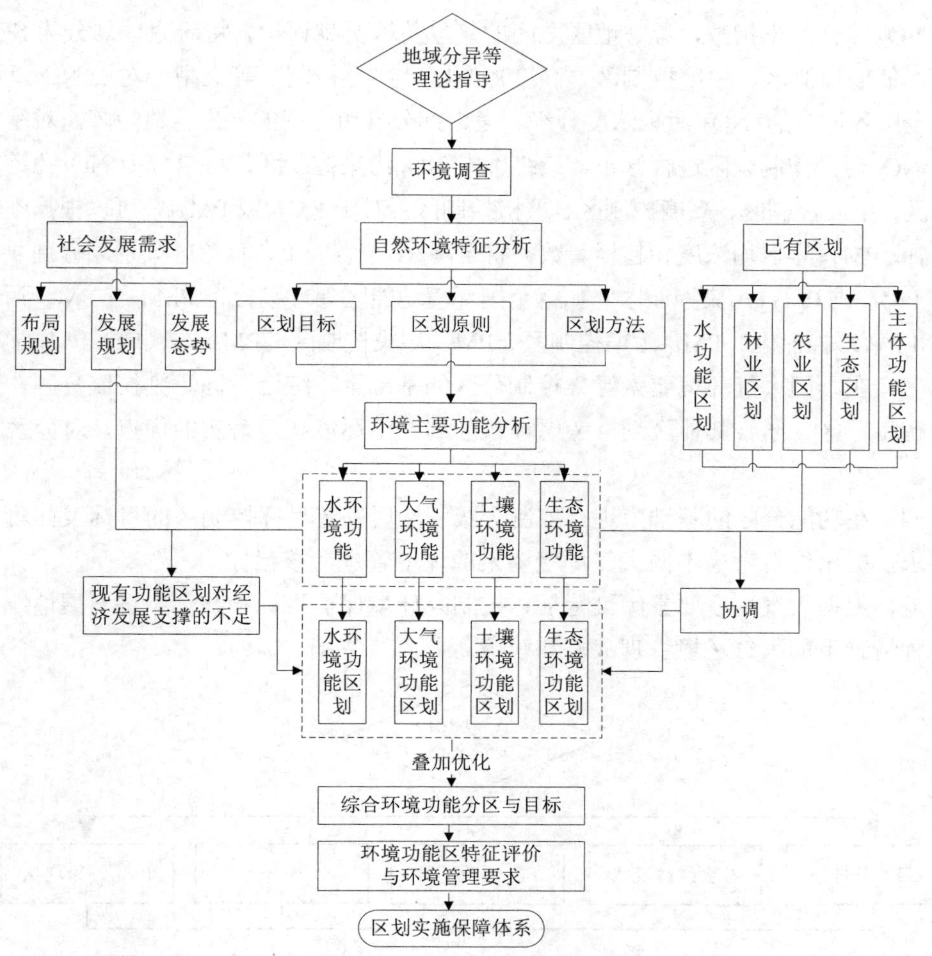

图 6-5　环境功能区划编制思路[26]

（1）大气环境功能区划

从《环境空气质量标准》（BG 3095—2012）来看，大气环境功能区主要有两类环境空气功能区：一类区为自然保护区、风景名胜区和其他需要特殊保护的区域；二类区为居住区、商业交通居民混合区、文化区、工业区和农村地区。一类区适用一级浓度限值，二类区适用二级浓度限值。有一些特殊的污染物浓度限值适用于牧业区和以牧业为主的半农半牧区、蚕桑区。但从大气污染控制的角度出发，需要根据环境空气功能区制定控制功能分区。

大气环境功能区划的基本步骤是：第一，根据大气环境功能评估结果进行。在调查基础上，大气环境功能评估需要确定评估指标，目前主要选择 SO_2、NO_2、PM_{10}、$PM_{2.5}$、O_3 等污染物作为大气环境功能的指标要素。随着我国大气环境要素的增多，未来还会把 PM_1、VOCs 等大气污染物纳入其中。根据环境空气质量标准以及环境空气功能区，评价环境空气功能区达标情况。划出空气质量达标区和不达标区。

第二，进行大气污染要素的污染评价。对于 SO_2 来说，可以根据每个城市的 SO_2 排放

等级和 SO_2 综合污染指数，考虑地区之间的气象传输贡献评价，将研究区划分为 SO_2 无须控制区、低度控制区、中度控制区、高度控制区、严重控制区等类型；对于 NO_x，可以综合考虑全国各城市的 NO_2 污染浓度分级、考虑部分省市之间的气象传输矩阵，对基于臭氧污染的 NO_x 污染控制分区进行修正，最终确定 NO_x 污染控制区，可以分为 NO_x 免控区、低度控制区、中度控制区、高度控制区、严格控制区；对于 PM_{10} 或 $PM_{2.5}$，可以根据不同城市的 PM_{10} 或 $PM_{2.5}$ 年日均浓度和超标率数据将全国 31 个省、市、自治区分别划分到 4 个不同等级的 PM_{10} 或 $PM_{2.5}$ 污染控制区，如《全国环境功能区划方案》将 PM_{10} 或 $PM_{2.5}$ 污染控制分为 PM_{10} 暂缓控制区、PM_{10} 污染控制区、$PM_{2.5}$ 污染控制区、PM_{10} 与（或）$PM_{2.5}$ 控制区。

第三，在不同大气环境要素污染控制分区的基础上，综合不同污染控制分区，进行环境功能初步分区。结合其他区划，考虑行政区划方便环境政策落实的优点，对分区方案进行调整。

第四，在功能分区的基础上进行控制分级。然后确定目标控制区的目标及其对大气环境的要求，提出综合考虑不同大气环境要素的环境管理考核指标。

第五，根据大气环境要素污染特征、控制区环境保护目标和社会经济发展情况，分别制定各种情景下的大气环境管理战略和政策。

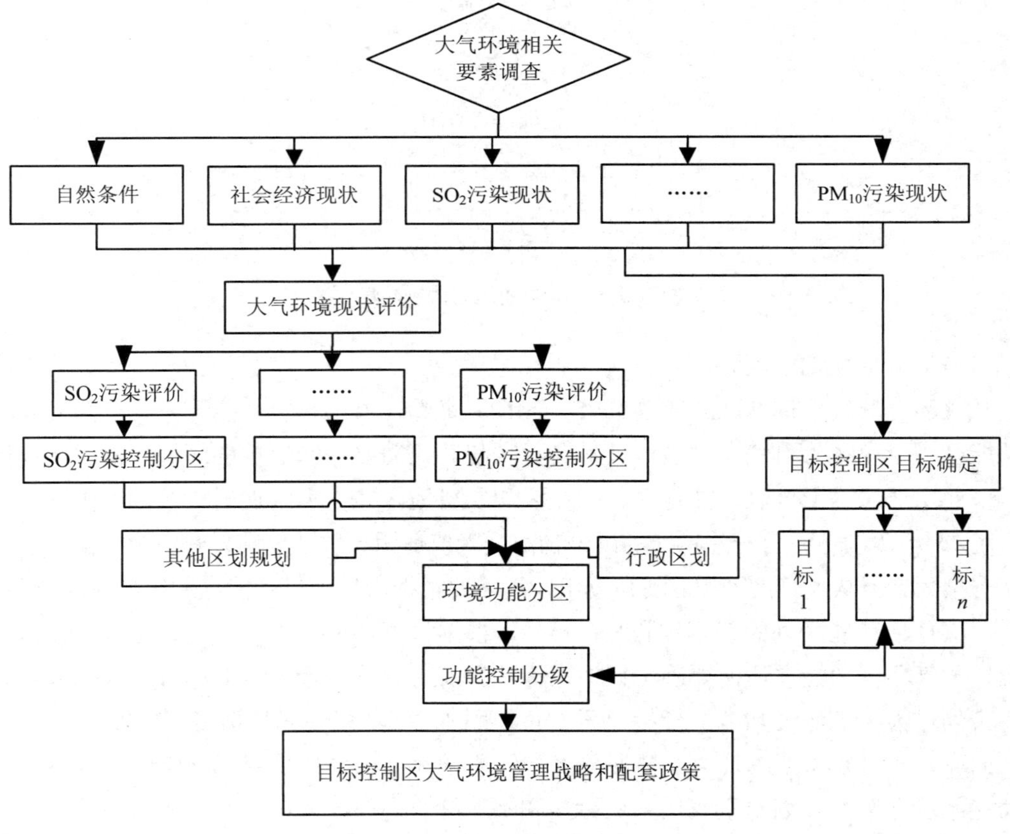

图 6-6　大气环境功能区划思路

（2）水环境功能区划

从 2000 年开始，环境保护部环境规划院组织各地环保部门开展了全国水环境功能区划研究，提出了全国主要江河湖泊水系的水环境功能区划方案。北京师范大学在环境保护部环境规划院牵头完成的"国家环境功能区划关键技术与应用研究"项目的水环境功能区划课题中，提出了我国水环境功能区划的基本思路，如图 6-7 所示。

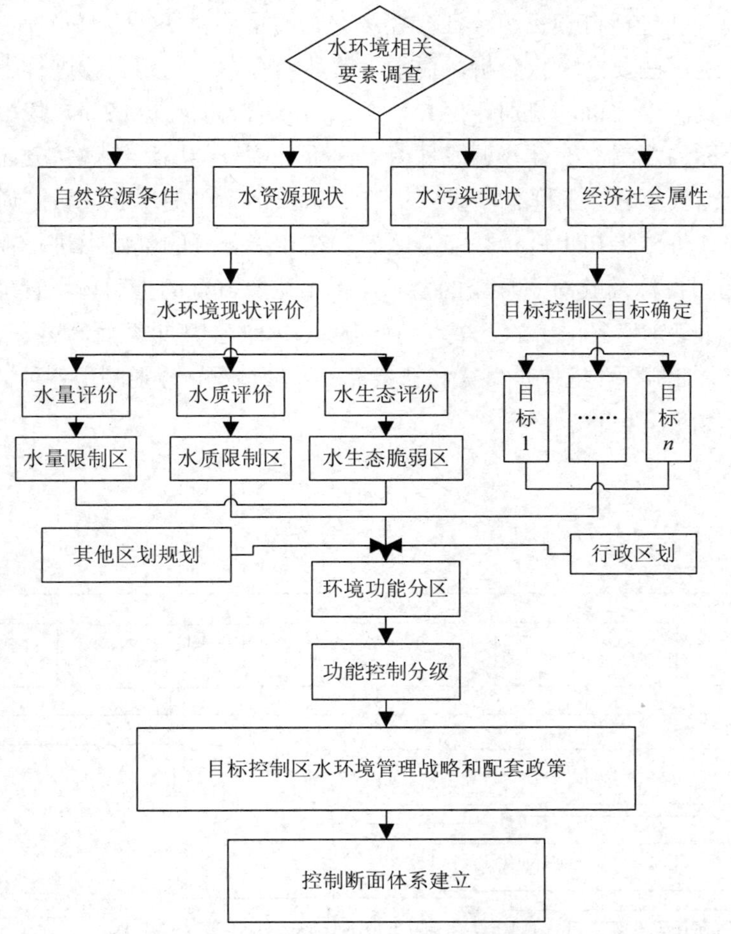

图 6-7　水环境功能区划基本思路[26]

水环境功能区划的基本步骤是：①进行与水环境有关的资料搜集、调查，包括自然资源、水环境资源、水污染方面的资料，也要对社会经济进行调查。通过这些要素现状分析，揭示水环境存在的问题。②进行水环境的功能评价，主要从水量、水质、水生态三方面进行。通过水量评价，识别水量充足区、一般区、限制区；通过水质评价，识别水环境质量好、中、差的地区；通过水生态评价，分析研究区内不同地区的水环境脆弱性。根据水量、水质、水生态脆弱性综合分析，初步进行功能分区。③在功能分区的基础上进行控制分级。然后确定目标控制区的目标及其对水环境的要求，提出综合考虑水量、水质和水生态等具有切实可行的水环境管理考核指标，并根据水环境现状确定优先保护的水环境问题。④根据水量、水质、水生态脆弱性分布、控制区环境保护目标和社会经济发展情况，分别制定各种情景下的水环境管理战略和政策。

（3）土壤环境功能区划

中国农业科学院等提出的土壤环境功能区划的基本步骤是[26]：①进行与土壤环境有关的资料搜集、调查，包括自然资源、社会经济、土壤重金属（Cd、Hg、As、Pb 等）污染方面的资料。通过这些要素现状分析，揭示土壤环境存在的问题。②进行土壤环境的功能评价。进行重金属污染评价，分别评价 Cd、Hg、As、Pb 的污染格局，找出各种金属要素安全、警戒、超标的范围，综合叠加几种要素评价土壤重金属污染现状分布图，找出安全区、警戒区、超标区；进行土壤有机质、N、P、杀虫剂污染的现状评价。通过几种要素的综合评价，根据评价结果初步进行功能分区。③在功能分区的基础上进行控制分级。然后确定目标控制区的目标及其对水环境的要求，提出切实可行的土壤环境管理考核指标，并根据土壤环境现状确定优先保护的土壤环境问题。④根据土壤重金属污染、有机质、N、P、杀虫剂污染分布、控制区环境保护目标和社会经济发展情况，分别制定各种情景下的土壤环境管理战略和政策（图 6-8）。

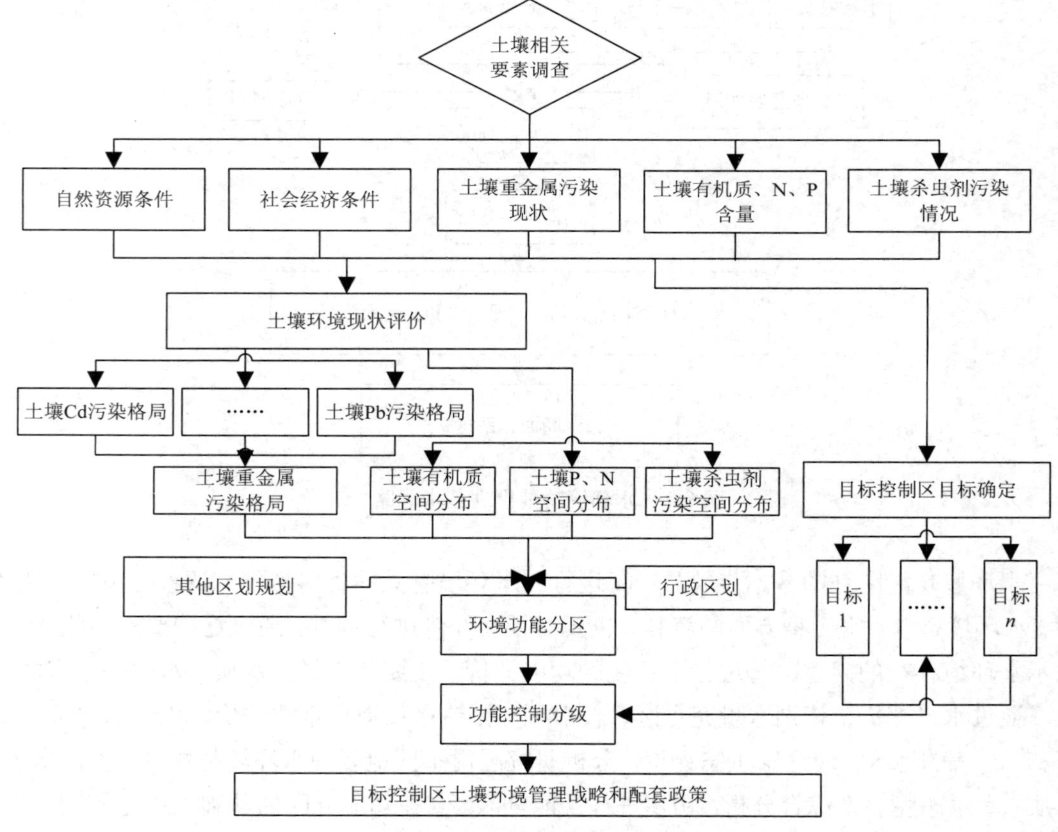

图 6-8 土壤环境功能区划思路[26]

6.2.4　环境功能区划技术

（1）区划技术方法

环境功能区划的技术方法分定性和定量两种。

定性分析方法有传统意义上的分区方法和以计算机为特征的新的分区方法。传统方法主要是指手工图形叠置法，应用的已经不多，取而代之的是以地理信息系统类软件为平台的计算机图形叠置分析和分类分析。这方面的方法在前面已经反复提到，这里不再赘述。

定量分析方法主要有生态适宜性评价方法、数理统计方法中的模糊聚类法、灰色系统模型法、德尔菲法等[22, 37]。数理统计方法的原理也已提到过，这里重点介绍生态适宜性评价方法。

生态适宜性评价是一种针对复杂系统的多变量分析。根据土地系统固有的生态条件，评价其对某类用途的适宜度，划分其适宜等级。生态适宜性评价方法可以摸清土地资源数量、质量，以及在当前情况下土地生态系统的功能，识别限制因素，判断这些限制性因素可能产生的环境影响。生态适宜性评价一般步骤为[38]：①建立评价的指标体系。选择能够准确描述区域土地用途的各类生态因子，建立指标体系进行评价。②单因子分级评分。将生态因子的原始信息进行分级。单因子分级一般分为五级：很不适宜、不适宜、基本适宜、适宜、很适宜；或者分为三级：适宜、基本适宜、不适宜。分级的关键是考虑该生态因子对于给定的土地用途的影响程度，还要考虑区域生态特征。③适宜度分析。根据不同因子对土地利用方式的影响程度赋不同的权重，通过单因子叠加等方法计算区域土地的生态适宜程度。④通过不同土地利用类型的生态适宜性评价，可以得到与生态环境相协调的土地利用类型。生态适宜性评价方法简单，在环境功能区划中的应用较广泛。但是由于指标选取和分级是人为设定的，适宜性分析的结果易受主观判断的影响。

（2）区划分区分级依据[21]

对于环境功能分区分级划分依据，目前没有统一的说法。对于不同环境要素的功能区划，有一些研究成果的建议。对于水环境功能区划，其依据主要是：①根据有关标准按水域现状功能的重要性分类。②考虑水域的水文特征、水质状况、水环境容量以及污染负荷量的大小。③考虑流域中城市经济社会发展规划及城市发展需求。④按水域功能指标划分功能区。对于大气环境功能区划，其主要根据是：①《环境空气质量标准》（GB 3095—2012）中的大气质量指标。②空气污染扩散气象条件。③能源特别是煤炭消费强度和清洁能源的供给潜力等。对于城区环境功能区划，其主要依据是：①与环境质量标准相配合，便于实现环境目标监督管理。②结合环境区划和现有功能调查资料的综合分析。③根据环境容量的计算来做，使之具有科学性与可行性。④考虑总体规划的功能分区。

6.2.5　全国环境功能区划分方案

《方案》将全国环境功能区划分为自然生态保留区、生态功能保育区、食物环境安全保障区、聚居环境维护区和资源开发环境引导区五类环境功能区。自然生态保留区和生态功能保育区，构成了国家生态安全战略格局，为国民经济的健康持续发展提供了基本生态安全保障；食物环境安全保障区、聚居环境维护区和资源开发环境引导区，是承载我国主要人口分布和经济社会活动的区域，重点保障区域人居环境健康。

自然生态保留区包括依法设立的各级、各类保护区域。包括国家级自然保护区、国家级风景名胜区、世界文化和自然遗产、国家森林公园和国家地质公园等区域，以及塔克拉玛干、古尔班通古特、腾格里、横断山等沙漠、荒漠、高海拔地区等人口稀少、当前不具备开发条件、作为保障国家永续发展的环境区域。总面积约 227.2 万 km^2，约占国土面积的 23.8%。

生态功能保育区包括大小兴安岭森林生态功能区、长白山森林生态功能区、阿尔泰山地森林草原生态功能区、三江源草原草甸湿地生态功能区、若尔盖草原湿地生态功能区、甘南黄河重要水源补给生态功能区、祁连山冰川与水源涵养生态功能区、南岭山地森林及生物多样性生态功能区等以提供水源涵养生态服务为主导功能的区域；黄土高原丘陵沟壑水土保持生态功能区、大别山水土保持生态功能区、桂黔滇喀斯特石漠化防治生态功能区、三峡库区水土保持生态功能区等以提供水土保持生态服务为主导功能的区域；塔里木河荒漠化防治生态功能区、阿尔金草原荒漠化防治生态功能区、呼伦贝尔草原草甸生态功能区、科尔沁草原生态功能区、浑善达克沙漠化防治生态功能区、阴山北麓草原生态功能区等以提供防风固沙生态服务为主导功能的区域；川滇森林及生物多样性生态功能区、秦巴生物多样性生态功能区、藏东南高原边缘森林生态功能区、藏西北羌塘高原荒漠生态功能区、三江平原湿地生态功能区、武陵山区生物多样性及水土保持生态功能区、海南岛中部山区热带雨林生态功能区等以维护生物多样性为主导功能的区域。总面积约 280.7 万 km^2，约占国土面积的 29.4%。

食物环境安全保障区包括东北平原、黄淮海平原、长江流域、汾渭流域、河套灌区、华南地区和甘肃、新疆地区等具备良好生产条件的粮食主产区；内蒙古、新疆、西藏、青海、四川、甘肃、宁夏、黑龙江、河北等畜禽养殖业发展地区；各大江河湖泊沿岸、海岛县、半海岛县和南海诸岛等内陆水域、近岸海水养殖和捕捞的主要作业区。总面积约 216.2 万 km^2，约占国土面积的 22.6%。

聚居环境维护区包括国家环境保护模范城市、国家生态建设示范区等经济社会发达、环境管理有效、生态环境质量较好，以优化环境为主导功能定位的地区；工业化和城镇化发展较快、生态环境压力较大、资源和环境问题逐渐显现，但总体上环境承载力较强、生态环境尚未遭到严重破坏的，以控制环境污染为主导功能定位的地区；大气污染的重点治理区、重金属污染防治的全国重点防控区、土壤环境保护规划的土壤污染防控重点区域等环境质量较差、生态环境问题凸显、持续发展受到威胁、迫切需要开展生态环境治理的地区。总面积约 162.6 万 km^2，约占国土面积的 17%。

资源开发环境引导区主要分布在鄂尔多斯盆地、新疆、山西、西南、东北等化石能源地区，攀枝花西部钒钛矿、滇黔磷矿、包头铁稀土矿、柴达木盐矿、河南铝土矿及钼矿、河北铁矿、长江中下游铜铅锌锡钨矿、鞍本铁矿等重要矿产资源勘查开发基地，以及长江三峡、西南诸河上游等水能资源富集地区。总面积约 69.6 万 km^2，约占国土面积的 7.2%。

6.3　生态功能区划

目前我国生态环境问题越来越突出，水土流失、荒漠化、生态资源锐减、环境污染等问题已经严重制约了经济发展，对人们的身体健康甚至是生存产生了威胁。为了保护生态环境，恢复生态功能，实现经济-社会-自然可持续发展，国务院在 2000 年发布的《全国生态环境保护纲要》中要求“各地要抓紧编制生态功能区划，指导自然资源开发和合理布局”。生态功能区划是我国继自然区划、农业区划之后，在生态环境保护与生态建设方面的重大基础性工作。原国家环境保护总局于 2003 年正式发布了《生态功能区划暂行规程》[41]，以指导和规范各省、自治区、直辖市开展生态功能区划，确定各主要生态功能区的经济发展方向、规划产业结构调整，提出具体限制要求，并启动了西部 12 省、市和新疆生产建设兵团的生态功能区划编制工作。2003 年 8 月，开始了中东部地区生态功能区划的编制。2004 年，我国内地 31 个省、自治区、直辖市和新疆生产建设兵团全部完成了生态功能区划编制工作。环境保护部与中国科学院于 2008 年联合发布了《全国生态功能区划方案》[42]。

6.3.1　生态功能区划概念

《生态功能区划暂行规程》中对生态功能区划的定义为：根据区域生态环境要素、生态环境敏感性与生态服务功能空间分异规律，将区域划分成不同生态功能区的过程。由此可见，生态功能区划是指在分析区域生态环境特征与生态环境问题、生态环境敏感性和生态服务功能空间分异规律的基础上，根据生态环境特征、生态环境敏感性和生态服务功能的重要程度在不同地域的差异性和相似性，将区域空间划分为不同生态功能区的过程[37]。

生态功能区划的目的是为制定生态环境保护规划、维护区域生态安全以及资源合理利用与工农业生产布局提供科学依据，并为环境管理部门和决策部门根据不同分区制定生态环境保护措施提供服务。生态功能区划的对象是生态系统，主要从区域生态环境现状、生态环境敏感性、生态系统服务功能重要性几个方面着手，综合分析制约区域自然环境和社会经济可持续发展的因素，使生态保护决策科学化、管理定量化、运作过程信息化的基础性工作。从综合环境功能区划和环境要素功能区划的角度看，生态功能区划是环境功能区划体系中与水环境功能区划、大气环境功能区划、土壤环境功能区划相平行的一个要素功能区划。

6.3.2　生态功能区划原则

生态功能区划主要遵循以下 5 个原则：

（1）主导功能原则[40，42]

在社会-经济-自然复合系统中，经济、技术结构等经济因素是短时间作用因子；文化、价值观念、社会行为方式等社会因素是中时段作用因子；而地理环境、生态演变等自然属性则是长时间作用因子。人类进化的历史也是适应自然环境的历史。所以当自然属性和社会属性存在冲突时，必须改变社会属性、适应自然属性。生态功能区划必须以自然属性为主导因素，考虑其结构与功能的一致性，然后才考虑满足经济、社会生产和生活需要。

生态功能区划与环境因素功能区划有明显区别，生态功能区划以自然属性划分使用功能，环境功能区划则是以使用功能来划分环境功能。生态功能区要以生态系统的主导服务功能为划分依据，具有多种生态服务功能，要以生态调节服务功能优先；具有多种生态调节功能，以主导调节功能优先。

（2）区域相似性与相关性原则[41，42]

自然环境是生态系统形成和分异的基础。在特定区域内生态环境状况趋于一致，但由于其他自然因素的差别以及人类活动的影响和改造，使得一致的生态系统结构、生态服务功能存在某些相似性和差异性。生态功能区划单元内的生态环境主导服务功能应该一致，即一个完整的、具有相同服务功能的个体必须被划为一个功能区，不能彼此分离，这样才能制定一致的生态环境保护措施。同时，不同区划单元之间虽然具有生态结构和主导服务功能的差异，但是彼此之间并不是完全独立的，如流域的上下游之间在主导功能上具有互补关系，政策制定应该考虑这种相关关系，从全局角度保护整个区域的生态安全。

（3）与主体功能区划相协调原则

生态功能区划是基础性的综合区划，是环境区划和主体功能区划等的基础，也是环境保护规划、社会发展规划、经济发展规划等规划的基础。同时，生态功能区划也要参考其他一些区划，如可以在以生态环境服务功能为主要依据的同时，兼顾行政区划的完整。总之，生态功能区划在区划体系和规划中具有很重要的基础位置，在进行区划和规划时，要充分考虑彼此之间的衔接和协调。

（4）坚持注重保护资源、着眼长远利用原则

生态环境、生态资产和生态服务功能如果保护得好是一个地区可持续发展的依托和基础，如果被破坏则是其发展存在的风险和障碍。因此生态环境和生态资产保护、生态服务功能强化是区域生态建设的重要内容。生态功能区划的目的即在于此。生态功能区划必须从区域可持续发展、资源保护的长远利用角度出发，以期通过区划工作找出生态结构与生态功能不相匹配的症结，然后通过各种限制和保护措施逐步恢复调整。措施制定的原则是：对于自然资源使用不当的功能，按照远近结合的原则，从实际出发提出逐步改造计划；对于自然资源的潜在利用功能，应给予特别关注；对于自然资源的竞争利用功能，应保证主要功能发挥的需要。

（5）可行性和便于管理原则

生态功能区的划分主要是为了管理者能更有效地掌握生态环境状况、保护生态环境、

管理生态资源。因此，功能区的划分一定要合理可行，实施方案要基本一致且容易操作。另外，生态功能区的划分要与生态环境管理体系配套，方便生态环境保护工作。

6.3.3　生态功能区划方法

6.3.3.1　生态功能区划的流程

与综合意义上的环境功能区划不同，生态功能区划更注重自然资源和自然环境特征，所以进行生态功能区划要重点进行生态环境调查，结合区域社会、经济要素对生态环境现状、生态环境敏感性、生态环境服务功能进行评价，在遵循生态学原理和生态功能与生态结构相匹配的基础上，根据以上三项评价将区域划分为具备不同功能的生态区。然后对不同的功能区制定不同的控制性规范。下面以原国家环保总局发布的《生态功能区划暂行规程》[41]中的技术指导为参考，介绍生态功能区划流程（图 6-9）。

（1）研究区域生态调查

调查范围主要是研究区和生态相关区。调查内容包括自然系统、社会系统和经济系统。自然系统调查地质地貌、土壤、气候水文、动植物资源、土地矿产等自然资源、生态环境基本情况；社会经济方面主要调查经济发展、人口、产业布局、基础设施建设等情况；人类活动主要包括土地利用、城镇化及城镇布局、污染物排放、环境质量方面的调查。生态环境需要详细调查，包括生态系统现状、生态环境问题、区域特殊生态系统、区域自然灾害、区域污染危害等。

（2）生态环境现状评价

在区域调查基础上，通过分析区域生态环境特征、空间分异规律，从而发现生态环境存在的问题，预测环境问题变化趋势。生态环境现状评价要针对主要生态环境问题的形成和演变过程，评价内容应包括土壤侵蚀、沙漠化、盐渍化、石漠化、水资源和水环境、植被与森林资源（植被的变化情况与演变趋势）、生物多样性、大气环境状况和酸雨问题、与生态环境保护有关的自然灾害、其他环境问题。以上可以分别通过计算得出土壤侵蚀模数、风蚀侵蚀模数法、土壤含盐量、土壤侵蚀程度（包括岩石裸露情况、植被覆盖度、坡度、土层厚度等因素的综合特征评价）、水资源水环境（地表水、地下水、过境水资源总量，人均水资源量，可用水资源量）、植被的变化情况与演变趋势、生态系统多样性和物种多样性、降水酸度、自然灾害发生的特点（发生频率、发生面积、成灾面积、经济损失及人员伤亡情况）、土壤污染、农业面源污染和非工业点源污染等来衡量。这些指标的实际计算比较复杂，而且涉及水土流失、气象、土壤物理化学性质、动植物资源总量及其结构、雨水酸碱度等物理特征，环境污染、自然灾害等的监测和统计数据，数据可得性差。因此，可选择其中几个或者其他表现生态环境结构与过程、生态环境分异规律、社会经济活动对生态环境的影响、凸显主要生态环境问题及其分布特征的指标进行评价。目前，有很多研究对生态环境现状是以现状数据和已有资料的定性描述为主、定量计算为辅进行评价。而且有研究对资源承载力单独进行了评价，将其作为分析生态环境与社会-经济-人口关系的手段，作为生态功能分区的基础之一。

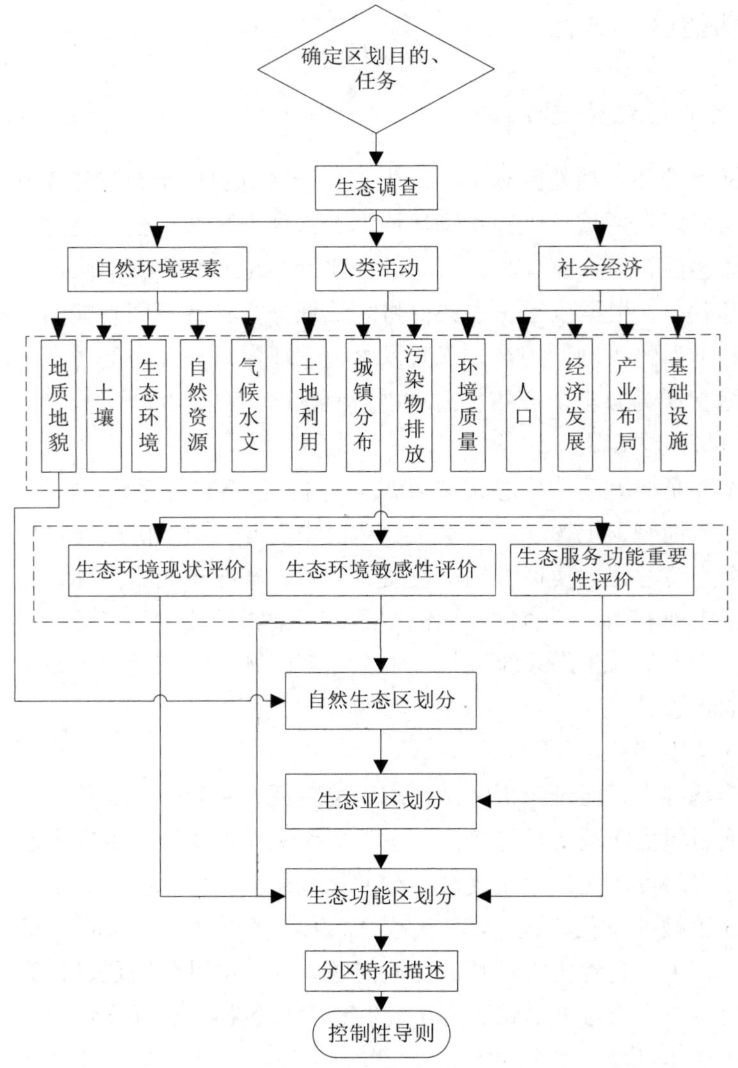

图 6-9 生态功能区划流程

（3）生态环境敏感性评价

主要是分析生态环境敏感性的区域分异规律，明确特定生态环境问题可能发生的地区范围与可能程度。这部分评价主要包括：土壤侵蚀敏感性、沙漠化敏感性、盐渍化敏感性、石漠化敏感性、生境敏感性、酸雨敏感性等。其中：土壤侵蚀敏感性建议以通用土壤侵蚀方程（USLE）为基础，综合考虑降水、地貌、植被与土壤质地等因素来评价土壤侵蚀敏感性及其空间分布特征；沙漠化敏感性可以用湿润指数、土壤质地及起沙风的天数等来评价；石漠化敏感性可以根据评价区域是否为喀斯特地貌、土层厚度以及植被覆盖度等进行评价；盐渍化敏感性可根据地下水位来划分敏感区域，再采用蒸发量、降雨量、地下水矿化度与地形等因素划分敏感性等级；生境敏感性可根据国家与省级保护对象的分布区来评价；酸雨敏感性可根据区域的气候、土壤类型与母质、植被及土地利用方式等特征来综合评价。与生态环境现状评价类似，生态环境敏感性分析也存在上述问题。可以选择其中几类特征指标进行评价，如有文献选择土地沙漠化敏感性、土地盐渍化敏感性、生物多样性和生境敏感性进行评价。也可以借助生态环境脆弱性评价方法，分析生态环境对人类活动和自然灾害胁迫的敏感性。

（4）生态服务功能重要性评价

主要是对典型区域进行评价，目的是分析生态服务功能的区域分异规律，明确生态系统服务功能的重要区域。这部分主要是评价：生物多样性保护、水源涵养和水文调蓄、土壤保持、沙漠化控制、营养物质保持 5 个方面。其中：生物多样性保护可以重点评价生态系统与物种的保护重要性；水源涵养和水文调蓄可以根据评价地区所处的地理位置，以及对整个流域水资源的贡献进行评价；土壤保持的重要性评价可在考虑土壤侵蚀敏感性的基础上，分析其可能造成的对下游河床和水资源的危害程度与范围；沙漠化控制在评价沙漠化敏感程度的基础上，通过分析该地区沙漠化所造成的可能的生态环境后果与影响范围，以及该区沙漠化的影响人口数量来评价该区沙漠化控制作用的重要性；营养物质保持从面源污染与湖泊湿地的富营养化问题的角度考虑，评价区域的营养物质保持重要性，其重要性主要依据评价地区氮、磷流失可能造成的富营养化后果与严重程度。如果把生态服务功能的方方面面都进行计算，不但工作量大，而且并不能抓住问题本质。所以在进行生态服务功能重要性评价之前，需要结合区域特征分析其主导服务功能和辅助服务功能，对主导服务功能进行详细评价，对辅助服务功能进行概略评价，其他服务功能可以不必考虑。

（5）生态制图

以上生态环境现状评价、生态环境敏感性评价、生态服务功能重要性评价各自子指标评价完毕后，可以根据子指标的重要程度加权得到这三项评价指标结果，并对其进行分级，绘制生态环境现状评价图、生态环境敏感性评价图、生态服务功能重要性评价图。

（6）分区

《生态功能区划暂行规程》把大尺度层面的生态功能分区分为 3 个等级，分别为自然生态区、生态亚区、生态功能区。首先进行自然生态区划，以地理、自然气候等大的地域分异为参考进行，自然生态区划可以总体上把握和体现自然地域分异的总体规律；然后进行生态亚区划分，以自然生态区为基础，以生态系统类型为依据分区，同时参考生态服务功能的差异；生态功能区则以生态亚区为基础，以生态环境现状评价、生态环境敏感性评价、生态服务功能重要性评价结果为依据进行分区。低一级分区后，可以辅助“自下而上”方法对上一级分区进行调整。通过生态功能区的划分，可以发现生态亚区和自然生态区划时考虑不到的细节，可以在不改变生态亚区地域分异规律的前提下对其进行局部调整，同理也可根据生态亚区划分结果对自然生态区进行微调。

上面提到的各个评价指标的计算方法、计算公式及分级标准可查看《生态功能区划暂行规程》。

6.3.3.2 生态功能区划的简易方法

前面已经提到《生态功能区划暂行规程》涉及的指标较全、较细，在进行某些特定地区生态功能区划时，可选择其中部分指标或者根据区划对象实际生态环境特征选取其他适合指标进行评价。如某一湿地生态功能区划[43]，可以选择湿地生态景观结构指标、湿地生态资源指标、湿地景观格局动态变化指标、湿地污染相关指标进行评价和区划，然后评估湿地生态服务功能，据此进行生态功能区划。小尺度的区划，如果地质地貌背景变化不大，可以分为两级，如根据生态系统类型进行高一级生态区的划分、根据生态系统类型和生态服务功能进行低一级的功能区的划分。

对于生态功能指标计算，也不是一定要按照《生态功能区划暂行规程》中的公式计算，可以根据数据情况选择更适宜的方法计算。早期的生态功能区划与环境区划或者其他区划方法相同，也是多采用定性的地图叠加等方法进行区划，后来也逐步发展到使用定量方法。

（1）定性区划方法

这里主要指地图法。地图法主要包括空间叠置法、地理相关法、景观制图法等[39, 44-46]。

空间叠置法。将与生态功能区划要素（地貌、植被、土壤、气候、水文、生态系统特征）建立相同比例尺后，在地理信息或者遥感软件中进行叠加，选择其中重叠最多的线条作为区划的依据。其基本步骤为：确定区划指标体系—在相关软件中进行单要素制图—多因子叠加综合分析—选定区划边界—逐级进行分区。运用叠置法进行区划，并非机械地搬用这些叠置网格，而是要充分考虑各要素的生态学意义及其空间分异规律，然后确定区域单位的界线。随着遥感技术和地理信息系统（GIS）技术的发展，基于 GIS 的空间叠置分析方法在区划工作中得到了广泛的应用。

地理相关法。这是运用专业地图、统计资料和其他资料对区域各要素之间进行相关分析后再进行区划的方法。通过比较各项区划要素，将与生态环境因素互相依存的重要性关系作为制定区划界限的依据[46]。地理相关法大概步骤如下：选定区划指标体系—判定要素之间相关关系并按照其与生态环境服务功能相关关系的密切程度编制出具有综合性的组合图—逐级进行区域生态环境的划分。根据重要程度进行加权叠加可以得到较好的效果。

景观制图法。景观制图法以景观类型图为基础进行区划。根据景观生态学原理，编制景观类型图，按照景观的结构特征、空间分布划分景观区域。不同的景观分区，其生态要素结构、生态过程及人类干扰是有差别的，反映不同的生态特征，例如在植被分区中，不同类型斑块是最小的分区单元，以景观类型图为基础，按一定的原则逐级合并，可形成不同等级的植被区划单元。目前，景观制图法在遥感、GIS 等软件中进行，多为定量分析过程中的辅助技术方法和工具。

（2）定量区划方法

定量区划方法有很多，随着统计工具和 GIS 软件的发展，可以采用主成分分析、聚类分析、层次分析等对生态功能分区。下面简单介绍两种方法。

1）因子分析与聚类分析相结合的方法[47，48]。聚类分析可以根据样品指标数据把具有相同属性的样品分为一类，把具有不同属性的样品分为另一类。在生态功能区划中，所涉及的指标量较多，分析问题的复杂程度也大。在多数情况下，相近指标间存在一定的相关性，即其所含的信息有一定的冗余性。若将原始数据直接进行聚类分析，由于指标因素相关关系的存在，会对分区结果产生影响。因子分析是主成分分析的发展，可以将具有相关关系的变量（或样品）综合为数量较少的几个因子，同时根据不同因子还可以对变量进行分类，是多元分析中降维的一种统计方法。

因子分析的基本思想是通过样品的相关系数矩阵研究，找出少数几个随机变量去描述多个样品之间的相关关系，随机变量通常称为因子。然后根据相关性的大小将样品进行分组，使得同组内的样品之间相关性较高，但不同组的变量相关性较低。

假设有 m 个样品、P 个变量指标的实际对象，则其样本矩阵 $\boldsymbol{X}=\left|X_{ij}\right|_{p\times n}$。因子分析的数学模型为：

$$\begin{cases}X_1=a_{11}F_1+a_{12}F_2+\cdots+a_{1m}F_m+\varepsilon_1\\X_2=a_{21}F_1+a_{22}F_2+\cdots+a_{2m}F_m+\varepsilon_2\\\qquad\vdots\\X_p=a_{p1}F_1+a_{p2}F_2+\cdots+a_{pm}F_m+\varepsilon_p\end{cases}\tag{6-11}$$

简记为：

$$\boldsymbol{X}=\boldsymbol{AF}+\varepsilon\qquad A=\left(a_{ij}\right)_{p\times m}\left(m<p\right)\tag{6-12}$$

式中，A——因子载荷矩阵；

F——X 的公共因子；

a_{ij}——指标变量 $X_i\left(i=1,2,\cdots,p\right)$ 在公共因子 $F_j\left(j=1,2,\cdots,m\right)$ 上的载荷；

ε——误差项。

因子分析可以在统计软件如 SPSS 中实现。将原始数据 X 标准化后，计算其相关系数矩阵 R，然后得到 R 的特征值、贡献率和累计贡献率，取其特征值大于 1 或者累计贡献率大于 85%的几个主因子对其进行矩阵旋转，作为参与评价的指标，新指标反映了原有指标的大部分信息与特征，然后进行聚类分析，根据聚类分析结果进行区划。

在环境区划方法中已经介绍过聚类分析基本原理，即通过一定的模型计算两两样本之间的关系指数（一般通过计算两个样本之间的欧氏距离来衡量其关系），指数（欧氏距离）越小，表示其越相近，可以分为一类，依此类推，直到所有样本都进行了归类。

根据分类结果，相同的一类为同一类功能区，这些样本合并就可以得到其区划的边界。

2）星座图法[49, 50]。该方法是一种简便的图解多元分析法，便于在定量分析的基础上进行定性判断。该方法通过区划指标数据极差变换及计算其权重，由权重和极差变换值计算各样本的直角坐标，并在直角坐标系中绘出各单元的位置——星座图，再根据星座图进行定性分析确定各分区的范围。具体步骤包括：

第一步，运用一定方法计算各区划指标的权重，如层次分析（AHP）法：通过专家对各区划指标的相对重要性采用九级打分法进行判断，确定各指标的权重值。

第二步，对各指标原始数据作极差变换，变换后数值落在[0°，180°]，极差变换计算式为：

$$\varphi_{ij}=\frac{(X_{ij}-X_{j\min})}{X_{j\max}-X_{j\min}}\times 180^\circ \tag{6-13}$$

式中，φ_{ij}——第 i 个样本第 j 个指标变换后的值；

X_{ij}——第 i 个样本第 j 个指标的原始数据；

$X_{j\min}$——第 j 个指标的最小值；

$X_{j\max}$——第 j 个指标的最大值。

第三步，计算各样本直角坐标。其计算公式为：

$$X_i=\sum_{j=1}^{n}W_j\times\cos\varphi_{ij} \tag{6-14}$$

$$X_i=\sum_{j=1}^{n}W_j\times\sin\varphi_{ij} \tag{6-15}$$

式中，X_i——第 i 个样本的横坐标；

Y_i——第 i 个样本的纵坐标；

W_j——第 j 指标的权重；

i——样本号；

j——指标号；

n——指标数量。

第四步，绘星座图。将各样本的直角坐标在直角坐标系中描绘出对应的点，得到星座图。

第五步，分区。根据其他定量计算和星座图，确定各区范围，把连片的星点作为一个分区，获得生态功能区划。

6.4 流域控制单元划分

基于控制单元的流域水污染分区管理是国外流域治理的经验凝练[51]，是有重点、有区别地制定流域水污染防治策略、提高流域水环境保护工作效率的载体。我国的流域水污染控制分区实践始于“九五”淮河流域水污染防治规划，分区方法在历经“十五”及“十一五”的发展后逐渐成熟。流域控制单元是我国编制流域水污染防治规划的重要内容，是从流域整体设计落实到区域的关键节点，是规划基础数据、问题分析、目标任务落地归结的基本单元，可以使复杂的流域水环境问题、规划目标、规划任务逐级细化，从而实现整个流域的水环境质量改善。本节以环境保护部环境规划院提出的《流域水污染防治规划分区技术指南》（试用）[52]，王金南、吴文俊等发表的《中国流域水污染控制分区方法与应用》[53]和王东、赵越等发表的《全国重点流域“十二五”水环境分区方法与体系研究》[54]为基础，介绍流域控制单元划分方法。

6.4.1　流域控制单元划分发展历程

20 世纪 60 年代末，以美国、日本和欧盟为代表的国家和地区首先在小尺度的区域层面开展了水质规划的研究，在制定水质规划时采用系统分析方法进行区域水污染防治。控制单元的概念来源于美国水质规划，美国的 TMDL 计划（Total Maximum Daily Load）是具有代表性的流域划分方法[55]，在美国环保局 1972 年颁布的《清洁水法》中提出，通过识别及提出具体污染控制单元的总量控制措施，从而引导执行最好的流域管理计划[56-59]。日本在 70 年代末提出了基于水环境容量的总量控制概念，并在某些水质保护规划中采取了该种方法[61]。虽然这些国家进行了基于控制单元的流域水污染防治分区管理，但是国际上对较大空间尺度的控制单元划分并不多见，例如由于其联邦制的国家制度，美国环保局在国家层面上不制定较大空间尺度的流域水质规划。这点与我国的流域及控制单元划分不同。

我国的流域水污染防治工作以 1993 年应对淮河水污染事故为标志，相应流域水污染防治规划也始于淮河，特别是淮河流域“九五”水污染防治规划中首次提出了控制区和控制单元的概念，建立了流域水污染控制单元管理雏形[61]。此后的“十五”及“十一五”期间，重点流域水污染防治规划也大致遵循了这样的分区规则[62]。以控制单元为基本管理单元实施流域水污染防治措施的理念得到普遍认可，我国已经建立了基于控制单元的水污染防治技术管理体系，这成为水环境管理基本制度的基础。目前，针对分区过程中存在的主观性强、分区方法不统一等问题，已有研究提出了流域水污染防治规划分区技术指南，并构建了规范的“流域—控制区—控制单元”三级水环境分区体系，在国家重点流域“十二五”水污染防治规划中得到全面运用。同时，从“十二五”开始，辽河、太湖等流域开展了水生态功能分区研究与试点[63, 64]。总体来看，我国的流域水污染控制分区方法呈现出方法体系由差异化向标准化分区体系演变、分区目标由流域管理向流域和区域管理相结合演变、划分依据由单一指标向综合指标演变 3 个显著特征。

（1）分区方法由差异化向标准化方向演变

我国的流域水污染控制分区自 20 世纪 90 年代开始，历经了“九五”至“十二五”4 个五年阶段，在淮河、海河、长江中下游等流域逐步形成了可应用的分区成果，并提出了各流域的分区依据与原则。早在“九五”阶段，淮河流域规划中依据水资源分布及水环境保护目标，将全流域划分为 7 大控制区、34 个控制单元和 100 个控制子单元，初步建立了我国流域水污染控制分区管理的雏形，此时的流域分区多依赖于水资源区划分，“三河三湖”分区方法标准化程度不高，划分依据不统一，不同流域控制区划分方法存在较大差异，为流域水污染防治提供支撑服务的水平有限。进入“十五”及“十一五”时期，我国相继制定了水功能区[65, 66]和水环境功能区[67, 68]，旨在通过对水污染控制区的保护来实现水环境功能区的水质目标，但相应水污染控制分区未能有效与水环境功能区划进行衔接[69]，更注重行政区划因素，尚未真正落实流域综合管理模式。“十二五”国家全面实施流域水环境分区管理，形成了统一的控制区划分原则，以行政管理需求为主导依据，同时兼顾区域水系特征和污染特征等，构建“流域—控制区—控制单元”三级分区体系，单元划分也更加科学规范，以单元落实流域环境保护和区域污染控制责任的效果凸显。

（2）分区目标由流域管理向流域和区域管理相结合演变

早期的流域水污染控制分区主要依据水系特征划分，参照基于水资源保护及开发利用而构建的水资源分区体系，割裂了“水-陆”生态关系，以单元落实减排任务的效果并不明显；“十五”及“十一五”期间，流域水污染控制分区则主要是出于行政管理需要构建的行政分区体系，由省（自治区、直辖市）、市（地区、州、盟）、县（区、旗）构成，该分区体系与行政职能直接挂钩，但缺乏流域上下游、左右岸之间协调的科学基础[70]。目前，我国的流域水污染控制分区正逐步结合行政分区与水资源分区，同时体现流域属性和区域属性，这一时期分区的特点是从流域层面分析水环境问题，再根据水质改善需求，统筹协调流域区域社会经济发展水平，确定主要水污染物排放总量控制阶段目标，而水污染控制方案措施和责任分工则分解落实到各级行政区[2]。

（3）划分依据由单一指标向综合指标演变

从“九五”流域水污染防治规划开始，分区指标由简单、单一向复杂和全面发展，“九五”期间流域分区指标包括水系特征和保护目标，“十五”时期考虑了水污染控制和水生态保护的区域特征指标，“十一五”及“十二五”期间，我国的流域水污染控制分区指标不仅包括地域特征、汇水特征、行政区划、排污、断面等，而且也包括区域污染特征、地方经济发展需求、管理经验等，划分过程是国家与地方“自上而下”逐级划分、“自下而上”层层调整的过程。国家层面初步划分流域控制单元，地方结合上述指标细化、调整控制单元[71, 72]。

6.4.2 流域控制单元确定方法

6.4.2.1 控制单元划分原则

流域水污染控制分区的关键问题在于：协调不同利益者、人与自然的冲突，从而确定水体功能定位；保证流域、区域协调统一；落实区域污染防治责任和任务。为了统筹流域水环境管理需求与区域特征，流域水污染控制分区可以县级行政区为基本单元，建立流域—控制区—控制单元三级分区体系[73]，在流域层面，应基于水系汇水的自然属性，同时体现国家流域水污染防治的总体思路；在控制区层面，需立足于对流域内环境问题的总结，同时兼顾水系特征；在控制单元层面，需实现陆域与水域之间的衔接，建立排污与水质之间的响应关系。

同时，流域水污染控制分区与“十二五”国家流域水污染防治总体规划、区域水污染防治实施计划、控制单元水污染防治方案三级水污染防治规划体系保持对应，重点把握完整性与唯一性、以水定陆，以及区县为最小行政单元等原则：

1）完整性与唯一性原则。流域、控制区、控制单元为流域水污染控制三级分区体系，为实现三者自上而下逐步扩散、自下而上逐步收敛的单向逻辑关系，要求控制单元划分时必须保证流域的完整性，不能出现空白，也不能重复出现。

2）以水定陆原则。控制单元为水陆对应的面状区域，自然水系为陆域划分的基准，根据自然汇水特征确定陆域汇流范围，形成水陆结合单元。

3）区县为最小行政单元原则。区县作为环境数据调查、统计的基层行政单位，是实现控制单元空间落地功能的最小单位。对于主导排污去向唯一的区县，将整个区县全部划至某个控制单元；对于主导排污去向不唯一的区县，可以将区县分拆到不同的控制单元，并在对应排污区域内注明某某县（部分）。

4）行政区划和水系兼顾原则。以水系、行政区划边界为基础，建立陆域（行政区、汇水面积）—水体（监测断面）的对应关系。控制区重点考虑地市行政管理；控制单元则重点考虑水系特征，对应一条主要入湖河流。

5）汇水主导、排污校正的原则。汇水规律为控制单元划分主导因素。城镇生活源、工业点源一般就近排入河流，面源伴随地表汇水排入附近河流。因此，无论是国家级控制单元还是省级控制单元，汇水主导原则均普遍适用；地方由于局部资料相对容易获取，划分省级控制单元时考虑区县排污特征，根据污染排入各河道比例确定某区县实际排污去向，校正国家控制单元划分结果。

6）断面替换、全流域覆盖的原则。控制单元划分的最终目的为识别全流域水环境问题，因此控制单元划分基础环节必须保证控制单元覆盖全流域。由于目前断面（国控、省控、市控）布设存在不合理性，某些地区断面过少以致流域出现空白点，针对这种情况可以采取断面替换原则，在断面布设不足、部分区县无控制单元承接时，可以考虑将河流上下游反映相同水质状况的断面作为虚拟断面布设在所需位置，保证控制单元能够全流域覆盖。

6.4.2.2　控制单元划分方法

采用自上而下和自下而上相结合的技术方法，按照以问题为导向、流域全覆盖、水陆结合、以水定陆、动态调整等原则，建立流域、控制区、控制单元三级分区管理体系。首先，国家层面需依据自然汇水特征初步确定流域范围，参考水资源一级区，并以行政区边界调整流域范围；其次，应以省级行政区为主要依据，与水资源三级区对接，初步构建各流域控制区；再次，在控制区层面下，需结合水系、县级行政区中心、水质断面位置、土地利用、排污特征等诸多因素，以县级行政区为最小单位划分控制单元[55]。控制单元划分、控制断面确定、优先控制单元的选择均为初步成果，在规划过程中要结合地方实际进一步优化和调整。

（1）流域及控制区划分

流域界定。参照水利部水资源分区方法对全国自然水系进行分割，结合水环境管理需求及县级行政区界对流域边界进行修正，可将全国流域划分为松花江、淮河、海河、辽河、黄河中上游、太湖、巢湖、滇池、三峡库区及其上游、丹江口库区及上游、长江中下游等11个流域。

控制区划分。控制区为流域的进一步细化，其划分目的是对不同区域分别提出有针对性的治理措施，并有效落实地方政府治污责任和任务。划分过程中应分析省级行政区内水系及汇水特征，在省级行政区边界的基础上，叠加该省水系水域和陆域的空间边界，以水系的水域及陆域界限作为控制区的边界。控制区要求不跨省级行政区，巢湖等省内流域以地市级行政区作为控制区，个别以湖库为主的流域（如滇池）也可按水系特征构建控制区。

（2）控制单元划分

控制单元是控制区的进一步分解细化，其划分目的是建立水体—行政区—断面的对应关系，通过削减排污达到有效改善水质的目的，其划分过程包括水系概化、控制断面选取、主导排污去向筛选和控制单元命名与编码。

1）水系概化是控制单元划分的一个重要准备工作，应用 ArcGis ArcHydro 水文模块，通过 DEM 数据提取流域河网，河网数据赋存的信息包括河流流向、河流干支流、河流连接状况、河流等级等，水系概化确定了水系汇水去向，为后续区县排污去向确定及控制单元划分提供了重要的支撑和依据。

2）控制断面选取是控制单元划分的核心，一般从国控、省控或者市控等常规监测断面中选取，筛选和优化的依据包括干流水体、支流水体、跨界水体、重要功能水体和污染排放监测五大要素：确保处于城市下游的干流监测断面，用于作为反映城市排污的主要控制断面；确保支流汇入干流前的监测断面，用于代表汇入干流前的支流水体水质；确保各条干流或者支流的跨省或市级行政区界水体的监测断面，用于反映跨界水体水质；确保每个重要功能水体包含一个监测断面，用于代表该水体水质；确保每个排放区域排放口下游包含一个监测断面，用于反映污染物排放对水体水质的影响。一般情况下，每个控制断面代表的河长原则上不小于 100 km。

3）筛选主导排污去向是划分控制单元的重点。对于辖单一水体的区县，水体汇水去向即为区县排污去向，县级行政区即为控制单元；对于辖两条及两条以上河流的区县，以断面为节点，统筹考虑汇水特征、城镇布局、工业布局以及农业布局等因素。本书构建了层次分析模型综合评价各因素的权重[74, 75]，对造成各河段污染的区县排污去向进行比较，最终筛选出区县的主导排污去向，作为将其划入某一或某几个控制单元的依据。

4）控制单元命名与编码。控制单元由水、陆两部分组成，因此命名时采用主要河流或河段+地市的形式，即×河×市控制单元。若控制单元涉及多个地市，可采用“×河×市-×市控制单元”的命名形式；对于湖体控制单元，可以不将陆域纳入命名体系[76]。控制单元编码包含流域、省（区）信息，以松花江为例，控制单元编号方法为“松蒙-01-01”，其中，“松”指松花江流域，“蒙”为内蒙古自治区，第一个“01”为控制区序号，第二个“01”为 01 控制区中的控制单元序号。

需要强调的是，整个控制单元划分过程由国家、地方协作完成。国家负责界定流域范围、构建控制区、划分国家级控制单元；地方负责向下细化省级控制单元，按照省级控制单元、国家级控制单元、控制区、流域自下而上的次序依次调整各级分区范围，整个过程需要包括流域管理机构以及地方政府在内的多方协商完成，最终形成国家“十二五”流域水污染控制分区结果。

6.4.2.3　控制单元划分程序

（1）基本流程

从执行程序上讲，控制单元划分是自上而下逐级分配、由下而上层层对接的过程。国家根据单元不割省原则，划分国家级控制单元，并交叉省界与流域边界，将每个流域属于各省部分切割下来，交与各省进行省级控制单元划分；省级单位按照同样的分配方法，将控制单元划分任务交与地市、区县级相关环保单位，分片划分省级控制单元；地方根据环境管理需要，可以继续细化小流域子单元，实现排污—入河排污口—断面之间的对接；各级环保单位完成控制单元划分工作后，由县、地市向省级单位递交划分结果，省级单位汇总调整后上报国家，与国家级控制单元进行相互修正，最终确定国家级、省级控制单元划分结果，统一编制分区编码。从技术程序上讲，国家级与地方均按照“划分范围确定—数据汇总—水域概化—控制断面筛选—区县排污去向确定—控制单元划分—控制单元命名”的顺序进行国家级与省级控制单元划分。

控制单元划分基本流程见图 6-10。下文将以国家级控制单元划分为例进行说明。

（2）国家级控制单元划分程序

第一步：汇总数据。

数据形式包括基于 ArcGIS、Mapinfo 等软件的图层数据、水质数据、水系状况等文本资料数据。其中，图层数据用于划分控制单元；水质数据用于筛选控制断面，并为下一步控制单元水环境状况评估做准备；水系状况等文本资料用于快速摸清水系、准确划分控制单元。

国家级控制单元划分需收集 7 个图层，分别为水系图层、国控断面图层、省控断面图层、省界图层、区县边界图层、区县行政中心图层、水资源三级分区图层。各类图层所含属性信息汇总见表 6-1。

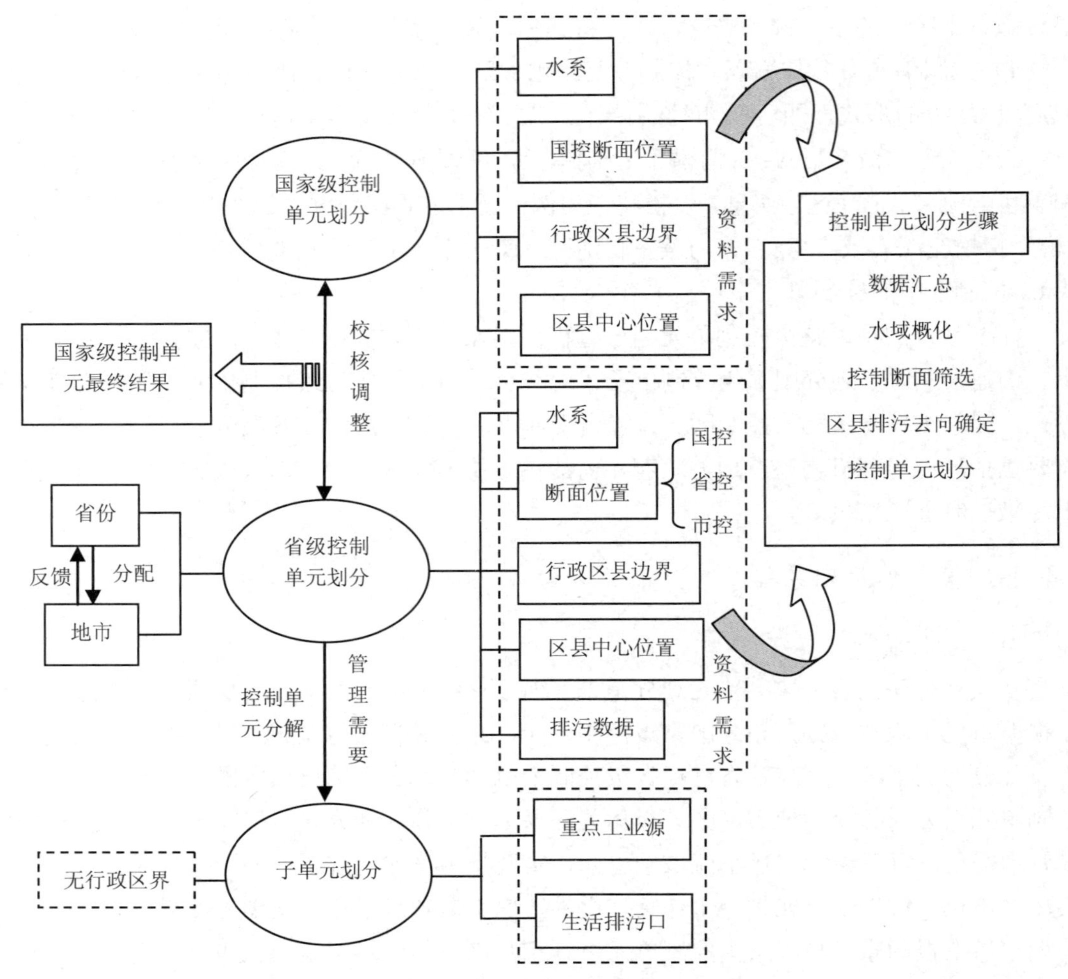

图 6-10 流域控制单元划分基本流程[54]

表 6-1 国家级控制单元各图层包含属性信息

类别		信息要素	调查内容
水系	河流	线状、面状	河流代码、河流名称、河流等级、河流长度等
	湖泊、近海海域	面状	湖泊代码、湖泊名称、湖泊面积、近海海域名称、面积等
断面（国控、省控）		点状	所属流域片、省份、测站名称、测站代码、所在河流（湖泊）名称、河流（湖泊）代码、断面名称、断面代码、断面所在地（区县）、经度、纬度、汇入水体、断面属性、断面控制级、是否为跨界断面、跨界标识等
行政区边界（省、区县）		面状	行政区名称、代码、面积等
区县行政区中心		点状	名称、相应行政区划代码、经度、纬度等
水资源三级分区		面状	分区名称、代码、面积等

第二步：概化水域。

国家层面主要以河流自然汇水特征为依据，进行国家级控制单元划分。水域概化既是对流域重点河流的提炼，同时也是准确识别水系特征的有效途径，是控制单元划分的重要工具。国家级水域概化图的空间表达形式为多个节点相连的直线，赋存信息包括水系（包括主干流、一级河流、二级河流及主要支流、国控和省控断面所在河流）、行政区名称（地市）、断面（国控、省控）等。水域概化图要用箭头注明干流走向，各干、支流长度比例大致与实际水系相符。

第三步：筛选国家级控制断面。

国家级控制单元控制断面选取原则为以国控断面为主，适当补充省控断面。根据中国环境监测总站提供的信息，目前全国国控断面布设数量较少，且地区分布不均。国控断面布设最集中的流域为太湖、淮河和海河3个流域，就数量和分布位置而言基本满足控制单元划分需求；其他如长江、珠江等流域的国控断面布点相对较少，需要从省控断面中筛选填补。选取国控断面、省控断面时需遵循三点原则：①确定水质资料齐全。②断面分布尽量均衡。③保证流域全覆盖。控制断面选取步骤为：①整理2005—2008年国控断面水质监测数据，剔除数据有大量空白的国控断面。②针对同一区县出现两个及两个以上国控断面的情形，分析是否每个断面均有控制单元与之对应，如果出现断面布设富余，按如下顺序优选：省界、市界国控断面依次优先选取；背景和对照断面优先选取；河流源头和水源地断面优先选取；高污染排放区断面优先选取。③依照控制断面均衡分布原则，必要时必须补充省控断面作为补充控制断面。

第四步：确定区县排污去向。

国家级控制单元区县排污去向通过水流走向判定，判定方法为：根据区县水系分布、行政中心位置以及人为经验确定区县主要排污河流，要求一个区县仅对应一条主要排污河流，根据河流走向判定该区县污染物汇入断面，该断面即为区县的排污控制断面。

第五步：划分国家级控制单元。

国家层面以流域为单位进行控制单元划分。叠加国家级控制单元划分要求的7个图层（国控断面、省控断面、省界、区县边界、区县行政中心位置、水系、三级水资源分区），形成控制单元划分底图。依照从上游到下游、先干流后支流、先左岸后右岸的顺序，将接受同一个控制断面（筛选后）控制的区县设定为一个控制单元，在Word或Excel表格中记录结果。

每个控制单元对应一个控制断面。具体到国家级控制单元，划分技术要点有：①控制单元不跨县；②控制单元划分与水资源三级区充分衔接，每个控制单元大体在同一个水资源三级区内；③流域内各控制单元覆盖范围尽量均衡；④如果现有控制断面不能满足上述划分要求，需要补充控制断面，实现途径有两种：一是增设虚拟国控断面，二是补充省控断面。虚拟断面增设方法为在控制断面补充位置的上下游寻找相似水质国控断面，以其国控断面水质作为虚拟断面水质；⑤如果河流恰好位于省界，控制断面控制左右两省区县，则分析出对断面水质有主要影响作用的省份，将其作为该省区县排污控制断面，另一个省份污染暂且忽略；⑥如果某条河流为往复流，则以其一年中大多数时间的流向作为该河流流向；⑦如果区县处于沿海地区，污染直接排放入海，则将这类区县统一划分为排海区；⑧如果区县污染物质排入排污口、断流河道等内流河，则将这类区县统一划分为内流区。控制单元、排海区和内流区衔接组合为全流域。

第六步，命名国家级控制单元。

控制单元是以河流断面为节点的区县组合，因此命名时需兼顾河流段与陆域范围双重信息。通常情况下，一条河流对应多个控制单元，命名时按照地市对河流进行分段，采用××河××市××段方式。其中，××河为河流名称；××市为控制单元所含地市名称，一个控制单元可能同时包含多个地市，命名时将多个地市按照上游到下游的次序排列，命名形式为：××市-××市-××市；××段为控制断面名称。

6.4.2.4 流域水环境状况评估

流域水污染控制单元的划分通常先对研究区水环境状况进行分析评估。水环境状况分析主要按照有关水环境质量标准的要求，客观评估研究区主要断面和监测点位水环境质量状况及近期变化趋势，分析主要污染指标排放量的变化趋势。形成对水环境问题的基本判断，结合目前掌握的资料和其他相关研究成果，初步分析问题成因。水环境状况分析应尽可能放在整个社会经济发展大背景下展开，加强针对性分析，注意水质评价数据的范围、指标等的差异。

水质评价因子原则上采用全指标，即《地表水环境质量标准》（GB 3838—2002）中表1的24项指标，一般监测断面水温、总氮不参与评价，湖泊监测点位应同时进行水质评价（总氮和总磷不参与水质评价）和营养状态评价。应注意不同指标项对水质评价结果的影响，非全指标评价时，应注明评价因子。对于不存在超标现象的因子，或者难以获得更多因子监测数据的，可以采用目前公开的各类环保水质报告的9项评价项目（pH、溶解氧、高锰酸盐指数、五日生化需氧量、氨氮、石油类、挥发酚、铅和汞）进行水环境现状况描述。评价结果表述一般包括月均值水质评价结果和年均值水质评价结果。评价结果应以月均值水质评价结果为主，以年均值为辅。水期特征明显的水域，还可以给出分水期水质评价结果。对于超标断面，数据收集和分析可以进一步细化。

饮用水水源地水质按照有关文件要求进行评估。对于劣V类或超过使用功能要求的断面，需分析主要污染指标的变化趋势，说明哪些指标有所好转，哪些指标无明显变化，哪些指标变差。

污染排放分析方面，要分析不同地区主要污染物排放量随时间的变化，分析不同污染排放来源比例等。

水环境状况分析评估还应对污染原因和超标单元进行分析。对于地表水、地下水环境质量，应进行适当分析，在通过定性、定量相结合分析超标原因的基础上，重点结合陆上行业污染源分布，明确水陆衔接的控制单元，为重点污染源识别和重点区域划分提供依据，为超标问题解决方案提供依据。

另外需要说明的是，水利部组织开展和完成的水功能区划以及颁布的《水功能区划分标准》（GB/T 50594—2010）规定水功能区划为两级功能区。一级水功能区包括保护区、保留区、开发利用区、缓冲区；开发利用区进一步划分为饮用水水源区、工业用水区、农业用水区、渔业用水区、景观娱乐用水区、过渡区、排污控制区等二级水功能区。标准规定功能区的资料分析和评价应包括水质评价、取排水口资料分析与评价、渔业用水资料分析和景观娱乐用水资料分析等，其中水质评价应根据水质监测资料，按现行国家标准《地表水环境质量标准》（GB 3838）的有关要求进行。

6.4.2.5　流域控制断面确定

（1）确定原则

规划断面由控制单元主断面及敏感水体断面（如集中式饮用水水源地断面、跨界断面、城市重点水体断面）组成。控制单元主断面原则上应位于控制单元所包含水体的最下游，地方可根据实际情况对规划大纲中确定的备选断面进行初步调整，并说明调整的原因。划分时应注意控制断面、考核断面与国控断面概念的差异。国控断面是在国家的尺度上评价全国水环境质量所设立的监测网络系统，需要长期存在和使用。流域控制断面与考核断面用来反映一个阶段某地的水污染控制效果。所以规划编制中控制断面与考核断面设置应尽可能兼顾国控断面，但不一定完全拘泥于国控断面。

地方可提出将规划考核断面升级为国控断面的建议，促进国控监测断面的优化调整，但需注意与环境监测规划、国控网调整规划的衔接。

控制断面确定应遵循如下原则[76, 77]：①跨边界原则。断面位置必须在跨界区的边界地段；②分清责任原则。断面设置应能分清上、下游各区保护水质的责任；③优先保护饮用水水源原则。对跨控制单元边界河段的饮用水水源优先布设断面进行保护；④共同保护原则。对于多控制单元共河，责任难以分清的河段，一般不宜设断面，但若位置特殊、确有必要设置断面的，可设置共同保护水质断面；⑤代表性原则。断面设置应保证监测数据有足够的代表性，避开污染带、急流、浅滩，布设于水质混合基本均匀、河道顺直的河段；⑥可操作性原则：充分考虑设点、采样和样品运输等具体操作的可行性。

（2）确定流程

首先收集流域基础资料，包括河流湖泊基本材料、水文资料、污染源分布情况和历史监测数据等，在控制单元的基础上，对照地表水环境功能区划，确定监测河段。在监测河段，根据水文、污染排放及历史监测点位，确定监测断面设置初步方案，并会同当地环保局和监测站对方案进行现场讨论，对有异议和情况不清的监测断面进行实地勘察，了解断面地理环境和可行性，根据现场讨论和实地考察确定监测断面设置结果（图 6-11）。

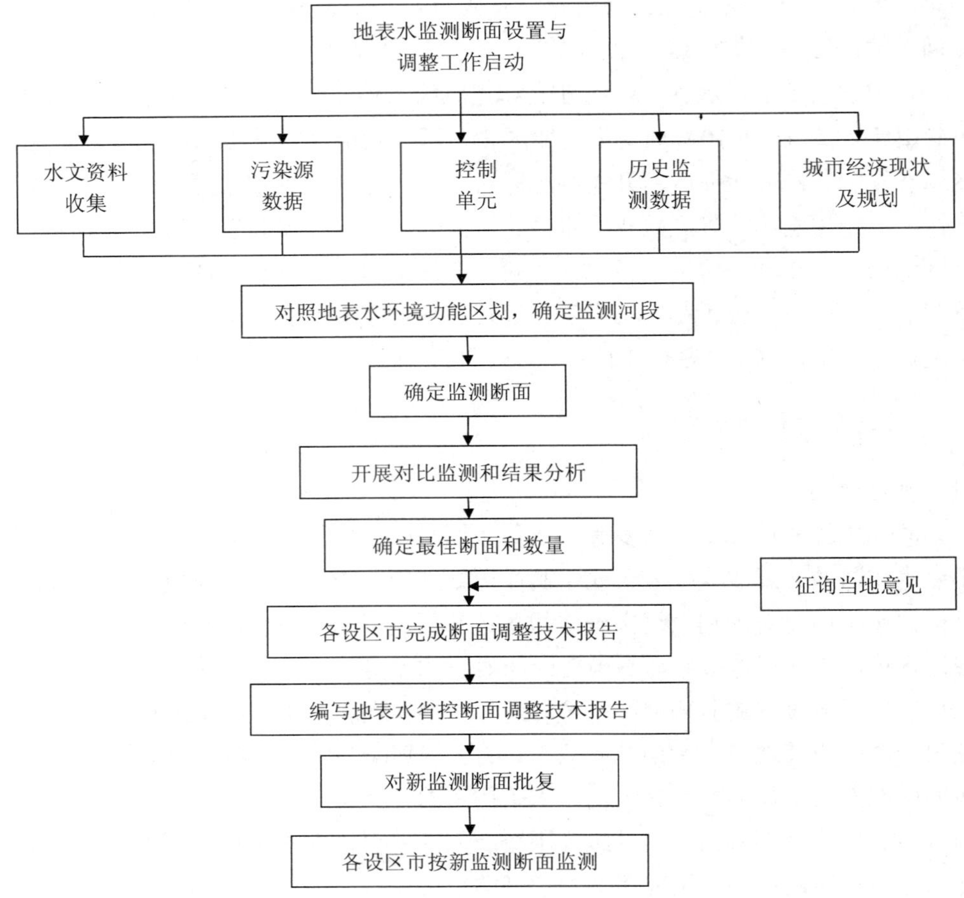

图 6-11 监测断面设置与调整技术路线[76]

6.4.2.6 重点控制单元确定

重点控制单元为污染物排放量大、水环境质量差且环境风险高、对社会民生可能造成较大影响的控制单元，重点控制单元以外的控制单元作为一般控制单元。重点控制单元，应有一个以上的控制断面。

重点控制单元是重点控制片区与流域水污染防治需求的再行耦合与筛选。在重点控制片区、控制单元划定的基础上，评价控制单元的水环境质量状况以及存在的主要环境问题，结合各省市辖区污染特征、治污条件以及水环境管理需求，对重点控制单元进行筛选排序。重点控制单元由各省市提出筛选名单，由编制组核定。

重点控制单元筛选依据按主次顺序依次为：①各控制单元水环境质量达标情况。②水域敏感性，控制单元是否存在饮用水安全问题、跨界断面水质安全问题等情况。③点源污染治理情况、面源污染防治情况、河道生态水量情况等。规划编制过程中，重点控制单元名单需根据各省（市）水污染防治需求及实际情况进行二次筛选与核定。各地需针对重点控制单元用水量、废水排放量、污染物排放量、废水入河量、污染物入河量及主要断面水质资料等，进行数据有效性校核，建立排污-水质之间的输入响应关系。编制重点控制单元综合治理方案，进行水质模拟，确定总量控制目标及水质改善目标。

《重点流域水污染防治"十二五"规划》对重点控制单元筛选与确定的方法规定为：根据水域的敏感性、水体污染指标的超标程度以及排污强度的大小，将水质改善单元划分为重点治理单元和一般控制单元。饮用水问题突出、涉及跨省界问题、对下游单元水质具有较大影响的单元划分为重点治理单元，规划着重进行综合性治理与保护方案设计，并将水质改善目标作为规划的约束性目标，确保"十二五"期间水质改善实效，明确每年改善要求并进行考核。根据原因和途径不同，重点单元划分为点源污染控制单元和面源污染防控单元、生态水量保障单元。全年各水期水质均有超标现象，枯水期超标严重，且超标指标包括 COD、BOD、重金属等多项指标的，判断水环境问题主要由点源引起的，被划为重点治理单元，"十二五"期间重点进行污染物削减。丰水期水质超标且主要超标指标为氨氮（总氮）、总磷和粪大肠菌群，判断水环境问题主要由非点源引起的，被划为面源污染防控单元，"十二五"期间重点控制农业面源等非点源，也可在充分科学研究的基础上通过削减点源而减轻水体水质超标状况。水污染治理设施建设相对完善、水污染治理水平相对较高，行政区内用水矛盾突出，生态水量得不到保障的单元，被划为生态水量保障单元，重点进行全社会节水、提高废水再生利用率，优化水资源配置，保障生态用水。重点控制单元需要加大治污力度，制定综合整治方案，进行输入响应分析，确保水质改善。其他控制单元作为一般控制单元，执行流域水污染防治普适性要求。

（1）国家筛选重点控制单元

国家层面根据重点治理单元水环境综合评分结果，按得分高低顺序，筛选出得分排在前 1/6～1/5 的控制单元作为国家"十二五"重点控制单元。由于水环境综合评估体系考虑了水环境质量、社会经济发展状况、水污染状况、水域功能敏感性、资源生态特征 5 个方面因素，且按照各因素重要程度设置评分权重，因此，最终的综合得分能够相对客观地反映各控制单元的水环境状况。从国家层面来说，参考综合评分足以为各控制单元目标指标制定、骨干项目分配提供依据，因此，要求地方准确提供相关数据以保证评分的准确性。

（2）地方筛选重点控制单元

地方筛选重点控制单元是定性判断与定量评分相结合的过程。省内重点控制单元除考虑控制单元水环境综合评分结果外，还需结合本省污染特征、治污条件以及水环境管理需求，重新排列控制单元次序。定性与定量结合既可以迎合本省环境保护要求，方便水环境治理工作统一开展，同时也满足国家重点控制单元筛选原则，有利于国家在全流域范围内分配治理任务。

6.4.3 松花江流域水污染控制分区案例

根据上述流域水污染控制分区原则和方法，以松花江流域为例探讨分区方法的具体应用。

6.4.3.1 松花江流域概况

松花江流域地处我国东北地区北部，位于119°52′E～132°31′E、41°42′N～51°38′N，东西宽920 km，南北长1 070 km。流域西部以大兴安岭为界，东北部以小兴安岭为界，东部与东南部以完达山脉、老爷岭、张广才岭等为界，西南部的丘陵地带是松花江和辽河两流域的分水岭。

松花江流域面积约55.7万km^2，共26个市（州、盟）、170个县（市、区、旗）。与水资源一级区相比，该范围不包括黑龙江、乌苏里江、额尔古纳河、图们江等界河流域。松花江流域涉及内蒙古自治区、吉林省和黑龙江省的全部或部分地区，3个省级行政区内水系完整，划定为3个控制区，即内蒙古控制区、吉林控制区和黑龙江控制区。

6.4.3.2 松花江流域控制单元划分

（1）水系概化

松花江有嫩江和第二松花江两个源头，两江在松原市扶余县的三岔河口汇流后形成松花江干流，向东北流入中俄界河黑龙江。主要支流有牡丹江、拉林河、阿什河、呼兰河、甘河、绰尔河、辉发河、伊通河和饮马河等。重点城市包括长春市、哈尔滨市、齐齐哈尔市、大庆市、牡丹江市、佳木斯市等。松花江流域水系概化如图6-12所示。

（2）控制断面选取

松花江流域共布设34个国控断面（点位），其中，河流断面26个、湖泊点位8个。河流断面中，内蒙古自治区3个、吉林省9个、黑龙江省14个。根据控制断面选取原则，选取成吉思汗、白旗、阿什河口内等国控断面和镇江口、巴彦等省控断面为控制断面。

（3）控制单元划分与确定

以控制断面为节点，依照汇水去向及结合层次分析法综合评价，筛选各区县的主导排污去向。本书构建的层次分析模型包括1个目标层A、4个准则层B和9个方案层C，如图6-13所示。

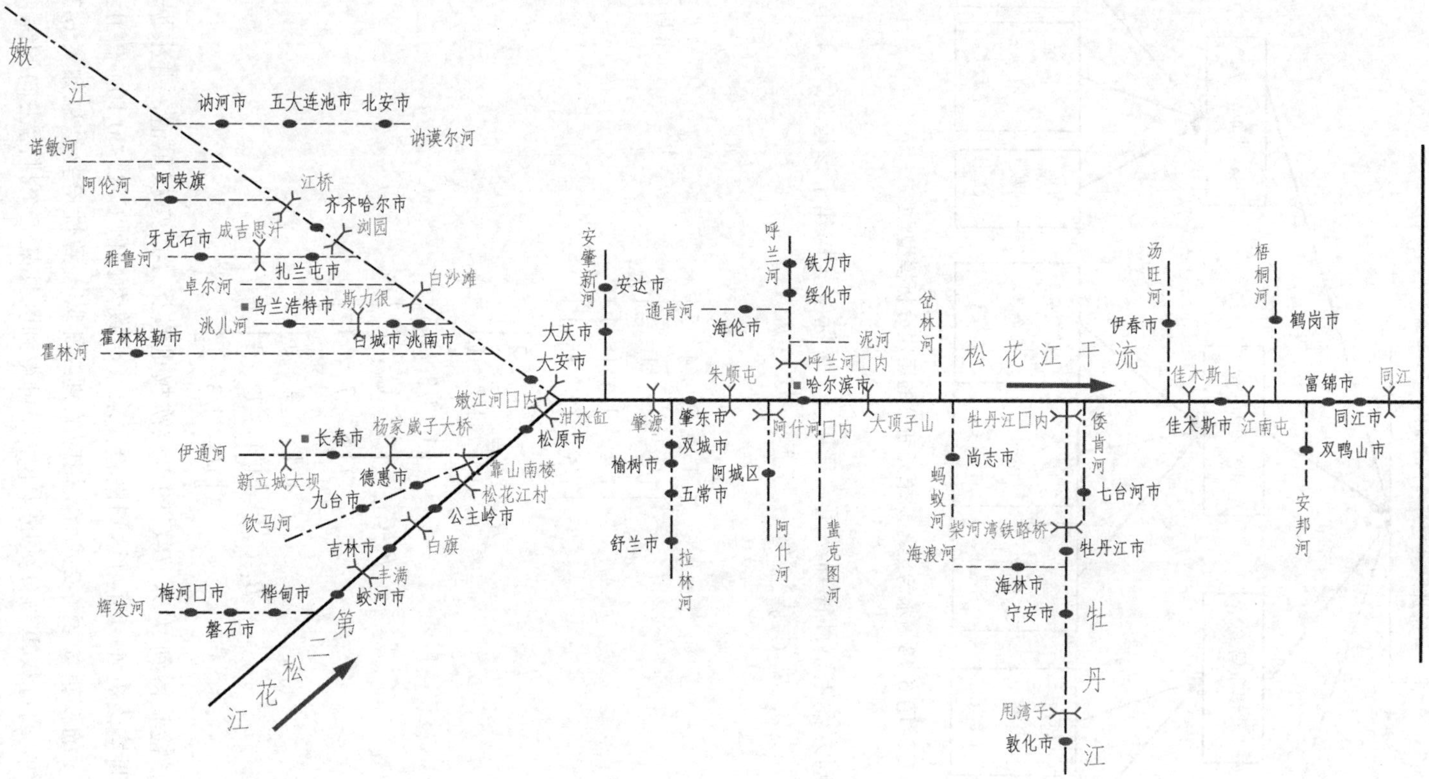

图 6-12　松花江流域水系概化[54]

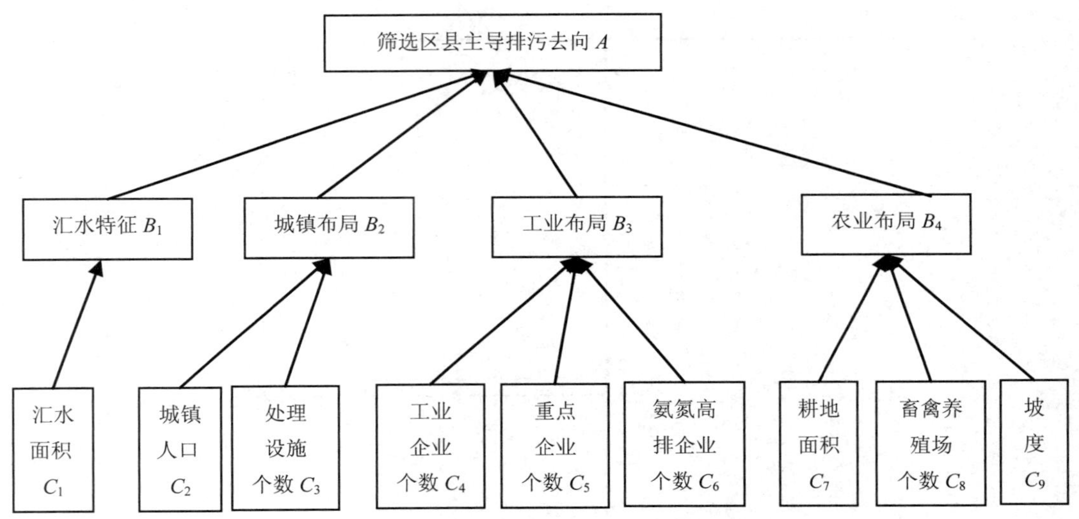

图 6-13 水污染控制单元划分的层次分析模型[53]

根据专家对不同方案重要性评判结果，采用 1—9 标度法构建了该模型的 4 个判断矩阵 A-B、B_2-$C_{2\text{-}3}$、B_3-$C_{4\text{-}6}$、B_4-$C_{7\text{-}9}$[78，79]：

$$A\text{-}B=\begin{bmatrix}1 & 2 & 4 & 5\\1/2 & 1 & 1 & 2\\1/4 & 1 & 1 & 1\\1/5 & 1/2 & 1 & 1\end{bmatrix}$$

$$B_2\text{-}C_{2\text{-}3}=\begin{bmatrix}1 & 2\\1/2 & 1\end{bmatrix}$$

$$B_3\text{-}C_{4\text{-}6}=\begin{bmatrix}1 & 1/3 & 1/5\\3 & 1 & 1/7\\5 & 7 & 1\end{bmatrix}$$

$$B_4\text{-}C_{7\text{-}9}=\begin{bmatrix}1 & 4 & 5\\1/4 & 1 & 3\\1/5 & 1/3 & 1\end{bmatrix}$$

经过矩阵计算、检验得到 A-B、B-C 的单层次权重值及 A-C 总权重值，并根据判断矩阵一致性检验结果调整该矩阵，直至达到检验要求（一致性比例 C.R.＜0.10）停止。

各因素对目标 A 的权重如表 6-2 所示，相应的判断矩阵一致性检验结果如表 6-3 所示。设置各因素分数区间，通过权重与分数的乘积，即可得到区县某一个排污去向的综合得分，比较各排污去向得分，若差异较大，则拟定分数最高的排污去向为区县的主导排污去向；若差异不大，则将区县按照汇水范围拆分到两个不同控制单元。

表 6-2　层次分析模型各因素权重与分数取值

目标层 *A*	准则层 *B*	*A-B* 权重	方案层 *C*	*B-C* 权重	*A-C* 权重	分值
筛选区县主导排污去向	汇水特征	0.517 4	汇水面积	1.000 0	0.517 4	0～12
	城镇布局	0.244 6	城镇人口	0.666 7	0.163 1	0～10
			处理设施个数	0.333 3	0.081 5	0～10
	工业布局	0.122 3	工业企业个数	0.163 4	0.020 0	0～6
			重点企业个数	0.297 0	0.036 3	0～6
			氨氮高排企业个数	0.539 6	0.066 0	0～6
	农业布局	0.115 7	耕地面积	0.673 8	0.077 9	0～6
			畜禽养殖场个数	0.225 5	0.026 1	0～6
			坡度	0.100 7	0.011 6	0～5

表 6-3　层次分析模型判断矩阵一致性检验结果

矩阵	特征值λ_{max}	C.I.	R.I.	C.R.	C.R.＜1.0
A-B	4.006 2	0.002 1	0.90	0.002 3	是
B_2-$C_{2\text{-}3}$	2.000 0	0	0	0	是
B_3-$C_{4\text{-}6}$	3.009 2	0.004 6	0.58	0.008 8	是
B_4-$C_{7\text{-}9}$	3.085 8	0.042 9	0.58	0.082 5	是

区县排污去向唯一，将单个或多个区县划分在同一控制单元内，具体包括加格达奇、扎兰屯市、阿荣旗等在内的 160 个区县为这一类型。以黑龙江讷河市和五大连池市两个县级市为例，这两个县级市的排污去向均为讷谟尔河，因而将它们都划分到同一控制单元内。

区县排污去向不唯一，收集各汇水区数据，经过层次分析模型计算比较，按最终分值高低将其划分到一个控制单元或拆分到多个控制单元内，具体包括莫力达瓦达斡尔族自治旗、鄂伦春自治旗、伊通县等在内的 10 个区县为这一类型。以内蒙古莫力达瓦达斡尔族自治旗为例，自治旗内排水分别流向甘河、嫩江和诺敏河，经过对汇水区数据层次分析综合评分，得到如表 6-4 所示的结果，各汇水区评分分值较为接近，因而将莫力达瓦达斡尔族自治旗拆分为 3 个控制单元。

表 6-4　莫力达瓦达斡尔族自治旗各排污去向比较

汇水区	汇水面积/km^2	城镇人口/万人	处理设施个数/个	工业企业个数/个	重点企业个数/个	氨氮高排企业个数/个	耕地面积/km^2	畜禽养殖场个数/个	坡度/(°)	综合得分
甘河汇水区	3 716.30	6.27	0	2	0	2	2 186.61	1	318.80	3.31
嫩江汇水区	4 436.38	6.65	0	2	0	2	2 426.24	0	320.76	3.73
诺敏河汇水区	1 925.41	4.08	1	12	0	11	967.18	1	338.06	3.02

依据上述三级分区方法，将松花江流域划分为 3 个控制区、33 个控制单元。

参考文献

[1] 安景荣. 关于环境区划问题[J]. 环境与可持续发展，1987（6）：2.

[2] 王金南，张惠远，蒋洪强. 关于我国环境区划体系的探讨[J]. 环境保护，2010（10）：29-33.

[3] 王振波，朱传耿，刘书忠，等. 地域主体功能区划理论初探[J]. 经济问题探索，2007（8）：46-49.

[4] 陈玮，姚崇怀，唐梅. 对武汉城市总体环境功能区划的研究与思考[C]//生态文明视角下的城乡规划——2008 中国城市规划年会论文集：1-7.

[5] 郜俊. 上海城郊快速城市化过程中的环境功能区划研究——以宝山区为例[D]. 上海：华东师范大学，2005.

[6] 吴忠勇，文杰，李雪. 国家级环境区划理论与方法初探[J]. 农村生态环境学报，1995，11（3）：1-3，37.

[7] 张启德，王玉秀，于淑清，等. 江宁省环境区划方法和分区系统[J]. 环境科学学报，1989，9（3）：329-337.

[8] 陆雍森，张爽，马仲文. 环境评价[M]. 上海：同济大学出版社，1990.

[9] 闫满存，王光谦，李保生，等. 基于模糊数学的广东沿海陆地地质环境区划[J]. 地理学与国土研究，2000，16（4）：41-48.

[10] 蔡鹤生，周爱国，唐朝晖. 地质环境质量评价中的专家-层次分析定权法[J] . 地球科学-中国地质大学学报，1998，23（3）：299-302.

[11] 杨和雄等. 模糊数学和它的应用[M]. 天津：天津科学技术出版社，1993.

[12] 任国林，林玉山，董美丽. 闽南三角洲地区地质环境质量评价及分区[J]. 水文地质工程地质，1991，18（5）：18-24.

[13] 刘以宣. 华南沿海的活动断裂[J]. 海洋地质与第四纪地质，1985，5（3）：11-21.

[14] 邓海燕. 聚类分析与判别分析的区别[J]. 武汉学刊，2006（1）：29-31.

[15] 林子瑜，徐金山. 江西省生态环境区划与评述[J]. 国土资源遥感，2001（6）：1-8.

[16] 房怀阳，夏北成. 区域 PRED 模型在环境区划中的应用[J]. 生态科学，1998，17（2）：49-53.

[17] 冯玉广，王华东. 区域 PRED 系统协调发展的定理描述[J]. 环境科学学报，1997，17(4)：487-492.

[18] 汪俊三，陈毓华，张玉环. 全国环境区划技术方法探讨[J]. 上海环境科学，1993，12（2）：4-5，25.

[19] 李家方，熊启亮，张传生. 环境区划探讨[J]. 中国农业资源与区划，1991（4）：43-46.

[20] 王永兴，李岩. 吐鲁番盆地环境区划信息系统研究[J]. 地理学报，1995（50）：112-118.

[21] 段仲远. 城市环境区划与功能分区的方法研究[J]. 环境科学与技术，1992（4）：18-22.

[22] 张丽君，白占雄，王志琳. 基于 ArcGIS 的台州市环境功能区划研究——以声环境功能区划为例[J]. 华北农学报，2005，20：73-76.

[23] 刘建秋. 环境规划[M]. 北京：中国环境科学出版社，2007.

[24] 路维庸. 环境评价[M]. 上海：同济大学出版社，1999.

[25] 环境保护部环境规划院，等. 全国环境功能区划方案[R]. 2012.

[26] 环境保护部环境规划院，等. 国家环境功能区划关键技术与应用研究[R]. 2012.

[27] 《生态功能区划与主体功能区划的关系研究》课题组. 必须明确生态功能区划与主体功能区划关系[J]. 浙江经济，2007（2）：427-430.

[28] 山东地理学会. 山东省主体功能区划诌议[R]. 2007.

[29] 李慧玲，司正家，王玉玺. 新疆主体功能区划分初探[J]. 新疆农垦经济，2008（1）：53-57.

[30] 朱传耿，仇方道，马晓冬，等. 地域主体功能区划理论与方法的初步研究[J]. 地理科学，2007，27（2）：136-141.

[31] 刘玉. 主体功能区划背景下的区域发展探讨[C]//全国经济地理研究会第十二届学术年会暨“全球化与中国区域发展”研讨会论文集，2008：49-52.

[32] 卢亚灵，蒋洪强，王金南，等. 环境功能区划与主体功能区划关系的思考[J]. 环境保护，2010，20，29-31.

[33] 朱洪芬. 基于 MODIS 遥感的江苏省景观格局[J]. 资源环境与发展，2009（1）：39-41.

[34] 赵小娟，王长委，胡月明，等. 基于 GIS 的沿海局地景观格局变化研究[J]. 安徽农业科学，2011，39（17）：10587-10590.

[35] 王秀兰，包玉海. 土地利用动态变化研究方法探讨[J]. 地理科学进展，1999，18（1）：81-87.

[36] 许振成，张修玉，胡习邦，等. 全国环境功能区划的基本思路初探[J]. 改革与战略，2011，27（9）：48-65.

[37] 张惠远. 我国环境功能区划框架体系的初步构想[J]. 环境保护，2009，9：7-10.

[38] 赵景柱. 生态规划方法[M]. 北京；科学出版社，1990.

[39] 叶青. 区域生态功能区划理论、方法与实证研究——以敦煌生态功能保护区为例[D]. 兰州：西北师范大学，2010.

[40] 陈轶. 城市生态功能区划原则与方法[J]. 福建环境，2002，19（3）：31-33.

[41] 国务院西部地区开发领导小组办公室，国家环境保护总局. 生态功能区划技术暂行规程[R]. 2002.

[42] 中华人民共和国环境保护部，中国科学院. 关于发布《全国生态功能区划》的公告[EB/OL]. http：//www. zhb. gov. cn/info/bgw/bgg/200808/t20080801_126867. htm.

[43] 王国才，何春光，盛连喜. 关于吉林省湿地生态功能区划分方法的探讨[J]. 吉林水利，2004（8）：1-4.

[44] 南丛. 基于 RS 和 GIS 的县域生态功能区划方法研究——以陕西省凤县为例[D]. 西安：西北大学，2009.

[45] 王维. 基于遥感、GIS 技术的青岛市生态功能区划研究[D]. 石家庄：河北师范大学，2003.

[46] 贾冰. 基于 GIS 和 RS 的晋城市生态环境敏感性评价研究[D]. 太原：太原理工大学，2008.

[47] 王昭才. 呼伦贝尔市生态功能区划研究[D]. 呼和浩特：内蒙古农业大学，2009.

[48] 于秀林，任雪松. 多元统计分析[M]. 北京：中国统计出版社，1999.

[49] 王学萌，聂宏声，郭常莲，等. 山西省生态农业区域划分的研究[J]. 生态学报 1994，14（1）：16-23.

[50] 欧阳勋志，廖为明，彭世揆. 区域森林景观生态功能区划的理论与方法——以江西婺源县为例[J]. 江西农业大学学报，2004，26（5）：700-704.

[51] 金陶陶. 流域水污染防治控制单元划分研究[D]. 哈尔滨：哈尔滨工业大学，2011.

[52] 环境保护部环境规划院. 流域水污染防治规划分区技术指南（试用）[R]. 2010.

[53] 王金南，吴文俊，蒋洪强，等. 中国流域水污染控制分区方法与应用[J]. 水科学进展，2013，24（4）：

459-468.

[54] 王东，赵越，谢阳村，等. 全国重点流域“十二五”水环境分区方法与体系研究[R]. 环境保护部环境规划院重要环境信息参考，2011，7（20）：8.

[55] 惠婷婷. 水污染控制单元划分方法及应用[D]. 沈阳：辽宁大学，2011

[56] 王彩艳，彭虹，张万顺，等. TMDL 技术在东湖水污染控制中的应用[J]. 武汉大学学报：工学版，2009，42（5）：665-668.

[57] 柯强，赵静，王少平，等. 最大日负荷总量（TMDL） 技术在农业面源污染控制与管理中的应用与发展趋势[J]. 生态与农村环境学报，2009，25（1）：85-91.

[58] USEPA. Handbook for Developing Watershed Plans to Restore and Protect Our Waters[EB/OL]. 2008，http：//www.epa.gov/owow/nps/watershed_handbook.

[59] USEPA. Overview of Current Total Maximum Daily Load-TMDL-Program and Regulations[EB/OL]. 2006，http：//www.epa.gov/owow/tmdl/intro.html.

[60] 张远，张明，王西琴. 中国流域水污染防治规划问题与对策研究[J]. 环境污染与防治，2007，29（11）：870-875.

[61] 李云生，王东，徐敏. 中国流域水污染防治规划方法体系与展望[C]// 中国环境科学学会环境规划专业委员会 2008 年学术年会论文集. 北京，2008.

[62] 国家环境保护总局环境规划院. 重点流域水污染防治“十一五”规划编制技术细则[R]. 北京：国家环境保护总局环境规划院，2005.

[63] 李翔，张远，孔维静，等. 辽河保护区水生态功能分区研究[J]. 生态科学，2013，32（6）：744-751.

[64] 高永年，高俊峰. 太湖流域水生态功能分区[J]. 地理研究，2010，29（1）：111-117.

[65] 中华人民共和国水利部. 中国水功能区划[R]. 2002.

[66] 中华人民共和国水利部. 水功能区划技术大纲[R]. 2000.

[67] 国家环境保护总局. 中国地表水环境功能区划[R]. 2002.

[68] 国家环境保护总局环境规划院. 水环境功能区划分技术导则[R]. 2002.

[69] 程声通. 水污染防治规划原理与方法[M]. 北京：化学工业出版社，2010.

[70] 孟伟，苏一兵，郑丙辉. 中国流域水污染现状与控制策略的探讨[J]. 中国水利水电科学研究院学报，2004，2（4）：242-246.

[71] 袁宝招，陆桂华，李原园等. 水资源需求驱动因素分析[J]. 水科学进展，2007，18（3）：404-409.

[72] 来海亮，汪党献，吴涤非. 水资源及其开发利用综合评价指标体系[J]. 水科学进展，2006，17（1）：95-101.

[73] 王东，王雅竹，谢阳村，等. 面向流域水环境管理的控制单元划分技术与应用[J]. 应用基础与工程科学学报，2012，20（z1）：30-37.

[74] 王先甲. 水资源持续利用的多目标分析方法[J]. 系统工程理论与实践，2001，21（3）：128-135.

[75] 金菊良，张礼兵，魏一鸣. 水资源可持续利用评价的改进层次分析法[J]. 水科学进展，2004，15（2）：227-232.

[76] 李红华，杜红，崔晓增. 以流域控制单元为核心的监测断面布局改进技术研究[C]//中国环境科学学术年会论文集，2011，570-574.

[77] 温丽容，等. 广东省跨市河流边界水质控制断面方案讨论[J]. 生态环境，2005，14（4）：620-624.

[78] 刘万里，雷治军. 关于 AHP 中判断矩阵校正方法的研究[J]. 系统工程理论与实践，1997，17（6）：30-34.

[79] 陈华友，刘春林. 组合判断矩阵的相容性与一致性关系[J]. 系统工程理论方法应用，2004，13（4）：377-380.

第7章　环境规划的预测方法

环境预测是科学制定环境规划和决策的重要环节。通过环境预测正确判断未来经济、社会、环境的发展趋势，识别未来环境面临的压力，特别是污染物排放量以及不同控制情景的环境质量变化趋势。环境预测是在环境现状评价的基础上，运用各种方法模拟推测未来，为环境规划目标制定和规划方案筛选提供科学依据。环境规划预测主要包括经济社会发展预测、资源能源预测、污染物产生排放量预测、污染物排放对环境质量影响预测、污染治理投资预测等内容，是一个有机整体。本章主要介绍环境规划预测中常用的预测方法，包括一般的数学预测方法、基于机理性的水环境质量预测模拟方法和大气环境质量模拟方法，以及在实际环境规划预测中常用到的环境经济综合预测模型方法。

7.1　一般环境规划的预测方法

环境规划过程中所进行的预测主要是针对一定区域或范围内经济发展可能产生的环境污染物排放以及环境质量的变化。通常情况下，根据各种预测方法的特点及属性，可以将预测方法分为定性预测与定量预测两类，常用的定性预测方法有德尔菲法、情景分析法、推断预测法、交叉影响分析预测法等。常用的定量预测方法主要有：回归分析法、马尔科夫链、灰色预测法、时间序列分析、神经网络预测法、投影寻踪法等，这些都属于统计预测方法，除此之外常用的预测方法还有系统动力学仿真法和投入产出法等。定性预测的缺点在于实际应用中会受到一定主观因素的影响；而定量预测的缺点则是需要进行大量的计算以及预测参数的获取。随着人们对客观事物认知程度的不断深化及计算机技术的发展，在进行预测分析时，定性预测被不断淡化，而定量预测则被较多地采用，因此各类定量预测方法逐步成为了环境规划过程中的主流预测方法。

环境规划中最传统的统计预测方法有回归分析、马尔科夫预测法、时间序列法等。这些常用的分析方法各有优缺点以及适用范围：①由一个或一组随机变量来估计或预测另一个或一组随机变量的值所建立的数学模型及所做的统计分析称为回归模型[1]。回归模型主要有以下几种类型：一元线性回归、可化成线性回归的曲线回归、多元线性回归、逐步回归和非线性回归等[2]。因为其简单、易于理解、模型固定，所以回归模型在各个领域都有着非常普遍的应用，在环境预测方面也得到了广泛的应用，而且还在不断地改进和修正。

②马尔科夫预测法是一种概率预测方法，应用概率论中马尔科夫链的理论和方法来研究分析有关经济、社会和环境数据的变化规律，并由此预测未来变化趋势。所谓马尔科夫链是指一种随机时间序列，它在将来取什么值，只与它现在的取值有关而与过去取什么值无关，这种性质称为无后效性。马尔科夫预测法并不需要连续不断的历史数据，只需要最近或现在的资料就可以预测未来的变化。③时间序列分析法是一种统计学的方法，它的基本思想是：用一个现象的过去行为来预测该现象的未来变化[3, 4]。随着时间序列分析方法的不断成熟，它们在社会、生产、生活、经济以及国防建设领域等中的应用范围越来越广。

应用这些方法有时，会出现模型的预测、分析结果并不理想的现象，因为在应用模型之前，已经对数据的结构作了一定的假设。因此，出现了一些新的方法理论，如投影寻踪法、灰色系统理论模型、人工神经网络模型。①投影寻踪法是由 Friedman 和 Turkey 于 20 世纪 70 年代提出的。该方法是将非线性高维数据投影到各个方向上，分解为低维数据，并显露出原数据的结构或特征，随后通过计算机不断地调整投影平面，寻找出有意义的投影平面。该方法的特点是预测精度高，缺点是建模复杂、计算量大。②灰色系统理论[5]是由我国学者邓聚龙教授于 1982 年在研究系统控制的不确定元中首先提出的，众多学者将邓聚龙教授所提出的灰色系统理论模型和研究思路与本学科研究内容相结合，使得灰色系统理论已经逐步应用到工程、经济、社会等各个领域中。灰色系统理论具有简洁性、实用性、现实性等优点，灰色系统理论预测法最少 3 个数据即可建立模型，对数据的信息量要求比较小。③人工神经网络[6]（Artificial Neural Network，ANN）是一个结点相互接连的计算模型，它是对大脑神经系统的模拟。以其大规模并行处理、分布式存储、容错性、冗余性、自适应性、适应于求解非线性问题等许多特性而引起众多领域科学家的广泛关注。常见的人工神经网络有三类模型：前向神经网络、反馈神经网络和自组织神经网络[7]。当前，灰色模型、神经网络模型已经是一种比较常用的环境数据的数学分析方法，众多环境工作者利用这 3 种方法对环境时序数据进行预测并取得了较好的效果，它们都有各自的特点和适用范围，但仍有一定的局限性。

近几十年来，随着对精度要求的提高，新的分析、预测方法不断涌现：①混沌理论揭示了隐藏在无序和复杂现象背后的有序和规律，其表明即使系统初始状态条件存在的差异非常细微，随着系统的演化也可能导致显著差异[8]。混沌运动服从一定的规则，但混沌又是类似随机的[9]。因此，混沌预测方法只具有有限的预测能力。在一个相对较短的时间长度内，混沌预测的精度是可以保证的，但中长期预测的误差会越来越大[10]。近二十多年来，混沌科学的飞速发展为自然科学和工程技术等诸多领域提供了一种全新而有效的研究手段。无论是在信息科学、数学、经济学、物理学、地球科学，还是生命科学、天文学等领域，混沌理论均得到了广泛的应用[11]。②支持向量机（Support Vector Machine，SVM）又称支持向量网络，是 Vapnik 和 Cortes[12]于 1995 年在统计学习理论基础上提出的一种新的机器学习方法，是实现统计学习理论中结构风险最小化原则的实用算法，比较成功地解决了模式分类问题[13]。同传统的人工神经网络 ANN 相比，支持向量机具有理论完备、结构简单、全局优化、适应性强、泛化性能好、训练时间短等优点，已经成为目前国内、国际研究的热点[14-16]。

除了上面所描述的这些，还有大量其他的数学分析、预测方法被用于环境数据的分析，众多的环境工作者还把在其他领域应用效果良好的数学分析、预测方法，比如模糊理论、粗集理论、非参数回归、小波分析理论、混沌预测法、自适应滤波预测法等引入环境规划的预测分析中，均取得了不错的成果。随着计算机技术的不断发展，这些数学分析方法将在环境数据的处理分析过程中起到重要的作用。

7.1.1 回归分析法

回归分析是一种描述和分析变量之间相关关系、解释变量间内在规律的行之有效的方法，可以用于控制、预测、模拟等实际问题的解决[1]。回归模型主要包括线性回归和非线性回归两种类型。而线性回归除了包括一元线性回归、多元线性回归外，广义上的线性回归还包括可化成线性回归的曲线回归，如对数线性回归。近年来随着多元统计学的不断发展，又出现了许多新的回归模型，如趋势面分析模型、岭回归模型和 Tobit 回归模型等[2, 17]。

在现实世界中，很多变量（或者经过适当的变换而得到的变量）如指标数据、气象因素之间都具有或者近似具有线性相关关系，而线性回归理论完整、简单、易于理解，因此线性回归模型常常被作为是数据分析中的首选模型。

在许多实际问题中，每个变量 Y 往往与另外一些变量 X_1，X_2，…，X_{n-1} 相关，但是这种相关关系由于其机理并不明确或者因为问题的复杂性而无法确定，只能说 Y 的取值由部分变量 X_1，X_2，…，X_{n-1} 的取值确定。于是，Y 可以表示为 X_1，X_2，…，X_{n-1} 的某个函数与其他未考虑的因素（包含随机因素）ε 的和：

$$Y = f(X_1, X_2, \cdots, X_{n-1}) + \varepsilon \tag{7-1}$$

回归分析即是利用 Y 与 X_1，X_2，…，X_{n-1} 的观测数据，在误差项的某些假定下确定 $f(X_1, X_2, \cdots, X_{n-1})$ 的表达。利用统计推断的方法对所揭示的 Y 与各 X_1，X_2，…，X_{n-1} 的关系作分析，并讨论所确定的函数的合理性，进一步应用于环境时序数据的分析和预测。

广义的线性回归分析并不要求 Y 与 X_1，X_2，…，X_{n-1} 成线性相关关系，而 Y 与未知参数具有线性关系即可。在此意义上，最为一般的线性回归模型为

$$Y = \sum_{j=0}^{m-1} \beta_j f_j(X_1, X_2, \cdots, X_{n-1}) + \varepsilon \tag{7-2}$$

其中 $f(X_1, X_2, \cdots, X_{n-1})$（$j$=0，1，…，$m$-1）是 m 个线性无关的已知函数，若设置一个新的变量 Z，令

$$Z = f_j(X_1, X_2, \cdots, X_{n-1}),\ j=0, 1, \cdots, m-1 \tag{7-3}$$

于是，式（7-2）就变成了线性回归模型，通过假定 $f(X_1, X_2, \cdots, X_{n-1})$（$j$=0，1，…，

m-1）的不同形式，便可得到不同的线性回归模型，模型（7-3）包含了一类应用十分广泛的回归模型。

回归分析中的因变量 Y 和自变量 X_1，X_2，…，X_{n-1} 在时间上是并进关系（可理解为同一时间），也就是说因变量 Y 由并进的自变量 X_1，X_2，…，X_{n-1} 的值而得到。

回归分析是一种用处极为广泛的数学分析方法，在环境科学的领域应用也非常多。舒守娟等人[18]尝试将新型的偏最小二乘回归分析方法应用到中国区域的降水建模中，结果显示用此方法所得到的模型回归效果较显著，变量间的相关系数高，在多元线性回归模型不适用的情况下，可以考虑应用此模型。曹爱丽等人[19]应用回归分析、滑动平均等方法研究了上海地区的气温变化与城市化发展的关系，得到了较好的研究结果。随着要求的不断增加，回归分析也会有更多新的模型涌现出来。

7.1.2　时间序列分析法

时间序列分析[4, 20]是一种统计学的方法，它的基本思想是：用一个现象的过去行为来预测该现象的未来变化。在研究工作中，常把时间序列看成随时间变化的随机序列。本书所说的环境时序数据，就是指按时间排列的环境数据，这在环境科学的研究中应用比较广泛。

时间序列分析的基本步骤是：先通过初步分析数据来进行观察，检验时间序列的一些基本特性，如平稳性、正态性和周期性等，并根据所得的结论对数据进行必要的预处理以达到处理要求，根据数据本身的这些特性，选择最适合的应用模型（即模型的识别），对所得的模型进行综合评价（即模型中参数的估计和模型的检验），最后对未来某个时期的数值进行预测。

传统的时间序列分析是将各种可能发生的因素合理地结合起来，一般由长期趋势、季节变动、循环波动、不规则波动这四部分构成，然后根据所分析时间序列的特征与适当的运算模型（包括加法模型，乘法模型和混合模型）结合起来得到有效的模型。

目前，自回归滑动平均混合模型——ARMA（p，q）模型是时间序列建模中最重要、最常用的预测手段。但运用 ARMA（p，q）模型建模的前提条件是：用作预测的时间序列是由一个零均数的平稳过程产生的，在图形上表示为所有的样本点都围绕某一水平直线上下随机波动，也就是该序列必须是一个平稳的时间序列。

ARMA（p，q）模型表达式为：

$$y_t-\varphi_1 y_{t-1}-\varphi_2 y_{t-2}-\cdots-\varphi_p y_{t-p}=e_t+\theta_1 e_{t-1}+\theta_2 e_{t-2}+\cdots+\theta_q e_{t-q} \qquad (7\text{-}4)$$

式中，y_t——时间序列在 t 时刻的观测值；

e_t——时间序列在 t 时刻的误差或偏差；

$\varphi_j(1\leqslant j\leqslant p)$，$\theta_j(1\leqslant j\leqslant q)$——实参数；

方程（7-4）也可称为p阶自回归q阶滑动平均混合模型。

当$q=0$时，此模型为自回归模型（AR（p）），说明观测值y_t与p个过去值有关；

当$p=0$时，此模型为滑动平均模型（MA（q）），说明观测值y_t与过去q个误差有关，则将y_t描述为过去误差的线性回归。

根据 AR（p）自相关函数的拖尾性、偏自相关函数的截尾性和 MA（q）偏自相关函数的拖尾性、自相关函数的截尾性，自、偏相关函数全都指数衰减的序列选用 ARMA 模型，利用 AIC 和 BIC 准则可以确定模型及p、q的取值。逐渐增加模型的阶数p和q，的确有可能使模型通过检验而达到这一要求，但并不是阶数越大越好，实际经验表明，阶数越大模型中的项数就会越多，往往产生对变量前的系数解释不通或是无从分析。

时间序列分析是处理动态数据的一种行之有效的参数化时域分析方法。20 世纪 70 年代美国威斯康星大学的 G.E.P Box 和 G.M.Jenkins 在 *Time Analysis*：*Forecasting and Control* 一书中提出用简单的差分自回归滑动平均模型（ARIMA）来分析时间序列资料，并用它来进行预报和控制。与平稳时间序列模型、周期时间序列模型相比，Box-Jenkins 的建模方法在数学上较为完善，预测的精度较高。

差分自回归滑动平均模型——ARIMA（p，d，q）模型，可直接用于不平稳时间序列的分析。采用求和 ARIMA（p，d，q）模型拟合数据的过程，实质上就是先对观测数据进行d次差分处理，再拟合 ARMA（p，q）模型，具体来说，设d是一个正整数，有

$$Y_t=(1-B)^d X_t=\sum_{k=0}^{d} C_d^k(-1)^k X_{t-k}, t\in Z \tag{7-5}$$

如果方程（7-5）是一个 ARMA（p，q）序列，就称$\{X_t\}$是一个求和 ARIMA（p，d，q）序列，简称 ARIMA（p，d，q）序列，其中C_d^k是二项式系数，B为后移算子。对差分后的序列进行平稳性检验可以确定d的取值。若$d=0$，则为 ARMA（p，q）模型。

实际应用中，还有些时间序列的变化呈现明显的季节性或周期性规律，例如气温、降雨量、太阳黑子等的变化，这些规律由于季节的变化、物质本身的特性或是其他的周期因素所引起，对于这类时间序列，我们引进了季节 ARIMA 过程，简称为 SARIMA，模型也可以写成 ARIMA（p，d，q）（P，D，Q）^{s}模型，P、Q为季节性的自回归和移动平均阶数，D为季节差分的阶数，s为季节周期[21]。

由于 ARIMA 方法不需要对时间序列的发展模式做先验的假设，而且方法本身也保证了通过反复的识别和修改可以获得满意的模型，因而 ARIMA 模型适用于各种类型的时间序列数据。时间序列分析不仅考虑了预测变量的过去值和现在值，还考虑了模型同过去值拟合所产生的误差这一重要的因素，所以，预测的精度会提高。实际经验证明，差分自回归滑动平均模型是精度很高的短期预测方法，而季节 ARIMA 模型也可以用来预测时序数据的中长期变化，但是随着时间的延长，预测的精度会下降。

时间序列分析在环境时序数据的分析中也有着广泛的应用性。Wu xi 等人[22]利用滑动平均法对江西省 1958—2009 年的 15 个气象站气温资料进行了气候趋势的预测；柴微涛等

人[23]采用时间序列分析方法，建立了成都市 2001—2005 年空气污染指数建立自回归滑动平均模型，结果显示采用时间序列分析大气污染状况是可行的；李希国、刘贤赵[24]对烟台地区降水量采用差分自回归滑动平均模型（ARIMA）进行了分析，结果表明，利用 ARIMA（3，1，2）模型可以达到较准确的预测效果，相对误差很小；樊敏等人[25]应用季节 ARIMA 模型，对 2004—2008 年西安市的 PM_{10} 月平均浓度时间序列进行了建模分析，得到了较好的效果；Shayne Paynter 等人[26]通过估计时间序列参数、自相关和变量的变化，以及建立湖面水平每周波动的回归模型来了解流域快速城市化所引起的变化。当前，时间序列分析有越来越多的变形和改进，以满足不同类型的数据对模型的要求。

7.1.3　人工神经网络法

人工神经网络（Artificial Neural Network，ANN）是一由结点相互接连的计算模型，是模拟大脑神经系统的一种人工智能方法[27]。生物神经元构成的网络对外部时间的表示是一数字向量，它具有明确且清晰的信息处理能力。人工神经元和神经网络的数学模型都是基于生物神经元的这种特性而导出的，因此它们具有许多传统的数字计算机所不具备的生物神经网络的性质，最突出的性质便是其可任意逼近非线性连续函数学习能力，网络中的参数可以根据训练数据来进行调节以使给定的问题得到更好的解决。

目前，人工神经网络常见的三类模型是：前向神经网络、反馈神经网络和自组织神经网络[6]。反向传播（BP）神经网络和径向基函数（RBF）神经网络是应用最广泛的两种人工神经网络法，在众多学科领域中都具有很重要的应用价值。BP 网络和 RBF 网络都可以实现输入输出间的任意非线性映射，其主要不同点是在非线性映射上采用不同的激活函数。前者通常为 Sigmoid 型可微函数，是典型的全局逼近网络；后者为径向基函数，是局部逼近网络[28]。

（1）BP 神经网络理论

误差反向传播神经网络（neural network based on Back-Propagation learning process，BP）是由 Rumelhart 等人于 1985 年提出的，已被成功地应用于模式识别、分类、图像识别等领域[29]。BP 网络是一种多层反馈映射神经网络，其变换函数是 Saigmoid 函数 $f(y)=1/(1+e^{-y})$，所以输出层的取值为 0～1，且是连续的，可以实现从输入到输出的任意的非线性映射。权值的调整利用的是反向传播学习，因而输出层称为 BP 网络。确定 BP 网络的结构，利用输入输出样本集对网络进行训练，以使网络实现给定的输入输出的映射关系。如果输出层得不到期望的输出信号，则修改各层结点的连接权重，反复这一过程，直到误差满足要求[29]。BP 神经网络是目前应用最广泛、最成熟的一种神经网络模型。

实际应用中，BP 模型就是将一个输入和输出问题转化为一个非线性优化问题，它是从输入到输出的一个高度非线性的映射，如果输入节点数为 m，输出节点数为 n，则神经网络表示的是从 m 维欧氏空间到 n 维欧氏空间的映射。

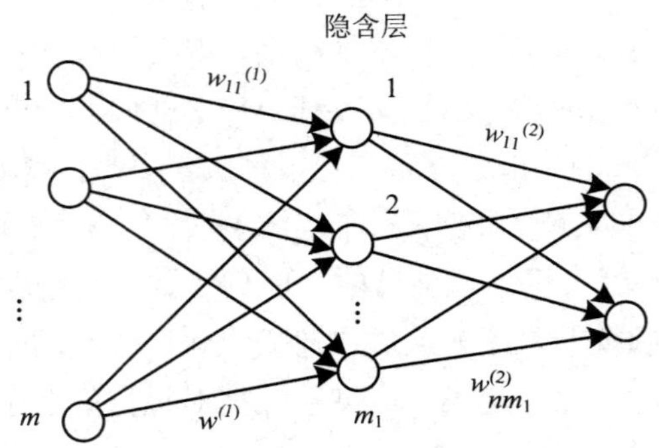

图 7-1 含有一个隐层的 BP 网络

BP 算法使用了沿梯度下降的方法，属于一种快速下降法，使得实际的输出和期望的样本输出的均方差达到最小。它的转换函数必须是连续可微的非线性函数，一般采用 S 型逻辑非线性函数 $f(x)=1/(1+e^{-x})$。其计算步骤如下：

步骤一：给出一组随机权值、初始化权值 W 和域值 θ，即把所有权值和域值都设置成较小的随机数。

步骤二：选取学习样本集中的一个模式 $X_i=(x_0,x_1,\cdots,x_{m-1})$ 作为输入，即给出输入向量 X_i 和对应的预期输出向量 $D_i=(d_0,d_1,\cdots,d_{n-1})$，其中下标 i 表示第 i 个样本或输入模式。

步骤三：按前馈的方式计算输出值，在输入层节点，输出等于输入，假设输入层有 m 个神经元，隐含层有 m_1 个神经元，输出层有 n 个神经元，则：

$$x'_j=f(\sum_{i=0}^{m-1}w_{ij}x_i-\theta_j)\qquad 0\leqslant j\leqslant m_1-1 \tag{7-6}$$

$$y_k=f(\sum_{j=0}^{m_1-1}w_{jk}x'_k-\theta_k)\quad 0\leqslant k\leqslant n-1 \tag{7-7}$$

式中，x'_j——隐含层的输出值；

y_k——输出层的输出值。

步骤四：求权值。

$$w_{ij}(t+1)=w_{ij}(t)+\eta\delta_j x_i \tag{7-8}$$

式中，$w_{ij}(t)$——在时间 t 由隐含层（或输入层）节点 i 到输出层（或隐含层）节点 j 的权值；

x_i——节点 i 的输出；

$\eta\delta_j x_i$——增益项；

δ_j——节点 j 的误差项。

步骤五：求系统平均误差。对每一个模式对 i，其误差平方和为：

$$E_i = \frac{1}{2}\left[\sum_{k=0}^{n-1}(d_k - y_k)^2\right] \tag{7-9}$$

系统平均误差为（假设有 p 个样本）

$$E = \sum_{i=0}^{p} E_i = \frac{1}{2p}\left[\sum_{i=0}^{p-1}\sum_{k=0}^{n-1}(d_{ik} - y_{ik})^2\right] \tag{7-10}$$

式中，d_{ik}——第 i 个输入模式第 k 个输出层节点的期望输出；

y_{ik}——期望输出相应的计算输出。

利用反向传播过程，循环步骤二到步骤五，直到系统的平均误差小于规定的要求为止。

（2）RBF 神经网络理论

近年来发展起来的径向基函数神经网络（Radial Basis Function，RBF）理论为前向网络的研究提供了一种新颖而有效的手段。RBF 网络具有比 BP 网络更好的函数逼近能力和推广能力，应用前景广阔，它克服了 BP 网络用于函数逼近时存在的缺点（如局部极小、收敛速度慢等），适用于非线性时间序列的预测[30]。

径向基函数神经网络法是由 J．Mody 和 C．Darken 于 20 世纪 80 年代末提出的一种神经网络，是具有单隐层的三层前向网络[7]，结构如图 7-2 所示。RBF 网络是一种局部逼近网络，它模拟了人脑中局部调整、相互覆盖接收域（或称感受域，Receptive Field）的神经网络结构，能以任意精度逼近任一连续函数[7]。

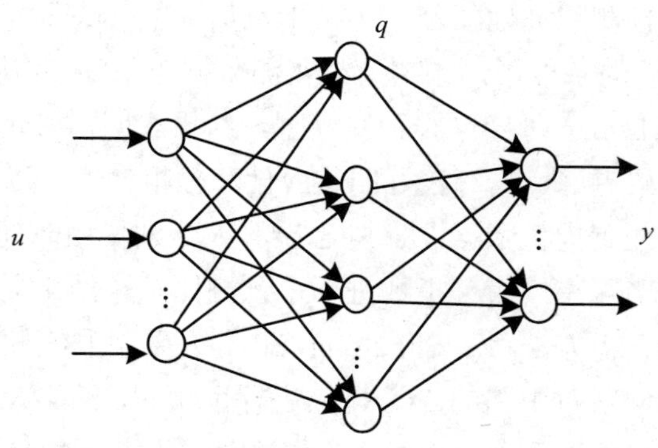

图 7-2　RBF 网络结构

RBF 网络输出计算方法为：

设网络输入 n 维向量 u，输出 m 维向量 y，输入/输出样本对长度为 L。RBF 神经网络隐层第 i 个节点的输出为：

$$q_i = R(\| u - c_i \|) \tag{7-11}$$

式中，u——n 维输入向量；

c_i——第 j 个隐节点的中心；

$\|\cdot\|$——通常为欧氏范数；

$R(\cdot)$ ——RBF 函数，具有局部感受的特性。

网络输出层第 k 个节点的输出为隐节点输出的线性组合为：

$$y_k = \sum_i w_{ki} q_i - \theta_k \tag{7-12}$$

式中，w_{ki}——$q_i \rightarrow y_k$ 的连接权；

θ_k——第 k 个输出结点的阈值。

RBF 网络的学习算法为：

设有 p 组输入/输出样本 u_p / d_p，$p = 1,2,\cdots,L$，定义目标函数（L_2 范数）：

$$J = \frac{1}{2}\sum_p \| d_p - y_p \|^2 = \frac{1}{2}\sum_p \sum_k (d_{kp} - y_{kp})^2 \tag{7-13}$$

其中，y_p 是在 u_p 输入下网络的输出向量，目的是使 $J \leqslant \varepsilon$。

一般来说，径向基函数有以下几种：线性函数二次函数、反二次函数、样条函数和高斯函数。RBF 网络学习算法由两部分组成：无导师学习、有导师学习。

人工神经网络以其容错性、冗余性、自适应性、分布式存储、大规模并行处理、适应于求解非线性问题等特性引起众多领域科学家的广泛关注。20 世纪 90 年代以来，随着计算机技术的发展，神经网络理论已被应用到众多方面并取得了重大进展[7, 30]。Moustris K. P 等人用人工神经网络来预测欧洲地区空气污染指数最高值，试图解决预测浓度趋势中存在的误差，结果在 $p<0.01$ 的条件下，预测值与实测数据非常吻合[31]。柴燕丽等人建立了淮河流域一段年径流量的 Elman 神经网络预测模型，结果表明，Elman 神经网络模型比时间序列分析、相关分析效果更好，具有较好的适应性和预报精度，以及强大的非线性和容错性，可为水资源规划和配置提供依据[32]。刘志展等人分别使用时间序列分析和 BP 神经网络两种方法对厦门市思明区空气污染指数进行了预测比较，结果显示 BP 神经网络方法的预测效果好于时间序列分析方法[33]。Shourong Li 等人采用非线性映射能力强、具有快速学习能力的径向基神经网络对中国的 CO_2 排放进行了预测，结果表明，RBF 神经网络提高了时间序列预测的总体可靠性，同时 CO_2 预测结果是“节能与温室气体减排”项目的警钟，这在中国有实际效应和潜在价值[34]。近年来，神经网络依然是研究的热点，可与其他方法相组合来提高预测的精确度。

7.1.4 灰色预测法

中国学者邓聚龙教授创立的灰色系统理论，是一种研究少数据、贫信息不确定性问题的新方法。灰色系统是指系统因素及其时间关系不完全清楚、系统结构不完全知道系统作用原理不完全明了，用常规的方法难以进行有效分析。灰色系统理论以“部分信息已知，部分信息未知”的“小样本”、“贫信息”不确定性系统为研究对象，主要通过对“部分”

已知信息的生成、开发，提取有价值的信息，实现对系统运行行为、演化规律的正确描述和有效监控[35]。灰色理论把一切随机过程都看做是在一定范围内变化的与时间有关的灰色过程，对灰色量不是从大量样本的统计规律进行研究，而是利用数据生成的方法（如对观测数据进行累加处理）来淡化随机因素的影响，进而提高系统分析的准确性和可靠性[36]。

在灰色预测法中，灰色模型（GM）建模是灰色系统理论的核心，是抽象系统实体化的核心，它直接将时间序列转化为微分方程，建立的是抽象系统发展变化的动态模型。从控制理论的角度看，灰色理论是一种新型的建模思想与方法；从数学角度看则是一种新的逼近手法。它通过关联度和数据处理来分析和对待随机量，也就是通过数据到数据的映射、因素序列到因素序列的映射来处理随机量和发现规律[37]。用于预测的灰色模型一般为 GM（n，1）模型。GM（1，1）模型是最常用的一种灰色模型，表示含有一个变量、一阶方程的预测模型。

灰色预测模型 GM（1，1）[5, 35, 36]建模的主要思想是：将原始信息数列通过一定的数学方法进行处理，通常采用累加或累减生成方法，转化为微分方程来描述系统的客观规律。就是使系统由“灰”变“白”的过程，即灰色系统的白化。GM（1，1）为单序列的一阶线性动态模型，其离散时间响应函数近似呈指数分布。具体建模过程如下：

步骤一：选取等时距连续的一组原始时间序列：

$$X^{(0)}=\{x_1^{(0)},x_2^{(0)},\cdots,x_n^{(0)}\} \tag{7-14}$$

对原始序列进行一次累加，得到生成时间序列：

$$X^{(1)}=\{x_1^{(1)},x_2^{(1)},\cdots,x_n^{(1)}\}$$

其中，

$$x_i^{(1)}=\sum_{j=1}^{i}x_j^{(0)}\text{，}\quad i=1,2,\cdots,n \tag{7-15}$$

步骤二：采用一阶单变量微分方程进行拟合，得到白化的灰色动态模型：

$$\frac{\mathrm{d}x_i^{(1)}}{\mathrm{d}t}+ax_i^{(1)}=u \tag{7-16}$$

式中，a，u——待定系数；

a——发展系数；

u——灰色作用量。

步骤三：用最小二乘法求解方程中的参数向量 a 和 u。记参数列

$$U=[au]^T=[B^TB]^{-1}B^TX \tag{7-17}$$

其中 $X=[x_2^{(0)},x_3^{(0)},\cdots,x_n^{(0)}]^T$

$$B=\begin{bmatrix} -\frac{1}{2}[x_1^{(1)}+x_2^{(1)}] & 1 \\ -\frac{1}{2}[x_2^{(1)}+x_3^{(1)}] & 1 \\ \vdots & \vdots \\ -\frac{1}{2}[x_{n-1}^{(1)}+x_n^{(1)}] & 1 \end{bmatrix}$$

步骤四：求解白化微分方程，得 GM（1，1）模型时间响应函数：

$$x^{(1)}(k+1)=[x_1^{(0)}-\frac{u}{a}]e^{-ak}+\frac{u}{a}，\quad k=1,2,\cdots \tag{7-18}$$

对微分方程的解作一次累减生成，即得还原序列（即预测 k+1 年时得公式）：

$$x^{(0)}(k+1)=[x_1^{(0)}-\frac{u}{a}](1-e^{a})e^{-ak} \qquad k=1,2,\cdots \tag{7-19}$$

灰色 GM（1，1）模型对原始数据序列的长度要求不高，一般只要 4 个以上的数据就可以建模预测，计算工作量小，且具有一定的预测精度。

近十几年来，灰色预测方法不但在人口、粮食以及林业和工程等领域得到了迅速发展，在大气环境质量预测方面也得到了广泛应用。江伟等人[38]把大气环境看做一个灰色系统，结合重庆市大气环境的实际情况，利用灰色关联分析判断出重庆市 2000—2005 年大气污染物中主要污染因子为 PM_{10} 和 SO_2，同时建立灰色模型对其进行质量预测，经残差及关联度检验，精度较高，能够反映城市大气污染的客观存在，具有实用价值。但在利用灰色模型进行预测时，只能够进行短期预测，并且预测的只是平均浓度的大体趋势，还要考虑社会、经济和文化等因素对环境质量的影响。刘占洲等人[39]基于对岷江流域紫坪铺站年径流的变化及其预测问题的分析，以紫坪铺站 1972—1981 年实测年径流数据为基础，将灰色包络数学模型用于分析紫坪铺站年径流。通过对预测结果进行比较分析，发现该模型在紫坪铺站的应用精度较高。

7.1.5 支持向量机法

支持向量机（Support Vector Machine，SVM）[12，13]又称支持向量网络，是 Vapnik 和 Cortes 于 1995 年在统计学习理论基础上提出的一种新的机器学习方法，是实现统计学习理论中结构风险最小化原则的实用算法，比较成功地解决了模式分类问题。同传统的人工神经网络（ANN）相比，支持向量机具有结构简单、理论完备、适应性强、全局优化、训练时间短、泛化性能好等优点，已经成为目前国际、国内研究的热点。

机器学习的目的是根据给定的训练样本进行某系统输入输出之间依赖关系的估计，使它能够对未知输出作出尽可能准确的预测。有 3 类基本的机器学习问题：模式识别、回归分析、概率密度估计。其中回归分析又称函数估计，它要解决的问题是：依据有限的观测数据（训练样本）来寻求蕴含着的回归函数，进而用求得的回归函数对未来数据（预报数据）进行预报。可以形式化为：给定一组训练样本集$(x_1,y_1),(x_2,y_2),\cdots,(x_t,y_t)$，其中$x_i \in R^N$，为$N$维向量，通常为预报因子值，$y_i \in R$，为预报对象值；给出待预报样本的预报因子数据集：$x_{l+1},x_{l+2},\cdots,x_m$，寻求与训练样本的输入输出拟合最优的函数关系$y=f(x)$，进而求出预报对象$y_i$的输出值。支持向量机的基本思想是：首先把一个低维空间非线性可分问题化为一个高维-无穷维线性可分问题，用感知器原理最优求解特征空间上的线性问题，并用该技巧将特征空间上的算法还原到低维空间。

支持向量机方法的核心概念是支持向量。如图 7-3 所示，最优回归超平面H完全由落在两条边界线H_1和H_2上的样本点所确定，这样的样本点称为支持向量。所寻求的最优超平面是使所有样本点离超平面的“总偏差”最小，因此，求最优回归超平面同样等价于求最大间隔[12]。

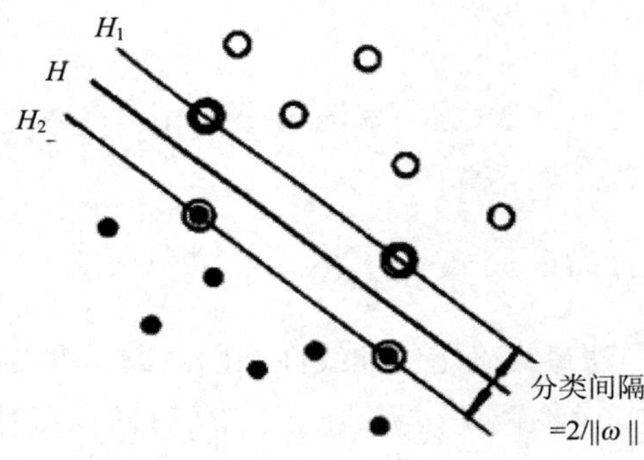

图 7-3　线性可分情况下的最优分类线[13]

引入ε——不敏感误差函数（即误差小于ε时视为无误差），则寻求最优回归超平面的问题转化为求解如下一个二次凸规划问题：

$$\min \frac{1}{2}\|w\|^2 + C\sum_i(\xi_i+\xi_i^*)$$

约束条件：

$$\begin{cases} y_i-(w\cdot x_i)-b \leqslant \varepsilon+\xi_i \\ (w\cdot x_i)+b-y_i \leqslant \varepsilon+\xi_i^* \\ \xi_i,\xi_i^* \geqslant 0 \end{cases} \tag{7-20}$$

其中，ξ_i和ξ_i^*为松弛变量，分别对应于样本点在最优回归超平面的上方和下方两种情况；C为惩罚系数；$w\in R^N$是超平面的法矢量，$b\in R$，二者均为待确定的参数。

采用 Lagrange 乘数法并应用 KKT 条件（Karush-Kuhn-Tucker），可求得最优超平面线性回归函数为：

$$f(x)=(w\cdot x)+b=\sum_{i=1}^{L}(\alpha_i-\alpha_i^*)(x\cdot x_i)+b \tag{7-21}$$

其中，L 为支持向量的个数，α_i，α_i^* 和 b 为确定最优超平面的参数，通过解最优化问题求得。可见，最优回归超平面的解析式只由支持向量完全确定。

应用核函数的展开定理，利用非线性映射 φ，把样本集映射到一个高维（以至于无穷维）的特征空间，从而使得样本空间中的高度非线性问题在特征空间中应用 SVM 线性回归的方法得以实现。在整个求解过程中并不需要知道非线性映射的显示表达式，只需将样本空间中的点 x 和 x_i 用映射的象 $\varphi(x)$ 和 $\varphi(x_i)$ 代替，这大大简化了计算。

由式（7-21）变为

$$f(x)=(w\cdot x)+b=\sum_{i=1}^{L}(\alpha_i-\alpha_i^*)[\varphi(x)\cdot\varphi(x_i)]+b \tag{7-22}$$

根据 Mercer 定理有

$$K(x,x_i)=[\varphi(x)\cdot\varphi(x_i)] \tag{7-23}$$

将式（7-23）代入式（7-22）可得

$$f(x)=(w\cdot x)+b=\sum_{i=1}^{L}(\alpha_i-\alpha_i^*)K(x,x_i)+b \tag{7-24}$$

式（7-24）即为 SVM 方法最终确定的非线性回归函数。可见，SVM 的最终决策函数只由少数的支持向量所确定，落在两条边界线之间的所有样本点对最优回归超平面没有贡献。模型的复杂程度取决于支持向量的数目和核函数的计算，而不是样本空间的维数，从而在某种程度上避免了“维数灾”。

由于构造支持向量机的基础是 Mercer 定理，作为建立支持向量机的核函数必须以满足 Mercer 定理的条件为前提，因此我们选择径向基函数（满足 Mercer 定理条件）作为核函数建立 SVM 回归模型。径向基函数形为

$$K(x,x_i)=\exp(-r\|x-x_i\|^2) \tag{7-25}$$

最终回归函数形为：

$$f(x)=\sum_{i=1}^{L}(\alpha_i-\alpha_i^*)K(x,x_i)+b=\sum_{i=1}^{L}(\alpha_i-\alpha_i^*)\exp(-r\|x-x_i\|^2)+b \tag{7-26}$$

式中，L——支持向量的个数；

x_i——支持向量的样本因子向量；

x——待预报因子向量；

α_i，α_i^*，b——建立 SVM 模型待确定的系数；

r——核参数。

虽然 SVM 方法在理论上具有很突出的优势，但与其理论研究相比，其应用研究仍比

较滞后。支持向量机应用于时间序列分析、生物信息领域、回归分析、聚类分析、函数逼近、数据压缩、文本识别、人脸识别、三维物体识别、信号处理、语音识别、遥感图像分析、图像分类和控制系统等诸多领域[13]。高伟等[15]把基于结构风险最小化原则的支持向量机应用到混响时间序列预测中，与径向基函数（RBF）神经网络方法预测结果进行了对比分析。采用海上实验混响数据进行预测，处理结果表明，支持向量机的方法优于 RBF 神经网络的方法，对混响时间序列有很好的预测效果。SVM 在国内环境领域也有不少的应用[14]，马晓光等[40]用 SVM 方法预报大气污染物浓度，并与人工神经网络的预报结果进行了比较，结果表明，SVM 方法预报的准确率显著优于人工神经网络。陈永义等[41]、冯汉中等[42]对 SVM 方法的原理和其在气候预测领域中的应用进行了一些试验研究，认为 SVM 方法能用于具有显著非线性特征的气象预测预报，在实时业务预报中能取得较好的结果。这些结果均表明，SVM 方法对小样本条件下的非线性映射具有优势。

7.1.6　系统动力学仿真法

系统动力学（System Dynamics，SD）是一种定性与定量交融的建模技术，是一门连续方针的方法论科学，它是美国麻省理工学院 J.W.Forrester 教授于 1956 年创立的。运用该方法可以探讨系统的反馈、探究决策与时间滞延因素是如何相互影响的，以及它们是如何作用于系统的发展和稳定的。系统动力学预测法可以考虑较多的影响因素，尤其适用于中长期及高阶、非线性、时变等问题，这一特性对具有大惯性的社会经济系统的模拟尤为合适[43]。

（1）系统动力学的发展历程[44]

系统动力学在 20 世纪 50 年代创立之初被称为工业动态学，主要应用于企业经营管理等方面问题的研究。随着系统动力学的发展，60 年代期间 Forrester 对系统动力学基本理论、系统结构和建模原理方面进行了全面的阐述与总结，并把系统动力学的应用引向了社会科学、经济等领域。70—80 年代，系统动力学发展日益成熟。以 Forrester 为首的麻省理工学院系统动力学研究组研究了美国全国经济模型，揭示了经济兴衰的内在机制。这些研究成果使系统动力学方法得到了世界各国的普遍认可，进一步确立了其在社会经济问题中的学科地位。90 年代以来，系统动力学在世界范围内得到广泛的应用，在宏观领域、项目管理领域、学习型组织领域、物流与供应链领域等方面都取得了巨大的进展。我国在 20 世纪 80 年代初引进系统动力学，并开始在众多院校中开设系统动力学的课程，培养了大批研究人员。系统动力学在我国发展的 20 多年中，已经初步形成了自身的理论特色和应用体系，在我国的自然科学、人文社会科学和工程技术等领域得到了全面的应用。

（2）系统动力学的特点[45]

①擅长处理周期性问题；②擅长处理长期性问题；③在数据缺少条件下仍可进行研究，因为其结构是以反馈环为基础的，而多重反馈环的存在使得系统行为模型对大多数参数是不敏感的，因此，虽然数据缺乏对参数的估计会带来一定困难，但只要选择的参数落在其

允许范围内，系统行为就会显示出相同的模式，此时，仍可用 SD 方法研究系统行为趋势等问题；④擅长处理高阶、非线性、时变的问题。

（3）系统动力学解决问题的步骤[43]

①系统分析。系统分析是用系统动力学解决问题的第一步，其主要任务在于分析问题、剖析要因、明确目的。主要包括以下内容：调查收集有关系统的情况与统计数据；了解用户提出的要求、目的，明确所要解决的问题；分析系统的基本问题与主要问题、基本矛盾与主要矛盾、基本变量与主要变量；初步确定系统的界限，并确定内生变量、外生变量、输入量；确定系统行为的参考模式。②系统的结构分析。这一步主要任务在于处理系统信息、分析系统的反馈机制。主要包括分析系统总体与局部的反馈机制；划分系统的层次与子块；分析系统的变量及变量间的关系，定义变量（包括常数），确定变量的种类及主要变量；确定回路及回路间的反馈耦合关系；初步确定系统的主回路及其性质；分析主回路随时间转移的可能性（可用因果关联图或混合图定性地表示）。③构造规范模型。画出流程图；建立状态、速率、辅助、常数（*L*、*R*、*A*、*C*）诸变量方程并给变量赋初值；估计与确定参数。④模型模拟及有效性检验。以系统动力学的理论为指导进行模型模拟与政策分析，更深入地剖析系统；修改模型，包括结构与参数的修改。⑤政策分析，提出建议。

此五步骤可用图 7-4 表示：

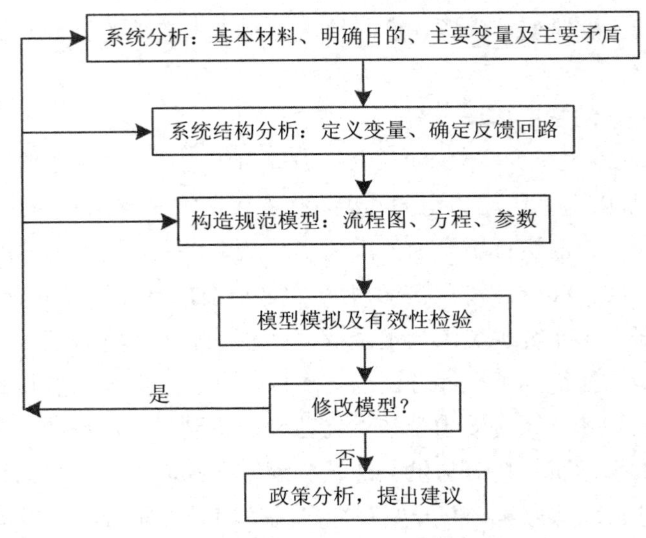

图 7-4　系统动力学解决问题的步骤

（4）SD 模型建模步骤[46]

①确定系统边界，根据实际情况绘制因果关系图。②根据因果关系图绘制系统流程图。③根据系统流程图中各个变量间的关系，利用其运行平台如 Vensim 提供的公式编辑器建立量化的系统模拟模型，总结出动力学方程。④模型的有效性检验。⑤确定现状年份，进

行计算机仿真。

系统动力学作为一种系统分析与仿真的方法，目前已经广泛应用于国内外环境保护研究领域中并取得了一定的成绩。张子珩等人[47]根据乌海市人口、经济与资源环境之间的基本关系特征，构建了可持续发展的系统动力学模型。陈书忠等人[48]将基于信息反馈控制理论的系统动力学引入城市环境影响模拟中，构建了城市环境、社会、经济之间的系统动力学模型，通过调整环保投入、科技投入、经济增长速率以及单位能耗等系统变量，对武汉市未来发展的主要污染物排放量和主要资源消耗量（能源、水）等进行了四种情景动态模拟。韦静、曾维华[49]采用系统动力学方法，建立了生态承载力约束下的区域生态足迹系统动力学模型，结合情景模拟分析结果，提出了区域可持续发展策略。张波等人[50]将系统动力学应用于突发水污染事故的水质模拟，结果表明，所建立的模型能够模拟松花江水污染事故中硝基苯浓度随时间的变化，特别是对硝基苯的浓度峰值与峰值出现时间的模拟效果较好。系统动力学在环境保护领域中的应用已经取得了实效性进展，相信随着系统动力学的深入研究，它在环境保护领域中的运用会得到进一步的扩展和完善。系统动力学方法本身还存在着局限性，应尝试将系统动力学方法与更多其他理论与方法相结合，使其应用范围更广、结果可信度更高。将系统动力学（仿真）模型与情景分析方法结合，运用于环境模拟，能够有效地对宏观的、模糊的、长期的环境与经济系统进行预测分析。该方法的优点在于预测精确，缺点是涉及模型较多、计算复杂。目前，该方法已成功地应用于社会经济发展预测、水资源需求预测、环境规划与决策分析当中[51-53]。

为了了解上述 6 种方法的优缺点、常用模型以及适用范围等性质，表 7-1 对以上 6 种方法进行了对比。

表 7-1　各种理论方法的简单对比

方法	常用模型	优点	缺点	适用范围
回归分析	线性回归（广义）	理论完整 方法简单	模型固定	适用于变量间具有或近似具有回归关系
时间序列分析	ARMA ARIMA	短期预测精度高 ARIMA 适用于各种类型的时间序列数据	有前提假设，模型只与过去值、现在值及其误差有关，无其他变量	假设时间序列的未来发展模式和过去是一致的；适用于中短期预测
灰色预测	GM（*1*，1） GM（*n*，1）	对数据的信息量要求比较小，最少 3 个数据即可以建立模型；具有简洁性、实用性、现实性等优点	对增长趋势多样的实际数据、其预测模型精度往往较差而不能满足实际要求	适用于“部分信息已知，部分信息未知”的“小样本”、“贫信息”不确定性系统
神经网络	BP、RBF 神经网络	容错性、冗余性、自适应性、分布式存储、大规模并行处理	神经网络法无明确模型，需要较长的学习时间，对大数据量，性能可能会出现严重问题；不宜用于长期预测	适用于非线性问题

方法	常用模型	优点	缺点	适用范围
支持向量机	常用的核函数：linear、polynomial、radial basis 和 sigmoid kernel function	结构简单、理论完备、适应性强、全局优化、训练时间短、泛化性能好	在环境领域应用较少；对大规模训练样本难以实施	适用于小样本、非线性及高维模式识别问题
系统动力学	水平方程（状态方程）是核心方程	预测精确	涉及模型较多、计算复杂	适用于中长期及处理高阶、非线性、时变等问题

7.2 水环境质量预测模型与方法

目前，全世界每年约有 4 200 多亿 m^3 的污水排入江河湖海，污染了 5 500 亿 m^3 的淡水（约占全球径流量的 14%以上），河流污染已经严重影响人类正常的生活和生存[54]。水环境综合整治势在必行，合理地进行水环境综合整治是一项投资巨大、影响深远的工程。只有搞清污染物质如何随水流掺混、迁移和分布，才能有的放矢地进行预测和治理，因而水质模拟预测已经成为备受环境工作者关注的重要课题，建立和完善水质模拟模型有着重要的物理意义和现实意义。水质模拟预测是顺利实现水环境规划管理、水污染综合防治等任务不可缺少的基础工作。研究水质模型的目的主要是描述污染物在水体中的迁移转化规律，模拟或预报水质在时间与空间上的变化，从而为水环境质量预测、水质污染控制规划、工程环境影响评价，以及水资源的规划、管理和控制提供服务。对水环境质量进行科学的分析评价和预测，进而对其进行有效的规划治理和管理，对保证社会经济的可持续发展具有十分重要的意义。本节主要对河流水质模型进行综述[55]。

7.2.1 水质模型分类与特征

水质模型按模型的性质，可分为黑箱模型、白箱模型和灰箱模型；按建模方法和变量特点，可分为确定性模型和随机性模型；按模型描述的系统是否具有时间稳定性，可分为稳态模型和动态模型；按系统内参数的空间分布特性，可分为一维模型、二维模型和三维模型，如果参数在 3 个方向上都均匀分布，水体处于完全混合状态，则为零维模型；按水质参数的转移特性，可分为随流模型、扩散模型和随流扩散模型；按反应动力学的性质，可分为纯输移模型、纯反应模型、输移和反应模型、生化模型、生态模型；按使用管理的角度可分为江河模型、河口（受潮汐影响）模型、湖泊与水库模型、海洋模型等；按模型的水质组分，可分为单组分模型、多组分模型和耦合组分模型等[56, 57]。

以上按不同分类标准划分的水质模型归纳于表 7-2[58]。

表 7-2 水质模型分类

分类标准	类别	特征描述
使用管理	江河模型、河口模型、湖泊与水库模型、海洋模型	一般河流模型比较能反映实际，湖泊与水库模型、海洋模型比较复杂，可靠性小
水质组分	单组分模型、耦合组分模型、多组分模型	其中 BOD-DO 耦合模型应用得最广泛
时间稳定性	稳态模型、动态模型	数学表达式和输入条件等不随时间变化的是稳态模型，反之是动态模型
空间分布	零维模型、一维模型、二维模型、三维模型	零维模型是将整个环境单元看做处于完全均匀的混合状态，模型中不存在空间环境质量上的差异，主要用于湖泊和水库水质模拟；一维模型横向和垂向混合均匀，仅考虑纵向变化，适用于中小河流；二维模型垂向混合均匀，考虑纵向和横向变化，适用于宽而浅型的江河湖库水域；三维模型考虑三维空间的变化，适用于排污口附近的水域水质计算
模型的性质	黑箱模型、白箱模型、灰箱模型	黑箱模型由系统的输入直接计算出输出，对污染物在水体中的变化一无所知；白箱模型对系统的过程和变化机制有完全透彻的了解；灰箱模型介于黑箱模型与白箱模型之间，目前所建立的水质数学模型基本上都属于灰箱模型
反应动力学	纯输移模型、纯反应模型、生化模型、输移和反应模型、生态模型	纯输移模型模拟排污口附近不随时间衰减的保守性污染物在水体中的迁移转化规律；纯反应模型只考虑发生化学反应和生物化学反应；生化模型描述有限空间中生物有机质与化学环境之间的关系；输移和反应模型模拟随时间衰减变化的非保守型污染物运动规律，不仅考虑输移，还要考虑衰减；生态模型不仅描述生物过程，还描述输移和水质要素的变化
变量的特点	确定性模型，随机性模型	确定性模型对一组给定的输入条件只有一个确定的解，是用得最广泛的一种数学模型；随机性模型输入条件和变量具有随机性，其解不稳定且不唯一

7.2.2 水质模型研究与发展

第一个水质模型是 1925 年由美国工程师 Streeter 和 Phelps 提出的 BOD-DO 氧平衡模型[59]，由 Phelps 于 1944 年总结和公布，此即经典的 Streeter-Phelps 水质模型。这个模型的基本原理是相当合理的，所以模型及其某些修正形式至今仍被用于水质模拟[60-62]。此后的 80 多年中，水质模型在基础研究和实际应用中都取得了很大的进展。水质模型的研究内容与方法不断深化与完善，已出现了包括地表水、地下水、非点源、饮用水、空气、多介质、生态等在内的多种水质模型[63]。该模型研究水体，已从河流、河口发展到湖泊水库、海湾；数学模型空间分布已从零维、一维发展到二维、三维；水质模型的数学特性已由确定性发展为随机性；模型水质指标已从比较简单的生物需氧量和溶解氧两个指标发展到复杂的生化营养素（磷、氮、硅）、生物体与食物链（叶绿素 a、浮游动物等）。

水质模型的具体发展历程可以分为 3 个阶段[58]：①第一阶段（20 世纪 20 年代中期—70 年代初期），是水质模型发展的初级阶段。该阶段模型是简单的氧平衡模型，主要集中于对氧平衡的研究，也涉及一些非耗氧物质，属于一维稳态模型。②第二阶段（20 世纪 70 年代初期—80 年代中期），是水质模型的迅速发展阶段。随着对污染物水环境行为的深入研究，传统的氧平衡模型已不能满足实际工作的需要，描述同一个污染物由于在水体中存在状态和化学行为的不同而表现出完全不同的环境行为和生态效应的形态模型出现。由于复杂的物理、化学和生物过程，释放到环境中的污染物在大气、水、土壤和植被等许多环境介质中进行分配，由污染物引起的可能的环境影响与它们在各种环境单元中的浓度水平和停留时间密切相关，为了综合描述它们之间的相互关系，产生了多介质环境综合生态模型，同时由一维稳态模型发展到多维动态模型，水质模型更接近于实际。③第三阶段（20 世纪 80 年代中期至今），是水质模型研究的深化、完善与广泛应用阶段。科学家的注意力主要集中于改善模型的可靠性和评价能力的研究上。尤其是 90 年代以来伴随着计算机技术的发展，该阶段模型逐渐显现出如下主要特点：考虑水质模型与面源模型的对接；水质模型特别是对重金属、有毒化合物进行研究的模型中状态变量及组分数量大；考虑了大气中污染物质沉降的影响；多种新技术方法理论，如灰色理论、随机数学、模糊数学、人工神经网络、3S 技术等被引入水质模型研究。

7.2.3 国外水质模型发展动态

预测河流水质的方法分为机理性水质模型方法和非机理性水质模型方法，非机理性水质模型方法如回归分析、时间序列分析、人工神经网络等在 7.1 节中都已提到，下面主要介绍国外一些主要的机理性水质模型方法。

任何水质模型都是依据物质质量守恒和能量守恒原理，通过流体力学中连续方程、运动方程、能量方程推导得出的，如考虑水质组分间的相互作用及其自身生化作用影响，可以得出更加全面、综合的水质模型。

（1）Streeter-Phelps 模型体系[64，65]

1）Streeter-Phelps 模型。

Streeter-Phelps 模型是最早的水质模型，其主要假设为：①溶解氧（DO）浓度仅取决于 BOD 反应与复氧过程，并认为有厌氧微生物参与的 BOD 衰变反应符合一级反应动力学。②水中溶解氧的减少是由于含碳有机物在 BOD 反应中的细菌分解引起的，与 BOD 降解有相同速率。③由于氧亏和湍流而引起复氧，复氧速率与水中氧亏成正比。由以上假设得出 BOD-DO 耦合模型方程：

$$\frac{\partial L}{\partial t}+u\frac{\partial L}{\partial x}=D\frac{\partial^2 L}{\partial x^2}-K_1L \tag{7-27}$$

$$\frac{\partial C}{\partial t}+u\frac{\partial C}{\partial x}=D\frac{\partial^2 C}{\partial x^2}-K_1L+K_2(C_S-C) \tag{7-28}$$

式中，L——河水中的 BOD 浓度，mg/L；

C——河水中的 DO 浓度，mg/L；

u——河水流速，m/s；

C_S——河水中饱和溶解氧浓度，与温度有关，mg/L；

D——弥散系数，m^2/s；

K_1——河水中 BOD 降解速度常数，s^{-1}

K_2——河水中复氧速度常数，s^{-1}。

2）Streeter-Phelps 模型修正形式

Thomas 修正形式：对一维河流，在 Streeter-Phelps 模型基础上增加了一项因其他因素如沉淀、悬浮、吸附及再悬浮等过程引起的 BOD 速率变化，系数为 K_3。模型如下：

$$\frac{\partial L}{\partial t}+u\frac{\partial L}{\partial x}=D\frac{\partial^2 L}{\partial x^2}-(K_1+K_3)L \tag{7-29}$$

$$\frac{\partial C}{\partial t}+u\frac{\partial C}{\partial x}=D\frac{\partial^2 C}{\partial x^2}-(K_1+K_3)L+K_2(C_S-C) \tag{7-30}$$

Dobbins-Camp 修正形式：添加了因底泥释放和地表径流所引起的 BOD 变化，以 S_L 表示；同时考虑了藻类光合作用和呼吸作用引起的溶解氧变化，以 P-R 表示。模型如下：

$$\frac{\partial L}{\partial t}+u\frac{\partial L}{\partial x}=D\frac{\partial^2 L}{\partial x^2}-(K_1+K_3)L+\frac{S_L}{A} \tag{7-31}$$

$$\frac{\partial C}{\partial t}+u\frac{\partial C}{\partial x}=D\frac{\partial^2 C}{\partial x^2}-K_1L+K_2(C_S-C)+(P-R) \tag{7-32}$$

O'Connor 修正形式：假定总的 BOD 是由含碳 BOD 和含氮 BOD 两项组成的，增加的 L_N 代表含氮 BOD 降解速度常数。模型如下：

$$\frac{\partial L_C}{\partial t}+u\frac{\partial L_C}{\partial x}=D\frac{\partial^2 L_C}{\partial x^2}-(K_1+K_3)L+\frac{S_L}{A} \tag{7-33}$$

$$\frac{\partial L_N}{\partial t}+u\frac{\partial L_N}{\partial x}=D\frac{\partial^2 L_N}{\partial x^2}-K_NL_N \tag{7-34}$$

$$\frac{\partial C}{\partial t}+u\frac{\partial C}{\partial x}=D\frac{\partial^2 C}{\partial x^2}-K_1L_C-K_NL_N+K_2(C_S-C)+(P-R) \tag{7-35}$$

（2）QUAL 模型体系

QUAL 模型假设在河流中物质的主要迁移方式是平移和弥散，且认为这种迁移只发生在河道或水道的纵轴方向上，因此是一维水质综合模型。其基本方程是一个平移—弥散质量迁移方程，同时考虑了水质组分间的相互作用以及组分外部源和汇对组分浓度的影响。对任意的水质变量 C，方程均可写成如下形式（方程右边的 4 项分别代表扩散、平流、组分反应和组分外部源汇项）：

$$\frac{\partial M}{\partial t}=\frac{\partial\left(A_x D_L \frac{\partial C}{\partial x}\right)}{\partial x}\mathrm{d}x-\frac{\partial\left(A_x D\bar{u}C\right)}{\partial x}+(A_x\mathrm{d}x)\frac{\mathrm{d}C}{\mathrm{d}t}+s \tag{7-36}$$

式中，M——所考察的物质质量，mg；

C——组分浓度，mg/L；

x——所考察的距离，m；

t——时间，s；

A_x——距离 x 处的河流断面面积，m^2；

D_L——纵向弥散系数，m^2/s；

$\bar{u}$——平均流速，m/s；

s——组分的外部源和汇，mg/s。

QUAL 最初的模型是 F.D.Masch 及其同事和得克萨斯州水利发展部分别于 1970 年和 1971 年研发的河流水质模型 QUAL-I；1972 年美国水资源工程公司（WRE）和美国环保局（EPA）合作将其发展成第一个版本的 QUAL-II；1976 年 3 月，SEMCOG 和美国水资源工程公司合作进一步对此模型进行了修改，并将已经存在的各版本优秀特性合并到新的 QUAL-II 模型中。

QUAL2E（3.0 版）是在 Tufts 大学土木工程系和 EPA 水质模型中心（CWQM）环境研究实验室合作协议支持下发展起来的，包括了对以前版本的 QUAL2E（2.2 版，Brown 和 Barnwell，1985）的修改和对定常仿真输出的不确定性分析（UNCAS）的扩充能力。QUAL2E（3.0 版）的 QUAL2E 和与其成套的不确定性分析程序即 QUAL2E-UNCAS，是用来取代所有以前版本的 QUAL2E 和 QUAL-II 模型的。

QUAL2K 是美国环境保护局推出的一个综合性、多样化的河流水质模型，其前身是 20 世纪 80 年代的 QUAL2E，经过多次修订和增强，最新版本于 2003 年推出。经过几十年的发展和完善，该模型已日趋成熟和稳定。由于 QUAL2E 和 QUAL2K 之间具有依赖关系，以下主要介绍这两种模型。

1）QUAL2E。

模型简介。QUAL2E 是一个通用的河流水质模型。可依用户的需求组合模拟 15 种水质成分，包括：溶解氧（DO）、生化需氧量、温度、作为叶绿素 a 的藻类、有机氮、氨氮、亚硝酸盐、硝酸盐、有机磷、溶解磷、大肠杆菌、任意非守恒物质和 3 种守恒物质。

这个模型适用于混合的枝状河流系统，假设主要的传输机制、平流和离散作用只是沿主要流向的变化是显著的（河流或运河的纵轴），并允许多种废物的排放、回收，允许支流，允许递增的流入量和流出量；它的另外一个功能是，可以计算为了达到预先定义的溶解氧水平所需要的稀释流的流量。

从水力学上来讲，QUAL2E 被限制于进行时间周期的模拟，在此时间周期内流域的流量和输入的废物排放量基本上是常数。QUAL2E 既可以作为一个定常的模型也可以作为动态的模型使用，这使它成为一个非常有用的水质规划工具。当 QUAL2E 作为定常模型使用时，它可以用来研究废水排放对河流水质的影响（定量、定性和定位），也可以和现场采样程序联合使用来确定非点源废水排放的定量和定性的特征。当 QUAL2E 作为动态模型使用时，用户可以研究气象数据每天的变化对水质（主要是溶解氧和温度）的影响，也可以研究由于藻类生长和呼吸的影响导致的溶解氧日变化量。

QUAL2E-UNCAS 是对 QUAL2E 的修正，它允许建模者对定常的水质模拟进行不确定性分析。模型中包含了 3 个不确定性选项：敏感性分析、一阶误差分析和 Monte Carlo 仿真。使用这些功能，用户可以估计模型敏感性和不确定的输入数据对模型预测结果的影响。模型预测中的不确定性定量分析，将允许对高于或低于容许水平的某一水质变量产生的风险（可能性）进行评估。不确定性分析方法提供了对变更进行估计和对不确定性进行预测的手段，这已经成为当今水质分析建模中对预期值进行估计的一个重要部分。对输入要素的估计（用来确定不确定度）将使建模者得到更多的有效数据以进行研究。通过这种手段，可以使建模者估计产生不精确预测的可能性，并使用各种手段以减小产生这种不精确结果的幅度。

模型应用。QUAL2E 可以模拟包含任何支流的一维河流系统。模拟任何系统的第一步是把河流系统分成河段，在每一个河段内有相同的水力学特性。每一个河段再分成等长的计算单元。因此，所有河段划分的计算单元的总和应该是整数的。

QUAL2E 包括 7 种不同的计算单元：源头单元、标准单元、交汇处的上一个计算单元、交汇处的计算单元、系统的最后一个计算单元、输入单元、输出单元。

源头单元位于主河道和各个支流的起始处，这样它们就必须是源头河段的第 1 种计算单元；标准单元是和其他 6 种计算单元不符合的一种计算单元（第 2 种），因为所有计算单元都可以计算外部添加水的流量，所以标准单元可以计算的唯一输入项就是外部添加水的流量；第 3 种计算单元是主河道中支流和主河道交汇处的上一个计算单元；交汇处的计算单元（第 4 种）是模拟支流进入主河道的交汇处的计算单元；第 5 种计算单元是模拟一个河流系统时的最后一个计算单元，这种单元在一个系统模拟中只能有 1 个；第 6 种和第 7 种单元分别是用来模拟输入（废物排放和未模拟的支流）和输出的。大部分数据是按由计算单元组成的河段为单位输入的。水力学数据、反应比常数、初始条件、外部添加的水流量数据在一个河段内的所有计算单元里都是相同的。

模型局限。QUAL2E 是作为一个相对通用的软件来设计的，但是，在程序设计中还是产生了对一些条件的限制，具体如下：河段最多 25 个；计算单元中每个河段不超过 20 个计算单元，即全流程不超过 500 个；源头最多 7 个；汇合单元最多 6 个；输入和输出单元最多 25 个。

模型结构。QUAL2E 软件是由 51 个子程序和 1 个主程序组成的，通过简单地添加 1 个适当的子程序，就可以加入新的状态变量或者用对模型的最小重组修改已经存在的关系。QUAL2E 的结构框架是从上一版本的 QUAL-II 修改而来的。最大的主程序和 NDATA 子程序已经被分成几组更小的子程序，每个子程序执行更少的任务。QUAL2E 中新的子程序包括：藻类-光函数（生长/光）、定常计算的藻类参数总结输出（WRPT1）、有机氮和磷的状态参数（NH2S、PORG）和行式打印机绘图程序（PRPLOT）。将 QUAL2E 重组成更小的程序单元是使模型适应内存有限的微机的第一步。

2）QUAL2K

QUAL2K（或 Q2K，即 QUAL2E 的 2000 版）是河流水质模型，它是 QUAL2E（或 Q2E）的最新的版本，它与 QUAL2E 具有以下共性：①一维：河道内横向和垂直方向完全混合。②稳态水力学：模拟稳定流量。③每日的热量收支：以天为单位模拟热量收支和温度。④每天的水质动力学：所有的水质变量都以天为单位。⑤热量和质量的输入：点源和非点源负荷和汇都被模拟。

QUAL2K 版本克服了 QUAL2E 模型的缺陷，对计算功能进行扩展，增加了新反应因子[66,67]。QUAL2K 的结构包含以下新的内容：①软件的环境和界面。QUAL2K 是在 Microsoft Windows 的环境下运行，采用宏语言、VB 应用程序（VBA）编写的，Excel 为其绘图界面。②模型的结构。QUAL2E 把系统分割成包含相等长度的河段，相对应的 QUAL2K 采用不相等的河段，此外许多源和汇都可以输入任何河段。③碳化 BOD 的形成。QUAL2K 采用两种碳化 BOD 的形式来表示有机碳，这些形式是缓慢反应形式（slow CBOD）和快速反应形式（fast CBOD）。此外，无生命的颗粒有机物也被模拟。如岩屑材料由颗粒碳、氮和磷以固定的化学计量组成。④缺氧。QUAL2K 通过在较低浓度氧气的情况下，减少氧化反应到零来适应缺氧。此外，反硝化作用被模拟成一阶反应动力学，当氧气浓度较低时尤为明显。⑤沉积物与水相互反应。溶解氧和营养物的沉积物与水之间的通量被模拟成内在反应而不是被指定。⑥河底藻类。该模型模拟了附在河底上的藻类。⑦削光。削光作用按藻类、颗粒有机物和无机物的反应来计算。⑧pH 值。碱度和总的无机碳都被模拟，河流的 pH 值则基于这两个量来模拟。⑨病原体。一般的病原体可以模拟，温度、光和沉积作用都决定病原体的去除。QUAL2K 的模拟内容如图 7-5 所示。

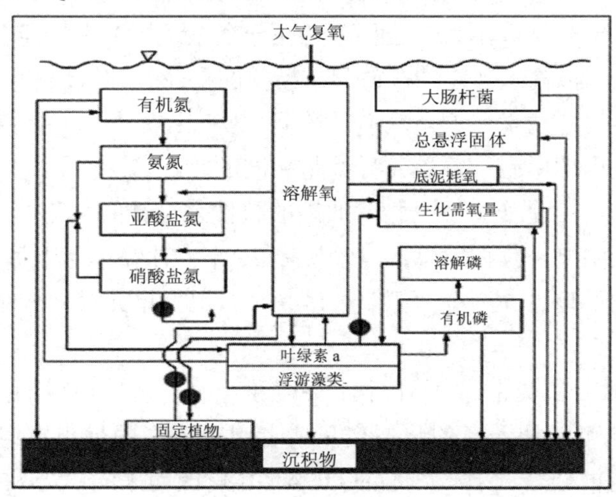

图 7-5 QUAL2K 中各主要组分的交互作用

（3）WASP 模型体系

模型简介。WASP（Water Quality Analysis Simulation Program）是美国环境保护局提出的水质模型系统，可用于对河流、湖泊、河口、水库、海岸的水质进行模拟。WASP 最原始的版本是于 1983 年发布的[68]，它综合了以前其他许多模型所用的概念。之后 WASP 模型又经过几次修订，如 WASP4、WASP5 及 WASP6。WASP 包括两个独立的计算程序：DYNHYD 和 WASP，它们可以联合运行，也可以独立运行。DYNHYD 是水动力学程序，它模拟水的运动；WASP 是水质程序，它模拟水中各种污染物的运动与相互作用。EUTRO 和 TOXI 是两个子模型，它们可以装入水质程序中。其中 TOXI 模拟有毒物质的污染，包括有机化学物、金属和泥沙；EUTRO 用来分析传统的污染，包括溶解氧、生化需氧量和营养素。WASP 提供了一个很灵活的模拟系统，在其基本程序中反映了对流、弥散、点杂质负荷与扩散杂质负荷以及边界的交换等随时间变化的过程。经简化的 WASP 常用如下模型：

$$\frac{\partial}{\partial t}(AC)=\frac{\partial}{\partial x}\left(-U_x AC+E_x A\frac{\partial C}{\partial x}\right)+A(S_L+S_B)+AS_K \tag{7-37}$$

式中，C——组分浓度，mg/L；

t——时间，s；

A——横截面积，m^2；

U_x——纵向速度，m/s；

E_x——纵向弥散系数，m^2/s；

S_L——直接与弥散负荷率，mg/（L • s）；

S_B——边界负荷率，mg/（L • s）；

S_K——总动力输移率，mg/（L • s）。

水质分析模拟程序（WASP6）是原来的 WASP（Di Toro 等，1983；Connolly and Winfield，1984；Ambrose，R.B.等，1988）的一个增强版本，这个模型用于模拟地表水中污染物运移和转化的通用模型框架，可用于一维、二维和三维的水质模拟问题。它是为分析池塘、湖泊、水库、河流、河口和沿海水域的一系列水质问题而设计的动态多箱模型。WASP6 是水系统的动态模型，包括水体和水底生物。平流、弥散、点源和非点源的负荷以及边界的改变，这些的时间变化的过程都是基本方程的表示。下面重点介绍 WASP6 模型的应用和结构。

模型应用。WASP 提供了一个很灵活的模拟系统，在其基本程序中反映了对流、弥散、点杂质负荷与扩散杂质负荷以及边界变换等随时间变化的过程。具体的模拟方法是把水系统分割成段，每段可以按照一维、二维或三维来安排。

WASP 需要对水下地形等三维空间特征做出精细的描述。如要进行水体的水动力学模拟，则首先要根据水动力学的特点将水体简化为一系列相互连接的水体结点和渠道，并计算出水体结点的水面面积、水底高程，以及渠道的长度、宽度和水力半径等。如要计算出水质模拟值，则首先要将实际水体简化为一系列相互关联的分区，并计算出每个分区的水体体积、相邻分区间剖面面积等。

WASP 集成了 GIS，利用 GIS 的空间分析和空间建模功能，可以准确、便捷地获取空间特征数据。这些空间数据包括分区表面积、垂直剖面面积、平均坡度、平均深度、取样点数据之间的差值等。

WASP6 允许时间变量交换系数、平流、废物排放和水质边界条件规范化，允许分割出动力过程的结构。WASP6 模型的两个选项 TOXI 和 EUTRO 都可以装入水质程序中。此外，用户也可以发展新的动力或反应结构，WASP 中的动力子程序（表示为“WASPB”），以独立的代码部分来保存。

模型结构。WASP6 包括预处理程序、快速数据处理和图形后期处理，这些可以帮助使用者更快、更容易地运行 WASP 以及求出模型的数值和图形结果。其运算速度比原来的 DOS 版本快 10 倍，WASP6 和原来的版本使用相同的算法公式来解决水质问题，其优点为：①具有容易使用的 Windows 界面。②把数据转化为 WASP 可以使用的格式预处理程序。③高速的 WASP 的富营养化和有机化学物质模型处理。④图形化的后期处理便于查看 WASP 的运行结果和对观测的数据进行对比。

从库中选取或用户自己编写的特定的动力子程序表示了水质过程，WASP 允许用户用动力子程序代替所有的软件包来构造特定问题的模型。WASP 提供了两个这种模型——有毒物的 TOXI 和适用于一般水质模型的 EURTRO。WASP 的每一个版本都可以用来模拟海湾、河流和湖泊的富营养化作用及有机碳、磷负荷和重金属的污染，此外，许多其他的应用都在 Di Toro 等（1983）的研究中有所归纳。

WASP6 系统包含两个相对独立的计算程序，即 DYN-HYD 和 WASP6，它们可以相互联合或独立运行。水动力学模型 DYNHYD5 模拟水流的运动；而 WASP6 模拟水中污染物的运动和相互反应。当 DYNHYD5 连接到 WASP6 时，别的水动力模型已经被连接到 WASP。

WASP6 用两个动力子模型来模拟水质问题的两个主要类别：一般的污染（包含溶解氧、生化需氧量、营养物和富营养化）和有毒物的污染（有机化学物质、金属和底泥）。每个子程序和 WASP6 程序的连接各自产生了 EUTRO 模型和 TOXI 模型。图 7-6 中图块可以用来说明不完整的 WASP6 水质模型，在大多数情况下，TOXI 模型被用来说明没有衰减的情况。

（4）BASINS 模型体系

BASINS 全称是 Better Assessment Science Integrating point and Nonpoint Sources，即点源和非点源综合的优化评价原则，是美国环保局开发的一个系统。BASINS 是一个多目标用途的环境分析系统，它基于 GIS 环境，可对水系和水质进行模拟。最初用于水文模拟，后来集成了河流水质模型 QUAL2E 和其他模型，同时使用了土壤水质评价工具 WEAT 和 ARCVEIW 界面，可使用 GIS 从数据库抽取数据。该系统由 6 个相互关联的能对水系和河流进行水质分析、评价的组件组成，它们分别是国家环境数据库、评价模块和工具、水系特性报表、河流水质模型、非点源模型和后处理模型。

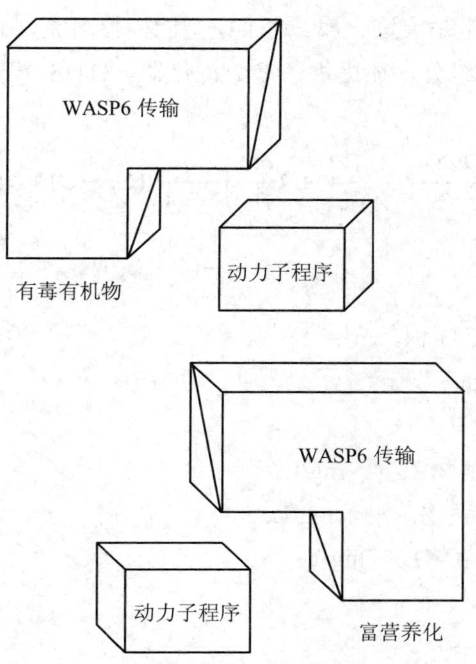

图 7-6　基本的 WASP 结构和动力学系统

在 1996 年的版本中，BASINS 提出要达到 3 个目标[69]：①便于检查环境信息。②提供一个综合流域和模型的框架。③支持分析点源和非点源管理方案。

BASINS 支持最大日负荷（TMDLs）的发展，要求综合点源和非点源的以流域为基础的方法，也支持许多污染物不同规模的分析，是一个从简单到复杂的工具。此外，还可以用于确定点源和非点源污染削减方案、洪水管理、饮用水水源地保护、城市和农村土地使用评价、生活环境管理等。

BASINS 模型体系目前已经发展到了 BASINS 3.0 版本，其核心部分是一套进行流域和水质分析的相关部分，其内容包括：①来源于环境和 GIS 的全国的数据库。②用来评价水质和点源负荷的分析工具。③当地资料输入和水质观测资料管理。④两个流域的绘图工具。⑤分类评价有用的东西，如土地使用、土壤和水质数据。⑥一个河流水质模型（QUAL2E）。⑦以每年非点源平均资料为基础简化的非点源模型（PLOAD）。⑧对模型数据和 HSPF 与 SWAT 的对比结果进行后期处理。

BASINS 模型体系中的 HSPF[70]（Hydrological Simulation Program-Fortran）即水文模拟 FORTRAN 程序，是当今最常用的水系模型之一。它能模拟标准的富营养化过程，也能模拟其他水质组分（如杀虫剂）的传输，它现在由美国地质勘探局（USGS）和 EPA 联合支持。

（5）OTIS 模型体系

OTIS 是由 USGS 开发的用于对河流中溶解物质的输移进行模拟的一维水质模型，带有内部调蓄节点，状态变量是痕迹金属。这个模型能模拟河流，还可用于模拟示踪剂试验。它只研究用户自定义水质组分，还提供了参数优化器。OTIS 模型已被广泛应用于水质模拟，OTIS 模型如下：

$$\frac{\partial C}{\partial t}=-\frac{Q}{A}\frac{\partial C}{\partial x}+\frac{1}{A}\frac{\partial}{\partial x}\left(AD\frac{\partial C}{\partial x}\right)+\frac{q_{LIN}}{A}(C_L-C)+\alpha(C_S-C) \tag{7-38}$$

$$\frac{\partial C_S}{\partial t}=\alpha\frac{A}{A_S}(C-C_S) \tag{7-39}$$

式中，A——主要渠道横截面积，m^2；

A_s——储蓄区横截面积，m^2；

x——距离，m；

C——主要渠道溶解物浓度，mg/L；

C_L——侧向入流溶解物浓度，mg/L；

C_s——储蓄区溶解氧浓度，mg/L；

D——弥散系数，m^2/s；

Q——流量率，m^3/s；

q_{LIN}——侧向流量率，m^2/s；

t——时间，s；

α——储蓄区交换系数。

（6）MIKE 模型体系

MIKE 模型体系由丹麦水动力研究所（DHI）开发，包括 MIKE11、MIKE21 和 MIKE3。MIKE11 是一维动态模型，用于模拟河网、河口、滩涂等地区的情况；MIKE21 是二维动态模型，用来模拟在水质预测中垂向变化常被忽略的湖泊、河口、海岸地区；MIKE3 与 MIKE21 类似，但它能处理三维空间。MIKE 模型体系在我国也已有应用实例。

以一维 MIKE 模型为例：

$$\frac{\partial C}{\partial t}=E_x\frac{\partial^2 C}{\partial x^2}-\bar{u}\frac{\partial C}{\partial x}-K_1L+K_2(C_S-C)-S_R \tag{7-40}$$

$$\frac{\partial L}{\partial t}=E_x\frac{\partial^2 L}{\partial x^2}-\bar{u}\frac{\partial L}{\partial x}-(K_1+K_3)L+L_A \tag{7-41}$$

式中，C——横断面 DO 浓度，mg/L；

L——横断面 BOD 浓度，mg/L；

C_s——当时水温下饱和溶解氧浓度，mg/L；

E_x——沿流向扩散系数，m^2/s；

$\bar{u}$——平均流速，m/s；

t——时间，s；

K_1——生化耗氧系数，s^{-1}；

K_2——河水复氧系数，s^{-1}；

x——横断面沿程距离，m；

S_R——由水生生物光合作用、呼吸作用和河床底泥耗氧等引起的 DO 增减率，mg/（L • s）；

L_A——当地径流或吸着有机物的底泥重新悬浮引起的 BOD 增减率，mg/（L • s）。

（7）CE-QUAL-W2 模型体系

CE-QUAL-W2 模型是二维水质和水动力学模型。这一模型由直接耦合的水动力学模型和水质输移模型组成。CE-QUAL-W2 模型可模拟包括 DO、TOC、BOD、大肠杆菌、藻类等在内的 17 种水质变量浓度变化。CE-QUAL-W2 水质模型如下：

$$\frac{\partial BC}{\partial t}+\frac{\partial UBC}{\partial x}+\frac{\partial WBC}{\partial z}-\frac{\partial\left[BD_x\left(\dfrac{\partial C}{\partial x}\right)\right]}{\partial x}-\frac{\partial\left[BD_z\left(\dfrac{\partial C}{\partial z}\right)\right]}{\partial z}=CqB+SB \tag{7-42}$$

式中，B——时间空间变化的层宽，m；

C——横向平均的组分浓度，mg/L；

U——x 方向（水平）的横向平均流速，m^3/s；

W——z 方向（竖直）的横向平均流速，m^3/s；

D_x——x 方向上温度和组分的扩散系数，m^2/s；

D_z——z 方向上温度和组分的扩散系数，m^2/s；

C_q——入流或出流的组分的物质流量率，mg/（L • s）；

S——相对组分浓度的源汇项，mg/（L • s）。

（8）CE-QUAL-RIV1 模型

CE-QUAL-RIV1 模型是由美国陆军工程兵团水道实验站环境试验室开发的动态一维（横向均匀）模型，可以模拟河流和有水流运动的水库中的水质，其在沿水流方向上的变化很重要，垂直和横向的变化都可忽略。支流和控制结构都可以模拟，尤其适合模拟高速非恒定流。主要模拟的水质组分有温度、大肠杆菌、氮、生化需氧量、藻类、磷、溶解氧、金属。

选择使用 CE-QUAL-RIV1 模型的首要标准是，问题是否能够用一维平均横截面加以解决，许多河流的水质问题都可以用一维模型解决，也就是在水系中，水质浓度的侧向和垂直方向的梯度与纵向相比都不重要。这种假定说明垂直方向的温度、密度和化学成层现象（这些在水库和湖泊中起重要作用）都不复存在或被忽略了。此外，当点源排放被考虑时，模型不能在近场应用，因为在近场污染物混合不充分不能满足一维假定。

选择使用 CE-QUAL-RIV1 模型的另一个标准就是流量和问题的类型。虽然 CE-QUAL-RIV1 是为高速非恒定水流开发的，但是它也可以用于稳态水流条件。

在稳态情况下，应该采用更为简单的公式，例如上面提到的QUAL2E。如果问题的要求更高，每小时或每天的流量变化都相对较大，则应该采用CE-QUAL-RIV1。现在还没有明确规定究竟在什么条件下动态模型才宜采用。当每日波动对使用者非常重要时，则必须采用动态模型。

（9）SPARROW模型

流域水环境质量SPARROW（Spatially Referenced Regressions on Watershed Attributes，即基于流域属性的空间参照回归）模型是美国地理地质调查局（the U.S. Geological Survey，USGS）在20世纪八九十年代开发的一个模型，采用非线性回归的统计方法，描述点源和非点源对水质的影响和污染物在水体中的迁移转化过程，显示了河流氮负荷与上游源和土地利用特征的关系。应用SPARROW模型可进行大中尺度流域地表水总氮、总磷、COD等污染物的浓度分布、负荷上下游传输、衰减、污染源解析等的模拟和预测。模型参数采用水质监测、污染源（如大气沉降、肥料、人类及畜禽养殖废物等）以及气象和水力参数（沉降系数、土壤渗透等）等有关数据进行参数估计和校正。与其他水质模型相比，SPARROW模型是一个反映污染物空间分布信息的统计模型，以水质数据和污染源的属性信息数据（如大气沉降、肥料、人口等），采用非线性方法进行参数估计，在方法上并不是很复杂而且要求的监测数据也不是很多，实际流域管理可以满足要求。

SPARROW模型的结构如图7-7所示。

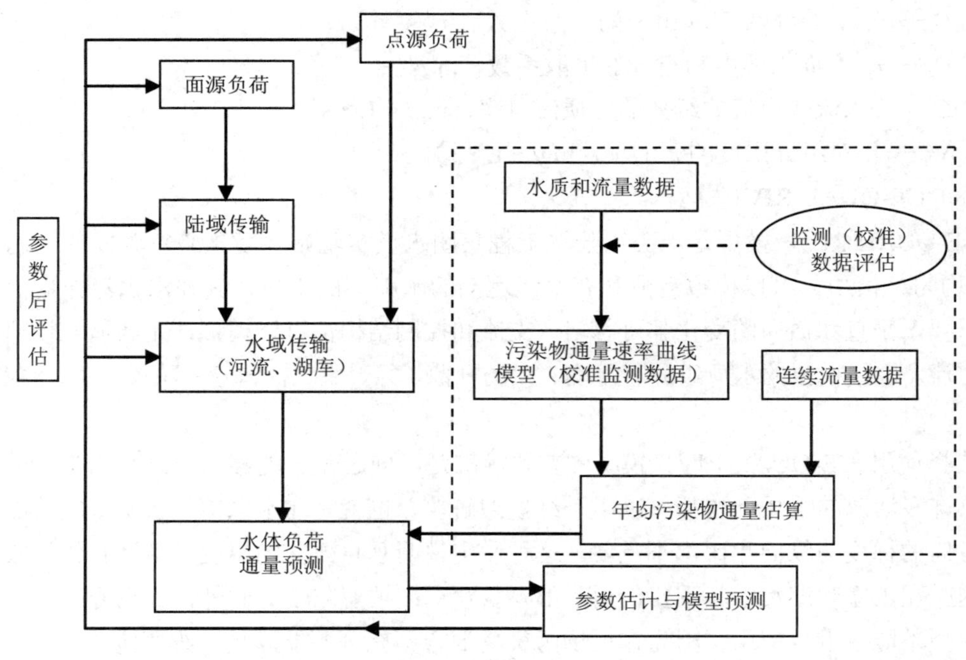

图7-7　SPARROW模型结构

SPARROW 模型最大的特点在于其所采用的模型结构，即在空间上将流域划分并形成详细的河流河段网络，并将水质监测数据和流域属性的 GIS 数据与河流河段网络在空间上一一对应。SPARROW 模型基于质量守恒原理，利用统计学方法（非线性回归），相对弱化时间变量，突出大中尺度流域空间属性差异引起的水质变化。模型的因变量为监测点位的水质监测数据，模型的自变量为流域内各子流域的污染源负荷（工业点源、农业面源、大气沉降、畜禽养殖等）、土-水传输参数（土地利用、坡度、温度等）、水-水传输参数（水力保留时间、湖库水力负荷等）。

（10）EFDC 模型体系

EFDC（Environmental Fluid Dynamics Code）是由美国环保局资助开发，用于模拟河流、湖泊、水库、海湾、湿地和河口等一维、二维、三维水系统的用 Fortran77 编制的三维数值计算模型，由弗吉尼亚海洋科学研究所（Virginia Institute of Marine Science）负责开发。模拟水系统一维、二维和三维流场、物质输送（包括温、盐、非黏性和黏性泥沙的输送）、生态过程。其模型范围为河口、河流、湖泊、水库、海洋、湿地以及自近海岸至陆地的海岸。该模型已经被成功运用于许多水体，国外如北卡罗来纳州的 Nesuse 河口的水动力学模拟研究；Lake Okeechobee 的水动力学和热过程模拟；国内如滇池的水动力和污染生态的模拟；重庆两江汇流水动力模拟研究等。

EFDC 模型的原理和计算方法为：对于非等密度流体采用三维、垂直静压力、自由表面、紊流平均的动量平衡方程。模型在垂直方向采用 Sigma 坐标，水平方向采用笛卡尔坐标或者正交曲线坐标。输运方程动态耦合了紊流动能、紊流长度、盐度和温度变量。对于溶解物和悬浮物，EFDC 模型同时计算欧拉输运-地形变化方程。同时模型还耦合了拉格朗日分子输运-变形计算。在满足质量守恒的条件下，EFDC 模型允许在浅水区域采用干湿网格。另外模型还有许多流量控制的功能选项，比如堰坝、泄洪道和输水管道。对于植被环境下的水流模拟，模型同时耦合了二维-三维植被阻力方程。

EFDC 模型水平输运方法采用 Blumberg-Mellor 模型的中心差分格式或者正定上风差分格式。水平扩散方程时间上采用显式格式，空间上采用隐式格式。对于热输运方程，采用 NOAA（National Oceanic and Atmospheric Administration）地球物理流体动力实验室的大气热交换模型。

EFDC 模型及模型水质组件的结构分别如图 7-8、图 7-9 所示，其中 EFDC 水质模型包含 21 个水质变量，有不同种类的藻类、有机碳、磷和氮、溶解氧、化学需氧量、活泼金属等。

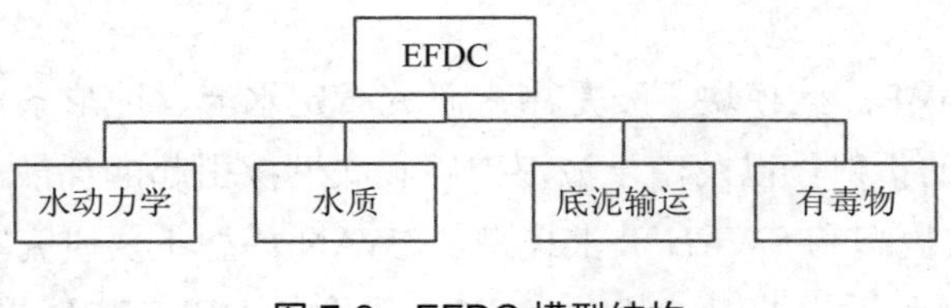

图 7-8　EFDC 模型结构

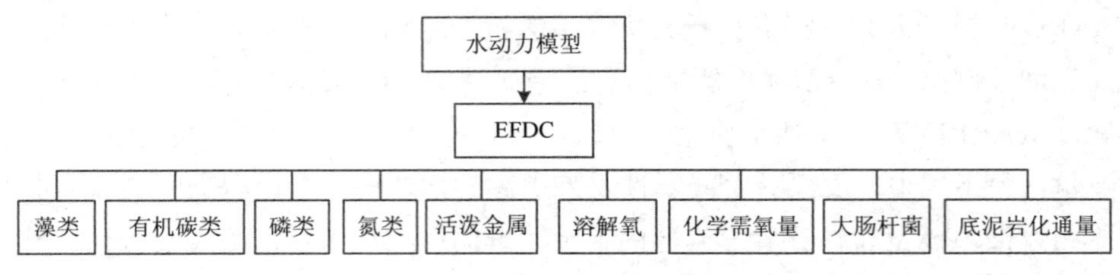

图 7-9 EFDC 水质模型结构

经过简化的 EFDC 模型如下：

$$\frac{\partial C}{\partial t}+\frac{\partial(uC)}{\partial x}+\frac{\partial(yC)}{\partial y}+\frac{\partial(wC)}{\partial z}=\frac{\partial}{\partial x}\left(K_x\frac{\partial C}{\partial x}\right)+\frac{\partial}{\partial y}\left(K_y\frac{\partial C}{\partial y}\right)+\frac{\partial}{\partial z}\left(K_z\frac{\partial C}{\partial z}\right)+S_C \quad (7\text{-}43)$$

式中，C——水质变量浓度，mg/L；

u——x 方向的速度分量，m/s；

v——y 方向的速度分量，m/s；

w——z 方向的速度分量，m/s；

K_x——x 方向上的湍流扩散系数，m^2/s；

K_y——y 方向上的湍流扩散系数，m^2/s；

K_z——z 方向上的湍流扩散系数，m^2/s；

S_C——每单位体积上的内外部源汇项，mg/（L・S）。

（11）DELFT 3D 软件

DELFT 3D 软件是由荷兰 DELFT 水力学研究所开发的集水流、泥沙、环境于一体的程序软件包，既可以进行二维计算，也可以进行三维计算，用于进行潮流泥沙输移计算、台风风暴潮计算、温排水计算、水质计算、溢油扩散模拟、质点跟踪模拟等。

DELFT 3D 软件是由一系列模块组成的，可视化程度高，每个模块都有自己单独的可视化界面，主要包括：水动力模块 FLOW、波浪模块 WAVE、水质模块 WAQ、泥沙输移模块 SED、地形模块 MOR、质点跟踪模块 PART、生态模块 ECO、化学模块 CHEM、工具模块 UTILITIES（其中在 3.26 版本中 SED 模块、MOR 模块包含在水动力模块 FLOW 中，化学模块 CHEM、生态模块 ECO 包含在 WAQ 中）。

1）水动力模块 FLOW：FLOW 模块是一个三维的水动力和输运模块，也可以进行二维计算，在此模块中，给定了开边界条件、初始条件以及有关参数（如水位、流速、流量和糙率等），关于泥沙和地形的计算也包含在此模块中。与此模块相关联的模块有 WAQ、WAVE、PART。

2）波浪模块 WAVE：此模块主要是用来研究一定水流、地形条件下波浪的产生、传播、非线性波浪之间的折射，以及由于波浪破碎和底摩擦引起的耗散。此模块主要包含两个模型：HISWA 波浪模型和 SWAN 波浪模型。SWAN 模型主要研究宽阔海域中的波浪，而 HISWA 模型主要研究近岸波浪，其中 HISWA 模型是 DELFT 3D 提供的标准波浪模块。

3）质点跟踪模块 PART：它能通过及时的质点跟踪评估一个动态的浓度分布过程，用浓度等值线的形式来详细描述盐度、油、温度或其他极易衰减物质的瞬间或连续释放过程。主要应用在近岸污水排放、海上溢油扩散、河口赤潮的发生，以及电厂的热力排放等方面。

4）水质模块 WAQ：它是一个三维的水质模拟框架，能解决预先确定好的计算网格中的水平对流扩散问题，它的水流信息来自 FLOW 模块。可以用来模拟营养盐、有机物质、溶解氧、BOD、COD、重金属等问题。

另外，DELFT 3D 软件还包含一些前期、后期处理的程序，如网络生产、处理程序 RGFGRID 和 QUICKIN；后期图像显示与处理程序 GPP 和 QUICKPLOT；潮汐调和分析程序 TIDE。

DELFT 3D 是以 FLOW 水动力模块为主体的多模块模型，水动力模块建立在 Navier-Stokes 方程的基础上，其求解基于有限差分法——ADI（Alternating Direction Implicit）法[71]。

ADI 法实质上是把时间步长 Δt 分成 2 个半步长，前半步在 ξ 方向用隐格式、η 方向用显格式，后半步在 η 方向用隐格式、ξ 方向用显格式，这样可以把较大的系数矩阵化为 2 个三角形系数矩阵，可用“追赶法”求解。

DELFT 3D 基本方程建立在正交曲线坐标上（ξ，η），在垂直方向上采用 σ 坐标，表示如下：

$$\sigma = \frac{z-\xi}{d+\xi} = \frac{z-\xi}{H} \tag{7-44}$$

式中：z——在垂直方向的坐标，在模型参照平面上取为 0，往下到底部为 d；

d——相对模型参照平面的水深；

ξ——相对于模型参照平面的水位；

H——全水深，$H=d+\xi$。

（12）AQUATOX 模型体系

AQUATOX2 版本是当前的淡水生态系统模拟模型的一个增强版本，它可以预测各种污染物的归宿，例如：营养物和有机物以及它们对生态系统（包括鱼、无脊椎动物和水生植物）的影响。AQUATOX 是生态学者、生物学者、水质模型研究者和任何从事水生态系统的生态风险评价的人员的有用工具。QUATOX2 版本不仅增加了完全模拟和理解水生态系统的分析工具，也使得模型更加容易使用。

AQUATOX2 版本增强的功能包括：①提高了完整的生态系统表示。②提高了河流的模拟（生态环境的区别和有机沉积物的模拟）。③模拟鱼类更加真实。④可以同时模拟有毒物的数量（等于 20）。⑤能够进行不确定性分析。⑥连接到了 BASINS3.1。

AQUATOX2 版本可以解决以下问题：①预测杀虫剂和其他一些有毒物质对水生态的影响。②评价水生态系统对新加入的物种的反应。③探测在流域内农业和土地使用对水生物的影响。④通过削减污染物负荷预测鱼类和无脊椎动物群落的恢复时间。⑤评价哪一种刺激物引起了观测到的生态系统的恶化，例如究竟是营养物、底泥还是流量条件导致河流中的藻类过度生长。

7.2.4 国内水质模型研究动态

比起国外，我国在水质模型方面研究起步较晚。20 世纪 80 年代以来，我国逐步应用和研制了一些水库水质模型[72]。陈小红等[73]采用混合有限元分析五点格式建立了水库垂向二维分布模型，1997 年又建立了水库垂向二维水质分布模型，并将其应用于红枫湖水库的水环境研究[74]；张耀新、吴卫民在假定悬浮泥沙颗粒为单一粒径本身沉降速度的情况下，采用剖面二维模型模拟了泥沙颗粒在河道中的迁移过程；江春波等[75]提出了一种预测河道型水库中流速、温度和悬浮物分布的立面二维数学模型，考虑了河道宽度的变化以及汛期自由水面的变化，适合于非定常问题的模拟，但采用的是显式数值格式；四川大学采用宽度平均的立面二维水温模拟研究金沙江溪落渡水电站的水温分布，方程离散采用了有限体积法；黄胜等[76]将垂向二维模型应用于潮汐河口盐水入侵的数值计算中。

水质模型的发展与计算工具的发展有着密切的联系。水质模型的求解主要采用数值解法。庞大的计算量没有合适的计算工具支持是很难完成的。所以计算机技术的发展过程同时也深刻影响着水质模型的发展。20 世纪 90 年代以后，随着计算成本的急剧下降，编程技术的日益简化，促使水质分析、模拟、预测技术向着三维、直观、精确、综合迈进[77]。郭磊、高学平等[78]建立了水动力、水体污染物输运及底泥污染物输运数值模型，采用有限差分与有限体积相结合的方法，对北大港水库氯离子进行动态数值模拟；清华大学申满斌、陈永灿等[79]针对三峡库区主要污染物，建立了考虑泥沙吸附污染物和泥沙冲淤对污染物输移扩散影响的岸边排放污染物浓度场三维浑水水质模型；重庆市环境科学研究院和重庆大学针对长江嘉陵江重庆段干流和城区江段，分别开发了一维和二维水质数学模型，取得了较好的模拟效果。

总体来说，欧美国家对水质模型的研究比国内要早，已经建立了多种水质模型，并已在水质规划及环境治理中广泛应用，而且还将其软件化，提高了模型的通用性[80]。我国对河流水质及其模型的研究还处于初期探索阶段，一般只是对河流水质的变化规律进行监测和趋势研究。因此分析国内与国外的差距，主要不是在建立模型的方法上，而是在于开发的通用性、全面性、界面，以及开发工具、平台、模型建立所需的资料方面。

7.2.5 水质模型发展趋势与方向

综观国内外水质模型的研究，模型的空间维数和可以模拟的水质组分都达到了很高的发展阶段。目前，多维模型软件应用成熟，水质模拟组分增多，不仅能对非生命物质如有机污染物、泥沙、重金属、油类、悬浮颗粒物、有机有毒物质进行模拟，还可以对诸如藻类、浮游生物、底栖动物等水生生物进行模拟，模型的应用范围也由河流向流域性综合水域发展。地理信息系统在模型中得到了广泛应用，但综合性以及不确定性水质模型研究不足等诸多问题还有待进一步解决。综合考虑地表径流、地下水流，水生生态系统的水动力与水质模型系统以及水质模型不确定性的研究，现在以及将来都将是国内外水质模型研究的重要方向，并且水质数学模型发展完善还需要一个过程。水质模型今后的发展主要有以下特点：

（1）以 GIS 为平台，开展水环境预测与规划研究

地理信息系统（Geographic Information System，GIS）以具有地理位置的空间数据为研究对象，以空间数据库为核心，采用空间分析和建模的方法，适时提供多种空间的和动态的资源与环境信息。它涉及人工智能、环境工程、规划理论、地学、数学等多种学科和专业。近年来 GIS 已广泛应用于各领域，特别在水质模拟与管理规划方面发挥了重要作用。由于江河流域水环境信息是具有空间特征的信息，通过应用 GIS 技术可使流域水环境信息从单一的表格、数据形式逐步转变为具有生动形象的图形、图像方式，并且以这些信息为基础，还可完成对相关流域水环境的预测、规划，以及对某些重大水环境问题的预警和防范。将 GIS 技术结合于水环境污染模拟、控制和决策，是水质模型今后重要的研究课题。

（2）基于可视化技术和 VR 技术的研究

可视化是将一种抽象符号转换为几何图形的计算方法，以便研究者能够观察其模拟与计算的过程和结果[81]。可视化技术是在计算图形学的基础上发展起来的一门新兴学科，它融合了计算机图形技术、网络技术、视频技术、计算机辅助设计与交互技术等。由于可视化技术的优越性，目前国内外都积极将其引入水质模拟和环境管理中[82-85]。而虚拟现实技术（VR）[86]是对计算机仿真与视觉技术的延伸，它自 20 世纪 80 年代后期兴起，可利用计算机技术生成逼真的三维视觉、听觉、触觉等感觉形式的虚拟世界。从某种意义上可以认为 VR 技术是一种高级可视化技术，它可以实现真正的人机交互。近年来，VR 技术已组建成为一种重要的科研探索工具，利用这项工具可以将许多现实中还未开发或很难用实体模型表现出来的新概念、新计划、新科学模型可视化、动态化，为人们提供更逼真的视觉效果和模拟效果。目前 VR 技术也已开始在环境领域中应用[87, 88]。随着 VR 技术的进一步发展和其应用的深化，对河流水质进行模拟并最终实现模拟结果的可视化、动态化、虚拟调度水质已经成为一项很有意义和挑战性的课题。因此，如何将可视化技术和 VR 技术与水质模型相结合实现结果的动态可视交互性必将成为今后水质模型的又一重要研究方向。

（3）基于人工神经网络的研究

人工神经网络（Artificial Neural Networks，ANNs），是对人类大脑系统的一阶特性描述；它是一个并行、分布处理结构，由处理单元及称为连接的无向信号通道互连而成；同时它也是一个数学模型，可以用电子线路来实现，也可以用计算机程序来模拟，具有通过学习获取知识、解决问题的能力，是人工智能的一种重要研究方法。当前，利用人工神经网络对水质进行模拟已成为环境工作者的重要课题之一[89, 90]。随着计算机技术的不断发展，特别是在人工智能领域研究的不断深入，人工神经网络作为一种重要的研究方法将会

与水质模拟结合更加紧密。把人工神经网络嵌入水质模型模拟中，使对水质的分析和模拟过程更趋于合理化，同时增强处理非线性问题的能力，提高水质预报精度等，也是水质模拟的重要方向之一。

（4）河流综合水质模型的完善

自 1925 年第一个水质模型问世以来，水质模型已经从单一组分的研究转向多组分相互作用的综合模型开发上。随着对污染物污染机理的深入研究，很多科研组织已开发了不少综合水质模型，如前面所介绍的 QUAL、WASP、MIKE 等。这些模型的共同特点就是考虑到影响水体中的污染物浓度的综合因素，并通过一定的假设对这些影响因素进行概化，以期进一步提高水质模型模拟的真实度。当然，现有的综合水质模型也存在一些亟待解决的问题：①并未完全清楚污染物在介质中的迁移转化过程，近似假设仍可能导致模拟较大地偏离真实情况。②模型比较复杂，导致许多参数难以较准确地度量和估值，参数的随机性也会引起结果的不确定性。因此，加强污染机理研究、提高参数估值准确度及研究模型的不确定性将成为河流综合水质模型今后发展中的一个重要方向。

7.3 空气环境质量预测模型与方法

空气质量模型是基于人类对大气物理和化学过程科学认识的基础上，运用气象学原理及数学方法，从水平和垂直方向在大尺度范围内对空气质量进行仿真模拟，再现污染物在大气中输送、反应、清除等过程的数学工具。空气质量模拟技术发展迅速，相比其他环境要素的数学模拟技术最为成熟。当前，各种空气质量模型已被广泛应用于环境影响评价、重大科学研究及环境管理与决策领域，已成为模拟臭氧、颗粒物、能见度、酸雨甚至气候变化等各种复杂空气质量问题及研究区域复合型大气污染控制理论的核心手段之一，并发展成为一门学科方向[91]。特别是近几年，空气质量模型在北京奥运会、上海世博会、广州亚运会等重大会议空气质量保障及我国“十二五”重点区域大气污染联防联控等工作中发挥了不可替代的作用[92]。

7.3.1 空气质量模型基本理论

空气质量模型一般考虑以下大气过程：排放（人为和自然源排放）、输送（水平平流和垂直对流）、扩散（水平和垂直扩散）、化学转化（气、液、固相化学反应）、清除机制（干湿沉降）等。其理论研究一直是沿着湍流扩散 3 个理论体系发展起来的，即梯度输送理论（K 理论）、统计理论和相似理论[92, 93]。

（1）梯度输送理论（K 理论）

K 理论是在湍流半经验理论的基础上发展起来的。其缺陷体现在：①它把无规则的湍涡看做是分子热运动，假定湍涡是流体微团，与分子输送模型具有相同属性，由此得到的梯度与通量之间的线性关系，实质上这只是一种假定。②近地层流场情况十分复杂，湍流输送的性质远非简单的线性关系，尤其是湍流交换系数，它随大气湍流场的性质及空间尺度而改变，其形式难以确定。因此，梯度输送理论在小尺度预测上缺陷很突出，但它在处理大尺度污染扩散问题上具有一定的优越性，能够利用观测的风速廓线资料，而不需假定某种分布形式得到污染物的浓度分布。

（2）统计理论

统计理论是从湍流场的统计特征量出发，描述流场中扩散物质的散布规律。泰勒把扩散系数和湍流脉动场的统计特征量联系起来，用气象参数来表达这些统计特征量，找出扩散参数和气象条件的联系，导出了适用于连续运动扩散过程的泰勒公式。该理论的核心是扩散粒子关于时间和空间的概率分布，通过概率分布函数描述扩散粒子浓度的空间分布和时间变化。泰勒公式是在均匀、定常的假设条件下导出的，而实际大气并不符合这种条件，只有在下垫面开阔平坦、气流稳定的小尺度扩散处理中，才近似满足这样的条件。

（3）相似理论

相似理论是在量纲分析基础上发展起来的专门研究近地层大气湍流的一种有效理论方法。其基本原理是关于拉格朗日相似性的假设，假定流场的拉格朗日性质仅仅决定于表征流场欧拉性质的已知参数，粒子扩散的特征与流场的拉格朗日性质相联系。在上述假定下，就可以把大气扩散和风速及温度的空间分布联系起来。其原则上没有更多理论限制，但由于多变数量纲分析的复杂性和不确定性，目前主要在小尺度的铅直扩散问题中应用比较成功。

7.3.2　空气质量模型的发展历程

鉴于空气质量模型在大气污染状况评估和控制中的重要地位，开发和推广新型的空气质量模型显得尤为重要。1970 年到现在，EPA 共资助开发了三代空气质量模型。20 世纪 70—80 年代，EPA 推出了第一代空气质量模型，这些模型又分为高斯扩散模型和拉格朗日轨迹模型，其中高斯扩散模型主要有 ISC、AERMOD、ADMS 等，拉格朗日模型主要有 OZIP/EKMA、CALPUFF 等；20 世纪 80—90 年代 EPA 又推出了第二代空气质量模型，包括 UAM、ROM、RADM 在内的欧拉网格模型；90 年代以后 EPA 推出的第三代空气质量模型是以 CMAQ、CAMx、WRF-CHEM、NAQPMS 为代表的综合空气质量模型，即“一个大气”的模拟系统。

（1）第一代空气质量模型

在一系列大气污染问题出现之后，空气质量的控制和预测越来越多地受到人们的关注。空气质量模型研究始于 20 世纪 60 年代，第一代空气质量模型主要包括基于质量守恒定律的箱式模型、基于湍流扩散统计理论的高斯模型和拉格朗日轨迹模型，代表模型有 ISC、AERMOD、ADMS、CALPUFF 及 EKMA 等。当时的模型一般以 Pasquill 和 Gifford 等研究者得出的离散不同稳定度条件下的大气扩散参数曲线和 Pasquill 方法确定的扩散参数为基础，采用简单的、参数化的线性机制描述复杂的大气物理过程，适用于模拟惰性污染物的长期平均浓度。高斯模型（如 ISC、AERMOD、ADMS）由于其结构简单、对输入数据的要求不高以及计算简便，60 年代以后，在大气环境问题中得到了最为广泛的应用。由于近年来城市或区域环境问题如细粒子、光化学烟雾等往往与污染物在大气中的化学反应紧密相关，而第一代模型没有或仅有简单的化学反应模块，这使得它们的应用受到了很大的限制。但是，这些模型结构简单、运算速度快、长期浓度模拟的准确度高，至今仍在惰性污染物模拟方面被广泛使用。值得注意的是，第一代空气质量模型的划分并不是非常明确，例如 ADMS、AERMOD、CALPUFF 模型应用了 90 年代以来大气研究的最新成果，与传统的第一代模型已有很大不同[92, 94, 95]。

（2）第二代空气质量模型

20 世纪 70 年代末，随着对大气边界层湍流特征的研究，研究者开展了大量室内试验、数值试验和现场野外观测等工作，发现高斯模型对许多问题都无法解答，这逐渐推动了第二代空气质量模型的发展。第二代欧拉数值空气质量模型中加入了比较复杂的气象模式和非线性反应机制，并将被模拟的区域分成许多三维网格单元。第二代欧拉数值空气质量模型将模拟每个单元格大气层中的化学变化过程、云雾过程，以及位于该网格周边的其他单元格内的大气状况，还包括污染源对网格区域内的影响以及所产生的干、湿沉降作用等[92, 94, 95]。

第二代空气质量模型在 1980—1990 年被广泛应用。这一时期一些三维城市尺度光化学污染模式（如 CIT、UAM 等模型）、区域尺度光化学模型 ROM 以及酸沉降模型（RADM、ADOM、STEM 等模型）开始得到研究。我国第二代空气质量模型主要有中国科学院雷孝恩基于 RADM 模型建立的高分辨率对流层化学模式 HRCM，中国科学院大气物理所等研发的区域空气质量模式 RAQM 和三维时变欧拉型区域酸沉降模式 RegADM 等[92, 94, 95]。

表 7-3 第一代空气质量模型 OZIPM/EKMA 与第二代空气质量模型的对比[96]

名称	OZIPM/EKMA	UAM	RADM	ROM
结构	拉格朗日轨迹（箱式）模型	三维欧拉数值模型	三维欧拉数值模型	三维欧拉数值模型
模拟对象	城市内臭氧	城市内臭氧	地区性臭氧和酸沉降	地区性臭氧和酸沉降
网格定义	0～18 km	20～80 km	4～8 km	一维
设计目的	模拟城市的氧化物运动过程	模拟城市的氧化物运动过程	模拟光化学污染物的形成和沉降等大气过程	模拟在区域内光化学污染物的沉降过程
缺点	模拟二次污染物如臭氧和颗粒物（PM）时，其化学机理过于复杂	结构复杂，无法同时模拟多种污染物对大气质量的共同影响	结构复杂，无法同时模拟多种污染物对大气质量的共同影响	结构过于陈旧和复杂，致使非专业人士无法操作
现状	由于应用受到限制，已经基本被淘汰	目前唯一还得到 EPA 支持和推荐的第二代空气质量模型	用于美国、欧洲、亚洲的酸沉降和臭氧的决策和研究中	EPA 已经停止对该模型发展的支持

（3）第三代空气质量模型

第二代空气质量模型在设计上仅考虑了单一的大气污染问题，对于各污染物间的相互转化和相互影响考虑不全面，而实际大气中各种污染物之间存在着复杂的物理化学反应过程。因此，20 世纪 90 年代末，EPA 基于“一个大气”的理念，设计研发了第三代空气质量模型——Medels-3/CMAQ。Medels-3/CMAQ 是一个多模块集成、多尺度网格嵌套的三维欧拉模型，突破了传统模型针对单一物种或单相物种的模拟，考虑了实际大气中不同物种之间的相互转换和互相影响，开创了模型发展的新理念。当前主流的第三代空气质量模型还包括 CAMx、WRF-CHEM 等。特别是美国大气研究中心（NCAR）开发的 WRF-CHEM 模型，考虑了气象和大气污染的双向反馈过程，在一定程度上代表了区域大气模型未来发展的主流方向。中国的第三代空气质量模型以中国科学院大气物理所自主研发的嵌套网格空气质量预报模型 NAQPMS 为代表，目前已在北京、上海、深圳、郑州等城市空气质量实时预报业务中得以应用[92, 94, 95]。

7.3.3　空气质量模型类型与特征

空气质量模型按空间尺度划分，可分为城市模型、区域模型和全球模型（如 GEOS-Chem）；按机理划分，可分为统计模型和数值模型，前者是以现有的大量数据为基础做统计分析建立的模型，后者则是对污染物在大气中发生的物理化学过程（如传输、扩散、化学反应等）进行数学抽象所建立的；按流体力学角度划分，可分为拉格朗日模型和欧拉模型，前者由跟随流体移动的空气微团来描述污染物浓度的变化，后者则相对于固定坐标系研究污染物的运动，以空间内固定的微元为研究对象；从模型研究划分，可分为惰性气体扩散模型、光化学氧化模型、酸沉降模型、气溶胶细粒子模型和综合空气质量模型[95, 97]。表 7-4 给出了空气质量模型的分类及其特点。

表 7-4　空气质量模型分类与特点比较

扩散模型	模型机理	特点	局限性
统计模型	回归方程	根据历史空气质量和气象条件建立浓度和气象参数之间的回归方程，由气象条件推算浓度，计算非常简单，可用于所有大气污染物	不能反映污染源排放与环境质量之间的输入-响应数量关系
高斯烟流模型	分布函数	以 ISC、AERMOD、ADMS 为代表，可用于模拟 SO_2、NO_2、PM_{10} 等；简化了物理和化学过程，只需要单点气象资料；计算简单，可逐时、逐日进行长期浓度模拟	属于稳态烟流模型，不能考虑流场的空间变化
拉格朗日轨迹模型	烟团模型	以 CALPUFF、CALGRID 为代表，分别用于模拟 SO_2、NO_2、PM_{10} 和 O_3 等，可使用客观分析法处理三维气象场；计算量适中，可逐时、逐日进行长期浓度模拟	与高斯模型相比，计算工作量较大，与网格模型相比较，考虑的化学机制相对简单

扩散模型	模型机理	特点	局限性
拉格朗日轨迹模型	经验动力学模型	以 EKMA 为代表，便于使用，考虑的化学反应较为详细，计算速度快	物理过程过于简单，可模拟的周期短，不能准确地模拟多天时间或长距离输送
欧拉网格模型	城市网格模型	以 UAM 为代表，物理过程详细，适用于城市多天污染事件模拟	计算工作量大，模拟长距离输送问题时对边界条件很敏感
	区域网格模型	以 RADM、ADOM、ROM 为代表，物理、化学过程详细，适用于区域臭氧及酸沉降污染模拟	计算量大，空间分辨率有限，不能很好地适用于研究城市污染物动态变化
	嵌套网格模型	以 CMAQ、CAM_x、WRF-CHEM、NAQPMS 为代表，基于“一个大气”理念设计，物理、化学过程详细，可同时模拟区域和城市尺度各种大气污染过程，在重点地区进行网格嵌套	模型机理复杂，数据需求苛刻，计算工作量大，专业门槛高

7.3.4 国内外典型空气质量模型

空气质量数值模型已经有数十年的发展历史，在世界范围内产生了数百个不同的模型。当前，国际上典型的空气质量模型主要包括 ISC3、AERMOD、ADMS、CALPUFF 等法规化城市尺度模型，NAQPMS、CAMX、WRF-CHEM、CMAQ 等科研型区域尺度模型和 GEOS-CHEM 等全球尺度模型。

7.3.4.1 法规化城市尺度模型

ISC3、AREMOD、ADMS、CALPUFF 均属于第一代空气质量模型，是最典型的法规化城市尺度模型。按照模型法规化进程划分，ISC3 属于第一代法规化模型，而 AREMOD、ADMS、CALPUFF 为第二代法规化模型。4 个模型的优点均在于结构简单、计算速度快、基础数据要求低等。这些模型简单易用的优点奠定了其成为法规化模型的基础。而这些模型不足之处体现在适用尺度相对较小、没有化学过程或化学过程，较为简化，基本理论假设过于理想，不能很好地模拟 O_3、$PM_{2.5}$、酸雨等区域性复合型大气污染过程。从实践应用来看，ADMS、AREMOD、CALPUFF 模型多用于环境影响评价和城市尺度一次污染物模拟，尤其是在国内外环境影响评价领域发挥了主力军作用，已被多个国家定为法规化模型。环境保护部发布的《环境影响评价技术导则大气环境》（HJ 2.2—2008）奠定了 ADMS、AERMOD、CALPUFF 这 3 个模型在我国环境影响评价领域的法规地位。

（1）ISC3 模型

ISC3（Industrial Source Complex3）模型属于第一代法规模型，是美国环保局开发的一个复合工业源空气质量扩散模型，其公式利用的是稳态封闭型高斯扩散方程。ISC3 模型的适用范围一般小于 50 km，模拟物质一般为一次污染物[93]。其主要特点为可处理各种烟气抬升和扩散过程，如静风、风廓线指数、烟囱顶端尾流、城市建筑下洗、污染物转化、沉积和沉降等。可对点源、面源、线源、体源等多种污染源进行模拟；可输出多种污染物浓度以及颗粒物的沉积和干、湿沉降量等计算结果；污染物可选取 SO_2、TSP、PM_{10}、NO_x 等；可选择逐时、数小时、日、月及年等多种平均模拟时段[93, 98]。

ISC3 与 AERMOD、ADMS 相比，其最大优势是操作简单。ISC3 需要的输入数据相对较少，而且可以利用 NWS（美国国家气象局）航空数据。当污染物质为惰性物质、气象条件单一时，除污染源排放参数以外，ISC3 要求的气象数据为风向、风向角、大气稳定度、混合层高度、接受点地形高度、建筑物维度[98]。

ISC3 的主要劣势是大气边界层结构知识已经发展进步到新的阶段，而模型对湍流扩散过程的模拟并没有跟上时代发展。ISC3 的局限性有：①没有考虑建筑物对周围点源扩散的影响。②没有考虑流线反射对烟羽轨迹的影响。③没有考虑烟羽抬升过程中尾流速度缺失的影响。④没有解决近处尾流截获远处尾流中物质的问题。⑤两个下洗方程的接口不连续。⑥没有考虑低矮建筑物对周围风向的影响。⑦小风稳定条件下，污染浓度估计过大[93, 98, 99]。

（2）AERMOD 模型

AERMOD 模型是由美国环保局联合美国气象学会组建的法规模型改善委员会开发的，其目标是开发一个能完全替代 ISC3 的法规模型，新模型将采用 ISC3 的输入与输出结构、应用最新的扩散理论和计算机技术[98, 100]。

20 世纪 90 年代中后期，法规模型改善委员会在 ISC3 模型框架的基础上成功开发出 AERMOD 扩散模型。AERMOD 模型系统包括 AERMET 气象、AREMAP 地形、AERMOD 扩散 3 个模块，适用范围一般小于 50 km。该系统以高斯统计扩散理论为出发点，假设污染物的浓度分布在一定程度上服从高斯分布。可用于乡村环境和城市环境、平坦地形和复杂地形、低矮面源和高架点源等多种排放扩散情形的模拟和预测[93, 98, 99]。

AERMOD 是一种稳态烟羽模型。在稳定边界层（SBL）将垂直和水平方向的浓度分布看做高斯分布；在对流边界层（CBL），将水平分布也看做是高斯分布，但是垂直分布考虑用概率密度函数来描述。另外，在对流边界层中，AERMOD 考虑了“烟羽抬举”（plume lofting）现象：从浮力源出来的部分烟羽物质，先是升到边界层顶部附近并在那里停留一段时间，然后混入对流边界层内部。AERMOD 计算穿透进入稳定层的那部分烟羽，允许它在某些情况下返回边界层内。无论在稳定边界层还是在对流边界层中，AERMOD 均考虑了弯曲烟羽导致的水平扩散加强现象[93, 98, 99]。

AERMOD 模型具有以下特点：①以行星边界层（PBL）湍流结构及理论为基础。按空气湍流结构和尺度概念，湍流扩散由参数化方程给出，稳定度用连续参数表示。②中等浮力通量对流条件采用非正态的 PDF 模型。③考虑了对流条件下浮力烟羽和混合层顶的相互作用。④对简单地形和复杂地形进行了一体化处理。⑤可以计算城市边界层，建筑物下洗以及干、湿沉降等清除过程[93, 98]。

（3）ADMS 模型

ADMS 模型是由英国剑桥环境研究中心（CERC）开发的一套先进的三维高斯型大气

扩散模型，属新一代大气扩散模型，适用范围一般小于 50 km。ADMS 可模拟点源、面源、线源和体源等排放出的污染物在短期（小时平均、日平均）和长期（年平均）的浓度分布，还包括一个街道窄谷模型，适用于简单地形和复杂地形，同时也考虑了建筑物下洗、湿沉降、重力沉降和干沉降以及化学反应等。另外，ADMS 模型耦合了大气边界层研究的最新进展，利用常规气象要素来定义边界层结构[93，101，102]。

ADMS 模型与其他大气扩散模型的一个显著区别是：使用了最小莫宁-奥布霍夫（Monin-Obukhov）长度和边界结构的最新理论，精确定义边界层特征参数；另外，ADMS 模型在不稳定条件下摒弃了高斯模式体系，采用高斯概率密度函数（PDF）及小风对流模式[93，101]。ADMS 利用莫宁-奥布霍夫（Monin-Obukhov）长度表示大气稳定程度，用 L 表示。在白天，由于地表受热，大气处于不稳定状态，这时 L 是负值；夜间，由于地表辐射冷却，大气处于稳定状态，这时 L 是正值。如果 L 绝对值接近于零，表明大气非常不稳定（负值时）或非常稳定（正值时）。在城市区域由于地表障碍物（如建筑物）产生的机械扰动会使得边界层趋向中性。因此，在城市区域的稳定时间段（夜间），估算的莫宁长度值可能比实际情况要偏小，即偏向稳定。为了解决这个问题，在模式中稳定时间段里设置一个最小的 L 值。最小 L 值根据障碍物高度对区域流场影响的大小确定[93，101]。

（4）CALPUFF 模型

CALPUFF 是三维非稳态拉格朗日扩散模型系统。与传统的稳态高斯扩散模型相比，CALPUFF 模型能更好地处理长距离污染物传输（50 km 以上的距离范围）。该模型由西格玛研究公司（Sigma Research Corporation）开发，是美国环保局长期支持开发的首选法规化模型[103]。

CALPUFF 模型系统包括三部分：CALMET、CALPUFF 和 CALPOST，以及一系列对常规气象、地理数据进行预处理的程序。CALMET 气象模型用于在三维网格模型区域上生成小时风场和温度场。CALPUFF 非稳态三维拉格朗日烟团输送模型利用 CALMET 生成的风场和温度场文件，输送污染源排放的污染物烟团，模拟扩散和转化过程。CALPOST 通过处理 CALPUFF 输出文件，生成所需浓度文件用于后处理及可视化[103]。

CALPUFF 具有以下优势和特点：①能用于模拟从几十公里到几百公里中等尺度的环境问题。②能模拟一些非稳态的情况（静小风、熏烟、环流、地形和海岸效应），也能评估二次颗粒物的污染水平，这是以高斯理论为基础的模式所不具备的。③气象模型包括陆上和水上边界层模型，可以利用中尺度气象模式 MM5 或 WRF 为 CALPUFF 提供气象输入数据输出的。④采用地形动力学、坡面流参数方法对初始猜测风场进行分析，适合于粗糙、复杂地形条件下的模拟。⑤加入了处理针对面源（森林火灾）浮力抬升和扩散的功能模块[103]。

7.3.4.2 科研型区域尺度模型

事实上大气污染过程异常复杂，各种污染物之间存在着极为复杂的物理、化学反应及气固两相转化过程。尽管我国已确定了部分法规化模型，但这些过于简单的空气质量模型很难再现真实的大气污染过程。由于科学研究与环境决策的目的在于追求大气模拟的真实性、内生原理性和污染过程的系统性，因此，在科学研究与环境决策领域较少使用 ADMS、AREMOD、CALPUFF 等法规化模型，应用最多的均为第三代综合性空气质量模型，如 NAQPMS、CAMx、WRF-CHEM 及 CMAQ 等。这些模型均具有以下共同优点：①充分考虑了各污染物间的物理传输、化学反应及气固两相转化过程，可模拟多污染物间的协同效应。②基于嵌套网格设计，可用于模拟局地、区域等多种尺度的大气环境问题。③基于“一个大气”的设计理念，通过一次工作可以同时模拟各种大气环境问题，特别适用于模拟 O_3、$PM_{2.5}$、酸雨等区域性复合型大气污染过程。但这些模型也存在不足，包括：①对气象、污染源等基础数据要求过于苛刻。尤其是对排放清单要求污染物排放量要具体到每一个化学物种、每一个网格及每小时。由于排放清单的复杂性，排放清单编制已成为一个新的研究领域。②功能灵活多样，但可操作性降低。为增加模型开发及应用的灵活性，第三代模型均无可视化操作界面，采用模块化集成设计方式，使用者必须熟悉模型的架构、基本物理化学原理及模型程序代码。③计算机专业知识要求大幅度提高。第三代空气质量模型计算量极大，多运行在基于 LINUX 操作系统的高性能集群计算机平台，需较高硬件资源及专门人员负责平台的日常管理和维护。④海量输入输出数据需要分析及可视化。第三代空气质量模型输入输出数据少则数十万兆，多则数百万兆海量数据的管理、分析及可视化，大幅度增加了工作成本[104-107]。

（1）NAQPMS 模型

嵌套网格空气质量预报系统（NAQPMS）由中国科学院大气物理研究所自主开发研制。NAQPMS 模型系统经历了近 20 年的发展，通过集成自主开发的一系列城市、区域尺度空气质量模型发展而成。NAQPMS 为三维欧拉输送模型，垂直坐标采用地形追随坐标，垂直方向不等距分为 18 层；水平结构为多重嵌套网格，采用单向和双向嵌套技术，水平分辨率一般为 3～81 km。NAQPMS 由四个子系统组成，分别为基础数据系统、中尺度天气预报系统、空气污染预报系统和预报结果分析系统，具体如图 7-10 所示[100，108]。

NAQPMS 模型可用于多尺度污染问题的研究，不但可以研究区域尺度的空气污染问题（如臭氧、细颗粒物、酸雨、沙尘等污染物的跨界跨国输送等），还可以研究城市尺度空气污染的发生机理及其变化规律，以及不同尺度之间的相互影响过程。NAQPMS 模型目前主要应用于空气质量预报领域，已在北京、上海、深圳、郑州等城市的空气质量预报业务中得到大量应用[100，108]。

（2）WRF-CHEM 模型

WRF-CHEM 模型是美国最新发展的区域大气动力-化学耦合模型，是在美国国家大气研究中心（NCAR）开发的中尺度数值预报气象模式（WRF）中加入大气化学模块而集成的。中尺度数值预报模式（WRF）是一个完全可压非静力模式，对湍流交换、大气辐射、积云降水、云微物理及陆面等多种物理过程均有不同的参数化方案，可以为化学模式在线提供大气流场，模拟污染物输送（包括平流、扩散和对流过程）、干湿沉降、气相化学、气溶胶形成、辐射和光分解率、生物产生的放射、气溶胶参数化和光解频率等过程。WRF-CHEM 的最大优点是气象模式与化学传输模式在时间和空间分辨率上完全耦合，实现了真正的在线反馈。该模型在我国尚处于探索研究阶段，应用案例相对较少[109, 110]。

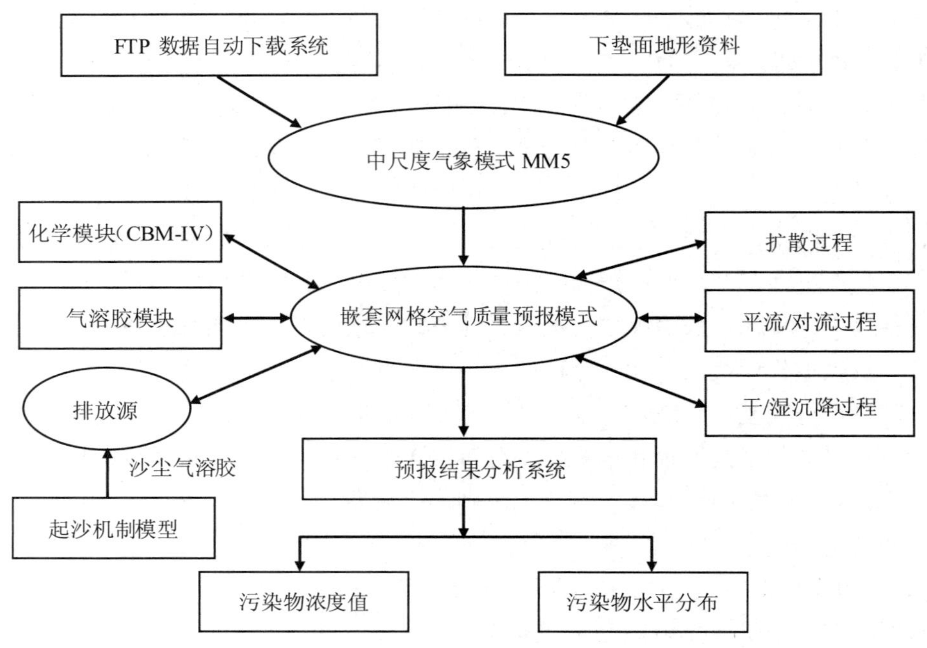

图 7-10　NAQPMS 模型的主要架构[108]

（3）CAMX 模型

CAMX 模型是美国 ENVIRON 公司在 UAM-V 模式基础上开发的综合空气质量模型，它将“科学级”的空气质量模型所需要的所有技术特征合成为单一系统，可用来对气态和颗粒物态的大气污染物在城市和区域的多种尺度上进行综合性的评估。CAMX 除具有第三代空气质量模型的典型特征之外，其最著名的特点还包括：双向嵌套及弹性嵌套、网格烟羽（PiG）模块、臭氧源分配技术（OSAT）、颗粒物源分配技术（PSAT）、臭氧和其他物质源灵敏性的直接分裂算法（DDM）等[111]。

CAMX 可以在 3 种笛卡儿地图投影体系中进行模拟：通用的横截墨卡托圆柱投影（Universal Transverse Mercator）、旋转的极地立体投影（Rotated Polar Stereographic）和兰伯特圆锥正形投影（Lambert Conic Conformal）。CAMX 也提供在弯曲的线性测量经纬度网格体系中运算的选项。此外，垂直分层结构是从外部定义的，所以各层高度可以定义为任意的空间或时间的函数。这种在定义水平和垂直网格结构方面的灵活性，使 CAMX 能适应任何用来为环境模型提供输入场的气象模型[111]。

表 7-5　CAMX 主要物理过程模块摘要[112]

模块	物理模式	数值方法
水平平流/扩散	用 K 理论闭合的欧拉连续方程	平流采用 Bott 或 PPM 或显式扩散
垂直输送/扩散	用 K 理论闭合的欧拉连续方程	隐式或显式平流和扩散
化学	CB IV、CB 05、SAPRC99 机制，气溶胶机制	EBI、IEH、LSODE 算法
干沉降	气态和气溶胶采用分离阻力模式	沉降速度作为垂直扩散中的边界条件
湿沉降	气态和气溶胶采用分别清除模式	湿清除量作为降水速率、云水含量、气态可溶性物质、扩散率及 PM 粒径的函数

（4）Models-3/CMAQ 模型

CMAQ 模型是我国应用最广泛、最为成熟的第三代空气质量模型，由美国环保局于 1998 年第一次正式发布。CMAQ 最初设计的目的是将复杂的空气污染问题如对流层的臭氧、PM、毒化物、酸沉降及能见度等问题综合处理[113]，为此 Models-3/CMAQ 模型最大的特色即采用了“一个大气”（One-Atmosphere）的设计理念，能对多种尺度、各种复杂的大气环境污染问题进行系统模拟。CMAQ 模型目前已成为 EPA 应用于环境规划、管理及决策的准法规化模型。该模型的特点包括：①可以同时模拟多种大气污染物，包括臭氧、PM、酸沉降以及能见度等各种环境污染问题在不同空间尺度范围内的行为。②充分利用了最新的计算机硬件和软件技术，如高性能计算、模块化设计、可视化技术等，使空气质量模拟技术更高效、更精确，且应用领域更趋于多元化[92，94，114，115]。

Models-3/CMAQ 系统由排放清单处理模型（SMOKE）、中尺度气象模型（MM5 模型或 WRF 模型等）和通用多尺度空气质量模型（CMAQ）三部分组成，其中 CMAQ 是整个系统的核心。CMAQ 模型的基本结构见图 7-11，其主要由边界条件模块 BCON、初始条件模块 ICON、光解速率模块 JPROC、气象-化学预处理模块 MCIP 和化学输送模块 CCTM 构成。CMAQ 模型的关键部分是化学输送模块 CCTM，污染物在大气中的扩散和输送过程、气相化学过程、气溶胶化学过程、液相化学过程、云化学过程以及动力学过程都由该模块模拟完成。其他模块的主要功能是为 CCTM 提供输入数据和相关参数。CCTM 模块有多种气相化学机制和气溶胶化学机制供使用者选择，输出结果包括各种气态污染物和气溶胶组分在内的污染物逐时浓度，以及逐时的能见度和干湿沉降。CMAQ 模式需要 MM5 或 WRF 模型提供模拟所需的气象资料。最新发布的 CMAQ 5.0 版本已实现了气象模式与化学传输模式在线耦合，吸收了 WRF-CHEM 模型的优点[92，94，114-116]。

7.3.4.3　全球性大尺度模型

比较著名的全球性大尺度空气质量模型包括 MOZART 和 GEOS-CHEM 等[92，117]主要用于模拟全球尺度大气污染物的长距离传输及化学反应过程[118]。此外，全球尺度空气质量模型还可以与卫星遥感资料结合反演近地面空气污染物浓度，如 Aaron van Donkelaar 等基于卫星观测的气溶胶光学厚度和GEOS-CHEM模型成功反演了2001—2006年全球$PM_{2.5}$浓度，首次揭示了全球$PM_{2.5}$浓度的空间分布特征。除全球性空气质量模型外，全球性气候模型及气候与空气质量双向耦合模型近几年也有了迅速发展。

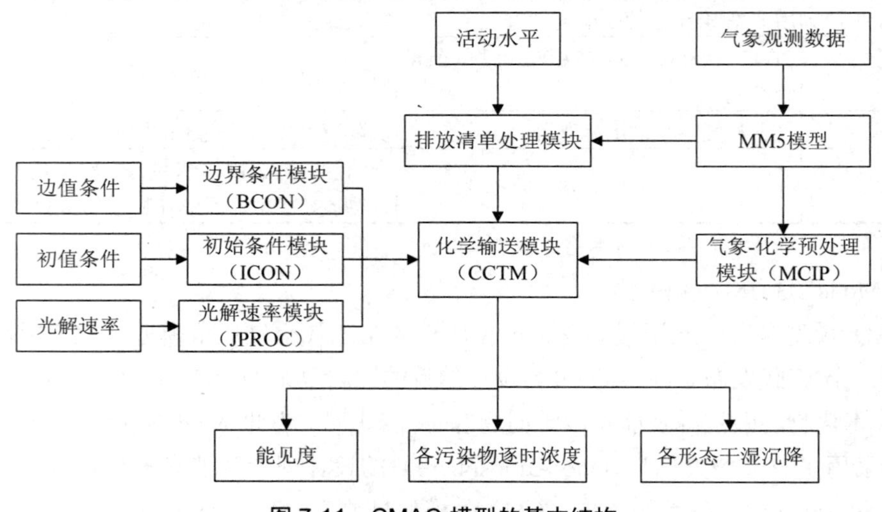

图 7-11 CMAQ 模型的基本结构

7.3.5 空气质量模型应用问题与趋势

7.3.5.1 空气质量模型应用问题

（1）不能准确把握模型的适用条件，盲目使用模型

开展空气质量规划与模拟工作首先应选取合适的空气质量模型。空气质量模型的选取应结合研究问题的特点、模拟的时空尺度、数据可获性、技术复杂性、软硬件平台要求等多种因素，不是所有研究问题都要选择最先进的空气质量模型。先进的空气质量模型一般对基础数据、硬件平台、专业门槛等要求非常苛刻，工作成本相对普通空气质量模型会增加数倍。因此，选择合适的空气质量模型是以最小成本实现研究目标的关键。从空气质量模型应用实践来看，使用者常难以准确把握模型的适用条件，或将简单问题复杂化，或将复杂问题简单化，以至于得出不符合客观事实的决策结论。

（2）空气质量模型越来越复杂，专业门槛不断提高

第三代空气质量模型系统一般都有 3 个基本模块：气象过程模拟模块（MM5、WRF 等中尺度气象学模型）、污染源排放清单模块（SMOKE 等排放清单模型）、化学传输模块（CMAQ 等模型）。因此，开展一次空气质量模拟工作必须依次完成气象场模拟、排放清单编制及化学传输过程模拟 3 个步骤。而 MM5、WRF 等中尺度气象学模型，SMOKE 等排放清单模型，CMAQ 等化学传输模型均较复杂，各种模型都以计算机源代码形式发布，需在 LINUX 高性能集群计算机平台运行。空气质量模型模拟技术跨越了环境、物理、化学、

数学及计算机等多个学科，因此，建设一个好的空气质量模拟平台需要多学科专业人员协作完成。除空气质量模拟系统本身的复杂性之外，空气质量模型对气象资料、排放清单等基础输入数据的内容及格式要求也非常苛刻，模型输出的海量数据同样需花费较大人力进行维护、管理、分析及可视化。第三代空气质量模型的“科学性”与“易用性”之间的矛盾非常突出，已严重影响到其推广及应用，这也成为建立适用于环境管理与规划的法规化空气质量模型的难点。

（3）排放清单多样化，导致模拟结果无可比性

排放清单的准确性是影响空气质量模型模拟结果的最重要因素。我国污染源排放数据一直数出多门，官方掌握的污染源普查、环境统计、总量减排核查、排污申报及收费等数据仅限于环保系统内部使用，详细数据未向社会公开。为此，国内外科研院所纷纷展开了对中国排放清单的估算及研究工作，排放清单研究呈现出“多样化，各自为政”的局面，其中空间尺度最大、涵盖物种最多、应用最广的排放清单为清华大学参与编制的 INTEX-B、TRACE-P 排放清单。在这种格局下，我国逐步形成了“官方数据”与“科研数据”两套相对独立的排放清单体系。除官方数据外，不同研究单位建立排放清单的方法学差异同样较大，相互之间无法对比。排放数据来源的多样化直接导致了模型模拟结果缺乏可比性，针对同一个问题采用不同的排放清单数据或采用相同的排放清单数据采取不同的技术处理规则，模型模拟结果差异可能非常大。因此，当前我国空气质量模型研究工作大多就事论事，不同研究工作和不同时空范围的研究成果很难相互对照和校验。

（4）空气质量观测手段单一、观测指标少，关键性参数难以标定

尽管空气质量模型是基于科学理论及大量野外观测开发而成的，但开展空气质量模拟工作的一个重要环节是利用实际观测数据对空气质量模型模拟结果进行验证，将模型中的一些关键参数本地化，使空气质量模型能够真实地反映所研究区域的大气污染过程。我国城市空气质量常规监测主要以近地面观测为主，观测点位多集中在城市中心，且点位密度小，高空探测、卫星遥测等先进观测手段应用较少，难以获得高时空分辨率的空气质量观测数据。此外，常规空气质量监测指标仅限于 SO_2、PM_{10}、NO_2 三项污染物，对 VOCs、O_3、$PM_{2.5}$ 等涉及大气化学反应过程的关键性指标未开展监测。因此，对于大尺度复合型空气质量进行模拟，现有观测数据较难对模型中的关键性参数进行有效标定。

7.3.5.2　空气质量模型发展趋势

（1）多尺度、多过程的模型系统研究

未来第四代空气质量模型将尽可能考虑气圈、水圈和生物圈之间的相互作用，以便提供一个更加全面的方法对整个生态系统中的污染物的输送和消亡过程进行模拟。未来数值模拟技术必然会向精细化方向发展，形成区域、城市、街区和建筑物等多尺度相互耦合的污染数值体系。污染源和气象场对大气污染的模拟效果至关重要，一直是污染数值模拟的难点，对于多尺度空气质量数值模型，如何为其提供匹配的污染源排放和气象数据，仍然

是未来主要的研究目标和方向。

（2）在线、全耦合的可视化模型系统研究

大部分空气质量模型和气象模式均是离线的（即用气象模式获得的气象场驱动大气化学模式），无法反映大气化学成分的变化对天气过程的反馈（主要通过影响辐射过程）。因此在线的、全耦合的多尺度、多过程可视化模型系统是当前国际上大气污染模型发展的主流方向。

（3）基于三维 GIS 平台的立体空间模拟系统研究

随着地理信息系统和可视化软件的日臻完善，模型系统的用户界面发展快速。特别是第一代城市尺度空气质量模型不仅在污染预测功能上更接近实际情况，而且操作更为简便。如英国剑桥研究院开发的 ADMS-urban 模型、英国 FaberMaunsell 环境公司开发的 AAQUIRE 模型以及法国 ARIA 技术公司开发的 ARIA Regional 模型系统均有友好的用户界面，并嵌套了 Arcview 和 Mapinfo 地理信息软件。

地理信息系统（GIS）以具有地理位置的空间数据为研究对象，以空间数据库为核心，采用空间分析和建模的方法，适时提供多种空间的和动态的资源与环境信息。它涉及人工智能、环境工程、规划理论、地学、数学等多种学科和专业。随着大气模型的发展，GIS 技术已被大量应用于大气模型的空间数据管理、可视化、影像分析等工作中，并且呈现出两者逐渐融合的趋势。未来地理信息系统、遥感观测、地面监测等先进科学技术与空气质量模型的耦合，将成为提高空气质量模型准确性的重要手段。

7.4 环境经济综合预测模型与方法

环境规划本质上是社会经济发展与生态环境保护之间一个的平衡过程，因此需要从最广泛的视角出发，考察环境与经济系统之间的相互作用和反馈关系，关注人类社会的经济行为所引起的生态环境问题以及环境保护活动对经济的影响。整合研究是环境与经济规划研究的重要方法，尤其是近十几年来计算机模拟技术的发展，进一步促使了复杂系统的跨学科研究，其将环境的、经济的、社会的因素整合在可持续发展框架中，从不同的时间和空间尺度入手研究环境要素和经济要素通过能量、物质和信息的交流联系而形成的互相作用、互相依赖的整体，为揭示长时期社会经济发展和生态环境建设的内在关系、理解环境经济系统的复杂性和动态变化提供了重要工具[119-122]。然而，在环境与经济系统整合模型开发方面的研究起步较晚，20 世纪 70 年代，美国科学家首次在 CGE 模型的产出项中加入了污染物排放，开始考虑环境要素的经济模型研究，将环境和经济作为一个整体加以研究。随后，有关环境与经济的综合性研究日益增多。我国在研究环境经济内在联系方面还刚刚起步，研究基础非常薄弱，对环境经济系统的理论、方法、模型、评估以及应用等的研究很少开展，有关的模拟和预测大都偏重于经济系统内部或环境自身的发展，尚未有机地将经济系统和环境系统整合起来进行研究[123]，而建立一套动态的、适合我国国情的环境经济整合预测模型非常必要。

7.4.1　环境经济综合预测模型理论基础

认识论、系统论、控制论与信息论共同形成了决策科学，也是环境经济系统整合模型构建的四大理论支柱[124-127]。

7.4.1.1　认识论

环境经济系统整合研究首先要求人们运用可持续发展认识论来分析环境经济复合系统中各组成部分的相互关系以及该复合系统的演化过程，这是对西方社会沿着经济的高增长轨道前进的传统观念的挑战。可持续发展认识论在认识环境经济复合系统的结构方面，主要关注永远处在变化之中的自然系统、经济系统和社会系统三者的耦合关系；在该复合系统的演化过程方面，主要关注自然系统、经济系统和社会系统形成的集合体演化的规律性；在该复合系统的功能方面，主要关注这一演化进程是否朝着和谐、公平与效率三者协同的方向发展。同时，它认为虽然该复合系统的复杂结构及其复杂的演化过程是不以人们意志为转移的客观规律变动的客观过程，但它是可以被人们认识的。但由于环境经济系统结构及演化过程的复杂性，人们要在实践、认识、再实践、再认识的过程中通过不断反复进行信息反馈过程，才能逐渐掌握其客观规律。

7.4.1.2　系统论

还原论假设系统元素之间的相互作用与反馈是可以忽略的，或者这种联系本质上是线性的，倾向于将研究主题分得越来越小直到最基本元素。这种“只见树木，不见森林”的还原论方法阻碍了人们对事物整体和全貌的理解。系统论推翻了还原论的假设，为环境学与经济学的交叉融合提供了学科基础和方法论，使环境与经济作为一个整体研究成为可能。系统论的 3 个基本思想——整体性原则、尺度与等级原则和动态原则成为环境经济系统整合研究的重要思想基础。包括人类在内的自然世界的尺度等级，范围从原子、分子、细胞、组织、器官、种群、生态系统到生物圈、全球以及地球之外。复杂的环境经济系统是非线性的动态系统，表现出不连续和混沌的行为。通过应用广泛的、跨学科的系统观点预测人类社会对环境系统的影响以及环境系统对人类社会经济活动变化的响应方式，成为环境经济系统整合研究的首要目标。

7.4.1.3　控制论

控制论将人类对主客观认识的差异作为一个重要的概念提出，认为控制是一项以测量偏离计划的差异，并着手对其进行校正，以消除差异达到预期目标的活动。虽然控制论在发明的初期是在电子工程技术领域，但很快就在经济、社会科学中得到应用与发展，对环境经济整合研究也有十分重要的意义。一个环境经济系统在经济、人口和科学技术系统的影响下（输入）及人们根据环境目标和规划对环境系统采取的积极措施的作用下，按照环境系统的规律运动，通过监测和统计，对环境系统的状态进行测量，并与规划的目标进行比较，找出差异再修改，采取新的经济或环境措施，不断接近环境目标，整个过程是一个动态的过程。环境-经济系统控制过程可用图 7-12 来表示。

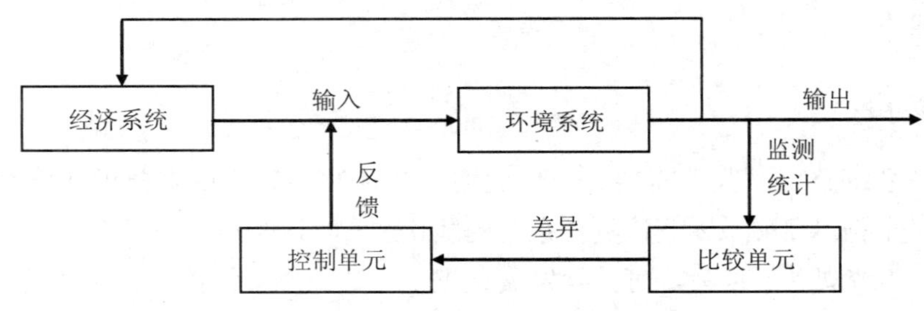

图 7-12 环境-经济系统控制过程

7.4.1.4 信息论

信息论是研究信息的取得、计量、传输、储存、处理、控制和利用的一般规律的科学。信息论最早应用于通信技术，后来逐渐成为以各自系统、各门科学中的信息为对象的一门学科。环境经济系统或环境系统中各要素之间的联系和状态以及其控制和反馈作用，都是通过信息流实现的，环境经济系统整合研究过程与任何一个决策过程一样，是一个信息的取得、计量、传输、储存、处理、控制和利用的过程。信息论要求环境经济系统整合模型的复杂程度要适可而止、恰到好处，要考虑到所能获取的环境与经济方面的信息数量和质量。这是因为系统或模型越复杂，需要的信息量就越大，而客观上信息的取得并非易事，特别是准确的信息，更是来之不易；另外，环境问题往往是十分复杂的多层次、多因素、多目标的非确定性问题，将整个决策过程完全模拟是做不到的[128]。

7.4.2 环境经济综合预测技术与方法

当前对复杂的环境经济系统整合问题的解决，有赖于跨学科的综合研究，这已经成为人们的共识。同时，数学模型方法与计算机模拟技术的广泛应用，促使环境经济系统整合研究从简单转向复杂化，从静态转向动态化，从不确定性转向精准化[129-132]。

7.4.2.1 跨学科研究

跨学科研究首先是源于科学本质上的整体性。它反映的是客观世界的整体性，该整体是由不同层次的物质世界有机组合而成的，随着层次级别的上升，复杂性也增加。环境经济系统整合研究所对应的层次是“自然环境+社会经济”，处于生态学、环境学、经济学、社会学等众多学科研究的范围。因此，环境经济系统整合研究是一个学科最为密集的层次，学科之间的研究对象、内容难免会产生一些交叉、重叠，这就要求进行跨学科研究。环境经济系统各个因子之间相互作用的复杂性也迫切需要进行跨学科的研究。因为，对环境系统、经济系统和社会系统的研究所形成的各门学科，往往使用自己的语言和方法，组成自己的体系，相互之间并不一定匹配。由此可见，跨学科研究是对环境经济系统整合研究复杂性的一种新型反映。

7.4.2.2　模型研究

模型是决策分析和理解复杂系统的手段，面对越来越严重的生态、环境与资源问题，无论是在环境学还是经济学研究中，定量的模型方法越来越多，人们力图寻求整合的、多尺度的、跨学科的、多元化的方法来定量研究环境经济系统，从而有效地处理不确定性。20 世纪 70 年代出现的“美国经济模型”、“世界能源模型”和“UN 投入产出模型”，80 年代 Slesser 创立的用于资源承载力研究的 ECCO 系统动力学模型，均是环境经济系统整合研究的很好的模型方法。在模型研究中，方法并不是截然分开的，大多数环境经济整合模型是由一系列环境的、经济的模块组成的，其中预测模拟模型和优化模型占很大比重。随着人类认识的不断深入，对环境经济系统的认识越来越直接地建立在非结论性的模拟结果上，而非现场观测的具有结论性的事实，模拟目标也已从系统的最优控制与恢复，转向避免系统灾难发生或避免系统经济上不可承受的方向上，从参数和预测不确定性的研究主体过渡到模型结构不确定性，并在此基础上对模型的验证进行全新认识，即模型结构内部一致性验证、模型假设证实与反证、模型的相关性、模型结构误差的识别及其在预测中的演化。

7.4.2.3　计算机模拟技术

当今环境经济学发展的主流是在若干先进分析技术支持平台的基础上，将环境经济问题系统地整合为国家（全球）发展的重要组成部分和约束条件进行全面的政策分析和体制设计。计算机建模软件和硬件设施技术的飞速发展为环境经济系统整合模型的建立提供了强有力的数据和工具支持，使模型研究至少在技术上更容易了。Costanza 等[120, 128]开发了基于系统动力研究的通用图解设计语言 STELLA，之后该语言被大量应用于环境经济系统的建模，Meadows 等人建立的 World 计算机模拟模型、Odum 等人以能值概念为基础建立的环境经济系统动态变化的模拟模型等都充分利用了计算机语言的强大功能。在我国“七五”和“八五”期间，一些研究单位如中国环境科学研究院，结合国家科技攻关项目开发了一批宏观环境经济系统模型、环境质量预测模型以及环境管理决策支持系统，并在实际中得到了很好的应用。但是随着社会经济和环境科学的发展，这些模型已经很难适应现代环境经济的要求，环境经济系统模型的结构和模型参数尤其是计算机软件支持技术方面都需要进行重新设计和开发。

7.4.3 环境经济综合预测模型框架体系

环境经济系统整合模型根据其结构特点可分为两种形式，一种是建立环境要素与经济要素完全融合的单一模型；另一种是建立相互联系的各子模型组成的系统。前一种形式可以将环境科学和经济科学的理论和知识以系统内在一致的方式连接起来，但是构建起来比较困难。后一种方法将环境模型和经济模型耦合在一个模型框架中。理论上，环境经济学家认为应该完全整合环境与经济要素于一个模型中，但是面对如此复杂的系统，大多数科学家选择了环境和经济的组合模型体系。模型应该简单化，应该是易为决策者所理解和接受的，然而，模型又需要反映可持续发展的复杂性。因此，整合不同模型的环境经济模块化框架被认为是分析问题和提供决策者所需信息的最佳方式，整合的要素可以连接指标体系、模型和情景方案分析，以及保持各子模型单位、空间尺度的一致性。本节在构建环境经济系统整合模型时也是基于第二种方式考虑的。从我国基本国情出发，在定性分析的基础上，建立了基于动态投入产出原理和计量经济学分析相结合的环境经济系统整合模型，以分析、模拟我国中长期环境经济发展状况，研究各种经济要素变动和经济结构变化对环境的影响，以及环境要素的变化对国民经济的影响。

环境经济整合预测模型框架设计如图 7-13 所示。由图可知，环境经济综合预测模型包括两大子系统，分别是经济子系统和环境子系统，其下又包括四大子模型，分别是经济预测模型，环境经济分析模型（这里主要指污染治理投资和运行费、能源消耗水平等对经济发展的影响），环境预测模拟模型（包括能源消耗预测模型、水资源消耗预测模型、大气环境污染预测模型、水环境污染预测模型、固体废物污染预测模型）、污染治理预测模型。各子模型之间通过输入输出变量紧密衔接，并通过控制目标的引导结合为一个整体。它们之间的关系是：经济预测模型的输出决定了环境预测模拟模型的输入，而环境预测模拟模型和环境控制目标共同构成了污染治理预测模型输入，污染治理预测模型的输出又提供给环境经济分析模型，同时反馈到经济预测模型，构成了一个相互依赖和相互影响的闭合系统。

经济预测模型主要包括各行业产值的预测、各行业增加值的预测、各行业产品产量的预测、产品销售量的预测、人口和城市化水平预测等内容。其与环境问题预测模拟模型对接，研究行业产值、增加值、产品产量、销售量以及人口增加及城市化对资源环境的影响；同时，与环境经济分析模型对接，研究环境污染治理投资及运行费、能源消耗水平对经济发展、产业结构、消费、人口就业、利税等宏观经济指标的影响。

环境预测模拟模型与经济预测模型对接，通过经济预测模型输入的行业产值、增加值，产品产量、销售量以及人口增加及城市率等指标，预测资源环境问题，包括能源消耗和水资源需求的预测，大气污染物产生量、废水产生量、水污染物产生量、固体废物产生量等指标的预测，与环境污染控制目标结合，预测这些指标的削减量和排放量，并作为污染治理预测模型的输入。

通过污染治理预测模型计算而得的污染治理投资、运行费，输入给环境经济分析模型，同时反馈给经济预测模型，分析污染治理投资、运行费对经济发展、各行业产值、增加值、利税、人口就业等宏观经济指标的影响和贡献。

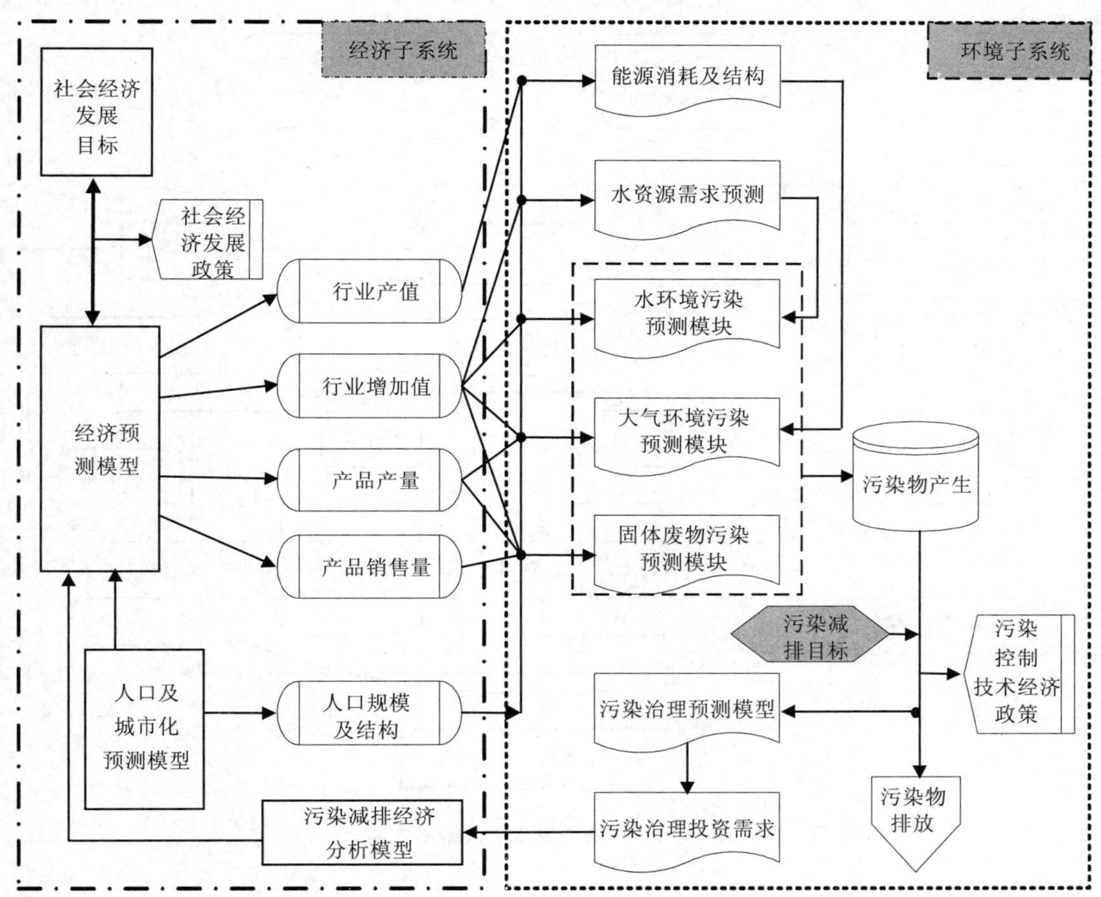

图 7-13　环境经济综合预测模型框架体系

7.4.4　经济社会预测子系统

经济子系统构建的基本思路是：从分析国民生产入手，生产决定收入，而收入又决定投资、消费和净出口；根据投入产出消耗系数和投资系数矩阵的关系，形成最终需求诱导的各行业（部门）总产出和增加值，进而求得各行业（部门）的产品产量、销售量等指标。价格由成本和需求两方面决定，劳动力需求由生产决定。

经济子系统是一个投入产出、计量经济、扩展线形支出系统相结合的大规模联立求解模型，经济子系统主要包括：环境经济投入产出模型、产品产量预测模型、行业产值预测模型、行业增加值预测模型、人口及城市化预测模型、环境（污染治理）经济分析模型等。

涉及的模型方程主要有：要素生产力一般方程、生产函数方程；固定资产投资需求方程、居民消费需求方程；进口、出口方程；GNP、GDP 测算方程；城市、农村人口预测方程，劳动力投入量测算方程，产品价格测算方程；行业总产出方程；行业最终需求方程等。经济子系统各模型及要素之间的输入输出关系如图 7-14 所示。

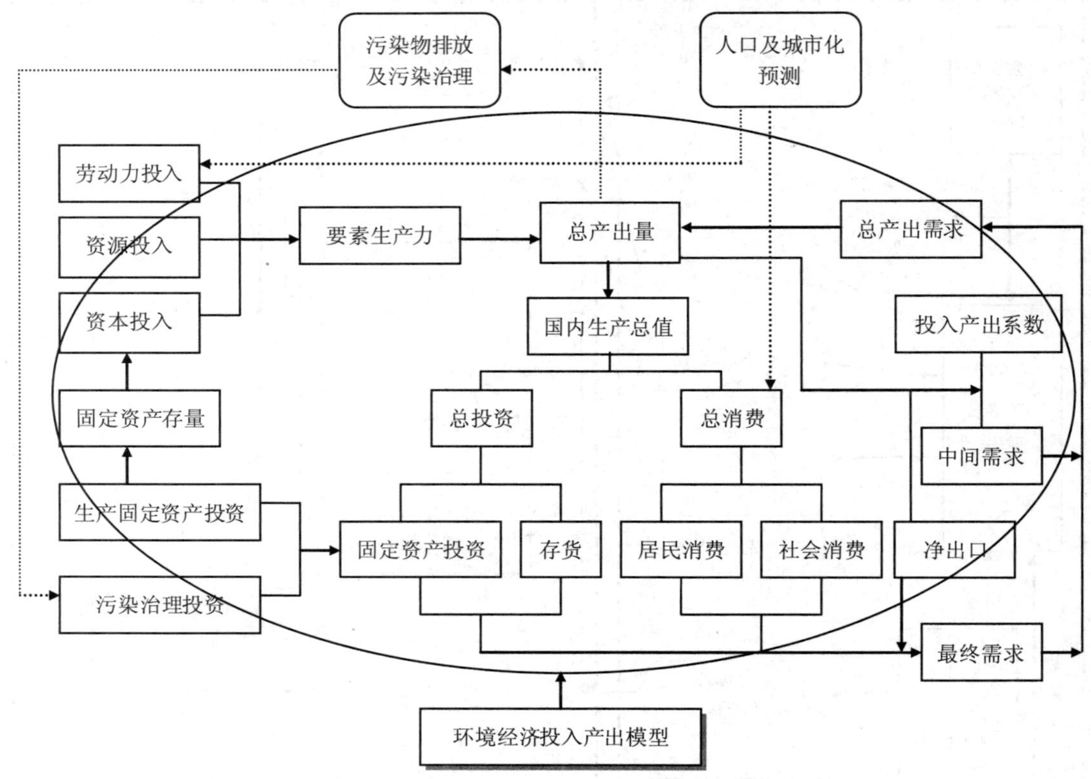

图 7-14 经济子系统输入输出关系

在这个子系统中，环境经济投入产出模型是其中的核心模型，它用投入产出表的形式，把国家整个经济系统分解成 38 个生产和消费部门，通过投入产出关系将这些部门联系起来，进而与最终消费——家庭、政府、投资和净出口联系起来。这样，整个国家的环境经济活动在这个模型之中，通过各部门之间相互消耗、相互依赖关系的具体描述，而得以详尽反映。环境经济投入产出模型和计量经济学模型联立，能够根据最终需求的预测（由计量经济学模型进行计算）和投入产出逆矩阵，按年预测出各个部门的产出。

环境经济投入产出模型属于一种扩展的价值型投入产出表，与通常的价值型投入产出模型相比，主要表现在：将环境污染治理部门从原有投入产出部门分离出来，在行和列中，分别增加了若干数目的污染治理部门，如表 7-6 所示。

表 7-6　环境经济投入产出表

投入 产出	生产部门	污染治理部门	最终需求及产污	总计
中间投入	X_{ij}	E_{ij}	Y_i	X_i
污染治理部门	P_{ij}	F_{ij}	R_i	Q_i
增加值	V_i	N_j		
总产品	X_i	Q_i		

其中，X_{ij} 为第 i 部门产品用作第 j 生产部门生产消耗量；P_{ij} 为第 i 消除污染部门在消除污染过程中对第 j 生产部门的运行费用投入；E_{ij} 为第 j 消除污染部门在消除污染过程中所耗用的第 i 生产部门产品的数量；F_{ij} 为第 j 消除污染部门在消除污染过程中对第 i 消除污染部门的运行费用投入；Y_i 为第 i 生产部门最终产品数量；X_i 为第 i 生产部门总产品数量；R_i 为第 i 消除污染部门最终产品需求数量；Q_i 为第 i 消除污染部门运行费用；V_i 为第 i 生产部门增加值；N_j 为第 j 消除污染部门增加值。

从表 7-6 可以看出，产品按经济用途的使用情况以及各种污染物的产生情况，有两个平衡关系式。即

产业部门中间使用＋治污部门中间使用＋最终使用＝总产出，用公式表示为：

$$\sum_{j=1}^{n} X_{ij} + \sum_{j=1}^{m} E_{ij} + Y_i = X_i \tag{7-45}$$

消除污染部门运行费用中间使用＋消除污染部门运行费用最终使用＝消除污染运行费用，用公式表示为：

$$\sum_{j=1}^{n} P_{ij} + \sum_{j=1}^{m} F_{ij} + R_i = Q_i \tag{7-46}$$

如果将治污部门分为废水、废气和固体废物治理部门，则可以用公式表示为：

$$\sum_{j=1}^{n} X_{ij} + \sum_{j=1}^{n} W_{ij} + \sum_{j=1}^{n} S_{ij} + \sum_{j=1}^{n} G_{ij} + Y_i = X_i \tag{7-47}$$

式中，n ——生产部门数目；

m ——消除污染部门数目；

W_{ij} ——第 j 部门在消除废水污染过程中所耗用的第 i 生产部门产品的数量；

S_{ij} ——第 j 部门在消除固体废物污染过程中所耗用的第 i 生产部门产品的数量；

G_{ij} ——第 j 部门在消除大气污染过程中所耗用的第 i 生产部门产品的数量。

利用上式就可以测算出废水治理、固体废料治理和大气污染治理投资和运行费用对各部门产出的影响。

在经济子系统中，还有另外一个重要模型——环境（污染治理）经济分析模型。它通过污染治理预测模型输入的数据来预测污染治理投资及运行费用对有关行业的直接和间接影响，最重要是预测其对有关行业的产值、产量，以及消费和投资的影响。环境经济分

析模型建立的基本思路是：将污染治理投资作为一种最终需求，将污染治理运行费用作为生产活动的中间消耗纳入经济投入产出模型，生成一种新的环境经济投入产出模型，模拟污染治理的投资和运行费用与GDP、利税和人口就业等指标的关系，将两种情况输出结果之差作为污染治理对经济发展的影响。环境（污染治理）经济分析模型框架见图7-15。

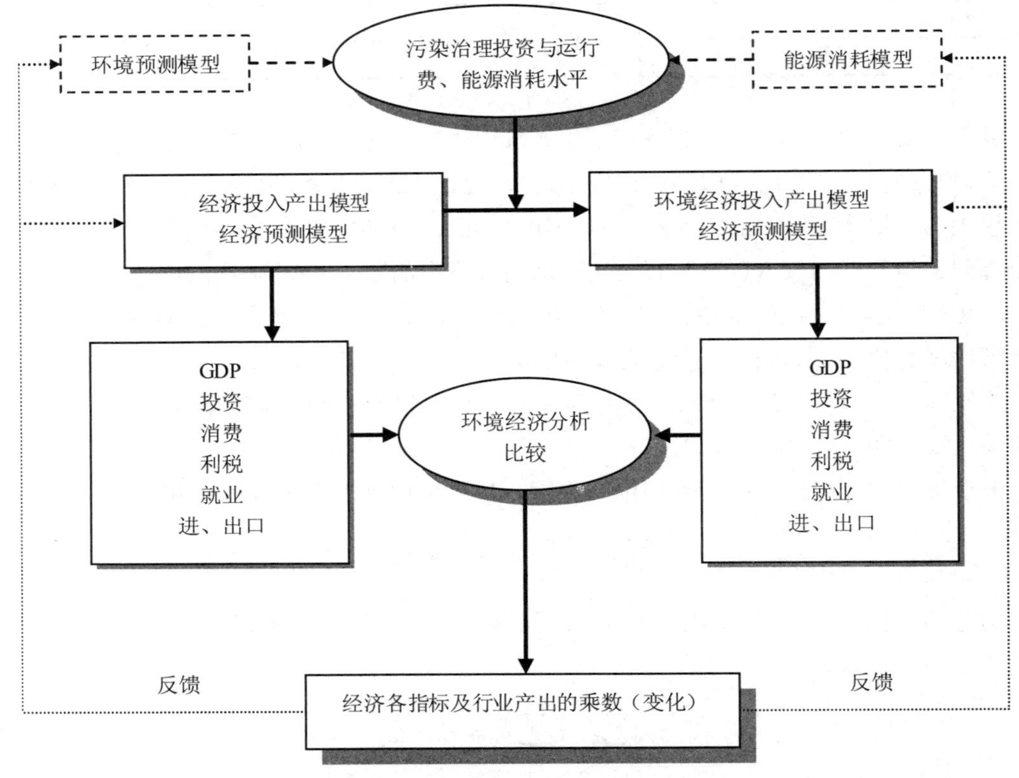

图7-15　污染治理经济分析模型

（1）污染治理设施投资对经济的影响模型

为了研究污染治理设施投资对经济的影响，将污染治理设施投资从投入产出模型中的固定资产投资中分离出来，再运行模型，即在减去污染治理设施投资的情况下，计算各行业增加值的变动及其增长率的变动等。其主要计算式为：

$$F_1 = F_0 - F_p, \quad F_p = p \cdot S \tag{7-48}$$

式中，F_1——减去污染治理设施投资后的最终需求向量（含乘数效应）；

F_p——污染治理设施投资引发的最终需求变动量向量；

P——污染治理设施投资额；

S——污染治理投资消费系数向量。

$$X_1 = (I - A_0)^{-1} F_1 \tag{7-49}$$

式中，X_1——减去污染治理设施投资后的各行业总产出向量；

F_1——减去污染治理设施的投资引发的最终需求向量。

$$V_1 = X_1 \cdot \lambda，\ \lambda = 1 - \sum_{i=1}^{n} a_{ij}^0，\ \Delta V_1 = V_1 - V_0 \tag{7-50}$$

式中，V_1——减去污染治理设施投资后的各行业增加值向量；

ΔV_1——污染治理设施投资引发的各行业增加值变动量向量。

$$W_1 = W_0 - W_p，\ G_1 = G_0 - G_p，\ T_1 = T_0 - T_p，\ T_p = \Delta V_1 - W_p - G_p \tag{7-51}$$

式中，W_0——包括了污染治理设施的投资和运行的各行业从业者的从业收入向量；

W_1——减去污染治理投资后的各行业从业者的从业收入；

W_p——污染治理设施投资引发的各行业从业者的从业收入变动量向量；

G_0——包括了污染治理设施的投资和运行的各行业折旧向量；

G_1——减去污染治理设施投资后的各行业折旧变向量；

G_p——污染治理设施投资引发的各行业折旧变动量向量；

T_0——包括了污染治理设施的投资和运行的各行业利税向量；

T_1——减去污染治理设施投资后的各行业的利税向量；

T_p——污染治理设施投资引发的各行业的利税向量。

（2）污染治理设施运行对经济的影响模型

为了研究污染治理设施运行对经济的影响，将污染治理设施运行的消耗从投入产出模型中的部门中间消耗中分离出来，再运行模型，即在减去污染治理设施运行成本情况下，计算各行业增加值的变动及其增长率的变动等。其主要计算式为：

$$a_{ij}^1 = a_{ij}^0 - a_{ij}^w \tag{7-52}$$

式中，a_{ij}^1——减去污染治理设施运行成本后的投入产出直接消耗系数；

a_{ij}^w——污染治理设施运行成本引发的投入产出直接消耗系数变动量。

$$a_{ij}^w = \frac{w_{ij}}{X_J}，\ F_2 = F_0 - F_w \tag{7-53}$$

式中，w_{ij}——污染治理设施运行的中间消耗；

F_2——减去污染治理设施运行成本后的最终需求向量；

F_w——污染治理设施运行成本引发的最终需求变动量向量。

$$X_2 = (I - A_2)^{-1} F_2 \tag{7-54}$$

式中，X_2——减去污染治理设施运行成本后的各行业总产出向量；

A_2——减去污染治理设施运行成本后的投入产出直接消耗系数矩阵。

$$V_2 = X_2 \cdot \lambda，\ \lambda = 1 - \sum_{i=1}^{n} a_{ij}^{1}，\ \Delta V_2 = V_2 - V_0 \tag{7-55}$$

式中，V_0——包括了污染治理设施的投资和运行成本的各行业增加值向量；

V_2——减去污染治理设施运行成本后的各行业增加值向量；

ΔV_2——污染治理设施运行成本引发的各行业增加值变动量向量。

$$W_2 = W_0 - W_w，\ G_2 = G_0 - G_w，\ T_2 = T_0 - T_w，\ T_w = \Delta V_2 - W_w - G_w \tag{7-56}$$

式中，W_2——减去污染治理设施运行成本后的各行业从业者的从业收入向量；

W_w——污染治理设施运行成本引发的各行业从业者的从业收入变动量向量；

G_2——减去污染治理设施运行成本后的各行业折旧向量；

G_w——污染治理设施运行成本引发的各行业折旧变动量向量；

T_2——减去污染治理设施运行成本后的各行业的利税向量；

T_w——污染治理设施运行引发的各行业的利税向量。

7.4.5 资源环境预测子系统

环境子系统主要包括如下预测模型：用水与水污染预测模型（其中包括水资源需求预测、水污染物产生量排放量预测、水污染治理投资预测）、能源与大气污染预测模型（其中包括能源消耗及结构预测、大气污染物产生量排放量预测、大气污染治理投资预测）、固体废物污染预测模型（其中包括固体废物产生量排放量预测、固体废物治理投资预测）。

环境子系统根据经济预测模型和能源消耗及结构预测模型、水资源消耗预测模型的输出、有关环境控制目标，模拟计算各部门的污染物产生总量、排放总量，进而决定消除污染所必要的污染治理投资。环境子系统描述了环境与经济的关系和环境污染及消除过程，在系统中考虑了以下几点：经济活动和污染物产生量的关系；污染控制目标和去除量的关系；污染物去除量与污染治理投资的关系等。

7.4.5.1 用水与水污染预测模型

（1）基本思路

用水与水污染预测模型建立的基本思路是：①确定研究目标。根据合理的废水控制目标，利用确定的预测方法，预测得出 2005—2020 年的工业、农业和生活水资源需求量，废水产生量、排放和处理量，水污染物产生量、排放量和处理量以及废水治理投资和运行费用。②确定研究内容，主要包括用水量预测（农业、工业和生活），废水产生量预测（农业、工业和生活），水污染控制变量和控制目标的确定，废水治理投资和运行费用的预测等。

模型根据行业增加值预测和人口及城市化预测，模拟计算废水及水污染物产生与行业增加值的关系，城市生活污水及污染物产生与城市人口增长的关系。同时，进行一系列技术参数的预测，包括用水系数、废水和污染物产生系数等技术参数。最后以外生经济变量和主观确定的污染物为控制目标，以废水处理率或污染物削减率为控制变量，得到未来废水及污染物治理投资与运行费用。

（2）模型描述

用水与水污染预测模型由农业、工业和生活三部分模型组成。各部分均包括用水量预测、废水产生量预测、污染控制变量和控制目标的确定、废水治理投资和运行费用的预测等模块。用水与水污染预测模型框架见图 7-16。

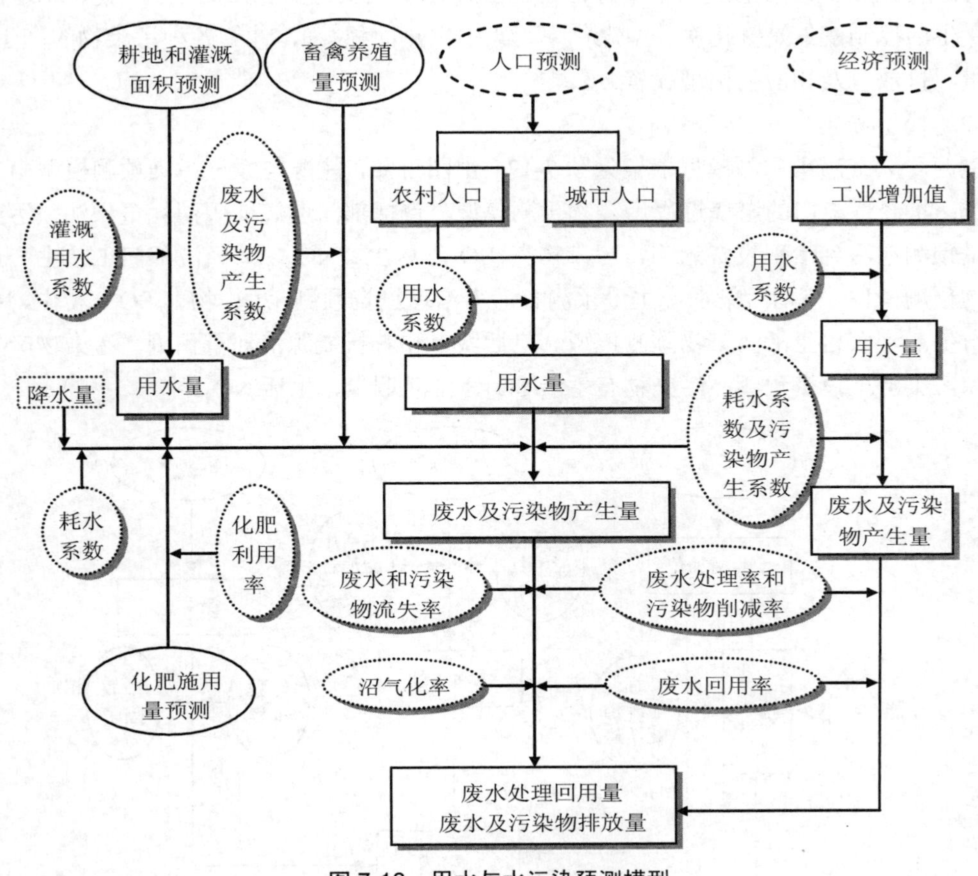

图 7-16　用水与水污染预测模型

7.4.5.2　能源与大气污染预测模型

（1）基本思路

能源与大气污染预测模型建立的基本思路是：①对大气污染物进行分类，主要包括二氧化硫、尘（烟尘和粉尘）、氮氧化物。②确定污染物产生的主体，分为燃烧过程、生产工艺和居民生活三部分。③确定三部分的部门（行业）分类，燃烧过程按照 38 个部门计算，工艺过程只计算石油加工及炼焦、化学工业、水泥、其他非金属制品业、黑色金属冶炼及压延加工业、有色金属冶炼及压延加工业 6 个行业，居民生活分为城镇居民和乡村居民。

模型根据能源消耗预测和人口及城市化预测，模拟计算燃烧过程与生活的能耗，再根据不同燃料的燃烧方式和能耗的产污系数，得出大气污染物的产生量。经济部门工艺过程污染物产生量的预测则根据产品产量或增加值，以及产污系数，模拟计算工艺过程大气污染物产生量。模型以大气污染物排放量为目标，以污染物处理率或削减率为控制变量（其中燃烧过程控制变量为消烟除尘率等；工艺过程控制变量为粉尘回收率、SO_2、NO_x 回收率等；生活控制变量是气化率、型煤化率、集中供热面积等），计算各种污染物的产生量、削减量、排放量及相应的治理投资。

（2）模型描述

能源与大气污染预测模型框架见图 7-17。由图可知，能源与大气污染预测模型由三部分组成：①经济部门的燃烧过程污染物预测模型。包括部门燃烧能源消耗量预测、污染物产生量预测和污染治理投资预测，污染物有 SO_2、烟尘、NO_x。②经济部门工艺生产过程污染物预测模型。包括污染物产生量预测和污染治理投资预测，污染物有 SO_2、粉尘、NO_x。③城市生活和农村生活污染物预测模型。包括城市和农村能源消耗量预测、污染物产生量预测和污染治理投资预测，污染物有生活 SO_2、生活烟尘、生活 NO_x。

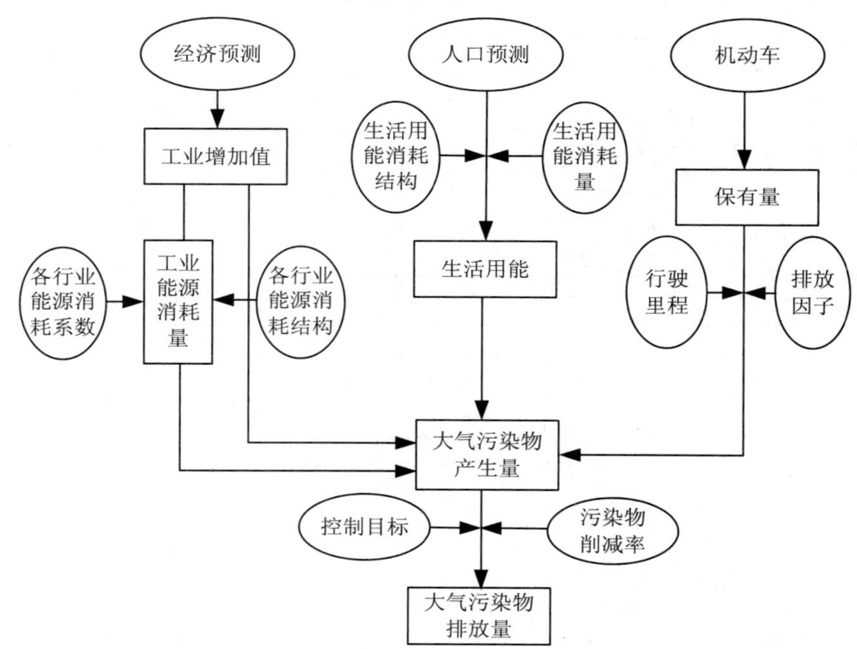

图 7-17 能源与大气污染预测模型

7.4.5.3　固体废物污染预测模型

（1）基本思路

固体废物污染预测模型建立的基本思路是：对固体废物按工业固体废物、城市生活垃圾和废旧电子电器进行分类，分别从产生量预测、处理处置控制预测和投资运行费用预测三部分展开。

模型根据产品产量预测和人口及城市化预测，模拟计算产品产量（产值）、资源开采量、资源消耗量与工业固体废物产生量的关系，城市人口、城市社会消费与城市生活垃圾产生量的关系。以固体废物综合利用、处置和城市垃圾无害化处理率为控制变量，分析固体废物综合利用、处置和无害化处理与投资、运行费用的关系，计算固体废物处置、综合利用投资和运行费用。

（2）模型描述

固体废物污染预测模型由三部分组成：工业固体废物预测模型、城市生活垃圾预测模型和废旧电子电器预测模型。工业固体废物包括煤矸石、尾矿、粉煤灰、炉渣、冶炼废渣、危险废物及其他废物 7 大部分；废旧电子电器共包括大家电、小家电、IT 和通讯设备、消费设备 4 类，其中主要的废旧电器为电冰箱、空调器、洗衣机、电视机和电脑 5 种。固体废物污染预测模型框架见图 7-18。

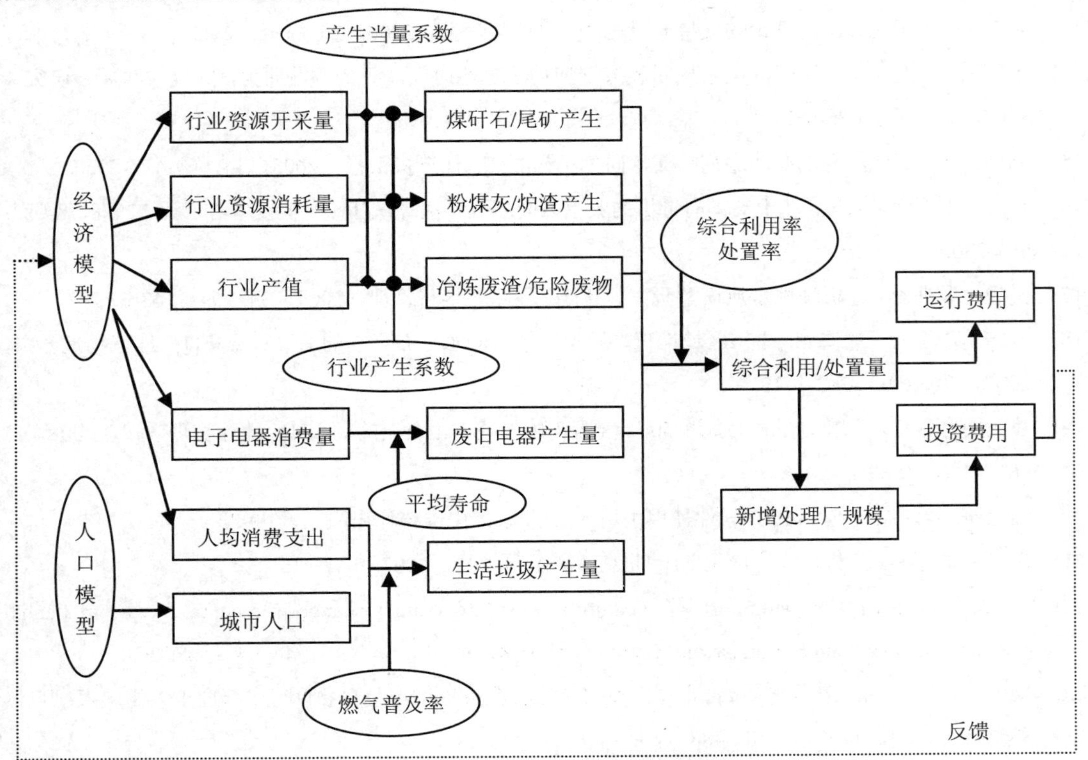

图 7-18　固体废物污染预测模型

参考文献

[1] 梅长林，范金城. 数据分析方法[M]. 北京：高等教育出版社，2006.

[2] 程子峰. 环境数据统计分析基础[M]. 北京：化学工业出版社，2006.

[3] Box G P E，Jenkis G M. Time Series Analysis：Forecasting and Control [M]. San Francisco：San Francisco Press，1978.

[4] 何书元. 应用时间序列分析[M]. 北京：北京大学出版社，2003.

[5] 邓聚龙. 灰理论基础[M]. 武汉：华中科技大学出版社，2002.

[6] 徐宗本，张讲社，郑亚林. 计算智能中的仿生学：理论与算法[M]. 北京：科学出版社，2003.

[7] 徐丽娜. 神经网络控制[M]. 北京：电子工业出版社，2009.

[8] Wolf A，Swift J B，Swinney H L，et al. Determining lyapunov exponents from a time-series[J]. Physica D，1985，16（3）：285-317.

[9] 杨继鉉，邵利民，杨绍清，等. 基于混沌时间序列法的平潭浪高预测研究[J]. 海洋预报，2008，25（4）：63-70.

[10] 陈敏，叶晓舟. 混沌理论在股票价格预测中的应用[J]. 系统仿真技术，2008，4（4）：228-232.

[11] 吕金虎，陆君安，陈士华. 混沌时间序列分析及其应用[M]. 武汉：武汉大学出版社，2002.

[12] Vapnik V N. The nature of statistical learning theory[M]. New York：Spring，1995.

[13] 张学工. 关于统计学习理论与支持向量机[J]. 自动化学报，2000，26（1）：32-43.

[14] 毛宇清，王咏青，王革丽. 支持向量机方法应用于理想时间序列的预测研究[J]. 气候与环境研究，2007，12（5）：676-682.

[15] 高伟，王宁. 浅海混响时间序列的支持向量机预测[J]. 计算机工程，2008，34（6）：25-27.

[16] 杨稣，史耀媛，宋恒. 基于支持向量机的股市时间序列预测算法[J]. 科学技术与工程，2008，8（2）：381-386.

[17] 樊敏，顾兆林. 非机理性水质模型研究综述[J]. 环境科学与管理，2009，34（09）：63-67.

[18] 舒守娟，王元，熊安元. 中国区域地理、地形因子对降水分布影响的估算和分析[J]. 地球物理学报，2007，50（6）：1703-1712.

[19] 曹爱丽，张浩，张艳，等. 上海近 50 年气温变化与城市化发展的关系[J]. 地球物理学报，2008，51（6）：1663-1669.

[20] 高惠璇. SAS 系统•SAS/ETS 软件使用手册[M]. 北京：中国统计出版社，1998.

[21] 田铮，秦超英. 随机过程与应用[M]. 北京：科学出版社，2007.

[22] Wu Xi，Xu Lili，Cai Daoming，等. Feature analysis of weather change in recent 52 years in Jiangxi province[J]. Huazhong Shifan Daxue Xuebao（Ziran Kexue Ban），2010，44（4）：686-690.

[23] 柴微涛，宋述军，宋学鸿. 成都市城区空气污染指数的时间序列分析[J]. 成都理工大学学报：自然科学版，2007，34（4）：485-488.

[24] 李希国，刘贤赵. 烟台地区降水量的 ARIMA 随机模型研究[J]. 水资源与水工程学报，2006，17（2）：

58-60.

[25] 樊敏，顾兆林. 时间序列分析在大气环境中的应用[J]. 环境工程，2009，27（S1）：540-542.

[26] Paynter S，Nachabe M，Yanev G. Statistical Changes of Lake Stages in Two Rapidly Urbanizing Watersheds[J]. Water Resources Management，2011，25（1）：21-39.

[27] 郭峰，王斌，刘敏. 基于 BP 神经网络的时间序列预测研究[J]. 价值工程，2010（35）：128-129.

[28] 秦永宽，黄声享，赵卿. 利用混沌理论与神经网络方法进行变形预测研究[J]. 测绘信息与工程，2009，34（1）：40-42.

[29] 毛端谦，刘春燕，廖富强. BP 神经网络在降水酸度预测中的应用[J]. 环境与开发，2001，16（3）：35-36.

[30] 王剑俊. 基于 RBF 网络的城市供水短期负荷预测[J]. 西南给排水，2007，29（3）：24-27.

[31] Moustris K P，Ziomas I C，Paliatsos A G. 3-Day-Ahead Forecasting of Regional Pollution Index for the Pollutants NO_2，CO，SO_2，and O_3 Using Artificial Neural Networks in Athens，Greece[J]. Water Air and Soil Pollution，2010，209（1-4）：29-43.

[32] 柴燕丽，孟令建. 基于神经网络的淮河流域年径流量预测模型[J]. 水资源与水工程学报，2009，20（1）：58-61.

[33] 刘志展，潘伟. 厦门市空气污染指数预测方法研究——时间序列分析与神经网络的比较（英文）[J]. 心智与计算，2008，2（1）：33-41.

[34] Shourong L，Rongxi Z，Xin M. The forecast of CO/sub 2/ emissions in China based on RBF neural networks[J]. 2010 2nd International Conference on Industrial and Information Systems（IIS 2010），2010：319-322.

[35] 樊庆锌，刘沙沙，于淼. 灰色模型理论在哈尔滨市大气污染物 NO_2 预测中的应用[J]. 环境保护科学，2008（5）：1-3.

[36] 刘思峰，郭天榜，党耀国. 灰色系统理论及其应用[M]. 北京：科学出版社，1999.

[37] 李祚泳. 灰色系统理论在环境科学中的应用进展[J]. 成都气象学院学报，1992（3）：83-87.

[38] 汪伟，张江山，钱伟，等. 灰色系统在大气质量预测中的应用[J]. 福建师范大学学报：自然科学版，2008，24（1）：86-90.

[39] 刘占洲，敖天其，万育安. 灰色包络模型在紫坪铺站年径流预测中的应用[J]. 水利科技与经济，2008（12）：947-949.

[40] 马晓光，胡非. 利用支撑向量机预报大气污染物浓度[J]. 自然科学进展，2004（3）：111-115.

[41] 陈永义，俞小鼎，高学浩，等. 处理非线性分类和回归问题的一种新方法（I）——支持向量机方法简介[J]. 应用气象学报，2004（3）：345-354.

[42] 冯汉中，陈永义. 处理非线性分类和回归问题的一种新方法（II）——支持向量机方法在天气预报中的应用[J]. 应用气象学报，2004（3）：355-365.

[43] 郎茂祥. 预测理论与方法[M]. 北京：清华大学出版社，2011.

[44] 蔡林. 系统动力学在可持续发展研究中的应用[M]. 北京：中国环境科学出版社，2008.

[45] 杨建强，罗先香. 水资源可持续利用的系统动力学仿真研究[J]. 城市环境与城市生态，1999（4）：28-31.

[46] 王凤仙，李树平，陶涛. 城市污水量预测模型及方法综述[J]. 河南科学，2009（4）：483-487.

[47] 张子珩，濮励杰，周秀慧. 乌海市可持续发展的系统动力学模型仿真[J]. 干旱区资源与环境，2010（12）：55-60.

[48] 陈书忠，周敬宣，李湘梅，等. 城市环境影响模拟的系统动力学研究[J]. 生态环境学报，2010（8）：1822-1827.

[49] 韦静，曾维华. 生态承载力约束下的区域可持续发展的动态模拟——以博鳌特别规划区为例[J]. 中国环境科学，2009（3）：330-336.

[50] 张波，王桥，李顺，等. 基于系统动力学模型的松花江水污染事故水质模拟[J]. 中国环境科学，2007（6）：811-815.

[51] 李树奎，李同升，王武科，等. 西安 PRED 协调发展的系统动力学模拟研究[J]. 地域研究与开发，2009（5）：62-67.

[52] 田林，张宏伟，张雪花. 经济新区用水量预测系统动力学方法研究——以天津临空产业区为例[J]. 天津工业大学学报，2009（3）：68-72.

[53] 汤洁，佘孝云，林年丰. 吉林省大安市生态环境规划系统动力学仿真模型[J]. 生态学报，2005（5）：1178-1183.

[54] 张国坤，李恒达. 河流水质模型的分析及研究意义[J]. 吉林师范大学学报：自然科学版，2004（3）：68-70.

[55] 王金南，陆军，吴舜泽，等. 中国环境政策（第九卷）[M]. 北京：中国环境科学出版社，2012.

[56] 金腊华，徐峰俊. 水环境数值模拟与可视化技术[M]. 北京：化学工业出版社，2004.

[57] 傅国伟. 河流水质数学模型及其模拟计算[M]. 北京：中国环境科学出版社，1987.

[58] S K. Development and application of Water Quality Model in urban drainage planning：Finite Elem Water Resource Proc Int Conf[C]，1992.

[59] 郭劲松，李胜海，龙腾锐. 水质模型及其应用研究进展[J]. 重庆建筑大学学报，2002，24（2）：109-115.

[60] 庞清江. 大汶河水污染控制系统规划研究[J]. 水资源保护，1996，3：43-47，51.

[61] 何理，曾光明. 河流水环境中的非突发性水质风险模型研究[J]. 环境污染与防治，2003，25（1）：52-53，60.

[62] Ziadat A H. Water quality assessment of lower rapid creek near rapid city，South dakota[D]. Unpublished PhD dissertation，South dakota school of mines and technology，Rapid City，SD，2000.

[63] 田一平. QUAL-II 综合水质模型及其使用方法[J]. 环境监测管理与技术，1990，2（1）：32-35.

[64] 张仙娥，周孝德，臧林. 水库水温研究方法述评[J]. 水资源与水工程学报，2006，17（3）：1-4.

[65] 叶常明. 水环境数学模型的研究进展[J]. 环境科学进展，1993，1（1）：74-80.

[66] Park S S，Lee Y S. A multiconstituent moving segment model for the water quality predictions in steep and shallow streams[J]. Ecological Modelling，1996，89：121-131.

[67] Seok S P，Yong S L. A water quality modeling study of the Nakdong River，Korea[J]. Ecological Modelling，2002，152（65-75）.

[68] Di Toro D M，Sifitzpatric J J. Documentation for water quality analysis simulation program（WASP） and model verification program（MVP）：Duluth，MN：US Environmental Protection Agency[C]，1983.

[69] 刘维屏. 水环境科学与工程中的数学问题[M]. 北京：高等教育出版社，2002.

[70] 徐祖信，廖振良. 水质数学模型研究的发展阶段与空间层次[J]. 上海环境科学，2003，22（2）：79-85.

[71] 左书华. Delft3D 在鳌江口外平阳咀海域流场模拟中的应用[J]. 水文，2007，276：55-58.

[72] 彭文奇，张详伟. 现代水环境质量评价理论与方法[M]. 北京：化学工业出版社，2005.

[73] 陈小红. 湖泊水库垂向二维水温分布预测[J]. 武汉水利电力学院学报，1992，4：376.

[74] 陈小红，刘美南，林艳珊. 水库垂向二维水质分布研究[J]. 水利学报，1997，15（3）：1-7.

[75] 江春波，张庆海，高忠信. 河道立面二维非恒定水温及污染物分布预报模型[J]. 水利学报，2000（9）：20-24.

[76] 黄胜，卢启苗. 河口动力学[M]. 北京：水利电力出版社，1995.

[77] 冯民权. 大型湖泊水库平面及垂向二维流场与水质数值模拟[D]. 西安：西安理工大学，2003.

[78] 郭磊，高学平，张晨，等. 北大港水库水质模拟及分析[J]. 长江流域资源与环境，2007，16（1）：11-16.

[79] 申满斌，陈永灿，刘昭伟等. 岸边排放污染物浓度场三维浑水水质模型研究[J]. 水力发电学报，2005，4（3）：93-98.

[80] 宋国浩，张云怀. 水质模型研究进展及发展趋势[J]. 装备环境工程，2008（4）：32-35.

[81] Mc Cormick B，Defanti T. Brown MD. Visualization scientific computing[J]. Computer Graphics，1987，21（6）：1-14.

[82] 任秀丽，王洪君. 计算机可视化技术在水质量评价中的应用[J]. 松辽学报：自然科学版，1999，3：34-36.

[83] 胡文海，刘毓，史忠科. 多河段线性水质模型及其可视化仿真[J]. 13，2001，5：656-658，673.

[84] Clifford I V. Editor's Message：Scientific visualization in hydrogeology[J]. Hydrogeology Journal，1999，7：153-154.

[85] Sorrento. Seventh triennial international symposium on fluid control，Measurement and Visualization[J]. Experiments in Fluids，2002，32：734.

[86] 曹芬芳. 虚拟现实技术[M]. 上海：上海交通大学出版社，1997.

[87] Ian G Adrian B. Virtual reality-a role in environmental engineering education[J]. Water Science and Technoloty，1998，38（11）：303-310.

[88] 柳静献，陈宝智，王金波. 虚拟现实及其在粉尘扩散研究中的应用[J]. 中国安全科学学报，2000，106：9-13.

[89] 郭劲松，霍国友，龙腾锐. BOD-DO 耦合人工神经网络水质模拟的研究[J]. 环境科学学报，2001，21（2）：140-143.

[90] 崔宝侠，段勇，高鸿雁. 神经网络在水质模型中的应用[J]. 沈阳工业大学学报，2003，25（3）：220-222.

[91] 薛文博，王金南，杨金田，等. 国内外空气质量模型研究进展[R]. 环境规划与政策，2012，13（2）：1-23.

[92] 刘晓环. 我国典型地区大气污染特征的数值模拟[D]. 济南：山东大学，2010.

[93] 伯鑫. CALPUFF 系统应用研究[D]. 天津：南开大学，2009.

[94] 伏晴艳. 上海市空气污染排放清单及大气中高浓度细颗粒物的形成机制[D]. 上海：复旦大学，2009.

[95] 中国环境科学研究院. 区域大气污染物总量控制技术与示范研究报告[R]. 2006.

[96] 胡泳涛. 区域空气质量及其影响因素研究[D]. 北京：北京大学，2000.

[97] 颜鹏，李维亮，秦瑜. 近年来大气气溶胶模式研究综述[J]. 应用气象学报，2004，15（5）：629-640.

[98] 俎铁林. 空气质量模式：在法规中的应用[M]. 北京：中国标准出版社，2005.

[99] 丁峰，赵越，伯鑫. ADMS 模型参数的敏感性分析[J]. 安全与环境工程，2009，16（5）：25-29.

[100] 王海超，焦文玲，邹平华. AERMOD 大气扩散模型研究综述[J]. 环境科学与技术，2010，33（11）：115-119.

[101] 徐鹤，丁洁，冯晓飞. 基于 ADMS-Urban 的城市区域大气环境容量测算与规划[J]. 南开大学学报：自然科学版，2010，43（4）：67-72.

[102] 李元宜，孙昊，薛丹. 利用 ADMS 大气扩散模型模拟阜新 SO2 减排[J]. 环境保护与循环经济，2010，30（7）：67-72.

[103] Eartah Tech I. A USER’ s Guide for the CALPUFF Dispersion Model[S]. 2000.

[104] An X，Zhu T，Wang Z，et al. A modeling analysis of a heavy air pollution episode occurred in Beijing[J]. Atmospheric Chemistry and Physics，2007，7（12）：3103-3114.

[105] P. P，K V，C S. Particulate matter modeling in the Los angeles Basin using SMAQ-AERO[J]. 2000，50：32-42.

[106] 康娜，高庆生，周锁铨，等. 区域大气污染数值模拟方法研究[J]. 环境科学研究，2006，19（6）：20-26.

[107] 李杰，吴其重，高超，等. 东亚春季边界层臭氧的数值模拟研究[J]. 环境科学研究，2009，22（1）：20-26.

[108] 王自发，谢付莹，王喜全，等. 嵌套网格空气质量预报模式系统的发展与应用[J]. 大气科学，2006，30（5）：778-790.

[109] 韩素芹，冯银厂，边海，等. 天津大气污染物日变化特征的 WRF-Chem 数值模拟[J]. 中国环境科学，2008，28（9）：828-832.

[110] NCAR. Operational Guidance for the WRF System[S]，2010.

[111] ENVIRON. CAMx USER'S GUIDE[S]，2010.

[112] ENVIRON. User’s Guide Comprehensive Air Quality Model with Extensions Version 6.0 [EB/OL]. http：//www.camx.com/files/ camxusersguide_v6-00.aspx.

[113] JS F，DG S，CJ J，et al. Modeling Regional/Urban Ozone and Particulate Matter in Beijing，China[J].

Journal of the Air & Waste Management Association，2009，59（11）：37-44.

[114] 樊琦，蒙伟光，王雪梅. 美国环保局第三代空气质量预报和评估系统[J]. 重庆环境科学，2003，25（11）：134-137.

[115] CMAS. Operational Guidance for the Community Multiscale Air Quality（CMAQ） Modeling System[S]. 2010.

[116] 张礼俊. 基于 Model-3/CMAQ 的珠江三角洲区域空气质量模拟与校验研究[D]. 广州：华南理工大学，2010.

[117] 杨艳. 基于 GEOS-Chem 模型的大气二氧化碳循环模式研究[D]. 北京：中国地质大学（北京），2010.

[118] 张仁健，王明星，曾庆存. 全球二维大气化学模式和大气化学成分的数值模拟[J]. 气候与环境研究，2002，7（1）：30-41.

[119] Klaassen G A J，Opschoor J B. Economics of sustainability or the sustainability of economics：Different paradigms[J]. Ecological Economics，1991，4（2）：93-115.

[120] Costanza R. What is ecological economics[J]. Ecological Economics，1989，1：1-7.

[121] Argent R M，Grayson R B，Ewing S A. Integrated models for environmental management：Issues of process and design[J]. Environment International，1999，25（6–7）：693-699.

[122] 高群. 国外生态—经济系统整合模型研究进展[J]. 自然资源学报，2003（3）：375-384.

[123] 张慧勤，过孝民. 环境经济系统分析——规划方法与模型[M]. 北京：清华大学出版社，1993.

[124] 张象枢. 关于可持续发展研究的系统思考[J]. 中国人口 • 资源与环境，2001（2）：7-10.

[125] Faber M，Niemes H，Stephan G. Entropy，environment and resources[M]. London：Springer-Verlag，1995.

[126] Charles P. Economics of ecological resources[M]. Cheltenham：Edward Elgar，1997.

[127] 霍斯特 西伯特. 环境经济学[M]. 蒋敏元，译. 北京：中国林业出版社，2002.

[128] Costanza R，Fred H S，Mary L W. Modeling coastal landscape dynamics[J]. Bioscience，1990，40（2）：91-92.

[129] 徐玖平. 自然资源开发利用研究的进展[J]. 中国工程科学，2001（11）：19-27.

[130] S M A J，Jakeman M M. Modeling change in integrated economic and environmental systems[M]. New York：John Wiley & Sons，1999.

[131] Aulin A. The impact of science on economic growth and its cycles[M]. Berlin：Springer-Verlag，1998.

[132] Luca T. Scientific methodology for ecological economics[J]. Ecological Economics，1998，27：91-105.

第 8 章　环境规划的目标制定方法

制定科学合理和有效的规划目标是环境规划的核心内容，也是科学编制环境规划首要解决的基本问题。本章主要阐述一般性的环境规划目标制定方法问题，包括环境规划目标的内涵、目标制定原则、目标类型、目标与指标问题等。同时，重点介绍环境质量目标制定、排放总量控制目标确定及其分解方法。有关专项性、领域性的环境规划目标和指标，及其确定技术和方法介绍可见第 12 章至第 17 章。

8.1　环境规划目标基本问题

8.1.1　环境规划目标的内涵

环境规划目标是对环境规划对象的未来某一阶段生态环境质量、环境治理水平、生态保护要求乃至社会经济的可持续发展等方向和水平所作的总体规定。环境规划目标是环境规划战略意图的体现，为各级政府部门的环境管理工作指明了方向。制定环境规划目标的根本目的在于促进生态环境保护与经济发展的协调、统一，推进提高生态文明创新与实践水平，同步实现社会经济的可持续发展与生态环境的健康和安全。为了保证环境规划目标的可达性，切实发挥规划目标对环境规划的指引作用，目标设计要恰当合理，不宜过高或过低，而且要做到技术经济可行、社会满意、针对突出的生态环境问题，也要考虑环境规划对象的环境资源禀赋、发展水平等因素的差异。一般来说，环境规划目标包含两方面的含义，一是规划目标范围；二是规划目标数量和质量特征。环境规划目标设定时，要通过环保需求分析以及规划目标的可达性、技术经济可行性分析等来综合确定。

环境规划目标制定过程中，一般遵循以下基本要求：①能为规划对象提供战略指引。与其他各种类型的规划相比，环境规划的目标也具有一般规划目标的共性，都是在规划目标制定的可行性分析的基础上对规划任务在时间和空间上的安排，能充分反映规划的指导功能，为规划对象的环境保护和环境管理工作提供战略指引。②目标要具备可达性和可操作性。环境规划目标的制定必须具有可达性和可操作性，否则编制再好的环境规划也只能成为一纸空文，无法发挥对环境保护实践的指导功能。这要求环境规划在制定前要充分做好调研、专家咨询和评估论证，规划目标的设置要考虑技术经济可行性、目标安排要合理适中，也应便于考核和监督检查。③要与经济社会发展目标相协调。环境规划目标设计过程实质上也是对环境保护与社会经济发展需求的一种综合考量和平衡，以最大限度地促进社会经济系统和生态环境系统之间的可持续性。这也要求环境规划目标的制定除了考虑规划对象的区域生态环境本底、管理及技术水平等因素外，也要考虑其社会经济发展阶段特征、产业结构特征等因素，这些因素影响了环境保护资金投入能力和水平。④规划目标要具有一定的先导性。制定环境规划的社会经济环境在不断变化，社会公众对环境质量的需求也越来越高，这就决定了环境规划目标必须要有一定的先进性，要能体现这种动态的形势和需求，目标设计要考虑技术创新和进步因素，关注环境质量变化对社会公众健康的影响，不仅要维护生态环境安全，也要能确保社会公众健康所需的环境质量。

8.1.2 环境规划目标的设计原则

（1）以规划对象的现状分析为基础

环境规划目标设计必须紧密结合、充分考虑规划对象的环境资源禀赋基础、社会经济发展阶段、产业结构、环境治理水平和能力、面临的压力、挑战和机遇等，在对规划对象的这些基本特征开展深入系统分析的基础上，根据规划时间段内的社会经济发展趋势和要求等，来合理设计环境规划目标。该原则也是确保环境规划目标设计合理性的基本原则。

（2）综合考虑社会经济发展阶段和水平

社会经济发展要基于环境承载力，环境保护工作也离不开特定的社会经济条件。这也意味着环境治理和保护投入要考虑社会经济发展特征，经济发达地区应该有更大的环保投入，经济欠发达地区在环境治理财政投入不能满足当地治理需求时，也需要通过财政转移支付或者政策支持等措施，确保这些地区环境规划目标的实现。

（3）维护生态环境系统的健康和安全

环境规划目标设计不仅要关注污染减排和治理，更要关注环境质量对社会公众的健康影响，以及生态环境安全。这要求在环境治理规划中，不仅要关注 COD、SO_2、NO_x、氨氮等常规污染物的总量控制和减排，也要关注重金属、POPs 等有毒有害污染物对公众健康的影响、对饮用水安全的影响，另外还要关注重要生态功能区、江河源头区、自然保护区以及重要生态系统的保育。

（4）基于技术经济可行性

环境规划目标的设计必须结合规划阶段的技术经济条件，污染治理目标、环境改善目标的完成均离不开最佳污染治理技术、清洁生产技术的支持，不仅要考虑先进技术在环境规划目标设计中的作用，同时也要开展技术的经济可行性分析，采用最佳污染防治技术，优化环境规划目标完成的效率。

（5）促进社会-经济-环境系统的可持续

环境规划目标设计要处理好社会经济发展与环境保护的辩证关系。环境规划不仅要维护环境安全和健康，更要为社会经济的良性发展保驾护航，在规制社会经济无序发展冲动的同时，优化社会经济发展，持续促进社会经济与环境系统的协调，实现社会-经济-环境复合系统的持续改进。

（6）可逐层分解落实

环境规划目标需要具体的指标来体现，无论是定量目标还是定性目标，必须能够具体细化、逐级逐层落实下去，这样一方面可保证规划目标的可分解、可执行，另一方面也能使得环境规划目标的监督、考核、跟踪等易于实现。

8.1.3 环境规划目标的类型

环境规划目标的类型与环境规划的类型紧密相关，可以从不同维度对环境规划目标进行分类，便于更好地理解和认识环境规划目标的本质和特征。对于环保创建性规划（如国家环境保护模范城市、生态省、生态市、生态文明示范区的规划等），环境规划目标实际上是既定的，也就是要求规定水平年达到环保创建目标。对于非创建性环保规划目标，如污染物总量控制目标以及环境质量目标，有以下分类方法。

（1）从时间上划分

按照环境规划目标的时间维度可将其分为长期目标、中期目标、近期目标。

长期目标，指时间跨度较大时规划对象达到或完成的目标，一般指 10 年期以上的环境规划目标，体现了环境规划总的方向与任务，也为环境规划的中期目标和短期目标提供指导，如《全国 2000 年环境规划纲要》、《中国环境保护行动计划（1991—2000 年）》、《中国跨世纪绿色工程规划》等环境规划均确定了长期规划目标。

中期目标，是环境规划中期达到或完成的目标，一般为 5～10 年，如“六五”、“七五”、“八五”、“九五”、“十五”、“十一五”、“十二五”环境保护规划中提出的规划目标。国家环境保护规划重点是设计中期环境规划目标。由于我国环境规划体系是以五年计划为核心的，所以中期环境规划目标也是各种环境规划目标设计的核心。

近期目标，又称短期目标，是环境规划在短时间内制定的目标，短期目标是中长期目标实现的基础，也是中长期目标的细化分解和落实。时间一般为 3 年以内，如 1 年，甚至半年或者季度。多指年度目标，一般在上一年年底以前制定完成。

（2）从空间上划分

按照环境规划目标的空间尺度大小可将其分为全球、国际、国际区域、国家、区域、省级、地市级、市县级、乡镇级等的规划目标。当然，一般性的环境规划目标的确定都是一个国家内部层面上的目标确定。对于大气污染防治、水污染防治、重点流域污染防治、总量控制、重金属污染治理、生态功能区划等单项规划的目标也可以设置相应的空间尺度目标。一般而言，大空间尺度的环境规划目标是小空间尺度环境规划目标的依据和制定前提，小空间尺度的规划目标是大空间尺度规划目标的基础[1]。

（3）从环境规划目标的层次上划分

环境规划目标具有层次性。一是不同类型的环境规划的目标设计也有很大差异。环境规划的对象有不同类别和层次，环境规划的对象有国家、行业、流域、城市、工业园区等，类型多样、层次不一，在环境规划目标设计时，除了遵循一般性环境规划目标制定的基本思路和方法外，还必须考虑不同类型环境规划的特点，结合规划对象的环境保护需求，并基于技术经济可行性来设计。二是环境规划目标本身既有宏观性的目标要求，又有落实宏观目标的具体目标，这使得环境规划目标具有层次性。宏观环境规划目标是对环境规划在规划期内实现目标的总体规定和要求，强调与社会经济发展的协调和综合；具体环境规划目标是对污染治理、环境质量管理、污染物总量控制、生态保护等具体目标的要求。前者是环境规划目标的原则性要求，后者是环境规划的具体落实和执行。

在环境规划实践中，按照环境规划目标的层次一般可将其分为总体目标、具体目标和具体指标。

总体目标：不同的规划对象，如国家、流域、行业及重点环境保护领域等，对污染减排、环境质量，以及生态健康等要达到的水平和要求的总体规定。

具体目标：为实现环境规划的总体目标，针对规划对象的生态环境要素所确定的具体环境目标。具体目标便于理解、便于考核，编制环境规划需要给出规划对象在环境质量以及生态环境管理工作方面的具体目标。

具体指标：是环境规划总体目标和具体目标的体现，是具体的环境规划目标的分解和细化，也为环境规划目标实现程度提供了一个具体的衡量基点。

（4）从规划目标的约束性上划分

按照环境规划目标的约束性可将其分为约束性目标和预期性目标。

约束性目标，是指对某规划目标的完成情况提出硬性要求，是规划期必须实现的目标。政府会通过合理配置公共资源和有效运用行政、法律、技术、政策等综合性手段，确保有关目标的实现。约束性目标的设置要统筹考虑目标的重要性程度、可行性等多种因素，既回应管理需求，又要有可行性。如我国“十一五”环境保护规划，将 COD 和 SO_2 两项污染物的防治作为规划的重中之重，提出将两项污染物分别相对 2005 年削减 10%作为约束性指标。从 COD 指标来看，考虑到我国“十一五”时期的水体污染主要是有机性污染，从国际上看，解决水体污染一般也是首先解决有机性污染，故将 COD 纳入总量控制的约束性指标是规划的优先目标，而这也具备了可行性，从“九五”开始我国将 COD 作为主要水污染物控制指标，有详细的质量和污染源监测数据，管理能力能跟上，这为“十一五”实施 COD 总量控制提供了扎实的基础。在科学预测 COD 减排能力以及新增量，并考虑社会经济可行性的基础上，提出了“十一五”时期 COD 总量控制目标相对 2005 年削减 10%作为约束性指标的要求。从大气污染控制来看，我国的大气污染仍以硫酸盐型为主，二氧化硫是主要污染因素，且其污染来源清楚，也有成熟的监测和统计数据，因此将其纳入“十一五”总量控制也具有必要性和管理可行性，并经过科学分析提出了“十一五”时期 SO_2 总量削减 10%作为约束性指标的要求。在我国“十二五”环境保护规划中，环境保护工作的重点发生了变化，考虑到 NO_x 以及氨氮对环境质量影响的重要性，以及“十二五”期间实施两项污染物总量控制管理的可行性，在结合科学预测分析的基础上，除了将 COD 和 SO_2 两项污染物实施总量控制目标调整为削减 8%的水平外，也提出了将这两项污染物在 2015 年比 2010 年削减 10%的约束性目标要求。我国“十一五”开展的污染源普查工作，基本摸清了氨氮等水污染物的基数，而且我国已经在“三湖”流域水污染防治规划中将氨氮作为总量控制指标，已经积累了氨氮总量控制的管理经验，同时，氮氧化物在“十一五”时期已经逐步纳入污染源监测和统计范围，这为“十二五”实施氮氧化物的总量控制创造了条件。因此，在“十二五”开展全国性的氨氮总量控制是可行的。

预期性目标，是政府期望实现的环境规划目标，不是必然要实现，但是会努力促成实现的目标。对于预期性目标，政府主要通过创建良好的制度环境、政策环境和市场环境，通过主动实施宏观调控和引导社会资源配置来促进其实现。如对水环境质量目标而言，我国“十二五”环境保护规划提出“加大长江中下游、珠江流域污染防治力度，实现水质稳定并有所好转”。该目标即为预期性目标，并不要求必须实现，但政府会出台有关政策、创新制度环境、加大治理投入、强化污染防治来促进其实现。

（5）从环境规划目的上划分

制定和实施环境规划的目的旨在实现污染控制、生态健康和良好的环境管理。从这一角度，可以将环境规划目标划分为污染控制型目标、生态保护型目标、环境管理类目标。

污染控制型目标，是各类环境介质和污染物治理目标，包括大气污染治理目标、水体污染治理目标，固体废物和危险废物控制目标、重金属污染防治目标、噪声污染控制目标、POPs 治理目标、温室气体减排目标、汞污染物治理目标等。

生态保护型目标包括各类自然生态系统的保护目标，如森林生态系统保护目标、土地生态保护目标、湿地生态系统保护目标、生物多样性保护目标等。当前，我国的生态保护型目标主要关注自然生态系统的资源性价值，对非经济价值的生态系统健康目标的重视尚不够。

环境管理类目标是指环境规划中的规划制定、实施、协调、监管、责任落实和追究、公众参与等各项管理目标，有关的配套的立法、宣教、科研等也可归为该类目标。

（6）从规划内容上划分

依据环境规划内容的不同，可将环境规划目标大致分为环境质量管理目标、污染物总量控制目标、生态环境创建型目标。

环境质量管理目标，是为维护环境质量而定的目标，包括大气环境质量目标、水环境质量目标、声环境质量目标、生态健康目标等。

总量控制目标，有基于目标的总量控制目标与基于容量或者质量的总量控制目标之分。前者是管理者根据污染物控制要求，在环境规划中确定下来的污染物总量管理目标，是以排放限制为控制基点，从污染源可控性入手，实施污染物控制总量分配，与环境容量没有必然联系。基于目标的总量控制目标主要是结合环境规划的技术、经济可行性，以及阶段环境管理需求等多方面因素综合考虑来制定的。由于环境容量受多种因素影响，在环境容量难以确定的情况下，环境规划多采用基于目标的污染物总量控制目标。基于容量的总量控制目标是根据给定环境质量控制水平要求确定的污染物环境所能容纳的污染物的最大负荷而确定的目标，规划目标值一般是基于环境容量设定的，规划目标不会超过环境容量。

生态环境创建型目标是指国家有关部门（主要是环保、林业和发展改革委等行政主管部门）提出的各类生态环境创建型规划的目标，如国家环保模范城市、生态省、生态市、生态县、生态文明示范区创建等所设定的管理目标。这类目标是国家有关管理部门为了发挥特定地区的先行示范和引导作用而设定的相对超前的管理目标，地方可以采取自愿创建、自主申报的方式，在规定时间范围内经有关部门考核达到管理目标要求即可获得相关创建称号。

（7）从行业上划分

环境规划对不同行业的环境治理，特别是污染贡献度大、存在高环境风险的重点行业的环境治理提出目标要求。可依据行业部门门类对环境规划目标进行分类，如钢铁行业环境规划目标、火电行业环境规划目标、化工行业环境规划目标等。目前的行业环境规划目标主要侧重于污染减排、资源利用效率和环境风险防控方面。

（8）从目标的表达方式上划分

按照环境规划目标的表达方式可将其分为定量目标、定性目标和半定量目标。

定量目标指以数量来表示环境规划目标要达到的具体程度和水平；定性目标是用概化的语言来描述环境规划的目标要求；半定量目标是二者的结合，适用于那些不能完全但可部分定量表达的目标，这种目标可综合两种目标表达方式的优点，可表达一些模糊的目标。

8.2 环境规划指标体系设计

环境规划指标是表征环境规划目标的内容、范围、方向和重点的可度量参数，是环境规划总体目标的具体设计和表述。一般而言，环境规划指标是基于生态环境质量需求、生态环境调查、生态环境承载力评估、环境统计数据分析，在社会经济发展预测的基础上制定的，由一系列相互联系、相对独立、互为补充的生态环境防治和管理指标构成，不同属性特征又彼此相互联系的环境规划指标按照隶属层次关系构成环境规划指标体系，实现环境规划目标的细化、分解和落实。在环境规划实践中，尽管由于环境规划类型多样，规划的内容和目标设计存在较大差异，规划指标体系也呈现较大差别。但是环境规划指标在环境规划中处于核心和引领地位，主要体现在：①通过建立指标体系，对环境规划目标的实现程度进行科学评价。②通过建立指标体系，动态跟踪、监测和评估生态环境的变化趋势，为规划的进一步实施提供信息支持。③通过指标引导各地区、各行业部门等制定环境规划任务和实施方案，逐层推进环境规划实施。④指标体系有利于进行国际间、区域间、地区间、行业间、流域间等不同规划对象的横向比较。

8.2.1 环境规划指标体系的发展状况

环境规划指标的变化与经济社会和环境之间的矛盾的发展变化紧密关联。在最初，人类环境保护主要关注污染治理时，环境规划的指标体系主要是污染防治型指标体系。随着人类对环境问题关注的范围不断扩大，环境规划指标体系也在发生相应改变。自 1972 年联合国环境与发展大会后，人类开始关注社会经济和环境系统的可持续性，开始在可持续发展框架下对环境规划的指标体系开展系统研究。20 世纪 80 年代末，经济合作与发展组织（OECD）与联合国环境署（UNEP）共同提出环境指标体系应包含 3 类不同但又相互联系的指标[2]：①压力指标。用于反映社会经济发展对环境造成的压力。②状态指标。表征生态环境质量状况。③响应指标。表征人类为解决环境问题、实现社会经济持续发展需采取的环境管理措施。这一基于 PSR（Pressure-State-Response）系统分析模型的环境规划指标体系对环境规划实践产生了较大影响，许多研究都在此框架下开展。20 世纪 90 年代以来，在环境规划实践中，环境指标体系已从单一层次、单要素向多层次、综合性方向发展，从仅关注环境污染控制指标转向环境、生态、气候变化、人体健康等所构成的复合指标体系发展。如 OECD 在 2004 年提出的环境指标体系包括了各类环境要素的污染防治指标、环境质量指标，同时也将气候变化指标、生物多样性指标纳入了指标体系中，且对各类指标在可持续性上的联系高度关注。

我国环境规划指标体系的变化也呈现出以上发展趋势[3，4]。从“六五”时期环保目标被列入社会经济发展规划、“七五”时期制定了第一个国家环保五年计划开始，我国国家环保规划工作走过了从无到有、从简单到逐步完善的过程，基本形成了较完备的规划体系。从“七五”规划到“十二五”规划，环境规划指标的数量和内容变化与各个时期环境保护工作面临的不同形势、重点任务和预期目标有关。具体为：①从“七五”到“十二五”，国家经济实力不断增强，环境需求不断提高，环境管理日益严格。体现在环境指标构成上表现出分类更加细化的趋势。水环境指标落实到流域，大气环境规划指标落实到控制区，生态规划指标落实到生态功能分区，技术进步和量化管理是实现指标分类细化的主要推动力。②从“七五”到“十二五”，我国环境污染逐渐加重，环境保护投入总体在增长，环境保护面临的形势和任务十分严峻，“七五”到“十五”期间环境管理和水污染防治的指标结构特点明显，到“十一五”、“十二五”时期，按领域突出污染物总量控制-环境质量控制的指标结构。③从“七五”到“十二五”，环境规划指标数量先增长后下降的变化，也在一定程度上反映了越来越重视指标的实际可达性和约束性，环境保护目标指标正在成为影响政府官员“乌纱帽”的一项刚性指标。④环境规划指标越来越重视从单纯的污染防治转向重视重点领域环境问题的解决，重视与社会经济发展和资源高效利用指标的协调性。特别是一些清洁生产、生态产业园区、低碳经济和循环经济建设规划，主要核心指标都是资源综合效率和绩效指标，如万元 GDP 资源能源消耗、污染物排放量、二氧化碳排放强度等。

8.2.2 环境规划指标的属性与类型

（1）指标属性

在环境规划实践中，不同的环境规划目标取向不同，环境规划指标体系的选择也有较大差异。根据规划指标的约束性及其在环境规划中的效用，环境规划指标主要包括约束性环境规划指标、指导性环境规划指标和预期性环境规划指标。①约束性环境规划指标是指具有行政效力、按照环境规划必须完成和执行的指标，这类指标的约束性强，一般作为环境规划完成情况考核的主要依据，主要包括污染物总量控制指标及其他控制性指标。如"十二五"国家环境保护规划中的主要污染物 COD、SO_2、NO_x、氨氮总量减排指标即为该类指标。②指导性环境规划指标是指规划期间对各级政府和各有关部门提出的工作要求，一般有关环保基础设施建设、环境监管能力建设和环保投资等方面的指标属于指导性指标。③预期性环境规划指标一般指政府期望的发展目标，不具有约束性，反映了规划主体在规划期内期望实现的目标。一般包括两方面，一是其主要依靠市场主体的自主行为来实现，政府则主要创造良好的宏观环境、制度环境和市场环境，并综合运用各种政策引导指标的实现；二是虽然该指标不是当前规划主体最为关注、必须实现的目标，但规划主体期望经过各方努力使其能够实现。

指标采取何种形式，与规划期环境保护工作的重点和任务要求紧密相关。在确定环境规划指标的属性时，一方面，要注意不同属性环境规划指标的结构和逻辑合理性，在环境规划指标中，社会经济和资源效率往往是预期性的指标，总量控制指标通常是环境质量指标的实现前提；另一方面，要注意约束性指标和引导性指标的关系及其动态性。例如，特定时期（如国家"十一五"时期），污染物排放总量控制指标是约束性指标，而环境质量指标是指导性或预期性指标。但这种关系不是一成不变的，随着时间的发展，环境质量指标将变成约束性指标。

（2）指标类型

最常见的环境规划指标按其表征目标对象的差异，可分为环境质量指标、污染物总量控制指标、环境管理指标以及其他相关指标。环境质量指标是对规划期内环境质量提出的要求，体现为各类环境污染物的排放浓度和强度指标等；污染物总量控制指标主要是对各类环境污染物排放总量或者总量管理提出的要求，可以是环境容量总量指标，也可以是管理目标总量控制指标；环境管理指标主要包括各类污染治理和管理的目标指标。其他相关指标主要是与环境保护有关的各类社会、经济和管理类关联指标。

表 8-1　环境规划指标的类型[5-11]

指标类型	指标细类	具体表征指标（示例）
环境质量指标	大气环境质量指标	SO_2 年平均浓度、PM_{10} 年平均浓度、NO_x 年平均浓度、全年空气质量好于二级标准的天数、空气质量指数（AQI）≤100 的天数、空气汞污染物年均值、酸雨发生频率、酸雨平均 pH 值、O_3 浓度、CO 浓度、PM_{10} 浓度、$PM_{2.5}$ 浓度等
	水环境质量指标	地表水 COD 和 BOD_5 平均值、镉、铅、汞等重金属污染物浓度、水质综合指数、水功能区达标率等

指标类型	指标细类	具体表征指标（示例）
环境质量指标	噪声和辐射环境质量指标	核电厂对其周围居民造成的个人年有效剂量为国家标准限值的比例、交通干线噪声平均值、区域环境噪声平均值、功能区环境噪声达标率等
	生态安全指标	物种丰富度、土壤有机质含量、捕获鱼龄结构、捕获鱼种结构、野生动植物灭绝量、多样性指数、生态优势度、生态适宜度、林草地优势度、单位面积物种数量、林地消长率、濒危物种占区域全部物种的百分比等
污染物总量控制指标	大气污染物总量控制指标	燃煤烟尘排放量、燃料燃烧 SO_2 排放量、工业粉尘排放量、NO_x 排放量、工业生产 SO_2 排放量、燃料燃烧废气排放量、工业生产废气排放量等
	水体污染物总量控制指标	废水排放量、工业废水排放量、生活废水排放量、工业生产 COD 排放量、生活 COD 排放量、COD 排放总量、NH_3-N 排放总量等
	固体废物及危险废物总量控制指标	城市生活垃圾排放量、工业固体废物排放量、危险废物排放量、新增城市垃圾无害化处理能力等
	生态治理指标	自然保护区面积、重点生态功能保护区数量、重点资源开发监管区数量、水土流失量、水土流失面积、新增水土流失治理面积、合理载畜量、新增生态修复面积、土地沙漠化治理面积等
	环境投资指标	环保投资总量及其占 GDP 比例、企业污染治理投资总量、农村污染治理专项投资、流域污染治理投入、重金属污染治理投入、工业废水治理工程投资、城镇污水处理厂建设投资、非点源污染治理示范工程投资、小流域综合治理工程投资、截污导流工程投资、城市重点水体水质改善工程投资等
环境管理指标	大气污染管理指标	城市烟尘控制区覆盖率、SO_2 控制区面积、汽车尾气达标率、酸雨控制区面积、机动车环保定期检测率等
	水体污染管理指标	饮用水水源水质达标率、城市生活污水处理率、重点城市集中式饮用水水源地水质达标率、水环境功能区水质达标率、常规监测断面水质按功能达标率、流域断面水质按功能达标率、地表水国控断面劣 V 类水质的比例、七大水系水质好于III类水质的比例、近岸海域海水好于 II 类水体的比例等
	固体废物及危险废物管理指标	城市生活垃圾无害化处理率、工业固体废物处置率、危险废物安全处置率、医疗废物集中处置率、工业固体废物综合利用率等
	噪声和辐射污染管理指标	废放射源收贮处置率、区域环境噪声小于 55dB（A）的城市比例等
	生态管理指标	自然保护区比例、自然保护区占国土面积比例、国家级自然保护区达到规范化建设要求的比例、重要生态功能区占国土面积比例、水土流失治理率、荒漠化治理率、受保护的野生动植物占区域总物种数的比重、森林覆盖率、林草覆盖率、土地退化治理率、退耕还林还草率、基本农田保有率、建成区绿化覆盖率、林地占国土面积比例、人均公园绿地面积、生态农业产值比例、旅游区面积比、年旅游接待人数比例等
	环境管理能力指标	环境监测机构达到国家标准化建设的比例、环境信息公开能力、政府环境保护投入占财政支出比重、重点工业污染源排放达标率、建设项目环境影响评价实施率、政府规划战略环境评价实施率、村庄环境综合整治率、规模化畜禽养殖场污水排放达标率等

指标类型	指标细类	具体表征指标（示例）
其他相关指标		GDP 年增长率、人均 GDP 年增长率、第三产业产值比例、居民人均年收入、恩格尔系数、公交出行比例、高新技术产业产值占工业总产值比重、科技进步贡献率、人口密度、人口年增长率、人口期望寿命、单位用水量的 GDP 产出、工业经济效益综合指数、人均水消耗量、人均能源年消费量、单位 GDP 水耗、城市人均生活用水量、农村生活饮用水卫生合格率、城市污水纳管率、工业万元产值用水量、单位工业增加值新鲜水耗、工业重复用水率、城镇建成区自来水普及率、工业用水水资源循环利用率、年水资源供需平衡比、单位 GDP 能耗、清洁能源使用率、电力占终端能源消费的比例、规模化企业清洁生产审核完成率、万元 GDP 的 CO_2 排放强度、小公众对环境的满意率、主要道路绿化普及率、人均二氧化硫年排放量、人均氮氧化合物年排放量、人均生活垃圾年产生量、万元 GDP 工业固体废物产生量、单位耕地面积农药施用量、单位耕地面积化肥施用量、表层土中重金属含量、规模化畜禽养殖场粪便综合利用率、农业灌溉水有效利用系数、农用化肥施用强度、农作物秸秆综合利用率等

8.2.3　环境规划指标体系的确定原则

环境规划指标的选取需遵循一系列原则，要有针对性和代表性，能够有效表征环境规划目标。不宜过多或过少，指标过多会给规划工作的实施带来困难，指标太少则难以保证规划的合理性，需根据规划对象的特点、需要解决的关键问题、统计数据的支撑能力、监测监管能力、制度政策空间等条件选取。指标也不宜过粗或过细，过粗不能体现规划对象要解决问题的实质，过细则难以突出规划对象的重点问题。指标设计要兼顾约束性指标和预期性指标的要求，对约束性指标必须要可监测、可评估、可考核。一般来说，在环境规划指标体系制定过程中需要遵循以下原则。

（1）针对性原则

环境规划指标要与环境统计指标、环境监测项目和数据相适应，以便于环境规划设计和环境规划实施的检查；要能够紧密结合国家的环境保护政策法规，体现政策的导向性，保持与国家的方针、政策、法规和目标的一致性；要能反映规划期内的环境保护工作需求，体现环境保护的重点和任务要求；要能够与国民经济和社会发展指标体系相联系、相协调、相呼应，以支撑规划对象的社会经济与环境系统的持续、协调发展。

（2）规范化原则

环境规划指标的内涵、边界、量纲、统计、测量和评估方法具有统一性或通用性，物理意义明确，测算统计方法科学规范，而且在相对较长时间段内不应有较大的变动，这样有利于测度环境规划目标的实现程度，解析环境规划实施进展中存在的问题，为环境规划适应环境保护工作的持续改进提供支持。一般而言，环境规划指标应具有一定的现实统计基础，也可以采用化学、物理等多种现代科学方法获取指标数值，能够定量说明环境保护工作变化。

（3）系统性原则

环境规划指标体系要能充分体现规划对象的环境保护需求，全面、准确地表征规划对象的特征和内涵，不限于局部问题或环境保护的某个方面和某个层次，根据不同的评价需要和详尽程度分层分级设计，通过指标设置数量和相互关联的结构比较全面地反映规划对象环境保护的各个方面。

（4）代表性原则

环境规划指标体系要具有典型性和代表性、相对独立性，能深刻体现规划对象环境保护工作的各项需求，体现规划对象各方面环境保护工作的共性。在指标体系初步确定后，需对指标进行归类汇总，对于重复性指标需删减或合并。

（5）阶段性原则

环境保护工作具有阶段性特征，与社会经济发展阶段和环境问题的特征紧密相关，环境规划指标应充分体现这一特征，充分考虑社会化经济和环境问题发展的阶段性，对于各环境规划指标确定分阶段实施的目标值。

（6）连续性原则

环境规划是一个长期和动态的过程，所建立的指标体系应能反映规划对象的动态变化。一方面，指标体系要能保持相对稳定性，其更新与完善应当与环境管理工作同步进行，动态的指标体系应能体现环境保护工作的进展要求，静态的指标体系应能够体现环境保护的现状需求，只有保证指标体系的连续性才能使得环境规划具有相对稳定性，更好地为环境管理服务。另一方面，指标体系应具有一定的灵活性，为将来增加或改变某些单项指标提供“接口”。这样才能保证指标体系具有长时间的适应性和较强的可预测性。

（7）可考核原则

指标体系应得到各级政府和社会各界的广泛认同，通过采用同一指标体系对各具特征的不同规划对象进行统一的衡量、对比和评价，可以作为判断环境质量改善程度和衡量政府环保政绩的重要依据，这也是保证环境规划实施绩效以及环境保护工作制度化、规范化发展的客观要求。数据来源一般是发布统计数据的法定部门和依照职责认定指标数据的权威部门，数据来源不明确的指标应舍弃。无年度统计数据的、数据更新周期不确定的、仅有离散调查数据的指标应舍弃。根据数据来源、更新周期和是否公开发布、内部交换等情况，数据获取的难易程度分为三类：比较容易、有一定难度、比较艰难。数据获取有一定难度（主要指标除外）和比较艰难的指标一般舍弃。

8.2.4 环境规划指标体系的设计流程

环境规划指标体系设计总体上包含指标选择以及不同水平年下的指标值确定两个环节。指标体系设计的流程一般如下：①首先开展生态环境现状分析，并根据社会经济发展趋势分析发展情景下的生态环境发展趋势，明确规划期内环境保护工作的任务和重点，据此制定生态环境目标。②考虑该环境规划往年的指标设置情况，该环境规划上一层级规划的指标要求，以及同级社会经济发展规划的指标设置情况，界定指标并初步确定环境规划指标体系。③根据一定的指标确定原则，增减、归并和调整初步筛选的指标，对模糊指标重新界定。④考虑相关因素，包括规划对象的生态环境因素、政策和管理因素、影响可持续发展的因素，开展技术经济分析，根据规划实施的措施，对规划指标进行可达性分析，如果指标可行性仍存在问题，则需反馈调整初始设置的环境规划目标。⑤根据规划期内环境污染治理和环境管理需求，确定指标的属性，明确哪些是约束性指标，哪些是预期性指标等。⑥确定规划期内的环境规划指标体系。

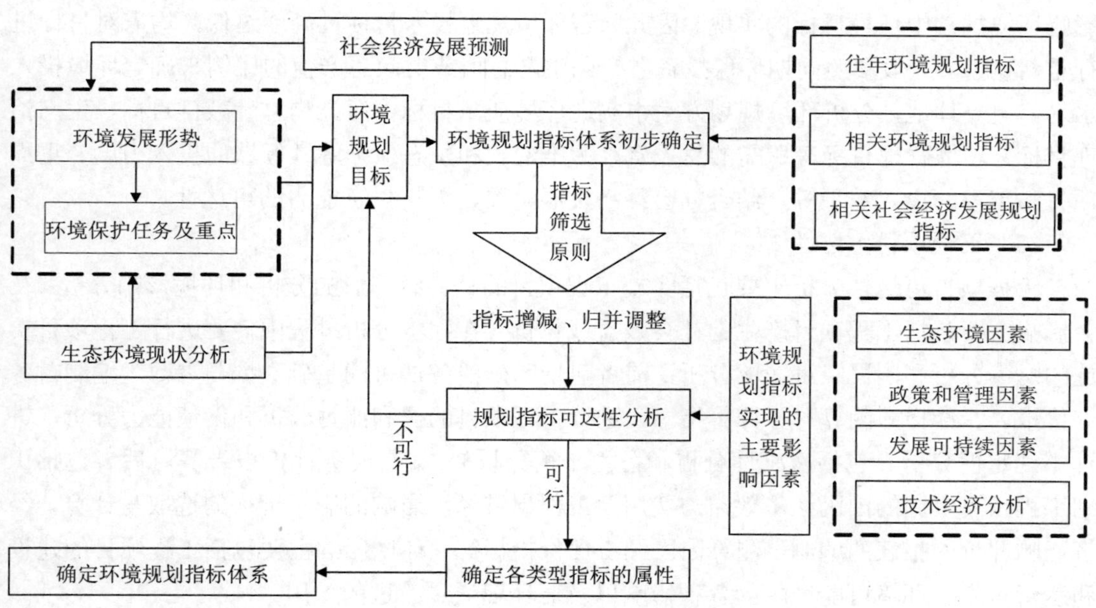

图 8-1 环境规划指标体系设计的技术流程

8.2.5 环境规划指标的可达性分析

为了确保制定的环境规划目标可行，必须对规划目标（特别是指标）进行可达性分析。如果环境目标和指标的可行性差或不可行，则需进一步反馈、调整、改进初始设计的规划目标和指标。环境规划指标可达性分析主要包括技术需求的可达性分析、工程减排能力的可达性分析、环境投资的可达性分析、政策需求供给的可达性分析、组织管理的可达性分析等，并形成对各项环境质量目标、污染物总量控制目标、环境管理目标等可达性的总体性评价。环境规划指标可达性分析主要包括以下 6 个方面[11]。

（1）技术可达性

主要关注生态环境防治技术的可得性、适用性以及技术经济的费用效益分析，要求选用的技术要可获取、具有广泛的适用性以及具有技术经济效益。污染治理技术水平是决定规划目标能否达到的重要参量，不同的污染治理技术，其污染治理效率不同，可采用全生命周期分析法分析不同的污染控制技术全生命周期的产排污效率，并从技术使用的费用和效益入手分析各种技术在规划期内应用的潜力。通过以上三方面分析选用实现环境规划目标的最佳实用技术（BPT）和最佳可行技术（BAT）。

（2）投资可达性

环境投资能力和水平与社会经济发展阶段紧密相关。当环境规划指标体系确定后，即可概算各项指标实现所需的资金投入水平。总体而言，投入越高，环境规划目标越易实现，但如果投资目标设置过高，财力无法支持，则难以实现投入目标；投资目标设置过低，则影响环境规划中环境目标的实现。因此，若环境规划投入目标过高或过低，均需对目标进行重新调整。一般参照同期环保投资占国民生产总值或财政总产值的比例来确定环境投入水平。更具体地，分析环境规划方案中实现环境质量目标、污染物总量减排目标、生态治理目标、环境管理目标等所需的总投资、污染治理和生态保护等各领域的投入力度、重点项目和工程的投入水平等，结合社会经济发展阶段，分析投资能力的可达性。

（3）工程项目可达性

工程项目可达性分析主要包括实施工程项目的社会经济影响分析和环境影响分析。社会影响主要包括工程项目产生的社会效益或代价。在经济分析过程中，要进行工程项目实施的财务分析和国民经济影响分析，前者包括明确财务评价的基础数据与参数、编制财务评价报表、选择并测算财务评价指标，进行工程项目的盈利能力分析和偿债能力分析，进行不确定性分析（包括敏感性分析和盈亏平衡分析），编写财务评价报告等。后者包括识别工程项目实施的国民经济效益与费用，工程项目经济影响的影子价格的选取与计算，经济影响评价的报表的编制，测算国民经济评价指标等。环境影响主要包括工程项目的建设和运营对生态环境可能产生的各种影响以及对环境质量改进的效用。

（4）政策措施可达性

分析实现环境规划目标的已有政策基础、政策执行实施能力、政策实施的社会影响和环境影响，明确规划目标实施是否已经具备政策条件，需要突破和创新的政策领域，政策执行过程中可能存在的障碍性因素，以及为实现规划目标需要解决的政策配套问题。环境规划中的政策需求特别要注意与规划主体的一致性和协调性，不能脱离规划实施主体环境政策权限范围制定和实施相关环境政策。例如，环境税一般是中央政府甚至全国人大制定的政策，在地方环境规划中提出就不合适。

（5）组织管理可达性

分析规划执行的组织管理需求，明确规划执行所需的组织机构、管理能力、人力资源配置等。环境规划目标可达性分析中，公民环境意识和素质也是重要因素，地区不同、社会经济发展阶段不同、环境问题严重程度不一，对环境问题的态度和对环境质量的关心程度有很大差别，这将成为影响环境规划目标能否落实的重要因素。也要分析专业技术人才数量规模、结构、水平等，分析为规划目标实现提供支撑的能力水平。

（6）规划目标可达性整体评价

分析经济结构调整与资源结构对生态环境目标的影响，分析总量控制和污染削减、污染控制技术和管理政策、环境投资水平等对生态环境目标可达性的影响，形成对生态环境目标可行性的整体评价。

8.3　环境质量目标与指标确定

环境规划中的环境质量目标是对规划期内为了维护和改善环境质量而提出的目标要求，包括对水体、大气、土壤以及生态系统健康提出的质量目标要求。环境规划中设置环境质量目标的根本目的是保证规划期内环境质量不退化或者促进环境质量的改善。环境质量目标与污染物总量控制目标是两个环境规划中经常使用、既有区别又有联系的概念，二者是不同的，其基本区别是：设置总量控制目标主要是为了在规划期内实现一定的污染物总量减排要求，该目标尽管可能会带来环境质量改善或者促进环境质量达标，但这不是规划目标考虑的唯一因素，总量减排目标实现不一定必然带来环境质量的改善。总量减排目标会综合考虑社会经济发展阶段以及管理可行性来设置，会适当考虑规划对象的环境容量水平，主要体现形式是相对于基准年减排的水平，可用绝对量或者减排相对水平来表示。而环境质量目标则会以环境质量的维护或者改善程度来表示，如重点城市空气质量好于II级标准的天数、$PM_{2.5}$ 年平均浓度、流域水质达到水功能区比例、流域国控断面水质好于III类的比例、地表水国控断面达 V 类水质标准以上的比例、噪声功能区达标率、城市区域环境噪声水平、自然保护区覆盖面积占国土面积的比例、城市人均公共绿地面积、集中式饮用水水源地水质达标率等。

8.3.1　环境质量目标指标确定原则

建立环境规划的环境质量目标指标体系的目的是建立起能全面、准确、系统和科学地反映环境现象特征和内容的一系列环境规划目标。建立一个完整的环境质量目标指标体系必须按照一定的原则来进行。

1）系统考虑。综合考虑水、气、土壤、噪声环境质量状况，科学预测规划期内不同社会经济发展和环境管理情境下，不同要素的环境质量发展趋势，科学制定不同要素的环境质量目标指标值，不同要素的环境质量目标指标共同构成规划期内的环境质量目标指标体系。

2）科学合理。环境质量目标指标应建立在科学分析的基础上，合理利用环境容量资源，污染物总量排放要与环境承载力相协调。每一项环境质量目标指标的概念都必须具体明确，能够充分反映生态环境的内在机制，充分反映环境质量状况的差异以及环境质量的发展趋势。尽可能选取具有相对独立性的环境质量目标指标，指标间应尽量避免信息的重复，指标要具有可比性，对于定性的指标应尽可能地进行半定量化描述。

3）目标可达。环境规划的环境质量目标指标设计过程中要充分考虑区域的发展功能定位、环境容量特征、社会公众的期望水平，以及当前环境规划期所能达到的技术经济水平等因素，既能使目标不至于过高而难以达到，又能紧密结合现实条件，在社会经济发展条件的允许范围之内。

4）易于操作。环境质量目标指标要基于现有的统计基础，尽可能地利用现有统计指标，要与地方环境监测力量和技术水平相适应，与环保部门的管理水平相适应，易于从有关部门获取、报送、审核等。

8.3.2 环境质量目标指标确定过程

如何科学合理地确定环境质量目标，是编制环境规划首先要考虑的问题。一般来说，环境规划的质量目标制定过程如下：①明确主要环境质量问题。明晰环境质量状况以及如何维护、改善环境质量是编制环境质量规划的起点和终点。因此，首先需要对环境质量的状况、环境质量存在的主要问题和调整进行分析。这需要比对环境质量标准，通过采取一定的方法、方式进行调查评价来获取清晰的认识，也需要对污染物的产、排、治的状况进行系统分析，以及对环境质量状况的发展趋势进行预测，从而找准主要的环境质量问题。②规划目标方案的比选。环境规划的环境质量目标的实现存在多种可选方案，需要综合考虑经济承受能力、技术可行性、环境安全及人体健康的客观需求等因素，开展系统的技术经济分析，进行多方案比选。③拟定环境质量目标。确定污染排放源与环境质量目标之间的定量响应关系，这是直接影响环境规划方案优劣的关键环节。该定量响应关系一般是通过实测资料建立的大气质量模型来完成的。主要工作包括定量分析污染源布局、污染源贡献等。④环境规划的质量目标模拟。确定采用可行的环境质量模拟方法模型，预测规划期目标年的环境质量变化趋势。如运用 CMAQ 区域复合大气污染模拟模型来模拟规划期目标年的环境质量。⑤对环境质量规划目标的可达性进行分析。分析目标预测值与规划方案拟定目标的差异水平，以及在一定的规划方案下，是否可以实现环境质量目标要求。定量判断规划目标的可行性，防范目标制定过高或过低。目标过高，则偏离了社会经济承受水平或环境管理水平；目标过低，则难以达到维护或改善环境质量，进而保障人群或生态健康的目的。

以下将以我国重点区域大气污染联防联控“十二五”规划的空气质量目标制定[12]以及辽河伊通河流域污染防治规划的环境质量目标制定[13]为例来进行具体说明。

（1）《重点区域大气污染“十二五”防治规划》的空气质量目标制定

环境质量改善是我国“十二五”重点区域大气污染防治规划的核心。该规划将 SO_2、NO_2、PM_{10}、$PM_{2.5}$ 年均浓度及 O_3 超标天数五项指标纳入空气质量指标体系，环境质量目标模拟主要采用的是 CMAQ 区域复合型模型，以及 MM5 中尺度气象学模型。综合考虑经济承受能力、技术可行性、环境安全及人体健康的客观需求等因素制定重点区域达标方案。其中，SO_2、NO_x 减排目标参照全国总量减排目标，PM 减排仅考虑工业烟粉尘，VOCs 控制主要针对重点行业现役污染源。根据环境保护部环境规划院的模拟，如果“十二五”大气污染物总量控制目标能够全面实现，区域空气质量改善目标基本能够实现，13 个重点区域改善程度如表 8-2 所示。以 $PM_{2.5}$ 为例，年均浓度的下降是一次粒子和二次转化粒子前体物协同控制的结果。模拟结果显示，多数省份 $PM_{2.5}$ 年均浓度下降比例的预测值均高于规划拟定目标，北京、重庆的预测值略低于规划拟定目标，但通过努力基本可以实现规划拟定目标。此外，河北、广东、湖南等 6 个省份可超额完成 $PM_{2.5}$ 浓度下降目标，约超过规划拟定目标 3 个百分点以上。

表 8-2　重点区域各省“十二五”空气质量目标评估结果（浓度降幅）[12]　　单位：%

区域	二氧化硫	二氧化氮	PM_{10}	$PM_{2.5}$
北京	12.85	10.56	7.58	6.85
天津	10.26	10.15	8.02	7.68
河北	12.37	12.84	10.58	10.94
上海	13.75	13.25	5.99	6.08
江苏	14.45	15.51	9.76	9.86
浙江	13.06	16.34	6.62	6.62
珠三角	19.69	21.83	9.19	9.01
辽宁中部	11.21	12.77	7.72	8.13
山东半岛	14.26	16.33	10.27	10.28
武汉周边	9.45	11.03	8.09	8.04
长株潭	10.52	12.67	8.60	8.69
成渝（四川）	11.56	11.68	7.49	7.30
成渝（重庆）	9.29	10.71	7.33	6.76
海峡西岸	9.60	8.19	7.01	6.79
陕西关中	9.14	11.01	8.04	8.14
山西中北部	11.12	12.18	8.30	8.39
新疆乌鲁木齐	9.29	12.36	9.42	8.60

（2）松花江伊通河典型河段水环境质量目标确定[13]

伊通河是松花江的重要二级支流，也是松花江水污染防治的重点和典型河段。典型河段选取伊通河新立城水库坝下断面与靠山大桥断面之间的整个河段。技术流程如下：①开展典型河段污染源及排污口调查。对伊通河典型河段入河排污口开展现场查勘和社会调查，确定入河排污口的数量、分布、入河方式、排水性质和排放方式以及主要排污单位，统计污染源信息及对主要污染物入河量进行核定，分析各类型点污染源产生的 COD 和氨氮排放量及其入河贡献率。②核算控制断面污染物通量。对伊通河新立城水库坝下断面及出境断面靠山大桥断面的 COD 和氨氮污染物通量进行估算。③污染物通量计量及确定输入响应系数。根据计算得出污染源实际排放量与断面通量，建立伊通河典型河段污染物排放量与水环境质量之间的输入响应关系。④开展规划期目标年的水环境质量模拟，分析 COD 和氨氮在目标年的环境质量水平。⑤分析环境质量目标的可达性，从而制定出适合可行的环境质量目标。

8.3.3 环境质量目标指标的表述

不同环境规划的环境质量目标定位不同，环境质量目标指标的表述也不相同。环境质量目标是规划期内对维护和改善环境质量所提的目标要求，环境质量目标指标则是环境质量目标的具体细化和分解落地，其表达形式可以是量化、半量化、定性等不同形式，为了便于衡量环境规划成效和检测环境规划目标进度，一般尽可能采取量化形式，实在难以量化的则采取半量化或者定性描述。此外，从指标属性上看，有的是约束性指标，有的是预期性指标。下面以国家环境保护“十二五”规划、“十二五”重点流域水污染防治规划、重点区域大气污染防治“十二五”规划、大气污染防治行动计划为例，对环境规划的环境质量目标指标的表述方式进行说明。

8.3.3.1 国家环境保护“十二五”规划

虽然“十一五”时期我国环保工作取得了积极成效，环境质量有所改善，全国地表水国控断面水质优于Ⅲ类的比重提高到了 51.9%，全国城市空气二氧化硫平均浓度下降了 26.3%。但是我国环境状况总体恶化的趋势依然未得到根本遏制，环境矛盾凸显，压力继续加大。“十二五”时期随着人口总量持续增长，工业化、城镇化快速推进，能源消费总量不断上升，对维护和改善环境质量的压力将日趋加大。在此背景下，国家环境保护“十二五”规划提出的环境质量目标主要是：到 2015 年，城乡饮用水水源地环境安全得到有效保障，水质大幅提高；生态环境恶化趋势得到扭转。具体目标指标见表 8-3。

表 8-3 国家环境保护“十二五”规划的主要环境质量目标指标

类别	环境质量目标指标
水环境	地表水国控断面劣Ⅴ类水质的比例小于 15%，七大水系国控断面水质好于Ⅲ类的比例大于 60%，淮河流域干流水质基本达到Ⅲ类，海河流域实现劣Ⅴ类水质断面比重明显下降，辽河干流以及招苏台河、条子河、大辽河等支流水质明显好转，松花江流域国控断面水质基本消除劣Ⅴ类，黄河中上游干流稳定达到使用功能要求，太湖流域湖体水质由劣Ⅴ类提高到Ⅴ类，巢湖流域主要入湖支流基本消除劣Ⅴ类水质，近岸海域水质总体保持稳定，长江、黄河、珠江等河口和渤海等重点海湾的水质有所改善
大气环境	地级以上城市空气质量达到二级标准以上比例≥80%，京津冀、长三角和珠三角等大气污染联防联控重点区域所有城市空气环境质量达到或好于国家二级标准，酸雨、灰霾和光化学烟雾污染明显减少
生态环境	陆地自然保护区面积占国土面积的比重稳定在 15%，90%的国家重点保护物种和典型生态系统得到保护

注：①“十二五”期间，地表水国控断面个数由 759 个增加到 970 个，其中七大水系国控断面个数由 419 个增加到 574 个；同时，将评价因子由 12 项增加到 21 项。据此测算，2010 年全国地表水国控断面劣Ⅴ类水质比例为 17.7%，七大水系国控断面好于Ⅲ类水质的比例为 55%。②“十二五”期间，空气环境质量评价范围由 113 个重点城市增加到 333 个全国地级以上城市，按照可吸入颗粒物、二氧化硫、二氧化氮的年均值测算，2010 年地级以上城市空气质量达到二级标准以上的比例为 72%。

8.3.3.2　“十二五”重点流域水污染防治规划

结合“十一五”时期全国各大重点流域水质状况、“十二五”时期社会经济发展趋势、2020 年全面建成小康社会目标，以及当前的环境管理基础，“十二五”全国重点流域水污染防治规划对“十二五”时期的流域水质、水生态、饮用水水源地等提出了如下水环境质量目标：到 2015 年，重点流域总体水质由中度污染改善到轻度污染，Ⅰ～Ⅲ类水质断面比例提高 5%，劣Ⅴ类水质断面比例降低 8%。松花江流域总体水质由轻度污染改善到良好；淮河流域总体水质在轻度污染基础上有所改善；海河流域重度污染程度有所缓解；辽河流域、黄河中上游流域总体水质由中度污染改善到轻度污染；太湖湖体维持轻度富营养化水平并有所减轻；巢湖湖体维持轻度富营养水平并有所减轻；滇池重度富营养化水平改善到中度富营养化水平，力争达到轻度富营养化水平；三峡库区及其上游流域总体水质保持良好；丹江口库区及上游流域总体水质保持为优。具体水环境质量目标指标见表 8-4。

表 8-4　“十二五”重点流域水环境质量目标指标

重点流域	环境质量目标指标
淮河流域	淮河干流水质稳定达到Ⅲ类；南水北调东线输水干线水质到 2012 年年底达到Ⅲ类；贾鲁河、清溟河、泉河、颍河、惠济河、涡河、新濉河、奎河等主要支流水质基本消除劣Ⅴ类；主要入海河流水质有所改善
海河流域	海河干流水质达到Ⅴ类；滦河、沙河、黎河、唐河、淇河等河流水质稳定达到Ⅲ类；北运河、大石河、卫河、小清河、饮马河、永定新河等河流水质基本达到Ⅴ类；主要入海河流水质有所改善
辽河流域	辽河干流水质基本达到Ⅳ类，重点支流水质全面消除劣Ⅴ类；大辽河干流水质稳定达到Ⅴ类，浑河、太子河等支流水质明显改善；主要入海河流水质有所改善；辽河保护区水生态显著恢复，湿地生态系统全面恢复，鱼类种数由 10 种以下恢复至 30 种以上，湿地栖息地鸟类提高至 30 种以上
松花江流域	松花江、第二松花江、嫩江干流水质稳定达到Ⅲ类；阿什河、伊通河等重污染支流水质基本消除劣Ⅴ类；野生鱼类种群数量进一步增加，湿地生物多样性逐步恢复
黄河流域	黄河干流水质稳定达到Ⅲ类；湟水河、乌梁素海总排干、大黑河、渭河、伊洛河等主要支流水质基本消除劣Ⅴ类；汾河、涑水河劣Ⅴ类断面水质显著改善
三峡库区及其上游流域	三峡库区干流水质稳定达到Ⅱ类，库区主要支流水质达到Ⅲ类；库区 50%以上的支流营养状态控制在中度富营养化；影响区和上游区长江干流水质稳定达到Ⅱ类，主要支流水质达到或优于Ⅲ类；水生态安全状况有所改善，重要生态保护区水生态服务功能稳定维持良好
巢湖流域	巢湖西半湖总磷、总氮浓度在 2010 年水平上分别下降 6%和 8%以上，其他指标达到Ⅳ类；东半湖总磷、总氮浓度维持 2010 年水平，其他指标达到Ⅲ类；环湖河流水质基本消除劣Ⅴ类
滇池流域	滇池草海湖体水质明显改善，基本达到Ⅴ类；外海湖体水质基本达到Ⅳ类；湖体消除由大规模水华暴发引起的水体黑臭现象；主要河流水质基本消除劣Ⅴ类；松华坝水库水质稳定达到Ⅱ类，宝象河水库、柴河水库、大河水库、自卫村水库、双龙水库及洛武河水库水质稳定达到Ⅲ类
太湖流域	太湖湖体总氮、总磷浓度在 2010 年的水平上有所降低，其他指标达到Ⅲ类；主要入湖河流水质稳定达到Ⅲ类，总氮浓度有所降低
丹江口库区及上游	水质稳定达到Ⅱ类（总氮保持稳定）；直接汇入丹江口水库的各主要支流水质不低于Ⅲ类，入库河流全部达到水功能区目标要求；汉江干流省界断面水质达到Ⅱ类

8.3.3.3 重点区域大气污染防治“十二五”规划

考虑到“十二五”时期我国工业化和城市化仍将快速发展，资源能源消耗仍将持续增长，特别是区域性复合型大气环境问题给现行环境管理模式带来了巨大的挑战，仅从行政区划的角度考虑单个城市大气污染防治的管理模式已经难以有效解决当前愈加严重的大气污染问题。环境保护部制定实施了《重点区域大气污染防治“十二五”规划》，规划范围为京津冀、长江三角洲（以下简称“长三角”）、珠江三角洲（以下简称“珠三角”）地区，以及辽宁中部、山东、武汉及其周边、长株潭、成渝、海峡西岸、山西中北部、陕西关中、甘宁、新疆乌鲁木齐城市群。该规划的总体环境质量目标是：环境空气质量有所改善，可吸入颗粒物、二氧化硫、二氧化氮、细颗粒物年均浓度分别下降 10%、10%、7%、5%，臭氧污染得到初步控制，酸雨污染有所减轻；京津冀、长三角、珠三角区域细颗粒物年均浓度下降 6%；其他城市群将其作为预期性指标。具体环境质量目标指标见表 8-5。

表 8-5 重点区域大气污染防治“十二五”规划环境质量目标指标 单位：%

地区	空气环境质量指标			
	二氧化硫年平均浓度下降比例	二氧化氮年平均浓度下降比例	可吸入颗粒物年平均浓度下降比例	细颗粒物年平均浓度下降比例
北京	10	7	15	15
天津	8	9	12	6
河北	11	7	12	6
上海	11	9	10	6
江苏	12	10	14	7
浙江	11	10	10	5
珠三角	12	9	8	5
辽宁中部	11	9	12	6
山东	14	10	14	7
武汉及其周边	7	4	10	5
长株潭	9	5	10	5
成渝（重庆）	6	4	12	6
成渝（四川）	9	5	10	5
海峡西岸	6	5	8	4
山西中北部	10	7	12	4
陕西关中	7	5	14	4
甘宁（甘肃）	14	8	14	4
甘宁（宁夏）	10	7	10	5
新疆乌鲁木齐	9	9	12	4

8.3.3.4　大气污染防治行动计划

随着我国工业化、城镇化的深入推进，能源资源消耗将持续增加，大气污染防治压力也相应继续加大。特别是以可吸入颗粒物（PM_{10}）、细颗粒物（$PM_{2.5}$）为特征污染物的区域性大气环境问题日益突出，危害人民群众身体健康，影响社会和谐稳定。为切实改善空气质量，2013 年 9 月 10 日，国务院颁布实施了《大气污染防治行动计划》，打算经过五年努力，全国空气质量总体改善，重污染天气较大幅度减少；京津冀、长三角、珠三角等区域空气质量明显好转。力争再用五年或更长时间，逐步消除重污染天气，全国空气质量明显改善。

具体环境质量目标指标为：到 2017 年，全国地级及以上城市可吸入颗粒物浓度比 2012 年下降 10%以上，优良天数逐年提高；京津冀、长三角、珠三角等区域细颗粒物浓度分别下降 25%、20%、15%左右，其中北京市细颗粒物年均浓度控制在 60 $\mu g/m^3$ 左右。

8.4　污染物排放总量控制目标与指标确定

污染物排放总量控制制度是我国污染防治的主要环境管理制度。在总量控制规划中，如何确定污染物的总量控制目标是一个基本问题和难点问题[14, 15]。总量控制目标有基于目标的总量控制目标和基于环境容量的总量控制目标之分。前者不是根据环境容量来确定管理目标，而是将污染物排放总量控制在规划期环境管理目标允许的范围内；后者则是将污染物排放总量限制在流域、海域、区域内一定环境容量极限允许的范围内。由于容量总量控制目标在总体上还是一个研究层面上的问题，影响因素多，且管理精细化水平要求比较高，在短时期内全面进入我国环境规划管理工作中的难度还比较大，因此我国目前总量控制规划主要采用的是目标总量控制方式，同时在一些区域、流域和地区辅以容量总量控制目标方式。如针对“三河”、“三湖”、“两区”和一些环保重点城市的空气、地面水环境功能区等实施的容量总量控制目标。特别是“十二五”期间，针对重点区域大气污染防治规划做了一些探索。

8.4.1　总量控制目标的确定

（1）总量控制目标制定原则

系统考虑。环境规划目标制定过程中要紧密结合国家宏观经济政策、节能减排重大战略、产业布局和结构调整要求，加强统筹协调、上下衔接，区域与流域相结合，行业与项目相结合。同时，还要系统考虑总量控制指标的取舍，避免出现总量控制指标泛化的问题，建立国家和区域总量控制相结合的指标体系。

关联质量。从“九五”到“十二五”，我国实行的基本上是基于目标的总量控制制度。随着总量控制和污染减排的深化，总量控制必须面向环境质量和环境容量，实行基于环境质量和环境容量的排放总量控制。因此，制定总量控制指标时，需要明确相应总量指标对应环境质量改善水平。

合理可行。总量控制目标制定需要兼顾需求和实际可能，按照技术可达、政策措施可行、经济可承受的思路，做好存量、新增量、减排潜力、削减任务之间的系统分析，做到总量控制目标、任务和投入、政策相匹配。从这一点出发，应该建立总量控制指标的费用效益分析制度，计算达到总量控制目标的费用和效益，为决策者提供依据。

因地制宜。环境规划总量控制目标制定过程中应结合当地社会经济发展目标和资源能源消费需求，考虑各地区的差异，包括经济发展水平、环境质量状况、污染治理现状、污染密集型行业比重、环境容量等因素，因地制宜地确定，实施区域性、特征性污染物总量控制。

分解落地。根据社会经济发展形势，在系统分析主要污染物排放状况、重点行业治理水平等情况的基础上，科学测算总量控制基数、新增量，将规划目标分解落实到流域、地区、行业、项目。

（2）总量控制目标制定过程

总量控制目标制定需要在综合考虑本地区经济发展需求、污染物排放强度、现有源减排潜力等因素的基础上，基于排放基数、新增量测算、减排潜力分析等来确定。总量控制目标可采取绝对量和相对量两种表达形式。绝对量指规划目标年排放控制量相对于基准年的减排量（以万 t/a 表示），相对量指该绝对量相对于基准年排放基数的削减比例（以%表示）。总量控制目标制定过程如下：①确定总量控制规划的范围（时间、控制指标以及控制对象等），对规划期间总量控制形势进行分析。②分析基准年的污染排放情况。③测算规划期间主要污染物新增量。④测算减排潜力并提出相应的总量减排措施方案，落实到项目。⑤根据经济技术可行性分析结果提出总量控制初步目标。⑥采用上级政府与下级政府协商的方式确定各级地方的总量控制目标。⑦将减排目标根据规划进度要求等进行分解落实。

总量控制目标的根本目的并不是污染物质的逐年削减、单纯强调几种污染物的减少或控制领域的扩大，而是要考虑环境本身和当地环境质量的改善情况。总量控制目标必须与环境质量挂钩，要逐渐从污染总量控制目标向环境质量改善目标转变，近期可以并行，长期来看，要选择采用以环境容量为基础、以改善环境质量为目标的总量控制模式。因此，目标总量控制是容量总量控制条件不成熟时的过渡阶段。总量控制目标的真正实现必须以环境容量为依据，充分考虑污染物排放与环境质量目标间的输入响应关系[16]。

8.4.2 总量控制指标的确定

8.4.2.1 污染物总量控制指标的选择

污染物排放总量控制正式作为国家环境保护的一项重大举措，首次在 1996 年 3 月 17 日全国八届人大四次会议通过的《国民经济和社会发展“九五”计划和远景目标纲要》中提出。该纲要在国家“九五”环境保护目标中明确提出：“创造条件实施污染物排放总量控制。”9 月 3 日，国家环保局会同国家计委、国家经贸委，制定了《“九五”期间全国主要污染物排放总量控制计划》，这是我国排放污染物的总量控制制度正式确立的标志。该《计划》提出了主要污染物的 3 条筛选原则：对环境危害大的；有监测、统计手段支持的；能够实施总量控制的。

国家环保局于 1997 年 6 月 10 日发布了《“九五”期间全国主要污染物排放总量控制实施方案（试行）》，根据全国的实际情况，提出了 3 大类 12 项污染物作为“九五”期间污染物总量控制因子，废水污染因子包括化学需氧量、石油类、氰化物、铅、镉、砷、汞、六价铬；废气污染因子包括二氧化硫、烟尘、工业粉尘；固体废物主要考虑工业固体废物。“九五”期间全国主要污染物排放总量控制计划基本完成，在国内生产总值年均增长 8.3%的情况下，2000 年全国二氧化硫、烟尘、工业粉尘和废水中的化学需氧量、石油类、重金属等 12 项主要污染物的排放总量比“八五”末期下降了 10%～15%。

“十五”期间，遵循“对环境危害大的、国家重点控制的污染物严格控制”的原则提出了 3 大类 6 项污染物作为“十五”期间污染物总量控制因子，即废水污染因子：化学需氧量、氨氮；废气污染因子：二氧化硫、烟尘、工业粉尘；固体废物：工业固体废物。污染物总量控制指标进一步集中，《国家环境保护“十五”计划》具体明确了主要污染物排放总量控制目标，即“2005 年，二氧化硫、尘（烟尘及工业粉尘）、化学需氧量、氨氮、工业固体废物等主要污染物排放量比 2000 年减少 10%”。

“十一五”时期，结合环境管理形势以及我国环境污染特征，实施总量控制的污染物进一步缩减为 2 大类 2 项污染物，即废水污染因子：化学需氧量；废气污染因子：二氧化硫。《国家环境保护“十一五”规划》中提出到 2010 年二氧化硫和化学需氧量排放得到控制，要求各省（区、市）要将规划中确定的主要污染物总量控制指标纳入本地区经济社会发展“十一五”规划和年度计划，分解落实到基层和重点排污单位。

“十二五”时期，在以改善环境质量为核心，以降低流域内水体中主要污染物环境浓度、区域中酸沉降强度为重点的基础上，综合考虑社会经济发展需求、污染物排放强度、现有源减排潜力、环境质量状况、环境容量、环境承载力等因素，基于排放基数、新增量测算、减排潜力分析，提出了 2 大类 4 项污染物作为“十二五”期间的主要污染物总量控制因子，即废水污染因子：化学需氧量、氨氮；废气污染因子：二氧化硫、氮氧化物。以改善水环境质量，推进大气污染防治，切实解决突出环境问题。要求“主要污染物排放总量显著减少，化学需氧量、二氧化硫排放分别减少 8%，氨氮、氮氧化物排放分别减少 10%。“十二五”期间水污染物总量控制还将把污染源普查口径的农业源纳入总量控制范围。除了国家将氨氮和氮氧化物纳入总量控制指标体系，对四项主要污染物实施国家总量控制，统一要求、统一考核外，各地可根据当地环境质量状况和污染特征，增设地方特征性污染物控制因子，由各地实施考核，例如重金属指标、总氮、总磷等指标。对于国家专项规划和各省（区、市）规划有明确控制要求的区域性、特征性污染控制指标，国家要求有关地区将其纳入“十二五”总量控制规划，统筹予以安排。

“九五”实施总量控制的主要污染物最多，达 12 项；“十五”设定的主要污染物次之，为 6 项；“十一五”最少，只有二氧化硫和化学需氧量 2 项，重点更加突出。这两项主要污染物指标是 3 个五年计划和规划中都有的污染物，说明有较强的代表性。“十二五”设定的主要污染物在“十一五”的基础上增加了氨氮和氮氧化物两项，在保留 3 个五年计划中都有的两项主要污染物的基础上，根据实际环境管理需求增加了两个约束因子，以切实解决突出环境问题。“十五”设定的主要污染物虽然没有“九五”多，但总量控制的环境对象最为广泛，对工业污染，对“三河”（淮河、海河、辽河）、“三湖”（太湖、巢湖、滇池）、渤海、三峡库区、南水北调（东线）重点地区入河、湖、海、库的主要污染物排放总量，对两控区（烟尘控制区和酸雨控制区）的 SO_2 排放总量都有设定，其中对水体主要污染物 TP、TN、氨氮和重金属等指标的设定、分解及其控制经验，对全国“十二五”主要污染物总量控制指标的设定具有一定的借鉴作用。

实践表明，纳入五年规划的主要污染物的筛选一般遵循以下原则：①要有普遍意义，对全国各地都有约束力。②要对环境质量起到举足轻重的主导作用乃至决定性作用，使环境质量在总量控制中得到改善。③要有利于解决影响群众健康的突出问题。但是由于各方面原因，这些原则实际上在不同发展时期并未完全很好地落实下来。从总体上看，国家实施排放总量的主要污染物设定模式尚未定型，仍处在探索之中，还不能与环境容量（也就是与环境质量）紧密结合，即使完成了总量控制的目标，环境质量仍不能满足公众的需求。这主要是因为：①国家是在污染负荷远远超出环境容量的情况下实施总量控制的，即使设定的指标完成了，但仍不能马上改变超负荷的局面。②国家实施总量控制的主要污染物并不能完全反映环境质量改善的需求，如 COD 不能全面反映 TP、TN 对水体，尤其是对湖泊水体的影响。③污染物的种类及其权重也随经济社会的发展而发生变化，一些矛盾解决了，另一些矛盾又会显现出来，例如近年来的氮氧化物对大气环境的影响越来越突出。④总量控制所统计的减排数据，在一般情况下反映的是治理设施运行的最佳状态，所以数据与实际之间也会有一定的差距。表 8-6 是我国实施污染物排放总量控制制度以来国家污染物总量控制指标选择的情况。

8.4.2.2 指标控制目标确定方法

（1）基于质量和容量的总量控制目标确定

国家主要污染物排放总量控制指标确定方法是一个不断完善和深化的过程。早期的总量控制指标确定基本上没有更多的科学方法和依据。科学合理的总量控制指标确定方法应该是根据特定时期和空间环境功能要求、环境质量改善目标，运用环境模拟方法，得出达到环境质量改善目标的最大允许排放总量，然后以此制定所选污染物总量控制指标不同水平年的目标值，也就是基于质量和容量的总量控制目标值。一般来说，研究人员比较推崇这种方法。

表 8-6　国家污染物排放总量控制指标选择历程

时期	指标	总量控制目标	说明
“九五”期间[17]	烟尘排放量	0.37%	《“九五”期间全国主要污染物排放总量控制计划》对实施总量控制的主要污染物基于 3 条原则进行筛选：对环境危害大的；有监测、统计手段支持的；能够实施总量控制的。反映了主要污染物的重要性、必然性和可操作性，因而总量控制主要污染物较多
	工业粉尘排放量	−1.80%	
	二氧化硫排放量	3.82%	
	化学需氧量排放量	−1.49%	
	石油类排放量	−1.5%	
	氰化物排放量	−6.4%	
	砷排放量	−4.8%	
	汞排放量	−3.7%	
	铅排放量	−1.9%	
	镉排放量	−5.4%	
	六价铬排放量	−7.7%	
	工业固体废物排放量	−2.9%	
“十五”期间	二氧化硫排放量	−10%	遵循“对环境危害大的、国家重点控制的污染物严格控制”的原则，来选定主要污染物实施总量控制
	尘（烟尘和工业粉尘）排放量	−10%	
	化学需氧量排放量	−10%	
	氨氮排放量	−10%	
	工业固体废物排放量	−10%	
“十一五”期间	化学需氧量排放总量	−10%	结合环境管理形势，以及我国环境污染的特征，实施总量控制的污染物进一步缩减为两大类两项污染物
	二氧化硫排放总量	−10%	
“十二五”期间	化学需氧量排放总量	−8%	在以改善环境质量为核心，以降低流域内水体中主要污染物环境浓度、区域中酸沉降强度为重点的基础上，综合考虑社会经济发展需求、污染物排放强度、现有源减排潜力、环境质量状况、环境容量、环境承载力等因素，基于排放基数、新增量测算、减排潜力分析合理确定减排目标
	氨氮排放总量	−10%	
	二氧化硫排放总量	−8%	
	氮氧化物排放总量	−10%	

该方法应用于大气污染物总量指标确定，以区域 SO_2 分配为例，一个地区内各点的 SO_2 浓度可以基于该区域内各污染源的排放数据、气象、地形地貌等条件，通过大气污染物扩散模式计算出来。反过来，可以利用扩散模式和当地气象资料、污染物浓度数据等，研究各地区的容许排放总量或环境容量，以此为依据，按责任分担率，计算出各污染源的排放许可指标。如 CMAQ 模型和 P 值法都属于这类方法范畴。采用这类方法，需要做大量污染源调查和模拟模型计算，尤其要查清规划区现状排放量。从理论上讲，这种方法比较科学，能够较好地模拟不同地区的污染源排放和环境质量的关系，但该法对污染源的生产工艺和治理技术基本上没有予以考虑，对不同类型企业的总量分配有失公平，而且会增加实现总量控制目标的成本。此外，该方法要求区域内污染源变化较小，如果污染源的规模、排放情况或污染源本身经常变化，则该法的效果会大打折扣。因此，该方法的应用存在一

定的局限性，相对而言，对经济发达、污染源相对稳定的地区较为适用。更为详细的方法介绍见第 13 章。

环境保护部环境规划院在制定“十二五”重点区域大气污染防治规划时，尝试了基于空气质量改善的总量控制目标确定。首先，提出了“十二五”时期重点区域大气污染防治空气质量改善目标，到 2015 年，重点区域 PM_{10}、二氧化硫、二氧化氮年均浓度分别下降 10%、10%、8%，$PM_{2.5}$、臭氧污染得到初步控制。然后，运用 MM5+CMAQ 空气质量模型分别对重点区域大气污染治理方案进行了模拟和预测，评估了污染减排后的空气质量改善效益，发现：①拟定的二氧化硫与氮氧化物总量减排方案可实现二氧化硫与二氧化氮年均浓度分别下降 12%、10%；②在实施工业烟粉尘、二氧化硫、氮氧化物、挥发性有机物的协同控制，同时加大扬尘污染控制力度的情况下，可实现 PM_{10} 年均浓度下降 10%、$PM_{2.5}$ 年均浓度下降 5%，京津冀、长三角、珠三角区域 $PM_{2.5}$ 年均浓度下降 6%的目标；③重点区域臭氧浓度稳中有降，臭氧超标天数下降比例目标基本可达。这样，反过来说明确定的主要污染物年均浓度下降目标下的 4 项污染物总量减排指标是相对科学合理的。根据总体目标，提出了具体的指标要求，并分解落实到重点区域（18 个省市区），见表 8-7。

表 8-7 “十二五”重点区域大气污染防治各省市规划总量指标 单位：%

地区	排放控制指标			
	二氧化硫年平均浓度下降比例	氮氧化物排放总量减排比例	工业烟粉尘减排比例	重点行业现役源挥发性有机物排放削减比例
北京	13.4	12.3	5	15
天津	9.4	15.2	8	18
河北	12.7	13.9	15	15
上海	13.7	17.5	5	18
江苏	14.8	17.5	15	18
浙江	13.3	18	10	18
珠三角	14	16	8	18
辽宁中部	10.7	13.7	10	15
山东	16	16.7	15	15
武汉及其周边	8.3	7.2	12	10
长株潭	10	10	12	10
成渝（重庆）	7.1	7.8	10	15
成渝（四川）	9	6.9	10	10
海峡西岸	7	8.6	8	10
山西中北部	11.3	13.9	10	10
陕西关中	7.9	9.9	12	10
甘肃兰白	16	16	15	10
新疆乌鲁木齐	10	15	15	10

资料来源：国务院. 重点区域大气污染防治“十二五”规划，2012.

（2）基于目标控制的总量控制目标确定

在总量控制规划中，与容量总量控制目标相比，目标总量控制在目标确定方面具有以下特征：①不需要过高的技术和复杂的研究过程，决策过程快。相比之下，容量总量控制的技术要求更高，需清楚了解实施总量控制区域的污染源状况、污染物排放的位置、排放规律及去向，为充分掌握污染源与环境目标在时间、空间和污染物类型间的响应关系，需要大量的连续数年的污染源及水质、水文、气象等基础数据，确定环境容量目标的工作较复杂。②目标总量控制所需的资金投入少，而科学测量规划对象的环境容量水平往往需要投入大量的成本。③目标总量控制能充分利用现有的污染排放数据和环境状况数据，控制目标易确定，可节省决策过程成本，而环境容量目标确定则必须建立实时、科学、完备的环境监测系统，且对管理人员的技术要求较高。但是，实施污染物目标总量控制也存在一些缺点。最明显的是，在排污量与环境质量未建立明确的响应关系前，不能了解污染物排放总量目标是否能够维护环境质量或者带来环境健康损害。

在编制“十一五”主要污染物排放总量控制方案时，引入了一些总量控制指标确定技术和方法。制定“十二五”总量控制方案时，制定了《主要污染物排放总量控制“十二五”规划制定技术指南》。各省市区按照本指南的方法，科学测算污染物新增量，深入挖潜分析减排量，合理制定“十二五”减排目标，明确提出减排工程和政策措施，本省（区、市）首先上报“十二五”总量控制规划（一上）。国家结合经济发展态势、产业结构调整要求、环境管理政策标准、区域流域环境质量等因素综合平衡提出各省市区总量控制任务要求（一下），在“十二五”全国主要污染物总量控制规划批复后，各省市区根据国家总体要求提出总量控制规划修改稿（二上），国家正式下达总量控制任务要求（二下），并签署目标责任状。因此，总体上看，“十二五”总量控制指标确定是一个“自下而上”和“自上而下”相结合的方法，“二上二下”的程序和方法有效地提高了规划的科学合理性和可操作性。

由于国家在制定“十二五”主要污染物排放总量控制方案时，同时制定了《重点流域水污染防治“十二五”规划》和《重点区域大气污染防治“十二五”规划》，因此，对于重点流域和重点区域已经实现了化学需氧量、氨氮、二氧化硫和氮氧化物 4 项总量控制指标与环境质量指标的衔接，特别是大气污染防治规划还对全国二氧化硫和氮氧化物总量减排的 $PM_{2.5}$ 改善效益进行了模拟[18]，其技术流程为：①利用 MM5 气象学模型模拟三维逐时气象场资料，模拟结果用于驱动 CMAQ 空气质量模型。②基于 2010 年全国污染源排放数据，编制基准年排放清单。③基于 2010 年排放清单，利用 CMAQ 模型模拟 2010 年全国所有城市 $PM_{2.5}$ 年均浓度。④基于总量减排目标，利用 CMAQ 模型预测 2015 年全国所有城市 $PM_{2.5}$ 年均浓度。⑤依据 2010 年和 2015 年的模拟结果，计算 $PM_{2.5}$ 年均浓度的下降比例。

根据“十二五”期间主要大气污染物总量控制规划，我国 2015 年的二氧化硫和氮氧化物排放量将在 2010 年的基础上分别下降 8%和 10%。模拟分析结果显示[18]，实现总量减排目标后，2015 年全国城市 $PM_{2.5}$ 中硫酸盐和硝酸盐的年均浓度将在 2010 年的基础上分别降低 6.3%和 6.0%。硫酸盐和硝酸盐浓度的降低将使全国城市 $PM_{2.5}$ 的年均浓度降低 2.3%左右；除黑龙江、吉林、海南、西藏、青海和新疆外，其他省市区的城市 $PM_{2.5}$ 年均浓度降幅都将超过 1%，其中湖南、广东和陕西的城市 $PM_{2.5}$ 年均浓度降幅将超过 3%。模拟显示，仅通过二氧化硫和氮氧化物排放总量削减实现的硫酸盐和硝酸盐浓度降低将使重点区域 116 个城市的 $PM_{2.5}$ 年均浓度降低超过 2%，对这些城市达到 $PM_{2.5}$ 规划目标的贡献率超过 35%。此外，我国在"十三五"及未来还应进一步大幅削减二氧化硫和氮氧化物等多种污染物排放量，将污染物总量控制制度作为实现 $PM_{2.5}$ 达标的重要途径。模拟结果如表 8-8 所示。

表 8-8 "十二五" SO_2 和 NO_x 总量减排产生的城市 $PM_{2.5}$ 浓度降幅[18]

省份	城市数	硫酸盐与硝酸盐占 $PM_{2.5}$ 比例/%	$PM_{2.5}$ 年均浓度降幅/%	省份	城市数	硫酸盐与硝酸盐占 $PM_{2.5}$ 比例/%	$PM_{2.5}$ 年均浓度降幅/%
北京	1	25.75	1.56	湖北	13	42.63	2.07
天津	1	24.63	1.29	湖南	14	45.71	3.63
河北	11	30.09	2.03	广东	21	39.64	3.26
山西	11	34.06	2.01	广西	14	47.23	2.38
内蒙古	12	32.14	1.32	海南	2	45.26	−0.75
辽宁	14	27.03	1.74	重庆	1	40.43	2.01
吉林	9	26.23	0.81	四川	24	40.18	2.45
黑龙江	13	22.54	0.62	贵州	9	47.08	2.14
上海	1	34.51	1.55	云南	16	41.02	2.57
江苏	13	34.77	2.13	西藏	1	31.19	0.00
浙江	11	40.49	1.65	陕西	10	41.82	3.09
安徽	17	38.59	2.38	甘肃	14	41.94	0.2
福建	9	44.44	2.69	青海	1	27.97	−0.38
江西	11	45.17	1.60	宁夏	5	37.16	1.98
山东	17	34.3	2.32	新疆	19	32.91	0.00
河南	18	36.55	2.48	全国	333	37.73	2.30

8.4.2.3 污染物总量新增量预测

科学合理地预测污染物新增量是确定总量控制目标和制定减排规划的基础。主要污染物新增量指一个地区由于社会经济发展、城镇化水平提高和资源能源消耗增长等带来的污染物增量，是该地区社会经济发展速度和方式、资源能源消耗水平、污染治理技术、环境监管能力等情况的综合体现。各省（区、市）应依据"十二五"国民经济发展规划、资源能源发展规划、产业发展规划、重大产业布局等，按照严格控制增量的原则，根据污染物排放标准、产业环保技术政策与污染治理技术要求等合理预测新增量。

（1）水污染物新增量

化学需氧量和氨氮新增量预测包括工业、城镇生活、农业源三部分，预测口径以污染源普查动态更新后的口径为准（不预测未列入污染源普查口径的污染物新增量）。新增量采用排放强度法和产污系数法两种方法进行预测，其中工业化学需氧量和工业氨氮采用排放强度法预测，城镇生活化学需氧量和氨氮、农业源化学需氧量和氨氮采用产污系数法预测。显然，这些预测与人口总量、城镇化水平、经济发展水平、生活水平等外生变量密切相关，而且与水资源消耗系数、城镇生活污染物排放系数、工业污染物排放系数和农业面源排放系数等也密切相关，因此，水污染物新增量的预测会存在一定的误差和不确定性。

（2）大气污染物新增量

二氧化硫和氮氧化物新增量预测以宏观测算方法为主，并按行业测算方法予以校核。其中，火电等行业以燃烧过程排放为主，采用单位能源消费量排污系数法预测；冶金、建材、有色、石化等行业工艺过程中的污染物排放量较大，采用单位产品产量（或原料用量）排污系数法预测；机动车根据车辆类型，采用排污系数法预测。与水污染物排放新增量预测一样，这些预测与人口总量、城镇化水平、经济发展水平、生活能耗水平等外生变量密切相关，而且与经济活动消耗系数、城镇居民能源消耗系数、工业大气污染物排放系数、机动车排放系数和农业、养殖业等面源排放系数等也密切相关，因此，大气污染物排放新增量的预测同样存在着误差和不确定性。

有关水和大气污染物排放新增量预测方法详见《国家“十二五”主要污染物排放总量控制规划技术指南》。

8.4.2.4　“十二五”总量控制目标

在确定国家“十二五”4 项总量控制指标目标时，主要以改善当地环境质量为核心，以降低流域内水体中主要污染物环境浓度、区域中酸沉降强度为重点，综合考虑本地区经济发展需求、污染物排放强度、现有源减排潜力等因素，基于排放基数、新增量测算、减排潜力分析，合理确定减排目标。减排目标采取绝对量和相对量两种表达形式。绝对量指 2015 年排放控制量相对于 2010 年排放基数的减排量（以万 t/a 表示），相对量指该绝对量相对于 2010 年排放基数的削减比例（以%表示）。各省市区“十二五”主要污染物削减比例原则上参照本省市区“十一五”减排比例要求测算，其中，化学需氧量、氨氮总量削减比例参照“十一五”化学需氧量削减比例，各地工业水污染物减排的比例原则上不得低于“十二五”主要水污染物减排比例；二氧化硫、氮氧化物总量削减比例参照“十一五”二氧化硫削减比例。目标基准年为 2010 年，水平年为 2015 年。

国家“十二五”4 项总量控制指标具体确定程序为：各省市区以污染源普查动态更新后的 2009 年主要污染物排放量为基础，采用 2007—2009 年的污染源普查口径数据变化趋势递推，参考 2010 年污染物减排计划及“十一五”污染减排实际进展情况，推算 2010 年排放量，作为总量控制规划“一上”、“一下”、“二上”的排放量基数。污染源普查中的集中式污染治理设施的排放量和削减量要结合各地实际，合理分摊到工业污染源和生活污染源。2010年实际排放量确定后，国家统一调整排放基数，作为“十二五”总量控制方案（二下）和“十二五”减排考核的基数。最终确定的4项污染物总量控制目标如表8-9所示。

表8-9　国家“十二五”主要污染物排放总量控制目标　　单位：万t

指标	2010年	2015年	2015年比2010年增长
化学需氧量排放总量	2 551.7	2 347.6	−8%
氨氮排放总量	264.4	238.0	−10%
二氧化硫排放总量	2 267.8	2 086.4	−8%
氮氧化物排放总量	2 273.6	2 046.2	−10%

8.5　污染物排放总量控制指标分解方法

目前，各层面的污染物总量控制指标的分解主要还是过于重视各地的经济表现。对于同一污染物总量指标分解落实对象而言，不同的分解方式会得到不同的污染物允许排放量，而这将影响其经济发展决策[19]。因此，需要建立科学合理、公平有效的总量指标分解方法。“十二五”期间，国家4项污染物总量控制指标已经全部分解到31个省市区以及全部城市，并分解到了重点污染源。质量指标分解与重点流域水污染防治规划、区域大气污染防治规划实现了较好的衔接。本节将主要介绍目前常用的污染物排放总量指标分解方法。

8.5.1　总量控制指标分解总则

（1）分解原则

“十一五”期间，《全国主要污染物排放总量控制计划》（以下简称《计划》）指出了主要污染物排放总量控制指标分解原则：在确保实现全国总量控制目标的前提下，综合考虑各地环境质量状况、环境容量、排放基数、经济发展水平和削减能力以及各污染防治专项规划的要求，对东、中、西部地区实行区别对待。《国民经济和社会发展第十一个五年规划纲要》要求各地区要将《计划》确定的主要污染物总量控制指标纳入本地区经济社会发展“十一五”规划和年度计划，并分解落实到基层和重点排污单位。总体来看，从纵向上已形成国家总量控制—省级总量控制—市级污染总量控制—排污单位总量控制的分层分总量控制结构。“十二五”期间，《全国主要污染物排放总量控制计划》要求污染物总量减排目标分解要综合考虑各地区经济发展需求、污染物排放强度、现有源减排潜力等因素，综合考虑地区环境质量状况、环境容量、区域的环境承载力，基于排放基数、新增量测算、减排潜力分析，合理确定减排目标。

概括起来，污染物排放总量控制指标的分解原则主要有以下4条：①总体协调原则。

体现污染物总量控制目标与总量控制指标分解落实对象总量分配指标之间的逻辑性，既要保证各分解落实对象能落实污染物总量控制指标，也要确保总体污染物总量控制指标完成，保持上级环境规划总量控制指标与各下级分解指标之间的逻辑一致性。②突出重点原则。对于国家环境保护确定的重点区域、流域与行业，在环境规划总量指标分解方案中要从严要求，点面结合，以点带面，通过重点区域、流域与行业的高标准、严要求，促进国家环境保护目标的实现。③科学合理原则。目标指标分解、公布与考核方案的制订，要综合考虑区域环境差异与经济发展状况，确定合理的目标分解与考核依据，制定科学合理的分解方案。④公平有效原则。指标分解要体现各区域环境污染现状、污染治理能力、污染减排潜力等的差异，尊重各地的发展权，充分体现公平性。

（2）分解依据

环境规划目标指标分解方案需充分考虑：①各分解对象的环境现状、减排潜力、减排压力，要促进分解对象所在流域（区域或地区）的环境质量改善、促进分解对象改进和维护其环境行为。②体现各分解对象所在流域（区域或地区）的环境保护重点与差异，对于环境质量重点改善的地区和流域，要严格控制总量分配指标。③目标分解要与国家政策法规协调一致，对属于禁止和限制开发区域的总量指标不予分解和分配，对关停的企业也不分配总量指标。④在确定规划指标分解的基准年（如以规划期起始年为基准年）后，将污染物总量控制指标逐级分解落实。

（3）分解类型

目前，污染物排放总量控制指标分解主要有以下类型：①国家总量分配，将国家污染物总量控制指标分解到各省级地区。②流域总量分配，将涉及流域污染物总量控制指标分解到各流域行政区或污染源。③区域总量分配，将区域内污染物总量控制指标分解到各排污单位。④排污单位总量分配，政府把某一个地区和流域的污染物总量控制指标分解到各污染源，特别是主要污染源。

8.5.2　等比例总量削减分配法

等比例总量削减分配法是指以排污单位的排污现状为基础，按相同的削减比例分配允许排污量。这种方法一般认为每个排污单位平等共享环境容量资源，也平等承担超过允许负荷量的责任。由于等比例分解方法不考虑各排污单位的历史责任、污染治理边际效益的差异，不考虑排污单位排污现状的成因，所以污染物总量分配“一刀切”的做法，忽视了部分排污单位为污染减排所做出的努力，影响了进行污染治理的排污单位的积极性。由于不同地区环保投资力度、环保工作开展力度不同，排放绩效存在较大差异，要求各排污单位承担相同的等比例削减义务，实际上一种鼓励落后的分配方法。但这种平均削减方法的优点是：直观简单、容易执行，这也使得该方法在不少地区的污染物总量分解工作中得以应用。

等比例总量削减分配法是早期基于目标的总量控制指标分解方法。随着总量控制的深化和质量改善要求的提出，这种方法的应用将越来越受到限制。改进的等比例分解方法依据公平性原则和地区间的差异进行适当调整，更关注分配指标的地区差异性。地区间差异程度越大的指标，其作为削减分配评价因子的影响程度也应越大；反之，如果指标的地区差异较小，那么对不同地区之间的分配结果影响不大。改进的等比例分解方法在现实操作中较易执行，其得出的分配方案合乎公平准则，容易被各方接受。

8.5.3 基于排放绩效的分解方法

排放绩效法（generating performance standard，GPS）是根据排污单位的污染物排放绩效进行分解的一种方法，是从提高减排效率的角度来考虑的。这种方法不仅考虑排污单位的历史排放量、现状，而且还考虑到同行业排污单位产值相同的情况下污染物的排放水平，即考虑排污单位的技术进步要素[20]。以我国火电厂 SO_2 总量分配为例[21]，首先要考虑火电厂目前的 GPS 基本情况，然后根据经济目标和污染物控制目标，并考虑技术进步和能源结构改善等因素，确定未来某一时段的 GPS 标准，各火电厂按照所确定的 GPS 标准和生产现状，获得未来污染物排放控制指标。GPS 分配方法可以按照下式进行计算：

$$E_f = S_f \times E_c \geqslant \sum_{i=1}^{n} e_i \tag{8-1}$$

约束条件为：

$$S_f < S_c = E_c / G_c = \sum_{i=1}^{n} g_{e_i} / \sum_{i=1}^{n} g_{c_i} \tag{8-2}$$

分配计算：

$$e_i = S_f \times g_c \times \varepsilon \tag{8-3}$$

式中，E_f ——火电厂 SO_2 总量分配量；

S_f ——控制目标年末的 GPS 标准；

E_c ——火电厂 SO_2 排放量；

e_i ——各火电机组 SO_2 总量分配量；

S_c ——现状 GPS；

G_c ——总量控制范围内火电厂的现状发电量；

g_c ——各火电机组现状发电量；

g_{ei}——各火电机组 SO_2 排放量；

ε ——调节因子。

利用该方法分配虽然有利于排放绩效高的单位的经济发展，利于产业结构调整，但是该方法并未考虑各个排污者之间的公平性问题，其结果是污染去除效率高、边际处理费用低、管理得力的污染源分配到更多的削减量，这是典型的“鞭打快牛”的分配方法。这种方法在“十一五”电力行业二氧化硫排放总量指标分解中得到了全面的应用，而且在“十二五”时期进一步推广到了重点污染行业的大气污染物和水污染物总量指标分解。

8.5.4　基于线性规划最优化方法

目前，最优化方法中应用最广泛和最成熟的是线性规划概念模型。以下就应用于污染物排放总量控制指标分解中的区域污染削减费用最小化模型、区域环境容量利用最大化模型作一分析介绍。

8.5.4.1　区域污染削减费用最小化模型

该模型选取区域污染源的污染物削减量为决策变量，目标函数为所有污染源所有污染物的削减费用总和最小，约束条件包括污染物最低削减量、环境质量要求以及变量非负要求。该问题的模型如式（8-4）所示：

$$\min\sum_{i=1}^{m}\sum_{j=1}^{n}C_{ij}X_{ij} \tag{8-4}$$

约束条件为：

$$\begin{cases}\sum_{i=1}^{m}X_{ij}\geqslant b_j\\ \sum_{i=1}^{m}f_{ji}\left(X_{ij}^{0}-X_{ij}\right)\leqslant S_j^{a} \qquad (i=1,2,\cdots,m;\ j=1,2,\cdots,n)\\ X_{ij}^{1}\leqslant X_{ij}\leqslant X_{ij}^{0}\end{cases} \tag{8-5}$$

式中，X_{ij}——第 i 个污染源第 j 种污染物削减量，t/a；

X_{ij}^{0}——第 i 个污染源第 j 种污染物产生量，t/a；

X_{ij}^{1}——第 i 个污染源第 j 种污染物的最低削减量，t/a；

C_{ij}——第 i 个污染源第 j 种污染物的削减费用系数，元/t；

b_j——区域第 j 种污染物的最低削减量；t/a；

S_j^{a}——第 j 种污染物环境质量控制平均浓度标准，g/m^3；

f_{ji}——第 i 个污染源第 j 种污染物的环境质量影响传递系数。

区域最低削减费用法的分配结果会导致污染去除效率高、边际处理费用低的污染源分配到较多的削减量；而污染去除效率低、边际处理费用高的污染源分配到较少的削减量，从而有效地利用了环境容量资源，使得区域污染处理费用最小化。但是，也正是由于各污染源削减率的不一致，造成了各污染源处理费用负担不均匀，分配到较多削减量的排放者将比分配到较少削减量的排放者耗费更多的污染物处理费用。而这种分配上的不公平又将造成环保部门管理上的困难，容易引起争执。在理论和实践上，这种方法为引入总量排放交易创造了空间。

8.5.4.2 区域环境容量利用最大化模型

区域环境容量利用问题可以归结为如下优化问题，即如何在满足现有污染源格局（排放数量和相对位置）不变、各污染源的排放量在一定范围之内以及特定气象和水文等约束条件下，尽可能有效地使用环境资源，在满足环境质量的条件下使得区域的污染物排放量最大。在这个问题中，环境容量资源利用的目标是污染源排污量的最大化，约束条件是使各控制点满足环境目标值，且各污染源的排放量在一定范围之内。以单一污染物而言，选择各污染源的允许排放量 Q_i 为决策变量，目标函数为各污染源的允许排放量 Q_i 之和最大，约束条件确定为各污染源的允许排放量 Q_i 非负且受最大排放量限制。环境容量利用最大化的模型如下：

$$\max Q=\sum_{i=1}^{n}Q_i \tag{8-6}$$

约束条件为：

$$\begin{cases}\sum_{i=1}^{m}f_{ji}Q_i+c_{0j}\leqslant c_{sj}\\ 0\leqslant Q_i\leqslant D_iP_i\end{cases} \tag{8-7}$$

式中，Q——所有污染源污染物排放量的总和，g/s；

Q_i——第 i 个污染源的源强优化允许排放量，g/s；

D_i——第 i 个污染源的行政权重系数，$0\leqslant D_i\leqslant 1$，特殊情况下 D_i 可以大于 1，一般取 1；

f_{ji}——第 i 个污染源对控制点 j 的传递函数，s/m^3；

c_{0j}——控制点 j 的污染物本底浓度，g/m^3；

c_{sj}——控制点 j 的环境质量标准值，g/m^3；

P_i——第 i 个污染源的上限排放量，g/s；

m——环境质量控制点个数；

n——污染源个数。

8.5.5 基于基尼系数的分解方法

基尼系数（Gini Coefficient）是经济学家通过分析收入分布特征来研究贫富差距的重要经济分析工具。作为一种常用的统计分析方法，基尼系数已成为广义的分析工具，被用于一切分配问题和均衡程度的分析，污染物总量目标的分解实际上是一个环境资源的分配问题，可将基尼系数引入总量分解方案制定中。在评价时需注意：由于污染物总量分配结果受多方面因素影响，如人口、GDP、环境容量、现状排污量、环保投入能力、环境现状等，故总量目标的分解不能单独考虑某单一因素，要根据实际情况综合考虑多方面因素。

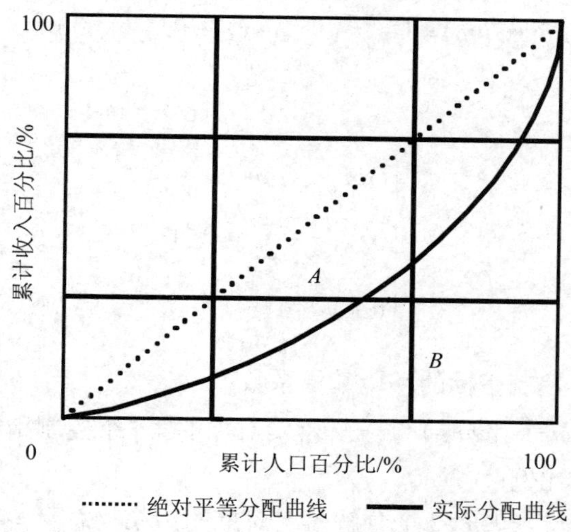

图 8-2　洛伦兹曲线示意图

基尼系数基本原理如下：在图 8-2 所示的洛伦兹曲线图中，假设绝对平等分配曲线与实际分配曲线之间的面积为 A，即不均等面积，实际分配曲线下方的面积用 B 来表示，则基尼系数的定义式为：

$$Gini = \frac{A}{A+B} \tag{8-8}$$

可以看出，基尼系数的实质是不均等面积在分配区域总面积中所占的比重大小。

近年来，基尼系数方法也被改进拓展应用到不同层面的污染物总量分配的研究中[22, 23]，而且相关研究表明，基于基尼系数法的污染物总量分配方法可在一定程度上体现区域污染量分配的差异性和公平性的特点，避免传统分配中仅依据各地区的经济状况来制定的“一刀切”总量分配方案的缺陷。该方法的主要步骤为：①确定总量分配方案，如无分配方案可采用现状排放量作为初始分配方案。②选择评价指标，选取的评价指标能较好地反映区域社会、经济、大气环境的属性，并可量化处理，能获取准确数据。③根据区域实际情况，界定基尼系数的合理范围和“警戒线”水平。④绘制各评价指标与总量排放的洛伦兹曲线，计算相应的基尼系数。⑤分析各因素基尼系数评估总量分配方案的合理性，如存在某一因素的基尼系数不合理，则以洛伦兹曲线为依据，对分配方案进行调整。

水环境容量多目标公平分配的目标是使各控制指标的水环境基尼系数同时达到最小值。因此，可以各区域的污染物总量分配比例为决策变量，以各控制指标的水环境基尼系数均达到最小值（$\min(Gini_i)$）为目标函数，约束条件为各区域的污染物总量分配比例在 0～1，且分配方案确定后各控制指标的水环境基尼系数（$Gini_i$）均小于现状排污条件下的水环境基尼系数（$(Gini_i)^*$），采用多目标最优化方法求解，从而确定区域间水环境容量的公平分解方案[24]。计算模型为：

$$\min(Gini_i)=1-\sum_{m=1}^{n}(x_{m+1}-x_m)\times(y_{m+1}+y_m) \tag{8-9}$$

约束条件为：

$$\begin{cases} Gini_i < Gini_i^* \\ 0 < y_m = \sum_{j=1}^{m} y_j \leqslant 1 \\ 0 < y_j < 1 \end{cases} \tag{8-10}$$

式中，$Gini_i$——第 i 个控制指标的环境基尼系数；

x_m，x_{m+1}——m 个和 $m+1$ 个分解落实对象的第 i 个控制指标占分解对象该指标的比例；

y_m，y_{m+1}——m 个和 $m+1$ 个分解落实对象的污染物总量占待分解的污染物总量的比例。

8.5.6 总量指标分解方法比较与综合

由于污染物总量分配公平直接关系到分配对象的切身利益，分配方法必须使环境管理者和分配对象都能接受，因此，分配方法的公平性是备受关注的问题。刘娜等[20]在分析大气污染总量分配（此处指将地区或区域污染物排放总量分配到污染源）方法的选择研究时指出，一个公平的分配方法应考虑污染源的排放起点和环境影响，即从污染源的排放起点和环境影响去识别它们的相等与不相等。公平性应体现不同污染源排污现状、环境行为、对城市或区域经济的贡献、污染源的位置和对控制点的浓度贡献 5 个方面的差异。刘娜等[20]进一步剖析了各分配方法隐含的公平性和适用性，指出分配方法的不公平性主要表现在忽略了相互制约的某种因素，如环境影响与污染源的布局有着密切的联系，只考虑环境影响而不考虑污染源布局的分配方法将表现出明显的不公平性。又如，分配方法对某种现状差异的体现，必然导致这种方法最适合应用在那些环境现状差异明显的区域。刘娜等[20]也指出，各地区的经济发展水平、产业结构、行业结构、生产技术水平、污染治理水平，以及发展规划等都各不相同，在污染物总量分配时必须综合考虑多种因素，既不保护落后，也不限制落后地区的发展，只有这样才能保证总量控制的公平性，才会减少分配对象对分配方法的公平性的质疑。为此，对于经济发达地区，因其经济发展水平高，人们的环境意识较强，对环境质量的要求也相应较高，但往往经济快速发展也导致环境容量被完全利用，其环境管理的重点应是促使企业治理污染排放，鼓励企业节能降耗，选择清洁生产王艺，此时应选择侧重于反映生产技术水平高或经济效益好的分配方法以更能体现分配的公平性，可选择的分配方法有平方比例削减法、产值排放系数法、排放绩效法、能耗绩效法、控制费用分担法；但对于经济不发达地区，应以费用最小为目标，如果采用治理费用最小的方案仍无法达标，则只好适当降低环境质量目标，采取分步达标的方法，可选择的分配方法有 A－P 值法、等比例削减法、现状排放量分配法、根据燃料使用量分配法等。

在实际中，由于各种原因以及分解方法数据的限制性，污染物排放总量指标分解方法往往是一种综合上述全部或若干种方法得出的综合方法，甚至是各种环境经济和政治因素的博弈结果。表 8-10 和表 8-11 是“十二五”期间 COD 和 SO_2 两项指标的地方分解方案。由此可见，国家污染物排放总量控制指标分解总体上还是较好地体现了地区差异性。

表 8-10　“十二五”分地区化学需氧量排放总量控制指标

地　区	2010 年		2015 年		2015 年比 2010 年	
	排放量/万 t	其中：工业和生活	控制量/万 t	其中：工业和生活	增加/%	其中：工业和生活
北　京	20.0	10.9	18.3	9.8	−8.7	−9.8
天　津	23.8	12.3	21.8	11.2	−8.6	−9.2
河　北	142.2	45.6	128.3	40.7	−9.8	−10.8
山　西	50.7	31.2	45.8	27.9	−9.6	−10.6
内蒙古	92.1	27.5	85.9	25.4	−6.7	−7.5
辽　宁	137.3	47.0	124.7	42.1	−9.2	−10.4
吉　林	83.4	28.8	76.1	26.1	−8.8	−9.4
黑龙江	161.2	47.8	147.3	43.4	−8.6	−9.3
上　海	26.6	22.5	23.9	20.1	−10.0	−10.5
江　苏	128.0	86.3	112.8	75.3	−11.9	−12.8
浙　江	84.2	61.4	74.6	53.7	−11.4	−12.5
安　徽	97.3	55.6	90.3	52.0	−7.2	−6.5
福　建	69.6	45.8	65.2	43.1	−6.3	−6.0
江　西	77.7	51.9	73.2	48.3	−5.8	−7.0
山　东	201.6	62.7	177.4	54.6	−12.0	−12.9
河　南	148.2	62.0	133.5	55.8	−9.9	−10.0
湖　北	112.4	62.1	104.1	59.0	−7.4	−5.0
湖　南	134.1	71.8	124.4	66.8	−7.2	−7.0
广　东	193.3	130.6	170.1	113.8	−12.0	−12.9
广　西	80.7	58.1	74.6	53.6	−7.6	−7.8
海　南	20.4	9.2	20.4	9.2	0.0	0.0
重　庆	42.6	29.4	39.5	27.5	−7.2	−6.5
四　川	132.4	75.0	123.1	71.3	−7.0	−5.0
贵　州	34.8	28.1	32.7	26.4	−6.0	−6.1
云　南	56.4	48.0	52.9	45.0	−6.2	−6.2
西　藏	2.7	2.3	2.7	2.3	0.0	0.0
陕　西	57.0	36.4	52.7	33.5	−7.6	−7.9
甘　肃	40.2	25.5	37.6	23.7	−6.4	−6.9
青　海	10.4	8.1	12.3	9.6	18.0	18.0
宁　夏	24.0	13.3	22.6	12.5	−6.0	−6.3
新　疆	56.9	26.2	56.9	26.2	0.0	0.0
新疆生产建设兵团	9.5	4.7	9.5	4.7	0.0	0.0
合　计	2 551.7	1 328.1	2 335.2	1 214.6	−8.5	−8.5

注：全国化学需氧量排放量削减 8%的总量控制目标为 2 347.6 万 t（其中工业和生活 1 221.9 万 t），实际分配给各省 2 335.2 万 t（其中工业和生活 1 214.6 万 t），国家预留 12.4 万 t，用于化学需氧量排污权有偿分配和交易试点工作。

表 8-11 “十二五”分地区二氧化硫排放总量控制指标

地 区	2010 年排放量/万 t	2015 年控制量/万 t	2015 年比 2010 年增加/%
北 京	10.4	9.0	−13.4
天 津	23.8	21.6	−9.4
河 北	143.8	125.5	−12.7
山 西	143.8	127.6	−11.3
内蒙古	139.7	134.4	−3.8
辽 宁	117.2	104.7	−10.7
吉 林	41.7	40.6	−2.7
黑龙江	51.3	50.3	−2.0
上 海	25.5	22.0	−13.7
江 苏	108.6	92.5	−14.8
浙 江	68.4	59.3	−13.3
安 徽	53.8	50.5	−6.1
福 建	39.3	36.5	−7.0
江 西	59.4	54.9	−7.5
山 东	188.1	160.1	−14.9
河 南	144.0	126.9	−11.9
湖 北	69.5	63.7	−8.3
湖 南	71.0	65.1	−8.3
广 东	83.9	71.5	−14.8
广 西	57.2	52.7	−7.9
海 南	3.1	4.2	34.9
重 庆	60.9	56.6	−7.1
四 川	92.7	84.4	−9.0
贵 州	116.2	106.2	−8.6
云 南	70.4	67.6	−4.0
西 藏	0.4	0.4	0.0
陕 西	94.8	87.3	−7.9
甘 肃	62.2	63.4	2.0
青 海	15.7	18.3	16.7
宁 夏	38.3	36.9	−3.6
新 疆	63.1	63.1	0.0
新疆生产建设兵团	9.6	9.6	0.0
合 计	2 267.8	2 067.4	−8.8

注：全国二氧化硫排放量削减 8%的总量控制目标为 2 086.4 万 t，实际分配给各省 2 067.4 万 t，国家预留 19.0 万 t，用于二氧化硫排污权有偿分配和交易试点工作。

参考文献

[1] 徐彩梅．环境规划的尺度问题研究[D]．广州：中山大学，2006.

[2] OECD Environment Directorate，OECD key environmental indicators 2004，Paris，France.

[3] 孙瑞林，徐毅，逯元堂，等．国家环境保护“十一五”规划指标的确定[J]．环境科学与技术，2010，

33（6E）：467-472.

[4] 吴舜泽，周劲松，叶帆，等．解读《国家环境保护"十一五"规划》之"十一五"国家环境保护的目标和指标[J]. 环境保护，2007，12A（385）：29-32.

[5] 罗上华，马蔚纯，王祥荣，等．城市环境保护规划与生态建设指标体系实证[J]. 生态学报，2003，23（1）：45-55.

[6] 孟小春，牛红义，李志琴，等．广州市环境保护"十二五"规划指标体系研究[J]. 环境科学与管理，2010，35（8）：38-41.

[7] 程炜，陈丽娜，王向华．江苏省"十一五"环境保护规划指标可达性分析[J]. 环境科技，2009，22（2）：51-55.

[8] 王红旗，张涛．水生野生动物自然保护区环境规划指标体系的建立[J]. 中国环境科学，2005，25（5）：636-640.

[9] 马妍，朱晓东，于秀玲，等．乡镇环境规划指标体系研究——以扬州市瓜洲镇为例[J]. 环境科学与管理，2009，34（11）：187-191.

[10] 张本昀，吴国玺．小城镇环境保护指标体系与生态环境保护规划[J]. 生态经济，2006（12）：311-133.

[11] 海热提，王文兴．生态环境评价、规划与管理[M]. 北京：中国环境科学出版社，2004.

[12] 薛文博，宁淼，王金南，等．重点区域大气联防联控"十二五"规划空气质量目标可达性模拟分析[R]. 重要环境信息参考，2011，7（22）：1-44.

[13] 刘继莉．环境规划中水环境质量目标确定技术的研究[J]. 中国科技信息，2011，24：34-39.

[14] 宋福敏．污染物排放总量控制制度实现污染控制目标的重要制度前提[D]. 青岛：中国海洋大学，2013.

[15] 侯晓梅．我国总量控制政策的现状与适应性变革[J]. 长江论坛，2003，58：39-42.

[16] 刘淑青．我国污染物总量控制制度研究[D]. 北京：中国政法大学，2009.

[17] 环境保护部．环保"九五"计划完成情况和当前环境形势[EB/OL]，http：//www. china. com. cn/guoqing/zwxx/2011-10/21/content_23690645. htm.

[18] 薛文博，雷宇，王金南．全国"十二五"SO_2和NO_x减排对$PM_{2.5}$降低效果研究[R]. 重要环境信息参考，2012，8（9）：1-24.

[19] 逯元堂，吴舜泽，贾杰林，等．"十一五"环保规划目标分解与实施评估研究[J]. 中国环境政策专题研究报告，2007，8（5）：1-58.

[20] 刘娜，谢绍东．中国不同经济区域大气污染总量分配方法的选择研究[J]. 北京大学学报：自然科学版，2007，43（6）：803-809.

[21] 朱法华，王圣．SO_2排放指标分配方法研究及在我国的实践[J]. 环境科学研究，2005，18（4）：36-41.

[22] 陈丁江，吕军，沈晔娜．区域间水环境容量多目标公平分配的水环境基尼系数法[J]. 环境污染与防治，2010，32（1）：88-91.

[23] 王丽琼．基于公平性的水污染物总量分配基尼系数分析[J]. 生态环境，2008，17（5）：1796-1801.

[24] 董战峰．国家水污染物排放总量分配方法研究：以 COD 为例[D]. 南京：南京大学，2010.

第 9 章　环境规划的费用效益分析方法

环境规划费用效益分析是费用效益分析在环境规划领域的延伸与扩展。20 世纪 30 年代，国外开始重视环境费用效益分析方法，并在理论和方法方面进行了大量的研究。环境费用效益理论已经成为环境规划与管理的一项重要工具。本章将首先阐述环境费用效益分析的产生与发展、理论基础与相关方法，重点分析环境费用效益分析方法在环境规划中的应用途径与作用、步骤与方法，最后基于具体案例进行实例分析。

9.1　环境费用效益分析的产生与发展

9.1.1　费用效益分析方法概述

人类的任何社会经济活动，包括政策和开发项目等都会对环境及自然资源配置造成影响。因此，需要评估这些影响的范围，以确定是否应该颁布或执行某项政策，以及是否应该开发和建设某个项目。费用效益分析（cost benefit analysis，CBA）就是评估这些影响的主要评价技术，也就是鉴别和量度一个项目或规划的经济效益和费用的系统方法，是经济学家用来评价项目合理性所应用最普遍的方法。费用效益分析有时又称成本效益分析、效益费用分析、国民经济分析或国民经济评价等。大多数政府部门和国际机构都采用费用效益分析作为其主要的项目和规划评价方法。

费用效益分析是以新古典经济学理论为基础发展起来的。20 世纪 30 年代，美国首先在水资源开发利用等公用工程评价方面使用了费用效益分析，收到了良好的效果，后来这种方法被广泛应用到各种经济领域。费用效益分析作为经济分析中一项常用的工具，是通过比较某个行动、项目或计划所产生的效益和所需成本，为决策提供依据的。费用效益分析原则上要求考虑所分析行为的一些影响，并尽可能地把这些影响转化为货币价值来表现。但在实践中，特别是较微观的费用效益分析过程中，通常没有考虑环境影响，因为环境影响是某个行动、项目或计划的外部效应，不在决策者考虑范围内，决策者只考虑财务和经济效益。但随着人们对环境保护问题的关注不断加强，特别是环境价值理论研究逐渐深入，费用效益分析的应用扩展逐渐成为环境经济分析的基本方法。

在这种情形下，对规划方案的经济合理性进行事先评价时，由于评价者所站的立场与角度不同，导致了两种不同的评价方法——费用效益分析和环境费用效益分析。这两种分析方法的不同之处是私人与社会考虑经济问题角度的差异，前者是从厂商的角度出发分析某一项目的赢利能力、还债能力和外汇平衡能力等，通过微观经济活动主体（如厂商）本身对该项目方案的支出与收入的比较来考察这一方案的优劣性。因此其结论往往受到不尽合理的价格体系的影响，且不能反映项目方案对整个国民经济的影响，因而费用效益分析的结论不能作为环境规划方案取舍的主要依据；后者通过项目或决策对环境的影响进行价值评估，从而把人们对环境的关注纳入项目或政策的可行性研究中。

9.1.2　环境费用效益分析的产生

早在 1844 年，Jules Dupuit 就提出了费用效益分析的概念。在 Jules Dupuit 发表的《论公共工程项目效益的衡量》[1]一文中，引入了"消费者剩余"的概念，并提出一个公共项目的社会总效益是该项目的净生产量乘以相应市场价格所得的社会效益的下限与消费者剩余之和，以此作为公共项目的评价标准。项目评估和福利经济学有类似的研究目标，两者都是关于不同情况之间的好坏比较，因此经济学家们认为环境费用效益分析实际上是从理论福利经济学发展起来的。与此同时，凯恩斯的经济学说对于费用效益分析的发展也起着关键性的影响，宏观经济学的发展为费用效益分析扩展了宏观角度的研究。1936 年，美国联邦政府在其制定的水资源管理计划中对该计划实施的收益和成本进行了比较，作为计划决策的重要依据。后来，在水资源计划有关防洪的条款中规定："在进行项目的设计时，要使收益的增长必须超过预算的费用"，这是美国早期引入环境费用效益分析的情况。自此以后，美国经常应用费用效益分析来评价改进港口和内河航运等公共工程项目，如田纳西河流域的综合整治规划等。

从环境费用效益分析引入的过程来看，其开始是为了评价公共工程项目。因为公共工程项目具有较强的社会和公共效益，与一般工程项目评价的差异是，它追求的是社会效益的最大化，而不是以项目的自身营利为主要目的。在 1950 年美国联邦河流流域委员会发表的《内河流域项目经济分析的应用方法》中，就把实用项目分析方法与福利经济学有机地衔接起来，更鲜明地显示了环境费用效益分析服务于公共福利评价的特点。

9.1.3　环境费用效益分析的发展

20 世纪 60 年代以后，费用效益分析方法进一步向其他领域扩展，如公路运输、城市规划和环境质量管理等。70 年代，由于环境公害事件屡屡发生，经济学家开始将费用效益的分析方法应用于环境污染控制领域，用此方法评价由于环境污染所造成的危害和改善环境质量所产生的效益。美国经济学家哈曼德第一个把费用效益分析的方法用于污染控制，分析了水污染控制的费用和效益。后来，美国未来资源研究所（RFF）对拓宽环境费用效益分析方法的应用作出了很大贡献。作为此研究领域的代表性专家，约翰·克鲁梯拉（John V Krutilla）和艾伦·克尼斯（Allen V. Kneese）早期从事发展经济学研究，后来转为研究环境经济问题。克鲁梯拉侧重于公共投资的环境影响和自然资源价值的评估，于 1967 年发表了自然资源经济学的奠基之作《自然资源保护的再思考》[2]。后来，克鲁梯拉又与费舍尔（Anthony C.Fisher）合著《自然资源经济学：商品型和舒适型资源价值研究》[3]，被广泛应用于指导公共项目投资和政策选择。

在国家政策领域，美国卡特政府曾经规定所有对环境有影响的项目都必须进行环境费用效益分析。1973 年，美国颁布的《水和土地资源规划原则和标准》，把费用效益分析的重点放在了国民经济发展、环境质量、区域发展和社会福利等方面。1982 年 2 月，美国里根政府发布命令（EO12291，1981）[4]，要求任何重大管理行动都要进行费用效益分析，以保证政府任何决策措施所产生的效益都要大于它所引起的费用。EO12291 使得以前仅局限于小范围的费用效益分析扩展到政府政策水平，使得费用效益分析成了政府决策的必要程序和必须工具，这对非市场物品的价值评估产生了重大影响。美国环保局也制订了用于环境保护规划和环境行动的费用效益分析手册，并且开始大量资助环境影响经济评价的基础研究和应用研究。自此，费用效益分析的应用范围已经超出了对开发项目的评价，并扩展到了对发展计划和重大政策的评价。一个典型的费用效益分析案例是，美国环保局用环境费用效益分析方法对 2002 年《清洁空气法》实施的效果进行了评估，发现 2002 年《清洁空气法》实施的成本是 309 亿美元，而由此带来的效益却高达 1 189 亿美元，货币化的环境效益是其实施成本的 4 倍[5]。这一分析结果的产生，不仅准确地表明了这一法规执行的效益，增强了政府继续实施这一法规的决心，而且也使民众对此有了客观直接的了解，从而支持政府的法律法规实施。

9.1.4 我国环境费用效益分析的进展

我国关于环境费用效益分析的研究起步较晚。但是随着环保工作的开展，人们也逐渐认识到了环境费用效益分析的重要性。1981 年 7 月，早先的中国环境管理、经济与法学学会在镇江市召开了“第一届全国环境经济学术讨论会”[6]。在此次研讨会上，著名经济学家于光远提出应该对环境遭受破坏而造成的损失以及由于环境保护取得的效益进行定量分析，以此作为政府公共决策的依据。1983 年出版的此次研讨会论文集《论环境经济》，标志着我国有关环境费用效益分析研究的开始。环境污染损失估算是环境费用效益分析的重要组成部分，也是环境费用效益分析难度最大的领域。我国开展环境破坏的经济损失的计量研究始于 20 世纪 80 年代初，研究对象是企业污染、城市污染以及流域污染等造成的经济损失[7]。过孝民主持的“中国 2000 年环境预测与对策研究”项目，对我国“六五”期间的环境损失进行了较为系统的研究，此研究在计量方法、数据处理、结果表述等诸多方面都有较高的学术价值和实用价值[8]。张兰生等引进费用效益分析方法，编制了环境经济学教材[9]，并在清华大学设立培训课程，针对沈阳抚顺污水灌溉区开展了费用效益分析，推动了环境费用效益分析的研究和发展。

20 世纪 90 年代初，由金鉴明院士主持的“中国典型生态区生态破坏的经济损失研究”，在相当程度上推动了环境污染损失计量研究工作的进展，使我国在评估生态破坏的经济损失方面有了进一步的发展[10]。1995 年，中国社会科学院环境与发展研究中心在“国家环保局局长基金”支持下，开展了“中国九十年代环境污染与生态破坏的经济损失”研究。该研究在损失计量概念、计量方法、误差处理等方面有了较大的改进。后来，原国家环保局环境与经济政策研究中心也在中国环境破坏经济损失计量领域开展了一系列研究工作，包括全国尺度、区域尺度和行业尺度等的环境污染损失估算[11]。

一些国际组织和政府间组织也在我国组织开展了许多有关环境费用效益分析的研究。联合国环境署、世界银行、亚洲开发银行等，以及其他一些半官方或民间的基金、环保组织、学术机构等，在中国开展的项目很多都涉及中国环境破坏的经济损失问题。如世界银行报告《面向 21 世纪的中国环境：碧水蓝天》[12]，就专门详细地估算了我国大气环境污染所造成的经济损失。美国 Vaclav Smil 向美国东西方研究中心递交的《中国的环境问题：经济损失估计》专题报告[13]。世界银行与中国环境规划院合作，于 2007 年发布的英文版《中国环境污染损失报告》[14]。由于环境保护部对有关污染健康损失数据看法的不一致性，致使该报告的中文版本一直没有出版。这是国际组织目前对中国环境成本分析最全面的一个研究。

国内许多研究者对环境费用效益分析也开展了多领域、多角度的研究和应用。黄振管[15]介绍了费用效益方法在环境保护中的应用，并对相应的效益进行了评价；郭广礼等人[16]介绍了环境费用效益分析方法的基本概念，介绍了将其应用于煤矿开采沉陷的方法步骤；朱龙里等人[17]分析了费用效益方法在废物再循环利用中的应用，并进行了实例说明；杨春平等人[18]以湘江航运二期工程为例，探讨了水利电力工程环保投资费用效益的综合分析方法，分析了在相同发电容量下，水电代替煤电的成本和环境保护效益；周嘉等人[19]介绍了灰色预测方法，并利用灰色预测方法对区域环境保护的成本和效益进行了分析；黄伟源[20]讨论了费用效益分析方法在项目和区域环境影响评价中的应用。吴贵生等人[21]利用费用效益方法分析了中国使用无铅汽油对人体健康收益，并对含铅汽油的投资成本进行了综合分析；李国斌等人[22]介绍了费用效益方法在环境影响评价中的应用；李振东[23]分析了环境保护投资的费用效益分析原理，并给出了环保投资的费用-效益分析步骤和评价技术；张卫航[24]分析了中国陕北地区环境治理费用效益空间异质性问题的背景和具体表现，提出加快建立相应的赔偿机制。

特别是随着 2004 年环境保护部环境规划院牵头的绿色 GDP 核算项目的开展，以及连续 10 年的中国环境污染损失核算研究使环境费用效益分析在中国的研究和应用得到了迅速的发展。王金南等[25-27]主编出版了《环境经济核算丛书》10 本专著，建立了规范化的环境污染损失核算理论与方法；刘智慧等人[28]介绍了费用效益分析方法对城市垃圾处理工程进行项目建设和运行中造成的环境经济损失和环境经济效益；周一虹等人[29]根据环境会计学理论，运用计量经济学方法，通过对污染控制费用效益理论计量模型的推导，建立了城市空气污染成本的计量模型；魏国粱等人[30]介绍了环境保护项目的成本和收益分析方法；

冯亚斌等人[31]对北京典型居住小区垃圾分类的成本和效益进行了研究；朱红梅等人[32]讨论了建立济南大气污染治理的成本和效益的方法和步骤；李萍等人[33]利用费用效益分析方法计算了农户使用沼气池的成本和效益；张彤炬等人[34]对费用效益分析方法在多方案比选中应用的意义进行了探讨，提出了公路环境影响评价中方案比选的费用效益分析步骤和方法，并以江苏淮安—盐城高速公路为例，对涉及湿地价值的方案比选采用费用效益方法进行了实例分析；叶兆木[35]对国内外关于环境成本评价理论和环境损失评价方法在中国的应用进行了综述；王春萍[36]介绍了费用效益分析方法在环境绩效审计中的应用；张继萍等人[37]介绍了费用效益分析方法在噪声控制工程领域应用中的最新国际动态，并提出费用效益分析方法可为有关部门实施噪声防治措施和科学管理提供实用的手段；梅付春[38]等人以河南信阳为例，分析研究了我国农户进行秸秆焚烧的成本和效益；李传奇等人[39]提出了河流生态修复的费用效益分析框架，将环境质量影响纳入经济决策中，并对河流生态修复工程的成本和效益进行了分类；昌敦虎[40]分析了环境规划方案筛选费用效益分析的特点及一般模式，总结出环境规划方案筛选费用效益分析的一般模式为规划方案的环境效应评价、规划方案满足规划目标的能力评估、费用效益分析、选择最终规划方案；张妍等人[41]介绍了费用效益分析方法在环境保护项目评价中的应用。

费用效益分析方法在中国的环境规划与管理实践中也得到了很好的应用。例如，厦门发展规划、吉林生态建设土地利用、天津绿色水工程项目和陕-山-蒙边壤区的能源利用等的环境绩效评估中都应用了费用效益分析方法；赵学涛等人[42]与挪威合作专门研究了费用效益分析在环境规划中的应用，出版了《战略环评和费用效益分析在环境规划中的应用》一书。从“十二五”开始，我国开始尝试污染防治规划的费用效益分析，如评估“十一五”污染减排的费用和效益、大气污染防治行动计划实施的健康效益等。蒋洪强等协助环境保护部研究制定了《污染物排放标准的环境成本效益分析技术指南》，期望在环境标准制定以及实施评估中全面引入费用效益分析。

通常，环境费用效益分析的范畴要大于环境规划费用效益分析，但两者在理论和方法学方面没有明显差异，因此本章介绍的环境规划费用效益分析就等同于环境费用效益分析。同时，在研究环境费用效益分析时，成本和费用两个术语及其含义尽管有些差异，但通常情况下不作严格区别而混同使用。

9.2 环境费用效益分析的基本原理

9.2.1 环境费用效益分析的理论依据

由于环境资源的公共产品属性的存在，使其容易产生外部性问题，而外部性的存在导致了市场失灵和政府失灵，使资源得不到有效配置。对环境规划而言，就是要将外部性问题纳入决策过程中，使环境外部性内部化，实现社会福利最大化，促进环境资源的合理配置。实现此目标的重要工具就是环境费用效益分析，定量描述并将环境的外部影响货币化。环境费用效益分析的理论基础是环境资源的价值论和环境外部性的内部化。

9.2.1.1　环境资源价值

从经济学的角度看，环境费用效益分析的主要目的就是将环境资源的价值纳入经济分析体系中来，从而建立更加合理有效的经济分配体制，而建立这种体制的先决条件是环境资源具有价值。

环境资源价值理论的核心是环境是一种资源，环境资源具有稀缺性产品的特点，具体体现在：①环境资源的稀缺性。环境是人类生存的基本条件，也是社会发展的物质资源。社会生产归根结底是从环境中获取资源，加工成人们所需要的生产资料和社会资料，为人类创造物质文明和精神文明，所以说环境是一种资源。当今世界，随着人口的增长和社会生产力的发展，对环境资源的获取越来越多，因而，环境资源有限性的特点表现得日益突出，比如淡水资源的稀缺、珍稀物种的濒危、可耕种土地面积的减少等都说明了环境资源具有稀缺性。②环境资源的公共物品属性。环境资源具有两个明显特征：一是消费的不可分性或无竞争性；二是消费中的无排他性。例如，空气、水、矿藏等环境资源，都具有部分或全部上述特征。环境资源是公共物品，它不能严格地划分所有权或使用权。但是由于环境资源具有稀缺性，当环境资源作为商品时应当考虑它的价值，有偿使用。③环境资源的价值。将环境资源纳入经济分析体系中来是环境资源价值的一种体现。在环境规划中通过费用效益分析方法可以使规划的实施者将环境资源的费用考虑进去，使环境的外部不经济性内部化，可以使环境资源的使用者改变产生污染的行为，有效地利用越来越稀缺的环境资源[9]。

9.2.1.2　环境外部性

当经济活动中经常出现外部性现象，即在实际经济活动中，生产者或消费者的活动对其他生产者或消费者产生了超越经济活动主体范围的利害关系时，其实质就是一种价值的无偿转移。这种外部性通常表现为正外部性和负外部性，或者外部经济性（external economy）和外部不经济性（external diseconomy）。一般的经济活动规划中，容易产生外部不经济问题，这是由于环境资源具有公共物品属性，在市场上价格为零，经济活动的主体——生产者或消费者出于自身的经济利益考虑，把未经处理的废物直接排入环境，而不考虑这种行为的高昂的社会代价。而一般的环境规划中，容易产生环境质量改善这类外部经济性问题，即这些效益由实施主体之外的消费者获得。

由于经济活动主体的经济行为产生了不由其自身偿付的成本，使边际私人成本和边际社会成本发生了偏离（图 9-1）。如果不加以纠正，经济主体对经济活动数量的决定将建立在私人成本和效益的基础上，与社会成本和社会收益脱节，两者之间的差异就是外部边际成本（社会边际成本与私人外部成本之差）。这种外部不经济由其他社会成员承担，将会使生产或消费的数量超过社会所能容纳的合理程度，最终损害了社会的环境资源和社会公共福利。外部边际效益的产生也是一样的。因此，在环境规划的过程中，应该利用费用效益分析的方法，督促规划的执行者在对成本和效益进行经济分析时，全面地考虑造成的影响，将环境外部成本内部化[43]。

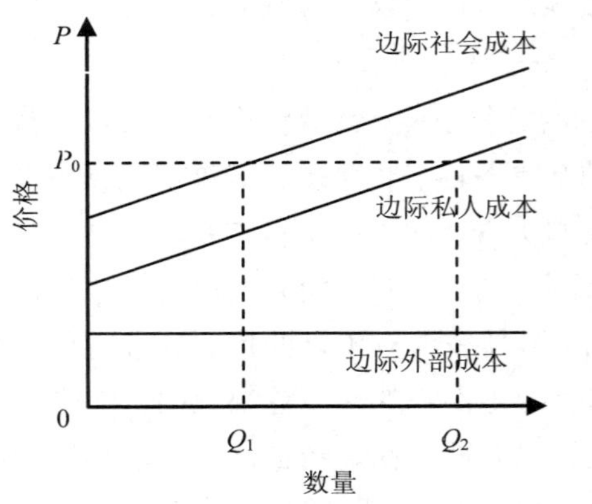

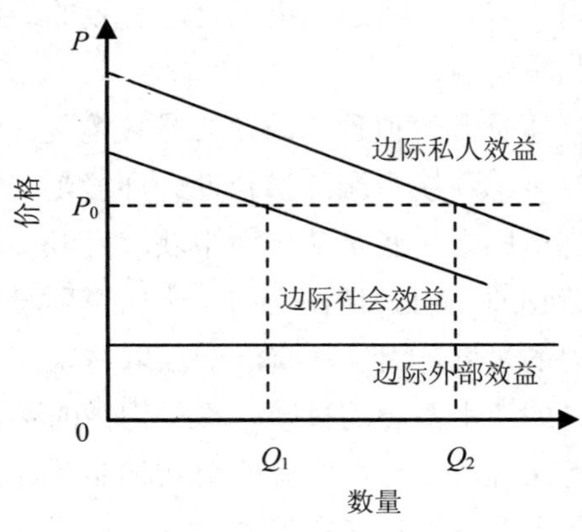

图 9-1　环境外部性的表现形式

9.2.1.3　最佳目标原理

在环境规划中选用费用效益分析方法的主要目的是比较分析各个方案的合理性，并比较它们的优劣。分析比较的指标中最基本的就是社会净效益，即如何使方案的治理总效益与治理总费用之差最大。

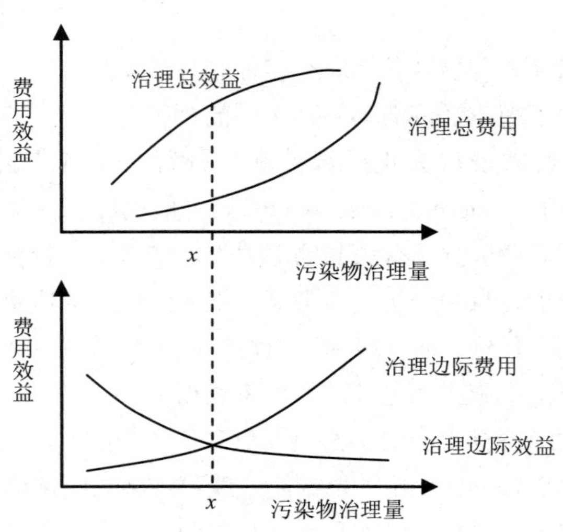

图 9-2　污染物最佳治理量

如图 9-2 所示，可以利用费用函数和效益函数确定最优去除水平。在最优去除水平下，规划方案的净效益最大。治理污染的总费用和总效益都随污染物去除量的增加而不同程度地增加。但边际费用曲线呈上升趋势，边际效益曲线呈下降趋势。在污染物去除量为 x 时，其净效益为该点对应的总效益与总费用的差。当污染防治净效益最大时，所对应的污染物去除量 x 即为最优去除水平。这时，边际去除费用和边际去除效益曲线的交点也在 x 点处。因此，也可以说是边际费用与边际效益相等时，污染物去除水平最优，社会净效益最大。这个原理就是环境规划中确定最佳污染物排放目标的最佳目标原理。根据最佳目标原理得知，所谓污染物去除最优水平或者最佳污染物排放量，并不是去除量越大越好甚至达到零排放最好，而是以社会净效益最大为准则来决定对污染物的控制水平。治理最佳目标或排放量最佳既要技术上可行，又要经济上合理，取得最大净效益或者效益费用比最大。这也是费用效益分析用于环境规划方案比较的基本原理。

9.2.2　环境费用效益分析与贴现率

9.2.2.1　环境费用效益范围

对于公共项目和规划的决策，不仅要考虑财务和经济效益，而且要考虑环境效益。环境费用效益分析就是在传统的财务分析和经济分析中，全面考虑实施的环境成本和效益因素，把项目和规划的环境成本或费用以及产生的所有效益都纳入费用效益分析。环境费用效益分析方法从整个社会的角度出发，分析某一项目对整个国民经济的净贡献的大小，它解决的最主要问题就是将外部成本内部化，全面地考虑了经济活动对自然系统的影响。环境费用效益分析所使用的数据一般具有较强的客观性，不易为决策者的主观意识所左右。同时，环境费用效益分析的结论又反映了全社会范围内对资源配置优化的需要，因而成为环境规划评价与决策的主要依据。

环境费用效益分析的核心是分析项目和规划实施的费用和效益，与其相关的有环境影响经济评价、环境污染损失、环境成本核实以及环境风险评估等。图 9-3 是费用效益分析方法的分析范围，项目或规划的产出效果中既包括正效益，也包括负效益即损失，损失与投入费用一起合成总费用。同时，图 9-3 也描述了传统的经济分析方法与环境费用效益分析之间的联系与区别。环境费用效益分析对项目或政策的产出效果的分析应该包括经济、社会和生态环境等不同方面，而传统的经济分析方法虽然在分析的过程上与费用效益分析方法相同，但考虑范围和侧重点有所不同。若只考虑直接经济效益、损失以及投入费用的是费用效益分析方法，重点考虑生态环境影响，并对其进行经济评价的是环境影响的经济评价。传统费用效益分析只考虑项目产生的内部成本和效益，最终有财务收益率评估项目的合理性。环境费用效益分析不仅要考虑项目和规划的内部成本和效益，更重要的是要全面考虑项目和规划的外部成本和效益、考虑社会成本和社会与环境效益，最终用社会贴现率、效益成本比等指标衡量项目和规划的合理性，为项目和规划的最终决策提供经济依据。

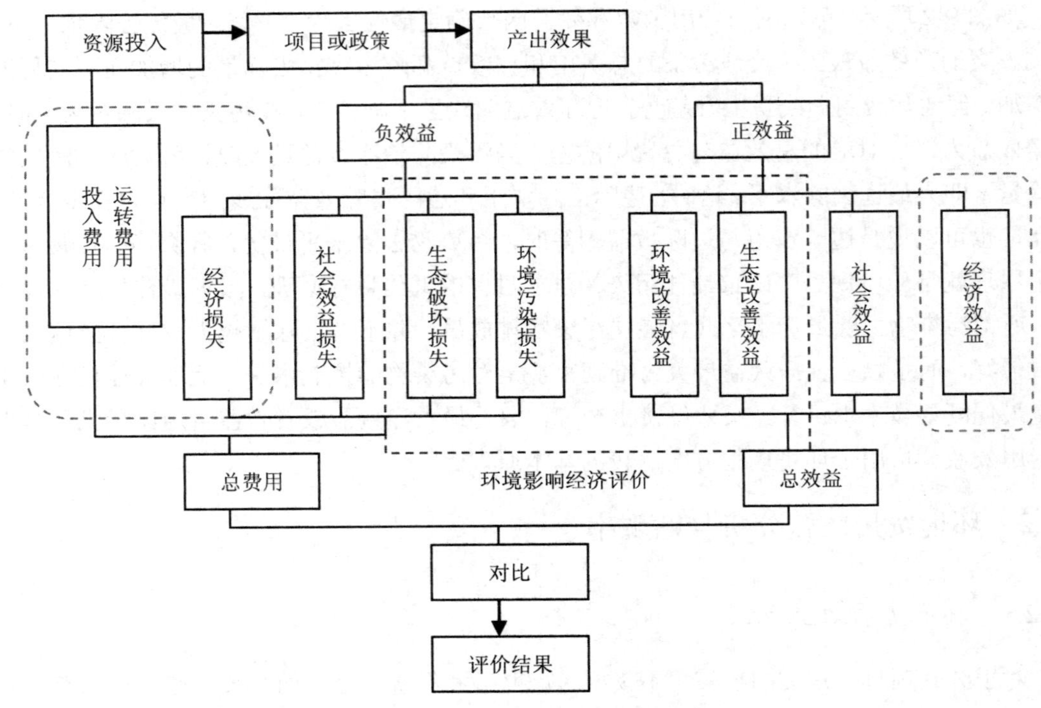

图 9-3 环境费用效益分析范围

9.2.2.2 社会贴现率选择

环境规划的费用效益分析中所研究的问题，往往需要跨越较长的时间，任何环境保护项目或政策的费用、效益都与建设周期、工程项目的使用寿命以及政策执行时间的长短有关，同时费用与效益的发生时间也不尽相同，如图 9-4 所示。因此在费用效益分析中，必须考虑时间因素进行贴现[43]。通常在现在可以得到的效益和 10 年以后得到同样多的效益之间选择，人们都希望选择前者。为了比较不同时期的费用和效益，人们对未来的费用和效益打折扣，使它小于现有的费用和效益，用贴现率作为折扣的量度[44, 45]。

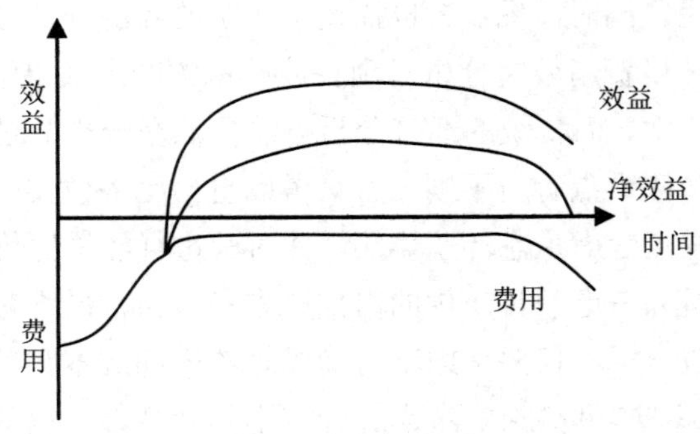

图 9-4 项目和规划的费用效益流

运用贴现率可以把不同时期的费用或效益转化为同一水平年的现值，使整个时期的费用或效益具有可比性。具体地说，在时间 t 时，净效益 NB_t 的现值 PVNB 可以按式（9-1）计算：

$$PVNB=\sum_{t=1}^{n}\frac{NB_t}{(1+r)^t}\quad (t\in N) \tag{9-1}$$

式中，r —— 贴现率；

NB_t —— 第 t 年的净效益；

PVNB —— 净效益现值；

t —— 时间（通常以年为单位）。

传统的项目财务分析中一般选择银行中长期贷款平均利率作为贴现率。社会贴现率是政府指导投资的一种工具，对投资的优先次序有较大的影响，高贴现率会有利于近期获得净效益的项目，而低贴现率将鼓励人们选择有长期净效益的项目。决定社会贴现率选择的主要因素有：资本的机会成本、捐助机构与贷款机构的要求、政府对同未来有关的消费与投资的观点。不同投资机构和不同国家以及不同时期，选用的社会贴现率往往不同。在环境费用效益分析中，我国选择的社会贴现率取 10%左右。

9.2.3　环境损失与费用效果分析

（1）环境污染损失评估

在环境费用效益分析中，通常最困难的是环境效益的计算。而环境效益一般可以表述成不同项目和规划方案下环境损失的减少，也就是说，环境损失的降低就是环境效益。因此，在这种情况下，环境费用效益分析实际上就转化为环境费用与环境损失分析。由于环境污染会造成环境功能的丧失或损害，为人类的生存和经济的发展带来危害。实施不同的项目和规划通常也不能完全消除相应的环境损害。这些危害在很大程度上是可以用金钱来衡量的，称之为污染的经济损失。估算污染的经济损失就是将污染的危害用价值形式表现出来，以便与投资成本进行比较，将环境保护纳入经济决策。目前，环境污染损失的评估是一个研究热点。环境保护部环境规划院从 2004 年开始开展的绿色 GDP 核算项目，就是一个典型的环境污染损失评估项目。项目技术组完成了 2004—2011 年全国 31 个省（市、区）和 600 多个城市的环境污染损失，制定了环境污染损失核算理论与方法，为环境规划中的环境污染损失分析提供了技术方法和参数[26，27，46]。

（2）环境费用效果分析

当项目和规划的效益分析十分困难，或者对效益的关注不很重要时，可以采用一种替代的费用效果分析（cost effectiveness analysis，CEA）方法。环境费用效果分析就是比较项目和规划方案在相同费用下产生的环境效果，最终选择相同费用下环境效果最大的方案。例如，对于污染防治规划和项目的比较和筛选，第一步直接计算不同项目和规划的实施成本，然后分析得出这些项目和规划方案实施产生的污染物削减量、环境质量改善程度，然后比较每个方案的单位投入费用（如 1 000 万元）的污染物削减量或环境质量改善比例，选取最大值方案为规划推荐的方案。实际上，如果环境费用效果分析与费用效益分析存在着这样一种关系，即单位污染物削减量或环境质量改善程度产生的货币化效益相同，那么两种方法得出的结论是完全一致的。因此，环境费用效果分析对于环境目标比较单一的工程型环境规划是比较合适的。

（3）环境风险评价

风险评价起源于 20 世纪 30 年代的美国保险行业，经过 70 多年的发展，形成了很多理论、方法和应用技术。很多发达国家对人类开发行为产生的环境影响均采用了风险评价的方法，期望评价结论更能反映实际，为环境管理部门就社会效益和环境风险进行平衡和取舍，为作出比较符合实际的决策提供科学依据。环境风险评价是为控制项目实施诱发的灾害，对人体健康、经济发展、工程设施和生态系统等可能带来的损失进行识别、度量和管理的一种评价技术。环境风险评价是一项风险评价与环境影响评价交叉的研究领域。环境风险评价虽然在发达国家使用已相当普遍，但在我国却只有十多年的研究和数据，主要侧重于特殊类型企业的环境风险评价。通常，环境风险评价是作为环境影响评价的一种补充和深化出现的。目前，国外环境风险评价主要包括人体健康风险评价和生态风险评价两方面，在环境规划中应用费用效益分析方法时，恰当地使用环境风险评估是发展的必然趋势。

对于化学品、危险废物、污染场地修复等风险控制型的环境规划，选择环境风险评价方法比较合适。环境保护部从"十二五"开始，组织制定了化学品和重金属等风险型污染防治规划，但这些规划本质上没有很好地使用环境风险评价的理论和方法，采用的是传统的重金属污染物削减量等方法。但在地方层面上，开展了一些区域环境风险防控规划，应用了区域性、累积型、多受体的环境风险评价方法。同时，也开始探索环境风险费用效益分析研究，将环境风险评价提供的对风险的比较、排序等结果用于费用效益分析，为比较和优先考虑项目、规划、政策的各种风险提供了量化的基础，从而也丰富和发展了费用效益分析和费用效果分析。

（4）环境影响经济评价

环境影响经济评价是对环境损害与效益进行价值评估的方法，是根据相关理论，采取一定的评估手段和方法，对环境资产（包括组成环境的要素、环境质量）所提供的物品或服务进行定量评估，并以价值的形式表征出来。这里要说明的是，尽管环境损害或效益名称不同，所代表的含义也有差异，但是，二者是密切相关的。当环境质量恶化或环境退化发生时，通常称之为环境损害（或发生了环境费用或环境成本）；如果人们采用了某些措施，使环境质量得以改善，从而避免了环境损害，那么避免了的环境损害就可以被看成是这种改善环境的行为所产生的效益。

环境规划是一种预期性和先导性的工作，由于未来经济、社会以及环境发展存在不确定性，环境规划中面临各种不确定性是在所难免的。将不确定性纳入费用效益分析的最常见方法是计算预期成本和效益，并在贴现率上加上风险补贴。例如，污水处理厂计划可能改善水质的 50%。这是一种预期的结果，实际上可能改善水质的 30%，也可能是改善水质的 80%，无法提前预知。30%、50%和 80%是水质影响的不同结果。计算预期影响，此处将可能性用作权重来总和所有的结果。

9.3　环境规划费用效益分析方法

9.3.1　费用效益分析的基本内容

就环境规划而言，费用效益分析可以用于两个层面，一个是规划编制过程中对规划方案及工程措施的比选过程；二是规划实施完成后对规划实施效果的评价过程。无论是在哪一个阶段介入，应用费用效益分析方法均需要回答下述四个问题：①可选项目有哪些？费用效益分析可以对单一项目进行评估，也可以对多个项目进行费用效益分析。如果对多个项目进行费用效益分析，要首先对可选择的项目进行筛选，确定出项目选择的决策框架。②实施哪一项目？一般规则是如果效益（B）大于成本（C），则可以实施。反之，若 B＜C，则不能实施。但有两种情况需要特别说明，第一，可选择的所有项目中，每一个项目的效益都大于成本，这时选择 B 值和 C 值差别最大的项目作为最终选择项目；第二，如果几个非排他的项目都是 B＞C，但预算有限，选择的原则是比较预算，则从效益最大的项目开始，直到找到符合预算支出的项目。③项目实施的最佳规模？项目的规模直接影响到项目的效益和成本，任何项目的实施都有最佳规模。以环境质量改善项目为例，当环境质量改善的边际效益等于边际成本时，其规模就为项目实施的最佳规模。④项目实施的时间？项目实施的时间不同，项目所获得的净收益也是不同的，因此，费用效益分析需要给决策者提供最优的项目实施时间。

对环境规划中各项措施的环境与社会效益做出适当与全面的分析是实施费用效益（效果）分析的关键，通常也是整个分析过程中难度最大的一部分。尽管有一些方法可供参考，但与成本费用相比，效益评价方法尚未完善。应具体分析与评价可能造成的大气污染、水污染和土地退化等方面的影响。相关问题可能包括：对人体疾病与死亡的影响、对农作物的影响、对建筑物的损害、对生态系统的损害等。对诸如某地区排放量、污染物浓度与相关损害之间的关系予以量化，从而对各项减排措施所降低的损害进行评价。此后，将各项降低的损害转化为货币形式，在费用效益分析中同相关费用进行比较。

9.3.2　费用效益分析的步骤

费用效益分析一般分为 7 个步骤：①识别可能解决问题的有关方案和措施。主要是确定解决问题的方案和措施有哪些，对方案和措施的可行性应该根据经验进行判断，对于分析时限内不可能实现和具有很大不确定性的方案和措施应该提前予以筛选，以节约实施费用效益分析的成本。②描述参考情景。参考情景也叫基准情景，一般是描述现状并对按照现状推测的发展趋势予以描述，以对比采取措施后的情景。③识别有关影响。这是费用效益分析的核心内容，对于相关影响的识别可以借助经验或专家判断，也可以通过实施实地调查，走访可能受影响的利益群体的意见，将可能产生的所有影响进行辨识和定义，并对不同的影响根据时间进行优先性排序。④将影响货币化。主要是将不同方案和措施的成本及收益进行货币化，这部分是费用效益分析中技术性最强的环节，也是费用效益分析工具应用的一个薄弱环节，由于很多效益并不能通过市场观察到，采用意愿调查等方法来评估相关影响又广受质疑，因此，应尽量选择比较成熟的方法对相关影响进行货币化，并与已经开展的研究结论进行对比。⑤比较效益和费用。这是做出决策的前提，但具体方案的选择有多种标准，有时候并不需要选择费用效益比最好的方案，这取决于费用、效益、时间等因素在决策者心目中的优先顺序。⑥进行敏感性分析或不确定性评估。为了确保分析结果的客观性和可行性，以及充分揭示规划和项目实施未来可能面临的风险，进行敏感性分析相当必要而且已经成为开展费用效益分析必不可少的环节，除了要考虑关键参数如贴现率、技术效率等的影响外，也要考虑方案对社会分配的影响，这是我国目前规划领域尤其是项目实施中面临的重要问题。⑦推荐实施一个或多个项目。主要是根据分析结论提出推荐意见，推荐意见可能是一种或多种，最终的选择取决于决策者。

根据实际情况，上述步骤也可以进行简化，一般可以将步骤①和步骤②合并。完整的费用效益分析要求以货币形式表示多数效益和费用，以便对它们进行比较并评价哪个措施对社会最有用。成本通常可以用货币单位表示，但是对于效益而言，特别是对于环境效益，货币价值不容易评价。如果主要效益缺少货币价值，可以采用费用效果或费用影响分析方法来进行系统的评估。

1）费用效果分析。如果正在分析的不同项目有着相同的（环境）影响（如 SO_2 和 NO_x 减排），那么建议进行费用效果分析（CEA），不进行费用效益评估。CEA 测量某一影响的单位成本（物理）。例如该费用可表示为减排每吨 SO_2 的成本，也可以表示为给定成本下的最大环境效果，如单位治理费用下 SO_2 的最大减排量。CEA 一般不包括所有环境影响，只包括最主要的影响。

费用效果分析的缺点在于，它不能揭示一项措施对于社会来说是否有益，是否值得采纳。它所能阐述的是已经决定执行的政策中，哪一项措施的单位成本最低。费用效果分析可能对规划或政策目标设定及目标分解比较有用。

2）费用影响分析。当不同措施具有不同的影响时，采用费用影响分析方法来替代费用效益分析。在这种情况下，不能根据单位影响的最低成本来选择措施。对于决策者来说，不仅需要估计不同措施的费用，还要分析不同措施的各种影响。这个分析过程就称为费用影响分析。

有时通过将各种影响综合为一个指数并对该指数开展费用效益分析，但这种情况下费用影响分析和费用效果分析的区别就没有那么明显了。

9.3.3 费用效益分析描述措施及其影响

在描述费用和效益之前，首先需要对措施进行描述。用情景来描述各种措施是一种简便清晰的做法。对基准情景的描述应尽可能详细，并解释情景设定背后的不确定性和假设。有几种方法可用于建立参考情景[47]，最简便的方法是采用趋势外推法，并用基于可靠信息做出的判断加以补充。表 9-1 给出了一个基准情景的描述方法。

表 9-1 基准情景的描述（示例）

要素	目前趋势	判断	未来趋势
经济增长	X（%/a）	延续	X（%/a）
人口增长	Y（%/a）	停滞	Y（%/a）（<1）
SO_2 排放	X（t/a），增长率 x（%）	继续增长	t 年的 $X(1+x)^t$
……	……	……	……

其次对措施进行描述，包括：措施的具体构成（如包含的要素和投资），以及如何和何时应该实施这些措施。

最后识别有关影响。在这部分中，应描述措施的所有相关影响，包括效益（正面影响）和费用（负面影响）。一般应重点描述直接和重要的影响，最好还应该包括重要的间接影响（如对其他部门的影响）。在这个阶段，应该考虑的是把所有重要的影响都涵盖进来，而不考虑能否以物理单位或货币价值来评估它们。在描述影响时，应当使用与基准情景描述相同的结构。例如，可以用相同的表格形式，见表 9-2。描述应与基准情景相关，即应描述不同情景之间的差异。基准情景中的某些要素很可能不受该措施的影响（如人口增长），并且可能不列入替代方案的描述中。

表 9-2 不同情景的影响（示例）

要素	参考情景	方案/措施 1	……	方案/措施 n
	基准情景	末端技术	……	增加能效
效益				
SO_2 排放		Y_1（$<Y_t$）	……	$Y_n<Y_1$
水质		远好于基准情景	……	略好于基准情景
成本				
投资				
运行				
控制/监督				

最后，估算环境影响。要计算物理环境影响，应尽可能采用影响路径法。影响路径法（也表示为损害函数法）是用于量化环境影响的一种由下而上的定量化描述方法。如果是描述对空气的影响，应从不同措施和情景的描述中得出排放的变化；使用扩散模型来估计不同介质和受体的暴露量，如果要评估暴露对健康的影响，通常根据流行病学研究成果，使用所谓的剂量-反应或暴露-反应函数来估算给定暴露水平的风险。除大气排放外，其他问题也可以使用相同的路径来进行影响评价，如对水体的排放或陆地生境的改变。

9.3.4 费用评估的方法

这里关心的是不同情景的费用以及两个或多个情景之间的费用差异。与情景有关的费用有时称为宏观经济成本，它是与称为微观经济成本的工程项目成本相对而言的。

为讨论不同情景的成本，可以根据措施与排放源的密切关系对各种措施进行分类：① 末端治理：生产或消费结构基本保持原状，其目的是减少生产或消费的环境后果，如废水处理厂（COD）和烟气脱硫（SO_2）。②优化投入：生产或消费结构基本保持原状，其目的是通过提高输入效率来减轻环境后果，如提高能效、提高水资源利用率等措施。③结构调整：目的是至少在一个区域内，通过降低生产和消费水平，减轻环境负担，如关闭低效率的造纸厂或电厂。

前文已述及，这些措施可以是技术性的，也可以是行为性的，它们也可能是一些政策或规定的结果。有时，计算某项政策的费用相对于计算一项或多项措施的成本更为有益。

（1）费用的构成

假设某种情景包括一些措施，我们把它与一个没有这些措施的情景进行比较。两个情景之间的差别包括这些措施影响的差别以及费用的影响。总体来看，费用上的差异大体包括以下几类：

采取措施的费用=有措施和无措施的情景之间的费用差异

=情景所采用措施的直接经济成本 + 情景所采用措施的间接经济成本 + 情景所采用措施的非货币化成本

措施的间接经济成本指措施主要范围以外增加的成本，简单地说，就是直接成本中不包含的成本；措施的非货币化成本是指找不到市场价格的影响的成本。需要注意的是，该措施的主要环境目标不是我们所考虑的影响。主要目标或影响是我们所要分析评估的效益。我们考虑的是除主要目标或影响以外的其他所有非经济影响和成本。实际上，这些“成本”可能是负值，也就是说，它们可能是效益。例如，减少 SO_2 排放的能效措施也许正好能减少 NO_x 排放。在这种情况下，对 SO_2 的影响应当计为效益，对 NO_x 的影响可以计为成本（作为对降低成本的贡献），也可以计为效益（作为增加的次要效益）。使整个分析评估研究最清楚的做法就是最好的做法，因此将次要影响作为效益还是作为成本考虑，是实际操作中需要仔细考虑的问题，同时，影响是主要的还是次要的，有时也是一个现实的选择。

(2) 末端技术措施的直接经济成本

末端措施的直接经济成本=可变运行成本+可变维护成本+年度投资成本+效率损失成本−销售收入

可变运行成本指随产出水平变化而变化的成本，包括劳动力成本、能源及为保证末端措施运行而发生的其他经常性费用，例如，空气污染末端措施所需的石灰就属于“其他费用”；可变维护成本是指为维护末端治理设施正常运转所需要投入的劳动及其他支出；年度投资成本是投资成本的一部分；效率损失成本是为保持经常供应而每年向可变成本及其他成本增加的费用，例如，烟气脱硫可使电厂的效率降低 1～3 个百分点，为生产等量的电力以供销售，需要更多的投入（如煤），可变成本增加，这是效率损失类别中的一个例子；销售收入是指通过末端措施生产的产品或副产品销售获得的收入。

1）投资成本

年度投资成本包括投资的折旧成本和投资的租赁成本。如果 I 是投资成本，$r(t)$ 是 t 时期的实际贴现率，$\delta(t)$ 是 t 时期的折旧率，则投资成本的按年计算值为：

$$t\text{时期年投资成本}=[r(t)+\delta(t)]I \tag{9-2}$$

如果利率和折旧率不随时间变化，则可获得一个简单的按年计算值。在这种情况下，

$$\text{年投资成本}=(r+\delta)I \tag{9-3}$$

就我国目前的情况来看，贴现率建议使用 6%～8%。持续 20 年左右且贴现率恒定的投资，年折旧率为 10%。这样就得出年投资成本贴现和折旧率 $(r+\delta)$ = 16%～18%。

2）税费的处理

普通税费（即产生收入的税）应包含在成本计算中，但是环境税费不能直接计入。环境税的目的在于迫使市场主体将施加于他人的损害内部化（以经济术语表述即为使外部效应内部化）。如果相信环境税对实际损害作出了充分估计，就可以用环境税来代表环境成本或效益。由于末端措施和其他措施能够减少排放，因此它们也能够减少环境税费的支出，即节省成本。节省的成本可以包含在成本侧，但是如果这样做，就不能再把所节约的成本（即效益）包含在效益侧，因为这样会重复计算环境效益。

(3) 投入措施的直接经济成本

投入措施的直接经济成本=可变运行成本+可变维护成本+年度投资成本−效率增加−销售收入

这里的投入是指从源头考虑能够能源消耗、资源投入的新设备。但这些设备也可能需要更多的其他投入，如一种设备可能需要消耗较少的水资源，但同时需要消耗更多的资本；可变运行成本包括劳动力成本、与设备运行有关的投入成本等。如果用该设备替换某种旧设备，应扣除节省的可变成本。新旧情况之间的差别应该是我们关注的重点；可变维护成本包括劳动力成本、与维护该新设备有关的投入成本等。同理，也应扣除替换旧设备所带

来的成本节省；年投资成本是投资成本的一部分；效率增加是运行效率提高产生的成本节省。例如，能效措施是一种输入措施，它能够生产同一种产品，但使用的能量较少。节省能源成本就是增加效率，应计入这一项目；销售收入是指销售因采用新技术而生产的副产品如水、能源和肥料等产生的收入。这些副产品有时候为企业内部使用，这将节约企业生产成本或者提高企业的销售数量。由此带来的成本节约或收入增加应计入对投入措施的分析中。一个比较简单的方法是按照市场价值计算这些副产品的价值。

（4）结构调整的直接经济成本

结构调整措施的直接经济成本=损失的利润−增加的利润−冗余资本投入及其他投入带来的销售收入

典型的结构调整措施是关闭一家工厂。有时是仅关闭工厂，有时在关闭工厂的同时，会在其他地方建新厂。也就是说，生产被转移了，如关闭工厂后将原来的投资用于地铁项目，也应该算为一种收入；损失的利润是被关闭工厂的销售收入减去这些工厂的所有生产成本（不包含财务成本）。它是该厂在剩余寿命中所可能获得的利润，并应采用贴现方法将未来利润折算为现值；计入成本的是资本的利润而不是全部销售收入，因为工厂关闭后，工人可以在其他地方找到就业机会。但对于资本来说，工厂关闭就意味着资本投入的全部丧失。这是将利润记入成本的真实经济动机；增加的利润是与失去的利润相对应的，当生产搬迁时和/或预计新的生产将在相关领域产生时，就会涉及它。显然，新生产必将出现在世界的某个地方，因为需求不会改变。计算所增加的利润时，需要用增加的销售收入减去年投资成本。

这里将资本计为成本，而在计算损失的利润部分没有将其计为成本的主要原因是，进行生产搬迁后，用于产生利润的资本并没有完全消失，这意味着资本具有替代价值，应将其作为成本扣除；因为扣除了年度资本成本，因此只有当投资资本收益大于平均水平时，增加的利润才会是正数；冗余资本投入及其他投入的销售收入与关闭的工厂有关。有时可以售出某些机器，并且把建筑物和土地用作其他目的。这些及其他剩余产品或资产销售的收入应计为该项目的收入，从总成本中扣除。不管新居民是否实际支付，都应该计算原有建筑物和土地的价值。

（5）行为措施的成本

行为措施的成本=非货币化的成本+直接货币成本

非货币化的便利成本是改变行为所带来的便利和福利成本。例如，机动车限号就会给司机和乘客增加成本。在理论上，可以采用交通的需求函数来估算这个成本，其理论基础是限制小车的使用是驾驶行为的“广义价格/成本”的一部分。与缺少停车位、汽油价格高等其他负担一样，它也是一种负担（因此限制停车和收取汽油税费也是广义成本，按相同方式分析）；直接货币成本是有形的。每隔 4 天限制小车使用这一措施可能需要更多的警力，而这是一种有形的、可以估计的货币成本。直接货币成本通常只是行为措施总成本的一小部分，认识到这点非常重要。

（6）政策成本

政策成本＝执行政策所需措施的总成本＝个人和公司的直接成本和间接成本

政策成本是它发布措施的成本之和。有些政策可以具体到几个措施。如果知道这些措施，就可以以这些措施的成本之和来估计政策成本。而有些政策就比较宽泛，同时具有经济体中的每个独立的人都可以选择具体措施的特性。“提高能源价格”是经济学家特别喜欢的一个例子，它影响着每个人，因此可以有很多措施投入实施，但是实施什么样的措施是个人的选择。对于宽泛政策，实际上不可能通过累加每个措施的成本来估计政策成本。最好的选择是把政策或规定看做是“广义价格/成本”的附加措施，用基于需求曲线的技术来估计政策成本。

（7）随时间变化的成本

以上我们估计了措施的年成本，为比较成本与效益，按年计算的成本要求把效益也表示为年值。它还要求年成本（和效益）随时间保持恒定，这些先决条件都不一定满足，通常成本和效益会随时间变化。

1）贴现。

年成本和效益的一个替代方法是估计所谓的现值，即对未来成本和效益进行贴现，因为与明天或 10 年后相比，眼下更值得我们获得该效益[47, 48]。贴现意味着将来单位成本或效益的权重要低于现在同样单位的权重，应用贴现系数（DF）调整成本和效益：

$$\mathrm{DF}=(1+r)^{-t} \tag{9-4}$$

r 是贴现率，t 表示时期。对于我国，建议使用 6%～8%的贴现率。关于这方面的讨论，见参考文献[47]。

2）估计贴现成本。

用下式计算成本的贴现价值：

$$C = I_0 + C_0 + \sum_{t=1}^{T} DF_t(c_t + i_t) \tag{9-5}$$

其中，C 是总贴现成本，I_0 是当前的投资，C_0 是直接的、当前的可变成本，加和项是未来的可变成本和投资成本，时间为该措施的运行时间（t 年）。用贴现系数对未来成本进行贴现。

9.3.5　效益评估的方法

在评估某一措施的环境效益时，对措施类型的考虑与计算成本时的处理是不同的。一般来说无论采取何种措施，其污染物减排效益应该是相同的，不同情景的效益是每个情景中的措施产生的直接环境效应，在前一步中应该对它们进行了评估（情景和影响描述）。

（1）总经济价值（TEV）

效益评估的目的是捕捉某一改变在某种环境商品中的总经济价值（TEV）。TEV 包括使用价值和非使用价值。使用价值涉及与资源的直接或间接相互作用。直接使用价值反映以消耗性方式（如渔业和农业）或非消耗性方式（如间断地）使用资源；间接使用价值反映个人从某种资源支持的生态系统服务获得的效益，而不实际使用（如为减洪而实施的流域保护、为农业或固碳而实施的循环过程）；非使用价值指因知道保护自然环境而获得的效益，与资源或从资源中获得的有形效益的使用无关。

（2）估算 TEV 的方法

可用于评估环境效益的主要方法如表 9-3 所示。关于不同方法的描述，请参阅参考文献[47]或其他费用效益分析指南和教科书。原则上讲，评估使用价值比评估非使用价值容易，因为使用价值通常能够直接或间接地观察。

在快速费用效益分析中，通常既没有时间也没有资源进行新的评估研究，而必须依赖早期建立的价值（如为实现规定的环境目标而对重置成本或消除有害物质的成本进行的早期估计）或其他（最好是类似的）经济效益分析得到的效益转移。

表 9-3　不同环境影响的经济评估方法[49]

污染	影响	方法
空气污染	健康影响	医疗成本
		人力资本法
		趋避行为法
		享乐工资
		条件价值评估法
	基础设施损坏	重置成本法
	舒适性影响	隐含价格法
水污染	健康影响	医疗成本
		人力资本法
		趋避行为法
		条件价值评估法
	生态系统损失	生产力改变
		重置成本法
		隐含价格法
		条件价值评估法
土壤退化	农业损失	替代价值法
		重置成本法
		趋避行为法
	灾害易损性增加	人力资本法
		趋避行为法
		隐含价格法

污染	影响	方法
噪声污染	健康影响	隐含价格法
		趋避行为法
自然资源	影响	方法
森林和保护区	失去绿地（砍伐森林）	替代价值法
		重置成本法
		隐含价格法
		旅行费用法
		条件价值评估法
沿海生态系统	生态系统退化	替代价值法
		隐含价格法
		旅行费用法
		条件价值评估法
水资源	水资源资源枯竭	替代价值法
		重置成本法
		隐含价格法
		条件价值评估法
生物多样性	生态多样性损失	隐含价格法
		旅行费用法
		条件价值评估法

（3）效益转移

在成本效益分析中，通常必须依赖环境效益的早期评估，也就是说，需要将过去的环境收益评估结果为现在评估所用。但是采用这种方法时应非常小心，早期的效益评估结果是否适合当前的评估目的非常重要。应根据收入水平差异及其他因素（如果可能）对估计结果进行调整，其他调整因素包括文化、社会和环境背景差异等。

将其他研究成果转移到当前项目/政策时，用效益转移评价环境影响需要利用专门的技术进行调整。有三种方法可将估计值从一或多个研究转移到实际项目或政策中：①不经过调整的价值转移：即直接使用另一项研究的估计值。这是一种非常简单的方法，要求估计值的研究现场和使用估计值的政策现场在某些重要的特征方面有类似之处。②经过调整的价值转移：至少利用研究现场与应用现场的收入差异来调整原始价值。③价值转移函数：即从其他研究中将效益函数或价值函数直接引用过来，应用于目前的评估项目。但需要对函数的参数进行相应调整。

当然，应尽可能选择可靠而且简单易理解和操作的方式，并且应考虑通货膨胀因素，对计算结果进行调整。不确定的情况下，可以考虑估计一个区间值进行判断。引用评估价值的情况/背景与评估效益时的研究现场的情况越类似，效益价值就越有用，这意味着在进行效益转移时最好找到我国现场研究得到的评估价值。

（4）税收的影响

在某些情况下，环境效益存在某种市场价格。例如温室气体的 CDM 价格和类似于 SO_2 价格的环境税。这些市场价格可作为环境价值引用。但是应该注意，这些价格通常只是最低估价，即“实际”环境价值很可能更高。如果用税费来代表环境效益，重要的是不要把这些税包含在成本侧（如果因采取措施而节省了这些税费的支付）。

（5）随时间变化的效益

与关于成本的讨论一样，还应采用与成本相同的贴现率对未来效益进行贴现。可以认为环境效益将随时间变化，并且很可能增加。原因有两个：收入水平提高导致对环境商品的需求增大；很多环境商品有可能在将来变得更加稀缺。这两个因素都可能增大对环境商品的估价。目前，有两种方法可以对此进行调整：对环境商品采用比成本贴现率更低的贴现率，或采用增加的环境价值。建议采用后者，即随时间增大环境价值，并且使用与成本相同的贴现率。建议增大环境效益的价值，至少与收入增长预测相等。如果没有这样的预测，每年 6%～8%的支付意愿增长比较合理。如果判断环境商品的稀缺性在将来会增加，还应为此调整未来价值。

（6）非货币化价值的定性评估

对于规划方案和项目的评估中也可能应用一些非定量的方法，特别是涉及一些难以货币化的影响。以下以挪威的案例来说明其应用。挪威费用效益分析指南（挪威财政部，2005年）中有一种系统地分析非货币化影响的方法。此方法最初是由挪威公路管理局编写的，挪威公路管理局有着很长的 CBA 编写传统。

该方法包括以下步骤：①确定本商品的重要性，在一个给定类别中从低到高排列。例如，该商品可以是一个娱乐区，具有中等重要性。②对项目/政策对该商品或区域的影响，从小到大定性地排列，区别正面和负面影响。③判断商品的后果，对重要性/维度/规模做出统一判断。④定性地评估后果或影响。见表 9-4。

表 9-4　环境效益的非经济价值评估矩阵[42]

效应	重要性		
	低	中	高
高度正面	++	+++	++++
中度正面	+	++	+++
低度正面	0	+	++
无	0	0	0
低度负面	0	-	--
中度负面	-	--	---
高度负面	--	---	----

通过比较对不同非货币化商品的影响的符号，可以评估这些商品的总影响；如果需要，还可以参照其相对重要性进行调整。然后应将这种定性评估与货币化评估进行比较。

9.3.6　费用与效益的比较

9.3.6.1　综合决策指标

对环境费用和效益进行比较综合评价，通常采用的是净效益、收益成本比和内部收益率等指标和方法。这些指标通常是互通的，一般都需要分析给出。

（1）净效益（NB）

在项目分析中最常用的评价公式就是计算一个项目的净效益。净效益（NB）是用总效益（TB）减去总费用（TC）的差额，即

$$NB=TB-TC$$

若 NB＞0，表明社会所得大于所失，项目或方案是可以接受的。该方法的优点是可以避免负效益；若 NB＜0，则项目或方案不可取。

（2）收益成本比（B/C）

收益成本比（B/C）是从净效益的计算公式中推导出来的，即总效益与总费用之比。如果 B/C＞1，说明社会得到的效益大于该项目或方案支出的费用，项目或方案是可以接受的；如果 B/C＜1，则该项目或方案支出的费用大于所得的效益，项目或方案应该放弃。效费比的实际含义是单位费用所获得的效益，这是十分有用的评价指标。在实际应用中，也可以用费用效益比作为评价指标，也就是费用与效益的比，是收益成本比的倒数。然而，当多个项目的规模不同时（如成本上有显著差别的项目），或者当收益对支付意愿的反应较敏感时，用收益成本比来选择项目会产生困惑。如果项目之间相互排斥，使用收益成本比这一标准可能会得到错误的结果。因此，当用收益成本比来作为评估标准时应十分谨慎。

（3）内部收益率（IRR）

内部收益率是当效益和成本的现值相等或者当净现值为零时的投资回报率。通常可以用迭代处理法来进行计算。特别是政府部门，往往使用内部投资收益率作为安排公共投资方案的一个准则。因此，内部收益率明显地与财务上的投资效益联系在一起。对于一个特定的项目，在决定是否对其进行投资时，只要内部收益率超过指定的贴现率，该项目就可以进行。同样，在考虑多方案时，最大内部收益率的方案应该有最大的优先权。但是，遵循这种方法并不是总能选择到一个净现值最高的方案，内部收益率没有提供有关项目相对规模的信息，因而也就没有提供不同投资方案的净现值的绝对值。内部收益率最高的项目很有可能并没有产生最高的净现值，这样便会导致错误的选择。同时，可能存在不止一个内部收益率。在这种情况下，内部收益率标准便会产生决策误导。因此，内部收益率作为一个评估标准要慎重使用。

9.3.6.2 多项目间的选择

考虑非价格因素影响的成本效益检验是评估项目（没有其他可供选择的多个项目或项目之间相互独立）的一个必要且充分的标准。环境规划中，当有多个项目可供参考但因技术原因只能选择一个项目时，通常应该选择收益与成本相差最大的项目。例如，如果选择了某一种生产或污染治理技术，就不能再选择其他的生产或污染治理技术。在约束条件限制下，只允许选择一个项目时，就称这些项目是充分重叠的；当有多个项目可供参考且这些项目部分重叠时，情况基本是一样的：应该选择收益与成本差最大的项目。

考虑下面这种情况：项目 A 的成本和收益均低。例如，它能清理掉到水中废弃物排放量的 50%，假设收益和成本差是 3 元人民币（指净现值）。项目 B 也有较高的成本和收益，比如它能处理掉水中废弃物排放量的 80%，假设收益和成本差是 5 元。在这种情况下，项目 B 优于项目 A，因为它的净现值高且处理效果好。一旦实施项目 B，就不可能实施项目 A。接下来，假设项目 B 的收益和成本差为 2 元，项目 A 的收益和成本差还是 3 元。显然，虽然项目 B 也通过了成本效益检验，但项目 A 的收益成本差更大。这意味着当从选择 50%的处理效率到选择 80%的处理效率时，净收益为−1 元。因而不应该实施项目 B。得出这一结论的关键是把项目 B 作为项目 A 加上附加条件来考虑了。

有时候项目 B 实际上就是项目 A 再加上附加条件。当收益与成本之差为 5 元时，实施项目 A 就会使附加的减污成本减少。换句话说，直接从选择处理效率为零的项目转到选择处理效率为 80%的项目，其成本可能很高。但是，先实施处理效率为 50%的项目 A，然后通过附加技术选择处理效率为 80%的项目成本便会更低。

9.3.7 费用效益的敏感性分析

进行环境费用效益分析时，实际的数量和价格可能会产生不确定性。敏感性分析的目的是研究关键假设发生变化时，敏感的结果是如何变化的。基于这个原因，建议必须对费用效益分析中的关键假设进行敏感性分析。这里提供两种形式的敏感性分析：局部敏感性分析和蒙特卡罗敏感性分析。局部敏感性分析中只有一个变量在变化；蒙特卡罗敏感性分析中可以对多个变量同时变化后的结果进行评估并能考虑到这些变量间的相互关系。

（1）局部敏感性分析

局部敏感性分析研究的是某一时刻输入变量的参数性变化所导致的净现值结果变化。敏感性分析中典型的关键变量包括贴现率、项目的时间跨度、要处理的排放量、投资费用、电力和燃料或其他投入的价格、货币汇率等。环境规划方案比较中，应将敏感性分析结果连同成本效益分析结果一并提交，这样决策者便可直观了解项目可能存在的缺点。此外，决策者应该知悉任何假设都是不确定的，并且对结果有较大影响。在进行敏感性分析时，可辅以“最坏情况”和“最好情况”的分析，这两种分析会显示多个变量在它们出现最差值或最优值时出现的结果。如果因为一个关键变量的变化导致出现显著不同的结果，则应尽可能精确地界定这一变量。

（2）蒙特卡罗敏感性分析

蒙特卡罗敏感性分析的第一步是详细列举出每个关键变量的概率分布。然后，在计算机程序中可以无数次地随机重复计算净效益。分析结果是一组显示关键变量的不确定性对主要结果产生的影响的概率分布。进行蒙特卡罗敏感性分析要比进行其他类型的敏感性分析运用更多的资源。

（3）影响的分配

环境费用效益分析应考虑影响的分配。影响的分配在区分一个项目的收益和成本方面可能会有作用。许多项目在收益方面会有很明显的资本效应。例如，一个污水处理工程主要会使其工厂附近的人们受益。当只考虑使用价值时情况肯定是这样，但当考虑到非使用价值时情况可能也是这样。收益方面具有明显资本效应项目的另一个例子是，修建道路会增加大多数人的福利，但有些人被迫迁移且得不到足够的补偿，这些人的状况就会恶化。因此，一些人会受益，一些人会受损，并且可以知道具体的受益群体和受损群体。在费用方面，由政府税收支付的公共项目对分配的影响将会极其不清晰，没人知道最后由谁来支付成本费用。当一个项目的费用是由使用者支付时，受益方就是那些付费者，并且其对分配的影响也会更加清晰。

9.4 环境费用效益分析应用与案例

9.4.1 环境费用效益分析的作用与应用途径

9.4.1.1 环境费用效益分析的作用

环境费用效益分析在环境规划中的作用主要体现在诊断作用、预测作用、决策作用以及导向作用四个方面：①诊断作用。费用效益分析是从可持续发展的角度，对环境规划的费用和效益进行价值识别的。在现实生活中，人们是通过主观推断对费用和效益进行判断的，但是对环境资源的价值关系并不完全了解，而且越是熟悉的东西，越有可能因熟视无睹而不加考虑。因此可以利用科学的环境费用效益分析方法探讨环境规划的实施过程和方案，预测规划目标的可能结果，通过科学的方法给予正确的判断。②预测作用。环境规划实施产生的影响是长期的，在进行经济比较时，不仅要考虑短期的成本和效益，而且要从长远的利益出发。因此，环境规划的费用效益分析要比较长期总成本和长期总效益，体现出该方法的预测功能。③决策作用。环境费用效益分析可以对多项环境规划备选方案进行比较，从中确定最佳方案。这是对多项方案的净效益的预测，以此来进行序列的判断，也可以称为对价值程度的判断。在环境规划中，可以有多项方案可供选择，费用效益分析方法是用来确定各种方案经济价值的有用工具，通过比较各方案的净效益，选择最优的规划方案。④导向作用。环境费用效益分析在环境规划中最重要的就是导向作用。通过费用效益分析后确定的规划方案，反映的是社会总效益的最大。决策时不仅考虑了直接经济成本，而且也考虑了间接环境成本，体现了全成本决策的概念，符合可持续发展的思想，具有很强的导向作用。

9.4.1.2 环境费用效益分析的应用途径

环境费用效益分析在环境规划中的应用途径主要有规划方案合理性分析、规划方案优先序确定、规划实施后评估等，如图 9-5 所示。

（1）合理性分析

该分析是对环境规划中初步拟定的目标和规划方案，通过环境费用效益分析判断其合理性，重点从四个方面着手：①规划目标是否合理、可行。②对每一项具体的备选方案进行分析，考虑方案中提出的费用是否符合规划对象的实际条件，是否在环境投资能力之内，是否脱离了当地实际而造成规划无法顺利实施。③要考虑每一项具体的备选方案预期的净效益，如果净效益为负的话，会影响到实施主体的经济利益和积极性，使规划不能达到预期效果。④在分析过程中还要考虑到社会风俗和环境承载力等背景问题，确保最后选定的方案的顺利实施。在这一步中，经过费用效益分析方法建立的各备选方案应该是符合当地社会、经济、环境条件，而且净效益为正的方案。

（2）优先序确定

通常，优先序确定是在合理性分析的基础上，为多个已经通过了合理性分析的规划方案排列优先序，最终确定一组最优的方案作为实施方案。在优先序确定中需要的技术指标主要是净效益、费效比、投资回收率和内部收益率。在比较时要根据规划主体的不同要求利用不同的指标进行比较，选出最为合适的一个选项，作为最终实施方案。

（3）实施后评估

规划方案实施后的费用效益评估，是环境规划中费用效益分析的重要内容和重要环节，目的是评估是否能保证规划目标的实施，同时为规划方案的修正提供依据。实施后评估根据评估时间的不同可以分为中期评估和终期评估：①中期评估就是在规划实施的过程中进行评估，此时评估的主要目的是对规划实施前期的实施效果进行评估，找出环境规划中出现的问题，为环境规划继续实施提供信息反馈，为后期环境规划的实施提供指导意见。通过中期评估可以验证环境规划的正确可靠性，判断方案的有效性，对一些在制定规划时尚未认识到的影响进行分析研究，以改进环境规划的方法和水平，并采取补救措施，达到消除不利影响的目的。②终期评估就是在环境规划实施完成后对规划进行评估，这一阶段的主要目的是评估规划的实施效果，为以后其他规划提供指导性意见。终期评估提供的信息不仅可以在需要的时候支持环境规划的修改，还能更好地总结预测影响以及减缓措施不良影响的方法，以适用于将来同类型的活动。

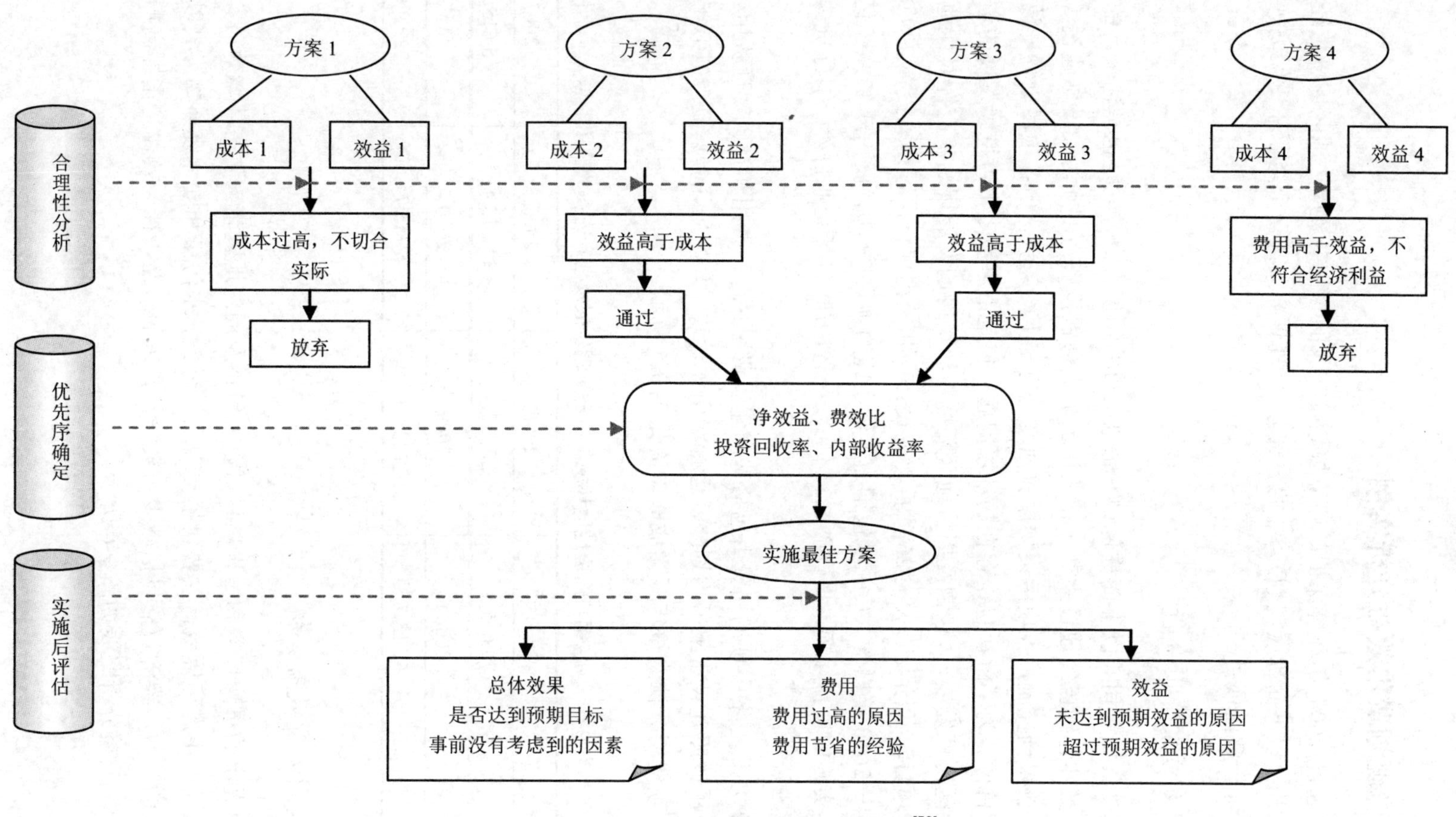

图 9-5　三个阶段费用效益分析的流程图[50]

9.4.2 环境规划费用效益分析实例

本案例选自 2004 年环境保护部环境规划院完成的《包钢及周边地区环境与经济协调发展规划》[51]（以下简称《规划》）中的一部分。《规划》既是一个企业环境保护规划，也是一个环境综合整治项目。

9.4.2.1 规划方案费用分析

包头钢铁集团公司（以下简称包钢）是包头市的纳税大户，同时也是包头市的污染物排放大户。虽然包钢已经通过生产工艺改进、加大环保投资力度和污染设施建设等措施，使污染物排放得到控制，各项污染物排放强度呈逐年下降趋势，但各项污染物排放量指标仍居包头市首位。为了解决包钢存在的环境问题，使包钢逐步走上可持续发展的道路，实现与周边地区协调发展，《包钢及周边地区环境与经济协调发展规划》有针对性地提出了一系列工程项目，共涉及 6 大类 26 项重点建设任务和工程项目，预期总投资 229.9 亿元，集中于 2004—2010 年投资，其中以包钢为主体实施的项目 22 项，投资额 17.963 亿元；以政府为主体实施的项目 4 项，投资额 5.21 亿元。投资方式包括企业自筹、银行贷款、国债贷款、政府融资等。

《规划》项目方案中预期的费用包括基础建设费用、运行费用和行政管理费用。其中，基础建设费用按照建设年限平均划分，运行费用和行政管理费用只考虑到 2010 年。将项目方案的各项费用分摊到每年后形成成本流如表 9-5 所示。

表 9-5 《包钢与周边地区环境与经济协调发展规划》方案的费用汇总 单位：万元

年份	2004	2005	2006	2007
费用	170 615.4	27 215.4	11 115.4	5 615.7
年份	2008	2009	2010	总计
费用	5 115.7	5 115.7	5 115.7	229 909

9.4.2.2 规划方案效益分析

规划中提出的重点任务和工程项目可以为包钢及周边地区带来生态环境效益、经济效益和社会效益。生态环境效益主要包括治理大气污染、水污染和固体废弃物污染以及生态美化所带来的效益，经济效益包括减少污染赔偿带来的效益，社会效益是指提高周边居民的生活质量。效益分析路线如图 9-6 所示。

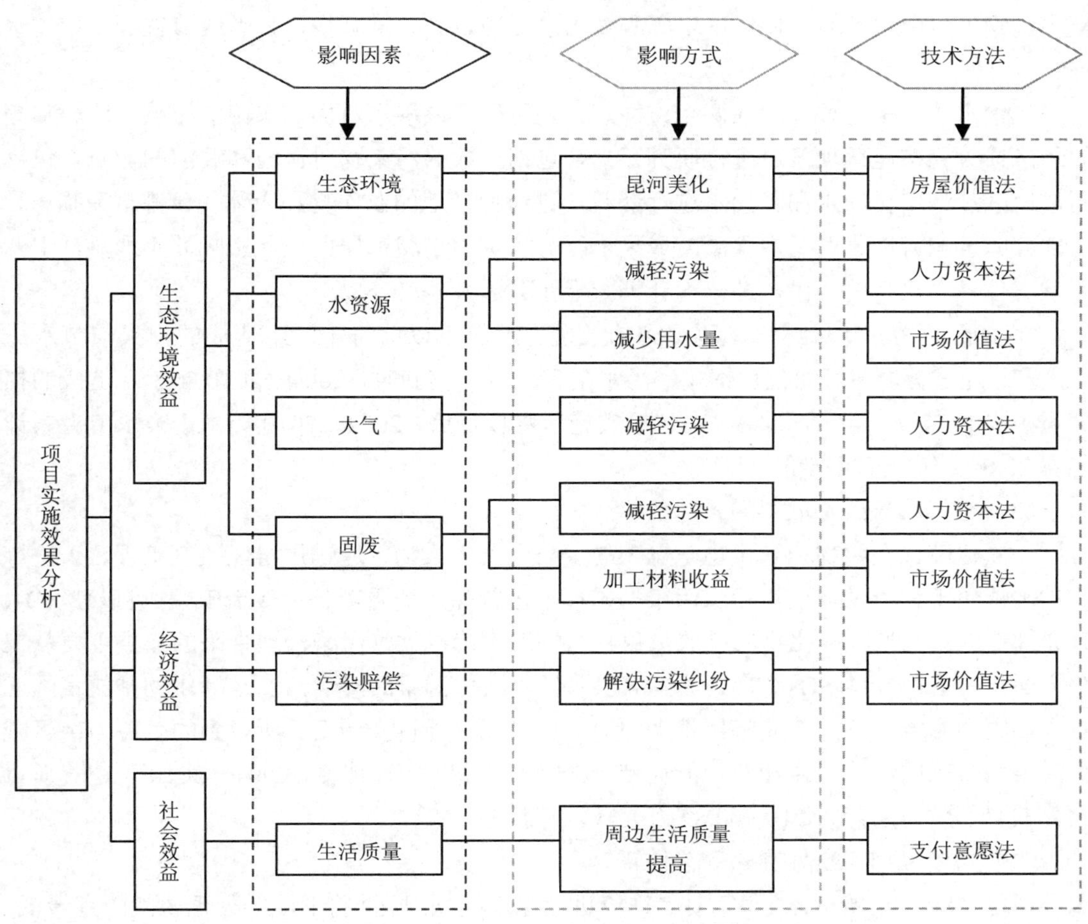

图 9-6　包钢《规划》项目效益分析路线图[51]

（1）生态环境改善取得的效益估算

《规划》实施昆河综合整治与环境美化工程，通过还原河道生态水量，净化水体及整治昆河两岸来优化与包钢毗邻的昆河生态环境，形成生态功能完整、环境优美、生活舒适的人居环境，同时还具备一定的行洪功能，在保障了包钢周边居民安全的同时，也使“绿色包钢”的企业文化得到彰显。昆河整治工程实施后，可使周边的房地产价格普遍上涨，两岸土地升值的主要受益者是沿线商品房的业主，沿线房地产项目届时将普遍升值，预计土地级别和基准地价普遍提高 1～2 个等级。再加上由于昆河整治还可以保证一定的抗洪能力，估算可以从中获益 1 亿元左右。

（2）污水治理和节水工程带来的效益估算

在对尾矿坝和包钢总排口废水进行治理之前，包钢所造成的水污染会影响到周边的居民和农田。而治理后这些影响都可以消除，因此，此前由水污染引起的损失就可以看做是项目实施的效益。同时通过采取工业生产环节的节水工程，挖掘现有水资源的潜能，可以提高包钢工业用水效率，使包钢生产所需的水资源量大幅度减少，为当地节省了大量的水资源。

包钢水体污染主要集中在两个方面，一是尾矿坝渗漏水对周围农田的影响，这一部分的经济损失将在尾矿坝部分进行研究；二是包钢排放的污染物对昆河和黄河的影响，包钢周边地区都是用昆河水和黄河水进行灌溉，进而使当地的农作物和人体健康都遭受损害，这部分的影响可以借助污水灌溉的成果进行分析。由于城镇居民受此影响并不严重，主要影响群体是农牧区的居民，社会统计调查显示共涉及 49 078 人。

在实施了这些项目后每年所得到的效益也就等于以前每年污水造成的损失与节水成本之和。通过计算，可知在包钢相关污水治理项目未实施时，2004—2010 年累计造成的损失为 16 703.57 万元（当年价）。在包钢实施节水项目后，2004—2010 年由于节水节省累计节省 22 050 万元（当年价）。

（3）空气质量改善取得的效益估算

二氧化硫、颗粒物和氟化物是包钢的主要大气污染物，通过炉窑煤改气工程、引进炼焦炉干熄焦工程以及通过对粉尘污染严重环节进行除尘器更新替换改造工程，可以使 SO_2、TSP 的排放量降低，氟化物的排放量也将大幅度下降。大气污染治理带来的效益主要从三个方面来考虑：一是 SO_2、TSP 的排放量降低对人体健康的影响，二是氟化物排放量降低对农作物的影响，三是节能降耗带来的效益。当规划项目实施后，所得到的效益为由于减少污染后带来的经济效益和节约能耗带来的效益之和。通过计算，2004—2010 年空气质量改善取得的效益累计为 210 960.89 万元（当年价）。

（4）固体废物安全处置的效益估算

通过铁渣山建坝封存工程，对老铁渣进行原地建坝封存，将旧渣的处理风险降到最低，是极为安全有效的处置方式，并对铁渣山进行封存绿化，在降低环境风险的同时，也改善了铁渣场周边的生态环境。此外，对于新产生的高炉渣，将建设一个远离居民的新渣厂，并通过对其进行长期监控，避免了二次污染，确保了新渣不对环境和人体造成危害。建坝前的放射性废渣绝大部分都是自然堆存，无抑尘和防渗措施，通过二次扬尘和渗漏对周围环境构成很大威胁。建坝封存前的铁渣山对周边地区的危害可以看做建坝封存工程带来的效益。

固体废弃物安全处置工程带来的效益主要分为两类：一是固废安全处置后减少的损失；二是资源化利用后带来的效益。固废造成的损失主要是堆存的固体废弃物由于堆放不当所产生的二次污染，从而对周围农田产生的影响。该影响可以根据其影响范围内的农牧产量减少来确定。通过计算，可知 2004—2010 年包钢主要固体废弃物造成的经济损失共为 2 922.305 万元（当年价之和），对所有的固体废弃物进行安全处置后所得到的年总效益为 155 512.4 万元（当年价之和）。

（5）协调污染纠纷获得的效益估算

在进行包钢与周边地区环境与经济的协调规划之前，包钢由于环境污染问题多次与周边居民产生矛盾，每年都协议向周边居民提供一定数额的赔偿，但争议的问题一直没有解决，不仅影响了包钢的企业形象，也为包钢带来了巨大的经济负担。在项目实施后，纠纷的很多根源问题可以迎刃而解，使包钢减少了赔偿经费和由污染纠纷引起的成本。根据以往污染纠纷的数据，包钢平均每年向周边居民提供 150 万元左右的污染赔偿款。因此，协调污染纠纷每年可获得的效益为 150 万元。

（6）周边居民生活质量提高的效益估算

《规划》通过对区域土地的功能调整，使包钢及周边地区的工业用地进一步整合。通过对穿插在包钢生产区周围的不合理的居民用地进行土地置换，实施这些地区居民的搬迁工程，使居民的生命和财产安全得到保证。这不仅有利于周边地区居民的生活和生产，而且也为包钢增加了新的工业用地，为包钢的未来提供了更广阔的发展空间。《规划》提出的昆河综合整治及环境美化工程将对昆河进行堤坝、河道及周边地区的修缮及生态恢复，使昆河的行洪功能得到巩固，保障了昆河东岸生活区的安全，并为包头市又增添了一处生态景观，提高了该地居民的生活质量，同时为居民提供了便利的城市交通和舒适的生活空间。

在缺乏市场价格数据时，为了得到效益或需求信息，可以借助于支付意愿法，即通过对消费者直接调查，了解消费者的支付意愿或他们对商品或劳务的选择愿望。通过计算可知，2004—2010 年包头市市镇居民愿意为周边居民生活质量提高累计支付 38 523.1 万元（当年价）。

综上所述，《规划》所带来的效益如表 9-6 所示。

表 9-6　《规划》方案的效益汇总　　单位：万元

效益项目	2004 年	2005 年	2006 年	2007 年	2008 年	2009 年	2010 年	总计
生态环境	10 000	—	—	—	—	—	—	10 000
污水处理	2 051.53	2 154.107	2 261.812	2 374.902	2 493.648	2 618.33	2 749.246	16 703.57
节水工程	1 800	2 250	2 700	3 150	3 600	4 050	4 500	22 050
大气治理	1 356.04	1 423.842	1 495.034	1 569.786	1 648.275	1 730.689	1 817.223	11 040.89
节省能耗	15 120	19 600	24 080	28 560	33 040	37 520	42 000	199 920
固废处置	358.917	376.862 9	395.706	415.491 3	436.265 9	458.079 1	480.983 1	2 922.305
资源化工程	19 100	20 055	21 057.75	22 110.64	23 216.17	24 376.98	25 595.83	155 512.4
协调纠纷	150	150	150	150	150	150	150	1 050
生活质量提高	4 731.4	4 967.97	5 216.369	5 477.187	5 751.046	6 038.599	6 340.529	38 523.1
效益总计	54 667.89	50 977.78	57 356.67	63 808	70 335.4	76 942.67	83 633.81	457 722.2

9.4.2.3　费用效益综合分析

以 2004 年为基准年，将费用和效益进行贴现，贴现率选择 5%。净效益现值汇总结果如表 9-7 所示。通过费用效益分析，可知规划项目的实施产生的效益十分可观，2004—2010

年累计净效益现值将达到 179 812.6 万元。

表 9-7 包钢《规划》方案的净效益现值汇总 单位：万元

年份	2004	2005	2006	2007
净效益现值	−115 948	22 630.9	41 942.2	50 268.3
年份	2008	2009	2010	总计
净效益现值	53 656.4	56 278.3	58 591.4	179 812.6

本案例在分析的体系上偏微观层面。由于缺乏系统的分析方法和数据，在费用方面仅包括了规划预计投资费用，没有将项目实施过程可能产生的其他成本包括进来，例如，工程改造可能对企业生产造成的影响；在效益估算方面，一些效益值的估算仅是基于现有的方法和数据进行的，对一些可能产生的效益无法进行更为准确的估算，特别是无法准确地将规划实施后所带来的环境效益货币化。另外，工程项目的实施年度多集中在 2004—2006 年，致使这三年中投资集中，包钢在现有的基础上会有融资困难的问题。

参考文献

[1] Dupuit，Arsène Jules Étienne Juvénal. De la mesure de l’utilité des travaux publics[J]. Annales des ponts et chaussées，Second series. 1844，8.

[2] Krutilla，John V. Conservation Reconsidered[J]. American Economic Review. 1967，57（4）：777-786.

[3] The Economics of Environmental Preservation：A Theoretical and Empirical Analysis[J]. American Economic Review. 62（1972）：605-619.

[4] Reagan，Ronatd. Executive Order12291-FederalRegulation[EB/OL]. http：//www. archives. gov/federal-register/codification/executive-order/12291.html.

[5] Kenneth J • Arrow. Benefit-cost analysis in environmental health and safety regulation [EB/OL]. http：//www. aei. brookings. org/publications/books/benefit_cost_analysis. pdf 1996.

[6] 刘业础. 全国第一次环境经济学术讨论会在镇江召开[J]. 环境与可持续发展，1981，23：1-2.

[7] 周富祥. 关于环境污染经济损失计量方法的探讨[J]. 中国环境管理，1985（3）：14-16，22.

[8] 彭. 中国 2000 年环境预测与对策[J]. 资源与环境，1990（3）：67.

[9] 张兰生，等. 实用环境经济学[M]. 北京：清华大学出版社，1992.

[10] 汪俊三，蔡信德，沈茜，等. 中国典型生态区生态破坏经济损失分析[J[. 农村生态环境，1992（3）：14-19.

[11] 过孝民，王金南，於方，等. 生态环境损失计量的问题与前景[J]. 环境经济，2004（8）：34-40.

[12] 世界银行《碧水蓝天》编写组. 碧水蓝天：展望 21 世纪的中国环境[M]. 北京：中国财政经济出版社，1998. .

[13] Smil，Vaclav. Environmental Problems in China：Estimate of Economic Costs. Honolulu，HI：East-West

Center，1996.

[14] The World Bank. State Environmental Protection Administration，P. R. C. Cost of Pollution in China[EB/OL]. 2007. http：//siteresources. worldbank. org/INTEAPREGTOPENVIRONMENT/Resources/China_Cost_of_Pollution. pdf.

[15] 黄振管. 效益费用分析法在评估环保科技效益中的应用[J]. 环境科学研究，1994，7（3）：60-63.

[16] 郭广礼，何国清. 煤矿开采沉陷引起的环境损害及其整治费用效益分析方法研究[J]. 煤矿环境保护，1994，8（3）：24-27.

[17] 朱龙里，万钱江. 效益-费用分析方法在废物回用决策上的应用[J]. 环境污染与防治，1995，17（4）：27-29.

[18] 杨春平，曾光明，钟政林，等. 水利电力工程环境影响的费用效益分析[J]. 水电能源科学，1997，15（4）：40-44.

[19] 周嘉，华德尊. 区域环境保护费用和效益灰色预测分析[J]. 北方环境，1998，4：21-22.

[20] 黄伟源. 成本效益分析在区域环境影响评价中的应用[J]. 中国环境科学，2000，20（Suppl.）：51-54.

[21] 吴贵生，吴海燕，李习保. 中国实施汽油无铅化政策的费用-效益分析[J]. 中国软科学，2000，6：19-25.

[22] 李国斌，刘卓，欧阳宪. 环境影响评价中费用效益分析的方法[J]. 环境科学与技术，2002，25（3）：32-37.

[23] 李振东. 环保投资的费用-效益分析[J]. 中国环保产业，2002，2：42-45.

[24] 张卫航. 陕北地区环境治理成本效益空间异置问题及其补偿机制研究[J]. 西安财经学院学报，2003，16（3）：35-36.

[25] 王金南，蒋洪强，等. 绿色国民经济核算[M]. 北京：中国环境科学出版社，2009.

[26] 於方，王金南，等. 中国环境经济核算技术指南[M]. 北京：中国环境科学出版社，2009.

[27] 过孝民，於方，等. 环境污染成本评估理论与方法[M]. 北京：中国环境科学出版社，2009.

[28] 刘智慧，叶锐，岳刚. 费用-效益分析法在环境经济损益分析中的应用[J]. 辽宁城乡环境科技，2004，24（4）：5-6.

[29] 周一虹，乔岳. 环境污染治理成本与收益计量的理论研究[J]. 环境保护，2004，7：52-55.

[30] 魏国梁，沈金福. 环境保护项目费用效益评价方法[J]. 环境科学与技术，2005，28（5）：66-68.

[31] 冯亚斌，孙江，李彦富. 典型居住小区垃圾分类成本效益分析及其影响[J]. 城市管理与科技，2006，5：209-212.

[32] 朱红梅. 济南市大气污染治理成本效益分析系统的建立[J]. 理论学习，2006，7：44.

[33] 李萍，王效华. 基于环境费用—效益分析的农村户用沼气池效益分析[J]. 中国沼气，2006，25（2）：31-33.

[34] 张彤炬，傅大放. 公路环境影响评价中方案比选的费用效益分析方法[J]. 公路交通科技，2007，24（4）：155-158.

[35] 叶兆木. 环境损失与环境成本评估研究进展、问题及展望[J]. 四川环境，2007，01：85-89，99.

[36] 王春萍. 环境费用效益分析法在环境绩效审计中的应用[J]. 财会通讯・综合版，2007，2：61-62.

[37] 张继萍，Paul Burge，赵长军. 噪声控制工程中成本效益分析应用进展与重要案例[J]. 环境污染与防治，2008，30（3）：71-77.

[38] 梅付春. 秸秆焚烧污染问题的费用-效益分析——以河南省信阳市为例[J]. 环境科学与管理，2008，33（1）：30-37.

[39] 李传奇，王薇. 河流生态修复成本效益分析研究[J]. 人民长江，2008，39（5）：55-57.

[40] 昌敦虎，宋国君. 城市大气环境保护规划预测的一般模式[C]. 中国环境科学学会 2009 年学术年会论文集（第三卷）. 中国环境科学学会，2009：6.

[41] 张妍. 费用效益分析在项目评估中的应用[J]. 环境科学导刊，2009，28（增刊）：21-22.

[42] 赵学涛，於方，等. 战略环评和费用效益分析方法在环境规划中的应用[M]. 北京：中国环境出版社，2012：187-201.

[43] 王金南. 环境经济学理论、方法、政策[M]. 北京：清华大学出版社，1993.

[44] 刘鸿亮. 环境费用效益分析方法及实例[M]. 北京：中国环境科学出版社，1988.

[45] 张慧勤，过孝民. 环境经济系统分析——规划方法与模型[M]. 北京：清华大学出版社，1993.

[46] 於方，过孝民，张衍燊，等. 2004 年中国大气污染造成的健康经济损失评估[J]. 环境与健康，2007（12）：999-1003，1033.

[47] Econ Pöyry and CAEP. Guidebook in Using Cost Benefit Analysis and Strategic Environmental Assessment for Environmental Planning in China [EB/OL]. http：//www. poyry. no/sites/www. poyry. no. mosaic. fi/files/r-2011-023_hve_guidebook_in_cba_and_sea_for_environmental_planning. pdf.

[48] Pearce R，Papanastassiou M. Multinationals and national systems of innovation：strategy and policy issues. In：Tavares，A. T. and Teixeira，A. （eds.） Multinationals，clusters and innovation：does public policy matter？ [M] Palgrave Macmillan，Basingstoke. 2006：289-307.

[49] Katherine Bolt，Giovanni Ruta and Maria Sarraf. Estimating the lost of Environmental degradation，a training manual in English，French and Arabic[R]. The World Bank，2005.

[50] 周颖. 环境规划中的费用效益分析[D]. 北京：中国环境科学研究院，2001.

[51] 环境保护部环境规划院. 包刚及周边地区环境与经济协调发展规划[R]. 2004.

第 10 章　环境规划的决策分析方法

为了实现环境规划目标，需要对环境规划方案，如经济发展速度、产业结构调整、处理设施处理能力、处理设施布局等进行科学决策，最终选出最优的规划方案。环境规划决策是环境规划的重要环节，直接影响环境规划的科学性和有效性。本章在对环境规划决策的概念、过程、模式等进行介绍的基础上，提出了环境规划优化决策常用的方法，重点对环境规划决策支持系统进行了阐述，设计了一个典型的流域规划决策支持系统框架。

10.1　环境规划决策概述

10.1.1　环境规划决策概念

决策是指人们为了实现某一特定的目标，在拥有系统信息的基础上，根据各种客观条件和种种备选行动方案，借助科学的理论和方法，通过进行必要的计算、分析和判断，从备选行动方案中选择一个有利于实现特定目标的最佳行动方案，或选择一个有利于实现特定目标的、决策者认为满意的行动方案。决策具有以下共同点：①决策都有一定的目标，没有目标，决策也就无从谈起。②决策是需要落实执行的，没有执行的决策是多余的。③决策是在一定条件下搜索更加优化的目标，不进行优化，决策就失去了意义。④决策是从若干个备选方案中进行筛选和择优[1, 2]。

环境规划决策是众多决策和优化的一种类型。环境规划的决策分析是在识别环境主要问题、制定环境规划目标和可行性方案后，根据一定的决策和优化原则，对各种方案进行分析、优化和筛选，以期选择出各方满意或环境、经济、社会效益最优的对策和方案的过程。环境规划决策是环境规划制定过程的最后一个环节。

10.1.2　环境规划决策过程

不同类型的环境规划，其规划决策过程并不完全相同。但是，根据系统工程的原理，一般环境规划的决策过程从广义上来看，都包含 4 个基本环节或步骤[3, 4]：

第一步，确定目标。目标是决策分析中最重要的内容，目标制定错了必将导致决策失误。确定目标一定要有长远观点和全局观点。目标必须具体、明确，在时间、地点和数量方面都要有所要求，并且要有一个衡量目标的准则。通常环境规划中的目标并不是单一的，往往有多方面准则进行约束，这就需要根据目标在系统中所处的地位，分清主次，明确先后，抓住关键。同时还必须考虑要达到某种目标可能发生的潜在问题。

第二步，拟订备选可行方案。备选可行方案是实现决策目标的途径和手段。决策的核心问题就在于对多种可行性方案的优选。方案是否可行需要进行可行性研究，其基本任务是对规划中的问题和目标从经济、社会、环境、技术等多方面进行系统、综合的研究分析，并对方案实施后的经济、社会、环境等效应进行预测和评价。

第三步，建模比较，选择方案。根据规划目标建立决策模型，分析评价方案，并求其解。对模拟结果进行分析评价，如采用数学优化方法、决策矩阵、层次分析法、决策树等详尽阐明各种可行方案的利弊。

第四步，综合分析，方案优选。对各个可供选择的可行性方案进行权衡，从中选出一个或者综合各方案优点组合出一个新方案。并对方案的实施有可能带来的各种影响进行评估、反馈，进而对方案进行进一步优化。

图 10-1 描述的环境规划决策过程，其顺序与步骤并不完全是一个静态的、一次顺序完成的过程，而是一个多次反复循环反馈的过程。这种循环反馈过程，不仅反映在对上一过程环节的修正调整上，还反映在规划制订后，由于外部条件随时间变化所引起的实施过程中的反馈修订上（目标和方案）。

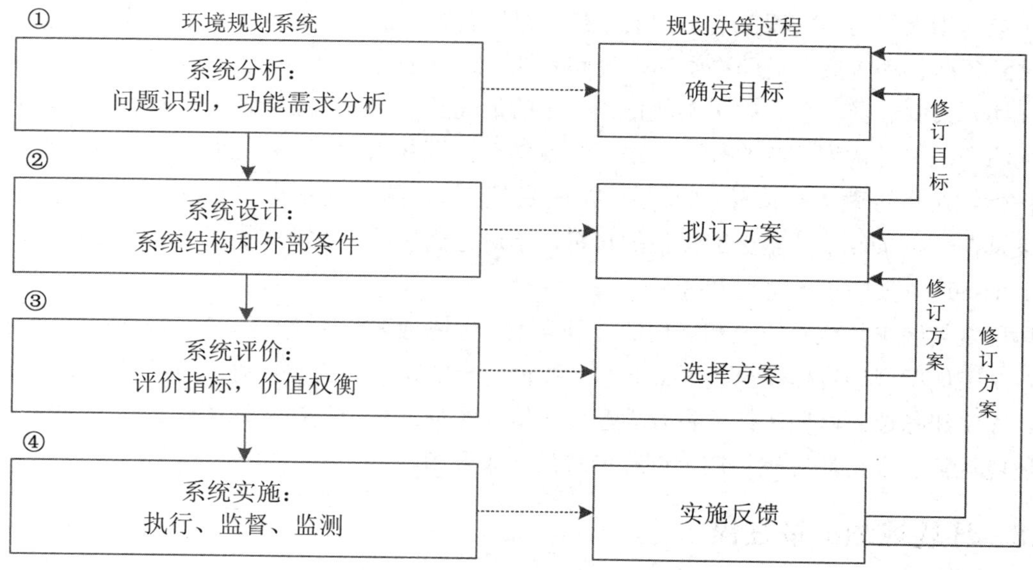

图 10-1 环境规划决策过程[4]

10.1.3　环境规划决策特点

环境系统是一个复杂的人工和生态复合系统，环境规划决策问题也必然涉及环境、经济、政治、社会和技术等多种因素。因此，根据郭怀成等人的分析，环境规划决策具有区别于一般决策问题的典型特征，主要表现在以下 3 个方面[4, 5]。

（1）非结构化特征

按照决策问题所具有的复杂性和解决问题的难易程度，决策大体可分为结构化决策、半结构化决策和非结构化决策 3 种类型。①结构化决策又称程序化决策，其基本表现为：决策问题结构良好、可以运用数学模型较精确地刻画描述；决策具有明确定义的目标并且存在着明确判断目标的准则，同时存在一个为人所公认的最佳方案；决策具有一定的决策规则，可按照某种通用的、固定的程序与方法进行；能够广泛地借助于数学方法和计算机、适宜自动化的方式进行。②非结构化决策也称非程序化决策。其主要特点为：所涉及的信息知识具有很大程度的模糊性和不确定性；问题的性质无法以准确的逻辑判断予以描述；缺乏例行的决策规则，难以识别决策过程的各个方面；依据固定的程序方法，其结果重现性较差。这种非结构决策，其决策问题复杂，决策者的行为对决策活动的效果具有相当的影响，很难用数学方法和自动化方式进行。③介于结构化决策和非结构化决策之间的决策问题，称为半结构化决策。就环境系统中的各类决策问题而言，既有结构化决策也有非结构化决策问题。但就环境规划的总体而言，往往更多地具有半结构化或非结构化的决策问题特征。

（2）多目标特征

环境系统的决策问题普遍呈现出多个目标的特征，即目标间存在着冲突性或矛盾性，即某一目标的改进往往导致其他目标实现程度的降低；目标间存在着不可公度性，即多个目标没有统一的度量标准。环境系统规划的方案选择，往往涉及对广泛的环境、经济、社会甚至政治等多种因素的考虑，其各目标之间普遍存在着冲突性和不可公度性。不同的环境规划决策主体对决策目标的理解也不尽相同。例如，一个流域的污染防治规划决策目标选择中，作为平衡多种利益主体的政府，其决策目标既要实现流域水环境质量改善的最大化，又要实现污染防治成本的最小化。但是，对流域公众而言，其决策目标通常是水环境质量改善最大化或者污染物削减量最大化，但对流域的污染企业来说，决策目标往往是污染削减成本费用的最小化。很显然，公众和企业的决策目标表现出一定的冲突特点。

（3）多价值观念特征

在实际的环境规划决策中，人的价值观念在评价各种性质不同的问题、因素时将起到重要的作用，从而直接影响决策方案的选择。这里所谓的“价值”，可泛指规划主体对评价对象所具有的作用、意义的认识和估计。价值观念是人们在各种各样的客观现实中对大量事物观察分析抽象得出的。一方面，在具体问题上，由于规划主体对评价对象的条件、目的、立场、观点等各不相同，从而造成对价值认识和估计的不同；另一方面，由于人类的社会化，对于价值的主观认识估计又会不同程度地反映现实价值观念的共性和客观性。因此，基于价值评价来对复杂因素进行综合分析，就成为决策活动中的一个显著特征。在环境规划的方案选择过程中，通常需要通过价值的估计来对各种行动的影响做出评价，从而得出满意的决策。实际上，环境规划决策的多目标特征就是决策主体价值观念维度上的直接反映。

10.1.4 环境规划决策分类

从不同角度出发，可以得出不同的环境规划决策分类[6, 7]。

（1）按照决策者身份分类

根据环境规划或者方案决策者的身份可以将环境规划决策分为个人决策和群体决策。个人决策是指决策者为满足其个人的目的和动机而以个人身份做出的决策，如火电厂厂长考察后决定采用石灰石-石膏法对火电废气中的二氧化硫脱硫即属于个人决策；群体决策是为充分发挥集体的智慧，由多人共同参与决策分析并制定决策的整体过程。其中，参与决策的人组成了决策群体。环境规划由于涉及经济、社会、人口以及城市建设等诸多方面，需要多方面人员共同协商，因此，环境规划中所需决策以群体决策为主。

（2）按照决策性质分类

根据环境规划决策的性质可以将其分为程序化决策和非程序化决策。程序化决策又称常规决策或重复决策，是指经常重复发生，能按原已规定的程序、处理方法和标准进行的决策；非程序化决策又称非常规决策、例外决策，是指具有极大偶然性、随机性，又无先例可循且有大量不确定性的决策活动，其方法和步骤也是难以程序化、标准化，不能重复使用的。环境规划的复杂性决定了环境规划决策中以非程序化决策为主，特别是随着生态工业、循环经济、生态文明理念的产生，新型环境规划决策的非程序化决策特征越来越明显。

（3）按照决策环境分类

根据环境规划决策的环境可以将其分为确定性决策、风险性决策和不确定性决策。确定性决策是指各种方案的条件都是已知的，并能较准确地预测它们各自的后果，易于分析、比较和抉择的决策；风险性决策是指各种可行方案的条件大部分是已知的，但每个方案的执行都可能出现几种结果，各种结果的出现有一定的概率，决策的结果只有按概率来确定，存在着风险的决策；不确定性决策是指在可供选择的方案中决策环境不确定，对于各种环境状态发生的概率是未知的，决策者完全凭自身的经验、感觉和估计作出的决策。上述三种决策在环境规划中都有存在，但在不同环境规划类型中表现的程度不尽相同。但总体上，风险性环境规划决策和不确定性环境规划决策越来越多，特别是随着公众维护环境权益的需求和环境风险不断上升，风险性环境规划决策在重金属、化学品污染防治，以及集中式污染治理设施选址等规划中广泛应用。

（4）按照决策方式分类

根据环境规划决策方式不同可以将其分为定性决策和定量决策。定性决策是指环境规划决策目标与决策方案不能用数量表示的决策问题，如污水处理厂的布局、产业结构的调整等；定量决策是指环境规划决策目标和决策方案等可以用数量描述与分析的决策问题，如环境规划中污染物削减量、流域水质达标等级、新建污染防治设施数量和治污能力等。在现实的环境规划决策中，既有定性决策也有定量决策，而且大多数环境规划决策是定性和定量混合的决策。随着环境规划的科学支撑水平的提高，精细化的环境管理也越来越要求环境规划决策向定量决策的方向发展。因此，建立不同类型、不同目标的环境规划决策和优化模型、方法迫在眉睫。

（5）按照决策时间范围分类

根据环境规划决策的时间范围可将其分为长期决策和短期决策，如环境规划中的未来十年产业发展方向、能源战略、减排目标等均属于长期决策，这有利于规划的连贯性和稳定性；而当年污染物削减量、污染设施的选择等即为短期规划。同时，根据环境规划的对象范围可以分为宏观规划决策和微观规划决策，如区域空气质量目标、经济转型方向等均属于宏观规划决策；而污染防治设施类型、单项污染物减排目标等均属于微观规划决策。

（6）按照决策目标分类

根据环境规划决策的目标可以将其分为单目标决策和多目标决策。如果制定决策是为了达到同一目标而在多种（即两种以上）备选方案中选定一个最优方案，这类决策问题便称为“单一目标决策问题”；如果所要决策的问题，不是为了实现同一个目标，而是在为实现若干个目标的若干方案中进行最优方案的选择，这类决策问题便称为“多目标决策问题”。环境规划中往往既存在单目标决策，又包含多目标决策。如制定并达到预定的污染物减排目标即为单目标决策；与此同时，如果仍需实现既定的环境、经济、社会效益目标的话，即为多目标决策。

10.1.5　环境规划的决策模式

根据环境规划决策分析框架，实际应用中的系统规划决策分析模型可归纳为两种模式：一种是基于最优化技术构造的环境规划决策分析模式，称为基于“最优化决策分析模型”的模式；另一种是基于各种备选方案进行系统目标的模拟分析，从而选择满意的规划决策方案，称为基于“模拟优化决策分析模型”的模式。基于最优化决策的模式是一种相对接近理论化和理想化的模式，在研究型环境规划决策中使用较多；基于模拟决策的模式则是一种实际中比较常用的模式，特别适合于区域范围较大、多目标的环境规划[5, 8]。

通常，基于“最优化决策分析模型”的环境规划决策是一种利用数学规划方法建立数学模型，并一次求解行动方案的决策分析过程。其定量化程度和计算机化程度高，需要在一定条件下建立简化模型。基于最优化模型的环境规划决策模式存在三点局限：①由于优化过程的目标函数是单一的，因此经常需要把其他目标因素转化为约束条件（如污染物排放量约束、水环境质量约束等），以致这种规划目标往往不能够与实际的规划控制方案相对应。②决策分析过程不便于决策者和其他专家参与，“计算机决策”和“模型专家决策”的特点很明显，过多地受制于模型专家和计算机专家的技能。③当数据不足时，建模困难、可靠性差，建立的最优化模型不能完整地描述环境规划决策背景和情景方案。正因为基于最优化决策分析模型或最优化数学规划模型存在上述问题，使得实际中许多环境规划的范围、条件和因素往往不能满足构成最优化规划模型的要求，从而无法将决策问题的多种考虑直接转化成最优规划的目标和约束条件方程。这种情况下，如果又要求把社会影响的目标加到环境规划决策中，那么环境影响的目标就更无法在最优化决策模型中直接得以表述。因此，这种最优决策分析模型在许多情况下是难以适应环境规划决策分析的实际需求的。虽然在某些相当简化的条件下，一些研究机构开发了有关的水环境、大气环境最优化规划模型，可在一定场合或简单决策问题时作为规划决策分析应用，但对复杂的环境规划决策，特别是生态环境系统规划而言，则很少能够实际应用。这也就是基于最优化决策模型的环境规划决策与实际应用相脱节的一个重要原因。

基于“模拟优化决策分析模型”的模式是直接基于环境规划决策分析的对策-目标树框架，就各个备选组合规划方案分别进行多种目标和综合指标的模拟（包括环境质量、费用及社会影响等）和评估的决策分析过程。这一环境规划决策模式基于多目标决策的基本思维方式，兼顾多种决策主体的目标，如既考虑环境质量的功能需求，也考虑污染源控制以及减排成本效益等问题，从而可以提供综合目标下对应协调方案的决策分析信息。由于这种决策分析的过程便于决策者、分析者、受影响者以及有关专家的交流和参与，从而有利于对各种方案的相对优劣程度得出较为统一和适当的认识，因此，基于“模拟决策分析模型”的环境规划决策模式往往成为复杂系统环境规划决策中经常采纳的方式。

10.2 环境规划决策方法

10.2.1 定性决策方法

环境规划的定性决策方法又称主观决策法，是指在决策中主要依靠决策者或有关专家的智慧来进行决策的方法。定性决策方法是一种“软方法”，是决策者运用社会科学的原理并依据个人的经验和判断能力，采取一些有效的组织形式，充分发挥各自丰富的经验、知识和能力，从决策对象的本质特征研究入手，掌握事物的内在联系及其运行规律，最终对决策目标、决策方案的拟订以及方案的选择和实施作出判断。在环境规划方案决策中，由于涉及经济、社会、技术等多方面因素，并且很多相关影响因素错综复杂，需要通过经验和专业知识进行综合评判，因此，定性决策方法在环境规划决策过程中应用较多。

环境规划的定性决策方法有很多种，常用的有德尔菲法、头脑风暴法、哥顿法、电子会议等，其中以德尔菲法、头脑风暴法最为常用[6]。在定性决策方法中，公众参与环境规划决策也是一种有效的模式。

10.2.1.1 德尔菲法

德尔菲（Delphi）法是由美国兰德公司首创并用于预测和决策的方法，也称专家调查法，是一种采用通讯方式多次征询专家意见，最终逐步取得比较一致的结果的决策方法。德尔菲法作为一种主观、定性的方法，不仅可以用于预测领域，而且还可以广泛应用于各种评价指标体系的建立和具体指标的确定等决策过程[9, 10]。在环境规划决策中，可以用德尔菲法确定环境规划优先领域、环境规划目标、环境规划指标乃至环境规划配套政策措施等。

（1）德尔菲法的典型特征

德尔菲法具有以下 3 个特点：①资源利用的充分性。由于吸收不同的专家预测，充分利用了专家的经验和学识；②最终结论的可靠性。由于采用匿名或背靠背的方式，能使每一位专家独立地做出自己的判断，不会受到其他繁杂因素的影响；③最终结论的统一性。预测过程必须经过几轮反馈，使专家的意见逐渐趋同。正是由于德尔菲法具有以上这些特点，才使得其在诸多判断预测或决策手段中脱颖而出。

（2）德尔菲法的具体实施步骤

德尔菲法的实施主要分 6 个步骤：①组成专家小组。按照课题所需要的知识范围，确定专家。专家人数的多少，可根据预测课题的大小和涉及面的宽窄而定，一般不超过 20 人。②向所有专家提出所要预测的问题及有关要求，并附上有关这个问题的所有背景材料，同时请专家提出还需要什么材料。然后，由专家做书面答复。③各个专家根据他们所收到的材料，提出自己的预测意见，并说明自己是怎样利用这些材料并提出预测值的。④将各位专家第一次判断意见汇总，列成图表，进行对比，再分发给各位专家，让专家比较自己同他人的不同意见，修改自己的意见和判断。也可以把各位专家的意见加以整理，或请身份更高的其他专家加以评论，然后把这些意见再分送给各位专家，以便他们参考后修改自己的意见。⑤将所有专家的修改意见收集起来，汇总后再次分发给各位专家，以便做第二次修改。逐轮收集意见并为专家反馈信息是德尔菲法的主要环节。收集意见和信息反馈一般要经过三、四轮。在向专家进行反馈的时候，只给出各种意见，但并不说明发表各种意见的专家的具体姓名。这一过程重复进行，直到每一个专家不再改变自己的意见为止。⑥对专家的意见进行综合处理。

（3）德尔菲法的优缺点

德尔菲法与常见的召集专家开会、通过集体讨论、得出一致预测意见的专家会议法既有联系又有区别。德尔菲法能发挥专家会议法的优点，充分发挥各位专家的作用，集思广益，准确性高。同时，德尔菲法能把各位专家意见的分歧点表达出来，取各家之长，避各家之短。避免了专家会议法的缺点，避免权威人士的意见影响他人的意见，避免有些专家碍于情面不愿意发表与其他人不同的意见，避免有些专家出于自尊心而不愿意修改自己原来不全面的意见。同时，德尔菲法也可以使大家发表的意见较快集中，参加者也易接受结论，具有一定程度综合意见的客观性。德尔菲法的主要缺点是过程比较复杂，花费时间较长。

10.2.1.2 头脑风暴法

在群体决策中，由于群体成员心理相互作用影响，易屈于权威或大多数人意见，形成所谓的“群体思维”。为了保证群体决策的创造性，提高决策质量，管理上发展了一系列改善群体决策的方法，头脑风暴法是其中较为典型的一个方法。头脑风暴法（Brain Storming），又称智力激励法、自由思考法、畅谈法、集思法等，最早是由美国创造学家A·F·奥斯本于 1939 年首次提出、1953 年正式发表的一种激发性思维的方法，是一种群体决策方法[11-13]。在环境规划决策中，可以用头脑风暴法确定环境规划的战略定位、基本思路、优先领域、规划目标、规划指标等。头脑风暴法一般不适合于环境规划方案和项目的决策比较。

（1）头脑风暴法的激发机理

头脑风暴法可分为直接头脑风暴法（通常简称为头脑风暴法）和质疑头脑风暴法（也称反头脑风暴法）。前者是在专家群体决策时尽可能激发创造性，产生尽可能多的设想的方法，后者则是对前者提出的设想、方案逐一质疑，分析其现实可行性的方法。采用头脑风暴法组织群体决策时，要集中有关专家召开专题会议，主持者以明确的方式向所有参与者阐明问题，说明会议的规则，尽量创造融洽轻松的会议气氛。主持者一般不发表意见，以免影响会议的自由气氛，让专家们“自由”地提出尽可能多的方案。

头脑风暴法的激发机理体现在以下 4 个方面：①联想反应。联想是产生新观念的基本过程。在集体讨论问题的过程中，每提出一个新观念，都能引发他人的联想。相继产生一连串的新观念，产生连锁反应，形成新观念堆，为创造性地解决问题提供了更多的可能性。②热情感染。在不受任何限制的情况下，集体讨论问题能激发人的热情。人人自由发言、相互影响、相互感染，能形成热潮，突破固有观念的束缚，最大限度地发挥创造性思维能力。③竞争意识。在有竞争意识情况下，人人争先恐后，竞相发言，不断地开动思维机器，力求有独到见解、新奇观念。心理学的原理告诉我们，人类有争强好胜的心理，在有竞争意识的情况下，人的心理活动效率可增加 50%或更多。④个人欲望。在集体讨论解决问题过程中，个人的欲望自由，不受任何干扰和控制，是非常重要的。头脑风暴法有一条原则，不得批评仓促的发言，甚至不许有任何怀疑的表情、动作、神色。这就能使每个人畅所欲言，提出大量的新观念。

（2）头脑风暴法的要求和原则

头脑风暴法对组织形式、会议类型以及会前准备都有要求：①组织形式要求参加人数一般为 5～10 人，最好由不同专业或不同岗位人员组成。会议时间控制在 1 小时左右。设主持人一名，主持人只主持会议，对设想不作评论。设记录员 1～2 人，要求认真将与会者的每一个设想不论好坏地完整记录下来。②会议类型可以是两种类型。一是设想开发型，这是为获取大量的设想、为课题寻找多种解题思路而召开的会议，因此，要求参与者要善于想象，语言表达能力要强；二是设想论证型，这是为将众多的设想归纳转换成实用型方案召开的会议，要求与会者善于归纳、善于分析判断。③会前准备工作要求会议要明确主题。会议主题提前通报给与会人员，让与会者有一定准备。要选好主持人，主持人要熟悉并掌握该技法的要点和操作要素，摸清主题现状和发展趋势。参与者要有一定的训练基础，懂得该会议提倡的原则和方法。会前可进行柔化训练，即对缺乏创新锻炼者进行打破常规思考、转变思维角度的训练活动，以减少思维惯性，从单调的紧张工作环境中解放出来，以饱满的创造热情投入激励设想活动中。

为使与会者畅所欲言，互相启发和激励，达到较高效率，头脑风暴法会议必须严格遵守下列原则：①禁止批评和评论，也不要自谦。对别人提出的任何想法都不能批判、不得阻拦。即使自己认为是幼稚的、错误的，甚至是荒诞离奇的设想，亦不得予以驳斥；同时也不允许自我批判，在心理上调动每一个与会者的积极性，彻底防止出现一些“扼杀性语句”和“自我扼杀语句”。诸如“这根本行不通”、“你这想法太陈旧了”、“这是不可能的”、“这不符合某某定律”以及“我提一个不成熟的看法”、“我有一个不一定行得通的想法”等语句。只有这样，与会者才可能在充分放松的心境下，在别人设想的激励下，集中全部精力开拓自己的思路。②目标集中，追求设想数量，越多越好，强制大家提设想，会议以谋取设想的数量为目标。③鼓励巧妙地利用和改善他人的设想。这是头脑风暴法激励的关键所在。每个与会者都要从他人的设想中激励自己，从中得到启示，或补充他人的设想，或将他人的若干设想综合起来提出新的设想等。④与会人员一律平等，各种设想全部记录下来。与会人员，不论是该方面的专家、员工，还是其他领域的学者，以及该领域的外行，一律平等；各种设想，不论大小，甚至是最荒诞的设想，记录人员也要认真地将其完整地记录下来。⑤主张独立思考，不允许私下交谈，以免干扰别人思维；提倡自由发言，畅所欲言，任意思考。会议提倡自由奔放、随便思考、任意想象、尽量发挥，主意越新、越怪越好，因为它能启发人推导出好的观念。⑥不强调个人的成绩，应以小组的整体利益为重，注意和理解别人的贡献，人人创造民主环境，不以多数人的意见阻碍个人新的观点的产生，激发个人追求更多更好的想法。

（3）头脑风暴法的优缺点

实践经验表明，头脑风暴法可以排除折中方案，对所讨论问题通过客观、连续的分析，找到一组切实可行的方案。其优点在于可以产生更多的观点，更好地运用每个人独特的思维方式，减少权威人物支配会议的可能性，讨论彻底深入，分析问题更全面透彻。当然，头脑风暴法实施的成本（时间、费用等）是很高的，另外，头脑风暴法要求参与者有较好的素质。这些因素是否满足会影响头脑风暴法实施的效果。

10.2.1.3 公众参与法

从方法学角度看，环境规划公众参与法也是一种非专家形式的德尔菲法和头脑风暴法。环境规划决策的公众参与是指在制定环境规划的过程中吸收公众的意见，特别是请公众对环境污染现状、规划目标指标、规划任务优先序、规划方案和项目以及重大环境政策措施等发表意见和建议，使得环境规划更加贴近老百姓和民生需求。随着公众参与环境保护的深入，环境规划决策的公众参与越来越受到规划部门和规划研究制定者的重视。环境规划决策公众参与越深入越全面，环境规划的公众可接受性以及可实施性就越强。我国从国家环境保护“十五”规划开始，就引进了公众参与制度，其参与的深度和广度也都在提高。中华环保联合会调查发现，高达 97.2%的公众认为政府在制定环保规划和决策时，有必要召开听证会，听取公众的意见和建议[14]。

（1）公众参与确定优先序

由于环境规划制定者和公众对环境信息的掌握和理解是不对称的，因此在判断环境规划解决重点问题优先序方面往往是不一致的。特别是由于局域性、城市性、区域性和全球性环境问题以及利益关联性的差异，对规划任务优先序理解出现很大的反差。对于一般公众来说，首先关注的是自己生活环境周围的污染问题。环球中国环境专家协会（PACE）于 1999 年协助原国家环保总局第一次利用因特网在全球范围开展了公众对中国“十五”环境规划的意见调查。中华环保联合会于 2004 年在全国范围内公开征集公众对编制国家“十一五”环保规划的意见和建议。中国环境文化促进会于 2008 年完成了国家“十二五”环保规划公众参与的调查。特别是 2004 年的中华环保联合会调查活动的广度和深度前所未有。这次调查全国有 400 多万公众以不同形式表达了对编制国家“十一五”环保规划的意见和建议，其中参加“全国公众最关心的环境问题”短信调查的有 4 104 120 人，参加全国公众问卷调查的有 14 061 人，参加全国专家问卷调查的有 2 336 人，合计 4 120 517 人。专家学者们还提交了约 6 万字的书面意见和建议，充分表达了社会公众对国家编制“十一五”环保规划的高度关注。

图 10-2 是根据中华环保联合会调查得到的全国公众对“十一五”环境保护应优先解决问题的排序。很显然，这种公众排序与国家规划最终确定的优先序还是有差异的。由图 10-2 可见，公众十分关注城市空气污染、饮用水水源地安全和生态破坏问题，但国家环境保护规划最终确定的核心任务是 COD 和 SO_2 两项指标的减排，与公众的关切不能完全吻合甚至差距很大。特别是 SO_2 总量减排目标，从国家规划层面上看主要还是针对全国酸雨控制目标提出的，而实际上公众对酸雨污染控制的关注度很低，近乎倒数第一。这从另一个侧面也反映了公众更关注表现为环境绩效的环境质量改善，而决策者更关注体现环境保护政绩的污染减排手段。

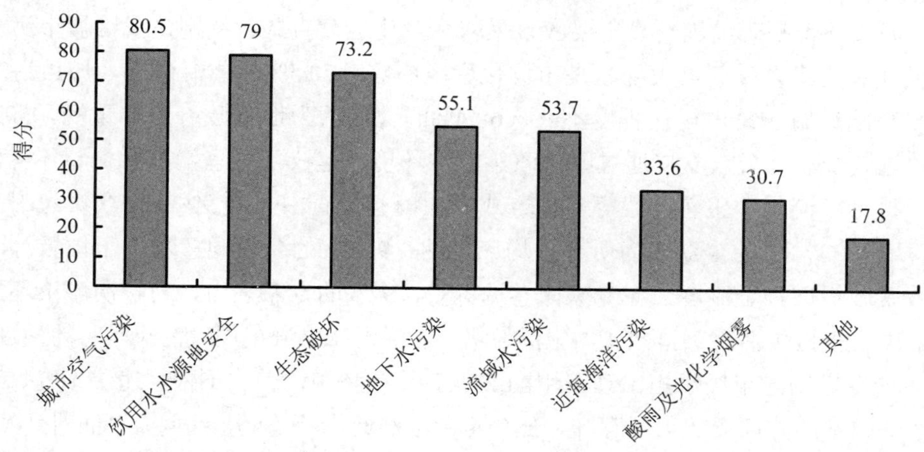

图 10-2　公众对国家“十一五”环境保护优先序的反应[14]

（2）公众参与确定规划目标

确定规划目标是编制环境规划的核心环节之一。目标指标确定直接涉及公众的环境利益，也涉及企业负担的治理成本。公众参与环境规划目标确定主要涉及 3 个方面：一是总体的规划目标如何确定，如总体环境质量保持稳定、有所改善、显著改善等；二是选择哪些环境规划指标，如总量减排指标还是环境质量指标，甚至是与公众健康密切相关的指标；三是规划水平年的指标值选取。特别是规划指标选取，公众与规划制定者之间有时可能存在较大的差异。公众一般来说愿意选择更多的环境质量指标，而规划制定者考虑短期内改善环境质量比较困难时可能更愿意选择总量减排指标。公众更愿意选取改善程度大的指标值，而规划制定者需要全面平衡，选取“跳一跳够得着”的指标值。如中华环保联合会关于“十一五”环保规划的调查发现，在专家与公众问卷调查中，对水环境污染问题深感忧虑。有 62%的专家认为在“十一五”环保规划完成之后，重点流域、湖泊的水质应该按功能区达标，特别是长江、黄河和淮河问题尤为突出，建议将黄河的水污染问题列为“十一五”重点。公众和专家建议制定环境目标要切实可行，应吸取过去教训，不能再提过高、不切合实际的口号和目标。

（3）公众参与制定规划实施措施

公众参与环境规划决策的另一个重要环节是参与规划方案和项目，特别是政策措施的确定。中华环保联合会 2004 年的调查得到了许多公众信息，为制定国家环境规划实施配套措施提供了依据。公众和专家对国家环境规划投入、经济手段、环境执法和公众参与等方面提出了许多建议，主要表现为：①公众与专家认为在“十一五”期间应增加环保投入。高达 96.5%的公众和专家认为，在“十一五”期间应当提高环保投资，其占 GDP 的比重应该在 1.5%以上，其中 69%认为应在“十五”基础上应再提高 0.4～0.7 个百分点。公众和专家认为环保投入应以国家与地方政府投资为主，采取多元化投资方式。78%的公众和专家认为，城市环境基础设施建设主要应该采取企业化运营方式，特别是我国城市污水处理厂、垃圾处置的建设，其最大问题是市场化程度不够。70.5%的公众认为，城市污水处理厂等环境基础设施建设市场化程度不够，68.4%的公众认为地方政府不够重视，60%的公众认为缺乏资金。②公众支持通过财税政策保护环境。建议采用总量排污费、环境税、环保基金、排污权交易和生态补偿等多种方式。在问卷调查中，98.9%的公众认为国家应征环境税，其中 37.8%的公众认为所有人均应交纳。90.7%的公众同意对电子垃圾等污染产品实施收费政策或押金制度。在专家问卷调查中，92%的专家认为，为解决城市环境污染问题，市民应负担生活污染排放（如生活垃圾、生活污水、汽车尾气污染等）的治理费用，其中 50%的专家同意市民承担治理费用的 25%。③在我国，有法不依、违法不究、违法成本低、守法成本高的问题还大量存在，公众与专家对此十分不满。在问及“面对环境污染，最有效的措施是什么时”，有 71.2%的公众认为应制定法律来解决。在专家问卷调查中，在问及“影响中国环境保护规划执行效果的主要原因”时，56%的专家认为是“执法力度不够”、“环境管理能力不足”和“缺少立法”。在公众问卷调查中，有高达 97.5%的公众赞成将环境指标纳入官员政绩考核体系。④环境保护关系到公众的切身利益。在公众问卷调查中，有 99%的公众认为公众应有权检举或控告破坏环境的单位或个人。公众最相信的对象仍是政府，有 53.4%的公众通过各种方式向政府反映自己周围环境问题。有 48.3%的公众向媒体反映，引起舆论监督，有 39.8%的公众向居委会或街道办事处反映，有 25.6%的公众通过环保 NGO 组织反映。但是，仍有 20.4%的公众认为“说也没用”，因此不去反映意见。在公众问卷调查中，有 92.9%的公众表示如果条件允许，就会愿意参加志愿团体的环保活动，其中 49.5%的公众还表示愿意捐款。

10.2.2 定量决策方法

定量决策方法常用于数量化决策，主要运用数学工具建立反映各种因素及其关系的数学模型，并通过对这种数学模型的计算和求解，选出最佳决策方案。由于对决策问题进行定量分析可以提高常规决策的时效性和准确性，因此运用定量决策方法进行决策也是决策方法科学化的重要标志。在环境规划决策制定过程中，越来越多地需要更多的数量化指标和数据以支撑决策的制定，如达到流域水环境质量目标下各污染企业污染治理投入、产品生产规模、废水排放达标率等多项指标确定问题。这其中既包括单目标也包括多目标；既有确定性因素，也包括不确定性因素。因此，通过定量化决策方法可以使在环境规划方案制定以及方案优化选区时，通过量化指标选出最优的规划方案和项目。下面主要介绍单目标决策和多目标决策两种方法。

10.2.2.1 单目标决策方法

单目标决策方法就是决策者为了达到单一目标，而在多种（即两种以上）备选方案中选定一个最优方案的决策方法。根据决策问题的自然状态，可以将单目标决策方法分为确定型决策分析方法、不确定型决策分析方法以及风险型决策分析方法。

（1）确定型决策分析方法

确定型决策就是指对不同方案的未来自然状态和信息完全已知的情况下，决策者可根据完全确定的情况比较选择，或者建立数据模型进行运算模拟，并取得确定结论的决策。一般来说，确定型决策具备如下 4 个条件：①存在决策人希望达到的一个明确目标（收益最大或损失最小）。②只存在一个确定的自然状态。③存在可供决策人选择的两个或两个以上的可行方案。④不同的可行方案在确定状态下的损益值（损失或利益）可以定量化计算出来。目前，在环境规划中，确定型决策分析方法主要指部分运筹学及数量经济模型方法，包括线性规划、非线性规划和动态规划等类型[15]。

1）线性规划。

线性规划指的是变量不论在目标函数还是在约束条件中均为线性的规划。有时系统非线性特征很明显，但为了求解方便，亦可以将非线性特征不明显的非线性函数线性化后，将问题转化为线性规划求解。线性规划是一种最基本也是最重要的最优化技术。从数学上来说，线性规划问题可描述为：①通过一组未知量（又称决策变量）表示规划的待定方案，这组未知量的确定值代表了一个具体方案。通常要求这组未知量取值是非负的。②对于规划的对象，存在若干限制条件。这些限制条件均以未知量的线性等式或不等式约束来表达。③存在一个目标要求，这个目标由未知量的线性函数来描述。按所研究的规划问题的决策规则不同，要求目标函数值实现极大化或极小化。线性规划所研究的问题主要有两个方面：一是确定一项任务，如何统筹安排，以尽量做到用最少的资源来完成；二是如何利用一定量的人力、物力和资金等资源来完成最多的任务。线性规划的模型可以叙述为：在满足一组线性约束和变量为非负的限制条件下，求多变量线性函数的最优值（最大值或最小值）。

线性规划的一般表达形式为：

$$\max(\min) f(x) = cx$$

$$\text{s.t.}\begin{cases} Ax \leqslant (=,\geqslant) b \\ x_i \geqslant 0 \end{cases} \tag{10-1}$$

其中，$x = (x_1, x_2, \cdots, x_n)^T$

$c = (c_1, c_2, \cdots, c_n)$

$b = (b_1, b_2, \cdots, b_n)^T$

式中，x ——由 n 个决策变量构成的向量，即规划问题的备选方案；

c ——由目标函数中决策变量的系数构成的向量；

A ——由线性规划问题的 m 个约束条件中关于决策变量的系数组成的矩阵；

b ——由 m 个约束条件中的常数构成的向量。

任何决策问题，当被构造为线性规划模型时，其约束条件反映了一个决策问题中对决策变量（方案）的客观限制要求。此外，它也可以作为对具有多目标的决策问题进行目标削减，实施简化处理的表达形式。线性规划中的目标函数，代表了规划方案选择的评价准则，也集中体现了决策分析中最主要的决策要求或考虑。

运用线性规划方法进行决策分析，就是对一个规划对象，通过建立线性规划模型，即在各种相互关联的多个决策变量的线性约束条件下，选择实现线性目标函数最优条件下规划方案的过程。一般线性规划问题求解，最常用的算法是单纯形法，已有大量标准的计算机程序可供选用。此外，在一定条件下，也可采取对偶单纯形法、两阶段法进行线性规划的求解。对于某些具有特殊结构的线性规划问题，如运输问题、系数矩阵具有分块结构等问题，还有一些专门的有效算法。

线性规划问题中，如果部分或全部决策变量的取值有整数的限制要求，这类特殊的线性规划称为整数规划。对于整数规划，如果其所有决策变量都限制为（非负）整数，就称为纯整数或全整数规划，如果仅要求部分决策变量取整数值，则称其为混合整数规划。整数规划中的一种特殊情况是 0-1 规划，它的决策变量取值仅限于 0 或 1。对于实际中存在着整数解要求的问题，如污水处理设施数量或规划方案的取舍等污染控制系统规划的决策问题，整数规划是一种有效的支持技术。求解整数规划，至今还没有像求解线性规划问题的单纯形法那样的通用算法。目前常用的主要算法有分支定界法、割平面法以及针对 0-1 规划的隐枚举法。其中，分支定界法一般来说对纯整数或混合整数规划求解均适用。该方法是从不考虑决策变量的整数限制条件的相应线性规划问题出发，如果其最优解不符合该整数规划问题的限制要求，则依其解对原问题进行分解，通过增加约束条件，压缩原问题解的可行域，逐步逼近整数规划问题的最优解。其实质仍是基于线性规划算法的求解方法。

2）非线性规划。

在环境系统规划管理中，不少决策问题可以归纳或简化为线性规划问题，其目标函数和约束条件都是决策变量的线性关系式。但是，客观实际中存在着大量复杂的非线性关系，由于精确化需要，不宜直接通过线性关系的模型来描述。例如污水处理费用与污染物去除量（率）间的函数关系。如果在规划模型中，目标函数和约束条件表达式中存在至少一个关于决策变量的非线性关系式，则这种数学规划问题就称为非线性规划问题。非线性规划问题的一般数学模型常表示为如下形式：

$$\max(\min) f(x) \\ \text{s.t.} \begin{cases} h_i(x) = 0 \\ g_i(x) \geqslant 0 \end{cases} \tag{10-2}$$

其中，$x=(x_1,x_2,\cdots,x_n)^T$

式中，x ——n 维欧氏空间 E_n 中的向量，它代表一组决策变量；

$f(x)$、$h_i(x)$、$g_i(x)$——决策向量 x 的函数。

与线性规划模型一样，该模型也由目标函数 $f(x)$ 和若干约束条件 $h_i(x)=0$、$g_i(x)\geqslant 0$ 两部分构成。但是在 $f(x)$ 或 $h_i(x)$、$g_i(x)$ 中已存在决策变量 x 的非线性关系。

从决策分析角度看，非线性规划模型给出的是在非线性的目标函数和（或）约束关系式条件下进行规划方案选择的描述。一般地，非线性关系的复杂多样性使得非线性规划问题求解要比线性规划问题求解困难得多。因而，不像线性规划那样存在着普遍适用的求解算法。目前，除在特殊条件下可通过解析法进行非线性规划求解外，绝大部分非线性规划采用数值求解。数值法求解非线性规划的算法大体分为两类：其一是采用逐步线性逼近的思想，即通过一系列非线性函数线性化的过程，利用线性规划方法获得非线性规划的近似最优解；其二是采用直接搜索的思想，即根据非线性规划的一些可行解或非线性函数在局部范围的某些特性，确定一有规律的迭代程序，通过不断改进目标值的搜索计算，获得最优或满足需要的局部最优解。各种非线性规划求解算法各有所长，这需要根据具体非线性规划问题的数学特征选择使用。

3）动态规划。

动态规划（Dynamic Programming）是运筹学的一个分支，是求解决策过程最优化的数学方法。20 世纪 50 年代初美国数学家 R.E.Bellman 等人在研究多阶段决策过程的优化问题时，提出了著名的最优化原理，把多阶段过程转化为一系列单阶段问题，利用各阶段之间的关系，逐个求解，创立了解决这类过程优化问题的动态规划新方法。动态规划算法通常用于求解具有某种最优性质的问题。在这类问题中，可能会有许多可行解。每一个解都对应于一个值，我们希望找到具有最优值的解。动态规划算法与分治法类似，其基本思想也是将待求解问题分解为若干个子问题，先求解子问题，然后从这些子问题的解中得到原问题的解。与分治法不同的是，适合于用动态规划求解的问题，经分解得到的子问题往往不是互相独立的。若用分治法来解这类问题，则分解得到的子问题数目太多，有些子问题被重复计算了很多次。如果我们能够保存已解决的子问题的答案，而在需要时再找出已求得的答案，这样就可以避免大量的重复计算，节省时间。我们可以用一个表来记录所有已解的子问题的答案。不管该子问题以后是否被用到，只要它被计算过，就将其结果填入表中。这就是动态规划法的基本思路。具体的动态规划算法多种多样，但它们具有相同的填表格式。

动态规划是处理具有多阶段决策过程问题特征的优化方法。所谓多阶段决策过程问题，是指对由一系列相互联系的阶段活动构成的过程。如何在预定的活动效果评价准则（目标函数）下，使各阶段所做出的一系列活动选择达到活动整体效果最佳的问题。多阶段决策问题中，每一阶段可供选择的活动决策往往不止一个，由于活动过程各阶段相互联系，任一阶段决策的选择不仅取决于前一阶段的决策结果，而且还会影响下一阶段活动决策的选择。因此，对这种具有相互联系的多阶段活动过程优化问题，其决策序列的选择确定通常很难通过线性或非线性规划优化方法来描述并求解，特别对于离散性多阶段决策问题，处理连续性问题的数学规划方法更无用武之地，这时动态规划方法则是一种有效的建模和优化手段。

任何多阶段决策问题的最优决策序列，都具有一个共同的基本性质，那就是动态规划问题的最优化原理或称贝尔曼优化原理。该原理可概括为：一个多阶段决策问题的最优决策序列，对其任一决策，无论过去的状态和决策如何，若以该决策导致的状态为起点，则其后一系列决策必须构成最优决策序列。根据这一基本原理，可以把多阶段决策问题归结表达成一个连续的递推关系。这种递推关系，若以逆序的方式，即从多阶段活动过程的终点向起点方向对由 n 个阶段的活动过程建立模型，则动态规划逆序求解的递推关系的数学表达形式为：

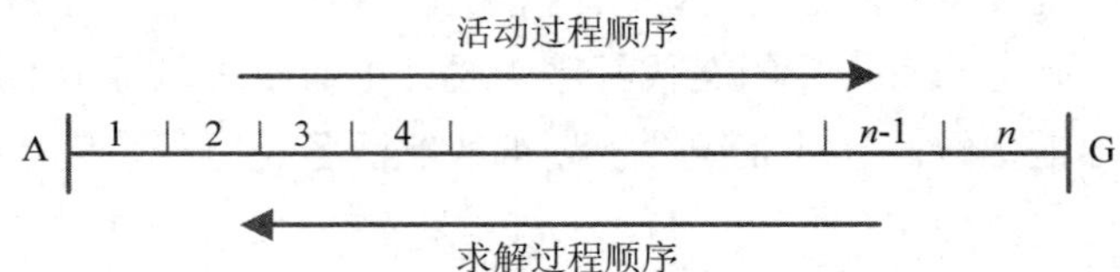

$$\begin{cases} f_k(x_k) = opt\left\{ \mathrm{d}k\left[x_k, u_k(x_k)\right] + f_{k+1}(u_k) \right\} \\ f_n(x_n) = \mathrm{d}(x_n, G) \end{cases} \quad k = n-1, n-2, \cdots, 3, 2, 1 \qquad (10\text{-}3)$$

式中，x_k ——第 k 阶段的状态变量，是 k–1 阶段决策的结果，第 k 阶段所有状态形成一个状态集；

$u_k(x_k)$——第 k 阶段决策变量，它代表第 k 阶段处于状态 x_k 时的选择，即决策；

$\mathrm{d}k\left[x_k, u_k(x_k)\right]$——第 k 阶段从状态 x_k 转移到下一阶段状态 $u_k(x_k)$ 时的阶段效果，是衡量阶段效果的指标，在具体的问题中，可以为距离、费用或时间等。

（2）不确定型决策分析方法

不确定型决策不仅自然状态发生是随机的，而且状态发生的概率由于缺乏经验和资料也是未知的。在这种情况下的决策主要取决于决策者的经验素质和决策风格。不确定型决策一般满足如下 4 个条件：①存在着一个明确的决策目标。②存在着两个或两个以上随机的自然状态。③存在着可供决策者选择的两个及以上的可行方案。④可求得各方案在各状态下的收益矩阵（或函数）。在不确定型决策问题中，主要是确定衡量方案优劣的准则。准则一旦确定，问题将很容易得到解决。从不同的角度出发，可以确定不同的决策准则，从而得到不同的决策方法，在各种准则下的决策结果也不一致。常用的不确定型决策问题的准则主要包括悲观决策准则、乐观决策准则、乐观系数（折中决策）准则、后悔值决策准则以及等概率决策准则等[16]。

1）悲观决策准则。

悲观决策准则又称 Wald 准则或小中取大（Max-Min）准则，是一种保守型决策。其基本思路是：对于任何可行方案 a_i，都认为将是最坏的状态发生，即收益值最小（或损失值最大）的状态发生。然后再比较各可行方案实施后的结果，取具有最大收益值（或最小损失值）的可行方案。用公式表示为：

$$Q(s,a_{opt}) = \mathop{\mathrm{Max}}_{i}\mathop{\mathrm{Min}}_{j} u_{ij}(a_i,s_j) \tag{10-4}$$

式中，$u_{ij}(a_i,s_j)$——方案 a_i 在状态 s_j 下的收益值；

$Q(s,a_{opt})$——最优方案 a_{opt} 在相应最坏状态 s 下的收益值，即最优值。

决策的具体步骤是：①根据决策矩阵选出每个方案在所有状态下的最坏结果值。②从这些最坏结果值中挑选出一个最优值，其所对应的方案即为最满意方案。这里的最坏结果是指最小收益值或最大损失值，而最优值是指最大收益值或最小损失值。持悲观准则的决策者在各状态出现的结果不清楚时，态度谨慎保守，充分考虑最坏的可能，采取坏中取好的策略选择最满意的决策方案，以避免冒很大的风险。

悲观决策准则要求决策者在做决策时从最不利的结果出发，凡事做最坏打算，较多考虑自身是否能承受决策失误带来的打击。持这种准则的决策者谨慎小心、追求稳妥，思想较为保守、消极。一般地，对于那些把握性很小、而若失败则损失很大的决策问题，用该准则比较合适。例如，针对一种新型治污设备，如果该设备治污效果并不明了，但价值昂贵，后期运行投入较大时，在规划抉择是否采用这种设备时就可以采用该准则。

2）乐观决策准则。

乐观决策准则又称大中取大（Max-Max）准则，是一种冒险型决策。其基本思路是：对于任何行动方案 a_i，都认为将是最好的状态发生，即收益值最大（或损失值最小）的状态发生。然后再比较各行动方案实施后的结果，取具有最大收益值（或最小损失值）的行动为最优行动的决策原则，也称为最大最大准则。用公式表示为：

$$Q(s,a_{opt}) = \mathop{\mathrm{Max}}_{i}\mathop{\mathrm{Max}}_{j} u_{ij}(a_i,s_j) \tag{10-5}$$

这里的最优结果是指最大收益值或最小损失值。持乐观准则的决策者在各方案可能出现的结果不明朗时，采用好中取好的乐观态度，选择最满意的决策方案。由于过于乐观，一切从最好的情况考虑，难免会冒很大的风险。

乐观决策准则只看重最大收益（环境效益），而忽略了其他有价值的信息，无论是最坏状态下的损失有多大，都不能影响决策者对取得最大收益方案的选择。这种方法本身具有很大的冒险性，如果实际发生的状态劣于决策者的主观预期，决策者将可能蒙受巨大损失。该准则的运用有一定的使用范围，如果该决策失败了的影响在可承受范围内，且一旦成功将带来较大的收益（环境效益），那么就可以采用该准则。

3）折中决策准则。

折中决策准则也称乐观系数准则或赫维茨决策准则。它是介于乐观决策法和悲观决策法之间的一种决策方法，这种方法既不像乐观决策法那样在所有的方案中选择效益最大的方案，也不像悲观决策法那样，从每一方案的最坏处着眼进行决策，而是在极端乐观和极端悲观之间，通过乐观系数确定一个适当的值作为决策依据。这种利用乐观系数进行决策的方法就叫做乐观系数决策法。

决策者根据对形势的判断确定一个介于0和1之间的数值α，称为乐观系数。乐观系数决策准则的基本思路是：假设各行动方案既不会出现最好的结果，也不会出现最坏的结果，而是出现最好结果值与最坏结果值之间的某个折中值，分别用α和$1-\alpha$为权重，求最好与最坏的结果值的加权平均值。用公式表示为：

$$H(a_i)=\alpha \operatorname*{Max}_j u_{ij}(a_i,s_j)+(1-\alpha)\operatorname*{Min}_j u_{ij}(a_i,s_j) \quad (0\leqslant\alpha\leqslant 1) \tag{10-6}$$

其中，α为乐观系数。然后比较各行动方案实施后的结果，取具有最大收益（或损失最小）加权平均值的方案为最优方案。

$$Q(a_{opt})=\operatorname*{Max}_i H(a_i) \quad (a_i\in A,s_j\in S) \tag{10-7}$$

需要说明的是，乐观系数的取值完全取决于决策者的经验和风险偏好的程度。α越接近1，表示决策者越乐观，所得的结果也越接近依据“大中取大”准则所选择的结果；反之，α越接近0，表示决策者越悲观，所得的结果也越接近依据“小中取大”准则所选择的结果。如果$\alpha=1$，则决策者采用的就是乐观决策准则，如果$\alpha=0$，则决策者采用的就是悲观决策准则。

4）后悔值决策准则。

后悔值决策准则，又称后悔值决策法，也叫萨维奇方法或遗憾法，是由萨维奇（Savage）提出的。通常在决策时，决策者应当选择收益值最大或者损失值最小的方案为最优方案。但是由于未来自然状态不确定的影响，决策者很可能在最初并未采取这一最优方案，而选择了其他方案，当结果出现时，决策者就会感到后悔。为避免将来太后悔，而采用后悔值决策法。

简单地说，后悔值是指决策者失策所造成的损失值，是在某种自然状态下，方案中的最大收益值和各方案的收益值之差，或各方案的损失值与方案中的最小损失值之差，也称为遗憾值。记为

$$R_{ij}(a_i,s_j)=\operatorname*{Max}_i u_{ij}(a_i,s_j)-u_{ij}(a_i,s_j) \tag{10-8}$$

这种后悔实际上是一种机会损失。

对于任何行动方案a_i，决策者都认为将是最大的后悔值所对应的状态发生。然后，比较各行动方案实施后的结果，选取具有最小后悔值的方案为最优方案的决策原则，称为后悔值准则，记作

$$R(s,a_{opt}) = \underset{i}{\text{Min}}\,\underset{j}{\text{Max}}\,R_{ij}(a_i,s_j) \tag{10-9}$$

5）等概率决策准则。

在无法获取有关未来自然状态出现可能性的信息时，前面几种决策准则从不同角度简化了不确定型决策问题的求解。虽然他们都有一定的合理性，但是却都存在着显而易见的缺陷和局限性。19 世纪，数学家拉普拉斯（Laplace）提出了等概率准则。

等概率准则是一种平均主义决策。其基本思想是：在未来各种自然状态发生的概率不清楚时，假定各自然状态发生的概率相同，然后求解各行动方案的期望收益值，最大期望收益值所对应的方案即为最优方案。

等概率准则的基本步骤是：①求出每个行动方案 a_i 各状态下益损值的算术平均值。②比较各行动方案实施后的结果，取具有最大收益（或最小损失值）平均值的方案为最优方案。即

$$Q(s,a_{opt}) = \underset{i}{\text{Max}}(1/n)\sum_{j} u_{ij}(a_i,s_j) \tag{10-10}$$

等概率准则的优点是全面考虑了一个方案在不同自然状态下的可能结果，并把概率引入了决策问题。但是认为各状态发生的概率相同，往往与实际情况不符。它适用于决策者对未来自然状态没有一点判断，甚至连事物发展的趋势都不能把握的情况。

（3）风险型决策分析方法

一般认为，风险是指当某时间出现的实际状况与预期状况有背离时产生的一种损失。这种背离的出现是不确定的，是以一定的概率随机发生的，而不是事先能够准确预料的。风险型决策问题是特殊的不确定型决策问题，因其重要性而单独列出。与不确定型决策唯一不同的是，风险型决策问题中各种自然状态发生的概率是可以获知或是已知的。一般来说，满足以下 5 个条件的决策称为风险型决策：①存在着一个明确的决策目标。②存在着两个及以上的随机的自然状态。③存在着可供决策者选择的两个及以上的行动方案。④可求得各方案在各状态下的收益矩阵（函数）。⑤决策者可以确定每种自然状态出现的概率。风险型决策的最后结果遵循统计规律，根据此规律，决策者可以掌握最后结果出现的概率分布。尽管决策者掌握了其概率分布，但由于该结果的出现不是必然事件，即概率不等于 1，故不论选择哪个方案，都要承担一定的风险[17]。

风险型决策可依据的标准主要是期望值标准，即随机变量的数学期望——不同方案在不同自然状态下可能得到的加权平均值。风险型决策准则主要包括以下几种：

1）最大可能决策准则。

最大可能决策就是从各自然状态中选择一个概率最大的状态来进行决策，这样做实质上是将风险型决策问题当做确定型决策问题来对待。应用最大可能准则进行决策，操作简单易行，但它有一定的适用条件，即在一组自然状态中，当某一自然状态发生的概率比其他状态发生的概率大得多时，可采用该准则。由于这种准则只考虑出现概率最大的状态时

各方案的收益（损失）值，因此颇受争议。许多人认为该准则太过片面。

2）期望值决策准则。

既然各种可能的自然状态出现的概率已经通过调研获得，则可据此求出各方案的期望益损（指收益或损失）值。期望值决策准则就是把每个策略方案的益损值视为离散型随机变量，求出它的期望值，并以此作为方案比较优选的依据。期望值决策准则也称贝叶斯准则。

令 n 表示自然状态的数目，$P(s_j)$ 表示自然状态 s_j 发生的概率，则有：

$$P(s_j)\geqslant 0,(j=1,2,\cdots,n)\text{，且}\sum_{j=1}^{n}P(s_j)=P(s_1)+P(s_2)+\cdots+P(s_n)=1 \tag{10-11}$$

a_i 在状态 s_j 下的收益（或损失）值为 V_{ij}，则各方案 a_i 的期望益损值为：

$$E(a_i)=\sum_{j=1}^{n}P(s_j)\times V_{ij} \tag{10-12}$$

需要说明的是，决策方案的期望值包括 3 类：①收益期望值，如利润期望值、产值期望值。②损失期望值，如成本期望值、投资期望值等。③机会期望值，如机会收益期望值、机会损失期望值等。判断准则为：当决策的后果为收益时，则目标是收益最大，此时 $\max\{E(a_i)\}$ 所对应的方案可选为最佳方案；当决策的后果为损失时，则目标是损失最小，此时应选 $\min\{E(a_i)\}$ 所对应的方案。

需要注意的是，以期望值为准则的决策方法一般只适用于下列几种情况：①概率的出现具有明显的客观性，而且比较稳定。②决策不是解决一次性问题，而是解决多次重复的问题。③决策的结果不会对决策者带来严重后果。如果不符合这些情况，期望值准则即不适用，需要采用其他准则。

3）最小后悔期望值决策准则。

与期望值准则相对应，如果将各方案的收益（或损失）值替换为后悔值，则期望值准则就成为最小后悔期望值准则，它实际上也属于期望值准则的范畴。当每个方案的收益（或损失）值为离散型随机变量时，可根据后悔值的定义，计算出相应的后悔值表，并进一步求出期望后悔值，选取期望后悔值最小的方案作为最优方案。

各方案的期望后悔值为：

$$E\left[R(a_i)\right]=\sum_{j=1}^{n}P(s_j)\times R_{ij} \tag{10-13}$$

贝叶斯准则认为一个行动应按照其随机结果的期望值进行评价。由于随机结果的期望值通常用 μ 表示，所以这个法则也称为 μ 法则。

随机变量的数学期望值表达了在多次重复进行随机试验时所可能取得的平均值。当决策者追求总平均收益最大时，遵循贝叶斯法则是合理的；但当追求总收益最大时，贝叶斯法则却不再合理。

4）决策树法。

决策树法是常用的风险分析决策方法，在制定环境规划与管理决策中经常使用。该方法是一种用树形图来描述各方案在未来收益的计算。比较以及选择的方法，其决策是以期望值为标准的。对未来可能会遇到好几种不同的情况，每种情况均有出现的可能，目前无法确知，但是可以根据以前的资料来推断各种自然状态出现的概率。在这样的条件下，计算的各种方案在未来的经济效果只能是考虑到各种自然状态出现的概率的期望值，与未来的实际收益不会完全相等。如果一个决策树只在树的根部有一决策点，则称为单级决策；若一个决策不仅在树的根部有决策点，而且在树的中间也有决策点，则称为多级决策。

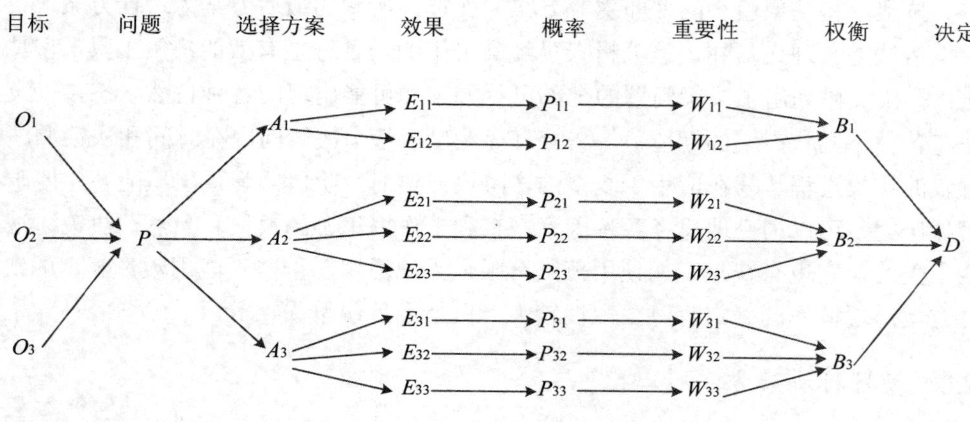

图 10-3　决策树分析过程示意图

决策树由 4 个要素构成：①决策节点。②方案枝。③状态节点。④概率枝。如图 10-4 所示。

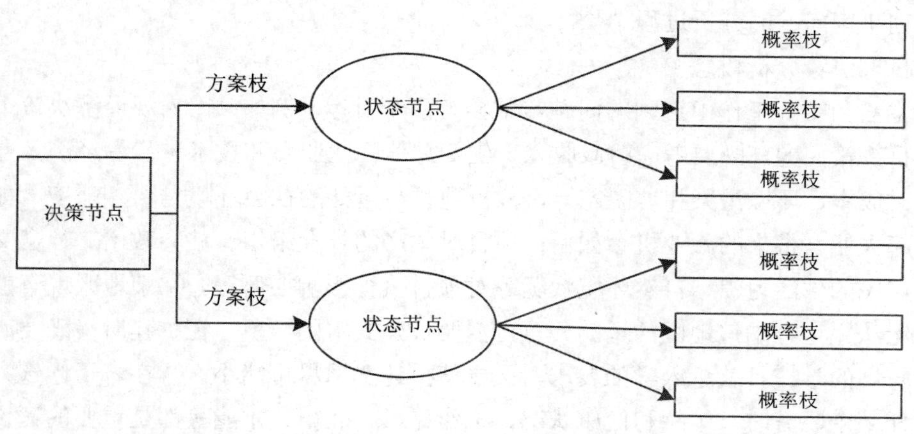

图 10-4　决策树构成示意图

决策树一般由方块节点、圆形节点、方案枝、概率枝等组成，方块节点称为决策节点，由节点引出若干条细枝，每条细枝代表一个方案，称为方案枝；圆形节点称为状态节点，由状态节点引出若干条细枝，表示不同的自然状态，称为概率枝。每条概率枝代表一种自然状态。在每条细枝上标明客观状态的内容及其出现概率。在概率枝的最末梢标明该方案在该自然状态下所达到的结果（收益值或损失值）。树形图由左向右，由简到繁展开，组成一个树状网络图。决策树法的决策程序如下：①绘制树状图，根据已知条件排列出各个方案和每一方案的各种自然状态。②将各状态概率及损益值标于概率枝上。③计算各个方案期望值并将其标于该方案对应的状态节点上。④进行剪枝，比较各个方案的期望值，并标于方案枝上，将期望值小的（即劣等方案）剪掉，所剩的最后方案为最佳方案。

决策树法是管理人员和决策分析人员经常采用的一种行之有效的决策工具，它具有下列优点：①决策树列出了决策问题的全部可行方案和可能出现的各种自然状态，以及各可行方法在各种不同状态下的期望值。②能直观地显示整个决策问题在时间和决策顺序上的不同阶段的决策过程。③在应用于复杂的多阶段决策时，阶段明显，层次清楚，便于决策机构集体研究，可以周密地思考各种因素，有利于作出正确的决策。当然，决策树法也不是十全十美的，它也有缺点，如使用范围有限，无法适用于一些不能用数量表示的决策；对各种方案出现概率的确定有时主观性较大，可能导致决策失误等。

10.2.2.2 多目标决策方法

客观世界的多维性或多元化，使得人们的需求具有多重性，因而绝大多数决策问题都具有不同程度的多目标特征。环境规划的某些决策问题，虽然可以概括和简化，一定程度上将其处理为单一目标的数学规划问题，并以相应的优化方法求解，进行规划方案的选择确定，但基于多目标决策的概念方法能更好地体现环境规划决策问题的多目标本质特征，支持环境规划决策问题的分析过程[4, 18]。

（1）多目标决策分析概念

在现实生活和实际工作中遇到的问题常常会有多个目标。例如：①宏观经济决策中的大型投资项目决策问题，既要考虑财政收入、生产总值、就业率和技术进步等经济效益目标，还要考虑成本、环境污染和地区差异，分析项目与所处的社会环境是否相适应，如项目是否会引起失业、带来的就业机会如何；项目对生产的社会组织、社会政治、社会文化的可接受性居民的生活习惯、自然环境状况等对项目执行影响如何等。②某地区现有的若干所学校已无法完全容纳该地区的适龄儿童，需要扩建其中的一所，在扩建时，既要满足学生上质量较高的学校且就近入学的要求，又要使扩建费用尽可能小。③在若干候选人中选择一位担任某个职务时，年龄和健康状况、工作作风、品德、才能等都是重要的评价因素。④学生毕业后的择业，通常要考虑收入、工作强度、发展潜力、学术性、社会地位、地理位置等因素，因此评价一个可能的就业职位优劣的问题也是典型的多目标决策问题。⑤即使是购物，比如买衣服，总希望价廉、物美（尺寸合适、款式新颖、颜色中意、面料结实、加工质量高等)。面对此类决策问题，决策者只能在各个目标之间，在各种限制条件的基础上，寻求一种合理的妥协，找到“满意”的方案，此类决策即为多目标决策。

（2）多目标决策分析特点

由于多目标决策问题的多个目标之间具有矛盾性和不可公度性，不能把多个目标简单地归并为单个目标，因此不能用求解单目标决策问题的方法求解多目标决策问题。需要探讨求解多目标决策问题的基本理论和方法。多目标决策是一个复杂的决策，其分析方法具有以下 4 个特点：①决策问题的目标多于一个，且多个决策目标往往表现为不同性质和反向的，如环境质量改善最大和企业污染治理成本最小。②目标之间具有不可公度性，或称量纲的不一致性，即各目标没有统一的衡量标准或计量单位，因而难以进行比较。例如，水环境质量改善这一目标可以用污染物断面年均浓度（mg/L）下降或污染物削减量（t）来描述，而削减成本和削减效益只能用货币（源）来表征。③目标之间具有矛盾性。如果多目标决策问题中存在某个备选方案，它能使所有目标都达到最优，即存在最优解。但实际上，绝大部分多目标决策问题的各个备选方案在各目标之间存在某种矛盾，即如果采用一种方案去改进某一目标的值，则很可能会使另一目标的值变坏。例如，投资于加工业，因为利润较少，为了增加利润，改为投资于化工产业，则在利润增加的同时，使污染大大加重。如果拟建项目是增加交通运输设施，那就大不相同。项目的直接后果是扩大交通运输能力，降低运输费用，从而增大商品流通，有利于开发新地区、新市场和新的资源产地。在许多方面，交通建设项目可使其所服务的地区受益，通过项目支出可以诱发地方或地区的收入上的乘数效果，可以为当地群众提供更多的就业机会，可以通过规模经济性、工业的集聚性和技术的关联性等引起一般经济活动的增加。另一方面，交通投资项目也会使国家承受经济的、财务的负担以及环境损失一类的社会成本。④定性指标与定量指标相混合。有些指标是明确的，可以定量表示出来，例如价格、时间、产量、成本、投资等；而有些指标却是定性的、模糊的，如在候选人问题中，人的思想品德、工作作风，在机制改革问题中，市场应变能力等。在实际决策中，必须对这些定性指标进行模糊量化处理。

（3）多目标决策问题的分类

最常用的多目标决策问题的分类法是按决策问题中备选方案的数量来划分。一类是多属性决策问题（multi-attribute decision making problem），这一类决策问题中的决策变量是离散型的，其中的备选方案为有限个，因此，也有文献称其为有限方案多目标决策问题，这一类问题求解的核心是对各备选方案进行评价后排定各方案的优劣次序，再从中择优；另一类是多目标决策问题（multi-objective decision making problem），这一类决策问题中的决策变量是连续型的，即备选方案有无限个，因此，也称为无限方案多目标决策问题，求解这类问题的关键是向量优化，即数学规划问题。

按照一些国外文献的分类法，无论是多属性决策问题还是多目标决策问题，都可通称为多准则决策问题（multi-criterion decision making problems)。群决策问题也可以归入多准则决策问题之中。多准则决策问题也可以像单目标决策问题那样按自然状态（这里的自然状态是广义的）分类，一类是确定型多准则决策问题，另一类是非确定型多准则决策问题，由于求解手段的限制，现有的求解方法最多只涉及风险型多准则决策问题。多准则决策问题还可以按所涉及的决策者人数来划分，只涉及单个决策人的是一般的多准则决策问题，或称多目标决策问题，若涉及多个决策人，则称为群决策问题。

（4）决策问题的多目标体系

多目标决策分析与传统单目标优化的最大区别在于其决策问题中具有多个互相冲突的目标。通常多目标决策问题中，一组意义明确的多个冲突目标可表达为一个递阶结构，或称目标体系（图 10-5）。

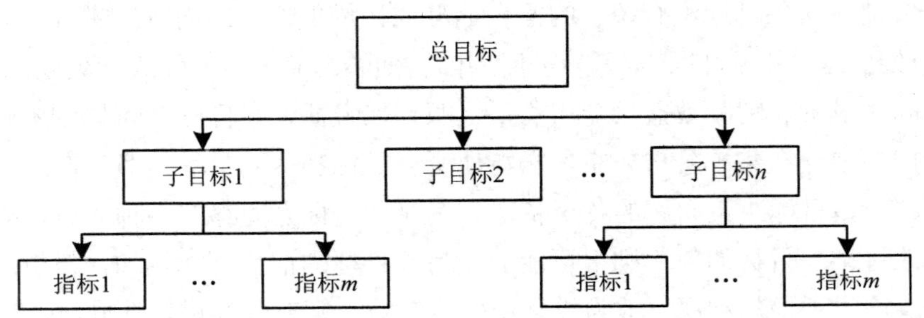

图 10-5 多目标递阶结构

这个目标体系是分层展开的，最高层是决策问题的总体目标，代表着决策者希望达到的总要求或状态。它反映了客观事物错综复杂的综合特性。一般地，总体目标表达相对概括抽象，通过逐层分解，得到体现总体目标的下层目标或子目标。下层目标比上层目标表达具体精确。为了便于考察目标及易于决策，需对最底层目标给出相应的属性描述，以反映目标的概念特征。有些目标属性，可以确切定义，从而能被有效地度量；而有些目标属性，则往往难以精确定义，只能定性地进行判断估计。无论何种情况，目标属性都应满足两个基本性质：①可理解性，即目标属性值足以标定相应目标的实现满足程度。②可测性，即可按照某种方式对决策方案进行目标属性赋值。清晰合理的目标体系和目标属性定义，是对规划方案进行多目标决策分析的基础。

10.2.2.3 决策方案的多目标评价选择

任一多目标决策问题，对其任意两方案 A_i、A_j 两两比较，必定出现以下 3 种情况之一：

方案 A_i 优于 A_j，即方案 A_i 比方案 A_j 所有目标值都好；

方案 A_i 劣于 A_j，即方案 A_i 比方案 A_j 所有目标值都差；

方案 A_i 与 A_j 难分优劣，即方案 A_i 部分目标值好于方案 A_j，但其他目标值相比方案 A_j 要差（图 10-6）。

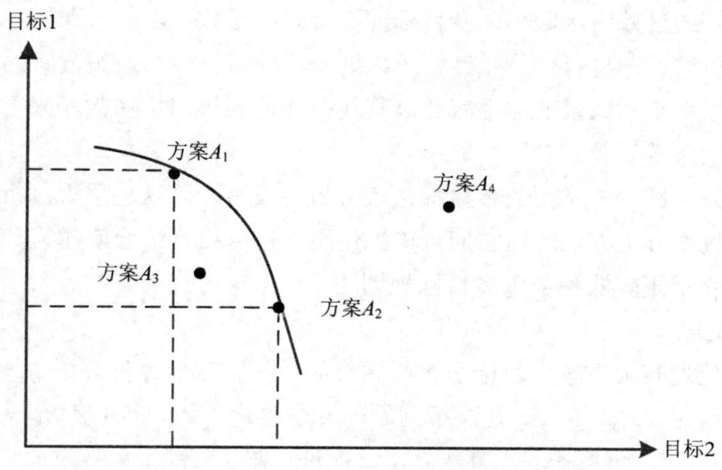

图 10-6　多目标下不同方案的比较

这里，把通过两两比较可直接舍弃的方案称为“劣解”，如上述第一、第二种情况下的方案 A_i 和方案 A_j，凡依多个目标进行比较而不能直接舍弃的方案称为“非劣解”。如第三种情况下的方案 A_i 和方案 A_j。可以看出，由于多个目标间的矛盾冲突性，多目标决策问题一般已不存在通常意义上的最优解，即不存在一个使全部目标属性值都达到最优状态的方案。但是，多目标决策问题出现了难分上下的非劣解。这些非劣解的目标函数值此消彼长，对此，只有根据决策者对其变化的偏爱满意程度，才能确定最终决策。

所谓多目标决策分析，就是基于上述概念，运用数学（包括计算机）支持技术，来处理以下两个问题：①根据所建立的多个目标，找出全部或部分非劣解。②设计一些程序识别决策者对目标函数的意愿偏好，从非劣解集中选择“满意解”。在解决上述两方面问题的实践中，多目标决策分析技术并非全都将其处理为两个独立顺序的求解过程，许多方法是将两部分内容结合起来，即在非劣解求解过程中已注入反映决策者意愿偏好的因素。

鉴于处理多目标问题上的难度，降维（即化多目标为单目标）有时也会采用，由于简化思路不同，也形成了不同的多目标决策分析方法。各种多目标决策分析技术，可依有限方案与无限方案分为两类。有限方案条件下的决策分析技术，在实际问题中，包括在环境规划中使用更为常见。

多目标决策主要的方法包括：①化多为少法，即将多目标问题化成只有一个或两个目标的问题，然后用简单的决策方法求解，最常用的是线性加权和法。②分层序列法，即将所有目标按其重要性程度依次排序，先求出第一个最重要的目标的最优解，然后在保证前一个目标最优解的前提下依次求下一目标的最优解，一直求到最后一个目标为止。③直接求非劣解法，即先求出一组非劣解，然后按事先确定好的评价标准从中找出一个满意的解。④目标规划法，即对于每一个目标都事先给定一个期望值，然后在满足系统一定约束条件下，找出与目标期望值最近的解。⑤多属性效用法，即各个目标均用表示效用程度大小的效用函数表示，通过效用函数构成多目标的综合效用函数，以此来评价各个可行方案的优劣。⑥层次分析法，即将目标体系结构予以展开，求得目标与决策方案的计量关系。⑦重排序法，即将原来不好比较的非劣解通过其他办法使其排出优劣次序来。⑧多目标群决策和多目标模糊决策等。

在环境规划实践中，常用的多目标决策分析主要有矩阵法、层次分析法、灰色多目标规划法、数据包络分析方法等。它们可单独使用，也可相互结合或作为其他决策方法的基础。本节主要介绍矩阵法和灰色多目标规划法。

（1）矩阵法

矩阵法是处理有限方案多目标决策问题最简单而直观的评价分析方法。

设一决策问题，$x_1,x_2,\cdots,x_n$ 是决策问题的 n 个目标，$A_1,A_2,\cdots,A_m$ 是满足 n 个目标要求的 m 个可行方案，在此基础上，可建立决策评价矩阵表（表 10-1）。

表 10-1　决策评价矩阵表

	x_1	x_2	…	x_j	…	x_n	V_j
	w_1	w_2	…	w_j	…	w_n	
A_1	V_{11}	V_{12}	…	V_{1j}	…	V_{1n}	V_1
A_2	V_{21}	V_{22}	…	V_{2j}	…	V_{2n}	V_2
A_i	V_{i1}	V_{i2}	…	V_{ij}	…	V_{in}	V_i
A_m	V_{m1}	V_{m2}	…	V_{mj}	…	V_{mn}	V_m

决策矩阵中，V_{ij} 代表方案 A_i 对目标 x_j 的实现程度，即该方案在目标 x_j 下的属性值。w_j 为各目标的相对重要性评价值，v_i 为各方案 A_i 在目标属性下的综合评价结果。运用矩阵法进行多目标的方案评价筛选，主要包括以下 3 个基本内容：

1）V_{ij} 的确定。

所谓 V_{ij} 的确定是对备选方案在给定目标下的贡献作用或实现程度进行评价，一般 V_{ij} 的确定分为两种情况：①通过直接计算或估计得出属性值，如方案的投资费用、水质效果等。②通过建立分级定性指标，经判断得出属性值。如方案实施的技术难度、公众的可接受性等。

由于属性单位和数量级上的差异，难以对方案的不同目标属性进行比较分析，通常需要将属性值规范化，即把各属性值无量纲化并统一变换到（0，1）范围内。

2）w_j 的确定。

在多目标决策问题中，不同目标间的相对重要性或偏好一般可通过权重系数来反映。权重系数是多目标决策问题中价值观念的集中体现，它的确定直接影响到规划方案的选择。某种程度上说，多目标决策分析的关键就在于权重系数的确定。确定权重系数大体可分为非交互式和交互式两类方式。非交互式是指在获得决策方案前通过分析人员与决策者等有关人员的协调对话，先获得一组权重值分布，然后据此进行方案选择。交互式则指在决策分析过程中，通过决策分析人员与决策者等不断交流对话，在获得决策方案的同时确定权重系数值的做法，无论何种方式，常见的具体确定权重系数方法主要有：①专家法或德尔菲法。专家法或德尔菲法的基本思想是通过调查统计获得权重，即按照预先设计的一套程序，通过对若干有经验的专家（决策者）调查获得权重分布信息，经过分析人员的汇总、整理，并将结果反馈给专家，多次反复，逐步缩小各种不同结果的偏差，而获得最终权重结果的办法。专家意见调查表是利用专家法进行权重信息收集的重要方式。②其他方法。除广泛采用的专家法等外，其他还有特征向量法、平方和法等。这些方法总体来看更侧重于对所收集信息的处理计算，在对问题目标重要性两两排序的调查基础上，对这种两两比较的结果进行处理。具体计算的思路类似于层次分析法，实际上，层次分析法本身就可用来确定权重系数。

3）v_i 的确定。

v_i 表达了任一备选方案在多个目标下的综合评价结果，通过 v_i 的大小比较即可对备选方案进行选择决策。v_i 的确定主要是根据每一方案对全部目标的贡献（属性值 V_{ij}）和各目标间的相对重要性（w_j）构造或选择一相应的算法，求得 v_i。最简单的算法是线性加权法，其计算过程的一般形式为：

$$v_i = \sum_{j}^{n} w_j z_{ij} \tag{10-14}$$

式中，w_j —— 目标 j 的权重系数；

z_{ij} —— 方案 i 在目标 j 下的属性规范值。

这里需要注意的是，z_{ij} 的计算需和 v_i 的排序规则相匹配。若是按 v_i 最大进行方案的优劣排序，当目标中既含越大越好也含越小越好两种类型的目标时，则在对属性值进行规范化时必须注意采用相宜的方法，使其最优值都统一为 1，以便进行比较。此外，确定 v_i 还有其他对属性进行综合的算法，如乘积的方法。各种算法的使用应根据具体条件加以选择。

（2）灰色多目标规划法

灰色系统是指既含有已知信息，又含有未知信息的系统。该理论是邓聚龙于 1982 年首次提出的，由于其在建模、控制、预测和决策等方面的思路和方法具有明显的优势，已经广泛应用于许多科学领域。灰色多目标规划是灰色系统理论的一个重要内容，是多目标规划和灰色系统理论的交叉研究领域。经典的多目标规划常将目标函数和约束条件都视为确定的。然而，在实际问题中目标函数和约束条件都具有不同形式的不确定性，这类不确定性往往表现为灰数的形式。经典的多目标规划方法处理不便，而用灰色系统思想和建模方法可使问题在一定程度上得以解决。

环境规划需要综合考虑环境、经济、社会、技术等多种因素。在这些因素中既有定量指标，又有定性指标，并且这些指标的数量化等都具有较多不确定性，因此将灰色系统理论引入多目标规划中即为灰色多目标规划（GMOP），其在完成环境规划方案的优化决策方面具有明显的优势[19, 20]。

1）灰色多目标优化模型的原理。

灰色多目标优化模型确定最优方案的原理是将各方案中的每项指标转化为在一定区间内的无量纲效果测度，然后相同方案中各指标的效果测算值综合成一个综合效果测度，由综合效果测度值大小来决策与评价方案的优劣。

灰色多目标优化模型中含有 4 个基本要素：事件（需要处理的事物）、对策（处理某一事物的措施）、效果（用某个对策对付某个事件的效果）和目标（评价效果的准则）。

灰色多目标优化模型的计算步骤如下：①给出事件和对策。②构造局势。③设定目标期望水平。④设定不同目标的实际效果。⑤计算不同目标的效果测量矩阵。⑥计算综合效果测度矩阵。⑦将上一步得到的综合效果测量矩阵进行优序化变换，得到优序化决策矩阵，按最优效果，选最优局势进行决策。⑧决策结果分析。

2）灰色多目标规划的特点。

灰色多目标规划就是将灰色系统理论引入多目标规划，GMOP 认为系统的信息是不完备的，系统变动是一个灰色过程，灰色多目标规划以色区间数表达系统的灰度，在求解过程中，通过将灰数白化，可以反映系数改变的情况。这样，得到的规划解不是一个值而是一组值，而且是一组时间系列。因此灰色多目标规划模型可以有效地表达系统的信息不完备性、多目标性和动态性，规划结果也具有更好的科学性、可靠性、适应性和可操作性。

灰色线性规划的一般解法是将灰色约束系数矩阵 $\otimes(A)$ 和灰色资源向量 $\otimes(B)$ 由灰变白，从而得到白化的线性规划。这样一个灰色多目标规划模型通过白化就可得到一系列确定性的多目标规划模型。

3）灰色多目标规划的模型表达。

设 $x=(x_1,x_2,\cdots,x_n)$ 为决策向量，$\otimes_1^{(i)},\otimes_2^{(j)},\otimes_3^{(k)}$（$i=1,2,\cdots,m;\ j=1,2,\cdots,p;\ k=1,2,\cdots,q$）皆为灰色参数集，则称

$$\max(\min)(f_1(x,\otimes_1^{(1)}),f_2(x,\otimes_1^{(2)}),\cdots,f_m(x,\otimes_1^{(m)}))^T \tag{10-15}$$

$$\text{s.t.}\begin{cases}g_j(x,\otimes_2^{(j)})\leqslant(\geqslant)0\\ h_k(x,\otimes_3^{(k)})=0\\ x\geqslant 0\end{cases}$$

为灰色多目标规划问题的一般模型。其中 $f_i(x,\otimes_1^{(i)})$ 为灰色目标泛函，$g_j(x,\otimes_2^{(j)})$、$h_k(x,\otimes_3^{(k)})$ 为灰色约束泛函。

4）灰色多目标规划的典型算法。

A．灰色多目标规划算法 1（权重法）。

首先对灰色约束进行均值白化，即用技术系数和资源配置的期望值来替代约束中的灰参数。确定约束白化的灰色多目标规划的可行域 $U=\{x\mid x\geqslant 0,g_j(x,\bar{\otimes}_2^{(j)})\leqslant 0,h_k(x,\bar{\otimes}_3^{(k)})=0\}$，在可行域中任取（或按均匀分布随机选取）$l$ 个可行解 $x^{(t)}=(x_1^{(t)},x_2^{(t)},\cdots,x_n^{(t)}),(t=1,2,\cdots,l)$，通常 l 满足 $m<l\leqslant 2m$ 为宜。计算各子目标 f_i 在取定可行解 $x^{(t)}$ 处的值得区间灰数矩阵

$$F(\otimes)=(f_i^t(\otimes))_{m\times l}=\left[f_i(x^{(t)},\otimes_1^{(i)})\right]_{m\times l} \tag{10-16}$$

其中，

$$f_i^t(\otimes)\in[\underline{f}_i^t,\overline{f}_i^t]\quad(i=1,2,\cdots,m;t=1,2,\cdots,l)$$

为了消除量纲及数量级的影响以增加可比性，对 $f_i^t(\otimes)$ 进行标准化处理。利用灰色极差变换公式可得，

对效益型目标值

$$\underline{r}_{it}=\frac{\underline{f}_i^t-\underline{f}_i^{\nabla}}{\overline{f}_i^*-\underline{f}_i^{\nabla}},\quad \overline{r}_{it}=\frac{\overline{f}_i^t-\underline{f}_i^{\nabla}}{\overline{f}_i^*-\underline{f}_i^{\nabla}} \tag{10-17}$$

对成本型目标值

$$\underline{r}_{it}=\frac{\overline{f}_i^*-\overline{f}_i^t}{\overline{f}_i^*-\underline{f}_i^{\nabla}},\quad \overline{r}_{it}=\frac{\overline{f}_i^*-\underline{f}_i^j}{\overline{f}_i^*-\underline{f}_i^{\nabla}} \tag{10-18}$$

其中，$\overline{f}_i^*\in\max\limits_{1\leqslant t\leqslant l}\{\overline{f}_i^t\}$，$\underline{f}_i^*\in\max\limits_{1\leqslant t\leqslant l}\{\underline{f}_i^t\}$，$\overline{f}_i^{\nabla}\in\min\limits_{1\leqslant t\leqslant l}\{\overline{f}_i^t\}$，$\underline{f}_i^{\nabla}\in\min\limits_{1\leqslant t\leqslant l}\{\underline{f}_i^t\}$。

利用灰色极差变换公式（10-17）、公式（10-18）对区间灰数矩阵（10-16）中的目标值进行标准化处理后可得区间灰数矩阵

$$R(\otimes)=\left[r_{it}(\otimes)\right]_{m\times l} \tag{10-19}$$

其中，$0\leqslant\underline{r}_{it}\leqslant r_{it}(\otimes)\leqslant\overline{r}_{it}\leqslant1\quad(i=1,2,\cdots,m;t=1,2,\cdots,l)$。

计算矩阵（10-19）中各区间灰数间的偏差，即在子目标函数 f_i 下，若可行解 $x^{(t)}$ 与其他所有可行解的偏差用 D_{it} 表示，则定义：

$$\begin{aligned}D_{it}&=\sum_{s=1}^{l}d\left[r_{it}(\otimes),r_{is}(\otimes)\right]\quad(i=1,2,\cdots,m;t=1,2,\cdots,l)\\D_i&=\sum_{t=1}^{l}D_{it}=\sum_{t=1}^{l}\sum_{s=1}^{l}d\left[r_{it}(\otimes),\quad r_{is}(\otimes)\right]\quad(i=1,2,\cdots,m)\end{aligned} \tag{10-20}$$

其中，$d[r_{it}(\otimes),r_{is}(\otimes)]=|\underline{r}_{it}-\underline{r}_{is}|+|\overline{r}_{it}-\overline{r}_{is}|$，称为区间灰数 $r_{it}(\otimes)=[\underline{r}_{it},\overline{r}_{it}]$ 与 $r_{is}(\otimes)=[\underline{r}_{it},\overline{r}_{is}]$ 的相离度，并且 D_i 表示在子目标下 f_i 所有可行解之间的总偏差。

计算子目标函数 f_i 的输出信息熵

$$E_i=-(\ln l)^{-1}\sum_{t=1}^{l}\frac{D_{it}}{D_i}\ln\frac{D_{it}}{D_i}\qquad(i=1,2,\cdots,m) \tag{10-21}$$

易证 $0\leqslant E_i\leqslant1$。

计算子目标函数 f_i 的权系数：

$$w_i = \frac{1-E_i}{\sum_{i=1}^{m}(1-E_i)} \quad (i=1,2,\cdots,m) \tag{10-22}$$

注：①若决策者对各子目标的偏好（即主观权系数）为 $\mu_i(i=1,2,\cdots,m)$，则修正权系数为

$$\lambda_i = \frac{w_i\mu_i}{\sum_{i=1}^{m} w_i\mu_i} \ (i=1,2,\cdots,m) \tag{10-23}$$

②为了较正确地估计各子目标的权系数，可在可行域内另任选一组可行解 $x^{(s)}$ $(s=1,2,\cdots,l')$，且 $m<l'\leqslant 2m$。重复上述计算过程可得各子目标权系数 w_i' $(i=1,2,\cdots,m)$，则修正权系数为

$$\lambda_i = \frac{w_i w_i'}{\sum_{i=1}^{m} w_i w_i'} \ (i=1,2,\cdots,m) \tag{10-24}$$

用各子目标的权系数将灰色多目标综合为单目标函数，即 $f(x,\otimes)=\sum_{i=1}^{m} w_i f_i(x,\otimes_1^{(i)})$，则灰色多目标规划问题（M-1）转化为

$$\max f(x,\otimes)=\sum_{i=1}^{m} w_i f_i(x,\otimes_1^{(i)})$$
$$\text{s.t.}\begin{cases} g_j(x,\otimes_2^{(j)})\leqslant 0 \\ h_k(x,\otimes_3^{(k)})=0 \\ x=(x_1,x_2,\cdots,x_n)\geqslant 0 \end{cases} \tag{10-25}$$

当 $w_i>0(i=1,2,\cdots,m)$ 时，灰色单目标规划（M-2）的定位规划最优解，即为灰色多目标规划（M-1）对应定位规划的有效解。各子目标函数在灰色单目标规划（M-2）的定位规划最优点处的值，即为灰色多目标规划（M-1）对应定位规划各目标函数的有效值。

综上所述，可得灰色多目标规划（M-1）的算法步骤如下：

步骤 1：对灰色约束进行均值白化后确定规划（M-1）的可行域；

步骤 2：在可行域中任取（或按均匀分布随机选取）l 个可行解 $x^{(j)}(j=1,2,\cdots,l)$，且 $m<l\leqslant 2m$，依此计算目标函数值矩阵（10-16）；

步骤 3：用灰色极差变换公式（10-17）、公式（10-18）对矩阵（10-16）中函数值进行标准化处理得区间灰数矩阵（10-19）；

步骤 4：用公式（10-20）计算矩阵（10-19）中各区间灰数间的偏差和总偏差；

步骤 5：根据信息熵方法，利用公式（10-22）、公式（10-23）计算各目标的权重，需要时利用公式（10-23）、公式（10-24）计算各目标的权重；

步骤 6：求解灰色单目标规划（M-2）。

10.3　环境规划决策支持系统

10.3.1　决策支持系统概述

决策支持系统（Decision Support System，DSS）是辅助决策者通过数据、模型和知识，以人机交互方式进行半结构化或非结构化决策的计算机应用系统[21]。DSS 是管理信息系统（MIS）向更高一级发展而产生的先进信息管理系统。DSS 为决策者提供分析问题、建立模型、模拟决策过程和方案的环境，调用各种信息资源和分析工具，帮助决策者提高决策科学水平和质量[22]。

10.3.1.1　决策支持系统的发展过程

自 20 世纪 70 年代决策支持系统概念被提出以来，决策支持系统已经得到了很大的发展。1980 年 Sprague 提出了决策支持系统三部件结构（对话部件、数据部件、模型部件），明确了决策支持系统的基本组成，极大地推动了决策支持系统的发展。20 世纪 80 年代末 90 年代初，决策支持系统开始与专家系统（Expert System，ES）相结合，形成了智能决策支持系统（Intelligent Decision Support System，IDSS）。智能决策支持系统充分发挥了专家系统以知识推理形式解决定性分析问题的特点，又发挥了决策支持系统以模型计算为核心的解决定量分析问题的特点，充分做到了定性分析和定量分析的有机结合，使得解决问题的能力和范围得到了一个大的发展。智能决策支持系统是决策支持系统发展的一个新阶段[23]。

20 世纪 90 年代中期出现了数据仓库（Data Warehouse，DW）、联机分析处理（On-Line Analysis Processing，OLAP）和数据挖掘（Data Mining，DM）新技术，DW+OLAP+DM 逐渐形成了新决策支持系统的概念，而将智能决策支持系统称为传统决策支持系统。新决策支持系统的特点是从数据中获取辅助决策信息和知识，完全不同于传统决策支持系统用模型和知识辅助决策。传统决策支持系统和新决策支持系统是两种不同的辅助决策方式，两者不能相互代替，而更应该互相结合。把数据仓库、联机分析处理、数据挖掘、模型库、数据库、知识库结合起来形成的决策支持系统，即将传统决策支持系统和新决策支持系统结合起来的决策支持系统是更高级形式的决策支持系统，称为综合决策支持系统（Synthetic Decision Support System，SDSS）。综合决策支持系统发挥了传统决策支持系统和新决策支持系统的辅助决策优势，实现更有效的辅助决策。综合决策支持系统是今后的发展方向。由于因特网的普及，网络环境的决策支持系统将以新的结构形式出现。决策支持系统的决策资源，如数据资源、模型资源、知识资源，将作为共享资源，以服务器的形式在网络上提供并发共享服务，为决策支持系统开辟一条新路。网络环境的决策支持系统是决策支持系统的发展方向。知识经济时代的管理——知识管理（Knowledge Management，KM）与新一代因特网技术——网格计算，都与决策支持系统有一定的关系。知识管理系统强调知识共享，网格计算强调资源共享。决策支持系统是利用共享的决策资源（数据、模型、知识）辅助解决各类决策问题，基于数据仓库的新决策支持系统是知识管理的应用技术基础。在网络环境下的综合决策支持系统将建立在网格计算的基础上，充分利用网格上的共享决策资源，达到随需应变的决策支持[24, 25]。

10.3.1.2 决策支持系统的主要类型

自 20 世纪 70 年代提出决策支持系统以来，其已经得到了很大发展。从目前发展情况看，主要有如下几种决策支持系统[26]：

（1）数据驱动的决策支持系统（Data-Driven DSS）

这种 DSS 强调以时间序列访问和操纵组织的内部数据，有时也是外部数据。它通过查询和检索访问相关文件系统，提供了最基本的功能。后来发展了数据仓库系统，又提供了另外一些功能。数据仓库系统允许采用应用于特定任务或设置的特制的计算工具或者较为通用的工具和算子来对数据进行操纵。再后发展的结合了联机分析处理（OLAP）的数据驱动型 DSS 则提供更高级的功能和决策支持，并且此类决策支持是基于大规模历史数据分析的。主管信息系统（EIS）以及地理信息系统（GIS）属于专用的数据驱动型 DSS。

（2）模型驱动的决策支持系统（Model-Driven DSS）

模型驱动的 DSS 强调对于模型的访问和操纵，比如：统计模型、金融模型、优化模型和/或仿真模型。简单的统计和分析工具提供最基本的功能。一些允许复杂的数据分析的联机分析处理系统（OLAP）可以分类为混合 DSS 系统，并且提供模型和数据的检索，以及数据摘要功能。一般来说，模型驱动的 DSS 综合运用金融模型、仿真模型、优化模型或者多规格模型来提供决策支持。模型驱动的 DSS 利用决策者提供的数据和参数来辅助决策者对于某种状况进行分析。模型驱动的 DSS 通常不是数据密集型的，也就是说，模型驱动的 DSS 通常不需要很大规模的数据库。模型驱动的 DSS 的早期版本被称做面向计算的 DSS。这类系统有时也称为面向模型或基于模型的决策支持系统。

（3）知识驱动的决策支持系统（Knowledge-Driven DSS）

知识驱动的 DSS 可以就采取何种行动向管理者提出建议或推荐。这类 DSS 是具有解决问题的专门知识的人-机系统。“专门知识”包括理解特定领域问题的“知识”，以及解决这些问题的“技能”。与之相关的概念是数据挖掘工具，是在数据库中搜寻隐藏模式的用于分析的应用程序。数据挖掘通过对大量数据进行筛选，以产生数据内容之间的关联。构建知识驱动的 DSS 的工具有时也称为智能决策支持方法。

（4）基于 Web 的决策支持系统（Web-Based DSS）

基于 Web 的 DSS 通过“瘦客户端”Web 浏览器（诸如 Netscape Navigator 或者 Internet Explorer）向管理者或商情分析者提供决策支持信息或者决策支持工具。运行 DSS 应用程序的服务器通过 TCP/IP 协议与用户计算机建立网络连接。基于 Web 的 DSS 可以是通讯驱动、数据驱动、文件驱动、知识驱动、模型驱动，或者混合类型。Web 技术可用以实现任何类型的 DSS。"基于 Web"意味着全部的应用均采用 Web 技术实现。"Web 启动"意味着应用程序的关键部分，比如数据库，保存在遗留系统中，而应用程序可以通过基于 Web 的组件进行访问，并通过浏览器显示。

（5）基于仿真的决策支持系统（Simulation-Based DSS）

基于仿真的 DSS 可以提供决策支持信息和决策支持工具，以帮助管理者分析通过仿真形成的半结构化问题。这些种类的系统全部称为决策支持系统。DSS 可以支持行动、金融管理及战略决策。包括优化以及仿真等许多种类的模型均可应用于 DSS。

（6）基于 GIS 的决策支持系统（GIS-Based DSS）

基于 GIS（地理信息系统）的 DSS 通过 GIS 向管理者或商情分析者提供决策支持信息或决策支持工具。通用目标 GIS 工具，如 ARC/INFO、MAPINFO 以及 ArcView 等一些有特定功能的程序，可以完成许多有用的操作，但对于那些不熟悉 GIS 以及地图概念的用户来说，比较难以掌握。特殊目标 GIS 工具是由 GIS 程序设计者编写的程序，以易用程序包的形式向用户组提供特殊功能。以前，特殊目标 GIS 工具主要采用宏语言编写。这种提供特殊目标 GIS 工具的方法要求每个用户都拥有一份主程序（如 ARC/INFO 或者 ArcView）的拷贝用以运行宏语言应用程序。现在，GIS 程序设计者拥有较从前丰富得多的工具集来进行应用程序开发。程序设计库拥有交互映射以及空间分析功能的类，从而使得采用工业标准程序设计语言来开发特殊目标 GIS 工具成为可能，这类程序设计语言可以独立于主程序进行编译和运行（单机）。同时，Internet 开发工具已经走向成熟，能够开发出相当复杂的基于 GIS 的程序让用户通过客户端网络进行使用。

（7）通信驱动的决策支持系统（Communication-Driven DSS）

通信驱动型 DSS 强调通信、协作以及共享决策支持。简单的公告板或者电子邮件就是最基本的功能。组件比较 FAQ（常见问题解答）定义诸如"构建共享交互式环境的软、硬件"，目的是支撑和扩大群体的行为。组件是一个更广泛的概念——协作计算的子集。通信驱动型 DSS 能够使两个或者更多的人互相通讯、共享信息，以及协调他们的行为。

（8）基于数据仓库的决策支持系统（DataWare-Based DSS）

数据仓库是支持管理决策过程的、面向主题的、集成的、动态的、持久的数据集合。它可将来自各个数据库的信息进行集成，从事物的历史和发展的角度来组织和存储数据，供用户进行数据分析并辅助决策，为决策者提供有用的决策支持信息与知识。基于数据仓库理论与技术的 DSS 的主要研究课题包括：①数据仓库（DW）技术在 DSS 系统开发中的应用以及基于 DW 的 DSS 的结构框架。②采用何种数据挖掘技术或知识发现方法来增强 DSS 的知识源。③DSS 中的 DW 的数据组织与设计及 DW 管理系统的设计。总的来说，基于 DW 的 DSS 的研究重点是如何利用 DW 及相关技术来发现知识并向用户解释和表达，为决策支持提供更有力的数据支持，有效地解决了传统 DSS 数据管理的诸多问题。

（9）群体决策支持系统（Group Decision Supporting System，GDSS）

群体决策支持系统是指在系统环境中，多个决策参与者共同进行思想和信息的交流以寻找一个令人满意和可行的方案，但在决策过程中只由某个特定的人做出最终决策，并对决策结果负责。它能够支持具有共同目标的决策群体求解半结构化的决策问题，有利于决策群体成员思维和能力的发挥，也可以阻止消极群体行为的产生，限制了小团体对群体决策活动的控制，有效地避免了个体决策的片面性和可能出现的独断专行等弊端。群体决策支持系统是一种混合型的DSS，允许多个用户使用不同的软件工具在工作组内协调工作。群体支持工具的例子有：音频会议、公告板和网络会议、文件共享、电子邮件、计算机支持的面对面会议软件，以及交互电视等。GDSS 主要有四种类型：决策室、局域决策网、传真会议和远程决策。

（10）分布式决策支持系统（Distributing Decision Supporting System，DDSS）

这类 DSS 是随着计算机技术、网络技术以及分布式数据库技术的发展与应用而发展起来的。从架构上来说，DDSS 是由地域上分布在不同地区或城市的若干个计算机系统所组成的其终端机与大型主机进行联网，利用大型机的语言和生成软件，而系统中的每台计算机上都有 DSS，整个系统实行功能分布，决策者在个人终端机上利用人机交互，通过系统共同完成分析、判断，从而得到正确的决策。DDSS 的系统目标是把每个独立的决策者或决策组织看做一个独立的、物理上分离的信息处理节点，为这些节点提供个体支持、群体支持和组织支持。它能保证节点之间顺畅的交流，协调各个节点的操作，为节点及时传递所需的信息以及其他节点的决策结果，从而最终实现多个独立节点共同制定决策。

（11）智能决策支持系统（Intelligence Decision Supporting System，IDSS）

智能决策支持系统是人工智能和 DSS 相结合，应用专家系统技术，使 DSS 能够更充分地应用人类的知识或智慧型知识，如关于决策问题的描述性知识、决策过程中的过程性知识、求解问题的推理性知识等，并通过逻辑推理来帮助解决复杂的决策问题的辅助决策系统。IDSS 的系统目标是：将人工智能技术融于传统的 DSS 中，弥补 DSS 单纯依靠模型技术与数据处理技术，以及用户高度卷入可能出现意向性偏差的缺陷；通过人机交互方式支持决策过程，深化用户对复杂系统运行机制、发展规律乃至趋势走向的认识，并为决策过程中超越其认识极限的问题的处理要求提供适用技术手段。根据 IDSS 智能的实现可将其分为：基于 ES 的 IDSS；基于机器学习的 IDSS；基于智能代理技术 Agent 的 IDSS；基于数据仓库、联机分析处理及数据挖掘技术的 IDSS 等。

（12）自适应决策支持系统（Adaptive Decision Supporting System，ADSS）

自适应决策支持系统是针对信息时代多变、动态的决策环境而产生的，它将传统面向静态、线性和渐变市场环境的 DSS 扩展为面向动态、非线性和突变的决策环境的支持系统，用户可根据动态环境的变化按自己的需求自动或半自动地调整系统的结构、功能或接口。对 ADSS 研究主要从自适应用户接口设计、自适应模型或领域知识库的设计、在线帮助系统与 DSS 的自适应设计 4 个方面进行，其中问题领域知识库能否建立是 ADSS 成功与否的关键，它使整个系统具有了自学习功能，可以自动获取或提炼决策所需的知识。对此，就要求问题处理模块必须配备一种学习算法或在现有 DSS 模型上再增加一个自学习构件。归纳学习策略是其中最有希望的一种学习算法，可以通过它从大量实例、模拟结果或历史事例中归纳得到所需知识。此外，神经网络、基于事例的推理等多种知识获取方法的采用也将使系统更具适应性。

10.3.1.3　决策支持系统的结构

决策支持系统最基本的结构是由用户交互子系统、数据库子系统、模型库子系统和方法库子系统组成的交互式结构[22]。

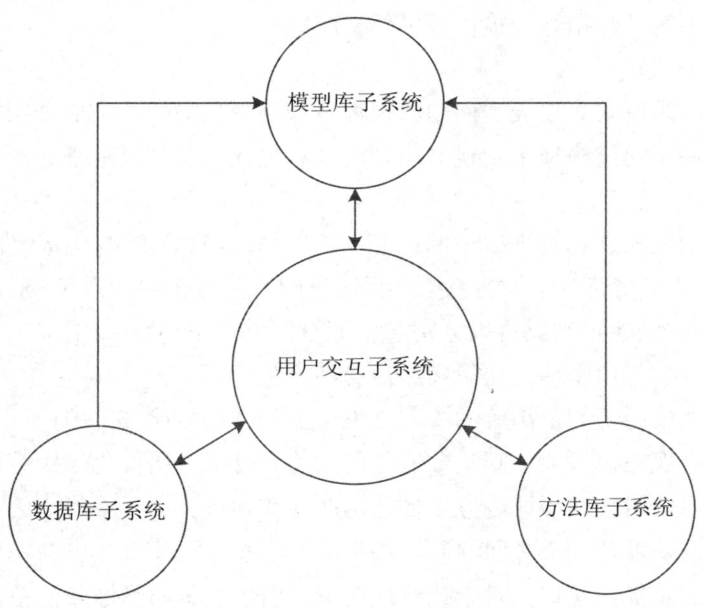

图 10-7　决策支持系统的基本结构

（1）用户交互子系统

其中，用户交互子系统是 DSS 人机接口界面，决策者作为 DSS 的用户通过该子系统提出信息查询的请求或决策支持的请求。对话管理子系统对接收到的请求做检验，形成命令，为信息查询的请求进行数据库操作，提取信息，所得信息传送给用户；对决策支持的请求将识别问题与构建模型，从方法库中选择算法，从数据库读取数据，运行模型库中的模型，运行结果通过对话子系统传送给用户或暂存数据库待用。

应用 DSS 作决策的过程是一个人机交互的启发式过程，因此问题的解决过程往往要分解成若干阶段，一个阶段完成后用户获得阶段的结果及某些启示，然后进入下一阶段的人机对话，如此反复，直至用户形成决策意见，确定问题的解。三角式系统结构以用户交互子系统为中介，它与数据库子系统、模型库子系统及方法库子系统两两之间都有互相通信的接口与直接的联系。

（2）数据库子系统

DSS 所需要的数据或信息是分析判断问题的依据。其特点是数据面广、具有概括性，除了组织内部的数据外，更多的是组织外部数据，例如政策法规、经济统计数据、市场行情、同行动向及科技情报等。这些数据大都经过加工、浓缩或汇总，例如月销售额、利润增长率、市场占有率等，与 MIS 的数据有很大区别，而对数据共享性与唯一性的要求是与 MIS 相同的。

数据库子系统是存储、管理、提供与维护用于决策支持的数据的 DSS 基本部件，是支撑模型库子系统及方法库子系统的基础。数据库子系统由数据库、数据析取模块、数据字典、数据库管理系统及数据查询模块等部件组成。

（3）模型库子系统

决策或问题的求解首先要表达问题的内外特征与变化规律，DSS 设立模型库子系统是为了在不同的条件下通过模型来实现对问题的动态描述，以便探索或选择令人满意的问题解。

模型库子系统是构建和管理模型的计算机软件系统，它是 DSS 中最复杂与最难实现的部分。DSS 用户是依靠模型库中的模型进行决策的，因此我们认为 DSS 是由“模型驱动的”。应用模型获得的输出结果可以分别起以下 3 种作用：①直接用于制定决策。②对决策的制定提出建议。③用来估计决策实施后可能产生的后果。

实际上，可直接用于制定决策的模型对应于那些结构性比较好的问题，其处理算法是明确规定了的，表现在模型上，其参数值是已知的。对于非结构化的决策问题，有些参数值并不知道，需要使用数理统计等方法估计这些参数的值。由于不确定因素的影响，参数值估计的非真实性，以及变量之间的制约关系，用这些模型计算得出的输出一般只能辅助决策或对决策的制定提出建议，对于战略性决策，由于决策模型涉及的范围很广，其参数有高度的不确定性，所以模型的输出一般用于估计决策实施后可能产生的后果。

（4）方法库子系统

方法库子系统由方法库与方法库管理系统组成，方法库内存储的方法程序一般有：排序算法、分类算法、最小生成树算法、最短路径算法、计划评审技术、线性规划、整数规划、动态规划、各种统计算法、各种组合算法等。

10.3.2 环境规划决策支持系统

环境规划决策支持系统（Environmental Planning Decision Support System，EPDSS）是决策支持系统应用最早的领域之一[27，28]。是决策支持系统引入环境规划和决策的产物，从决策支持系统理论提出以来，国内外在水环境和水资源规划管理、大气环境规划管理、环境应急系统，以及在研究环境与经济的协调发展的宏观环境决策方面都进行了大量的研究工作[29-34]。

10.3.2.1　环境规划决策支持系统的基本功能及框架

环境规划决策支持系统一般主要包括环境现状评价子系统、环境经济趋势预测子系统、环境功能区划分子系统、环境目标制定子系统、环境方案制定及优选子系统、环境规划费用效益分析子系统等[35]。EPDSS 具有很强的专业性和业务性，需要涉及环境规划业务流程中的数据的输入输出、查询功能、预测分析、空间分析、辅助决策、推理判断、决策成果展示和比较等多项功能。还需要结合专家系统、GIS、DSS 进行决策分析，这是因为专家系统是人工智能中的一个重要领域，利用某一领域专家的知识与模型进行推理，从而做到多方案选优等决策的机制，其面对的问题大多为非结构化问题，难以用结构化的过程性语言来描述，而要用到专家的经验和知识。专家系统的最大特点是能利用自然的语言或简单的脚本语言同系统交互，系统内部根据用户提供的信息，进行分析、模拟、预测等信息处理过程，由此，环境决策支持系统可以借助于专家系统来控制信息的推理，以达到同决策者交互的目的。

在环境规划决策支持系统中，当前最新的“3S”技术可以为环境规划管理的空间决策提供全面的技术支持。遥感（RS）技术是迅速获取环境信息的有效途径；全球定位系统（GPS）技术可以提供研究范围内特征物的定位信息；地理信息系统（GIS）技术是充分处理、分析与表现环境信息的良好手段。结合专家系统（ES）的方案决策评估、指导作用，共同组成了可人机交互的、具有较强空间分析和处理能力的环境决策支持系统。

环境规划决策支持系统由 5 部分组成：数据库、模型库、方法库、知识库和用户界面（图 10-8）。

数据库、数据仓库是系统的数据管理和支持部分，主要为各功能模块提供所需的数据。环境数据仓库是通过数据仓库管理系统（DWMS）和数据库管理系统（DBMS）进行管理的。通过决策支持界面协调数据库、数据仓库及数据管理系统之间的数据调度，有效地对数据进行检索、查询等操作。

模型库、知识库是决策支持的基础，决策支持功能的强弱取决于环境模型的科学与高效，它们是决策支持系统研发的主体，也是难点和特点所在，直接影响到系统的决策支持能力及其实用性和灵活性。模型库的建立要符合实际，知识库是计算机进行推理的基础和前提，关键技术在于知识的获取和解释、知识的表示、知识的推理，以及知识库的管理和维护。

方法库是实现模型库和知识库工作的“原材料”。将方法库中的各种数学模型和方法应用于环境规划管理中，通过计算机和程序化方式包装成解决特定环境问题的环境模型。作为常见的方法，联机分析、空间分析是数据分析、模型（知识）推理的工具；联机分析处理采用切片、切块、旋转等基本动作实现对数据的多维分析；空间分析通过叠加、缓冲、聚类、差值等分析手段获得有价值的环境信息，环境决策支持系统通过实现以上各种分析方法的集成，将模型和方法有效结合，将数据挖掘与知识互相补充，从而极大地提高系统的分析能力。

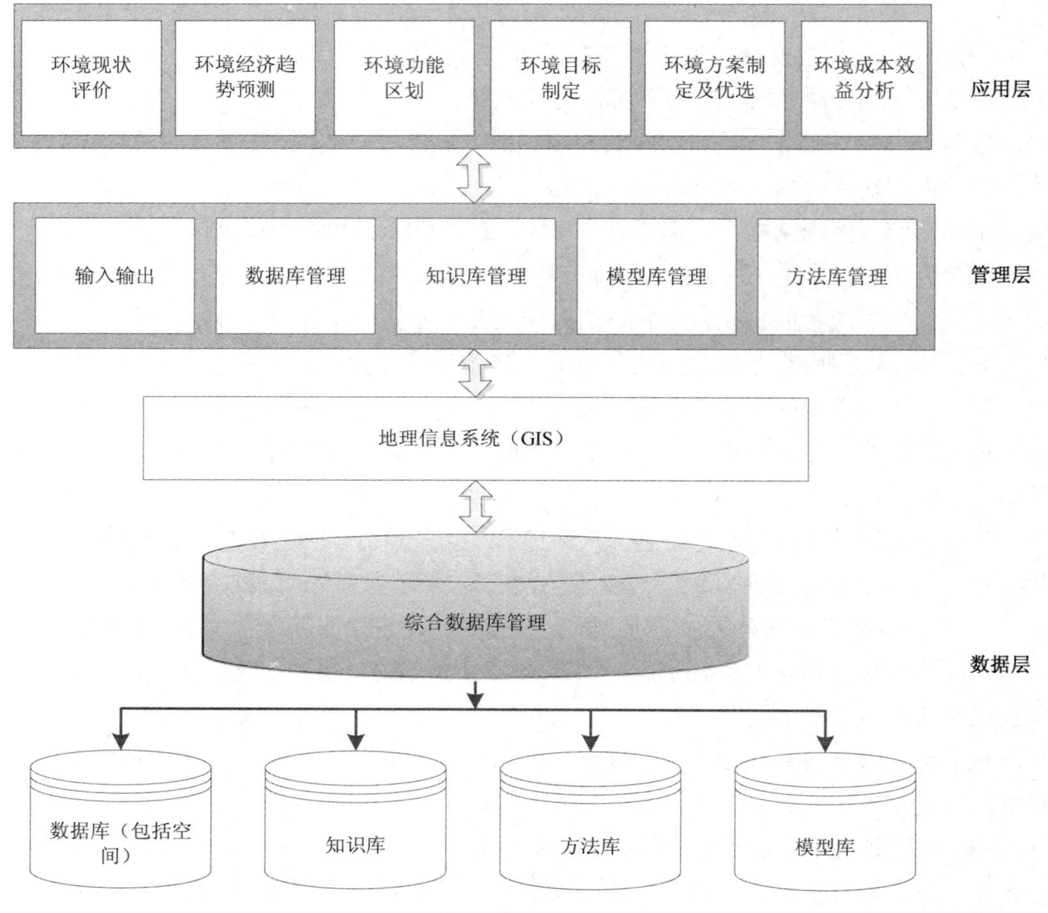

图 10-8 环境决策支持系统的一般构建框架

一个完整的环境规划决策支持系统中，环境系统的大量历史数据、实时数据都能通过计算机的数据库进行管理，环境决策支持系统是以数据中心的属性数据、空间数据以及相关参数为基础的，利用方法库、模型库、知识库，通过数据（数据驱动）、模型（模型驱动）和知识（知识驱动）提供专家咨询和辅助决策，通过应用人机交互的辅助决策系统为决策制订方案提供科学依据。

10.3.2.2 环境规划决策支持系统的发展趋势

（1）更加强大的数据挖掘技术

环境规划涉及诸多数据，既有社会、经济、人口、地质、水文、气象等相关数据，也包括空气质量和水质监测、污染源普查、污染物排放及环保投资等生态环境数据。随着人类社会的不断进步、经济以及科学技术的不断发展，环境规划中涉及的相关数据和信息也将呈“爆炸”式增长。目前，传统的数据库系统和决策支持系统大多仅实现单数据源的相关功能，对多源海量数据的统计及内在联系分析功能较弱。采用传统的数据分析方法，不仅耗费大量的计算时间，而且完全依赖于预先对数据关系的假设和估计，已经不能满足人们日益增长的对数据中隐含信息的要求。如何有效管理这些数据资源并挖掘出蕴含其中的丰富信息，提高环境管理水平，提高信息的利用率将是环境规划决策支持系统未来所面临的重要问题。因此，以人工智能、数据库和数理统计等学科为基础的数据挖掘技术将逐渐应用于环境规划决策支持系统中，并为环境规划提供极具价值的强大分析功能。

（2）更加广泛全面的 GIS 技术应用

随着 GIS 在环境规划中应用的深入，代表未来发展趋势的三维 GIS、时态 GIS、webGIS、分布式 GIS、3S 集成等技术将不断加入环境规划的业务中，为环境规划与决策制定提供更加科学、可视化效果更好的空间分析决策支持。如三维 GIS 的出现促使人们越来越多地要求从真三维空间来处理环境规划及管理相关问题。随着计算机图形学和硬件技术的迅猛推进，特别是 Google Earth 的推出，使环境规划与管理领域应用三维 GIS 成为未来发展的重要趋势。三维 GIS 以地理环境为依托，透过视觉效果，探讨空间信息所反映的规律知识。它完全再现了管理环境下的真实情况，把所有管理对象都置于一个真实的三维世界中，实现数据的可视化，真正做到了管理意义上的“所见即所得”。它比二维图像更直观，空间分析能力能加突出，结合环境分析模型能全面地审核和评价环境规划方案的优劣、视觉效果以及与周围环境的协调等。因此，随着三维 GIS 可视化功能和空间数据分析能力的不断增强，并与决策支持系统（DSS）相互结合，三维 GIS 必将成为未来环境规划辅助决策支持的重要工具。另外，时态 GIS 可以提供同一区域多时间段的地理环境状况信息，webGIS 可以实现环境规划信息的互联网发布及空间可视化表现，3S 技术集成可以实现区域空间内包括植被、地貌、水体、居民点和工业分布等多源信息叠加和定位等。

（3）更多专业模型的嵌入与耦合

未来环境规划决策支持系统在不断提高空间展示效果的同时将进一步提高其规划科学性，这就需要更多专业模型的嵌入和耦合，从而使得规划决策制定更加合理以及符合实际情况。决策支持系统嵌入专业模型应主要在现状评估、预测以及方案优化阶段中，如在现状评估阶段可以引入地理空间统计模型实现污染物排放清单和现状生态容量等内容；在预测阶段可引入 CGE 模型、灰色分析模型以及系统动力学模型实现污染物排放、经济结构发展等内容的预测，同时包括不同要素污染物治理模拟及预测；在规划决策仿真阶段可以引入投入产出、多目标最优化决策等模型方法以实现环境决策的合理制定。

（4）更加简单丰富的用户界面

美观、简单的用户界面可以增强系统的操作性，因此，未来环境规划决策支持系统将实现更加丰富、简洁的人机交互功能，提供给用户更好的操作体验。如加入 Flash 功能的动态图表、动态地图功能，采用三维、实景、航拍等多源数据为基础的地图服务功能，实现工作流的业务流程一体化辅助功能等。丰富的用户界面不但可以增强用户的体验效果，同时还可以更好地引导用户实现更多复杂、专业的功能，从而免去其理解专业功能背后的复杂烦琐的原理所需要的时间和精力。

（5）更加注重规划编制的协同功能

一个好的环境规划往往需要不同相关者之间实现高效的交流与沟通，因此，规划支持系统需要提供更多的规划编制辅助功能，增强多部门协同合作，避免规划相互冲突与重复、规划相关人员沟通不充分、规划缺乏重点，从而无法抓住问题所在，进而影响环境治理质量。这需要规划支持系统提供更加高效的协同功能：一方面，规划编制者之间需要协调工作，如相邻区域的环境规划者、不同要素规划编制者等；另一方面，规划编制者、规划决策者、专家以及地方环保管理人员之间需要更加高效的协同工作。规划编制者需要在专家的意见上综合评价规划决策者的决策方案，同时仍需要与地方环保管理者进行充分沟通，从而保证规划方案能够切实解决地方环保问题。因此，需要环境规划决策支持系统提供更多的协同工作功能以应对规划编制多方人员的沟通与协作，确保环境规划编制的科学性以及编制工作的高效性。

10.3.3 典型流域规划决策支持系统框架设计

环境经济系统是一个极其复杂的动态变化系统，其中存在着许多不确定因素。因此，人们对于未来社会发展作出的预测总是存在着或大或小的偏差。在环境规划的实施过程中，需要不断地将规划状态与实际环境状况以及未来发展趋势进行比较，然后进行决策，提出相应的对策。当偏差较大时，必须及时根据实际情况对环境规划进行修订，保证环境规划的科学性。因此，环境规划的制订、实施是一个动态的过程。环境规划过程是一个科学决策过程，其编制程序一般分为调查评价、污染趋势预测、功能区划分、制定目标、拟订方案和优化方案 5 个步骤。应该能以各种不同的方式在以上各步骤中给规划人员提供支持和辅助，同时还能对环境管理人员实施环境规划提供支持，辅助管理人员对环境规划进行修订。

由于环境规划的实施对象往往是一个流域、区域、城市等，具有较强的空间属性。因此，基于 GIS 空间分析技术的环境规划决策支持系统建立“现状—情景—预测—规划”动态实时反馈响应链接，通过在地图上拖曳、参数设定等方式使发展情景设定、质量模拟、目标调整、处理设施选址等内容均实现地图交互操作和实时动态显示反馈，将使得规划更加“生动形象”，更加具体，实现真正的空间分析而非仅仅是地图展示，从而提高规划的编制水平和效率，达到“半自动化”规划。为了能够体现更好的操作性，下面以流域规划为例，建立流域规划决策支持系统的基本框架，包括业务需求、核心功能设计、框架构建及软硬件设计等内容。

10.3.3.1 基于 GIS 的流域规划决策支持业务流程

传统的流域规划遵循一般的环境规划业务流程，即分析现状→预测趋势→制定目标→

优化方案→完成规划。其主要规划目标在于污染物总量控制和流域水质控制两大类，落脚点在于污染物减排手段，如末端治理和结构调整等。本研究在传统的规划流程的基础上进行了优化，增加了流域发展情景设定环节以及规划优化反馈机制，从而实现规划流程的动态“可逆”，基本流程如下：

第一，收集流域历史相关数据，包括经济、社会、人口、资源、环境等方面，并将数据以空间、时间两种形式梳理，从而明确流域现状，识别环境问题，尤其识别空间分布特征。

第二，预测流域未来社会经济以及资源环境发展趋势。这其中需要建立多方案情景，例如高经济发展模式、城市化快速发展模式等，根据流域内各区域未来经济，尤其是产业发展规划，设定情景方案。同时建立多种预测模型，包括趋势分析、回归分析、马尔科夫法等。在这里，同时对目标年份各种相关参数系数给予合理预测，如污水处理率、人均用水量、中水使用率等。最终可以预测到未来污染物产生量以及排放量等定量化数据，并将这些预测值按照区域、流域、行业等进行分配。

第三，借助流域水质预测模型（如 Sparrow 模型），根据上一步骤中污染物排放总量预测结果，合理预测流域水质状况，并将其分配到流域水系中。这其中需要流域水质、水文、地形等多源数据。

第四，根据流域环境容量以及环境功能分区，制定多种流域规划方案，方案包括流域污染物排放控制目标（如 COD 和氨氮）、流域水质目标以及投资方案。

第五，将方案污染物总量目标与预测排放量进行比较，获得污染物削减目标；通过设定流域污水设施建设规划目标，实现削减目标；借助 GIS 空间分析功能，对污水处理设施选址进行合理布局，达到流域水质目标。对方案目标和投资目标进行分析，如果达到方案当初设定标准，规划方案完成；如果未达到，对规划方案或流域发展情景进行调整，重新模拟预测污染物排放总量及水质状况，并与方案再次比较，直至达到方案目标为止。

由于上述流程需要实现各步骤的无缝链接和反复回馈，因此，借助 GIS 强大的空间功能，利用人图交互方式，有利于方案的不断优化。

10.3.3.2　流域规划决策支持系统核心功能

（1）流域现状评估

实现对流域内社会、经济、人口、资源、环境等数据的可视化展示和分析，对流域内河流水质、污水处理设施、地下水等数据进行分析，通过河流颜色分级形象地显示整个流域的水环境状况。实现流域各类现状数据以及国家相关标准和法律规范的查询。

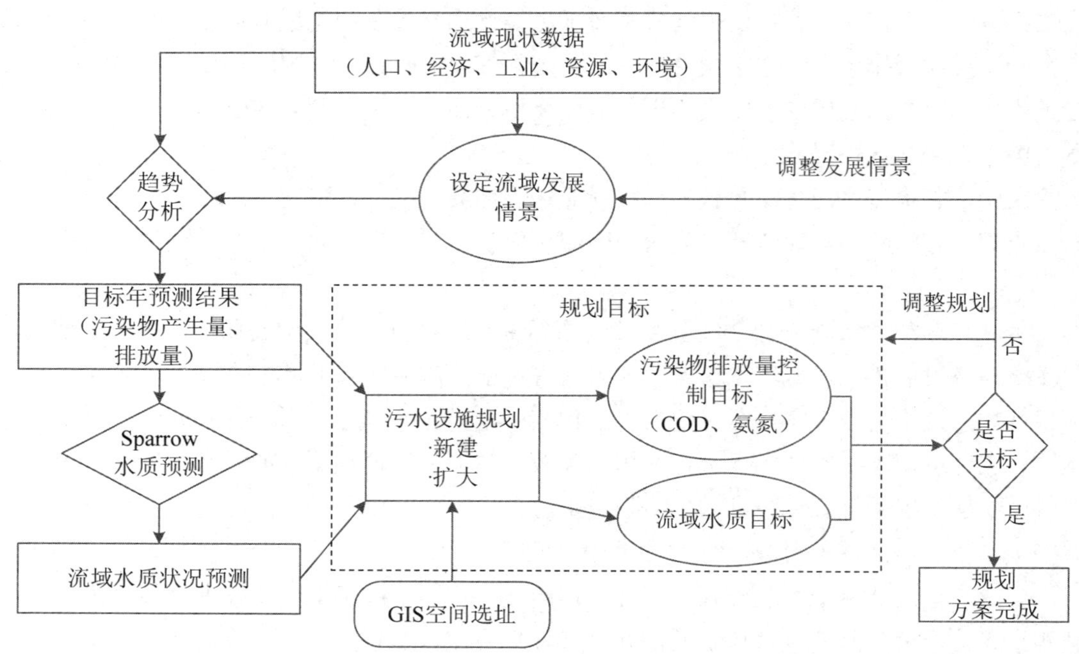

图 10-9　基于 GIS 的流域规划决策支持业务流程

（2）基础数据预测

根据设定情景方案、基础数据以及相关参数，合理预测规划目标年份流域污染物排放量。并按照生活、工业、农业等进行划分。借助水质模型（Sparrow）合理预测流域水系水质，并将预测结果以 GIS 方式展示。

（3）规划方案设定及优化

根据流域环境容量以及环境功能分区，制定多种流域规划方案，借助 GIS 空间分析功能，通过增加、扩建污水处理设施，并合理选址布局，最终实现污染物总量目标和水质目标。

（4）设施投资效益分析

对涉及的污水处理项目的环境效益进行综合分析评估，测算其分布的合理性以及社会效益、经济效益、环境效益。

（5）最终方案结果显示

对优化后的方案目标值在 GIS 界面上动态显示，实现了模型运行结果的可视化表达，包括最优污染物排放目标、最优水质目标、最优经济发展目标、最优治污设施分布。

10.3.3.3　规划决策系统总体框架构建

图 10-10 是基于 GIS 构建的流域规划决策支持系统逻辑框架图。

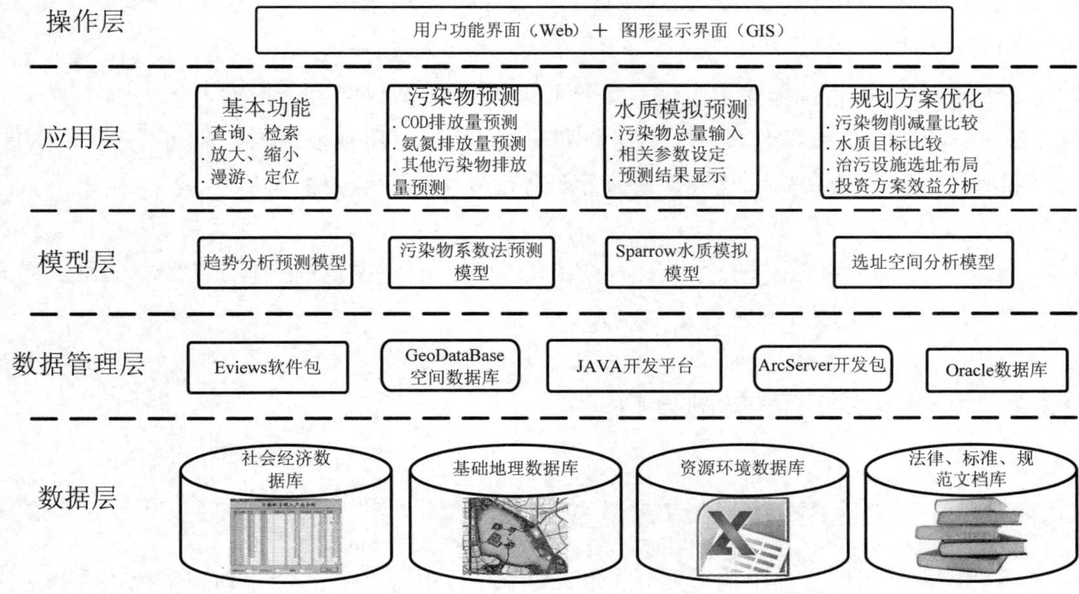

图 10-10　基于 GIS 的流域规划支持系统逻辑框架图

（1）数据层

数据层主要指系统中涉及的各种数据，包括社会经济数据库、基础地理数据库、资源环境数据库以及法律、标准规范文档库。

社会经济数据库主要用于存储流域内各区域历年 GDP、总人口、城市人口、城市化率、工业总产值、工业增加值等数据。

资源环境数据库主要用于存储流域内历年资源消耗量和环境污染物排放量数据，其中资源包括土地、水；能源主要指煤炭、石油、可再生能源等；污染物主要包括 COD、氨氮等。

基础地理数据库主要是用于实现各种空间分析和展示的数据，包括行政区划、DEM、遥感、河湖水系、监测断面点位以及土地利用等数据，同时这些空间数据应与人口、经济及资源环境数据实现连接。

（2）数据管理层

数据管理层主要指系统中涉及的软件支持，主要包括用于存储数据的 Oracle 数据库；用于实现 WEBGIS 功能的 ArcServer 开发包；用于实现 B/S 结构的 JAVA 开发平台；用于实现空间数据存储和管理的 GeoDataBase 空间数据库；用于实现统计计算分析的 Eviews 软件包。

（3）模型层

模型层是指系统中涉及的各种抽象数学方法和模型，具有模拟、分析、预测等功能。主要包括用于污染物预测的趋势分析预测模型和系数法预测模型；用于水质模拟预测的

Sparrow 模型；用于污水治理措施选址的空间选址分析模型等。

（4）应用层

应用层主要指系统能够提供的主要应用功能，包括数据查询检索、放大缩小等基本 GIS 功能；COD、氨氮以及其他污染物预测功能；流域水质模拟预测、输出、展示等功能；方案目标比较、设施布局以及投资效益分析等规划优化功能。

（5）操作层

操作层主要指实现用于与系统相互交流的操作界面，主要包括基于 Flash 的网页界面和基于 ArcGIS 的地图界面两种交互模式。

10.4 环境规划决策案例分析

10.4.1 基于线性规划的环境容量资源分配

环境规划是环境管理中的重要环节和组成部分。传统上，环境规划方案优化选择多采用有限离散情景方案比较方法。随着最优化数学规划方法的问世，自 20 世纪 70 年代以来，国外一些研究机构相继采用线性规划方法开展环境规划研究，把线性规划方法应用于流域污染控制规划。90 年代初以来，中国环境科学研究院段宁等人应用线性规划方法开展了若干城市的环境规划优化模型以及总量控制规划研究，提出了求解大规模环境综合整治整数规划 IPUSE 模型，最优化方法在环境规划中的应用取得了空前的发展。近年来，随着全国大气和水环境容量测算及污染物排放总量分配工作的推进，中国环境规划院与有关单位相继开展了环境容量分配规划问题与计算方法的研究。本节主要对最优化方法在环境规划与管理中的应用做一介绍，提出不同类型环境规划问题的最优化模型内容，并以大气环境容量资源分配为案例，建立大气环境容量资源分配优化线性规划模型[36]。

10.4.1.1 环境规划最优化概念模型

（1）环境规划最优化问题的类型、特点与约束条件

由于环境容量的有限性，现实中环境规划最优化问题一般情况下都是约束条件下的最优化问题。根据目标函数的特点，环境规划最优化问题主要有以下 4 种类型：①区域污染削减费用最小化下的污染物削减量分配问题。②区域环境容量资源利用最大化下的污染物排放总量分配问题。③区域环境影响最小化或环境质量最优下的污染物削减量分配问题。④区域污染物削减量最小化下的污染物排放总量分配问题。实际中，最常见的是前面两种规划问题。

环境规划最优化问题有以下特点：①规划目标的多重性。最优化目标既可能是单目标也可能是多目标，如区域污染削减费用最低和环境影响最小。②规划变量非连续性。由于规划约束变量的特点，规划变量经常是 0-1 的整数变量或者是离散变量，或者是变量值都

是已经给定的离散方案取值。③环境影响的线性假设。一般来说，污染源之间影响传递函数通常都是非线性的，但是在特定的区域气象和水文条件下，可以近似假设为线性关系。④削减费用的线性假设。一般来说，单位污染削减费用与污染削减量之间存在边际递增关系，通常是二次递增函数关系。但是，对于特定的区域环境规划问题，为简化规划问题模型和降低规划问题的复杂性，一般采用平均削减费用系数。也就是削减费用与削减量之间存在线性关系。⑤建立规划模型的前期技术工作比较繁杂。主要表现在削减费用系数确定、环境影响传递（函数）系数确定、污染源削减方案确定、削减布局等。⑥规划最优化方法专业性。目前，一些研究单位已经针对环境规划中独特的污染削减量分配、污染物排放总量分配、环境管理决策等优化问题开发出了一些专业软件，并得到了应用。

在环境规划最优化问题中，约束条件主要有以下 7 种类型：①环境质量约束，即必须满足达到环境质量目标要求。②排放标准约束，即污染源必须达到国家或地方排放标准。③排放总量约束，即污染源必须满足相应的地方排放总量削减要求。④削减规模与削减效率约束，即对于特定的污染源污染削减，由于削减规模经济效率和削减技术的要求，对削减规模或者削减效率给出一定的范围要求。⑤污染布局约束，即根据区域环境容量资源的特点对污染源削减的地理布局提出要求。⑥污染削减社会经济权重约束，即根据区域社会经济发展水平和人口布局对污染削减给出要求。⑦削减技术约束，即某些污染物的削减技术还不成熟，可能存在零削减方案。在环境规划优化问题中，最重要和最常见的约束是前 4 种约束，尤其是第①和第③种约束在大部分环境规划中都会出现。

（2）环境规划中的线性规划概念模型

本节主要以区域污染削减费用最小化和区域环境容量资源利用最大化两种规划类型为背景，提出相应的概念模型。

1）区域污染削减费用最小化模型。该模型选取污染源的污染物削减量为决策变量，目标函数为所有污染源所有污染物的削减费用总和最小，约束条件包括污染物最低削减量、环境质量要求以及变量非负要求。该问题的模型如式（10-26）所示。

$$\min \sum_{i=1}^{m} \sum_{j=1}^{n} c_{ij} x_{ij}$$

$$\text{s.t.} \begin{cases} \sum_{i=1}^{m} x_{ij} \geqslant b_j \left(j = 1, 2, \cdots, n \right) \\ \sum_{i=1}^{m} f_{ji} (x_{ij}^0 - x_{ij}) \leqslant S_j^a \qquad (i = 1, 2, \cdots, m; j = 1, 2, \cdots, n) \\ x_{ij}^0 \geqslant x_{ij} \geqslant x_{ij}^l \end{cases} \tag{10-26}$$

式中，x_{ij} —— 第 i 个污染源第 j 种污染物削减量，t/a；

x_{ij}^0 —— 第 i 个污染源第 j 种污染物产生量，t/a；

x_{ij}^{l} —— 第 i 个污染源第 j 种污染物最低削减量，t/a；

c_{ij} —— 第 i 个污染源第 j 种污染物削减费用系数，元/t；

b_j —— 区域第 j 种污染物最低削减量，t/a；

S_j^a —— 第 j 种污染物环境质量控制平均浓度标准，g/m^3；

f_{ji} —— 第 i 个污染源第 j 种污染物的环境质量影响传递系数。

如果是污染源削减方案已经给定，那么上述规划问题就变换成为离散线性规划问题，可以用式（10-27）模型表述（以单一污染物为例）：

$$\min P = \sum_{j=1}^{n} P\left[j,k(j)\right]$$

$$\text{s.t.}\begin{cases}\sum_{j=1}^{n} A(i,j)\times B\left[j,k(j)\right] \leqslant S(i) \\ S(i)>0\end{cases} \quad \left(i=1,2,\cdots,m; j=1,2,\cdots,n\right), k(j)\in\left\{1,2,\cdots,L(j)\right\} \tag{10-27}$$

式中，$P\left[j,k(j)\right]$ —— 第 j 个污染源采用第 $k(j)$ 个技术措施的削减费用，元/a；

$A(i,j)$ —— 第 j 个污染源对第 i 个控制点的影响系数；

$B\left[j,k(j)\right]$ —— 第 j 个污染源采用第 $k(j)$ 个技术措施时的排放量，t/a；

$S(i)$ —— 第 i 个控制点环境质量控制指标值，g/m^3；

$L(j)$ —— 第 j 个污染源的方案数；

m —— 控制点的个数；

n —— 污染源的个数；

$k(j)$ —— 第 j 个污染源采纳的方案号；

L —— $L=\text{Max}\left\{L(j), j=1,2,\cdots,n\right\}$，表示本规划问题中的最大方案数。

从上述离散规划数学模型可以发现，要求解离散规划的最优解其关键是如何确定 $k(j)$，即每一污染源被优化的削减方案号。同时，为了求解离散规划对模型数据有如下的约定：同一污染源其排放量与削减费用是一一对应的反序映射关系，也就是说，排放量从小到大排列，而削减费用则从大到小排列。

2）区域环境容量资源利用最大化模型。区域环境容量资源利用问题可以归结为如下问题：即如何在满足现有污染源格局（数量和相对位置）不变、各污染源的排放量在一定范围之内以及特定气象和水文条件下的污染物排放等约束条件下，尽可能有效地使用大气环境资源，在满足环境质量的条件下使得区域的污染物排放量最大。

在这个问题中，环境容量资源利用的目标是污染源排污量的最大化，约束条件是使各控制点满足环境目标值，且各污染源的排放量在一定范围之内。以单一污染物而言，选择各污染源的允许排放量 Q_i 为决策变量，目标函数为各污染源的允许排放量 Q_i 之和最大，约束条件确定为各污染源的允许排放量 Q_i 非负且受最大排放量限制。模型表述如式

(10-28)、式（10-29）所示：

$$\max Q=\sum_{i=1}^{n} Q_i \tag{10-28}$$

$$\text{s.t.}\begin{cases}\sum_{i=1}^{m} f_{ji}Q_i+C_{oj}\leqslant C_{sj} \\ 0\leqslant Q_i\leqslant D_iP_i\end{cases}\quad (i=1,2,\cdots,m;j=1,2,\cdots,n) \tag{10-29}$$

式中，Q —— 所有污染源排放量的总和，g/s；

Q_i —— 第 i 污染源的源强优化允许排放量，g/s；

D_i —— 第 i 污染源的行政权重系数，$0\leqslant D_i\leqslant 1$，特殊情况下 D_i 可以大于 1，一般取 1；

f_{ji} —— 第 i 污染源对控制点 j 的传递函数，s/m^3；

c_{0j} —— 第 j 控制点的污染物本底浓度，g/m^3；

c_{sj} —— 第 j 控制点的环境标准值，g/m^3；

P_i —— 第 i 污染源的上限排放量，g/s；

m —— 环境质量控制点个数；

n —— 污染源个数。

10.4.1.2　大气环境容量分配规划案例

（1）大气环境容量资源优化配置模型

以大气环境容量资源分配为例，简便起见，把污染源划分成面源（网格源）、点源两种类型，选取 SO_2 和 NO_x 两种污染物，前面的环境容量资源分配利用最大化模型就可以表述如下：

$$\max Q=\sum_{i=1}^{n} Q_i \tag{10-30}$$

式（10-28）和式（10-29）的线性规划约束方程组展开如下：

$$\begin{bmatrix} f_{11} & f_{12} & \cdots & f_{1j} & \cdots & f_{1n} \\ f_{21} & f_{22} & \cdots & f_{2j} & \cdots & f_{2n} \\ \cdots & \cdots & \cdots & \cdots & \cdots & \cdots \\ f_{i1} & f_{i2} & \cdots & f_{ij} & \cdots & f_{in} \\ \cdots & \cdots & \cdots & \cdots & \cdots & \cdots \\ f_{m1} & f_{m2} & \cdots & f_{mj} & \cdots & f_{mn} \end{bmatrix}\begin{bmatrix} Q_1 \\ Q_2 \\ \cdots \\ Q_i \\ \cdots \\ Q_n \end{bmatrix}+\begin{bmatrix} c_{01} \\ c_{02} \\ \cdots \\ c_{0j} \\ \cdots \\ c_{0m} \end{bmatrix}\leqslant\begin{bmatrix} c_{s1} \\ c_{s2} \\ \cdots \\ c_{sj} \\ \cdots \\ c_{sm} \end{bmatrix} \tag{10-31}$$

$$\begin{bmatrix} 0 \\ 0 \\ \cdots \\ 0 \\ \cdots \\ 0 \end{bmatrix} \leqslant \begin{bmatrix} Q_1 \\ Q_2 \\ \cdots \\ Q_i \\ \cdots \\ Q_n \end{bmatrix} \leqslant \begin{bmatrix} D_1 & & & & & 0 \\ & D_2 & & & & \\ & & \cdots & & & \\ & & & D_i & & \\ & & & & \cdots & \\ 0 & & & & & D_n \end{bmatrix} \times \begin{bmatrix} P_1 \\ P_2 \\ \cdots \\ P_i \\ \cdots \\ P_n \end{bmatrix} \tag{10-32}$$

式中符号同前。

线性优化时，如不对各源的最大排放量加以限制，则将出现个别或少数几个污染源排放量离奇大，绝大部分污染源排污量都要削减到 0，这显然是不合理的。为此，需要对各源的最大允许排放量加以限制。在总结全国环境容量计算经验的基础上，对以下 4 种方案作了比较分析，见表 10-2。

对于线性规划模型最优解的算法在此不详细讨论，本节采用美国芝加哥 LINDO（Linear Interaction and Discrete Optimizer）公司研制的 LINGO 软件。该软件是解线性规划模型、整数规划模型、二次规划模型的强有力的工具，并可以进行灵敏度分析。

表 10-2 环境容量分配规划排污上限方案

编号	上限方案	优点	缺点
A1	现状排放量	能够达到优化目的	以超标削减为目的，没有考虑部分源强可以增加
A2	排放标准允排量	能够达到优化、浓度控制目的	部分污染源允排量太大，与 A-P 值法结果相差较大，没有达到 P 值控制目的
A3	A-P 值法计算的允排量	能够达到优化、P 值控制目的	少数污染源没有达到浓度控制目的
A4（中国环境规划院推荐）	基础允排量（即排放标准计算的允排量与 A-P 值法计算的允排量中的较小者）	能够达到优化目的，并使分配允排量的起点公平，也符合总量控制、P 值控制和浓度控制三者相结合的污染控制方针	优化后，少数污染源企业需要削减到零排放，操作可行性有待管理部门配合和实际校验

（2）大气环境容量优化计算结果

本规划中污染源个数为 1 286 个，其中点源 824 个，面源（网格源）462 个，控制点为 50 个，传递系数为 64 300 个。采用上述模型，并综合运用 ADMS-Urban 大气扩散模型、APW 基础模型，以 2003 年为基础年，计算得到某市区 SO_2 和 NO_x 污染物大气环境容量资源分配优化结果，如表 10-3 所示。

表 10-3　某市区大气环境容量优化分配（线性规划法-A4）　　单位：t/a

污染物	现状排放量			环境容量最优分配方案		
	面源	点源	合计	面源	点源	合计
SO_2	9 062	93 225	102 287	12 981	89 134	102 115
NO_x	15 230	138 237	153 467	21 022	126 523	147 545

（3）大气环境容量分配结果校验

采用中国环境规划院 A-P 值模型对市区大气环境容量计算分配结果进行了校验，A-P 值计算结果见表 10-4。由表 10-3 与表 10-4 可知，两种方法得到的各类污染物环境容量分配结果基本一致，SO_2 和 NO_x 的相对偏差（以 A-P 结果为基准）分别为–14.0%和–0.2%，所出现的偏差符合环境容量计算方法之间的逻辑关系，即 A-P 法计算结果比其他方法略微偏大。

表 10-4　某市区大气环境容量分配测算（A-P 值模型）　　单位：t/a

污染物	现状排放量			环境容量分配方案		
	面源	点源	合计	面源	点源	合计
SO_2	9 062	93 225	102 287	29 700	89 100	118 800
NO_x	15 230	138 237	153 467	37 000	110 900	147 900

从上述案例分析中可以得到如下结论：①线性规划方法是解决污染削减费用最小化和环境容量资源利用最大化问题的重要方法。环境规划最优化比较常见的有 4 种类型、6 个特点以及 7 种约束条件。目标函数通常有以区域污染削减费用最小化和区域环境容量资源利用最大化两种。②通过案例城市大气环境容量资源分配模型，识别出相应的模型参数，运用 LINGO 软件计算面源、点源两种污染源类型、1 286 个污染源、SO_2 和 NO_x 两种污染物环境容量的最优分配结果。③将上述优化计算结果与中国环境规划院推荐的 A-P 值法计算结果进行了比较，认为容量分配资源优化结果可靠可行。④利用线性规划方法解决环境规划问题，主要困难是如何把许多非线性约束转化成为线性约束。由于约束条件相对简化，容量分配优化出现偏大的结果。

10.4.2　基于离散多准则最优化决策的 NEQDSS

离散型多准则最优化决策是指方案由决策变量离散取值生成的、方案数目有限并涉及多准则或多目标的一类最优化决策问题。20 世纪 80 年代初，国际应用系统分析研究所（IIASA）针对这类决策问题进行了各种决策软件开发研究，并取得了一些成果，如 DISCRETE（离散型）软件包和 DIDAS（连续型）软件包。本节将根据离散型多准则决策模型（DMODM）的原理，通过对 DISCRETE 软件包进行完善开发，最后将其应用于国家环境质量决策支持系统（NEQDSS）方案的决策评价比较[37]。

10.4.2.1 国家环境质量决策支持系统

国家环境质量决策支持系统是国家“七五”期间开发的国家环境信息数据库中的一个重要子系统，其主要用户为国家环保局和地方环保局。该系统以 52 个重点环境保护城市为控制依托，具有环境质量决策模拟、预测、规划和方案比较评价等辅助决策功能，同时能为中高层环境管理决策部门制定环境保护计划和有关政策提供科学的决策手段和有力的信息支持。

NEQDSS 包括三个部分：①国家环境质量决策数据库（NEQDDB）管理系统。②国家环境质量决策模拟系统。③国家环境质量决策评价比较系统，其中决策评价比较系统是 NEQDSS 的核心，具有良好的用户界面。使用该功能，决策者可以在给定的约束模型下，根据所选择的评价准则，自己的偏好、兴趣、经验以及期望水平等信息来评价比较有限个离散方案，并从中筛选出最满意的方案。

10.4.2.2 离散多准则最优化决策模型介绍

假设已知存在 n 个可行离散方案，每个方案的控制变量为 S 个，其集合为 X^0；而每个方案都采用 m 个评价准则进行评价，其准则评价值（例如，采用投资费用最小的评价准则，该评价值就是相应方案的投资费用）则构成可行方案的另一个集合 Q，用数学模型表达，即为：

$$\begin{aligned}
&\min_{x\in x^0} \leftarrow f(x) \\
&x^0 = e^{i\theta}\left\{x_1, x_2, \cdots, x_n\right\} \subset X = R^s \\
&f(x) = (f^1(x), f^2(2), \cdots, f^m(x) \\
&f : x^0 \to Q \\
&Q = \left\{f_1, f_2, f_3, \cdots, f_n\right\} \subset F = R^m \\
&f_j = f(x_j), j = 1, 2, \cdots, n)
\end{aligned} \tag{10-33}$$

此外，假设在目标空间 F 中定义一个优势锥 $\wedge$。在大多数实际问题中，该优势锥通常被认为是一个正交锥，即 $\wedge = R_+^m$，这样我们就可以把部分优先关系“＜”引入目标空间，即：

$$\begin{aligned}
&\forall f_1, f_2 \in F \\
&f_1 < f_2 \Leftrightarrow f_1 \in f_2 - \wedge
\end{aligned} \tag{10-34}$$

式（10-34）说明，从部分优先的意义上说，f_1 要比 f_2 占优势，其程度为优势锥 $\wedge$。

如果某可行方案的 $\bar{f}(\bar{f} \in Q)$ 比其他任何可行方案都占优势，则该方案的可行准则值 $\bar{f}$ 在 Q 集合中是非劣或优势的。如果设 $N = N(Q) \subset Q$ 代表目标空间中所有非劣解的准则值的集合，而 $N_x = N(x^0) \subset x^0$ 代表决策空间中相应的所有非劣解的决策方案的集合，那么求解离散多准则最优化问题（DMOP）就意味着如何寻找非劣解准则的集合 N 以及相应的非劣解决策方案集合 N_x。

从以上的描述和分析中可以发现：①根据前面所定义的离散可行方案集合 X_0 和相应的准则评价值集合 Q（包括相应的 m，n，S），就完全可以构造一个 DMOP 模型。因此，由决策者提供的输入文件应该包括这两个集合。②准则或目标函数 f_j 的特性没作任何规定。实际上，对 f_j 的唯一要求就是对各个方案赋予数值，以表示准则评价特性，具体地说，函数 f_j 可以采用定量表达式，但其准则值必须用数值表示。

10.4.2.3　离散多准则最优化决策模型求解方法

通常，该问题的求解分成两个步骤：①从所有备选方案的方案集 X_0 中选择出非劣解方案集。②“最佳”求解，即采用决策者对所考虑问题的最终求解方法一致的方法，以决策者的经验、偏好等作为决策依据，对非劣解方案进行选择。

在以上两个求解步骤中，NEQDSS 所采用的方法分别是劣解近似法和参考点法。以下简要介绍这两种方法。

（1）劣解近似法（DAM）

该方法具有直接枚举的特性，并以以下两个概念定义为基础：

定义 1：设 Q 为所有可行方案的准则评价值的集合，N 为相应非劣解方案的集合，$\wedge$ 为优势锥，则当且仅当 $N\subset A-\wedge$ 时，集合 A 可称为 N 的一个劣解近似。

定义 2：当且仅当 $A_1\subset A_2+\wedge$ 时，近似 A_2 要比非劣解集合 N 的近似 A_1 占优势。因此，N 的最差近似是集合 Q，而 N 的最好近似则为 N 集合本身。

于是，根据劣解近似法就产生出一个近似序列 A_K，$K=l,2,\cdots,L$，使得：

$$Q=A_0\supset A_1\supset A_2\supset\cdots\supset A_K\supset\cdots A_L=N$$

根据上述定义，DAM 可概括为如下问题：

已知：Q 和$\wedge$，同时假设所有准则都是最小化；

要求：选择所有方案中非劣解准则值的集合 N=N（Q）；

步骤 1：设 $A_0=Q$，$N=\Phi$，$K=0$；

步骤 2：如果 $A_k\backslash N=\Phi$，则终止；否则选择任何一个 $i\in I=\{1,2,\cdots,m\}$，并寻找 $\bar{f}\in Q$，使得 $\bar{f}^i=\min\limits_{A_k/N}f^i$，置 $N=N\cup\left\{\bar{f}\right\}$转入步骤 3；

步骤 3：用 $\bar{f}$ 构造新的近似 A_{K+1}，即

$$A_{k+1}=\left\{A_k\setminus N\right\}\setminus\left\{(\bar{f}+\wedge)\cap(A_k\setminus N)\right\}\cup N \tag{10-35}$$

置 $K=K+1$，转入步骤 2；

最后，当满足终止条件 $A_k \backslash N=\Phi$ 时，所寻找到的方案集就是非劣解方案集 N。

对于一个有 m 个评价准则、n 个可行方案和 p 个非劣解方案的 DMOP 问题，使用 DAM 的效率可用它所要求的标量比较次数来衡量，其预期的最大标量比较次数 S 为：

$$S_{\max}(m,n,p)=\frac{mp}{2}(2n-p-1) \tag{10-36}$$

劣解近似法的最大优点是选择后得到一个非劣解方案的代表集，而不是整个非劣解集合。

（2）参考点法（RPA）

对于一个 DMOP 问题，当采用 DAM 排除了所有劣解方案之后，其剩余的非劣解方案集通常还是很大的，而且其代表集就自然部分优先的意义而言也是不可比较的。针对这一特点，IIASA 开发了一种行之有效的从非劣解方案中选取满意解的方法，即参考点法。

RPA 是基于这样一种假设：每个人的日常决策都是根据目标和期望值，而不是权重系数或最大效用来考虑问题。使用 RPA 法时，决策者可与计算机进行交互式工作。该法分以下两个阶段进行。第一阶段是试验阶段。决策者可了解一些有关方案的频数分布和范围等信息，以便使他对所解决的问题作一全面的考察；决策者为了把自己的兴趣集中在某个方面，也可以为方案集的准则值设置某些限度。第二阶段是搜寻阶段。首先，要求决策者根据准则空间的参考点确定他的偏好。用准则空间参考点确定表示的准则者就是决策者想要达到的值（目标），而且反映了他的经验和偏好；然后，系统确定一个最靠近参考点的方案作为有效点，即考虑模型约束条件以及决策者所确定的参考点时得到的问题“最佳”解。如果决策者对该解感到满意，那么他就可以以该解作为他最终决策的依据；反之，为得到一个新的有效点，他就可以修改他的目标，如改变参考点、约束条件、先前设置的边界或建立一些补充方案等。

为了使参考点法具有可计算性，则必须定义出一个把多目标最优化问题转换为单目标最优化问题的标量函数。当决策者根据参考点（该参考点不一定是可达到的）确定了他的偏好后，那么从标量函数的意义上来说，他就得到一个有效点，即最靠近参考点的一个非劣点。在 NEQDSS 的参考点法中，采用的函数是欧几里得范数标量化函数。假设 q 是决策者确定的参考点，所考虑的最优化问题又是一个对所有准则都是最小化的问题（如果某准则是最大化，则可用改变符号的方式使它转换为最小化问题），那么求解有效点就意味着使下列标量化函数最小化：

$$s(f-q)=\left\|(f-q)\right\|^2+\rho\left\|f-q\right\|^2 \tag{10-37}$$

式中，$(f-q)_+$ 为一矢量，其各分量元素由零矢量和 $(f-q)$ 矢量相应各分量的最大者组成，$\|\ \|$ 为欧几里得范数，ρ（＞1）为惩罚性标量系数。

10.4.2.4 离散多准则最优化决策模型应用描述和分析

下面对 DISCRETE 应用选择依据、决策过程模型、决策目标或准则确定以及交互式决策过程等内容作一简要描述和分析。

（1）DISCRETE 应用选择依据

根据 NEQDSS 系统的目标要求，国家环境质量决策支持系统所要解决的核心问题是如何帮助决策者（用户）在一定的决策信息支持下，首先形成一定数量的离散方案，然后系统根据决策者所确定的决策目标（或准则）向用户提供非劣解决策方案，决策者再根据自己对决策目标值的经验偏好与系统交互对话，最后得到一个最接近决策目标要求的方案。而建立在离散型多准则决策模型基础上的 DISCRETE 软件恰好体现了国家环境质量决策的离散型、多目标和交互式三大特征，并且与其他决策方法相比，还具有下列优点：①不受具体决策问题限制，适应性很广。②具有交互式特点，而一般优化决策方法只能一次性方案优化选择。③能提供一个友好界面来吸引决策者参与，并能吸收决策者的经验和偏好。④决策目标和方案数目限制性很小，而且搜寻非劣解方案的速度较快，充分满足决策的时效性要求。⑤决策过程模型不受是否是离散型要求限制。换言之，连续性过程模型也能应用。⑥在决策支持系统（尤其是环境决策支持系统）领域已有较多的成功应用。

为此，根据 DISCRETE 软件的功能和 NEQDSS 的系统目标要求，我们在 NEQDSS 中引入了先进的 DISCRETE 软件，作为 NEQDSS 的一个最重要的决策软件工具。

（2）决策过程约束模型选择

考虑到计算机解题时间和用户对系统的响应时间要求，决策方案数目以 200～2 000 为宜。而方案数目直接取决于控制变量的数目及其可能的取值个数（例如，某模拟模型的控制变量为 8，而每个变量可取 3 个值，则其排列组合的总方案数目为 3^8=6 561）。因此，目前 NEQDSS 的比较评价中，其约束模型将选择控制变量数目较少的模型。具体而言，大气质量决策评价中，将选择第（AII）套模型；而水质量决策方案评价中，则选择第（WIII）套模型。两套模型都由 7 个一级子模型构成，它们分别为：①经济、人口增长模型。②能源和水资源消耗或使用模型。③污染物（BOD、COD、酚、SO_2、TSP、NO_x、粉尘）产生模型。④污染物削减或控制模型。⑤污染物（削减后）实际排放模型。⑥污染物治理或削减投资及其分析模型。⑦污染物排放总量与质量浓度转换模型。

上述每个一级子模型间存在着正向递推和逆向递推关系，既可以从经济人口发展推测环境质量变化趋势，又可以从环境质量控制目标反推对社会经济发展的影响。每个一级子模型由多个模型单元构成，如大气污染物产生模型就由 SO_2 产生模型、烟尘（SD）产生模型、NO_x 产生模型、工业粉尘产生模型 4 个单元组成。

考虑到决策过程模型的结构化要求和系统响应速度的影响因素，NEQDSS 所采用的决策过程模型大多为指数增长模型和线性模型（DISCRETE 软件对过程模型没有线性要求）。由于篇幅所限，两套模型（达 1 000 多个单元）的具体表达式在此不再叙述。

（3）控制变量及其取值

在选用 AII 决策模拟模型和 WIII模型生成离散决策方案时，其控制变量及其变量取值数目如表 10-5 所示。

表 10-5 模型控制变量与取值

选用 AII 决策模型		选用 WIII决策模型	
变量	取值	变量	取值
工业产值增长率	3～4	工业产值增长率	3～4
人口计划增长率	1～2	人口计划增长率	1～2
城市计划用煤人口比例增（减）量	2～3	工业废水处理率	3～4
城市计划使用煤气人口比例增（减）量	2～3	生活污水一级处理率	1～2
每年供热面积增加量	2～3	生活污水二级处理率	1～2
交通运输业年递增率	2～3	技术进步率	1～2
工业洗煤生产能力	1～2		
工业型煤生产能力	1～2		
烟道气脱硫能力	1		
民用型煤供给能力	1～2		
行业烟尘削减率	3～4		
汽车尾气净化装置率	1		
工业粉尘回收率	1～2		

按此，生成的离散方案最少为 9 个，最多为 256 个。

（4）决策目标或准则的确定

在 NEQDSS 中，选择下列指标作为决策目标或方案的比较评价准则：①工业产值增长率速度最大或工业总产值水平最高。②各种污染物排放量最小或污染物年平均浓度最小。③环境保护总投资费用最小。每个决策目标（如污染物年平均浓度最小）又可分为若干个子目标（如 SO_2浓度、NO_x浓度和 TSP 浓度最小）。在实际决策过程中，决策者可以根据需要对上述目标进行取舍（如只取前两个目标）。此外，如果希望选用较少的决策目标或准则时，也可以把某些目标作为约束条件，或者把几个可以相互比较的目标综合成一个目标。

（5）交互式决策过程

由于 NEQDSS 系统开发期间图形软件环境的限制，目前所开发的 NEQDSS 与决策者交互式决策过程主要采用系统提供信息支持和操作显示，即以对话和菜单选择为主要方式进行。用户与系统的交互式决策过程主要有以下几个阶段或过程：①决策范围（城市）选择。用户可以根据城市类别（如旅游城市、沿海开放城市、特大城市）或某个（某几个）来选择所要决策的范围。②基年和决策年份选择。决策者可以根据系统提供的信息任意确定决策基年和水平年。确定之后，系统将显示有关城市基年的决策基本信息，使决策者得到一个背景知识。③决策变量控制值输入。用户根据系统所提供的对话式表格以及控制变量的参考信息，利用数字键和光标键采用不同的方法对每个决策变量赋值。④决策目标确定。系统等变量赋值后就迅速完成方案模拟。此时，用户就可以根据需要对前述规定的决策目标取舍或设置优化类型（如工业总产值既可最大化也可最小化）。⑤给定决策目标参考点。当确定决策目标后，系统将给出四种改变决策目标值域空间的方法供用户选择，以便缩小非劣解方案集，使用户集中分析有限数目的准优方案。然后，决策者在分析完系统给出的准优方案集后，继续根据系统提供的四种参考点输入法（即让用户输入自己认为理想的决策目标值）输入决策目标的参考点。⑥系统将根据决策者提供的信息和 DISCRETE 软件提供给用户一个最接近参考点的决策方案，并用图形显示，表格输出。显然，决策者与计算机系统在上述每一阶段或过程中，可以进行无数往复的选择确定，而 *A* 在任一阶段都可以返回到前面的阶段重新确定分析，直至决策者得到一个最接近自己决策目标要求的方案。

上述介绍的 DMODM 应用于 NEQDSS 是首次尝试根据系统时间特性性能以及结果有效性的测试，表明该模型在 NEQDSS 中的应用是极其成功的。例如，当评价准则为 3 个，决策方案为 432 个（包括劣解方案）时，实际搜寻非劣解量比较次数不到预期理论次数的 1/2，而给定参考点以后的满意解搜寻速度小到 0.09 s/次，充分满足了决策的快速响应要求。

参考文献

[1] 郑季良，邹平. 决策分析的发展和应用[J]. 云南师范大学学报：哲学社会科学版，2005（5）：66-71.

[2] 弗兰奇，莫尔，帕米歇尔，等. 决策分析[M]. 李华旸译. 北京：清华大学出版社，2012.

[3] 国家环保局计划司. 环境规划指南[M]. 北京：清华大学出版社，1994.

[4] 郭怀成，尚金城，张天柱. 环境规划学[M]. 北京：高等教育出版社，2009.

[5] 张慧勤，过孝民. 环境经济系统分析——规划方法与模型[M]. 北京：清华大学出版社，1993.

[6] 陈宏民. 系统工程导论[M]. 北京：高等教育出版社，2006.

[7] 郑季良，邹平. 决策分析的发展和应用[J]. 云南师范大学学报：哲学社会科学版，2005，05：66-71.

[8] 曾维华，霍竹，刘静玲，等. 环境系统工程方法[M]. 北京：科学出版社，2011.

[9] 刘学毅. 德尔菲法在交叉学科研究评价中的运用[J]. 西南交通大学学报：社会科学版，2007（2）：21-25.

[10] 徐蔼婷. 德尔菲法的应用及其难点[J]. 中国统计，2006（9）：57-59.

[11] 维基百科. 脑力激荡法[G/OL]. 维基百科，2015（20150111）[2015-02-26]. http：//zh.wikipedia.org/w/index.php.

[12] 王辉艳，武锐，吕代中. 头脑风暴综述[J]. 吉林省经济管理干部学院学报，2005（5）：55-57.

[13] 朱新林. 头脑风暴法在管理决策中的应用[J]. 商场现代化，2009（9）：104-105.

[14] 邹首民，王金南，洪亚雄. 国家“十一五”环境保护规划研究报告[M]. 北京：中国环境科学出版社，

2006.

[15] 韦鹤平. 环境系统工程[M]. 北京：中国环境科学出版社，1995.

[16] 王政，马俊.决策分析[M]. 北京：对外经济贸易大学出版社，2011.

[17] 罗党，王淑英. 决策理论与方法[M]. 北京：机械工业出版社，2011.

[18] 杨保安，张科静. 多目标决策分析理论、方法与应用研究[M]. 上海：东华大学出版社，2008.

[19] 邓聚龙. 灰色理论基础[M]. 武汉：华中科技大学出版社，2002.

[20] 罗党，刘思峰. 灰色多目标规划算法研究[J]. 系统工程，2004（6）：12-15.

[21] Bonczek RH，Holsapple CW，Whinston AB. Foundations of decision support systems[M]. Academic Press New York，1981.

[22] 高洪深. 决策支持系统：理论与方法（第 4 版）[M]. 北京：清华大学出版社，2009.

[23] 黄梯云. 智能决策支持系统[M]. 北京：电子工业出版社，2001.

[24] 陈曦，王执铨. 决策支持系统理论与方法研究综述[J]. 控制与决策，2006（9）：961-968.

[25] 刘博元，范文慧，肖田元. 决策支持系统研究现状分析[J]. 系统仿真学报，2011，S1：241-244.

[26] 吴新年，陈永平.决策支持系统发展现状与趋势分析[J]. 情报资料工作，2007（1）：57-60.

[27] 刘首文，冯尚友. 环境决策支持系统研究进展[J]. 上海环境科学，1995（4）：20-23，46.

[28] 彭志良，林奎，曾凡棠. 环境管理决策支持系统的研究[J]. 环境科学，1996（5）：48-52，94.

[29] 曹德友. 面向对象的大气环境管理决策支持系统模型库研究[D]. 上海：同济大学，2007.

[30] 杨斌，顾秀梅，张飞，等. 大气污染扩散模拟评价决策支持系统的研究与开发[J]. 测绘科学，2011（3）：147-149.

[31] 曾睿. 基于案例推理的突发大气污染事件应急支持系统的研究[D]. 昆明：昆明理工大学，2010.

[32] 贾海峰，孔萌萌，郭羽，等. 水环境决策支持系统框架下的密云水库水质模型[J]. 清华大学学报：自然科学版，2010（9）：1383-1386.

[33] 杨阳，徐洁，何春银，等. 基于水质模型的太湖水环境决策支持系统构建与应用[J].环境科学与技术，2014，S2：517-521.

[34] 王涛. 天津市海河水环境容量管理决策支持系统研究[D]. 天津：天津大学，2007.

[35] 王一军. 环境决策支持系统的关键技术研究[D]. 长沙：中南大学，2009.

[36] 王金南，潘向忠. 线性规划方法在环境容量资源分配中的应用[J]. 环境科学，2005，26（6）：195-198.

[37] 王金南. 离散型多准则最优化决策模型在 NEQDSS 中的应用[J]. 环境科学，1992，13（4）：15-19.

第 11 章　环境规划实施评估方法

实施评估是环境规划制定和实施全过程的最后环节，也是建立环境规划实施调整机制的基础和依据。早期的环境规划并不重视实施评估。随着环境规划的约束性逐步提高，实施评估越来越得到关注。通常，制定本期环境规划时要依据上一期规划的问题分析和实施效果评估。同时，本期规划实施过程中的定期与不定期评估既是对规划目标、任务实施状况和效果进行评估，也是对规划实施期中目标和任务进行调整的重要依据。本章在分析环境规划实施评估的基本概念、作用和分类等的基础上，结合国家“十一五”环境保护规划的实施评估，介绍环境规划实施评估的基本程序和主要方法。

11.1　环境规划实施评估概述

11.1.1　环境规划实施评估的概念

为更好地理解环境规划实施评估，可以从环境规划全过程管理入手阐述环境规划实施评估的概念。环境规划管理的基本模式可以看成是由环境管理计划（规划）、规划实施、规划评估、规划改进等组成的循环过程（图 11-1）。整个环境规划管理是由若干类似的循环构成。理想的情况下，每经过一次循环，环境规划管理的水平就会得到相应的提升。根据环境规划管理的层级和时间跨度的不同，环境规划管理循环的幅度也有所不同。不同的环境规划管理循环相互衔接、融合，共同支撑整个环境规划全过程管理体系的运转。

（1）制定规划

规划制定是一项环境规划管理活动循环的起点和基础环节，这里的“规划”指在系统分析环境现状与问题以及以往规划实施经验的基础上所采取的规划编制过程以及所形成的规划本身。一般而言，环境规划的主要内容包括目标、主要任务、重点任务以及保障措施等。这些内容设置的科学性与合理性直接影响后续环节能否顺利实施，并决定发挥规划作用的程度。实际上，本书第 5 至第 10 章的主要目标就是为制定一个具有科学性、前瞻性、经济有效性、可操作性的环境规划提供理论和技术方法方面的支撑。需要指出的是，一个科学合理并具有可操作性的环境规划，必须有一个规划研究过程对环境规划的定位、目标和任务进行分散式研究，然后在此基础上进行规划的“提炼”。

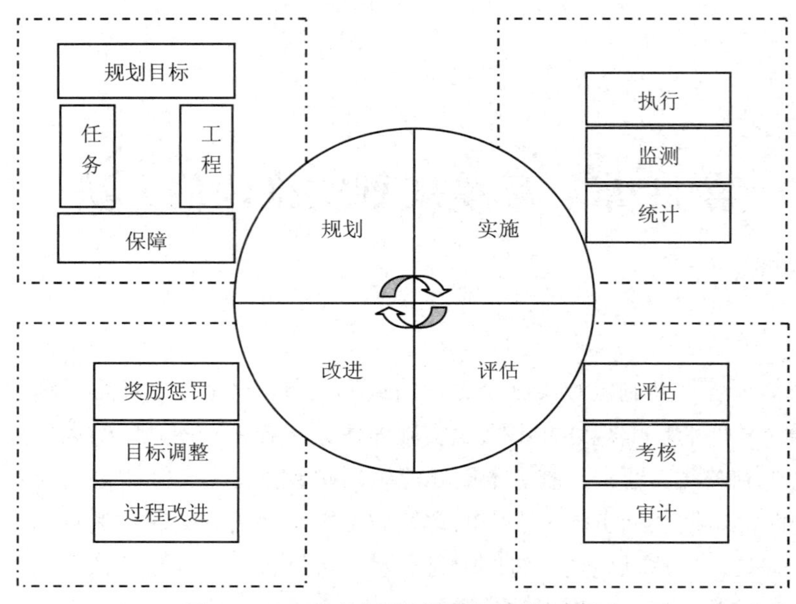

图 11-1 环境规划全过程管理的基本模式

（2）实施与监测

规划实施与监测是一个环境规划管理循环的核心环节，规划任务、规划工程、规划保障的落实以及效果均在这一个阶段产生。为实现“控制”的职能，在环境规划的实施过程中需要对支撑既定目标的有关指标进行监测，监测指标来源于常规的环境以及社会经济统计之中，但又不限于这些统计指标。根据环境规划的重点，通常要监测和统计新的指标。这一环节所形成的监测数据除了包括所产生的环境效果外，还包括环境管理的经济性、效率以及公平性等。这些监测数据将成为环境规划实施评估的基础。随着社会参与环境规划全过程管理，一些环境规划实施效果的监测也可以由社会第三方或中介来完成。

（3）评估与考核

规划评估是一个环境规划管理循环的关键环节，作为一种控制和引导手段，具有承上启下的作用。在反映规划编制与实施等前期工作效率、效果的同时，也为相关工作的改进措施的实施提供了依据。这里的“评估”是一个广义的提法，尽管包括了评估、考核、审计等相关概念，但在实际中还是要适当区分评估与考核的关系。评估可以是第三方的，而考核往往是政府部门主导的。评估指标体系的构建是规划实施评估的核心，评估指标体系设计的好坏将直接影响到评估的质量。根据“规划制定”环节设定的目标，评估指标体系的构建要满足全面性、公平性、数据可得性、导向性等原则。但考核不能面面俱到，主要对环境规划的“硬约束”指标进行考核，而且考核往往与所在行政辖区领导政绩挂钩。另外，随着技术的进步以及工具的不断完善，评估方法呈现出多样性，基于数据的定量方法逐渐得到强调。总体上，目前对规划的审计还处于一个探索时期，主要是审计部门对部门和地方的环境规划中的工程项目资金和绩效的审计。

（4）规划管理改进

如前所述，环境规划管理强调持续改进。一个管理循环执行完以后，环境规划管理水平能否实现提升取决于改进措施的选择和实施强度。通常，改进措施包括 3 个主要方面：①奖惩。对未达到既定目标的政府责任部门和责任人实施问责，对表现优异的给予奖励，奖惩可以采用经济、行政等多种手段。②目标调整。根据评估结果和实施经验，应对目标做出动态调整，包括目标值的变动以及目标项增减等。③过程改进。既包括环境规划管理过程本身的改进，又包括环境规划实施给环境管理过程带来的改进。

因此，环境规划实施评估就是依据制定的环境规划目标、任务和措施，按照一定的评估指标和模型方法以及程序，对规划实施的绩效和完成度进行评估或考核，为规划的期中完善调整以及领导绩效考核提供依据的过程。基于上述分析，环境规划实施评估需要重点关注以下 4 点：①评估的一致性。环境规划是未来一定时期内的环境保护蓝图，建立在相对理性的分析基础之上，实施评估应以实施结果为重点，强调既定目标的实现程度。为保证规划的权威性，实现既定规划目标，规划实施评估应强调实施结果与规划目标的一致性，以及实施过程中的决策、实施步骤与规划要求的吻合性。②实施的不确定性。不确定性是伴随规划与生俱来的一项特征，即使基于大量数据和先进方法的规划也无法完全摆脱不确定性。经济社会发展是多样性和充满变化性的，规划实施也面临不确定性的挑战。在实施评估中应充分考虑规划目标、任务、工程等设置的合理性以及规划实施过程中出现的特殊情况。另外，也应通过技术方法尽可能地降低评估本身的不确定性。③评估的客观性。尽管规划技术的不断进步为环境规划的实施提供了越来越强的支持，但环境规划的实施以及最终的完成程度在很大程度上取决于体制、机制等制度因素。在评估内容上，不能仅仅以规划目标的达成与否作为全部决定依据；在评估方法上，应尽可能地通过基于客观数据的技术方法的改进提高评估的客观性。④评估的公正性。环境规划实施评估应坚持公正与公平。由于是对规划期内环境保护工作成果的评估，并且可能会涉及奖惩和领导绩效的考核，并与下一规划期内的资源分配相关联，因此，评估的公平与公正性尤为重要。公正与公平既要体现在规划的结果评估中，也要在规划实施过程评估中得以体现。

11.1.2　环境规划实施评估的作用

环境规划评估的作用主要体现在四个方面，即诊断作用、导向作用、沟通作用以及学习作用。根据各个作用对环境规划评估在信息传递与决策支持两个维度目的体现和支持的强弱，将四个方面的作用进行了矩阵排列，如图 11-2 所示。

（1）诊断作用

规划实施评估结果体现出的规划实际执行情况与目标之间的差异，既包括总体的差异，也包括单项指标的差异。诊断作用强调对环境规划实施过程中存在问题的判断。诊断结果对规划编制和执行的改进以及之后规划目标制定的决策具有重要的作用，表现为实现对环境规划评估决策支持的目的具有较强的作用。一般而言，诊断作用的信息传递范围较小。

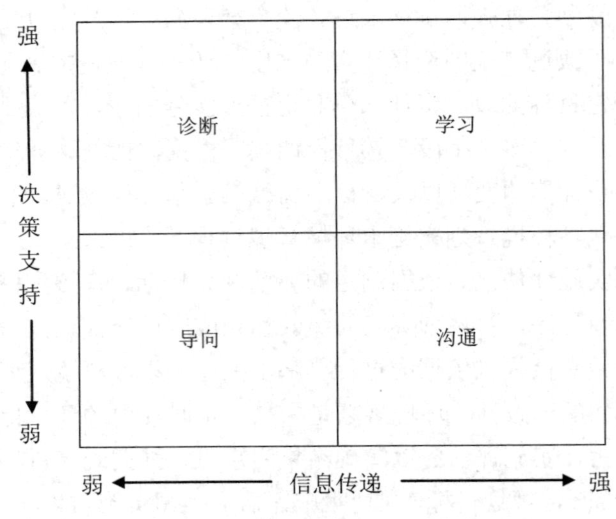

图 11-2　环境规划评估的作用矩阵

（2）导向作用

环境规划本质上就是一种导向性的规划。评估的导向作用是通过对规划目标、重点领域和规划指标的评估，然后通过评估结果对受评对象的决策者产生引导和指向作用。环境规划评估导向作用对受评对象的管理者的决策有一定的影响。导向本身是一个信息传递的过程，但不作为信息传递的主要渠道。对于一些基础性的环境规划和相关规划，如环境功能区划和主体功能区划等规划的实施评估，往往会对区域生产力布局和经济结构调整起到很强的导向性作用。如果环境规划是政府性、约束性的规划，评估的导向作用将表现得更加明确，尤其是评估结果与领导绩效考核挂钩时更加突出。

（3）沟通作用

评估的沟通作用是指规划涉及的利益相关方通过环境规划实施评估的过程和结果实现信息交互，从而增进相互之间的了解。沟通作用的实现是对信息传递目的的强有力的支持。通过沟通实现信息传递也是决策的基础。另一种沟通作用主要体现在公众参与环境规划的制定、实施、评估和完善全过程管理中，促使社会公众既成为环境规划制定的参与者，又成为环境规划的实施者和监督者。

（4）学习作用

评估的学习作用是指环境规划评估的利益相关者通过评估过程的参与或结果的讨论以及信息的传递形成知识的积累、能力的提升以及认知的改进。学习作用对决策支持和信息传递作用的支持度高。

11.1.3　环境规划实施评估的分类

环境规划实施评估按对象可大体分为两类：对规划实施绩效的评估以及对规划过程的评估，针对两个方面分别有相应的评估重点与方法。

（1）实施绩效评估

对规划实施绩效的评估是将实施结果与规划确定的目标要求进行对照，从而确定规划目标的实现程度，通常假定规划目标设置是合理和精确的。重点关注可量化的结果指标，如果规划目标是强制性的，则通过实施结果的实现程度可以比较容易地直接做出判断；如果规划目标是非强制性（指导性）的，评估则应尽可能地体现引导性和鼓励性。除了关注既定规划目标的实现程度外，还应体现规划实施的公平性与合理性。

（2）实施过程评估

对规划实施过程进行评估，在评估实施绩效的基础上，重点关注规划实施过程中实施主体、对象之间的作用机制。规划的实施通常体现在法规、标准以及相关政策的制定与实施上，评估内容主要包括规划实施主体、对象的行为机制、影响条件以及结果的敏感性等。通过“5W1H”（why，what，where，when，who，how）方法调查分析行为主体“为什么会这么做”、“做了什么”、“在什么地方做的”、“什么时间做的”、“执行者是谁”、“如何做的”，以便于实施过程的优化，从而改善环境规划与管理的整体绩效。

另外，规划实施评估通常也会涉及对规划制订程序和内容的评估，包括对规划制订程序的正当性进行评价，以及对规划文件的内容、表述以及内在逻辑性等规划文件自身的科学合理性进行分析。评估可从 8 个方面来展开，包括：规划背景情况的介绍是否适当、恰当；规划基本问题是否得到合理考虑；规划制订程序是否周密；规划范围的界定是否合理；规划实施策略是否可操作；规划分析方法是否恰当、数据是否准确；规划过程中的沟通是否充分；规划方案的表述是否准确[1]。

11.2　定性评估方法

11.2.1　定性评估方法的特点与应用

定性评估方法是根据规划的内容与具体目标设定，对规划的实施绩效以及实施过程等方面进行“性质衡量与判断”的评估方法。定性评估方法往往依据一定的理论与经验，衡量可以直接判断或者基于一系列定量方法结论之上环境规划的某些性质，将同质性在数量上的差异暂时略去。

定性评估有两个不同的层次，一是没有或缺乏数量分析的纯定性评估，结论往往具有概括性和较浓的思辨色彩；二是建立在定量分析的基础上的、更高层次的定性评估。在实际的规划评估工作中，定性评估与定量评估通常配合使用。在进行定量评估之前，评估者需借助定性评估确定所要研究的现象的性质；在进行定量评估过程中，评估者又需借助定性评估确定现象发生质变的数量界限和引起质变的原因。定性评估与定量评估有下列不同点：①着眼点不同。定性评估着重规划的某些质的方面，定量评估着重事物量的方面。②评估中所处的层次不同。定量评估是为了更准确地定性评估。③依据不同。定量评估依据的主要是调查得到的现实资料数据，定性评估的依据则是大量历史事实和生活经验材料。④手段不同。定量评估主要运用经验测量、统计分析和建立模型等方法；定性评估则主要运用逻辑推理、历史比较等方法。⑤学科基础不同。定量评估是以社会统计学等为基础的，而定性评估则以逻辑学等为基础。⑥结论表述形式不同。定量评估主要以数据、模式、图形等来表达。定性评估结论多以文字描述为主。定性评估是定量评估的基础，但只有同时运用定量评估，才能在精确定量的根据下准确定性[2]。

由于环境规划所涉及范围和领域具有复杂性，并且规划所设定目标本身就具有定性和定量之分，就规划所要达到的所有目标而言，可以数量化的目标往往只占较小的比例，更多地呈现出多样性。因此，在缺乏足够的数据支持，或者某些目标本身只需要定性的衡量，抑或者在定量评估的基础之上需要定性的表述以便于决策时，需要实施定性评估。

环境规划定性评估的主要应用包括以下两个方面：①规划实施的进度评估。评估规划实施的整体进度通常采用定性方法，尽管实施进度是一个涵盖内容很广泛的综合概念，包括规划目标的达成情况、工程项目的建设情况以及投资完成情况等，但对于决策者或者其他利益相关方而言又是关于规划实施情况的一项十分需要的信息，即使是定性的评估结论也是有意义的。例如，在实施终期评估时，通过定性评估可以得出“提前完成、按时完成或未按时完成”等结论。②规划（或某项政策、工程项目）实施的公众满意度。对于涉及公众满意度等主观感受的衡量通常采用定性评估方法，这种方法在实施过程中，一般采用问卷调查或者访谈的方式获得有关数据，并通过一定的数据处理方法，获得满意度的评估结果。尽管涉及数据的收集与处理，但总体上讲，这种评估方法仍被认为是一种定性的评估方法。

11.2.2 《国家环境保护“十一五”规划》定性评估案例

国务院《关于印发国家环境保护“十一五”规划的通知》（国发[2007]37 号）与《国家环境保护“十一五”规划》针对规划的实施均提出“要建立评估考核机制”，在 2008 年年底和 2010 年年底，分别对规划的执行情况进行了中期评估和终期考核，评估和考核结果要作为考核地方各级人民政府政绩的重要内容。《国家级专项规划管理暂行办法》第二十一条要求：“国家级专项规划实施过程中，编制部门要加强跟踪监测，应适时对实施情况进行评估，并向审批机关提交评估报告。”据此，环境保护部和国家发展和改革委员会制定了《国家环境保护“十一五”规划中期评估技术指南》[3]、《国家环境保护“十一五”规划终期考核方案》[4]，对规划的实施开展了系统的评估和考核。环境保护部环境规划院吴舜泽、周劲松、万军等提供了技术支撑，首次完成了环保五年规划评估报告[5, 6]。

11.2.2.1　中期评估定性方法

根据环境保护部印发的《国家环境保护“十一五”规划中期评估技术指南》（环发[2008]118 号），中期评估工作采用定量评估和定性评估相结合的方法进行，其中，定性评估是评估的重要组成部分。中期评估对定性评估条目提供了参考，规划中涉及定性要求的条目评估，以各省（自治区、直辖市）报告为主，辅以调查问卷、实地调研等公众参与与专家咨询相结合的方式开展。定性评估条目主要用于评估报告编制过程中需要或可能涉及的分析要点。对于规划中涉及国家政策法规制订的，由国务院有关部门提交规划实施总结报告，以定性评估为主[3, 5]。

给出的定性评估条目重点围绕水、大气、固体废物、生态保护、农村环境保护、近岸海域、核与辐射安全、环境监管能力建设、共性保障措施 9 个方面展开。此处仅就水与共性保障措施两类进行举例说明（表 11-1、表 11-2）。

表 11-1　《国家环境保护“十一五”规划》实施定性评估条目——水环境[3, 5]

评估条目	评估细项	2005 年现状	至 2008 年取得的成效	2010 年预计	进展评价分析	备注
城市污水处理	城市污水处理厂推进技术进步和推广先进适用技术情况					
	城市污水再生利用情况（中水回用）					
工业废水治理	执行水污染物排放标准情况					
	执行总量控制制度情况					
	推行水排污许可证制度情况					
	高耗水行业废水排放限额标准制定情况					
	造纸、酿造、化工、纺织、印染行业的污染治理和技术改造力度情况					
	钢铁、电力、化工、煤炭等重点行业推广废水循环利用情况					
	排入城镇排水系统的工业废水水质和水量的监测情况					
饮用水水源安全保障	饮用水水源一级保护区内直接排污口的取缔情况					
	饮用水水源二级保护区内直接排污口的关闭情况					
	地表水饮用水水源保护区划定和调整工作进展情况（含警示标志设立情况）					
	饮用水水源地环境状况调查与饮用水水源地环境保护规划编制工作情况					
	饮水安全保障规划与管理办法编制工作情况					
	饮用水水源保护区水土保持、水源涵养，面源污染控制等工作情况					
	饮用水水源保护区上游水污染严重的化工、造纸、印染等行业准入政策制定情况					

评估条目	评估细项	2005年现状	至2008年取得的成效	2010年预计	进展评价分析	备注
饮用水水源安全保障	饮用水水源安全预警制度完善与污染事故应急预案制订情况					
	饮用水水源地监测和管理体系完善情况					
	饮用水水源地水环境状况信息公布情况					
地下水污染防治	地下水污染状况调查工作完成情况					
	地下饮用水水源地保护规划编制情况					
重点流域水污染防治	流域治理目标责任制度完善情况					
	省界断面水质考核制度完善情况					
	流域生态补偿机制建立情况					
	流域水资源开发利用和保护统筹情况：统筹生活、生产和生态用水，保证江河必需的生态径流					
	军队单位的污水、垃圾治理与营区环境质量改善情况（地方不评估）					
	黑龙江、鸭绿江、伊犁河等界河的水质监测工作情况					
	沿江沿河的化工企业污染源（风险源）排查工作完成情况					
	水质监测定期报告制度建立情况					
	督促完善治污设施和事故防范措施的工作情况					
其他	水专项实施情况					
	水中持久性有机污染物的研究情况					

注：按照要求，各表格不用填写具体内容，仅用作自评估报告的内容分析，部分重点政策可以进行定性表格分析评估。各评估条目部分内容能用数据说明的，尽量提供数据（在评估报告中提供）。“至2008年取得的成效”栏，按照规划执行情况，填写“红”、“黄”、“绿”。“2010年预计”栏，各省根据对2010年目标完成情况的预测填写“能够完成”、“较难完成”、“难以完成”等。如果评估表和评估内容不涉及某一特定省份的，可不予填写，如内陆省份可不进行近岸海域的规划评估，并在备注栏注明“不涉及”，以下各表同。涉及跨省的大区域评估，如无对涉及各省具体要求的，各省可不做定性评估。

表11-2 《国家环境保护“十一五”规划》实施定性评估条目——共性保障措施

评估领域	评估条目	评估细项与说明	2005年现状	至2008年取得的成效	2010年预计	进展评价分析	备注
区域经济与环境协调发展	地区分类指导	按照西部地区、东北地区、中部地区、东部地区分别就各自规划内容进行规划实施情况阐述；具体内容见“十一五”环保规划文本					
	环境分类管理	四类主体功能区分类管理的环境政策和评价指标体系制定情况					
	重点支持西部地区环境保护	控制污染向西部地区转移的工作情况					
		西部地区生态补偿机制建立与实施工作情况；西部地区污染治理与能力建设资金拨付情况					
		东中部地区对西部地区的帮扶情况（含能力建设与人才培养）；对口援助西藏工作情况					

评估领域	评估条目	评估细项与说明	2005 年现状	至 2008 年取得的成效	2010 年预计	进展评价分析	备注
加快经济结构调整	强化环境准入	钢材、有色、建材、轻工等行业环境准入政策执行情况；无环境容量区域禁止新建排污项目的执行情况；淘汰落后工艺、设备和企业的工作情况					
	加快推进循环经济	循环经济配套法规、经济政策及评价指标体系完成情况					
		重点行业、产业园区和省市循环经济试点工作推进情况；循环经济示范试点工程建设情况；循环经济先进适用技术和典型经验推广情况					
		重点行业清洁生产标准、评价指标体系和强制性清洁生产审核技术指南制定情况					
		推进清洁生产实施的技术支撑体系建设情况					
		推动企业积极实施清洁生产方案的工作情况					
		污染物排放超过国家和地方标准或总量控制指标的企业，以及使用有毒有害原料或者排放有毒物质的企业实行强制性清洁生产审核的工作情况					
	大力开展资源节约和综合利用	节能节水工作情况					
		能源资源利用效率提高情况					
完善体制，落实责任	加强国家监察	大区督察派出机构建立情况；区域、流域环保工作的协调和监督工作情况；突出环境违法问题查处情况（国家为主评估）					
	加强地方监督	地方政府环境责任落实情况（目标责任制）					
	落实单位责任	企业治污约束机制与激励机制建立情况；企业环境信息公开制度建立情况；企业环境监督员制度建立情况					
	加强部门合作	部门间信息共享和协调机制建立情况；环保部门统一环境规划，统一执法监督，统一发布环境信息的工作情况					
创新机制，增加投入	加大政府投入	国家环保重点工程和列入国家环境治理规划的项目得到国家基本建设投资支持的情况（国家为主评估）					
		各级地方政府对污染防治、生态保护和环境公共设施建设的投资情况					

评估领域	评估条目	评估细项与说明	2005年现状	至2008年取得的成效	2010年预计	进展评价分析	备注
创新机制，增加投入	加大政府投入	环保机构工作经费保障情况；排污费资金使用管理情况					
		中央政府对中西部地区环境保护的支持情况（国家为主评估）					
	完善环境经济政策	资源税、消费税、进出口税改革体制涉及环境保护工作情况；环境税收制度研究情况；反映污染治理成本的排污价格和收费机制建立情况（国家为主评估）					
		二氧化硫等排污权交易地区试点工作情况；可再生能源发电、脱硫电厂和垃圾焚烧发电厂实行优先上网或提高电价等优惠政策制定情况；脱硫电价的动态管理情况					
		推进污染治理市场化工作情况：鼓励各类企业参与环保基础设施建设和运营情况					
		环保工程项目信贷政策完善情况；环境责任保险和环境风险投资研究情况					
		争取国际组织和外国政府无偿援助和优惠贷款工作情况					
		三峡库区、南水北调水源区、重点能源开发区和国家级自然保护区生态补偿政策与生态补偿机制完善与建设情况					
强化法制，严格监管	完善法规标准体系	《中华人民共和国环境保护法》、《中华人民共和国水污染防治法》的修订工作情况（地方参照评估）					
		有关土壤污染、化学物质污染、生态保护、生物安全、遗传资源、臭氧层保护、核安全、循环经济、环境监测、环境损害赔偿等方面的法律法规草案拟订情况（国家为主评估）					
		各地环保法规完善情况					
		国家环境技术规范和标准体系的标准限值的科学性论证情况					
	完善执法监督体系	环境安全检查情况					
		沿江沿河和人口密集区的石油、化工、冶炼等企业排查工作情况					
		突发环境事件的处置能力建设情况（应急预案、应急设施）					

评估领域	评估条目	评估细项与说明	2005 年现状	至 2008 年取得的成效	2010 年预计	进展评价分析	备注
强化法制，严格监管	落实三项环境管理制度	主要污染物排放总量控制计划指标向各级政府分解的工作情况					
		污染物排放监测和统计情况					
		环境影响评价和“三同时”制度执行情况					
		环评资质管理情况					
		环境管理绩效考核机制建设情况；环境保护纳入经济社会发展评价体系情况；环境保护纳入党政干部政绩综合评价体系情况；环境保护问责和奖惩制度建设情况					
依靠科技发展产业	大力促进科技创新	科技创新工程实施情况；环境技术管理体系建设工程实施情况					
		环境标准体系建设工程实施情况					
		气候变化领域的基础研究情况					
		环境科技体制改革情况；环境科技支撑体系建设情况					
	积极促进环保产业发展	环保装备制造业发展情况；环保服务业发展情况；环保产业市场规范化工作情况；环保产业优势企业和企业集团培育情况					
动员社会力量保护环境	增强全社会生态文明意识	对领导干部的环境教育和培训情况；环境保护的方针政策和法律法规宣传情况；环境违法行为曝光力度；环保基础教育、专业教育、社会教育和岗位培训工作情况					
	扩大公众环境知情权	环境保护政策法规、项目审批、案件处理等政务公告公示制度执行情况					
		环境质量、环境管理等环境信息网络发布工作情况					
		企业环境信息公开推进情况（上市公司的环境绩效评估和环境信息公告）					
	完善公众参与环境保护机制	千乡万村环保科普行动计划实施情况；绿色消费、绿色办公和绿色采购倡导情况；绿色社区、绿色学校、绿色家庭等群众性创建活动开展情况；环保信访工作情况；环境公益诉讼研究情况；公众环保参与的规则和程序完善情况					
		环境标志和环境认证推广情况					

评估领域	评估条目	评估细项与说明	2005年现状	至2008年取得的成效	2010年预计	进展评价分析	备注
积极开展环境保护国际合作	积极参与全球环境保护	国际环境公约和世贸组织环境与贸易谈判参与情况					
		国际环境公约国内履约情况					
		臭氧层物质的淘汰情况；温室气体排放控制情况					
	广泛开展国际环境合作	与世界各国（尤其是周边国家）环境合作的情况					
		与联合国环境规划署、世界银行、全球环境基金等国际组织的合作情况					
		我国环境保护政策和进展国际宣传情况					
		国外环保资金、技术和管理经验引进情况					
		促进我国环保设备和技术走向国际市场的工作情况					
		减少温室气体排放的国际合作与技术转让工作情况					
		对外贸易产品的环境标准完善情况					
		环境风险评估机制和进口货物的有害物质监控体系建设情况					
		污染引进、废物非法进口、有害外来物种入侵和遗传资源流失的防范情况					

11.2.2.2 终期考核定性方法

（1）考核指标

根据环境保护部、国家发展和改革委员会《关于开展〈国家环境保护“十一五”规划〉终期考核的通知》（环发[2011]25号），《国家环境保护“十一五”规划》终期考核共设置了22项指标，其中定性考核指标7项[7]，定性考核指标见表11-3。

表11-3 《国家环境保护“十一五”规划》终期定性考核指标[4, 6, 7]

序号	层次框架	指标名称	属性	满分值
1	工程任务（满分54）	农村环境综合整治任务落实情况	定性	3
2		生态保护任务落实情况	定性	4
3		核与辐射安全保障任务落实情况	定性	5
4	政策措施（满分8）	脱硫电价政策落实情况	定性	2
5		污水处理收费政策落实情况	定性	2
6		垃圾处理收费政策落实情况	定性	2
7		环境宣教活动开展情况	定性	2

（2）指标评分方法说明

1）农村环境综合整治任务落实情况。

考核内容：《国家环境保护“十一五”规划》“三、重点领域和主要任务——（五）整治农村环境，促进社会主义新农村建设”一节。

评分方法：按照各省（自治区、直辖市）农村环境综合整治、环境优美乡镇建设、土壤环境质量调查以及面源污染防治等工作进展情况，进行全国分档评分，分为四档，第一档得 3 分，第二档得 2 分，第三档得 1 分，第四档得 0～0.5 分。

2）生态保护任务落实情况。

考核内容：《国家环境保护“十一五”规划》“三、重点领域和主要任务——（四）保护生态环境，提高生态安全保障水平”一节。

评分方法：根据各省提交的重要生态功能区保护、自然保护区管护与建设、生物多样性保护、资源开发的环境监管等生态保护工作开展情况的自评估报告及审核情况，进行全国分档评分，分为四档，第一档得 4 分，第二档得 3 分，第三档得 2 分，第四档得 0～1 分。

3）核与辐射安全保障任务落实情况。

考核内容：《国家环境保护“十一五”规划》“三、重点领域和主要任务——（七）严格监管，确保核与辐射安全”一节。

评分方法：根据各省自评估报告及审核情况，进行全国分档评分，分为四档，第一档得 5 分，第二档得 3.5 分，第三档得 2 分，第四档得 0～0.5 分。

4）脱硫电价政策落实情况。

数据来源：根据省政府或省有关主管部门提供正式颁布的脱硫电价方面的有关文件、实施办法及政策实施情况的评估等相关材料。

评分方法：根据各省自评估报告及审核情况，对各省执行《燃煤发电机组脱硫电价及脱硫设施运行管理办法（试行）》的情况，进行全国分档评分，分为四档，第一档得 2 分，第二档得 1.5 分，第三档得 1 分，第四档得 0～0.5 分。

5）污水处理收费政策落实情况。

数据来源：由有关主管部门提供正式颁布的生活污水处理收费实施办法、收费文件等证明文件。

评分方法：根据各省自评估报告及其审核情况，对各省执行污水收费政策的情况，进行全国分档评分，分为四档，第一档得 2 分，第二档得 1.5 分，第三档得 1 分，第四档得 0～0.5 分。

6）垃圾处理收费政策落实情况。

数据来源：由有关主管部门提供正式颁布的生活垃圾处理收费实施办法、收费文件等证明文件。

评分方法：根据各省自评估报告及审核情况，对各省执行垃圾收费政策的情况，进行全国分档评分，分为四档，第一档得 2 分，第二档得 1.5 分，第三档得 1 分，第四档得 0～0.5 分。

7）环境宣教活动开展情况。

考核内容：《国家环境保护“十一五”规划》“五、保障措施——（七）动员社会力量保护环境”一节。

评分方法：根据各省自评估报告及审核情况，进行综合排队，分为四档，第一档得 2 分，第二档得 1.5 分，第三档得 1 分，第四档得 0～0.5 分。

（3）加分表

“加分表”共设有 5 项指标，其中“各地终期考核组织及报告编制情况”为定性考核指标。加分方法为：对于终期考核组织周密，自评估报告提交及时，报告内容完整、编写规范、方法准确、数据真实，积极配合抽查校验的省（自治区、直辖市）给予加 2 分的奖励。

11.3 定量评估方法

定量评估是指依据统计数据建立数学模型，并用数学模型计算出分析对象的各项指标及其数值来评估分析的一种方法。随着环境规划研究与实践的不断拓展与深入，环境规划所涉及的数据量越来越大，并且数据之间的关系也越来越复杂。在这种情形下，为客观、合理地衡量环境规划编制与实施的绩效，基于数据和数学模型的定量化评估成为环境规划实施评估的一种必然趋势。一般来讲，定量评估的方法有很多，但对于环境规划实施评估而言，很难有严格意义上的纯定量评估方法。应用较多的是数据包络分析方法。

11.3.1 数据包络分析评估法

11.3.1.1 数据包络分析法的特点

数据包络分析（Data Envelopment Analysis，DEA）是美国著名运筹学家 A. Charnes 等人以相对效率概念为基础发展起来的一种效率评价方法。在 DEA 方法中，具有单输入单输出的过程或决策单元的效率可简单地定义为输出与输入之比。A. Charnes 等人将这种思想推广到具有多输入多输出生产的有效性分析上，对具有多输入多输出的生产过程或决策单元，其效率可类似定义为输出项加权之和与输入项加权之和之比。这样，就可以通过分析所有决策单元（DMU）的投入与产出数据，来评价多输入与多输出决策单元之间的相对有效性。

DEA 是一种新发展起来的评估统计方法。传统的方法是从大量样本数据中分析出样本集合整体的一般情况，而 DEA 则是从样本数据中分析出样本合中处于相对有效的样本个体。较传统的方法而言，DEA 兼顾了统计的平均性与最优性。同时，DEA 也是运筹学的一个新研究领域，是研究同类型生产决策单元相对有效性的有力工具[8]。DMU 确定的主导原则是，在某一视角下，各 DMU 具有相同的输入和输出。在综合分析输入输出数据后，得出每个 DMU 效率的相对指标，据此将所有 DMU 定级排队，确定相对有效的 DMU，并指出其他 DMU 非有效的原因和程度，为主管部门提供管理决策信息。DEA 在处理多输入多输出问题上具有特别的优势，主要有两个方面：一是 DEA 以决策单元的输入输出权数为变量，从最有利于决策单元的角度进行评价，从而避免了确定各指标在优先意义下的权数。二是 DEA 不必确定输入和输出之间可能存在的某种显式关系，这就排除了许多主观因素，因此具有很强的客观性。

11.3.1.2　数据包络分析法的步骤

目前，DEA 已成为管理科学、系统工程和决策分析等领域中一种常用而且重要的分析工具和研究手段。就环境规划而言，其实施可以看做是多个输入与输出决策单元的集合。DEA 既可以用于评价环境规划实施的总体绩效，也可以用于评价规划实施过程中采取的某项政策措施的绩效。因此，DEA 是环境规划实施评估中最有效的一种定量评估方法。

DEA 的具体工作步骤如下[8, 9]：

第一步，明确问题。这一阶段需要完成：①明确评价目标，并围绕评价目标对评价对象进行分析，包括辨识主目标和子目标，以及影响这些目标的因素，并建立一个层次结构。②确定各种因素的性质，例如把因素分为可变的或不变的，可控的或不可控的，以及主要的或次要的。③考虑因素间可能的定性与定量关系。④由于有些决策单元是开放性的，因此有时还要辨明决策单元的边界，还应对决策单元的结构、层次进行分析。⑤应对结果进行定性的分析和预测。

第二步，建模计算。这一阶段要完成：①建立评价指标体系。根据第一阶段的分析结果，确定能全面反映评价目标的指标体系，并且把指标间的一些定性关系反映到权重的约束中，同时还可以考虑输入输出指标体系的多样性，将每种情况下的分析结果进行比较研究，然后获得比较合理的管理信息。②选择 DMU。选择 DMU 本质上就是确定参考集。因此，DMU 的选取应满足以下几个基本特征：具有相同的目标、任务、外部环境和输入输出指标。决策单元的选取具有一定的代表性。③数据收集。收集和整理的数据具有广泛性。④选择模式。根据有效性分析的目的和实际问题的背景选择适当的 DEA 模型进行计算。

第三步，分析结果。这一阶段要完成：①在上述工作的基础上，对计算结果进行分析和比较，找出无效单元无效的原因，并提供进一步改进的途径。②根据定性的分析和预测的结果来考察评价结果的合理性，必要时可应用 DEA 模型采取几种方案分别评价，并将结果综合分析，也可结合其他评价方法或参考其他方法提供的信息进行综合分析。上述过程可以简单地用图 11-3 的流程图表示[10]。

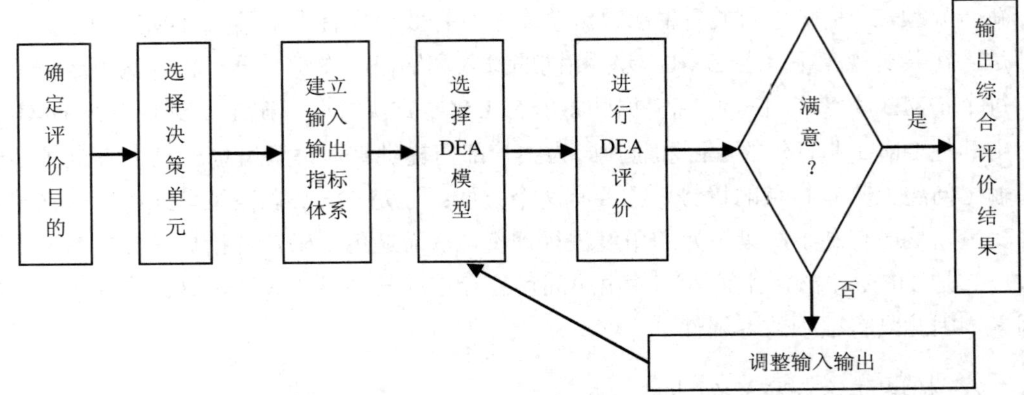

图 11-3 数据包络分析工作步骤

11.3.1.3 数据包络分析模型

在环境规划实施评估中，往往需要对同一时间段内不同实施主体（如“十一五”期间各省、市），或相同实施主体不同时间内（如 “十一五”期间各年）的相对效果和效率进行评估，这些主体或者时间段即为决策单元。评估的依据是决策单元的一组投入指标数据和一组产出数据。投入指标是决策单元在社会、经济和环境管理活动中耗费的各种成本的计量；产出指标是决策单元在某种投入要素组合下，各种产出成效的计量。指标数据是实际观测结果。根据投入指标数据和产出指标数据评估决策单元的相对效率，即评价主体或时间段之内的相对有效性。

C^2R 模型、BC^2 模型、FG 模型和 ST 模型是 DEA 理论中最具代表性的 4 个模型，应用这 4 个模型可以分别描述生产活动满足规模收益不变、规模收益可变、非规模收益递增、非规模收益递减情况下的生产效率。下面主要介绍 C^2R 模型和 BC^2 模型[8, 11]。

（1）基于规模收益不变的 DEA 模型：C^2R

最初的 DEA 模型是由 Charnes、Cooper 和 Rhodes 三人于 1978 年提出的 CCR 模型（以下简称 C^2R），用于评价 DMU 的规模和技术的总体有效性。C^2R 有分式规划和线性规划两种形式。从投入（产出）的角度测算决策单元（X_0，Y_0）相对效率的 DEA 模型可以表示为：

$$\begin{cases} \min\theta = \dfrac{w^T X_{j0}}{v^T Y_{j0}} \\ \text{s.t.} \dfrac{w^T X_{j0}}{v^T Y_{j0}} \geqslant 1; w \geqslant 0, v \geqslant 0, j = 1, 2, \cdots, n \end{cases} ; \quad \begin{cases} \max\eta = \dfrac{v^T Y_{j0}}{w^T X_{j0}} \\ \text{s.t.} \dfrac{v^T Y_{j0}}{w^T X_{j0}} \leqslant 1; w \geqslant 0, v \geqslant 0, j = 1, 2, \cdots, n \end{cases} \tag{11-1}$$

w^T, v^T 表示对输入输出的度量权。该分式规划可转变成线性规划（i）和（ii）：

$$
\text{(i)}\begin{cases} \min w^T X_{j0} \\ \text{s.t.} w^T X_j - v^T Y_j \geqslant 0, j = 1,2,\cdots,n \\ w^T X_{j0} = 1 \end{cases} \tag{11-2}
$$

$$
\text{(ii)}\begin{cases} \max v^T Y_{j0} \\ \text{s.t.} w^T X_j - v^T Y_j \geqslant 0, j = 1,2,\cdots,n \\ w^T X_{j0} = 1 \end{cases} \tag{11-3}
$$

对偶规划为：

$$
\text{(iii)}\begin{cases} \min \theta \\ \text{s.t.} \sum_{j=1}^{n} \lambda_j X_j \leqslant \theta X_0 \\ \sum_{j=1}^{n} \lambda_j Y_J \geqslant Y_0 \\ \forall \lambda_j \geqslant 0 \\ j = 1,2,\cdots,n \end{cases} \tag{11-4}
$$

$$
\text{(iv)}\begin{cases} \max \delta \\ \text{s.t.} \sum_{j=1}^{n} \lambda_i X_j \leqslant X_0 \\ \sum_{j=1}^{n} \lambda_j Y_j \geqslant \delta Y_0 \\ \forall \lambda_j \geqslant 0 \\ j = 1,2,\cdots,n \end{cases} \tag{11-5}
$$

引入松弛变量，式（11-4）、式（11-5）两式可以表示为线性规划（D）和（P）：

$$
\text{(D)}\begin{cases} \min \theta \\ \text{s.t.} \sum_{j=1}^{n} \lambda_j X_J + s^- = \theta x_0 \\ \sum_{j=1}^{n} \lambda_j Y_j - s^+ = y_0 \\ \forall \lambda_j \geqslant 0, j = 1,2,\cdots,n \\ s^+ \geqslant 0, s^- \geqslant 0 \end{cases} \tag{11-6}
$$

$$
(\mathrm{P})\begin{cases}\max\delta\\ \mathrm{s.t.}\sum\limits_{j=1}^{n}\lambda_i X_j+s^-=x_0\\ \sum\limits_{j=1}^{n}\lambda_j Y_j-s^+=\delta y_0\\ \forall\lambda_j\geqslant 0,j=1,2,\cdots,n\\ s^+\geqslant 0,s^-\geqslant 0\end{cases}\tag{11-7}
$$

由于线性规划（D）和线性规划（P）互为对偶规划，两者都存在最优解，并且投入和产出的 C^2R 模型评价结果一致，故此处仅考察投入比率情况。如果（D）或（P）的最优值为 1，则决策单元 j_0 为弱 DEA 有效；如果（D）或（P）的最优值为 1，且最优解 $\lambda^0=(\lambda_1^0,\lambda_2^0,\cdots,\lambda_N^0)^T,s^{0-},s^{0+},\theta^0$ 都有 $s^{0-}=0,s^{0+}=0$，则决策单元 j_0 为 DEA 有效。在投入型中，对于 $\theta<1$ 情况，可以通过 $X^*=\theta X-s^{0-}$，$Y^*=Y+s^{0+}$ 将生产前沿面上的投入产出值计算出来。若 $\sum\limits_{j=1}^{n}\lambda_j<1$，则规模收益递增；若 $\sum\limits_{j=1}^{n}\lambda_j=1$，则规模收益不变；若 $\sum\limits_{j=1}^{n}\lambda_j>1$，则规模收益递减。根据经济学原理，在规模收益不变时进行生产为规模有效。

（2）基于规模收益可变的 DEA 模型：BC^2 模型

1984 年，Banker R. D、Charnes A. 和 Cooper W. W 三人提出了 BCC 模型（以下简称 BC^2 模型），主要用来评价部门间相对技术有效性。BC^2 模型所涉及的生产可能集 T 是一个多面凸集，并取决于生产可能集系统的凸性、无效性和最小性假设。BC^2 模型相应的规划模型为：

$$
(P_{BCC})\begin{cases}\max u^T y_0+\mu_0=V_P\\ \mathrm{s.t.}\omega^T x_j-\mu^T y_j-\mu_0\geqslant 0,j=1,2,\cdots,n\\ \omega^T x_0=1\\ \omega\geqslant 0,\mu\geqslant 0\end{cases}\tag{11-8}
$$

其带有非阿基米德无穷小参数的对偶规划为：

$$
(D_{BCC}-\varepsilon)\begin{cases}\max[\theta-\varepsilon(\hat{e}^T s^-+e^T s^+)]=V_D(\varepsilon)\\ \mathrm{s.t.}\sum\limits_{j=1}^{n}x_j\lambda_j+s^-=\theta_{x_{j0}}\\ \sum\limits_{j=1}^{n}y_j\lambda_j-s^+=y_{j0}\\ \sum\limits_{j=1}^{n}\lambda_j=1\\ \lambda_j\geqslant 0,j=1,2,\cdots,n\\ s^-\geqslant 0,s^+\geqslant 0\end{cases}\tag{11-9}
$$

相比 C^2R 模型，BC^2 模型多了一个约束条件 $\sum_{j=1}^{n}\lambda_i = 1$，可以用来判断决策单元间相对技术有效性。通过投影值 x_{j0} 和 y_{j0} 可以获得技术有效性目标。

决策单元的规模收益有 3 种状况：①θ_0=1，规模收益不变；②θ_0＜1，且 $\frac{1}{\theta_0}\sum_{j=1}^{n}\lambda_j^0 > 1$，规模收益递减；③$\theta_0$＞1，且 $\frac{1}{\theta_0}\sum_{j=1}^{n}\lambda_j^0 < 1$ 规模收益递增。

11.3.2　《国家环境保护“十一五”规划》定量评估

11.3.2.1　中期评估定量方法

根据环境保护部发布的《国家环境保护“十一五”规划中期评估技术指南》，定量评估是评估规划实施的重点。定量评估指标体系主要有“十一五”环保规划目标、任务要求、重点工程、保障措施中涉及的定量数据，也可以用“是否”等定性判断性问题构成。各省（自治区、直辖市）按照实际涉及的工作范围，可以对定量评估指标适当增减。对于明确了 2008 年和 2010 年具体指标要求的，需要评估或预测指标完成程度（相对量）。对于没有具体指标要求的，以绝对量（工程量）评价数据为主。

要求的定量评估条目重点围绕水、大气、固体废物、生态保护、农村环境保护、近岸海域、核与辐射安全、环境监管能力建设 8 个方面展开[3]。此处仅就水与大气两类进行举例说明（表 11-4、表 11-5）。

表 11-4　《国家环境保护“十一五”规划》实施定量评估条目——水环境[3, 5]

<table>
<tr><th rowspan="2">层次框架</th><th rowspan="2" colspan="2">指标名称</th><th rowspan="2">2008 年量化要求</th><th rowspan="2">2010 年量化要求</th><th colspan="4">各省份情况</th><th rowspan="2">2010 年预计</th><th rowspan="2">进展评价分析</th><th rowspan="2">备注</th></tr>
<tr><th>2005 年</th><th>2006 年</th><th>2007 年</th><th>2008 年</th></tr>
<tr><td rowspan="2">质量目标</td><td colspan="2">地表水国控断面劣Ⅴ类水质的比例/%</td><td></td><td></td><td></td><td></td><td></td><td></td><td></td><td></td><td></td></tr>
<tr><td colspan="2">七大水系国控断面好于Ⅲ类的比例/%</td><td></td><td></td><td></td><td></td><td></td><td></td><td></td><td></td><td></td></tr>
<tr><td>总量目标</td><td colspan="2">化学需氧量排放总量/万 t</td><td></td><td></td><td></td><td></td><td></td><td></td><td></td><td></td><td></td></tr>
<tr><td rowspan="6">重点工程</td><td rowspan="2">城市污水处理工程</td><td>城市污水新增处理能力/(万 t/d)</td><td></td><td></td><td></td><td></td><td></td><td></td><td></td><td></td><td></td></tr>
<tr><td>污水管网长度/km</td><td></td><td></td><td></td><td></td><td></td><td></td><td></td><td></td><td></td></tr>
<tr><td rowspan="4">重点流域水污染防治工程</td><td>重点工业污染源治理工程</td><td></td><td></td><td></td><td></td><td></td><td></td><td></td><td></td><td></td></tr>
<tr><td>水源地上游污染防治工程</td><td></td><td></td><td></td><td></td><td></td><td></td><td></td><td></td><td></td></tr>
<tr><td>规模化畜禽养殖污染治理工程</td><td></td><td></td><td></td><td></td><td></td><td></td><td></td><td></td><td></td></tr>
<tr><td>城市环境综合治理工程</td><td></td><td></td><td></td><td></td><td></td><td></td><td></td><td></td><td></td></tr>
</table>

层次框架	指标名称		2008年量化要求	2010年量化要求	各省份情况				2010年预计	进展评价分析	备注
					2005年	2006年	2007年	2008年			
工作任务	饮用水水源安全	每年对集中式饮用水水源地至少进行一次水质全分析监测									
	工业污染控制	国控重点企业废水达标排放率/%									
		重污染行业的关停淘汰进展									
		国控重点企业的COD总量削减量									
		工业用水重复利用率/%									
	城市污水处理	所有污水处理厂全部安装在线监测装置									
		城市污水处理率/%									
		投入运行一年内的污水处理厂的实际处理负荷/设计能力									
		投入运行三年内的污水处理厂的实际处理负荷/设计能力									
		污水处理厂污泥处置率/%									

注：①一个省涉及多个重点流域的，分流域填写，重点工程的类别和具体项目参考国家环境保护十大重点工程及其对应的流域规划相关内容，以下各表同。②无法填写具体数据的，用“是”或“否”表示工作是否完成，若部分完成，可在表中填写具体数据，以下各表同。③“2008年量化要求”栏与“2010年量化要求”栏，国家或各省规划有具体量化要求的，根据规划填写，如无2008年要求的可不填写，以下各表同。④“2010年预计”栏根据对2010年目标完成情况的预测填写“能够达到”、“较难达到”、“难以达到”等，以下各表同。⑤“进展评价分析”栏，质量目标与总量控制目标涉及的内容较多，可不在该表填写，但应在自评估报告中以专门章节，应用逻辑框架法和其他系统分析方法，予以说明，以下各表同。⑥如果评估表和评估内容不涉及某一特定省份的，可不予填写，如内陆省份可不进行近岸海域的规划评估，以下各表同。⑦国家环境保护规划十大重点工程，应附本省的具体项目清单（如规划建设城市污水处理厂清单、各项目建设进展情况、设计处理能力与实际污水处理量等）。各省规划的重点工程，也应分别对照项目列表说明进展情况，并与总体数据保持一致。

表 11-5 《国家环境保护“十一五”规划》实施定量评估条目——大气环境[3, 5]

层次框架	指标名称	2008年量化要求	2010年量化要求	各省份情况				2010年预计	进展评价分析	备注
				2005年	2006年	2007年	2008年			
质量目标	重点城市空气质量好于II级标准的天数超过292天的比例/%									
总量目标	二氧化硫排放总量/万t									
	火电行业二氧化硫排放总量/万t									

层次框架	指标名称		2008 年量化要求	2010 年量化要求	各省份情况				2010 年预计	进展评价分析	备注
					2005 年	2006 年	2007 年	2008 年			
重点工程	燃煤电厂脱硫工程	现役火电机组投入运行的脱硫装机容量/MW									
		燃煤电厂 SO_2 达标排放率/%									
工作任务	工业废气防治	国控重点污染源大气达标排放率/%									
		氮氧化物是否纳入污染源监测和统计范围									
	燃煤电厂治理	新（扩）建燃煤电厂除国家规定的特低硫煤坑口电厂外，必须同步建设脱硫设施并预留脱硝场地									

注：重点城市中空气质量好于 II 级标准的天数超过 292 天的城市占该省重点城市总数的比例。

11.3.2.2　终期考核定量方法

（1）考核指标

《国家环境保护“十一五”规划》终期考核共设置了定量考核指标 15 项，定量考核指标见表 11-6。

表 11-6　《国家环境保护“十一五”规划》终期定量考核指标[4, 6, 7]

序号	层次框架	指标名称	属性	满分值
1	质量目标（满分 18）	地表水国控断面劣 V 类水质比例（%）的指标完成情况	定量	6
2		七大水系国控断面好于III类比例（%）的指标完成情况	定量	6
3		重点城市空气质量好于 II 级标准的天数超过 292 天的比例（%）的指标完成情况	定量	6
4	总量目标（满分 20）	化学需氧量排放总量削减任务完成情况	定量	10
5		二氧化硫排放总量削减任务完成情况	定量	10
6	工程任务（满分 54）	城市污水新增处理能力完成率	定量	5
7		重点流域水污染防治工程完成率	定量	5
8		国控重点源达标排放率	定量	5
9		现有火电机组投入运行的脱硫装机容量比例	定量	5
10		危险废物与医疗废物处置设施建设项目完成率	定量	4
11		堆存铬渣治理完成率	定量	3
12		城市生活垃圾新增处理能力完成率	定量	4
13		放射性废物库建设项目完成率	定量	5
14		县级环境监测站基本仪器配置标准化建设达标率	定量	3
15		省市县环保执法队伍基本硬件装备标准化建设达标率	定量	3

（2）指标评分方法说明

1）地表水国控断面劣Ⅴ类水质比例的指标完成情况。

数据来源：主要以经环保部审核的2010年各地表水国控断面监测的年度结果为依据，对各省（自治区、直辖市）完成环境质量目标的情况进行考核评分。

评分方法：根据《关于印发国家环境保护“十一五”规划目标分解方案的通知》（环办[2008]15号）确认的对各省（自治区、直辖市）到2010年地表水劣Ⅴ类水质国控断面的最多允许个数（记为S，$S \geqslant 0$）要求为依据，设定2010年某省（自治区、直辖市）劣Ⅴ类水质的地表水国控断面个数记为N_t（$N_t \geqslant 0$），2005年某省（自治区、直辖市）劣Ⅴ类水质的地表水国控断面个数记为N_0（$N_0 \geqslant S$），评分公式为：①$N_t \leqslant S$，满分。②$N_t > S$，分两类情况进行评分：若$N_t \geqslant N_0$，0分；若$S < N_t < N_0$，评分公式为：满分值*（$N_0 - N_t$）/（$N_0 - S$）。

2）七大水系国控断面好于Ⅲ类比例（%）的指标完成情况。

数据来源：主要以经环保部审核的2010年七大水系国控断面监测的年度结果为依据，对七大水系涉及的各省（自治区、直辖市）完成环境质量目标的情况进行考核评分。

评分方法：根据环办[2008]15号文件确认的、对七大水系涉及各省（自治区、直辖市）2010年水系内的地表水国控断面好于Ⅲ类水质的断面个数要求（记为S，$S \geqslant 0$）为依据，设定2010年七大水系涉及的某省（自治区、直辖市）水系内地表水国控断面好于Ⅲ类水质的个数记为N_t（$N_t \geqslant 0$，包括Ⅲ类水质的国控断面个数），2005年七大水系涉及的某省（自治区、直辖市）水系内地表水国控断面好于Ⅲ类水质的个数记为N_0（$S \geqslant N_0 \geqslant 0$），评分公式为：①$N_t \geqslant S$，满分。②$N_t < S$，分两类情况进行评分：若$N_t \leqslant N_0$，0分；若$S > N_t > N_0$，评分公式为：满分值*（$N_t - N_0$）/（$S - N_0$）。

3）重点城市空气质量好于Ⅱ级标准的天数超过292天的比例（%）的指标完成情况。

数据来源：主要以经环保部审核的2010年环保重点城市大气监测数据为依据，对各省（自治区、直辖市）完成环境质量目标的情况进行考核评分。

评分方法：根据环办[2008]15号文件确认的2010年113个环保重点城市（城市名单见《国家环境保护“十一五”规划》）空气质量好于Ⅱ级标准的天数超过292天的城市个数对各省（自治区、直辖市）的城市个数要求（记为S，$S \geqslant 0$）为依据，设定2010年某省（自治区、直辖市）环保重点城市空气质量好于Ⅱ级标准的天数超过292天的城市的个数记为N_t（$N_t \geqslant 0$，包括城市空气质量好于Ⅱ级标准的天数超过292天的环保重点城市个数），2005年某省（自治区、直辖市）环保重点城市空气质量好于Ⅱ级标准的天数超过292天的城市个数记为N_0（$S \geqslant N_0 \geqslant 0$），评分公式为：①$N_t \geqslant S$，满分。②$N_t < S$，分两类情况进行评分：若$N_t \leqslant N_0$，0分；若$S > N_t > N_0$，评分公式为：满分值*（$N_t - N_0$）/（$S - N_0$）。

4）化学需氧量排放总量削减任务完成情况。

数据来源：按国务院规定核定的各省（自治区、直辖市）2010年化学需氧量排放总量的削减量，对各省（自治区、直辖市）完成总量削减任务的情况进行考核评分。

评分方法：根据《国务院关于“十一五”期间全国主要污染物排放总量控制计划的批

复》（国函[2006]70 号）、环保部与各省（自治区、直辖市）签订的《“十一五”水污染物总量削减目标责任书》确认的 2010 年化学需氧量排放的削减量（记为 ΔS），设定某省（自治区、直辖市）“十一五”期间化学需氧量实际削减量为 ΔN，评分公式为：①$\Delta N \geqslant \Delta S$，满分。②$\Delta N < \Delta S$，分两类情况进行评分：若 $\Delta N < 0$，0 分；如 $\Delta S > \Delta N > 0$，评分方法为满分值*$\Delta N/\Delta S$。

5）二氧化硫排放总量削减任务完成情况。

数据来源：按国务院规定核定的各省（自治区、直辖市）2010 年二氧化硫排放总量的削减量，对各省（自治区、直辖市）完成总量削减任务的情况进行考核评分。

评分方法：根据《国务院关于“十一五”期间全国主要污染物排放总量控制计划的批复》（国函[2006]70 号）、环保部与各省（自治区、直辖市）签订的《“十一五”二氧化硫总量削减目标责任书》确认的 2010 年二氧化硫排放的削减量（记为 $\Delta S \geqslant 0$），设定某省（自治区、直辖市）“十一五”期间二氧化硫实际削减量为 $\triangle N$，评分公式为：1）$\Delta N \geqslant \Delta S$，满分。2）$\Delta N < \Delta S$，分两类情况进行评分：若 $\Delta N < 0$，0 分；若 $\Delta S > \Delta N > 0$，评分方法为满分值*（ΔN）/（ΔS）。

6）城市污水新增处理能力完成率。

数据来源：《全国城镇污水处理及再生利用设施“十一五”建设规划》。

评分方法：设某省（自治区、直辖市）《全国城镇污水处理及再生利用设施“十一五”建设规划》要求新增处理能力为 ΔS，该省（自治区、直辖市）“十一五”期间已建成、并投入运行的污水处理厂形成的新增污水处理能力为 $\triangle N$，评分公式为：①$\Delta N \geqslant \Delta S$，满分。②$\Delta N < \Delta S$，满分值*$\Delta N/\Delta S$。

7）重点流域水污染防治工程完成率。

数据来源：重点流域（“三河三湖”、松花江、黄河中上游、三峡库区及其上游）水污染防治“十一五”规划。

评分方法：依据《重点流域水污染防治规划实施情况考核暂行办法》（国办发[2009]38 号），由环保部会同有关部门对重点流域水污染防治专项规划涉及的各省（自治区、直辖市）工程项目完成情况给予评分。

8）国控重点源达标排放率。

数据来源：2010 年《国家重点监控企业名单》。

数据要求：按照 2010 年《国家重点监控企业名单》，提供本省（自治区、直辖市）国家重点监控企业名单及其达标排放情况。对废水重点监控企业和污水处理厂仅考核 COD 和氨氮指标达标排放情况，对废气重点监控企业仅考核二氧化硫和氮氧化物指标达标排放情况。

评分方法：单个国家重点监控企业的达标率计算公式为：

$$E = \frac{N_{\mathrm{e}}}{N_{\mathrm{t}}} \times 100\% \tag{11-10}$$

式中，E——单个评价对象达标率；

N_e——评价对象监测达标次数；

N_t——评价对象监测总次数。

地区国控重点源达标率的评价方法：评价地区区域内同种类型（废水重点监控企业、污水处理厂和废气重点监控企业）所有单个国家重点监控企业达标率的算术平均值，计算公式为：

$$D=\sum_{i=1}^{n}E_i/n \tag{11-11}$$

式中：D——评价地区的达标率（分为废水重点监控企业、污水处理厂和废气重点监控企业3种类型分别计算）；

E_i——第 i 个国家重点监控企业的达标率；

n——评价区域内参与评价的国家重点监控企业数量。

设定某省（自治区、直辖市）国家废水重点监控企业的达标率为 $D_{废水}$，国家废气重点监控企业的达标率为 $D_{废气}$，国家重点监控的污水处理厂的达标率为 $D_{污水处理厂}$，评分公式为：满分值*[0.4*$D_{废水}$+0.4*$D_{废气}$+0.2*$D_{污水处理厂}$]。

9）现有火电机组投入运行的脱硫装机容量比例。

数据来源：《现有燃煤电厂二氧化硫治理“十一五”规划》。

数据要求：按照《现有燃煤电厂二氧化硫治理“十一五”规划》，现有火电机组指2005年年底前建成投产的燃煤火电机组。设定某省（自治区、直辖市）纳入《现有燃煤电厂二氧化硫治理“十一五”规划》现有火电机组重点脱硫项目清单的总装机容量为 S，该省（自治区、直辖市）“十一五”期间经环境保护部、国家发展改革委和有关部门审核认定的现有脱硫机组总装机容量为 N（$0\leqslant N\leqslant S$，未纳入规划或项目调整未经审核通过的脱硫项目装机容量不纳入统计范畴）。

评分方法为：满分值*（N/S）。

10）危险废物与医疗废物处置设施建设项目完成率。

数据来源：《全国危险废物和医疗废物处置设施建设规划》。

数据要求：提供本省（自治区、直辖市）列入《全国危险废物和医疗废物处置设施建设规划》内的危险废物和医疗废物处置设施中未开工项目名称、在建项目名称、已建成项目名称及处理能力、已通过验收的项目名称及处理能力。

评分方法：设定某省（自治区、直辖市）纳入《全国危险废物和医疗废物处置设施建设规划》的危险废物和医疗废物处置设施建设项目的总个数为 S，截至2010年该省（自治区、直辖市）已建成危险废物和医疗废物处置设施建设项目个数为 N，评分公式为满分值*（N/S）。

11）堆存铬渣治理完成率。

数据来源：《铬渣污染综合整治方案》内各省（自治区、直辖市）历史无害化治理的铬渣堆存量，《铬渣污染综合整治方案》外省级政府按规定程序上报国务院并确认的新增量。

评分方法：设定某省（自治区、直辖市）列入《铬渣污染综合整治方案》的历史遗留铬渣无害化治理项目应无害化治理的铬渣堆存量为 S_1，《铬渣污染综合整治方案》外该省（自治区、直辖市）按规定程序上报国务院并确认的新增治理量为 S_2，“十一五”期间该省（自治区、直辖市）各项目实际无害化铬渣处置量为 N，评分公式为满分值*[N /（S_1+ S_2）]。

12）城市生活垃圾新增处理能力完成率。

数据来源：《全国城市生活垃圾无害化处理设施建设“十一五”规划》。

数据要求：某省（自治区、直辖市）《全国城市生活垃圾无害化处理设施建设“十一五”规划》要求新增处理能力 ΔS。该省（自治区、直辖市）“十一五”期间建成并投入运行的垃圾处理厂实际新增处理能力为 ΔN；评分公式为：①$\Delta N \geqslant \Delta S$，满分。②$\Delta N < \Delta S$，满分值*$\Delta N/\Delta S$。

13）放射性废物库建设项目完成率。

数据来源：《全国危险废物和医疗废物处置设施建设规划》。

数据要求：提供本省（自治区、直辖市）列入《全国危险废物和医疗废物处置设施建设规划》的放射性废物库建设项目中未开工项目名称、在建项目名称、已建成项目名称及库容、已通过验收的项目名称及库容。

评分方法：《全国危险废物和医疗废物处置设施建设规划》要求某省（自治区、直辖市）放射性废物库建设项目个数为 S，该省（自治区、直辖市）建设完成的放射性废物库个数为 N。评分公式为：满分值*（N / S）。

14）县级环境监测站基本仪器配置标准化建设达标率。

数据要求：根据《关于印发〈全国环境监测站建设标准〉的通知》（环发[2007]56 号）三级环境监测站基本仪器配置要求，县级环境监测站基本仪器标准化建设达标要求见表 11-7（自定项目、未有明确数量要求的仪器不纳入本次考核）。直辖市不参与本项指标考核。

评分方法：设定某省（自治区）已有县级环境监测站个数为 S，该省（自治区）县级环境监测站达到标准化建设要求的个数为 N。

东部地区评分公式：若 $N/S \geqslant 90\%$，满分；若 $N/S \leqslant 90\%$，则：满分*[（N/S）/90%]。

中部地区评分公式：若 $N/S \geqslant 80\%$，满分；若 $N/S \leqslant 80\%$，则：满分*[（N/S）/80%]。

西部地区评分公式：若 $N/S \geqslant 60\%$，满分；若 $N/S \leqslant 60\%$，则：满分*[（N/S）/60%]。

表 11-7　县级环境监测站基本仪器配置要求　　单位：个

序号	设备名称	东部地区	中部地区	西部地区
1	万分之一分析天平	1	1	1
2	pH 计（实验室用）	2	1	1
3	电导仪	2	1	1
4	离子计	1	1	1

序号	设备名称	东部地区	中部地区	西部地区
5	可见光分光光度计	2	1	1
6	BOD 培养箱	1	1	1
7	溶解氧测定仪	1	1	1
8	超净工作台	1	1	1
9	生物显微镜	1	1	1
10	高压灭菌锅	1	1	1
11	水样自动采样器	1	1	1
12	大气采样器	4	4	2
13	颗粒物采样器	4	4	2
14	声级计	2	2	2
15	监测数据处理平台	1	1	1
16	多媒体计算机	5～10	3～4	3～4
17	笔记本计算机	1～2	1	1
18	移动通讯设备	2～4	2	2
19	全球定位系统（GPS）	1	1	1
20	环境监测车	2	1	1

15）省市县环保执法队伍基本硬件装备标准化建设达标率。

数据要求：省、市、县环保执法队伍基本硬件装备标准化建设达标是指达到《关于印发〈全国环境监察标准化建设标准〉和〈环境监察标准化建设达标验收暂行办法〉的通知》（环发[2006]185 号）附表“基本硬件装备”的要求，暂不对专项设备、人员编制等其他内容进行考核。根据国家环境监管能力建设规划，省级应达到一级标准，市（地）级达二级标准的比例不低于 90%，区县级达三级标准的比例不低于 70%。

评分办法：①省、自治区评分办法：省市县均达到规划要求的，满分；否则，评分办法为：（满分/3）*省级环保执法队伍达标率+（满分/3）* 市级环保执法队伍达标率+（满分/3）*县级环保执法队伍达标率。②直辖市评分办法：省市均达到规划要求的，满分；否则，评分办法为：（满分/2）*省级环保执法队伍达标率+（满分/2）* 市级环保执法队伍达标率。

其中，省级环保执法队伍达标率、市级环保执法队伍达标率和县级环保执法队伍达标率的具体计算方法如下：

设定某省（自治区、直辖市）省级环保执法队伍基本达到能力建设标准化的个数为 N_1；该省（自治区、直辖市）省级环保执法队伍个数为 S_1（$N_1 \leqslant S_1$）；则省级环保执法队伍达标率= N_1/S_1。

设定某省（自治区、直辖市）市级环保执法队伍基本达到能力建设标准化的个数为 N_2；该省（自治区、直辖市）市级环保执法队伍个数为 S_2（$N_2 \leqslant S_2$）；若 $N_2/S_2 \geqslant 90\%$，市级环保执法队伍达标率=100%，否则市级环保执法队伍达标率=$N_2/$（S_2*90%）。

设定某省（自治区、直辖市）县级环保执法队伍基本达到能力建设标准化的个数为

N_3；该省（自治区、直辖市）县级环保执法队伍的个数为 S_3（$N_3 \leqslant S_3$）；若 $N_3/S_3 \geqslant 70\%$，则县级环保执法队伍达标率=100%，否则县级环保执法队伍达标率=N_3/（S_3*70%）。

（3）加分表与扣分表

1）加分表。

在加分表中，共有 5 项指标，其中有 4 项为定量指标，见表 11-8。

表 11-8　加分表定量指标

序号	层次框架	指标名称	属性	满分值
1	总量减排	化学需氧量排放总量削减任务超额完成	定量	2.5
2		二氧化硫排放总量削减超额完成	定量	2.5
3	环境监测与统计	每年对集中式饮用水水源地至少进行一次水质全分析监测	定量	1
4	实施机制	规划实施绩效是否纳入政府政绩考核体系	定量	2

加分指标计算方法如下：

化学需氧量排放总量削减超额完成加分方法：在两项主要污染物排放总量削减目标均完成的前提下，化学需氧量超额完成“十一五”总量减排目标任务 15%以上的（含 15%），加 2.5 分；超额完成 5%～15%的（含 5%），加 1 分。

二氧化硫排放总量削减超额完成加分方法：在两项主要污染物排放总量削减目标均完成的前提下，二氧化硫超额完成“十一五”总量减排目标任务 15%以上的（含 15%），加 2.5 分；超额完成 5%～15%的（含 5%），加 1 分。

每年对集中式饮用水水源地至少进行一次水质全分析监测加分方法：如某一省（自治区、直辖市）内所有地级城市（含州、盟所在城市）“十一五”期间均开展了集中式饮用水水源地的水质全分析监测工作，则对该省（自治区、直辖市）给予加 1 分。如只有部分地级城市开展了此项工作，则按开展此项工作的城市占比给予加分。

规划实施绩效是否纳入政府政绩考核体系加分方法：根据各省（自治区、直辖市）是否将《规划》实施绩效纳入市县党政领导干部政绩考核评价体系的情况给予奖励，如纳入政绩考核评价体系，给予加 2 分的奖励。

2）扣分表。

表 11-9　扣分表定量指标

序号	指标名称	属性	满分值
1	发生较大及以上环境事件情况	定量	8
2	挂牌督办	定量	2

扣分指标计算方法如下：

发生较大及以上环境事件情况扣分方法：对于各省（自治区、直辖市）“十一五”期间发生较大及以上环境事件的数量（记为 N_i，$N_i \geqslant 0$）进行排名，数量越多，扣分越多。未发生较大及以上环境事件的省（自治区、直辖市），不扣分；事件发生最多的省（自治区、直辖市）扣 8 分（事件数量记为 N_{max}，$N_{max} \geqslant 0$）；介于两者之间的省（自治区、直辖市）扣分公式为：（N_i/N_{max}）×8。较大及以上环境事件数量的数据来源于《中国环境统计年报》。

挂牌督办扣分方法：“十一五”期间，环保部挂牌督办环境违法案件及突出问题件数前 5 名的省（自治区、直辖市），扣 2 分。

11.4 定性与定量综合评估方法

从上述分析可知，在环境规划实施评估中完全采用定性的分析方法是不能满足实际需求的。但是，在现有的条件下，由于受数据和方法的限制，在环境规划实施评估中完全采用定量的评估方法也是不现实的。因此，定性与定量相结合的方法在理论方法研究与实践中得到越来越多的应用。目前，比较常用的定性与定量相结合的评估方法主要有层次分析法、模糊综合评价法、灰色综合评价法等。同时，综合的、集成的评价方法也开始得到应用，并取得了良好的效果，例如，层次分析法与模糊综合评价法的集成、层次分析法与灰色综合评价法的集成等。下面将主要介绍环境规划实施评估中常用的三种方法：层次分析法、模糊综合评价法、灰色综合评价法。

11.4.1 层次分析法

11.4.1.1 层次分析法的定义与特点

层次分析法（Analytic Hierarchy Process，AHP）是将与决策总是有关的元素分解成目标、准则、方案等层次，在此基础上进行定性和定量分析的决策方法。该方法是美国运筹学家匹兹堡大学教授 T. L. Saaty 于 20 世纪 70 年代初，在为美国国防部研究“根据各个工业部门对国家福利的贡献大小而进行电力分配”课题时，应用网络系统理论和多目标综合评价方法，提出的一种层次权重决策分析方法。AHP 方法是对一些较为复杂、较为模糊的问题作出决策的简易方法。AHP 方法特别适用于那些难以完全定量分析的问题。通常，人们在进行社会的、经济的以及科学管理领域问题的系统分析时，面临的常常是一个由相互关联、相互制约的众多因素构成的复杂而往往缺少定量数据的系统。层次分析法为这类问题的决策和排序提供了一种新的、简洁而实用的建模方法[12]。

AHP 方法的优点主要有：①系统性。层次分析法把研究对象作为一个系统，按照分解、比较判断、综合的思维方式进行决策，成为继机理分析、统计分析之后发展起来的系统分析的重要工具。这种方法尤其可用于对无结构特性的系统评价以及多目标、多准则、多时期等系统的系统评价。②简洁实用。这种方法既不单纯追求高深的数学知识，又不片面地注重行为、逻辑、推理，使复杂的系统被分解，能将人们的思维过程数学化、系统化，便于人们接受，且能把多目标、多准则又难以全部量化处理的决策问题化为多层次单目标问题，最后进行简单的数学运算，并且所得结果简单明确，容易为决策者了解和掌握。③定量数据信息较少。由于层次分析法是一种模拟人们决策过程的思维方式的一种方法，将判断各要素的相对重要性的步骤化为简单的权重进行计算。这种思想能处理许多用传统的最优化技术无法解决的实际问题。当然，AHP 方法也有缺陷，这种方法通常不能为决策提供新方案。由于定量数据较少、定性成分多，评估结果也不易令人信服。特别是当指标过多时数据统计量大，权重难以确定，特征值和特征向量的精确求法也比较复杂。

层次分析法被运用于多种领域的评价，在环境规划、环境政策和环境管理中应用比较普遍。对环境规划实施评估而言，采用层次分析法可以在有限数据的条件下，结合专家意见，实现对环境规划实施绩效（包括效果、效率以及经济性等方面）进行定性与定量相结合的综合评估。综合评估结果可直接用于综合排序，并提出综合评估结论，而单项评估结果可用于单项指标排序，并形成相应的结论，从而为评估结论的应用与规划实施的改进提供依据。

11.4.1.2　层次分析法的建模步骤

运用层次分析法建模，大体上可按下面 4 个步骤进行：建立递阶层次结构模型、构造各层次的判断矩阵、层次单排序及一致性检验、层次总排序及一致性检验。下面分别就这 4 个步骤的实现过程进行说明。

（1）建立递阶层次结构

应用 AHP 分析决策问题时，首先要把问题条理化、层次化，构造出一个有层次的结构模型。在这个模型下，复杂问题被分解为元素的组成部分。这些元素又按其属性及关系形成若干层次。上一层次的元素作为准则对下一层次有关元素起支配作用。这些层次可以分为 3 类：第一类是最高层，这一层次只有一个元素，一般是分析问题的预定目标或理想结果，因此也称为目标层。第二类是中间层，这一层次包含了为实现目标所涉及的中间环节，可以由若干个层次组成，包括需考虑的准则、子准则，因此也称为准则层。第三类是最底层，这一层次包括了为实现目标可供选择的各种措施、决策方案等，因此也称为措施层或方案层。

递阶层次结构中的层次数与问题的复杂程度及需要分析的详尽程度有关，一般情况下层次数不受限制。每一层次中各元素所支配的元素一般不要超过 9 个。这是因为支配的元素过多会给两两比较判断带来困难。

（2）构造判断矩阵

层次结构反映了因素之间的关系，但准则层中的各准则在目标衡量中所占的比重并不一定相同，在决策者的心目中，它们各占有一定的比例。在确定影响某因素的诸因子在该因素中所占的比重时，遇到的主要困难是这些比重常常不易定量化。此外，当影响某因素的因子较多时，直接考虑各因子对该因素有多大程度的影响时，常常会因考虑不周全、顾此失彼而使决策者提出与其实际认为的重要性程度不相一致的数据，甚至有可能提出一组隐含矛盾的数据。

假设现在要比较 n 个因子 $X=\{x_1,\cdots,x_n\}$ 对某因素 Z 的影响大小，Saaty 等人建议可以采用对因子进行两两比较建立成对比较矩阵的办法。即每次取两个因子 x_i 和 x_j，以 a_{ij} 表示 x_i 和 x_j 对 Z 的影响大小之比，全部比较结果用矩阵 $\boldsymbol{A}=(a_{ij})_{n\times n}$ 表示，称 $\boldsymbol{A}$ 为 $Z-X$ 的成对比较判断矩阵（简称判断矩阵）。容易看出，若 x_i 与 x_j 对 Z 的影响之比为 a_{ij}，则 x_i 与 x_j 对 Z 的影响之比应为 $a_{ji}=\dfrac{1}{a_{ij}}$。

定义 1　若矩阵 $\boldsymbol{A}=(a_{ij})_{n\times n}$ 满足

$$(i)a_{ij}>0,(ii)a_{ji}=\frac{1}{a_{ij}}(i,j=1,2,\cdots,n)$$

则称为正互反矩阵。

关于如何确定 a_{ij} 的值，Saaty 等建议引用数字 1～9 及其倒数作为标度。表 11-10 列出了 1～9 标度的含义：

表 11-10　AHP 方法中判断矩阵 a_{ij} 取值

a_{ij}	两指标相比	解释
1	同等重要	指标 i 和 j 同样重要
3	稍微重要	指标 i 比 j 略微重要
5	明显重要	指标 i 比 j 重要
7	重要得多	指标 i 比 j 明显重要
9	极端重要	指标 i 和 j 绝对重要
2、4、6、8	介于两相邻重要程度间	需要折中时采用
以上各数的倒数	两目标反过来比较	

从心理学观点来看，分级太多会超越人们的判断能力，既增加了作判断的难度，又容易因此而提供虚假数据。Saaty 等人还用实验方法比较了在各种不同标度下人们判断结果的正确性，实验结果表明，采用 1～9 标度最为合适。

（3）层次单排序及一致性检验

判断矩阵 $\boldsymbol{A}$ 对应于最大特征值 λ_{max} 的特征向量 $\boldsymbol{W}$，经归一化后即为同一层次相应因素对于上一层次某因素相对重要性的排序权值，这一过程称为层次单排序。按照这种方法构造成对比较判断矩阵虽能减少其他因素的干扰，较客观地反映出一对因子影响力的差别，但在综合全部比较结果时，其中难免包含一定程度的非一致性。如果比较结果是前后完全一致的，则矩阵 $\boldsymbol{A}$ 的元素还应当满足：

$$a_{ij}a_{jk}=a_{ik},\forall i,j,k=1,2,\cdots,n$$

定义 2　满足上述关系式的正互反矩阵称为一致矩阵。

需要检验构造出来的（正互反）判断矩阵 **A** 是否严重地非一致，以便确定是否接受 **A**。

定理 1　正互反矩阵 **A** 的最大特征根 λ_{max} 必为正实数，其对应特征向量的所有分量均为正实数。**A** 的其余特征值的模均严格小于 λ_{max}。

定理 2　若 **A** 为一致矩阵，那么：① **A** 必为正互反矩阵。② **A** 的转置矩阵 $\boldsymbol{A}_T$ 也是一致矩阵。③ **A** 的任意两行成比例，比例因子大于零，从而 *rank*(*n*)=1（同样，**A** 的任意两列也成比例）。④ **A** 的最大特征值 $\lambda_{max}=n$，其中 *n* 为矩阵 **A** 的阶。**A** 的其余特征根均为零。若 **A** 的最大特征值 λ_{max} 对应的特征向量为 $\boldsymbol{W}=(w_1,\cdots,w_n)^T$，则

$$a_{ij}=\frac{w_i}{w_j},\forall i,j=1,2,\cdots,n \text{，即}$$

$$\boldsymbol{A}=\begin{bmatrix} \frac{w_1}{w_1} & \frac{w_1}{w_2} & \cdots & \frac{w_1}{w_n} \\ \frac{w_2}{w_1} & \frac{w_2}{w_2} & \cdots & \frac{w_2}{w_n} \\ \cdots & \cdots & \cdots & \cdots \\ \frac{w_n}{w_1} & \frac{w_n}{w_2} & \cdots & \frac{w_n}{w_n} \end{bmatrix}$$

定理 3　*n* 阶正互反矩阵 **A** 为一致矩阵，当且仅当其最大特征根 $\lambda_{max}=n$，且当正互反矩阵 **A** 非一致时，必有 $\lambda_{max}>n$。

根据定理 3，可以由 λ_{max} 是否等于 *n* 来检验判断矩阵 **A** 是否为一致矩阵。由于特征根连续地依赖于 a_{ij}，故 λ_{max} 比 *n* 大得越多，**A** 的非一致性程度也就越严重，λ_{max} 对应的标准化特征向量也就越不能真实地反映出 $X=\{x_1,\cdots,x_n\}$ 在对因素 *Z* 的影响中所占的比重。因此，对决策者提供的判断矩阵有必要做一次一致性检验，以决定是否能接受它。

对判断矩阵的一致性检验的步骤如下：

1）计算一致性指标 CI

$$\text{CI}=\frac{\lambda_{max}-n}{n-1} \tag{11-12}$$

2）查找相应的平均随机一致性指标 RI。对 *n*=1，…，9，Saaty 给出了 RI 的值，如表 11-11 所示。

表 11-11　RI 值

n	1	2	3	4	5	6	7	8	9
RI	0	0	0.58	0.89	1.12	1.24	1.32	1.41	1.45

3）计算一致性比例 CR

$$CR=\frac{CI}{RI} \tag{11-13}$$

一般而言，CR 越小，判断矩阵的一致性越好，通常认为 CR＜0.1 时，判断矩阵满足一致性检验，否则应对判断矩阵进行适当调整，以满足为 CR＜0.1。

（4）层次总排序及一致性检验

上面得到的是一组元素对其上一层中某元素的权重向量。最终要得到各元素，特别是最低层中各方案对于目标的排序权重，从而进行方案选择。总排序权重要自上而下地将单准则下的权重进行合成。

假设上一层次（A 层）包含 A_1，…，A_m 共 m 个因素，它们的层次总排序权重分别为 a_1，…，a_m。又设其后的下一层次（B 层）包含 n 个因素 B_1，…，B_n，它们关于 A_j 的层次单排序权重分别为 a_{1j}，…，a_{nj}。当 B_i 与 A_j 无关联时，$b_{ij}=0$。B 层中各因素关于总目标的权重，即 B 层各因素的层次总排序权重 b_1，…，b_n，$b_i=\sum_{j=1}^{m}b_{ij}a_j, i=1,\cdots,n$。

对层次总排序也需作一致性检验，检验仍类似于层次总排序，即由高层到低层逐层进行。因为即使各层次均已经过层次单排序的一致性检验，各成对比较判断矩阵都已具有较为满意的一致性，但当综合考察时，各层次的非一致性仍有可能积累起来，引起最终分析结果较严重的非一致性。

假设 B 层中与 A_j 相关的因素的成对比较判断矩阵在单排序中，经一致性检验求得单排序一致性指标为 CI(j)，（j=1,⋯,m），相应的平均随机一致性指标为 RI(j)。CI(j)、RI(j)已在层次单排序时求得，则 B 层总排序随机一致性比例为：

$$CR=\frac{\sum_{j=1}^{m}CI(j)a_j}{\sum_{j=1}^{m}RI(j)a_j} \tag{11-14}$$

当 CR＜0.1 时，认为层次总排序结果具有较满意的一致性并接受该分析结果。

11.4.2 模糊综合评价法

11.4.2.1 模糊综合评价法的定义与特点

模糊综合评价法是一种基于模糊数学的综合评价方法。该综合评价法根据模糊数学的隶属度理论把定性评价转化为定量评价，即用模糊数学对受到多种因素制约的事物或对象做出一个总体的评价。它具有结果清晰、系统性强的特点，能较好地解决模糊的、难以量化的问题，适合各种非确定性问题的解决。模糊集合理论的概念于 1965 年由美国自动控制专家查德（L. A. Zadeh）教授提出，用以表达事物的不确定性。

模糊综合评价法主要有两个特点：①相互比较。以最优的评价因素值为基准，其评价值为 1；其余欠优的评价因素依据欠优的程度得到相应的评价值。②可以依据各类评价因素的特征，确定评价值与评价因素值之间的函数关系（隶属度函数）。确定这种函数关系有很多种方法，例如，F 统计方法，各种类型的 F 分布等。当然，也可以请有经验的专家进行评价，直接给出评价值。

为了便于描述，依据模糊数学的基本概念，对模糊综合评价法中的有关术语定义如下[12, 13]：

1）评价因素（F）：指对环境规划实施评价的具体内容。

为便于权重分配和评价，可以按评价因素的属性将评价因素分成若干类，把每一类都视为单一评价因素，并称为第一级评价因素（F_1）。第一级评价因素可以设置下属的第二级评价因素（F_2）。第二级评价因素可以设置下属的第三级评价因素（F_3）。依此类推。

2）评价因素值（F_v）：指评价因素的具体值。

3）评价值（E）：指评价因素的优劣程度。评价因素最优的评价值为 1（采用百分制时为 100 分）；欠优的评价因素，依据欠优的程度，其评价值大于或等于零、小于或等于 1（采用百分制时为 100 分），即 $0 \leqslant E \leqslant 1$（采用百分制时 $0 \leqslant E \leqslant 100$）。

4）平均评价值（E_p）：指评价人员对某评价因素评价的平均值。

平均评价值（E_p）= 全体评价人员的评价值之和÷评价人员数

5）权重（W）：指评价因素的地位和重要程度。

第一级评价因素的权重之和为 1；每一个评价因素的下一级评价因素的权重之和为 1。

6）加权平均评价值（E_{pw}）：指加权后的平均评价值。

加权平均评价值（E_{pw}）= 平均评价值（E_p）×权重（W）

7）综合评价值（E_z）：指同一级评价因素的加权平均评价值（E_{pw}）之和。

11.4.2.2　模糊综合评价法的建模步骤

（1）确定评价对象的因素论域

P 个评价指标，$u=\left\{u_1,u_2,\cdots,u_p\right\}$。

（2）确定评价等级论域

$v=\left\{v_1,v_2,\cdots,v_p\right\}$，即等级集合。每一个等级可对应一个模糊子集。

（3）建立模糊关系矩阵 $\boldsymbol{R}$

在构造了等级模糊子集后，要逐个对被评事物从每个因素 $u_i\left(i=1,2,\cdots,p\right)$ 上进行量化，即确定从单因素来看被评事物对等级模糊子集的隶属度$\left(R \mid u_i\right)$，进而得到模糊关系矩阵：

$$
\boldsymbol{R}=\begin{bmatrix} R| & u_1 \\ R| & u_2 \\ \multicolumn{2}{c}{\cdots} \\ R| & u_p \end{bmatrix}=\begin{bmatrix} r_{11} & r_{12} & \cdots & r_{1m} \\ r_{21} & r_{22} & \cdots & r_{2m} \\ \cdots & \cdots & \cdots & \cdots \\ r_{p1} & r_{p2} & \cdots & r_{pm} \end{bmatrix}_{p.m}
$$

矩阵 $\boldsymbol{R}$ 中第 i 行第 j 列元素 r_{ij} 表示某个被评事物从因素 u_i 来看对 v_j 等级模糊子集的隶属度。一个被评事物在某个因素 u_i 方面的表现，是通过模糊向量 $(R|u_i)=(r_{i1},r_{i2},\cdots,r_{im})$ 来刻画的，而在其他评价方法中多是由一个指标实际值来刻画的，因此，从这个角度讲模糊综合评价要求更多的信息。

（4）确定评价因素的权向量

在模糊综合评价中，确定评价因素的权向量：$\boldsymbol{A}=(a_1,a_2,\cdots,a_p)$。权向量 $\boldsymbol{A}$ 中的元素 a_i 本质上是因素 u_i 对模糊子集$\{$对被评事物重要的因素$\}$的隶属度。本节采用层次分析法来确定评价指标间的相对重要性次序。从而确定权系数，并且在合成之前归一化。即 $\sum_{i=1}^{p}a_i=1$，$a_i \geqslant 0$，$i=1,2,\cdots,n$。

（5）合成模糊综合评价结果向量

利用合适的算子将 $\boldsymbol{A}$ 与各被评事物的 $\boldsymbol{R}$ 进行合成，得到各被评事物的模糊综合评价结果向量 $\boldsymbol{B}$。即

$$
\boldsymbol{A}\circ\boldsymbol{R}=(a_1,a_2,\cdots,a_p)\begin{bmatrix} r_{11} & r_{12} & \cdots & r_{1m} \\ r_{21} & r_{22} & \cdots & r_{2m} \\ \cdots & \cdots & \cdots & \cdots \\ r_{p1} & r_{p2} & \cdots & r_{pm} \end{bmatrix}=(b_1,b_2,\cdots,b_m)=\boldsymbol{B} \tag{11-15}
$$

其中，b_1 是由 $\boldsymbol{A}$ 与 $\boldsymbol{R}$ 的第 j 列运算得到的，它表示被评事物从整体上看对 v_j 等级模糊子集的隶属程度。

（6）对模糊综合评价结果向量进行分析

实际中，对模糊综合评价结果向量进行分析最常用的方法是最大隶属度原则，但在某些情况下使用会有些勉强，损失信息很多，甚至得出不合理的评价结果。因而提出使用加权平均求隶属等级的方法，对于多个被评事物可以依据其等级位置进行排序。

11.4.3　灰色综合评价法

11.4.3.1　灰色系统与关联度分析

在控制论中，人们常用颜色的深浅来代表信息的明确程度。用“黑”表示信息未知，用“白”表示信息完全明确，用“灰”表示部分信息明确、部分信息不明确。相应地，信息未知的系统称为黑色系统，信息完全明确的系统称为白色系统，信息不完全确知的系统称为灰色系统。灰色系统是介于信息完全明确的白色系统和一无所知的黑色系统之间的中间系统。

灰色系统是贫信息系统，统计方法难以奏效。灰色系统理论能处理贫信息系统，适用于只有少量观测数据的项目。灰色系统理论是我国学者邓聚龙教授于 1982 年提出的，主要是利用已知信息来确定系统的未知信息，使系统由“灰”变“白”。其将定性分析和定量计算相结合，在工程控制、经济管理、社会系统、生态系统等领域得到了广泛的应用。

社会、经济、环境等抽象系统包含多种因素，这些因素之间哪些是主要的，哪些是次要的，哪些需要发展，哪些需要拟制，这些都是因素分析的内容。回归分析是一种较通用的方法，但大都只适用于只有少量因素的、线性的问题。对于多因素的、非线性的问题则难以处理。灰色系统理论提出了一种新的分析方法，即系统的关联度分析方法。这是根据因素之间发展态势的相似程度来衡量因素间关联程度的方法。

关联度分析是灰色系统分析、评价和决策的基础。灰色系统关联度分析是一种多因素统计分析方法，用灰色关联度来描述因素间关系强弱、大小和次序。

进行关联度分析，首先要找准数据序列，即用什么数据才能反映系统的行为特征。当有了系统行为的数据列（即各时刻的数据）后，根据关联度计算公式便可算出关联程度。关联度反映各评价对象对理想（标准）对象的接近次序，即评价对象的优劣次序，其中灰色关联度最大的评价对象为最佳。

关联度分析方法的最大优点是它对数据量没有太高的要求，即数据多与少都可以分析。它的数学方法是非统计方法，在系统数据资料较少和条件不满足统计要求的情况下，更具有实用性。

11.4.3.2　灰色综合评价法的建模步骤

灰色综合评价法主要依据以下模型[13]：

$$\boldsymbol{R}=\boldsymbol{E}\times\boldsymbol{W} \tag{11-16}$$

式中，$\boldsymbol{R}$ —— m 个被评价对象的综合评价结果向量；

$\boldsymbol{W}$ —— n 个评价指标的权重向量；

$\boldsymbol{E}$ —— 各指标的评判矩阵。

其中，

$$
\boldsymbol{E}=\begin{bmatrix} \xi_1(1) & \xi_1(2) & \cdots & \xi_1(n) \\ \xi_2(1) & \xi_2(2) & \cdots & \xi_2(n) \\ \cdots & \cdots & \cdots & \cdots \\ \xi_m(1) & \xi_m(2) & \cdots & \xi_m(n) \end{bmatrix}
$$

$\xi_i(k)$ 为第 i 个被评价对象的第 k 个指标与第 k 个最优指标的关联系数。根据 $\boldsymbol{R}$ 的数值进行排序。

（1）确定最优指标集

设 $F=[j_1^*, j_2^*, \cdots, j_n^*]$，式中 j_k^* 为第 k 个指标的最优值。此最优序列的每个指标值可以是诸评价对象的最优值，也可以是评估者公认的最优值。选定最优指标集后，可构造矩阵 $\boldsymbol{D}$:

$$
\boldsymbol{D}=\begin{bmatrix} j_1^* & j_2^* & \cdots & j_n^* \\ j_1^1 & j_2^1 & \cdots & j_n^1 \\ \cdots & \cdots & \cdots & \cdots \\ j_1^m & j_2^1 & \cdots & j_n^1 \end{bmatrix}
$$

式中 j_k^i 为第 i 个方案中第 k 个指标的原始数值。

（2）指标的规范化处理

由于评判指标间通常有不同的量纲和数量级，故不能直接进行比较，为了保证结果的可靠性，需要对原始指标进行规范处理。设第 k 个指标的变化区间为 $[j_{k1}, j_{k2}]$， j_{k1} 为第 k 个指标在所有被评价对象中的最小值，j_{k2} 为第 k 个指标在所有被评价对象中的最大值，则可以用下式将上式中的原始数值变成无量纲值 $C_k^i \in (0,1)$。

$$
C_k^i=\frac{j_k^i-j_{k1}}{j_{k2}-j_k^i}，（i=1,2,\cdots,m，\ k=1,2,\cdots,n） \tag{11-17}
$$

$$
\boldsymbol{C}=\begin{bmatrix} C_1^* & C_2^* & \cdots & C_n^* \\ C_1^1 & C_2^1 & \cdots & C_n^1 \\ \cdots & \cdots & \cdots & \cdots \\ C_1^m & C_2^1 & \cdots & C_n^1 \end{bmatrix}
$$

（3）计算综合评判结果

根据灰色系统理论，将 $\{C^*\}=[C_1^*, C_2^*, \cdots, C_n^*]$ 作为参考数列，将 $\{C\}=[C_1^i, C_2^i, \cdots, C_n^i]$ 作为被比较数列，则用关联分析法分别求得第 i 个被评价对象的第 k 个指标与第 k 个指标最优指标的关联系数，即

$$
\xi_{\mathrm{i}}(k)=\frac{\min\limits_i \min\limits_k \left|C_k^*-C_k^i\right|+\rho \max\limits_i \max\limits_k \left|C_k^*-C_k^i\right|}{\left|C_k^*-C_k^i\right|+\rho \max\limits_i \max\limits_k \left|C_k^*-C_k^i\right|} \tag{11-18}
$$

式中 $\rho \in (0,1)$，一般取 $\rho = 0.5$。

这样综合评价结果为：$\boldsymbol{R} = \boldsymbol{E} \times \boldsymbol{W}$，即

$$r_i = \sum_{k=1}^{n} W(k) \times \xi_i(k) \tag{11-19}$$

若关联度 r_i 最大，说明 $\{C\}$ 与最优指标 $\{C^*\}$ 最接近，即第 i 个被评价对象优于其他被评价对象，据此可以排出各被评价对象的优劣次序。

11.5　基于逻辑框架法的环境规划评估

11.5.1　逻辑框架法的定义与结构

逻辑框架法（LFA）是由美国国际开发署（USAID）于 1970 年开发并使用的一种设计、计划和评价方法，是目前国际上广泛应用于规划的策划、分析、管理与评价的基本方法。该方法利用一张简单的框图来清晰地分析复杂系统的内涵及其关系，为规划实施评估提供了一种层次分明、结构清晰、逻辑合理的分析框架。LFA 从确定待解决的核心问题入手，向上逐级展开，得到其影响及后果，向下逐层推演找出其原因，得到所谓的“问题树”。将问题树进行转换，即将问题树描述的因果关系转换为相应的手段——目标关系，得到所谓的目标树。得到目标树之后，进一步的工作是要通过“规划矩阵”来完成。

总体上，逻辑框架法主要是通过层次纲要、客观验证指标、验证依据以及假定条件 4 个逻辑环节对规划的实施予以评估，其基本结构如表 11-12 所示。

表 11-12　逻辑框架法的基本结构[14]

层次纲要	客观验证指标	验证依据	假定条件
目标/影响	目标指标	监测和监督手段及方法	实现目标的主要条件
目的/作用	目的指标	监测和监督手段及方法	实现目的的主要条件
产出/结果	产出物定量指标	监测和监督手段及方法	实现产出的主要条件
投入/措施	投入物定量指标	监测和监督手段及方法	落实投入的主要条件

11.5.2　《国家环境保护“十一五”规划》评估逻辑框架

以环境保护部环境规划院开展的《国家环境保护“十一五”规划》中期评估为例，介绍逻辑框架法在环境规划实施评估中的应用。这是国家层面上第一次应用逻辑框架法评估环境规划的实施效果。《国家环境保护“十一五”规划》中期评估拟在对规划实施成果验证指标及其对应验证方法进行规范化的基础上，结合外部影响因素，系统评估从投入到产出、从产出到目的，从目的到目标的一系列垂直因果链条，以期从中发现规划实施过程中的障碍与薄弱环节，为“十一五”环保规划后期的调整与实施提供经验借鉴与技术支持[3]。

就国家环境保护“十一五”规划实施评估的逻辑框架而言，“环境质量”为目标层次，“总量”为目的层次，“工程”和“任务与措施”主要强调产出与结果，“任务与措施”中涉及工作任务的部分、“投资”与“保障政策”为投入层次的内容。由于《国家环境保护“十一五”规划》是一个涉及多环境介质和生态系统保护的综合性规划，在开展实施效果评估时基本上还是按照环境要素分类评估的。以水环境要素领域的保护规划评估为例，具体逻辑框架分析如表 11-13 所示。

表 11-13 水环境保护逻辑框架评估要点参考[3]

<table>
<tr><th>层次</th><th colspan="2">评估大项</th><th>评估要点</th></tr>
<tr><td rowspan="2">目标层次</td><td rowspan="2" colspan="2">水环境质量改善</td><td>地表水国控断面劣 V 类水质的比例下降</td></tr>
<tr><td>七大水系国控断面好于III类的比例上升</td></tr>
<tr><td>目的层次</td><td colspan="2">水污染物总量控制</td><td>化学需氧量排放总量削减</td></tr>
<tr><td rowspan="13">产出与结果</td><td rowspan="6">重点工程</td><td rowspan="2">城市污水处理工程</td><td>城市污水处理能力新增情况</td></tr>
<tr><td>城市污水管网污水搜集情况</td></tr>
<tr><td rowspan="4">重点流域水污染防治工程</td><td>重点工业污染源治理工程完成情况</td></tr>
<tr><td>水源地上游污染防治工程完成情况</td></tr>
<tr><td>规模化畜禽养殖污染治理工程完成情况</td></tr>
<tr><td>部分城市环境综合治理工程完成情况</td></tr>
<tr><td rowspan="7">工作成果</td><td rowspan="3">工业污染控制</td><td>国控重点企业的废水达标排放情况</td></tr>
<tr><td>国控重点企业的 COD 总量削减情况</td></tr>
<tr><td>工业用水重复利用情况</td></tr>
<tr><td rowspan="4">城市污水处理</td><td>城市污水处理率</td></tr>
<tr><td>投入运行一年内的污水处理厂的实际处理负荷情况</td></tr>
<tr><td>投入运行三年内的污水处理厂的实际处理负荷情况</td></tr>
<tr><td>污水处理厂污泥处置情况</td></tr>
<tr><td rowspan="12">投入与措施</td><td rowspan="4" colspan="2">城市污水处理</td><td>所有污水处理厂在线监测装置安装情况</td></tr>
<tr><td>城市污水处理厂推进技术进步和推广先进适用技术情况</td></tr>
<tr><td>城市污水再生利用情况</td></tr>
<tr><td>城市污水费征收制度制定情况</td></tr>
<tr><td rowspan="8" colspan="2">工业废水治理</td><td>执行水污染物排放标准情况</td></tr>
<tr><td>执行总量控制制度情况</td></tr>
<tr><td>推行水排污许可证制度情况</td></tr>
<tr><td>淘汰小造纸、小化工、小制革、小印染、小酿造等不符合产业政策的重污染企业的情况</td></tr>
<tr><td>高耗水行业废水排放限额标准制定情况</td></tr>
<tr><td>造纸、酿造、化工、纺织、印染行业的污染治理和技术改造力度情况</td></tr>
<tr><td>钢铁、电力、化工、煤炭等重点行业推广废水循环利用情况</td></tr>
<tr><td>排入城镇排水系统的工业废水水质和水量的监测情况</td></tr>
</table>

层次	评估大项	评估要点
投入与措施	饮用水水源安全保障	每年对集中式饮用水水源地水质全分析监测工作完成情况
		饮用水水源一级保护区内直接排污口的取缔情况
		饮用水水源二级保护区内直接排污口的关闭情况
		地表水饮用水水源保护区划定和调整工作进展情况
		地表水饮用水水源保护区警示标志设立情况
		饮用水水源地环境状况调查与饮用水水源地环境保护规划编制工作情况
		饮水安全保障规划与管理办法编制工作情况
		饮用水水源保护区水土保持、水源涵养、面源污染控制等工作情况
		饮用水水源保护区上游水污染严重的化工、造纸、印染等行业准入政策制定情况
		饮用水水源安全预警制度完善与污染事故应急预案制订情况
		饮用水水源地监测和管理体系完善情况
		饮用水水源地水环境状况信息公布情况
	地下水污染防治	地下水污染状况调查工作完成情况
		地下饮用水水源地保护规划编制情况
	重点流域水污染防治	流域治理目标责任制度完善情况
		省界断面水质考核制度完善情况
		流域生态补偿机制建立情况
		流域水资源开发利用和保护统筹情况：统筹生活、生产和生态用水，保证江河必需的生态径流
		军队单位的污水、垃圾治理与营区环境质量改善情况
		黑龙江、鸭绿江、伊犁河等界河的水质监测工作情况
		沿江沿河的化工企业污染源（风险源）排查工作完成情况
		水质监测定期报告制度建立情况
		督促完善治污设施和事故防范措施的工作情况
	其他	水体污染控制与治理问题重大科技专项实施情况
		水中持久性有机污染物的研究情况
	投入分析	上述各环境工程、环境科研、环境管理与政策制定执行工作中的资金、人力投入情况

在上述逻辑框架分析法的基础上，各省自我评估分析还可以应用各种专业分析方法对规划执行的具体影响（如就业机会与社会稳定、规划投入保障途径、外部经济发展影响等）进行细致深入的分析评价。

参考文献

[1] 施源，周丽亚. 理念、方法与分析框架——从深圳实践论近期建设规划的评估方法[C]//规划 50 年——2006 中国城市规划年会论文集（上册），2006.

[2] 郑杭生. 社会学概论[M]. 北京：中国人民大学出版社，2002：461-462.

[3] 环境保护部. 关于印发《国家环境保护“十一五”规划中期评估技术指南》的通知（环发[2008]118）号[Z]. 2008.

[4] 环境保护部，国家发展改革委员会. 《国家环境保护“十一五”规划》终期考核方案[Z]. 2011.

[5] 吴舜泽，周劲松，李云生，等. 国家环境保护“十一五”规划中期评估[M]. 北京：中国环境科学出版社，2011.

[6] 吴舜泽，万军，周劲松，等. 《国家环境保护“十一五”规划》实施评估报告[M]. 北京：中国环境科学出版社，2012.

[7] 环境保护部，国家发展和改革委员会. 关于开展《国家环境保护“十一五”规划》终期考核的通知（环发[2011]25 号）[Z]. 2011.

[8] 魏权龄. 评价相对有效性的数据包络分析模型——DEA 和网络 DEA[M]. 北京：中国人民大学出版社，2012.

[9] 魏权龄. 数据包络分析（DEA）[J]. 科学通报，2000（17）：1793-1806.

[10] 严高剑，马添翼. 关于 DEA 方法[J]. 科学管理研究，2005（2）：55.

[11] 侯翔，马占新，赵英春. 数据包络分析模型评述与分类[J]. 内蒙古大学学报：自然科学版，2010.

[12] 岳超源. 决策理论与方法[M]. 北京：科学出版社，2011.

[13] 杜栋，庞庆华. 现代综合评价方法与案例精选（第二版）[M]. 北京：清华大学出版社，2008.

[14] 黄溶冰，王丽艳，齐兴利. 基于改进逻辑框架法的公共投资项目效益审计研究[J]. 审计研究，2007（2）：13-16.

第 12 章　水污染防治规划技术方法

水环境是人类赖以生存的重要资源，是社会和经济持续发展的基础。目前，水污染已成为我国面临的最主要的水环境问题之一，作为协调水环境与经济、社会可持续发展的水污染防治规划，越来越引起人们的重视。在我国的环境规划体系中，水污染防治规划一直是规划的重中之重。我国的水污染防治规划起步于 20 世纪 70 年代，在规划的理论和技术方法研究上与实际规划需求还有差距。本章结合我国重点流域水污染防治规划的编制，重点介绍水污染防治规划的理论方法、水环境功能分区、水环境容量核定与分配以及规划主要编制内容等。

12.1　水污染防治规划概述

12.1.1　水污染防治规划的目的

自 20 世纪 80 年代以后，在社会经济快速发展的同时，我国水环境保护工作也取得了很多成就，但水环境污染却日趋严重。“十一五”末期，无论是水污染物排放量还是劣五类水体比例都有显著上升。根据 2011 年发布的《中国环境状况公报》，2010 年全国废水排放总量为 617.3 亿 t，比上年增加 4.7%；废水中化学需氧量排放量为 1 238.1 万 t，比上年减少 3.1%；废水中氨氮排放量为 120.3 万 t，比上年减少 1.9%，主要水污染物排放量趋于下降，但农业面源污染排放基数不清。根据 2007 年全国污染源普查结果，农业面源排放的总氮和总磷已经超过全国排放量的 45%。

在水环境质量方面，2010 年全国七大水系水质总体为轻度污染，浙闽区河流和西南诸河水质良好，西北诸河水质为优，湖泊（水库）富营养化问题突出。长江、黄河、珠江、松花江、淮河、海河和辽河七大水系总体为轻度污染。全国 204 条河流 409 个地表水国控监测断面中，Ⅰ～Ⅲ类、Ⅳ～Ⅴ类和劣Ⅴ类水质的断面比例分别为 59.9%、23.7%和 16.4%。主要污染指标为高锰酸盐指数、五日生化需氧量和氨氮。其中，长江、珠江水质良好，松花江、淮河为轻度污染，黄河、辽河为中度污染，海河为重度污染。26 个国控重点湖泊（水库）中，满足Ⅱ类水质的 1 个，占 3.8%；Ⅲ类的 5 个，占 19.2%；Ⅳ类的 4 个，占 15.4%；Ⅴ类的 6 个，占 23.1%；劣Ⅴ类的 10 个，占 38.5%。主要污染指标是总氮和总磷。大型水库水质好于大型淡水湖泊和城市内湖。26 个国控重点湖泊（水库）中，营养状态为重度富营养的 1 个，占 3.8%；中度富营养的 2 个，占 7.7%；轻度富营养的 11 个，占 42.3%；其他均为中营养，占 46.2%。从地域上看，水质较好的水域主要分布在河流的上游或人烟稀少的地方，流经城市或工业区的河流与湖泊都受到较重的污染，水污染和生态破坏归根结底来自于人类过度和盲目的社会经济活动。在这种形势下，开展水污染防治规划的编制和实施就显得尤为重要。

水污染防治规划是指在水污染排放和环境质量现状评估以及水环境压力预测的基础上，制定特定时期和范围的水环境保护目标，确定实现水环境保护目标的任务、工程和政策措施的过程。目前，水污染防治规划是全国环境保护专业规划之一，同时也是全国环境保护计划的重要组成部分，在实践中与水污染防治规划相关的还有水环境保护规划、水环境综合整治规划、水质管理规划、主要水污染物排放总量控制规划、水资源环境保护规划、水生态保护规划等形式。同时，一些综合性的环境规划中，水环境保护规划往往也是重要规划内容。这些与水环境相关的规划目标存在着一些差异，但它们之间存在相互联系。从规划的内涵看，水环境保护规划通常要宽于水污染防治规划，可以包括水资源保护、水生态保护等。由于目前国家层面上的主要形式是水污染防治规划，因此，本章也将以该规划形式作为主要类型给予分析和介绍。

水污染防治规划的目的在于实施水污染物总量控制和水环境质量管理，制定保证水环境质量达标的经济结构调整方案、污水处理厂建设方案、污染源治理方案等，主要分析和协调水污染系统各组成因素间的关系，并综合考虑与水质有关的自然、技术、社会、经济诸方面的关系，对排污行为在时空上进行合理的安排，达到预防水污染问题发生，促进水环境与经济、社会可持续发展的目的[1]。水污染防治规划可以是针对当前的水体严重污染现实所作的补救性规划，也可以是面向未来的经济与社会发展所进行的预防性规划，前者侧重于污染控制，后者侧重于污染预防。

12.1.2 水污染防治规划的分类

水污染防治规划的分类取决于规划的空间尺度、时间周期、水体类型、主控污染物及规划层级，各类规划均有其特点。

（1）按照空间尺度划分

按照空间尺度可分为流域水污染防治规划、区域（城市）水污染防治规划、水污染控制设施规划 3 种类型。流域具有时间上的稳定性和空间上的可识性，是实施水污染防治规划最合理的单元，对其进行规划管理，既有利于综合考虑整个流域的水环境容量及水资源承载力，又有利于兼顾上下游、左右岸之间的关系，在全国重点流域水污染防治“十二五”规划中，明确了流域范围包括松花江、淮河、海河、辽河、黄河中上游、太湖、巢湖、滇池、三峡库区及其上游、丹江口库区及其上游等 10 个流域；区域水污染防治规划一般以行政区划为单元，对某个地区（城市）内的污染源提出控制措施，在获取统计性资料及信息分析处理方面更为方便，但同区域自然属性的协调性差；水污染控制设施规划是以某个具体的水污染控制系统为对象，对包括企业用水、污水处理、清洁生产、再生水循环利用、排污控制等在内的系统进行规划，规划应在充分考虑经济、社会和环境诸因素的基础上，寻求投资少、效益大的建设方案，它是流域与区域水污染防治规划的重要组成部分，属微观层面的规划与管理。

（2）按照时间周期划分

按照时间周期可分为长期规划（＞10 年）、短期规划（5～10 年）和年度规划 3 种类型。长期规划具有宏观性、战略性，是一种战略性规划；中期规划中的五年规划同我国国民经济与社会发展规划体系同步，是应用较多的规划；年度规划强调对具体工程措施与项目的安排与配置，突出实践操作性，是一种近似于实施方案或行动计划的规划。由于我国环境管理总体上还比较粗糙，因此目前的水污染防治规划大多是中期（如 5 年）规划。一些地方（如上海）针对地方政府地区需求，也往往制定一些 3 年期的行动计划。

（3）按照水体类型划分

按照水体类型可分为饮用水水源地环境保护规划、地下水污染防治规划、河流水污染防治规划、湖库水污染防治规划以及近岸海域污染防治规划 5 种类型。饮用水水源地环境保护是重中之重，饮用水水源地环境保护规划以饮水安全为重点，旨在加强饮用水水源地污染防治和管理能力建设，建立完善水源地保护相关技术方法、法律法规，解决目前危害饮用水安全的重大问题；地下水污染防治规划旨在通过边调查边治理，逐步建成以防为主的地下水污染防治体系，解决地下水污染突出问题；河流（湖泊）水污染防治规划以及近岸海域污染防治规划旨在防治地表水体污染，相互衔接，一方面可针对海域水质和生态保护目标，对河流、湖泊等流域规划提出相应要求，另一方面河流、湖泊等流域规划任务可能在近岸海域规划区产生效应，因而在任务设置上可避免与流域规划相重复。

（4）按照主控污染物类型划分

按照主控污染物类型可分为主要污染物总量控制规划及专项污染物防治规划。以“十一五”及“十二五”国家主要污染物总量控制规划为例，“十一五”期间国家水污染防治主控污染物为 COD，“十二五”期间国家水污染防治主控污染物在“十一五”基础上增加了一项指标，为 COD 及 NH_3-N；各专项污染物防治规划则包括重金属污染综合防治规划等。一些地方在制定湖泊污染防治规划时，也把总氮和总磷作为规划控制污染物。

（5）按照规划编制和管理隶属关系划分

按照规划编制和管理隶属关系可分为国家水污染防治规划、省（区）市水污染防治规划、水源保护区污染防治规划以及从部门至行业的不同层次，形成一个多层次的结构体系，在这个规划体系中，上一层次的规划是下一层次规划的依据和综合，对下一层次的规划起指导和约束作用，而下一层次规划是上一层次规划的条件和分解，并且是其有机的组成成分和实现的基础[2]。

12.1.3 水污染防治规划的依据

规划是一种政府的规范性和制度化管理行为。水污染防治规划编制和制定要有充分的依据。目前，主要有下列 4 种依据。

（1）法律法规及规章依据

水污染防治规划是行政管理的内容之一，必须遵循国家的法律法规和规章。《中华人民共和国环境保护法》是我国环境保护的根本大法，其第四条指出："国家制定的环境保护规划必须纳入国民经济和社会发展计划，国家采取有利于环境保护的经济、技术政策和措施，使环境保护工作同经济建设和社会发展相协调"，它规定了环境保护规划的地位。同时，第十五条又规定了"跨行政区的环境污染和环境破坏的防治工作，由有关地方人民政府协调解决，或者由上级人民政府协调解决，做出决定。"明确规定了解决复杂的环境问题的基本方针是协商和协调。

针对水污染防治规划，水环境保护大法——《中华人民共和国水污染防治法》（2008 修订）第十五条具体规定了"防治水污染应当按流域或者按区域进行统一规划"，并规定"国家确定的重要江河的流域水污染防治规划，由国务院环境保护部门会同国务院经济综合宏观调控、水行政等部门和有关省、自治区、直辖市人民政府编制，报国务院批准。""其他跨省、自治区、直辖市江河、湖泊的流域水污染防治规划，根据国家确定的重要江河、湖泊的流域水污染防治规划和本地实际情况，由有关省、自治区、直辖市人民政府环境保护主管部门会同同级水行政等部门和有关市、县人民政府编制，经有关省、自治区、直辖市人民政府审核，国务院批准。""省、自治区、直辖市内跨县江河、湖泊的流域水污染防治规划，根据国家确定的重要江河、湖泊的流域水污染防治规划和本地实际情况，由省、自治区、直辖市人民政府环境保护主管部门会同同级水行政等部门编制，报省、自治区、直辖市人民政府批准，并报国务院备案。"

《中华人民共和国环境保护法》和《中华人民共和国水污染防治法》上述条文明确规定了水污染防治规划的范围、层次、负责编制部门和报批程序，清楚阐明了流域水污染防治规划的具体指导方针。除了国家颁布的一系列法律制度外，各地方政府也都相继出台了大量的适合各地具体条件的地方法规和实施细则，在进行规划之前要对它们仔细了解，在规划进行中也要遵守和执行。

具体而言，水污染防治规划依据的法律、法规及规章制度名录具体有：《中华人民共和国环境保护法》、《中华人民共和国水污染防治法》、《中华人民共和国海洋环境保护法》、《中华人民共和国水法》、《中华人民共和国清洁生产促进法》、《中华人民共和国环境影响评价法》、《畜禽规模养殖业污染防治条例》、《国务院关于环境保护若干问题的决定》、《国务院办公厅转发环保总局等部门关于加强重点湖泊水环境保护工作意见的通知》（国办发[2008]4 号）、《国务院办公厅关于转发环境保护部等部门重点流域水污染防治专项规划实施情况考核暂行办法的通知》（国办发[2009]38 号）等。

（2）标准与规范依据

国家制订的各项标准也属于法律范畴，在具体水污染防治规划中必须遵循。对水污染防治规划来说，最主要的标准是《地表水环境质量标准》，它是水环境功能区划分的重要指标，也是水污染防治规划成果最终的验证尺度。其他标准还包括《景观娱乐用水水质标准》、《污水综合排放标准》、《渔业水质标准》和行业排放标准、各种污染回用标准等。除了环境领域的标准外，还有大量的相关领域的标准，如城建、水利、土地管理等方面的法规、标准、规范都需要遵守；此外，各地方还根据当地的具体条件制定了相应的地方标准，地方制定的标准原则上要严于国家标准，例如污染物排放标准、用水量定额标准等。为实施相关法律和标准而制定的实施细则也是规划的依据，一些行业标准和规范可以作为规划的参考。

水污染防治规划依据的国家标准及相关实施细则主要有：《地表水环境质量标准》（GB 3838—2002）、《地下水质量标准》（GB/T 14848—93）、《生活饮用水卫生标准》（GB 5749—2006）、《污水综合排放标准》（GB 8978—96）、《景观娱乐用水水质标准》、《农田灌溉水质标准》（GB 5084—92）、《渔业水质标准》（GB 11607—89）、《城市污水处理厂污染物排放标准》（GB 18918—2002）、《水污染物排放总量监测技术规范》（HJ/T 92—2002）、《饮用水水源保护区划分技术规范》（HJ/T 338—2007）、《饮用水水源保护区标志技术要求》（HJ/T 433—2008）等。在水污染防治规划引用这些标准时，要注意标准的修订情况。当有更加严格的地方水环境质量标准时，要依据地方标准。

（3）上级流域规划及其他相关规划依据

一个流域（区域）可能是一个较大流域（区域）的子流域（区域），上一级流域（区域）的规划成果应该成为子流域（区域）规划和管理的指导和依据，而子流域（区域）的规划结果应该反馈到上一级流域（区域），如果子流域（区域）的规划结果与上一级流域（区域）发生矛盾，应该通过协商、协调的办法予以解决。由于规划体制上的限制，上下级、上下游、干支流水污染防治规划往往同步进行，因此相互依据和协商十分必要和重要。目前，国家制定重点流域水污染防治规划或重点领域（如饮用水水源地保护规划）时，通常采用发布规划编制技术指南的方式指导地方编制流域水污染防治规划。

水污染防治规划与产业发展规划、国土规划、城市总体规划等关系密切，这些规划之间需要紧密协调。如果相关规划在先，水污染防治规划就要以它们为依据，发生矛盾时需要与有关主管部门进行协调；如果相关规划在后，水污染防治规划过程有必要考虑相关规划的需求，并征求有关主管部门和地方行政管理部门的意见，并在水污染防治规划中综合考虑这些需求。如果产业发展规划、国土资源规划和城市总体规划与水资源、水环境和水生态有很大冲突，或可能产生重大水生态环境影响时，就应该及时向相关规划制定部门反映意见，用水资源和水环境保护规划来引导和约束产业发展和国土资源的开发。

（4）水污染防治技术依据

水污染防治技术是实施水污染防治规划的重要保障。水污染防治重点任务和工程项目都需要依赖于当前适宜的水污染防治技术支持。由于水环境系统的开放性，水污染的形式和污染物的类型多种多样，水污染防治技术也必然多种多样。水污染防治技术大致可分为水污染预防技术和水污染治理技术两大类。凡是能够在水污染发生之前采用的技术措施都属于水污染预防技术。广义的水污染预防技术包括经济结构和经济布局的调整、水污染防治规划、循环经济与节约用水技术、生态工程技术等，事实证明，水污染预防对于一个地区的发展是事半功倍的；净化已经产生的污染物、消除环境污染的技术属于水污染治理技术，针对不同的污染类型和污染物特征，当前已发展了多种多样的水污染治理技术，包括污水的物化处理技术、生物处理技术、自然净化技术以及其他类型的工业废水处理技术。

在水污染防治规划中，要因地制宜、与时俱进地选择好各种适用技术，以达到综合治理的目的，在流域性或区域性的水污染防治中单独的一项技术是不可能收到成效的，只有多种技术的集成才是行之有效的，并且水污染防治技术中各单项技术的可行性也是必须考虑的因素，只有那些技术上可行、经济上合理的技术才具有生命力。具体技术的选用需要经过全面的经济、环境和社会影响评估筛选。

12.1.4 水污染防治规划的范围

（1）空间范围

水污染防治规划的空间范围是指规划所涉及的地域的广度，它与水污染控制区、水污染控制单元相对应。由于水污染防治规划属于政府行为，规划的空间范围通常与行政区的地域管辖范围相互对应。从行政资源利用及责任落实的角度，特别是对污染源的控制管理角度看，将规划区与行政区相对应是较为有利的。但是水环境的污染与治理是一项系统性很强的工程，任何一个区域或地区的规划都与水污染防治规划息息相关。一个地域的水环境质量改善受到上游区域水污染控制状况的影响，同时也必然会对下游区域产生影响，这种影响可能是正面的，也可能是负面的。因此，与其上下游的相关区域进行协商是必要的。

一个水污染控制区的范围可能对应一个行政区或多个行政区，也可能一个行政区包含两个或多个水污染控制区。行政区是水污染防治规划的基础，为了处理好与上下游行政区之间、行政区与水污染控制区之间的关系，在规划过程中要做好各方面的协调工作，协调的主要内容在于确定区域边界的水质目标和共同的污染控制措施。这项工作要由相关行政区的政府主管部门通过协商的办法解决。

（2）时间范围

水污染防治规划的时间范围是指规划的年限，通常分为基准年、近期目标年和远期目标年，有的项目还设有规划远景年。

基准年的数据是规划的基础，一般选择具备比较完整数据资料的最近年份，如采用某一“五年规划”的末年作为基准年。近期目标年和远期目标年由决策者给定，一般近期规划强调对具体工程措施与项目的安排与配置，突出实践操作性，除年度规划按年设定目标外，近期目标年距基准年应不小于 5 年。五年规划由于同我国国民经济与社会发展规划体系同步，是应用较多的规划。远期规划具有宏观性、战略性，远期目标年距基准年一般应不小于 10～15 年。

12.1.5　水污染防治规划的实践进展

19 世纪 80 年代末以来，美国流域机构以及联邦、州和部落机构已经开始编制流域规划，20 世纪 60 年代末，以法国、美国等为代表的许多发达国家开始采用系统分析的方法进行流域水污染防治规划研究[3]，此后数十年间各国在规划技术方法的研究上都有了较大进展，目前，国外的水污染防治规划以容量总量控制为主，并已经形成了如水框架指令、TMDL 技术等一系列先进的技术方法[4]。我国流域水污染防治规划编制起于淮河，以 1993 年应对淮河水污染事故为标志，1996 年《水污染防治法》修订，流域水污染明确纳入法律；2008 年《水污染防治法》再次修订，规范了流域、区域水污染防治规划体系。目前，我国已经形成了以污染物目标总量控制技术为主的规划技术体系，并针对确定的污染物总量控制指标，制定实施了重点流域水污染防治规划。

（1）美国水污染防治规划的实践进展

美国环境保护局鼓励各州制定州内较大流域规划的思路框架，为大尺度的流域水污染防治规划协调提供指导。针对较大流域的规划应包括现状水质问题（例如污染负荷）的定量分析和实施最佳管理措施（BMPs）预期的负荷削减与其他效益，而更为详细的内容和设计方案将在子流域中细化。美国流域水污染防治规划强调规划的整体性，涵盖了流域现状评估、规划制定、管理实施与监测评估的过程，具体步骤包括：①建立流域伙伴关系；②流域概况与基础数据收集；③确定流域水污染防治目标和识别解决方案；④设计规划方案；⑤实施流域规划；⑥监测过程和调整。其中最为关键的代表技术是 TMDL（日最大负荷）总量控制计划，美国于 20 世纪 80 年代开始制定 TMDL 计划，形成了一套完整的总量控制计划体系[5]，包括保护目标的确定、水质标准制定、流域模型、水环境容量计算与总量分配等技术方法，成为美国未来确保地表水达到水质标准的关键手段。

（2）欧盟水污染防治规划的实践进展

根据 1964 年的《水法》，法国成立了 6 个流域管理局，其主要职能就是制定水资源开发和水污染治理五年规划[6]，荷兰、德国、法国、瑞士和卢森堡 5 国和欧共体制定了莱茵河总量控制管理计划[7]。欧盟水污染控制技术体系最具代表性的节点出现在 2000 年，欧盟于 2000 年颁布实施了《水框架指令》，要求各个成员国明确水资源及环境保护的目标，制定流域综合管理计划。该指令在其水污染防治相关条款中针对地表水体的污染特点，明确了点面源联合治理的方法，并且要求成员国最迟于 2012 年按照最佳可行技术、相关排放限值、最佳环境实践等综合方式控制进入地表水体的污染物，执行新颁布的污染物排放控制标准，同时欧洲议会和理事会要采取措施，防止某种、某类污染物对水体的污染或危害，避免其对饮用水的威胁；并且要不断削减这些污染物，逐步停止或淘汰优先控制危险物质的排放[8]。

（3）我国水污染防治规划的实践进展

1996年之后，我国相继制定了重点流域、湖泊、重大水利工程和海域的“九五”（1996—2000年）和“十五”（2001—2005年）《水污染防治规划》，水污染控制规划方法主要为目标总量控制模式，控制指标主要为化学需氧量，主要控制对象为工业污染与城镇生活污染。通过两个五年规划的实施，水污染防治规划日益规范化和法制化，流域水污染防治规划成为主要的规划形式。其中，最明显的标志是1996年5月出台的《中华人民共和国水污染防治法》。“十一五”期间我国流域水污染防治规划继续加强了目标责任考核，将主要污染物总量控制确定为约束性指标之一，以2005年为基准年启动的流域年度规划评估考核让各级政府深刻体会到了流域治理目标责任制的威力，这一要求也延续到了“十二五”期间。

“十五”及“十一五”时期具有代表性的事件是我国探索性地相继制定了水功能区和水环境功能区，这推动了水环境容量概念逐步融入流域规划体系中。“十二五”时期我国的流域水污染防治规划遵循分级分区管控思路，实施流域—控制区—控制单元三级分区控制，流域尺度主要考虑基于水系汇水的自然属性，同时体现国家流域水污染防治的总体思路；控制区尺度立足于对流域内环境问题的总结，同时兼顾水系特征；控制单元尺度实现了“水陆统筹”衔接，建立了排污与水质之间的响应关系。同时，流域水污染防治规划与区域水污染防治实施计划、控制单元水污染防治方案保持对应，重点把握了完整性与唯一性、以水定陆以及区县为最小行政单元三大原则。

12.2 水环境功能区划分

基于功能目标导向的规划是现代环境规划的发展趋势。水污染防治规划首先要依据所保护水体的水环境功能，然后在此基础上确定适用的水环境质量目标、等级类型和水质目标，最后确定水环境功能区目标下的任务、工程和配套政策措施等。水环境功能区是指执行特定环境功能的一段（片）水域。水域功能依据水域环境容量、社会经济发展需要，以及污染物排放总量控制要求确定。水环境功能区划就是划分和确定水环境功能区的过程，是水污染防治规划的前导性、基础性的功能分区。

12.2.1 水环境功能区与水功能区

根据1984年颁布的《中华人民共和国水污染防治法》，国务院制定了相应的《水污染防治法实施细则》。该实施细则中规定流域水污染防治规划的内容之一就是制定“水体的环境功能要求”。从20世纪90年代初期开始，全国各地陆续开展了水环境功能区划的工作。2001年，国家环保总局颁布的《地表水环境功能区划技术导则》中，将水环境功能区界定为自然保护区、饮用水水源保护区、渔业用水区、工业用水区、农业用水区、景观娱乐用水区、混合区和过渡区8类。该导则规定“水环境功能区由县级以上人民政府环境保护行政主管部门提出和组织划定，报同级人民政府批准（其中生活饮用水地表水源保护区由省级人民政府批准），报上一级环境保护行政主管部门备案。水环境功能区水质由县级以上（含县级）环境保护行政主管部门负责监督管理”。

2002 年 9 月，环境保护部环境规划院承担完成了全国 31 个省（自治区、直辖市）的水环境功能区划，用近 1.3 万个水环境功能区对全国水环境进行了全息描绘，使水环境现状、管理目标以及地表水环境质量标准一目了然，对全国 10 大流域、51 个二级流域、600 多个水系、5 737 条河流、980 个湖库进行了水环境功能区划，在全国 31 个省（自治区、直辖市）以及 113 个环境保护重点城市 14 年来水环境功能区划的基础上，进行了初步汇总分析，共划分了 12 876 个功能区（不含港、澳、台地区），基本覆盖了环境保护管理涉及的水域。各功能区都设置了相应的控制断面，共涉及监测断面 9 000 余个。同时，对数以千计的取水口、排污口、监测断面进行了定位，为实施水环境目标管理和污染物总量控制奠定了基础。同时，在水环境功能区划的基础上，环境保护部环境规划院组织全国地方环保部门完成了主要江河湖库流域的主要水污染物环境容量测算。

需要指出的是，根据《中华人民共和国水法》（2002 年修订）第三十二条“国务院水行政主管部门会同国务院环境保护行政主管部门、有关部门和有关省、自治区、直辖市人民政府，按照流域综合规划、水资源保护规划和经济社会发展要求，拟定国家确定的重要江河、湖泊的水功能区划，报国务院批准。跨省、自治区、直辖市的其他江河、湖泊的水功能区划，由有关流域管理机构会同江河、湖泊所在地的省、自治区、直辖市人民政府水行政主管部门、环境保护行政主管部门和其他有关部门拟定，分别经有关省、自治区、直辖市人民政府审查提出意见后，由国务院水行政主管部门会同国务院环境保护行政主管部门审核，报国务院或者其授权的部门批准。前款规定以外的其他江河、湖泊的水功能区划，由县级以上地方人民政府水行政主管部门会同同级人民政府环境保护行政主管部门和有关部门拟定，报同级人民政府或者其授权的部门批准，并报上一级水行政主管部门和环境保护行政主管部门备案。县级以上人民政府水行政主管部门或者流域管理机构应当按照水功能区对水质的要求和水体的自然净化能力，核定该水域的纳污能力，向环境保护行政主管部门提出该水域的限制排污总量意见。县级以上地方人民政府水行政主管部门和流域管理机构应当对水功能区的水质状况进行监测，发现重点污染物排放总量超过控制指标的，或者水功能区的水质未达到水域使用功能对水质的要求的，应当及时报告有关人民政府采取治理措施，并向环境保护行政主管部门通报。”根据《中华人民共和国水法》的要求，水利部于 2012 年 4 月发布了《全国重要江河湖泊水功能区划（2011—2030）》。按照国家标准《水功能区划分标准》（GB/T 50594—2010），《全国重要江河湖泊水功能区划》分为两级体系：一级区划在宏观上调整水资源开发利用与保护的关系，协调地区间用水关系，同时考虑持续发展的需求，共分为四类，即保护区、保留区、开发利用区、缓冲区；二级区划在一级区划的开发利用区内，细化水域使用功能类型及功能排序，协调不同用水行业间的关系，具体划分为饮用水水源区、工业用水区、农业用水区、渔业用水区、景观娱乐用水区、过渡区、排污控制区七类。目前，共划分全国重要江河湖泊一级水功能区 2 888 个，区划河长 17.8 万 km，区划湖库面积 4.3 万 km^2，其中开发利用区的个数、河长所占比例约 40%，面积所占比例为 15.7%。将一级区划中的开发利用区进一步划分成二级水功能区 2 738 个，区划长度 7.2 万 km，区划面积 6 800 km^2，其中农业用水区、工业用水区和饮用水水源区的累计河长比例较大，分别占二级水功能区划总河长的 45%、21%和 18%。全国一级、二级水功能区合并总计 4 493 个（开发利用区不重复统计），81%的水功能区水质目标确定为Ⅲ类或优于Ⅲ类。

为此，水环境功能区划分与水功能区划分合二为一成为水功能区。实际上，两个功能区的划分在理论方法上没有原则性的区别，很多地方实际兼顾了水利部门的水功能区和环保部门的水环境功能区，按照水（环境）功能区这种模式实施。在国家重点流域“十二五”水污染防治规划中，把水功能区有效地纳入了流域水污染控制分区中，提出了水功能区达标的目标，从规划层面上解决了两个“功能区”管理不协调的问题。2012 年，全国水功能区水质达标率仅为 46%。根据国务院批复的《全国水资源综合规划》要求，对全国主要江河湖泊 6 684 个水功能区提出了 2020 年达标率达 80%、2030 年全国江河湖泊水功能基本达标的规划目标。

水环境功能区是实施水环境分级管理和落实环境管理目标的重要基础，是环境保护行政主管部门对各类环境要素实施统一监督管理的需要。水环境功能区通过输入响应关系分析和功能区可达性分析，与陆域地方社会经济发展、规划建设、地方环境保护规划和总量控制规划等密切联系，与环境执法、环境监测、新建项目环境影响评价等一系列环境管理手段相关联，是水环境保护工作上下关联、水陆衔接的中心环节。一个水环境功能区可能执行多项功能，应按照高要求来定义功能区的水质目标。例如，一个功能区同时具有饮用水水源的功能和农业用水功能，那么该功能区的水质目标应定义为饮用水功能区。由于引入水环境功能区，使得水环境容量的计算变得较为容易，可以将一个复杂流域性水质问题分解成相对简单的水功能区划问题和若干个功能区的水污染控制问题，从而提高了污染物总量控制的可操作性，使流域水污染防治规划成为可能。水环境功能区概念和区划方法的提出是我国水环境保护管理向科学化和精细化管理迈进的第一步。特别是在国家重大科技专项“水体污染控制与治理”中，提出了水生态功能分区的技术方法，并在辽河、太湖等流域进行了划分技术示范，提升了水环境功能区划的技术和管理水平。本节将主要介绍水环境功能区划的原则、分类和技术方法。

12.2.2 水环境功能区划分原则

一旦确定了水环境功能区划，实现水环境功能区的水质目标就是水污染防治规划和水环境管理的主要内容。在进行水环境功能区划时需要遵循以下原则[9]。

（1）生态保护与经济发展相协调

水环境功能区划是按照水域的功能需求对流域进行分区，因此水域的功能是区划的重要依据。水域的功能可以分为两大类：使用功能和保护功能。使用功能是以人的需求为前提确定的，其目的是满足人类的经济、社会和生活需求。流域水环境是大自然赐予人类的宝贵资源，水环境功能区划的实质是对环境资源的再分配，而这种再分配的主导权掌握在人类的手中，人类的需求往往成为环境资源再分配的主宰。在生活享受和经济利益的驱使下，对生境和生态系统的破坏往往成为人类自觉或不自觉的行动。水环境功能区划最根本的目的就是引导人们合理利用水环境资源和保护自然生态，以保证人类社会的永续发展。

从本质上讲，使用功能是为了满足人类的直接需求，而保护功能则是为了满足人类的长远需求，保证人类社会的可持续发展。处理好这两者的关系，也就是处理好眼前利益和长远利益之间的关系。当利用和保护发生矛盾时，如果矛盾的性质不可调和，使用功能必须作出调整，这种调整的底线是环境生态的承载力：也就是环境生态系统所能接受的人类经济社会活动的阈值。人类的社会经济活动对于环境生态系统产生的压力导致生态系统产生变化，一旦外界压力消除，生态系统能够以自身的力量恢复原有的功能，这种压力就是可以接受的，否则就不可接受。珍稀水生生物（如鱼类和两栖动物的产卵场、育苗场等）对于外界的压力一般都是很敏感的，在功能区划中应该予以特别重视。

（2）饮用水保护优先主导功能

饮用水是人类生存须臾不可离开的最基本的环境资源之一，饮用水水源地的保护是人类社会实现可持续发展的基本保证。在我国经济连续快速发展的条件下，饮用水水源地的污染已经威胁到了人们生存的基本权利，成为当前水环境保护的迫切内容。饮用水水源保护区是指由省级以上人民政府依法划定的城镇饮用水集中式取水构筑物所在地表水域及其地下水补给水域、地下含水层的某一指定范围区，包括在取水口附近划定的一级保护区和一级保护区之外的二级保护区。因此，在所有水污染防治规划中，饮用水水源保护区是最优先的功能区。

污染饮用水的污染物种类很多，主要有重金属和有机物。重金属污染一般属于局地性污染，来源比较单一，治理较为容易。有机物的种类特别多，并且还在快速增加，目前世界上已知的有机物种类已经达到500多万种，而且每年新增加的有机化合物品种有成千上万个。大量资料表明，水环境中的有机物有86%是由于人为的生产和生活活动所产生的，只有14%的有机物来源于自然环境。在人为来源中，城市工业、矿业以及其他工业引起的有机物污染占57%，沉淀物中有毒化合物释放引起的有机物污染占16%，农业生产过程中有机物流失占12%，其他来源占14%。近年来，我国有关部门在饮用水水源保护方面做了许多工作，但是，由于各种条件的制约，全国水源污染仍呈发展趋势，有90%以上的城市水域受到不同程度的污染，近 50%的重点城镇饮用水水源不符合饮用水水源地的水质标准。饮用水水源地的污染不仅直接影响到人群的健康，还严重危及经济的持续发展和社会安定。在水环境功能区划中，饮用水水源地的保护必须优先考虑。

（3）上下游利益兼顾和相互协调

水环境功能区的划分是水污染防治规划中最基本的决策内容，它不仅涉及该功能区范围内的用水、排水、水生生物保护、水产养殖、旅游等行业的发展，而且对其上游的水质提出了制约，对下游的水质也会产生影响。通过水质变化引起的相互影响，构成了上下游的利益冲突，这种冲突主要体现在两个方面：一是上游的经济社会发展，导致污水排放量的增加，从而引起下游水质恶化，影响下游的经济社会发展和居民生活；二是为了保证下游地区的发展，需要严格控制上游的污水排放，从而制约了上游的经济发展，特别是某些工业门类的发展。

水质目标是人们对水质的一种需求，是一种期望值。一般来说，人们对水质的要求总是越优越好，但是为了实现高的水质目标就需要付出高的经济代价，而这种经济代价不仅需要直接受益者支付，还可能需要那些并不能直接享受水质改善成果的地区承担。例如为了将下游某一个河段的水质提高一个等级，不仅排入该河段的所有污染源需要加强治理，而且首先需要将上游的水质改善到一定的水平，但是上游地区并不能从下游的水质改善中直接受益。流域是一个大系统，任何一个环节的变动都会涉及上下游的利益，确定水环境功能区及其水质目标，是涉及全局的大事，必须经由全流域的共同协商和协调。离开全流域的协调，一个区域单独制订的功能区划只是一纸空文。

（4）近中期和中远期目标相结合

在水质受到污染，特别是受到较为严重污染的水域，根据自然条件和需求提出的功能区目标是在当时当地条件下预期可以实现的比较理想的目标。为了实现这个目标，需要实施一系列的工程项目和管理措施，需要一定的时间，这个理想的水质目标不可能一蹴而就。因此，为与水污染防治规划阶段相匹配，水环境功能区划也需要分期实施，即在水污染防治规划中需要制定近、中、远期的水环境质量目标。《全国水资源综合规划》就对全国主要江河湖泊水功能区提出了 2020 年和 2030 年两个阶段的达标率目标。

（5）便于管理和操作

水环境功能区划是一个复杂的决策过程，涉及上下游地区的利益，涉及当前和长远的目标。水环境功能区的目标必须明确无误，且易于执行。确定水环境功能区划是一个高层次的决策，决策目标不宜过多，决策方法不宜过于烦琐复杂。在很多情况下，一个水域可能存在多种功能，要按照较高的功能确定水质目标。水环境功能区决策可以选择生态环境、经济和社会三大目标，建立目标体系，进行决策分析，通过流域委员会以及利益相关者（流域管理部门、环境保护部门、地方政府等）的协商进行决策。当然，水环境功能区的划分也不是直线式的，它还需要根据为实现功能区的水质目标所制订的水污染控制措施的反馈信息进行调整，因此，水环境功能区划是一个“动态”的规划。

12.2.3　水环境功能区划分方法

水环境功能区划分方法主要有 3 种：①系统分析法。主要是采用系统分析的理论和方法，把区划对象作为一个系统，分清水功能区划的层次，进行总体设计。②定量判断与定性判断相结合的方法。即根据当地的经济与社会发展需求和水环境功能现状，兼顾上下游、左右岸的利益来确定水环境功能区。在可能的条件下，运用数学模型对未来的情形做出预测；在确定的情况下，也可以通过经验来判断经济社会发展对水环境质量的需求。③综合决策法。根据水环境目标体系，对水功能区划方案进行综合决策，提出水功能区划技术报告和水功能区划图及水质指标。

水环境功能区是根据自然条件和社会经济发展需求划定的、执行某种特定功能的水域。理论上水环境功能区在空间上可以涵盖整个流域，也可以是流域中的一部分水域，但一般最好要在流域层次上进行。流域的一部分或一个河段不可能单独进行功能区划，因为水环境功能区划不仅涉及某个功能区所在地自身的利益，还与该功能区的上下游发生利益冲突，只有在全流域协调下才能取得实质性进展。流域的层次越高，水环境功能区划越重要。就全国范围而言，水环境功能区划的步骤应该从一级流域逐渐向下一级流域扩展，上一级流域的区划结果是下一级流域区划的依据。当然，任何一级的水环境功能区划都不可能是一次完成的，上一级区划的结果是下一级区划的依据，同时，下一级区划的结果又可能反馈到上一级，并修改上一级区划的方案。水环境功能区划是一个不断反馈修改、不断完善的过程。其阶段性的成果是一个流域的所有功能区都能够达到或经过修改都能够达到既定的水质目标。

水环境功能区划是对水体功能进行甄别的过程，是水污染防治规划的出发点和归宿。规划伊始，规划人员根据社会和经济发展需求预先划分和设定水体的环境功能区。预先设定的水环境功能区划是否可行，需要通过经济、社会、环境的全面分析论证，这个论证过程就是水污染防治规划。因此，一个合理的水环境功能区划只能产生在水污染防治规划的结尾，而不是它的开始。从这个意义上说，水环境功能区划贯穿于水污染防治规划的全过程，是水污染防治规划的一个重要环节（图 12-1）。当然，在复杂的规划过程中，功能区划工作可以作为一个相对独立的子过程处理。

人们从主观愿望出发，普遍期望水环境能够提供优质的、能够满足多种用途的水，但是在客观上，水环境质量受到自然和社会经济状况的影响和制约，往往不能完全满足人们的期望。一个具有可操作性的水环境功能区划是需求与可能相妥协的产物。而且，水环境功能区划是时间与空间的函数，随着时空条件的变化，水环境功能区需要进行相应的调整。例如，由于跨流域调水改变了原先的水文条件，也改变了流域的环境容量，污染物排放量对水体的影响在时间上和空间上都发生了变化，水环境功能区也随之产生变化。再如，流域的经济发展增加了保护环境的实力，人民生活水平的提高对环境质量的要求也随之提高，有必要重新修订原先的水环境功能区划。

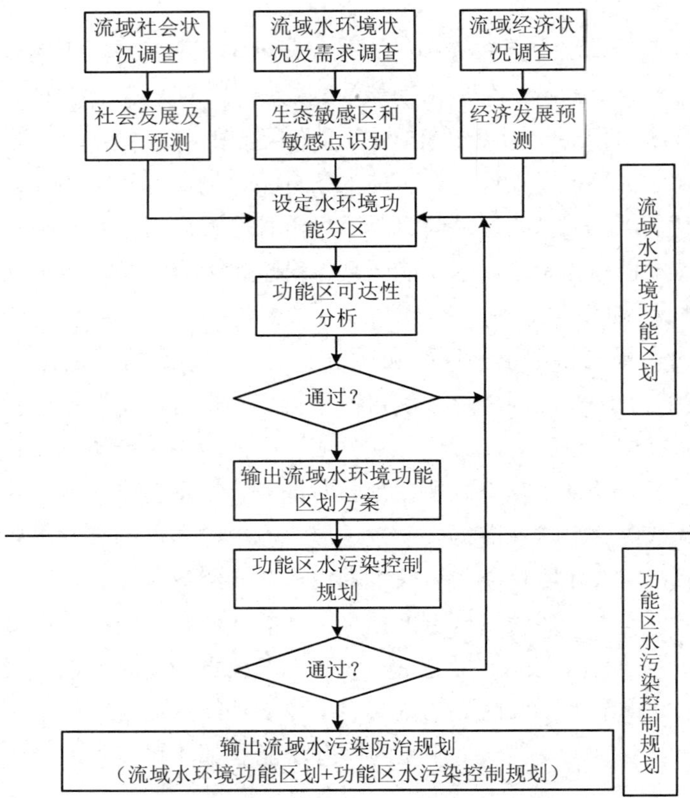

图 12-1 流域水环境功能区划过程[9]

根据我国国情，流域水环境功能区划中可能遇到的冲突问题可以归纳为三类：第一类，人类需求与水生态需求的功能冲突（即经济社会发展与水生态功能保护冲突）；第二类，跨行政区域与跨部门冲突；第三类，相邻功能区之间的冲突。在水环境功能区划过程中，第一类冲突表现为人与自然的冲突，后两类表现为不同利益者之间的冲突。对于第一类冲突问题，需要通过生态环境分区，尊重生态系统完整性，按照生态系统的保护等级，对人类需求功能（即取水、用水和排水需求）进行修正。在处理第一类冲突问题时，要特别重视以下 2 点：①对于重点污染控制区，要综合考虑点源与非点源的分布特点，在现有数据的基础上确定污染重点控制区。一般来说，污染比较严重的地区或污染源比较集中的地区都属于重点控制区。②对于生态脆弱区，识别依据主要是分析生态系统在人类干扰的情况下能否满足其自身发展的演替，能否维持生态的结构、功能和演化趋势。生态系统风险评价是研究和分析此类问题的工具。

对于第二类冲突，可以通过协商博弈或合作博弈解决。大体上可以分两步走：第一步，对不同利益者或利益集团自身所辖区域进行各自的功能定位，并对可能产生的影响进行评估。第二步，双方或多方互相评审对方的功能定位与影响评估，如果各方都满意，则协调结束；如果有一方不满意，则针对问题进行协商，坚持真理、修正错误，直到各方均满意。

对于第三类冲突，可以采取类似解决第二类冲突的方法。如果各方感到确实难以解决，可以通过设置过渡区等措施搁置矛盾。

在水环境功能区划期间所遇到的问题，并非在本阶段都能解决，有些功能区的划分或者目标的制定属于“设定”，它们的可行性与合理性的最终证明，需要在功能区水污染防治规划阶段实现。

12.2.4 水环境功能区划分类型

（1）水环境功能区体系框架

水环境功能区划是水污染防治规划的出发点和归宿，是环境管理部门的重要管理内容。目前，进行水环境功能区划的依据是《地表水环境功能区划技术导则》和《水功能区管理办法》两个文件[10]。这两个文件都强调划分水（环境）功能区的重要性，指明了功能区的分类方法。这两个文件对于功能区的概念和功能区划分基本上是一致的，但是对功能区的操作和管理方法则有所不同（图 12-2、图 12-3）。两个文件都将功能区的划分看成是一个直线式的过程，基本上是按照水环境质量的现状和需求来划分功能区的，一旦划分完成就要付诸实施。实际上，水环境功能区的划定和水环境功能区的实施并不是同一件事情。水环境功能区划是人们对于水质目标的一种期望，而这种期望只有通过对污染源的控制，包括对陆地和水域的污染源、包括对点源和面源的控制才能实现。将功能区划作为一项孤立的工作去执行，必然是纸上谈兵。十几年来的环境区划迄今收效不大，就是最好的证明。

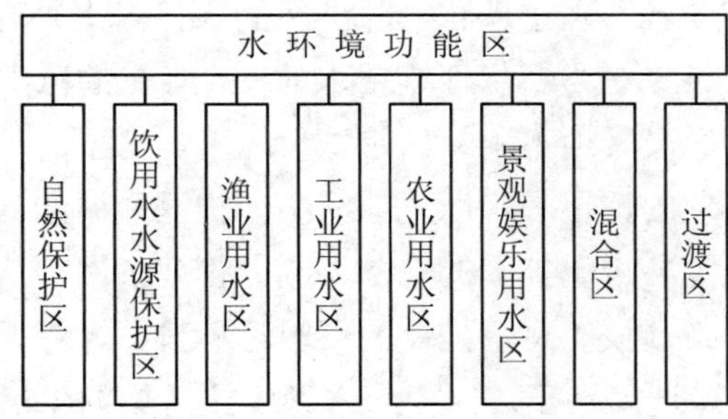

图 12-2 《地表水环境功能区划技术导则》中的分类

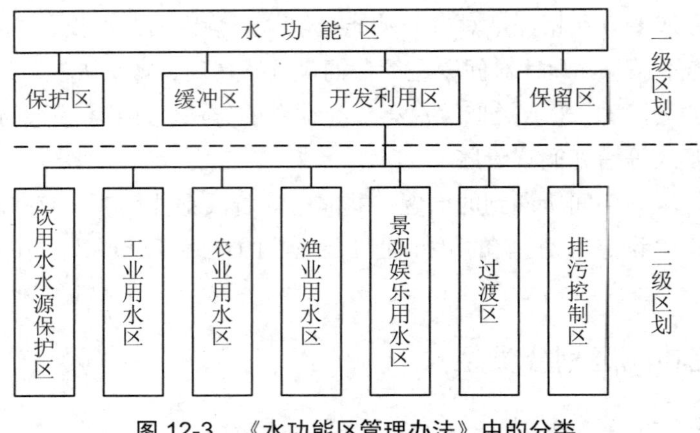

图 12-3 《水功能区管理办法》中的分类

水环境功能区划是水污染防治规划工作的重要部分，将区划有机地融合在水污染防治规划中，功能区划的实施才有保证。无论是水环境功能区划还是水功能区划，其出发点和落脚点都是保护和利用水环境，无论其内涵还是方法学，两者都是异少同多，没有原则上的差异，在实际工作中没有必要夸大两者的区别。经过一段时间的实践，两者逐渐合而为一。

（2）水环境功能区解析

为了保护自然环境和自然资源，促进国民经济的持续发展，将有代表性的自然生态系统、珍稀濒危动植物物种的天然集中分布区、有特殊意义的自然遗迹以及重要河流的源头等保护对象所在区域，列为自然保护区，予以特殊保护和管理。在保护区水域及其相关的集水范围内，严格控制各种开发活动，要求水质保持《地表水环境质量标准》（GB 3838—2002）Ⅰ～Ⅱ类的水平，或者不劣于现状，保护区的水体内不允许设置污水排放口。

饮用水水源保护区的设立是为了保证饮用水的安全，它的范围包括城镇饮用水集中式取水构筑物所在地表水水域及其地下水补给水域、地下含水层的某一指定范围。以取水口为核心建立涵盖水域和陆地的饮用水水源地的一级保护区和二级保护区。环境管理部门要会同其他行政部门共同划定各级保护区的范围，制订管理条例，落实管理措施。处在保护区范围内的所有污染源都必须按照总量控制的要求达标排放，对于不能按照要求达标的企业要严格关、停、并、转、迁。对于可能引起水源间接污染的生活垃圾和工业固体废物要妥善处理处置。

鱼、虾、蟹、贝类的产卵地、索饵场、越冬场、洄游通道和养殖鱼、虾、蟹、贝类、藻类等水生动植物的水域，称为渔业用水区。其中，按水质要求不同划分为珍贵鱼类保护区和一般鱼类用水区。珍贵鱼类主要包括珍稀水生生物栖息地、鱼虾类产卵场、仔稚幼鱼的索饵场，执行地表水环境质量标准Ⅱ类标准，一般鱼类用水区包括鱼虾越冬场、洄游通道、水产养殖区等渔业水域，执行地表水环境质量Ⅲ类标准。应该注意的是，水产养殖业对水质有一定的要求，但是在管理不善时，养殖业也会成为重要的污染源，特别是产生营养物质的污染源。

工业、农业用水，与人体非直接接触的景观娱乐用水都要满足相应的水质标准，如《农田灌溉水质标准》（GB 5084—92）和《景观用水水质标准》。

混合区一般是指排放口附近的水域，是污水在水体中逐渐稀释、扩散和降解而达到功能区水质标准的过渡水域。混合区内可以不执行所在功能区的水质标准。

过渡区是在两个水质功能相差较大（两个或两个以上水质类别）的水环境功能区之间划定的、使相邻水域管理目标顺畅衔接的过渡区域。过渡区执行相邻水环境功能区对应高低水质类别之间的中间类别水质标准，体现水域水质的递变特征。下游用水要求高于上游水质状况、有双向水流且水质要求不同的相邻功能区之间可划定过渡区。

表 12-1 是水功能区划分的条件。

表 12-1　水功能区划分的条件指标和水质指标

一级区	二级区	区划条件	区划指标	执行水质标准
保护区		国家级、省级自然保护区；具有典型意义的自然生境；大型调水工程水源地；重要河流的源头	集水面积、水量、调水量、水质级别	Ⅰ～Ⅱ类或维持现状
缓冲区		跨地区边界的河流、湖泊的边界水域；用水矛盾突出的地区之间的水域	省界断面水域；矛盾突出的水域	按实际需要执行相关标准或按现状控制
开发利用区	饮用水水源区	现有城镇生活用水取水口较集中的水域；规划水平年内设置城镇供水的水域	城镇人口、取水量、取水口分布等	Ⅰ～Ⅲ类
	工业用水区	现有或规划水平年内设置的工矿企业生产用水集中取水地	工业产值、取水总量、取水口分布等	Ⅳ类
	农业用水区	现有或规划水平年内需要设置的农业灌溉集中取水地	灌区面积、取水总量、取水口分布等	Ⅴ类
	渔业用水区	自然形成的鱼、虾、蟹、贝等水生生物的产卵场、索饵场、越冬场及洄游通道；天然水域中人工营造的水生生物养殖场	渔业生产条件及生产状况	《渔业水质标准》并参照执行Ⅱ～Ⅲ类
	景观娱乐用水区	休闲、度假、娱乐、水上运动所涉及的水域；风景名胜区所涉及的水域	景观、娱乐类型、规模、用水量	执行《景观娱乐用水水质标准》或Ⅲ～Ⅳ类
	过渡区	下游用水的水质高于上游水质状况，有双向水流且水质要求不同的相邻功能区之间的水域	水质、水量	出流断面水质达到相邻功能区的水质要求
	排污控制区	接受可稀释、降解污染物的污水的水域；水域的稀释自净能力较强，有能力接纳污水的水域	污水量、污水水质、排污口的分布	出流断面水质达到相邻功能区的水质要求
保留区		受人类活动影响较少、水资源开发利用程度较低的水域；目前不具备开发条件的水域；预留今后发展的水资源区	水域水质及其周边的人口产值、用水量等	按现状水质控制

注：表中所列标准凡未注明者，均指《地表水环境质量标准》（GB 3838—2002）。

（3）水环境功能区的水质标准

水环境功能区是水域用途的体现，每一类水环境功能区都对应一定的水质标准，表12-2给出了《地表水环境功能区划技术导则》和《水功能区管理办法》中规定的不同水环境功能区和水功能区执行的水质标准。

表 12-2 水环境功能区和水功能区执行的水质标准

功能区名称	《地表水环境功能区划技术导则》规定的执行标准	《水功能区管理办法》规定的执行标准
自然保护区	Ⅰ类	Ⅰ～Ⅱ类或执行现状
缓冲区	没有设置该功能区	根据需要
饮用水水源保护区	Ⅱ类（一级保护区）、Ⅲ类（二级保护区）	Ⅱ～Ⅲ类
渔业用水区	Ⅱ类或Ⅲ类（注）	Ⅱ～Ⅲ类，并参照《渔业水质标准》
工业用水区	Ⅳ类	Ⅳ类
农业用水区	Ⅴ类	Ⅴ类
景观娱乐用水区	Ⅴ类	Ⅲ～Ⅳ类，或执行《景观娱乐用水水质标准》
混合区	可以不执行，但在混合区边缘要达到所在功能区的水质标准	相当于排污控制区
过渡区	执行相邻水环境功能区对应高低水质类别之间的中间类别水质标准	出流断面处达到相邻功能区水质要求
排污控制区	相当于混合区	可以不执行所在功能区的水质标准
保留区	没有设置该功能区	按现状水质控制

注：表中所列标准均指《地表水环境质量标准》（GB 3838—2002）。

需要说明的是，上表所列的水质指标主要针对流动水体而言。对于那些流速缓慢、近乎静止的水体，如湖泊和水库，除满足上表的要求还要考虑防止水体发生富营养化的水质指标。

12.2.5 水环境功能区目标可达性

在进行水环境功能区划时，功能区的水质目标一般都是设定的。到达规划目标年时，水质目标是否可以实现，或者预计达标的程度，是可达性分析需要回答的问题。可达性分析的目的是为下一步的功能区的水污染防治规划提供依据。水环境功能区目标可达性分析主要有以下步骤：

第一步，分类考察。与现状水质相比较，可以将设定的水环境功能区分成三类：第一类，现状水质明显优于所设定的功能区水质目标值；第二类，现状水质在设定水质目标值附近摆动；第三类，现状水质明显劣于所设定的水质目标值。对于第一类、第二类功能区，水质目标的可达性应该没有问题，只需今后在治理水污染的同时，注意控制新污染源的排放。对于第三类功能区，需要做出进一步的可达性分析。可达性分析没有固定模式，针对具体问题，进行具体分析。

第二步，提出可达性分析建议。一是进行趋势分析，将历年的水质监测数据进行时间趋势分析，从回归曲线的走向判断目标年水质达标的可能性。这种方法相当于进行水质预测，属于黑箱分析。如果今后若干年的社会经济发展和环境保护基本上维持以往的规律，这种预测具有一定的说服力。二是进行社会经济发展-水质响应分析。如果历史水质监测数据不足以支持趋势分析，或者未来若干年内在社会经济发展或环境条件上可能发生较大变化，就需要做进一步的社会经济发展与水质响应关系分析。分析内容包括：①污染物允许排放总量估计；②污染物预期排放总量预测；③污染防治所需资金估计；④地方水污染防治投资能力估计。根据上述前两项的分析结果，估计水环境对社会经济发展的承受能力，若存在足够的允许排放量，则功能区的水质目标可达，否则不可达；根据后两项的结果，估计水质目标在经济上的可达性。最终，可达性分析的结果存在两种可能：可达或不可达。需要指出的是，在水环境功能区划阶段，对于水质现状与设定的目标存在较大差距的功能区，要求可达性分析给出完全肯定的答案是不现实的，这方面的工作需要留待功能区污染防治规划完成。

12.2.6　流域水污染控制单元划分

水环境功能区主要是依据水体的功能确定的，而且主要是水域的分区。水污染防治和水环境质量改善的重点是控制陆域的水污染源排放。因此，在划分完水环境功能区和水功能区后，要根据流域的特点确定流域水污染控制单元。水污染控制单元是由污染源和水域两部分组成的可操作实体。污染源是指排入相应受纳水域的所有污染源的集合，水域是指根据水体使用功能进行的划分。作为可操作实体，控制单元既可以体现污染物类型及其时空分布，又可以在单元内及单元之间建立定量化的输入响应模型，反映出源与目标之间、区域与区域之间的相互作用。这样，可以将复杂的方案分解为单元问题来逐一处理，最后使整个系统的问题得到解决。另外，凡是可供实施的水污染控制规划，必须与城市规划、经济发展规划结合，而这三个规划的结合点，就是与之相应的一个个水污染控制单元。

水环境系统可视为由许多水污染控制单元组成的大系统，因此划分水污染控制单元的过程就是将复杂大系统分解处理的过程，是水环境规划过程中的一个重要步骤。水污染控制单元是最终落实水污染控制目标和控制方案的基本单元，也是实施环境目标责任制和定量考核的基本单元。在分析水环境问题的基础上，考虑行政区划及水环境功能区划，水域的水环境特征，污染源及排污口分布等特点，将源所在区域与排污受纳水域划分为多个水污染控制单元[15]。在划分水污染控制单元时，要遵循 4 条原则：①水污染控制单元的划分要有相对独立性。水污染控制单元并不是截然分开的，它们之间既相互影响，又相对独立。因此在进行水污染控制单元的划分时，要求每一个控制单元要有单独进行环境评价、实施不同污染控制路线的可能。②确定划分方案要有针对性。针对不同的水质目标和不同的污染物以及不同的保护水平，可以对同一区域采用多种划分方案来划分水污染控制单元。要有针对性地确定划分方案，以满足解决不同环境问题的需要，即对同一区域，不同的控制目标，可能对应不同的水污染控制单元。③水污染控制单元基础数据完备，力求使每一个控制单元内拟控制的污染物排放清单齐全，水文资料序列性好，水域水质控制断面有常规监测资料。④水污染控制单元之间相互联系明晰，各控制单元之间的相互影响，应能通过污染物的输入和输出定量表达，做到水量平衡、物质平衡。

第 6 章已经介绍了流域水污染控制单元的划分方法，本节不再细述。在划分完水污染控制单元后，应对各控制单元进行详细的分析，最后给出各控制单元属性列表，列表要求清楚反映各控制单元的主要特征。可参照表 12-3 进行。

表 12-3 流域水污染控制单元属性列表

控制单元		主要属性	特征值
序号	名称		
1	××××	单元内的主要功能区	功能区类型、所在位置、范围、应执行标准（GHZB 1—1999）的类别、专业用水标准等
		水质现状及控制断面	单元内设立的控制断面及其作用、水质情况
		主要污染源	种类、排污口的位置、排放方式
		主要污染物	种类、排放强度和排放量
		主要水环境问题	以水质现状分析与预测为基础明确各目标年单元水环境问题
		环境容量	根据各控制断面控制因子应达到的标准值，计算单元内各排放口排入受纳水域的允许纳污量
		控制目标	
		控制路线	浓度控制、总量控制或浓度控制与总量控制相结合
……	……		

通过对各个控制单元的研究，给出所研究水域内各单元的治理方案，建立流域—控制区—控制单元的分区水环境管理体系。按流域编制水污染防治规划，按控制区识别和分析流域水环境问题，明确流域水污染控制单元的治污重点和方向。以国控断面为节点，统筹考虑水资源分区、行政分区与河流（河段）的对应关系，划定控制单元，把控制单元作为“总量－质量－项目－投资”四位一体制定水污染防治方案的基本单元，按照水质改善、生态保护、污染控制、风险防范等不同要求划分控制单元类型，建立规划目标指标体系，实现污染源-入河（湖）排污口-水体水质的响应，落实水质目标责任考核。

12.3 水环境容量核定与分配规划

12.3.1 水环境容量概述

（1）水环境容量的概念

环境承载力是自然环境系统对人类活动承受能力的一种衡量，而环境容量是指自然生态系统在给定环境质量要求或者不引起环境质量变化的情况下，能够承受或净化污染物的排放量。环境容量概念最早是从生态学中发展起来的。1968 年，日本学者首先将其引入到环境科学中来，为制定某一环境的污染物控制总量提供依据。目前，环境容量多指在人类生存和自然生态不受危害的前提下，某一地区的某一环境要素中对某种污染物的最大容纳量。也有人把环境容量定义为在污染物浓度不超过环境标准或基准的前提下，某地区所能允许的污染物最大排放量。环境容量是一个变量和动态量，因地域的不同、时期的不同、环境要素的不同，以及对环境质量要求的不同而不同。环境容量由基本环境容量（或称差值容量）和变动，环境容量（或称同化容量）组成。前者是环境标准值与环境本底值之差，后者是指该环境单元的自净（同化）能力。水环境容量是在污水与水体理想混合情况下所允许的污染物排放量。一般情况下，污染物的排放不可能在水体中均匀分布，也就是说，水体的环境容量不可能被完全利用，在部分水体（混合区）被用于接纳污水时的污染物排放量称为水体的纳污能力。在这个意义上，水体的纳污能力要小于水环境容量。如果限定混合区的容积为目标水体容积的 1%，在其他条件保持不变时，该水体的纳污能力约等于其环境容量的 1%。

水环境容量是指在一定环境目标下，某一水域所能承担的外加的某种污染物的最大允许排放量，与水体所处的自然条件（如流量、流速等）、水体中生物类群组成及污染物本身的性质有关。通俗地说，水体对某些污染物具有净化作用的功能就是水环境容量。水环境容量 W_V 的一般表达式为[9]：

$$W_V = V(S_W - B_W) + C_W \tag{12-1}$$

式中，V —— 水体体积；

S_W —— 某污染物的环境标准；

B_W —— 污染物的环境本底值；

C_W —— 水的同化能力（自净容量）。

水环境容量可分为不同类型[11]，见图 12-4。

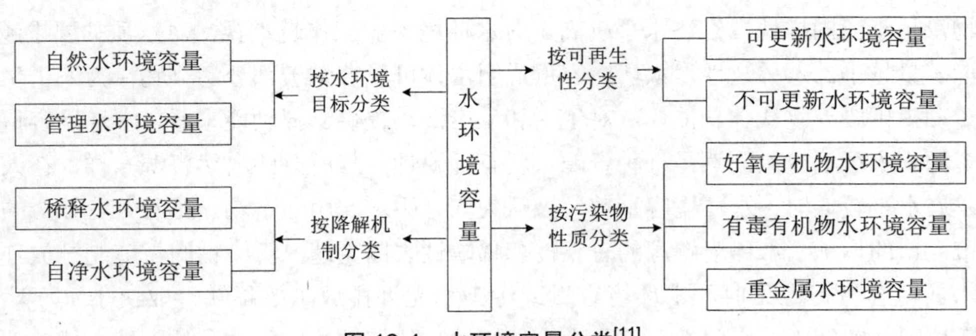

图 12-4　水环境容量分类[11]

（2）我国水环境容量研究进展

我国对水环境容量的研究始于20世纪70年代。早期结合环境质量评价或区域环境问题分析等项目，研究集中在水污染自净规律、水质模型、水质排放标准制定的数学方法上，从不同角度提出了水环境容量的概念。国家“六五”科技攻关之后，部分高校和科研机构联合将水环境容量理论同水污染控制规划相结合，出现了一批有实效的水环境容量研究成果，初步显示了水环境容量理论的应用价值。这一时期的研究对污染物在水体中的物理、化学行为进行了比较深入、系统的探讨。“七五”和“八五”时期国家环保科技攻关研究把水环境容量理论推向了系统化、实用化的新阶段[12]。

（3）水环境容量的特点

水环境容量是一种潜在的公共资源，也是一种特殊的环境资源。合理利用环境容量可以保证自然环境常用常新，还可以替代一部分水污染控制设施，从而降低水污染控制的费用；同时水环境容量又是一种有限的资源，不能无节制地利用，过度利用必然会导致资源枯竭，致使水环境生态系统遭受毁灭性打击。因此，对环境资源的利用必须严格限制在一定的允许范围之内。水环境容量作为一种公共资源，具有下述特点：①可再生性。水环境对于污染物具有稀释、迁移和净化的能力，在环境可接受的范围内，这种能力具有可再生的特点，即在一定的条件下，水环境质量具有自修复的能力。可再生性决定了水环境可以接受污染物排放所形成的压力，保证一定的水环境质量水平。②客观性。水环境容量是满足水环境质量标准要求的水体最大允许污染负荷量或纳污能力。理论上，环境容量是水环境参数的多变量函数，它受到各类区域的水文、地理、气象条件等因素，以及污染物在环境中的迁移、转化和积存规律的影响。水体对污染物的分散能力越强、污染物转化速度越快，水环境容量越大。水环境容量受水体对污染物扩散稀释能力和污染物自净能力的制约，反映了满足特定功能条件下环境对污染物的承受能力，与水体特征有直接关系，还与污染物特征（降解性质）有关。③社会性。水环境容量还与水质目标有关，而水质目标是由社会对水体功能的需要来确定的。水的用途不同，目标也就不同，允许存在于水体的污染物量也不同。我国地面水质标准分为五类，从Ⅴ类到Ⅰ类，级别越高，同一水体允许纳入的污染物量越小；同样地，经济水平越高，对水环境保护工作越重视，对水质的要求越高，水环境容量越小。④稀缺性。水环境容量说明水体可以容纳一部分污染物，为人类生活或生产活动提供废弃物载体功能，从对生活和生产活动提供支撑功能来看，水环境容量也是一种资源。水环境容量既然是一种资源，就有稀缺性，与所有的自然资源一样，在人类社会的发展水平较低时，水环境容量曾经被认为取之不尽、用之不竭。随着工业社会的到来和城市人口的增加，水环境资源的有限性和稀缺性表露无遗。污染物的无节制排放使得有限的水环境容量捉襟见肘。水环境容量或污染物允许排放量的稀缺性取决于水环境的稀释、迁移和降解能力的有限性，这是由水环境的自然属性决定的。⑤外部性。外部性特征是指生产者或消费者在他们的经济活动中把外部费用部分或全部通过具有真正价值的物理效果转嫁给其他消费者或生产者的现象。环境问题的外部性表现在两个方面：一是生产者为了获取尽可能多的物质利益，将生产过程中产生的污染物排放到公共水域，将环境污染造成的损失转嫁给社会，这是外部不经济性或负外部性；二是污染治理的效果体现在环境资源的增值上，治理者并不一定能够享受到或完全享受到污染治理所带来的实际效果，这是外部经济性或正外部性。

由于环境外部不经济性的存在，人们不会主动地采取污染控制措施。为了保护水环境这一公共资源，政府的监管就显得十分必要。政府监管的主要职能就是通过对流域或区域的污染物排放总量的控制和分配，保证水环境功能区目标的实现。同时，由于环境容量属于公共资源，各级政府对于属地的环境资源管理负有责任，合理利用和保护环境容量是各级政府的职责。污染物允许排放量的利用与分配都应该由政府主导和监管。因此，从这个意义上讲，水污染防治规划就是对水环境容量进行优化配置的规划，通过规划使得在达到水环境质量保护目标前提下，实现水环境容量资源利用效益的最大化。在这样一个前提下，核算各种类型的水环境容量就成为水污染防治规划编制中一项重要的工作。特别是在编制主要污染物排放总量控制规划时，如果不能分析清楚相应污染物的水环境允许最大排放量，那么这种总量控制规划就变成一种纯粹的目标总量控制规划，割离了总量削减与水质改善之间的关系。随着环境管理模式转型，环境质量改善将成为水污染防治规划的核心目标。为此，下面将简要介绍河流、湖泊等水体的环境容量核定。

12.3.2 河流水环境容量核定与分配

污染物进入水体以后，存在 3 种主要的运动形态：随环境介质的推流迁移、污染物质点的分散以及污染物的转化与衰减。

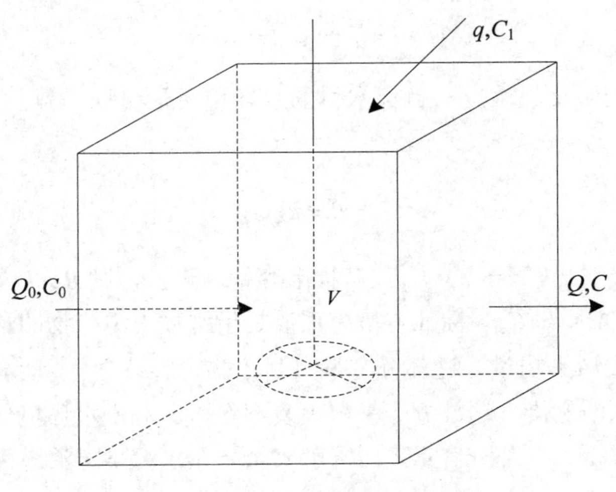

图 12-5 完全混合反应器

如果将所研究的环境看成一个存在边界的单元（图 12-5），V 代表该单元的容积；Q_0、

C_0代表从上游进入该单元的环境介质的流量和污染物浓度；q、C_1代表由侧向进入该单元的介质流量和污染物浓度；C代表单元中经过各种反应过程以后的污染物浓度；Q代表从该单元输出的介质流量。由质量平衡可以写出完全混合模型[9]：

$$V\frac{\mathrm{d}C}{\mathrm{d}t}=Q_0C_0-QC+qC_1+rV \tag{12-2}$$

式中，rV表示由于单元中的反应作用导致的污染物增量。如果反应项只考虑污染物的衰减，即$r=-kC$，且仅讨论稳态问题，即$V\frac{\mathrm{d}C}{\mathrm{d}t}=0$，上式可以写成：

$$Q_0C_0-QC+qC_1-kVC=0 \tag{12-3}$$

式中，r是污染物衰减反应速度常数。根据水环境容量的定义，当系统中污染物的浓度C等于水环境功能区的环境质量标准C_S时，系统外输入的污染物量就等于系统的水环境容量R，即

$$R=qC_1=(QC_S-Q_0C_0)+kVC_S \tag{12-4}$$

由上式可以看出，环境容量由两部分构成。第一部分（等式右边第一项）是由于推流作用产生的容量，决定于水体的流量、功能区水环境质量标准以及上游的水质状况，因为主要取决于功能区水环境质量标准，因此也可以称为标准容量；第二部分（等式右边第二项）是降解容量，与污染物的降解性能、水体容积有关，降解反应速度越高，水体容积越大，降解容量越大。

如果污水的流量相对于河流的流量可以忽略，即$Q=Q_0$，则上式可以写作：

$$Q=Q(C_S-C_0)+kVC_S \tag{12-5}$$

如果上游水体的污染物浓度与目标水体的水环境质量目标一致，即$C_0=C_S$，则上式可以进一步写作：

$$R=kVC_S \tag{12-6}$$

由以上分析可以看出，若$C_0<C_S$，其标准容量为正值，则$R>kVC_S$；若$C_0>C_S$，其标准容量为负值，则$R<kVC_S$。标准容量为正值是指水体中污染物的浓度低于水环境质量目标时水体可以接收污染物量，这部分容量只是“临时容量”，一旦水体污染物的浓度达到水环境功能区的水质标准，这部分容量就不复存在了。对于水环境保护来说，可以正常利用的水环境容量只是第二部分容量，即降解容量。在水污染防治规划中应该采用降解容量作为计算依据。

12.3.3　湖泊水库水环境容量核定与分配

湖库的污染源包括陆地污染源（点源、面源）、内源（底泥释放、水产养殖等）、大气沉降和库滨带的面源。湖泊与水库的水力停留时间较长，污染物存在累积效果，不同季节的污染物会产生叠加效应，点源污染物和非点源污染物都需要考虑。

湖泊和水库的水质通常按照零维模型处理[9]：

$$V\frac{\mathrm{d}C}{\mathrm{d}t}=\sum_{i=1}^{n}Q_iC_{0i}-\sum_{j=1}^{m}Q_jC+rV+\sum_{k=1}^{l}S_k \tag{12-7}$$

式中，Q_i —— 第 i 条入流河流的入流量，m^3/a；

C_{0i} —— 第 i 条入流河流的污染物平均浓度，mg/L 或 g/m^3；

Q_j —— 第 j 条出流河流的流量，m^3/a；

C —— 流出湖库的污染物平均浓度，mg/L 或 g/m^3；

r —— 湖库中单位容积的生物化学反应项的污染物增量，g/（m^3 • a）；

S_k —— 第 k 源的污染物输入量，g/a；

C —— 湖库的水质功能目标，mg/L 或 g/m^3；

k —— 湖库中的污染物降解速度常数，1/a；

V —— 湖库的平均容积，m^3；

n —— 入流河流的数目；

m —— 出流河流的数目；

l —— 污染源的数目。

如果考虑一个较长时间的平均值，即假定 $\frac{\mathrm{d}C}{\mathrm{d}t}=0$，且令 $r=-kC$，上式可以写成：

$$\sum_{i=1}^{n}Q_iC_{0i}-\sum_{j=1}^{m}Q_jC_S-kVC_S+\sum_{k=1}^{l}S_k=0 \tag{12-8}$$

当污染物浓度等于环境功能区水质标准 C_S 时，湖库的环境容量为：

$$R=\sum_{k=1}^{l}S_k=(\sum_{j=1}^{m}Q_jC_S-\sum_{i=1}^{n}Q_iC_{0i})+kVC_S \tag{12-9}$$

由上式可以看出，湖库的环境容量由两部分构成：一部分是由所有的污染物入流与出流总量之差构成，称为标准容量，若出流总量大于入流问题，则标准容量为正值，否则为负值；另一部分是在湖库中的污染物降解量，取决于污染物的降解特性和湖库的容积。

12.3.4　河口水环境容量核定与分配

应用修正潮量法将河口划分为 n 段，各段长度划分的依据是一个水的质点在一个潮周期内能够漂移的距离。根据一维有限段河口水质模型，可以计算河口的环境容量。

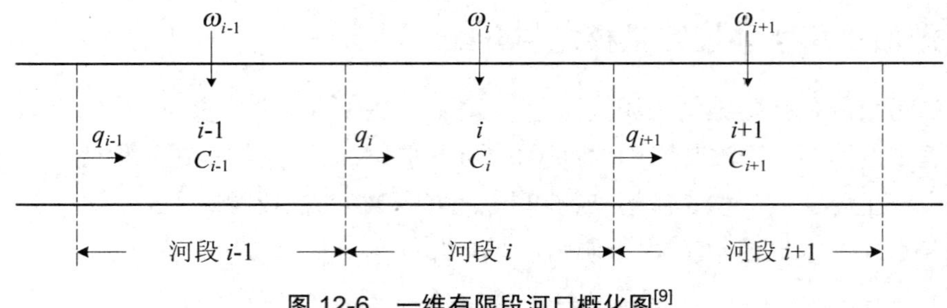

图 12-6 一维有限段河口概化图[9]

如图 12-6 所示，对第 i 个河段可以写出水质方程：

$$V_i \frac{\mathrm{d}C_i}{\mathrm{d}t} = \left[q_{i-1}C_{i-1} - q_i C_i\right] + \left[D_{i-1}(C_{i-1} - C_i) - D_i(C_i - C_{i+1})\right] - k_i V_i C_i + \omega_i \qquad (12\text{-}10)$$

等式左边表示单位时间内污染物的变化总量，等式右边第一个方括号表示由推流输入、输出引起的污染物变化量，第二个方括号表示由于弥散作用引起的污染物变化量，第三项表示河段内的污染物降解量，第四项是由系统外输入的污染物量，上述各项都是发生在单位时间内的量。如果以潮周平均变化表示，可以看作稳态过程，上式可以写作：

$$(q_{i-1}C_{i-1} - q_i C_i) + \left[D_{i-1}(C_{i-1} - C_i) - D_i(C_i - C_{i+1})\right] - k_i V_i C_i + \omega_i = 0 \qquad (12\text{-}11)$$

当 i 单元的污染物浓度 C_i 等于水环境功能区的水质标准 C_S 时，由系统外输入的污染物量 ω_i 就可以视为河口的水环境容量，即一个河段的环境容量 R_i 为

$$R_i = \omega_i = (q_i + D_{i+1} + D_i + k_i V_i)C_S - (q_{i-1}C_{i-1} + D_{i-1}C_{i-1} + D_i C_{i+1}) \qquad (12\text{-}12)$$

整个河口的水环境容量为：

$$R_i = \sum_{i=1}^{n}\omega_i = \sum_{i=1}^{n}(q_i + D_{i+1} + D_i + k_i V_i)C_S - \sum_{i=1}^{n}(q_{i-1}C_{i-1} + D_{i-1}C_{i-1} + D_i C_{i+1}) \qquad (12\text{-}13)$$

上式表明，河口的环境容量受河口的净流量、河口弥散系数、污染物降解速率、单元容积和水环境质量标准的影响。如果河段之间的推流流量基本不变，即 $q_i = q_{i-1}$，且各单元的水环境功能区采用相同的水环境质量标准，那么，在河段全部达标时，上式可以写作：

$$R_i = k_i V_i C_S \qquad (12\text{-}14)$$

上式意味着河口中的环境容量基本上等于降解容量。整个河口的环境容量为：

$$R = \sum_{i=1}^{n} R_i = \sum_{i=1}^{n} k_i V_i C_S \qquad (12\text{-}15)$$

12.3.5 海域水环境容量核定与分配

海洋是污水的最终出路。在编制水污染防治规划时也可以利用一些海洋的环境容量。

特别是在一些沿海城市，经过一定程度处理的污水通过放流管和扩散器排入大海，这是利用海洋环境容量的主要方式。因此，合理识别、确定和利用海洋环境容量是海域水污染防治规划以及污水海洋处置工程的首要问题。

（1）污水海洋处置的一般要求

我国 2000 年颁布的《污水海洋处置工程污染控制标准》（GWKB 4—2000），对污水的海洋处置做出了若干规定：①污水通过放流系统排放前须至少经过一级处理，并满足本标准的规定，如悬浮物（SS）≤200 mg/L；总 α 放射性≤1 Bq/L；大肠菌群≤100 个/mL；BOD_5≤150 mg/L；COD≤300 mg/L 等。未列出的项目可参照《污水综合排放标准》（GB 8978 —1996）执行。②扩散器必须铺设在全年任意时刻水深至少达 7 m 的水底，其起点离低潮线至少 200 m。③污水海洋处置排放点的选址不得影响鱼类洄游通道，不得影响混合区外邻近功能区的使用功能。④污水海洋处置不得导致有毒物质在纳污水域沉积或在生物体中富集到有害的程度。⑤污水海洋处置不得导致纳污水域混合区以外生物群落结构退化和改变。

（2）初始稀释度

污水海洋处置排放点的选取和放流系统的设计应使其初始稀释度在一年 90%的时间保证率下满足表 12-4 规定的初始稀释度要求。

表 12-4　90%时间保证率下初始稀释度要求

排放水域	海域		按地面水分类的河口水域		
水质类别	第三类	第四类	Ⅲ类	Ⅳ类	Ⅴ类
初始稀释度	45	35	50	40	30

注：对经特批的第二类海域划出一定范围设污水海洋处置排放点的情形，按 90%保证率下初始稀释度应≥55。

（3）混合区

海域面积大于或等于 600 km^2（以理论深度基准面为准）的海湾及广阔河口，允许混合区范围：$A_a \leqslant 3.0\ km^2$；若污水排往＜600 km^2 的海湾，混合区面积必须小于按以下两种方法计算所得允许值中的小者：① $A_a = 2\,400(L + 200)$，式中，L 为扩散器长度，m。② $A_a = (A'_a / 200) \times 10^6$，式中，$A'_a$ 为计算至湾口位置的海湾面积，km^2。在河口区，混合区范围横向宽度不得超过河口宽度的 1/4。

1989 年召开的第二次全国水污染防治工作会议曾经建议污水海洋处置的允许混合区面积为 1～3 km^2。排放到开阔海域时，若海域面积大于 600 km^2，混合区面积应小于 3 km^2，若海域面积小于 600 km^2，混合区面积应小于海域面积的 1/200（表 12-5）。

表 12-5 混合区范围限制建议值

受纳水域内排放点数	海湾		河口		开放海岸	
	混合区范围/km^2	占受纳水域面积/%	混合区范围/km^2	占受纳水域面积/%	混合区范围/km^2	占受纳水域面积/%
n	$\sum_{i=1}^{n} A_i \leqslant 2.6$	$\leqslant 0.6$	$\sum_{i=1}^{n} A_i \leqslant 2.8$	$\leqslant 0.5$	$\sum_{i=1}^{n} A_i \leqslant 3.0$	$\leqslant 0.4$

注：$A_i(i=1,\cdots,n)$ 为在同一纳污水域内规划或设计的第 i 个排海点混合区范围。

（4）海洋环境容量计算[9]

1）由远区模型计算。由远区模型计算水环境容量是一个逐步逼近过程，其基本步骤如下：

①假定污水排放量为 Q_0，污水中污染物浓度为 C_0。根据研究海域功能区划，确定水质控制目标 C_S，设定允许的混合区的面积 A_S。

②对目标海域进行网格化处理，网格大小应足以识别和度量混合区的范围，例如 500 m ×500 m。计算网格的面积为 A_i，i 为计算网格的编号。

③根据海洋水动力模型和水质模型（一般用二维模型）计算污水排放后的污染物浓度场 C_i。

④比较 C_i 和 C_S，计算所有超标网格面积之和 A：

$$A=\sum_{i=1}^{n} A_i, \forall C_i > C_S \tag{12-16}$$

⑤比较面积 A 和 A_S，若 $A \approx A_S$，则该海域该排放点的环境容量为：

$$R = Q_0 C_0 \tag{12-17}$$

⑥若 $A < A_S$，则增大排放量；若 $A > A_S$，则减小排放量，直至满足⑤（即 $A \approx A_S$）的要求。

2）由近区模型计算。由近区模型计算水环境容量也是一个渐进过程，其基本步骤如下：

①假定污水排放量为 Q_0，污水中污染物浓度为 C_0。根据研究海域功能区划，确定水质控制目标 C_S，设定允许的混合区的面积 A_S，给定海域的水文水质参数，如平均水深、平均流速、计算水温、盐度和污染物的本底浓度。

②假定污水扩散管的长度 l，优化扩散管的结构设计，给定污水的有关参数，如水温、污染物降解速度常数、扩散器出口速度等。

③根据近区模型（如 UM 模型、Jetleg 模型等）计算污水初始稀释倍数和达到水质目标时的水平宽度 W。

④计算初始扩散区的面积 A：$A = l \times W$。

⑤比较面积 A 和 A_S，若 $A \approx A_S$，则该海域该排放点的环境容量为：

$$R = Q_0 C_0 \tag{12-18}$$

⑥若 $A < A_S$，则增大排放量；若 $A > A_S$，则减小排放量，直到满足⑤（即 $A \approx A_S$）的要求。

需要注意的是，根据近区模型计算环境容量，与扩散器的结构设计有一定关系，需要对不同的扩散器方案进行比较，择优选用。

（5）海湾多点排放时的环境容量分配[13, 14]

根据表 12-5，如果一个海域的混合区总面积为 A，对应的环境容量为 R，有 n 个污染源（对应有 n 个排污口）向同一个海域排放污水，每一个排放口环境容量为 R_i，形成的混合区面积为 A_i，则有：

$$\sum_{i=1}^{n} R_i \leqslant R, \sum_{i=1}^{n} A_i \leqslant A \tag{12-19}$$

可以根据下述方法分配每一个排放口的环境容量 R_i 和混合区面积 A_i。

首先，计算海水水质对污水排放的响应系数场。设 C_{ij} 为第 i 个污染源单独排放时在第 j 个排放口附近产生的浓度。

$$C_{ij} = \alpha_{ij} Q_i \tag{12-20}$$

式中，Q_i ——第 i 个污染源的源强；

α_{ij} —— $Q_i = 1$（单位排放量）时第 j 个排放口附近的海水浓度对污染物源强的响应系数。

根据线性叠加原理，一个海域 n 个污染源对一个排放点 j 的共同作用下所形成的浓度场 C_j 可视为各污染源单独形成的浓度场的线性叠加，即

$$C_{ij} = \sum_{i=1}^{n} C_{ij} \tag{12-21}$$

其次，计算分担率。分担率指各污染源的影响在海域总体污染影响中所占的份额（百分率），表明污染源对海域总体污染的贡献。根据定义，可计算一个污染源（排放口）在对所有排放点的浓度影响中所占的比例：

$$\gamma_i = \sum_{i=1}^{n} C_{ij} / \sum_{i=1}^{n} \sum_{j=1}^{n} C_{ij} \tag{12-22}$$

最后，分配混合区面积和环境容量。第 i 个污染源（或排放口）分配到的混合区面积 A_i 和环境容量 R_i 为：

$$A_i = \gamma_i A \tag{12-23}$$

$$R_i = \gamma_i R \tag{12-24}$$

12.4 水污染防治规划编制内容

水污染防治规划编制没有严格固定的内容，实际中应该根据规划的问题和目标导向确定编制内容。以下内容参考环境保护部、国家发改委和水利部印发的《重点流域水污染防治“十二五”规划编制工作方案》[15]以及由环境保护部环境规划院等单位编制的《重点流域“十二五”水污染防治规划技术指南》[16]。主要包括现状诊断、压力预测、目标确定、重点任务识别、工程项目筛选、保障措施等。

12.4.1 水环境形势诊断与分析

12.4.1.1 水环境数据收集与分析

水环境状况数据收集与分析主要包括以下内容[15, 16]：

1）收集分析经济社会数据。分析城镇化发展趋势、产业结构变化趋势、工业行业的结构调整工作的进展、土地利用结构变化，总结各控制单元的资源特征及变化情况，特别是各控制单元的水资源消耗以及排放水污染物的产业布局。

2）水体使用功能分析。以水环境功能区或水功能区划为基础，选定评估基础年份，分析各控制单元水体划定的使用功能与现状水质之间的差异，评估得出水（环境）功能区达标率以及分类别功能区的达标率。

3）水环境质量评价。对《地表水环境质量标准》（GB 3838—2002）中表 1 的 24 项指标，分水期进行单因子水质评价，水质评价结果应包括现状水质类别、是否达到目标要求（规划目标或者使用功能要求），不能达标的断面列出超标指标项及超标倍数。地表水中，湖库断面除进行水质评价外，还需进行富营养化程度评价。分析近年来水质总体变化趋势以及污染指标变化情况。要注意不同水体适用不同的水环境质量标准。

4）废水及主要污染物识别。全面分析环境统计数据、污染源普查数据、入河排污量数据之间的逻辑关系，确定规划区以及控制单元的废水、COD、氨氮等基础数据。主要污染物指标选择要依据水污染防治规划的问题和目标。对于风险防范型水污染防治规划，要选择表征环境风险的污染物，如重金属和化学品污染物等。

5）水污染治理水平评估。按控制单元分析工业废水排放达标率、城镇污水（集中）处理率和治污工程建设情况。最好以列表方式按照控制单元、控制类型和控制污染物列出，为建立控制单元输入输出响应关系提供数据支持。

6）非点源污染影响评估。在绝大部分水污染防治规划中，非点源和面源污染已经成为一个主要的污染物。特别是随着工业点源和城镇污水处理的加快，农业面源治理已经上升为规划的重点。结合污染源普查数据分析非点源污染物排放量行业构成（农村生活、农田径流、规模化畜禽养殖等）及空间分布。

7）重点污染源筛选。根据工业企业污染物排放种类和排放量、污染物入河量、对控制断面水质的贡献、企业废水治理水平等因素进行排序，筛选出每个控制单元的重点污染源。在筛选重点污染源时要注意筛选方法的选择，尽可能选用国家相应标准和技术规范推荐的方法。在制定水质保护规划时，要特别关注污染源对设定水体控制断面的水质影响贡献率。

8）生态水量及纳污能力调查。结合水资源综合规划、水环境功能区区划、水功能区划等成果，分析各河流（河段）的生态水量保障情况及纳污能力计算结果。由于功能区具有动态调整性质，因此要选用最新调整的水功能区规划来核定纳污能力或水环境容量。

12.4.1.2　水环境问题诊断

（1）基于控制单元的水环境问题分析诊断

以流域控制单元为基础，建立每个控制单元的水资源量、用水量、废水及污染物排放量、废水及污染物入河量、水环境质量现状间对应关系，分析诊断水环境问题，重点进行以下 6 类水环境问题分析：①水平衡分析。系统整理各控制单元水资源量、可利用水资源量、供水量、用水量、废水排放量、废水入河量、水文数据、水质数据等，对不同部门和不同来源的数据进行校核，分析其中的逻辑关系合理性，统筹考虑科学性及管理需求，提出规划基础数据采用方案。②水环境质量现状与使用功能之间的差距分析。重点分析近年来地表水体水环境质量的年际变化趋势、年内水期之间的变化情况以及污染指标的变化等。收集各河段流量信息，分析流量与水环境质量之间的对应关系。对照水体的使用功能，分析各项污染指标与目标水质之间的差距。③污染物产排与水质改善要求之间的差距分析。重点分析近年来废水及主要污染指标（COD、氨氮等）的产生与排放量变化、各工业行业废水达标治理水平、城镇污水处理设施完善程度，结合水利部门入河排污口监测数据的逻辑校验和纳污能力的对比分析、限排意见，分析每个控制单元总量削减的压力。④现有治理设施实际运行效果与设计要求之间的差距分析。包括工业企业稳定达标率，城镇污水处理厂运行负荷、污染物去除效率、污水收集管网的完善程度、污泥稳定化处理和无害化处置等方面的问题。⑤产业结构合理性分析。结合经济社会数据和排污数据，分析污染来源的行业贡献率，从水环境保护的角度分析产业结构的合理性。⑥环境安全保障分析。以水体使用功能为重点，分析各控制单元饮用水安全保障、农业用水安全保障、跨省界水体水质情况、跨省界水体污染事故控制水平和水生态安全保障情况。

从上述 6 个方面分析各控制单元的水环境问题，并在单元内进行排序，总结出流域或区域、企业需要解决的水环境问题优先次序。

（2）重点控制单元的筛选

按照目标层、准则层、指标层建立三级水污染控制单元水环境评估体系。对控制单元各项指标进行评分后，根据不同权重计算综合水环境质量、社会经济发展状况、水污染状况、水域功能敏感性、水资源生态禀赋的综合得分，进而汇总出控制单元的总分，以此确定重点控制单元名单及主要治理或保护任务。

1）水环境质量评估。评估控制单元水环境质量状况，包括水质目标、水质现状、上游水质状况、水质恶化趋势以及重金属等指标的污染程度（表 12-6）。

表 12-6 水环境质量评估表

准则层	指标层		评估标准	评估分值	权重
水环境质量评估	地表水现状水质评价	地表水水质类别	I 类	30	30%
			II 类	25	
			III 类	20	
			IV 类	15	
			V 类	10	
		河流水质达标率	100%	30	20%
			90%～100%	25	
			80%～90%	20	
			70%～80%	15	
			70%以下	10	
		湖库水质达标率	100%	30	10%
			90%～100%	25	
			80%～90%	20	
			70%～80%	15	
			70%以下	10	
		湖库富营养化程度	贫营养	30	5%
			中营养	25	
			轻度富营养	20	
			中度富营养	15	
			重度富营养	10	
		超标因子百分数	10%以下	30	10%
			10%～20%	25	
			20%～30%	20	
			30%～40%	15	
			40%以上	10	
		重金属等指标超标状况	超标倍数＜1	50	10%
			超标倍数为 1～5	35	
			超标倍数＞5	15	
		上游来水水质类别	I～III类	50	5%
			IV～V类	35	
			劣 V 类	15	
	地表水水质变化趋势	近几年水质总体变化趋势	恶化	15	5%
			保持良好	35	
			水质变优	50	
		近几年污染指标变化趋势	污染指标数目增加或超标倍数增加	30	5%
			污染指标数目减少或超标倍数降低	70	

2）社会经济发展状况评估。评估控制单元社会经济发展给环境造成的压力及可提供的治污基础条件。包括人口密度、城镇化率、单位 GDP 和工业增加值、人均用水量等（表 12-7）。

表 12-7　社会经济发展状况评估表

准则层	指标层		评估标准	评估分值	权重
社会经济发展状况评估	人口、经济状况	人口密度/（人/km²）	＜50	50	20%
			50～100	30	
			＞100	20	
		城镇人口增长率	＜2%	50	10%
			2%～5%	30	
			＞5%	20	
		人均 GDP/（元/人）	＜8 000	50	30%
			8 000～12 000	30	
			＞12 000	20	
		单位面积工业增加值/（万元/km²）	＜0.002	50	20%
			0.002～0.005	30	
			＞0.005	20	
	水资源利用状况	人均用水总量/（m³/人）	＜300	50	20%
			300～600	30	
			＞600	20	

3）水污染状况评估。评估控制单元的污染源状况和产污结构，包括生活源、工业源和面源（表 12-8）。

表 12-8　水污染状况评估表

准则层	指标层		评估标准	评估分值	权重
水污染状况评估	生活源污染指标	生活废水排放强度/（t/万元）	＜5	30	10%
			5～10	25	
			10～15	20	
			15～20	15	
			＞20	10	
		生活 COD 排放强度/（t/万元）	＜0.000 5	30	10%
			0.000 5～0.001	25	
			0.001～0.002	20	
			0.002～0.003	15	
			＞0.003	10	

准则层	指标层		评估标准	评估分值	权重
水污染状况评估	生活源污染指标	生活氨氮排放强度/（t/万元）	<0.000 1	30	10%
			0.000 1～0.000 2	25	
			0.000 2～0.000 3	20	
			0.000 3～0.000 4	15	
			>0.000 4	10	
		城镇污水集中处理率	>80%	30	10%
			70%～80%	25	
			60%～70%	20	
			50%～60%	15	
			<50%	10	
	工业源污染指标	工业废水排放强度/（t/万元）	<5	30	10%
			5～10	25	
			10～15	20	
			15～20	15	
			>20	10	
		工业 COD 排放强度/（t/万元）	<0.001	30	10%
			0.001～0.002	25	
			0.002～0.003	20	
			0.003～0.004	15	
			>0.004	10	
		工业氨氮排放强度/（t/万元）	<0.000 1	30	10%
			0.000 1～0.000 2	25	
			0.000 2～0.000 3	20	
			0.000 3～0.000 4	15	
			>0.000 4	10	
		工业废水排放达标率	90%～100%	35	10%
			70%～90%	25	
			50%～70%	15	
			30%～50%	10	
			20%～30%	9	
			0～20%	6	
		重金属排放强度/（kg/万元增加值）	—	—	10%
			—	—	
			—	—	
	面源污染指标	单位耕地面积化肥施用/（kg/hm^2）	<2 500	30	5%
			2 501～3 000	25	
			3 001～3 500	20	
			3 501～4 000	15	
			>4 000	10	
	污染结构	污染源结构	非点源污染为主	20	5%
			城镇生活污染为主	30	
			工业污染为主	50	

4）水域功能敏感性评估。评估控制单元内的饮用水水源地等高功能水体及风险源分布状况，包括对饮用水水源地、污染源潜在污染风险等方面识别潜在风险因素，分析风险程度，提出风险评估结论（表 12-9）。

表 12-9　水域功能敏感性评估

准则层	指标层		评估标准	评估分值	权重
水域功能敏感性评估	水源地状况	水源地服务人口/（万人/个）	—	—	10%
		单位人口供水量/（万 t/人）	＜3 000	50	10%
			3 000～5 000	30	
			＞5 000	20	
	污染源风险	重金属污染源	较少	30	10%
			较多	70	
		入河排污口	较少	30	10%
			较多	70	
		沿江重点工业点源	较少	30	20%
			较多	70	
		水源地是否有化工、有色金属冶炼、医药制造等行业的污染源	有	70	20%
			无	30	
		沿江、水源地有无危险品运输	有	70	20%
			无	30	

5）资源生态禀赋评估。评估控制单元的水资源量、水资源开发利用情况和水生态状况等，识别水资源对环境的影响以及水生态问题（表 12-10）。

表 12-10　资源生态禀赋评估

准则层	指标层		评估标准	评估分值	权重
水资源生态禀赋评估	水资源开发利用状况	单位面积水资源量/（万 m^3/km^2）	＜10	50	35%
			10～30	30	
			＞30	20	
		人均水资源利用量/（m^3/人）	＜1 000	50	35%
			1 000～3 000	30	
			＞3 000	20	
	生态环境状况	—	—	—	30%

6）水环境状况综合评分。根据各指标层评估分值，运用专家调查法和层次分析法等综合评估方法，确定水环境质量评估、社会经济发展状况评估、水污染状况评估、水域功能敏感性评估、资源生态禀赋评估五个准则层的权重分别为 50%、10%、25%、10%、5%，计算控制单元水环境综合评估指数，以“优（91～100）/良（81～90）/中（71～80）/低（60～

70）/差（0～59）”为评价等级，定性和定量分析水环境评估结果及存在问题，得出控制单元水环境综合评估结论。

12.4.2 水环境预测与压力分析

12.4.2.1 经济社会发展压力预测

目前，绝大部分水污染防治规划都是“被动型”规划，也就是在给定的一种或若干种社会经济发展情景方案下的水污染防治规划。因此，确定规划水平年的社会经济发展情景，预测社会经济发展趋势对规划编制具有很大的影响。社会发展预测的重点是人口预测，人口、GDP 等表征的社会经济压力可直接采用经济部门的成果来预测，也可按下列方法进行预测。预测中采用的关键参数必须明确给出，要对数据的预测和计算方法、采用的各类系数、考虑的相关因素等进行说明。

（1）人口预测

人口预测是指根据一个国家、一个地区现有人口状况及可以预测到的未来发展变化趋势，测算在未来某个时间人口的状况，是环境规划管理的基本参数之一。进行人口预测，主要关心的是未来的人口总数，常用的确定人口增长的方法是假设一个恒定的年增长率 K，年增长率模型假设人口的增长都发生在每年的年末，这种过程被称为复合增长过程或几何级数法，见表 12-11。

表 12-11 常见的人口预测模型

项目	公式	说明
算术级数法	$N_t = N_{t_0} + b(t - t_0)$	N_t——预测年人口数量，万人； N_{t_0}——基准年人口数量，万人； b——逐年人口增加数（即 t 变动一年 N_t 的增加数），万人/a； t，t_0——预测年和基准年，a； K——人口自然增长率，是人口出生率与死亡率之差，常表示为人口每年净增的千分数
几何级数法	$N_t = N_{t_0}(1+K)^{(t-t_0)}$	
指数增长法	$N_t = N_{t_0} 2.718^{K(t-t_0)}$	

（2）经济预测

选择 GDP 作为经济持续发展对水环境压力分析的因变量，根据各行政区域的国民经济发展情况，结合各期间 GDP 增长历史资料，采用适当的 GDP 增长速率预测经济情况。为了消除价格对水资源需求和水污染物产生量预测的影响，也可以选择排放水污染物的主要和重点行业，直接预测这些行业不同水平年的产业规模和产业布局。

12.4.2.2　污染物排放压力预测

水污染防治规划不仅要预测污染物排放压力，还要预测废水量排放压力。因此，首先要结合社会经济发展情景方案、水资源综合规划目标年水资源供需分析成果，以及河道生态水量需求，分析用水量逐年增加形成的压力，并分解到流域控制单元上。在此基础上预测废水量和水污染物产生量、排放量。由于工业与生活用水量的持续增加，加上造纸、化工、农副食品加工等水污染严重的行业依然占有相当的比重，未来我国水污染物减排仍面临巨大的压力。总体上，水污染物排放压力预测包括以下 5 个方面。

（1）废水量预测

废水排放量预测的方法有两种，一是基于规划目标年需水量进行的预测，二是基于规划基准年废水排放量进行的预测。两种预测方法同时采用，且均应分农业源、工业源和城市生活源进行。将预测结果进行对比分析，得出最终的废水排放量预测成果。当有多种社会经济发展情景方案时，要进行不同情景方案和水平年下的压力对比分析。

（2）污染物排放量预测

污染物排放量预测主要包括：①工业污染物排放量预测。需要考虑工业结构调整对废水浓度变化的影响、工业企业达标排放政策的深化对废水浓度变化的影响、废水治理投资增加对废水浓度变化的影响以及水环境功能对废水浓度的要求等。综合考虑上述因素，确定工业污染物浓度的弹性系数值范围，或采用单位工业增加值污染物产排放系数法，形成工业污染物排放量预测“高、中、低”方案。②城市（镇）生活污染物排放量预测。需要考虑污水处理厂建设对污水浓度的影响、中水回用工程的实施对污水浓度的影响、生活水平提高对污水浓度的影响以及水环境功能对污水处理厂出水的要求等。综合考虑上述因素，确定生活污染物浓度的弹性系数值范围，或采用人均污染物产排放系数法，形成生活污染物排放量预测的“高、中、低”情景方案。③农业污染物排放量预测。需要分别对种植业和畜禽养殖业的污染物排放量进行预测，可采用污染物浓度系数法或污染物排放系数法，形成“高、中、低”情景方案。

（3）水环境质量预测

水环境质量预测最基本的问题就是找出污染排放变化与水体控制点处主要污染物含量水平的相关关系，以此预测区域（或城市）由于经济、社会发展规划实施而产生的环境影响。可选用或建立水质模型，如河流模型，河口、湖泊水库模型等均是进行水质预测最常采用的方法。目前，在国家层面上，建立水环境质量预测还十分困难。在流域和城市层面上，应建立相应的预测模型和平台，为编制水污染防治规划提供科学依据。

（4）水环境监管压力预测

水污染防治和水环境保护是一项复杂的系统工程，产生、治理、排放、监测、管理、补偿、惩罚等诸多环节都必须处在可控状态才能确保水体使用功能的实现。因此，监督管理能力方面的压力不仅仅包括充足的人员、精良的设备、成熟的技术，还应包括完善的法律法规、强有力的执法手段、广泛的群众监督、严格的企业自律等。目前，流域和地方层面上与完善的水环境管理需求之间依然有较大差距。预计未来我国重点流域范围内的城镇污水处理厂、乡镇分散式污水处理设施、城镇饮用水水源地、乡镇饮用水水源地等重点敏感水体将大大增加，同时将全面开展非点源和农业面源污染防治，因此，水污染防治规划实施中的监控对象将更加全面和复杂。

（5）水环境风险压力预测

未来一段时期，重金属污染、农药残留、垃圾填埋场等重污染场地等历史遗留水污染隐患依然存在，石化行业、氯碱工业、磷化工、硫化工、有色冶炼、矿山油田开采等水污染高风险行业布局仍在调整，风险评估—风险预警—风险管理的体系尚未形成，新污染物不断出现，水环境风险不确定性增强。因此，水污染防治规划要特别重视风险压力的预测。对于一些环境风险型流域水污染防治规划，应在风险现状评估、压力预测基础上确定风险控制目标和任务措施。

12.4.3 水污染防治规划目标与指标确定

水污染防治规划目标的制定要结合当前最新的环境保护战略思想、当期的国家环境保护规划、上一级的水环境保护规划以及当前我国水环境状况和未来水环境保护战略措施，在充分借鉴发达国家经验的基础上，综合提出我国的水污染防治战略总体目标、阶段目标、领域目标以及相应的指标。

12.4.3.1 水污染防治规划目标确定

（1）总体目标

水污染防治规划的总体目标要具有战略性、科学性和指导性。未来 10～20 年，我国水污染防治规划的总体目标是：牢固树立“让人民群众喝上干净水”和“让江河湖泊休养生息”的战略思想，加快经济发展方式转变，切实加大水环境保护力度，提高水环境综合管理水平，使水污染物排放总量得以大幅削减，水环境中常规污染物和有毒有害污染物的浓度得以大幅降低，水环境质量得以全面改善，水环境安全和水生态系统健康得以保障。

（2）阶段目标

根据水污染防治规划的总体目标，可制定分阶段的目标。阶段目标应是比较具体的、可考核的。例如，我国水环境保护中长期战略提出的目标为：到 2020 年，COD 和氨氮排放总量显著降低，重点湖库总磷、总氮排放量明显降低；实现重点流域水环境质量改善和重点城市饮用水安全，地表水达到Ⅴ类水质以上标准比例大幅提高，实现重点城市集中式饮用水水源地水质基本稳定达标；水生态系统有所改善；水污染防治能力和水平明显提高。到 2030 年，COD 和氨氮排放总量继续降低，总磷、总氮排放量继续减少；实现全国流域水环境质量全面改善、确保饮用水安全，解决水质性缺水问题；七大水系干流国控断面水质基本消除劣Ⅴ类；地下水环境质量趋于改善；实现地级以上城市饮用水水源地水质稳定达标；水生态系统基本健康；水环境综合管理水平显著提高。

12.4.3.2　水污染防治规划指标体系确定

水污染防治规划指标体系的构建需坚持科学性、系统性、阶段性、典型性和可操作性的原则。首先，我国的水污染防治战略目标可以概括为：削减水污染物排放总量、改善水环境质量、保障水环境安全和水生态系统健康、提高水环境管理水平。从中可以看出，水污染物排放总量和水环境质量问题、水生态系统问题和水环境管理问题是未来水污染防治战略涉及的 4 个方向。所以根据水污染防治战略目标，将水污染防治规划指标体系的目标层确定为：水污染物总量控制、水环境质量与安全、水生态系统安全和水环境综合管理四大类。

其次，未来关系人民群众健康的水环境质量问题（水环境质量和饮用水安全）仍然是最为关注的问题；水污染物总量控制随着区域性和行业性污染特征以及有毒有害有机污染物问题的出现而需要适当调整；未来水环境关注的目标和范围将增大，会逐步重视水生态系统的安全和健康，同时会关注农村地区污染、地下水污染、新型污染物等问题；通过各种水环境管理和措施，我国水环境质量未来会逐步改善。因此，水污染防治规划指标体系准则层确定为：代表水污染物总量控制的常规污染控制指标和特征污染物控制指标；代表水环境质量安全的地表水环境质量指标和其他水环境质量指标、饮用水安全指标；代表水生态系统安全的水资源利用指标和水生物多样性指标；代表水环境综合管理水平的城镇、工业、农业水环境管理指标。

结合水污染防治战略目标以及指标体系目标层、准则层，可确定水污染防治规划指标体系如下：①常规水污染物总量控制指标，包括 COD、氨氮、总磷和总氮几种污染物的总量控制指标。②特征水污染物总量控制指标，包括重金属和有毒有害有机污染物总量控制 2 项指标。③地表水环境质量指标，主要从水污染防治规划和水环境功能分区水质达标角度考虑地表水环境质量指标的设立，包括地表水国控（规划）断面劣Ⅴ类水质的比例、地表水国控（规划）断面好于Ⅲ类水质比例和水环境功能区水质达标率 3 项指标。④其他水环境质量指标，主要从近岸海域水环境质量和地下水环境质量的角度考虑，增大对水质的关注范围，包括近岸海域Ⅰ类、Ⅱ类水质海水的比例和地下水质好于Ⅲ类水质的比例 2 项指标。⑤饮用水安全指标，同时考虑城市和农村地区饮用水的安全，包括城市饮用水水源地水质达标率和农村安全饮用水人口的比率 2 项指标。⑥水资源利用指标，分别从水资源消耗、水资源开发利用和生态需水的角度考虑水资源承载力情况，包括水资源综合开发利用率和生态需水量所占总用水量的比例 2 项指标。⑦水生物多样性指标，应借鉴国际经验，选取处于水生态环境食物链比较低端的藻类指标和比较顶端的鱼类指标以及大型底栖无脊椎动物 3 项生物物种指标。⑧城镇水环境管理指标，主要从生活污水处理水平、污水处理设施运转负荷程度、城镇污水回用水平等方面考虑，指标包括城镇生活污水集中处理率、污水处理设施平均负荷率和城镇污水处理厂再生水回用率 3 项指标。⑨工业水环境管理指标，主要从工业行业废水稳定排放达标水平和工业用水强度等方面考虑，指标包括工业废水排放稳定达标率和单位工业增加值用水量 2 项指标。⑩农业水环境管理指标，主要从农村生活污水集中处理和农业灌溉用水利用等方面考虑，指标包括农村生活污水集中处理率和农业灌溉亩均用水量 2 项指标。

12.4.4 水污染防治规划重点任务

水污染防治规划的重点任务可根据规划的各个时期以及不同规划重点领域进行设计，也可根据当前水环境保护重点工作的缓急程度进行设计。一般包括饮用水水源地保护、水污染物总量控制、污染源预防与控制、水环境监管能力建设等。下面以“十二五”重点流域水污染防治规划为例，对规划重点任务进行介绍[15, 16]。

12.4.4.1 饮用水水源地保护

饮用水水源地保护任务包括：推进饮用水水源保护区管理，严格饮用水水源地环境执法。加快饮用水水源保护区划定、批复和建设，动态更新饮用水水源地环境档案。

（1）分类开展饮用水水源环境保护，制定超标水源地污染防治方案。统筹协调流域水污染防治工作，优化流域供水排水格局，加强地表水饮用水水源地上游来水跨界断面评估考核，优先保证地表水饮用水水源上游来水达标。加强湖库型饮用水水源生态保护和修复，降低非点源对湖库型水源的影响，确保湖库型水源地生态安全。强化地下水型水源污染预防，开展地下水的污染治理工作示范。针对超标饮用水水源地，研究制定针对性污染防治方案，明确相关责任人和完成时间，实现“一源一案”。

（2）提高饮用水水源地环境监测能力，健全饮用水水源环境监测机制。研究制定不同级别、不同类型饮用水水源地环境监测评价的标准规范，至少每 5 年更新一次水源地监测评价指标。环保重点城市要具备全指标监测能力，每年做一次全指标监测；其他城镇每 3 年做一次全指标监测；筛选代表性乡镇及农村地区至少每 5 年做一次全指标监测，每年至少做一次常规指标监测。对于全指标监测查出特征污染物的，每年开展一次补充监测。环保重点城市开展水源地水质自动监测、生物毒性监测、持久性有机污染物（POPs）和内分泌干扰物等影响人体健康指标监测。

（3）建立饮用水水源地风险防范机制，确保饮用水水源地环境安全。建立饮用水水源地风险评估机制，对汇水区工业污染源实施风险等级管理，对有毒有害物质进行严格管理与控制。建设和完善水源保护区公路水路运输管理系统，全面禁止在水源保护区公路和水路运输危险品。编制切实可行的饮用水水源地应急预案，开展饮用水水源地应急演练。对于单一水源的城镇，加快推进备用水源工程建设，提高饮用水安全保障水平。

12.4.4.2 城镇污水处理设施建设及运营

1）完善污水处理设施及其配套管网建设。根据水环境质量评价结果确定污水处理设施建设任务及污水处理厂的提标改造任务（包括规模、布局、工艺推荐、执行标准等）。根据污水收集管网的现状提出污水收集管网完善任务；重点流域或区域的所有市、县污水处理厂均须达到较高标准，排入封闭式水域及对近岸海域水质有直接影响的地区污水处理厂必须选用具有强化除磷脱氮功能的处理工艺，以免造成水体富营养化或水华。对于有条件的城市或地区须将城市径流污染控制纳入城市污水处理系统，因地制宜建设分散式污水处理设施。

2）重点提高污水再生利用率。以缺水地区为重点大力推行污水再生利用工作，同时鼓励其他地区开展污水再生利用。高度重视污泥的安全处置。新建污水处理厂和现有污水处理厂改造要统筹考虑配套建设污泥处理处置设施。

3）加强污水处理厂的运营与监管，实现污水处理厂的稳定达标。普及污水处理设施的自动化控制水平，实现污水处理厂的动态监督与管理。规范运营管理，加快建立城镇污水处理系统效能评价指标体系，科学评估污水处理厂的运营状况。

12.4.4.3　点源污染控制

1）实行强制淘汰制度，加大工业结构调整力度，促进工业企业污染深度治理。严格执行国家产业政策，强化管理减排，以造纸、食品酿造、化工、印染纺织等为重点，合理控制行业发展速度和经济规模。针对氨氮、总氮和总磷污染凸显的问题，强化氮和磷排放的污染控制，重点提高化肥行业调整力度和治理水平。工业企业要实现全面稳定达标排放，在资源型缺水的流域或区域，提出深度治理并回用的要求，鼓励企业集中建设污水深度处理设施。

2）积极推进清洁生产，大力发展循环经济。全面巩固和实施清洁生产标准在资源重复利用和污染控制中的应用，未来对有清洁生产标准的行业依法实行强制清洁生产审核，对达不到清洁生产水平的应予以关闭和淘汰。

3）继续实施工业污染物总量控制，加强贯彻“提标升级”工业减排。全面推行排污许可证制度。依法按流域总量控制要求发放排污许可证，把总量控制指标分解落实到污染源，实行持证排污。

12.4.4.4　非点源污染控制

农村生活、养殖业、种植业是我国目前面源污染物的重要来源构成，也是面源污染控制的重点。根据水体污染程度、营养物水平、面源污染、地理位置不同选取具有代表性的重要湖泊水体，在相对封闭的全流域范围内着力防控，重点突破。

1）农村生活污水治理。在四个湖泊汇水范围内全面实施农村环境综合整治工程，城乡结合部和农村生活污水处理以分散治理为主，可根据选用工艺的污染物去除率提出削减要求，与现行的《城镇污水处理厂污染物排放标准》（GB 18918—2002）有所区别，提高可操作性；农村生活垃圾以集中处理为主，生活垃圾转运站及车辆由县级政府统一安排。

2）养殖业污染治理。养殖业污染主要由畜禽养殖和水产养殖构成。规模化畜禽养殖企业，参照点源进行管理，以达标排放为目标；中小型畜禽养殖，以综合利用为主要措施，推进粪便还田。对水产养殖污染，重点拆除网箱养殖，缩减围网养殖面积，摒弃肥水养鱼方式。

3）农业面源治理。主要采用管理措施从源头防治，条件允许的情况下辅以工程措施。粮食作物和经济作物应根据作物种类，通过科学测土施肥，减少化肥施用量。采取保护性耕作措施，减少水土流失，选择合理水肥管理措施，减少养分流失。在重点湖泊周边地区推行种植结构调整，减少蔬、果、花的种植面积，并着力降低蔬、果、花的施肥量。

4）综合治理。湖泊周边建设人工湿地、前置库、缓冲带、水陆交错带、生态沟渠等设施去除氮磷营养物以防进入湖泊。鼓励土地流转实行集约化种植，建立农技推广体系。研究并制定相关的激励政策和补偿政策，避免农民因化肥减施造成的经济损失。

12.4.4.5 控制单元水污染综合防治方案

（1）控制单元水质目标

应根据水资源水文条件、水（环境）功能区对水质的要求、近年来控制断面水质的变化趋势以及当地的经济发展水平合理确定水环境质量改善目标。

按照功能区水质达标要求，综合统计分水期水文条件、水环境功能区划、入河排污口布局以及陆域污染物排放，建立陆域源—入河量—断面水质响应关系，计算达到功能区水质目标的基于容量总量控制的入河污染物排放限值，分析各陆域污染源排放量，在污染治理成本可行前提下，提出总量可达的陆域污染源排放限值，对应控制断面的可达性水质目标，配套城镇污水、工业源以及农业面源治理方案。

（2）控制单元总量控制方案

按照功能区水质达标要求，综合统计分水期水文条件、水环境功能区划、入河排污口布局以及陆域污染物排放，建立陆域源—入河量—断面水质响应关系，计算达到功能区水质目标的基于容量总量控制的入河污染物排放限值，分析各陆域污染源排放量。凡在规划期间能满足或达到基于水环境容量所对应的污染物最大允许排放量的区域和水体，直接将水环境容量测算工作中确定的污染物最大允许排放量作为本规划的总量控制指标，并确定污染物削减方案。如不能满足，则需确定科学合理可行的污染物削减方案，并确定总量控制指标。通过以上两部分结合，制定单元的污染物削减方案和污染物总量控制方案。

（3）控制单元重点任务

充分衔接控制单元的水环境问题优先排序，确定控制单元的污染防治重点。水环境问题概括起来可分为点源污染影响问题、农业非点源影响问题、管理问题和其他如生态修复监测等因素问题。点源问题主要通过城市生活污水治理方案、工业点源治理方案来解决，针对农业非点源问题重点开展农田肥料减施和集中式畜禽养殖业粪便综合利用等治理措施。对于其他区域性污染问题，则需要结合流域、区域特征，制定符合流域水污染防治规划总体要求并在区域经济承受能力范围内的污染治理方案。

12.4.4.6　水环境监管体系建设

从水质监控系统、污染源监控系统、水污染预警系统 3 个方面提高国家水环境监控技术水平，建立点面结合的排污监控体系和长短结合的污染预警体系。以提高监管能力，落实政府水环境目标责任制，建立整体覆盖、科学布局的国家水环境监管体系。

（1）排污口监测

完善排污单位的排污口监测体系，协调水利部门入河排污口的监控体系，建立从污染源到入河排污口的污染排放综合监控体系。在现有监测网络基础上，建议的优化调整原则如下：①建立污染排放区控制网络。污染排放区包含已有或将有大量废水排入水体的区域，包括大中城市、大型工业园区、大型矿企集中区、农业汇集和生活集中排入区、重大水利设施河段。在受纳水体的排放区上游未受排放区影响的临界位置和排放区下游即将脱离排放区影响的临界位置，分别设立国控断面。②建立排污口监管网络。对排入或排出流域干流水体、重点湖库、大型水源地、重要自然保护区上游及具有重大影响的主要排污口设立国控监测站，在排污口下游水体充分混合处设立国控监测断面。

（2）水质监测

对现有的国控断面进行优化调整，大幅度提高重要江河源头、大江大河一级支流入江（河）口、跨省界水体、重要城市饮用水水源地等的国控监测能力。

1）干流水体监控网。主要干流水系网络以实现我国流域干流水体全覆盖，加大干流监测断面覆盖密度、反映我国水体整体情况以及流域水体水质趋势为目标。要求如下：① 国控站点应覆盖重点流域主干水体，实现对主干河流和核心湖库的全面监控。②水质监测断面结合水文测量断面，推进水量水质同步监测，形成统一的国控站网体系。③设立干流水体上、中、下游全覆盖国控站网络。上游干流或源头处设立本底值对照断面，确定水系背景水质状况，中下游增大断面密度反映水质变化过程，设立重要河段下游入海口国控站点，形成从河流源头到水体末端的全过程监控。④保证大江大河干流平均每 100 km 布设国控监测站，保证对重要水文单元（水资源分区等单元）监控全覆盖，在满足以上原则布设的基础上继续增补，实现各汇水区的监控，满足趋势分析的密度需求。断面的设置量要求“由各控制断面所控制的纳污量不应小于该河段总纳污量的 80%”。

2）支流水体污染汇入控制网。要求对一级支流和二级主要支流在汇合口上游布设国控监测断面。支流河段断面布设位置为不受混合水体影响的支流汇入河口上游。对汇入主要湖泊的重要支流布设国控监测断面。

3）跨国界、省（区、市）界水体交界考核网络。跨界监控网点位置要求为，国内行政区跨界水体监控要求跨省（区、市）界水体应分别在省、直辖市、重点市（区）的交界下游代表交界水质的位置设立国控监测断面，可根据上游省份要求在交界上游设立对照断面。跨国界水体应在出入境代表交界水质位置设立国控监测断面。对穿越或分割省、直辖市、环保重点城市界的干流、一级支流和流域面积大于 1 000 km^2 的二级支流设立国控监测断面。对列为环境规划等专项任务的环境管理目标考核的省、直辖市、重点市（区）的交界断面设立国控监测断面。对流域面积大于 1 000 km^2 的重要河流的入海河口处和出入境把口处设立国控监测站。

4）重要功能水体监控网。要求：①重点湖库全覆盖。对库容大于 10.0 亿 m^3 的大型水库和对下游具备重要供水作用的中型水库以及面积大于 50 km^2 的重点湖泊建设国控监测站。在重点湖库的主要入口、出口以及湖库水质代表点分别设立国控监测断面。②建立重要功能区（生态自然保护区、饮用水水源保护区等）监测网，满足重要保护区监控需求。对服务人口大于 50 万的大型水源地（占城镇水源地服务人口的 40%）、重要自然保护区的水体水质代表点位、上游或缓冲区设立国控监测站。

5）自动站实时监控。流域干流的上、中、下游分别选取代表断面设立自动监测站。大型排污口、水质较差或波动较大的大型支流汇口断面设立国控自动站监测网。存在重要排污口或受重要污染排放区影响的重要支流，在条件允许的情况下设立自动监测站。

（3）目标考核

以目标责任制的评估考核为目的，建立监控断面的评估考核体系。以跨界断面、重要饮用水水源地断面为重点考核对象，形成重点流域水质考核网络。

12.4.5 水污染防治规划工程项目

12.4.5.1 工程项目体系

根据流域或区域水环境保护的总体目标和主要任务，构建规划的项目体系。一般而言，规划项目体系分为两级。

第一级为一般性工程项目，以省级行政区为单位，完成规划项目的各项前期准备工作，在规划编制过程中建立规划项目库，每年动态更新和滚动实施。一般性项目是基于控制单元的水（环境）功能需求和规划目标需求确定的，是改善控制单元水环境质量的必要性项目，符合申报条件并通过省级专家评审的项目均可作为一般性项目纳入项目库。一般性项目按照项目建设内容分类，是项目库最基本的组成单元。

第二级为骨干工程或重点工程项目，是指对流域或区域污染防治有重大影响的工程，立足于项目布局最优化和水环境改善效益的最大化，是项目库内各种类型规划项目的组合，它与控制单元的综合性污染防治和保护方案相对应，是国家投入规划项目建设资金的依据。骨干工程由国家统一规划，省级地方政府细化并组织实施。骨干工程在一般性项目的基础上，依据项目实施对水质改善的重要性，确定骨干工程的项目建设内容。

12.4.5.2　一般性工程项目分类

（1）工业源治理类项目

按照“集中一批、提升一批、关停一批”的原则，提出采取原址治理提升、优化布局、关停并转等措施的项目清单。为实现污染物排放总量削减阶段性目标，工业源治理类项目主要包括：①在达标排放的基础上，开展造纸、化工、纺织印染、食品加工业等重污染行业的清洁生产或综合利用的项目。②不符合国家或流域产业政策要求的淘汰关停项目。③ 重点污染行业的循环经济示范类项目。④重点行业废水深度治理项目，其中已满足达标排放要求但规划期间必须实施新标准的企业可以纳入项目库。

（2）城镇生活源治理类项目

按照“饮用水水源地优先、人口密集区优先、配套管网优先、污泥处置设施同步建设、缺水地区再生利用”等原则，提出优化城镇污水处理设施布局的项目清单。城镇生活源治理类项目包括：①城镇（含乡镇）污水处理厂建设项目；②配套管网建设项目；③城镇污水处理及再生利用工程；④城镇污泥处理处置；⑤城镇污水处理厂“提标改造”项目。

（3）重点水体综合整治类项目

按照“对人口密集区或对区域有重大影响的水体进行生态系统保护（或景观保护）”的原则，提出重点水体的综合整治项目清单。重点水体综合整治类项目的内容涉及以下 1 个或 1 个以上方面的内容即可作为综合整治类项目：①沿水体周边截污项目；②与污水处理厂结合的人工湿地和稳定塘项目；③湖滨带建设或生态修复项目；④工业企业搬迁项目；⑤重点水体的水生态修复工程；⑥河道或湖库的清淤项目；⑦生态隔离带项目。

（4）饮用水水源地保护区综合整治类项目

按照“饮用水水源优先保护”原则，大力加强污染源治理和水环境安全风险防范。饮用水水源地保护区综合整治类项目涉及以下 1 个或 1 个以上方面的内容即可作为综合整治类项目。主要包括：①工业企业或工业园区的淘汰关停和搬迁；②垃圾清运处理；③农村污染综合整治；④已有环保设施（如垃圾填埋场、城镇污水/污泥处理、处置设施）导致的风险防范工程等；⑤水源的涵养林建设项目。

（5）非点源污染治理类项目

非点源项目采取“试点示范”，选择饮用水水源地的湖库汇水范围内且具备试点示范条件的项目进行试点。主要包括：①畜禽养殖污染控制项目；②水产养殖项目；③农村生活污水治理项目；④农田径流污染防治项目，包括农药减施、农田径流氮磷流失的生态拦截等项目。

（6）水资源保障类项目

根据经济社会发展以及生态环境保护的目标与要求，按照经济社会发展水平，考虑需要与可能，制定流域和区域水资源开发利用与治理保护类项目。考虑与《水资源综合规划》的衔接，主要包括：①节水工程，包括农业节水项目和工业、城镇生活、建筑业和商业、餐饮业、服务业节水项目；②水资源优化配置工程（如增加供水类项目）；③排污口调整与治理项目。

（7）近岸海域水环境保护类项目

我国目前近岸海域水污染产生的主要原因来自陆源污染、养殖业污染、围海造地和石油污染等方面，其中污染源治理项目主要在上述第（1）、（2）、（5）类项目中予以考虑，为避免一般性项目重复上报以及责任主管部门的工作职责，本类项目主要考虑近岸海域生态保护类项目，包括：①自然保护区（含生物物种保护区）、生态功能区、河口湿地恢复与保护项目；②近岸海域生态隔离带建设项目；③河口湿地保护、河口生态修复项目。

（8）区域性有毒有害物质风险防范类项目

针对重金属、持久性有机污染物（POPs）等污染物在部分流域、部分地区污染突出的问题，全面结合“点面结合的风险防范体系”的总体思路，设计风险防范类的项目。主要包括：①排放有毒有害污染物质的点源（工业企业和污水处理厂）事故应急设施建设项目；②船舶突发性污染事故应急设备库建设项目（油、化学品事故泄漏的应急处置）；③有毒有害污染物质的环境监管能力建设项目。

12.4.5.3 骨干工程项目分类

根据污染控制单元水环境问题诊断结果和水环境保护需求，各省级环保部门按照控制单元的主要水环境问题，确定每个单元的污染防治主题。原则上每个控制单元仅有一个污染防治主题，各省根据辖区内各控制单元的污染特征，确定每个单元的污染防治主题并设计与防治主题相关的项目。按照控制单元的水环境问题和控制单元的污染防治主题进行分类，结合点面结合的风险防范体系建设的总体思路，总体上将骨干工程项目分为7类。

（1）水资源保障工程项目

防治主题为水资源保障。针对水资源短缺单元，设计水资源保障工程。若为天然水资源短缺单元，着重设计水资源优化配置工程，提倡节水项目（含农业、工业和生活的节水），确保生态水量需求。若为水质型水资源短缺单元，着重设计污染源治理项目，提高水的重复利用率和污水资源化率；若为两者综合的水资源短缺单元，则全面设计骨干工程的内容。

（2）点污染源治理工程项目

防治主题为大力削减污染物排放量。针对控制断面水质超标或是水环境质量现状与使用功能之间有较大差距或是污染物排放与水质改善要求之间有较大差距的单元，设计城镇污水处理设施和工业点源污染治理项目，提升污染治理设施的运行水平。

（3）面源污染防治试点示范工程项目

防治主题为面源污染防治试点。针对“丰水期水质超标且主要超标指标为氨氮（总氮）、总磷和粪大肠菌群”且位于重要集中式饮用水水源地的汇水范围内的控制单元，应重点设计非点源污染防治项目。

（4）水体综合整治工程项目

防治主题为水环境综合整治。针对维护河流或湖泊水体生态系统结构和功能稳定的单元，以水体生态系统恢复到较为自然状态为原则，重点设计水体综合整治项目，可适当包括点源和面源的污染防治项目。

（5）水环境安全保障工程项目

防治主题为水环境安全保障。针对饮用水水源地安全、农业用水安全、水生态安全（生物栖息地保护、生物多样性保护项目）、近岸海域水质安全等其中的某一方面较为突出的问题，设计骨干工程。

（6）区域性产业结构调整工程项目

防治主题为结构性污染治理。针对区域内普遍存在的污染贡献率较大的工业行业结构性污染、产业结构不合理的单元，重点提出淘汰关停、工业企业深度治理、清洁生产或循环经济示范类的项目。

（7）区域性污染事故风险防范工程项目

防治主题为防范污染事故风险。针对有毒有害污染事故频发区、跨省界污染事故的风险区域，重点设计环境监管能力建设项目，并设计点源（工业企业和污水处理厂）或流动源的事故应急设施建设项目。

12.4.5.4　一般性项目纳入骨干工程项目的原则

骨干工程项目是在一般性项目的基础上进行筛选，通过技术、环境、经济等方面的优化比选，综合考虑“项目的技术经济可行性、控制单元的优先性、项目实施对水质改善的重要性”等原则确定的。具体原则如下：①规划项目必须在流域或区域规划范围内，超出流域或区域范围的项目需做原因说明。②需要有明确的项目实施主体和责任主体，需要有明确的资金筹措渠道。③符合国家产业政策和地方产业政策，且有助于提高产业集中度、提升产业发展水平。④项目应在规划期间建成、稳定运行，对流域或区域的水环境质量改善具有一定的带动和示范作用。⑤项目严格执行环评和“三同时”制度，符合国家、流域或区域、地方规定的环境准入条件。⑥水质维护单元以加强管理为主，不安排具体治污工程。⑦城市污水处理设施 1 万 t 以下（乡镇除外）的考虑不纳入本次规划，如果在饮用水水源地、自然保护区等特殊敏感区则单独考虑；垃圾日处理能力在 100 t/d 以上的项目。⑧ 原则上支持项目总投资在 500 万元以上的项目（饮用水水源地、自然保护区等特殊敏感区除外）。⑨重点控制单元的项目优先纳入骨干工程。⑩对水质改善明显的项目优先纳入骨干工程。

在流域水污染防治规划中，通常要在控制单元确定基础上进一步筛选出重点控制单元和优先控制单元。重点控制单元是指那些对流域水环境质量改善有显著影响、存在严重污染或者环境风险、对饮用水水源地安全有直接影响的单元。确定重点控制单元的主要原则有：①对控制单元内或单元下游的集中式饮用水水源地有重大影响的单元；②对跨省界断面水质有重大影响的单元；③对城市生态景观有重大影响的单元；④对下游的控制单元有较大影响的单元；⑤控制断面水质超标的单元。

同时，在确定对水质改善明显的项目时，要综合考虑项目的水环境改善效益大小。下列 9 类项目通常可以列为对水质改善明显的项目：①去除主要污染物与水体控制断面主要超标因子一致的项目；②解决控制单元重点污染问题的项目；③污染物排放贡献较大、污染物减排效益较大的项目；④有利于区域产业结构优化的项目；⑤有利于提高污染防治水平且具有示范意义的项目；⑥项目的去除主要污染物与水体主要超标指标一致的项目；⑦ 水质超标控制单元汇水范围内的项目；⑧清洁生产、循环经济项目或治理工艺在行业内具有示范意义的项目；⑨对区域特色的水环境或水生态保护具有重要意义的项目，如生态水量保障项目和水生态保护项目。

12.4.5.5 项目申报及筛选程序

在流域水污染防治规划编制中，各级环保部门会同其他相关部门组织和负责辖区内项目的申报和筛选工作，建立重点工程项目库。项目库建设的基本程序为：①地方环保部门会同有关部门提交相关材料，完成初步评审。地方环保部门会同有关部门组织专家对项目的申报条件、申报材料的完整性、项目的技术经济可行性进行评审。评审专家除环保领域专家外，还需邀请发改、财政、建设、水利、海洋、农业等部门的专家。②进入省级项目评审。省级环保部门会同有关部门组织项目评审，主要评估项目的必要性。通过省级专家评审的项目作为一般性项目入项目库。③部级项目评审入库。环境保护部会同有关部委组织专家进行项目技术评审，主要评估项目的重要性、技术经济可行性，按照“统一规划、合理布局”等原则，通过国家专家评审的项目将作为骨干工程纳入规划。④未列入规划骨干工程的一般性项目，留在项目库中由地方组织实施。

12.4.6 规划实施与保障机制

12.4.6.1 流域协调机制

（1）流域协调机构机制

以流域为基础，组建流域水污染防治委员会，统筹流域水环境污染防治的各项工作；监督水污染防治方案的实施；定期评估流域水污染治理执行情况，通报各项规划任务的进展；协调解决流域水环境污染防治重大问题和跨地区的水环境纠纷；全面促进水环境综合治理能力的增强，努力建设流域水污染防治的长效机制。

流域水污染防治委员会由流域内各地区综合计划部门、环保、水利、农业、城建等部门组成，下设办公室，处理日常事务。流域水污染防治委员会是协商机构，处理跨地区问题的原则是协商一致，如遇重大问题难以协商一致时，可以上报各地区的上一级行政部门。流域水污染防治委员会下设专家咨询委员会，为流域委员会科学决策提供支持，专家委员会的主要职责是对水污染防治方案的实施进行跟踪评估，针对实施中出现的问题提出解决方法和建议。为了保证规划方案的顺利实施，对于跨地区的水污染防治问题，建议由上一级政府的权威管理部门牵头组建流域污染防治委员会。

（2）部门协调机制

建立部门协调机制，主要负责协调规划与流域综合规划、水资源综合规划、水土保持规划、产业发展规划等相关规划的关系，确保规划的落实。各部门要分工负责、各司其职、各负其责，发挥各方面的优势和特长，加强对规划实施的指导与支持。

12.4.6.2　监测评估与考核制度

（1）水质监测和污染源监测

首先要完善监测站点布局。根据规划结果，在现有监测站网的基础上，完善水质监测和污染源监测布点。特别要加强对重点水域和重点污染源的监测。重点建立基于控制单元水质和污染源监控系统，建立"污染源—入河排污口—水环境质量"点面结合的排污监控体系。充分发挥污染源在线监测系统和水质自动监测系统的作用，对企业排污负荷进行全面监督，同时对污染物控制效果进行有效的监督管理。以入河排污口为纽带，研究污染源与水体环境质量对应关系的方法和步骤，建立污染源监督管理和水质监测分析之间的动态关联，从而为实现水污染防治工作绩效的科学评价和需求预测做好基础准备。其次，要增加监测频率，修订监测项目。目前水质监测和污染源监测的频率都较低，不足以满足环境管理需求，需要适当提高。根据规划结果修订水质监测项目。特别是水质监测和水量监测要配套，水环境质量监测要有相应的水文背景数据；污染源监测要兼顾水质和水量。对于规划实施效果的监测，采用多目标的监测技术体系，不仅要以水质和水量相结合的思想为指导，分析水质与水量间的关系，更要考虑到流域水污染状况和水污染控制的密切关系，为此，监测指标不能仅局限于 COD、NH_3-N 等，而要补充总氮、总磷、重金属等监测指标。

（2）规划实施评估

规划实施评估包括阶段性的评估和规划实施后评估。在评估过程中不仅要重视规划工程项目的效益评价，还要评价水体环境质量改善的效果，达到对规划实施的各个阶段、各个环节的全面掌握和控制。在规划实施后，详细评估实施效果并进行原因分析，作为以后的水污染防治规划工作的经验基础。严格规划实施评估制度建设，将规划实施后评估及阶段性评估作为水污染防治监督工作的重要内容。

（3）规划目标考核

规划实施中首先需要注意的是落实各级政府的环境保护目标责任制。明确规划实施的责任主体，将规划目标与任务分解落实到各个相关部门，制定年度实施方案，并纳入当地国民经济和社会发展年度计划组织实施。规划任务和指标实行年度目标管理，定期进行考核，并公布考核结果。实行规划目标实施问责制，对因决策失误、未正确履行职责、监管工作不到位等问题，造成水环境质量明显恶化、生态破坏严重、人民群众利益受到侵害等严重后果的，依法追究有关领导和部门及相关人员的责任。其次是排污单位环境责任追究制度。排污单位须认真落实规划要求，明确本单位的水环境保护职责。政府明令关停单位须按时关停，限期治理单位须认真落实整改措施，实施清洁生产单位须按同行业高标准严格执行，存在污染隐患单位须及时采取防范措施。对造成环境危害的单位依法追究责任，依法进行环境损害赔偿。

12.4.6.3 经济激励机制

（1）完善污水处理收费制度

建设污水处理厂是解决水污染问题的关键，但污水处理厂的建设投资大、运行成本高，现行污水处理费难以弥补其建设和运行成本。当前，应以污水处理成本为基准，逐步完善符合市场机制的污水收费制度。通过严格核定污水处理成本，逐步提高污水处理费以及污水处理费占总水价的比重，完善污水处理厂运营成本的科目划分，防止成本虚列，推动污水处理费的合理上涨。重点提高工业污水、特别是重污染行业和企业的污水处理费收取标准。逐步提高污泥处置能力，循序渐进纳入污泥处理收费，污泥处置费用应随污泥处置设施的上马开始征收，充分考虑企业和公众的承受能力，合理确定征收标准。

（2）加快城镇污水处理市场化

城镇污水处理市场化模式是一种在政府有关部门监督下，由专业公司提供社会化有偿服务的管理模式。具体来说，就是由政府通过招标或市场竞争产生的污水处理企业，在一定的产权关系约束和政府的监督（主要是服务质量和价格）下，根据独立经营、自负盈亏的原则，生产、销售或提供城市污水处理服务，经营收入来自于消费者的购买，如居民和企业缴纳的污水处理费。城市污水处理厂的建设和运营可以采取以下几种模式：①托管模式，对于早期已建成的水污染防治项目可选用这种模式；②有限责任公司或股份公司模式，既适合于新建项目，又适合于早期已建成的项目，早期由国家投资建成的污水处理厂通过这种模式进行改制，可实现政企分离，提高运营效率；③BOT 模式，适合于新建污水处理项目，政府可用未来市场的收益换取资本来加快城市污水处理设施的建设；④TOT 模式，适合于新建成的污水处理项目，这有利于政府盘活存量资产，利用变现资金进一步加快新的污水处理厂的建设；⑤捆绑模式，在给水缺口较大地区，可以采用供排水捆绑模式。

（3）建立污染治理社会化投融资机制

坚持政府引导、市场为主、公众参与的原则，加大政府财政对环保的投入，形成政府财政和部门资金拉动作用。建立稳定的公益性基础设施建设资金来源，利用经济利益引导社会资本进入水环境保护工程项目的投资和运营，改变单纯依赖政府投资，通过政策引导，建立起政府、企业、个人、团体、金融机构等相结合的废水处理的社会化、多元化投融资体制，利用世行贷款、国债资金和一切有利时机对外招商引资，以合作、合营等多种形式更多地争取外商投资。加大招商引资力度，充分运用市场机制，实现投资主体多元化。

（4）深化“以奖代补、以奖促治”机制

我国“十一五”期间实施的“以奖代补、以奖促治”政策，很大程度上调动了地方治污的积极性，拓宽了地方的融资渠道，城市污水处理基础设施建设工作取得了积极进展。“十二五”期间，需要进一步深化、完善这一政策，利用国家宏观调控能力，解决国家关注的重大水环境问题。

（5）实施流域生态补偿和污染赔偿制度

目前，全国已经开展了很多流域水质生态补偿试点，对流域水污染防治规划实施以及跨界水质达标起到了很好的促进作用。研究制定流域“责任共担”的生态补偿和污染赔偿政策，上游水质超标时对下游进行污染赔偿，而上游来水达标时下游需对上游经济发展因保护水资源和水环境而受到限制进行生态补偿。

12.4.6.4　公众参与机制

水资源的可持续利用和水环境保护是攸关民生和地方社会经济发展的大事，需要制定常态化的公众参与模式和制度。如定期公布水质监测和重点污染源监测数据，及时公布环境污染事故的发生、发展和处理结果，建立环境污染检举奖励制度等。同时，还需要广泛动员社会各界，积极引导公众参与，深入开展环境宣传教育，要继续坚持城市节水宣传周活动并结合地球日、环境日进行宣传，同时还要利用新闻媒体、公益性广告、宣传专栏、中小学教材等一切有利形势进行广泛、深入、持久的宣传教育，让公众了解水情，理解水资源可持续利用的重要性，强化公众的水患意识和节约用水的自觉性。维护公众对水资源开发利用和水环境保护的知情权、发言权和参与权，充分调动全社会的一切积极因素共同保护水环境，实现城市水资源的可持续发展。建立环境信息公开透明制度，发挥环境保护投诉电话的作用，实行有奖举报制度；发挥环保志愿者联合会的作用，开展各项环境保护活动。要求市民自觉遵守环保法律法规，积极参加环保公益活动，及时制止或举报污染环境和破坏生态的行为，养成自觉节水节电节能、使用可再生物品、清洁能源等环保型产品。

参考文献

[1] 雷丹妮，李嘉. 水污染防治规划理论方法综述[J]. 四川环境，2006，25（3）：109-112.

[2] 国家环保局计划司，《环境规划指南》编写组. 环境规划指南[M]. 北京：清华大学出版社，1994.

[3] 高娟，李贵宝，华珞，等. 日本水环境标准及其对我国的启示[J]. 中国水利，2005（11）：41-43.

[4] 美国环境保护局. 美国流域水环境保护规划手册[M]. 李云生，孙娟，吴悦颖，等译. 北京：中国环境科学出版社，2010.

[5] USE PA. Overview of curr ent tot al max imum daily load- TMDL-program and regulat ions [EB/OL] . [2005-06-16] . http：//www. epa. gov/owow /tmdl/intro. html.

[6] 王海，岳恒，周晓花，等. 法国水资源流域管理情况简介[J]. 水利发展研究，2003（8）：58-61.

[7] 王同生. 莱茵河的水资源保护和流域治理[J]. 水资源保护，2006（2）：60-62.

[8] European Union. Directive 2000/60/EC of the European parliament and of council of 23 October 2000 establishing a framework for community act ion in the field of water policy [J] . CELEX-EUR Official Journal，L327/1，2000，12：1-72.

[9] 程声通. 水污染防治规划原理与方法[M]. 北京：化学工业出版社，2010.

[10] 袁弘任. 我国的水功能区划及其分级分类系统[J]. 中国水利，2001，（7）：40-41.

[11] 尚金城. 环境规划与管理[M]. 北京：科学出版社，2005.

[12] 马晓明. 环境规划理论与方法[M]. 北京：化学工业出版社，2004.

[13] 余静，孙英兰，张越美，等. 宁波-舟山海域入海污染物环境容量研究[J]. 环境污染与防治，2006，28（1）：21-24.

[14] 张存智，韩康，张砚峰，等. 大连湾污染物排放总量控制研究-海湾纳污能力计算模型[J]. 海洋环境科学，1998，17（3）：1-5.

[15] 环境保护部，国家发展和改革委员会，水利部. 关于印发《重点流域水污染防治“十二五”规划编制工作方案》的通知（环办[2010]30 号）[Z]. 2010.

[16] 王金南. 国家“十二五”环境规划技术指南[M]. 北京：中国环境出版社，2013.

第 13 章 大气污染防治规划技术方法

大气环境是人类赖以生存的不可或缺的生态环境系统。目前，大气污染已成为我国最严重的环境污染问题之一，越来越受到社会公众、各级政府以及国际社会的关注。公众对改善城市和区域空气质量寄予了很高的期望。我国的大气污染防治规划起步于 20 世纪 80 年代，目前初步建立了规划的理论和技术方法。“十五”时期以来，大气污染防治规划已经成为我国环境规划体系中的重要组成部分。本章结合我国重点区域大气污染防治规划的编制，介绍大气污染防治规划的国内外实践、规划技术方法以及规划主要内容等。

13.1 大气污染防治规划概述

13.1.1 大气污染防治规划的含义

13.1.1.1 大气污染与大气污染防治规划

大气就是包围地球的气体，是指在地球周围聚集的一层很厚的大气分子，称为大气圈。按照国际标准化组织（ISO）的定义，大气污染通常是指“由于人类活动或自然过程引起某些物质进入大气中，呈现出足够的浓度，达到足够的时间，并因此危害了人体的舒适、健康和福利或环境污染的现象”。大气圈中与人类关系较密切的主要有对流层和平流层，目前已知的大气污染现象大多数发生在对流层。

凡是能引起大气污染现象的物质都是大气污染物，目前已知的大气污染物有上百种。按其存在状态，大气污染物可分为两大类。一种是气溶胶污染物，主要是由各种粒径的大气颗粒物以及液滴、云、雾等组成的大气气溶胶；另一种是气态污染物，主要包括以二氧化硫为主的硫氧化合物，以二氧化氮为主的氮氧化合物，以二氧化碳为主的碳氧化合物以及碳、氢结合的碳氢化合物等。按其化学组分，大气污染物可分为有机污染物和无机污染物。

大气污染物的直接来源有自然排放，如森林火灾、火山爆发等，也有与人为活动相关的排放，如工业废气、生活燃煤、汽车尾气等。虽然就全球而言，某些大气污染物（如大气颗粒物）的自然源排放量大于人类活动排放，但是在人类聚集的地区，人类活动造成的大气污染物排放往往成为引起大气污染的主要因素。因此，从大气污染防治规划的角度出发，往往是着重于就人类活动造成的大气污染物排放进行控制，改善大气环境质量，降低大气污染带来的损害。大气污染的过程主要由污染源排放、传输和转化、对受体的影响 3 个环节构成。对于大气污染防治规划来说，对受体的影响是规划的出发点，控制污染源排放是规划的目标，而对大气污染物的传输和转化过程进行定量分析，从而将污染物从排放到影响受体的过程通过建模进行表征，是规划的主要内容。

大气作为大气污染物传输、转化的主要介质，与水、土壤等其他介质相比有明显的不同，由此构成了大气污染的特点：①整个大气圈是一个统一的整体，不存在明显的边界；大气污染物对大气环境造成的影响主要取决于其寿命，而基本不受地理边界的限制，因此，大气污染防治规划不能仅仅就目标区域内的大气污染物排放和污染过程进行分析，还需要考虑目标区域与周边的物质交换以及化学转化。②某些大气污染物的生命周期很长，如 CO_2、重金属和持久性有机污染物（POPs）等的生命周期都长达数十年乃至数百年，这些大气污染物或者长时间存在于大气中，产生长期效应（如温室效应），或者随着大气流动通过长距离传输和沉降，富集在生物圈内，造成长期的积累性中毒现象。③某些大气污染物的生命周期很短，化学活性很高，如 NH_3、O_3 等的生命周期仅有数个小时，很容易与其他物种发生反应，产生别的化学物质；大气中多种物质转化的复杂性以及大气流动造成的污染物在空间中传输的不确定性加大了对传输和转化进行模型模拟的困难。

13.1.1.2 大气污染防治规划特点

大气污染防治规划主要是针对大气环境改善或大气污染物排放量的削减要求，对二氧化硫、氮氧化物、挥发性有机物、氨气等常规气态污染物，大气颗粒物等气溶胶的主要组成部分，以及重金属、二噁英等有毒有害气体中的一种或几种，提出一段时期内的控制目标，并制定为达到此目标所需要采取的措施。从国内外的大气环境质量管理经验来看，在科学分析大气污染特点和主要来源的基础上，合理制定大气污染防治规划，并保障规划措施的落实，是成功改善国家、区域和城市空气质量的重要步骤。随着人类对大气物理和化学了解的逐渐深入，大气污染防治规划的空间尺度逐渐扩展，以应对从局地到区域、跨洲和全球的大气环境问题。

与其他领域的环境规划相比，大气污染防治规划所涉及的系统更加复杂。大气污染防治规划的特点主要有两点：①大气污染所发生和影响的大气圈不存在明显的边界，大气污染所影响的范围和尺度远大于在水、土壤等介质中的污染；②大气污染物的排放来源于各种人类活动，其中最主要的是能源消费的过程，因此，大气污染防治规划会涉及宏观的能源消费和经济活动，需要综合使用多学科的手段来进行规划。从具体的方法体系来说，大气污染防治规划的发展随着人们对大气污染的认识加深而不断深入。

13.1.1.3　大气污染防治规划的目的和类型

大气污染防治规划的最终目的包括两方面：一是保护公众的人体健康，在绝大多数国家和地区，保护人体健康不受大气污染的影响是大气污染防治规划的主要目标；二是保护公共利益，包括自然生态、建筑物等的功能和美学价值不受大气污染的影响，这一般是发达国家大气污染防治规划的次要目标。为了达到这两方面的最终目标，一般而言，大气污染防治规划的直接目的是改善空气质量，减少大气圈向水圈、土壤圈和生态圈的污染物输送，以及降低对气候的影响。这些目的一般都是通过多方面的规划措施得以实现的，包括通过污染防治措施削减大气污染物排放量，调整经济结构和能源结构，减少驱动大气污染物排放的终端需求等。

大气污染防治规划根据目标，一般分为两类：一是达标规划，其目的是结合满足保护人体健康和公共利益，以及防止气候变化的最终目标，规划达到这些目标的具体措施，并明确达到这个措施的时间点；二是改善规划，其目的是在确定的时间阶段内，规划一定的措施，以在这个时间阶段内实现有限的目标。

13.1.2　大气污染防治规划的依据

规划是一种政府的规范性和制度化管理行为。大气污染防治规划编制和制定要有充分的依据。目前，主要有下列 3 类依据。

13.1.2.1　法律法规

大气污染防治规划是行政管理的内容之一，必须遵循国家的法律和规章。《中华人民共和国环境保护法》是我国环境保护的根本大法，其第四条指出："国家制定的环境保护规划必须纳入国民经济和社会发展计划，国家采取有利于环境保护的经济、技术政策和措施，使环境保护工作同经济建设和社会发展相协调"，它规定了环境保护规划的地位。同时，第十五条又规定了"跨行政区的环境污染和环境破坏的防治工作，由有关地方人民政府协调解决，或者由上级人民政府协调解决，做出决定。"明确规定了解决复杂的环境问题的基本方针是协商和协调。

针对大气污染防治规划，我国于 2000 年修订并施行的《中华人民共和国大气污染防治法》明确规定了规划的目的和责任主体。其中第二条指出，"国务院和地方各级人民政府，必须将大气环境保护工作纳入国民经济和社会发展计划，合理规划工业布局，加强防治大气污染的科学研究，采取防治大气污染的措施，保护和改善大气环境。"第三条指出，"国家采取措施，有计划地控制或者逐步削减各地方主要大气污染物的排放总量。地方各级人民政府对本辖区的大气环境质量负责，制定规划，采取措施，使本辖区的大气环境质量达到规定的标准。"第十七条指出，"未达到大气环境质量标准的大气污染防治重点城市，应当按照国务院或者国务院环境保护行政主管部门规定的期限，达到大气环境质量标准。

该城市人民政府应当制定限期达标规划，并可以根据国务院的授权或者规定，采取更加严格的措施，按期实现达标规划。”

《中华人民共和国环境保护法》和《中华人民共和国大气污染防治法》上述条文明确规定了大气污染防治规划的范围、层次、负责编制部门和实施主体。除了国家颁布的一系列法律制度外，部分地方人民代表大会也出台了适用于各地政府行政辖区的地方法规和实施细则，主要以《大气污染防治条例》等方式体现。在进行规划之前要对它们仔细了解，在规划中也要遵守和执行。

13.1.2.2 标准与规范

国家制订的各项标准也属于法律范畴，在大气污染防治规划中必须遵循。对大气污染防治规划来说，最主要的标准是《环境空气质量标准》（GB 3095），它是大气污染防治目标的最终体现，也是大气污染防治成果最终的验证标尺。我国的《环境空气质量标准》首次发布于 1982 年，并于 1996 年进行了第一次修订，2000 年进行了第二次修订，最近一次修订在 2012 年，为第三次修订。《环境空气质量标准》（GB 3095—2012）将环境空气功能区分为两类：一类区为自然保护区、风景名胜区和其他需要特殊保护的区域；二类区为居住区、商业交通居民混合区、文化区、工业区和农村地区。对于一类区执行一级标准，二类区执行二级标准。不同标准的限值如表 13-1 所示。

表 13-1 环境空气污染物基本项目浓度限值（GB 3095—2012）

<table>
<tr><th rowspan="2">污染物项目</th><th rowspan="2">平均时间</th><th colspan="2">浓度限值</th><th rowspan="2">单位</th></tr>
<tr><th>一级</th><th>二级</th></tr>
<tr><td rowspan="3">二氧化硫</td><td>年平均</td><td>20</td><td>60</td><td rowspan="6">μg/m³</td></tr>
<tr><td>24 小时平均</td><td>50</td><td>150</td></tr>
<tr><td>1 小时平均</td><td>150</td><td>500</td></tr>
<tr><td rowspan="3">二氧化氮</td><td>年平均</td><td>40</td><td>40</td></tr>
<tr><td>24 小时平均</td><td>80</td><td>80</td></tr>
<tr><td>1 小时平均</td><td>200</td><td>200</td></tr>
<tr><td rowspan="2">一氧化碳</td><td>24 小时平均</td><td>4</td><td>4</td><td rowspan="2">mg/m³</td></tr>
<tr><td>1 小时平均</td><td>10</td><td>10</td></tr>
<tr><td rowspan="2">臭氧</td><td>日最大 8 小时平均</td><td>100</td><td>160</td><td rowspan="6">μg/m³</td></tr>
<tr><td>1 小时平均</td><td>160</td><td>200</td></tr>
<tr><td rowspan="2">颗粒物（粒径小于等于 10 μm）</td><td>年平均</td><td>40</td><td>70</td></tr>
<tr><td>24 小时平均</td><td>50</td><td>150</td></tr>
<tr><td rowspan="2">颗粒物（粒径小于等于 2.5 μm）</td><td>年平均</td><td>15</td><td>35</td></tr>
<tr><td>24 小时平均</td><td>35</td><td>75</td></tr>
</table>

其他标准还包括各类大气污染物排放标准和技术规范、指南等。目前，我国的大气固定源污染物排放标准共有 34 条，涉及汽车、摩托车、农用车的大气移动源污染物排放标

准共有 20 条；北京、上海、广东等省市也发布和执行了比国家排放标准要求更严格的地方大气污染物排放标准。以上这些标准都需要作为大气污染防治规划的参考和依据，其他一些行业标准和规范，如清洁生产标准等，也都可以作为规划的参考。

13.1.2.3　上级规划和行政命令

由于我国大气污染的区域性特征正在逐渐加强，从国家和区域的要求出发，进行大气污染防治规划已经成为大气污染防治的一个重要手段。在这样的情况下，大气污染防治工作呈现出“国家—区域/省—城市”的多级责任主体的结构，下级在进行规划的过程中，必须参照上级规划提出和制定的原则。

在国家层面，我国层级最高的规划是每 5 年的环境保护规划。所有的规划都应当尽可能与之协调。在区域大气污染防治方面，2010 年国务院办公厅转发环境保护部等部门《关于推进大气污染联防联控工作改善区域空气质量指导意见的通知》（国办发[2010]33 号）指出，要“组织编制重点区域大气污染联防联控规划，明确重点区域空气质量改善目标、污染防治措施及重点治理项目。”2012 年，国务院批复了《重点区域大气污染防治“十二五”规划》，作为我国第一部综合性大气污染防治规划，对我国重点区域的大气污染防治提出了具体要求。2013 年，国务院印发了《大气污染防治行动计划》（国发[2013]37 号），对我国不同地区 2013—2017 年的大气污染防治工作提出了更加明确和严格的要求。

在《重点区域大气污染防治“十二五”规划》中，对城市环境空气质量达标规划提出了进一步要求：“环境空气质量未达标城市人民政府应制定限期达标规划，按照国务院或者环境保护部划定的期限，分别在 5 年、10 年、15 年、20 年内限期达标。直辖市的限期达标规划，报国务院批准；其他国家环境保护重点城市的限期达标规划经城市所在地省级人民政府审查同意后，经国务院授权由环境保护部批准；其他城市的限期达标规划由省级人民政府批准，并报环境保护部备案。所有城市的限期达标规划要向社会公开。国家和省级环保部门对限期达标规划执行情况进行检查和考核，并将考核结果向社会公布。”城市一级政府需要依据以上要求，编制、执行规划，并对实施效果进行评估和公开。

13.1.3　大气污染防治规划的范围

13.1.3.1　空间范围

大气污染防治规划的空间范围是指规划所涉及的地域的广度，它与大气污染防治重点区域的划分相互协调。由于大气污染防治规划属于政府行为，规划的空间范围通常与行政区的地域管辖范围相互对应。从行政资源利用及责任落实的角度，特别是对污染源的控制管理角度看，将规划区与行政区相对应是较为有利的。但是大气污染防治是一项系统工程，涉及能源使用、生产活动和人民生活等诸多方面的问题，而且大气跨区域传输的特点会在很大程度上影响城市、区域，甚至国家的空气质量。因此，即使是针对一个特定行政辖区的大气污染防治规划，也应当考虑其周边区域对大气环境的影响。

区域和国家级的大气污染防治规划，往往涉及不同城市或地区的有针对性的控制措施和对应的规划目标。这部分工作需要基于科学分析，在现有大气污染防治体系的框架内，通过区域协商的机制来解决。

13.1.3.2 时间范围

大气污染防治规划的时间范围是指规划的年限，通常分为基准年、近期目标年和远期目标年，有的项目还设有规划远景年。

基准年的数据是规划的基础，一般选择具备比较完整数据资料的最近年份，如采用某一“五年规划”的末年或环境空气质量标准等法律法规开始实施的年份作为基准年。

近期目标年和远期目标年由决策者给定，一般近期规划强调对具体工程措施与项目的安排与配置，突出实践操作性，除年度规划按年设定目标外，近期目标年距基准年应不小于 5 年。五年规划由于同我国国民经济与社会发展规划体系同步，是应用较多的规划。远期规划具有宏观性、战略性，远期目标年距基准年一般应不小于 10～15 年。

城市环境空气质量达标规划的时间范围除了满足上述要求外，还需要根据城市空气质量现状与达标的差距，根据达标所需的时间要求确定规划的时间范围。规划的时间范围根据大气污染物超标程度，分别定在 5 年、10 年、15 年之内，一般不得超过 20 年。

13.1.4 大气污染防治规划的程序

13.1.4.1 大气污染防治规划基本程序

通常的大气污染防治规划程序如图 13-1 所示，主要包括规划现状评估、规划方案确定以及工程项目筛选 3 个阶段。从规划的生命周期管理看，还应该包括大气污染防治规划的实施评估等阶段。对于一些特定的大气污染防治规划或空气质量改善规划，可能会侧重一个领域或方面，如目前的主要大气污染物排放总量控制规划就主要关注特定污染物排放总量的削减，而对空气质量改善的关系关注较少。

第一阶段：现状评估与压力预测。主要工作包括收集城市或区域空气质量现状及大气污染物排放现状的基本资料；评价城市或区域空气质量，确定城市或区域空气质量改善的分阶段目标；结合对城市或区域空气质量现状的评价以及对大气污染物排放特征的分析，梳理城市或区域大气污染的主要来源；结合对城市或区域社会经济发展和能源需求的预测，分析城市或区域大气环境面临的形势与压力。

第二阶段：规划方案与目标可达性评估。主要工作为根据城市或区域大气污染来源分析和大气环境形势与压力分析的结论，对城市或区域空气质量改善措施进行筛选，产生能够保证城市或区域空气质量达到分阶段改善目标的措施组合。

第三阶段：重点工程确定。主要工作为筛选保障城市或区域空气质量改善的重点项目，并进行投资估算。整合前两阶段的研究结论，提出城市或区域大气污染防治规划的结论与建议，完成规划文件的编写等。

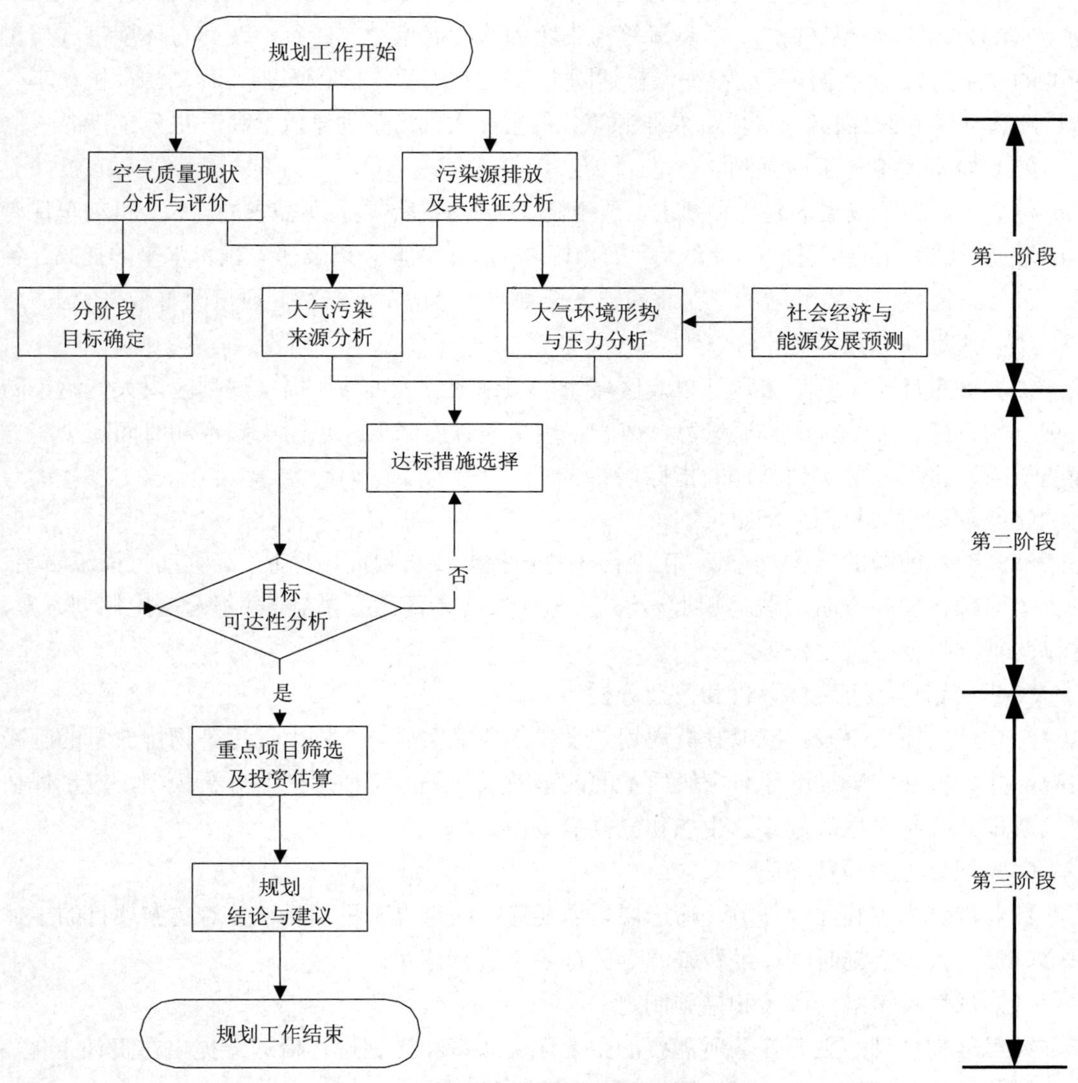

图 13-1　大气污染防治规划的阶段划分

13.1.4.2　大气污染防治规划主要步骤

根据大气污染防治规划的基本程序，规划的过程不仅涉及对污染现状的准确评估和分析，还需要引入实验和数值模拟等科学方法，在此基础上将规划需要实现的目标落实、分解到主要的工程项目上，并对其效益和成本进行分析。这个过程主要包括以下步骤：

（1）现状调查与分析评估

在数据收集和整理的基础上，对规划区内的大气污染总体状况进行分析评估。主要包括两方面内容，一是环境空气质量情况，即二氧化硫、氮氧化物、一氧化碳、可吸入颗粒物（PM_{10}）、细颗粒物（$PM_{2.5}$）、臭氧等污染物的浓度时空分布特征，及其与环境空气质量标准的差距；二是污染源排放特征，包括固定点源（电厂、工业源等）、移动源（机动车、非道路移动源等）、面源（扬尘、农业源等）的主要大气污染物排放量和时空分布特征。

（2）情景模拟与压力预测

结合社会经济发展的趋势和要求，预测随着经济的发展、能源需求的增长、机动车保有量的增加、城市化的推进，各种大气污染物排放可能的增量，以及随着技术水平的提高；各种大气污染物减排潜力的增加。在此基础上预测社会经济发展对空气质量改善带来的压力。

（3）规划目标指标确定

根据城市环境空气质量达标以及区域空气质量改善的要求，提出规划区内大气污染防治规划的目标，并结合空气质量总体改善、重污染强度降低、重污染频率和时间减少等方面的要求，将目标落实到具体的指标。

（4）规划方案与任务确定

从产业和能源的结构及布局、工业污染排放控制要求提高、机动车等移动污染源防治、扬尘等面源管理等方面，提出规划涉及的大气污染防治的主要措施，并组合产生规划方案，并在此基础上凝练关键任务。

（5）规划目标可达性分析和效益分析

综合使用模型手段，模拟分析规划方案和任务落实后，主要大气污染物排放量的削减情况，并分析这些情景下环境空气质量的改善效果。进一步使用效益分析模型，定量评估空气质量的改善产生的健康、生态和气候等效益。

（6）规划工程项目筛选

针对规划方案和关键任务，筛选规划需要落实的重点工程项目，并对实施项目的主体单位、责任人、实施时间、经费来源等关键要素进行落实。

（7）规划实施配套政策和措施制定

针对落实规划的主要任务所需要的主要配套政策和措施进行梳理，提出在责任主体、实施机制、经费保障、评估考核等方面的主要政策措施。

13.1.5 大气污染防治规划的发展趋势

（1）严重污染事件催生大气污染防治

人类的大气污染防治规划可以追溯到伦敦烟雾事件等大气环境公害事件。20 世纪 60 年代前后，以伦敦烟雾事件为代表的煤烟型污染在英国、德国等国家先后发生，以洛杉矶烟雾事件为代表的光化学污染在美国西海岸发生。无论是发达国家还是我国，传统的《环境学导论》教材中都对这些著名的大气污染事件进行了描述。在认识到大气污染对人体健康等造成的危害后，人们开始有意识地权衡大气污染物排放控制的费用和对人体的危害带来的损失，政府开始寻求技术上可达、经济上合理的大气污染物排放控制目标，并将此作为企业大气污染物排放控制的要求。在这个过程中，欧美发达国家先后设立了应对大气等环境污染的政府部门，在其引导下，开始进行空气质量管理，而大气环境规划作为空气质量管理中非常重要的一环，开始得以发展。

我国的大气污染防治规划始于 20 世纪末期。在 20 世纪 90 年代，我国的大气污染总体上是局域性的城市空气污染以及酸雨问题，大气污染防治规划没有引起足够的重视，仅仅在环境规划的整体中作为一个局部得以体现。进入 21 世纪后，随着工业化和城镇化速度的加快以及煤炭消耗的急剧上升，区域性的空气污染发展非常迅速，京津冀、长三角、珠三角和成渝等区域已经成为全球 $PM_{2.5}$ 污染最严重的区域。在这种情况下，区域性的大气污染防治和空气质量改善规划受到了最高政府决策层面的关注，北京、上海、广州等城市以 2008 年奥运会、2010 年世博会和亚运会为契机，为改善赛会期间的空气质量制定了长期规划和临时措施结合的方案，这在某种程度上来说也属于大气污染防治规划。进入“十二五”以来，随着《重点区域大气污染防治“十二五”规划》和一些城市大气污染防治规划、空气质量达标规划等规划的编制和陆续实施，大气污染防治规划在我国以“星火燎原”之势展开。

（2）受控治理的大气污染物逐渐增加

不管是在我国还是欧美发达国家，大气污染防治最初关注的大气污染物都是尘和二氧化硫、氮氧化物等致酸气体。其中烟尘、粉尘、扬尘等造成的污染由于影响的范围较小，往往在城市区域内进行控制，而二氧化硫、氮氧化物等污染物引起的区域环境问题，更需要跨城市、省区甚至国家进行统筹规划和共同防治。随着人们认识到细颗粒物（$PM_{2.5}$）能进行远距离传输，并深入人体呼吸系统，影响人体健康，一次颗粒物及二次颗粒物的气态前体物也开始被纳入大气污染防治规划的范围。近年来，欧美等发达国家在大气污染防治规划的进行中，几种对酸沉降、细颗粒物和臭氧的形成有较大的影响的大气污染物都被纳入分析和控制的范围（表 13-2）。

表 13-2 欧洲清洁空气计划的主要大气污染物控制对象及其可能造成的影响[1]

	$PM_{2.5}$	SO_2	NO_x	VOCs	NH_3
直接影响					
对流层臭氧（影响健康、植物、建筑和生态）			√	√	
一次和二次污染物（气溶胶等，影响人体健康）	√	√	√	√	√
生态系统酸化		√	√		√
生态系统富营养化			√		√
侵蚀建筑		√	√		
间接影响					
影响温室气体排放量	√	√	√	√	√
社会和经济影响	√	√	√	√	√

（3）对大气复合污染的关注逐渐加深

最初的大气污染控制规划大多针对单一的大气污染问题，如美国的酸雨计划、我国的酸雨规划等。随着对大气物理化学过程的了解进一步深入，人们逐渐认识到整个大气系统的复杂性。由于大多数的大气污染物都会对不同的大气污染现象有所贡献，我们很难把不同的大气污染现象割裂开来分别考虑其控制对策，而需要在同一个系统中进行一个整体的考虑。基于这一思想，美国环保局在第三代空气质量模型的开发过程中提出了“一个大气”概念，而同时代的其他主流空气质量模型也基于类似的思想，试图系统模拟大气圈中多种污染物造成的多种大气污染现象。与之对应的，在基于这些模型工作进行的欧美的大气污染防治规划中，往往都把细颗粒物污染、臭氧污染、酸沉降等问题同时纳入考虑范围，甚至试图在解决这些传统区域大气污染问题的过程中，分析对全球气候变暖的影响。

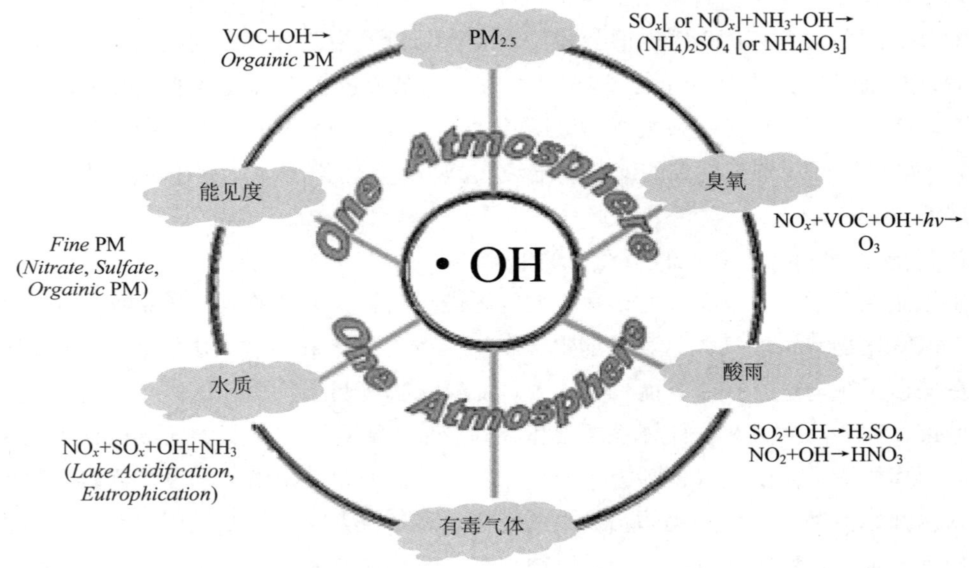

图 13-2 “一个大气”的概念：不同大气污染问题的相关性

（4）大气规划的空间尺度不断拓宽

最初的大气污染防治规划，是针对较简单或纯粹的污染现象，面向较小的区域，试图通过在一个城市，甚至是城市的城区，对其主要污染物的排放进行控制，达到规划的目标。随着对大气污染现象理解的逐渐加深，人们认识到，各类气态和颗粒态的物质可以在大气圈内存在数小时到数周的时间，可能随着大气流动被输送到几百公里，甚至几千公里之外，并在此过程中发生一系列化学反应，转化为气态污染物。为了解决这类由于长距离传输造成的大气环境问题，大气污染防治规划的空间尺度不断拓宽，逐渐从城区、城市、城市群，扩宽到区域、国家、甚至跨国。如美国的跨州大气污染法规、欧洲的欧洲清洁空气计划、我国的重点区域大气污染防治规划等。下一节将针对这些规划进行具体介绍。

13.2　大气污染防治规划实践

从控制区域性大气污染现象的角度出发，我国以及欧美发达国家都在国家或跨国的层面上开展了大气污染防治规划的编制和实施工作。国内外的规划都是从酸雨的防治起步，逐渐把细颗粒物、臭氧等污染物的控制纳入防治范围的。

13.2.1　美国大气污染防治规划

美国在 1990 年《清洁空气法案》（Clean Air Act，CAA）第四修正案通过以后，针对酸雨和空气质量污染，先后制订了一系列规划。通过不停地以新规划代替旧规划，美国的大气污染物排放迅速降低，城市空气质量快速提高，基本上解决了传统的空气污染问题。下面主要介绍美国环保局的酸雨计划、氮氧化物减排计划、州际氮氧化物执行计划等。

13.2.1.1　酸雨计划

1990 年《清洁空气法案》第四修正案中提出了酸雨计划（Acid Rain Program，ARP）[2]。根据这个计划，美国的 SO_2 排放量要达到在 1980 年的基准上削减约 900 万 t 的目标。为了达到此目标，美国环保局制订了分两阶段的控制规划。规划的第一阶段为 1995—1999 年，包括美国东部和中西部 21 个州 263 台最大的、排放量最高的燃煤发电机组，以及 135～182 台替代、补偿和选择性加入的机组（这个数据每年不同）。第二阶段从 2000 年开始，包括剩下的所有大于 25 MW 的燃煤、燃油、燃气发电机组的排放源。第二阶段的排放总量从 2000 年的 997 万 t 逐渐下降到 2010 年的 895 万 t。2006 年，酸雨规划二氧化硫部分涉及大约 3 550 台化石燃料发电机组。

酸雨计划是一个基于市场交易的二氧化硫控制计划。在计划的实施过程中，美国的 48 个州实施了针对电力部门二氧化硫减排的“总量控制与排放交易”。“酸雨计划”中也有氮氧化物减排的相关政策，但是并未制定氮氧化物排放总量限额，也没有引入排放交易，而是通过制定公司“平均排放浓度”的方式进行氮氧化物排放控制。通过实施该计划，除了达到 SO_2 的排放削减目标外，NO_x 的年减排总量也达到了约 190 万 t。

13.2.1.2　氮氧化物减排计划

美国很早就认识到了 NO_x 的排放对臭氧的影响，因此，除了以减轻酸雨污染为目标的 NO_x 排放控制外，美国还从 20 世纪 90 年代开始了以减少臭氧污染为目标的 NO_x 排放控制。臭氧传输委员会（Ozone Transport Commission）是根据 1990 年《清洁空气法案》修正案成立的。美国东北部和中大西洋沿岸的十几个州在此委员会框架下进行合作，致力于通过削减夏季氮氧化物排放来降低整个区域内的夏季地面臭氧浓度。其减排计划分 3 个阶段进行：第一阶段始于 1995 年，要求各排放源使用“合理而可行的控制技术”削减全年氮氧化物排放量；第二阶段为 1999—2002 年，此阶段针对使用化石燃料的发电机组和大型工业锅炉、涡轮机等排放源，制订了“臭氧传输委员会氮氧化物预算项目”，通过实施夏季氮氧化物总量控制与排放交易进行减排。第三阶段原定于 2003 年 5 月 1 日开始，但后来被美国环保署的氮氧化物州际执行计划取代。

13.2.1.3 氮氧化物州际执行计划

1995 年，美国环保局和环境委员会联合成立了“臭氧传输评价小组”，着手解决美国东部地区的臭氧污染问题。基于这个小组的研究结果以及来自其他研究机构的分析，美国环保局于 1998 年制订了氮氧化物州际执行计划（NO_x State Implementation Plan Call），以控制地面臭氧污染。这个法规要求各州削减氮氧化物排放，以此减少其他州臭氧浓度的超标现象。氮氧化物州际执行计划并没有强制规定具体的减排对象污染源，而是为每个州配给了排放总量限额，每个州可以灵活制订自己的减排策略，从而以最小的经济代价达到这个排放限额。

13.2.1.4 清洁空气州际法规

2005 年 3 月 10 日，美国环保局颁布了清洁空气州际法规（Clean Air Interstate Rule，CAIR），试图通过 10 余年的努力，使大气污染大幅减少。此法规通过对二氧化硫和氮氧化物这两种大气污染物的前体物进行控制，以期在全国范围内使臭氧和细颗粒物（$PM_{2.5}$）达到国家环境空气质量标准。为了达到这一目标，清洁空气州际法规制订了 3 个独立的排放交易项目：全年氮氧化物交易项目、夏季氮氧化物交易项目，以及全年二氧化硫交易项目。法规旨在通过对电厂进行高效率的污染控制，削减排放总量，其中的 3 个项目都设计为分两个阶段执行。与氮氧化物州际执行计划类似，清洁空气州际法规允许各州政府选择适合自己实际情况的污染物控制策略，同时法规提供了一个由 EPA 管理的区域总量控制与排放交易项目，各州可以选择参与项目作为控制策略的一个部分。

2008 年 7 月 11 日，美国哥伦比亚特区巡回地区上诉法院作出判决，撤销了清洁空气州际法规。美国环保局提出了复审请求，2008 年 12 月 23 日，法庭裁定不撤销清洁空气州际法规，但是将其发回美国环保局。这个裁定使得清洁空气州际法规及其联邦执行法规（包括排放交易项目）暂时得以保留，直到被美国环保局的新法规替换。

13.2.1.5 跨州大气污染法规

2011 年 6 月 6 日，美国环保局提出了跨州大气污染法规（Cross-State Air Pollution Rule，CSAPR）[3]。根据此法规，法规范围内 27 个州的电力行业需要对其 SO_2 和 NO_x 排放进行削减，至 2014 年，法规范围内电力行业的 SO_2 和 NO_x 排放需要在 2005 年的基准上分别削减 73%和 54%。

跨州大气污染法规的突出特点在于，空气质量模型和费用效益分析模型的使用在法规制订过程中的重要作用。此法规的制订以降低大气污染对人体健康的影响为最终目标，通过"大气污染物排放清单—空气质量模型—健康效益分析模型"这一系统的应用，既实现了对大气污染物排放控制目标在时间和空间上的分配，又实现了法规实施后健康效益的定量化表征。

模型分析结果是该法规制订的主要依据。模型分析以人体健康效益为出发点，通过对不同区域内细颗粒物和臭氧这两种对人体健康影响最大的污染物的污染现状进行分析，把控制区域分为了"细颗粒物和臭氧控制区"（21 个州，既有全年的 SO_2 和 NO_x 排放量削减目标，又有夏季 NO_x 排放量削减目标）、"细颗粒物控制区"（2 个州，仅有全年的 SO_2 和 NO_x 排放量削减目标）和"臭氧控制区"（5 个州，仅有夏季 NO_x 排放量削减目标），如图 13-3 所示。

图 13-3　跨州大气污染法规涉及范围

模型分析结果显示，此法规的实施将在 2014 年减少 1.3 万～3.4 万例过早死亡，并在减少呼吸系统疾病和心血管系统疾病发病率上产生巨大的健康效益（表 13-3）。综合的健康效益和环境效益可达 1 200 亿～2 800 亿美元，而整个法规实施过程中的投资仅为 24 亿美元。

13.2.2　欧洲大气污染防治规划

欧洲大气污染防治规划体系的建立同样从对酸雨污染的控制开始。然而，与中国和美国不同，由于欧洲是由多个国家组成的，不同国家的立法和行政系统都有所差异，因此无法在一个统一的法律框架下来进行大气污染防治规划的制定和实施。因此，欧洲各国共同签订了相关公约，并在此基础上根据共同科学研究的成果，进行大气污染防治规划的制定和实施工作。

表 13-3 跨州大气污染法规实施后的健康效益

健康影响	减少的数量
过早死亡	1.3 万～3.4 万例
心脏病发作（未致死）	1.5 万例
门诊和急诊	1.9 万例
急性支气管炎发病	1.9 万例
上、下呼吸道疾病	42 万例
哮喘加剧	40 万例
误工、误学	180 万日

13.2.2.1 长距离越境空气污染公约

20 世纪 60 年代，欧洲科学家通过研究论证了欧洲大陆的二氧化硫排放是导致斯堪的纳维亚众多湖泊酸化的重要原因，这是欧洲最早的跨界大气污染传输研究成果。在此基础上，1972 年联合国于斯德哥尔摩召开了第一届酸雨大会，标志着人类开始通过国际合作应对酸沉降污染问题。1972—1977 年，多项研究证实了大气污染物可以传输至数千公里外，对当地的人群和生态产生危害，这些研究结果进一步增强了欧洲各国通过国际合作、共同应对酸雨等越境空气污染问题的意愿。

为了应对严峻的大气污染物跨界传输问题，联合国欧洲经济委员会（United Nations Economic Commission for Europe，UNECE）于 1979 年 11 月在日内瓦召开了其框架下的以环境保护为主题的部长级会议。在这个部长级会议上，34 个欧洲国家政府和欧洲共同体共同签署了《长距离越境空气污染公约》（Convention on Long-range Transboundary Air Pollution，LRTAP）[4]。这个公约是人类历史上第一个在区域基础上应对大气污染问题的、具有法律约束力的国际文书。LRTAP 除了规定大气污染防治的基本国际合作原则之外，还建立了一套制度框架，实现了科学研究最新结果与政策制定过程的紧密结合。

《长距离越境空气污染公约》于 1983 年开始生效。从此以后，LRTAP 作为欧洲大气污染防治的最主要的纲领性文件，长期稳定地发挥着作用，使得欧洲不同政治体系的国家都在一个统一的框架下进行大气污染防治规划的制定和执行。目前，在 LRTAP 公约的基础上，欧洲各国进一步签订了 8 个议定书，为欧洲制定统一的大气污染防治规划奠定了坚实的基础。

表 13-4　在《长距离越境空气污染公约》基础上扩展的 8 个议定书

议定书主题	参与主体数量	签署时间	生效时间
长期资助联合监测和评估计划	43	1984	1988
降低二氧化硫排放和跨境传输量至少 30%	25	1985	1987
控制氮氧化物及其跨境传输量	34	1988	1991
控制挥发性有机物及其跨境传输量	24	1991	1997
进一步降低二氧化硫排放量	29	1994	1998
控制重金属	30	1998	2003
控制持久性有机污染物	30	1998	2003
降低酸化、富营养化和地面臭氧	26	1999	2005

13.2.2.2　EMEP 项目和 GAINS 模型

根据 1979 年签署的《长距离越境空气污染公约》，欧洲建立了一套覆盖科学研究、政策制定、效果评估等多方面的框架体系，以帮助不同国家就大气污染防治目标和大气污染物排放量削减目标进行讨论，并共同制订合理的目标及政策措施。在此框架下，开展了欧洲监测和评价项目（European Monitoring and Evaluation Programme，EMEP）[5]，该项目的全称是“欧洲大气污染物长距离传输联合监测和评估项目”（Co-operative Programme for Monitoring and Evaluation of the Long-range Transmission of Air Pollutants in Europe，CPMELTAP），旨在定期向各国政府及相关机构提供关于欧洲范围内大气污染物排放及大气环境质量的观测及模拟信息，用于支持不同国家大气污染物排放控制政策措施的制定和效果评估。

在 EMEP 项目开展的初期，其针对的主要对象为越境的酸化和富营养化问题，此后对象逐渐扩展到了地面臭氧污染。近期，进一步扩展到了持久性有机污染物（POPs）、重金属以及大气颗粒物。EMEP 项目由 3 个主要的工作内容组成：对排放数据的收集，对大气环境质量和大气沉降的观测，以及对大气污染物传输、沉降过程的模拟。通过综合开展这 3 部分工作，该项目对欧洲的大气污染物排放量、环境浓度和沉降量进行综合分析，并对越境大气污染物的传输流量和环境影响、相应的超环境质量标准和临界负荷情况进行定量评估，将结果定期报告给欧洲各国政府。

EMEP 项目包括 4 个特别工作组和 5 个中心（图 13-4）。4 个特别工作组分别为 TFHTAP（大气污染物半球传输工作组）、TFEIP（排放清单及预测工作组）、TFIAM（综合分析模拟工作组）和 TFMM（测试模拟工作组）。5 个中心分别为 CCC（化学物质协调中心），负责协调和标定空气质量和降雨量的测试；MSC-W（西部气象综合中心），负责存储和分配大气污染物的排放清单和预测的未来排放量，以及模拟评估硫、氮和大气颗粒物的污染情况；MSC-E（东部气象综合中心），负责重金属和持久性有机污染物的模拟；CEIP（排放清单和预测中心），负责收集和预测大气污染物的排放量；CIAM（综合评估模拟中心），成立于 1999 年，负责在以 GAINS 模型为主的工作基础上，对 EMEP 项目的核心业务进行整合分析。

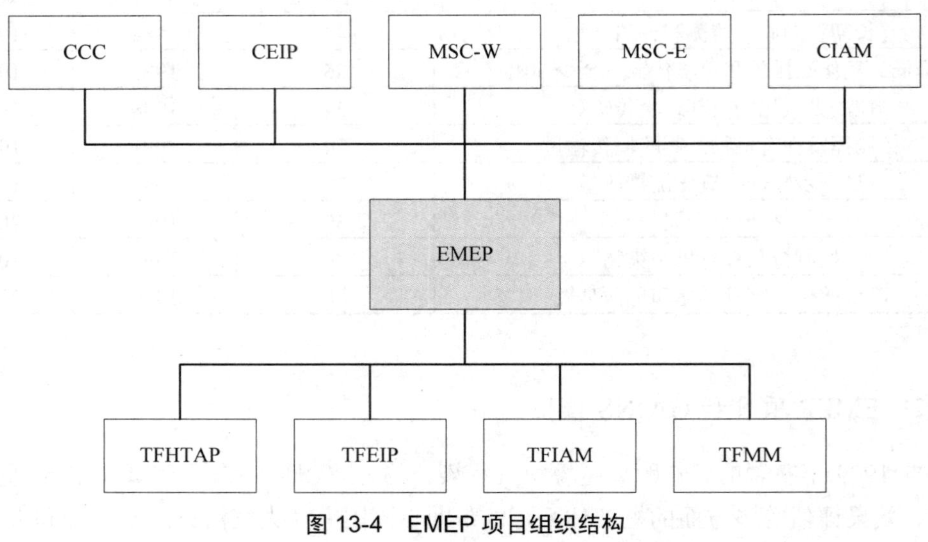

图 13-4 EMEP 项目组织结构

CIAM 的工作内容主要由国际应用系统分析研究所（International Institute for Applied Systems Analysis，IIASA）完成。国际应用系统分析研究所在其所开发的 GAINS 模型（Greenhouse Gas-Air Pollution Interactions and Synergies）基础上，针对《京都议定书》中所包括的 6 种温室气体（CO_2、CH_4，N_2O，HFC，PFC，SF_6）和影响大气环境质量的 5 种主要大气污染物（SO_2，NO_x，PM，NH_3，VOC），分析不同政策措施和技术措施情景下，温室气体和大气污染物排放量的变化以及造成的大气环境质量和酸沉降量影响，进而对不同情景中的措施成本与环境效益进行定量估算，并选择优化的控制方案，作为制定欧洲大气污染控制规划制定的建议。

13.2.2.3 欧洲清洁空气计划

GAINS 模型除了对 EMEP 项目进行支持，用于长距离越境空气污染公约框架下的政策制定外，还在欧洲清洁空气计划（The Clean Air for Europe Programme，CAFE）的制定过程中发挥了重要作用。

欧洲清洁空气计划是欧洲委员会（European Commission）关于欧洲大气污染防治的重要计划。2005 年，欧洲委员会启动了 7 个环境主题战略，大气污染主题战略（Thematic Strategy on Air Pollution）是其中一个[6, 7]。于 2001 年启动的欧洲清洁空气计划是大气污染主题战略制定过程中最重要的政策、技术分析部分，其目标是设计长期综合的控制战略，以降低大气污染对人体造成明显的健康影响和环境影响。

欧洲清洁空气计划采用情景分析的方法，设置不同政策情景，讨论在不同政策推动下，各种大气污染物控制技术的应用带来的环境影响，通过模型模拟和费用效益分析这两个主要分析方法，综合比较不同政策情景下大气环境改善带来的经济效益、社会效益、环境效益，以及政策实施过程中需要投入的经济成本和社会成本。

在欧洲清洁空气计划的支持下，欧洲委员会制订了一系列法律性文件，在综合考虑各国的大气污染物排放现状、大气污染物传输和转化特征、现有大气污染物排放控制技术水平、先进大气污染物排放控制技术的成本和可获得性等因素后，针对主要污染物大气环境浓度、大气污染物国家排放限值等提出了要求，并以 2020 年为目标年，提出了欧洲在大气环境方面的战略目标，如表 13-5 所示。

表 13-5　欧洲清洁空气计划提出的 2020 年目标

类别	指标	比 2000 年的降低比例
环境影响	颗粒物导致的预期寿命损失	47%
	臭氧导致的急性死亡	10%
	酸沉降超负荷森林面积	74%
	酸沉降超负荷淡水水域面积	39%
	生态系统富营养化面积	43%
污染物排放量	二氧化硫	82%
	氮氧化物	60%
	挥发性有机物	51%
	氨气	27%
	一次细颗粒物	59%

13.2.3　我国大气污染防治规划

我国于“七五”期间（1986—1990 年）开始编制国家大气污染防治计划，确定了 51 个国家环境保护重点城市。国家“七五”环保计划没有独立的计划文本，但计划的主要目标、基本任务和一些可量化的指标作为一个独立的篇章纳入了《国民经济和社会发展第七个五年计划（1986—1990 年）》。原国家环境保护局在系统内发布了《全国大气污染防治“七五”计划要点》。“八五”期间，主要针对工业和城市开展工业污染防治和城市环境综合整治，一些地方（如呼和浩特、常州、太原等）开展了城市环境综合整治规划编制，规划编制方法和技术规范进一步完善，开发了环境污染治理规划的复杂模型和方法，计算机等信息技术手段开始得到应用。从国家层面上说，我国从 20 世纪 90 年代开始启动以酸雨和二氧化硫为主要控制对象的大气污染控制。进入 21 世纪，随着区域性复合型大气污染的加剧，我国开始开展区域大气污染联防联控工作[8]，多污染物的协同控制在大气环境规划中逐渐得到重视。

13.2.3.1　二氧化硫总量控制“九五”实施方案

在《中华人民共和国经济和社会发展“九五”计划和 2010 年远景目标》中，实施污染物排放总量控制被列为实现“九五”期间环境保护目标的重大举措。《国务院关于环境保护若干问题的决定》中明确提出：要实施污染物排放总量控制，抓紧建立全国主要污染物排放总量指标体系和定期公布制度。为此，国家决定在“九五”期间对废气或废水中排放的烟尘、二氧化硫、粉尘、化学需氧量、石油类、氰化物、砷、汞、铅、镉、六价铬和工业固体废物排放量 12 项指标实行排放总量控制。为保证“九五”期间全国主要污染物排放总量控制计划的实施，并指导各地进行污染物排放总量控制（以下简称“总量控制”）工作，原国家环境保护局于 1997 年 6 月编制并发布了《“九五”期间全国主要污染物排放总量控制实施方案》（以下简称《实施方案》），要求各省、自治区、直辖市根据国家下达的总量控制指标，确定污染物排放总量分配权重或影响系数，下达到辖区内各地、市或行业。分解下达考虑的因素包括：地市行政区域面积、人口状况、经济和社会发展规划、城市基础设施建设情况、污染物排放总量现状、环境质量现状和目标、环境质量功能区类别、污染源达标排放标准要求、环境背景值、环保工作基础等。

《实施方案》涉及的大气污染物主要有烟尘、二氧化硫、粉尘等。《实施方案》要求 47 个环保重点城市制定各类环境功能区的环境目标，按环境质量标准确定排污总量。要求采取污染源达标排放、城市环境质量、建设项目排污总量、“十五小”等监督管理，实施排污申报登记制度、排污许可证制度，开展排污权交易、分季节规定排污总量等适应市场经济条件的管理形式的试点，以提高排污许可证的管理效能。根据《实施方案》，从 1998 年起对各省、自治区、直辖市的总量控制工作进行年度考核，2000 年对各省、自治区、直辖市总量控制计划的完成情况进行全面考核。《实施方案》是我国第一个国家层面的大气污染物总量控制计划。根据原国家环保总局的统计，由于亚洲金融危机的影响和二氧化硫总量控制，全国 2000 年 SO_2 排放总量降至 1 995 万 t，比 1995 年的 2 370 万 t 有显著下降。但也有专家对“九五”的二氧化硫控制效果提出怀疑，认为“九五”期间对排放总量控制研究刚刚开始，无论是减排管理技术体系还是实际的减排措施都没有建立，二氧化硫总量不可能取得显著的“总量下降”效果。

13.2.3.2 酸雨和二氧化硫控制区防治“十五”规划[9]

20 世纪 90 年代以来，我国以煤为主的化石燃料大量消耗和低污染排放控制水平的工业生产活动，导致人为向大气中排放了过量的 SO_2、NO_x 等酸性气体，造成我国酸沉降污染严重，使包括我国西南、华中及东部沿海地区的东北亚成为继欧洲和北美地区之后的世界第三大酸雨区。为了遏制酸沉降恶化趋势，我国政府在“七五”、“八五”期间，连续两次将酸雨列为国家科技攻关计划，对 SO_2 的排放现状、发展趋势、对环境造成的损害、排放控制技术及综合控制对策等进行了广泛而深入的研究。在此基础上，依据 1995 年修订的《大气污染防治法》、1996 年的《国民经济和社会发展“九五”计划和 2010 年远景目标纲要》以及《国务院关于环境保护若干问题的决定》等，根据不同地区的酸雨和二氧化硫污染情况，于 1998 年划定了我国的酸雨和二氧化硫污染控制区（以下简称“两控区”）。

根据“两控区”划分基本条件（表 13-6），划定“两控区”的总面积约为 109 万 km^2，占国土面积 11.4%，其中酸雨控制区面积约为 80 万 km^2，占国土面积 8.4%，二氧化硫污染控制区面积约为 29 万 km^2，占国土面积 3%。

表 13-6 酸雨和二氧化硫污染控制区划定的基本条件

酸雨控制区	二氧化硫控制区
现状降水 pH≤4.5	多年环境空气 SO_2 年平均浓度超国家二级标准
S 沉降超临界负荷	SO_2 日平均浓度超过国家三级标准
SO_2 排放量较大的区域	SO_2 排放量较大
国家级贫困县暂不划入	以城市为基本控制单元

为了落实国务院关于“两控区”有关问题的批复，做好酸雨和二氧化硫污染控制工作，原国家环保总局于 2001 年组织制定并发布了《全国二氧化硫和酸雨污染防治“十五”计划》。“两控区”的二氧化硫排放控制指标分配如表 13-7 所示。在“两控区”划分的基础上，各省、自治区、直辖市环境保护局以及“两控区”175 个地市也编制了地方二氧化硫污染防治计划。原国家煤炭工业局和国家电力公司也分别制订了“两控区”二氧化硫污染防治规划。此外，我国还参照欧美一些国家控制酸沉降所采取的综合控制措施，陆续制定了一系列具有中国特色的酸雨和二氧化硫污染控制对策。

表 13-7 2005 年“两控区”分省二氧化硫排放总量控制指标[9] 单位：万 t

省份	2000 年		削减量	2005 年排放量指标
	全省排放量	“两控区”排放量		
北京	22.40	21.59	4.6	17.0
天津	32.99	25.64	5.1	20.5
河北	132.00	80.32	16.1	64.3
山西	120.20	73.71	14.7	59.0
内蒙古	66.40	35.80	7.2	28.6
辽宁	93.20	55.00	11.0	44.0
吉林	28.60	9.00	1.8	7.2
上海	46.50	46.50	8.5	38.0
江苏	120.20	100.00	20.0	80.0
浙江	59.30	56.25	11.3	45.0
安徽	39.53	14.30	2.9	11.4
福建	22.50	19.37	3.9	15.5
江西	32.31	16.60	3.3	13.3
山东	179.60	116.30	23.3	93.0
河南	87.70	46.33	9.3	37.1
湖北	56.00	40.21	8.0	32.2
湖南	77.30	67.30	13.5	53.8

省份	2000 年		削减量	2005 年排放量指标
	全省排放量	“两控区”排放量		
广东	90.47	81.83	16.4	65.5
广西	83.03	63.75	12.8	51.0
四川	122.30	99.30	19.9	79.4
重庆	83.90	69.20	13.8	55.4
贵州	145.00	84.92	17.0	67.9
云南	38.60	27.24	5.4	21.8
陕西	62.30	23.41	4.7	18.7
甘肃	36.90	25.58	5.1	20.5
宁夏	20.60	7.77	1.6	6.2
新疆	31.10	9.18	1.8	7.3
合计	1 930.93	1 316.40	262.8	1 053.6

13.2.3.3 国家酸雨和二氧化硫污染防治“十一五”规划[10]

2000 年后，随着我国燃煤量的快速增长，尤其是火电燃煤量的增长，SO_2 排放量迅速升高。由于新建火电厂大量分布在两控区外，二氧化硫排放格局发生了很大变化，仅仅局限于“两控区”的控制政策已经不能遏制 SO_2 排放的快速增加。针对“两控区”政策的局限性以及电力行业对我国 SO_2 排放贡献超过 50%这一特征，我国以电力行业 SO_2 控制为主要抓手，制订了《国家酸雨和二氧化硫污染防治“十一五”规划》。该规划提出到 2010 年全国 SO_2 排放总量比 2005 年减少 10%的目标。这一目标作为国家“十一五”期间节能减排的约束性指标之一，受到了从中央到地方的高度重视。在此规划的制订过程中，按照“整体控制、总量削减、突出重点、分区要求”的原则，综合考虑了区域环境容量、排放基数、排放强度、工程削减能力等因素，确定了各省、自治区、直辖市的二氧化硫排放总量指标，同时以发电绩效为基准核定出了不同区域火电行业的排放指标。

《国家酸雨和二氧化硫污染防治“十一五”规划》在编制方法上较之前的规划有了技术上的突破，在污染物排放削减的“定量测算”上有了明显的进步，主要表现在以下 3 个方面：①考虑到了 SO_2 的长距离传输，不以环境质量中的酸沉降和大气 SO_2 质量浓度作为当地 SO_2 排放量的控制依据，而是在全国的大尺度上综合考虑 SO_2 排放量的削减。②以“排放绩效”这一指标作为不同区域电力行业 SO_2 排放控制的基本准绳，在宏观尺度上以定量的方式体现了针对不同区域环境容量、煤质差异等因素对 SO_2 控制要求的差异。③将 SO_2 的减排指标进行了分解落实，尤其是根据减排技术可达的削减效率，将电力行业的 SO_2 减排指标细分到了机组层面。这样，既实现了整个规划目标从宏观到微观的定量化统一，又为规划目标的分解和落实奠定了良好基础。

在《国家酸雨和二氧化硫污染防治“十一五”规划》的基础上，我国采取了脱硫优惠电价、区域限批等一系列政策措施，并与各省（区、市）、六大电力集团签订了减排目标责任书。各地将减排目标层层分解，加大环境保护投入，实施工程减排、结构减排、管理减排等措施，取得了显著成效。到 2010 年，全国共建成运行脱硫机组装机容量达 5.78 亿 kW，火电机组脱硫比例由 2005 年的 12%提高到 2010 年的 82%。在“十一五”期间国民经济年均增速高达 11.2%、煤炭消费总量增长超过 10 亿 t 的情况下，二氧化硫排放总量较 2005 年下降了 14.29%，超额完成二氧化硫减排目标。

13.2.3.4　重点区域大气污染防治“十二五”规划[11]

随着“十一五”期间二氧化硫排放总量控制工作的顺利推进，我国城市大气环境中的二氧化硫浓度明显降低。然而，由于经济发展水平快速提高，城市化进程快速推进，我国的能源消费量飞速增长，造成了氮氧化物、挥发性有机物等多种大气污染物排放量的增加。由于多种大气污染物的排放负荷远远超过了大气环境的自净能力，我国的多个区域和城市群呈现出十分严重的大气污染态势。卫星数据显示，北京到上海之间的工业密集区为我国对流层二氧化氮污染最严重的区域；按照我国新修订的环境空气质量标准（GB 3095—2012），京津冀、珠三角、长三角等 13 个重点区域 2010 年有 80%以上的城市空气质量不达标。此外，多种大气污染物的排放、长距离传输和反应导致 $PM_{2.5}$、臭氧、酸雨等二次污染呈加剧态势，污染导致能见度大幅度下降，京津冀、长三角、珠三角等区域每年出现灰霾污染的天数达 100 天以上，个别城市甚至超过了 200 天。

为了应对我国严重的大气污染现状，并在“十二五”能源消费进一步增长的情况下初步改善区域环境空气质量，应对 $PM_{2.5}$、臭氧、酸雨等突出大气环境问题，环境保护部组织制定了《重点区域大气污染防治“十二五”规划》。针对京津冀地区、长三角地区、珠三角地区，辽宁中部、山东半岛及其周边、武汉及其周边、长株潭、成渝、海峡西岸、山西中北部、陕西关中、甘肃兰白、新疆乌鲁木齐城市群 13 个重点区域，通过对二氧化硫、氮氧化物、一次颗粒物和挥发性有机物等多种污染物进行协同控制，对工业点源、面源、移动源多种污染源进行综合控制，在城市、省和区域的尺度上实施联防联控，实现 13 个重点区域空气质量的改善目标。该规划也是第一次具体提出城市空气质量改善的定量指标，规划要求到 2015 年重点区域 PM_{10}、二氧化硫、二氧化氮年均浓度分别比 2010 年下降 10%、10%、8%，$PM_{2.5}$、臭氧污染得到初步控制，酸雨污染有所减轻。同时，规定把 $PM_{2.5}$ 和臭氧纳入京津冀、长三角、珠三角区域考核指标，$PM_{2.5}$ 年均浓度与臭氧年超标天数分别下降 6%和 10%，其他城市群把 $PM_{2.5}$ 与臭氧作为评估性指标。

在规划的编制方法和体系上，《重点区域大气污染防治“十二五”规划》较此前的规划有了明显进步。这些进步主要表现在以下 4 个方面：①重点区域大气污染防治规划以改善大气环境质量为核心。此前我国在大气环境方面的规划主要是针对明确的大气污染物排放控制目标，虽然大气污染物排放量的削减可以造成绝大多数大气污染物环境浓度的下降，但是由于大气污染物长距离传输对区域大气污染的影响，必须在科学分析污染来源的基础上，对不同地区的大气污染物进行合理的削减，才能达到既定的环境质量目标。②实施了多污染物协同控制。由于 $PM_{2.5}$ 和臭氧等大气二次污染物的形成和多种大气污染物参与的大气化学反应密切相关，而且其环境浓度和这些大气污染物的排放往往存在着非线性关系，只有同时对多种大气污染物的排放进行控制，才能有效降低二次大气污染物的环境浓度，改善环境质量。与此前主要针对二氧化硫进行控制相比，重点区域大气污染防治规划对二氧化硫、氮氧化物、烟尘、工艺粉尘、扬尘和挥发性有机物等多种大气污染物提出了相应的控制措施，控制的目标和宽度大大扩展。③注重空气质量模型的运用。空气质量模型能用于梳理区域大气污染的主要来源，分析大气污染物排放量削减对空气质量的影响。与此前的规划相比，重点区域大气污染防治规划首次应用了空气质量模型，使用 CMAQ 对减排措施实施后达到空气质量目标的可行性进行了模拟分析，为整个规划奠定了坚实的科学基础。④强化了空气质量管理机制创新。重点区域大气污染防治规划的一大特点是对我国的空气质量管理机制提出了新的要求。由于我国的大气环境质量管理一直采用属地管理模式，每个行政区的政府为自己属地内的大气环境质量负责。这种管理模式已渐渐不能应对区域大气污染的挑战，在重点区域大气污染防治规划中，提出了建立区域大气污染联防联控机制，强调通过跨行政区的合作来减少大气污染物长距离传输对环境空气质量造成的影响。

13.3 大气污染防治规划关键技术方法

与其他环境规划类似，大气污染防治规划的本质是一个最优化问题，其目的一般分为两类，一是以某个大气环境目标为约束，寻求改善大气环境成本最小化的技术或政策；二是以改善大气环境的技术或政策成本为约束，寻求使大气环境改善最大化的方法。因此，规划的最终目的是进行技术和政策的选择，而选择的根本依据则在于环境目标和技术政策成本。

如 13.1 中所介绍，在大气污染防治规划发展的历史上，环境目标的确定和定量方法一直在不断进步。由于大气污染防治规划最终都是落实到对于大气污染源的控制，而规划的最终目标是减少大气污染对包括人体健康和生态等在内的因素的影响，因此大气污染防治规划中最大的技术重点就在于建立从“控制大气污染源”到“减少大气污染环境影响”的映射，解析这两者之间的定量关系。为了建立这些关系，大气污染防治规划中发展了几类关键的技术方法，主要包括大气环境现状评价技术、大气污染物排放清单编制技术、规划情景方案模拟技术、规划目标可达性成本效益分析技术等。

13.3.1 大气环境现状评价技术

对大气环境现状进行分析，是制订规划环境目标的基础。总体来说，对环境状况的分析都是基于对环境状况数据的监测。对绝大多数国家和地区而言，地面的大气环境质量监测数据作为有法律意义的数据，是评价各个监测点所在区域大气环境质量和规划的基础；

近年来，随着卫星遥感技术的成熟，基于卫星遥感数据的环境状况分析也逐渐被引入环境状况分析的框架体系中来。对大气环境现状的评价一般是使用各种统计方法，将二氧化硫、氮氧化物、一氧化碳、可吸入颗粒物、细颗粒物和臭氧等污染物的统计指标与环境空气质量标准进行比较，从时间和空间等维度分析这些污染物的浓度水平以及与标准的差距。

13.3.1.1　大气环境监测数据的获取

（1）地面监测

地面大气环境质量监测是世界上绝大多数国家用于衡量大气环境质量状况的首选方法。在国家和区域层面进行地面大气环境质量监测的主要目的在于确定城市区域环境空气质量变化趋势，反映城市区域环境空气质量总体水平；确定环境空气质量背景水平以及区域空气质量状况；判定各地方的环境空气质量是否满足环境空气质量标准的要求；并最终为制定大气污染防治规划和对策提供依据。

国内外的国家和地方政府的环境保护部门为了对大气环境质量状况进行评价，均广泛地布设了监测点，使用大气环境质量监测设备，对主要大气环境污染物的质量浓度和酸沉降等进行长年、定期的监测。除此之外，很多研究机构出于不同的研究目的，也对不同区域的大气环境质量进行监测，并同时监测大气污染物中化学成分、微观形态等特征，在此基础上分析大气污染物的转化和反应规律。

通过归纳、对比不同监测点的监测结果，可以对大气环境质量的空间分布状况进行分析。因此，在大气环境质量监测的管理中，政府环境保护部门往往对监测点的位置进行优化，以保证每一个监测点的代表性；并将不同监测点的信息在一个监测网的范围内进行统一分析比较。在监测点位置的选择和优化过程中，往往将常规环境空气质量监测点分为 4 类：污染监控点、空气质量评价点、空气质量对照点和空气质量背景点。其中，污染监控点是为监测地区空气污染物的最高浓度，或主要污染源对当地环境空气质量的影响而设置的监测点；空气质量评价点是以监测地区的空气质量趋势或各环境质量功能区的代表性浓度为目的而设置的监测点；空气质量对照点是以监测不受当地城市污染影响的城市地区空气质量状况为目的而设置的监测点；空气质量背景点是以监测国家或大区域范围的空气质量背景水平为目的而设置的监测点。

在监测点进行的大气环境质量监测分手工监测和自动监测两种方法。手工监测指在监测点位用采样装置采集一定时段的环境空气样品，将采集的样品在实验室用分析仪器进行分析、处理，得到大气环境污染物浓度数值的方法；自动监测指在监测点位采用连续自动监测仪器对环境空气质量进行连续的样品采集、处理、分析的过程。无论是手工监测还是自动监测，主要的分析方法都包括光学法、称重法和化学法等。

在环境规划的过程中，对大气环境现状进行分析是制订合理环境目标的重要基础。通常来说，在大气污染防治规划的制订过程中，第一步就是根据环境质量监测数据，识别区域的主要大气环境问题和存在这些问题的重点区域，然后在此基础上制订规划目标，应对大气环境问题。在传统的以城市为主要目标的大气污染防治规划中，由于监测点往往都建立在城市建成区及其近郊，地面大气环境质量监测的结果一般都可以反映大气污染的主要特征，作为规划基础。近年来，随着区域性复合型大气污染态势逐渐加重，大气污染开始在较大的区域中出现，由于城市之间的区域往往缺乏地面监测点，地面大气环境质量监测数据往往不能反映整个区域的大气污染状况。在这种情况下，卫星遥感信息成为大气环境质量现状分析的重要补充。

（2）卫星遥感

遥感是指从远处探测、感知物体或事物的技术，即不直接接触物体本身，从远处通过各种传感器探测和接收来自目标物体的信息，经过信息的传输及其处理分析，识别物体的属性及其空间分布、动态变化等特征的技术。遥感是一个综合性的技术系统，由遥感平台、传感器、信息接收与处理、应用等部分组成。遥感平台主要有飞机、人造卫星、载人飞船；传感器有多种波段的摄像机、多光谱扫描仪、微波辐射计、侧视雷达、专题成像仪等，并且在不断地向多光谱段、多极化、高分辨率和微型化方向发展；各种传感器把记录下来的数字或图像信息，通过校正、变换、分解、组合等光学图像处理或数字图像处理后，以胶片、图像或数字磁带等方式提供给用户。由于地球表面上所有物体都有本身的电磁波谱特性，即有规律地吸收、反射、辐射电磁波，反映在遥感图像上就有不同的影像特征。用户在实地调查或事先测定并掌握各种物体的波谱特征的基础上，通过综合分析与反演，提取专题信息，编制专题地图或统计图表，就是遥感的基本原理。

卫星遥感是以人造地球卫星为遥感平台的遥感方式。真正从航天器上对地球进行长期观测是从 1960 年美国发射 TIROS-1 和 NOAA-1 太阳同步气象卫星开始的。20 世纪已有 5 000 余颗人造卫星升空；在空间轨道卫星中有地球同步卫星、太阳同步卫星，还有一些低轨卫星和高轨卫星；不同高度、不同用途的卫星构成了对地球和宇宙空间的多角度、多周期观测。与此同时，传感器所能探测的波段范围也不断延伸，波段的分割越来越精细，从单一波段向高光谱发展；成像光谱技术的出现、激光测距与遥感成像的结合等技术，都使得高分辨率三维实时成像成为可能。遥感信息处理方面，数字成像、计算机图像处理、光存贮器的发展使得数据处理更趋“数字化、可视化、智能化、网络化”。

目前，针对 CO、NO_2 及 O_3 等大气污染物的空间遥感技术已经较为成熟，针对 SO_2 和气溶胶的空间遥感技术也有较大进展。一系列研究机构已经开始公开发布通过先进的卫星仪器遥感得到的痕量气体浓度分布，基于 GOME、SCIAMACHY、OMI、TES 和 MOIDS 等传感器的遥感数据产品在近年来也得到了广泛的应用。卫星遥感数据有较好的空间连续性，能提供同时相、大尺度及全球覆盖率的信息，并不受国家和区域边界的影响。近年来卫星遥感数据在全球、区域和城市等多尺度的大气环境状况分析中得到了日益广泛的应用，也被开始用于研究我国的大气环境问题。如 Richter 等用 GOME 和 SCIAMATCHY 的 NO_2 数据分析了我国大气层内的氮氧化物柱浓度，发现我国上空的 NO_x 浓度保持持续上升的趋势（图 13-5）[12]，并在 1996—2004 年长三角、珠三角和“京－津－冀”地区呈现明显的污染高值区。这一发现指出了我国 NO_x 的严重污染现状以及快速恶化趋势，为我国制订相应规划，在“十二五”期间启动 NO_x 排放总量控制提供了重要依据。

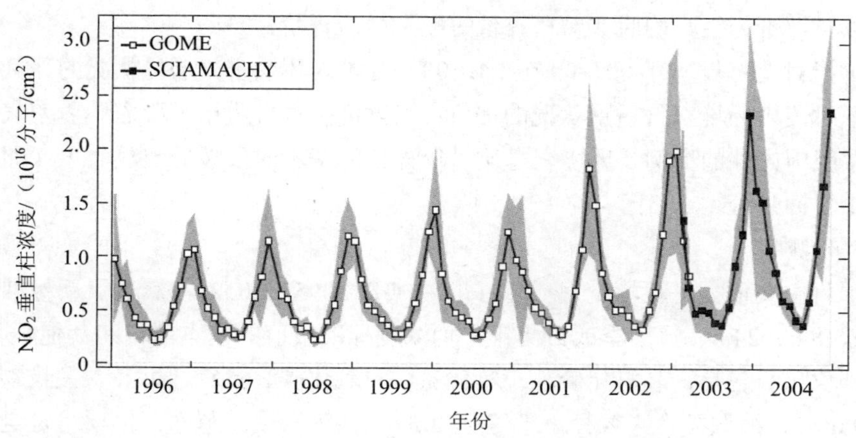

图 13-5　NO_x 在中国东部地区历史浓度变化[12]

13.3.1.2　大气环境数据的分析和评价

对于大气环境现状的评价，应当基于《环境空气质量标准》（GB 3095—2012），以是否达到环境空气质量标准，或者与该标准的差距，作为评价的最终目的。评价的过程可以使用《环境空气质量评价技术规范（试行）》（HJ 663—2013）推荐的方法。

（1）评价范围

按照规划的空间尺度不同，评价范围可分为城市环境空气质量评价和区域环境空气质量评价。

城市环境空气质量评价指针对城市建成区范围的环境空气质量评价，是我国目前采用的最主要的评价空间尺度。对地级及以上城市，监测数据来自国家城市环境空气质量监测网中的评价点位；对县级城市（区），监测数据来自所在城市监测网络中的评价点。对照点和污染监控点不参与城市空气质量整体水平评价。城市不同功能区的空气质量评价可参照执行。

区域环境空气质量评价指针对由多个城市组成的连续空间区域范围的环境空气质量评价。这里所指的区域既包括城市建成区，也包括连接城市建成区的广大农村和郊区范围，不同分区内的空气监测点位的代表尺度和代表人口并不相同，不宜将两类不同分区进行简单合并计算，因而区域环境空气质量评价分为城市建成区空气质量状况评价和非城市建成区空气质量状况评价，其中城市建成区评价采用城市评价点的监测数据，非城市建成区评价采用区域点的监测数据。

（2）评价时段

根据《环境空气质量标准》（GB 3095—2012）的有关要求，环境空气质量评价分为小时评价、日评价、季评价和年评价。对于大气污染防治规划而言，主要对长期效应进行评价，因此以年评价为主，同时兼顾日评价等短期效应评价。

日评价指对自然日（即 00：00 至 24：00）时段内环境空气质量状况的评价；季评价指对日历季时段内环境空气质量状况的评价；年评价指对日历年时段内环境空气质量状况的评价，按照国内外的惯例，环境空气质量年评价的基本时段按照自然年度（即 1 月 1 日至 12 月 31 日）划分。

（3）评价项目

评价项目主要依据《环境空气质量标准》（GB 3095—2012），涵盖了新标准中已规定的具有 1 h、8 h、24 h、日历季或日历年平均浓度标准限值的基本项目和其他项目。

基本评价项目包括：二氧化硫、二氧化氮、一氧化碳、臭氧、可吸入颗粒物（粒径小于等于 10 μm）、细颗粒物（粒径小于等于 2.5 μm）等六项。基本评价项目是全国广泛开展的监测项目，在规划中进行环境空气质量现状评价时，须全部作为评价指标纳入统计。

其他评价项目包括总悬浮颗粒物、氮氧化物、铅和苯并[*a*]芘 4 项。这些评价项目可根据规划的具体要求，结合数据的可获得性，选择性地进行评价。

每种评价时段内评价项目的选择主要依据《环境空气质量标准》和环境管理的目标要求而制定（表 13-8），各评价时段内评价项目的规定同时适用于城市评价和区域评价。

表 13-8 基本评价项目及平均时间

评价时段	评价项目及平均时间
日评价	二氧化硫、二氧化氮、可吸入颗粒物（PM_{10}）、细颗粒物（$PM_{2.5}$）、一氧化碳的日平均值、臭氧（O_3）的日最大 8 h 平均值
年评价	二氧化硫年均值及日均值第 98 百分位数 二氧化氮年均值及日均值第 98 百分位数 PM_{10} 年均值及日均值第 95 百分位数 $PM_{2.5}$ 年均值及日均值第 95 百分位数 一氧化碳日均值第 95 百分位数 臭氧日最大 8 h 滑动平均值的第 90 百分位数

（4）污染时空特征分析

除了对规划范围内大气环境的达标现状整体进行评价外，还需要对环境空气中污染物分布的时空特征进行分析。

从时间维度上来看，需要结合二氧化硫、二氧化氮、可吸入颗粒物（PM_{10}）、细颗粒物（$PM_{2.5}$）、一氧化碳和臭氧的日评价和季节评价结果，分析规划区内这些污染物浓度分布的季节变化、月变化规律，为针对重点控制时段进一步规划提供指导性意见。

从空间维度上来看，需要结合点位评价的结果，分析规划区内这些污染物浓度分布的空间特征，为针对重点控制区进一步规划提供指导性意见。

13.3.2　大气污染物排放清单编制技术

分析大气污染物的排放现状、测算规划措施实施后污染物削减量，是所有大气污染防治规划中不可或缺的一项工作，排放清单编制是完成这项内容的主要工具。

13.3.2.1　大气污染物排放清单类型

大气污染物排放清单是指各种排放源，如燃烧过程、工业生产等，在一定的时间内向大气中排放的各种污染物的量的集合，通常有网格化和表格化两种。排放源可分为天然源和人为源两类：天然源排放是指土壤、海洋、植物、火山、闪电等自然界产生的排放；人为源排放是指由各种人类活动引起的排放。在大气污染防治规划中，控制对象主要是人为源，因此人为源的排放清单一直是大气污染防治规划的重点内容；但是，由于天然源的排放对大气环境也存在影响，因此在欧美近期的大气污染防治规划中，天然源排放也都被纳入了大气环境质量模拟中。人为源按其性质又可分为固定源和流动源；按排放量的大小，固定源可进一步分为点源和面源，点源一般指排放量较大而需要单独考虑的源排放，面源则指各类大量的分散的排放源。

人为源排放清单的编制方法有在线监测法、污染源调查法和排放因子法等。一套完整排放清单的建立可基于一种方法或几种方法的组合：①在线监测法通过污染源排气管处安装的在线监测设备获取污染源实时排放量，这种方法获得的排放数据精确度最高，但成本较高，一般只用在排放量很大的点源上。②污染源调查法是由环保部门通过调查、测试等手段，逐一获得污染源的位置、活动水平、技术水平、污染控制措施等信息，并在此基础上以排污设备为单位估计污染物排放量。目前，我国城市地区环保部门一般采用这种方法获取大多数企业的排放总量信息。这种方法获得的排放数据精确度比较高，但由于调查能力的限制，一般只能覆盖城市地区的部分污染源，而且只包括 SO_2、NO_x 和烟尘、粉尘等几种常规污染物。③排放因子法是将污染源按种类、经济部门、技术特征等分为若干类别，分别统计每一类污染源的活动水平，并结合对应的排放因子，计算出污染物排放量。这种方法的不确定性主要取决于排放源活动水平数据的精确度及所选排放因子的代表性，一般要高于在线监测法和污染源调查法。但该方法数据较易获取，可在较大空间尺度上获得涵盖各种污染物的排放清单，在区域大气研究中应用最为广泛。

按覆盖范围的大小和关注问题的不同，排放清单又可分为全球排放清单、区域排放清单和局地排放清单 3 种类型。①全球排放清单一般是为全球大气物理化学过程研究或大气-生态圈循环过程研究而建立的，关注的热点污染物有各种温室气体、臭氧前体物以及含碳气溶胶等，基本都采用排放因子法估算。②区域排放清单一般为区域大气污染研究或区域空气质量管理而建立的，主要关注的污染物有致酸物质、臭氧前体物、颗粒物及其前体物等。在欧美等环境监测和管理制度完善的国家，区域排放清单的建立可综合在线监测、污染源调查、排放因子等方法以达到最大精确度，如美国环保局的国家排放清单（NEI）。在我国，由于基础数据的不足，基本都通过排放因子法估算，如环境统计和污染源普查数据等。③局地排放清单一般为城市空气质量管理而建立，主要关注影响城市空气质量的 SO_2、NO_x、颗粒物等常规污染物，一般综合使用污染源调查法和排放因子法获得，如北京市和珠江三角洲地区建立的地区排放清单。

从大气污染防治规划的需求来说，完整的大气污染物排放清单不仅仅包括区域内大气污染物排放总量的信息，还需要对排放的时间分布、空间分布等特征进行准确的表征，从而为大气污染物的传输、迁移、扩散及转化等方面模拟提供基础数据；此外，排放清单中的排放量信息还需要和大气污染物的控制技术水平对应，从而能够基于排放清单进行污染物来源分析、污染控制潜力估算和区域污染特征识别。目前，清华大学环境学院和环境保护部环境规划院等单位已经完成了全国不同尺度（1 km，10 km，36 km）、多污染物的网格化排放清单，分别用于全国和区域空气质量模拟以及空气质量规划，提出了区域和城市大气污染物排放清单编制技术指南。

13.3.2.2 污染物排放因子法

以大气排放清单为基本工具，使用情景分析的方法，可以测算在不同的规划情景下主要大气污染物排放量的削减情况。在减排量的测算过程中，需要预测两个关键因素对大气污染物排放的影响：一是在规划期内规划区域内经济活动水平的变化情况，二是规划涉及的大气污染物排放控制政策和技术措施对污染物排放强度的影响。其中，第一点主要结合规划区域内在经济发展、能源发展方面的其他规划或预测，或是通过能源、经济方面的模型模拟实现；第二点是大气污染防治规划的重点，一般是对规划中针对不同污染物控制措施的减排效果进行分析，然后进行累加后计算总量。目前，排放因子法是用于排放控制政策和技术措施对污染物排放强度影响分析的主要方法。根据规划使用的排放清单的不同，排放因子法的应用细节也有所区别。总体而言，在目前的大气污染防治规划中，主要有两种方法用于量化大气污染物排放控制政策和技术措施对排放因子的影响。

第一种方法是基于用排放因子法建立的排放清单，通过查表的方式，将污染物排放控制措施实施前后的大气污染源排放因子进行比较，使用其排放因子的差值计算污染物排放控制措施的减排量。这种方法适用的前提是有一个庞大的排放因子库，不同种排放源、不同类大气污染物排放控制措施，都有相应的污染物排放因子。在大量污染源调查的基础上，美国建立了可用于直接计算不同类污染排放控制技术下的污染物排放数据库 AP-42[13]。AP-42 的全称是大气污染物排放因子汇编（Compilation of Air Pollutant Emission Factors），是由美国环保局的排放因子与政策应用中心（The Emissions Factors & Policy Applications Center）负责发布和修编的。AP-42 的第 1 版发布于 1972 年，目前使用的是 1995 年发布的第 5 版，并于此后一直保持增补和更新。AP-42 中涵盖了 15 种大气污染物排放的人为固定源，是美国用于编制国家排放清单和计算减排潜力的重要技术文件。与之类似的，为了支持我国的环境统计和污染源普查工作，我国分别编制了《工业污染物产生和排放系数手册》[14]以及《第一次全国污染源普查工业污染源产排污系数手册》[15]。这两套手册针对主要工业污染源的 SO_2、NO_x、烟尘、粉尘等重要大气污染物，分别提出了我国主要生产工艺技术在 20 世纪 90 年代中期和 2008 年前后对应的排放因子。与 AP-42 相比，这两套手册包含了很多中国特有污染源的排放因子，但是没有对排放因子进行定期更新和补充的机制。

另一种用于量化大气污染物排放控制政策和技术措施对排放因子影响的方法建立在基于控制措施的理念上。这种方法假设每一种生产设备或生产工艺的大气污染物排放因子都是一个常量，不同污染物控制技术对大气污染物的削减效率也是一个常量，而这一类污染源的主要大气污染物排放量主要取决于不同控制技术在行业内所占的比例，见式 13-1。

$$E_i = \sum_{j,k,m} E_{i,j,k,m} = \sum_{j,k,m} A_{i,j,k} ef_{i,j,k} (1 - eff_m) X_{i,j,k,m} \tag{13-1}$$

式中，i、j、k、m —— 地区、污染源种类、生产设备或生产工艺以及污染物排放控制技术；

E_i —— 区域 i 的排放量；

A —— 活动水平；

ef —— 未经过任何污染控制技术削减的大气污染物原始产生量；

eff_m —— 污染物排放控制技术 m 的污染物减排效率；

X —— 污染物排放控制技术的使用比例，如发电锅炉安装湿法脱硫设备的比例等。

这种方法紧密结合了规划政策对污染物控制技术的推动，在测算污染物减排量的同时，也能定量表征不同污染物排放控制技术的使用比例变化，为在推动污染物排放控制技术应用过程中测算成本奠定了基础。这种方法作为规划系统的一部分，被应用于 IIASA 的一系列规划研究中[16]。

13.3.3　大气规划情景方案模拟技术

大气污染防治规划的目的是针对一定的大气环境目标，设计一套减排和政策措施，通过对大气污染物排放的削减，达到改善大气环境的目的。综合使用各种模型工具，构造政策措施下大气污染物排放的情景，计算大气污染物排放量，进而对大气过程进行模拟，预测该情景下的大气环境（主要是各种大气污染物的环境浓度），是连接规划中政策措施和规划目标的关键步骤。这个步骤中可能使用的模型包括能源情景模型（LEAP、MARKEL 模型等）、经济模型（CGE 模型等）和空气质量模型。而空气质量模型则是实现这一步骤的主要工具。

13.3.3.1　空气质量模型发展历程

空气质量模型是对污染物在大气中的物理化学过程进行模拟再现的一种数学工具，从概念上来讲，污染物在大气中经历的所有过程都属于它模拟的内容（图 13-6），这些过程主要包括：

1）平流输送：风对污染物的搬运过程，方向和速度分别取决于风向和风速。

2）湍流扩散：大气湍流作用下污染物向各个方向的分散。

3）干沉降：污染物通过重力沉降或湍流扩散传输至地表或其他环境物体表面，被其吸收、吸附、滞留的过程。

4）湿沉降：污染物被降水吸收、溶解、捕获后落至地面的过程。

5）化学转化：污染物与大气固有成分或污染物之间发生化学反应，生成二次污染物的过程。

6）烟云抬升：污染气体排放的最初阶段具有的初始速度（动量）和温度（浮力）造成的废气烟云抬升。

7）中大尺度气象过程：通过山谷风、海陆风、中大尺度环流场等对污染物的局地动态分布造成影响的过程。

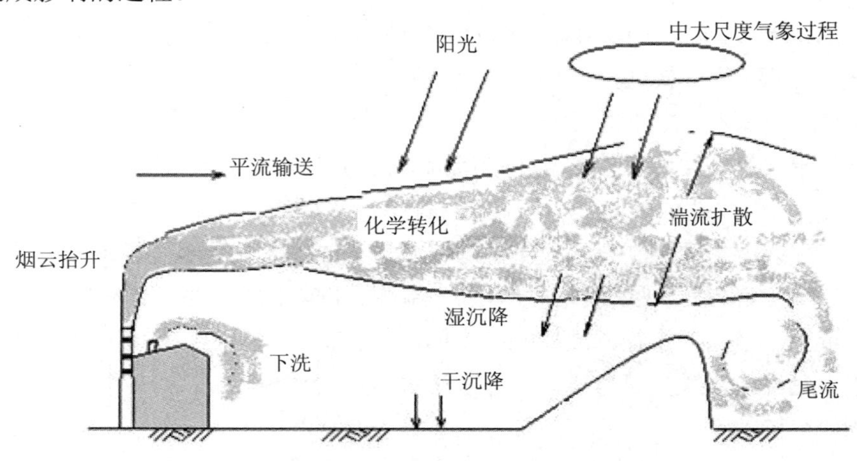

图 13-6 大气污染物的主要物理化学过程

利用空气质量模型进行空气质量模拟是现代大气污染防治规划过程中必不可少的一个环节。在输入的地形、气象和污染物排放等数据的基础上，模拟计算污染物在大气中的迁移、扩散、转化过程，给出污染物环境浓度的时空分布和沉降特征；针对不同的规划控制情景，分析不同地区、不同源的大气污染物排放对区域环境的影响，最终用于对规划控制方案的评价、筛选和优化。

空气质量模型起步于 20 世纪 60 年代，在一系列“公害事件”发生之后，随着人们对空气质量预测和控制的需要应运而生。高斯在大量实测资料分析的基础上，应用湍流统计理论得到了正态分布模型，即高斯模式[17]；此后为解决城市光化学烟雾问题，光化学箱体模式也得到了较快的发展（图 13-7）。美国环保局在 80 年代模型评估的基础上，推荐了一组模式 UNAMAP（User’s Network for Applied Modeling of Air Pollution），构成了第一代空气质量模型的主要组成部分，以 ISC（Industrial Source Complex）、CALPUFF 和 EKMA（Empirical Kinetics Modeling Approach）为代表。

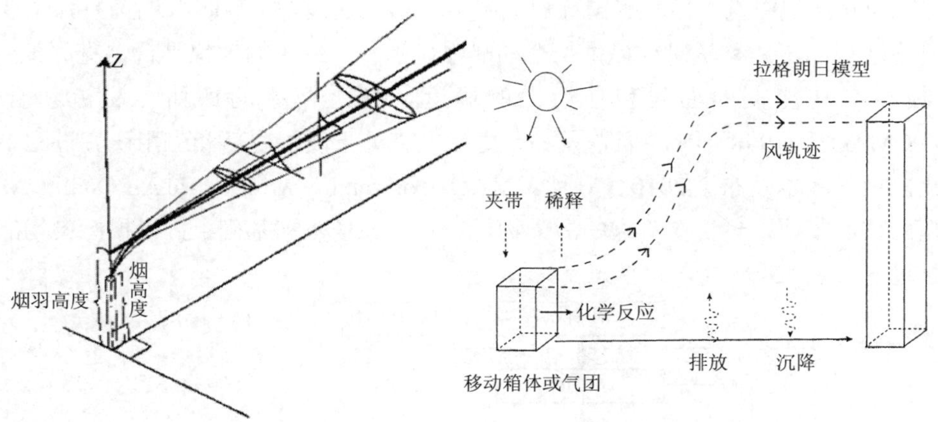

图 13-7　高斯（Gaussian）模式和光化学箱体模式

20 世纪 70 年代末期以后，酸雨问题推动了大尺度空气质量模拟的研究，随着大气化学、云雨物理、干湿沉降等各方面研究的进展，空气质量模型得到了长足的发展，加入了较为复杂的气象和化学反应机制，逐渐形成了以三维网格模型为主的第二代模型（图 13-8），以美国环保局开发的 UAM（Urban Airshed Model）、ROM（Regional Oxidant Model）和 RADM（Regional Acid Deposition Model）等为代表。

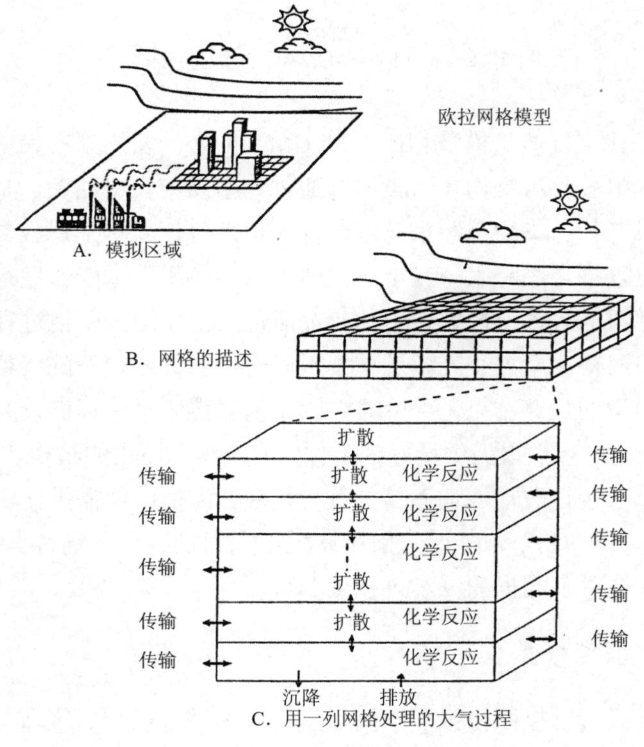

图 13-8　三维欧拉网格模型

20 世纪 90 年代中期以后，美国环保局致力于第三代模型 Model-3 的开发，主要目的在于同时为法规制定和科学研究提供一个功能强大且易于使用的模拟平台，克服第一代、第二代模型在功能上的局限和使用上的难度，促进模型的评估、交流和合作。Models-3/CMAQ 于 1998 年 7 月首次发布，之后一直处于发展更新和应用研究过程中，到目前为止的最新版本发布于 2010 年 6 月。CMAQ（Community Multi-scale Air Quality Model）作为模型的核心模块，负责在输入的污染物排放和气象场数据基础上，模拟污染物的大气物理化学过程（图 13-9）。

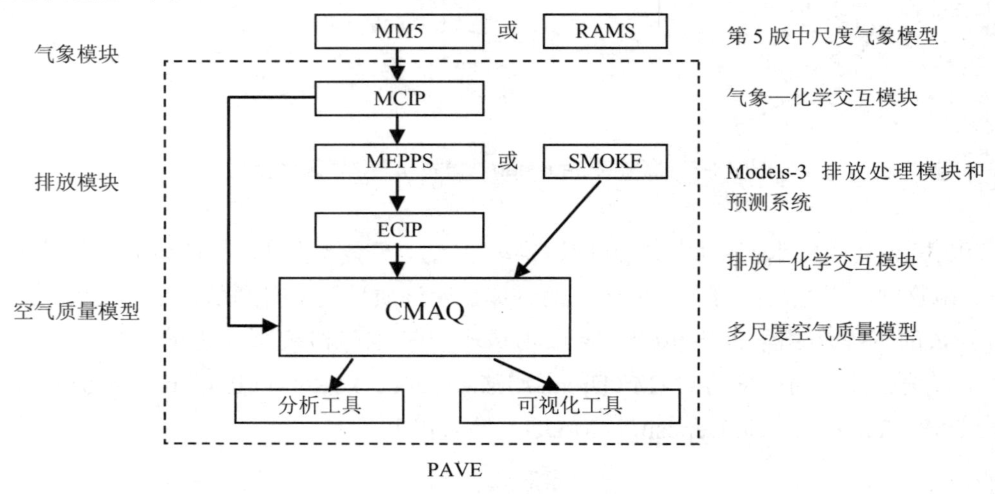

图 13-9 Models-3/CMAQ 的模型结构

与第一代和第二代空气质量模型相比，以 CMAQ 为代表的第三代空气质量模型的先进之处在于：①大气中各种污染物和污染问题通过化学反应紧密相关，基于这种“一个大气”的思想，同时对多种污染物和污染问题进行模拟，包括光化学反应、颗粒物、酸沉降和能见度等，并且可以耦合进跨媒介（土壤、地表水）模型。②能够进行多尺度、多层网格嵌套的模拟，在空间上具备很好的通用性和灵活性。在使用大网格进行背景场影响分析的同时，可以采用细网格对所关心区域进行模拟研究。③具备较好的气象接口，易于使用气象部门业务预报模型的计算结果，为后继排放和化学转化模块提供较为详细和准确的气象场，也为应用于空气质量预报提供很好的条件。④具有模块化的结构，易于对大气物理、化学过程的机理或算法进行改动或加入新的过程模块，为使用者提供化学反应机理研究的平台。⑤具有很强的开放性，结合了近年来计算机技术的发展和大气科学的最新研究进展、更高效的数值计算方法以及数据的三维可视化分析。

13.3.3.2 空气质量模型分类

空气质量模型一般可以按照模拟的空间尺度，分为城市模型、区域模型和全球模型；也可以按照模型的机理，分为统计模型和数值模型，其中前者是基于现有的大量数据，通过统计分析建立的模型，后者是通过对污染物在大气中发生的物理化学过程（如传输、扩散、化学反应等）进行数学抽象而建立的模型；还可按照模拟对象，分为拉格朗日模型和欧拉模型，前者的模拟对象是随流体移动的空气微团，通过对微团的跟踪模拟描述污染物浓度的变化，后者的模拟对象是相对于固定的空间坐标系，保持固定的空间元，研究空间元内和空间元间污染物的运动和转化；此外，按照模型研究对象，还可分为惰性气体扩散模式、光化学氧化模式、酸沉降模式、气溶胶细粒子模式和综合空气质量模式[18, 19]。目前主要的空气质量模型分类如表 13-9 所示。

表 13-9　目前主要空气质量模型分类

扩散模式	模型机理	特点	限制
统计模式	回归方程	根据历史空气质量和气象条件建立浓度和气象参数之间的回归方程，由气象条件推算浓度，计算非常简单，可用于所有大气污染物	不能反映污染源排放与环境质量之间的输入－响应关系
高斯烟流模式	分布函数	以 ISC、AERMOD、ADMS 为代表，可用于模拟 SO_2、NO_2、PM_{10} 等；简化了物理和化学过程，只需要单点气象资料；计算简单，可逐时、逐日进行长期浓度模拟	属于稳态烟流模型，不能考虑流场的空间变化
拉格朗日轨迹模型	烟团模型	以 CALPUFF、CALGRID 为代表，用于模拟 SO_2、NO_2、PM_{10} 和 O_3 等，可使用客观分析法处理三维气象场；计算量适中，可逐时、逐日进行长期浓度模拟	与高斯模式相比，计算工作量较大；与网格模型相比，考虑的化学机制相对简单
拉格朗日轨迹模型	经验动力学模型	以 EKMA 为代表，便以使用，考虑的化学反应较为详细，计算速度快	物理过程过于简单，可模拟的周期短，不能准确地模拟多天时间或长距离输送
欧拉网格模型	城市网格模型	以 UAM 为代表，物理过程详细，适用于城市多天污染事件模拟	计算工作量大，模拟长距离输送问题时对边界条件很敏感
	区域网格模型	以 RADM、ADOM、ROM 为代表，物理、化学过程详细，适用于区域臭氧及酸沉降污染模拟	计算量大，空间分辨率有限，不能很好地适用于研究城市污染物动态变化
	嵌套网格模型	以 CMAQ、CAM_X、WRF-CHEM、NAQPMS 为代表，基于“一个大气”理念设计，物理、化学过程详细，可同时模拟区域和城市尺度各种大气污染过程，在重点地区进行网格嵌套	模型机理复杂，数据需求苛刻，计算工作量大，专业门槛高

13.3.4　大气规划目标可达性和费用效益分析

规划目标可达性与费用效益分析是大气污染防治规划的重要组成部分，是规划可执行、可实施的重要保障。随着各类模型和工具的发展，大气科学、经济学、运筹学、流行病学等方面的知识也逐渐被引入大气规划中，应用于可达性和费用效益分析。

13.3.4.1 大气环境规划费用效益分析内容

费用效益分析分为费用（或成本）分析和效益分析两个部分。一般而言，目前的大气污染防治规划主要针对直接的费用和效益进行分析。由于大气环境系统仅仅是社会—经济—自然这个巨系统中的一部分，大气污染防治规划的实施将对这个巨系统产生一系列影响，因此，大气污染防治规划越来越多地开始试图考虑对间接的费用和效益，或是协同的费用和效益进行分析。

大气污染防治规划的费用主要分为直接费用和间接费用。直接费用指为了完成规划中提出的任务、实施规划中提出的工程，所需要进行的工程投资，包括一次性投资（如脱硫、脱硝设施的改造、土建和安装成本等）以及污染防治设施运行过程中产生的成本（如脱硫设施运行中的电耗、水耗、设备维修、脱硫剂采购、人员工资等）；间接费用指实施大气污染防治规划后，由于投资的增加，产生的成本在经济系统中传导至其他行业和经济部门，从而对整个经济系统造成的影响。除经济成本之外，大气污染防治规划还可能消费一定的社会成本。如落后产能淘汰等措施在实施后，提高了社会整体劳动生产率，随之需要对一定量的劳动力进行再教育和新的就业安置，这部分的社会成本也应当考虑在大气污染防治规划的整体费用之中。

对于大气污染防治规划，效益主要是结合环境目标产生的。环境目标一般有 3 个不同层次的含义：第 1 个层次对应于大气环境对人体健康、自然生态等方面的影响，由于大气污染防治规划最终的目的是减少人与自然受到大气污染的影响，这个层次的目标应该是最终目标；第 2 个层次对应于大气环境的改善，表现在主要大气污染物环境质量浓度的降低和酸沉降频率及程度的下降；第 3 个层次对应于主要大气污染物排放量的削减。因此，效益主要包括减排效益、环境空气中污染物浓度降低的效益以及随之对人体健康、自然生态、气候等造成的效益。

在大气污染对人与自然的诸多影响中，对人体健康的影响可能是最受人们关注的一部分。一个成年人每天呼吸大约 2 万多次，吸入空气达 15～20 m^3，因此，被污染了的空气对人体健康有直接的影响。大气污染物对人体的健康影响是多方面的，主要表现为呼吸道疾病、心血管疾病、生理机能障碍和眼鼻等黏膜组织疾病等。除了对人体健康和生态系统造成影响外，大气污染还能影响人体的感官体验。如 $PM_{2.5}$ 浓度的升高会带来灰霾天气，降低大气能见度；酸雨会侵蚀建筑物，加速其老化速度等。大气污染对人体感官体验的影响非常明显，不仅会直接造成一定程度的经济损失，还会影响民众的心理状态和情绪。到目前为止，在一些研究中酸雨对建筑物的影响有估算，但是在大气污染控制规划中，还未对这方面的影响进行定量化的分析。

大气污染物对生态的影响有直接和间接两种形式。各种形式的大气污染达到一定程度时，可直接影响农作物、果树、蔬菜、饲料作物、绿化作物的正常生长；此外，大气污染物通过沉降等机制，进入农用水域、土壤和生物体内，可间接危害植物、动物及微生物的生长。

随着全球气候变化等问题逐渐引起人们的关注，温室气体的减排问题也开始被包含在大气污染防治规划的范畴之内。人们开始尝试在解决传统大气污染问题的同时达到减排温室气体的目的。因此，大气污染防治规划在气候变化等方面产生的效益也正在受到更加强烈的关注。

13.3.4.2 大气污染防治成本分析技术

（1）直接成本

在传统的成本分析中，仅考虑了污染控制政策和技术的直接经济投入，如脱硫设施改造的固定资产投入和运行成本、机动车污染物排放控制所需的催化器系统成本等。这类成本的分析主要依赖于工程经济学的成熟方法。

工程经济学是工程与经济的交叉学科，是研究工程技术实践活动经济效果的学科。即以工程项目为主体，以技术—经济系统为核心，研究如何有效利用资源，提高经济效益的学科。工程经济学研究各种工程技术方案的经济效益，研究各种技术在使用过程中如何以最小的投入获得预期产出，或者说如何以等量的投入获得最大产出；如何用最低的寿命周期成本实现产品、作业以及服务的必要功能。

在大气污染防治规划中，针对直接成本的分析主要目的在于评价大气污染防治重点项目和工程的投资、运行所产生的经济成本，从而指导控制决策的筛选过程，影响工程项目方案的经济决策。工程经济的分析方法既包括了技术方案、工程项目的投资效益分析方法和工程项目对国民经济贡献的分析方法，也包括工程项目对社会发展、生态环境保护贡献的分析方法，其分析方法主要包括理论联系实际、定量分析与定性分析相结合、系统分析和平衡分析相结合、静态评价与动态评价相结合、统计预测与不确定分析等方法。

（2）间接成本

随着计量经济学的发展，“间接成本”的概念被引入成本分析中。间接成本主要指由于大气污染控制政策和技术的实施，污染物排放控制成本的转嫁对国民经济其他部门的影响，如电厂脱硫电价的征收会造成电价调整，这会对所有用电的社会经济部门的能源消费造成影响，这些部门的产品价格都会反映这一影响，随着价格的传递，所有国民经济部门的投入—产出都会受到影响。考虑到大气污染控制的每一个政策（尤其是经济政策）都可能对整个经济系统产生影响，经济学家开始尝试使用可计算一般均衡（Computable General Equilibrium，CGE）模型，基于全部门的投入产出分析污染物减排的全社会经济成本。

CGE 模型是以一般均衡理论为基础并通过数学建模来模拟经济体的一般均衡结构的方法。概括地说，一个典型的 CGE 模型，就是用一组方程来描述供给、需求以及市场关系。在这组方程中不仅商品和生产要素的数量是变量，所有的价格，包括商品价格、工资也都是变量，在一系列优化条件（生产者利润优化、消费者效益优化、进口收益利润和出口成本优化等）的约束下，求解这一组方程，得出在各个市场都达到均衡时的一组数量和价格。

传统的 CGE 模型并不能进行环境政策分析，要进行这种分析，则必须在 CGE 模型中设置相应的环境要素。一般来说，根据所描述的经济体以及所要分析的环境政策的不同，CGE 模型中环境要素的设置也会有很大差异。当 CGE 模型应用于大气污染防治规划分析时，生产者和消费者的最优行为在一定程度上将受到大气污染排放对生产和消费的影响以及采取污染控制政策的影响。在生产者行为方面，每个生产者通过最小化投入成本和最大化产出利润来决定最优的产出水平；当污染出现在生产过程中，并且需要一定的污染控制行动时，生产者就需要依据新的成本和包含污染效应的生产函数来调整产出水平，生产者的总成本不仅要包括要素投入的成本，而且应包括由于环保要求而产生的与污染相关的成本。在消费者行为方面，居民对商品的需求可以通过预算约束下的效用最大化问题导出。按照通常的分类方法，在环境政策分析中应用的 CGE 模型可以被分为静态模型和动态模型；或者被分为国家模型（包括多国模型和一国模型）和区域模型（包括多区域模型和单区域模型）。

除了经济成本外，成本—效益分析中还应包含对社会成本的分析。如针对电力部门的"上大压小"政策在关闭一大批小电厂的同时，会造成这些小电厂工人失业。这些社会成本的分析也应该包含在成本—效益分析中，使大气污染防治路线的选择全面、客观。

13.3.4.3 大气污染防治效益分析技术

（1）人体健康

据世界卫生组织估计，在世界范围内城市空气污染造成每年约 80 万人死亡，世界人口总健康寿命减少约 460 万年[20]。为了揭示大气污染对人体健康的影响，公共健康领域的学者综合运用了流行病学研究、毒理学研究和临床研究等诸多方法，试图定量评估人体的大气污染暴露和死亡及疾病之间的关系。健康影响研究所（Health Effect Institute，HEI）通过对亚洲的相关研究进行梳理，发现 PM_{10}、总悬浮颗粒物、SO_2 和 NO_2 均与多种健康结果相关（表 13-10），这个结果与已发表的美国和欧洲多城市研究报告汇总结果相似[21]。环境保护部环境规划院通过 2004—2012 年的研究表明，我国每年由于城市 PM_{10} 污染导致 35 万～50 万城镇居民过早死亡，相当于城镇居民平均折寿 0.72～1.85 年。

表 13-10 污染物浓度每增加 10μg/m³ 引起的健康结果增加百分比

健康结果	污染物	健康影响（95%置信区间）
全病因死亡率	PM_{10}	0.41（0.25，0.56）
	TSP	0.20（0.14，0.26）
	SO_2	0.35（0.26，0.45）
呼吸道疾病住院率	NO_2	0.28（0.09，0.47）
	SO_2	0.07（−0.28，0.41）

在大气污染防治规划中，为了确定合理的环境目标，需要对不同的技术政策方案实施后大气环境质量的变化对人体健康的影响进行定量化分析。不仅需要得到健康结果的总量，同时也需要了解健康影响的分布，以帮助在规划中针对不同地区制定差异化的政策措施。因此，在对人体健康影响进行分析中，需要利用空气质量模拟得到的污染物浓度空间分布，同时需要了解人口、死亡和疾病的发病率分布，结合通过流行病学调查得到的大气污染暴露与死亡及疾病的关系，在地理信息系统的平台上进行定量计算。为了实现这一目标，美国环保局开发了 BenMAP（Benefit Mapping and Analysis Program）模型，并与 CMAQ 模型的输出结果进行连接，应用于清洁空气州际法规和跨州大气污染法规的制定过程中。BenMAP 模型的基本假设基于流行病学研究的结果，也就是环境大气污染物浓度与人体健康间的暴露反应关系通常为线性或对数线性关系，一般采用泊松回归模型来描述和分析这种关系（图 13-10）。设污染物的浓度为 C，则暴露人群中死亡或发病的人次为：

$$E = \exp[\beta(C-C_0)]E_0 \tag{13-2}$$

式中，C、C_0—— 某一特定情景和基础情景的污染物浓度；

E、E_0—— 相应浓度水平下的健康效应。

某一特定情景与基础情景相比的净健康效益等于 $E-E_0$。如果知道暴露反应关系系数（β）、人群暴露水平（C 和 C_0）和基础情景下的健康效应（E_0），就可以计算净健康效益。

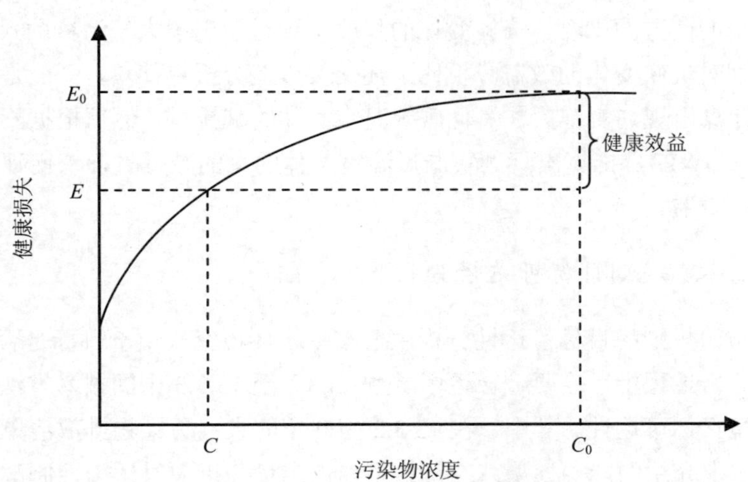

图 13-10　大气污染健康损失计算的概念模型

（2）生态系统

在大气污染防治规划中，慢性危害是生态效益的主要关注对象。研究表明，SO_2、O_3 和 $PM_{2.5}$ 是对植物造成慢性危害的主要大气污染物。自古以来，SO_2 作为植物“烟斑”的原因物质对植物产生危害，近年来，由于主要国家的 SO_2 排放量得到了有效控制，在绝大多数地区已经消除了 SO_2 引起的急性危害。O_3 可以通过植物的叶片影响植物进行光合作用，从而对植物的发育和种子成熟产生影响。近年来的研究表明，由于人类活动引起的 O_3 浓度升高，可使亚洲的粮食产量降低 10%～30%。$PM_{2.5}$ 对植物的影响主要是由于其造成了阳光散射，减少了照射到地面的阳光，从而降低了植物的光合作用效率。

大气污染对生态的间接危害主要是通过沉降的形式体现的，这其中人们最熟知的是酸沉降。大气中的 SO_2 和 NO_x 等酸性气体沉降到地面后，改变了土壤性质，并使土壤微生物种群发生变化，影响营养元素的良性循环，造成农业减产。近年来，以汞为代表的重金属沉降引起了全球关注。煤炭燃烧、有色金属冶炼等产生的大气汞排放通过长距离输送，沉降到水体中，被鱼类通过食物吸收后，逐步通过食物链富集到生物体内，产生毒性反应。

在大气污染防治规划的制定历史上，减少大气污染对生态系统的影响一直是规划的重要目标之一。在美国的酸雨计划和欧洲的长距离越境空气污染公约中，都评价了不同大气污染控制措施实施后，大气污染物排放量降低对生态系统的积极作用。近年来，美国启动了清洁空气汞法案（Clean Air Mercury Rule，CAML），汞减排对生态的影响是这个法案的规划制定的最终目标。与对人体健康的影响分析方法类似，在规划制定的过程中，往往基于空气质量模型输出的污染物环境质量浓度或沉降量，使用地理信息系统平台技术将其与农作物分布或生态系统分布进行耦合，在此基础上结合大气污染物对农作物和生态系统的暴露—反应关系，定量分析不同污染控制情景下大气污染对生态系统的影响。

（3）气候变化

从时间和空间两方面来看，气候变化的尺度都远远超出了大气污染的尺度。因此，大气污染防治规划对气候变化的效益分析比上述两类效益分析更简单，一般是结合大气污染物排放清单，计算出规划实施后二氧化碳等温室气体的减排量，然后根据不同温室气体的全球暖化潜势（GWP），推算出规划实施后温室气体的总的减排量，从而评价在减缓气候变暖方面的协同效益。

13.3.4.4 大气环境规划目标可达性分析

大气污染防治规划的目标可达性分析主要集中于环境空气质量目标是否可达。在规划的目标可达性分析过程中，需要综合运用本章 13.3.1 至 13.3.3 中的技术方法，评估某一组规划方案的环境目标可达性。其中，在 13.3.2 中介绍的大气污染物排放清单编制技术基础上，结合 13.3.3 中介绍的能源模型或经济模型，在定量分析大气污染控制政策和技术实施后评估出主要大气污染物排放的削减量；再结合 13.3.3 中介绍的空气质量模拟技术，在模拟分析规划实施后，评估出大气环境质量和大气污染物沉降等的改善情况；并结合 13.3.1 中的大气环境现状评价结果，比较分析规划的实施是否能够使得规划区域达到空气质量目标。

大气污染防治规划的主要控制目标往往主要是根据一个区域的环境状况分析结果所决定的。对于传统的大气污染防治规划而言，一般是针对相对较单一的大气污染问题，如酸雨污染、煤烟污染等，对 SO_2、NO_x 和大气颗粒物等大气污染物的排放进行控制；近年来，大气污染防治规划开始针对细颗粒物和臭氧污染等区域复合型污染现象，将控制对象的范围扩大到细颗粒物、挥发性有机物等大气污染物，对应的大气污染防治路线也从单一的燃煤污染向多种污染源的综合控制转变。随着全球气候变化等问题逐渐引起人们的关注，温室气体的减排问题也开始被包含在大气污染防治规划的范畴之内。人们开始尝试在解决传统大气污染问题的同时达到减排温室气体的目的。这方面的发展以欧洲为主要代表，其中 IIASA 基于 GAINS 模型所进行的一系列研究，以及由此提出的一系列大气污染防治策略和路线，都反映了现代大气污染防治规划的这一发展方向。此外，由美国环保局支持第三世界国家进行的综合环境战略（Integrated Environmental Strategy，IES）项目，也通过追求大气环境质量改善和温室气体减排的协同效益（Co-benefits），尝试在方法和规划结果上反映规划对象及目标的突破。这些都是综合集成上述大气污染防治规划关键技术方法，实现费用效益分析和可达性分析，并且以直观、简洁的方式呈现给决策者的成功范例。

13.4　大气污染防治规划编制内容

大气污染防治规划编制没有严格固定的内容，应该根据规划的问题和目标导向确定编制内容。下面介绍的是大气污染防治规划编制的一般性内容，主要包括现状诊断、压力预测、目标确定、重点任务、工程项目、保障措施等[22]。

13.4.1　大气环境形势诊断与分析

13.4.1.1　环境空气质量分析

环境空气质量分析是大气污染防治规划的基础。在分析前，需要收集和整理规划区域现有的环境空气质量数据。主要包括：①明确规划区域内的环境空气质量监测点信息。包括所有监测点的位置、性质（区域背景点、城市对照点、城市普通点、交通路边点等）、监测大气污染物的种类、监测频率、监测方法等。②收集所有监测点近 3 年来的环境空气质量监测数据。对于二氧化硫、二氧化氮、颗粒物（PM_{10} 和 $PM_{2.5}$），尽量收集每个监测点监测时段内的浓度日均值数据；对于臭氧，尽量收集美国监测点监测时段内的浓度小时均值数据；对于交通路边点，进一步收集二氧化氮浓度小时均值数据。

在上述数据的基础上，对规划区域内的环境空气质量状况进行分析。主要的分析内容包括：

1）将规划区域内 3 年来环境空气质量监测数据进行平均，比较主要大气污染物年均浓度以及日均浓度特定百分位数（参见 13.3.1.2）3 年平均值与《环境空气质量标准》（GB 3095—2012）限值的差距，以及与全国类似区域浓度的差距。

2）对近年来主要大气污染物环境质量浓度的年均值进行分析，了解规划区域空气质量整体变化趋势。

3）对近年来主要大气污染物环境质量浓度的日均值进行分析，着重分析主要大气污染物浓度变化的季节性特征，厘清不同大气污染物高浓度出现的主要月份，并结合温度、湿度、风速、风向等气象因素，以及是否采暖等季节性人为活动因素，初步分析季节性特征产生的原因。

4）对不同站点大气污染物环境质量浓度进行空间分析，着重分析污染物浓度高值区所在的空间区域和监测站点性质，并结合污染源分布，初步分析空间差异产生的原因。

13.4.1.2 大气污染源状况分析

收集规划区域内与污染源排放相关的信息，使用大气污染物排放清单编制技术（见13.3.2），建立排放清单，分析规划区域内主要大气污染源排放水平和时空分布特征。

1）收集大气污染物排放清单所需的基础数据，包括规划区域内的人口及分布，能源消费总量即消费结构，机动车保有量，主要工业企业的基本信息，包括地理位置、主要产品和原/燃料种类、生产工艺、大气污染物排放控制技术和管理水平、产量和原/燃料消费量等。

2）使用大气污染物排放清单编制技术，编制规划区域内大气污染物排放清单，包括二氧化硫、氮氧化物、挥发性有机物、颗粒物、氨等。

3）在排放清单的基础上，对不同污染物排放的特征进行统计分析，包括规划区域内不同子区域的大气污染物排放强度分布、主要污染物排放源的部门分布和空间分布、工业污染源的整体污染控制水平等。

4）对规划区域重点行业及重点污染源根据污染物排放量进行排名，并结合其对环境空气质量的初步分析，得出首要污染控制行业和污染源名单。

5）结合空气质量模型，分析本地污染源和外地污染输入对大气污染的贡献。

13.4.2 大气环境功能与控制分区

依据大气环境的服务功能及环境管理需求，结合环境污染现状情况，从环境功能、环境目标及环境管理 3 个层面进行大气污染控制区划分，以此提出产业发展、产业布局等分区管理要求。

（1）大气环境功能区划

以区域整体为划分对象，依据环境功能区划打破行政界限，从环境的本质特征及基本功能出发，依据被保护对象对大气环境质量的要求，体现大气环境的服务职能。将区域划分为不同的环境功能区，具体可参考《环境空气质量标准》（GB 3095—2012）。

（2）环境目标分区

环境目标分区是以环境保护目标为导向进行大气环境区域的划分，是环境功能区划和环境管理分区所要达到的不同等级目标要求。以区域为划分对象，依据大气环境污染程度、污染物排放强度、环境敏感性、区域污染输送、人口密度及自然条件等因素，将区域划分为不同的环境目标区。环境质量指标可采用环境监测、模型模拟及卫星遥感等数据，污染物排放指标可采用环境统计、污染源普查及其他研究数据，其余指标可采用相应统计数据。

（3）环境管理分区与管理要求

环境管理分区是以环境管理和大气环境问题的解决为导向进行环境区域的划分。在区域环境现状评价、环境功能区划、环境目标区划的基础上，结合社会经济可持续发展的需要，划分区域分级管理区，实施分级管理。针对不同管理分区提出明确的环境管理政策及经济发展要求，包括高耗能高污染产业禁止发展、限制发展、优化发展的要求和产业准入环境门槛，煤炭等能源消费布局、消费总量的限定要求，禁燃区的划定方案等，从保护大气环境角度指导区域产业经济发展和产业布局优化。

大气环境管理分区通常划分为重点控制单元和一般控制单元两种。重点控制单元是指对区域大气环境质量有重大影响的关键区。区域内重点控制单元由省级或者市级环保部门依据区域内污染传输关系、环境承载力、大气环境质量状况等进行划定，并提出具体的环境管理政策及经济发展要求，包括高耗能、高污染产业禁止发展、限制发展要求，项目准入的环境门槛，重点企业污染控制要求，煤炭消费总量，煤炭煤质等限定要求。根据上报的方案，将从区域角度着手，对区域污染传输影响和区域环境承载力做进一步分析，提出产业发展、煤炭消费的区域限定要求和重点控制单元的划分方案，制定特殊环境管理政策要求。

13.4.3 大气环境预测与压力分析

13.4.3.1 社会经济发展和能源预测

目前，绝大部分大气污染防治规划都是“被动型”规划，也就是在给定的一种或若干种社会经济发展情景方案下的大气污染防治规划。因此，确定规划目标年的社会经济发展情景，预测社会经济发展对规划编制具有很大的影响。社会经济发展预测重点包括人口、GDP、能源消费、交通活动量、城市化水平等驱动大气污染物排放的主要因素。

人口预测是指根据一个国家、一个地区现有人口状况及可以预测到的未来发展变化趋势，测算在未来某个时间人口的状况，是环境规划管理的基本参数之一。目前常用的人口预测的方法是假设一个恒定的年增长率 K，并假设人口的增长都发生在每年的年末，这种过程被称为复合增长过程或几何级数法。然而，随着我国人口生育高峰提前到来，以及地区间人口迁移等人口机械增长，这种预测方法并不适用于城市和省的人口预测，需要结合具体的城镇化规划进行调整。

经济总量 GDP 是影响生产活动的最主要因素之一。在社会经济发展预测中，除了对 GDP 总量进行预测外，还需要针对 GDP 中三次产业的结构，尤其是第二产业中的重工业发展形势进行预测。对于城市和省，可以根据产业发展规划进行预测；对于更大的区域，可以根据历史发展趋势进行外推。

能源消费、城市化进程和机动车化直接造成了化石燃料消费的大量增加，从而导致污染物排放量增长，是大气污染的重要驱动因素。需要结合规划区域的具体情况，对能源、机动车和城市化的需求和发展情景进行具体描述，在此基础上进行污染物排放量的预测。

13.4.3.2 污染物排放量和空气质量预测

在上述预测的基础上，结合大气污染物排放清单编制技术，考虑工业生产、能源使用、污染物控制等技术的发展，预测在不追加任何新的政策措施的情况下，全社会（包括生产和生活）规划目标年的主要大气污染物排放量，并使用大气规划情景方案模拟技术，预测规划水平年和目标年的环境空气质量，综合分析其与规划目标的差距。主要的预测包括以下两个方面。

（1）污染物排放量预测

主要大气污染物包括二氧化硫、氮氧化物、颗粒物（总颗粒物、PM_{10} 和 $PM_{2.5}$ 等）、挥发性有机物、氨、一氧化碳等。预测中有 4 个重点：①工业大气污染物排放量预测，需要考虑工业结构调整、现有工业大气污染物排放标准的逐渐实施等因素对污染物排放量的影响；②移动源污染物排放量的预测，需要考虑随着新车标准的进一步实施、现有老旧车辆逐步淘汰、油品优化等正面因素，以及机动车保有量和交通周转量的持续升高等负面因素对污染物排放量的影响；③居民污染源排放量的预测，主要需要考虑随着城镇化的进程，对于炊事、采暖等需求的升高导致的化石燃料使用增加而排放的污染物；④农业等面源排放量的预测，需要结合农业、畜牧业的发展，着重预测氨等污染物排放量的变化情况。

（2）空气环境质量预测

空气环境质量预测最终目的是构造污染物排放量变化与规划区域环境空气大气污染物浓度水平的相关关系，以此预测区域（或城市）由于实施经济、社会发展规划而产生的环境影响。使用大气规划情景方案模拟技术，可以实现这部分的预测目标。无论在欧洲、美国还是我国，大气规划情景方案模拟技术都已经非常成熟，在此基础上通过构造基准情景（BAU）或者现有政策情景（CLE）等，定量预测规划目标年的环境空气质量，并通过与标准进行比较，从而解析大气环境压力。

13.4.4 大气污染防治规划目标与指标

13.4.4.1 大气污染防治规划目标

大气污染防治规划的目标需要兼顾战略性、科学性和指导性。总体而言，大气污染防治规划的目标主要包括两点，一是规划区域内环境空气质量整体改善，并尽快达到环境空气质量标准；二是大气重污染事件发生的频率降低、时间缩短、强度减小。2013 年国务院发布的《大气污染防治行动计划》中对目标的描述是：“经过五年努力，全国空气质量总体改善，重污染天气较大幅度减少；京津冀、长三角、珠三角等区域空气质量明显好转。力争再用五年或更长时间，逐步消除重污染天气，全国空气质量明显改善。”

除了空气质量目标外，现有的大气污染防治规划还被赋予了促进生产方式转变和驱动创新发展的责任。在 2013 年国务院发布的《大气污染防治行动计划》中提出“大力推进生态文明建设，坚持政府调控与市场调节相结合、全面推进与重点突破相配合、区域协作与属地管理相协调、总量减排与质量改善相同步，形成政府统领、企业施治、市场驱动、公众参与的大气污染防治新机制，实施分区域、分阶段治理，推动产业结构优化、科技创新能力增强、经济增长质量提高，实现环境效益、经济效益与社会效益多赢。”

对于地方和城市的大气污染防治规划，目标确定应体现在空气质量改善、污染物排放总量控制、大气环境风险防范、产业结构调整和清洁能源化等方面。其中，改善空气质量是大气污染防治规划的核心目标。在技术支持条件许可的情况下，规划目标应尽可能与公众健康保护相关联。

13.4.4.2 大气污染防治规划指标体系

在我国传统的污染防治规划中，指标往往体现在 3 个层面：一是环境质量指标，即通过规划最终需要达到的环境质量；二是污染物排放量指标，即通过努力，污染物排放量需要控制到的上限，或者减排量的下限；三是工作指标，即规划中各类任务措施所需要推进的程度。环境指标体系的构建直接影响了规划实施和考核的重点，对规划有非常重要的指导性作用。

随着我国大气污染防治工作的推进，人们逐渐认识到，在复合型污染中，污染物排放量和大气环境存在着非常强的非线性关系，而不同地区的大气污染成因和来源都存在差异，使用污染物排放量指标和工作指标构建的指标体系很难符合所有地区的要求。因此，大气污染防治规划的指标体系重心逐渐向环境质量指标转移。

在以环境质量指标为重点的指标体系中，最重要的是环境空气中大气污染物浓度是否能够达标，因此根据《环境空气质量标准》（GB 3095—2012）和《环境空气质量评价技术规范（试行）》（HJ 663—2013），所确定的几种主要环境空气质量评价项目的浓度水平是指标体系中的核心。此外，为了达到降低重污染的目的，也可根据《环境空气质量指数日报技术规定》（HJ 633—2012），将达到重度或严重污染的天数、污染物峰值浓度等纳入指标体系。对于重污染天气经常发生的城市，确定重度或严重污染天数控制指标非常必要。

13.4.5 大气污染防治规划重点任务

大气污染防治规划最终的落脚点是各项重点任务。由于各地大气污染的特点以及控制的重点有所差异，重点任务也有所区别。总体而言，在目前我国的社会经济发展阶段和大气污染形势下，大气污染防治规划的重点任务需要包括以下 6 个方面。

13.4.5.1 优化产业结构和布局

根据国家产业政策中关于优化区域产业结构和布局的相关要求，结合区域产业发展规划、能源发展规划等，针对电力、钢铁、有色、建材、石化、化工等行业以及工业锅炉提出进一步的落后产能淘汰要求，制定淘汰工作方案，明确淘汰的具体时间、淘汰规模，估算重点污染物减排量。

对区域内布局不合理的重点污染企业，尤其是城区内已建的重污染企业，结合产业结构调整计划提出搬迁改造方案，明确搬迁时间、地点、规模及工艺改造等方案。

13.4.5.2 加强能源清洁利用

（1）大力推广清洁能源

根据城市和区域能源发展规划，提出清洁能源尤其是燃气发展计划，提出开展清洁能源利用的重点示范项目，确定城市清洁能源使用比重。从环保角度提出清洁能源优化使用的分配方案。

（2）发展城市集中供热

加大城市集中供热发展力度，包括生活供热和工业供热。围绕环境质量改善需求，结合城市热电联产规划和供热发展计划，提出城市集中供热的发展规模、集中供热率以及重点供热建设项目，并对集中供热设施污染防治提出具体要求。

（3）划定高污染燃料禁燃区

加强高污染燃料禁燃区的划定工作。根据发展计划，提出城市高污染燃料禁燃区的划定方案，扩大禁燃区范围，禁止原煤散烧，制定相应的环境管理政策；对禁燃区提出供热来源方案。

（4）制定煤炭消费控制要求

结合城市高污染燃料禁燃区和区域重点控制单元的划定结果，提出区域煤炭消费的空间布局要求；推进城市低硫、低灰分配煤中心建设，提出城市配煤中心建设计划，确定煤炭洗选比例以及城市直接燃用的煤炭硫分、灰分要求。根据城市、区域环境承载空间以及煤炭消费情况，探索试点煤炭消费总量等政策。

13.4.5.3 重点污染物排放控制

针对二氧化硫、氮氧化物、颗粒物、挥发性有机物、有毒废气等重点污染物，根据大气环境现状评估结果和环境目标要求，提出污染防治的任务要求，明确污染控制技术路线和对策措施，尤其是对重点行业和重点地区，提出重点污染物污染排放的特别限值要求。对温室气体排放控制提出任务措施。

（1）二氧化硫和氮氧化物污染防治

对二氧化硫和氮氧化物实行区域性总量控制，明确二氧化硫和氮氧化物污染防治的重点行业和重点地区；强化污染防治措施与环境质量改善的紧密结合，在制定污染控制方案时除充分考虑技术可行性、经济可行性外，要更加强调对环境质量改善的综合效益。

（2）颗粒物污染防治

全面加强点源和开放源的污染防治工作，充分利用地方颗粒物污染解析成果，提出有针对性的对策措施方案；对于电厂、水泥厂、钢铁厂和使用工业锅炉的企业，提出严格的控制要求；要结合城市建设工作特点，制定建筑施工、道路扬尘等污染控制方案。

（3）挥发性有机物污染防治

鉴于目前挥发性有机物管理基础薄弱的特点，提出挥发性有机物污染防治的重点任务，包括排放基数摸底调查、重点行业污染防治对策措施、空气中挥发性有机物环境质量监测等要求。

（4）有毒废气污染防治

提出未来有毒废气污染防治的重点因子和重点行业，明确有毒废气环境管理的任务要求，对有毒废气的监测、统计、应急等提出具体的工作任务。

（5）温室气体排放控制

加强温室气体与重点大气污染物排放的协同控制，制定协同控制的政策措施；提出落实万元国内生产总值 CO_2 排放强度指标和总量控制的具体措施；开展温室气体自愿排放贸易试点；制定加强温室气体统计和监测工作的具体任务。

13.4.5.4　交通行业大气污染防治

（1）可持续交通体系建设

大力发展公共交通，提出城市和城际间公共交通系统和轨道交通等发展计划，提出落实公交优先、绿色交通的发展计划；有条件的地区，可划定城市机动车限行区域，制定提高中心城区停车费等政策措施。

（2）提高机动车排放水平

严格实施国家机动车排放标准，对机动车国四、国五排放标准的实施提出具体工作计划；有条件的地区提出配套油品实施计划；加大“黄标车”和低速载货车淘汰进程，明确淘汰标准、淘汰进度和淘汰规模，提出配套的经济政策要求。

（3）完善机动车环境管理制度

提出实施机动车环保标志管理的任务要求，制定机动车管理机构、机动车环保检验能力的建设方案；确定在用车改造要求和工作任务。

13.4.5.5　重点工业企业环境监管

（1）重点企业名单确定

按照大气污染联防联控工作要求和污染源普查数据等，确定区域重点企业名单，实施重点企业环境保护管理制度。区域重点企业筛选的原则为：①污染物排放量大的企业。②

对区域空气质量影响大的企业。按照各类污染物（二氧化硫、氮氧化物、颗粒物、挥发性有机物）单项排放量由大到小分别排序，将各类污染物累计排放量对区域空气质量的贡献率之和达到60%的企业确定为区域重点企业。③生产过程中产生有毒有害气体、对人民群众身体健康存在潜在威胁的企业。

（2）重点企业环境管理要求

对重点企业实施全过程管理，以多污染物综合控制为抓手，提出推动重点企业多污染物协同控制、加强企业环境监管、落实重点工业企业大气污染物排放稳定达标率指标和污染物总量控制的具体任务要求、管理机制和管理方案，强化企业清洁生产、ISO 14000 认证等管理措施的实施，对重点企业进行环境保护的综合评价分级，并推行相应的经济政策，明确重点企业环境信息公开等要求。

13.4.5.6 大气环境监管能力建设

从大气环境质量监测、企业在线监控、区域联合执法检查、污染应急等角度，提出区域大气污染联防联控能力建设任务。

（1）区域空气质量监测网络建设

立足本省或本市，围绕区域环境空气质量和当地环境空气质量管理目标要求，提出未来监测点位优化，开展酸雨、细颗粒物、臭氧和城市道路两侧空气质量监测的能力建设方案。根据提出的空气质量监测能力初步建设方案，进一步凝练，形成区域空气质量监测网络体系建设方案，并明确监测点位和监测因子。

筛选重点监管企业名单，提出未来自动监控中心和重点监管企业在线自动监测装置建设计划；设计油气回收站油气回收自动监控方案。根据在线监控能力建设需求，提出区域污染源在线监控能力建设方案。

（2）区域大气环境联合执法检查

提出区域大气环境联合执法检查的任务要求，明确联合执法队伍组成、运作方式和执法程序等。

（3）区域大气污染应急能力建设

提出本地的大气污染防治应急能力建设方案。根据应急能力建设需求，结合区域大气污染防治特征，设计区域大气污染应急能力建设方案，包括组织机构、区域大气污染事件监测、预警和应急响应等任务要求。

13.4.6 大气污染防治规划工程项目

根据大气污染防治规划的总体目标和主要任务，对规划的项目体系进行设计。一般而言，规划项目体系分为重点工程项目和一般性项目两类，对于不同的规划时间和空间范围，由于控制的重点有所差异，重点工程项目和一般性项目也可能进行调整，并非一成不变。这里仅根据目前我国大气污染防治重点，对适用于全国的重点工程项目和一般性项目进行列举。

13.4.6.1　重点工程项目

根据大气污染防治需求，针对产业结构调整、能源结构调整、工业布局调整、主要大气污染物排放控制提标改造、机动车防治等方面，具有全局性和总体性影响的项目，可作为重点工程项目。一般而言，重点工程项目可能包括以下 4 个方面。

（1）落后产能淘汰工程

针对电力、钢铁、水泥等行业中，大气污染物排放量大、排放集中的重点污染企业，其落后产能淘汰工程应作为重点工程项目。如根据《产业结构调整指导目录》，大电网覆盖范围内单机容量 10 万 kW 以下的常规燃煤火电机组以及设计寿命期满的单机容量 20 万 kW 以下的常规燃煤火电机组、淘汰单机容量 5 万 kW 及以下的常规小火电机组和以发电为主的燃油锅炉及发电机组（5 万 kW 及以下）、钢铁行业土烧结、90 m^2 以下烧结机、化铁炼钢、400 m^3 及以下炼铁高炉（铸造铁企业除外，但需提供有关证明材料）、30 t 及以下炼钢转炉（不含铁合金转炉）与电炉（不含机械铸造电炉），以及铸造冲天炉、单段煤气发生炉等污染严重的生产工艺和设备、全部水泥立窑、干法中空窑（生产高铝水泥、硫铝酸盐水泥等特种水泥除外）以及湿法窑水泥熟料生产线的淘汰都应该属于这个范围。

（2）清洁能源替代工程

对于大中型城市的建成区，使用天然气等清洁能源替代燃煤锅炉已经被证实是改善城市空气质量的有效手段。对于清洁能源替代，重点工程应该至少包括三方面内容：一是由于生产特征无法由大电网进行替代的自备电厂的煤改气工程；二是民用和部分工业燃煤工业锅炉，尤其是分散锅炉的煤改气工程；三是城市燃气管网的建设工程。

（3）工业企业污染治理工程

工业企业污染治理的重点工程应该集中在排放量大而且集中的重点工业污染源。从污染源所属部门来看，主要集中在电力、钢铁、水泥、石化、大型燃煤锅炉、表面涂装、油气储运等；从针对的大气污染物来看，主要针对二氧化硫、氮氧化物、颗粒物、挥发性有机物等。针对这些部门的以上污染物，通过燃烧器改造、烟气脱硫、烟气脱硝、高效除尘、挥发性有机物回收处理等工程技术改造，实现减少污染物排放的目的。

（4）黄标车淘汰工程

黄标车是氮氧化物和颗粒物等机动车污染物的主要排放源。对黄标车进行淘汰是目前降低机动车排放的最有效的技术手段之一。主要是使用对运营黄标车强制淘汰、对私人黄标车淘汰进行补贴、限制黄标车的使用时间和使用区域等措施，促使和激励对城市和区域内的黄标车进行淘汰。

13.4.6.2　一般性项目

一般性项目主要指个体影响较小，或不具有全国普遍性的项目，主要包括以下 4 类：

（1）面源综合整治项目

主要包括针对各类面源进行综合整治的项目。如针对扬尘的城市扬尘污染综合管理项目、施工扬尘监管项目、道路扬尘控制管理项目、堆场扬尘综合治理项目等；加强城市绿化的工程项目；餐饮油烟综合治理项目；针对农业污染源的秸秆焚烧监管项目、农业和畜牧业的大气氨排放治理项目等。

（2）煤炭清洁利用项目

主要针对重点煤炭生产、洗选、输配基地。如针对煤炭生产和洗选地区的煤炭洗选建设和监管项目；针对散煤用户，尤其是北方供暖地区的民用洁净煤配送、供应项目，以及型煤生产项目等。

（3）集中供热和能效提高项目

针对北方供暖地区的城市建成区的城市集中供暖项目，通过减少分散小型燃煤供暖锅炉，以及提高供热网络整体效率，降低供热煤耗；针对北方供暖地区，通过对民用和公用建筑进行改造，提高保暖能力，降低供热煤耗；针对各类工业企业，通过实施清洁生产，提高综合能效，减少能耗。

（4）监管能力建设项目

主要是增强环境空气监测能力，污染源排放监察能力的项目。

13.4.7 大气污染防治规划政策与措施

为了顺利实施大气污染防治规划，需要完善政策机制，制定配套政策。一般而言，配套政策措施包括组织领导、考核评估、经济政策、科技宣教等多方面；随着区域大气污染联防联控的提出，区域协作的政策机制也被提到了更加重要的位置上来。这里主要结合重点区域大气污染防治“十二五”规划介绍配套政策机制的主要内容。

（1）加强组织领导

根据我国《大气污染防治法》的要求，各级人民政府是实施大气污染防治规划的主体，因此地方人民政府是重点区域大气污染防治规划实施的责任主体，要切实加强组织领导，按照国家规划要求，制定本地区大气污染防治实施方案，并将规划目标和各项任务分解落实到城市和企业，制定年度工作计划，动态更新重点工程项目，明确年度工作任务和部门职责分工，确保任务到位、项目到位、资金到位、责任到位。各有关部门应加强协调配合，按照职责分工开展相应工作，制定相关配套措施，保证规划任务的落实。

（2）严格考核评估

环境保护部会同国务院有关部门制定考核办法，每年对重点区域大气污染防治规划实施情况进行评估考核；在规划期末，组织开展规划终期评估。规划年度考核与终期评估结果向国务院报告，作为地方各级人民政府领导班子和领导干部综合考核评价的重要依据，实行问责制，并向社会公开。对规划完成情况好、大气环境质量改善明显的省（区、市），环境保护部会同财政、发展改革等部门加大对该地区污染治理和环保能力建设的支持力度，并予以表彰；对考核结果未通过的省（区、市）进行通报；对项目进展缓慢、大气环境污染严重的城市，实施阶段性建设项目环评限批，取消国家授予该地区的环境保护方面的荣誉称号。

（3）加大资金投入

建立政府、企业、社会多元化投资机制，拓宽融资渠道。污染治理资金以企业自筹为主，政府投入资金优先支持列入规划的污染治理项目。中央财政加大大气污染防治资金投入，重点用于工业污染治理、交通污染治理、面源污染治理，以及区域大气污染防治能力建设，采取“以奖代补”、“以奖促防”、“以奖促治”等方式，加快地方各级政府与企业大气污染防治的进程。地方人民政府根据规划确定的大气污染控制任务，将治污经费列入财政预算，加大资金投入力度。

（4）完善法规标准

加快《环境保护法》和《大气污染防治法》等法律法规的修订工作，研究制定机动车污染防治条例。加快制（修）订石油炼制与石油化工、化学原料及化学品制造、装备制造涂装、电子工业、包装印刷以及钢铁、水泥、燃煤工业锅炉等重点行业大气污染物排放标准。加快重点行业污染防治技术政策与挥发性有机物、有毒废气、餐饮业油烟净化工程技术规范的制定。环境空气质量超标的地区，应实施污染物特别排放限值或制定严于国家标准的地方大气污染物排放标准。

（5）强化科技支撑

在国家和地方相关科技计划中，加大对区域大气污染防治科技研发的支持力度。加快推进大气污染综合防治重大科技专项，开展光化学烟雾、灰霾的污染机理与控制对策研究，开展区域大气复合污染控制对策体系和氨的大气环境影响研究。加快工业挥发性有机物污染防治技术、燃煤工业锅炉高效脱硫脱硝除尘技术、水泥行业脱硝技术、燃煤电厂除汞技术等的研发与示范，积极推广先进实用技术。开展重点行业多污染物协同控制技术研究。

（6）加强宣传教育

开展广泛的环境宣传教育活动，充分利用世界环境日、地球日等重大环境纪念日宣传平台，普及大气环境保护知识，全面提升全民环境意识，不断增强公众参与环境保护的能力；加强人员培训，提高各级领导干部对大气污染防治工作重要性的认识，提升环保人员业务能力水平；充分发挥新闻媒体在大气环境保护中的作用，积极宣传区域大气污染联防联控的重要性、紧迫性及采取的政策措施和取得的成效，宣传先进典型，加强舆论监督，为改善大气环境质量营造良好的氛围。

（7）加强区域协作

在全国环境保护部联席会议制度下，定期召开区域大气污染联防联控联席会议，统筹协调区域内大气污染防治工作。京津冀、长三角、成渝等跨省区域，成立由环境保护部牵头、相关部门与区域内各省级政府参加的大气污染联防联控工作领导小组；其他城市群成立由主管省级领导为组长的领导小组。区域内各地区轮值召开年度联席工作会议，通报上年区域大气污染联防联控工作进展，交流和总结工作经验，研究制定下一阶段工作目标、工作重点与主要任务。

参考文献

[1] European Commission（EC）：Communication from the Commission - The Clean Air for Europe（CAFE）Programme：Towards a Thematic Strategy for Air Quality. http：//europa. eu/legislation_summaries/other/l28026_en. htm.

[2] United States Environmental Protection Agency（USEPA）：Acid Rain Program. http：//www. epa. gov/airmarkets/progsregs/arp/.

[3] United States Environmental Protection Agency（USEPA）：Cross-State Air Pollution Rule（CSAPR）. http：//www. epa. gov/airtransport/CSAPR/.

[4] United Nations Economic Commission for Europe（UNECE）：The 1979 Geneva Convention on Long-range Transboundary Air Pollution. http：//live. unece. org/env/lrtap/lrtap_h1. html.

[5] European Monitoring and Evaluation Programme（EMEP）：EMEP facts. http：//www. emep. int/index. html.

[6] European Commission（EC）：Commission proposes clean air strategy to protect human health and the environment. http：//europa. eu/rapid/pressReleasesAction. do？reference=IP/05/1170.

[7] European Commission（EC）：Thematic Strategy on Air Pollution. http：//europa. eu/legislation_summaries/environment/air_pollution/l28159_en.htm.

[8] 国务院办公厅. 国务院办公厅转发环境保护部等部门关于推进大气污染联防联控工作改善区域空气质量指导意见的通知（国办发[2010]33 号）[Z].

[9] 国家环境保护总局. 关于印发《两控区酸雨和二氧化硫污染防治“十五”计划》的通知（环发[2002]153 号）[Z]. 2002.

[10] 国家环境保护总局. 关于印发《国家酸雨和二氧化硫污染防治“十一五”规划》的通知（环发[2008]1 号）[Z]. 2008.

[11] 环境保护部. 关于印发《重点区域大气污染防治“十二五”规划》的通知（环发[2012]130 号）[Z]. 2012.

[12] Richter A，Burrows J，et al. Increase in tropospheric nitrogen dioxide levels over China observed from space，Nature，437，129-132.2005.

[13] United States Environmental Protection Agency（USEPA）：Emissions Factors & AP 42，Compilation of Air Pollutant Emission Factors. http：//www. epa. gov/ttn/chief/ap42/.

[14] 国家环境保护局科技标准司. 工业污染物产生和排放系数手册[M]. 北京：中国环境科学出版社，1996.

[15] 国务院第一次全国污染源普查领导小组办公室. 第一次全国污染源普查工业污染源产排污系数手册[M]. 北京：国务院第一次全国污染源普查领导小组办公室，2008.

[16] Amann，M.，Cofala，J.，Heyes，C.，Klimont，Z.，Mechler，R.，Posch，M. and Schöpp，W. The RAINS

model，documentation of the model approach. IIASA，Austria，2004.

[17] 郝吉明，马广大. 大气污染控制工程[M]. 北京：高等教育出版社，2002.

[18] 中国环境科学研究院. 区域大气污染物总量控制技术与示范研究报告[R]. 2006.

[19] 颜鹏，李维亮，秦瑜. 近年来大气气溶胶模式研究综述[J]. 应用气象学报，2004，15（5）：629-640.

[20] World Health Organization（WHO）. The World Health Report 2002：Reducing Risks，Promoting Healthy Life. WHO[M]. Geneva，Switzerland. 2002.

[21] Health Effect Institute（HEI）. 亚洲地区发展中国家大气污染对人体健康的影响[R]. HEI 第 15 号专题报告. HEI，Boston，USA. 2004.

[22] 王金南. 国家“十二五”环境规划技术指南[M]. 北京：中国环境出版社，2013.

第 14 章　固体废物污染防治规划技术方法

固体废物污染是伴随人类工业化、城市化和现代生活产生的重要环境问题。随着人们环境保护意识和对固体废物环境风险认识的提高，固体废物污染防治规划与管理日益受到重视，固体废物污染控制已经成为环境保护的一项重要任务。科学编制规划，实现减量化、资源化、无害化，严格监督管理是解决固体废物污染的主要举措。本章在介绍固体废物污染防治规划概念的基础上，重点介绍了固体废物污染防治规划的技术与内容。

14.1　固体废物污染防治规划概述

14.1.1　固体废物的定义来源与特点

我国 2004 年颁布的《中华人民共和国固体废物污染环境防治法》(以下简称《固废法》)中将固体废物定义为：在生产、生活和其他活动中产生的丧失原有利用价值或者虽未丧失利用价值但被抛弃或者放弃的固态、半固态和置于容器中的气态物品、物质以及法律、行政法规规定纳入固体废物管理的物品、物质。

固体废物的来源大致可分为两类：①生产过程。生产过程中产生的固体废物称为生产废物。②在产品进入市场后的流通过程。流通过程中经使用和消费后产生的固体废物称为生活废物。人们在开发资源和制造产品的过程中，必然产生废物，任何产品经过使用和消耗后，最终都将变成废物。

固体废物一般具有如下特征[1]：①无主性。即被丢弃后，不再属于谁，因而找不到具体负责者，特别是城市固体废物。②分散性。丢弃、分散在各处，需要搜集。③危害性。对人们的生产、生活产生不便，危害人体健康和环境安全。④错位性。一个时空领域的废物在另一个时空领域可能是宝贵的资源。

14.1.2　固体废物的分类与排放

根据国家环保总局等部门于 2006 年发布的《固体废物鉴别导则（试行）》，固体废物包含（但不限于）的物质、物品或材料有：①从家庭收集的垃圾；②生产过程中产生的废弃物质、报废产品；③实验室产生的废弃物质；④办公产生的废弃物质；⑤城市污水处理厂污泥，生活垃圾处理厂产生的残渣；⑥其他污染控制设施产生的垃圾、残余渣、污泥；⑦城市河道疏浚污泥；⑧不符合标准或规范的产品，继续用作原用途的除外；⑨假冒伪劣产品；⑩所有者或其代表声明是废物的物质或物品；⑪被污染的材料（如被多氯联苯 PCBs 污染的油）；⑫被法律禁止使用的任何材料、物质或物品；⑬国务院环境保护行政主管部门声明是固体废物的物质或物品。

固体废物的分类方法有很多，按照化学成分可分为有机废物和无机废物；按照对环境和人类健康的危害程度可分为一般废物和危险废物；按照形状可分为固态废物（粉状、粒状、块状）和泥状（污泥）废物等；按照来源可分为工业固体废物、城市生活垃圾、放射性废物和其他废物等；按照管理渠道和管理方式可分为生活垃圾、电子废物、餐厨垃圾、农业废弃物、大宗工业废物等。《固废法》将固体废物分为工业固体废物、城市生活垃圾和危险废物三类进行管理。

（1）工业固体废物

工业固体废物是指工业生产活动中产生的固体废物，包括一般工业固体废物和危险工业固体废物。一般工业固体废物是指未列入《国家危险废物名录》或者根据国家规定的危险废物鉴别标准认定其不具有危险特性的工业固体废物。例如粉煤灰、煤矸石和炉渣等。一般工业固体废物又分为 I 类和 II 类：I 类是指按照《固体废物浸出毒性浸出方法》(GB 5086—1997)规定的方法进行浸出试验而获得的浸出液中，任何一种污染物的浓度均未超过《污水综合排放标准》（GB 8978—1996）中最高允许排放浓度，且 pH 为 6～9 的一般工业固体废物；II 类是指按照《固体废物浸出毒性浸出方法》（GB 5086—1997）规定的方法进行浸出试验而获得的浸出液中，有一种或一种以上的污染物浓度超过《污水综合排放标准》（GB 8978 —1996）中的最高允许排放浓度，或者 pH 为 6～9 之外的一般工业固体废物。据统计，2012 年，全国一般工业固体废物产生量 32.9 亿 t，比上年增加 1.96%。其中，尾矿产生量为 11.0 亿 t，占全国工业固体废物总产量的 33.4%[2]。

（2）城市生活垃圾

城市生活垃圾是指城市人口在日常生活中产生或为城市日常生活提供服务而产生的固体废物，以及法律、行政法规规定视为城市生活垃圾的固体废物（包括建筑垃圾和渣土，但不包括工业固体废物和危险废物）。根据垃圾的不同产生来源和性质，城市生活垃圾可分为若干类别，包括：①普通垃圾。人们日常生活和工作中产生的废物的总称，包括废纸品，废塑料、废木材、碎玻璃、废金属制品等。主要来源于居民小区、机关事业单位、学校、商业集中区等。②食品垃圾。人们在加工、存贮、买卖、食用各种食品过程中所产生的残余废物的总称，包括菜叶、剩余饭菜、腐烂过期食品等，主要特征是易腐烂，易产生恶臭气体，生物降解性强。主要来源是居民小区、饭店、商业集中区和农贸市场等。③建筑垃圾。城市基础建设施工过程及旧建筑拆除改造过程中产生的废物的总称，包括砖瓦、碎石块、混凝土块、废木材、废管线等。④清扫垃圾。清扫街道、公园等公共场所收集的废物，包括泥沙、落叶、果皮、纸屑等。主要特征是易腐烂物质少、含水量少、热量较高。

据统计，2012 年，全国设市城市生活垃圾清运量 1.71 亿 t，处理率达到 93.3%，无害化处理率达到 84.8%。[3]。

（3）危险废物

危险废物是指列入《国家危险废物名录》或者根据国家规定的危险废物鉴别标准和鉴别方法认定的具有危险特性的废物。具有下列情形之一的固体废物和液态废物，被列入 2008 年发布的《国家危险废物名录》：一是具有腐蚀性、毒性、易燃性、反应性或者感染性等一种或者几种危险特性的；二是不排除具有危险特性，可能对环境或者人体健康造成有害影响，需要按照危险废物进行管理的。医疗废物也属于危险废物。危险废物的来源包括生活源和工业源。近年来，随着电子产品在我国的迅速普及，电子电器产品已进入报废高峰期。废旧电子电器成为我国固体废物治理的又一重要废物类型。据统计，2012 年，全国工业危险废物产生量为 3 465.2 万 t，比上年增加 1.0%；综合利用量为 2 004.6 万 t，比上年增加 13.1%；处置量为 698.2 万 t，比上年减少 23.8%；贮存量为 846.9 万 t，比上年增加 2.8%；处置利用率为 76.1%，比上年下降 0.4 个百分点[2]。

14.1.3 固体废物的主要危害

固体废物主要包括生产、生活中排出的固态、半固态和泥状废弃物质。固体废物在许多情况下会发生物理、化学和生物转化，对周围的水体、大气、土壤、地下水等环境造成污染。固体废物对环境的危害主要表现在以下 4 个方面[1]：

（1）污染大气环境

固体废物对大气的污染主要表现为：处理过程中由于没有进行除尘或者除尘效率低，使大量粗颗粒粉尘直接排放到大气环境中，造成大气污染和能见度下降；露天堆放的固体废物中的细颗粒或者由于风化、侵蚀等产生的细颗粒被风吹起，增加了大气中的粉尘含量，加重了大气粉尘污染；堆放的固体废物中的有害成分会产生物理（挥发）及化学反应，如煤炭资源型城市堆放的大量煤矸石自燃，产生和排放有毒有害气体和恶臭，导致严重的局域性大气污染。同时，一些固体废物处理设施（如垃圾填埋场）会排放大量的甲烷等温室气体和恶臭。根据 2007 年第一次全国污染源普查分析，我国共有 2 107 个垃圾填埋场，包括无害化填埋场和简易填埋场，年总处理量达到 1.5 亿 t，年排放甲烷达到 118.61 万 t，相当于 2 965.25 万 t 二氧化碳当量。根据美国环保局的统计和研究，美国 2011 年有 1 908 个垃圾填埋场，年填埋量为 1.34 亿 t，甲烷排放量达到 617 万 t。

（2）污染水体环境

固体废物与水体（雨水、地表水）接触，其中的有毒有害成分被浸滤析出，从而使水体发生酸性、碱性、富营养化、矿化、悬浮物增加，甚至毒化等变化，对生态环境和人体健康构成危害。大量固体废物被直接排放或者被地表径流冲击至江河湖海造成淤积，不仅会阻塞河道、侵蚀农田，而且会挤压堤岸、坝体以及抬升水面，从而直接或间接地危害水利工程。在我国，固体废物造成水污染的事件已屡次发生。例如，2011 年，云南省曲靖市某化工厂非法倾倒 5 000 余 t 剧毒铬渣至麒麟区农村，造成饮用水污染，致使附近农村 77 头牲畜因饮用受污染水死亡。

（3）污染土壤环境

固体废物露天堆存，不但占用大量土地，而且其含有的有毒有害成分也会渗入土壤中，使土壤碱化、酸化、毒化，破坏土壤中微生物的生存条件，影响动植物生长发育。许多有毒有害成分还会经过动植物进入人体，危害人体健康。一般来说，堆存 1 万 t 废物就要占地 1 亩，而受污染的土壤面积往往比堆存面积大 1～2 倍。目前，我国工业固体废物和城市生活垃圾的堆存形势非常严峻。根据《大宗工业固体废物综合利用“十二五”规划》，“十二五”期间，大宗工业固体废物总堆存量将达到 270 亿 t，新增占用土地 40 万亩。2008 年的山西溃坝事故就是由于工业固体废物堆积造成的。全国城市生活垃圾累积堆存量已达 70 亿 t，占地约 80 多万亩，近年来平均年增长速度为 4.8%。全国 600 多座城市，除县城外，已有 2/3 的大中城市陷入垃圾围城的困境，且 1/4 的城市已没有合适的场所来堆放垃圾[4]。

（4）影响公共环境卫生

垃圾、工业废物等随意丢弃、长期堆放不仅会产生恶臭、扬尘，而且影响环境美观；垃圾等不作无害化处理而被简单地作为堆肥使用，会造成土壤碱度提高，破坏土质，使重金属在土壤中富集，通过植物吸收进入食物链，造成重金属污染生态和健康风险；另外，也会传播病原体，引起多种疾病。目前我国农村生活垃圾污染比较严重。卫生部的调查显示[5]，农村每天每人生活垃圾量为 0.86 kg，全国农村一年的生活垃圾量接近 3 亿 t，其中 1/3 的垃圾属于随意堆放。同时农村生活垃圾的成分发生了较大的变化，包装废弃物、一次性用品废弃物明显增加，尤其废旧电器、电池、光盘等在生活垃圾中的比例逐年增大。由于全国 4 万个乡镇、近 60 万个行政村大部分没有垃圾无害化处理能力，农村大部分生活垃圾未经处理，直接堆放在田头、路旁，甚至抛掷到沟渠、水塘。随着时间的推移，垃圾腐烂、发臭、发酵甚至发生反应，不仅会释放出危害人体健康的气体，而且垃圾渗滤液还会污染水体和土壤。

14.1.4　固体废物污染防治规划的类型和特点

固体废物污染防治规划是在环境影响最小化、资源利用最大化、处置费用最小化的条件下，对固体废物管理系统中的各个环节、层次进行整合调节和优化设计，进而筛选出切实的规划方案，以使整个固体废物污染防治系统处于良性运转。

（1）固体废物污染防治规划类型

按照不同的角度，固体废物污染防治规划可划分为不同的类型：①按照规划涉及的废物种类，可分为固体废物综合污染防治规划、生活垃圾污染防治规划、大宗工业固体废物综合利用和污染防治规划、危险废物污染防治规划、电子废物污染防治规划、餐厨垃圾处理处置规划等。②按照规划涉及的工作性质和领域，可分为基础设施建设类规划、行业发展和产业发展类规划、风险防控和能力建设类规划等。③按照规划涉及的废物管理环节，可分为综合利用和资源化类规划、静脉产业类规划、污染防治类规划等。这种规划类型的划分只是从不同角度对规划进行的技术分类和总结，并不是规范化、程序化的制度规定。同一个规划，按照不同角度来划分，可具有不同的属性。如《全国危险废物和医疗废物处置设施建设规划》，从涉及的废物种类来看，属于危险废物污染防治规划；从工作领域来看，属于基础设施建设类规划；同时也涉及产业发展和能力建设等领域；从涉及的管理环节来看，主要属于终端污染防治类规划。在本章中，凡涉及共性的论述，均以固体废物污染防治规划来表述。

（2）固体废物污染防治规划特点

与水环境污染防治规划、大气污染防治规划等不同，由于固体废物自身和固体废物污染防治工作具有的特有属性，固体废物污染防治规划也呈现出自己的特点和规律性。

一是具有专项性和综合性相结合的特点。由于固体废物的种类较多，不同废物间的性质差别较大，不同废物处理和利用的方式、工艺技术存在较大的差异、不同的管理部门在各个环节也有不同的职责分工，以及不同时段的工作重点不同，现阶段的固体废物污染防治规划多呈现出一定的专项性的特点。如铬渣污染综合整治方案，只针对一种在我国具有较大危害性的危险废物所制定的专项污染防治方案。再如国家和部分地区的生活垃圾、餐厨垃圾处理规划等，都具有专项性的特点。但不同种类的固体废物更多地体现出具有共性的一面，如污染性、资源性等自身理化性质特点，减量化、资源化、无害化等宏观管理要求等，因此，固体废物污染防治规划的一个发展趋势是在体现针对性特点的同时，加强不同种类的废物、不同的管理环节和不同的处理处置方式间的综合分析、规划和设计，统筹考虑解决固体废物对环境的综合影响问题。

二是具有资源化和污染防治的双重作用相结合的特点。妥善处理处置固体废物，解决固体废物产生的环境污染问题是规划的首要目的，任何与固体废物相关的规划都是服务于这个核心目标的。同时，“固体废物是放错位置的资源”。如果采用的方式和技术合适，多数固体废物都可以通过资源化手段进行再利用，一些大宗的工业固体废物，例如粉煤灰、煤矸石、部分尾矿等，资源化综合利用更是实现无害化并解决环境风险的主要手段。生活垃圾的焚烧发电、堆肥等也是对生活垃圾的资源化再利用。无论从环境效益还是经济效益上看，固体废物的合理资源化利用和对其污染属性的消除相结合是较为合理的固体废物处理处置方式。在规划表现形式上，一种体现为包含资源化等手段来消除固体废物环境风险的污染防治规划；另一种体现为以消除固体废物环境风险为目的来促进资源化、产业化发展的综合利用规划或静脉产业规划。

三是具有一次污染防治和二次污染防治并重的特点。固体废物自身会对水环境、土壤环境、大气环境等造成污染，并通过各种环境介质等对生态和人体健康产生影响。同时，固体废物堆存本身也产生占用大量土地、滋生各种有害生物、影响城市和乡村景观生态等问题，是主要的环境污染因子。固体废物污染防治规划的首要作用就是解决固体废物自身造成的环境污染。同时，固体废物在处理处置过程中，由于赋存形态的变化，其中含有的有害物质会转变为气态、液态、固态等其他状态的污染物质。由于处理工艺技术的不同，处理过程中还有可能由于化学作用而形成新的污染物，这些污染物质如果不经妥善收集和处理而排放进入环境介质，会造成二次污染。固体废物处理处置过程中造成的二次污染是固体废物污染环境的重要途径，防治二次污染是固体废物污染防治规划的重要内容，如生活垃圾、危险废物焚烧工艺中对大气污染物排放的控制措施，填埋工艺中对防渗措施和渗滤液处理的要求等。

四是具有政府公共服务和市场产业化并存的特征。我国环境保护法律明确规定“地方各级人民政府应当对本行政区域的环境质量负责”。固体废物的处理处置同环境质量关系密切，是政府必须提供的公共服务，生活垃圾等基础设施建设和运行等更是属于政府应提供的基本公共服务，各级政府是当地固体废物处理处置的主要责任者。因此，规划应充分发挥政府的作用，明确政府职责。但是，固体废物的处理处置也是一种市场行为。部分固体废物的资源属性属于市场能够自发调节的要素。尤其当通过环境保护法规政策建立和规范市场后，多数固体废物的处理处置成为一项具有投资回报的产业。

14.1.5　固体废物污染防治规划的编制步骤

固体废物管理系统自身的复杂性，决定了其规划工作亦是一个较为复杂的过程，既有对大量数据的调查和分析，又有众多规划方法的运用和模型的构建，当规划方案产生后，还要对其进行对比分析和调研论证，以求得最优化的结果。固体废物污染防治规划编制的具体步骤和技术流程如图 14-1 所示。

（1）规划总体设计

固体废物污染防治规划的总体设计主要包括确定规划目标、对象、范围和主要内容等。在此基础上，在总体设计时还应明确规划系统的结构与指标体系，设计规划的系统流程以及规划的衡量指标体系等内容。根据规划编制的需求，有针对性地开展规划编制前期研究，对规划中涉及的重点领域进行基础性研究，为规划的编制奠定基础。

（2）固体废物现状调查与评价

现状调查与评价是规划编制的基础性工作，调查所获得的基础资料是固体废物污染防治规划定量、定性分析的主要依据。现状调查与评价的目的是掌握规划区域内固体废物产生和污染防治的现状，发现和识别存在的主要问题，从而确定主要防治措施。规划研究应从基本环境背景数据、固体废物污染源数据、固体废物处理处置现状数据、社会经济数据、现有管理和防控措施及效果等方面开展现状调查，在调查的基础上，开展相应的单项评价和综合评价。

（3）固体废物污染预测与优化设计

采用适宜的规划方法，建立固体废物产生量、处置量预测模型，以及污染防治控制系统的规划模型，以获得反映实际系统本质的理想规划方案，具体包括以下 8 个部分：固体废物产生和排放预测；固体废物污染防治技术经济性评估；固体废物处置场地选址及交通运输网络设计；固体废物处理量优化分配；与固体废物相关的大气、水体污染物扩散控制；

与固体废物运输和处理相关的噪声污染与控制等；与固体废物污染防治相关的工程项目和资金渠道设计；固体废物政策、管理措施设计等。

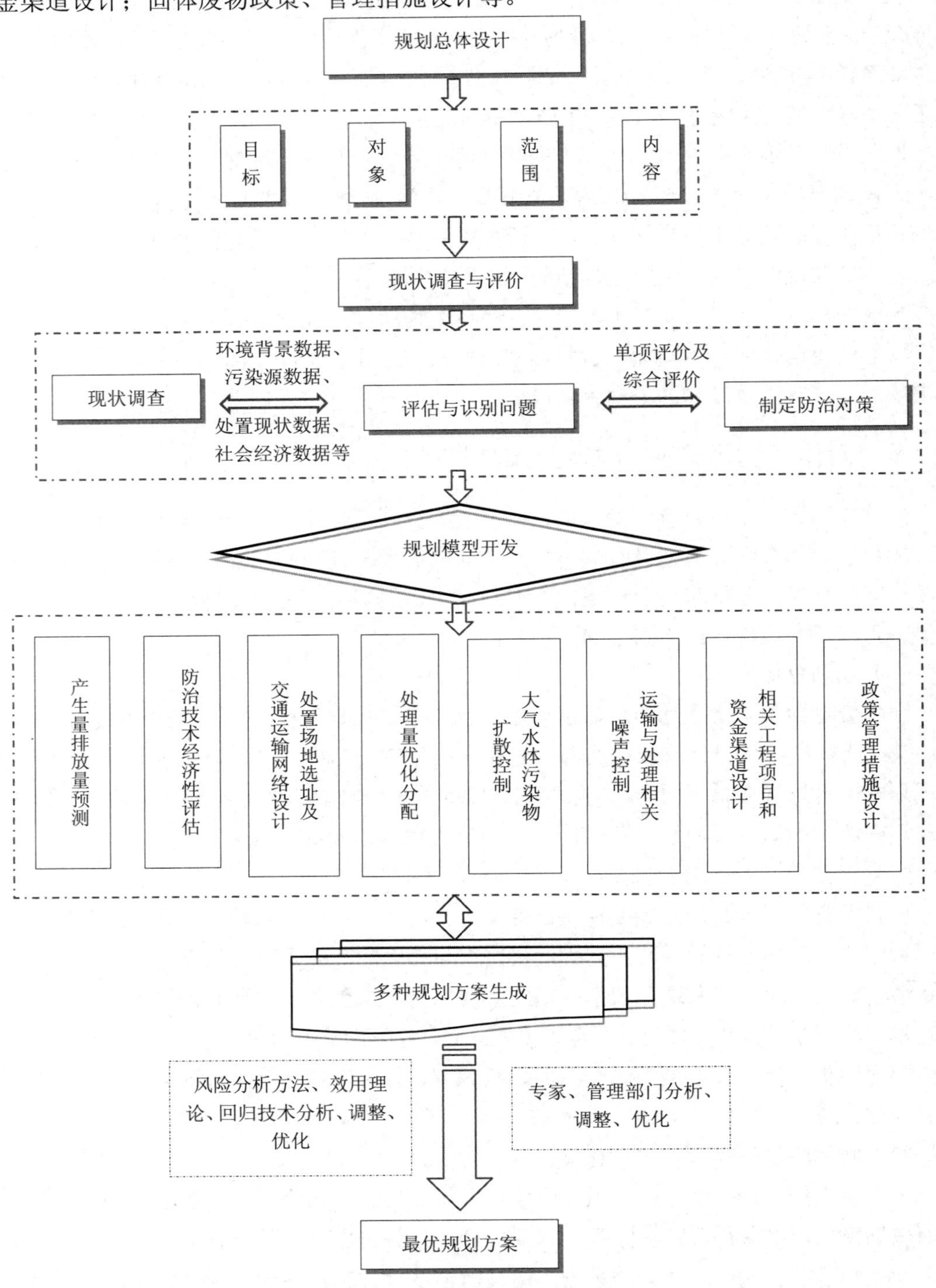

图 14-1 固体废物污染防治规划编制技术流程

（4）固体废物规划方案生成及后优化分析

首先根据规划模型优化设计结果，产生相应不同条件下的规划方案。为了增加规划方案的有效性，还可以采用一些风险分析方法以及效用理论、回归技术等，加强与决策者和有关专家、管理部门的交互过程，以获得有用的反馈信息，进而调整模型，分析比较不同规划方案的效果，力图获得更加切实、可操作的优化方案。

14.2　固体废物污染防治规划实践进展

14.2.1　发达国家和地区固体废物污染防治规划实践进展

14.2.1.1　美国

美国的规划没有统一范式，也不强调规划目标自上而下的具体落实和分配安排，整个规划体系较为松散。美国联邦环境规划体系由环境法、EPA 战略规划体系和环境项目执行计划三部分组成。环境法居于核心地位，用于确立规划内容的法律效力和解决规划的资金来源。环境规划中的一些基础和核心工作例如总量控制、环境项目设立、预算支配等，可以通过或必须通过立法途径予以确认。美国环境法的一些条文相当于纲要性的环境规划。美国各州环境规划体系具有很大差异，比如各州的综合性规划主要存在 3 种形式：模仿 EPA 的战略规划体系，例如加利福尼亚州；有综合性的战略规划，但战略规划的内容、作用和 EPA 不尽相同，例如佛罗里达州和得克萨斯州；有纲要性质的战略规划，提出环境战略目标，例如伊利诺伊州和亚利桑那州[6]。

美国的立法属于源头预防型，针对生产过程通过技术手段减少废物的产生，体现了清洁生产的理念。美国早在 1965 年就制定了《固体废弃物处理法》，并成为第一个以法律形式确定废弃物利用的国家。1976 年 10 月 21 日，美国联邦政府颁布了固体废物领域的基础性法律《资源保护和回收法》（RCRA），并修订了 1965 年制定的《固体废弃物处理法》，旨在解决随着经济发展而日益严峻的城市生活垃圾和工业废物问题。RCRA 建立了美国固体废物管理体系，其目标有：保护人类健康和环境免受废物处理带来的潜在危害；节约能源、保护自然资源；减少垃圾生成；确保废物的处理不会对环境产生破坏。为确保这些目标的实现，RCRA 设立了 3 个既相互区别又相互联系的项目：危险废物项目、无害废物项目和地下储藏罐项目。危险废物项目在 RCRA 副标题 C 下，建立了一种对危险废物从产生到最终被清理全过程进行控制的体系，即所谓的从“摇篮”到“坟墓”模式；无害废物项目在 RCRA 副标题 D 下，鼓励各州制订自己的综合计划来处理无害的工业和地方固体废物，并对各地方的固体废物填埋地和其他固体废物清理设施设定标准，禁止固体废物公开倾倒；地下储藏罐项目在 RCRA 副标题 I 下，规范含有有害物质和石油产品的地下储藏罐[7]。为了与这一法律配套，EPA 制定了上百个关于固体废物、危险废弃物的排放、收集、贮存、运输、处理、处置回收利用的规定、规划和指南等，形成了较为完善的固体废物管理法规体系。

美国确定的固体废物治理战略方针是：保持环境的可持续发展，实施源头控制政策，从生产阶段抑制废物的产生，减少使用会成为污染源的物质，节约资源，减少浪费，最大限度地实施废物资源回收，通过堆肥、焚烧热能回收利用实现废物资源、能源的再生利用，最后进行卫生填埋，填埋过程中也充分考虑资源、能源的再生利用，将环境污染减少到最低限度。在城市生活垃圾处理方式上，美国一直坚持垃圾减量、分流和再利用这个主题。不仅致力于从源头实现垃圾减量，在综合处理过程实现卫生、无害和高效，而且通过可靠的技术措施，最大限度地实现废物资源的循环利用和再生利用，保证城市生活垃圾综合处理进程的健康稳定发展。美国制定的 2010 年的垃圾处理目标是：回收利用（包括直接回收、路边分类、堆肥、综合利用等）50%、填埋 40%、焚烧 10%[8]。

为实现这些目标，美国各州、各市制定了相关规划，普遍采取垃圾源头控制和减量措施，提出垃圾分流的概念，将食品垃圾、庭院垃圾和餐厨垃圾等按类别作为分流目标，直接进入适用的处理程序，既促进了不同成分垃圾的分类处理，也促进了资源的循环再生，垃圾处理已经形成了较为系统的模式。美国垃圾管理战略已取得了明显的成效，垃圾填埋比例已经从 1980 年的 89%降为 2007 年的 54%，而垃圾资源回收再利用比例则从 1980 年的 9.6%提高到了 2007 年的 33.4%，垃圾焚烧处理比例从 1980 年的 1.8%上升到了 2007 年的 12.6%[9]。美国旧金山市早在 1989 年就制定了垃圾减量化的长远规划，通过实施抑制垃圾产生和再循环计划，并配套相应的措施，使全市的垃圾产生量从 1998 年的 101 万 t 减少到 2002 年的不足 50 万 t[10]。纽约市制定了《纽约市固体废物处理 20 年规划（2006—2026）》，规划要求 2007 年前将 25%的可循环利用垃圾转交私营企业进行处理。此外，纽约市规划还将努力节约费用，每年至少节约 2 000 万美元，并将建立一个以水运为主的可回收垃圾运输网络，最大限度地减少卡车运输。该规划为纽约市垃圾处理制定了新的框架，制定了高标准的循环利用目标，建立了相应的垃圾处理体系和公众教育制度，以确保更多的垃圾得到有效利用[11]。

14.2.1.2 欧盟

欧盟城市固体废物法律体系健全，各项规定较为具体和明确，使得欧盟能有效地推动各成员国固体废物综合治理进程。早在 1975 年欧盟就颁布了废物处理方面的相关规定，并确立了不同层次的废物处置体系。1991 年，欧盟颁布了处置有害废弃物的规定，通过制定废物管理法律法规，确立了废物产生者承担处理责任的原则。2003 年 2 月，欧洲议会和欧盟委员会通过了《电子废弃物指南》，要求成员国在电子产品的设计和生产过程中注重电子废弃物的回收、拆解、再利用和再循环。1994 年欧盟出台了《包装和废弃物指令》及其修正案，对物品包装及包装废弃物设定了具体目标。2007 年欧洲议会公布了一项废弃物减量框架指令法案，明确规定了各成员国实现垃圾减量和资源回收的目标：2012 年之前，垃圾产生量要实现零增长；到 2020 年，欧盟需回收利用 50%的城市垃圾和 70%的建筑垃圾，并进一步减少废物填埋数量；到 2025 年，填埋可回收的废物将不被认为是合法的。欧盟废物管理立法的特点主要有：①废物管理目标具体，各项立法规定的指标明确，达标期限也非常严格，并且根据不同成员国的情况，制定相应的标准，针对性强；②废物管理法制理念更新快，提升了欧盟固体废物管理法规和政策的先进性，对成员国的固体废物管理工作起到了强劲的保障作用[12]。下面以德国为例对欧盟固体废物污染治理情况进行说明。

1996 年 7 月，《固体废物循环经济法》在德国正式生效，成为德国固体废物管理的指导性法律。在这部法律中放在第一位的是“促进废物在经济圈中的循环以保护自然资源”。由此可见《固体废物循环经济法》的根本宗旨是：固体废物首先要减量化，特别是要降低废物的产生量和有害程度；其次是作为原料再利用或能源再利用；只有当固体废物在当前的技术和经济条件下无法进行再利用时，才可以在“保障公共利益的情况下”进行“在环境可承受能力下的安全处置”。《固体废物循环经济法》明确了固体废物管理的准则，确立了将固体废物循环再利用作为一部分回用到经济圈中的目标[13]。

在固体废物运行管理方面，德国颁布实施的《固体废物规划法》要求固体废物产生量较大的企业必须制定废物减量化规划。而《固体废物代理人法》规定每个企业都必须由获得资质的专人对固体废物进行管理。《固体废物处理企业的专业资质证条例》规定对固体废物处理企业的专业资质进行规范管理。这些有关固体废物的管理规范已经延伸到德国固体废物处理、管理、运营和相关经济领域，并在德国固体废物治理实践中发挥着不可估量的作用。

为充分体现“污染者付费原则”（PPP），德国规定企业产生的垃圾由企业自己负责消纳处理。自 20 世纪 90 年代以来，随着对城市生活垃圾污染属性和资源属性认识的深化，德国已经实现生活垃圾治理从被动处理到主动预防的转变。面对日益剧增的生活垃圾产生量，德国政府从维护环境质量和民众健康的角度综合考虑，首先突出了避免、减量和循环再生等前端治理措施，随后更加严格规范了制定的各种生活垃圾处理技术标准，而且各种管理标准和技术标准规范涉及的范围不断拓宽、延伸和提升[14]。

目前，德国工业垃圾如金属、木材废料、废机油、废汽车、旧轮胎等的回收利用率接近 100%。德国的生活垃圾大约有 30%在进行了再回收、再利用后实行焚烧处理，并由此获得能源，如发电、远程供热等；大约 60%生活垃圾（可燃物＜10%）被填埋处理，填埋场的底部铺设了管道，以便收集垃圾降解生成的可燃气体，并进一步回收利用，如发电、供气等；大约 10%易腐有机垃圾经堆放、高温发酵生产成堆肥，用于农田[15]。

14.2.1.3　日本

日本的固体废弃物管理经历了一个由不完善到完善的过程，目前已构筑了一个较为完善的固体废弃物再生利用法律支持体系。20 世纪 90 年代之前，日本制定的相应法律法规相对较少，对于废物的处理方式主要是以末端处理为主。进入 90 年代以后，日本在制定颁布了基本法和综合性法律的基础上，逐渐引入了循环经济的概念，并先后颁布了《容器包装再生利用法》、《家用电器再生利用法》等专项法，对废物的治理提出了针对性要求。2000 年通过了《循环型社会形成推进基本法》。该法确定了 21 世纪日本经济和社会发展的方向，提出了建立循环型经济社会的根本原则：促进物质的循环以减轻环境负荷，从而谋求实现经济的健全发展，构筑可持续发展的社会。2000 年以后，是日本发展循环经济的成熟时期，又陆续推行了《建筑材料循环利用法》、《食品再利用法》、《绿色购买法》等，组成了比较完善的循环经济法律体系。其中的《循环型社会形成推进基本法》最具有重要意义，它从法制上确定了 21 世纪日本经济和社会的发展方向，其基本原则是确立了废物循环利用的优先程序。其程序为：减量化—再利用—再循环—热回收—最终处置，并且明确了中央政府、地方政府、企业和公众各自的责任。这些法律法规构成了一个完整的法律系统，基本上能够适用于所有固体废物的处理，其最大的特点是充分发挥了各方力量的作用，采取的具体法律措施非常严格和易于遵守，并且重视废弃物的资源化[12]。

日本的固体废物防治规划从环境基本法制定开始。1995 年 12 月 16 日，日本的第一次环境规划由内阁决定，规划的长期目标是构筑“循环、共生、参与和国际合作”的社会，实现对环境负荷小的循环型社会，做到人类与多样的自然生物共生。规划中涵盖了控制固体废物产生和再利用对策等相关内容。第二次环境规划是内阁于 2000 年 12 月 22 日制定的，这次规划特别关注从理念到实践的开展和确保规划的时效性两方面。2006 年 4 月 7 日，内阁第三次制定环境规划，提倡环境、经济和社会的协调发展。在第二次、第三次环境规划中，实现固体废物的循环利用、构建循环型社会均是规划的重点内容[16]。2013 年 5 月，日本政府在内阁会议上制定了一项新的计划，以达到减少垃圾人均日排放量、建设循环型社会的目标。计划中指出，通过扩大买进改装商品及积极使用二手货等，努力将 7 年后的国民人均日垃圾排放量减少至 890 g，比 2011 年下降 9%[17]。

14.2.2 我国固体废物污染防治规划实践进展

14.2.2.1 规划法律依据

（1）城市生活垃圾

我国的城市生活垃圾污染防治已经初步形成了以环境保护法相关规定为基础，以城市生活垃圾为调控对象的法律、行政法规、地方性法规、部门规章、地方政府规章，以及其他一些规范性法律文件为基干力量的法律体系。在法律法规层面，《中华人民共和国环境保护法》关于污染防治的原则是我国城市生活垃圾污染防治立法的基本原则。《中华人民共和国循环经济促进法》中的原则与制度对我国城市生活垃圾污染防治立法起到了一定的指导作用。《中华人民共和国固体废物污染环境防治法》是关于固体废物污染方面的专门性立法，对生活垃圾的污染防治做出了专门规定，将“减量化、资源化、无害化”作为城市生活垃圾处理的基本原则，并对垃圾产生后的倾倒、收集、运输、处置和回收利用等各个环节做出了基本要求，同时规定了各级人民政府在城市生活垃圾污染防治工作中的主要职责。《中华人民共和国清洁生产促进法》在一定程度上体现了对城市生活垃圾产生的控制要求，并在内容上规定了企业在进行清洁生产过程中需要遵循的制度和原则，这对于从源头上削减垃圾具有积极的意义。《城市市容和环境卫生管理条例》对城市生活垃圾的倾倒、清扫、收集、运输、处置等各个基本环节都做出了相关的法律规定。同时，在规章政策层面，国务院和有关部门发布了一系列规范性文件，对开展资源综合利用、全面开征城市生活垃圾处理费、城市生活垃圾处理及污染防治技术等提出了要求[18]。

在环境保护技术政策和标准层面，《城市生活垃圾卫生填埋技术标准》是我国规范城市生活垃圾卫生填埋场建设的第一个标准。《城镇垃圾农用控制标准》、《粪便无害化卫生标准》和《城市生活垃圾好氧静态堆肥技术规程》为我国城市生活垃圾堆肥技术的合理应用提供了统一的技术标准。在城市生活垃圾填埋和焚烧处置方面，目前已经制定了多项垃圾处理标准，如《城市生活垃圾焚烧污染控制标准》、《城市环境卫生设施设置标准》、《生活垃圾填埋污染控制标准》等[19]。

（2）工业固体废物

工业固体废物污染防治方面的法规主要有 2005 年 4 月 1 日开始实施的《中华人民共和国固体废物污染环境防治法》和 2009 年 1 月 1 日实施的《中华人民共和国循环经济促进法》，重点是对产生的工业固体废物进行规范的综合利用和处置，防止危害人体健康。《排放污染物申报登记管理规定》、《排污费征收使用管理条例》及《排污费征收标准管理办法》确定了对工业固体废物实施申报登记制度和排污收费制度，《中华人民共和国循环经济促进法》确定了减量化优先的原则，工业固体废弃物的管理总目标一直朝着这个方向迈进。2001 年出台的《一般工业固体废弃物贮存、处置场污染控制标准》（GB 18599—2001）是强制性的环境标准，规定了一般工业固体废物贮存、处置场的选址要求、设计、运行管理、关闭与封场，以及污染控制与检测等方面的内容[20]。

2011 年，为了全面推进我国大宗工业固体废物综合利用工作，工业和信息化部发布了《大宗工业固体废物综合利用“十二五”规划》，规划范围包括我国工业领域在生产活动中产生的尾矿、煤矸石、粉煤灰、冶炼渣、工业副产石膏、赤泥和电石渣等大宗工业固体废物。2013 年，为推广工业固体废物综合利用先进适用技术，提高工业固体废物综合利用技术水平，推进工业固体废物综合利用产业发展，工业和信息化部又组织编制了《工业固体废物综合利用先进适用技术目录》，涵盖了大多数工业行业大宗固体废物。

（3）危险废物

近年来，我国危险废物管理工作得到了政府重视，危险废物转移联单、经营许可证、事故应急等各项管理法律制度框架已初步确立，基本形成了以《中华人民共和国固体废物污染环境防治法》为主导，配套法规、标准规范为基础，地方法规、规章、规范性文件为补充的法律法规、政策标准体系。在法律法规层面，《中华人民共和国固体废物污染环境防治法》为我国危险废物环境管理法规体系的建立奠定了基础，确立了对危险废物进行全过程管理和集中处置的原则。同时，实施了危险废物名录、危险废物的鉴别、危险废物污染防治经营活动许可证等制度。《危险废物经营许可证管理办法》是由国务院制定的关于危险废物管理的专门性行政法规，该办法就申请领取危险废物经营许可证的条件、程序、监督管理和法律责任等内容进行了规定[21]。

在规章政策层面，已经颁布的专项部门规章或规范性文件主要有《危险废物转移联单管理办法》、《危险废物污染防治技术政策》、《关于实行危险废物处置收费制度促进危险废物处置产业化的通知》、《国务院关于全国危险废物和医疗废物处置设施建设规划的批复》等。各地方依据《中华人民共和国固体废物污染环境防治法》制定了相关的危险废物污染防治的法规、规章，具有较强的地区性色彩[22]。

在危险废物污染控制标准层面，主要涉及贮存、填埋和焚烧等环节。《危险废物贮存污染控制标准》适用于危险废物贮存过程中的污染控制及监督管理。《危险废物填埋污染控制标准》主要针对危险废物填埋场的建设、运行及管理而制定。《危险废物焚烧污染控制标准》适用于焚烧设施运行过程中的污染控制管理。这些标准对危险废物的产生者、经营者和管理者的权利义务做出了明确的规定[23]。

14.2.2.2 规划实践进展

随着我国工业化和城市化进程的不断推进，固体废物的产生量不断增加，各种固体废物处理处置的压力不断增大，对固体废物资源化利用和处置的要求也越来越高。一些固体废物特别是危险废物如果得不到妥善处理，不仅会对环境造成污染，而且会给人体健康带来直接的威胁。根据固体废物的主要类型以及可能的污染对象，固体废物污染防治规划的对象主要是规划期内规划区域范围内的工业固体废物（包括一般固体废物、危险废物）、生活垃圾以及废旧电子电器等。通常，固体废物污染防治规划有 3 个层次：操作运行层、计划策略层和政策制定层。其中，计划策略层是管理规划的重点。我国固体废物领域的规划尚处于起步和探索阶段，有关的理论和方法较少，目前尚未形成统一和完整的方法体系。

《中华人民共和国固体废物污染环境防治法》第二十九条规定“县级以上人民政府有关部门应当制定工业固体废物污染环境防治工作规划，推广能够减少工业固体废物产生量和危害性的先进生产工艺和设备，推动工业固体废物污染环境防治工作。”第五十四条规定“国务院环境保护行政主管部门会同国务院经济综合宏观调控部门组织编制危险废物集中处置设施、场所的建设规划”。根据《中华人民共和国固体废物污染环境防治法》，国家和许多地方纷纷出台了地方级的固体废物污染防治专项规划。例如，2003 年，国务院印发的《全国危险废物和医疗废物处置设施建设规划》，就是我国第一部关于危险废物污染防治的国家级规划。截至 2013 年 10 月底，实施该规划形成了 145 万 t/a 的危险废物处置能力和 1 414 t/d 的医疗废物处置能力，危险废物处置行业取得了较快发展，社会化投资与企业化运行格局基本形成[24]。

2011 年，国务院发布了《国家环境保护“十二五”规划》，垃圾处理工程被列入重点建设工程项目。规划要求到 2015 年，全国城市生活垃圾无害化处理率达到 80%，较 2010 年提高近 8 个百分点。同年，工业和信息化部出台了《大宗工业固体废弃物综合利用发展“十二五”规划》，根据规划，到 2015 年，我国工业固体废弃物综合利用率将达到 50%左右，较 2010 年提高 10 个百分点，到 2017 年，我国工业固体废弃物综合利用率将达到 54%左右，综合利用量将接近 30 亿 t。

2012 年，国务院发布了《“十二五”全国城镇生活垃圾无害化处理设施建设规划》，对“十二五”期间生活垃圾的污染防治工作进行了全面部署，规划范围包括全国所有设市城市、县城（港澳台地区除外），并通过以城带乡、设施共享等多种方式服务于常住人口 3 万人以上的建制镇。根据规划目标，到 2015 年，直辖市、省会城市和计划单列市生活垃圾全部实现无害化处理，设市城市生活垃圾无害化处理率达到 90%以上，县县具备垃圾无害化处理能力，县城生活垃圾无害化处理率达到 70%以上。同年，环境保护部又出台了《国家“十二五”危险废物污染防治规划》，该规划着眼于提高危险废物无害化利用处置保障，以及危险废物产生、贮存、转移、利用和处置的监管能力，降低危险废物环境风险，提出“十二五”期间危险废物污染防治工作的目标、指标，明确了主要任务、重点工程、保障措施。根据该规划，市级以上重点危险废物产生单位自行利用处置危险废物将基本实现无害化，设市城市（包括县级市、地级市和直辖市）医疗废物基本实现无害化处置。

根据《国家环境保护“十二五”规划》相关研究预测，各类固体废物规划目标及措施将直接拉动固废处理设备、工程建设及设施运营服务需求，推动环保资金的投入。预计 2011—2015 年，我国固体废物处理行业投资将达到 8 000 万元，占环保产业 3.1 万亿元总投资的比例为 25.8%，年增长率约 30%[25]。未来 10 年，我国固体废物产生量将持续增长。为进一步强化我国的固体废物污染防治能力，从源头减少废物产生、提升综合利用率、提高安全处置水平，切实保护生态环境和维护人民健康，我国还将制定一系列固体废物利用、处置规划，对未来一段时期内的固体废物环境管理工作提出进一步要求。

在地方层面，固体废物污染防治越来越得到重视。2003 年，广东省出台了《广东省固体废物污染防治规划（2001—2003）》，是我国首个省级的固体废物污染防治规划。2005 年，沈阳市出台了《沈阳市固体废物污染防治“十一五”规划》。2006 年，广州市出台了《广州市固体废物污染防治规划（2005—2015）》。2012 年，广东省出台了《广东省固体废物污染防治“十二五”规划（2011—2015）》。

14.3 固体废物污染防治规划技术方法

固体废物污染防治规划涉及固体废物排放量现状与污染评价、产生量和排放量预测、循环经济产业链设计、固体废物排放安全处置方案优化等方法。本节将主要介绍固体废物污染防治规划调查评价、产排量预测以及产生系数确定等技术方法。关于规划方案优化方法详见第 11 章。

14.3.1 固体废物调查评价技术

14.3.1.1 调查内容

现状调查应建立在需求分析的基础上，从主要相关资料的搜集、整理入手，根据调查清单逐项调查、分析与评价，调查可以包括必要的现场检测、勘察以及专家咨询等。根据废物种类和规划内容不同，调查可包括以下 4 方面的内容：①生活垃圾情况调查。调查生活垃圾分类收集方式、现有的垃圾回收站点、垃圾清运站数量、垃圾转运点的分布、垃圾转运方式；生活垃圾现有回收利用方式、回收利用率；现有生活垃圾处理设施，包括地理位置、处理类型（如填埋、焚烧、堆肥等）、设计处理能力、实际处理能力、设施运营机构及管理水平、设施运营状况等。②工业固体废物情况调查。对于工业固体废物，除了调查其来源、产生量外，还应调查其处理量、处理率、堆存量、累积占地面积、占耕地面积，综合利用量、综合利用率、产生利用量、产值、利润、非产品利用量、工业固体废物集中处置场所的数量、能力、处理量等。③危险废物情况调查。调查危险废物的种类、产生量、处置量、处置率、储存率、储存位置、利用量、利用率、危险废物集中处置设施、工艺类型、场所、处置能力等。④社会经济数据调查分析。收集并分析相关的经济结构、产业结构、工业结构及布局现状，以及社会与经济发展远景规划目标数据等。

14.3.1.2 调查方法

（1）收集资料法

收集资料法是现状调查常用的方法，也是一项基础的调查方法。主要通过各种可能的渠道、方式查阅、收集相关的资料和数据。首先，应根据需求列出所需资料和数据清单，按照清单查阅、收集已有资料中相关内容和数据。例如，就固体废物相关的资料而言，可根据固体废物的类型（主要包括工业固体废物、生活垃圾、危险废物及废旧电子电器等），系统收集有关统计资料（包括统计年报、年鉴、公报等）、以往规划以及其他含有有用信息的资料等。当前，由于信息化技术的普及，一些数据的收集可以通过网络、数据库搜索等方式实现。走访调查是收集资料的另一种方式，在已有资料无法满足需求的情况下，可以通过走访调查的方式进一步获取相关资料。走访调查主要是通过走访有关政府主管部门，获取相关方面的数据资料。这种方式的优点是能够在较短的时间内快速获得大量信息，缺点是信息可能较为分散，需要进一步整理。另外，走访调查方法获得的数据一般来说较为粗略，需要其他的调查方式予以辅助。总体上讲，收集资料法具有应用范围广、资料内容丰富、节省人力、物力和时间等优点。进行环境现状调查时，应先通过此方法获得现有的各种有关资料，在不能完全满足需求的情况下，通过其他方法进行补充。

（2）现场调查法

现场调查法顾名思义即是通过赴直接现场调查的方法获得所需要的资料和数据。采用现场调查法，可以针对使用者的需要，直接获得第一手资料和数据，以弥补收集资料法的不足。但总体而言，现场调查法工作量大，需占用较多的人力、物力和时间，有时还可能受季节和仪器设备的限制。现场调查法包括抽样调查和普遍调查：普遍调查是为了了解调查对象的总体情况而对全体调查对象逐一进行的调查，这种方法搜集的资料比较全面、系统、准确、可靠，但是存在工作量大、耗时较长，人力和物力消耗大、组织工作繁重等缺点；抽样调查是从调查总体的全部单位中，按照随机原则，抽取一部分单位进行，以推算总体情况，具有工作量小，迅速，节省人力、物力、财力等优点。合理的抽样调查可以取得反映总体情况的资料，在某种程度上起到全面调查的作用。

14.3.1.3 现状评价

现状评价又称现状评估，是建立在现状调查基础之上的资料与数据处理、分析过程。现状评价是规划编制的一项关键与基础环节，其评价质量与作用取决于现状调查所获得的资料数据以及所采用的评价方法，评价结果与结论是规划编制过程中重要的参考和依据，关系到规划目标、重点任务以及保障措施设定的合理性与针对性。主要有：①类别评价，又称专项评价法，用于描述和判断单项环境要素的现状和变化对环境质量的影响与改变等。主要评价方法有专家判断法、定权法和统计分析法等。②综合评价。综合评价法用于描述和判断多项环境要素的现状和变化对总体环境质量的影响与改变等，如核查表法、矩阵法和环境指数法等。环境指数法是固体废物污染评价的一种较为常用的综合评价方法，该方法是一种以确定的数学模式将诸多不同单项污染物对环境的作用进行综合表述的方法，使不同属性的单项污染物的环境污染效应得到综合归纳与表达，是理论上评价固体废物污染较优的方法。现行的环境指数评价法主要有代数叠加（或算术平均）、几何平均、内梅罗、均方根 4 种模式。

14.3.2 固体废物产排量预测方法

固体废物污染预测是固体废物污染防治规划的关键环节。科学地预测固体废物产生量、排放量及其他特征，可为固体废物处理处置的工作规划及处理处置方法的研究设计提供主要参数。对固体废物进行预测，首先应厘清影响固体废物数量和性质的因素，主要有 3 种：①内在因素。主要是指直接导致固体废物数量和性质变化的因素。例如影响生活垃圾产生量变化的因素包括人口数量、居民生活水平、城市建设水平等；影响生活垃圾性质变化的因素有居民生活水平、能源结构、生活的地域差异以及消费方式等。②社会因素。主要指社会行为准则、道德规范、法律法规制度等，是一种外部的间接影响因素，实际上是人类对固体废物产生系统的干预。③个体因素。主要指人类本身个体的行为习惯和受教育程度等。这三种因素并不是相互孤立的，而是存在密切联系的。对固体废物数量和性质的预测，需要综合考虑以上 3 种因素。

目前，固体废物污染防治规划中用到的数量预测方法有很多，主要有指数平滑法、回归分析法、产排污系数法以及灰色预测法等。这些方法在应用中各有优缺点，其适用条件、预测效果也各不相同。

14.3.2.1 指数平滑法

固体废物的产生受许多因素的影响，其中很多因素的变化与时间息息相关，因此，通常采用时间序列方法定量分析固体废物的产生趋势，其特点是仅将固体废物产生量与单变量时间进行关联。指数平滑法是一种常用的时间序列预测分析法。

指数平滑法最早由 C.C Holt 于 1958 年提出，后经研究者不断拓展，在各领域逐步得到广泛应用。指数平滑法一般包括简单（一次）指数平滑法、Winter 线性指数平滑法、Holt 双参数线性指数平滑法和季节性指数平滑法等，其中，简单（一次）指数平滑法应用最为广泛，因此，有时以指数平滑法代指简单（一次）指数平滑法。指数平滑法是一种特殊的加权平均法，通过对本期观察值和本期预测值赋予不同的权重，求得下一期预测值。由于对离预测期较近的观察值赋予较大的权重，对离预测值较远的观察值赋予较小的权重，权重按时间由近到远按指数规律递减，因此叫做指数平滑法。

指数平滑法的通用公式如下：

$$S_{t+1}=aY_t+(1-a)aY_{t-1}+(1-a)^2aY_{t-2}+(1-a)^3aY_{t-3+\cdots+}(1-a)^naY_{t-n}+\cdots+(1-a)^tY_1 \quad (14\text{-}1)$$

式中，S_{t+1} —— t+1 期的指数平滑趋势预测值；

S_t —— t 期的指数平滑趋势预测值；

Y_t —— t 期实际观察值；

a —— 平滑系数（权重系数），取值 0～1。

14.3.2.2 回归分析法

回归分析法是建立在“假设一个系统的输入和输出之间存在着某种因果关系”的基础之上的，即认为输入变量的变化会引起系统输出变量的变化。回归分析方法通常包括简单回归模型、多变量回归模型等。其中，简单回归模型实用性较强，操作简单，但往往预测精度受限；多变量回归模型解释性较强，对因果关系的处理十分有效，但数据量要求大，相应的计算工作量也大。在固体废物预测中，简单回归模型、多变量回归模型都得到了较为广泛的应用。下面将以生活垃圾产生量为例介绍简单回归模型的应用。

生活垃圾产生量预测主要采用人口预测法和回归分析法等，可参见《城市生活垃圾产量计算及预测方法》（CJ/T 106—1999）。以往年垃圾产生量数据为基础来预测规划期内的垃圾产生量，应以预测年度的相邻年度开始连续上溯以往年份的垃圾产生量为基数。根据垃圾年产生量（基数）计算对应于给定变量 X（预测年度）的 Y 值（预测垃圾产生量），使用逼近垃圾年产生量的最小二乘法计算，Y 在 X 上的回归曲线。该回归曲线的方程式为：

线性回归方程 $Y=a+bX$ （14-2）

指数回归方程　$Y = dc^x$　（14-3）

式中，Y——预测年的垃圾产生量；

X——预测年度。

线性回归　$a = \dfrac{\sum_{i=1}^{n} y_i - b\sum_{i=1}^{n} x_i}{n}$　（14-4）

求解　$b = \dfrac{n\sum_{i=1}^{n} x_i y_i - \sum_{i=1}^{n} x_i \sum_{i=1}^{n} y_i}{n\sum_{i=1}^{n} x_i^2 - (\sum_{i=1}^{n} x_i)^2}$　（14-5）

式中，x_i——计算垃圾产生量基数的年度；

y_i——各年度的垃圾产量基数。

将求出的 a、b 值代入线性回归方程中。在实际问题中，有时两个变量之间的关系不是线性的，计算时一般采用线性回归方法。不过在很多情况下，非线性的回归问题可以通过变量替代的方式转化为线性回归问题。

将指数回归方程 $Y = dc^x$ 两边取对数，得到 $\ln y = \ln d + x\ln c$

令 $y^*=\ln y$，$a=\ln d$，$b=\ln c$

则得到线性回归方程 $y^*=a+bx$　（14-6）

这样可以把非线性回归转变为线性回归。在预测时可首先求出相关系数，确定垃圾的变化是线性回归还是曲线回归，然后取相关系数的最高值计算。

均方差计算公式：

$$\delta = \sqrt{\frac{\sum_{i=1}^{n}(y_i - y_i^*)^2}{n-2}} \tag{14-7}$$

可以求出垃圾产生量预测的误差值。因此，垃圾产生量为：

$$Y = y^* \pm \delta \tag{14-8}$$

14.3.2.3　灰色预测法

灰色预测法是利用灰色模型进行数据预测的方法。在固体废物污染防治规划中，固体废物是“部分信息已知，部分信息未知”的灰色系统，可以利用灰色模型（Grey Model，GM）对产生量等与之相关的值进行预测。灰色预测模型的基本思想是把已知的现实和过去的、无明显规律的时间数据进行系列加工，通过序列生成寻求现实规律，其特点就是通过较少的数据建模，实现较高准确性的预测。有关灰色预测方法介绍详见第 7.1 节，在此不再重复。

14.3.2.4 产排污系数法

产排污系数法常用于工业固体废物、城市生活垃圾、电子废物的产生量预测。一般情况下，可以根据行业增加值、产品产量和资源消耗量的预测，以及各种固体废物的产生当量系数的预测，计算得出各种固体废物产生量预测值。由于产排污系数法在固体废物预测中的重要性，本节专门对基于这一方法的固体废物预测进行分析。

（1）预测技术路线

固体废物预测模块包括产生量预测、处理量预测、新建处理规模预测以及投资与运行费用预测 4 个组成部分，通过产生量预测和控制目标制定，计算出未来固体废物的综合利用量和处理处置量；根据已有的固体废物处理能力和处理设施报废情况，推算出未来需要新建的固体废物处理规模；再分别根据投资费用系数和运行成本系数，最终计算出固体废物的治理费用。具体技术路线见图 14-1。

固体废物产生或排放量的一般表达式为：

$$W=PS \tag{14-9}$$

式中，W——预测年固体废物产生量或排放量，万 t/a；

P——固体废物产生系数或排放系数，即单位工业产量的固体废物产生量或排放量；

S——预测的年产品产量，万 t/a。

因此，固体废物预测的关键是如何识别和取得相应固体废物的产生系数或排放系数。

（2）预测变量和参数

在预测中，涉及一系列参数与变量的引用、分析、计算和制定，包括外生变量预测、技术参数估算、控制性变量制定和最终的输出变量四大类，见表 14-1。

表 14-1 固体废物污染预测的变量参数

变量类型	工业固体废物		生活垃圾		电子废物	
	指 标	单位	指标	单位	指标	单位
外生变量	行业增加值	万元	城市人口	亿人	电子产品销售量	万台
	资源开采量	万 t	纳入集中收处的农村人口	亿人	电子产品进出口量	万台
	资源消费量	万 t			电子废物进出口量	万台
技术参数	各类工业固体废物产生当量	万 t/亿元（万 t/万 t）	人均垃圾产生量	kg/（d·人）	使用寿命	年
	其他废物所占比例	%	投资费用系数	万元/t	投资费用系数	万元/t
	投资费用系数	万元/t	运行费用系数	元/t	运行费用系数	元/t
	运行费用系数	元/t				
控制性变量	综合利用系数	%	无害化处理比例	%	无害化处理系数	%
	处置系数	%	各种模式处理比例系数	%		

变量类型	工业固体废物		生活垃圾		电子废物	
	指　标	单位	指标	单位	指标	单位
输出变量	各类工业固体废物产生量	万 t	生活垃圾产生量	万 t	电子废物产生量	万 t
	工业固体废物利用量	万 t	生活垃圾无害化处理量	万 t	电子废物处理量	万 t
	工业固体废物处置量	万 t	各种处理模式垃圾处理量	万 t	电子废物处理投资	亿元
	工业固体废物处理投资	亿元	生活垃圾处理投资	亿元	电子废物处理运行费用	亿元
	工业固体废物处理运行费用	亿元	生活垃圾处理运行费用	亿元		

（3）工业固体废物预测

工业固体废物按行业分类包括冶金工业固体废物、能源工业固体废物、石油化学工业固体废物、矿业固体废物、轻工业固体废物和其他行业工业固体废物等。按其产生种类可分为危险废物、冶炼废渣、粉煤灰、炉渣、煤矸石、尾矿和其他废物七大类。其中煤矸石、尾矿、粉煤灰、炉渣、冶炼废渣和其他废物属于一般工业固体废物。

主要工业固体废物产生量预测的技术路线见图 14-2。基本思路为：首先分析找出各类工业固体废物的主要产生行业，预测出行业增加值、产品产量或资源消费量；然后根据历史数据分析，外推出科学技术进步对各类工业固体废物产生当量的影响；分别预测出煤矸石、尾矿、粉煤灰、炉渣、冶炼废渣和危险废物六大类主要工业固体废物的产生量；其他废物的产生量预测则根据历年来主要工业固体废物产生量占总工业固体废物产生量的比例系数，利用 6 大类工业固体废物产生量的预测结果进行推算。例如，通过化学原料及化学制品制造业和有色金属矿采选业两大行业的危险废物产生量来预测全部危险废物的产生量，其预测方法为：首先分别预测出化学原料及化学制品制造业和有色金属矿采选业危险废物产生量；然后利用二者的预测产生量之和除以历年二者产生量占总产量的比例系数，即可预测出危险废物的总产生量。

外生变量选取。在不同种类工业固体废物的产生量预测中，根据其产生的特点，外生变量采用不同的形式，主要包括行业增加值和实物量两种，实物量与固体废物产生量之间存在更为直接的联系，而行业增加值预测所需的数据更容易获取。在无法简单利用实物量进行预测的条件下，则通过采用行业增加值作为外生变量的方法进行预测。一般情况下，煤矸石和黑色金属冶炼废渣产生量预测，外生变量采用的是产品产量；尾矿、有色金属冶炼废渣和危险废物的产生量预测，外生变量采用行业增加值；而粉煤灰和炉渣的产生量预测采用煤炭资源消费量作为外生变量。

科技进步系数预测方法。首先根据历年来各类工业固体废物的产生量与主要产生行业的行业增加值、产品产量或资源消费量的关系，计算出历年产生当量；然后根据产生当量的变化情况，计算出科学技术进步系数的平均值；该值即作为近期该类工业固体废物产生量预测的科学技术进步系数值。在远期预测中，对科技进步系数值可略做调整，如远期科学技术进步系数值可取为近期的 2/3。

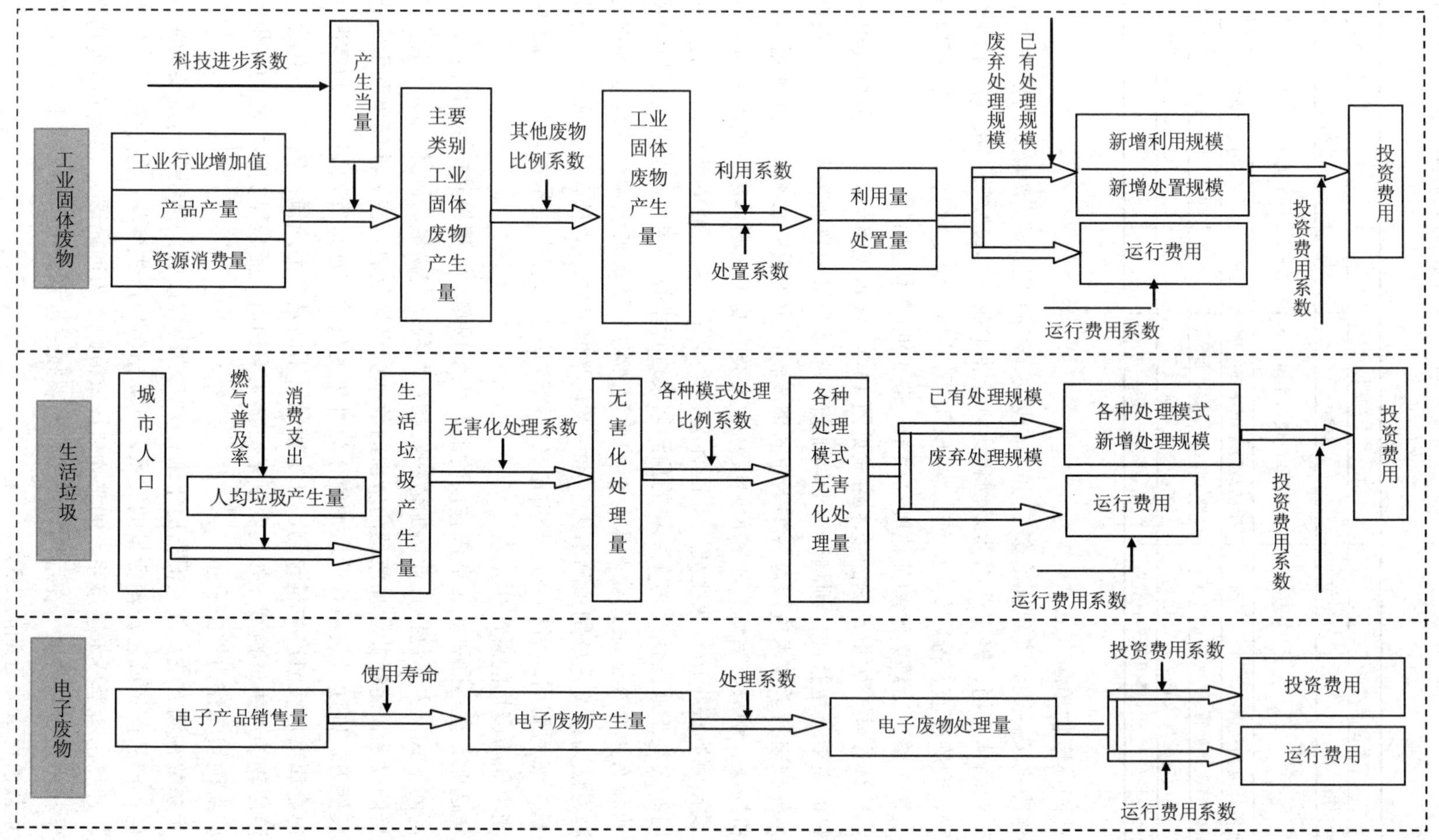

图 14-2 固体废物污染预测技术路线图[26]

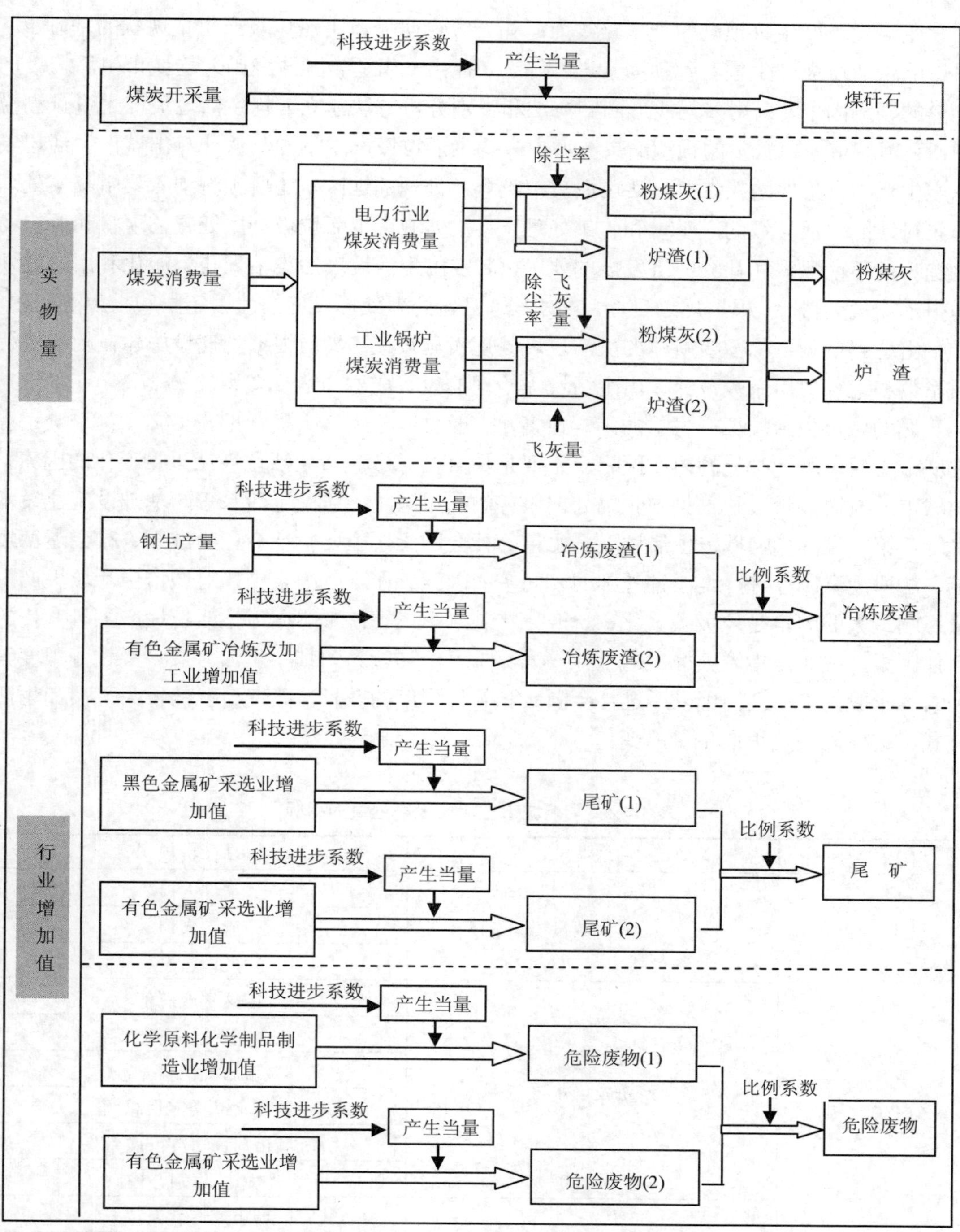

图 14-3　主要工业固体废物产生量预测技术路线[26]

（4）城市生活垃圾预测

生活垃圾产生量预测的技术路线为：在充分调研城市生活垃圾产生量现状的基础上，对影响生活垃圾产生量的各种因素进行筛选，提出一组适合预测我国人均城市生活垃圾产生量的预测因子，采用多元线形回归方法和类别分析方法建立人均生活垃圾产生量预测模型；利用城市人口数量的预测结果与城市人均生活垃圾产生量预测值计算出城市生活垃圾总产生量，有条件纳入农村生活垃圾集中收集和处理的地区，还要预测纳入集中收集处理的农村地区生活垃圾的产生量和收集处理量；根据城市生活垃圾利用处置的现状和历史变化趋势及环境保护和社会经济发展的要求，制定出生活垃圾污染治理与资源化利用的近期和中远期规划目标；根据规划目标，同时考虑已建处理处置设施的使用年限和报废等问题，计算出达到规划目标需要新建的生活垃圾处理设施规模；最后根据处理设施建设的投资费用系数和运行费用系数，计算出生活垃圾治理的投资成本与运行费用。

影响城市生活垃圾产生量的因素很多，一般可以分为三大类，见表 14-2。第一类：影响城市生活垃圾产生量的内在因素，主要是指直接导致城市生活垃圾产生量变化的因素，如城市总人口数量、纳入集中收集处理服务的人口数量、居民生活水平、基础设施建设水平等。第二类：影响城市生活垃圾产生量的社会因素，主要指社会行为准则、社会道德规范、法律规章制度等，是一种外部的、间接的因素。在这些因素中，对城市生活垃圾产生量影响最大的因素是垃圾减量化、资源化措施。第三类：影响城市生活垃圾产生量变化的个体因素，主要是指垃圾产生的主体—人类本身个体行为习惯、生活方式、受教育程度等因素。一般说来，人们可以通过社会因素和某种程度的教育，改变自己的行为习惯和生活方式，进而影响垃圾产生量的变化。

表 14-2 影响城市生活垃圾产生量的指标

<table>
<tr><th>因素分类</th><th>指标分类</th><th>具体指标</th></tr>
<tr><td rowspan="13">内在因素</td><td rowspan="3">人口数量</td><td>常住人口</td></tr>
<tr><td>流动人口</td></tr>
<tr><td>人口密度</td></tr>
<tr><td rowspan="6">经济发展水平</td><td>国民生产总值</td></tr>
<tr><td>社会消费品零售总额</td></tr>
<tr><td>城市居民消费总额</td></tr>
<tr><td>城市食品类零售总额</td></tr>
<tr><td>城市居民可支配收入</td></tr>
<tr><td>三大产业发展比例</td></tr>
<tr><td rowspan="3">基础设施建设水平</td><td>城市燃气普及率</td></tr>
<tr><td>道路清扫面积</td></tr>
<tr><td>集中供热率</td></tr>
<tr><td>地理位置</td><td>气象条件</td></tr>
</table>

因素分类	指标分类	具体指标
社会因素	是否采用垃圾减量化措施	垃圾减量化率
	是否采用垃圾分类回收措施	垃圾回收利用率
	是否采用垃圾再利用措施	
个体因素	城市居民的消费习惯	
	城市居民的生活方式	
	城市居民的受教育程度	
	城市居民的宗教信仰	

以上三类因素相互影响。内在因素直接影响着城市生活垃圾产生总量与成分构成。尤其城市人口、经济发展水平、燃气普及率等，是预测城市生活垃圾产生量的关键参数。对于不同地区生活垃圾产生量研究，地理位置、气象条件等也是重要影响因子。社会因素如垃圾减量化、垃圾分类回收等政策，通过改变个人的消费习惯来减少垃圾产生，是宏观调控的重要手段。个体因素主要包括当地居民的文化消费习惯和受教育程度，直接影响人均生活垃圾产生量。根据上述分析，影响人均生活垃圾产生量的内在因素主要有经济发展水平和燃气情况等。可分别用城市居民人均消费支出和城市燃气普及率指标来表达。城市生活垃圾产生量等于城市人口与人均生活垃圾产生量的乘积。

（5）电子废物污染预测

电子废物产生量预测技术路线为：首先根据我国历年电子电器产品的消费量数据，按照趋势外推法，预测出我国未来电子产品的消费量；然后依据各类电子电器的平均使用寿命，预测出废旧电子电器产生量；再根据未来我国废旧电子电器的治理目标，制定出规划目标，计算出废旧电子电器的处理量；最后根据投资费用和运行费用系数，计算出废旧电子电器的投资和运行费用。

目前，我国已进入电子废物产生高峰期。影响电子废物产生量的主要因子有电子电器销售量及各种电子电器的使用寿命。同时，部分地区进口电子废弃物作为可再生资源，建设综合利用设施予以加工处理，这些设施也应纳入规划调查和预测范围。预测的基本思路为通过电子电器的销售量预测废弃量，即某类废旧电子电器的产生量即为该类电子电器使用寿命前的销售量。

14.4　固体废物污染防治规划编制内容

由于固体废物的种类、处理处置方式以及制定固体废物污染防治规划的部门、行政级别的不同，固体废物污染防治规划具有不同的具体内容。但总体上来讲，固体废物污染防治规划一般都包括产生量预测、防控形势分析、规划目标和指标、主要任务、重点工程和保障措施等几方面内容。

14.4.1 固体废物产生量预测

主要分析同各类固体废物产生密切相关的人口数量、经济水平、产业发展、消费习惯、产品周期等的现状和发展趋势，分析各关联因素对固体废物产生量和产生性质的影响，结合现有各类固体废物产生数据，进而测算和确定规划期间固体废物的产生量和基本性质，为后续防控需求预测和目标措施制定打下基础。侧重于固体废物环境污染防治的规划，还要对特定类型的固体废物对不同环境介质造成的压力进行测算，并将控制固体废物对周边环境造成污染的防控措施和环境介质的环境恢复措施纳入规划。

对于城市生活垃圾防治规划，首先需要掌握现有的生活垃圾产生量和清运量，同时重点了解规划区域内人口发展情况、城镇化和城乡一体化发展情况、经济和居民生活水平、能源结构变化等情况，并分析城镇人口数量、纳入城乡一体化服务的农村人口数量等因素对生活垃圾产生量的影响，分析居民生活水平等因素对垃圾成分的影响。

对于工业固体废弃物或危险废物防治规划，重点需掌握规划区域内的产业发展规模、工艺技术水平、清洁生产水平等因素对工业固体废弃物和危险废物的产量、性质和类型的影响。根据规划类型不同，所需要的数据有可能涉及城建、工信、发改、环保等多个行业主管部门的统计数据。而类似铬渣污染防治等方面的专项规划，除对铬渣本身的产量和存量进行测算外，还应当对受铬渣污染的场地、水体等情况进行调查摸底。

14.4.2 固体废物防控需求分析

主要包括已有处理处置能力分析、废物流向分析、新增处理处置设施能力预测、废物处理处置二次污染防治需求、政策措施需求分析和产业支撑需求分析等。

（1）已有处理处置能力分析

主要包括区域内的企业自有或社会化综合利用设施、贮存设施、终端处置设施的处置能力和技术水平状况、设施运行期限等。掌握处置设施数量、规模、处置废物类型、处置采用的工艺技术、服务期限等信息。

（2）废物流向分析

主要包括区域内产生的固体废物中由企业自行处置的量、进入社会化处理设施处理的量、需要进入终端处理设施的量、流入或流出区域范围废物的量等数据分析。

（3）新增处理处置设施能力预测

根据上述废物产生量、已有处理处置设施能力和服务期限、废物流向、废物性质等信息，分析需新增的综合利用设施、终端处理设施、收集转运设施的处理能力。

（4）废物处理处置的二次污染防治需求

固体废物的处理处置会伴随物质赋存形态的转变，造成水体、大气和其他类型固态污染物的排放。如填埋处置会形成污染物质在一个集中区域内的长期存在，对周边环境造成影响。因此，固体废物的处理处置要特别关注二次污染的防治问题，严格遵守国家的各项法律法规和产业政策。固体废物污染防治规划要分析预测固体废物的转运、贮存、资源化、最终处置过程中的二次污染压力和防控需求。某些同固体废物相关的规划，就是为了专项解决某类固体废物造成的二次污染问题而制定的，如持久性有机污染物防治规划中就将废弃物焚烧列为重点防控行业。

（5）政策措施需求分析

分析现有的经济政策、管理政策、法律法规、制度措施等对固体废物防控的作用和影响，分析国内外相关政策法规的发展方向，分析规划的近、中、远期目标对各类政策、法律法规和管理制度的需求。

（6）产业支撑需求分析

固体废物种类繁多，其处理技术工艺和设备需求也不尽相同，需要有配套的工程设计、施工、设备研发、制造、总成等相关的产业支撑能力配套。固体废物同时也是一种资源，不仅需要终端处置，也需要进行产业化综合利用，其处理处置方式同市场需求、行业发展、技术和产业支撑情况密切相关。如粉煤灰、废矿渣制砖技术的成熟，相关市场和行业的建立与发展，解决了大量大宗工业固体废物的处理处置问题。因此，规划需对技术发展和成熟应用情况、综合利用产品需求情况、产业设备支撑情况等进行分析。

14.4.3　规划范围和指标确定

规划范围一般根据属地管理的原则，按照不同级别的行政区域进行界定，也有根据流域或自然、产业聚集区域确定规划的范围。规划的目标和指标需要根据规划期内固体废物的产生情况及对环境的压力分析，以改善环境状况和防范环境风险为主要目的，结合规划对象的性质特点和防控规律，综合考虑多种适用防控措施后确定。

（1）规划范围

主要考虑规划区域、对象和时段。规划区域是规划在空间上的范围界定。按照不同的行政区域级别，可以划分为国家级、省级、地市级等，部分区县或者产业园区也可根据防控形势的需要制定区域内特定的固体废物或与固体废物相关的综合利用或污染防治规划。部分重点流域、水库库区等地区，结合水污染防治要求，需要确定固体废物的综合防治方案，也属于固体废物污染防治规划的一种。某些产业聚集地区，如“锰三角”地区，也会存在跨行政区域的固体废物污染防治规划。规划对象是规划对于废物种类的范围界定。可包括区域内全部的固体废物种类的综合性防控规划，或者针对生活垃圾、危险废物、工业固体废物、电子废弃物等某一特定类型废物的专项防控规划。规划时段是规划在时间范围上的界定，应明确规划编制的基准年和规划时段。如果规划期超过五年，可按近期、中期与远期进行划分。

（2）规划目标指标

规划目标阐述在规划期内所要达成的主要目的。按照目标涵盖面可分为总体目标和具体目标（分项目标），按照时间可分为近期目标、中期目标和远期目标。规划指标是规划目标的具体分项细化，有定性指标和定量指标之分，通常以定量指标为主。根据规划目的和规划任务的不同，规划指标也可细分为“设施能力建设指标”、“处理处置率指标”、“制度能力建设指标”、“监督管理指标”等。例如，《“十二五”全国城镇生活垃圾无害化处理设施建设规划》中确定的目标和指标即包含上述主要类型。

表 14-3 《“十二五”全国城镇生活垃圾无害化处理设施建设规划》目标指标

目标类型	具体指标
设施能力建设	全国城镇新增生活垃圾无害化处理设施能力 58 万 t/d；全国城镇生活垃圾焚烧处理设施能力达到无害化处理总能力的 35%以上，其中东部地区达到 48%以上
处理处置率	直辖市、省会城市和计划单列市生活垃圾全部实现无害化处理，设市城市生活垃圾无害化处理率达到 90%以上，县县具备垃圾无害化处理能力，县城生活垃圾无害化处理率达到 70%以上
制度能力建设	全面推进生活垃圾分类试点，在 50%的设区城市初步实现餐厨垃圾分类收运处理，各省（区、市）建成一个以上生活垃圾分类示范城市
监督管理	建立完善的城市生活垃圾处理监管体系

《“十二五”危险废物污染防治规划》确定的目标为：到 2015 年，基本摸清危险废物底数，规范化管理水平大幅提高，环境风险显著降低。具体指标包括：①利用处置指标：完成铬渣污染综合整治任务；持证单位危险废物（不含铬渣）年利用处置量比 2010 年增加 75%以上；市级以上重点危险废物产生单位自行利用处置危险废物基本实现无害化；设市城市（包括县级市、地级市和直辖市）医疗废物基本实现无害化处置；②设施建设和运行指标：完成《全国危险废物和医疗废物处置设施建设规划》内医疗废物和危险废物集中处置设施建设任务；《全国危险废物和医疗废物处置设施建设规划》内危险废物（不含医疗废物）焚烧设施负荷率达到 75%以上。③规范化管理指标：全国危险废物产生单位的危险废物规范化管理抽查合格率达到 90%以上，危险废物经营单位的危险废物规范化管理抽查合格率达到 95%以上。

2003 年“非典”疫情后制定的《全国危险废物和医疗废物处置设施建设规划》提出的规划目标如下：2003 年，建设一批前期基础好、具有示范作用的危险废物和医疗废物集中处置工程，2004 年，建设社区城市的医疗废物集中处置工程，2005—2006 年建设其他危险废物处置工程。同时，提高放射性废物安全收贮能力，建立危险废物和医疗废物全过程环境监管体系。到 2006 年，全国危险废物、医疗废物和放射性废物基本实现安全贮存和处置。

14.4.4 规划主要任务的确定

规划的主要任务应同规划的目标指标相匹配，能够支撑规划目标的实现，同时具有可操作性，能够进行分解落地，有明确的实施主体和责任主体。固体废物污染防治规划主要任务一般包括以下 6 个方面。

（1）源头减量化

源头减量化任务通常对应总的固体废物污染防控目标和监督管理目标等。通过从固体废物管理的前端环节入手，减少最终需要处理处置的固体废物数量，从而达到防范固体废物环境风险、保护和改善环境的目的。源头减量化任务措施随废物种类的不同而有所区别。生活垃圾的源头减量主要依靠减少过度包装、促进垃圾分类、改善能源结构等措施来实现，其中促进垃圾分类收集处理同后续生活垃圾处理设施建设和监管的关系比较密切，通常包含在相关的规划任务中；工业固体废物和危险废物的源头减量主要通过推行清洁生产、改进工艺技术、实行多级选矿和综合利用、改善贮存条件、防止废物污染周边介质等措施来实现。

《“十二五”危险废物污染防治规划》中提出了若干项危险废物源头减量任务，主要包括：选择重点行业和有条件的城市开展危险废物减量化试点工作；落实生产者责任延伸制度，开展工业产品生态设计，减少有毒有害物质使用量；在重点危险废物产生行业和企业中，推行强制性清洁生产审核；鼓励开发和应用有利于减少危险废物产生量和危害性的废水、废气治理技术等。

《“十二五”全国城镇生活垃圾无害化处理设施建设规划》中提出了推行生活垃圾分类的主要措施，包括：配备生活垃圾分类和降低厨余垃圾含水率的设施，合理配置垃圾分类收集袋、分类收集桶、分类运输车辆等；建设与垃圾分类投放相匹配的垃圾分类转运设施，对垃圾混合收集转运站进行升级和改造，建立厨余垃圾收运系统；完善以社区废品回收站为基础的再生资源回收网络建设和交易集散市场建设；建设与分类垃圾相适应的垃圾处理设施，推进建设规模化的再生资源分拣集散中心等任务。

（2）处理处置设施建设

我国城镇化和工业化发展迅速，各类固体废物产生量增长迅速，对处理处置能力的需求很大。同时由于我国固体废物污染防治工作起步较晚，固体废物处理处置基础设施长期处于不足状态，缺口较大。因此，在现阶段和未来一段时间内，加强基础设施的建设仍旧是我国固体废物环境污染防治工作的重要环节，也是各类固体废物污染防治规划的重要内容，部分固体废物污染防治规划甚至直接体现为处理处置设施的建设规划。基础设施主要包括常规的、技术成熟的规模化处理处置设施和收集、转运设施设备等，同时也可涵盖新技术、示范项目等。

《全国危险废物和医疗废物处置设施建设规划》中提出的主要设施建设内容，包括：规划建设功能齐全的综合性危险废物处置中心 31 个，新增危险废物处置能力 282 万 t/a，医疗废物集中处置设施 300 个，新增医疗废物处置能力 2 080 t/d，新、改、扩建放射性废物库 31 个，新增库容 15 300 m^3，在放射性废物安全贮存方面，全国形成“一省一库”格局。而《大宗固体废物综合利用实施方案》中提出了建设尾矿、煤矸石、粉煤灰等综合利用示范基地，建设建材梯级利用产业集群等建设任务。

生活垃圾处理设施建设方面，“十二五”规划提出新增生活垃圾无害化处理能力 58 万 t/d，其中设市城市新增能力 39.8 万 t/d，县城新增能力 18.2 万 t/d。到 2015 年，全国形成城市生活垃圾无害化处理能力 87.1 万 t/d，基本形成与生活垃圾产生量相匹配的无害化处理能力规模，其中，设市城市处理能力 65.3 万 t/d，县城处理能力 21.8 万 t/d。

（3）辅助设施建设和污染防控

辅助设施包括收集转运设施、二次污染防控设施等。辅助设施通常作为处理处置设施建设的一部分内容，进行统一规划。对于生活垃圾的收集转运设施和体系建设，通常需要规划专用的转运站，并配置相应的设备和车辆，转运站的布局和规模需要进行专业规划设计。对于危险废物的收集转运，需要具备资质的专业运输公司或废物处理处置企业来进行。

二次污染防控设施包括尾气和废气收集处理系统、污水收集处理系统、废渣固化稳定化系统和终端填埋处置系统（也属于主体设施）等。规划中一般会通过设计区域内的固体废物处理处置设施采用的技术路线（如焚烧、综合利用、填埋等）、明确处置设施的布局和选址要求、明确处理处置设施应当达到的技术要求和污染防控要求等方式，来对固体废物集中处理处置设施的二次污染防控进行宏观规划和设计。

（4）法律法规、标准、政策制定

国家、省级或部分地市制定固体废物管理规划时，通常需要考虑宏观层面、制度层面中涉及的固体废物管理问题。这需要对属于基本管理制度的法律、法规、标准等问题开展研究，适时进行调整和完善，从根本上促进和改善固体废物的管理和污染防控状况。同时，大到整个固体废物管理环境的改善，小到规划的实施、规划任务和工程的落地和有效运行，都需要财政、经济、环保等政策的跟进和配套，因此，完整的规划体系中应当包括相关的政策研究和制定。

《全国危险废物和医疗废物处置设施建设规划》中提出，制定收费政策、实施企业化运营的政策原则，按照补偿全部成本（包括收集运输成本）加合理利润的原则，制定危险废物收费政策，保证处置设施的正常运行。处置单位实行危险废物收集、运输、处置的社会化服务、企业化运营、专业化管理，符合综合利用条件的，享受综合利用优惠政策，减免相关税费。在这一原则的指导下，国家发改委、财政部、环保部等先后出台了多项关于促进危险废物处置行业产业化发展的政策措施。事实证明，这一政策的有效实施，启动了危险废物处理处置的市场，规范了市场的健康、可持续发展，成为危险废物规范化管理和处理处置的基础政策之一。

《化学品环境风险防控“十二五”规划》中提出建立健全化学品环境管理政策法规体系的任务，要求研究制定《化学品环境管理办法》及相关鉴别导则和技术规范，系统性地开展危险化学品环境管理条例研究。开展化学品筛选、环境风险评估及风险控制措施、技术、标准研究，完善化学品环境风险评估方法。制定和完善重点环境管理危险化学品及其特征污染物排放标准和监测技术规范，控制特征污染物排放。

（5）加强监管能力建设

我国经济高速发展，各类环境问题集中涌现，各类环境因子呈现复合污染的特征，加之环境保护工作长期投入不足，历史欠账明显。突出表现就是环境监管能力不强，监测、监察力量薄弱，主要力量在应对常规污染物上，对特征污染物、新型污染物、固体废物环境风险防控、突发环境事件等领域的监管和应对能力不足。因此，在现阶段，加强监管、加强能力建设仍旧是固体废物污染防治规划的主要任务。包括加强相关主管部门的监察、监测能力建设，加强监督执法工作力度，加强信息公开和公众参与程度，拓宽社会力量参与环境保护的渠道，加强宣传、培训工作等。

（6）规范、促进市场和产业发展

固体废物的处理处置离不开设计、工程、设备、运营等产业的支撑。固体废物的资源化属性和固体废物处理的产业化运行模式也决定了行业发展的市场特征。我国由于固体废物污染防控工作开展时间较短，多数同固体废物处理处置和管理运行相关的产业还处于发展培育期，某些领域的技术研发和生产制造能力尚不足以支撑国内庞大的市场需求和越来越高的环保要求，部分行业的市场运行环境和政府宏观监管还不尽完善。这些问题在相当大程度上会影响固体废物污染防控的经济社会成本以及目标的实现。因此，在固体废物污染防治规划中，可根据实际情况需要，对相关的产业支撑、市场建立和发展进行规划任务设计。

某些特定类型的固体废物污染防治规划，如静脉产业类发展规划，则直接表现为对区域内相关产业发展的指导和设计。目前国内的静脉产业发展规划一般以静脉产业园区发展规划为主。主要规划内容包括园区建设的背景与意义分析、园区发展的总体战略设计、园区发展的指导思想和原则、园区的规划目标和指标确定、园区各静脉产业发展规划、园区内部生态工业规划、园区项目规划、园区结构和功能分区、园区公用工程设计、园区环境管理和污染防治、园区的投资估算和效益分析以及制度建设和保障措施等。

14.4.5　规划重点工程筛选

工程建设是规划落实的重要抓手。固体废物基础设施建设规划、污染防控规划等一般需要进行配套的重点工程设计。狭义的工程规划设计包括市政基础设施建设、企业固体废物污染防治设施建设和改造、综合利用工程项目建设、重大设备装备制造、示范项目建设等；广义的工程规划设计还包括调查、监测等能力建设和重大的管理制度、体系建设等。同工程规划相配套的还包括投资估算和资金筹措渠道设计等。如《全国危险废物和医疗废物处置设施建设规划》中提出，“本规划中确定的国家级能力建设项目、放射性废物库，主要由国家投资建设，地方要提供必要的配套条件。承担行政代执行任务的危险废物集中处置设施、医疗废物集中处置设施，国家按照东、中、西部有所差别的原则，安排国债资金予以支持，地方要相应加大资金的投入。涉及地方的能力建设项目（如省级登记交换中心），以地方政府投资为主，国家给予必要的补助。要逐步推进危险废物和医疗废物处置产业化运营，吸引社会资金参与危险废物和医疗废物处置设施的建设。危险废物重点控制企业自建企业危险废物处置设施所需的投资，按照‘谁污染，谁治理’的原则，由企业负责筹集，政府运用排污费、贷款贴息和必要的财政性资金给予适当支持”。

14.4.6 规划保障措施制定

规划保障措施主要从政策、机制、管理等领域，分析与规划实施密切相关的节点，明确和理顺相关要求，制定具有针对性的措施，以保障规划的顺利实施。通常与固体废物污染防治规划实施具有直接关联的方面包括各利益相关方职责（政府职责、企业职责、公众职责）的确定、监督考核机制的建立、法律法规标准的完善、行业（产业）发展政策制定、经济产业环境的培育、社会公共服务的提供、资金投入模式的确定等。制定规划的保障措施应当避免面面俱到，突出针对性和可操作性。对于以区域性的固体废物污染整治和基础设施建设为主要内容的规划，应当侧重于各方职责的确定、监督考核机制的建立、资金保障措施的制定等方面，力争各项任务措施落实到位；对于固体废物污染预防类型的规划，应当侧重于法律法规标准的完善、管理预防长效机制的建立、科技产业支撑的培育等方面，做到近期与远期相结合、预防和疏导相结合，建立长期有效的污染防控体系；对于产业发展型的规划，应当侧重于政府引导作用的体现、市场环境的培育、产业发展政策的制定、服务机构平台的完善、行业规范化管理等方面。

“十二五”危险废物污染防治规划提出五项规划保障措施，包括“加强组织领导，明确落实责任”、“健全法规标准，狠抓执法监管”、“完善经济政策，加大资金扶持”、“加强宣传教育，推动社会监督”、“实施目标考核，严格责任追究”等。《“十二五”全国城镇生活垃圾无害化处理设施建设规划》也提出“完善法规标准、加强政策支持、强化监督管理、提高技术能力、加强宣传引导”等保障措施，并就规划涉及的设施建设资金来源渠道、垃圾收费政策、土地政策等关键问题进行了明确，为规划的有效实施提供了政策保障。

参考文献

[1] 赵由才，牛冬杰，柴晓利. 固体废物处理与资源化（第二版）[M]. 北京：化学工业出版社，2012.

[2] 环境保护部. 2012 年中国环境统计年报[M]. 北京：中国环境科学出版社，2013.

[3] 中国环境保护产业协会城市生活垃圾处理委员会，我国城市生活垃圾处理行业 2013 年发展综述[J]. 中国环保产业，2014（12）：17-24.

[4] 中商情报网. 2009—2012 年中国垃圾处理行业调查及发展预测报告[R]. 2009.

[5] 陶勇. 中国农村饮用水与环境卫生现状调查[J]. 环境与健康杂志，2009，26（01）：1-2.

[6] 詹歆晔，刀谞，郭怀成，等. 中国与美国环境规划差异比较与成因分析[J]. 环境保护，2009（424）：59-61.

[7] 卢静. 美国固体废物立法对我国的启示[J]. 菏泽学院学报，2013（04）：60-62.

[8] 张瑞久，逄辰生. 美国城市生活垃圾处理现状与趋势（上）[J]. 节能与环保，2007（10）：16-18.

[9] 环境商会. 美国垃圾管理机制[J]. 环境产业研究，2010.

[10] 逄辰生. 世界各国城市垃圾管理状况（一）[J]. 节能与环保，2002（10）：44-46.

[11] 刘桂芬. 美国纽约市固体废物处理 20 年规划（2006—2026）概览[J]. 上海绿化市容，2008.

[12] 许涛. 城市固体废物污染防治法律制度研究[D]. 长沙：湖南大学，2012.

[13] 陈洁，逄辰生，张瑞久. 德国城市固体废物管理与综合处理分析（上）[J]. 节能与环保，2008（09）：19-21.

[14] 谭灵芝，王国友. 德国生活垃圾焚烧处理的管理政策[J]. 世界环境，2006（03）：40-43.

[15] 杨存梅. 国外城市垃圾管理：最大可能回收和利用（他山石）[N]. 市场报，2007-06-25（8）.

[16] 董联党，顾颖，王晓璐. 日本循环经济战略体系及其对中国的启示[J]. 亚太经济，2008（2）：68-72.

[17] 贾晓楠. 日本政府制定新计划，预计 7 年后人均垃圾减排 9% [EB/OL]. http://www.China.com.cn/international/txt/2013-06/01/content-28998228.htm，2013-06-01.

[18] 李思思. 我国城市生活垃圾污染防治立法问题研究[D]. 长春：吉林大学，2010.

[19] 李卓立. 我国城市生活垃圾污染防治立法研究[D]. 赣州：江西理工大学，2011.

[20] 袁俊雅. 工业固体废物综合管理体系构建及实践初探[D]. 武汉：华中科技大学，2011.

[21] 高记. 我国危险废物管理法律制度研究[D]. 西安：西安建筑科技大学，2011.

[22] 张文艺. 我国危险废物管理的立法问题研究[D]. 长沙：湖南师范大学，2006.

[23] 孙翔宇. 我国城市固体废物污染防治的法律对策[D]. 哈尔滨：东北林业大学，2006.

[24] 环境保护部环境规划院.《全国危险废物和医疗废物处置设施建设规划》实施终期评估报告[R]. 2014.

[25] 前瞻资讯产业研究院. 2012—2016 年中国固废处理行业深度调研与投资战略规划分析报告[R]. 深圳：前瞻资讯产业研究院，2012.

[26] 曹东，於方. 经济与环境：中国 2020[M]. 北京：中国环境科学出版社，2005.

第 15 章　生态保护规划技术方法

随着人口和经济的快速增长，许多地区的生态环境正在遭受严重破坏，如水资源严重短缺，植被覆盖率低、水土流失严重，土地退化、耕地资源不足，农业生态环境恶化、自然灾害频繁，城市生态压力越来越大等。为了保护生态系统健康发展和促进社会经济与生态的协调发展，制定区域生态保护和生态修复规划尤为急迫和重要。生态保护规划是在生态环境调查与评价的基础上，通过确立区域内的重点生态保护领域和任务，来达到不同时段的生态保护目标，促进生态与社会经济的可持续发展。本章主要介绍生态保护规划的基本概念、生态保护规划方法以及 4 种主要生态保护规划内容。

15.1　生态保护规划概述

由于经济的持续快速增长及城市化水平的不断提高，大规模的基础设施建设和高物耗、高污染型的产业发展，给区域生态系统造成了强烈的生态胁迫效应，自然生态系统为人类生存与发展提供的服务功能也越来越弱。在这种自然生态系统对人类生存发展的支持和服务功能面临严重威胁的情况下，通过生态保护规划来协调人与自然环境和自然资源之间关系的方式正在日益受到人们的重视并获得迅速发展。而生态保护规划就是要在深入分析人与自然相互关系的基础上，合理规划人类社会经济活动，建立与自然和谐的资源利用与开发方式、经济发展方式与人的生活方式。因此，生态保护规划是我国实施可持续发展战略及科学发展观的重要途径。

15.1.1　生态保护规划概念

由于生态保护规划发展迅速，应用的领域和范围不断扩大，生态保护规划的概念至今尚无统一的认识。不同学科和领域对生态保护规划有不同的理解。生态保护规划产生于 19 世纪末 20 世纪初的土地生态恢复、生态评价、生态勘测、综合规划等方面的理论与实践，是在生态学自身发展与生态学思想传播的氛围中发展起来的。早期生态保护规划多集中在土地空间结构布局和合理利用方面。随着生态学的不断发展及其在社会经济各个领域的广泛渗入，特别是复合生态系统理论的不断完善，生态保护规划已不仅仅限于土地利用规划、空间结构布局等方面，而是逐步扩展到经济、人口、资源、环境等诸多方面[1，2]。因而，可以认为生态保护规划是以生态学原理为指导，应用系统科学、环境科学等多学科手段，辨识、模拟和设计生态系统内部各种生态关系，确定资源开发利用和保护的生态适宜性，探讨改善系统结构和功能的生态对策，制定生态保护与生态修复方案，促进人与环境系统协调、持续发展的规划过程与制度安排。

传统上，生态保护规划是与污染防治规划相对应的一种环境规划，侧重于生态系统的保护与修复或恢复，强调生态系统服务功能和价值的恢复。生态保护规划的实质就是以可持续发展的理论为基础，运用生态经济学和系统工程的原理与方法，对某一区域社会、经济和生态环境复合系统进行结构改善和功能强化的中长期发展和运行的战略部署，遵循生态规律和经济规律，在恢复和保持良好的生态环境、保护与合理利用各类自然资源的前提下，促进国民经济和社会健康、持续、稳定与协调发展。

15.1.2　生态保护规划类型

由于学术界对生态与环境概念理解的差异以及部门体制分割等原因，目前依然缺乏生态保护规划类型划分规范，大多是从实践角度提出的类型划分。按照规划的空间尺度、规划对象、学科方向、规划性质、规划目的可以把生态保护规划划分出多种类型：按地理空间可划分为区域生态规划、景观生态规划、生物圈保护区建设规划；按地理环境和生物生存环境可划分为海洋生态规划、淡水生态规划、草原生态规划、森林生态规划、土壤生态规划、城市生态规划、农村生态系统等；按社会科学门类可划分为经济生态规划、人类生态规划、民族生态规划等；按环境性质可划分生态建设规划、污染综合防治规划、自然保护规划等；按空间目标布置可划分为生态城市规划、生态示范区规划或生态区域规划等。

尽管生态规划有多种分类方法，但大多可以按规划的范围和层次将其分为国家生态规划、区域生态规划和部门生态规划；按宏观和微观分为区域规划和专项规划。国家规划和区域规划对地区规划和专项规划具有指导意义，而后者是前者的基础和组成。目前，我国的生态保护规划主要有区域生态保护规划、生态示范区建设规划（生态省、生态市、生态县、生态村镇建设规划等）、自然保护区建设规划、生物圈保护规划、生态功能区建设规划、生态文明建设规划、生态安全保障区规划、生物多样性保护规划、农村生态保护规划等。

15.1.3　生态保护规划原则

（1）预防为主，保护优先

坚持预防为主的方针，通过经济、社会和法律手段，落实各项监管措施，规范各种经济社会活动，防止造成新的人为生态破坏，对生态环境良好或经过恢复重建之后的生态系统进行有效保护。同时，要坚持治理与保护、建设与管理并重，使各项生态环境保护措施与建设工程长期发挥作用[3]。

（2）分类指导，分区推进

我国地域差异显著，各地自然生态环境条件、社会经济发展水平和面临的生态环境问题各不相同，需要因地制宜地采取相应对策和措施，分区、分阶段有序地开展工作。结合国家四类主体功能区和五类环境功能区的划分，引导各省优化资源配置与生产力空间布局，按照优化开发、重点开发、限制开发和禁止开发的不同发展要求，在发展经济的同时，切实保护生态环境。

（3）统筹规划，重点突破

生态环境问题成因复杂，特别是生态系统退化既有自然原因也有人为原因，许多历史遗留问题难以在短期内解决，必须进行近远期、部门间、城乡间的统筹考虑和规划。优先抓好对全国有广泛影响、对环境民生有重要意义的重点区域和重点工程，力争在短时期内有所突破，取得成功的经验后，通过制定相关政策予以推广，形成规模效应。

（4）政府主导，公众参与

生态保护是公益事业，政府应发挥主导作用，制定相关的法规、标准、政策和规划，在一些重要流域和区域由政府主导实施保护和建设。同时，生态环境与每个人息息相关，须建立和完善公众参与制度和机制，鼓励公众参与生态环境保护活动。

15.1.4 生态保护规划内容

生态保护规划一般包括以下 6 个步骤和内容[1]。

（1）生态环境现状调查

生态环境现状调查的目的在于收集规划区域内的自然、社会、人口、经济等方面的材料和数据，为充分了解规划区域的生态过程、生态潜力与制约因素提供基础。由于规划的对象与目标不同，所涉及的因素广度与深度也不同，因而生态调查所采用的方法和手段也不尽相同，主要包括实地调查、历史调查、公共参与的社会调查、遥感调查等。在生态调查中，根据生态规划的要求，往往将规划区域分成不同的单元，将调查资料和数据落实到每个单元上，并建立信息管理系统，通过数据库和图形显示的方式将区域社会、经济和生态环境各种要素空间分布直观地表示出来，为下一步的生态分析奠定基础。

对所规划区域的生态环境现状、社会经济发展资料和其他数据资料进行调查整理。充分了解规划区域的生态环境问题、可持续发展潜力及制约因素。这一过程可以利用区域现有资料，如区域经济社会发展统计年鉴、区域航空遥感资料等；也可采用社会问卷调查与实验统计等方式收集资料，然后进行分析。目前，我国已经完成了 10 年生态环境变化调查。环保、林业、国土、水利和农业等部门每年都在开展不同类型的生态系统调查。因此，在研究制定生态保护规划时应充分利用这些调查资源。

（2）生态评价分析与预测

生态分析与评价主要运用生态系统及景观生态学理论和方法，对规划区域系统的组成、结构、功能与过程进行分析评价，认识和了解规划区域发展的生态潜力和限制因素。

主要包括生态过程分析、生态潜力分析、生态格局分析、生态敏感性分析、土地质量与区位评价等。生态评价中要特别分析区域的生态敏感性，确定区域内哪些地区的经济发展潜力较大，且生态敏感性较弱，这样便能将发展与保护相结合，避免在地区开发过程中导致生态破坏。在制定一些生态补偿类型的生态保护规划时，需要评价生态服务功能价值。另外，结合区域发展趋势，分析地区发展经济活动对区域自然生态系统的影响，预测生态结构、功能的变化。分析规划区的生态适宜性、生态敏感性及生态承载力。

（3）规划目标确定

确定目标是编制生态规划的中心环节，目标的产生可能是多种形式的，既可来源于规划区域的社会经济发展目标，如提高区域经济发展水平、促进规划区域的可持续发展；也可来源于所规划区域的发展现阶段突出问题，如区域土地利用与工业发展的矛盾、区域发展与交通拥挤的问题、区域能源、资源短缺问题等。规划目标一般按规划时间的长短分为：近期目标（5 年）、中期目标（10 年）、远期目标（15～20 年）。对于生态市、生态省、生态文明示范区等生态创建型规划，规划目标通常就是实现创建生态模式的时间和指标。对于一般性的生态保护规划，要确定生态系统修复以及生态经济等规划目标。

（4）生态功能区划

生态功能区划是根据区域生态系统的结构特点及其功能，将其划分为不同的生态功能单元，研究各单元的特点、结构、环境负荷及承载力、生态服务功能，以便更好地对生态功能区进行管理和开发利用。其主要作用是为区域生态管理和生态资源信息的配置提供一个地理空间上的框架，为管理者、决策者和科学家提供以下服务：对比区域间各生态系统服务功能的相似性和差异性；以生态敏感性评价为基础，建立切合实际的环境评价标准；预测未来人类活动对区域生态环境影响的演变规律；根据各生态功能区内的资源和环境特点，对工农业的生产布局进行合理规划。

生态功能区划根据分区的目的不同，在进行分区时采用不同的技术，即形成多种多样的方法，主要方法有地理相关法、空间叠置法、主导因素法、景观制图法和定量分析法，上述分区方法各有特点，在实际工作中往往是相互配合使用的。生态功能区划应与目前国家制定的主体功能区划和环境功能区划相一致。

（5）规划方案制定

结合现状分析、评价、预测，按照基于生态敏感性、生态系统服务功能等进行的生态功能区划，应用景观生态学原理对区域生态环境提出系统的规划方案。生态保护规划方案的制定要体现尊重自然、顺应自然、保护优先等生态原则。广义的生态规划方案包括生态功能区划方案，确定生态空间格局。对于生态创建型规划，规划的方案主要是依据生态现状评价以及与生态城市建设目标之间的差距，提出实现这些目标的任务和措施。对于一般性生态保护规划，方案内容主要有生态系统保护、生态治理修复、生态经济等。

（6）规划决策分析

生态保护规划的最终目的是提出区域发展的方案与途径。生态决策分析就是在生态评价的基础上，根据规划对象的发展与要求以及资源环境及社会经济条件、分析与选择经济学与生态学合理的发展方案与措施。其内容包括：根据发展目标分析资源要求，通过与现状资源的匹配性分析确定初步的方案与措施，再运用生态学、经济学等相关学科知识对方案进行分析、评价和筛选。

15.2 生态保护规划技术方法

通常，区域生态分析评价是生态保护规划的重点内容。评价的目标是根据区域自然资源与环境状况、发展制约因素，分析规划区的生态适宜性、生态敏感性、生态承载力等，为区域生态保护规划提供依据，确定生态保护目标。因此，本节主要介绍生态保护规划中的生态评价方法。其他方法介绍详见第 5 章至第 8 章。

15.2.1 生态适宜性分析

生态适宜性是指规划区内的土地利用方式对生态要素的影响程度，是判断土地开发利用适宜程度的指标。根据不同划分对象与规划目标，可将生态适宜性分析划分为形态法、线性组合与非线性组合法、生态位适宜性模型、逻辑规则组合法等 5 类方法。

（1）生态适宜性分析的程序

刘天齐等[4]提出了土地利用生态适宜性评价的分析程序，其主要步骤如下：①明确规划区范围及可能存在的土地利用方式，根据规划要求，将规划区域划分为网格，如 1 km×1 km，明确各网格内土地或资源特性。②用一定方法筛选出对土地利用方式（或资源利用）有明显影响的生态因子及作用大小，即权重。③对各网格分别进行生态登记。④ 制定生态适宜性评价标准。根据各生态因素对给定土地利用方式的影响规律，制定出单因子评价标准，在此基础上利用合适的方法制定出多因子综合适宜性评价标准。⑤按网格给出单因子适宜性评价值，然后得出特定利用方式的综合评价值。⑥编制规划区域生态适宜性评价综合表，以及不同利用方式的生态适宜性图。

（2）生态适宜性评价因子、标准、分级的确定

选择生态适宜性评价因子要坚持两个原则：一是所选择的因子对给定的资源利用方式有较显著的影响；二是所选择的因子在网格的分布上存在较明显的差异梯度。例如，在进行公路选线规划时，就选择了坡度、地基状况、土壤性质、排水状况、景观价值等为评价因子进行适宜性评价。国内学者在进行居住地适宜性评价时，选择了大气环境质量、土地利用强度、噪声、绿化覆盖率、交通便利程度、医疗、服务便利程度等因子。

确定生态适宜性评价标准与分级。生态适宜性评价标准的制定主要依据生态因子对给定的资源利用方式的影响作用规律，以及该因子在评价区内的时空分布特点。生态适宜性评价一般划分为三级：很适宜、基本适宜、不适宜；还可划分为五级：很适宜、适宜、基本适宜、基本不适宜、不适宜。

（3）生态适宜性分析的技术方法[5]

目前，生态适宜性分析的技术方法主要有形态法、因素叠加法、线性组合与非线性组合法、生态位适宜性模型法和逻辑规则组合法等方法。

1）形态法。该方法是最早使用的适宜性分析方法，主要用于土地利用规划。其工作过程包括 4 个步骤：①根据实地调查或遥感资料、将规划区域划分为不同的同质小区，由于划分同质小区通常是根据地形、植被、土壤性质等地表特征，因此，也有人称之为景观分类法；②根据土地利用要求，制定资源利用的适宜性评估表，并定性描述每一小区的潜力与限值；③分析每一小区对某特定土地利用的适宜性等级；④根据规划目标将不同土地利用的适宜性图叠合成区域综合适宜性图。

2）因素叠加法。因素叠加法在 20 世纪初就已被人运用于规划之中，但将其首先用于生态环境规划、并发展成较为完善的适宜性分析方法的是学者 McHarg，故此也称之为 McHarg 适宜性分析方法。因素叠加法的主要特点表现在：首先根据各相关因素的潜力与限值分别分析其适宜性等级，然后各因素的适宜性叠加，以得到综合适宜性图。由于在实际操作过程中，通常先绘成单因素的适宜性等级图，再叠加适宜性等级图，所以也称为地图叠加法。其分析流程包括 5 个步骤：①根据规划目标，列出各种发展方案和措施，即在区域综合发展规划中，枚举多种方案与措施，如改善交通条件、建设交通路线、促进城镇体系发展、加强农业开发、加强自然保护、恢复区域的生态完整性等，并确定各方案措施与区域自然资源、环境的关系，建立关系矩阵。②分析各种方案与措施对资源环境的要求，并依次建立每个自然因素属性适宜性等级。③将各自然因素对特定方案与措施的适宜性空间分布特征描绘在地图上。④将各单一自然因素为基础的适宜度叠合产生区域综合自然因素对某一发展方案与措施的综合适宜性图。⑤根据规划目标建立与措施的相容性准则，与④所产生的各方案与措施的适宜性图再叠加，生成区域发展综合适宜图。

3）线性组合与非线性组合法。线性组合法评价资源环境的适宜性分析方法的流程与因素叠合法相似。①分析不同方案或措施与资源环境的关系；②根据自然因素的属性建立适宜性评价准则，区别在于适宜性等级，线性组合法适宜性是用一定的度量值来表示的，而非用颜色的深浅或序号来表示，并给每一因素依重要性赋一权重值；③将自然因素不同属性适宜性等级值与其他因素的权重相乘，其值则表示该因素不同属性的适宜性值；④综合各因素的适宜性值的空间分布特征得到综合适宜性值。

4）生态位适宜性法。模型法是指发展资源要求与需求生态位评价。区域的发展必须以资源为基础，不同的发展措施与途径的资源需求空间是不一致的。如农业生产不仅要求有合适的气候条件、地理条件与土壤条件，还要求有劳动力及其他物质的输入等，这些条件构成农业生产的资源需求空间。将区域发展对资源的需求所构成的多维空间和为区域发展的资源需求生态位，简称为需求生态位。需求生态位的主要资源维可以通过深入分析区域发展与其资源环境的关系来确定，也可以通过咨询各领域专家及当地专家，借助于专家经验来解决，需求生态位可用相关矩阵来描述。相关矩阵由发展的要求及资源条件构成，在相关矩阵中可以定性地表示其关系，也可定量地描述其要求特点。通常首先通过定性地分析确定需求生态位的资源维，再进一步分析其需求特征。发展的资源要求与现状条件的匹配，即生态适宜性评价。区域发展对资源的要求构成需求生态位，而区域现状资源也可以构成对应的资源空间，可以简称为供给生态位，两者之间的匹配关系，则反映了区域现状资源条件对发展的适宜性程度，其度量可以用生态位适宜度来估计。当区域现状资源条件完全满足发展的要求时，生态位适宜度为 1，而当资源条件不能满足其对应的资源最低要求时，生态位适宜度为 0。

5）逻辑规则组合法。该方法是指运用逻辑规则建立适宜性分析准则，再以准则为基础进行判别分析适宜性的过程。其工作流程主要包括：①确定规划方案及其有关的资源环境因素；②对资源环境因素进行分等定级；③制定适宜性评价规划；④根据规则确定综合适宜性。由于规划对象与目标不同，其规则也有差异。逻辑规划组合法通常适用于规划方案所涉及的因素不多时的情形，而且方案对资源环境的要求明确，这是因为当考虑的因素较多时，因素组合数将以几何级数迅速增加，显然是难以通过建立规则来评价适宜性的。在规划方案涉及因素较多时，为了避免组合数过多给适宜性评价造成困难，可先将因素分组分别评价，然后剔除各组中不适宜资源组合，将各组中适宜的资源组合进行综合适宜性分析。

15.2.2 生态敏感性分析

生态敏感性是指生态系统对人类活动反应的敏感程度，用来反映产生生态失衡与生态环境问题的可能性大小，可以以此确定生态环境影响最敏感的地区和最具有保护价值的地区，为生态功能区划提供依据。根据环境保护部发布的《生态功能区划技术暂行规程》，生态敏感性分析的具体要求如下：①应明确区域可能发生的主要生态环境问题类型与可能性大小。②应根据主要生态环境问题的形成机制，分析生态环境敏感性的区域分异规律，明确特定生态环境问题可能发生的地区范围与可能程度。③首先针对特定生态环境问题进行评价，然后对多种生态环境问题的敏感性进行综合分析，明确区域生态环境敏感性的分布特征。

敏感性一般分为 5 级：极敏感、高度敏感、中度敏感、轻度敏感、不敏感。如有必要，可适当增加敏感性级数。应运用地理信息系统技术绘制区域生态敏感性空间分布图。制图时，应对所分析的生态问题划分出不同级别的敏感区，并在各种生态问题敏感性分布的基础上，进行区域生态敏感性综合分区。生态敏感性分析可以应用定性与定量相结合的方法进行。在分析评价中应利用遥感数据、地理信息系统技术及空间模拟等先进的方法与技术手段。

生态敏感性具体分析主要包括：①土壤侵蚀敏感性。以通用土壤侵蚀方程（USLE）为基础，综合考虑降水、地貌、土壤地质等因素，运用 GIS 来评价土壤侵蚀敏感性及其空间分布特征。②沙漠化敏感性。用湿润指数、土壤质地及起风沙的天数等因素来评价沙漠化敏感性程度。③盐渍化敏感性。土壤盐渍化敏感性是指旱地灌溉土壤发生盐渍化的可能性。根据地下水位划分敏感区域，再采用蒸发量、降雨量、地下水矿化度与地形等因素划分敏感性等级。④石漠化敏感性。可根据是不是喀斯特地貌、土层厚度以及植被覆盖度等进行评价。⑤酸雨敏感性。可利用区域的气候、土壤类型与母质、植被及土地利用方式等来进行评价。

15.2.3 生态承载力分析

生态系统如同生命体一样，有自我维持和自我调节能力，在不受外力与人为干扰的情况下，生态系统可保持自我平衡状态，其变化的波动范围在可自我调节范围内，这在生态学上称做稳态。如果系统受到干扰，且当干扰超过系统的可调节能力或可承载能力范围时，则系统平衡会被破坏，系统开始瓦解。生态承载力是指生态系统的自我维持、自我调节能力，资源与环境子系统的供容能力及其可维育的社会经济活动强度和具有一定水平的生活数量。

目前常用的生态承载力研究方法主要有：生态足迹法（EFP）、资源与需求差量法、自然植被净初级生产力（NPP）估测法、碳足迹法等。其中，生态足迹法、NPP 法有较多的应用。本节以生态足迹法为例进行介绍。

（1）生态足迹的概念

生态足迹（ecological footprint，又译作生态占用）是由加拿大环境经济学家 William 和其学生 Wackernagel 教授以及 Wada 博士于 20 世纪 90 年代提出的一种基于生物物理量来度量评价可持续发展程度的概念和方法。生态足迹法的设计思路是：人类要维持生存，必须消费各种产品、资源和服务，人类的每一项最终消费的量都可以追溯到提供生产该消费所需的原始物质和能量的生态生产性土地的面积上。所以，人类系统的所有消费，理论上都可以折算成相应的生态生产性土地的面积，也即人类的生态足迹。因此，Mathis Wackernagel、William Eress[6]给出的生态足迹定义为：任何已知人口（某个人、一个城市或一个国家）的生态足迹是生产这些人口所消费的所有资源和吸纳这些人口所产生的所有废弃物所需要的生态生产性土地的总面积。生态足迹既代表既定技术条件和消费水平下特定人口对环境的影响规模，又代表既定技术条件和消费水平下特定人口为持续生存下去而对环境提出的要求。

（2）生态足迹的计算方法

生态足迹的计算基于以下两点：①人类所消费的资源和排放的废物是能够被追踪，并找到相应的生产区域和消纳区域。由于全球化和国际贸易的发展，如何追踪其具体的生产和消纳区域还需要大量的科学研究。②大多数被消费的资源和排放的污染可以被转化为提供或消纳它们的具有生态生产力的陆地或水域面积。

生态足迹计算过程就是用以人类消费和污染消纳所消耗的各种资源（如粮食、经济作物、能源等）的区域消费量除以区域单产量，以此可得到各类生态生产性土地的区域生态足迹的占用面积。但由于各个地区生态生产力各不相同，因此必须乘以产量调整因子后才得到各类土地的全球生态足迹的占用面积，通常用公顷表示。又由于每一类土地类型的生产力不同，因此将每类土地的面积分别乘以各自的等价因子之后，将各类等价土地面积加和，即可得到某特定区域的生态足迹的值[7]。生态足迹的具体计算步骤如下：

第一步，生物生产面积及其均衡化处理。在生态足迹计算中，各种资源和能源消费项目被折算为耕地、草场、林地、建筑用地、化石能源土地和海洋 6 种生物生产面积类型。耕地是最优生产力的土地类型，提供了人类所利用的大部分生物能量；草场的生产能力比耕地要低得多；化石能源土地是人类应该留出用于吸收 CO_2 的土地，但事实上人类并未对这块土地作出预留。出于对生态经济研究的谨慎性考虑，在生态足迹的计算中，考虑了 CO_2 吸收所需要的化石能源土地面积。由于人类定居在最肥沃的土壤上，因此，建筑用地面积的增加意味着生物生产量的损失。

由于这 6 类生物生产面积的生态生产力不同，要将这些具有不同生产力的生物生产面积转化为具有相同生态生产力的面积，以汇总生态足迹和生态承载力，需要对计算得到的各类生物生产面积乘以一个均衡因子，即

$$r_k = d_k / D \ (k = 1,2,3,\cdots,6) \tag{15-1}$$

式中，r_k——均衡因子；

d_k——全球第 k 类生物生产面积类型的平均生态生产力；

D——全球所有各类生物生产面积类型的平均生态生产力。

采用的均衡因子分别为：耕地、建筑用地为 2.8，森林、化石能源土地为 1.1，草地为 0.5，海洋为 0.2。

第二步，确定人均生态足迹分量。

$$A_i = (P_i + I_i + E_i)/Y_i N \ (i = 1,2,3,\cdots,n) \tag{15-2}$$

式中，A_i——第 i 种消费项目折算的人均生态足迹分量，hm^2/人；

Y_i——生物生产土地生产第 i 种消费项目的年（世界）平均产量，kg/（$hm^2 \cdot a$）；

P_i——第 i 种消费项目的年生产量，kg/a；

I_i——第 i 种消费项目的年进口量，kg/a；

E_i——第 i 种消费项目的年出口量，kg/a；

N——人口数。

需要注意的是，在计算煤、焦炭、燃料油、原油、汽油、柴油、热力和电力等能源消费项目的生态足迹时，需将这些能源消费项目转化为化石能源土地面积，即采用化石能源的消费速率来估计自然资产所需的土地面积。

第三步，计算生态足迹。

$$ef = \sum r_j / (P_i + I_i - E_i) / (Y_i N) \ (j = 1,2,3,\cdots,6; i = 1,2,3,\cdots,m) \tag{15-3}$$

第四步，计算生态承载力。在生态承载力的计算中，由于不同国家或地区的资源禀赋不同，不仅单位面积耕地、草地、林地、建筑用地、海洋等指标的生态生产能力差异很大，而且单位面积同类生物生产面积类型的生态生产力差异也很大。因此，不同国家和地区同类生物生产面积类型的实际面积是不能进行直接比较的，需要对不同类型的面积进行标准化。不同国家或地区的某类生物生产面积类型所代表的局地产量与世界平均产量的差异可用“产量因子”来表示。某个国家或地区某类土地的产量因子是其平均生产力与世界同类土地的平均生产力的比率。同时，出于谨慎考虑，在生态承载力计算时应扣除 12%的生物多样性保护面积。

$$E_c = a_j r_j y_j \ (j = 1,2,3,\cdots,6) \tag{15-4}$$

式中，E_c——人均生态承载力；

a_j——人均生物生产面积；

r_j——均衡因子；

y_j——产量因子。

第五步，确定生态赤字与生态盈余。区域生态足迹如果超过了区域所能提供的生态承载能力，就出现了生态赤字；如果小于区域的生态承载能力，则表现为生态盈余。区域的生态赤字或生态盈余，反映了区域人口对自然资源的利用状况。

15.2.4 生态价值评估方法

区域生态系统服务功能价值可以按下式进行估算：

$$V_t = \sum_{i=1}^{n} V_i \qquad V_i = \sum_{i=1}^{n} P_i A_i \tag{15-5}$$

式中，V_t——区域内生态系统服务功能总值；

V_i——第 i 类生态系统的服务功能价值；

P_i——第 i 类生态系统的服务功能的单位面积价值；

A_i——第 i 类生态系统的面积。

常用的测算生态系统服务功能的方法有：直接市场法、间接市场法以及模拟市场法。具体的方法介绍详见第 9 章。

（1）直接市场法

直接市场法是一种最典型的方法，主要包括：①支出费用法。以人们对某种生态服务功能的指出费用来表示其生态价值。②市场价值法。这种方法的基本依据是生态服务功能可以作为经济的一个基本投入生态要素，因此，生态服务功能的变化会导致生产率的变化，这种变化的价值可以用市场价格来计算，从而作为生态环境服务功能变化的价值。③机会成本法。由于资源是有限的，选择了一种使用方式，就会放弃其另一种使用方式，将某种资源的其他使用方式中所获得的最大经济效益称为该自然资源的机会成本。因此当某些资源的价值不能估算时，机会成本法便是一种很有用的估算方法。④影子工程法。当生态环境受到污染或破坏时，若人工建造一个替代工程来代替原来的生态环境功能，则建造新工程所需的费用，便可以用来估算生态环境遭到污染或破坏所带来的最低经济损失。⑤防护费用法。个人对生态环境服务功能的最低评价，可以从个人在自愿的基础上，为保护某种生态环境服务功能而承担的费用中获取，这种方法叫做防护费用法。如果某人愿意承担这种防护费用，那么该费用就是这类生态环境服务功能的最低隐含价值。⑥人力资本法。若某种生态环境服务功能损失造成了人体健康或劳动能力的损害，那么便可以用人体健康的损害来估算这种生态环境服务功能的价值。

（2）间接市场法

间接市场法主要是在不能直接应用直接市场法的情况下，通过一种模拟的、替代的市场计算生态服务价值的方法，主要包括：①旅行费用法。某些生态环境服务功能通常情况下是不需要费钱就能够享受的，但是要享受这些生态环境服务功能需要花费旅行费用，因此可以通过计算旅行费用，来评估这些生态环境服务功能的价值。②享乐价值法。如果人们是理性的，那么他们在选择居住环境时，便会考虑周围生态环境对房产价格的影响，因此，便可用由于房产周围环境变化而引起的房产价格的变化来估算周围环境的价值。

（3）模拟市场法

模拟市场法也称条件价值法、问卷调查法、投标博弈法等。它以支付意愿来衡量生态环境服务功能的价值。条件价值法是从消费者角度出发，假设某种生态环境服务功能存在市场交换，通过问卷调查，来获得消费者对该生态环境服务功能的支付意愿，最后综合所有被调查者的支付意愿，即可得到某类生态环境服务功能的市场价值。

15.2.5 生态功能区划方法

生态功能也称生态系统服务功能，是指自然生态系统及其过程所提供的能够满足和维持人类生存需要的条件和效应。生态功能区划是指根据区域生态环境要素、生态环境敏感性以及生态服务功能的空间分异规律，将区域划分成不同生态功能区的过程。其目的是明确区域生态环境特征、生态系统服务功能重要性与生态环境敏感性空间分异规律，确定区域生态功能分区，为制定生态环境保护与建设规划、维护区域生态安全、促进社会经济可持续发展提供科学依据，为环境管理和决策部门提供管理信息和管理手段，在参与政府管理、指导生态保护和规范生态建设中发挥重要的作用[8, 9]。生态功能区划已经成为各种生态保护规划的基础和重要内容[10]。

（1）生态功能区划原则

生态功能区划主要遵循以下原则：①分异原则。生态系统是由不同生态子系统相互组合、在空间上连续分布的整体，其内部结构、功能和过程具有分异特征，以此差异为依据将生态系统划分为不同的生态单元。②主导因素原则。主导因素是影响区域发展的主要环境因子，对整个生态系统的发展和演替起着主导作用，在进行生态区划时，要依据影响各生态区分异的主导因素进行区划。③主导功能原则。一定地理空间内往往具有多种生态服务功能，生态功能的确定应以生态系统的主导服务功能为主。在研究对象的空间尺度较小时，往往最主要的功能一致，此时以次主要生态功能为依据来进行划分。④定性与定量相结合原则。单纯的定量方法可能导致忽视各因子间的生态作用，在对某个生态因子进行评价时，需要定量分析才能准确得到该因子对生态系统影响程度的空间差异，而对生态相似的地域单元进行归类分区时，则需要在重点把握主导因子的基础上结合定量分析方法，以提高生态功能区划的效率。⑤可持续发展原则。可持续发展包含生态、经济、社会全方位的可持续发展，生态功能区划必须以区域的生态环境与社会经济的可持续发展为目标。一方面，社会经济发展是生态保护的前提条件，生态功能区划要服务于区域经济的可持续发展，满足社会经济发展的需要；另一方面，生态功能区划必须有利于生态环境保护和生态系统的良性发展，促进土地资源的合理开发利用，避免资源的盲目开发与环境破坏，增强区域经济发展的生态环境支撑能力。⑥可操作性原则。由于区域的土地资源、环境管理和建设往往要通过一定的行政单位来实施，为使区划结果在资源环境管理中具有可操作性，生态功能区的划分应当尽可能保证行政边界的完整性。

（2）生态功能区划依据和步骤

目前，我国已经发布《全国生态功能区划》和《全国主体功能区划》，环境保护部也正在编制《全国环境功能区划纲要》。这些都是地方生态功能区划的主要依据。不同层次的生态功能区划单位，其划分依据是不同的：一级生态功能区的划分，应以国家主体功能区划和环境功能区划为基础，同时根据区域自然资源分布以及生态环境自身特点进行适当调整；二级生态功能区的划分，主要以区域生态系统类型和生态服务功能类型为依据；三级生态功能区的划分则以生态服务功能的重要性、区域生态环境敏感性等指标为主要依据。

生态功能区划的主要步骤为：①根据主导因素原则，对生态主导因子（海拔、坡度、坡向、土壤有机质、土壤侵蚀强度、水源条件）进行分析，根据可操作性原则将行政村作为生态功能区划分的地域单元，评价主导生态因子对各地域单元的影响程度；②依照各生态主导因子的分类排序，综合评价各地域单元的生态性状，并结合生态系统服务功能评价结果，进一步考察分析各地域单元的生态性状，将生态相似的地域单元归类分区；③结合各分区的总体地貌特征、土地利用现状、生态结构及人类干扰状况确定其为某生态性状的生态功能区，分析各生态功能分区特征，并根据其生态性状和区域发展需求，提出生态功能区的主要发展方向。

（3）生态功能区划方法

更为详细的生态功能区划方法见第 6 章。目前，采用的主要方法有：①地理相关法，即运用各种专业地图、文献资料和统计资料对区域各种生态要素之间的关系进行相关分析后进行分区。该方法要求将所选定的各种资料、图件等统一标注或转绘在具有坐标网格的工作底图上，然后进行相关分析，按相关紧密程度编制综合性的生态要素组合图，并在此基础上进行不同等级的区域划分或合并。②空间叠置法。主要以各个分区要素或各个部门的和综合的分区（气候区划、地貌区划、植被区划、土壤区划、农业区划、工业区划、土地利用图、林业区划、综合自然区划、生态地域区划、生态敏感性区划、生态服务功能区划等）图为基础，通过空间叠置，以相重合的界限或平均位置作为新区划的界限。在实际应用中，该方法多与地理相关法结合使用，特别是随着地理信息系统技术的发展，空间叠置分析得到越来越广泛的使用。③主导标志法。该方法是主导因素原则在分区中的具体应用。在进行分区时，通过综合分析确定并选取反映生态环境功能地域分异主导因素的标志或指标，作为划分区域界限的依据。同一等级的区域单位即按此标志或指标划分。当然，用主导标志划分区界时，还需用其他生态要素和指标对区界进行必要的订正。④景观制图法。主要应用景观生态学的原理编制景观类型图，在此基础上，按照景观类型的空间分布及其组合，在不同尺度上划分景观区域。不同的景观区域其生态要素的组合、生态过程及人类干扰是有差别的，因而反映着不同的环境特征。例如在土地分区中，景观既是一个类型，又是最小的分区单元，以景观图为基础，按一定的原则逐级合并，即可形成不同等级的土地区划单元。⑤定量分析法。主要针对传统定性分区分析中存在的一些主观性、模糊不确定性缺陷，一些数学分析的方法和手段逐步被引入到区划工作中，如主分量分析、聚类分析、相关分析、对应分析、逐步判别分析等一系列方法均在分区工作中得到广泛应用。在实际工作中往往是定性与定量方法相互配合使用的，特别是基于生态系统功能区划对象的复杂性和 GIS 技术的迅速发展，在空间分析基础上将定性与定量分析相结合的方法在生态功能分区中得到了广泛应用。

（3）生态功能区划等级

生态功能区划一般采用定性分区和定量分区相结合的方法进行分区划界，生态功能区划分为三个等级[9]（表 15-1）。首先是从宏观上进行的生态区划，即以自然气候、地理特点与生态系统特征划分自然生态区；其次是在生态功能区的基础上，明确关键及重要生态功能区，其中，边界的确定应考虑利用山脉、河流等自然特征与行政边界；最后是生态亚区区划，根据生态服务功能、生态环境敏感性评价划分生态亚区。

表 15-1 生态功能区划等级系统

<table>
<tr><th>等级区</th><th>名称</th><th>分区指标</th><th>主要类型</th><th>次要类型</th></tr>
<tr><td rowspan="6">一级区</td><td rowspan="6">生态区</td><td rowspan="6">地形
地貌
气候特征</td><td rowspan="3">山地区</td><td>高山山地区</td></tr>
<tr><td>中山山地区</td></tr>
<tr><td>低山山地区</td></tr>
<tr><td>丘陵区</td><td></td></tr>
<tr><td>平原区</td><td></td></tr>
<tr><td>荒漠区</td><td></td></tr>
</table>

等级区	名称	分区指标	主要类型	次要类型
二级区	生态功能区	生态系统类型 生态系统服务功能类型	生态保护区	自然保护区
				风景名胜区
				森林公园
				生态功能保护区
				生态敏感控制区
			生态缓冲区	
			资源开发区	农田开发区
				放牧区
				水产养殖区
				商品林开发区
			建设开发区	工矿区
				城市居民区
				农村居民区
				商业区
				混合区
三级区	生态功能亚区	生态服务功能重要性 生态环境敏感性 生态环境问题	自然保护区	湿地自然保护区
				森林保护区
				野生动物保护区
			风景名胜区	
			森林公园	
			生态功能保护区	水源涵养保护区
				防风固沙区
				海岸带保护区
				生态多样性保护区
				生态公益林区
			生态敏感控制区	洪水调蓄控制区
				水土流失敏感控制区
				营养物质控制区
				酸雨敏感控制区
				热鸟敏感控制区
				地下水漏斗控制区
			农田开发区	
			放牧区	
			水产养殖区	
			商品林开发区	
			工矿区	
			城市居民区	
			农村居民区	
			商业区	
			混合区	

15.3 区域生态保护规划

15.3.1 区域生态保护规划概述

生态学在区域规划中的应用研究已有较长的历史。生态规划是指从与自然和谐出发共同设计人类活动的规范和安排。区域生态保护规划是一种针对日益严重的区域生态环境问题，提出生态安全格局、资源合理开发利用、生态环境保护和生态建设的策略。区域生态保护规划遵循系统整体优化原理，综合考虑规划区域内城乡生态系统和自然生态系统的相互作用和动态过程，是促进区域经济与环境协调发展的战略决策的一种重要实现手段[11]。区域生态保护规划主要根据区域可持续发展的要求，运用生态规划的方法，合理规划区域资源开发与利用途径以及社会经济的发展方式，寓自然系统环境保护于区域开发与经济发展之中，使之达到资源利用、环境保护与经济增长的良性循环，不断提高区域的可持续发展能力，实现社会经济发展与自然过程的协同进化[12, 13]。

区域生态规划与生态规划相比，其内涵更强调区域性、协调性和层次性。区域生态规划通过识别区域复合生态系统的组成与结构特征，明确区域内社会、经济及自然亚系统各组分在地域上的组合状况和分异规律，调控人类活动与自然生态过程的关系，从而实现资源综合利用、环境保护与经济增长的良性循环。

区域生态保护规划的理论基础是区域复合生态系统理论[11]。任何生态系统，包括自然生态系统、人工生态系统和自然人工生态系统，都是复合生态系统，特别是作为人工生态系统的城市生态系统，具有极其明显的复合生态系统结构特征。这种复合生态系统以人的行为为主导、以自然环境为依托、以资源流动为命脉、以社会经济体制为调节器，把各种物理网络、精神网络、经济网络、社会网络和文化网络通过有形和无形的联系交织在一起，各自构成相应的社会、经济和自然亚系统。

在区域复合生态系统中，社会生态亚系统以人口为中心，包括基本人口、服务人口、抚养人口、流动人口等，以满足城市居民的就业、居住、交通、供给、文娱、医疗、教育及生活环境等需求为目标，为经济系统提供劳力和智力。人口系统对生态系统的影响主要体现在两个方面：一是人口数量的增加或者减少本身就是生态系统负荷或生态足迹的变化，二是城镇化过程形成单位人口对生态足迹需求的增加。

在区域复合生态系统中，经济生态亚系统以资源为核心，由工业、农业、建筑、交通、贸易、金融、信息、科教等子系统组成。它以物资从分散向集中的高密度运转、能量从低质向高质的高强度集聚、信息从低序向高序的连续积累为特征，使经济再生产过程成为城市生态系统的中心环节，经济结构也成为城市生态系统的主要营养结构。在城市经济结构中，涉及工业结构、能源结构、资源结构、交通结构和农业结构 5 个方面，其中以工业结构和能源结构对城市的发展最为重要。

在区域复合生态系统中，自然生态亚系统以生物结构和物理结构为主线，包括绿色植物、动物、微生物等与环境系统所建立起来的营养关系，构成了自然生态亚系统的营养结构，它在人类出现以前就已形成。该地区的地貌特征、给排水条件、地质构造以及气候条件等自然因素严重影响着城市的构型。因此，自然生态亚系统以生物与环境的协同共生及环境对城市活动的支持、容纳、缓冲及净化为特征。

15.3.2　区域生态保护规划主要内容

根据区域自然环境特征和社会经济发展状况，将区域划分为不同的功能单元，为实施区域空间管制提供依据。对每个功能区的特点、发展的优势和不利因素进行评价，明确各功能区的发展方向和布局。根据区域特点及可持续发展目的与要求的不同，区域生态规划包含了不同的生态建设领域，要在总体发展目标下分别制定各领域的发展规划[1]。

（1）区域土地利用和生态用地规划[1, 14]

土地利用规划方案是土地用途的空间安排以及一套使它实现的行动建议。土地利用规划是土地利用结构和布局的优化配置。在区域土地资源调查和土地利用现状分析的基础上，根据土地生态适宜性评价结果，确定规划期各类用地的布局和分区规划。在传统的土地利用规划中，往往强调经济活动和生活环境的用地需求和规划，忽视维持生态系统平衡和健康的生态用地规划。因此，区域生态规划中首先要通过土地功能确定生态用地规划。目前，我国已经发布和实施了《全国主体功能区规划》，大部分省市区也制定了地区主体功能区规划。13 个省市区正在制定环境功能区规划。因此，可以通过主体功能区和环境功能区规划落实生态用地规划。

（2）区域产业发展与布局规划

从生态产业的要求出发，对产业链的结构和关系进行详细的设计和分析评价，提出产业和绿色产品的具体要求。按照合理配置资源、优化地域经济结构的原则，对区域的生产特点、产业结构和地域分布进行分析，根据未来市场的需求，对照当地生产发展条件，在充分评价产业发展的优劣势及对生态环境的影响基础上，确定重点发展的产业部门和行业以及重点发展区域。同时，根据循环经济、生态产业和清洁生产的要求，在区域内重点提出循环经济园区、生态工业园区以及生态农业园区等产业发展规划要求，对现有产业提出循环经济和生态产业改造的要求，实现区域经济和产业的生态化和循环化。

（3）区域生态城镇发展规划

城镇作为生态环境最脆弱的人类聚居区，在发展过程中出现的生态环境问题已经受到了广泛的关注。面对日趋严重的“生态困境”，建设生态城镇已经成为人类社会发展的历史必然。人类在建城活动中的生态思想经历了生态自发、生态失落、生态觉醒、生态自觉几个阶段，这种变迁反映了不同社会发展时期人类建城的价值取向，实际上也是人类对理想城镇探求的过程[15]。生态城镇不仅仅是城镇，也不仅仅是生态，它已经超越了原始生态的概念成为泛生态的概念，城市也超越了原来城市的概念成为一个更加泛化的概念[16]。生态城镇的规划要考虑自然、社会、经济这 3 个基本要素。

生态城镇发展规划的基本目标是在城镇中体现出良性的生态系统，实现城镇人居环境和自然生态系统的和谐。有效的生态城镇发展规划要能维持居民生活质量的改善和提高，同时又尽量减少资源的输入和废弃物的输出。要从单个建筑物水平、街道和社区水平、城镇水平 3 个层次上分别进行详细的规划，并对规划从生态风险和政策风险方面进行评估和检验[1]。生态城镇发展规划内容主要包括：①根据城镇的生态环境承载力提出城镇体系的发展战略和总体布局；②各城镇的性质和发展方向，以及各城镇之间的分工与协作，强调生态系统之间的协调；③城镇体系空间结构和规模布局，特别是生态空间布局；④重点发展的城镇及建设规模和方向；⑤城镇基础设施建设，要按照人口和社会经济发展的要求，预测未来对各种基础设施的需求，包括生产性基础设施（如交通运输、邮电通信、供水、排水、供电、仓储等）和社会性基础设施（如教育、文化医疗、商业、园林、绿化、金融等）两大类。

（4）区域环境保护规划

环境保护规划是人类为使环境与经济和社会协调发展而对自身活动和环境所做的空间和时间上的合理安排。环境规划的主要目的是指导人们进行各项环境保护活动，从整体上、战略上和统筹规划上来研究和解决环境问题。区域环境保护规划是指调查、评价和预测一个地区的环境因经济发展所引起的变化，根据生态学原则提出以调整工业部门结构以及安排生产布局为主要内容的环境保护及改造和塑造环境的战略布署。区域环境保护规划主要内容包括：①研究区域环境各要素的特征，根据环境质量的评价结果，找出各个区域环境和各个环境要素存在的现实问题；②进行区域环境预测，根据区域各个时期的不同要求和目标，预测环境发展的趋势；③针对各种环境问题，制定和选择区域不同的环境规划方案和目标，提出区域环境功能分区方案和落实措施；④提出具体的区域环境保护措施，包括水、大气、固体废弃物、土地和生物多样性等方面。

（5）区域生态系统保护和修复规划

鉴于区域生态系统的复合型和系统性特点，区域生态保护规划要对区域内重要生态系统提出保护和修复的规划安排。主要包括：①森林保护规划。以增加森林面积为重点，确保森林覆盖率目标实现。采取重点生态工程带动、激励社会力量广泛参与等措施，通过加快宜林地造林绿化，加强生态脆弱区的生态治理，有针对性地规划和实施退化林地修复工程等，增加森林面积，为实现森林覆盖率目标、建设现代林业和生态文明提供基础保障。②草地保护规划。着眼于草原生态环境的整体改善和草原地区经济可持续发展，确定各个区域保护建设的重点和合理利用的措施。突出草原的生态功能，加强草原的资源管理和有效保护。根据草原存在的主要问题，找准突破口，对重点区域实施重点项目建设，通过重点建设带动全面保护，以全面保护巩固建设成果。把草原生态保护建设与生产发展、农牧民增收和脱贫致富紧密结合起来，力求生态效益、社会效益和经济效益协调统一。③湿地保护规划。主要以落实《中国湿地保护行动计划》和《全国湿地保护工程规划（2002—2030

年)》等的要求，对我国湿地实施抢救性保护。以保护与恢复工程为重点，加强对自然湿地的保护监管，努力恢复湿地的自然特性和生态功能，初步扭转自然湿地面积减少和功能下降的局面。④自然保护区保护规划。主要是加大实施自然保护区规范化建设和管理的经费投入，优化自然保护区空间布局，完善自然保护区管理评估制度，构建“天地一体化”的自然保护区监控体系。探索建立自然保护区工作考核和责任追究制度，提升自然保护区建设和监管水平。自然保护区保护规划通常要覆盖国家和地方两级的自然保护区，以及森林、草原、湿地、湖泊、荒漠等多种类型的自然保护区。

15.3.3 区域生态保护规划保障措施

（1）加强资源开发的生态环境监管[3]

严格控制破坏地表植被的开发建设活动，防治水土流失，重点控制农牧交错区的土地退化和草原沙化，在自然环境恶劣和生态环境超载的地区，加快实施移民搬迁。对资源开发活动的生态破坏状况开展系统的调查与评估，制定全面的生态恢复规划和实施方案，针对矿山、取土采石场等资源开发区、地质灾害毁弃地和塌陷地、大型工程项目建设区的裸露工作面开展生态恢复。加强生态恢复工程实施进度和成效的检查与监督，及时公布检查评估状况。加强对尾矿、矸石、废石等矿业固体废物及其贮存设施的监督管理，防止环境事故发生。

规范水资源开发行为，协调好生活、生产、生态用水，流域水资源开发利用规划要全面评估工程项目对流域和区域生态环境的影响，引导经济社会发展与水资源条件相适应，维持健康的水生态系统。在干旱与半干旱地区建设水坝和调水工程，要充分考虑生态用水需要。严格控制地下水开采量，地下水已严重超采的地区，应严禁新建取用地下水的供水设施，并逐步减少地下水取水量。在西部和北方水资源短缺地区，要严格限制高耗水产业发展。

强化旅游开发活动的生态环境保护工作，加大旅游区环境污染和生态破坏情况的检查力度，做好旅游规划中有关环境影响评价的审查、指导和督促。重点加强对生态敏感区域旅游开发项目的环境监管，建立健全地方性的规章制度、标准和考核办法，规范旅游开发活动，开展生态旅游试点示范。广泛开展宣传、教育、培训等活动，提高公众的旅游生态环境保护意识。

（2）提高生物多样性履约和管理能力

实施《全国生物物种资源保护与利用规划》，全面调查全国物种及遗传资源本底、物种及遗传资源的传统知识与适用技术，开展相关鉴别、整理和编目工作；建设物种及遗传资源数据库和信息系统，构建物种及遗传资源保护与持续利用信息共享平台；完善相关的法规政策及管理制度，加强进出境查验，控制物种及遗传资源的流失；开展生物物种资源保护和管理宣传教育；继续做好生物物种资源就地和迁地保护，加强对现有设施的管理。

建立科学有效的外来物种防治措施、协调管理和应急机制。对外来物种进行全面调查，开展外来入侵物种对生物多样性和生态环境的影响研究。加强对转基因生物体、病原微生物的监控管理，努力将转基因生物及其产品在生产、转运、销售和使用过程中对生物多样性、人类健康及生态环境的可能影响降到最低水平。

做好《生物多样性公约》和《生物安全议定书》履约工作，进一步完善国内履约机制，完成生物多样性履约国家报告和生物安全议定书履约国家报告，编写《生物多样性公约》要求的各专题报告。推动地方建立生物多样性保护协调机制，与国外相关机构密切合作，推动有关国际合作项目的顺利实施，制定和完善遗传资源保护与管理标准、规范。建立政府、科研单位和相关生物技术企业的信息交流机制，使我国生物多样性的资源优势尽快转化为经济效益。

（3）重视生态敏感区和脆弱区保护

在全国生态环境现状调查工作的基础上，系统调查我国典型生态敏感区和脆弱区的类型与空间分布，明确这些区域生态环境的特点和面临的主要问题，编制《生态脆弱区保护规划》，将生态脆弱区纳入国家主体生态功能区中的限制开发区，执行相应的环境经济政策和环境保护要求。启动生态环境监测及现状评价工作，将生态监测和评价纳入日常监管工作，并明确相应的生态保护内容。各级环保部门要会同有关部门优先在生态敏感区和脆弱区分期划定一批禁采区、禁垦区、禁伐区和禁牧区。在生态敏感区和脆弱区加强环境污染控制，特别是加强危险化学品和危险废物的管理。

15.4 生态示范区建设规划

15.4.1 生态示范区建设规划概述

一般来说，生态示范区是以生态学和生态经济学原理为指导，以协调经济、社会发展和生态保护为主要对象，统一规划，综合建设，满足特定生态示范建设目标指标要求，实现生态良性循环、社会经济健康持续发展的特定区域。生态示范区是一个相对独立、对外开放的社会—经济—自然复合生态系统[17]。生态示范区建设是一项很重要的环境保护工作，主要是依靠地方政府，站在可持续发展的战略高度，积极吸纳国家提供的技术指导和国内外生态建设的先进模式与信息，通过典型示范区的建设，探索出一条既可促进社会经济持续发展，又可保护好环境和资源的路子。生态示范区创建是实现区域社会经济可持续发展的有益探索，代表了当今全球环境与经济建设紧密结合、实现生态文明的一种发展方向。同时，也是环境保护工作在实践领域的深化，从一个新的高度开拓了保护生态环境的新领域。我国从 20 世纪 90 年代就开始创建多种类型的生态示范区。

生态示范区建设规划[18]是面向已被环保部作为生态示范区的试点地区，对人类社会、经济活动和改善生态环境的活动做出时间和空间的合理安排。其时间范围为 5～15 年，空间范围即是被确定为生态示范区的行政单元。生态示范区建设规划关系到生态示范区建设试点地区的发展方向，也关系到生态示范区建设的成败和前途命运，因此意义重大。生态示范区建设有 4 个基本环节：①要根据当地的实际情况，制定生态环境保护与社会经济发展相协调的生态示范区建设规划；②由当地人大、政府审议通过该规划，使规划具有法律和行政的约束力，保证能将生态建设融入当地的社会经济整体发展之中；③在统一规划的前提下，制定落实规划的年度计划，将建设指标分解到各部门，将各项建设任务落实到有关单位，使建设规划与各部门的工作有机结合起来，融为一个整体，将生态示范区建设有效地落实到各项工作之中；④要对建设目标和建设任务的进展及完成情况进行动态管理，及时组织检查、评比和阶段性验收，以保证生态示范区建设工作的顺利进展。

生态示范区建设规划编制需要坚持以下 6 个基本原则[17, 18]：①环境效益、经济效益、社会效益相统一原则。生态示范区建设应与农村脱贫致富、地区经济发展结合起来，与当地的社会发展、城乡建设结合起来。②因地制宜的原则。生态示范区建设应从当地的实际情况出发，以当地的生态环境和自然资源条件、社会经济和科技文化发展水平为基础，科学合理地组织建设。③资源永续利用原则。提倡资源的合理开发利用，积极开展资源的综合利用和循环利用，能源的高效利用，实现废物的最小化；可更新资源和开发利用与保护增值相并重，实现自然资源的开发利用与生态环境的保护和改善相协调。④政府宏观指导与社会共同参与相结合原则。生态示范区建设作为一项政府行为，强调政府对生态示范区建设的宏观管理和扶持作用。同时，应充分调动社会力量共同参与。⑤国家倡导、地方为主的原则。充分发挥地方政府的作用，遵循地方自主建设、自愿参与的原则。⑥统一规划、突出重点、分步实施原则。生态示范区建设规划应当是生态环境建设与社会经济发展相结合的统一规划，应体现出生态系统与社会经济系统的有机联系。同时，规划应明确近、中、远期目标，并将建设任务加以分解落实，分阶段、分部门组织实施，突出阶段、部门的建设重点，组成重点建设项目[17]。

15.4.2　生态示范区建设规划程序

生态示范区建设规划是从生态调查一直到制定生态建设和保护方案的一个完整流程，它基本流程主要包括生态背景调查、确定规划目标、生态综合分析与评价、生态功能区划、制定规划方案、规划方案的调整优化等程序（图 15-1）。下面主要介绍以下 4 个程序[19]。

（1）生态背景调查

生态背景调查的主要内容是收集规划区域的各种相关资料和数据，其目的是了解规划区域的景观结构、自然过程、生态潜力及社会文化状况，从而获得对区域景观生态系统的整体认识，为下一步的生态适宜性分析和生态功能区划奠定基础。收集的资料主要包括自然地理要素（地质、地貌、水文、植被、土壤等）、社会、经济和文化要素（规划区的经济发展水平、土地利用状况、人口状况、水资源和能源等的消耗状况、各种废弃物的排放水平等）和主要生态环境问题（土地资源开发利用中存在的问题，森林、草原的破坏，生物多样性减少，矿产开采造成的破坏等）。资料获得的手段主要包括文献检索、野外勘察、社会调查、遥感分析等，各种方法需要互相结合，以确保对规划区域做到全面、深入的了解。

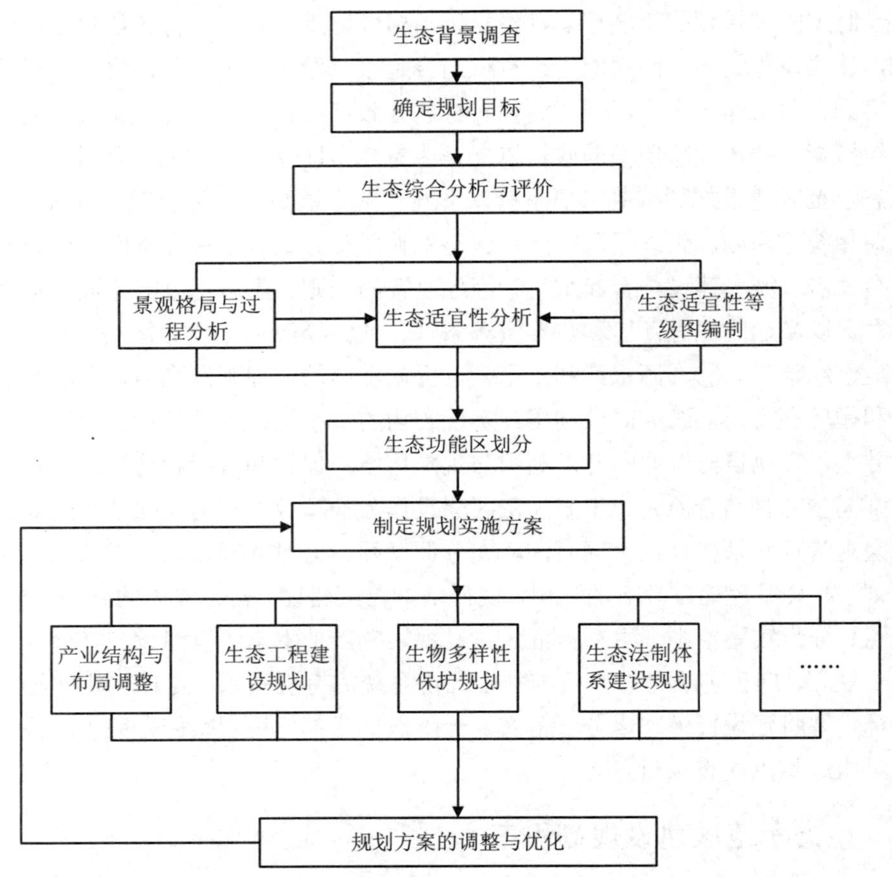

图 15-1 生态示范区建设规划基本流程[19]

（2）生态综合分析与评价

生态综合分析包括景观格局与过程分析、生态适宜性分析、生态适宜性等级图编制等，其中生态适宜性分析是生态示范区建设规划的核心，其目的是从景观生态学的角度确定不同的景观类型对某一用途的适宜性和限制性，划分各种景观类型对不同类型利用方式的适宜等级。根据区域景观资源与环境特征、发展需求与资源利用要求，选择有代表性的生态特性，从景观的独特型、多样性、功效性以及景观的宜人性和美学价值入手，分析某一景观类型内在的资源质量以及与相邻景观类型的关系。

因子叠合法是生态适宜性分析最基本的方法，也是最有效的方法，将不同的要素用相同的地理坐标绘制在不同的图层上，形成一系列单要素图层。将这些图层按项目要求进行叠加，可以得到不同的综合图，这些综合图可以将各种景观要素的生态适宜性清晰地表达出来。叠置分析可以在栅格的基础上进行，也可以对各种多边形图层进行操作，具体实施视项目的要求而定。目前，GIS 技术的发展已经使这一过程大大简化，精度也不断提高。

（3）生态功能区划

生态功能区划是在生态适宜性分析的基础上，根据区域生态环境的结构、功能和空间分异规律，结合社会经济发展的实际条件，按照一定的准则和指标体系将某一区域的生态环境空间划分为若干不同地域单元的生态环境分类活动。生态功能区划是制定各种规划方案的重要依据。生态功能区划的主要考虑因素包括区域生态适宜度和生态功能的差异性、区域自然地理环境的空间分异、社会经济状况与行政区划等。其中，生态适宜度的差异是生态功能区划分的基础，它指出了某一区域的生态环境基本特征和对某一种利用方式的适宜程度。在生态适宜性分析的基础上，综合考虑其他因素，就可以最终确定生态功能区划分的方案。

（4）生态建设与保护方案的制订

生态建设与保护方案主要包括产业结构与布局的调整、生态工程的建设与规划、生物多样性保护规划、生态法制和管理体系的建设。

产业结构与布局的调整：根据生态适宜性分析和生态功能区划的结果，制定区域发展的战略方针，确定相宜的产业结构，进行合理有效的产业布局，避免因生态不适宜和布局不合理而造成生态环境问题。

生态工程的建设与规划：生态工程建设的目的一方面是由于一些生态问题难以通过一般的自然措施和通常的产业结构和布局调整来解决，必须通过一定的工程措施才能有较根本的改观；另一方面是通过工程的建设，可以探索人工（或半人工） 生态系统的运行规律，为建设生态可持续性并处于良性循环状态的社会经济和自然复合生态系统提供依据。

生物多样性保护规划：不少在建生态示范区处于生态敏感地区，拥有一些珍稀、濒危野生动植物，对这些地区要注意生物多样性的保护，其主要措施除了建立一定规模的自然保护区外，更重要的是要切实加强自然保护区的管理，尽可能地减少人类活动对野生动植物的干扰。

生态法制和管理体系的建设：长期以来，我国一直将环境污染的防治作为环境保护工作的重点，生态建设与生态保护的立法在我国环境保护的法律法规中是一个薄弱环节。生态示范区建设规划应当将此部分内容作为重点，健全法制，强化生态管理与生态建设同步进行。

15.4.3　生态示范区建设规划内容

生态示范区建设规划是生态建设规划和生态保护规划的统一。生态建设规划是为改善生态环境质量，对区域内生态建设工作所作的统一规划；生态保护规划则是在调查生态破坏现状并对恶化趋势进行预测分析的基础上，找出造成生态破坏的原因，有针对性地制定一系列措施，治理已被破坏的生态环境，并防止新的生态破坏。生态建设规划的目的是使现有生态环境质量得到进一步改善，而生态保护规划的侧重点是保护生态环境不遭受进一步破坏。二者虽然有一定区别，但在实际的生态示范区建设过程中是紧密联系的，很难严格区分[18]。

生态示范区建设的目标是在一定行政区域范围内通过各种生态建设和保护措施实现区域生态良性循环和社会、经济的可持续发展并在此基础上积累经验，向全国推广。生态示范区建设的内容，主要包括如下几个方面[17, 18]：①以保护农业生态和发展农村经济为主要内容的生态示范区建设；②以乡镇工业合理布局和污染防治为主要内容的生态示范区建设；③以自然资源合理开发利用为主要内容实现农工贸一体化的生态示范区建设；④以防治污染、改善和美化环境为主要内容的生态示范区建设；⑤以保护生物多样性、发展生态旅游为主要内容的生态示范区建设；⑥各方面综合的生态示范区建设。

目前，生态示范区建设规划已经发展到了生态文明建设规划[20, 21]。生态文明是以人与自然和谐共生为核心价值观，以建立可持续的生产方式、产业结构、发展方式和消费模式为主要内容，以引导人们走人与自然和谐发展道路为基本目标的文化伦理和意识形态。生态规划建设不仅仅是建筑与土地配置的实践活动，也是与社会、经济、文化的变革联系在一起的，这就要求生态建设不仅要重视物质环境，更要重视实现以非物质财富增长为目的的社会文明化而进行的新的变革，创造与之相适应的文化，即一种新的文明、新的思想文化模式和社会文明发展规划。建设生态文明实质上就是要建设以资源环境承载力为基础、以自然规律为准则、以可持续发展为目标的资源节约型、环境友好型社会。生态文明建设规划涵盖了产业结构调整、增长方式转变、绿色消费模式、循环经济、清洁能源、污染减排、生态环境质量改善、生态文明制度建设等方面的内容。由于国家和地方已经发布相关的生态文明示范区建设目标指标体系，因此，生态文明建设规划应围绕示范区建设与目标指标的差距，重点针对差距大的领域，规划重点任务、重点工程、配套政策和措施。

15.5 自然保护区保护规划

据统计，2011 年我国的自然保护区总数已达到 2 035 个，覆盖国土总面积的 12.89%，其中国家级自然保护区 247 个，总面积达到 1.24 亿 hm^2 [22]。自然保护区是我国生物多样性保护的关键地区。生物多样性对维护生态平衡、保护环境起着关键作用，主要表现在维持全球气体平衡、固定太阳能、调节气候、涵养水源、保持水土、吸收分解污染物，贮存营养元素、促进养分循环和维持地球上物质能量的平衡等[23]。

对整个自然界而言，自然保护区的最大功能在于其使生命系统和环境系统之间的物质循环和能量转换正常进行，维持有益于人类的良性生态平衡。自然保护区是科学研究的天然实验室和科普教育的自然博物馆，是监测生态环境变化的最佳场所，使人们在享受优美的自然风光时意识到保护自然环境和自然资源的重要性。自然资源的合理开发利用是自然保护区发展的经济基础，也是妥善解决当地居民生产、生活问题的关键。要发挥自然保护区的资源优势，按照生物自然更新的规律，并根据市场的需要，在不破坏自然资源和自然环境的条件下，积极发展种植业、养殖业、采集业、狩猎业、加工业、旅游业、商业和具有地方特色的手工业，不断提高自然保护区的价值，为自然保护区的发展积累更多的资金，以获取经济效益。近年来，在"可持续发展"、"自然环境资源的保护和社会经济的发展相结合"思想的引导下，自然保护区已取得了很好的生态效益、社会效益和经济效益[23]。

15.5.1　自然保护区定义与类型

我国现行的自然保护区是指对代表性的自然生态系统、珍稀濒危野生动植物物种的天然集中分布区、有特殊意义的自然遗迹等保护对象所在的陆地、陆地水体或者海域，依法划出一定面积予以特殊保护和管理的区域。国外亦称国家公园、自然公园、自然禁猎（伐）区等。这个区域为观察研究自然界的发展规律、保护和发展稀有和珍贵的生物资源以及濒危物种、引种驯化和繁殖有价值的生物种类、进行生态系统以及工农业生产有关科学研究、环境监测、开展生态学和环境科学教学和参观游览等提供了良好的基础。

自然保护区分类方法各异，薛达元等[24]提出将我国自然保护区分为自然生态系统、野生生物、自然遗迹 3 个类别 9 种类型（森林、草原和草甸、荒漠、内陆湿地和水域、海洋和海岸；野生动物、野生植物；地质遗迹、古生物遗迹），此后，该分类系统被公众所采纳。

15.5.2　自然保护区评价

自然保护区的评价是指从生物学、经济、社会、环境平衡等角度对自然保护区现有的自然状况及潜力的重要性进行的一项综合性研究。自然保护区评价[25]是选择适宜点、确定其分类性质和所属级别，同时对自然保护区重要意义、作用有更加深刻地了解和认识，为科学合理地进行保护区建设规划和管理提供依据。对自然保护区的评价一般是从生态和经济这两个角度进行。

（1）生态评价

生态学是自然保护的基础。生态评价就是对自然保护区内各个生态系统从不同层次进行的质量评价。生态评价本身既是对自然的一种客观认识，还涉及对人类的生产和生活的影响。它包括对动植物物种、群落和生态环境的评价，以及生态系统和自然保护区的整体性评价。对动植物物种的评价是在编制了详细的物种名录的基础上，对动植物种数量和空间分布范围和特点、维持其生存和繁殖的面积和条件、生态学和生物学特性、对人类影响的敏感性、在生态系统中的地位与作用、未来发展前景及价值等方面进行的评价，最终要评价物种保护等级、濒危程度，从而确定需要的保护措施。对群落和生态环境的评价包含了对生物群落类型、环境特点、面积和区域环境中的地位等，最终通过评价生物群落保护价值、空间分布、对生态系统的影响及其发展动态，从而为保护区的建设提供依据。对生态系统和自然保护区的整体性评价是综合性的，评价内容主要包括了对自然保护区内的生态系统的多样性、典型性、自然性、稀有性、敏感性、保护区面积、生态功能、潜在保护价值和保护条件等方面的评价，从而为自然保护区的分类和分级提供参考依据。

（2）经济评价

建立自然保护区是一项社会公益事业，虽然它会有一部分直接的经济收益，但数量小、周期长，受益面也较狭窄。自然保护区的价值更多的是体现在其间接价值，对自然保护区进行经济评价可以更好地得到决策者的重视和承认及广大群众的支持。自然保护区包含了很多可更新的资源，包括水、生物和旅游资源，对自然保护区的经济评价即是对各种自然资源的价值进行评价，实质就是反映不同生态系统的服务功能价值。

15.5.3 自然保护区的功能分区

自然保护区的功能区划是保护区规划与设计的核心，因为自然保护区除保护管理外，还具有科研、教育、资源开发利用和生态旅游等功能。根据《中华人民共和国自然保护区条例》和《中国自然保护纲要》，自然保护区通常划分为核心区（绝对保护区）、缓冲区（过渡区）和实验区 3 个区域。

（1）核心区

核心区又称为本底或基底，是指保护区内典型的地带性森林植被和珍稀濒危动植物资源聚焦、人为干扰少、自然生态系统保存比较完好的区域。核心区是原生生态系统和物种保存最好的地段，其中的生物群落和生态系统受到严格保护，应尽可能地保持其原始状态，禁止任何单位和个人进入。

（2）缓冲区

缓冲区一般应位于核心区周围，为核心区提供良好的缓冲条件。缓冲区可以包括一部分原生性的生态系统类型和由演替系列所占据的受过干扰的地段。缓冲区一方面可防止对核心区的影响与破坏，另一方面也可用于某些实验性和生产性的科学研究，但在该区进行科学实验不应破坏其群落生态环境，可进行植被演替和合理采伐与更新实验，以及野生经济生物的栽培或驯养，同时可开展科学实验、科学考察、珍稀动植物驯养繁殖，多种经营及生态旅游活动。缓冲区中传统的人类活动，诸如建房、种植药用植物、小规模的伐薪等要受到监控，一定不能在其中进行有破坏性的研究。缓冲区规划的关键在于线路的合理规划设计。概括起来，旅游线路的规划设计要求有：①顺应地形地势，如线路应设计在沟谷、山脊线等自然分界线上，同时要充分利用自然小路、防火线等，以减少景观的破碎化；②线路设计不宜分岔，将游道所形成的廊道对生物交流阻隔的影响减少到最小；③在管理措施上，要严格控制游客量及避开动物繁殖敏感期，在动物繁殖敏感期间实行临时封闭。旅游线路可采用半封闭管理，通道两侧 50～100 m 范围为游人有效活动控制距离，游人在导游的带领下有组织地步行进行考察、观光。严禁在缓冲区内建设任何形式的旅游接待设施。

（3）实验区

缓冲区周围还要划出相当面积作为实验区，用作发展本地的特有生物资源场地，也可作为野生动植物的就地繁育基地，还可根据当地经济发展需要，建立各种类型的人工生态系统，为本区域的生物多样性恢复进行示范，此外还可以推广实验区的成果，为当地人民谋利益。实验区是开展生态旅游活动的主要区域，但旅游项目的开发要以不破坏资源和环境以及适应游客的需要为前提，不搞大规模的开发性建设工程，旅游设施应与自然环境协调统一，要因景就势、因地制宜、顺应自然。要“区内游，区外住”。为便于科学管理，可将实验区进一步划分为保护科研小区、经营利用小区、生态旅游小区。

15.5.4　自然保护区的生态保护

随着生态旅游的大力发展，一些保护区由于缺乏景观保护意识和生态思想，偏重于旅游经济效益，忽视了对景观资源的保护和管理；盲目开发，加之大量的游客涌入，造成了对保护对象的破坏和旅游资源的退化，垃圾、水污染、空气污染正在成为一些保护区令人忧虑的旅游负影响。在自然保护区规划中，生态保护学的方法将广泛应用，以保护保护区原有的景观和生态系统[23，26]。主要考虑以下 4 点：

1）保护自然环境和自然资源。维持自然生态的动态平衡，在科学的管理下保持本来的自然面貌，一方面维持有益于人类的良性生态平衡，另一方面创造最佳人工群落模式和进行区域开发的自然参照系统。例如保护区旅游设施的规划设计与建造必须与自然环境相协调，力求隐蔽，施工中不得在山顶、山脊等醒目处大量动土与破坏植被。

2）保持物种多样性。即保存动物、植物、微生物物种及其群体的天然基因库。如以计划中的生态园地为基地，采取移地保护措施，采集培育保护区内珍稀濒危与特有树种苗木，繁育珍稀动物种群，为实现被破坏生态环境的重建、濒危物种种群复壮及物种资源开发提供种源与技术途径。再如要防范外源物种入侵造成本区土著动植物种灭绝。为此，严禁游人携带外源性观赏动植物入境，未经充分科学论证，不得向保护区内移植栽培外源野生植物、引种散发野生动物与鱼类。

3）珍稀动植物保护。通过森林禁伐与珍稀树种保护，促进森林自然更新，结合局部人工造林，逐步恢复旅游区内森林植被；严禁在保护区内采挖药材与花卉植物，以恢复保护区自然风貌。通过生态保护，优化野生动物生存环境。加强对珍稀动物生存现状的调研，采取生态保护对策，促进种群繁衍，防止物种灭绝。

4）保持特殊的有价值的自然人为地理环境，为考证历史、评估现状、预测未来提供研究基地。例如对于由古朴的民族风情所形成的文化景观，要通过宣传教育，引导当地群众重视文化，并结合旅游活动，取得社会经济效益，推动其发扬光大。

15.6 农村生态环境保护规划

农村生态环境保护事关广大农民的切身利益，事关农业的可持续发展和农村的和谐稳定，也关系到广大群众“米袋子”、“菜篮子”、“水缸子”的安全和社会全面进步，是重大的民生问题。近年来，农村环境保护工作得到了国家的高度重视和社会各界的关注，不断加大农村污染防治和生态保护力度。特别是 2008 年以来，国家针对农村环境保护提出了“以奖促治”和“以奖代补”的重大政策措施，重点支持农村饮用水水源地保护、生活污水和垃圾处理、畜禽养殖污染和历史遗留的农村工矿污染治理、农业面源污染和土壤污染防治等与村庄环境质量改善密切相关的整治措施，并要求做好“以奖促治”政策实施的统筹规划，实行农村环境综合整治目标责任制，农村生态环境保护取得积极进展。

15.6.1 农村生态环境保护的紧迫性

农村生态环境是指由农、林、牧、副、渔业生产所必需的土壤、水、森林、草原、空气和阳光等自然因素组成的综合体。农村生态环境建设是建设社会主义新农村的重要组成部分，是建设生态文明的重要步骤。尽管“十一五”以来农村生态环境保护工作取得了一些进展，但全国农村环境形势依然严峻，农村生活污染、面源污染还相当严重，工业污染、城市污染向农村转移加剧。这些问题不仅严重影响广大群众身体健康，也影响社会稳定，制约国家可持续发展[27-30]。

（1）农村生态植被破坏

20 世纪 50 年代的“大跃进”、大炼钢铁、毁林毁草开垦、围湖造田等一系列错误政策的实施导致了大面积灾难性的生态和经济后果。改革开放以来，国家对环境保护和治理工作日益重视，大力开展植树造林、封山育林和退耕还林还草等工程，生态植被的恢复取得了一定的成效。长期使用高毒、剧毒农药和化肥，致使农田中鸟类、青蛙、蛆蝴等益虫、益鸟数量大量减少，河流内鱼虾遭受毁灭性毒害，生物多样性遭到严重破坏，使农业生态环境恶化，造成了依赖农药的恶性循环。农村生态植被的破坏使农业生产失去生态屏障，是导致水土流失、荒漠化、虫灾、洪灾等自然灾害频发的重要原因，直接威胁农村经济的可持续发展和国民经济的安全[29-32]。

（2）农村水环境污染

我国水资源一方面存在严重短缺现象，另一方面又浪费严重，利用效率低，虽然现在我国一部分地区采用了先进的灌溉模式，但大部分地区灌溉渠系老化失修，渠系水利用率偏低。目前我国农村水污染的主要来源是：工业废水、农业化肥的过量使用、农药污染、农业废弃物等。我国化肥和农药的施用量远远超过发达国家设置的安全上限，且在化肥施用中还存在肥料之间结构不合理现象。化肥利用率低，流失率高，不仅导致农田土壤污染，还通过农田径流造成了对水体的有机污染和富营养化污染，影响土壤自净能力；农药污染不但污染水体，还破坏生态平衡，威胁生物多样性，粮食蔬菜果品中残留的农药通过食物链的富集作用危害人的身体健康。乡镇工业排放大量工业废水，以及城镇和乡村生活污水排放，加之农村地区污水处理设施建设严重滞后，绝大部分工业废水和生活污水未经处理而直接排入河道和水塘，地表水质量严重下降，农村生活用水困难。目前我国大多数村镇没有无害化垃圾填埋场，生活垃圾被随意抛弃在河塘或低洼地，不仅影响环境卫生，而且造成河道淤积，水体污染。不少地区水环境污染已经直接威胁到了农民的生存，农民患癌症等大病的比例增加，也直接导致农村家庭经济贫困。

（3）农村土壤环境污染

我国是耕地资源极其匮乏的国家，耕地和基本农田保护的任务十分艰巨。近年来耕地面积不断缩小，并已成为制约农业可持续发展的重大障碍。同时，我国的土壤污染问题仍在不断恶化，由于长期使用化肥，造成土壤板结、有机质减少、地力下降，不少农田土壤层有害元素含量超标、板结硬化。我国大多数城市近郊土壤都受到了不同程度的污染，全国10%以上的耕地土壤受到了污染。许多地方粮食、蔬菜、水果等食物中镉、铬、砷、铅等重金属含量超标或接近临界值。土壤污染还会导致大气污染、地表水污染、地下水污染和生态系统退化等其他次生生态环境问题。

（4）农村固体废弃物污染

随着农民生活水平的不断提高，农村生产和生活产生的垃圾量日益增多，除了农民生活垃圾、农业废弃物如废弃的农膜外，旧城、旧村改造使建筑垃圾量剧增。塑料、玻璃、废旧电池、快餐盒等不可降解物正大举“入侵”农村、污染农村环境。随着大棚在农业中的普及，大棚和地膜污染也在加剧，一些农村，农药瓶、化肥袋、塑料薄膜、塑料袋等到处乱扔，“白色污染”严重。乡镇工业发达的地区工业固体废物产生量特别大，甚至一些城镇固体废物也随意往农村地区倾倒。垃圾等固体废物危害也相当严重，不仅占用大量土地，污染空气，污染水源，污染土壤，还影响观瞻。未收集和未处理的垃圾还会滋生传播疾病的害虫，如苍蝇、蚊子、蟑螂及老鼠等。农村固体废物的处理在我国大多数地区还没有提上日程，处于无人管理的状态。

（5）农村大气环境污染

我国许多农村家庭还在使用薪材和含硫量高的低质煤作为生活燃料，液化气、沼气、电气等清洁能源利用率不高。这样既浪费木材，破坏植被，也很容易引起呼吸道疾病，威胁群众身体健康。同时，随意焚烧秸秆、稻草等现象屡禁不止，“村村点火，处处冒烟”，良好的农作物资源就这样被付之一炬，不但没有利用，相反却污染环境，造成事故。在工业废气方面，乡镇工业废气和工业粉尘排放量均占我国工业排放总量的近一半。农村的大气污染由于受影响地的人口密度较低和较分散往往不易引起重视，但其危害相当严重。随着“十一五”以来城市群和区域性灰霾污染的扩散，高城镇化率地区的农村室外空气质量也正在恶化。

15.6.2 农村生态环境恶化的原因

当前，造成我国农村生态环境问题恶化的主要原因有以下 5 个方面[28, 29]。

（1）农民的生存生计压力大

我国农村生产力还比较落后，现有 7 亿多农村人口产生的人多地少矛盾特别突出。迫于生存的压力，毁林毁草开荒、超载过牧、围湖造田、破坏湿地等现象相当普遍。而过大的城乡居民收入差距加剧了农民采取一些以破坏环境换取生活改善的短期行为。农民的弱势地位强化了农民片面追求经济增长和收入提高的动机。但由于缺少人力资本和适当的发展途径，大多数农民走了资源消耗型的发展道路，掠夺式地开采和利用资源，直接造成土地退化、森林破坏、缺水以及其他环境问题。解决农民的生存发展与生态环境保护这对主要矛盾，既是改善农村地区生态环境的根本之道，也是新农村建设和新型城镇化的重要内容。

（2）资源的不合理开发利用

我国农村地区生产力水平还比较落后，粗放式的经济增长模式仍占主导地位，对资源仍然是掠夺式开发利用。农村一些不当的农业生产方式也对环境产生了很大的危害，如农业生产过度依靠化肥导致的土壤酸化、硬化；大量使用农药对农村生态系统的破坏；农村散放式养殖加快了农村生态环境的恶化；乡镇企业布局分散，许多企业设备陈旧、技术落后，造成效益较差、能耗大、环境污染严重；对矿产资源的乱采滥挖，使得许多偏僻闭塞的山区也难逃劫数。农村很多不文明的生活习惯、生活方式对农村生态文明建设构成了障碍，如垃圾乱倒、柴草乱垛、粪土乱堆、污水乱泼、畜禽乱跑也产生了大量的生活污染。

（3）生态环境监管不力与缺位

现行农村绝大部分地区在乡镇行政管理机构中，都没有设立独立的环保和国土资源职能部门，农村基层组织对污染和资源破坏更是缺乏管理和处置权，加上广大农民的环保和维权意识较淡薄，造成了农村生态环境监管的不力和缺位。农村生态环境保护政策法规和机构标准不健全，管理力量薄弱。现行有限的农村环境污染控制政策，没有充分考虑到农民的需求和参与。在诸多生态环境保护法规中对农村环境管理和污染防治的具体情况和困难考虑不够，对农村饮用水污染和农村饮用水保护、农村生活用水和农村污水防治等方面无可操作的条文和具体指导意见。由于农村生态环境的保护缺乏有力的法律约束和部门配合，致使农村环境污染恶化的现象无法控制。

（4）农村污染防治资金匮乏

近年来，各级政府在环保方面加大了投入，但主要用在了城市生活污染及工业污染治理方面，真正用于农村环境污染治理及生态保护的投入极为有限。针对农村治理环境污染的专项资金微乎其微。城市环境污染向农村扩散，而农村从财政渠道却几乎得不到污染治理和环境管理能力建设资金，也难以申请到用于专项治理的排污费。目前环保部门还没有健全农业环境监测的专门机构，对农业环境没有常规监测。大多数农产品既无一套标准化生产操作规程，也缺乏产品质量检测标准，更缺乏必要的检测监督手段。在环境治理的基础设施方面，农村也很落后，大量的农村生活垃圾得不到及时或有效的处理，特别是大量无机垃圾在农村得不到有效处理而导致农村的环境污染出现新的特点，即由以前的单纯由工业生产导致的污染向多种污染形式并存转变。

（5）城市向农村转嫁污染

随着我国工业化的不断深入，一些工业企业由城市转向农村也是发展的必然，问题是这些转移到农村的污染企业在生产时并没有建设环保措施。于是工业“三废”在人们还没来得及意识到的时候，便以更加快速的脚步侵入了农村。除了污染严重的企业由城市迁往农村外，城市的工业废水也不加处理地直接排放到流经农村的河流，导致农民的生活和生产环境恶化的问题相当严重。另外，城市垃圾和废物也以广阔的农村为堆放地。由于我国垃圾处理率比较低，运往农村的垃圾只能简单填埋或露天堆放，给农村带来了严重的环境污染，农村环境日益恶化，到处出现环境“脏乱差”的状况。

15.6.3　农村生态环境保护规划任务

结合国家环境保护规划和污染防治行动计划、全国生态环境保护和建设规划以及重点流域水污染防治规划和区域大气污染防治规划，农村生态环境保护规划应主要包括以下 6 个方面的内容和任务[33-35]。

（1）农村饮用水水源地保护

依据全国农村饮水安全现状调查和农村饮用水水源基础环境调查及评估结果，在饮用水水源周边设立警示标志，建设防护带、截污设施，依法拆除排污口，建设水源地水质生态修复工程等。经过治理的村庄，饮用水水源水质需满足《国家地表水环境质量标准》（GB 3838—2002）或《地下水质量标准》（GB/T 14848—1993）的相关要求。具体任务包括：①加快农村饮用水水源保护区或保护范围划定工作。开展农村饮用水水源地环境状况调查评估工作，依据有关技术规范要求，科学划定农村集中式饮用水水源保护区和分散式饮用水水源保护范围，明确环境保护要求。②加大农村饮用水水源地环境监管力度。依法取缔农村集中式饮用水水源保护区内的排污口。开展农村饮用水水源水质监测，建立水源水质信息发布机制。制定农村饮用水水源保护区突发环境事件应急预案，强化污染事故预防、预警和应急处理。③加强农村饮用水水源地周边环境整治。在实施“以奖促治”政策过程中，结合全国饮用水水源环境状况调查评估结果，优先治理农村饮用水水源地周边的生活污水、生活垃圾、工矿污染、畜禽养殖和农业面源污染，消除影响水源水质的污染隐患，改善水源地周边区域环境质量。参照《分散式饮用水水源地环境保护指南（试行）》，加强分散式饮用水水源地环境保护。

（2）农村生活污水和垃圾处理

结合国家水污染防治重点流域和区域的环境保护工作，重点在农村人口聚居度较高、人口规模较大的地区，开展农村生活污水和垃圾污染治理；重点在生活污水和垃圾排放量较高的集镇及周边村庄，建设生活污水和垃圾收集、处理设施。主要建设内容包括：①生活垃圾分类、收集、转运和处理设施建设，包括垃圾箱、垃圾池等收集设施，垃圾转运站、运输车辆等转运设施，以及生活垃圾无害化处理设施。②生活污水处理设施建设，包括污水收集管网、集中污水处理设施或小型人工湿地、污水净化槽等分散式处理设施。

主要规划内容包括：①加强城乡生活污染治理设施统筹规划与建设。开展农村生活污染专项调查，查明农村生活污染现状和治理设施建设情况。编制村镇环保基础设施建设规划或方案，将农村环保基础设施建设作为城镇总体规划和区域规划的重要内容，科学设计城乡生活污染治理设施建设规模和布局，逐步推进县域环保基础设施统一规划、统一建设、统一管理。②综合处理农村生活污水。按照国家主要污染物减排要求，做好农村集镇生活污水的化学需氧量和氨氮减排工作。纳入主要污染物总量减排范畴的集镇及周边村庄，应建设集中式污水处理设施；城镇周边村庄的生活污水可纳入城镇污水收集管网、统一处理；农户居住比较分散、地形条件复杂的村庄，可因地制宜地建设分散式设施处理生活污水。位于水源涵养区、集中式饮用水水源保护区等环境敏感区的村庄或处于水体富营养化严重的平原河网地区的村庄，要加强生活污水处理出水水质和排放去向监管。加强乡村旅游、餐饮等服务业污水处理和排放管理。③开展农村生活垃圾分类、收集和处理工作。在城镇近郊、交通便利的地区，加强农村生活垃圾的收集、转运、处置设施建设，统筹建设城市和县城周边的村镇无害化处理设施和收运系统，完善“户分类、村收集、乡（镇）转运、县（市）处理”的垃圾处理模式；在农户居住分散、交通不便的地区探索就地处理模式，引导农村生活垃圾实现源头分类、就地减量、资源化利用。垃圾填埋场、大型垃圾焚烧设施等农村生活垃圾处理设施建设项目，要按照有关规定开展环境影响评价，避免造成二次污染。加强农村地区电子废弃物、医疗废弃物、有毒有害废弃物的回收与处置监管。

（3）畜禽养殖污染防治

根据全国农业污染源普查结果和农村污染减排工作重点，主要开展规模化畜禽养殖场（小区）、散养密集区的污染治理。建设堆肥、沼气等废弃物综合利用设施和养殖废水处理设施。经过整治的村庄，畜禽养殖废弃物得到有效处理，畜禽粪便综合利用率不低于70%。主要规划内容包括：①划定畜禽养殖禁养区。国家水污染防治重点流域和区域范围内的县（市、区）率先完成禁养区划定，开展禁养区环境专项整治。②严格畜禽养殖业环境监管。加强源头控制，严格畜禽养殖场（小区）建设项目的环保审批。新建、改建、扩建的规模化畜禽养殖场（小区）严格执行环境影响评价和“三同时”制度。加强对畜禽养殖场（小区）的环境监管。加大对畜禽养殖业的环境执法力度。③强化畜禽养殖污染物减排。按照国家主要污染物减排要求，做好规模化畜禽养殖场（小区）化学需氧量和氨氮减排工作。鼓励养殖小区、养殖专业户和散养户适度集中，对养殖废弃物统一收集和处理。规模化畜禽养殖场（小区）要按照国家污染减排的规定建设有机肥生产、沼气等废弃物综合利用设施。对不能达标排放的规模化畜禽养殖场实行限期治理。

（4）农村地区工矿污染治理

结合国家重金属等污染防治规划的实施，重点在工业发展较早、历史遗留污染问题较多，以及矿产资源开采规模较大的地区，实施历史遗留工矿污染治理。针对工业废水、废气、废渣排放导致的农村地区水体、耕地等污染问题，开展污染物清理，建设污染治理工程。经过治理的村庄，历史遗留工矿污染隐患基本消除，人体健康环境风险得到有效控制，环境质量满足所在地区环境功能要求。主要规划内容包括：①开展农村地区历史遗留工矿污染排查和整治。重点做好农村地区化工、电镀等企业搬迁和关停之后的遗留污染问题调查、评估和治理。在矿产资源开发规模较大的地区，重点开展矿区和周边影响区的村庄环境整治。②加强农村地区工矿业环境监管。一是合理调整农村工矿业发展布局和产业结构。通过规划环境影响评价，促进企业合理布局，严格控制在基本农田保护区周边布局建设高污染工业企业和园区，防止工业“三废”污染环境。引导企业适当集中，对污染源实行集中控制。全面取缔“十五小”和“新五小”企业。二是严格农村地区工矿企业建设项目的环境准入。严防不符合国家产业政策的重污染行业向农村转移。三是加强工矿污染治理和环境监管。对工矿企业集中分布的农村地区，实行重点监管。开展小型企业和家庭作坊环境整治。加强农村地区工矿废弃物收集和处置。

（5）农业面源污染防治

根据全国农业发展布局和各地化肥、农药等使用情况，以及国家水污染防治重点流域和区域的环境保护工作要求，开展农业面源污染防治示范，建设有机农产品生产基地。主要规划内容包括：①加强农业面源污染防治监管和评估。研究制定化肥、农药等农用化学品使用的环境安全标准。落实《农药使用环境安全技术导则》和《化肥使用环境安全技术导则》有关要求。加强粮食主产区和国家水污染防治重点流域、区域的农业面源污染监测与评估，开展农业面源污染防治监管试点。②发展有机农业，从源头上控制面源污染。按照国家有关标准，选择环境本底较好、基础设施配套的重要农产品产地，建设有机农产品生产基地，有效降低农药、化肥使用量，提高秸秆、废弃农膜等农业废弃物综合利用水平，推动有机产业区域化发展。③开展农业面源污染综合防治。加强秸秆粉碎还田、生产有机肥等综合利用工作，强化秸秆禁烧的监督管理。在国家粮食主产区、水污染防治重点流域和区域优先推广测土配方施肥技术。制定经济激励政策，引导和鼓励农民使用生物农药和高效、低毒、低残留农药，开展病虫草害综合防治。因地制宜选择生态沟渠、植被过滤带、人工湿地等，开展面源污染防治工程建设。选择农业面源污染问题突出的典型地区，通过试点示范，建立农业面源污染综合防治模式。

（6）农村生态示范村镇建设

在巩固东部地区农村生态示范建设成果的基础上，强化对中西部地区的引导，推动中西部地区加快开展农村生态示范建设。全面落实“以奖代补”政策，引导各地加大农村生态示范建设投入，推动“国家级生态乡镇”和“国家级生态村”建设。主要规划内容包括：①制定村镇生态示范建设规划。按照生态乡镇和生态村建设要求，组织有关村镇制定和实施生态示范建设规划，统筹安排生态示范建设工作，明确有关要求和具体实施计划。生态示范建设规划要与当地经济社会发展规划、产业规划充分衔接，发挥环境保护优化经济发展的作用。②规范生态示范建设管理工作。加强分类分区指导，注重引导经济欠发达、生态环境比较脆弱的地区积极参与村镇生态示范建设。制定完善省级生态乡镇、生态村建设标准及管理制度，完善省内申报国家级生态乡镇、生态村程序，加大宣传力度，丰富宣传手段，引导公众参与，提高生态示范建设工作的科学决策、民主监督水平。③加强农村自然生态保护和恢复。各地要以农村生态示范建设为载体，加强农村生态系统功能的保护，营造人与自然和谐的农村生态环境。在农村工业化和城镇化过程中，切实保护好农村地区的天然湿地、水源涵养区等具有重要生态功能的区域。强化对农村地区矿产、水力、旅游等资源开发活动的监管，努力遏制新的人为生态破坏。保护天然植被，加强村庄绿化、庭院绿化、通道绿化。通过种植适宜的水生植物、清淤疏浚、建立河岸植被缓冲带等措施，积极开展农村地区沟渠、塘坝的生态治理。加强对外来有害入侵物种和转基因生物的环境安全管理，严格控制外来物种在农村的引进与推广，保护农村地区生物多样性。

（7）农村生态环境保护重点工程

农村生态环境最终要落实到重点工程上，通过重点工程推动生态环境保护和环境质量改善。目前，重点实施村庄环境综合整治、农村生态示范建设和农业面源污染防治示范工程：①村庄环境综合整治工程。推进建制村的环境综合整治，加快农村饮用水水源地保护、农村生活污水和垃圾处理、畜禽养殖污染防治、历史遗留的农村工矿污染治理等农村环境综合整治项目建设。②农村生态示范建设工程，主要包括国家级生态乡镇、国家级生态村“以奖代补”项目。对达到国家级生态乡镇、生态村标准的乡镇和建制村进行奖励。③农业面源污染防治示范工程。以建设有机农产品生产基地为重点，开展农药、化肥减量增效和秸秆、废弃农膜等农业废弃物综合利用，支持推广农业面源污染防治示范项目。

15.6.4 农村生态环境保护规划措施

（1）增加农村生态环保的投入和支持

尽快建立和完善政府、集体和个人多渠道的农村环境建设投融资机制，不断拓宽投融资渠道，保证农村环境综合整治资金投入。在统筹城乡发展上坚持以城带乡、以工补农，要在排污费、土地出让金和城市维护费中划出一定数量和比例的资金用于农村环境综合整治，针对饮用水安全隐患；同时，加大财政支付转移力度，建立农村环境污染整治专项资金，财政投入应逐步向农村环保设施建设和农业面源污染防治等方面倾斜。建立合理的生态补偿机制，才能保障农村生态环境公平。对于企业排污造成的农村水塘、稻田和水井的污染，城市垃圾转移到农村造成的污染等，必须对农民进行合理补偿。还要根据城乡在人口、经济总量和生态环境方面的巨大差异，以及城乡的不同功能，建立有差别的生态补偿政策，设立不同的财政收支和转移标准，解决好城乡之间的经济利益补偿。在新农村建设中启动生态恢复工程，同时建立生态补偿机制。

（2）建立农村环境综合整治的资金长效机制

对于农村环境综合整治项目所需资金，按照“中央引导，省级补助，市县配套，镇村自筹，企业帮扶”的原则，由中央、省、市、县及乡镇、村各级共同筹集。根据项目所在地区和项目类型，确定不同的投入比例。东部经济发达地区，省、市、县财政实力相对较强，除安排资金用于农村环境综合整治外，还可以通过政府财政补助和优惠政策，鼓励和支持社会资金以不同形式参与农村环境综合整治项目建设；中西部经济欠发达地区，财政收入相对较少，社会资金也不充足，中央财政对其补助比例有所提高。

结合实际情况，采取财政补贴、村镇自筹、收取费用等方式，多渠道筹措设施运行维护费用：①经济条件较好、已实行集中供水的地区，可由村集体经济收入统筹解决或适当征收污水处理费；经济条件较差、未实行集中供水的地区，污水处理费主要以各级财政补贴为主，同时采取“一事一议”的方式筹措不足部分。②经济条件较好、居住集中、城镇周边的地区，垃圾治理费用可采用财政补贴和征收垃圾治理费相结合的方式，同时鼓励吸引社会资金；经济条件较差、居住分散、交通不便的地区，垃圾治理费用以各级财政补贴为主，同时，鼓励农民投工投劳。③建设畜禽养殖废弃物综合利用或处理设施的地区，一方面可通过出售畜禽粪便生产的有机肥获得一定收益，另一方面地方政府拿出部分财政资金，根据畜禽养殖废弃物综合利用或处理数量，对畜禽养殖污染治理设施的运行维护费用进行补贴。

（3）通过科技创新破解农业污染难题

加强农村洁净、高效生物能源利用研究，启动秸秆气化等生物能源技术攻关和产品推广，提高秸秆气化效率，消除秸秆露天焚烧现象，解决农村新能源和生态环保问题；充分利用低质土地种植能源植物，替代化工能源产品，为新农村建设提供新的生活能源支持；大力发展现代生物产业，将高耗低效的资源型生产转变为低耗高效的科技型生产，充分利用作物秸秆、畜禽粪便、农业废弃物中的纤维素和半纤维素来生产生物基，以生物基地膜取代石油基地膜，减少农业生产污染；积极推广测土栽培技术，指导农民合理施肥和使用农药，推广缓释肥料和抗病虫及低毒无毒农药品种，满足农业生产需要。在加大农田基础设施的基础上加大农业科技研发与推广的力度，测土配方、科学浇灌、科学施肥；加大生物农药的研发与推广，控制剧毒和毒性较长的农药的使用，降低农产品中的农药残留量，提高产品的市场竞争力；加大可降解农膜产品的研究，提高农膜残片的回收率。

（4）推进农村生态环境保护法制化

对于农村生态环境的管理，要有专人专职负责。同时要严格环保目标考核，推行环保年度目标责任制，并将环保目标细化量化，分解落实到各乡镇人民政府；签订目标责任书，严格考核奖励，并将考核结果作为干部任用的依据，切实做到责任到位、投入到位和措施到位。完善农村环境保护的法律法规体系。县及乡镇人大要加强环保执法的监督和检查，对农村环保违法行为，要依法严厉打击，以促进农村环保工作的有序开展；县级环保部门要适度授权乡镇环保机构，以加大环保力度，更好地开展环保执法工作。

（5）提高农村生态教育和生态环境意识

生态环境教育是提高人们生态环境意识的重要保证。农民的生态环境意识普遍不高，对生态破坏和环境污染的危害性认识不足。要充分利用宣传、教育阵地，运用广播、电视、报纸、网络等媒体，大力宣传农村环境综合整治工作。强化对农村基层干部的环境意识教育，加强对广大农民和农村中小学生的环境教育。不断提高农民的生态环境意识，引导他们转变生产方式，培养良好的生活习惯，只有农民的生态环境意识普遍提高了，他们才能直接参与生态环境保护，而他们的参与是遏制农村生态环境恶化最积极的力量。同时，农民生态环境意识的增强也能促使农民在发展生产时注意节约资源、保护环境，以可持续的方式利用环境，自觉地维护、建设良好的农村环境[32]。

参考文献

[1] 刘康. 生态规划——理论、方法与应用（第 2 版）[M]. 北京：化学工业出版社，2011.

[2] 丁忠浩. 环境规划与管理[M]. 北京：机械工业出版社，2006.

[3] 国家环境保护总局. 国家环境保护总局关于印发《全国生态保护“十一五”规划》的通知（环发[2006]第 158 号）[Z]. 2006.

[4] 刘天齐，孔繁德，刘常海. 城市环境规划规范及方法指南[M]. 北京：中国环境科学出版社，1992.

[5] 尹丹宁. 区域生态环境规划技术方法的研究[D]. 长春：东北师范大学，2006.

[6] Wackernagel M，Rees W E. Our Ecological Footprint：Reducing Human Impact on the Earth[M]. New Society Publishers，1996.

[7] 尹君，姚会武，王亚西，等. 土地生态规划与设计[J]. 河北农业大学学报，2004（3）：71-77.

[8] 方炫. 黄土高原乡级尺度土地利用格局动态变化与生态功能区研究[D]. 北京：中国科学院研究生院（教育部水土保持与生态环境研究中心），2011.

[9] 成文连，柳海鹰，高吉喜，等. 生态功能区划技术、方法及应用：中国环境科学学会 2009 年学术年会，中国湖北武汉[C]，2009.

[10] 环境保护部，中国科学院. 关于发布《全国生态功能区划》的公告（公告 2008 年第 35 号）[Z]. 2008.

[11] 李艳. 经济快速增长条件下的区域生态规划与建设研究[D]. 武汉：华中师范大学，2004.

[12] 田颖，李亚光，蒋航. 商丘市黄河故道区域生态规划研究（英文）[J]. Journal of Landscape Research，2010（3）：35-39.

[13] 欧阳志云，王如松. 区域生态规划理论与方法[M]. 北京：化学工业出版社，2005.

[14] 蔡玉梅，郑振源，马彦琳. 中国土地利用规划的理论和方法探讨[J]. 中国土地科学，2005（5）：31-35.

[15] 李广斌，钱新强. 城镇生态规划发展趋势[J]. 苏州城市建设环境保护学院学报：社科版，2002（2）：5-8.

[16] 刘星光. 生态城镇规划理论方法研究[D]. 兰州：兰州大学，2010.

[17] 环境保护部. 全国生态示范区建设规划纲要（1996—2050 年）[EB/OL]. http：//www. zhb. gov. cn/ztbd/rdzl/stwm/sfcj/ghzb/201209/t20120920_236525. htm.

[18] 闫慧. 吉林省农安县生态示范区可持续发展研究[D]. 长春：吉林大学，2007.

[19] 刘庄，谢志仁，沈谓寿，等. 论生态示范区建设规划[J]. 水土保持研究，2002，9（3）：207-209，214.

[20] 段小莉. 生态文明规划建设的框架构想[J]. 产业与科技论坛，2007（6）：6-9.

[21] 黄承梁. 不断深化生态文明建设的认识与实践[EB/OL]. http：//theory. people. com. cn/GB/49154/49156/17947270. html.

[22] 国家林业局. 2011 中国林业发展报告[R]. 2011.

[23] 周文. 自然保护区生态规划与景观设计研究[D]. 长沙：中南林业科技大学，2008.

[24] 薛达元，蒋明康. 中国自然保护区类型划分标准的研究[J]. 中国环境科学，1994，14（4）：246-251.

[25] 王献溥. 自然保护区简介（六）　自然保护区的评价[J]. 植物杂志，1998，4：10-11.

[26] 环境保护部. 关于印发《全国生态保护“十二五”规划》的通知（环发[2013]13 号）[Z]. 2013.

[27] 杨海滨. 加强农村生态环境建设的建议[J]. 江苏政协，2011（11）：44-45.

[28] 吴海燕. 新农村建设中的农村生态环境问题探析[J]. 江西行政学院学报，2009（3）：49-51.

[29] 陈群元，宋玉祥. 我国新农村建设中的农村生态环境问题探析[J]. 生态经济，2007（3）：146-148.

[30] 郑环. 我国新农村环境规划研究[J]. 中国科技信息，2006（21）：199-202.

[31] 田尧，杨梅. 我国农村环境污染现状及保护对策[J]. 安徽农学通报，2007（23）：20-21.

[32] 李加军，黄晓丽. 我国农村环境保护现状及其对策[J]. 农业环境与发展，2007（4）：94-97.

[33] 国家发展和改革委员会，等. 关于印发《全国生态保护与建设规划（2013—2020 年）》的通知（发改农经[2014]226 号）[Z]. 2014.

[34] 环境保护部，财政部. 全国农村环境综合整治“十二五”规划[Z]. 2012.

[35] 环境保护部，农业部. 全国畜禽养殖污染防治“十二五”规划[Z]. 2012.

第 16 章　城市环境规划技术方法

随着城市化进程持续加快和工业化不断提高，环境污染、生态破坏已经成为城市可持续发展面临的主要瓶颈，甚至一些城市出现了生态危机和“城市病”。面对这种城市可持续发展的严峻挑战，迫切需要采取各种措施促进城市的协调发展，城市规划必须进行绿色变革和制度创新，而城市环境规划就是这种绿色变革的重要手段。编制城市环境规划就是协调城市社会经济发展与环境保护之间的关系，根据城市环境承载力规划发展布局、确定经济发展规模，保障城市生态系统的良性循环。本章主要介绍城市环境规划的概念、原则和理论，以及城市环境规划的技术方法和规划内容，最后，介绍正在兴起的城市环境总体规划的发展及其规划技术。

16.1　城市环境规划概述

16.1.1　城市化及城市环境问题

16.1.1.1　城市化进程特征

城市化是目前世界各国发展的重要驱动力。城市化也称为城镇化、都市化，是由农业为主的传统乡村社会向以工业和服务业为主的现代城市社会逐渐转变的历史过程，具体包括人口职业的转变、产业结构的转变、土地及地域空间的变化。城市化是人类进步必然要经过的过程，是人类社会结构变革中的一个重要线索。一般认为，城市化进程和城市化率是一个国家实现现代化目标的重要标志。目前，全球城市化率达到 53%左右，其中发达国家都高于 70%。全球城市面积只占地球面积不到 1%，但是人口却占了世界总人口的 50%。预计 2030 年，世界城市化率将高达 60%，2050 年这一比例将发展到 70%。也就是说，在经济全球化背景下，人类的城市化进程已经不可逆转。

我国城市化发展经历了曲折的历程。20 世纪 70 年代以前，由于经济以及政治需要，总体上采用的是抑制的方略，走了一条非城市化的工业化道路；80 年代，经济快速发展，城市化进程开启，但由于户籍等多种因素制约，城市化水平仍较低；90 年代至 21 世纪初，随着社会经济发展水平的不断提高，我国迎来城市化大发展的热潮。根据中国社科院 2011

年年底发布的《中国社会蓝皮书》，2011 年，我国城镇人口占总人口的比重达到 51.27%，较 1978 年提高 33.35%，标志着我国城市化进入了一个新的发展阶段；2011 年，我国城镇常住人口达 6.91 亿人，较 1978 年增加 5.19 亿人；2011 年，我国共有 657 个设市城市，较 1978 年增加 466 个；城市建成区面积达到 4.36 万 km^2，较 1978 年扩大 3.65 万 km^2；地级以上城市中，除少部分城市外，其他城市市区常住人口均超过百万，其中上海、北京、重庆、天津、广州和深圳市区常住人口突破千万。

16.1.1.2 城市化带来的环境问题

城市化过程是一把“双刃剑”，城市化的快速发展一方面带来了社会、经济的繁荣和物质文明的巨大提高，为城市居民提供了优越的物质和文化生活条件；另一方面也造成了严重的生态环境问题，包括生态严重破坏、资源过度利用以及严重的环境污染等。

（1）城镇资源的高消耗主导我国资源危机的加剧。长期以来，我国经济的高速增长依赖高投入、高消耗、高污染、低效率的粗放型增长方式，以“资源换增长”的发展模式仍普遍存在。与国外主要发达国家相比，我国的资源相对紧缺，人均资源占有量更大大低于世界水平。然而，我国能源消耗却十分巨大，能源利用率较低，2008 年每万美元能耗是世界平均水平的 2.6 倍、美国的 4 倍、德国的 4.4 倍、日本的 8 倍、英国的 5.7 倍，甚至是巴西的 2 倍。另外，城市土地资源的浪费也十分严重。过去我国城镇化建设量的扩张重于质的提升，建设用地使用效率不高。我国城市发展的“摊大饼”现象相当严重，造成了土地利用效率较低。例如北京就是个很典型的例子，北京曾经划分了一条绿色隔离带用以控制城市扩张的规模，但是很快就被蚕食鲸吞得面目全非，而且北京 98%的能源靠外地调入。2000—2010 年，我国城市建设用地年平均增长 6.04%，远高于城镇人口 3.85%的年平均增长速度。城镇空间和建设用地快速扩张也导致耕地数量不断减少。650 多座城市中有 400 多座缺水，其中约 200 座城市严重缺水，北京、山西、山东、河北等地的城市地下水位普遍下降。北京属严重缺水城市，人均水资源占有量仅为全国平均水平的 1/10，年均用水量的近 1/3 靠消耗水库库容、超采地下水以及应急水源的常态化维持。

（2）城镇发展的粗放快进导致环境污染问题日益突出。长期以来，我国经济的高速增长依赖高投入、高消耗、高污染、低效率的粗放型增长方式，不仅造成资源能源的过度使用和浪费，而且产生了大量污染物，造成了严重的环境污染。从 1999 年开始，我国城镇生活污水排放总量就已超过了工业废水排放总量，生活源的 COD、氨氮、总磷等主要污染物的排放成为水体污染的主要祸首。虽然 2007 年全国化学需氧量和二氧化硫排放量第一次出现双下降“拐点”，但目前我国水和大气主要污染物排放已经超过了环境容量。由于城镇机动车数量快速增加，机动车尾气也已经成为城市空气污染的主要来源，空气污染问题逐渐从煤烟型转化为煤烟与机动车污染共存的混合型污染。城镇垃圾处理水平较低，大量垃圾未经合理、安全的处置就堆放在城镇的周边地区，不仅占用了大量土地，还造成了严重的土壤、水体污染。随着城市化进程的发展，如果不采取强有力的污染控制措施，环境污染将成为制约我国城市可持续发展的重要因素。由于过去城镇规划前瞻性不足、城镇管理理念落后、环保工作薄弱等原因，旧账难还、又欠新账，多年累积的区域性城市环境问题开始集中爆发。全国许多城市大气污染严重，全国地级以上城市达到《环境空气质量标准》（GB 3095—2012）比例预计不到25%，有1/3的城市存在垃圾围城现象。城市环境基础设施欠账大，城镇化面临的环境刚性约束难以回避。如果延续过去粗放的城镇化模式，污染物在时间上的累积和区域空间上的复合效应将更加明显。

（3）过度功利的城镇建设已严重威胁人居生态安全。现代城镇被钢筋水泥的建筑所包围，钢筋水泥“丛林”面积不断扩大。城镇化自然植被覆盖较低，城镇的自然生态系统受到了严重破坏，生态失衡问题严重，自然绿地减少、“城镇热岛”、“城镇荒漠”等问题十分突出。同时，城镇自然生态系统的退化进一步降低了城镇自然生态系统的环境承载力，加剧了资源环境供给和城镇经济社会发展的矛盾。全国城市绿地占建设用地比重仅10%左右，城镇建设过程中忽视了对原有自然生态系统的保护，大部分城镇中原生自然生态系统极度萎缩，造成城镇生态系统自我调节能力降低、功能减弱。城镇湿地面积锐减，地下水开采过度，地面沉降加速，华北、西北、华东不少城镇地下水位持续下降，部分地区已出现区域性沉降、裂缝等自然灾害，目前全国发生地面沉降灾害的城市已超过50个。

（4）城镇空间分布与资源环境承载能力不匹配。东部一些城镇密集地区资源环境约束加剧，中西部资源环境承载能力较强地区的城镇化潜力有待挖掘。城市群布局不尽合理，城市群内部分工协作、集群效率不高；部分特大城市主城区人口压力偏大，与综合承载力之间的矛盾加剧；中小城市集群产业和人口功能不足，潜力没有得到充分发挥；小城镇数量多、规模小、服务功能弱。城镇空间分布和规模结构不合理，增加了经济社会成本和生态环境成本。城镇化面临的资源环境刚性约束日益趋紧。2012年，我国城镇化率为52.57%。未来20年，我国城镇化仍将快速发展，城镇化率将达到70%左右，还将有3亿人口由农村转移到城市。研究表明，城镇人均生活能耗是农村人均水平的1.54倍，未来城镇化率每提高1个百分点，将增加生活垃圾1 200万t、生活污水11.5亿t，消耗8 000万t标煤（表16-1）。城镇化面临用水保障、城市建设用地保障、能源保障、生态环境质量“瓶颈”。城镇化战略以及城镇化在带动内需的同时必将对资源环境造成更大的压力。

表16-1 城市化率每提高一个百分点对环境所带来的影响[1]

指标	单位	“九五”	“十五”	“十一五”	平均
城市生活污水排放量	亿t	7.38	9.21	21.05	11
城市生活COD产生量	万t		56.6	102.64	79.6
城市生活COD排放量	万t		11.88	–23.64	3
城市生活氨氮产生量	万t		5.4	8.01	6.7
城市生活氨氮排放量	万t		2.57	–0.6	1
城市生活SO_2排放量	万t	–25.95	–0.07	–8	–9

指标	单位	“九五”	“十五”	“十一五”	平均
城市生活 NO_x 排放量	万 t	5.86	24.43	27.06	19.5
其中：机动车 NO_x 排放量	万 t		3.89	12.18	8.6
城市生活 CO_2 排放量	万 t	47.02	3 474.92	3 814.25	2 525
城市生活垃圾产生量	万 t	507.38	517.47	565.1	527

16.1.2 城市环境规划的特点

制定较为科学的城市环境规划，合理安排城市经济社会发展水平和综合治理措施将是应对我国快速城市化带来的诸多环境问题的最优途径之一。城市环境规划是指在对一个城市或地区环境和经济现状压力进行科学分析评价以及未来城市环境经济发展的趋势进行合理预测的基础上，以实现城市环境和经济协调、可持续发展为目标，根据生态学原则提出调整产业结构、合理安排生产布局、科学制定环境区划为主要内容的保护和改善环境的战略性部署。也就是说，城市环境规划是城市政府为使城市环境与经济社会协调发展而对自身活动和环境所做的时间和空间上的合理安排和必要约束。城市环境规划的目的在于调控城市中人类自身活动，减少环境污染，防止资源过度浪费和破坏，从而保护城市居民生活和工作、经济和社会持续稳定发展的环境基础。可以认为，人类的经济和社会活动必须在遵循经济发展规律的同时，也要遵循生态环境的发展规律，因此需要在经济社会活动发生前期就主动对其进行合理引导和规划，从而在发展经济的同时保护生态环境免遭毁灭性破坏，达到经济与环境协调可持续发展的最终目的。城市环境规划体现了城市健康发展与生态环境保护目标的统一及经济效益与环境效益最大化的统一。

城市环境规划的特点主要体现在以下 3 个方面：①城市环境规划研究对象是城市“社会-经济-环境”巨生态系统，既要寻求城市社会、经济的持续发展，以不断提高城市居民生活；同时需要保护生态环境，防止其遭受不可修复性打击。协调城市系统中各主体的关系，谋求最佳发展状态是城市环境规划的核心所在。②城市生态环境系统的复杂性决定了城市环境规划需要借助可持续发展理论、生态学、地理学、城市学、社会学、系统学、统筹学、环境学等多学科和理论，是多学科相互交叉、相互结合的结果。③城市环境规划是在一定时间、空间条件下的优化，它必须符合一定历史时期的社会、人口、技术、经济发展水平，需要具有一定的时代前瞻性和科学合理性。

16.1.3 城市环境规划的发展历程

以全国环境保护会议的召开年为阶段节点，按照会议确定的阶段任务，结合城市环境规划主要问题导向和政策、措施分析，我国城市环境规划演变历程如图 16-1 所示，发展历程大致可分为以下 4 个阶段[2]。

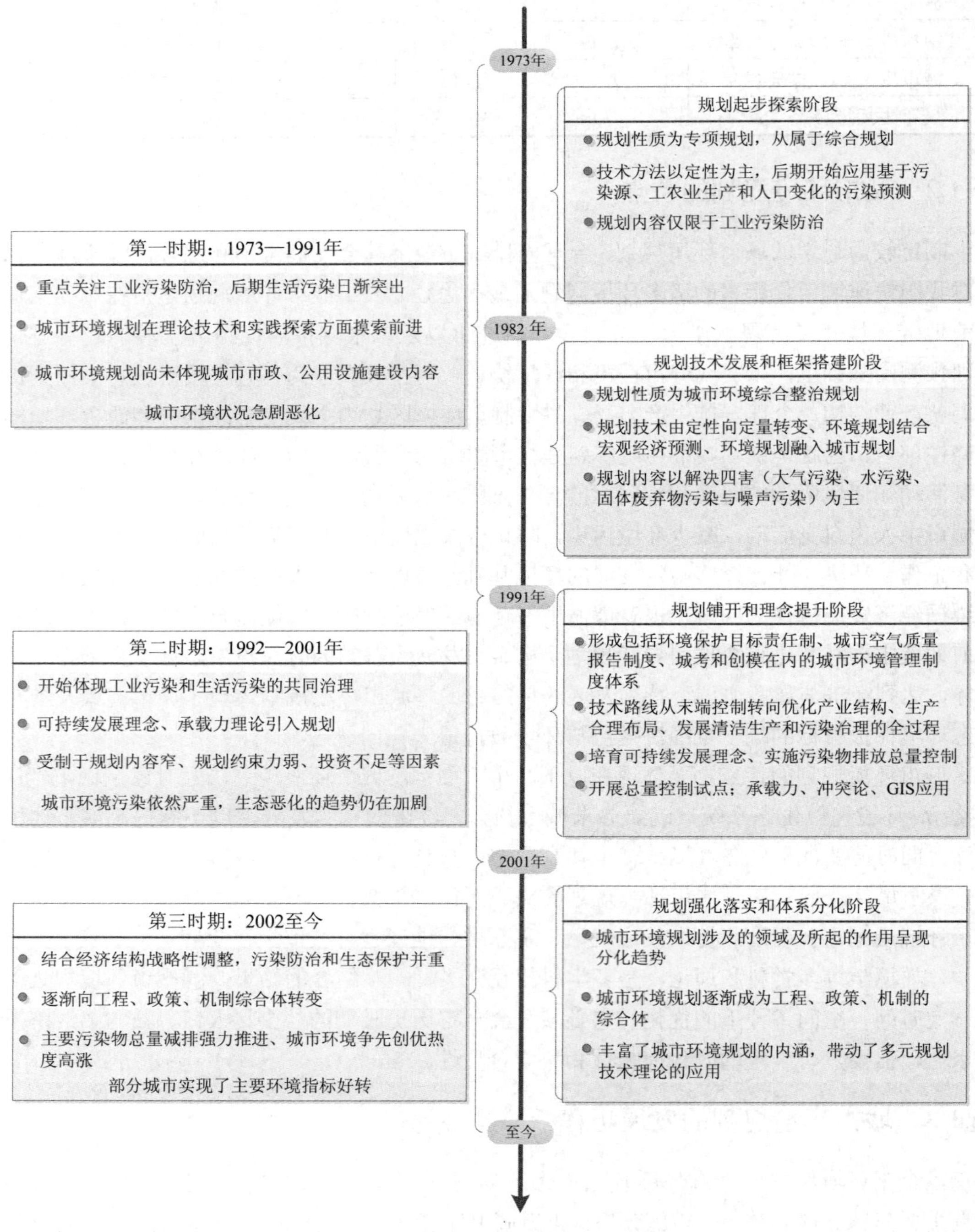

图 16-1　我国城市环境规划演变历程[2]

（1）1973—1982 年：规划起步探索阶段，以工业“三废”防治为主

1973 年 8 月国务院委托国家计委组织召开第一次全国环境保护会议，提出了环境保护工作的 32 字方针，要求对环境保护和经济建设实行“全面规划、合理布局”，拉开了我国环境保护规划的序幕。环境保护规划从最初一些地方开展环境质量评价和污染防治途径研究起步。这一时期，济南市先后开展了三次环境保护规划，其中第三次规划成果纳入《济南市城市总体规划》（1978—2000 年），太原市在山西能源重化工基地综合经济规划中开展了环境保护规划。这些是我国最早的城市环境规划之一。这一时期规划的性质为专项规划，从属于综合规划；技术方法以定性为主，后期开始应用基于污染源、工农业生产和人口变化的污染预测，规划内容也仅限于工业污染防治，具体包括工业污染关停并转迁、工业“三废”治理、综合利用和工艺技术改造等，但为我国城市环境规划开创了良好开端。

（2）1983—1991 年：规划技术发展和框架搭建阶段，以城市环境综合整治为主

1983 年 12 月，第二次全国环境保护大会召开，提出“三同步”方针，表明我国对环境保护与经济建设、城乡建设之间的关系认识有了一个飞跃。1984 年 6 月，全国首次“城市环境规划学术交流会”在太原市召开，多数代表认为城市环境规划是城市总体规划的重要组成部分，两者应以生态理论为指导，有机结合，相互渗透，相互制约，同步制订，这可视作为“三同步”方针在环境规划领域的深化落实。1985 年 10 月，李鹏副总理主持召开全国城市环境保护工作会议，明确了城市环境综合整治的方针和任务，32 个城市参与整治，并确定吉林市、洛阳市和杭州市作为试点编制综合整治规划，标志着我国的环境管理已进入一个新的时期，也为之后相当长一段时期城市环境规划工作奠定了基调。1989 年，第三次全国环境保护大会召开，进一步明确了环境与经济协调发展的指导思想；1989 年，国家开始实施城市环境综合整治定量考核制度（以下简称“城考”），首先对直辖市、省会城市及大连、苏州、桂林共 32 个城市实施定量考核。这一时期不少城市编制了城市环境综合整治规划，规划性质为城市环境综合整治规划；国家陆续开展了环境容量研究、国家环境管理信息系统研究，推动了规划科技进步，加上计量经济、投入产出、系统动力学等方面科研成果的研究和应用，为规划技术由定性向定量转变、环境规划结合宏观经济预测、环境规划融入城市规划打下了基础。但规划内容方面主要以解决四害（大气污染、水污染、固体废弃物污染与噪声污染）为主，多数尚未体现与环境密切相关的市政、公用事业的发展规划及目标。

（3）1992—2001 年：规划铺开和理念提升阶段，提出可持续发展理念

城考制度强调“把工业污染防治与城市基础设施建设有机结合起来，由单纯污染治理向调整产业结构和城市布局转变”，但在这一时期的早期，由于受环保投资限制，一些重大环境问题的解决至“八五”期间仍难以列上日程，如 1992 年发布的《国家环境保护十年规划和“八五”计划纲要》对城市基础设施建设提出的目标指标要求相对较低。1993 年，国家环保局发文要求各城市编制城市环境综合整治规划，并下发了《城市环境综合整治规划编制技术大纲》。1995 年，国家环保局启动全国生态示范区建设试点，1997 年开始开展

创建环境保护模范城市（以下简称“创模”），同年，北京、上海等 13 个城市开始实施城市空气质量报告制度。城市环境规划体系中增加了争先创优规划。至此，我国已形成了包括环境保护目标责任制、城市空气质量报告制度、城考和创模在内的城市环境管理制度体系。同期，环境规划理念提升。1992 年，联合国环境与发展大会积极倡导可持续发展战略，会后我国率先编制并于 1994 年颁布了《中国 21 世纪议程》，明确宣布“走可持续发展之路是我国未来和下一世纪发展的自身需要和必然选择”，这给了城市环境规划全新的视角和指导思想，技术路线从末端控制转向优化产业结构、合理生产布局、发展清洁生产和治理污染的全过程。1996 年，第四次全国环境保护会议召开，此次会议一是发布了《关于环境保护若干问题的决定》，提出保护环境是实施可持续发展战略的关键，开始在国内培育可持续发展理念；二是批准了《国家环境保护“九五”计划和 2010 年远景目标》，开始实施污染物排放总量控制，考虑环境治理的轻重缓急，确定“三河”、“三湖”、“两区”为治理重点，并大力推进项目实施。规划实践和技术领域同时跟进，1994 年，国家环保局组织编写了《环境规划指南》，亦开展了总量控制试点。在此背景下，我国广泛开展了环境规划的编制工作，如湄洲湾、秦皇岛市、广州市、南昌市、马鞍山市和济南市环境规划等。这一时期，规划方法学也得到了发展，承载力、冲突论，特别是 GIS 的应用逐步展开。城市环境规划更多突出定量。总体而言，这一阶段，城市环境规划开始体现工业污染和生活污染的共同治理，但规划内容窄、规划约束力弱。

（4）2002 年至今：规划强化落实和体系分化阶段，城市环境规划作为城市发展的专项规划和特定目标（创模、生态创建）规划，规划体系分化

2002 年，第五次全国环境保护会议召开，以学习贯彻《国家环境保护“十五”计划》为重点，提出环境保护是政府的一项重要职能。规划落实于项目、规划，责任落实于地方政府，从两方面大大提高了规划的可操作性，也使得环境规划真正成为环境决策和管理的重要环节，成为环境保护工作的主线。2006 年，第六次全国环境保护会议召开，以全面落实科学发展观，加快建设环境友好型社会为主线。环境规划开始涉足社会、经济和环境的各个方面，城市环境规划的作用范畴不仅限于工业和生活污染治理，还开始与产业结构调整、自然生态保护等相结合，城市环境规划的作用开始得到认可。面对严峻的城市环境污染和生态恶化形势，城市环境规划开始结合经济结构战略性调整，贯彻污染防治和生态保护并重方针，逐渐向工程、政策、机制综合体转变，受主要污染物总量减排强力推进、城市环境争先创优热度高涨等的驱动，部分城市实现了主要环境指标好转。这一时期，随着城市环境各项管理制度相对固化，在不同城市，城市环境规划涉及的领域及所起的作用呈现分化趋势。一方面，受环保投入增加、城市环境保护目标责任制落实力度加大等因素影响，城市常规的污染防治和生态保护工作更多地依赖于工作主线自上而下推动，以满足上级工作要求为主要工作方向，如总量控制和重点流域水污染防治规划实施考核、重要生态功能区建设要求，自下而上的编制城市环境规划动力不足，城市环境规划呈现“碎片化”趋势；另一方面，城市政府模范城和生态城创建热度高，优化的城市环境规划实际是通过

争先创优实现的。一个基本的特征是，城市环境规划逐渐成为工程、政策、机制的综合体，虽然其很大意义上是出于落实短期工作目标的需要，但却极大地丰富了城市环境规划的内涵，也带动了多元规划技术理论的应用。

16.1.4　城市环境规划的功能与作用

城市环境规划的主要功能和作用有以下五点[3, 4, 6]：

（1）实施城市环境保护战略的重要手段

城市环境保护战略只是提出了方向性和指导性的原则、方针、政策、目标、任务等方面的内容，而要把环境保护战略落实到实处，则需要通过城市环境规划来实现，通过城市环境规划来具体贯彻环境保护的战略方针和政策，完成环境保护的任务。城市环境规划是政府根据城市经济、社会、环境发展目标和客观规律，对城市在一定时期内的发展建设高瞻远瞩做出的综合部署和统筹安排。在现代化城市建设中，城市环境规划的全局、系统、综合、立足当前与面向未来的指导作用显得更加重要和突出。

（2）城市经济社会环境协调发展的重要手段

联合国环境规划会议在总结各国经验教训的基础上，提出城市在发展经济的过程中，如果不保护环境和促进资源合理开发利用，就不能持续发展和稳定增长。人类对环境问题的认识有了新的突破，提出了“持续发展战略”，这种战略思想的基本点是：环境问题必须与经济社会问题一起考虑，并在经济社会发展中求得解决，以保证经济社会与环境保护协调发展。现代化城市发展建设，需要高效率、高效能、高质量的协调服务和高水平的协调管理。

（3）政府和环境保护机构实施有效管理的基本依据

城市环境规划是城市在一定时期内环境保护的总体设计和实施方案，为城市环境保护部门提出了明确的方向和工作任务，因而它在环境管理活动中占有较为重要的地位和作用。城市环境规划制定的功能区划、环境质量目标、污染控制指标和各种措施以及环境工程项目，为人们提供了环境保护工作的方向和要求，可以指导环境建设和环境管理活动的开展，对有效实施环境科学管理起着决定性的作用。

（4）改善城市环境质量、防止生态破坏的重要措施

城市环境规划要综合考虑全局与局部、近期与远期、发展与保护等各个方面的关系以及经济效益、社会效益、环境效益，进行多方案比较、可行性研究和科学论证，经过优胜劣汰，筛选出合理可行的最佳方案，这是城市环境规划的本质体现和鲜明特征。在城市范围内进行全面规划、合理布局以及采取有效措施，预防产生新的生态破坏，同时又有组织、有步骤、有重点地解决一些历史遗留的环境问题，还要改善城市环境质量并恢复自然生态的良性循环，体现出预防为主的方针的落实。

（5）具有公共政策功能，积极促进环境目标的实现

城市环境是一种公共政策，具有公共政策的基本功能，即导向功能、调节功能和分配

功能。导向功能是指政策为社会及人们的行动确定了方向，使整个社会生活的行为能够按照既定的环境目标有序进行；调节功能是指对社会的各种利益矛盾进行调节和控制的作用。城市环境规划与环境管理相结合，以调节城市经济发展与环境保护的矛盾；分配功能即对社会公共利益进行分配，是公共政策对抗市场理性的最主要的手段和途径，城市环境管理通过环境功能区的划分使城市整体功能进一步完善。制定环境规划应该优选出技术上合理、经济上可行的规划方案，通过各项规划指标，把与环境有关的各项工作和各个部门组织起来，明确奋斗目标，促进环境目标的实现。

16.1.5 城市环境规划的基本原则

城市环境规划的基本思想是：坚持经济建设、城市建设、环境建设同步规划、同步实施、同步发展，实现经济效益、社会效益和环境效益的统一，实现城市社会、经济和生态环境统筹协调发展。

城市是一个复杂的人工生态系统，进行城市环境规划，必须遵循如下原则[3-6]：

（1）经济建设、城乡建设和环境建设同步的原则

坚持经济建设、城乡建设和环境建设同步规划、同步实施、同步发展，实现经济、社会和环境效益统一，综合考虑人口、资源、发展与环境之间的辩证关系，促进经济、社会、自然持续协调发展。这条原则是中国环境保护工作的基本方针。它标志着中国的发展战略从传统的只注重发展经济而忽视环境保护的战略思想，向环境与经济社会协调持续发展的战略思想转变。这一转变是我国在总结了长期以来国际和国内环境保护工作经验教训的基础上做出的正确选择。这一原则对我国环境保护工作起到了至关重要的作用，因而是城市环境规划编制的最重要的基本原则。

（2）遵循经济规律，符合国民经济规划总要求的原则

环境保护与经济发展之间相互影响、相互制约。一方面经济发展消耗资源、排放污染物，对环境施加影响，带来诸多环境问题；另一方面，自然生态环境保护与污染防治需要资金、人力、技术、资源和能源，又受到经济发展水平和国力的制约。由此可见，环境问题也是经济问题。在经济与环境的双向关系中，经济起主导作用。城市各部门的经济活动是城市生存发展的动力和命脉，也是实现城市环境规划目标的物质基础。因此，在制定城市环境规划的过程中，应当体现经济发展的目标要求，积极促进经济发展，同时要考虑环境生态与经济发展的相互制约关系。在这种约束条件下，城市环境规划应结合城市总体规划和国民经济与社会发展规划，从实际出发，注意分析环境规划目标的可达性和规划措施的技术经济合理性，遵循经济规律，符合城市国民经济规划的总体要求。

（3）遵循生态规律，合理开发利用资源的原则

人类的经济互动和社会行为不断影响着生态系统的结构和功能。由于自然环境结构和自然资源特点不同，人类利用自然环境的方向和强度也不同，引起的环境问题也复杂多样，人类保护和改善环境的方向、途径和具体措施也有明显的差异。因此，制定城市环境规划

必须以生态理论为指导。从某种意义上说，环境规划就是为了使人类对各种资源实现最佳利用所进行的管理工作。

在制定城市环境规划时，对环境资源的开发利用应遵循开发利用与保护增值并重的原则。防止过度开发造成恶性循环；对环境承载力的利用应根据环境功能的需要，适度利用、合理布局，充分发挥地区优势，减少污染防治对经济投资的需求，充分利用综合与系统分析技术，使有限的资源发挥更大的效益。遵循生态规律、合理开发利用各种资源是城市环境规划的重要原则。

（4）遵循社会规律，坚持以人为本的原则

城市是人类集聚的结果，是人类社会发展的产物，人的社会行为及文化观念是城市演替与进化的动力和源泉。进行城市环境规划时，要遵循社会发展规律，坚持以人为本，必须从人类对生态的需求出发，从人类的生产生活活动与自然生态过程协调关系出发，加强公众的环境保护意识和对环境规划的监督作用，并广泛向政府各有关部门的官员和技术人员征求意见，使环境规划具有代表性和可实施性，使规划方案能被公众所接受和支持。在进行城市环境规划的过程中，还应完善城市内的功能区划，明确目标，注重提高生活功能区的环境质量，在满足城市功能需求的同时，保护城市自然和人文景观，积极实现城市中人与自然的和谐发展。

（5）系统分析、整体优化、突出重点的原则

城市环境规划的对象是城市人工复合生态系统，该系统具有多元素、多介质、多层次、生态位高度分化的特点。子系统之间和各生态要素之间相互影响、相互制约，这不仅影响到系统的稳定性，而且还直接关系到系统的结构和整体功能的发挥。任何一个城市都是开放的系统，都处在一个较之区域更大的生态环境中，并与周围环境发生着物质、能量和信息的交换，只有从系统分析的原理和方法出发，把城市环境规划研究作为一个子系统，使其与更高层次的系统建立广泛协调的关系，使其目标同整体目标相协调，才能达到保护和改善环境质量的目的。同时，要从整体的角度考虑城市总系统与内部各子系统及子系统之间的相互关系和反馈机制，尽可能实现总体功能的优化，以获得全局性的最佳规划方案。并且在规划过程中要抓住主要环境问题，突出重点环节和重点污染源，实行全过程分析与控制。这样才能创造出一个社会文明、经济高效、生态和谐、环境优美的人工复合生态系统。

16.1.6　城市环境规划与其他规划的关系

（1）城市环境规划与国民经济和社会发展规划[3]

城市国民经济与社会发展规划是城市在较长一段历史时期内经济和社会发展的全局安排，它规定了经济和社会发展的总目标、总任务、总政策，以及所要发展的重点、所要经过的阶段、所要采取的战略部署和重大的政策与措施。防治环境污染、保持生态平衡也是国民经济和社会发展规划的重要内容之一。

城市环境规划是城市国民经济与社会发展规划的重要组成部分，是一个多层次、多时段的有关城市环境方面的专项规划的总称。因此，城市环境规划应与城市的国民经济和社会发展规划同步编制，并纳入其中。城市环境规划目标应与城市国民经济和社会发展规划目标相协调，并且是其中的重要目标之一。城市环境规划所确定的主要任务，如重大城市环境污染控制工程和环境建设工程等，都应纳入城市国民经济和社会发展规划，参与资金综合平衡，保证同步规划和同步实施。

城市环境规划对城市国民经济和社会发展规划起着重要的补充作用。城市环境规划的制定与实施是保证城市国民经济和社会发展规划目标得以实现的重要条件。城市环境规划与城市国民经济和社会发展规划关系最密切的有 4 个部分：①人口与经济，如人口密度、人口规模、经济规模及生产技术水平等；②生产力的布局和产业结构，它对环境有着根本性的影响和作用；③经济发展带来的环境污染，尤其是工业污染，这始终是环境保护的主要控制目标；④国民经济给环境保护提供的资金，这是确保环境保护目标实现的重要保证。

（2）城市环境规划与国土规划[7，8]

国土规划是对国土资源的开发、利用、治理和保护进行全面规划。国土规划的内容包括：土、水、矿产、生物等自然资源的开发利用；工业、农业、交通运输业的布局和地区组合与发展；环境保护以及影响地区经济发展的要害问题的解决等。国土规划主要是进行自然资源和社会资源的合理开发及其在空间上的战略布局，包括对重大项目建设的可行性研究，但对重大项目的建设方案、选址定点、计划安排等，还不可能做出具体规定。国土规划是经济建设综合开发方案性的规划。从这一方面讲，国土规划给国民经济长远计划和城市环境规划提供了可靠的依据。

城市环境规划是国土规划的重要组成部分之一，为国土资源的合理开发利用、国土环境的综合整治提供技术支持和科学依据。特别是 2011 年启动的新一轮国家国土资源规划，强调了生态环境安全格局在国土规划中的重要性，把生态安全和人居环境健康作为国土资源规划的重要前提和约束条件。对应城市而言，城市环境保护一方面要成为城市国土规划的重要组成，另一方面对一些生态环境受到严重制约的城市，更应强调城市环境规划对城市国土规划的引导性，甚至用城市环境总体规划来约束城市土地规划。

（3）城市环境规划与城市总体规划[9-11]

传统上，特别是 20 世纪 70 年代我国的城市总体规划忽视环境保护的内容，更谈不上城市环境规划。随着城市环境问题的不断出现，城市环境规划既成为城市总体规划中的主要组成部分之一，又成为城市建设中的独立规划和引导性、约束性规划。城市环境规划与城市总体规划互为参照和基础。城市环境规划目标是城市总体规划的目标之一，并参与城市总体规划目标的综合平衡。由于城市是人与环境矛盾最为突出和尖锐的地方，因而城市总体规划中必须包括城市环境保护这一重要篇章。

城市总体规划是为确定城市性质、规模、发展方向，通过合理利用城市土地，协调城市空间布局和各项建设，实现城市经济和社会发展目标而进行的综合部署。城市总体规划侧重在城市形成的设计上落实经济、社会发展目标，环境的保护与建设是城市总体规划的重要内容。城市环境规划与城市总体规划的差异性在于：城市环境规划主要从保护人的健康出发，以保持和创建清洁、优美、安静的适宜生存的城市环境为主要目标，是一种更深、更高层次上的经济和社会发展规划要求，并含有城市总体规划所不包括的污染源控制和污染治理设施建设、运行等内容。

城市总体规划与城市环境规划的相互关联主要有 3 个方面：①城市人口与经济。传统的城市规划，一般不考虑城市的资源和环境承载力。但随着城市化快速提升和经济快速增长，城市人口和经济规模越来越受制于城市的环境承载力和环境容量。②城市生产力和布局。传统的城市规划中，规划生产力布局时很少考虑环境保护的要求，造成许多城市严重的环境污染，一些重化工企业与居民区混杂布局产生了严峻的环境风险问题。③城市的基础设施建设。城市人口、经济规模和生产水平决定了城市对环境保护的要求；经济实力决定了环境保护投资的可能规模。城市建设布局和产业结构规定了城市环境规划功能区划类别以及污染控制对象。城市的基础设施，如供水供电、城市污染物的处理、处置和利用是城市环境规划的重要内容和主要实施措施。

16.2 城市环境规划理论依据

16.2.1 城市可持续发展理论

（1）可持续发展的概念

可持续发展是指既满足当代人的需要，又不对后代满足其需要的能力构成危害的发展，旨在保护生态环境、社会、经济的可持续性。《21 世纪议程》明确指出，可持续发展是改变单纯的经济增长、忽略生态环境保护的传统发展模式，由资源型经济过渡到技术型经济，综合考虑经济、社会、资源、生态和环境效益，积极控制人口增长。通过产业结构调整和合理布局，应用高新技术，实行清洁生产和文明消费，协调环境与发展的关系，使社会经济的发展既满足当代人的需求，又不至于对后代人的需求构成危害，最终达到社会、经济、生态和环境的持续稳定发展。可持续发展包含 3 个重要的概念：①需求。尤其是处于贫困状态的人民的基本需求，应当放在特别优先的地位来考虑；②限制。环境与资源在一定技术水平和社会组织下对满足当前和未来的需要所施加的限制，也就是资源和环境承载力；③平等。当代人与后代人在利用环境和资源上机会的平等，同代人中不同国家、不同区域以及各社会团体之间的平等[12]。

（2）可持续发展的内涵

在具体内容方面，可持续发展涉及可持续经济、可持续生态和可持续社会三方面的协调统一，要求人类在发展中讲究经济效益、关注生态和谐和追求社会公平，最终达到全面发展。这表明，可持续发展虽然源于环境保护问题，但作为一个指导人类走向 21 世纪的发展理论，它已经超越了单纯的环境保护。它将环境问题与发展问题有机地结合起来，已经成为一个有关社会经济发展的全面性战略。具体地说：

经济可持续发展：可持续发展鼓励经济增长而不是以环境保护为名取消经济增长，因为经济发展是国家实力和社会财富的基础。但可持续发展不仅重视经济增长的数量，更追求经济发展的质量。可持续发展要求改变传统的以“高投入、高消耗、高污染”为特征的生产模式和消费模式，实施清洁生产和文明消费，以提高经济活动中的效益、节约资源和减少废物。从某种角度上可以说，集约型的经济增长方式就是可持续发展在经济方面的体现。

生态可持续发展：可持续发展要求经济建设和社会发展要与自然承载能力相协调。发展的同时必须保护和改善地球生态环境，保证以可持续的方式使用自然资源和环境，使人类的发展控制在地球承载能力之内。因此，可持续发展强调发展是有限制的，没有限制就没有发展的持续。生态可持续发展同样强调环境保护，但不同于以往将环境保护与社会发展对立的做法，可持续发展要求通过转变发展模式，从人类发展的源头、从根本上解决环境问题。

社会可持续发展：可持续发展强调社会公平是环境保护得以实现的机制和目标。可持续发展指出世界各国的发展阶段可以不同，发展的具体目标也各不相同，但发展的本质应包括改善人类生活质量，提高人类健康水平，创造一个保障人人平等、自由、教育、人权和免受暴力的社会环境。这就是说，在人类可持续发展系统中，经济可持续是基础，生态可持续是条件，社会可持续才是目的。人类应该共同追求的是以人为本的自然－经济－社会复合系统的持续、稳定、健康发展。

（3）可持续发展的基本原则

一是公平性原则（Fairness）。可持续发展强调发展应该追求两方面的公平：①本代人的公平，即代内平等。可持续发展要满足全体人民的基本需求和给全体人民机会以满足他们要求较好生活的愿望。当今世界的现实是一部分人富足，而占世界 1/5 的人口处于贫困状态；占全球人口 26%的发达国家耗用了占全球 80%的能源、钢铁和纸张等。这种贫富悬殊、两极分化的世界不可能实现可持续发展。因此，要给世界以公平的分配和公平的发展权，要把消除贫困作为可持续发展进程特别优先的问题来考虑。②代际间的公平，即世代平等。要认识到人类赖以生存的自然资源是有限的。本代人不能因为自己的发展与需求而损害人类世世代代满足需求的条件——自然资源与环境。要给世世代代以公平利用自然资源的权利。

二是持续性原则（Sustainability）。持续性原则的核心思想是指人类的经济建设和社会发展不能超越自然资源与生态环境的承载能力。这意味着，可持续发展不仅要求人与人之间的公平，还要顾及人与自然之间的公平。资源和环境是人类生存与发展的基础，离开了资源和环境，就无从谈及人类的生存与发展。可持续发展主张建立在保护地球自然系统基础上的发展，因此发展必须有一定的限制因素。人类发展对自然资源的耗竭速率应充分顾及资源的临界性，应以不损害支持地球生命的大气、水、土壤、生物等自然系统为前提。换句话说，人类需要根据持续性原则调整自己的生活方式、确定自己的消耗标准，而不是过度生产和过度消费。发展一旦破坏了人类生存的物质基础，其本身也就衰退了。

三是共同性原则（Common）。鉴于世界各国历史、文化和发展水平的差异，可持续发展的具体目标、政策和实施步骤不可能是唯一的。但是，可持续发展作为全球发展的总目标，所体现的公平性原则和持续性原则，则是应该共同遵从的。要实现可持续发展的总目标，就必须采取全球共同的联合行动，认识到我们的家园——地球的整体性和相互依赖性。从根本上说，贯彻可持续发展就是要促进人类之间及人类与自然之间的和谐。如果每个人都能真诚地按“共同性原则”办事，那么人类内部及人与自然之间就能保持互惠共生的关系，从而实现可持续发展。

（4）可持续发展的度量

可持续发展的水平，通常由以下 5 个基本要素及其之间复杂的关系来衡量：①资源的承载能力。是可持续发展的基本支持系统，指一个国家或地区按人口平均的资源数量和质量，以及它对空间内人口的基本生存和发展的支撑能力。如果在世代公平的前提下能够得到满足，则具备可持续发展的条件，如不能满足，则必须依靠科技进步来挖掘开发替代资源，使资源的承载力保持在区域人口需求的范围之中。②区域的生产能力。是一个国家或地区在资源、人力、技术和资本的总体水平上，可以转化为产品和服务的能力。可持续发展要求这种能力在不危及其他子系统的前提下，应与人的需求同步增长。③环境的缓冲能力。人口对区域的开发、对资源的利用、对生产的发展及废弃物的排放和处理、处置等，均应维持在环境容量的允许范围之内。④过程的稳定能力。即在系统发展过程中，要避免因自然波动和社会经济波动而带来灾难性的后果，可以通过培植系统的抗干扰能力或增加系统的弹性来维持其稳定性。⑤协调能力。指人的认识能力、行为能力、决策能力和调整能力要适应总体发展的水平。

（5）可持续发展理论在城市环境规划中的指导作用

可持续发展理论要求在进行城市环境规划时，一定要注意现实基础与未来发展目标的合理把握。不能不顾自然资源环境条件的承载能力，制定过高或超前的社会经济发展目标；也不能过分强调环境保护而压低未来社会经济发展应有的水平。因此，在制定城市环境近期、中期、远期规划时一定要充分把握可持续发展原则。

16.2.2　城市环境承载力理论

（1）环境承载力

人类赖以生存和发展的环境是一个具有强大的维持其稳态效应的巨系统，它既为人类活动提供空间和载体，又为人类活动提供资源并容纳废弃物。环境系统的价值体现能对人类社会生存发展活动的需要提供支持。环境的这种属性使其具有“承载力”的基础。由于环境系统的组成物质在数量上存在一定的比例关系，在空间上有一定的分布规律，所以它对人类活动的支持能力存在一定的限度或者阈值，这个阈值就是环境承载力[13]。

环境承载力是指在一定时期、一定状态或条件下、一定区域范围内，在维持区域环境系统结构不发生质的变化、环境功能不遭受破坏的前提下，区域环境所能承受的人类各种社会经济活动的能力，即环境对区域社会经济发展的最大承受阈值。它可以看做是区域环境系统结构与区域社会经济活动的相适宜程度的一种表示[14]。

（2）环境容量

环境容量是指在某一环境系统维持正常的结构和功能的前提下，所能承纳污染物以及能提供自然资源的最大量。它以量化形式直观表达了自然环境的耐受能力，因此在环境评价、布局规划、污染物总量控制中均得到了广泛的应用。环境容量与环境承载力既有区别，又有联系，环境容量是环境承载力发生和研究的基础。

环境容量和环境承载力的区别表现在：①研究的容载对象不同。区域环境容量是指区域环境系统对污染物的最大负荷量，表征其大小的指标是污染物的种类和数量；而区域环境承载力是指区域环境系统对人类社会经济活动的最大承载量，其研究指标不仅要有各种污染物指标，还应有社会、经济方面的指标，最后表征其大小的指标应落实在社会、经济等方面。②服务对象不同。区域环境容量为污染防治提供量化依据，可在污染物总量控制、规划布局等领域得以应用；而区域环境承载力除了提供合理的污染物排放量外，还应提供与环境系统相适应的社会、经济指标，主要用于社会经济发展规划。

环境容量与环境承载力的联系表现在：①它们是一个事物的两个方面。环境容量是指环境对于区域发展提供的阈值，是针对环境系统或其功能本身承受外界因素的负荷而言的，本质上是对环境结构内部机制的外在表现；环境承载力是指环境对区域社会经济发展支持的最大阈值，是针对环境功能的对外作用而言的，本质上是环境结构内部机制的集中表现。因此，它们表述的是环境系统作用这一个事物的两个方面。②环境承载力是以环境容量为基础的。环境对社会经济活动提供的最大支持，必须是建立在环境所能承受的最大负荷即环境容量基础之上的。没有环境容量和质量的表述，就谈不上什么环境承载力。也就是说，区域环境的承载力就是环境容量的承载力。所以环境承载力也可以定义为区域环境以最大的环境容量支持区域社会经济发展的承载能力。

（3）环境容载力

环境容载力的概念提出主要源于对环境容量及环境承载力两个概念的有机结合与高度统一，也是环境质量的量化与质化的综合表述。从一定意义上讲，没有环境的容量和质量就没有环境承载力，环境的容载力就是环境容量和质量的承载力。因此，环境容载力定义为：自然环境系统在一定的环境容量和环境质量支持下对人类活动所提供的最大容纳程度和最大支撑阈值。简而言之，环境容载力是指自然环境在一定纳污条件下所支撑的社会经济发展的最大发展能力。环境容载力可看做是环境系统结构与社会经济活动的相适宜程度的一种表示，可以用环境容量分值和环境承载力指数来综合评价。在城市环境规划中，依据环境容载力评价结果，预测环境容量变动和承载力变动趋势，其结果可作为生态环境功能分区的主要依据。

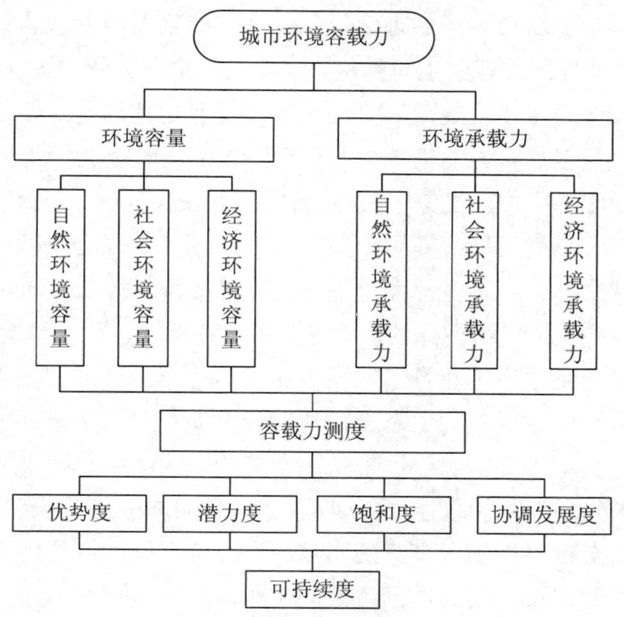

图 16-2 城市环境容载力结构示意图[13]

依据环境容载力理论，一方面可以根据一个城市区域的环境资源状况，制定该区域未来的人口发展、产业发展结构及规模、社会经济发展的各项目标，并可以在某一经济发展水平下制定环境保护与建设所需达到的标准，如水质量等级标准、大气质量等级标准、土壤质量等级标准以及社会经济环境质量等级标准等；另一方面可以根据一个区域既定的社会经济发展规模与水平，来分析评价、预测该区域所需资源环境的基本数量，如水资源量、土地资源量、生态资源量等。环境容载力理论为城市环境规划和社会经济发展规划提供了社会经济发展规模的依据。环境容载力在一定程度上可保证环境规划的客观性和科学合理性，使得在制定规划时能够较为真实地把握城市生态环境基础，从而使资源环境与社会经济发展达到一个协调发展的状态。

16.2.3 生态城市理论

（1）生态城市理论的产生和发展

生态城市（eco-city）的概念是在 20 世纪 70 年代联合国教科文组织发起的“人与生物圈”（MAB）研究计划中被首次提出的。20 世纪 80 年代以来，国内外不少学者对生态城市的内涵提出了不同的看法[15]。总的来看，目前对生态城市的理解主要包括环境说、理想说和系统说 3 种学说。一般可以认为，生态城市是根据生态学原理，综合研究城市社会-经济-自然复合生态系统，并应用生态工程、社会工程、系统工程等现代科学与技术手段而建设的社会、经济、自然可持续发展，居民满意，经济高效，生态良性循环的人类居住区。生态城市的发展目标是实现人与自然、人与人之间和谐相处的理想人居环境。

基于不同学者对生态城市内涵的理解，可以总结出生态城市所具有的鲜明特征：①和谐性。健康的生态城市具有合理的生态结构，追求城市生态系统的健康与和谐；②持续性。包括自然、社会和经济的持续发展，其中自然持续发展是基础；③高效性。生态城市知识经济最大限度地减少对自然资源的消耗，非物质财富的增长成为经济的主要增长点；④系统性。生态城市基于生态学原理建立的社会-自然复合生态系统，各子系统在“生态城市”这个大系统整体协调下均衡发展；⑤区域性。生态城市是以一定区域为依托的城乡综合体，孤立的城市无法实现生态化；⑥多样性。生态城市改变了传统工业城市的单一化、专业化分割，它的多样性不仅包括生物多样性，还包括文化多样性、景观多样性、功能多样性等。

生态城市理论最初主要体现在城市发展中运用生态学原理或者基于生态学原则，理论核心在于城市发展存在生态极限。生态城市理论包括城市自然生态观、城市经济生态观、城市社会生态观和复合生态观等综合城市生态学理论，并从生态学角度提出了解决城市弊病的一些对策。美国生态学家理查德·雷吉斯特（Richard Register）等人推动召开的第五届国际生态城市大会在全世界产生了广泛的影响。生态城市的内涵得到了不断丰富，越来越多的国内外生态城市的建设实践工作已经开展，如印度的班加罗尔、巴西的库里蒂巴和桑托斯市，澳大利亚的怀阿拉市、新西兰的怀塔克尔市、丹麦的哥本哈根市、美国的伯克利等。我国许多城市也编制了生态城市、生态市建设规划和方案，全国有 1 000 多个市县开展了生态市县建设，其中大概有近 200 个地级市已完成相关规划编制。全国有 125 个地区在生态市、县创建的基础上开展了全国生态文明建设试点工作，其中 2/3 左右完成了生态文明建设试点规划编制。中国和新加坡共同建设的位于天津的“中新生态城”就是一个范例[16-18]。

（2）生态城市基本内涵

生态城市是一个较新的概念，其内涵随着实践而逐步丰富。从目前各国以及我国的生态城市研究和实践来看，其内涵主要体现在以下 4 个方面。

一是良性的城市生态系统。生态和谐的前提是城市生态系统的良性循环和动态平衡，以使其对外发挥稳定的生态功能，包括自然生态系统和人工生态系统。生态城市的发展模式应使其自身的城市生态系统具有自我调节和自我恢复的功能，包括平衡发展的自然生态环境，合理的人口密度，资源和能源的节约、循环和有效利用，人力资源的充分开发，有效的自然环境保护。

二是可持续的经济发展模式。经济是一个城市的命脉和支出，但并不是国内生产总值越高，就代表经济越发达。生态城市的发展要改变传统的“唯 GDP 论”发展观，突出经济发展的安全性，使经济的发挥保证在资源和环境承载力范围内。以循环经济的思想为指导，利用更小的资源消耗和环境代价获得更多的经济效益。

三是绿色和谐的生活方式。生态城市应具有高品质的生活条件，这并不仅是物质上的极大满足，而且还包括精神上，尤其是对自然和环境的需求上的满足。即人与自然和谐相处的生活方式。让居民能够喝上干净的水、呼吸上清新的空气、吃上无污染的蔬菜和食品等。生态城市的居民应当享受到平等的生态环境。

四是以人为本的建设理念。人是社会活动的主体，是城市社会活动的参与者和管理者，通过社会经济活动使人得到不断发展完善。人的需求是多层次的，满足人的生存需求和发展需求是生态城市的基本要求，也是一个持续追求的目标。因此，生态城市建设要坚持以人为本，致力于改善人居环境、拓展城市空间和环境容量、强化城市基础设施建设和载体功能，并促进社会发展的可持续性。

（3）生态城市建设原则

尊重自然，环境优先原则。城市经济社会发展行为必须遵循自然规律，与资源环境承载力相适应。正确处理城市环境保护与经济社会发展的关系，将环境作为关键资源和主要约束，在保护和改善生态环境的前提下引导经济社会发展。

合理布局，分类指导原则。按照不同城市的生态环境特点和环境功能差异，制定城市生态保护和建设空间秩序，限制城镇空间扩张，严格保护生态空间，合理制定差异化的生态文明建设管控要求，推动形成开发保护合理有序，人与自然和谐发展的空间格局。

统筹安排，突出特色原则。协调近期与远期、局部与整体、特色与共性的关系，统筹安排生态城市建设的各项任务，将统筹城乡发展、产业发展转型、行政审批改革与生态城市建设相统一，重点提升生态环境公共服务能力，维护人民群众健康和环境权益。

先行先试，机制创新原则。依托国家开展的多种类型的生态创建活动，大胆探索，先行先试，在经济体制、政治体制、文化体制改革中探索人与自然和谐发展的制度，建立健全城市生态补偿、绿色考核和环境污染治理市场化机制。

政府主导，多方参与原则。建立生态城市建设的协作机制，把建设任务落实到国民经济和社会发展的各个领域，落实到各个部门。推动民间环保组织发展，促进公共参与，形成政府主导、各部门分工协作、全社会共同参与的建设机制，有序地推进生态城市建设。

（4）生态导向的城市环境规划

以生态建设为研究视角，从而建立生态导向的城市环境规划体系，使城市的发展更好地顺应环境条件，避免生态环境在城市发展中遭受较大的破坏，实现城市生态环境与人和谐发展的共赢局面。城市环境规划主要从保护人的健康出发，以保持或创建清洁、优美、安静和适宜生存的城市环境为目标。将生态建设和生态保护纳入城市环境规划，在保证人类健康和环境优美的同时，进一步明确对城市生态系统的维护，避免因人类活动和经济过度发展而破坏城市生态平衡，造成生态系统不可逆转性衰退。生态导向的城市环境规划的研究视野不仅仅局限于物质环境上，而是上升到人与自然共荣、共存、共生的复合生态系统范畴。其规划目标和评价标准要以社会、经济和自然三方面来衡量是否符合可持续发展的准则。其规划方法广泛应用和吸收了现代科学技术和手段，模拟、设计和调控系统内的生态关系，提出了人与自然和谐发展的调控对策。其本质是以人类生态学的基本思想出发，将人与自然看做一个整体，以自然生态优先原则来协调人与自然的关系。可以看出，生态导向的城市环境规划是未来城市环境规划发展的重要方向之一，将极大地丰富城市环境规划的研究视角、方法和内涵[19]。

16.2.4 循环经济理论

（1）循环经济的基本概念

随着城市环境与城市发展问题的尖锐化，世界各国都普遍重视对城市生态环境的研究，力求寻找解决生态环境与发展问题的答案。科学地确定区域的发展方向和总体布局，有效地引导城市的空间布局和产业发展，在经济和城市建设快速发展的条件下持续维系城市特有的自然环境和景观环境至关重要。循环经济本质上是一种生态经济，它要求用生态学规律而非机械论规律来指导人类社会的经济活动。与传统经济相比，循环经济倡导的是一种经济系统与生态系统和谐发展的模式。循环经济与传统经济的差异在于，传统经济是“资源—产品—污染排放”单向流动的线性经济，其特征是高开采、低利用、高排放、低治理。在这种经济中，人们将地球上的物质和能源高强度地提取出来，然后又将污染物和废弃物大量地排放到生态系统中，对资源的利用是粗放的、一次性的，通过资源持续不断地消耗为废弃物实现经济的数量型增长。而循环经济要求将经济活动组织成一个“资源—产品—再生资源”的反馈式流程，其特征是低开采、高利用、低排放、高治理。循环经济可以充分提高资源和能源的利用效率，最大限度地减少废物排放，保护生态环境，所有的物质和能源要能在这个不断进行的经济循环中得到合理和持久的利用，以将经济活动对自然环境的影响降低到尽可能小的程度[20-23]。

循环经济在发展理念上就是要改变“重开发、轻节约、重速度、轻效益、重外延扩张、轻内涵提高”的传统经济发展模式。把传统依赖资源消耗的线性增长的经济，转变为依靠生态型资源循环来发展的经济（图 16-3）。

循环经济是按生态经济原理和知识经济规律组织起来的，基于生态系统承载能力、具有高效的经济过程和整体、协同、循环、自生能力的网络型、进行型经济。它通过纵向、横向和区域耦合，将生产、流通、消费、回收、环境保护以及能力建设融为一体，使物质、能力能多级利用、高效产出，自然资产和生态服务功能正向积累、持续利用，使污染负效益变为经济正效益。循环经济发展的多样性与优势度、开放度与自主度等有机结合，促进传统资源掠夺和环境耗竭型产品经济向新兴的循环经济转型。

循环经济的内涵包括三个层次的含义：①实现社会经济系统对物质资源在时间、空间、数量上的最佳运用，即在资源减量化优先为前提下的资源最有效利用；②环境资源的开发利用方式和程度与生态环境友好、对环境影响尽可能小，至少与生态环境承载力相适宜。③在发展的同时建立和协调与生态环境的互动关系，即人类社会既是环境资源的享有者，又是生态环境的建设者，实现人类与自然的相互促进、共同发展。

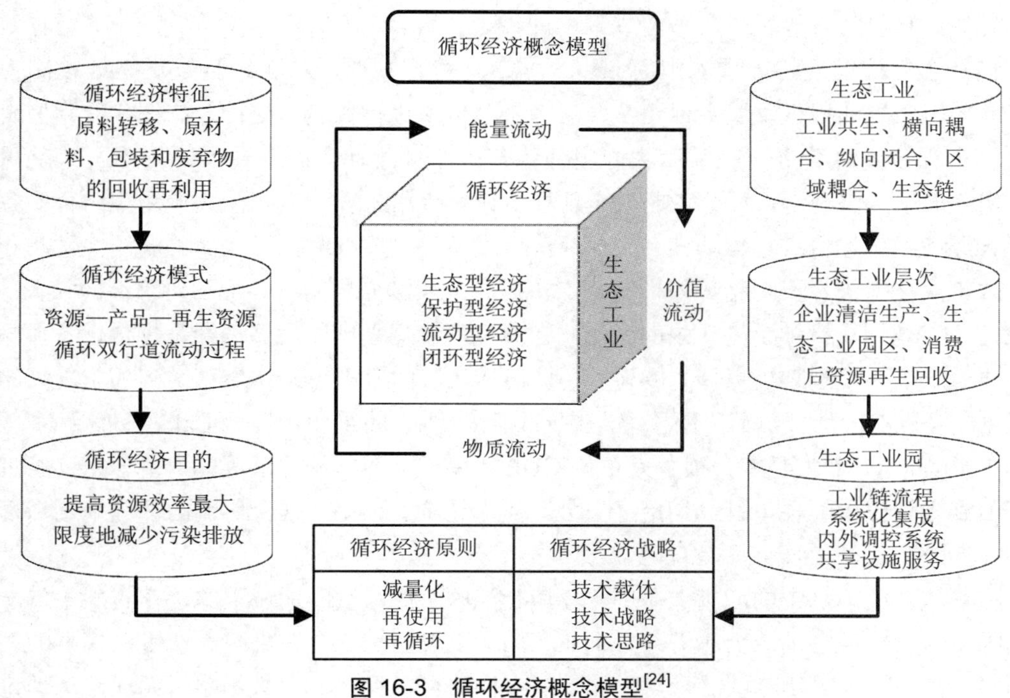

图 16-3　循环经济概念模型[24]

（2）循环经济的基本原则

循环经济要求以“3R”原则为经济活动的行为准则，即减量化（reduce）原则、再利用（reuse）原则和再循环（recycle）原则。

减量化原则。旨在从输入端进行控制，减少进入生产和消费流程的物质量。从而在经济活动的源头上节约资源和减少污染物的排放。在生产实践中，减量化原则要求生产厂家通过减少产品原材料的使用量、重新设计制造工艺和利用先进科技手段来节约资源和减少废弃物排放，尽可能地使产品体积小型化和质量轻型化。在产品包装方面，追求简单朴实而不是豪华浪费，从而达到减少废弃物排放的目的。在消费方面，要求人们尽可能少地使用一次性物品，尽可能多地购买和使用耐用性强的可循环使用的物品。

再利用原则。旨在从过程上进行控制，目的是提高产品和服务的利用效率。它要求产品和包装能够以初始的形式被多次使用。在生产中，常要求制造商使用标准尺寸进行设计，以便于更换部件而不必更换整个产品，同时鼓励发展再制造产业；在生活中，鼓励人们购买能够重复使用的物品、饮料瓶和包装物，同时，尽量将可维修的物品返回市场体系供别人继续使用。

再循环原则。旨在从输出端进行控制，要求生产出来的物品在完成其使用功能后能重新变成可以利用的资源而非无用的废弃物。物质循环通常有两种方式：一是资源循环利用后形成与原来相同的产品；二是资源循环利用后形成不同的新产品。再循环原则要求消费者和生产者购买循环物质比例大的产品，以使循环经济的整个过程实现闭合。

（3）循环经济理论在城市环境规划中的指导作用

在社会经济发展趋势预测中的应用。城市环境规划要以社会经济发展趋势预测为基础，常采用历史数据与发展指标相结合的趋势分析法进行预测。这种方法往往受到历史数据及城市周边环境等多种因素制约，用趋势分析法预测社会经济发展既困难又缺乏可信度。引入循环经济理念，充分考虑城市环境负荷，应用系统分析和模式预测相结合的方法对社会经济发展趋势进行滚动性、循环经济方案预测，可以避免以往简单的线性预测和不考虑政策及技术进步影响趋势外推的缺点，提高了预测分析的科学性和可信度。

在环境规划指标体系构建中的应用。在城市环境规划中引入循环经济理念，具体操作首先要着眼于环境规划指标体系的调整，使循环经济的原则思想切实落实到环境规划的全过程。单位 GDP 环境负荷年下降率是中长期环境规划的重要指标。但是，目前许多环境规划中只有年 GDP 增长率，很少有单位 GDP 环境负荷年下降率。因此，要把循环经济理念落实到规划提出的各项目标、指标中去，促进经济、环境、社会协调的环境规划指标体系的构建。

在环境功能区划中的应用。在进行环境功能区划时，空间地域上的优化布局不仅考虑环境因素，更要考虑区域企业内部、企业之间，以及整个社会在生态产业链构建上的相似性和可行性，积极组建区域能量与物流多层次闭路循环交换的庞大网络。循环经济理论可以应用于同一功能区内部或不同功能区之间，从而降低整个系统资源的消耗，减少污染物排放，达到发展经济、节约资源、建立循环经济型生态城市的目的。

在规划方案优选中的应用。环境规划方案的优选过程是将多个不同的拟订方案进行技术经济论证，确定经济上合理、技术上可行、满足环境保护目标的方案作为推荐方案。在循环经济理论中，构建稳定的循环经济链网结构，丰富循环经济系统产业链，使链条保持完整而不易被打断，对整个系统的成功运作起着至关重要的作用。循环经济理念要求规划者在筛选方案时，要立足于将城市建设成为经济运行高效良好、人居环境优美舒适、生态循环健康协调，经济效益、社会效益和环境效益相互协调和促进的生态城市。

在经济结构战略调整中的应用。当前我国正处于产业结构战略性调整的关键时期，城市产业结构对城市的经济发展有深远的影响，对城市的环境保护也至关重要。产业结构是连接经济活动与生态环境的纽带，环境因素成为产业结构调整的主要因素。因此，城市环境规划要依据循环经济理念开展产业结构的环境影响评价，从环境保护、生态产业链构建、生态产业园建设等角度论证产业结构的合理性，提出调整产业结构的方案和建立循环经济模式的思路，促进经济与环境协调发展[24]。

16.2.5 低碳城市理论

（1）低碳城市的概念及其发展

随着城市人口数量的不断增长和人口规模的日益扩大，城市作为经济发展主要推动力的作用日趋明显。然而，城市也是能源消耗和温室气体排放的主体，全球化背景下的城市发展正面临着贫困、住房短缺、交通拥堵、资源匮乏、环境退化等一系列问题，特别是由温室气体排放量增加所导致的气候变化问题尤为严峻。发展低碳经济、建设低碳城市能够为城市建设提供一条新的发展路径，不仅可以达到减少温室气体排放的目标，还会为城市发展带来新的机遇。发展低碳经济已逐步成为 21 世纪城市可持续发展的重要内涵[25]。

低碳城市（Low-carbon City）指以低碳经济为发展模式及方向，市民以低碳生活为理念和行为特征，政府公务管理层以低碳社会为建设标本和蓝图的城市。

"低碳经济"概念首先由英国首相布莱尔于 2003 年在《我们未来的能源——创建低碳经济》白皮书中提出，书中宣布了到 2050 年英国能源发展的总体目标，即从根本上把英国变成一个低碳经济国家；着力于发展、应用和输出先进技术，创造新的商机和就业机会；同时在支持世界各国经济朝着有益环境、可持续、可靠和有竞争性的能源市场发展方面英国将成为欧洲乃至世界的先导。随后气候组织在其发布的报告《赢余：低碳经济的成长》中对低碳经济的概念、市场未来的发展、低碳经济道路有可能带来的收益进行了较为详细的阐述和分析。

同时，国外很多国家和城市开始了低碳城市建设的探索。英国碳信托基金会与能源节约基金会联合推动了英国的低碳城市项目（Low Carbon Cities Programme，LCCP）。首批 3 个示范城市（布里斯托、利兹、曼彻斯特）在 LCCP 支持下制定了全市范围的低碳城市规划。伦敦市在低碳城市建设方面更是起到了领跑者的作用。2007 年，伦敦提出了在 2025 年 CO_2 排放量相比 1990 年水平减少 60%的目标。作为《京都议定书》的发起和倡导国，日本东京于 2007 年发表了《东京气候变化战略——低碳东京十年计划的基本政策》，提出了打造低碳社会的构想并制订了相应的行动计划及 2020 年相比 2000 年减少温室气体排放 25%的目标。丹麦哥本哈根制定了低碳城市发展规划，计划分两个阶段实施低碳城市战略：第一阶段目标是到 2015 年将全市 CO_2 排放在 2005 年的基础上减少 20%，第二阶段是到 2025 年将 CO_2 排放量降为零。同时推出 50 项措施建设低碳城市，涉及大力推行风能和生物质能发电、实行热电联产、推广节能建筑、发展城市绿色交通、鼓励市民垃圾回收利用、依靠科技开发新能源新技术等方面。柏林制定了有效的气候变化战略和能源战略，通过热电联产、积极发展太阳能来实现节约能源和减少温室气体的目标。西班牙巴塞罗那制定了《2002—2012 能源改进计划》，通过增加可再生能源的使用，特别是太阳能，实现城市发展的低碳化。

国内低碳城市的研究探索及试点工作从 2008 年逐步展开。如位于中国第三大岛崇明岛的上海市东滩地区，正着手打造东滩生态城，该生态城有望成为世界上第一个碳中和区域。在东滩生态城中，热能和电力将通过风能、生物质能、垃圾发电和城市建筑物上的太阳能光伏发电直接获得，为满足燃料电池的需求，将建立全国第一个氢能电网，建筑物均采用环保技术，步行、自行车、燃料电池公交车等将是人们的出行方式。2010 年的上海世博会践行了"低碳世博"的理念，有效普及了低碳城市和低碳生活的观念。2008 年，保定市提出建设"中国电谷"的概念，依托保定国家高新区新能源和能源设备产业基础，打造光伏、风电、输变电设备、高效节能、电力自动化等七大产业园区。"中国电谷•低碳保定"

已成为保定产业发展与城市建设的新亮点与新品牌。2010 年 8 月，国家发改委启动了广东、辽宁等 5 省和天津、重庆、杭州等 8 市的国家低碳省和低碳城市试点工作，相应省市都制定了低碳经济和低碳城市试点方案。同时，在目前开展的生态市和城市生态文明示范建设规划中，都融入了低碳经济和低碳社会的内容。

（2）低碳城市的基本特征

低碳城市强调以人的行为为主导，以生态系统为依托，以科技创新为支撑，在保障经济发展和社会进步的前提下最大限度地减少温室气体的排放，以实现城市的可持续发展。因此，低碳城市应具有以下特征[26]：

经济性。低碳城市的经济性是指以最少的资源和能源投入，换取最大的经济产出，也就是经济的高效化和集约化。从经济层面来看，低碳不仅仅是一种压力，同时也是一种机遇。要实现低碳城市的经济低碳化、高效化和集约化目标，需要不断优化产业结构，改进生产工艺，促进技术创新，提高经济效率和效益。随着国际社会对气候变化重视程度的提高，低碳产品在不远的将来定会成为市场的主流，因此我国企业要抓住这次产品革新的趋势和机遇，提前加大对低碳产品的研发和投入，形成产品的核心竞争力，抢占国际市场。

安全性。低碳城市是在应对气候变化的背景下产生的，气候变化通常表现为冰川消融、海平面上升、土地盐渍化、环境污染、粮食减产、生态恶化和极端天气频发等，直接威胁到人类社会的生存和发展，影响各个国家的国民健康、经济安全和社会稳定。因此，建设低碳城市是实现粮食安全、生态安全、经济安全和社会安全的重要保障。

系统性。低碳城市是由经济、社会、人口、科技、资源和环境等子系统组成的、时空尺度高度耦合的复杂动态开放巨系统。低碳城市的规划和建设应以低碳为主导思想，追求城市的紧凑、舒适和宜居；要从基底上改变能源的利用方式，提高能源的转化率，大力发展清洁能源；在社会层面，人们要改变以往浪费型的生活方式，倡导使用公共住宅、公共交通；充分利用科学技术，促进能源的利用效率，促进经济的低碳发展；在制度层面，国家通过法律等手段迫使企业低碳生产和人们低碳消费，使得低碳成为人们的行为规范。

动态性。动态性特征是指低碳目标不是凝固的，而是要不断调整、不断适应变化。零碳化是低碳城市追求的终极目标，但这在短期内是很难实现的。如果城市不能摆脱对化石能源的依赖，那么零碳将是难以实现的目标。低碳对于城市来说是一个动态的目标，在不同时期其目标定位是不同的。目标的动态性使得经济的发展模式，人们的消费模式、居住模式、交通模式，能源类型处在动态变化中，以满足目标可达的需要。

区域性。低碳城市应当是一种城市化区域或城乡复合体，表现为一种城市与乡村融合发展的新的城乡关系格局，表现为大、中、小城镇之间的协调、协同发展。只有城市区域的低碳化，而没有农村区域的低碳化，算不上真正的低碳城市。城市环境改善只有自身的努力是不行的，因为环境问题具有区域性，奥运期间关闭北京周围城市的污染企业就是一个明显的例子。这就要求以城乡统筹的形式，以区域协同的模式，共同实现经济、社会的低碳发展。

（3）低碳城市的评价方法

第一种是主要指标法。该方法选择对低碳城市表征意义最强的且便于统计的个别指标来描述城市达到的低碳水平。通常采用单位 GDP 二氧化碳排放量、地均二氧化碳排放量、人均二氧化碳排放量、人均净碳源量、碳足迹等来描述。该方法的主要优点在于：能够精确反映城市的低碳水平以及碳排放的动态变化；计算程序相对简单。缺点也是比较明显的，主要包括：没有统一的煤炭、石油、天然气等能源的碳排放系数；除单位 GDP 二氧化碳排放量具有空间可比性以外，其他 4 个指标均没有空间可比性。

第二种是复合指标法。该方法选用与城市低碳发展有关的多种指标予以综合分析，以考察城市的低碳化水平。对于主要的温室气体二氧化碳来说，影响一个城市二氧化碳排放量的主要因素，除经济增长之外，还主要包括人口、能源消费强度、能源结构或单位能源碳含量。由此看出，影响城市碳排放的因素是多方面的，不单单是生产领域的问题，还涉及消费、建筑、交通、技术等其他领域。因此，复合指标法具有涉及广泛、考虑全面、时空可比等优点，但也存在一定缺陷，只能反映城市低碳的相对水平。表 16-2 是目前国内低碳城市的主要评价指标体系[27]。

表 16-2 低碳城市评价指标体系[28-30]

总体层	状态层	指标层	单位	指标性质
经济	优化经济结构，提高经济效益	人均 GDP	万元	目标型
		GDP 增速	%	目标型
		第三产业占 GDP 比例	%	目标型
	循环利用资源，提高能源效率	万元 GDP 能耗	t 标煤/万元	约束型
		能源消耗弹性系数		约束型
		单位 GDP 二氧化碳排放量	t/元	约束型
		新能源比例	%	目标型
		热电联产比例	%	目标型
	加大 R&D 投入，促进技术创新	R&D 投入占财政支出比例	%	目标型
		低碳技术 R&D 投入占总 R&D 投入比例	%	目标型
社会	培育人们低碳消费理念与方式	节能家电使用率	%	目标型
		低碳消费理念培育程度		目标型
		低碳消费宣传力度		目标型
	提高人们的生活质量	人均可支配收入	万元	目标型
		恩格尔系数	%	目标型
		城市化率	%	目标型
	发展快速公交系统，引导公共交通出行	到达交通站点的平均步行距离	m	目标型
		万人拥有公共汽车数	辆	目标型
环境	提升整体城市的碳汇能力	森林覆盖率	%	目标型
		人均绿地面积	m^2	目标型
		建成区绿地覆盖率	%	目标型
	低碳设计，降低对气候的影响	低能耗建筑比例	%	目标型
		温室气体捕获与封存比例	%	目标型

（4）低碳城市的发展模式

城市的资源禀赋、产业基础及所在国家、地区的发展战略不同，城市选择的低碳发展模式也会相应不同。根据国外低碳城市建设发展实践经验，将目前城市低碳发展模式归纳为以下两种：

1）目标模式，即综合型“低碳社会”模式。该模式关注城市经济发展的方方面面，从能源供给到能源消费的各个领域，包括新能源开发利用、绿色建筑、环保交通、低碳消费模式等各个层面。该类城市多是工业化后期城市，具备良好的经济转型基础，如伦敦、东京、丹麦等城市。

2）过渡模式。尽管低碳城市的建设需要建立一个综合的“低碳社会”，但任何经济的低碳转型都不是一蹴而就的，更多的城市需要选择一个切入点或一个领域来优先发展。综合国内外低碳城市的发展实践，低碳城市建设的过渡模式主要有 3 种：①低碳产业拉动模式。所谓低碳产业，是指相对能源密集型产业而言，能够以相对较少的温室气体排放实现经济产出的行业，多指知识密集型和技术密集型产业。国际上部分城市的低碳转型采用低碳产业拉动的方式，即城市发展以某种或某类低碳产业发展为核心，逐步弱化其他行业的发展，最终形成产业结构相对单一的低碳发展模式。典型的范例如伯明翰和波士顿，前者以文化产业或创意产业为发展核心，后者选择发展低碳高科技产业，均通过构建知识型城市实现低碳发展。②示范型“以点带面”发展模式。在城市经济发展低碳转型的初期，多个城市选择先建设示范区的形式，探索先进的发展理念和转型经验，进而以点带面带动整个城市的低碳发展。典型的城市如阿拉伯联合酋长国在建的马斯达尔生态低碳城，其探索建立一个“零碳排放”的生态园区。该种模式也是国内城市普遍尝试的，如重庆建设低碳产业园、科技部成立“低碳科技示范区”，探索低碳技术发展扩散的有效途径。③“低碳支撑产业”发展模式。将为低碳产业发展提供支撑的行业定义为低碳支撑产业，该类产业可能本身并不是低碳的，如风机制造、太阳能利用所必需的多晶硅制造、光伏设备制造等，这些设备的生产实际上是高耗能的，然而又是上述可再生能源开发利用所必需的。在全国甚至全球低碳经济发展的视角下，这类产业虽然是耗能的，但为低碳经济发展作出了重要的贡献，也是低碳经济发展中必要且重要的环节。因此，我们将发展“低碳支撑产业”的城市也作为低碳城市发展过渡模式的一种，尤其是在全国进行低碳城市发展探索的初级阶段，这类城市发挥着至关重要的作用。而该类产业的发展，也为城市自身的经济增长、经济结构调整、经济增长方式转型奠定了一定的基础。

16.3 城市环境规划的主要内容

16.3.1 城市环境规划的流程

城市环境规划编制主要包括以下步骤：第一，进行城市环境现状评价和预测，从而对城市环境现状和未来发展趋势做出较为科学合理的评估；第二，确定未来规划期内城市环境预计达到的规划目标，并进一步建立能够真实刻画该规划目标的规划指标体系；第三，根据规划区域环境现状和未来趋势，以及制定的环境规划目标，按照水、气、固体废物、生态等要素类型分别制定实现规划目标的途径，即包括总量控制、产业结构调整、产业布局、治理工程等规划内容，同时根据城市空间环境特征，编制城市环境功能区划；第四，设计环境规划方案、制定城市环境发展战略和主要任务，即形成城市环境规划方案；第五，城市环境规划方案编制完成后，对区域环境规划的实施情况进行监督、评估，从而确保环境规划的正确性和延续性。

16.3.2　城市环境现状评价与预测

16.3.2.1　城市环境现状评价

环境评价是在环境调查分析的基础上，运用数学方法，对环境质量、环境影响进行定性和定量的评述，旨在获取各种信息、数据和资料，是制定规划的基础工作。通过评价以了解区域环境的特征、环境的调节能力和承载能力，并找出环境中存在的主要问题，确定主要的污染物和污染源及其发生原因、地域分布特征等基础内容。

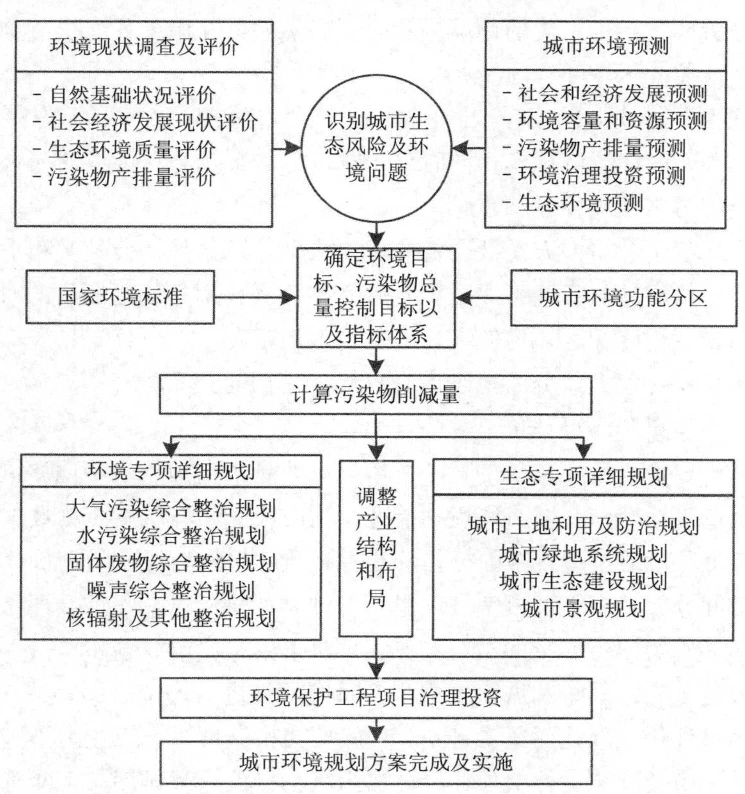

图 16-4　城市环境规划编制流程[3]

（1）城市自然评价

自然评价的对象包括地质、气候、水文、植被、地形地貌、土壤、特殊价值的地区及生态环境（特别是生态敏感区或生态脆弱区）等。自然评价主要为环境区划和评估环境的承载能力服务，自然环境评价在对区域环境现状调查的基础上进行系统地分析和研究，找出目前存在的各种环境问题以及在规划期内待解决的主要问题，作出区域环境评价。

（2）城市社会经济评价

城市社会经济现状评价。区域相关的经济因素主要是指与城市环境规划内容有直接或间接关系的那部分经济活动，这些经济活动影响着区域环境质量的状况。所以，在进行城市环境规划时，需要考虑这些相关的经济发展状况，主要包括产业结构和生产布局现状分析。产业结构和生产布局是人类生产活动存在与发展的空间形式，对区域环境产生直接和显著的影响。合理的产业结构和生产布局能够最大限度地减轻对区域环境的危害，并在有限的环境容量和环境资源情况下，发挥当地最大的生产潜力。而不合理的产业结构和生产布局既不能有效地发挥生产潜力，又会严重地损害区域的环境质量。

城市资源优势和利用现状分析。在资源利用过程中，没有被充分利用的部分将成为污染物，因而资源的利用效率与污染密切相关，生产力直接反映了人与自然环境之间的关系，生产力发展水平则反映了人类征服、改造、控制和适应环境的能力。应根据区域社会生产力发展水平来分析环境污染出现的可能性和客观必然性，并通过环境损益分析的结果，因势利导最大限度地控制区域环境污染。

城市经济规模及科技水平分析。一个城市区域经济规模的大小及其发展速度与该区域环境质量密切相关，而在经济规模相同时，一般技术水平越高对环境的损害越小，技术水平越低，对环境的污染和破坏越严重。

城市社会人口状况分析。人是社会的基本组成部分，又是社会生产和消费的主体。人正是通过生产和消费活动与环境形成了相互联系、相互作用、相互制约的对立统一关系，这种相互关系的影响程度和区域内的人口总数、人口密度、人口分布、人口结构、年龄分布、城乡人口分布和行业人口分布等因素有直接、密切的关系。

（3）城市环境质量和污染评价

城市环境质量评价是环境评价的核心内容。主要是依据国家水环境质量、空气环境质量、土壤环境质量等标准以及城市环境功能区，利用历史环境质量监测数据和国家指定的评价方法，对城市环境质量进行全面分析和达标评价。根据环境质量评价找出城市环境质量达标差距和空间分布。对于城市空气质量改善规划，要求对一些综合性污染物指标（如 $PM_{2.5}$）开展源解析，给出污染物的组分和来源。对于生态城市规划和城市生态系统修复规划，还要对城市复合生态系统和城市要素生态系统质量进行评价。

城市环境污染评价主要是污染源评价，一般要突出城市重大工业污染源评价和污染源综合评价。根据污染类型，进行单项评价，按污染物排放总量排序，由此确定评价区内的主要污染物和主要污染源。污染评价还应酌情考虑城市所属乡镇企业污染评价、生活污染分析及面源污染分析等。环境污染评价还应考察现存环境设施运行情况、已有环境工程的技术和效益，作为新规划工程项目的设计依据和参考。大气和水污染评价技术遵照有关技术规范进行。

16.3.2.2 城市环境预测分析

城市环境预测是根据人类过去和现在已掌握的信息、资料、经验和规律，运用现代科学技术手段和方法，对未来的城市环境状况和环境发展趋势及其主要污染物和主要污染源的动态变化进行描述和分析。

（1）城市环境预测依据

城市环境规划预测的主要依据有：①社会经济发展规划。城市环境规划预测的主要目的就是预先推测出经济社会发展达到某个水平年时的环境状况，以便在时间和空间上作出具体的安排和部署。所以环境预测与经济发展水平关系十分密切，且把社会经济发展规划（发展目标）作为环境预测的主要依据。②城市规划区的环境质量评价。城市规划区的环境质量评价是环境预测的基础工作和依据，通过环境评价把握经济社会发展与环境保护间的关系和变化规律，从而为建立规划预测或决策模型提供信息、数据和资料打下基础。③社会经济发展规划水平年的发展目标。城市规划区内经济开发和社会发展规划中各水平年的发展目标是环境预测的主要依据。这是因为一个地区的经济社会发展与环境质量状况存在一定的相关性，利用这种关系才能做出未来环境状况的科学预测。④城市建设发展规划的各种资料。城市建设总体发展战略和发展目标、交通运输等有关资料都是环境预测的依据资料，例如城市集中供热、发展型煤、煤气化、绿化、建立污水处理厂等，都直接关系未来环境状况，这些数据资料都是环境预测所不可或缺的。

（2）城市环境预测原则

城市环境预测需要遵循的原则主要有：①城市经济社会发展是环境预测的基本依据，要注意经济社会与环境各系统之间及系统内部的相互联系和变化规律。②科学技术是第一生产力。科学技术对经济社会发展的推动作用和对环境保护的贡献是影响预测的重要因素。③突出重点。抓住那些对未来环境发展动态最重要的影响因素。这不仅可大大减少工作量，而且可增加预测的准确性。④具体问题具体分析。环境预测涉及面十分广泛，一般可分为宏观和中观两个层次，要注意不同层次的特点和要求。

（3）城市环境预测类型

进行城市环境预测时，由于预测目的和预测模型方法不同，其预测结果也是不一样的。按预测目的，城市环境预测可分为：①警告型预测。该预测是指城市在人口和经济按历史发展趋势增长、环境保护投资、防治管理水平、技术手段和装备力量均维持目前水平的前提下，未来环境的可能状况。其目的是提供环境质量的下限值，即在工业结构等不发生重大变化，环境保护投资和总投入比例不变的前提下，按目前的状况等比例发展下去，预测年份环境污染可能达到的状况。②目标导向型预测。该预测是指人们主观愿望想达到的水平。目的是提供环境质量的上限值，即为了使平均年污染物浓度达到环境保护要求，排污系数应有的递减速率及污染排放量应达到的基准。③规划协调型预测。该预测是指通过一定手段，使城市环境与经济协调发展所可能达到的环境状况。这是预测的主要类型，也是规划决策的主要依据。它是指在充分考虑到技术进步、环境保护治理能力、企业管理水平、产业结构的更新换代等动态因素的前提下，对环境质量达到切合实际的预测。

（4）城市环境预测内容

城市环境预测是确定环境规划目标指标、规划方案和环境工程措施的主要依据。通常要对多种社会经济发展和污染减排情景进行预测，给出不同情景方案下的城市环境质量变化、污染物削减水平和投资等决策信息。主要预测内容有以下 6 个方面：

城市社会和经济发展预测。城市社会经济发展预测的主要内容包括规划期内城市区域内的人口总数、人口密度、人口分布及城市化率方面的发展变化趋势；城市经济规模、国内生产总值（GDP）及分行业生产总值变化趋势；城市三次产业比例变化情况，第三产业占所有产业比重情况，主导产业、支柱产业发展情况；城市能源消费、能源结构、清洁能源所占比重等变化情况。

城市环境容量和资源预测。根据城市区域环境功能区划、环境污染状况和环境质量标准来预测区域内环境容量的变化，包括水资源量、土地资源量、能源（煤、石油、天然气等）的开采量和储备量等情况。对资源预测主要包括资源可利用量和资源消耗量两个方面：资源可利用量指在规划期内城市能够获得的、可以被利用的资源量；资源消耗量指在规划期内城市对各类资源的消耗能力。如水资源消耗量包括生活用水量、农业用水量、工业用水量以及生态环境用水量等。随着全球气候变化、城市人口剧增、生态破坏加重，水资源量作为环境容量重要指标之一，在城市生态环境中的影响日益增长。

城市污染物产排量预测。主要是依据上述社会经济发展，特别是城市化情景方案对主要污染物排放量进行时间和空间分布预测，也就是不同规划水平年和不同空间下的污染物产生量污染物和排放量预测。产生量和排放量预测的要点是确定合理的产排污系数（如单位产品和万元工业产值排污量）和弹性系数（如工业废水排放量与工业产值的弹性系数）。

城市环境质量变化预测。主要是预测各类污染物在大气、水体、土壤等环境要素中的总量、浓度和分布情况，以及对可能出现的新污染物种类和数量的预测。对于城市水环境污染预测的要点是确定排放源与汇之间的输入响应关系，预测不同社会经济发展和水污染物减排情景下的流域和水体环境质量变化情况。对于城市大气环境质量预测，主要是利用城市大气污染物网格化排放清单和选择的空气质量模拟模型方法，预测不同社会经济发展和大气污染物减排情景下的城市空气环境质量变化情况。为了提高预测的准确度和模拟的科学性，城市大气污染物排放清单网格应尽可能精细，如采用 1 km 的网格。

城市生态环境预测。主要预测不同城市社会经济发展方案下的城市生态环境，包括城市绿地面积、土地利用状况、城市发展趋势等；预测城郊农业生态环境，包括农业耕地数量和质量，盐碱地面积及分布，水土流失面积及分布，城市区域内生物多样性、自然保护区、旅游风景区、沼泽湿地的变化趋势等，即通过多因素综合分析城市生态环境未来发展状况。一般来说，难以采用复杂模型对城市生态环境进行预测。大多数预测主要是预测上述生态要素的数量变化。

城市环境治理投资预测。污染治理投资往往是较为重要的内容之一，投资过小有可能无法满足污染治理需求，从而造成污染物总量和环境质量无法有效改善，甚至持续恶化；投资过度有可能造成资金、人力等国家资源浪费。城市环境规划投资预测，主要是预测各类污染物的治理技术、装置、措施、方案以及污染治理的投资和效果，预测规划期内达到城市环境规划目标所需要的环境污染治理投资总额、投资比例、投资重点、投资期限、投资效益等。对于生态城市规划，除了预测环境污染治理投资外，还要预测城市生态系统保护、修复和建设投资。由于城市环境基础设施建设的急剧上升，在预测一般的城市环境规划投资的同时，应预测城市环境污染治理设施和生态基础设施运行维护的费用，并提出筹集投资资金和运行费用的方案建议。

16.3.3　城市环境规划目标指标确定

在对城市环境现状和未来趋势进行全面分析的基础上，需要制定科学、合理的城市环境目标。城市环境规划目标是城市规划的具体体现，是进行环境建设和管理的基本出发点和归宿点。城市环境规划目标是通过环境指标体系表征的，环境指标体系是一定时空范围内所有环境因素构成的环境系统的整体反映。

16.3.3.1　城市环境规划目标

（1）城市环境规划目标概念

制定环境规划目标是城市环境规划的核心内容，是对规划对象未来某一阶段环境质量状况的发展方向和发展水平所做的规定。规划目标既体现了环境规划的战略意图，也为环境管理活动指明了方向，提供了管理依据。环境规划目标应体现城市环境规划的根本宗旨，即要保障城市国民经济和社会的持续发展，促进经济效益、社会效益和生态环境效益的协调统一。因此，城市环境规划目标既不能过高，也不能过低，要做到经济上合理、技术上可行、社会上满意。只有这样，才能发挥环境规划目标对人类活动的指导作用，才能使环境规划纳入国民经济和社会发展规划成为可能。

（2）城市环境规划目标基本要求

确定城市环境规划目标，需要遵循 4 项基本要求：①具有一般规划目标的共性。城市环境规划目标必须有时间限定和空间约束，可以计量并反映客观实际而不是规划人员和决策者的主观要求和愿望等。②与城市经济社会发展目标协调。环境保护的根本目的是实现人与自然的和谐，保障环境与经济社会协调发展。城市环境规划目标应集中体现这一方针，应与经济社会发展目标进行综合平衡。③保证目标的可实施性。这一要求主要指技术经济条件的可达性以及目标本身的空间可分解性，并且要便于管理、监督、检查和实行，与现行管理体制、政策、制度相配合，特别要与责任制挂钩。④保证目标的先进性。目标应满足经济社会健康发展对环境的要求，保障人民正常生活的必需的环境质量；同时，应考虑技术进步因素，是经过努力可能达到的目标。

（3）城市环境规划目标类型

城市环境规划目标分类具有多样性特点，有以下 5 种分类方法：①按管理层次分类，可将其分为宏观目标和详细目标。宏观目标是对规划区在规划期内应达到的环境目标总体上的规定；详细目标是按照环境要素、功能区划对规划区在规划期内规定的环境目标所做的具体规定。②按规划内容分类，可将其分为环境质量目标和污染总量控制目标。环境质量目标主要包括大气质量目标、水环境质量目标、噪声控制目标以及生态环境目标，环境质量目标由一系列表征环境质量的指标体系来体现；污染总量控制目标主要由工业或行业污染控制目标和城市环境综合控治目标构成，实质上是以城市功能区环境容量为基础的目标。③按规模分类，可将其分为环境污染控制目标、生态保护目标、环境管理目标。环境污染控制目标分别包括大气、水体、固体废物和噪声等几种类型，是在规划期内将该要素主要污染物的总量、质量控制在一定的标准范围内；生态保护目标是指对城市中的森林、草原、野生生物、矿产土地，以及水资源等生态资源的规划目标，防止水土流失、土地沙化以及建立保护区等；环境管理目标包括组织、协调、监督等管理目标，同时还包括实施环境规划、执行各项环境法规以及环境保护的宣传、教育等管理目标。④按时间分类，可将其分为短期（年度）目标、中期（5～10 年）目标、长期（10 年以上）目标，对于短期目标要准确、定量、具体，具有较强的可操作性；对于中期目标要包含具体的定量目标和定性目标；对于长期目标要具有战略意义的宏观要求。⑤按空间分类，可将其分为区域、城市、区县各级环境目标。

（4）城市环境规划目标确定原则

城市环境规划目标确定需要遵循如下 5 条原则：①以规划区环境特征、性质和功能为基础。确定目标要基于相应城市规划区的性质、功能，抓住其自身特征。对无能力防治和对污染特别敏感的区域，目标应高一些；对环境容量大、承载能力强的区域可以适当放低目标。②以经济、社会可持续发展的战略思想为依据。发展国民经济的战略思想就是社会、经济、科学技术相结合，人口、资源、环境相结合的协调持续发展。需要将环境保护和经济发展统筹考虑。③环境规划目标应当满足人们生存发展对环境质量的基本要求。环境规划目标不仅要满足环境与经济协调发展的需要，还要保证人们生存发展的基本要求得到满足。一方面确定的目标应高于人们生活对环境质量的要求，同时目标也要高于生产对环境质量的要求，保证符合标准的生产用水、空气和能源，保证生产的顺利进行。④环境规划目标应当满足现有技术经济条件。环境规划总是在一定的条件支持下才能实现。确定目标时应考虑现有的管理、防治技术和人才结构，要分析现有经济水平能够提供多少资金用于环境保护。不同地区技术经济条件不同，但都应在现有和可能有的技术和经济条件下确定环境规划目标。⑤环境规划目标要求能做时空分解和定量化。无论定性目标还是定量目标，都要将目标具体化，在时间和空间上能进行细化分解目标，形成易于操作的指标和具体要求，这样便于环境规划方案的管理监督、检查和执行。

（5）城市环境规划目标确定方式

城市环境规划目标的确定主要通过 3 种方式：①定量确定环境规划目标，是指在目标确定过程中尽量使目标量化的方式。定量化确定的环境目标都有具体的数量表示环境质量要达到的程度或标准。其优点在于明确而具体地表示环境规划目标，以利于管理、监督和实施，主要应用于中短期规划目标的确定。②定性确定环境规划目标，是指用定性的方式描述目标，无明确数量化的要求，用概要的语言描述对于环境质量的要求，其优点在于能在较高视角下表示目标。常用于城市中长期规划的目标确定。定性目标便于指导定量目标的确定，但不具有操作性。③半定量确定环境规划目标，是指介于定量和定性确定之间的方式，综合定量和定性方式的优点，规避二者的弱点，适用于一些模糊目标的确定。

16.3.3.2　城市环境规划指标

为了全面、合理地评价区域环境的现状与未来，对城市性质、规模、结构、土地利用、环境容量等进行定量测定和预测，对区域的发展做出科学的规划，实行准确的控制、调整与反馈，使城市社会、经济、环境协调发展，制定出一套科学反映城市环境质量状况和社会经济发展状况的指标体系是非常必要的。但要建立这样的一个指标体系又是极为复杂的，因为它几乎涉及人类活动的各个方面，所以迄今为止尚未形成一个公认的指标体系。

（1）城市环境规划指标概念

城市环境规划指标体系是指进行环境规划定量或半定量研究时所必需的数据指标总体。如区域的地质地形、气候气象、水文、土壤、生物等自然生态指标；区域的人口密度、经济结构和密度、交通密度等社会经济指标；区域污染物发生量、排放量等污染源指标；污染物浓度分布及对此做出的一定评价等级和环境质量评价指标；反映区域总体水平的区域环境综合整治指标等。由此可见，城市环境规划指标是直接反映环境现象及相关事物，并用来描述城市环境规划内容的总体数量和质量的特征值。城市环境规划指标包含两方面的含义：一是表示规划指标的内涵和所属范围的部分，即规划指标的名称；二是表示规划指标数量和质量特征的数值，即通过调查登记、汇总整理而得到的数据。环境规划指标是环境规划工作的基础，并运用于整个环境规划工作之中。

（2）城市环境规划指标体系建立原则

建立环境规划指标体系，就是要建立起能全面、准确、系统、科学地反映各种环境现象特征和内容的一系列环境规划目标。通常，需要遵循以下原则：①整体性原则。城市环境规划指标体系要求环境规划指标完整全面，既有反映环境规划全部内容的环境指标，又包括在环境规划过程中所使用的社会、经济等指标，并由此构成一个完整的城市环境规划指标体系。②科学性原则。要通过科学的方法来建立城市环境规划指标体系，只有科学地规划指标才能进行科学的环境规划，也才能够实现城市环境规划的目标。③规范性原则。

城市环境规划指标体系是一个由多项指标构成的体系，由于这些指标的性质和特点不尽相同，需要对各项规划指标进行分类和规范化处理，使各类环境规划指标的含义、范围、量纲、计算方法等具有统一性，而且要在较长时间内保持不变，以保证环境规划指标的精确性和可比性。④可行性原则。环境规划指标体系必须根据环境规划的要求来设置，根据具体的环境规划内容来确定相应的环境规划指标体系，在设计和实施环境规划方案时具有可行性。⑤适应性原则。城市环境规划指标体系一方面要适应环境规划的要求，同时也要适应环境统计工作的要求，在尽量满足环境规划工作需要的同时，考虑到实际可能的条件。如果片面地强调指标的完整无缺，势必会增加指标统计的工作量，超过统计部门的人、财、物的承受能力，就会给我们建立环境规划指标体系带来更加不利的影响。⑥选择性原则。城市环境规划指标体系要注意选择那些具有现实性、独立性、必要性的指标，特别是区域环境综合整治指标要注意其代表性和可比性，要能真正体现区域环境综合整治水平并可得到客观准确评价。

（3）城市环境规划指标体系与类别

城市环境规划目标是通过环境指标体系来实现的。从内容上看有数量方面的指标、质量方面的指标和管理方面的指标，从表现形式上看有总量控制指标和浓度控制指标，从复杂程度上看有综合性指标和单项指标，从范围上看有宏观指标和微观指标，从地位和作用上看有决策指标、评价指标和考核指标，从其在环境规划中的作用上看有指令性规划指标、指导性规划指标和其他相应性指标。但就目前的城市环境规划而言，主要按其表征对象、作用以及在环境规划中的重要性或相关性来进行分类，分为环境质量指标、污染物总量控制指标、环境规划措施与管理指标及相关指标。

第一类是环境质量指标。这类指标主要表征自然环境要素（大气、水）和生活环境（如安静）的质量状况，一般以环境质量标准为基本衡量尺度。环境质量指标是环境规划的出发点和归宿，所有其他指标的确定都是围绕完成环境质量指标进行的。

第二类是污染物总量控制指标。这类指标主要是根据一定地域的环境特点和容量来确定，其中又有容量总量控制和目标总量控制两种。前者体现环境的容量要求，是自然约束的反映；后者体现规划的目标要求，是人为约束的反映。我国现在执行的指标体系是将二者有机结合起来，同时采用。污染物总量控制指标将污染源与环境质量联系起来考虑，其技术关键是寻求源与汇（受纳环境）的输入响应关系，这是与目前盛行的浓度标准指标的根本区别。浓度标准指标中对污染源的污染物排放浓度和环境介质中的污染物浓度做出规定，易于监测和管理，但此类指标体系对排入环境中的污染物的量无直接约束，未将源与汇结合起来考虑。

第三类是环境规划措施与管理指标。这类指标主要是首先达到污染物总量控制指标，进而达到环境质量指标的支持性和保证性指标。这类指标有的由环境保护部门规划与管理，有的则属于城市总体规划，但这类指标的完成与否与环境质量的优劣密切相关，因而将其列入环境规划中。

第四类是相关指标。主要包括经济指标、社会指标和生态指标 3 类。相关指标大都包含在国民经济和社会发展规划中，都与环境指标有密切的联系，对环境质量有深刻影响，但又是环境规划所包容不了的。因此，环境规划将其作为相关指标列入，以便更全面地衡量环境规划指标的科学性和可行性。对于区域来说，生态类指标也为环境规划所特别关注，它们在环境规划中将占有越来越重要的位置。

对于创建型城市环境规划，规划指标直接采用国家颁布的相关指标体系。目前，环境保护部已经陆续发布了国家环境保护模范城市、生态市、生态文明示范市等创建类型的指标体系和指标要求[31]。专栏 16-1 是国家“十一五”期间使用的国家环境保护模范城市指标要求[32]。对于城市生态环境创建规划这类指标，其缺陷是没有充分考虑区域和城市的差异性，有的指标甚至过分强调了经济发展的要求。

专栏 16-1 “十一五”国家环境保护模范城市考核指标

（一）基本条件

1. 城市环境综合整治定量考核连续三年名列本省（自治区）前列；

2. 近三年城市辖区内未发生重大、特大环境污染和生态破坏事故，前一年未有重大违反环保法律法规的案件，制定环境突发事件应急预案并进行演练；

3. 环境保护投资指数≥1.7%。

（二）考核指标

1. 经济社会

（1）经济持续增长率高于全国平均增长水平，人均 GDP＞1.5 万元（西部城市可选择市区人均 GDP＞1.5 万元）；

（2）人口与计划生育年度计划完成率 100%;

（3）规模以上单位工业增加值能耗<全国平均水平，且近三年逐年下降；

（4）单位 GDP 用水量<全国平均水平，且近三年逐年下降；

（5）万元工业增加值主要污染物排放强度<全国平均水平，且近三年逐年下降。

2. 环境质量

（1）全年 API 指数超过 100 的天数≥全年天数的 85%;

（2）集中式饮用水水源地水质达标率≥96%;

（3）城市水环境功能区水质达标率 100%，且市区内无劣 V 类水体；

（4）区域环境噪声平均值≤60 dB（A）；

（5）交通干线噪声平均值≤70 dB（A）。

3. 环境建设

（1）受保护地面积占国土面积比例≥10%;

（2）建成区绿化覆盖率≥35%（西部城市可选择人均公共绿地面积≥全国平均水平）；

（3）城市生活污水集中处理率≥80%，且缺水城市污水再生利用率≥20%;

（4）重点工业企业污染物排放稳定达标率100%，工业企业排污申报登记执行率100%；
（5）城市清洁能源使用率≥50%；
（6）城市集中供热普及率≥65%（南方城市不考核）；
（7）机动车环保定期检测率≥80%；
（8）生活垃圾无害化处理率≥85%；
（9）工业固体废物处置利用率≥90%；
（10）危险废物处置率100%。

4. 环境管理

（1）环保目标责任制落实到位，环境指标已纳入党政领导干部政绩考核，制定创模规划并分解实施，实行环境质量公告制度；
（2）建设项目“环评”、“三同时”和规划环评综合执行率达到国家要求；
（3）按期完成总量控制计划，国家重点环保项目落实率≥80%；
（4）环境保护机构独立建制，环境保护能力建设达到国家标准化建设要求；
（5）公众对城市环境保护的满意率≥85%；
（6）中小学环境教育普及率≥85%；
（7）城市环境卫生工作落实到位，城乡结合部及周边地区环境管理符合要求。

（三）参考指标

1. 开展了创建国家环境友好企业、绿色社区、绿色学校、国家生态示范区、环境优美乡镇、国家生态工业园区、国家ISO 14000示范区等活动，并且各类创建创成数量逐年增加；

2. 开展了清洁生产审核工作，按照国家规定应进行强制性清洁生产审核的企业数量逐年增加。

16.3.4 城市环境功能区划分

16.3.4.1 城市环境功能区划的概念与目的

功能区是指对经济和社会发展起特定作用的地域和环境单元。环境功能区也常常是经济、社会与环境的综合性功能区。环境功能区划是对城市环境保护实现科学管理的一项基础工作，主要依据社会经济发展需要和不同地区在环境结构、环境状态和使用功能上的差异，对区域进行合理划分。城市环境功能区划要研究各环境单元的环境容量及环境质量的现状和发展变化趋势，揭示人类自身活动与环境以及人类生活之间的关系。

每个城市由于其自然条件和人为利用方式不同，具体表现为该区域内所执行的环境功能不同，对环境的影响程度各异，要求不同地区达到同一环境质量标准的难度也不一样。因此，考虑到环境污染对人体的危害及环境投资效益两方面因素，在确定城市环境规划目标前，要先对研究区域进行功能区的划分，然后根据各功能区的性质分别制定各自的环境目标。总体来说，划分城市环境功能区的主要目的有[3]：

（1）确定环境目标

通过环境功能区的划分，决策者依据功能区的重要程度、经济开发特点，提出控制污染布局与排放的各种强制性措施，确定环境保护重点和环境保护目标。这也就是通常所说的环境功能区达标。依据城市环境功能区制定环境规划目标的基本思路是：具有高环境功能的区域要高标准保护，具有低环境功能的区域要低标准保护，特殊环境功能区域要特殊保护。因此，城市环境功能区划就是为各环境功能区环境目标管理决策提供科学依据。

（2）科学合理布局

决策者依据不同区域的功能和环境保护目标，可以对区域的经济发展进行合理布局。对于未建成区或新开发区、新兴城市等来说，环境功能区划对其未来环境状态有决定性影响。如根据国家主体功能区划，对于限制和禁止开发区域，禁止布局有污染的建设项目；对于自然保护区核心区，禁止任何社会和经济活动；对于国家环境功能区划中的自然生态保留区、生态功能保育区，禁止和严格控制开发项目；对于食物环境安全保障区、聚居环境维护区和资源开发环境引导区这3类环境功能区，也有建设项目准入的要求和布局管控。

（3）落实环境目标

城市环境保护是我国环境保护的核心。目前，正在从定性管理过渡到定量管理，环境质量改善规划首先要适应这种科学管理和科学治污的趋势。城市环境规划将环境功能区与环境保护目标建立起对应关系，使得在技术、经济可行性分析基础上确定的环境保护目标得到落实。特别是城市环境综合整治定量考核、环境目标管理责任制，排污许可证制度的贯彻执行必将对环境目标的落实起到促进作用。

（4）提高投资效率

城市环境污染治理和生态保护需要大量的投资和资源保障。落实环境保护目标，做好城市环境保护，需要考虑的问题有：①根据各功能区的环境特点，做到环境保护目标要突出重点，环境保护投资也要突出重点；②利用城市公共环境基础设施，将点源治理与区域集中处理结合起来，降低污染治理成本；③不同的环境功能区实现相应功能区的环境目标，治理污染和保护生态强调讲究效益和效果；④科学地拟定环境保护投资计划，实现区域污染控制总费用最小，使治理方案做到有的放矢，实现环境规划投资的效益最大化。

（5）有效实施环境质量标准

在编制城市环境规划时，环境功能区类别不同，执法的法律、法规、标准也应不同，划分不同的环境功能区将使上述法规实施的针对性更强，有利于城市环境规划的有效实施。特别是目前我国的水、空气、土壤等环境质量标准都是根据相应的水环境功能区、空气环境功能区、土壤环境功能区设立相应质量标准的。在这种情况下，城市环境功能区划直接为环境质量标准实施提供了依据。

16.3.4.2 城市环境功能区划的依据与类型

（1）城市环境功能区划的依据

传统的城市环境规划往往忽视环境功能区划和生产力布局对环境质量的影响。由于环境功能区划是最近 10 年发展起来的一项环境区划工具，因此，在制定城市环境功能区划时必须与现有的其他区划相衔接。确定城市环境功能区划的主要依据有：①现有上一级的主体功能区划、环境功能区划和生态功能区划等。这些功能区划有些已经完成编制并实施，有些正在编制。因此，城市环境功能区划首先要与这些功能区划相一致。需要调整的要做出说明，并完成相应的调整程序。②区域和城市总体规划。保证功能与规划相匹配，保证区域或城市总体功能的发挥，与区域或城市总体规划相匹配。当然，如果区域和城市总体规划中的环境功能定位有明显不足，则应要求调整区域和城市总体规划中的环境功能定位。③现有的自然和地理区划。依据自然条件划分功能区，依据地理、气候、生态特点或环境单元的自然条件划分功能区。如自然保护区、风景旅游区、水源区或河流及其岸带、海域及其岸带等。④依据环境的开发利用潜力划分经济功能区，按此依据划分的功能区如高新技术开发区、新经济开发区、绿色食品基地、名贵花卉基地、绿地等。⑤依据社会经济的现状、特点和未来发展趋势划分功能区，按此依据划分的功能区有工业、居民区、科技开发区、教育文化区、经济开发区、生态工业园区等。⑥依据行政辖区划分功能区，行政辖区往往不仅反映环境的地理特点，而且也反映某些经济社会特点。按一定层次的行政辖区划分功能区，有时不仅有经济、社会和环境合理性，而且亦便于管理。⑦依据环境保护的重点和特点划分功能区，按此依据划分的功能区一般可分为重点保护区、一般保护区、污染控制区和重点污染治理区等。

（2）城市环境功能区划的类型

按照城市社会经济功能范围，可以划分为：工业区，居民区，商业区，机场、港口、车站等交通枢纽区，风景旅游或文化娱乐区，特殊历史文化纪念地，水源区，卫星城，农副产品生产基地，污灌区，污染处理地（垃圾场、污水处理厂等），绿化区或绿色隔离带，文化教育区，新科技经济区，新经济开发区，旅游度假区。这种划分是目前城市总体规划中使用的功能分类。

按照城市环境功能客观属性和环境管理特点，可以划分为：①综合环境功能区划，也就是目前国家环境功能区划中提出的自然生态保留区、生态功能保育区、食物环境安全保障区、聚居环境维护区和资源开发环境引导区五类环境功能区。②要素环境功能区划，即按照要素内容划分，包括大气、地表水域环境、土壤环境、噪声功能区划和生态功能区划。③主要以城市中人群的活动方式以及对环境的要求为分类准则，一般可以分为重点环境保护区、一般环境保护区、污染控制区、重点污染治理区和新建经济技术开发（工业集中）区等。这是一种基于环境功能的环境管理分区。

16.3.4.3　城市环境功能区划的程序和内容

与通常的环境功能区划一样，城市环境功能区划程序和内容如下：

（1）区域生态环境“三性”评估

根据城市环境质量和污染物排放现状评估，对水环境、大气环境和土壤环境等开展“三性”（重要性、敏感性和脆弱性）评估，找出城市要素环境质量的重要保护区、对象敏感区和环境质量脆弱区。根据生态学理论方法，利用 DEM、遥感影像、土地利用、生物多样性分布、河流水系等基础数据，开展区域生态系统敏感性与重要性评估，形成区域生态系统敏感性与重要性分级图。

（2）城市生态安全格局构建

根据景观生态学原理，利用区域生态敏感性与重要性评估结果，结合区域自然保护区、水源保护区、风景名胜区、国家森林公园等法定保护区以及城市建设、土地利用、主体功能等规划方案，构建城市生活、生态和生产“三大”空间格局，划定城市生态保护红线，明确需要重点保护的敏感区域、带、点以及相应的保护侧重点。同时，对城市重要环境基础设施选址布局作出安排，降低城市污染集中治理设施对城市生态安全的影响，特别是对城市居民生活的影响。

（3）城市环境功能区划定

主要分以下两种类型：①综合环境功能区划分。原则上，对于每一个城市环境规划，都应以生态安全格局为基础，协调城市总体规划、土地利用总体规划等相关规划，以维护环境健康、保育自然生态安全、保障食品产地环境安全等为目标，划定城市环境功能区为自然生态保留区、生态功能保育区、食物环境安全保障区、聚居环境维护区和资源开发环境引导区五类功能区，并制定分区环境质量与环境管理目标指标。同时，根据城市发展和生态环境特点，在遵循大的环境功能区划类型的前提下，可以对一些功能不明显的类型区（如自然生态保留区）不做划分。②单要素环境功能区划。在综合环境功能区划的基础上，对城市水系、大气环境、噪声、土壤等环境要素进行功能区划分与调整，形成基于要素的环境功能维护与管理基础体系。表 16-3 给出了单要素环境功能区划的划分类型。

表 16-3　单要素环境功能区划及划分类型

区划名称	区划类型
大气环境功能区划	以往的大气环境功能区划一般划分为工业区、商业区、居民区、文化区、交通稠密区和清洁区 6 种类型。根据《环境空气质量标准》（GB 3095—2012），大气环境功能区只划分为自然保护区和居民生活区两类
地表水域环境功能区划	源头水、国家自然保护区、生活饮用水水源地保护区、鱼类保护区、一般工业用水区、农业用水区、一般景观水域 7 种类型
噪声功能区划	特殊住宅区、居民区、文教区、一类混合区、二类混合区、商业中心区、工业集中区、交通干线道路两侧 8 种类型
生态功能区划	水源涵养区、土壤保持区、防风固沙区、生物多样性保护区、洪水调蓄区、农产品提供区、林产品提供区、大都市群、重点城镇群

关于城市环境功能区划分的技术方法可以参照环境保护部环境规划院提出的《国家环境功能区划技术指南》。

（4）城市环境功能区的管控

划分城市环境功能区的主要目的是实施分区分类管理，根据不同的功能类型区设立管理目标和措施。国家环境功能区划纲要对 5 种类型区作出了管控目标，包括环境质量目标、污染物排放总量控制、环境风险防控、产业环境准入、环境影响评价和环境经济激励制度等。城市环境功能区管控主要涉及环境质量目标、总量控制要求、排放标准适用、产业布局准入、风险等级划控、公众参与等，同时应探索针对不同环境功能区的评价和考核要求。

16.3.5 城市环境规划主要任务

城市环境规划任务和内容可以按照规划程序以及规划领域划分。由于目前的城市环境规划大多是综合性环境规划，涉及大气、水、固体废物、噪声、生态等环境保护领域，因此本节将主要按照领域介绍城市环境规划的任务和内容。

16.3.5.1 城市大气环境保护规划

一般来说，我国目前的城市大气环境保护规划的形态主要是大气污染防治规划，与清洁空气质量管理还有很大的差距。城市大气污染防治主要以 SO_2、NO_x、烟尘、粉尘等主要污染物为主。“十一五”期间，我国城市大气防治规划主要以 SO_2 为主，随着城市中灰霾、光化学烟雾等大气污染问题日益严重，“十二五”期间加大了对工业和机动车来源的 NO_x 以及 $PM_{2.5}$、VOCs、O_3 等二次污染物的防控。城市大气环境保护规划的主要内容包括：在污染源及环境质量现状和发展趋势分析的基础上，采用城市大气质量模拟预测规划期城市大气质量状况；根据城市大气环境容量，制定大气环境污染规划目标以及削减目标；进行城市大气环境功能区划，制定规划方案，并经过决策优选，确定最后规划方案。规划方案主要包括能源结构规划方案、产业结构规划方案、重点源防治规划方案以及工业布局规划方案等（图 16-5）。

（1）城市大气环境质量现状评价

对城市社会、经济、人口等发展状况进行分析，在合理预测的基础上，对城市能源消费量与能源结构进行分析和调查，分析城市大气环境质量变化情况、大气污染主要排放行业和污染源、污染物的产生与排放情况，进行现状综合评估。随着对城市空气污染健康影响的关注，尝试进行大气污染暴露群体和暴露水平的评估。通过大气环境质量变化与城市社会经济发展的对比分析，找出城市空气质量改善的库兹涅茨曲线“拐点”。

（2）城市大气污染物排放预测

结合城市未来社会经济发展趋势，预测城市未来能源消耗情况，进而预测城市大气污染物排放量；根据企业污染物排放数据，确定基准年大气污染物排放清单，最终确定污染源排放清单。对于城市大气环境质量模拟而言，要在现状大气污染物排放清单的基础上，预测不同规划水平年的主要大气污染物排放网格化清单。对于城市大气环境管理而言，要预测不同规划水平年的主要污染行业和污染源。

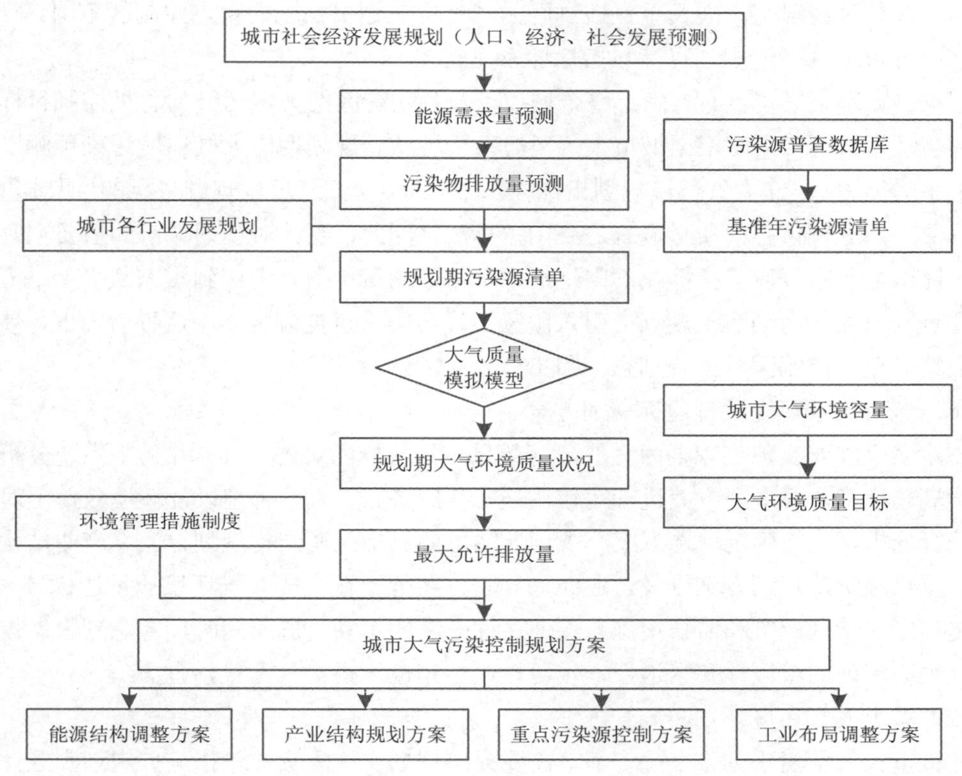

图 16-5　城市大气污染防治规划技术路线

（3）城市大气环境质量模拟和预测

根据大气污染物排放清单，结合城市气象特征，采用大气环境质量模拟模型，预测城市规划期不同社会经济发展和大气污染治理情景方案下的大气环境质量。大气环境质量模拟模型是对污染物在大气中进行的物理化学过程进行模拟再现的一种数学工具，空气质量模型一般考虑以下大气过程：排放（人为排放和自然源排放）、输送（水平平流和垂直对流）、扩散（水平扩散和垂直扩散）、化学转化（气、液、固相化学反应）、清除机制（干湿沉降）等。其理论研究一直是沿着湍流扩散 3 个理论体系发展起来的，即梯度输送理论（K 理论）、统计理论和相似理论。最典型的法规化城市尺度模型主要有 ISC3、AREMOD、ADMS、CALPUFF 等。关于城市大气空气质量模拟模型方法的选择，参见 13.3 节。

（4）城市大气环境功能区划

城市大气环境功能区划就是以城市环境质量改善为目的，依据城市区域气象特征和大气环境质量的要求，将城市大气环境划分为不同的功能区域。大气环境功能区划是研究和编制城市大气环境规划的重要内容和基础。城市大气环境规划要根据城市环境功能区划的要求，特别是综合环境功能区划的要求，给出大气环境功能区划方案，并按照规划水平年落实到城市空间上。从“十二五”开始，国家重点区域大气污染防治规划中引入重点控制区概念。在这种情况下，涉及重点控制区的城市也应划出相应的重点控制区范围。

（5）城市大气环境规划目标与指标体系建立

根据城市环境功能区划，确定整个城市以及各功能区的大气污染物总量控制目标以及大气环境质量目标；同时根据城市大气环境污染现状、规划期内大气环境污染预测以及社会经济承受能力，建立大气环境规划指标体系，从而实现大气环境规划目标的“具体量化”。由于目前大部分城市空气质量没有达到国家标准，因此，要针对规划城市的主要空气质量问题，提出主要空气质量指标在不同规划水平年下的目标值。考虑到国家从“十二五”开始在重点区域大气污染防治规划中引入国家大气污染重点控制区。在这种情况下，涉及的城市应针对重点控制区提出规划目标和指标要求。

（6）城市大气环境质量达标规划方案制定

制定多个能够实现规划期内大气环境质量规划目标的实施方案，并采用系统分析方法和数学规划模型，对多个方案进行比较论证，从经济、技术、管理以及环境效益上对其可行性进行分析，最终确定优选方案。规划方案主要包括能源结构规划方案、产业结构规划方案、重点源防治规划方案以及工业布局规划方案等。在完成大气环境质量达标方案后，需制定相应的管理政策和监督措施，保证达标方案的顺利实施。同时，考虑到国家规划城市空气污染治理的艰巨性和紧迫性，也可以制定年度城市大气污染治理方案。

（7）城市大气环境规划实施管理

在城市大气环境规划方案确定后，需要提出规划实施配套政策措施、规划实施计划并对实施效果进行评估，这其中包括建立规划评估制度、确定评估指标体系、建立监测计划、反馈评估结果等。国务院发布的《国家重点区域大气污染防治“十二五”规划》和《大气污染防治行动计划》，都对规划和行动计划实施考核提出了明确的要求。城市大气环境保护规划实施评估与考核可以参照国家的评估和考核制度及其方法。

16.3.5.2 城市水环境保护规划

城市水环境保护规划以可持续发展为指导思想，以城市水环境改善和水资源优化配置为目标，以水质改善、水生态修复、水生态及生态景观建设以及水资源开发利用为核心，针对城市水环境主要问题和制约水环境保护与社会经济协调发展的“瓶颈”，制定合理的水环境规划目标和指标体系，提出科学可行的实现目标和指标的规划方案以及具体可操作的规划项目，实现经济、社会、环境可持续发展以及人与自然的和谐。

广义上，城市水资源和水环境规划有三大内容：①以排涝防灾为主的水安全控制，这也是城市总体规划强调的城市安全领域；②以水污染控制和水生态恢复为主的水生态保护，这是城市水生态健康要求；③以滨水岸线利用为主的水景观利用，这是城市人居环境的要求。与流域水环境保护或水污染防治规划不同，传统的城市水环境保护规划主要是城市规划建设区范围内水污染治理和综合利用水系规划。特别是由于城市特征和区域局限性，城市水环境规划对象主要以城市行政区划内河流、水库、水系、湖泊等水体的水质、水生态、水景观的利用和修复改善为主。但随着城市水污染防治的深入和城市生态可持续性要求的提高，城市水环境保护规划针对水安全、水生态、水景观保护正在从传统的城市水污染防治规划向城市水生态保护和修复以及城市水循环规划方向转变。城市水环境保护规划的范围也从原先强调城市建成区向整个城市范围转变，从原先只强调地表水体向地表水和地下水统筹考虑方向转变。

城市水环境保护规划内容与技术路线如图 16-6 所示。

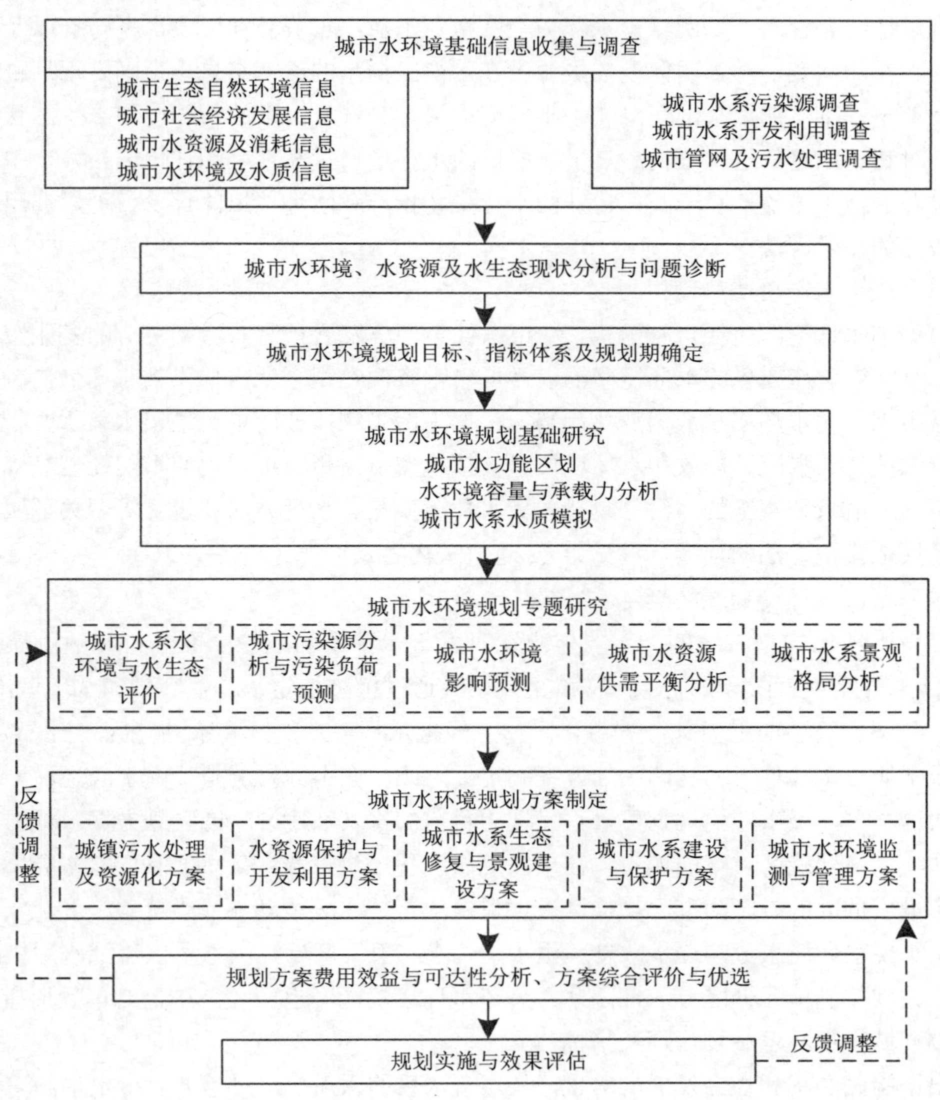

图 16-6　城市水环境保护规划技术路线[3]

（1）城市水环境基础信息收集与调查

根据所规划城市的特点，收集城市自然环境、社会经济发展、气象水文、水资源消耗、水环境质量、污染源、管网及污水处理等相关信息，对收集的相关信息进行梳理，形成可用数据，建立数据库便于分析整理。由于我国水环境质量监测由环保和水利两个部门同步开展，因此在收集相关数据时同时收集两个部门的水质监测信息，进行数据对比分析，为城市环境保护规划提供充分的数据。

（2）城市水环境现状分析及问题诊断

在对收集的相关信息和数据进行梳理整理的基础上，采用数学分析方法，对城市水环境系统进行综合分析，识别城市水环境在水量、水质、水资源利用、水系布局以及水生态等方面存在的问题，并查明问题的根源所在，得出初步的诊断结果，为确定规划目标和规划方案奠定基础。依据基础信息和基础研究成果，对城市水系的水环境和水生态状况进行评价，对其变化趋势进行分析。对于一般性的水环境质量和污染源评价分析，选用环境保护部推荐的技术方法。对于一些特殊的水污染物指标和水环境风险评价，可以选用国际上比较成熟的技术方法。

（3）城市水环境质量模拟与预测

对城市水环境污染源进行解析，并根据社会经济发展预测对污染负荷的变化情况进行判断。对污染负荷变化的水环境影响以及城市水资源在规划期内的供需平衡做出预测，并计算城市水系的水环境承载力变化趋势。根据水污染物排放清单和城市水体水文特征，采用水资源消耗、水污染排放和水环境质量模拟模型，预测城市规划期不同社会经济发展和水污染治理情景方案下的水污染物排放、水环境质量、水污染治理投资等。关于城市水环境质量模拟模型方法的选择，参见第 12 章有关内容。

（4）城市水环境功能区划定

城市水环境规划方案的制定要建立在对城市水环境的系统全面分析和预测模拟基础上，因此需要首先确定城市水环境功能区划，并通过模型核定水环境容量和水环境承载力。目前，我国省级层面上大部分省市（区）已经把水环境功能区和水功能区“合二为一”，并完成了城市水（环境）功能区划方案制定。因此，在不需要调整目前水（环境）功能区方案的情况下，城市环境规划可以直接选用目前的水（环境）功能区划方案。对于需要调整水（环境）功能区方案的城市，需要按照相应程序进行水（环境）功能区划方案调整，以政府最后批准的方案为准。功能区方案调整应坚持水环境功能“不降级”和“不退化”原则，实现水环境质量的逐步改善。由于从“十二五”开始，国家重点流域水污染防治规划引入流域控制单元分区方法，因此，城市水环境功能区也应与流域控制单元衔接。

（5）城市水环境规划目标及指标建立

根据国民经济和社会发展的需求，从城市水系的水质、水量等方面拟定水环境规划的目标。该目标不但需要与城市社会经济发展战略相协调，同时还需要满足城市水环境质量持续改善和水资源合理利用的需求。水环境规划目标需要经过多方面协调才能最终确定。

在确定水环境规划目标后，需要建立起相应的指标体系，从而使得对目标的评估和执行具有可操作性。由于目前大部分城市水环境质量没有达到国家标准或水环境功能区要求，因此，要针对规划城市的主要水环境质量问题，提出主要水质指标在不同规划水平年下的目标值。国家从“十二五”开始，重点流域水污染防治规划中引入流域控制单元和优先（重点）控制单元。在这种情况下，涉及优先控制单元的城市应针对优先控制单元提出规划目标和控制指标要求。

（6）城市水环境规划方案制定

在城市水环境规划中，根据所确定的目标和指标体系，寻求最小费用和最大环境效益的方案。这其中包括城镇污水处理与资源化方案、水资源保护与开发利用方案、城市水系生态修复与景观建设方案、城市水系建设与保护方案，以及城市水环境监测与管理方案。对规划方案进行费用效益与可达性分析，综合评价后筛选出优选方案清单，并根据方案评价的结果对规划专题研究以及规划方案不断进行调整，直至符合各项要求。规划方案的比较分析可以选用费用效益分析、费用效果分析等方法。

（7）城市水环境规划实施管理

规划实施与管理是制定城市水环境规划的一个重要内容。实施城市水环境保护规划目标和任务，需要制定相应的配套政策和措施。在规划方案和配套政策措施确定后，需要提出规划的实施计划并对实施效果进行评估，这其中包括建立规划评估制度、确定评估指标体系、建立监测计划、反馈评估结果等。国务院发布的《国家重点流域水污染防治“十二五”规划》，对规划实施评估和考核提出了明确的要求。城市水环境保护规划的评估与考核可以参照国家重点流域规划实施评估和考核的方法。

16.3.5.3　城市固体废物控制规划

城市固体废物主要分为生活固体废物和工业固体废物两大类。其中生活固体废物分为生活垃圾和粪便两类；工业固体废物分为一般工业固体废物和有毒有害工业固体废物两类。同时固体废物还包括医疗废物、电子垃圾以及城镇生活污泥等。城市固体废物综合整治规划要在现状调查的基础上进行评价和预测，将预测结果与规划目标相对应、比较并参照评价结果，按照各行业的具体情况确定各行业的分目标及具体污染源的削减量目标。确定不同的治理方案并进行环境经济效益综合分析。技术路线如图 16-7 所示。

（1）固体废物污染现状及趋势预测

对城市固体废物的污染现状进行调查，应从原辅材料消耗、工艺流程、物料平衡以及固体废物的产出、运输、堆存、处理处置等环节入手，就各类城市固体废物的性质、数量以及对周围环境中大气、水体、土壤、植被以及人体的危害方面进行全面、深入的分析调查，以筛选出主要污染源和主要污染物。在城市固体废物的预测分析中，对城市生活固体废物主要结合人口预测，采用人均排放系数进行计算；对工业固体废物主要结合各行业的产值或产量预测，采用单位产值排污系数进行计算。

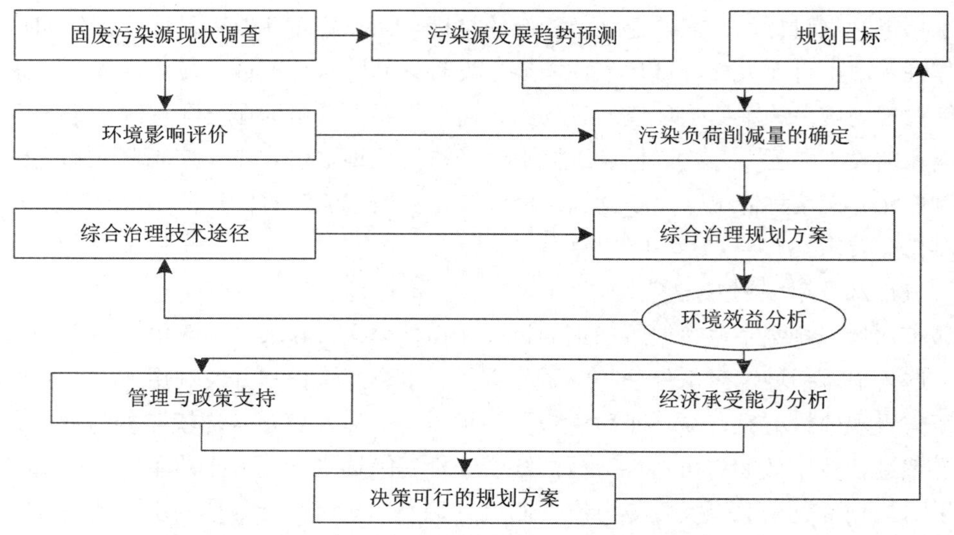

图 16-7 城市固体废物综合防治规划技术路线[33]

（2）城市固体废物的环境影响评价

城市固体废物评价应包括现状评价和预评价两部分。评价方法采用全过程评分法，评价对象包括各类污染物分别占总排放量 80%以上的污染源。评分准则共有 4 项，分别为性质标准分、数量标准分、处理处置标准分，以及污染事故标准分。各标准分划分为若干等级，并给予不同的分值。在此基础上进行评分排序可以分别得到重点污染物、重点污染源以及不同区域的评分排序。

（3）城市固体废物防治规划目标确定

根据总量控制原则，结合规划城市特点及其经济承受能力确定相关综合利用和处理、处置数量和程度的总体目标。在此基础上根据不同时间、不同类型废物的预测量与城市固体废物环境规划总目标，可以得到城市垃圾以及工业固体废物在不同时间的削减量。城市垃圾的清运、处理、处置以及综合利用问题要作为环卫系统的目标。对于工业固体废物，要把确定的削减量首先分配到各行业中，即确定各行业的固体废物控制目标，在目标确定过程中要考虑行业性质、行业固废污染现状、固废削减技术的可行性以及环境效应、经济效应。

（4）城市具体污染源控制指标建立

在城市各行业固体废物控制目标确定后，要将控制指标落实到具体污染源，需要考虑：企业的性质和规模、企业工业固体废物产生量对环境影响大小及综合利用技术水平、企业有害废物产生量及对环境影响大小、企业经济承受能力等。在此基础上建立对具体污染源的控制指标体系。考虑到城市固体废物资源化趋势，在设立控制指标时应根据循环经济原理建立一些体现循环经济和“静脉产业”的控制指标，具体的控制要求可以参照国家城市循环经济示范区建设的指标体系。

（5）城市固体废物综合防治规划方案制定

根据全过程管理及减量化、资源化优先的原则，以及各城市固体废物的特点，按照工业固体废物和城市垃圾分类原则，提出各类固体废物的基本治理途径。根据各类固体废物的基本治理途径、措施，将规划期固体废物产生量、综合利用量、无害化处理处置量进行分解，并估算所需投资和环境经济效益，根据不同的实际情况设计 3～4 个不同的备选方案，并利用决策支持模型对所有备选方案进行最优化决策，从而生成城市固体废物污染防治规划最终决策方案。

（6）城市固体废物防治规划实施管理

根据城市固体废物防治规划的目标和任务提出规划实施的配套政策和措施，特别是相应的固体废物处置收费政策。在规划方案和配套政策措施确定后，需要提出固体废物规划的实施计划并对实施效果进行评估。

16.3.5.4　城市噪声污染控制规划

噪声是发声体做无规则运动时发出的声音，声音由物体振动引起，以波的形式在一定的介质（如固体、液体、气体）中进行传播。从生理学观点来看，凡是干扰人们休息、学习和工作的声音，即不需要的声音，统称为噪声。当噪声对人及周围环境造成不良影响时，就形成噪声污染。随着近代工业的发展，噪声污染已经成为人类的一大危害。噪声污染与水污染、大气污染、固体废弃物污染被看成是世界范围内 4 个主要的环境问题。噪声有自然现象引起的，也有人为造成的。因此，分为自然噪声和人造噪声。通常所说的噪声污染是指人为造成的。城市噪声的来源主要有：①交通噪声：包括机动车辆、船舶、地铁、火车、飞机等发出的噪声。由于机动车辆数目的迅速增加，交通噪声已经成为城市的主要噪声来源。②工业噪声：工厂的各种设备产生的噪声。工业噪声的声级一般较高，对工人及周围居民带来较大的影响。③建筑噪声：主要来源于建筑机械发出的噪声。建筑噪声的特点是强度较大，且多发生在人口密集地区，会严重影响居民的休息与生活。④社会生活噪声：包括人们的社会活动和家用电器、音响设备发出的噪声。

噪声污染控制规划是一个在国家层面上经常被忽视、但在城市环境规划中又很重要的规划，是对城市居民“宁静”权的保护规划。由于城市噪声污染来源复杂、突出性强，且与城市功能区规划和交通基础设施布局密切相关。因此需要结合城市土地利用规划和声环境功能区划，开展城市噪声污染控制规划，这是协调城市建设与声环境保护，确保噪声污染得到快速、全面控制的有效手段。因此，噪声污染控制规划的重点是以声环境质量的总体要求为核心，从目前城市声环境污染存在的突出问题出发，科学合理地制定声环境功能区划，确定切实可行的目标及阶段控制指标，重点对环境质量不达标区域和主要的噪声控制源提出可实际操作的重点治理工程和规划方案。

城市噪声污染防治规划技术路线如图 16-8 所示，规划编制步骤和内容如下：

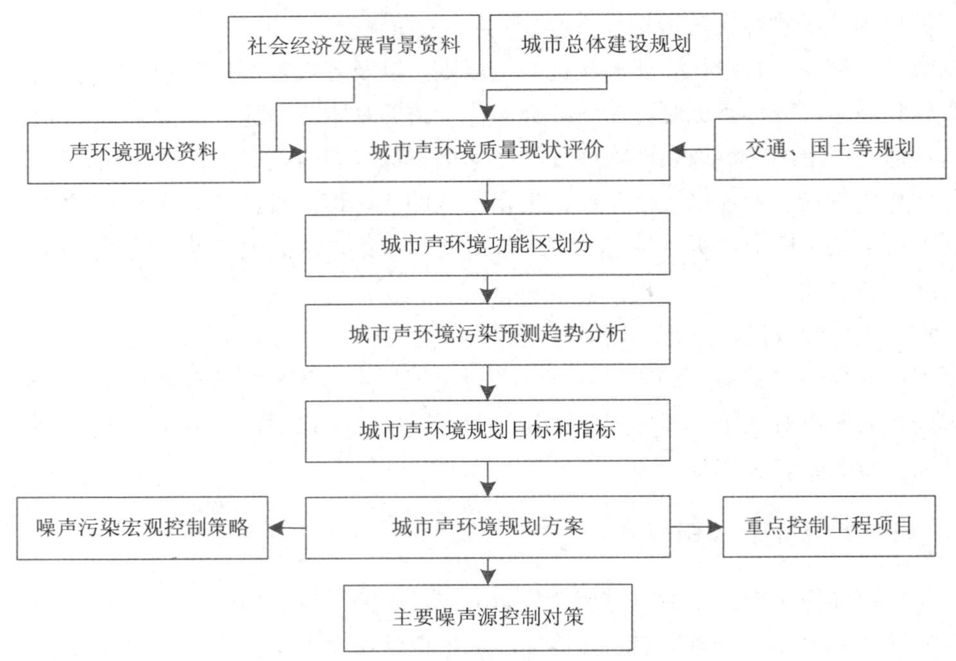

图 16-8 城市噪声污染控制规划技术路线[3]

（1）城市声环境现状调查与评价

城市声环境资料收集和调查主要包括：城市总体发展规划、社会与经济发展规划、土地利用规划、交通发展规划及其他相关行业规划资料；城市区域内现有噪声源种类、数量和相应的噪声级、噪声特性、主要噪声源分布情况和相关的地理环境情况；主要噪声环境污染问题、受噪声影响的人口分布情况等；噪声敏感区、保护目标的分布情况；城市有关控制噪声污染的法律法规及政策文件。

（2）城市声环境功能区划分

城市声环境功能区划分的目的是根据不同的影响对象确定不同的功能分区，并根据功能分区的特点确定每个区内具体的环境目标。划分时应重点考虑以下原则：①以城市总体规划为指导，结合城市土地利用规划和土地利用现状，按区域规划用地的主导功能来确定声环境保护目标，有利于城市环境噪声管理和促进噪声污染治理。②功能区划应有利于城市规划的实施和城市改造，做到功能区划分科学合理，促进环境、经济和社会协调发展。③功能区划应强调以人为本，真正保障居民的正常生活、学习和工作场所的安静，提高声环境质量，有效控制噪声污染的程度和范围。

城市环境噪声控制标准执行《城市区域环境噪声标准》（GB 3096—1993），将城市划分为 5 类区域：①Ⅰ类区域：适用于疗养区、高级别墅区、高级宾馆区等特别需要安静的区域；②Ⅱ类区域：适用于以居住、文教机关为主的区域；③Ⅲ类区域：适用于居住、商业、工业混杂区；④Ⅳ类区域：适用于工业区；⑤Ⅴ类区域：适用于城市中的道路交通干线道路两侧区域，穿越城区的内河航道两侧区域。

（3）城市声环境质量变化趋势预测

根据现状评价中的相关城市建设、道路、国土规划中的建设内容以及现有噪声源分布情况，采用成熟的噪声预测模型对未来城市范围内噪声污染情况进行模拟预测，将有利于在规划前期阶段识别噪声污染严重区域，从而为后期规划目标和指标体系构建提供定量化支持。噪声污染预测根据噪声类型进行划分：①交通噪声影响预测：包括对公路、铁路、机场 3 种主要类型的交通噪声影响进行预测。不同交通方式需要采用不同类型的预测模型和参数。②工业噪声影响预测：工业噪声源有室外和室内两种声源，应分别计算，一般来讲，进行环境噪声预测时所使用的工业噪声源都可按点声源处理。

（4）城市噪声污染规划目标和指标制定

城市噪声污染控制规划的总体目标是要在整体上符合城市总体规划、土地利用规划的前提下，为城市居民提供一个安静的生活、学习和工作环境。在对城市环境噪声污染现状进行评价的基础上，进行合理的噪声污染预测，结合各噪声控制功能区的基本要求，确定规划区域内各功能区的噪声控制目标。噪声控制指标应主要包括以下三方面：①环境噪声达标率，即对各功能区环境噪声的规划水平年、近期年限和远期年限的达标率提出具体指标要求；②交通噪声达标率，即对各交通干线噪声的规划水平年、近期年限和远期年限的达标率提出具体指标要求；③厂区噪声达标率和建筑施工噪声达标率，即对工业区内和建筑施工地的规划水平年、近期年限和远期年限的达标率提出具体指标要求。

（5）城市噪声污染控制规划方案制定

根据上述指定的噪声污染控制目标和指标，对不同类别、不同时期的噪声污染制定综合整治措施，并提出控制规划方案，包括区域环境噪声、工业生产噪声、道路交通噪声、建筑施工噪声以及社会生活噪声等。噪声控制规划方案可以分为宏观噪声污染控制方案和噪声源污染控制方案。宏观噪声污染控制方案是指从城市整体角度出发，严格按照功能区划对区域内噪声超标情况进行控制，包括提高噪声环境标准、加大噪声敏感区建设、加大噪声污染控制监管力度等；噪声源污染控制方案是指针对突出明显的噪声源，如立交桥、机械工厂、建筑施工地、文化娱乐区等区域进行噪声防控，包括加大监管力度、建立降噪设施、施工时间控制等。

16.3.5.5　城市土地资源保护规划

土地是环境系统最基本的物质资源基础，是人类社会、经济活动的主要平台。然而，由于人类的不合理利用，出现了土地资源质量大幅下降、自然生态系统严重破坏，尤其是耕地减少、草地退化、森林破坏、水土流失等环境问题。城市土地资源保护是指基于人类长期生存与发展的需求，在合理利用土地资源的同时，还要保存土地资源数量和质量，防止土地遭受城市化发展的破坏和退化所采取的措施和行动。

城市土地资源保护规划主要有以下 5 个步骤和规划内容：

（1）城市土地资源调查与分析

土地资源利用现状调查与分析是通过统计、文献调研、遥感等手段，对城市土地资源信息进行采集、整理、存储，从而明确土地资源类型、数量、质量、空间分布以及相互关系和发展变化规律的过程。土地资源调查的主要内容包括土地利用现状、土地利用变化、土地资源自然属性和土地资源社会经济属性等。对于耕地和建设用地，重点收集耕地和建设场地的污染信息。

（2）城市土地适宜性评价

目前，土地资源评价主要包括土地潜力评价、土地适宜性评价和土地经济评价等内容。在城市环境规划体系中，重点关注土地适宜性评价。土地适宜性评价就是评定土地对于某种用途是否适宜和适宜程度，是进行土地利用决策、科学编制土地利用规划与优化发展布局的基本依据。目前，土地适宜性评价主要以农用地适宜性评价和建设用地适宜性评价为主，根据土壤环境污染调查结果，从土壤环境质量评价出发给出适用于粮食作物用地、经济作物用地、居住用地、工业建设用地等的结果。

（3）城市土地资源供需平衡分析

在城市环境规划体系中，土地资源供需平衡分析以农用地和建设用地为主，分析的重点是土地利用类型之间的转化关系及其动态平衡。其中耕地保有量和基本农田保护面积是刚性指标，其他农用地和建设用地供需平衡分析都要服从耕地供需平衡分析结果。土地资源供需平衡分析主要包括土地资源供给潜力和后备资源开发潜力分析；土地资源用地需求分析，包括生态用地、农业用地、建设用地的需求量预测等。

（4）城市土地利用结构优化

土地利用结构优化是以一定区域内土地利用系统的效益为最大目标，在满足一定的条件下将一定数量的土地分配到各用地部门，使土地在时间上得到合理安排，在空间上得到最佳落实。时间、空间、用途、数量和效益是土地利用结构优化的五要素。土地利用结构优化实质上是在一组线性约束条件下使多个目标同时达到最优水平的问题。土地利用结构优化遵循切实保护耕地、统筹兼顾、因地制宜以及公众参与等原则。考虑到不同用途土地对土壤环境质量要求的差异性以及土壤修复的高成本性，对被污染的耕地和居住用地在严格执行土壤环境质量标准的基础上，也可以置换成为对土壤环境质量要求相对较低的工业建设用地。

（5）制定城市土地资源保护方案

土地资源保护方案指在现状土地资源调查、评价、供需预测及利用结构优化的基础上，针对易流失、易遭破坏、易于退化的土地提出的保护方案。这些方案包括农用地保护规划（包括耕地保护规划），土地景观规划、未利用土地保护规划等，同时还应包括名优特产地保护规划、特色物种生长栖息地保护规划、风景名胜和历史纪念地保护规划等。对于耕地和建设用地，还应对污染耕地和建设污染场地修复提出方案。

16.3.5.6　城市生态保护规划

城市生态保护规划是以生态科学为指导，遵循生态规律，在生态环境调查与评价的基础上，通过生态功能区划确定区域重点保护领域，提出生态保护对策和措施，从而达到生态保护目标，促进社会经济可持续发展。通常，城市生态保护规划是相对城市污染防治规划而言，侧重于城市森林、绿地、湿地、湖库等生态系统保护和修复的一类规划。

城市生态保护规划主要有以下 7 个步骤和规划内容。

（1）城市生态监测和调查

城市生态监测和调查是城市生态保护规划的基础和前提。通过生态监测和调查可以全面掌握城市内重要生态资源、生态敏感性、生态演替过程等翔实资料。但由于我国长期以来对城市生态问题重视不够，对城市生态系统观测和监测非常缺乏，在实际规划中城市生态资料收集也比较匮乏。因此生态调查往往需要反复地补充调查，通过书面资料收集、与当地工作者座谈等方式获得。

（2）城市生态分析与评价

主要包括城市范围内生态演替过程分析、重要生态资源识别、生态敏感性分析等，以了解和认识环境资源的生态潜力和制约因素。生态分析和评价将为城市重要生态资源保护提供强有力的支持，为城市生态优化发展提供决策依据。城市生态系统评价方法可以参照国家环境功能区划、生态功能区划以及生态保护红线划分的方法和模型。

（3）城市生态影响预测分析

主要是结合城市未来经济、社会发展趋势和规划，分析其对城市生态系统的影响，预测生态结构、功能的变化，包括生态敏感区、生态服务功能、生态健康等生态系统的时空变化。由于自然生态系统的复杂性和长期性，目前特别是对自然生态系统服务功能变化的预测，国内外依然没有很好的定量评估方法。

（4）城市生态功能区划

生态功能区划是依据城市生态环境敏感性、生态服务功能重要性以及生态环境特征的相似性和差异性进行的地理空间分区。通过生态功能区划，既可以因地制宜地进行合理的产业布局，又可以有的放矢地明确生态保护重点，从而合理安排人类活动。

（5）城市生态保护目标和指标体系构建

城市生态保护目标既是城市环境规划目标的重要组成，也是总目标在自然生态系统保护上的具体分解。生态保护目标主要围绕自然生态系统结构和功能的完整性确定，同时兼顾目标的先进性、可达性、可实施性等方面。主要涵盖了水土保持、风沙防治、退化土地防治、绿地（森林、草地）保护与建设、水源地保护、生物多样性保护、湿地、森林公园、风景名胜区以及自然保护区的建设和保护等相关内容。

城市生态保护指标体系是对生态保护目标的进一步细化。在选择具体指标、构建指标体系的过程中，除了遵循建立环境规划指标体系的一般原则外，还需要强调可操作性原则和生态优先原则。指标体系包括森林覆盖率、林木覆盖率、绿化覆盖率、人均绿地面积等绿地保护指标，水土流失治理面积、退化土地治理率等水土保持和退化土地防治指标，湿地、森林公园、风景名胜区以及自然保护区的类型、数量、面积等敏感区保护指标。

（6）城市景观生态安全格局构建

城市景观生态安全格局是指能够保护和恢复生物多样性，维持生态系统结构、功能和过程的完整性，实现对区域生态环境问题有效控制和持续改善的区域性空间格局。城市景观生态安全格局构建的基本目标是通过自然生态和经济社会的空间统筹，实现生态良性循环，促进经济发展与自然生态保护可持续发展。主要包括两方面内容：一是对重要生态功能区进行保护，将大型的自然植被斑块、水面作为物种生存和水源涵养区进行保护，保持生态系统的稳定性；二是通过建设生态楔和生态廊道，强化城市发展空间和生态园区的有机联系。

（7）城市生态保护规划方案编制

在生态调查和评价的基础上，分析生态问题与生态保护目标的差距，有针对性地提出生态保护规划方案，持续改善区域生态系统的结构和功能。城市生态保护规划方案包括水土保持、生物多样性保护、生态敏感区保护、生态安全格局构建、生态功能分区方案等内容。最后，针对生态保护方案进行投入产出效益分析以及重要程度分析，采用决策方法确定最终的规划方案。

16.3.5.7 环保模范城市创建规划

环境保护模范创建是指城市政府组织开展环境污染治理、生态保护修复、环境管理能力建设等工作，实现规定的环境保护模范城市建设指标要求的过程。从 2000 年开始，原国家环境保护总局启动了国家环境保护模范城市创建（以下简称“创模”）活动，以张家港、大连、宁波等为代表的一批城市先后获得了国家环保模范城市的称号。通常，编制环保模范城市创建规划是创模工作的第一个环节。创模规划是城市环境保护规划中的一种特殊规划。环境保护部总结了历年创模规划编制和实施的主要经验，结合新时期创模工作的要求，统筹提出创模规划的总体框架和技术要求，于 2011 年 8 月发布了《国家环境保护模范城市规划编制大纲》[32]。根据该大纲要求，创模规划主要包括以下内容。

（1）创模基础条件评估

对创模城市自然地理状况、经济发展状况、城市生态环境现状、污染防治与生态建设状况、环境管理现状等城市创模基础进行全面评价。主要包括：分析经济和产业结构现状，包括经济发展水平、经济结构、工业产业结构和布局、资源能源供给与利用状况；分析城市生活污水、垃圾、危险废物和医疗废物处理处置等环境基础设施建设和运营情况；分析除环境基础设施以外城市各要素和领域污染防治情况，强化分析工业污染防治情况，分析工业企业污染排放达标状况；分析城市生态修复、水土流失治理、防风固沙和园林绿地建设情况；分析城市环境质量监测和环境管理能力现状。

（2）创模压力与挑战预测

从经济发展、人口与城镇化发展、社会发展等方面，分析城市整个创模规划期内社会经济发展趋势。基于社会经济发展趋势，预测规划期内城市土地、水、煤炭等能源资源消耗以及主要污染物排放的增长情况，分析城市资源环境面临的主要压力。分析规划与国家重点流域、区域、海域、危险废物处理等环境保护规划，本市及下辖区（县）、县级市城乡总体规划、土地利用总体规划和其他开发建设规划的协调性，重点分析规划时限、目标指标、主要内容等。从城市社会经济发展、资源能源消耗、环境基础设施改善、生态环境质量提升、环境管理水平提升、人与自然协调等方面，凝练分析创模面临的机遇、压力与挑战。

（3）创模指标差距和原因分析

对照国家环境保护模范城市考核指标实施细则的相关要求，全面把握城市社会经济发展、环境质量改善、环境基础设施和生态建设、环境污染防治、环境安全保障以及环境人文建设等方面的具体差距。环境质量指标突出污染原因分析，明确污染的来源和构成，分析产业污染的特征和贡献度，结合未来社会经济发展形势与主要污染物排放预测，重点完成总量削减和质量改善的输入响应分析；环境建设指标要系统分析污染物收集、处理处置设施建设、运营监管和投入保障等方面的差距；环境管理指标除了分析环境保护主管机构的能力差距外，还要分析是否构建政府牵头、环保部门统一监督管理、有关部门分工合作、全社会共同参与的工作机制，工业企业和建设项目环境管理有关制度是否执行到位等方面的差距；污染防治指标要全面分析各要素和各领域污染防治工作的差距，强化分析促进全社会节能降耗、工业企业在生产环节减少产污量以及污染排放稳定达标等方面的差距。

（4）创模规划任务制定

针对城市经济发展方式、产业结构、资源能源利用，提出环境保护参与综合决策，促进城市布局优化、经济结构战略性调整、产业结构和布局优化调整、节能降耗等方面的任务措施。与现状评价、趋势预测和差距分析相对应，针对各要素突出环境问题，提出加强综合治理、改善环境质量的任务措施。针对城市污水、垃圾、危险废物和医疗废物无害化处理处置等环境基础设施建设和运营以及生态建设等方面的问题，提出建设环境基础设施和提升设施运营水平以及促进生态建设的任务措施。按照全防全控的思想，针对城市环境安全涉及的领域和对象，提出加强风险防范，提高污染防治水平的任务措施。针对城乡环境保护能力建设、主要环境管理制度落实等方面的问题，提出统筹加强城乡环境管理，完善监管能力，严格落实主要环境管理制度，公开环境信息，鼓励全民参与社会行动，提高公众对环境保护工作满意率的任务措施。

（5）重大创模工程设计

根据环境要素与领域相结合的思路，从节能减排、污染防治、生态建设、宣传教育和能力建设等方面，凝练创模重大工程。各类工程要明确规模、实施期限。已建、在建、拟建项目、国家和地方项目，要明确标明。同时，要根据重大工程的规模、工艺水平（不能明确工艺水平的采用当前比较先进的工艺)、测算依据，分项分类测算投资需求。分析工程投资渠道和来源，提出资金筹措方案。

（6）创模规划可达性分析

考虑创模的主要风险和不可控因素的影响，采用定性与定量相结合的方法，分析创模主要任务和重大工程的可行性、目标指标的可达性，以及规划实施的社会、经济、环境效益。提供可达性分析，提出实现创模目标的配套政策措施、组织保障条件，制定创模技术路线图和实施方案。

16.4 城市环境总体规划

长期以来，城市环境规划在城市规划体系中都属于从属地位，服从于城市国民经济与社会发展规划，属于经济约束型环境规划，更多的是末端补救措施，在前端规模、结构与布局的调整方面作为有限。即使在城市总体规划与土地利用规划中有环境保护规划的篇章，但是由于部门利益驱动，也很难实现环境优先、协调持续发展的初衷[34]。城市环境总体规划，是指城市人民政府以当地自然环境资源条件为基础，以保障环境安全、维护生态系统健康为根本，通过统筹城市经济社会发展目标，合理开发利用土地资源，优化城市经济社会发展空间布局，确保实现城市可持续发展所做出的战略部署[35]。

城市环境总体规划作为环境保护领域一项创新的规划，将改善城市环境质量作为规划的最终目标，将城市经济与社会发展、资源和能源、生态功能和空间格局等纳入一个综合体系中考虑，突出环境承载力在整个城市发展中的核心地位，具有约束性、引导性、全局性、空间性、长期性等特征，摆脱了原有城市环境规划就环保论环保的弊端，可以从源头奠定城市环境保护格局，构建符合区域环境格局和生态系统管理方式的城市发展基础框架，真正把环保工作融入城市经济社会发展的方方面面，将推动我国城市环境管理模式的变革，为我国城市可持续发展提供重要抓手。

针对城市环境总体规划的理论和实践探索开始于20世纪90年代。1996年，广州市政府编制并发布了《广州市环境保护总体规划（1996—2010年）》；2009年，大连市政府编制并发布了《大连市环境保护总体规划（2008—2020年）》。随后，2010年《国家环境保护“十二五”规划》中明文提出编制城市环境总体规划，并于2012年颁发了《关于开展城市环境总体规划编制试点工作的通知》，其中明确提出了编制城市环境总体规划在内容、进度等方面的要求，并启动了包括福州、广州、成都、南京等12个城市的第一批城市环境总体规划试点。2013年7月，又启动了包括贵阳、海口等城市的第二批试点。作为环境保护行政管理部门参与综合决策的重要抓手，城市环境总体规划已引起我国各级环境管理部门与科研院所的高度重视，并已从最初的设想过渡到实际操作阶段，得到广泛落实与推广[36]。

16.4.1　编制城市环境总体规划的意义

（1）加强城市生态文明建设的重要举措

建设生态文明，是关系人民福祉、关乎民族未来的长远大计。在推进城市经济社会加快发展的过程中，经济建设和生态环境承载力的矛盾将日益突出，环境污染和生态破坏逐步显现，靠过量消耗能源和牺牲环境换取经济增长是不可持续的。必须转变观念，以更加深远的眼光和宏观思维来思考城市发展内涵、发展战略，用更加科学的理念和先进的手段谋划城市经济社会发展的蓝图。牢固树立保护生态环境就是保护生产力、改善生态环境就是发展生产力的理念，深化对探索中国环保新路规律的认识，不断完善城市环境管理制度，维护城市生态安全，优化城市发展环境，构建科学合理的城镇化推进格局、农业发展格局、生态安全格局，保障国家和区域生态安全，提高生态服务功能。

（2）破解资源环境瓶颈约束、促进城市健康发展的现实需要

资源环境是城市发展不可或缺的关键支撑和重要约束。城镇化既增加了投资，又推动了消费，成为拉动内需的持久动力和经济发展的重要引擎。同时，由于高投入、高消耗、高污染的传统发展方式没有根本改变，城市经济快速增长的同时，也付出了很高的代价。资源约束趋紧、环境污染严重、生态系统退化和气候变化问题突出，资源、环境和生态系统已难以承载传统的发展方式，对城市发展的制约日益增大。这些问题究其本质，是发展方式、经济结构和消费模式问题。从根本上解决以上问题，必须转变经济发展方式，努力走绿色、循环、低碳发展道路，缓解资源环境瓶颈制约。要坚持在保护中发展，在发展中保护，通过城市环境总体规划进行前置性管理、约束，推动经济发展方式转变、加快结构调整、控制开发强度。这对城市资源环境来讲，可以破解瓶颈制约，为经济发展松绑；对结构调整来讲，可以有效推动产业优化和技术升级，再造新优势；对发展空间来讲，可以扩大市场需求、培育新的增长领域，为发展注入新动力。

（3）不断满足人民群众日益增长的生态产品需求的内在要求

随着经济的发展，城乡居民的物质文化生活水平有了很大提高，人民群众需求的内容也在不断升级变化。不仅要满足其对农产品、工业品和服务的需求，还要满足其对生态产品越来越迫切的追求。生态环境质量已经成为影响人们生活幸福的重要指标，生态产品短缺已经成为制约我国民生建设的短板，成为影响人民群众幸福感的制约因素。现实情况是，影响和损害群众健康的环境问题还不少，既有传统的水、气、声、渣等环境问题，又有重金属、化学品、持久性有机污染物等新的环境问题。积极推进城市环境总体规划，在城市发展的全过程、各领域和各环节充分体现以人为本、环境友好的发展理念，统筹谋划、有效满足人民群众热切期待的清洁空气、洁净饮水、良好气候、优美环境等优质生态产品和健康需求，既是以人为本、执政为民理念的具体体现，也是对人民群众生态产品需求日益增长的积极回应。

（4）提升城市环境管理水平、应对国际挑战的重大任务

当今世界，环境保护的新理念不断孕育涌现，环保国际合作日益深化，气候变化、生物多样性减少等全球性环境问题影响竞争力和对外形象，已经成为各国利益博弈的新焦点。必须把握世界潮流，彻底摒弃传统城市化发展的路径依赖，寻找城市生态环境建设与保护新的路径取向，为城市化向世界水平瞄准提供战略依据和支撑平台。积极推进城市环境总体规划，让每个城市找到自己的定位，与世界发展模式进行对比，发现自己的优势和在综合实力、城市管理、生态环境、体制机制等方面与世界水平存在的差距和不足，以主动应对国际挑战，加快实施跨越式的绿色发展战略，在未来的国际经济竞争格局中才能赢得主动，扩大我国经济社会发展空间。坚持推进城市环境总体规划，做好生态环境保护的顶层设计，发挥规划的引导作用，才能正确处理好人与人、人与自然的关系，形成人与自然和谐相处、经济社会协调发展的新型城市化[37]。

16.4.2 城市环境总体规划的基本特征

城市环境总体规划是对城市中长期环境管理的综合安排，是环境保护基础性的规划，力图科学地对城市环境功能进行定位，体现城市人文精神，促进公共服务均等和公共产品共享，重在解决城市发展过程中的生态红线和发展格局优化问题；重在解决经济发展中的资源能源消耗底线和环境承载上限问题，重在在经济发展和城市建设的前端，提出环境保护的要求，并让环境空间落地，让城市经济与环境协调发展可持续发展[38]。城市环境总体规划的基本特征主要体现在：构成具有综合性、行为具有操作性和基础性、目标具有长期性和多样性、要素具有区域性和动态性、价值具有和谐性和共生性[39]。

表 16-3 城市环境总体规划基本特征描述[39]

特征类型	特征属性	特征描述
构成特征	综合性	涉及水、生态、大气等方面，既注重低污染、低能耗、低排放、高效率、高效能，又注重资源节约、环境友好，人与自然和谐共生
行为特征	基础性	为其他规划提供技术支持和建议
	操作性	与城市规划、土地规划相衔接，具有具体明确的方法和技术体系
目标特征	长期性	在城镇化、工业化发展历程中分析环境问题，规划具有长期性
	多样性	生物物种多样性、城市环境系统多样性
要素特征	区域性	环境要素影响范围较大，往往涉及广大区（流）域
	动态性	环境要素产生空间地域上的变化，受时间空间影响较大
价值特征	和谐性	人与自然和谐、人与人和谐
	共生性	资源环境经济社会可持续发展，减少对城市环境的破坏，达到人与自然共生

16.4.3　城市环境总体规划的技术路线

城市环境总体规划按照问题驱动、规划基础、规划目标、规划内容以及实施保障等步骤开展技术研究[40]。

第一，根据城市社会经济特征，能源资源消耗特征，大气、水、土壤等多要素环境质量特征以及多项污染排放总量特征开展生态环境现状分析，并识别城市发展面临的生态环境问题；

第二，在现状分析的基础上，开展资源承载力评估、环境风险分析、环境容量评估以及资源环境综合评估，进行资源环境约束分析，为目标制定提供规划基础；

第三，在上述分析基础上，结合城市未来发展目标，制定城市环境发展总体战略定位、指导思想、战略目标以及战略思路。并从空间格局、产业结构、生产方式、生活方式等多层次、多领域制定规划指标体系；

第四，制定城市环境空间管控措施，包括生态环境功能分区、环境红线划定、制定重点区域环境保护管控要求等；

第五，从重点工程、风险防控对策、保障机制体制、绩效考核评估等方面提出规划的保障手段（图 16-9）。

16.4.4　城市环境总体规划的主要内容

城市环境总体规划的核心在于把握规划总体性要求和空间规划本质特征，遵循城市自然生态和环境基础要求，明确城市发展和建设过程中的“生态红线”、“质量底线”、“资源上线”，主要包括以下 8 项内容。

（1）城市环境总体发展定位、战略目标与指标

在分析城市未来不同发展阶段和发展背景的基础上，开展城市中长期经济环境形势多情景预测，分析区域经济社会发展带来的环境压力与环境风险因素，甄别未来面临的主要环境问题和挑战。提出城市未来长期的环境战略定位。在开展生态格局、大气环境格局、水环境系统格局的解析与土地资源、水资源和环境承载力分析的基础上，提出城市环境保护的战略布局、战略目标及指标体系。

（2）城市环境功能区划和管控对策

建立城市区域环境功能综合评价指标体系，选取决定环境功能区的主导因素，开展综合评价，识别区域环境功能类型。充分与城市总体规划、土地利用规划、自然保护区规划等相关区划和规划衔接，结合评估结果，确定各类环境功能类型区的划分条件，划分自然生态保育区、生态功能保留区、农产品环境安全保障区、宜居环境维护区、资源开发环境保护区等不同的环境功能类型区。基于环境功能保护需求，提出保护目标、保护措施和建设指引等管控要求。

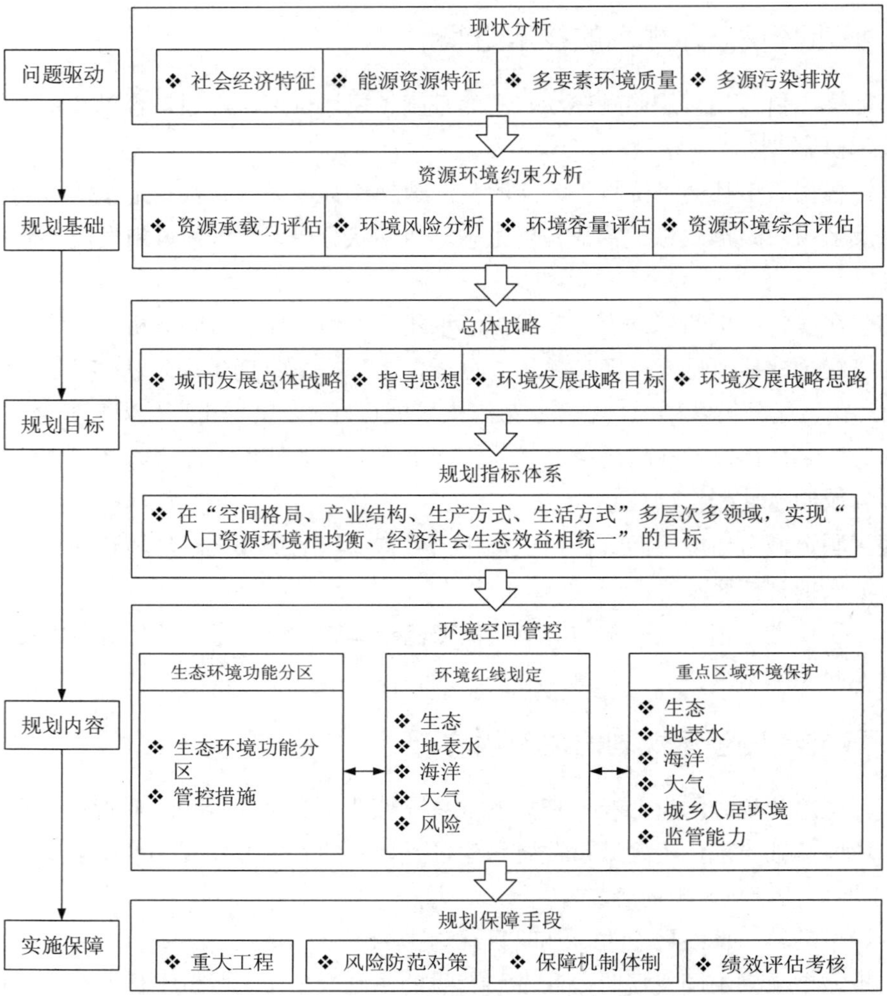

问题驱动
规划基础
规划目标
规划内容
实施保障
现状分析
❖ 社会经济特征
❖ 能源资源特征
❖ 多要素环境质量
❖ 多源污染排放
资源环境约束分析
❖ 资源承载力评估
❖ 环境风险分析
❖ 环境容量评估
❖ 资源环境综合评估
总体战略
❖ 城市发展总体战略
❖ 指导思想
❖ 环境发展战略目标
❖ 环境发展战略思路
规划指标体系
❖ 在“空间格局、产业结构、生产方式、生活方式”多层次多领域，实现“人口资源环境相均衡、经济社会生态效益相统一”的目标
环境空间管控
生态环境功能分区
❖ 生态环境功能分区
❖ 管控措施
环境红线划定
❖ 生态
❖ 地表水
❖ 海洋
❖ 大气
❖ 风险
重点区域环境保护
❖ 生态
❖ 地表水
❖ 海洋
❖ 大气
❖ 城乡人居环境
❖ 监管能力
规划保障手段
❖ 重大工程
❖ 风险防范对策
❖ 保障机制体制
❖ 绩效评估考核

图 16-9 城市环境总体规划实施技术路线

基于行政单元的定量评价
基于自然单元的定性评价
社会经济发展
环境支撑能力
自然资源能源
食物保障
气温
降水
水资源
森林
草地
土壤
社会经济
自然资源
环境支撑
区域未来发展趋势与战略定位
区域环境功能综合评价与主要环境功能区识别
自然生态保护
生态功能保育
农产品环境安全保障
聚居环境维护
资源开发环境引导

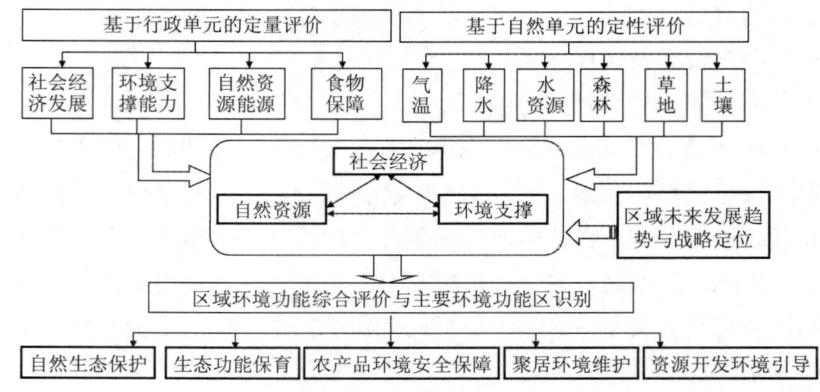

图 16-10 城市环境功能区划

（3）城市生态安全格局构建与生态红线划分

开展生态系统敏感性与重要性评价，根据“反规划”的思想和景观生态学理论，划分城市生态红线、生态安全警戒线、环境风险控制线，构建实施生态安全保障和环境风险防控的分级控制体系。基于城市生态系统完整性，识别城市主要生态产品与生态服务功能，掌握城市生态产品基底，确定生态功能修复与保育的重要区域，构建城市生态安全格局。评估森林、湿地、农田等典型生态系统状况，研究提出促进生态系统恢复、提高生态服务功能的目标与措施。统筹开展城市重要生态功能区、生物多样性保护关键区、生态廊道和关键生态节点保护，维护生态功能稳定与生态平衡。划定城市“生态红线”，明确需要重点保护的敏感区域、带、点以及保护要点，促进提高生物多样性保护水平。

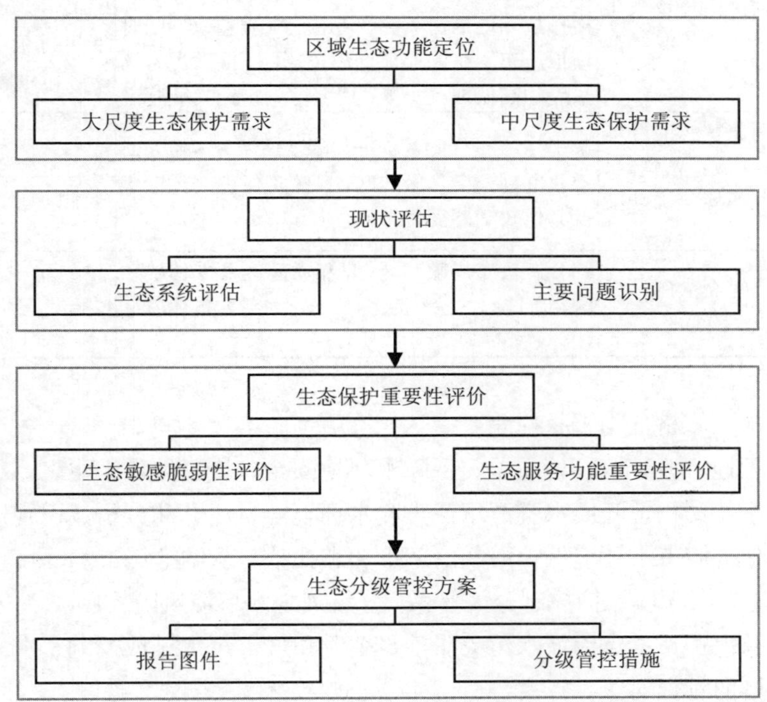

图 16-11　城市生态环境保护红线划定技术路线

（4）城市大气环境格局与调控对策

以“卫星遥测-气象模型-空气质量模型”为主要技术手段开展城市大气环境流场分析，基于不同区域环境质量、污染物排放量评估以及城市大气环境系统的模拟分析，识别构建城市大气环境的敏感区、复合辐散区等“红线体系”和大气环境治理格局。以空气质量（特别是 $PM_{2.5}$）达标为约束条件，研究城市主要大气污染物环境容量及空间分布，提出城市能源结构优化、路网优化、绿地系统建设、机动车调控、扬尘区控制、发展绿色交通等优化城市发展对策[41，42]。

表 16-5 大气环境红线划定技术框架

技术模块	实现目标	技术要点	数据需求
大气流场特征模拟	从区域、城市等多尺度模拟、分析大气环流特征，评价空气资源大小	基于逐时地面气象观测数据和探空数据，利用 WRF、CALMET 等气象模型模拟三维逐时气象场，重点分析风向、风速、混合层高度等气象要素	地面气象数据、探空气象数据、海拔高程数据、土地利用数据
源头敏感区识别	识别出布局污染源易对城市空气质量造成严重影响的区块	把规划区划分为若干个规则网格，假定每个网格排放相同的污染物，利用 CALPUFF 等空气质量模型逐个模拟每个网格的环境影响，依据每个网格源对城市空气质量的影响大小，划定源头布局敏感区	虚拟污染源的排放强度、烟囱高度、直径、出口速率等污染源基本资料
聚集敏感区识别	识别出污染物天生易聚集、不易扩散的区块	把规划区划分为若干个规则网格，假定每个网格排放相同的污染物，利用空气质量模型同时模拟所有网格源排放的环境影响，依据污染物浓度的高低或聚集度，划定污染物聚集敏感区	虚拟污染源的排放强度、烟囱高度、直径、出口速率等污染源基本资料
受体敏感区识别	识别出敏感的环境受体（人口密集区、大气环境一类功能区）	基于环境空气质量标准、环境功能分区、人口聚集度划定受体敏感区，目的是保护人体健康及其他较敏感受体	人口密度数据、大气环境功能区划
大气环境红线划定	确定综合大气环境红线	综合源头布局敏感区、聚集敏感区及受体敏感区，通过 GIS 空间融合技术，划定大气环境红线体系	结合上述资料

（5）城市水环境格局与调控对策

以保护水源地、改善水环境质量、保障水环境安全、恢复城市水生态系统为目标，解析城市水环境系统结构，开展水资源承载力和水环境容量测算和分析，识别影响水环境安全的风险源，分析城市水环境保护面临的新形势和挑战。从维护城市水环境系统健康安全的需求出发，建立水环境保护控制分区体系，分级划定水环境风险控制线、警戒线和范围，统筹饮用水水源保护、重点流域水污染防治、企业和城市污水排放控制、水生态系统保护等，提出最严格的管理对策。

（6）城市环境公共服务体系与基础设施优化调整

评估快速城市化进程中面临的各种环境风险因素，对城市环境公共服务水平差异及缺失的重点领域进行分析，研究提出不同阶段城市的污水与垃圾处理环境基础设施、环境应急、监测、监管能力、环境信息、环境科研等方面应纳入公共服务的内容及建设方案。深入剖析现有的污水处理厂、垃圾处理处置设施、危险废物处理设施、水环境监测监控网络、大气环境监测监控网络、生态环境监测监控网络、噪声与辐射环境监测网络、农村环境基础设施等重点环境基础设施存在的问题，从规模、数量、布局、技术等方面提出重点环境基础设施优化调整方案。

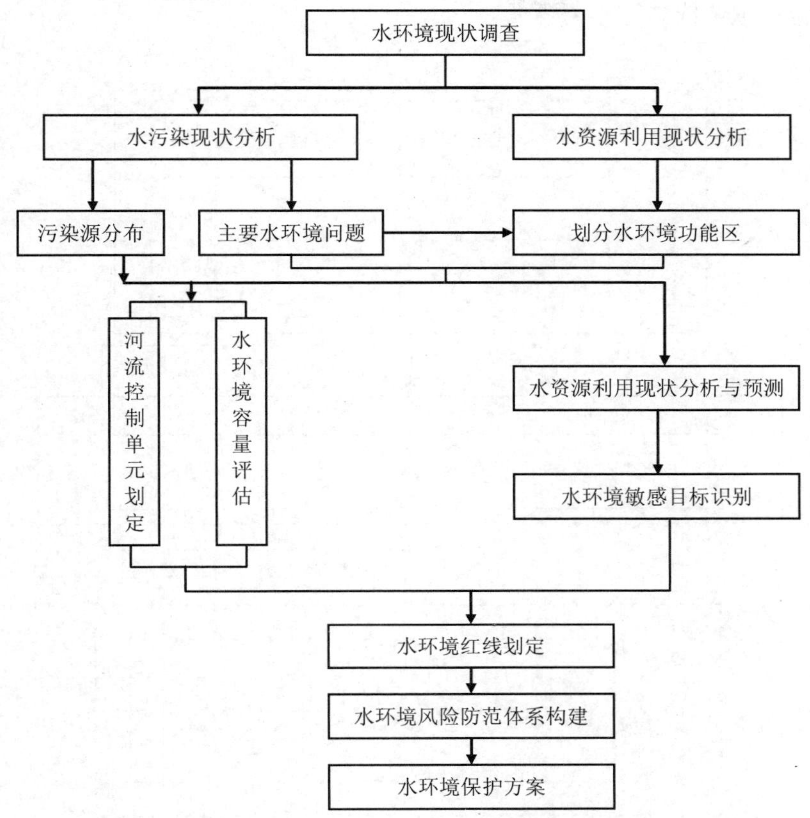

图 16-12　水环境红线划定技术路线

（7）城市环境风险防范和环境应急处置救援体系

建立内外兼顾、主动防控的环境安全保障机制。提高环境安全意识，辨析区域环境影响与污染物传输模式，识别城市建设与产业发展的环境风险并比较评估，划定城市区域环境风险红线，实施红线控制，重点针对核与辐射、重金属、危险化学品、有毒有害物质等，完善区域环境预测预警体系，构建区域环境风险防范工程，建立环境风险防控体系，积极主动防范区域性环境事件和城市内部突发环境事件，建立城市环境应急处置救援体系，重点加强环境应急指挥调度、处置应对、防护和救援物质储备建设，提高妥善处置突发环境事件的能力。

（8）城市环境总体规划实施保障

围绕城市环境管理战略转型和环境总体规划的要求，探索环境管理创新政策。建立环境准入、总量控制、环境风险防范等最严格环境管理制度，强化环境执法监督。先行先试、大胆创新包括生态补偿制度、生态环境资产核算、环境保护责任追究制度和环境损害赔偿制度等环境经济政策。针对城市环境功能区不同定位，提出不同的绩效评价指标和评估考核办法。建立健全城市环境总体规划与相关规划的协调衔接机制等，明确城市环境总体规划作为环境管理重要依据等相关要求。

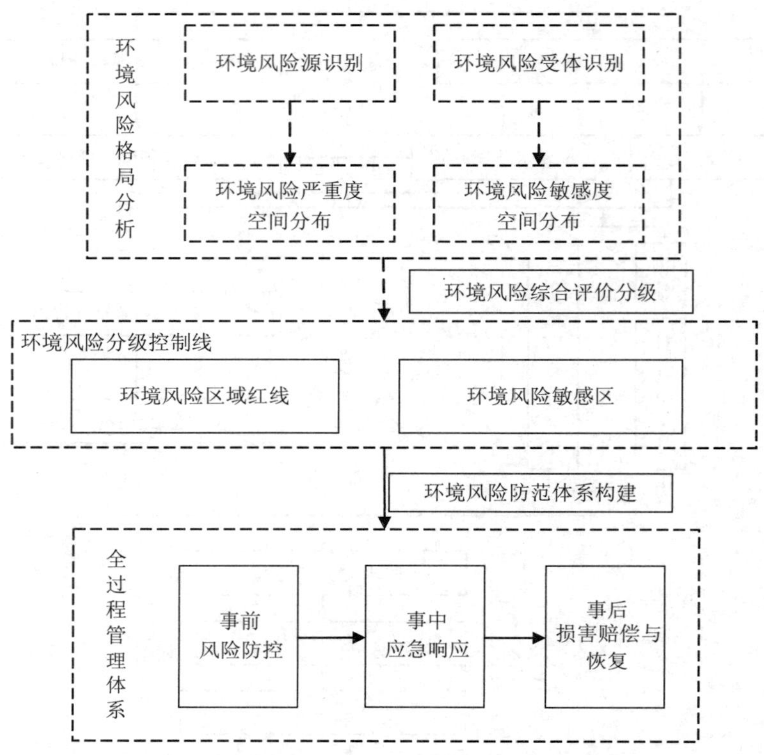

图 16-13 环境风险红线及防范体系技术路线

参考文献

[1] 蒋洪强，张静，王金南，等. 中国快速城镇化的边际环境污染效应变化实证分析[J]. 生态环境学报，2012（2）：293-297.

[2] 吴舜泽，万军，于雷，等. 关于城市环境总体规划编制实践与规划技术的思考[R]. 重要环境决策参考，2013，9（9）：1-42.

[3] 尚金城. 城市环境规划（第二版）[M]. 北京：高等教育出版社，2009.

[4] 周丽梅，林有和，周春梅. 城市环境规划的原则和方法[J]. 工业技术经济，1990（6）：38-41.

[5] 郦桂芬，张凡，田炳申，等. 试论城市环境规划的原则与方法[J]. 环境研究，1984（3）：17-22+12.

[6] 郦桂芬. 城市环境规划刍议[J]. 环境科学，1985（5）：90-93.

[7] 蒋跃进. 我国“多规合一”的探索与实践[J]. 浙江经济，2014（21）：44-47.

[8] 申翔. 多规合一的实践与思考[A]. 中国城市规划学会.城乡治理与规划改革——2014 中国城市规划年会论文集[C]. 中国城市规划学会，2014：11.

[9] 梁燕芳，曹轶. 城市总体规划与环境规划关系的探析[J]. 中国环保产业，2008（7）：22-24.

[10] 郑春宏，沈林玲，陶书峰. 环境规划与城市总体规划比较分析[J]. 环境科学与管理，2006（8）：14-16.
[11] 廖芷君. 环境规划与城市规划的协调研究[D]. 广州：华南理工大学，2010.
[12] 郭怀成，尚金城，张天柱. 环境规划学[M]. 北京：高等教育出版社，2009.
[13] 海热提・涂尔逊. 城市生态环境规划——理论、方法与实践[M]. 北京：化学工业出版社，2005.
[14] 曾维华. 环境承载力理论、方法及应用[M]. 北京：化学工业出版社，2014.
[15] 黄肇义，杨东援. 国内外生态城市理论研究综述[J]. 城市规划，2001（1）.
[16] 董宪军.生态城市论[M]. 北京：中国社会科学出版社，2002.
[17] 黄光宇，陈勇. 生态城市理论与规划设计方法[M].北京：科学出版社，2002.
[18] 杨志峰，何孟常，毛显强.城市生态可持续发展规划[M].北京：科学出版社，2004.
[19] 赵清，张珞平，陈宗团，等.生态城市理论研究述评[J].生态经济，2007（5）：155-159.
[20] 何尧军，单胜道.循环经济理论与实践 [M]. 北京：科学出版社，2009.
[21] 曾绍伦，任玉珑，王伟. 循环经济评价研究进展与展望[J]. 生态环境学报，2009（2）：783-789.
[22] 叶文虎，甘晖. 循环经济研究现状与展望[J]. 中国人口・资源与环境，2009（3）：102-106.
[23] 陆学，陈兴鹏. 循环经济理论研究综述[J]. 中国人口・资源与环境，2014，S2：204-208.
[24] 刘康.生态规划——理论、方法与应用[M]. 北京：化学工业出版社，2011.
[25] 戴亦欣.中国低碳城市发展的必要性和治理模式分析[J].中国人口・资源与环境，2009，19（3）：12-17.
[26] 顾朝林.城市与区域规划研究[M].北京：商务印书馆，2008.
[27] 中国科学院可持续发展战略研究组.中国可持续发展战略报告——探索中国特色的低碳道路[M]. 北京：科学出版社，2009.
[28] 朱翠萍. 低碳城市规划指标体系构建及实例分析[D]. 杭州：浙江大学，2013.
[29] 朱婧，刘学敏，姚娜. 低碳城市评价指标体系研究进展[J]. 经济研究参考，2013（14）：18-28，37.
[30] 辛玲. 低碳城市评价指标体系的构建[J]. 统计与决策，2011（7）：78-80.
[31] 环境保护部.关于印发《生态县、生态市、生态省建设指标（修订稿）》的通知（环发[2007]195号）[Z]. 2007.
[32] 环境保护部.关于印发《创建国家环境保护模范城市规划编制大纲》的通知（环办函[2011]965号）[Z]. 2011.
[33] 国家环保局计划司，《环境规划指南》编写组. 环境规划指南[M]. 北京：清华大学出版社，1994.
[34] 曾维华. 城市环境总体规划实践中的难题及建议分析[J]. 环境保护，2013（19）：35-37.
[35] 环境保护部.《关于继续开展城市环境总体规划编制试点工作的通知》(环办函[2013]670 号)[Z]. 2013.
[36] 万军，吴舜泽，于雷. 用环境空间规划制度促进新型城镇化健康发展[J]. 环境保护，2014（7）：24-26.
[37] 董伟. 编制城市环境总体规划要遵循哪些原则？[N]. 中国环境报，2013-10-31（2）.
[38] 余向勇. 城市环境总体规划的水环境系统研究——以宜昌为例[J]. 环境科学与管理，2014（1）：1-4.
[39] 王成新，于雷，吕红迪，等. 城市环境总体规划中的区域协同思想研究[J]. 环境科学与管理，2013，（11）：11-14.

[40] 董伟，张勇，何远光，等. 创建环境保护总体规划在大连社会经济发展中的战略地位及实施思路[J]. 环境科学研究，2010（4）：377-386.

[41] 薛文博，吴舜泽，等. 城市环境总体规划中大气环境红线内涵及划定技术[J]. 环境与可持续发展. 2014（1）：14-16.

[42] 环境保护部环境规划院. 国家城市空气环境质量达标规划技术指南（内部报告）[R]. 北京：环境保护部环境规划院，2013.

第 17 章　生态工业园区规划技术方法

生态工业园区规划是最新发展起来的，主要通过模拟自然系统“生产者—消费者—分解者”的循环途径，实现产业的绿色低碳和可持续发展的一种规划。随着生态工业园区和循环经济建设的环境经济效益逐步显现，人们对生态工业和循环经济理念的理解不断深入，生态工业园区建设正在进入快速发展阶段。为此，加强生态工业园的规划制定，对生态工业园区规划进行正确引导显得尤为重要。本章将重点介绍生态工业园区理论与国内外实践，提出生态工业园区规划的总体框架、重点内容和规划保障措施等。

17.1　生态工业园区规划概述

迄今为止，人类对环境的治理经历了三种不同的阶段，即末端治理、清洁生产和生态工业或循环经济[1]。末端治理往往是治标而不治本，清洁生产常局限于某一生产过程而不考虑不同生产系统之间的连接，而生态工业从根本上消除了长期以来环境与发展之间的尖锐冲突，倡导人们建立一种“自然资源→产品和用品→再生资源”的新思维，通过废物交换、循环利用和清洁生产等手段，最终实现污染“零排放”[2]，因此，生态工业才是工业发展的最高层次，代表了未来工业系统的主导发展方向。

17.1.1　生态工业园区类型与特点

17.1.1.1　生态工业园区概念

生态工业的萌芽出现在 20 世纪 60－70 年代，当时是作为一个概念提出，没有更为深入的研究。80 年代末，生态工业一词重新被一些与美国工程科学院关系密切的工程技术人员提出，特别是 1989 年 Robert Frosch 和 Nicolas Gallopoulos 在《科学美国人》专刊号上发表了《可持续工业发展战略》一文，两位作者提出了以下观点：工业可以运用新的生产方式，对环境的污染将大为减少。这个观点引导他们推出了生态工业的含义。目前，有关生态工业的定义有 20 多种。由于这是一门新兴的学科，人们对它的认识处于不断深化之中，而且思考的角度也各有差别。但是对生态工业的物质、能量和信息三大基本要素是普遍认同的。综合来看，生态工业是指仿照自然界生态过程物质循环的方式来规划工业生产系统的一种工业模式。在生态工业系统中各生产过程不是孤立的，而是通过物料流、能量流和信息流互相关联的：一个生产过程的废物可以作为另一种生产过程的原料加以利用。生态工业追求的是系统内各生产过程从原料、中间产物、废物到产品的物质循环，达到资源、能源、投资的最优利用。

工业园区是一些工业企业组成的集合体，包括工业区、工业群、工业园、工业带和商业园，是工业化国家作为一种促进、规划和管理工业发展的手段。中国改革开放之后，也建立了各种用途和规模的工业园区，估计总数达 3 000 个以上。这些工业园区为各地的经济发展作出了巨大的贡献。然而，工业园区在促进工业快速发展的同时，对环境也产生了严重的污染问题。由于工业园区各种工业相对集中，污染问题特别突出。在工业园区运行过程中，会排放各种有毒有害气体，从而出现酸性降水、烟雾、臭氧耗损和全球变暖等问题；排放溶剂、涂料、油类、酸类等工业废料和其他废水，从而造成水土恶化、危害人体健康；另外，运输、储藏和处置油类、溶剂、氯化烃、特种金属、污泥和特种溶液也会增加对环境的损害。针对这些问题，政府对工业园区的环境管理高度重视，在制定详细的法规政策来推动企业加强环境治理的同时，还积极研究企业间的相互关系，努力以一种可持续的方式来开发和运行工业园区。工业生态学为工业园区的发展指明了方向，使园区不再把目光局限在提供最低限度服务（例如集中式废物处理和污水处理系统），而是模拟自然界，从源头入手，促使企业内部提高能源效率、节约资源使用、开展清洁生产，企业间则通过多方面的协作实现园区整体最优化和废物最少化，向着生态工业园区迈进。

生态工业园区或生态工业园（Eco-Industry Park，EIP）是生态工业的一种主要实践形式，目前国内外都在积极探讨和发展这一工业模式。生态工业园区有很多种定义，1996 年 8 月由美国总统可持续发展理事会（PCSD）召集的专家组提出的定义为：生态工业园区是商务（企业）群体，其中的商业企业互相合作，而且与当地的社区合作，以实现有效地共享信息、材料、水、能源、基础设施和天然生境等资源，产生经济和环境质量效益，为商业企业和当地社区带来平衡的人类资源。而在当年的 10 月 PSCD 主办的专题讨论会上进一步将生态工业园区定义为一种工业系统，这种系统能够有计划地进行材料和能源交换，寻求能源与原材料使用的最少化，废物最少化，建立可持续的经济、生态和社会关系[3]。

一般而言，生态工业园区是依据循环经济理念建立的一种新型工业组织形态。建设生态工业园区的目标是通过建立工业生态链网，将园区内一个工厂或企业产生的副产品用作另一个工厂的投入或原材料，通过废物交换、循环利用、清洁生产以及园区生态管理等手段，最终实现园区的可持续发展。目前，生态工业园区已经成为循环经济一个重要的发展形态，同时也正在成为我国第三代工业园区的主要发展形态和工业园区改造的方向。生态工业园区作为以生态循环再生为基础的工业园区，包括产品和服务的交流，更重要的是以最优的空间和时间形式组织在生产和消费过程中产生的副产品的交换，从而使企业与社区付出最小的废物处理成本，并且通过对废物的减量化促进资源利用效率的提高，改善环境品质。因此，生态工业园区不同于传统的工业园区仅仅强调经济利润的最大化，而是强调经济、环境和社会功能的协调和共赢。

在我国，原国家环境保护总局从 2003 年开始创建生态工业和循环经济园区，把生态工业示范园区（生态工业园区）定义为依据清洁生产要求、循环经济理念和工业生态学原理而设计建立的一种新型工业组织形态，认为这种园区是循环经济在工业领域一定区域层次的具体体现，通过物流或能流传递等方式把不同的工厂、企业或产业连接起来，形成共享资源和互换副产品的产业共生组合，使一家企业的废弃物或副产品成为另一家企业的原料或能源，在产业系统中寻求物质闭环循环、能量多级利用和废物产生最少化[4]，从而实现园区经济的协调健康发展。

17.1.1.2　生态工业园区分类

综观国内外各种类型的生态工业园，由于其产生或构建环境、条件和功能等的不同，生态工业园区模式并不统一，各自具有自己的特点。可以从原始基础、产业结构、区域位置等不同的角度对生态工业园区进行分类。

从原始基础角度划分，可以将生态工业园区分为现有改造型和全新规划型：①现有改造型生态工业园区是针对现已存在的工业企业，通过适当的技术改造，在区域内成员间建立起废物和能量的转换关系。②全新规划型生态工业园区则是在良好规划和设计的基础上从无到有地进行建设，主要吸引那些具有“绿色制造技术”的企业入园，并创建一些基础设施，使得这些企业间可以进行废水、废热等交换，这一类工业园区投资大，对其成员的要求较高。

从产业结构角度划分，可以将生态工业园区分为行业类、综合类和静脉产业类：①行业类生态工业园也叫联合企业型生态工业园，是以某一类工业行业的一个或几个企业为核心，通过物质和能量的集成，在更多同类企业或相关行业企业间建立共生关系而形成的生态工业园区[5]。典型的如美国的杜邦模式、贵港国家生态工业（制糖）示范园区等。对于冶金、石油、化工、酿酒、食品等不同行业的大企业集团，非常适合建设联合企业型的生态工业园区。②综合类生态工业园区是由不同行业的企业组成的工业园区，主要指在经济技术开发区、高新技术产业开发区等工业园区基础上改造而成的生态工业园区[6]。与联合企业型园区相比，综合类园区需要更多地考虑不同利益主体间的协调和配合，目前大量传统的工业园区适合朝综合类生态工业园区的方向发展。③静脉产业（资源再生利用产业）生态工业园区是以保障环境安全为前提，以节约资源、保护环境为目的，运用先进的技术，将生产和消费过程中产生的废物转化为可以重新利用的资源和产品，实现各类废物的再利用和资源化的产业，包括废物转化为再生资源及将再生资源加工为产品两个过程。静脉产业类生态工业园区是以从事静脉产业生产的企业为主体建设的生态工业园区[7]。目前，最典型的案例为日本北九州和川崎静脉产业园区。

从区域位置角度划分，可以将生态工业园区分为实体型与虚拟型：①实体型生态工业园区的成员在地理位置上聚集于同一区域，可以通过建筑、管道设施进行成员间的物质、能量交换。②虚拟型生态工业园区不严格要求其成员在同一地区，由园区内和园区外的企业共同构成一个更大范围的工业共生系统。有些园区是利用现代信息技术，通过园区信息系统，首先在计算机上建立成员间的物质、能量交换联系，再付诸实施，区内企业既可彼此交换也可与区外企业发生联系。虚拟园区的优点是可以省去一般建园所需的昂贵土地费用，避免建立复杂的相互依赖关系和进行困难的工厂迁址工作，并具有很大的灵活性；其缺点是可能要承担较贵的运输费用。

17.1.1.3 生态工业园区特点

从生态工业园区的定义可以看出，生态工业园区综合运用了工业生态学和循环经济理论，把经济增长建立在环境保护的基础上，体现了人与自然和谐相处的思想，是未来经济可持续发展的一种重要模式。生态工业园区通过模拟自然系统“生产者—消费者—分解者”的循环途径，建立起工业生态系统内的生态链，包括工业园区内生产型企业、消费型企业和废料处理企业，实现物质闭路循环和能量多级利用，其目标是最大限度地利用园区内物质及能量，尽可能实现对外废物的零排放。

生态工业园区使一个地区的总体资源增值，并使人们在各种社会经济活动中所耗费的活劳动和物化劳动获得较大经济成果的同时，保持了生态系统的动态平衡。生态工业园区通常具有以下三方面特点。

（1）资源生态化

生态工业园区的学科基础是生态学，核心是循环经济、清洁生产和节能低碳。生态工业园区的各项活动在其“自然物质—经济物质—废弃物”的转换过程中，应是自然物质投入少，经济物质产出多，废弃物排放少。通过发展高新技术使工业生产尽可能少地消耗能源和资源，并提高废旧物质的转换及再生，以及能量的多层次分级利用，从而实现经济与环境的可持续发展。

（2）经济高效性

经济高效性是生态工业具有很强生命力的基本保证。生态工业取得高的经济效益来源于系统的一体化回报，即通过资源深度利用、重复利用、能源梯级利用和产品多样化、废品回收利用等途径实现生产成本的降低。当前工业生产面临越来越严重的资源短缺困扰，以资源生态化利用为重要特征的生态工业显然具有经济上的比较优势。

（3）清洁高效性

生态工业园区拥有清洁高效以及现代化的基础设施作为支撑系统，从而为园区内企业提供高效便捷的能源、水资源供应及污染治理方案，使园区具备较高水平的环境质量，同时，还为园区的物质流、能量流、信息流、价值流和人力资源流创造必要条件，从而减少生态工业园区在运行过程中的经济损耗和生态环境污染。生态工业园区应具备高效完善的生态工业管理信息网络，对园区内的各个方面，如人口、资源、社会服务、就业、治安、防灾、城镇建设、环境整治等实施管理，促进生态工业园区的健康运行。

17.1.2　生态工业园区建设原则与分析方法

17.1.2.1　生态工业园区建设原则

在生态工业园区的建设和实现过程中必须以工业生态学原理为指导，以下六个方面既是生态工业园区建设所应遵循的基本原则[8]，也是生态工业园区特点的集中体现。

（1）因地制宜，运输通达

园区发展主要依靠当地的自然资源优势，园区建设要充分考虑到如何利用天然的地形地貌，不仅要尽量减少对生态植被的破坏，而且要利用已有的自然景观来美化园区，使整个园区与周边环境有机地融为一体；在保证园区整体对外交通便利、运输快捷的前提下，园区内部空间组织更要有序、合理。在高效运转的生态工业园区内部，各个成员间通过多种方式的合作和交流联系紧密。为了方便企业间的物质交换、能源供应，就需要园区建设者在布局过程中能够保证园区空间组织的高通达性。

（2）建筑绿色化，成员多样性

生态工业园区不仅在建成之后能与自然环境协调发展，而且园区的建设过程也应该坚持生态学的指导方针，通过提高某些建筑材料的重复利用率，建筑材料再生或者采用可拆卸的设计方案等手段，保护资源和能源，使废物产生量最少化；要结合当地资源和技术优势，尽可能地吸引不同类型的企业入园，因为单一类型的企业很难真正地充分利用自身所产生的废弃物，也可根据市场需求来吸引合适的企业入园或者作为其他企业的补充。要鼓励“清道夫”和“分解者”入园，这将有利于园内物质循环圈的建立。最后，要在自然系统吸收环境影响的能力范围内，使工业、商业、原材料、产品和服务多样化，这样就扩展企业间合作的空间，增强园区整体的稳定性。

（3）清洁生产，效率优先

企业开展清洁生产，首先，从产品设计入手，减少毒性强、危害时间长、降解时间长的化学品的使用，并力争利用废弃物生产出新的产品。其次，改进生产工艺，通过提高生产效率，能量共生，梯级利用等手段实现能量效率最大化；通过提高反应转化率或原材料利用率，以及材料再使用、再修复、再循环等途径节约原材料。再次，严格包装管理，尽可能回收利用包装材料。最后，加强对库存原料和产品存储时间和数量的控制，尤其要缩短有毒物质的存储时间和数量，从而可以节约储藏空间，降低发生危险事故的概率。

（4）成员匹配，信息通畅

成员匹配是从园区整体出发的系统性考虑。园区成员间是否具备供需关系以及供需规模、供需的稳定性均是影响生态工业园区发展的重要因素。生态工业园区设计的关键是企业、行业的匹配。在区域已有的企业中或者是区域有发展潜力的行业中找出已有或可能的废物流动关系，筛选出类别、规模、方位上相匹配的设计或改造方案。应该使尽可能多的企业进行协作，以便实现园区内废热和废水的最大化使用，同时实现物料循环利用和最高的使用效率；生态工业要求在原材料使用、能源要求和废物产生方面有良好的信息基础，企业应该主动地在注意保密的前提下提供必要的信息。这样才可能实现区内企业之间物料和能量的交换与循环。最后还要进行信息反馈和交流，这是因为生态工业园区，需要在各个成员之间进行信息的反馈和交流来管理物料流、能量流和人口流动，促进园区的发展，这也是生态工业系统平稳运行的重要保证。

（5）管理高效，多方参与

园区应建立必要的管理机构。它的主要职责包括：促使园区内众多工业群落中的生产者和消费者连接起来构成工业生态链或者工业生态网；运用经济手段来减少废弃物和污染排放；鼓励企业个体或园区整体不断努力提高园区的环境性能；设计一套调整系统或方案来保证园区具有一定的弹性；创建一套机制来训练、教育管理者和工人适应园区生态工业的战略思想及其实现工具和技术，使整个生态工业系统日臻完善；生态工业园区的主体是园区的各类成员，它们的努力才是推动生态工业园区高效运行的重要保证。而且生态工业园区内的物质和能量交换也是通过它们完成的，没有这些交换，就不能实现资源和能源的最优利用，生态工业园区与其他工业园区相比所拥有的优势将会丧失。企业间的合作将随着生态工业园区的发展更加深入，可以包括市场采购、产品营销、信息共享、公用工程、人力资源等各个方面。因此，只有当所有成员都领会了生态工业设计思想，并积极主动地参与园区建设，生态工业园区的建立和完善才能真正实现。

（6）协调发展，效益共赢

良好的经济效益、环境效益和社会效益都是生态工业园区追求的目标，不能偏废。从规划、设计、建设、运行到完善，生态工业园区自始至终都把上述三个目标有机地结合起来并综合考虑，力争使自然环境、工业生产、人类社会三者相互促进、协调发展。

17.1.2.2 生态工业园区分析方法

目前，工业生态学已初步形成了以下三种分析方法：面向物料的工业代谢分析法、面向产品的生命周期评价分析法、面向区域的生态系统集成研究方法。

（1）工业代谢分析方法

工业代谢分析方法（Industrial Metabolism，IM）是建立生态工业的一种行之有效的分析方法。它是基于模拟生物和自然界新陈代谢功能的一种系统分析方法。与自然生态系统相似，生态工业系统同样应包括四个基本组分，即生产者、消费者、再生者和外部环境。工业代谢分析通过分析系统结构、进行功能模拟和分析输入输出信息流来研究生态工业系统的代谢机理。工业代谢分析法与以往的系统分析方法的不同之处在于它以环境为最终的考察目标，追踪资源在从提炼到工业生产和消费体系后变成废物的整个过程中物质和能量的流向，给出系统造成污染的总体评价，并力求找出造成污染的主要原因。

（2）生命周期评价

生命周期评价（LCA）是一种对产品、生产工艺以及活动所造成的环境压力进行评价的客观过程，它是通过对能量和物质利用以及由此造成的环境废物排放进行辨识和量化的，其目的在于评估能量和物质利用以及废物排放对环境的影响，寻求改善环境影响的机会以及如何利用这种机会。这种评价贯穿于产品、工艺和活动的整个生命周期，包括原材料提取与加工；产品制造、运输以及销售；产品的使用、再利用和维护；废物循环和最终废物弃置。

（3）生态系统集成

生态系统集成是在区域范围内实现生态工业的方法，它综合考虑区域系统的物质流、能量流和信息流，通过共享信息和公共基础设施，考虑区域范围内企业、社区和自然之间的物质交换和能量利用，建立高效率、低消耗的可持续发展的区域工业生态系统。系统集成包含以下三方面的内容：物质集成、能量集成和信息集成。

总之，工业代谢分析、生命周期评价和生态系统集成这三种方法在本质上是统一的，目标均是着眼于人类和生态系统的长远利益，保证在整个产品系统环境影响最小的前提下，尽可能满足人类需求。工业代谢方法是面向物料的，强调产业生态系统的代谢机理和系统结构；生命周期评价是面向产品的，强调的是产品从摇篮到坟墓的全生命周期过程，这两种均属分析评价方法，而且两者常常相互交叉。而生态系统集成是面向区域系统的一种建设工具和方法，考虑问题的层次更高，它离不开前面两种方法的支持；工业代谢和生命周期评价分析的最终目的是实现生态工业，离不开系统集成这一有效工具[9]。

17.2　生态工业园区规划国内外实践

生态工业园区发展的雏形是丹麦的卡伦堡（Kalundborg）工业共生体，该工业共生体是从 20 世纪 70 年代初逐步形成的。当初，卡伦堡市的几个重要企业试图在减少费用、废料管理和更有效地使用淡水等方面寻求革新，它们之间建立了紧密、相互协调的关系。80 年代以来，当地主管发展的部门意识到这些企业自发地创造了一种新的体系，并给予了积极支持，将其称为“工业共生体”，这是生态工业园区发展的雏形，也是工业生态学的第一次实践。

20 世纪 90 年代，随着生态工业园区概念影响范围的扩展，以及公众清洁生产、绿色工业等意识的提高，生态工业园区的研究与实践在北美迅速展开，并取得了长足的进展，其中尤以美国的研究最为活跃和系统。同一时期，毗邻美国的加拿大以及欧洲的荷兰、法国、英国、意大利、奥地利、瑞典、爱尔兰等国的生态工业园区研究和实践也在迅速发展，此外亚洲也是对生态工业园区关注较早的地区，中国、日本、印度尼西亚、菲律宾、泰国和印度等国家均在实施生态工业园区建设[10-12]。

17.2.1 国外实践

自从丹麦的 Kalundborg 建成了世界上第一个生态工业园区以来，生态工业园概念、清洁生产和绿色工业等思想不断推广，尤其是进入 20 世纪 90 年代以后，世界上出现了许多包含物质交换与废物循环的共生体项目和计划，并大都先后宣布自己为生态工业园。人们开始认识到，生态工业园不仅能大大减少工业体系对环境的干扰，而且在降低工业园区整体成本、提高园内企业效益方面也大有优势。虽然综合的、多行业的工业生态园区还非常少，但是它的建设已经引起了许多国家的广泛关注，并成为实现可持续发展的重要途径。

17.2.1.1 丹麦卡伦堡生态工业园

丹麦卡伦堡共生体系（图 17-1）是世界上最早实现的生态工业园，至今仍被作为范例广为引用。卡伦堡之所以有此殊荣，主要是它极其重视并鼓励企业、政府等建立密切的内部联系。卡伦堡生态工业园主要由几个大型企业组成，包括 Asnaesvaerket 发电厂、Statoil 炼油厂、NovoNordisk 生物工程公司、Gyproc 石膏材料公司以及卡伦堡市政府。这些企业与政府间建立了颇为创新的生态共生关系，它们通过市场交易共享水、气、废气、废物等，并实现经济利益的共享。整个卡伦堡工业共生体系的废料交换的细节很复杂，其环境、经济效益已经得到公认，尤其是在减少资源消耗、减少环境污染、废料的再利用等方面，具有显著的优势。卡伦堡体系中的主体包括各个企业和政府都是系统的受益者。卡伦堡共生体系为 21 世纪新的工业园区发展模式奠定了基础。

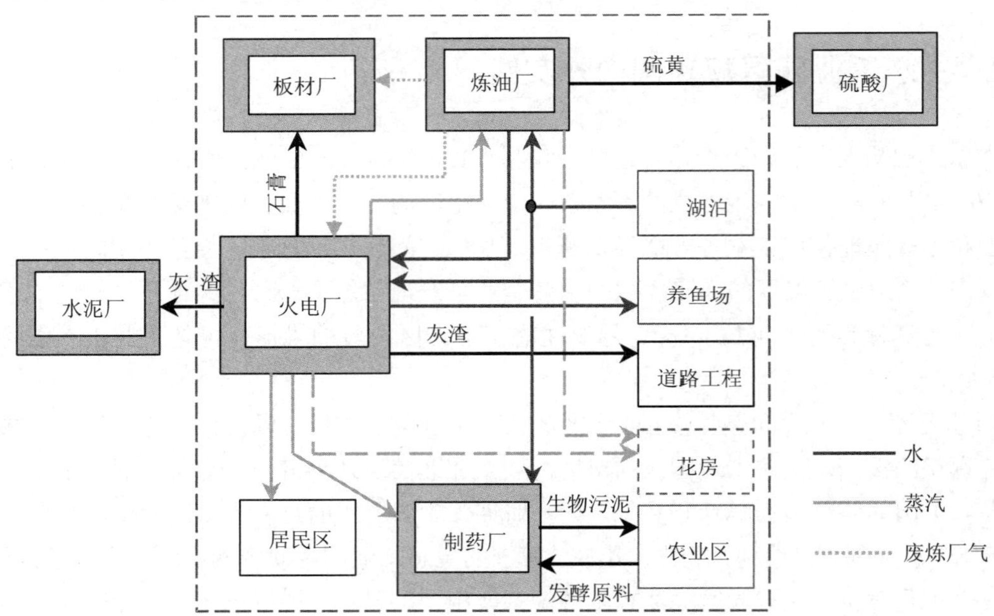

图 17-1 丹麦 Kalundborg 生态工业园区

17.2.1.2　美国生态工业园

20 世纪 90 年代中期，生态工业园区的研究和实践在北美迅速展开，并取得了长足的进展，其中尤以美国的研究最为活跃和系统。1995 年，美国可持续发展委员会决定在四个示范区进行实际应用研究。目前，美国建立的生态工业园区已经有数十个，涉及生物能源的开发、废物处理、清洁工业、固体和液体废物的再循环等多种行业，并且各具特色。其中，Brownsville 生态工业园区如图 17-2 所示。整个 Brownsville 生态工业园区是虚拟的，在原有成员的基础上，增加新成员来担当工业生态系统食物网的“补网”角色，如引入的热电站，废油、废溶剂回收厂。

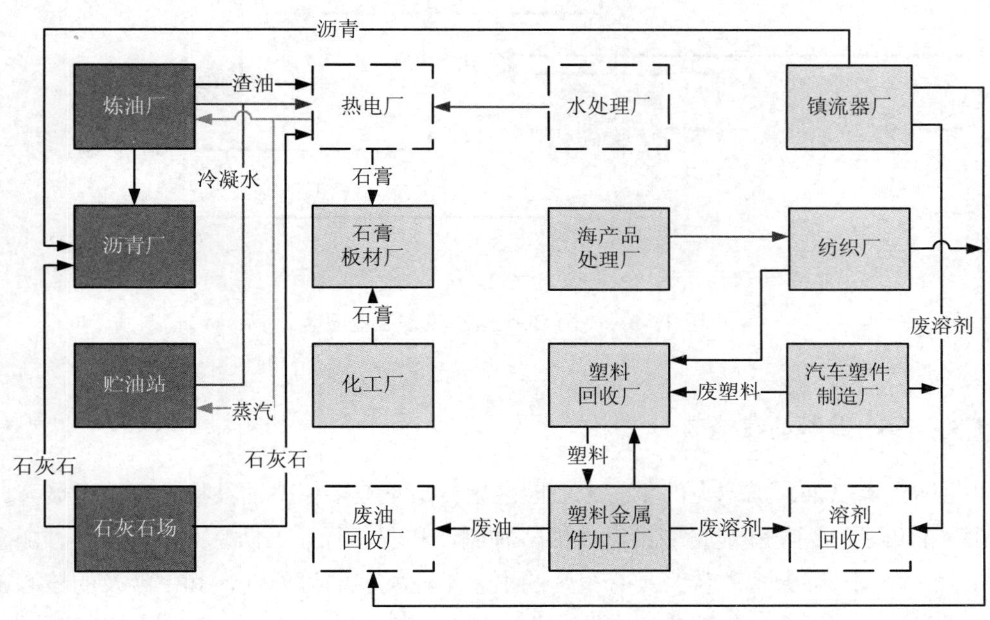

图 17-2　美国 Brownsville 生态工业园区

此外，美国俄克拉何马州规划中的 Choctaw 生态工业园区是一个典型的全新规划型园区。该地区具有大量的废轮胎资源，采用高温分解技术将废轮胎资源化可得到炭黑、塑化剂和废热等产品，进一步可以衍生出不同的产品链。这些产品链与辅助的废水处理系统一起构成了工业生态系统的食物网（图 17-3）。

Choctaw 生态工业园的特点是：基于园区所在地丰富的特定资源，采用“绿色的”废物资源化技术构造出系统核心工业生态链，围绕核心工业生态链进一步扩展成工业生态网。

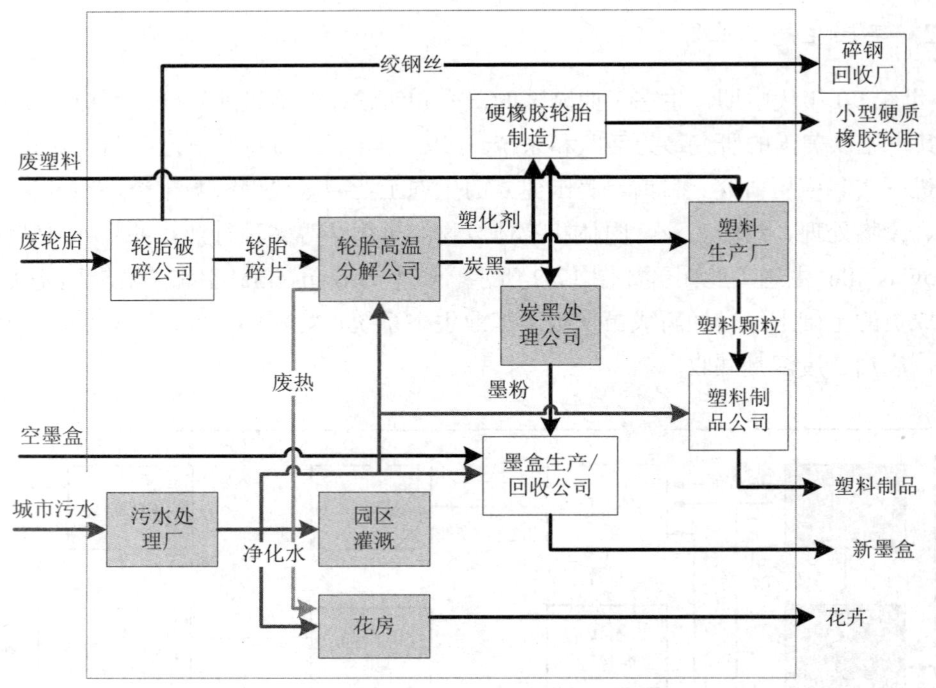

图 17-3 美国 Choctaw 生态工业园区

17.2.1.3 其他国家的生态工业园区

从 1995 年以来，加拿大的生态工业园区项目最早在多伦多的波特兰工业区展开。这一工业区汇集了有废物和能量交换潜力的多种制造和服务行业。据有关研究发现，加拿大 40 个工业园区中有 9 个被认为具有很强的生态工业发展的可能性，其中涉及的核心工业有蒸汽发生器、造纸厂、包装业；化学工业、发电、苯乙烯、聚氯乙烯、生物燃料；发电、钢铁、造纸厂、刨花板厂；热电站、石油提炼、工厂、水泥厂等多种组合。除此之外，加拿大还有若干个工业生态系统正在运转中。这些工业生态系统存在于石油冶炼、合成橡胶厂、石化工厂、蒸汽发电站之间，而且在更多的企业之间建立更多的联系也是很有潜力的。

法国的 Orée，作为欧洲环境合作伙伴组织（European Partners for the Environment）的发起机构之一，正致力于它的 PALME 计划。PALME 计划并不着重于建立物质能量的循环网络，而是侧重于环境管理，旨在为生态工业园区的建立提供技术支持和规范。通过加强环境管理，可以促进企业间废物和废能的交换。到 1995 年，已有 Sophia Esterel 等 5 个工业区在 PALME 指导下取得了 PALME 的生态认证标志。

日本在建的藤泽（Fujisawa）生态工业园区是由日本的 EBARA 公司和零排放研究机构（ZERI）以及日本国际贸易、工业部合作启动的。藤泽生态工业园区将集工业、商业、农业、生活和娱乐等为一体，成为多功能的共同体。该园区将由零排放中心、环境诊所

（Environmental Clinic）和后勤中心做支撑，其废物资源化的措施包括利用湿地进行废水处理并进行再利用，能量的逐级利用，再生能源的开发，将废物转化成能源、日光温室，灰渣和其他一些废物用于制造水泥和陶瓷等。

除上述生态工业园区外，其他国家如泰国、印度尼西亚、菲律宾、纳米比亚和南非等发展中国家也正积极兴建生态工业园区。国外众多的生态工业园区大致可分为三种类型，即现有改造型、全新规划型、虚拟型生态工业园区。现有改造型园区是对现已存在的工业企业通过适当的技术改造，在区域内成员间建立起废物和能量的交换关系，如丹麦的 Kalunborg 生态工业园区；全新规划型园区是在良好规划和设计的基础上，从无到有地进行建设，并创建一些基础设施使得企业间可以进行废水、废热等的交换，如美国的 Choctaw 生态工业园区；虚拟生态工业园不严格要求其成员在同一地区，它是利用现代信息技术，通过园区的数学模型和数据库，首先在计算机上建立起成员间的物、能交换联系，然后再在现实中加以实施。虚拟生态工业园可以省去一般建园所需的昂贵的购地费用，避免建立复杂的相互依赖关系和进行困难的工厂迁址工作，并具有很大的灵活性，其缺点是可能要承担较贵的运输费用，如美国和墨西哥交界处的 Brownsville 生态工业园区。

17.2.2 国内实践

进入 21 世纪以来，在经济快速增长带来的巨大环境压力及国际环保新思潮的影响下，我国将发展循环经济、建设生态工业园区作为实现区域可持续发展、推进经济和环境“双赢”的一项重要举措。我国对于推行生态工业园区和清洁生产所取得经济和环境的协调发展十分重视，无论是工业界还是环保界都认为大力发展生态工业和循环经济，可以从根本上解决经济发展与环境保护深层次矛盾，达到发展绿色生产力和实现环境与经济“双赢”的目标。生态工业园区的建设可以为传统产业转为循环经济提供范例，为区域经济结构、产业结构、产品结构调整提供发展空间，生态工业园区是可持续发展概念的一个可操作的内涵和实践模式。

2001 年 8 月底，广西贵港国家生态工业（制糖）示范园区由原国家环保总局授牌建设，它是我国第一个国家级生态工业园区示范工程，标志着我国生态工业园区的建设步入一个发展阶段。继广西贵港之后，新疆、内蒙古、江苏、山东、浙江、辽宁、广东、天津等省（自治区、直辖市）分别开展了生态工业园区建设的试点[10-13]，试点不仅覆盖了制糖、造纸、化工、水泥、冶金等传统行业，而且也有电子、环保、汽车、生物化工等高科技行业。生态工业试点为探索适合中国国情的生态工业园区、在更大范围内全面推进生态工业园区的建设积累了经验。截至 2011 年底，环境保护部已经批复了 44 个国家生态工业示范园区的建设规划，其中行业类园区 16 个，覆盖了制糖、电解铝、造纸、盐化工、矿山开发、磷煤化工、钢铁、氧化铝和煤化工等行业；综合类园区 27 个；静脉产业类园区 1 个。下面主要介绍贵港、南海、石河子 3 个国家生态工业示范园区。

17.2.2.1 贵港生态工业园区

贵港生态工业园区是在贵港市制糖业现状、问题和发展趋势的分析基础上设计的，即以贵糖（集团）为主体，以已经运行成功的生态工业雏形为基础，在规模、结构上，从企业层面的资源综合利用扩展为贵港市糖业的生态工业优化，形成全国规模最大、世界一流水平的制糖、造纸和酒精生产基地，最终形成一个结构优化、功能完善的复合生态经济系统。贵港生态工业系统由六个子系统组成，其中包括蔗田、制糖、酒精、造纸、热电联产和环境综合处理等子系统。通过优化组合，各子系统间的输入和输出相互衔接，做到资源的最佳配置和废物的有效利用，环境污染可以减少到最低水平，从而形成一个比较安全完整的工业和种植业相结合的生态系统，以及高效、完全、稳定的制糖工业生态园区。

17.2.2.2 南海生态工业园区

在生态工业理念的指导下，南海模式通过引入大量资金密集型和知识技术密集型产业，大力引进、发展和推广使用环保新技术、新工艺、新材料、新产品，以"3R"原则（减量（Reduce）、再用（Reuse）、循环（Recycle））为指导实施生态工业示范，形成工业生态产业链，将传统的"资源→废物"单向线性工业生产模式转变为"资源→产品→再生资源"循环经济模式，把环保技术引入传统产业改造，辐射一个区域产业的改造、升级，有利于加速区域绿色经济、生态经济的形成，使产业结构向资源利用合理化、废物减量化、生产过程无害化的方向调整。以近期发展的 12 家企业和虚拟区现有的 7 家企业为主，形成覆盖南海现有支柱产业的 5 个互利共生工业生态群落、9 个主要的生态工业链条，基本形成生态工业雏形，园区成员企业彼此通过废物交换、能量梯级利用、公用工程集成共享和信息集中共享，将它们有机地联系在一起，形成生态工业链网。

17.2.2.3 新疆石河子生态工业园区

石河子生态工业园区是基于石河子地区自然特点和产业结构现状而设计的。石河子生态工业系统立足于土地资源优势，以城市生活污水和工业废水的资源化利用为基础，以 100 万亩岌岌草种植为核心，通过岌岌草的综合利用构建生态产业链和主导产业，形成了一个以生态保护为目标、产业协调发展的复合生态经济系统，其中包括一产（岌岌草、牛、羊养殖）、二产（造纸、畜产品加工业）、三产（生态旅游和污水处理）共六个子系统。

这些生态工业园区的规划和建设，为在中国推广生态工业园区的建立，推进循环经济的发展，奠定了良好的基础，但也面临着诸多障碍与问题。主要包括：①废物的不可利用性。主要有以下原因：首先，废物供应量未能达到一定水平，还不能成为一种有用的资源，被其他企业所使用；其次，从技术角度上看，这些废物中有用物质的分离并不是轻而易举的；最后，废物的利用要具有经济性，即废物资源交易、运输、提纯过程的成本要小于新鲜原料的供应价格，这些对小企业来说也有困难。②原材料供应的不确定性。对于一些采用柔性制造技术的企业，生产的产品种类、数量经常发生变化，这必然会使得其产生的废物在组成和数量上具有不确定性，这就给企业之间的合作带来一定困难。③资源循环利用的不灵活性，即生态工业的刚性问题。在这样的共生系统中，其下家经营活动会受上家废物产生量波动的影响；此外众多企业之间形成了工业食物链关系，一旦其中一家企业生产不能正常运行，会引起连锁反应，给相关企业的生产带来危机。④在目前的生态工业园区设计与建设中，还存在着技术、经济、管理、法律和组织等诸多方面的障碍。这些障碍需要在以后的生态工业园区规划与建设中，经过不断的经验总结和制度创新逐步加以克服。要实现生态工业，需要从法律、政策、组织机构、管理等多方面入手，相互配合，相互促进，逐渐完善，如根据生态工业和循环经济的特点对原来基于末端治理的废弃物管理法律法规进行必要的修订和补充，以有利于企业间的废物交换和循环利用，对补链企业应给予政策上或者其他方面的优惠等。

17.3　生态工业园区的主要规划内容

生态工业园区规划主要有园区现状分析诊断、规划原则目标确定、生态产业发展、水环境保护与循环利用、能源高效利用、固体废物循环利用与资源化以及重点工程建设和政策保障措施等内容。其中，水资源、能源、固体废物以及重点工程是规划的核心内容。

17.3.1　园区现状分析与诊断

分析园区现状的主要目的是诊断建设生态工业园区的现状条件以及可能面临的困难和机遇。同时，也可以对目前已经建成的同类型生态工业园区进行调研分析，为本生态工业园区规划提供经验。

17.3.1.1　园区现状分析

生态工业园区概况。从园区发展概况、产业格局、地理位置、自然地理条件、主要资源条件等内容对生态工业园区情况作概要介绍。

社会经济现状分析。生态工业园区社会现状分析主要须描述园区的人口状况，科、教、文、卫状况，基础设施状况（能源供应、给排水等）、道路交通状况以及周围区域内相关的产业结构、企业信息、专用设施、基础设施、共享设施的建设等情况。生态工业园区经济现状分析主要须描述园区的经济、工业发展水平。从经济发展、物质减量与循环、污染控制等方面评价性描述园区行业（产业）、企业及其发展状况，尤其是主导行业（产业）或重点企业的发展状况，主导行业（产业）、重点企业占全区产值或工业增加值的比重等。

资源环境现状分析。生态工业园区资源现状按照要素可以分为以下四类进行分析：①水资源。主要描述园区取用水水源情况及饮用水水源情况、地表水资源分布、不同类型水资源利用情况。②土地资源。主要描述园区土地面积、已建成区面积、土地利用状况、建筑容积率和建筑密度等。③能源。主要描述园区能源使用类型、能源消费及能量循环利用情况等。④环保设施。主要描述园区雨污水收集及集中处理系统现状、中水回用及再生水利用系统现状、大气污染处理系统现状、固体废物综合利用和处理处置系统现状。

生态工业园区环境现状分析主要包括环境质量现状分析与污染物排放现状分析两部分，进一步按照环境要素又可以分为以下 4 类进行分析：①水环境现状。主要描述园区水环境质量现状、废水排放和处理现状、主要水污染物排放和处理现状和污水基础处理设施现状，分析园区水环境发展趋势，定性评价园区水环境质量和水环境容量。②大气环境现状。主要描述园区大气环境质量现状和主要大气污染物排放及处理现状，分析园区大气环境质量变化趋势，定性评价产业结构和能源供给变化。③固体废弃物现状。主要描述园区生活垃圾和工业固体废弃物、危险废物的主要类型、产生量、收集情况、贮运情况、处理处置和综合利用情况。④生态环境现状。主要描述园区绿化面积、绿化率、生物多样性情况、自然生态系统稳定性、生态景观、宜居程度等园区生态环境情况。

17.3.1.2 园区回顾性分析

收集园区过去 5～10 年的社会、经济、环境资料，应通过资料分析回顾园区社会、经济和生态环境发展历史，评估园区社会经济发展和生态环境保护之间的协调关系，评估园区建设对环境的影响和未来的发展趋势。对建设 10 年以上的园区，要进行过去 5～10 年的分析；建设不足 5 年的园区，按实际建设年限进行回顾性分析，主要包括：园区污染源数量和分布的变化、主要污染物特征和产排污量的变化、重点污染源排放达标情况分析、潜在的环境风险和应急方案、主要能源和资源的消耗水平及其国内外的比较、园区建址的环境敏感性分析、区域环境质量的变化、区域环境容量和环境承载力的变化、环境法律法规的贯彻执行、环保投入和环境管理等内容。对分析所得出的结论进行概括总结，从而为下一步生态工业园区规划的总体框架设计提供依据[8]。

17.3.2 园区规划原则与目标

17.3.2.1 规划编制原则

生态工业园区的建设应坚持贯彻落实科学发展观，以生态文明为目标，以循环经济为指导，以节能减排为重点。因此，对生态工业园区的规划应坚持以下 7 项原则：①与自然和谐共存原则。规划园区应与区域自然生态系统相结合，保持尽可能多的生态功能，最大限度地降低园区对局地景观和水文背景、区域生态系统造成不良影响。②“3R”原则。“3R”原则（减量化、再利用、资源化）是生态工业园区规划建设的有效途径，能够指导生态工业园区企业内部生产和企业之间的物质交换。所以，生态工业园区规划应能体现“3R”原则。③生态效率原则。规划应注重通过园区各企业、企业生产单元的清洁生产和其之间的副产品交换，降低园区总的物耗、水耗和能耗，尽可能减少资源消耗和废物产生，提高园区生态效率。④生命周期原则。规划应注重加强原材料入园前以及产品、废物出园后的生命周期管理，最大限度地降低产品全生命周期的环境影响。⑤高科技、高效益原则。规划应注重采用现代化生物技术、生态技术、节能技术、节水技术、再循环技术和信息技术，采用国际上先进的生产过程管理和环境管理标准，实现最终产品的高效益。⑥适用性原则。规划应能够适用于中国生态工业园区的主要特点，各园区须根据自身地域、产业结构、经济发展模式、环境管理模式等特点，提出适合自身发展的适用性规划。⑦可操作性原则。规划要尽可能全面指导生态工业园区建设的各个方面，同时要考虑园区自身发展的潜在规律，使规划内容在经济与环境协调发展方面具备可操作性，便于园区建设者开展工作。

17.3.2.2　规划范围与期限

（1）规划范围

规划范围的确定应与原有的土地使用功能和用地规划相一致。应明确生态工业园区规划核心区的准确边界范围，并根据生态工业园区与外界的物质流、能量流等方面的交换关系，提出规划的扩展区和辐射区范围。对于国家批复的各类开发区，其核心区和扩展区均不得超过国家批准的边界范围。

（2）规划期限

首先应明确生态工业园区规划的数据基准年，在基准年的基础上，提出规划近期目标和中远期目标的具体年限，通常近期年限为 3～5 年，中远期年限为 8～10 年。

17.3.2.3　规划目标指标

一般来说，生态工业园区规划的总体目标是：以循环经济和生态工业等理论为指导，以当地丰富的自然资源为基础，以区域经济为依托，以构建合理的生态工业链为方法，以坚实的运行支撑体系为保障，把工业园区建设成为具有高载能、高技术、低污染、环境优美等特征的产业结构优化、工业布局合理、配套设施完善的生态区，形成辐射且带动周边区域经济发展的核心增长极。生态工业园区规划具体目标包括园区对当地经济增长、就业增长、税收、服务成本、环境治理成本的贡献和影响，以及考虑建设投资、企业利润、投资回报和贷款偿还期和需满足的环境标准等。

生态工业园区规划的指标体系执行《行业类生态工业园区标准》（HJ/T 273—2006）、《综合类生态工业园区标准》（HJ/T 274—2006）、《静脉产业类生态工业园区标准》（HJ/T 275 —2006）。园区应根据自身特点增加指标类别，以体现园区的产业结构调整，环境质量改善，重点污染物、污染源总量控制等内容[14]。

（1）《行业类生态工业园区标准》

行业类生态工业园区标准共 19 个指标，由经济发展、资源循环与利用、污染控制和园区管理四部分组成。具体有：①经济发展指标：工业增加值增长率。②物质减量与循环指标：单位工业增加值综合能耗、单位工业增加值新鲜水耗、单位工业增加值废水产生量、工业用水重复利用率、工业固体废物综合利用率。③污染控制指标：单位工业增加值COD排放量、单位工业增加值SO_2排放量、危险废物处理处置率、行业特征污染物排放总量、行业特征污染物排放达标率、废物收集系统、废物集中处理处置设施、环境管理制度。④园区管理指标：工艺技术水平、信息平台的完善度、园区编写环境报告书情况、周边社区对园区的满意度、职工对生态工业的认知率。

（2）《综合类生态工业园区标准》

综合类生态工业园区标准共 21 个指标，由经济发展、资源循环与利用、污染控制和园区管理四部分组成。①经济发展指标：工业增加值增长率、人均工业增加值。②物质减量与循环指标：单位工业增加值综合能耗、单位工业增加值新鲜水耗、单位工业增加值废水产生量、单位工业增加值固废产生量、工业用水重复利用率、工业固体废物综合利用率、中水回用率。③污染控制指标：单位工业增加值COD排放量、单位工业增加值SO_2排放量、危险废物处理处置率、生活污水集中处理率、生活垃圾无害化处理率、废物收集系统、废物集中处理处置设施、环境管理制度。④园区管理指标：信息平台的完善度、园区编写环境报告书情况、公众对环境的满意度、公众对生态工业的认知率。

（3）《静脉产业类生态工业园区标准》

静脉产业类生态工业园区标准共 20 个指标，由经济发展、资源循环与利用、污染控制和园区管理四部分组成。①经济发展指标：人均工业增加值、静脉产业对园区工业增加值的贡献率。②资源循环与利用：废物处理量、废旧家电资源化率、报废汽车资源化率、电子废物资源化率、废旧轮胎资源化率、废塑料资源化率、其他废物资源化率。③污染控制指标：危险废物安全处置率、单位工业增加值废水排放量、入园企业污染物排放达标率、废物集中处理处置设施、集中式污水处理设施。④园区管理指标：园区环境监管制度、入园企业的废物拆解和生产加工工艺、园区绿化覆盖率、信息平台的完善度、园区旅游观光、参观学习人数、园区编写环境报告书情况。

17.3.3 园区生态产业发展规划

结合园区的发展目标、产业结构和已有的基础设施，依据生态工业园区规划原则，采取以物质集成分析、能源集成分析、技术集成分析、信息共享分析和设施共享分析的方法，确定生态工业园区规划设计的总体定位，园内的企业通过废弃物的相互交换实现物质循环，通过能量、废水和信息系统的集成使用，共享基础设施的方式构建生态产业链。

17.3.3.1 生态工业循环系统分析

系统集成是建立工业生态系统的关键。在生态工业园区的系统集成中，以减量化、再利用、资源化为原则，通过在企业、园区等不同层次的物质集成、能源集成和信息集成，以及园区产业的非物质化方向发展，达到园区内物质和能量利用的最大化和对环境影响的最小化。

（1）物质集成分析

物质集成是工业生态系统的核心，主要是按照园区总体产业规划，确定成员间的上下游关系，同时根据物质供需方的需求，运用各种策略和工具对物质流动的路线、能量和组成进行调整，构建原料、产品、副产品与废物的生态工业链网，实现资源回收利用或梯级利用，最大限度地降低对物质资源的消耗。物质集成可从三个层次来体现生态工业的思想：在企业内部，实施“3R”原则，推行清洁生产；在企业之间，通过物资交换、副产品与废物作为潜在的原料相互交换利用，建立共生耦合关系；在园区层次上，充分利用物质需求信息，形成辐射区域与相应的虚拟生态工业链，使园区在整个经济循环中发挥链接作用，拓展物质循环空间，实现更大范围的经济与环境的协调发展。

（2）能源集成分析

能源集成是基于对整个系统的能量供求关系进行分析，从全局观念出发，进行能量的有效匹配，达到合理利用能量的目标，并对环境造成的影响最小。能源集成不仅要求各企业采用节能技术工艺减少能耗，寻求各自的能源使用实现效率最大化，而且还要求园区要根据不同行业、产品、工艺的用能质量需求，规划和设计能源梯级利用流程，实行能量品位逐级利用、集中供热，优化用能结构，提高能源利用效率。

（3）技术集成分析

关键技术种类的长期发展创新，是园区可持续发展的一个决定性因素。在园区内推行清洁生产和绿色管理是实现园区可持续发展的具体途径。为此在园区的规划和建设中，从产品设计开始，按照产品生命周期的原则，依据生态设计的理念，引进和改进现有企业的生产工艺，应用高新技术、抗风险技术、园区内废物使用和交换技术、信息技术、管理技术等以满足生态工业的要求，建立最小化消耗资源、极少产生废物和污染物的高新技术系统。

（4）信息共享分析

配备完善的信息交换系统，或建立信息交换中心，是保持园区活力和不断发展的重要条件。园区内各企业之间有效的物质循环和能量集成，必须以了解彼此供求信息为前提，同时生态工业园的建设是一个逐步发展和完善的过程，其中需要大量的信息支持。这些信息包括园区有害及无害废物的组成、废物的流向和去向信息，相关生态链上产业（包括其辐射产业）的生产信息、市场发展信息、技术信息、法律法规信息、人才信息、相关工业生态其他领域的信息等。信息交换系统的主要功能是：提供园区信息管理系统，便于物质和能量在园区、周围社区和区域内进行流动和交换；通过扮演教育和营销角色，示范、宣贯等手段，宣传生态工业原理，帮助企业特别是中小企业理解环境问题和环境法规，克服生态工业运行的障碍；提供有关提高能源效率、节约资源、废物最少化、清洁生产技术和应急反应等的指南和建议。

（5）设施共享分析

设施共享是生态工业园区的特点之一。实现设施共享可减少能源和资源的消耗，提高设备的使用效率，避免重复投资。对于一些资金尚不十分充足的中小型企业而言尤其重要。园区内的共享设施包括：基础设施，如污水集中处理厂、固体废物回收和再生中心、消防设施、绿地等；交通工具，如班车、其他运输和交通设备；仓储设施，如入园成员间闲置的仓库等；闲置的其他维护设备、施工设备等；培训设施等。

17.3.3.2 构建园区生态产业链

生态产业链是生态工业园建设的基础，园区企业通过生态产业链实现产品、副产品、废弃物的交换和资源能源的综合循环利用。生态工业园的运行能否取得成功，达到资源利用率最大化，废弃物排放最少化的目的，生态产业链的合理构建和正常运行是关键。生态产业链的构建分为两个步骤，首先是根据循环系统分析和当地资源条件选择合适的入园企业，然后根据企业的生产特点构建园区生态链网。

（1）入园企业的选择

生态工业园是一个“工业共生体”，园区内的企业要彼此形成供求关系网络，要通过共生和层叠实现能量效率及环境效益的最大化，因而项目选择的优劣以及匹配问题从根本上决定了工业园区未来的发展成败。根据资源高效利用、产业关联与互补、清洁生产和效益经济等原则，按照被选企业项目的投资规模、项目收益、产业类型和预计污染排放度，通过绿色招商体系对入园企业进行严格筛选，使被选择企业通过再循环、多级利用和清洁生产等环节构成有机的工业生态系统，最终达到经济效益、社会效益和环境效益以及区域网络共享效益的多赢。企业入园选择流程如图 17-4 所示。

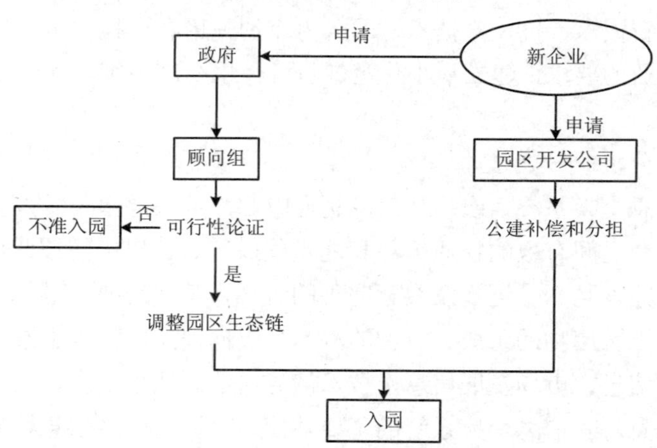

图 17-4 新企业申请入园程序[15]

（2）设计生态产业链

生态产业链是指园区内的企业相互利用对方的副产品（能量、水和物质），不是把这些副产品仅当做废物来处理，而是作为自身的资源，从而形成紧凑的生态产业链，在提高资源利用率的同时，减少污染物的排放。生态工业链的设计成功与否取决于三个因素：

①可发展的产业门类比较多，且关联性较强。②企业集群度较高。③创新的产业技术。生态产业链设计的最基本单元是线状循环产业链，多个线状循环产业链基于产业关联度集合一体，形成网状循环产业链，即我们需要设计的生态产业链的模式[15]。图 17-5 和图 17-6 显示了生态产业链的模式及其组成。

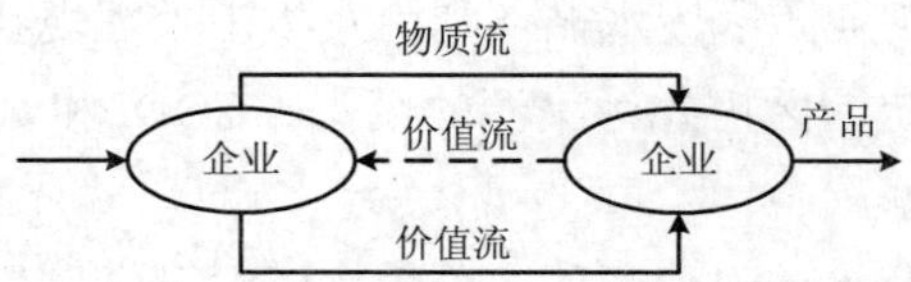

图 17-5　线状循环产业链

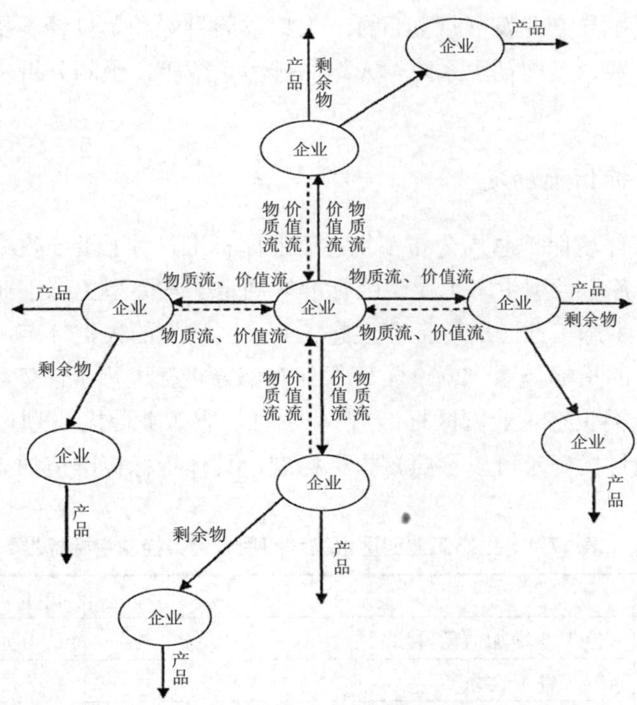

图 17-6　生态产业链设计模式[15]

17.3.4　园区水保护与循环利用规划

17.3.4.1　现状评估与预测分析

（1）现状评估

水资源现状：全面分析工业园区企业用水来源、供水量及园区内水资源使用情况。

水环境现状：依据《地表水环境质量标准》（GB 3838—2002）对园区内地表水环境质量现状进行评估，不能达标的水体列出超标指标及超标倍数。对于内有湖库的园区，除进行水质评价外，还需进行富营养化程度评价。分析近年来水质总体变化趋势及污染指标变化情况。

废水循环利用及集中处理现状：全面分析园区内工业废水处理率、工业废水循环利用率及污水集中率等，明确工业园区废水循环利用及集中处理现状。

污染源排放现状：确定园区内各污染源的废水、COD 和氨氮排放的基础数据，尤其是重点污染源排放基础数据。

结合水资源开发利用及水质现状评估，分析水资源开发利用和水环境中存在的问题，评估工业园区对本身区域环境质量的改善及对所在水系下游地区的环境责任。

（2）水资源和污染排放预测分析

结合工业园区主导产业发展规划目标、人口发展目标和单位经济指标耗水系数、单位经济指标产排污系数、人均耗水系数、人均产排污系数等，预测分析未来水资源消耗及污水排放情况。

17.3.4.2 规划目标指标确定

2007 年，国家环境保护总局公布了生态工业园标准，用于指导各类生态工业园区的规划、建设和管理。各个类型生态工业园区标准均规定了本类型生态工业园区验收的基本条件和指标，并根据生态工业园的特征和生态工业园区建设的关键环节，制定了适合本类型生态工业园区发展的指标体系。2009 年环保部对部分指标进行了修订和进一步完善，公布了修订后的《综合类生态工业园区标准》，在进行生态工业园区规划过程中，规划的水循环利用和污染控制目标确定可以参照该指标标准，具体指标标准值如表 17-1 所示。

表 17-1 生态工业园区水循环利用和污染控制指标标准

<table>
<tr><th>园区类型</th><th>项目</th><th colspan="2">指标</th><th>单位</th><th>指标值或要求</th></tr>
<tr><td rowspan="10">综合类生态工业园区指标[6]</td><td rowspan="7">水循环利用</td><td colspan="2">单位工业增加值新鲜水耗</td><td>m^3/万元</td><td>≤9</td></tr>
<tr><td colspan="2">新鲜水耗弹性系数</td><td>—</td><td><0.55</td></tr>
<tr><td colspan="2">单位工业增加值废水产生量</td><td>t/万元</td><td>≤8</td></tr>
<tr><td colspan="2">工业用水重复利用率</td><td>%</td><td>≥75</td></tr>
<tr><td rowspan="3">中水回用率①</td><td>人均水资源年占有量≤1 000 m^3</td><td>%</td><td>≥40</td></tr>
<tr><td>1 000 m^3<人均水资源年占有量≤2 000 m^3</td><td>%</td><td>≥25</td></tr>
<tr><td>人均水资源年占有量>2 000 m^3</td><td>%</td><td>≥12</td></tr>
<tr><td rowspan="3">污染控制</td><td colspan="2">单位工业增加值 COD 排放量</td><td>kg/万元</td><td>≤1</td></tr>
<tr><td colspan="2">COD 排放弹性系数</td><td>—</td><td><0.3</td></tr>
<tr><td colspan="2">生活污水集中处理率</td><td>%</td><td>≥85</td></tr>
</table>

<table>
<tr><th>园区类型</th><th>项目</th><th>指标</th><th>单位</th><th>指标值或要求</th></tr>
<tr><td rowspan="3">静脉产业类生态工业园区指标[7]</td><td rowspan="3">污染控制</td><td>单位工业增加值废水排放量</td><td>t/万元</td><td>≤7</td></tr>
<tr><td>入园企业污染物排放达标率</td><td>%</td><td>100</td></tr>
<tr><td>集中式污水处理设施</td><td>—</td><td>具备</td></tr>
<tr><td rowspan="6">行业类生态工业园区指标[5]</td><td rowspan="3">水循环利用</td><td>单位工业增加值新鲜水耗</td><td>m³/万元</td><td rowspan="4">达到同行业国际先进水平</td></tr>
<tr><td>单位工业增加值废水产生量</td><td>t/万元</td></tr>
<tr><td>工业用水重复利用率</td><td>%</td></tr>
<tr><td rowspan="3">污染控制</td><td>单位工业增加值 COD 排放量</td><td>kg/万元</td></tr>
<tr><td>行业特征污染物排放总量</td><td>—</td><td>低于总量控制指标</td></tr>
<tr><td>行业特征污染物排放达标率</td><td>%</td><td>100</td></tr>
</table>

注：①园区内没有城市污水集中处理厂的不考核该指标。

根据上述标准，园区近期和中远期水循环利用和污染控制指标主要包括：单位工业增加值新鲜水耗、单位工业增加值废水排放量、单位工业增加值 COD 排放量、园区污水集中处理率、工业废水稳定达标排放率、工业用水循环利用率、间接冷却水循环利用率、区域中水回用率、再生水使用量、再生水与新鲜水供水比例等。

17.3.4.3　水保护和循环利用方案制定

包括水资源管理方案、水减量化方案（工业节水方案、生活节水方案）、水资源供应方案、水资源替代方案、废水循环利用方案和污染源水污染控制方案等。

（1）水资源管理方案

建立健全并贯彻落实水资源一体化的政策、法规与管理办法，强化法制管理和科学管理，严格用水许可证制度、排水许可证制度、水资源利用监管制度，实行总量监督与监测、污水处理厂企业化管理及运行机制等。

（2）水减量化方案

通过推行企业清洁生产，降低单位产值（产品）的耗水量；通过调整工业结构，淘汰或限制耗水量大、水污染物排放量大的行业和产品；通过推行生活节水用具，提高公众节水意识，减少生活用水量。

（3）水资源供应方案

设计多源供水方案，提出饮用水、工业用水、工业冷却水、景观用水、绿化用水、中水和生活杂用水等集成与共享的水资源梯阶利用模式与方法。根据工业园区的用水特点，生态工业园在水系统优化配置规划过程中，应根据不同企业、不同用途对水质的不同需求，建立“集中处理、分质供水”的供水模式，实现水资源优质优用、低质低用和梯级利用。在具体操作过程中，可以通过建设自来水和再生水两套供水设备和管网系统，形成自来水、优质再生水和一般再生水系统 3 类水系统的途径来实现。自来水系统主要用于办公、生活饮用、餐饮及洗浴用水，排水进入园区集中污水处理厂；优质再生水系统是根据企业工艺需要（如医药、食品企业），将一般再生水经反渗透或其他工艺深度处理后，达到纯水、去离子水等标准，主要用于工业生产，优质再生水的排水可视水质状况排入园区污水处理厂再生处理，或进一步回用于厂内一般再生水；一般再生水系统则直接采用园区再生水厂的再生水，作为市政道路和生态用水、对水质要求不高的企业的低质工业用水和生活杂用水。

（4）水资源替代方案

通过中水回用以及雨水利用、海水利用等模式，提出水资源的可行性替代方案。雨水利用的主要流程为：收集→储存→净化水质→利用，雨水大规模地集中收集、蓄存费用较大，对于年降水量并不是很多的北方城市而言，建设大规模的雨水集中收集、蓄存装置的经济性较低，但若因地制宜，采用多种形式的自然资源化和人工资源化相结合的方式，可大大提高雨水资源的利用效率、降低资源化成本。此外，在生态工业园区建设发展的过程中，海水还可直接用于工业冷却水和低质生产用水，一方面，在工业用水中，约 80%为工业冷却水，因此，开发利用海水代替淡水作为工业冷却用水意义重大；另一方面，海水可以直接作为印染、制药、制碱、橡胶及海产品加工等行业的生产用水，将海水直接用于印染行业，可以加快上染的速度，海水中一些带负电的离子可以使纤维表面产生排斥灰尘的作用，从而提高产品的质量，海水也可作为制碱工业中的工业原料。

（5）废水循环利用方案

水的循环利用具有巨大的社会经济效益，不仅在一定程度上减少了人们对淡水资源的需求，而且间接地增加了可利用的水资源量，并且水的循环及重复利用还具有巨大的环境效益，可以减少敏感性生态系统中水的流失，减少废水的排放，防止环境污染。根据地理范围将废水的循环利用分为厂域和区域两个层次，提出将排放的废水进行处理后用于某些水单元或将废水直接用于某些水单元的废水循环利用方案，以及水污染物的循环利用方案。循环利用的同时要注意二次污染的防治。

工业园区水资源的循环利用可以根据地理范围分为厂域和区域两个层次，具体逻辑关系如图 17-7 所示。

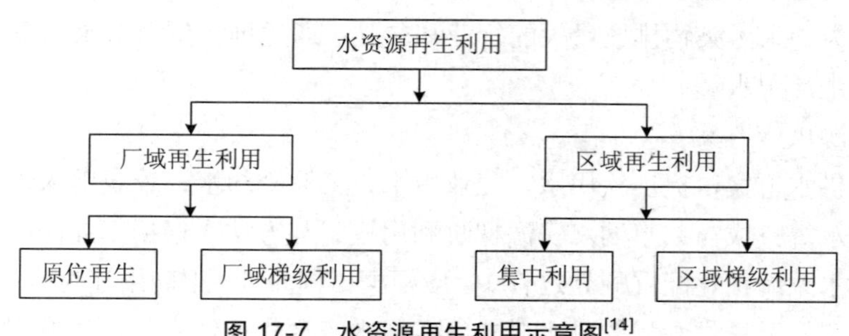

图 17-7 水资源再生利用示意图[14]

生态工业园区再生水的用途主要有以下 4 个方面：①一般生产用水。主要是用于工业冷却用水和工艺低质用水。工业冷却循环用水对水质的要求如碱性、硬度、氯化物和锰含量等，城市污水的二级处理出水均能满足。工艺低质用水主要指洗涤、除尘等，这类用水只要满足《城市污水再生利用　工业用水水质》（GB/T 19923—2005）或《城市污水再生利用　补充水源水质》标准即可，可全部采用再生水替代。②生活和市政杂用水。主要用于企业、办公建筑的生活杂用，包括冲厕、道路洒水、冲洗车辆和消防等，只要满足《城市污水再生利用　城市杂用水水质》（GB/T 18920—2002）标准即可。③绿化用水。主要用于工业园区内公共绿地、绿篱及路心池绿墙、企业厂区内部的绿地等的灌溉用水。对这部分再生水的水质要求并不高，可不经过特别处理而直接利用。④景观河道生态补水。按照《城市污水再生利用　景观环境用水水质》（GB/T 18921—2002）标准，再生水厂出水水质只要满足此标准即可作为景观用水，这部分水可与绿化用水结合起来，直接采用景观河道水作为邻近道路、河道两侧绿化用水水源，同时向其增加生态用水，让河道中的水尽量流动起来，变死水为活水。

（6）污染源水污染控制方案

针对水污染排放源，通过清洁生产审核，提高过程控制和末端治理技术水平，提出污染源水污染控制方案尤其是重点源的水污染控制方案。生态工业园中的水污染控制可分为园区和企业两个层面。企业层面着重控制的是污染源尤其是重点污染源的污染物排放，园区层面控制的重点是建设集中式污水处理厂和再生水厂。

企业层面水污染控制又可具体采取如下措施：①严格执行环境影响评价和“三同时”制度。对于申请入园的企业，必须要求其完成环境影响评价工作，对其可能排放的污染物进行详细的预测，提出可行的控制方案，确保污染物排放达到相应的排放标准。如果难以保证达标，则禁止入园。对于入园企业，应保证其项目主体工程与污水处理工程同时设计、同时施工、同时投入使用，并通过竣工验收合格之后才能投入生产。②严格实施总量控制和排污许可证制度。由园区管委会与区内重点源企业签订总量控制目标责任书，实施排污许可制度，确保企业在运行过程中环保设施的稳定运行，污染物处理率和排放浓度、排放总量满足环评和环保管理要求，实现长期稳定的达标排放。③对于重点排污企业实施有效监管。严格按照国家和地方的相关规定，对重点工业污染源开展排污口规范化建设，并安装自动监测装置或定期委托有资质的单位对排污情况进行监测，实现重点污染源的有效监管。④开展清洁生产审核。引导园区内的用水大户开展清洁生产审核，改进其用水工艺，优化管理，改变循环冷却水水源，实现水资源的循环利用和再生利用。

17.3.5　园区能源利用与大气污染控制规划

17.3.5.1　现状评估与预测分析

（1）现状评估

能源利用现状：通过调查园区能源储量、能源供应的来源和有效性，对能量梯级利用与节能现状和存在的问题进行分析。

大气环境质量状况：全面分析工业园区内空气质量，重点评估大气 PM、SO_2 和 NO_x 质量状况，不能达标的列出超标指标及超标倍数，对园区空气质量达标天数及达标率进行分析评估。

污染源排放现状：确定园区内各污染源的废气、PM、SO_2 和 NO_x 排放的基础数据，尤其是重点污染源排放基础数据。

废气循环利用及处理现状：全面分析园区内工业废气处理率、工业废气循环利用率等，明确工业园区废气循环利用及处理现状。

结合水资源开发利用及大气环境质量现状评估，掌握园区环境演变历程和趋势，解析园区发展过程中面临的主要大气环境问题。

（2）能源消费及大气主要污染物排放预测

根据园区社会经济发展特点、主导产业发展规划目标、环境空气质量变化综合分析，以及单位经济指标能耗、单位经济指标产排污系数、人均能耗指标、人均产排污系数等，预测分析规划近期和中远期能源消费及大气主要污染物排放量。

17.3.5.2 规划目标指标确定

在进行生态工业园区规划过程中，大气污染控制和循环利用目标的确定可以参照国家公布的工业园区标准，具体指标标准值如表 17-2 所示。指标主要包括：单位工业增加值综合能耗、综合能耗弹性系数、单位工业增加值废气排放量、单位工业增加值 SO_2 排放量、单位工业增加值 NO_x 排放量、单位工业增加值碳排量、大气治理设施的有效运行率、主要大气污染物排放达标率和全年空气环境质量达标天数等。

表 17-2 生态工业园区能源循环利用和大气污染控制指标标准

园区类型	项目	指标	单位	指标值或要求
综合类生态工业园区指标	能源循环利用	单位工业增加值综合能耗	t 标煤/万元	≤0.5
		综合能耗弹性系数	—	＜0.6
	污染控制	单位工业增加值 SO_2 排放量	kg/万元	≤1
		SO_2 排放弹性系数	—	＜0.2
静脉产业类生态工业园区指标	污染控制	入园企业污染物排放达标率	%	100
行业类生态工业园区指标	能源循环利用	单位工业增加值综合能耗	t 标煤/万元	达到同行业国际先进水平
	污染控制	单位工业增加值 SO_2 排放量	kg/万元	
		行业特征污染物排放总量	—	低于总量控制指标
		行业特征污染物排放达标率	%	100

17.3.5.3 能源梯级利用方案制定

根据规划近期和中远期目标，提出相应的能源梯级利用及大气污染控制战略，主要包括工程措施、技术措施、管理措施和政策措施等。针对本地区大气特征污染物，提出相应解决方案。针对废气排放重点源，提出工业废气污染控制和循环利用方案。针对静脉产业类型的企业和项目，建立大气污染源转移和二次污染防治方案。

（1）能源梯级利用及节能方案

主要内容：①制定鼓励使用清洁能源的政策；②推广节能技术，充分利用园区的光热资源，如节能汽车、节能建筑、太阳能取暖、太阳能热水、日光温室、保温墙体材料使用、工业生产余压回收利用、余热回收利用等；③发展热电联产项目，平衡冷量、热量和电量需求等；④发展清洁发电项目，如风能、太阳能、天然气和清洁煤发电等；⑤优化区域能量供应的网络，特别是电网、热网、天然气管网等的分布及能量供应平衡。

（2）大气污染控制方案

生态工业园区的大气污染控制主要包括生产工艺大气污染控制、市政设施（如电厂、供热站等）大气污染控制、道路交通大气污染控制 3 个方面的内容。①生产工艺大气污染控制。生产工艺中产生的大气污染物主要是生产过程中产生的有毒有害气体及特征污染物，如喷漆废气、有机废气、恶臭等。通常来说，工艺废气的产生量均较小，但由于其近距离接触工人，对工人具有较大的危害性。工艺废气的控制，首先要大力推进清洁生产，改善生产工艺，安装必要的净化、处理装置，并制定实施严格的环境监察制度，落实环评中所提出的大气环境保护措施，减少污染物排放或保证处理达标后排放。针对使用气体原料或易挥发液体原料的生产工艺或流程，要杜绝或减少生产过程中的无组织排放；针对产生有毒有害气体的生产工艺或流程，必须采用密闭容器，减少有害气体外逸；针对产生其他工艺废气的生态工艺或流程，要采用必要的喷淋、吸附等净化处理设施，减少工艺废气的产生和排放；针对有恶臭污染源的企业和生产工艺，要采取相应的防范措施，如在厂区内做好绿化，此外，还要保证留出 200 m 的防护距离，以减缓特殊气味对人群的影响。②市政设施大气污染控制。市政设施的大气污染物主要有 SO_2、氮氧化物、恶臭等，尤其是园区内热电厂、供热站的烟尘污染和垃圾收集处置污水处理设施的恶臭气体等。针对热电厂、供热站的烟尘污染，要求其安装高效的脱硫除尘装置，满足污染物达标排放和总量控制的标准；针对垃圾收集处置和污水处理设施的恶臭污染，要求其采用有效的恶臭防治措施，并合理设置防护距离，减缓臭味对人群的影响。同时加强园区绿化和景观水体的建设，充分发挥绿地、水体净化空气的作用。③道路交通大气污染控制。道路交通大气污染物主要有氮氧化物和扬尘，其控制主要从减少排放和环境净化两方面采取措施。减少排放可以通过道路规划建设和日常交通管理来实现。首先，合理设计园区道路，优化园区路网建设，避免断头路、尽头路，增加一路，提高交通便捷程度和机动车利用效率，从而降低污染物排放；其次，科学管理道路交通，减少道路拥堵，从而降低污染物的排放量。环境净化主要是通过道路绿化景观工程来实现改善大气环境的目标。选取具有一定环境净化作用的绿化植被，充分利用榆树、垂柳、丁香等植物对含硫污染物、颗粒物、有机污染物等的吸收作用，将绿化植物的景观效应、生态效应、环境效应发挥到最大。

17.3.6 园区固体废物循环利用规划

17.3.6.1 现状评估与预测分析

（1）现状分析

主要包括：①污染源排放现状：确定园区内各污染源的工业固体废物和生活垃圾排放的基础数据，尤其是重点污染源排放基础数据。②固体废物处理处置现状：全面分析园区内工业固体废物综合利用率、生活垃圾无害化处理率、危险废物处理处置率等，明确工业园区固体废物循环利用及处理处置现状。结合工业固体废物和生活垃圾等的现状评估，分析园区发展过程中存在的主要固体废弃物环境问题。

（2）工业固体废物和生活垃圾产排放量预测

主要包括：①工业固体废物产生量、排放量预测，推荐采用产排污系数法，根据园区社会经济发展特点、主导产业发展规划目标以及单位经济指标产排污系数，预测分析规划近期和中远期工业固体废物产生量和排放量。②居民（包括居民小区、农村、机关事业单位、医院、餐饮服务业）固体废物产生与排放量预测，采用现场调查、排污系数与类比分析法，根据园区社会经济发展特点、人口增长速度，结合现场调查修正人均产排污系数，预测分析规划近期和中远期生活垃圾产生量和排放量。

17.3.6.2 规划目标指标确定

在进行生态工业园区规划过程中，规划的固体废物污染控制和循环利用目标确定可以参照国家公布的工业园区标准，具体指标标准值如表 17-3 所示。因此，近期和中远期固体废物减量化、资源化和无害化目标指标主要包括：单位工业增加值工业固体废物排放量、工业固体废物综合利用率、危险废物安全处置率、固体废物回收利用率、生活垃圾处理处置率等。

表 17-3 生态工业园区固体废物循环利用和污染控制指标标准

<table>
<tr><th>园区类型</th><th>项目</th><th>指标</th><th>单位</th><th>指标值或要求</th></tr>
<tr><td rowspan="4">综合类生态工业园区指标</td><td rowspan="2">固体废物循环利用</td><td>单位工业增加值固体废物产生量</td><td>t/万元</td><td>≤0.1</td></tr>
<tr><td>工业固体废物综合利用率</td><td>%</td><td>≥85</td></tr>
<tr><td rowspan="2">污染控制</td><td>危险废物处理处置率</td><td>%</td><td>100</td></tr>
<tr><td>废物收集和集中处理处置能力</td><td>—</td><td>具备</td></tr>
</table>

园区类型	项目	指标	单位	指标值或要求
静脉产业类生态工业园区指标	固体废物循环利用	废物处理量	万 t/a	≥3
		废旧家电资源化率*	%	≥80
		报废汽车资源化率*	%	≥90
		电子废物资源化率*	%	≥80
		废旧轮胎资源化率*	%	≥90
		废塑料资源化率*	%	≥70
		其他废物资源化率*	%	符合相关规定
	污染控制	危险废物安全处置率	%	100
		废物集中处理处置设施	—	具备
行业类生态工业园区指标	固体废物循环利用	工业固体废物综合利用率	%	达到同行业国际先进水平
	污染控制	危险废物处理处置率	%	100
		行业特征污染物排放总量	—	低于总量控制指标
		行业特征污染物排放达标率	%	100
		废物收集系统	—	具备
		废物集中处理处置设施	—	具备

注：带*的指标为选择性指标，根据各园区废物种类进行选择。

17.3.6.3　固体废物“3R”方案制定

总体来看，针对工业固体废物和生活垃圾等的减量和循环利用方案，首先，须建立健全并贯彻落实固体废物分类收集、减量化排放、资源化利用、无害化处理与处置的一体化管理体系和政策、法规，培育市场化运作模式和网络；其次，通过调查分析园区固体废物的来源和种类，推行清洁生产以实现固体废物的减量化；第三，分析园区固体废物的种类与特点，结合园区的发展规划提出固体废物的集中收集、交换利用和资源化的模式与方法；第四，通过分析企业生产需求，考虑工业企业特点，培育和建立企业内部、企业之间和整个园区的废物资源化利用的循环网络体系。

按照固体废弃物的类型划分，具体的控制方案可分为以下三个方面：

（1）工业固体废物

工业固体废物是指在工业生产活动中产生的固体废物。不同的工业类型和工艺所产生的固体废物的种类和性质也迥然不同。从成本、社会环境效益等角度考虑，工业固体废物根据综合利用方式又可分为 3 类：第一类是不能被回收利用，但焚烧后没有或基本没有二次污染的固体废物，可以送至热电厂、冶金企业等替代部分燃料进行焚烧，减少固体废物量的同时又做到了热量回收；第二类是可回收利用的固体废物，可以送到相关企业继续利用，如热电厂产生的灰渣和脱硫石膏等可用作建材原料，冶金及装备制造企业产生的废弃钢材、边角料等可以作为原材料直接供给小型机加工企业生产机械零部件、标准件，或者回收到钢铁冶炼企业进行再生产等；第三类是本企业不能处置，也不能循环利用、不能回收能量的固体废物，需将其送到相应的一般工业固体废物处理厂进行集中处理。

工业固体废物污染控制可采取以下措施：①要遵循减量化的原则，建立企业自身的固体废物综合利用体系，大力推广清洁生产工艺，鼓励企业引进或研发先进的生产工艺，构建企业内部和企业间的循环经济产业链，提高原材料的利用效率和循环利用水平，进而减少生产过程中的固体废物产生量。②以满足园区统一要求为前提，建立健全工业固体废物的交换平台，并与周边工业园区的废物交换平台相链接，为园区内外企业间的固体废物交换提供技术、信息支持。通过企业内部、企业间、区域间的包装物、副产品等的重复利用和交换，减少固体废物的排放量。③严格进行工业园区固体废物申报登记和监督管理工作，通过招标等方式将物资回收工作交由合格的入围企业统一管理，对回收机构的收运—处理处置（或综合利用）等实施全程监督、跟踪管理，确保工业固体废物在处理处置过程中不产生二次污染。

（2）生活和办公垃圾

一般而言，工业园区中没有大型的集中居住区，生活垃圾的产生量相对较小，以办公垃圾和人员的日常生活垃圾为主。办公垃圾主要来源于各类商业企业及专业性服务网点和各种事业单位（如邮局、银行、行政机关等）；生活垃圾则主要来源于职工公寓，包括废旧纸张、废弃包装、饮料容器、废旧家具、厨余垃圾、废旧电子产品等。

控制生态工业园生活、办公垃圾污染的基本思路可以归纳为：源头减量（减少废物产量）→分类回收（分类收集、循环利用）→废物转换（物质转换、能量回收）→最终处置（卫生填埋）。具体包括：①源头减量。倡导绿色办公、无纸办公、绿色消费，鼓励购买、使用带有绿色标志的产品，控制一次性物品及包装物的使用，推动可重复利用产品的普及；制定严格的资源管理办法，对可重复利用的办公耗材尽可能地实行多次利用，实现资源的高效利用，从而降低垃圾的产生量。②分类回收利用。垃圾分类收集体系是垃圾资源化的重要步骤和基础，也是实行垃圾减量化和一体化管理的重要手段之一，分类收集的效果直接影响后续管理措施的实施。③废物转换。在分类回收的基础上，开展能量回收和物质转移，实现废物资源化转换。主要包括厨余垃圾、管道淤泥、草木枝叶等有机垃圾的生物堆肥和热值较高垃圾的焚烧发电。④最终处置。卫生填埋是生活、办公垃圾的最终去向，本着就近原则，将无法再资源化的生活垃圾统一送至邻近的垃圾填埋场，进行统一卫生填埋。

生活、办公垃圾的分类收集和回收利用是一项系统工程，需要全社会的参与和支持，园区管理部门要制定相关的管理办法和规章制度，明确个人、企业、园区管理部门的职责，推动分类回收体系的建立和顺利实施。因此，要建立企业和园区垃圾分离体系，加大公共基础设施的投入，建立垃圾分拣中心，各类垃圾分别设置不同标志的收集装置予以收集。加强对分类收集和回收利用的宣传力度，引导全体公众积极参与，确保生活、办公垃圾的分类收集和回收利用长期有效地开展。工业园区主要办公及生活垃圾分类回收示例如表17-4所示。

表 17-4　工业园区主要办公及生活垃圾分类回收示例[14]

大类	细类	收集方向	外送途径	用途
包装类	进料包装	专项收集	物回公司	再资源化
纸类	打印纸	回收用于双面打印	物回公司	再资源化
	双面打印纸	垃圾收集区	物回公司	再资源化
	旧报纸	垃圾收集区	物回公司	再资源化
塑料类	塑料袋	垃圾收集区	物回公司	再资源化
	塑料瓶	垃圾收集区	物回公司	再资源化
金属类	金属瓶	垃圾收集区	物回公司	再资源化
玻璃类	玻璃瓶	垃圾收集区	物回公司	再利用
	玻璃实验容器	垃圾收集区	物回公司	再资源化
危险废物类	废电池	危险废物暂存处	专业厂家	无害再资源化
	废电子元件	危险废物暂存处	专业厂家	无害再资源化
	废墨盒	危险废物暂存处	专业厂家	无害再资源化
	废日光灯管	危险废物暂存处	专业厂家	无害再资源化
废家具	办公桌椅	仓库	物回公司	再资源化
	文件柜	仓库	物回公司	再资源化
废电子设备	废电脑、显示器	仓库	物回公司	再资源化
	废打印机等	仓库	物回公司	再资源化
厨余类	厨余垃圾	日产日清	环卫	堆肥
	食物残渣	日产日清	环卫	堆肥

（3）危险废物

《中华人民共和国固体废物污染环境防治法》中将危险废物定义为：“列入国家危险废物名录或者根据国家规定的危险废物鉴别标准和鉴别方法认定的具有危险特性的废物”。2008 年环境保护部与国家发展和改革委员会联合发布的《国家危险废物名录》(规定：“具有下列情形之一的固体废物和液态废物，列入本名单：具有腐蚀性、毒性、易燃性、反应性或者感染性等一种或者几种危险特性的；不排除具有危险特性，可能对环境或者人体健康造成有害影响，需要按照危险废物进行管理的。”同时规定“医疗废物属于危险废物”。

在生态工业园区中，危险废物的处置同样遵循“减量化、资源化、无害化”的原则。首先须大力推行清洁生产，尽量减少有毒有害物质和原料的使用，能循环使用的有毒有害物质尽量实行回收利用，从源头削减危险废物的产生；妥善处理处置生产中产生的有毒有害废弃物，避免二次污染的产生；加强技术工业研发，设计开发出耐用、能重复使用和环境友好的化学产品，预防和有效控制化工产品生命周期各个阶段对人体健康和环境的危害。通过建立完善的企业安全生产和环境管理制度，开展化学品危害鉴别和风险评价，发布化学品安全信息，实现化学品环境无害化管理。其次须严格执行危险废物申报登记、转移报告单制度和全过程管理。建立危险废物管理数据信息库、网上申报和危险废物转移流程管理系统，对危险废物的贮存、运输和处理、处置等实施许可制度，提高对危险废物从源头减量、收集、运输、贮存、循环、利用到最终无害化处置的全过程管理水平。最后，实现最终就近安全处置。对于危险废物产生量较大且危险程度较高的企业和工业园区，鉴于危险废物长距离运输将增大危险废物运输风险事故发生的概率，应就近建设危险废物集中处理处置设施，或送至邻近的处理设施。

17.4 园区重点项目与保障措施

生态工业园区重点工程是园区建设的核心，是生态工业的细胞工程。建设生态工业园区和实施重点工程要同时规划和实施相应的配套政策和措施。

17.4.1 重点项目规划设计

17.4.1.1 重点项目筛选程序

（1）初步数据收集

需要对相关的区域进行初步调查，以确认资源、基本特征和开发现状等方面情况，并且制定衡量开发是否能实现目标的标准。大多数现有数据通常不是过时了，就是不足以准确说明当地的情况。行业工业环保规划要以相关参与方提供的信息为基础，因此有必要进行适当的调查以补充和替换现有数据。

（2）确定绩效指标

根据初步数据收集和专门调查，需要确定生态工业园绩效衡量标准。这应该以能够反映具体工业企业以及整体工业园区绩效提高的一套指标为基础，但是到目前为止还没有一套标准的指标。目前可以以排放指标为基础（如废水排放、固体废物产生、CO_2或SO_2的排放）确定绩效指标。排放指标通常由环保局或企业定期进行衡量，此外人均单位能耗、水耗或产值也是合适的指标。生态工业园小组可以在经验丰富的专家指导下制定一套性能指标，并利用现有的数据对其进行测试。建议不使用国际性能指标，因为这需要昂贵的监测体系，目前国内还不具备这样的条件。

（3）共同参与规划未来远景及目标设定

如果包括潜在投资者在内的利益相关方和运作者的所有意见和建议都包含在规划设计中，那么项目的设计规划就将更加符合项目整体的预期效果，并将发挥最大的优势作用。来自当地和地区政府、本地区现有产业和园区的不同利益群体的参与将会为程序设计提供各种各样的建议，并确保得到最好的解决方案。具体而言，根据当地情况和相关数据，可利用设计研讨会等工具制定不同方案的初步设计[4]。

17.4.1.2　重点支撑项目

（1）项目选择条件

综合考虑园区产业结构特点和生态工业园区建设的需求，在进行项目规划设计后，确定园区项目应满足的条件。园区项目选择的总体原则是符合国家和园区自身的环保政策和产业政策，同时符合构建产业循环体系、资源循环利用和污染控制体系以及保障体系的基本要求，针对园区的产业结构和经济发展现状与未来的发展趋势，引进具有支撑功能的项目。

（2）重点项目内容

结合生态工业园区建设的实际，分别筛选和提出产业循环体系、资源循环利用和污染控制体系以及保障体系的重点支撑项目，包括产业补链项目、基础设施项目、服务管理项目等。项目内容注意要满足生态工业园区的总体设计理念和环境保护的具体要求。规划文本中应将各专项规划中有关重点工程与投资方案内容进行汇总，并作为规划的重点内容之一加以明确。重点支撑项目的确定应包括：建设项目名称、建设位置、主要工艺技术、实施期限、建设内容（包括分年度建设内容）、实施主体等相关内容。规划要对项目内容、规模、作用和实施时间安排等做详细描述。同时，参照园区建设重点项目清单和地方性工程预算文件对各建设项目的投资进行科学合理的估算。投资方案要提出具体的投资数量和资金来源，并做出年度投资计划表。

17.4.1.3　投资效益分析

生态工业园区的投资包括近期总投资、远期总投资及分项目类型投资情况，重点对投资园区发展生态工业的综合效益进行分析评价，对生态工业园区建设的各项成本及收益进行初步全面系统地核算，分析园区生态工业园区投资建设的成效。

（1）经济效益分析

主要从以下四个方面分析生态工业园区建设带来的经济效益：①物质减量、再用、循环带来的直接经济效益；②污染减排带来的间接经济效益；③促进园区本身经济总量稳定增长，同时带动园区所在地区经济增长；④经济增长质量的改善，吸引投资力度的加强。

（2）生态环境效益分析

主要从以下 3 个方面分析生态工业园区建设带来的生态环境效益：①园区及周边地区水、大气和土壤环境质量的改善；②降低对自然资源的需求，减少能源消耗；③改善生态质量，树立生态景观形象。

（3）社会效益分析

主要从以下 3 个方面分析生态工业园区建设带来的社会效益：①扩大社会就业，提高园区教育、科技、文化、卫生等软硬件水平；②改善人居环境，促进居民生活质量的全面提高；③增强园区活力，提高园区综合竞争能力。

17.4.2 生态工业园区保障措施

提出保障规划实施和规划目标实现的组织、政策、技术、管理和其他等各项措施，包括政策保障措施、组织机构建设、技术保障体系、环境管理工具、公众参与、宣传教育与交流以及能够保障生态工业园区建设顺利开展的其他措施[14]。

17.4.2.1 政策保障

（1）市场经济激励政策

主要包括以下政策和措施：①政府奖励政策。参照发达国家经验，设立资源节约贡献奖、环境保护贡献奖、发展循环经济成就奖等；树立典型，引导企业和公众支持发展循环经济。②税收优惠政策。完善资源综合利用税收优惠政策，切实落实国家资源节约和综合利用、环保产业和技术改造进口设备税收优惠政策；对积极开展资源节约、循环利用、生产资源产品、综合利用回收资源的企业，在财税政策上予以优惠；落实废旧电池拆解、废旧轮胎收集等重点项目的税费优惠政策。③产业经济政策。通过政策调整，鼓励企业发展循环经济，使循环利用资源和保护环境的企业得到发展，实现企业和个人对环境保护的外部效应内部化；充分发挥市场机制对资源再生利用的调节功能，培育具有产业特色的各类再生资源市场，以市场带动再生资源回收利用，促进产业化；对发展循环经济的示范项目，政府要给予直接投资或资金补助；对节能型企业、行业和绿色产品的推广应用给予适当的补助和资助。④政府采购政策。在政府采购中，确定购买循环经济产品的比例，推动政府绿色采购。政府要优先采购具有绿色标志、通过 ISO 14001 环境管理体系认证以及非一次性、包装简化、用标准化配件生产的产品。通过政府采购带动社会绿色消费。⑤产品标识政策。建立和完善循环经济产品标识制度，鼓励公众购买绿色产品，倡导消费者使用循环经济型产品。⑥资金投入政策。统筹资源配置，加强资金监管，为生态工业园发展提供保障。设立专项资金，加大有利于生态工业园发展的基础设施建设投入。建立有效的资金专款专用监管制度，严格执行投资问效、追踪管理。对资金的来源、申请、使用进行严格的审核，对资金的使用过程进行全程监督，对资金使用效率进行审核与检查，对资金使用失误进行责任追究。

（2）循环低碳发展促进政策

主要包括以下政策措施：①建立促进循环经济、低碳发展的政策体系。必须彻底转变单纯追求 GDP 的政策目标。管理部门首先要切实转变观念，在制定规划时，把发展循环经济，推进全面发展、协调发展、可持续发展作为重要宗旨。研究制定园区可持续发展指数，作为对园区经济社会发展业绩评价的必要参数。要在借鉴发达国家经验教训的基础上，尽快执行循环经济的相关条例，明确企业、管理部门在发展循环经济、建设生态工业园方面的责任和义务，明确把生态环境作为资源纳入政府的公共管理范畴之内。②建立循环经济和低碳发展的激励机制。发展循环经济、促进低碳发展，特别要注意使用经济激励和刺激手段，以经济利益为纽带，使循环经济具体模式中的各个主体形成互补互动、共生共利的关系，如价格、税收和财政政策，激励和推动循环经济、低碳经济的发展。通过政策调整，使循环利用资源和保护环境有利可图，使企业和个人对环境保护的外部效益内部化。按照“污染者付费、利用者补偿、开发者保护、破坏者恢复”的原则，大力推进生态环境的有偿使用制度。对于一些亏损或微利的废旧物品回收利用企业，以及废物无害化处理企业，可通过税收优惠和政府补贴政策，使其能够获得社会平均利润率。在增加环境（污染排放）税、资源使用税的同时，可对企业用于环境保护的投资实行税收抵扣。建议专门设立环境技术开发基金，重点支持废旧物品回收处理和再利用技术的研究与开发，促进园区环境综合治理等公用事业适用技术的开发与应用。③研发建立绿色的技术支撑体系。运用循环经济的思路，通过对经济系统的物流和能流分析，优化园区产业结构，降低生产和消费过程中的资源、能源消耗及污染物产生和排放。绿色技术体系包括用于消除污染物的环境工程技术，用于进行废物再利用的资源化技术，以及生产过程无废少废、生产绿色产品的清洁生产技术。建立绿色技术体系的关键是积极采用清洁生产技术，采用无害或低害新工艺、新技术，大力降低原材料和能源的消耗，实现低投入、高产出、低污染，尽可能把环境污染物的削减控制在生产过程之中。推行清洁生产技术要密切与产业结构调整相结合，通过清洁生产实现园区“增产减污”。④积极开展循环经济的实践试点。积极开展循环经济实践的试点，在不同行业上、不同产品上，选择有代表意义的案例，进而总结经验进行推广。例如，近年来“白色污染”、“废电池”、“电子废弃物”等固体废物污染环境问题已成为社会和新闻媒体关注的热点。可以针对这些热点问题进行循环经济实践的试点，如园区可建立废电池的循环经济试点。⑤进行科学和严格的管理。循环经济是一种新型的、先进的经济形态。但是，不能设想仅靠先进的技术就能推行这种经济形态，它是一个集经济、技术和社会于一体的系统工程，科学和严格的管理是做好循环经济的重要条件。因此，需要建立一套完备的办事规则和操作规程，并且监督其实施的管理机制。国内外的调查显示，从清洁生产角度看，工业排放污染物的 30%～40%是管理不善造成的，也就是说，只要强化管理，不需要花费很多资金，就可获得削减废物和污染物的明显效果。

（3）水资源综合利用政策

主要包括以下政策措施：①建立合理的水价体系。工业园区的开发建设一般都是长期工程，随着入区企业和产业规模的不断发展，水资源的供需矛盾将日益突出。为保证园区的健康发展，在提高供水能力和节水技术的同时，需要建立合理的水价体系，充分发挥价格激励机制的作用，通过对水的分质定价、优质优价、定额管理、超量加价等一系列调整措施，促进节水和促进水的循环重复利用，实现水资源优化调配。②建立有利于水资源合理利用的税收调控政策。本着“谁节约，谁受益；谁浪费，谁受罚”的原则，完善节水管理模式，建立节水激励机制，对好的节水项目进行税收优惠。通过税收手段，对节约用水、积极利用再生水、雨水等非常规水资源的企业进行相应的奖励和补贴，调动企业节水的积极性，而对浪费用水的单位则采取增加税收等手段给予相应的惩罚。③培育水资源使用权和排污权交易市场。不同产业的用水效率和污染控制成本有着较大的差异，通过建立水资源使用权市场和排污权交易市场，可以促进整个区域水资源利用效率的提高和治污成本的降低。同时培育水务市场，积极引进多方资金，改变一家垄断的局面，实现健康的市场竞争局面，保证公众利益的最大化。

（4）能源综合利用政策

对于工业园区来说，为了提高能效、节约用能、控制总量，首先可以从制定优惠政策，大力推广清洁能源和绿色能源入手。制定绿色能源使用价格优惠体系，促进太阳能等绿色能源的使用；定期对企业开展节能审计和评估，鼓励企业采取各种方法和技术开展节能降耗改造，并予以一定的环保专项资助；鼓励企业之间开展能源梯级利用和余热再利用的研究和实践；其次，从建筑节能、工业节能和管理节能 3 个方面入手。生态工业园区的建筑节能可以通过节能建筑、节能厂房和节能照明系统来实现，生态工业园区的工业节能可以通过工业余热利用和提高生产能效等途径来实现，生态工业园区的管理节能可以通过引导企业、办公楼等实施能源审计、合同能源管理等能源管理措施来实现。

（5）固体废物管理政策

进一步完善固体废物的分类体系，从每个企业、每座大楼逐步开展有效的源头分拣；进一步完善固体废物收集和处理体系，尽可能地使每一种可再利用的废物全部综合利用，最大限度地减少废物的最终处置量；严格环保准入制度，对环境友好和废物资源化企业提供税收、财政等优惠和扶持；充分发挥产业信息交流网和促进循环经济俱乐部的信息平台功能，为企业废物最少化和再生资源化提供方法、技术和信息支持[14]。

17.4.2.2 技术保障

（1）生态工业技术攻关

生态工业园的环境保护需要有相应的技术支撑。如果说，知识经济的主要技术载体是以信息技术和生物技术为主导的高新技术，那么生态工业园的技术载体就是环境无害化技术或生态工业技术。环境无害化技术的特征是污染排放量少，合理利用资源和能源，更多地回收废物和产品，并以环境可接受的方式处置残余的废弃物。建立与加强国内外科研机构联系，建立起跨地区的松散型科研联合体；依托国内科研机构，大力推进产学研结合，组织实施园区的科研项目。积极引进国内外各种有利于生态工业建设的新技术、新工艺、新材料、新产品，建立和完善科技推广服务体系，建立有效的技术激励和扩散机制，促进科技成果转变和生态产业的发展。探索、试验、扶持区域物料、能源、水资源、环境容量联合调度利用技术和措施。环境无害化技术主要包括预防污染的少废或无废的工艺技术和产品技术，但同时也包括治理污染的末端技术。

生态工业技术攻关主要内容有：①污染治理技术。通过建设废物净化装置来实现有毒、有害废物的净化处理。其特点是不改变生产系统或工艺程序，只是在生产过程的末端通过净化废物实现污染控制。包括水污染防治技术、填埋及焚烧等固体废物处理技术、噪声污染防治技术等。②废物利用技术。通过这些技术实现工业固体废物和生活垃圾的资源化处理。重点研发废电池回收利用技术、废旧轮胎生态化回收利用技术等。③清洁生产技术。包括清洁的生产和清洁的产品两方面内容，不仅要实现生产过程的无污染或少污染，而且要使生产出来的产品在使用和最终报废处理过程中同样不会对环境造成损害。

因此，要根据《国家中长期科学和技术发展规划纲要（2006—2020 年）》的精神和循环经济、低碳经济的技术特征，大力发展减量化技术、再利用技术、资源化技术、环保技术和系统化技术等。如分质供水和污水回用技术，能源消费减量化、低碳化和综合利用技术，建筑垃圾减量化和资源化利用技术，工业固体废物减量化和资源化利用技术，城市垃圾分类收集和资源化处理技术，鼓励企业使用再循环产生的物料技术，包装废物减量化和资源化利用技术，替代能源、替代材料技术等。

（2）建设信息交流技术体系

建设具有信息基础设施、信息管理体系和信息交流平台的数字园区，允许园区成员利用该系统进行数据的存储、搜索和分析，充分发挥信息在园区的管理、企业间信息交流、技术支持、环境咨询等作用。信息应网罗国际、国内、区域的经贸信息，生态工业政策和技术信息，资源深加工和综合利用信息，环保技术信息，新材料、新工艺信息，节能、节水、降耗信息，公众参与信息等。建立和完善废物交换信息平台，以满足不同企业间废物交换利用的信息需要。

（3）建立环境无害化技术创新基地

以发展循环经济、促进低碳发展、建设生态工业园为宗旨，充分利用工业园区周边及其他潜在的研究院所、高等院校等科研机构，鼓励企业与之组成技术创新联盟，培育创新主体，建设以企业为主体的技术创新体系。力争在高校、研究所内部设立生态工业园相关技术研发基地，吸引优秀科学家从事循环经济技术研发，建立循环经济、生态工业园建设关键技术、共性技术的研发基地，提高生态工业园建设科技创新能力。鼓励创新型技术，发展自主知识产权的高新技术产业，重点培育自主知名品牌高新技术产品和拥有自主知识产权的优势企业。根据园区特点，建立园区生态工业孵化器，为项目进行工业生态性评估、与现有的企业相容性评估，为园区企业的工业生态改造、构筑工业生态链条、维持工业生态系统健康运转提供技术支持，有针对性地提出园区补链企业需求，担负将企业和园区建设成为生态工业系统的任务。

（4）制定风险应急预案

由于园区的运行是一个工业体系环环相扣、相互作用的过程，其中必然会存在各种运行风险及环境风险，需根据园区发展情况、周围环境现状及其特点，制定相应的应急预案，充实和加强园区环境风险应急控制的基础，以减少在发生环境事故时所造成的损害，避免突发公共事件影响园区的正常运行，保障人民群众生命财产安全，促进园区经济社会持续快速全面协调发展。应急预案主要包括：①生态工业园区稳定运行风险应急预案。评估园区物质、能量循环代谢的关键节点，分析其出现问题对生态工业园区运行可能产生的影响，制定相应的规避方案和风险发生的应急措施，以保证园区某一节点出现问题后，仍能够维持正常运转。②园区环境风险应急预案。评估园区重点风险源，分析其环境安全隐患和可能出现的风险事故，制定相应的安全管理方案和风险发生的应急措施。

具体操作上，为提高公众对恶性环境污染事故的了解和认识，最大限度地减少各种危险事故的发生率，并在事故发生时启动应急预案，组织各方协调配合，保障区域的稳定运行和持久竞争力，需由园区管委会各相关部门、园区重点企业和其他企业，共同组成园区环境风险应急管理系统（APELL）计划的领导和实施机构，如图 17-8 所示，其职能是对一切可能的危险源进行分析和评估，制订应急计划及实施细则，并负责组织实施。

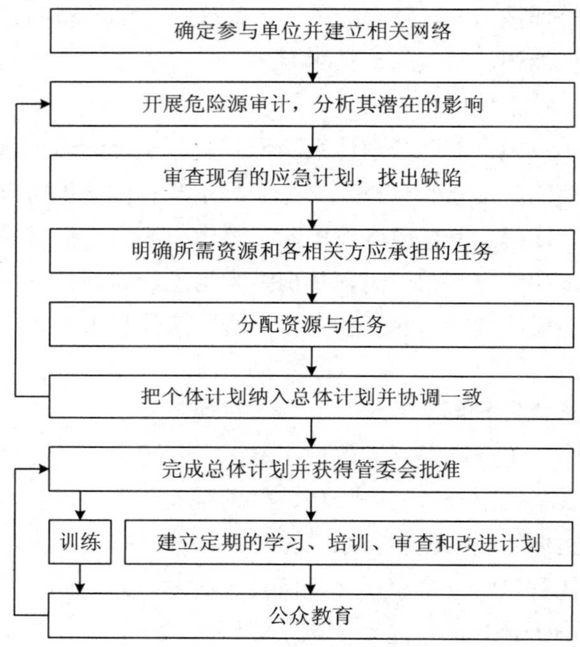

图 17-8 生态工业园区紧急事故相应系统框架

17.4.2.3 管理保障

在园区企业间推行废物生命周期管理、环境管理体系、清洁生产审核、生命周期评价、环境影响评价和环境标志等环境管理手段。

（1）生命周期管理

生命周期管理（LCM）是生命周期思想在实践中的具体应用，联合国环境规划署和国际环境毒理学与化学学会（SETAC）对 LCM 进行了深入全面的研究，并将生命周期管理定义为一种产品管理系统，目标是将一个组织的产品或者产品组合的整个生命周期以及价值链所产生的环境负荷和社会经济影响最小化。LCM 关注产品系统的持续改进，它不是一种单一的工具或方法，而是一种管理体系，这种体系从各种计划、概念和工具中收集、构建，并传播产品全生命周期的环境、经济与社会方面的信息。

UNEP 研究报告中提出了 LCM 的框架（图 17-9），并确立了“plan-do-check-act”持续改进模式，即确定方针、组织、调查、确立目标、改进、报告、评估和复查，直至下一层次的持续改进[18]。LCM 的理念和方法逐渐为大众接受并广泛应用于各个领域，目前的应用实践主要在企业和行业层次上开展。另外，生命周期管理方法也被广泛应用于固体废物综合管理中，如通过对不同处置方式进行比较从而确定最佳的管理策略。

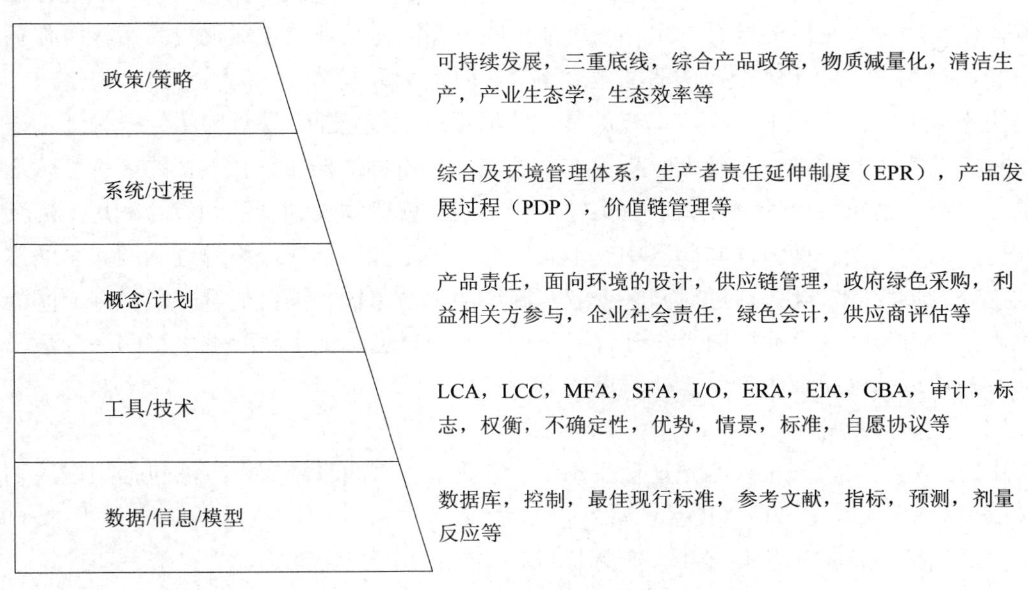

图 17-9 生命周期管理（LCM）框架

（2）环境管理体系

环境管理体系（EMS）根据 ISO 14001 的 3.5 定义：环境管理体系是一个组织内全面管理体系的组成部分，它包括为制定、实施、实现、评审和保持环境方针所需的组织机构、规划活动、机构职责、惯例、程序、过程和资源。还包括组织的环境方针、目标和指标等管理方面的内容。ISO 14001 标准规定了对 EMS 的要求，明确了 EMS 的诸要素，为各类组织提供了一个标准化的 EMS 模式，在这个模式的实践中，明确组织的环境因素是建立适合的、有效的 EMS 的基础，是组织进行环境规划活动的首要步骤[17]。建立标准化的 EMS 需快速准确识别、区别环境因素和重大环境因素，制定目标指标和环境管理方案，以求实现环境状况显著改善。

在工业园区推行环境管理体系建设，实施区域环境影响评价，采取主动预防措施减少环境影响的累计效应，可以提高工业园区整体环境状况；对工业园区环境变化进行监测，确立预测预警体系；实行工业园区环境监控和环境信息公开制度，对园区的大气、水、土壤环境质量和污染状况进行公告，另外对园区企业的环境行为进行公告，表彰“绿色”企业，及时制止破坏生态环境的行为，保障园区环境状况有所改善。

（3）清洁生产审核

清洁生产审核究其本质是以节能、降耗、减污、增效为着眼点和落脚点，运用特定的程序、步骤、方式、方法，以提升企业的清洁生产水平，它是企业层次上实现循环经济思想的具体实施。而生态工业园区是园区层次上实现循环经济思想的体现，是由清洁生产企业作为基本单元构建起的园区框架体系，因此，生态工业园区内企业的清洁生产审核是提升被审核企业自身清洁生产水平的有效途径。由于生态工业园区企业间物质、能源存在互补性，使废物更大范围的综合利用存在可能，同时园区内企业的集成化也为审核工作拓展了空间，使生态工业园区企业的清洁生产审核极具潜力和优势。

生态工业园区企业清洁生产审核的具体的流程或阶段包括：筹划与组织→预评估→评估→方案的产生和筛选→可行性分析→方案的实施→持续清洁生产，方案的产生和筛选阶段的工作应以被审核企业为主体，在实施过程中还需就废物及副产品的综合利用、提高资源和能源的利用效率两方面与园区中其他企业做好沟通和协商，最终通过回顾和总结维持清洁生产的持续和深化。通过对园区企业实施清洁生产审核，不仅能进一步提升园区的生态化水平，为园区内企业横向合作开辟了新途径，同时也实现了科学地引导园区今后发展方向，是促进园区工业生产生态化程度的重要手段[17]。

（4）生命周期评价

生态工业园区的理论核心是产业生态学，产业生态学的系统分析方法包括生命周期评价（LCA）、投入产出分析（IOA）等。

生命周期评价的定义有多种，国际标准化组织（ISO）将其定义为“汇总和评价一个产品（或服务）体系在其整个生命周期内的所有投入及产出对环境造成的和潜在的影响的方法”。这种评价贯穿于产品、工艺及活动的整个生命周期，包括原材料的提取与加工，产品制造、运输及销售，产品的使用、再利用和维护，废物循环和最终废物弃置。1997 年，ISO 14040 标准把 LCA 实施步骤分为目标和范围定义、清单分析、影响评价和结果解析 4 部分，如图 17-10 所示。

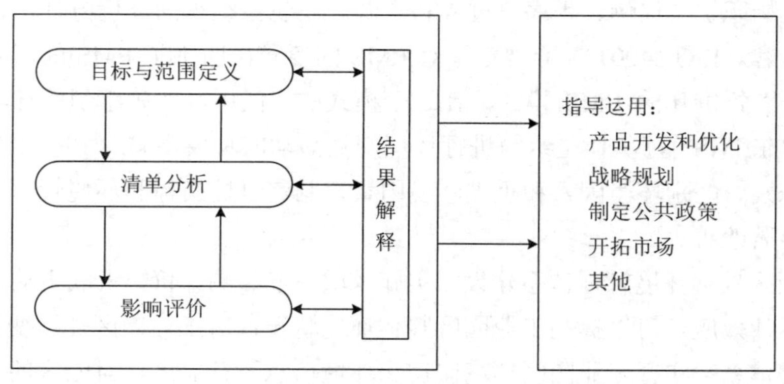

图 17-10　生命周期评价实施步骤

目标和范围定义是生命周期评价的第一步，也是最重要的一步。它直接影响到整个评价工作程序和最终的研究结论。清单分析涉及数据的收集和计算程序，目的是对产品系统的有关输入和输出进行量化，该分析评价贯穿于产品的整个生命周期。影响评价是从环境角度审查一个产品系统，并为生命周期解释阶段提供信息。而最终结果解释则是根据前三个阶段尤其是影响评价的结论，以透明的方式，系统评估在产品、工艺或活动的整个生命周期内削减能源消耗、原材料使用，以及环境释放的需求和机会。LCA 由于考虑的是产品生命周期全过程，既考虑产品的生产过程（单元内），也考虑原材料获取和产品（以及副产品、废物）的处置（单元外），将单元内、外综合起来，考察其资源利用和污染物排放清单及其环境影响，因此可以辅助进行生态工业园区的现状分析、园区设计和入园项目的筛选。LCA 是实现环保行政管理，促进可持续发展的一种有效的实用工具和方法[19]。

（5）环境影响评价

启动开发区要进行区域开发环境影响评价。通过环境评价，园区污染物排放将实行总量控制与集中控制。对于大多数中小企业来说，单独建设和运行污染治理设施在经济上是不合理的，园区如果能为企业提供良好的基础设施和环境服务，对企业来说既可以降低治理污染的成本，又可以满足环境保护法规的要求；对园区本身来说，完善的环境设施和服务能够满足环境评价的要求，是吸引企业进驻的一个有效手段。企业项目在审批时，也要执行环境影响评价制度，对建设项目的选址、污染物排放、生态破坏等进行评估，并提出相应的对策及措施。

17.4.2.4　人才和宣传保障

根据生态工业园区建设实际情况，建立能够保障生态工业园区规划顺利实施的人才技术力量以及宣传机制。

（1）人才队伍建设

主要包括两个方面：①引入竞争机制，加快科研、管理和技术骨干人才的引进和培养；改革科技人才收入分配制度，改善工作环境；培训在职管理人员和技术人员，建成人才梯队；改革企业管理人员的选拔方式，向公开招聘和择优使用转变，为园区做好人才培养和储备；制定优惠政策和奖励机制，解决优秀人才的后顾之忧。②培养、引进相应的人才，充实专业人才队伍，人力资源开发应成为园区建设的核心内容之一。与相关科研院所和大学联合组建生态工业园建设培训班，分期、分类培训企业经理和工程技术人员，提高业务素质，使管理水平和服务质量规范化、程序化和标准化。通过地方高校和专业技术学校培养各类技术人员，包括工业技术人员、环境工程技术人员、环境信息技术人员等，建设一支具有一定规模、能够从事二产、三产工程技术开发和应用的信息专业队伍。

（2）宣传教育建设

主要包括：①开拓宣传教育的形式。开展生态工业园建设宣传工作。深入园区各企业以多种形式开展国家和园区有关生态工业园建设的法规、政策的宣讲、展示和典型示范工作；张贴有关布告、标语和图画等；加强对园区生产经营人员和专业技术人员的教育。②普及企业生态产业建设知识。加强企业职工生态意识教育、清洁生产和生态产业知识及 ISO 14000 标准培训，树立特色行业生态形象，如生态制造、生态加工、生态交通等。③建立企业生态建设和环境保护的群众参与机制。在企业内部，通过员工代表大会和其他制度，使全体员工积极投身参与到传统产业向生态产业的转型改造中来。④注重科技界的参与。科技界因其知识和技术而在生态工业园环境保护中担负重要使命，常常通过掌握的知识和研究成果影响着其他组织的参与方式和参与程度。

参考文献

[1] P.J.Yang，O.B.Lay. Applying ecosystem concepts to the planning of industrial areas：a case study of Singapore's Jurong Island [J]. Journal of Cleaner Production，2004，12（8-10）：1011-1023.

[2] 王金南. 发展生态工业是解决工业污染的重要途径[N]. 中国环境报，2001-12-24（5）.

[3] 张承中. 环境规划与管理[M]. 北京：高等教育出版社，2007.

[4] 中国 21 世纪议程管理中心，环境无害化技术转移中心. 生态工业园规划与管理指南[M]. 北京：化学工业出版社，2008.

[5] HJ/T 273—2006. 行业类生态工业园区标准（试行）[S]. 2006.

[6] HJ 274—2009. 综合类生态工业园区标准（发布稿）[S]. 2009.

[7] HJ/T 275—2006. 静脉产业类生态工业园区标准（试行）[S]. 2006.

[8] HJ/T 409—2007. 生态工业园区建设规划编制指南[S]. 2008.

[9] 乔琦，夏训峰，姚扬. 生态工业园区规划理论与方法研究[M]. 北京：新华出版社，2006.

[10] 中国 21 世纪议程管理中心，环境保护部环境规划院. 日照开发区生态工业园规划纲要[R]. 2005.

[11] 环境保护部环境规划院. 包钢生态工业园区建设规划[R]. 2004.

[12] 国家环境保护总局科技标准司. 循环经济和生态工业规划汇编[M]. 北京：化学工业出版社，2005.

[13] 环境保护部环境规划院. 鲁北国家生态工业示范园区建设规划[R]. 2003.

[14] 谢华生，包景岭，温娟. 生态工业园的理论与实践[M]. 北京：中国环境科学出版社，2011.

[15] 卢建平. 生态工业园规划的理论及应用研究[D]. 长沙：中南大学，2006.

[16] Remmen A. Life cycle management：a business guide to sustainability [M]：United Nations Pubns，2007.

[17] 贾海娟. 基于 ISO 14000 的生态工业园规划建设与管理研究[D]. 西安：西北大学，2006.

[18] 孙大光. 浅论生态工业园企业清洁生产审核[J]. 环境与可持续发展，2008，（1）：13-15.

[19] 鲁成秀. 生态工业园区规划建设理论与方法研究[D]. 长春：东北师范大学，2003.